건설안전 기사 필기

2024 최신 기출문제 해설 수록

건축시공기술사 · 건설안전기술사 **신상욱** 편저

북스케치
합격을 스케치하다

Preface 머리말

　건설산업의 고도화와 초고층 건축물의 등장, 건축물의 복잡한 입면 및 구조, 대형화로 인해 건설 안전사고의 위험은 더욱 증대되고 있다. 이로 인해 건설안전 기술 인력의 수요 및 필요성이 더욱 증가하고 중요시되는 추세이다.

　특히 「중대재해 처벌 등에 관한 법률」이 시행됨에 따라 안전관리자의 수요는 대폭 증가하고 이와 관련한 업무와 책임은 무거워지고 있는 실정이다. 최근 발생한 안전사고의 대부분은 충분한 대비와 방안을 수립했음에도 사고가 발생하는 경우가 종종 발생하고 있다. 이를 최소화하는 방안은 안전관리자의 역량과 사업주의 관심, 안전관리의 시스템화를 구축하는 것이 필요하다.

　건설안전 기술인의 업무는 단순히 현장에서 작업자의 상태, 행동을 점검하는 차원으로 넘어 체계적인 안전관리 계획 수립 및 실행, 위험성평가, 자율예방구축에 초점이 맞추어지고 있다. 이를 위해서는 안전 관련 법령을 숙지하고 준수하는 것은 필수적이다. 이 책은 단순히 건설안전기사 수험서가 아닌 건설안전기술 법령의 맞춤 서적이라는 것을 밝혀두는 바이다.

　건설안전 기술인은 건설기술을 바탕으로 하는 안전관리의 역할을 수행해야 한다. 현장의 위험요소를 예측하고 이에 대한 기술적, 안전적 방안을 제안할 수 있어야 하고 안전시설물 등으로 인해 공사 간섭 및 방해 우려 요소를 사전에 검토하여 대안을 도출해내는 능력을 배양해야 한다. 물론 안전시설물 및 작업자의 안전에 관한 관리가 선행되어야 하는 것은 굳이 언급할 필요가 없다.

　본 저자는 건축설계, 건축시공, 건축공무, 건설안전관리, 재해예방기술지도 등 건설분야의 다양한 업무 경력을 바탕으로 미래의 건설안전 기술인을 희망하는 수험자들에게 '건설안전기사' 합격의 영광을 드리기 위해 본 저서를 출간하는데 최선의 노력을 다하였다.

　이 책은 시험과목에 중요한 테마별로 출제 예상 및 빈출 이론만을 정리하여 수험자의 학습시간을 단축하는데 중점을 두어 집필하였다. 또한 기출문제 풀이를 상세히 하여 해당문제에서 파생될 수 있는 이론과 예상문제(온라인강의)를 제시하여 학습효과를 높이는데 심혈을 기울였다.

합격 전략

1. **암기법**을 바탕으로 무조건 **3회독** 해라.
2. 변형문제에 대비해서 기출보다는 **이론에 더욱 시간을 투자해라.**
3. **기출문제의 이론을 중심**으로 학습해라.
4. 수험기간을 단축하기 위해 **온라인 강의**를 적극 활용해라.

　끝으로 스터디채널 대표님, 북스케치 대표님 외 북스케치 편집부 분들께도 감사의 말씀을 남긴다. 더불어 사랑하는 내 가족의 희생과 배려에 깊은 감사를 드린다. 이 책이 수험자 여러분에게 합격의 길로 안내하는데 보탬이 되길 바라며 여러분의 건승을 기원하는 바이다.

2025. 01. 건축시공기술사 · 건설안전기술사 · 산업안전지도사　신상욱

건설안전기사 시험정보

시험 개요

건설업은 공사기간단축, 비용절감 등의 이유로 사업주와 건축주들이 근로자의 보호를 소홀히 할 수 있기 때문에 건설현장의 재해요인을 예측하고 재해를 예방하기 위하여 건설안전 분야에 대한 전문지식을 갖춘 전문인력을 양성하고자 자격제도를 제정하였다.

수행 직무

건설 재해 예방계획 수립, 작업환경의 점검 및 개선, 유해 위험방지 등의 안전에 관한 기술적인 사항을 관리하며 건설물이나 설비작업의 위험에 따른 응급조치, 안전장치 및 보호구의 정기점검, 정비 등의 직무를 수행한다.

시험 일정

건설안전기사 시험은 국가자격 정기시험 1회, 2회, 4회로 연중 3회 실시하고 있다. 세부 일정은 큐넷 홈페이지(http://www.q-net.or.kr)에서 확인할 수 있다.

취득 방법 및 시험 내용

- **시행처** : 한국산업인력공단
- **관련학과** : 대학과 전문대학의 산업안전공학, 건설안전공학, 토목공학, 건축공학 관련 학과
- **합격기준**

필기	100점을 만점으로 하여 과목당 40점 이상, 전과목 평균 60점 이상
실기	100점을 만점으로 하여 60점 이상

- **시험과목**

필기	1. 산업안전관리론, 2. 산업심리 및 교육, 3. 인간공학 및 시스템안전공학, 4. 건설시공학, 5. 건설재료학, 6. 건설안전기술
실기	건설안전실무

- **검정방법**

필기	객관식 4지 택일형 과목당 20문항(과목당 30분)
실기	복합형[필답형(1시간 30분, 60점) + 작업형(50분 정도, 40점)]

건설안전기사 필기 출제기준

직무분야	안전관리	중직무분야	안전관리	자격종목	건설안전기사	적용기간	2021.1.1. ~ 2025.12.31.
직무내용	건설현장의 생산성 향상과 인적·물적 손실을 최소화하기 위한 안전계획을 수립하고, 그에 따른 작업환경의 점검 및 개선, 현장 근로자의 교육계획 수립 및 실시, 작업환경 순회감독 등 안전관리 업무를 통해 인명과 재산을 보호하고, 사고 발생 시 효과적이며 신속한 처리 및 재발 방지를 위한 대책안을 수립, 이행하는 등 안전에 관한 기술적인 관리 업무를 수행하는 직무이다.						
필기검정방법	객관식		문제수	120		시험시간	3시간

필기 과목명	출제 문제 수	주요항목
산업안전관리론	20문항	1. 안전보건관리 개요 2. 안전보건관리 체제 및 운영 3. 재해 조사 및 분석 4. 안전점검 및 검사 5. 보호구 및 안전보건표지 6. 안전 관계 법규
산업심리 및 교육	20문항	1. 산업심리이론 2. 인간의 특성과 안전 3. 안전보건교육 4. 교육방법
인간공학 및 시스템안전공학	20문항	1. 안전과 인간공학 2. 정보입력표시 3. 인간계측 및 작업공간 4. 작업환경관리 5. 시스템위험분석 6. 결함수 분석법 7. 위험성평가 8. 각종 설비의 유지 관리
건설재료학	20문항	1. 건설재료 일반 2. 각종 건설재료의 특성, 용도, 규격에 관한 사항
건설시공학	20문항	1. 시공일반 2. 토공사 3. 기초공사 4. 철근콘크리트공사 5. 철골공사 6. 조적공사
건설안전기술	20문항	1. 건설공사 안전개요 2. 건설공구 및 장비 3. 양중 및 해체공사의 안전 4. 건설재해 및 대책 5. 건설 가시설물 설치 기준 6. 건설 구조물공사 안전 7. 운반, 하역작업

Contents 차례

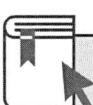

Part 1 산업안전관리론

- THEME 1 재해발생 이론-하인리히 · · · · · 002
- THEME 2 재해발생 이론-버드 신도미노 이론 · · · 004
- THEME 3 재해발생 메카니즘 · 사고예방 원리
  · 사고모델 · · · · · · 005
- THEME 4 안전보건관리조직 · · · · · · · · 007
- THEME 5 무재해운동 · · · · · · · · · · · 008
- THEME 6 제조물 책임 및 결함 · · · · · · · 010
- THEME 7 산업안전보건위원회 · · · · · · · 011
- THEME 8 명예산업안전감독관 · · · · · · · 013
- THEME 9 안전보건관리규정 · · · · · · · · 015
- THEME 10 유해위험방지계획서 제출대상 사업
  · · · · · · 016
- THEME 11 안전보건개선계획 · · · · · · · · 018
- THEME 12 재해 발생의 형태 · · · · · · · · 019
- THEME 13 안전·보건관리자의 직무 · · · · · 020
- THEME 14 도급사업 시 안전보건조치 등 · · · 023
- THEME 15 재해조사 · · · · · · · · · · · · 024
- THEME 16 재해 통계 원인분석 방법 및
  재해사례연구 · · · · · · · 025
- THEME 17 재해율의 종류 · · · · · · · · · · 026
- THEME 18 재해손실비의 종류 및 계산 · · · 029
- THEME 19 재해통계 · · · · · · · · · · · · 031
- THEME 20 안전점검 · · · · · · · · · · · · 032
- THEME 21 작업시작 전 점검사항 · · · · · · 034
- THEME 22 안전검사 · · · · · · · · · · · · 037
- THEME 23 안전인증 · · · · · · · · · · · · 039
- THEME 24 자율안전확인대상 · · · · · · · · 041
- THEME 25 안전인증심사 · · · · · · · · · · 043
- THEME 26 보호구 요건 및 종류 · · · · · · · 044
- THEME 27 추락 및 감전 위험방지용 안전모 · 046
- THEME 28 추락 및 감전 위험방지용 안전모
  성능기준 · · · · · · · · 047
- THEME 29 추락 및 감전 위험방지용 안전모
  시험방법 · · · · · · · · 049
- THEME 30 안전화 · · · · · · · · · · · · · 054
- THEME 31 안전화의 성능기준 · · · · · · · 058
- THEME 32 안전화의 시험방법 · · · · · · · 065
- THEME 33 내전압용 절연장갑 · · · · · · · 074
- THEME 34 화학물질용 안전장갑 · · · · · · 080
- THEME 35 방진마스크 · · · · · · · · · · · 085
- THEME 36 방독마스크 · · · · · · · · · · · 091
- THEME 37 송기마스크 · · · · · · · · · · · 098
- THEME 38 전동식 호흡보호구 · · · · · · · 103
- THEME 39 전동식 방진마스크 · · · · · · · 105
- THEME 40 전동식 방독마스크 · · · · · · · 108
- THEME 41 전동식 후드 및 전동식 보안면 · 110
- THEME 42 방열복 · · · · · · · · · · · · · 113
- THEME 43 화학물질용 보호복 · · · · · · · 116
- THEME 44 안전대 · · · · · · · · · · · · · 117
- THEME 45 차광보안경 · · · · · · · · · · · 121
- THEME 46 용접용 보안면 · · · · · · · · · 122
- THEME 47 방음용 귀마개 또는 귀덮개 · · · 124
- THEME 48 안전보건표지 · · · · · · · · · · 126

Part 2 산업심리 및 교육

- THEME 49 안전보건교육 · · · · · · · · · · 132
- THEME 50 안전보건교육 교육대상별 교육내용
  · · · · · · 134
- THEME 51 교육총론 · · · · · · · · · · · · 147
- THEME 52 교육방법 · · · · · · · · · · · · 150
- THEME 53 적응기제 · · · · · · · · · · · · 152
- THEME 54 자극과 반응이론 · · · · · · · · 153
- THEME 55 O.J.T 및 OFF. J.T · · · · · · · 155
- THEME 56 TWI · MTP · · · · · · · · · · · 157
- THEME 57 착시 · 착오 · 착각 · · · · · · · 159
- THEME 58 산업심리 · · · · · · · · · · · · 161
- THEME 59 인간의 심리 · · · · · · · · · · · 164
- THEME 60 동기부여 이론 · · · · · · · · · 165
- THEME 61 주의와 부주의 · · · · · · · · · 167

Part 3 인간공학 및 시스템안전공학

THEME 62	인간공학	170
THEME 63	시각적 표시장치	172
THEME 64	청각적 표시장치	174
THEME 65	웨버(Weber)의 법칙	175
THEME 66	표시장치	176
THEME 67	휴먼에러	178
THEME 68	인체계측 및 제어장치	180
THEME 69	작업 자세 및 공간	183
THEME 70	근골격계 질환	185
THEME 71	작업환경	188
THEME 72	시스템 위험 분석기법	190
THEME 73	결함수 분석법	193
THEME 74	안전성 평가	197
THEME 75	설비 유지·관리	198

Part 4 건설시공학

THEME 76	건설시공 총론	202
THEME 77	공사방식에 의한 분류	206
THEME 78	주요 공사방식	207
THEME 79	입찰 및 계약	212
THEME 80	입찰의 종류	213
THEME 81	공정관리	215
THEME 82	품질관리	220
THEME 83	흙의 기본 성질	223
THEME 84	지반조사	227
THEME 85	터파기	231
THEME 86	흙막이 벽식 공법	233
THEME 87	흙막이 지보공 공법	236
THEME 88	차수 공법	239
THEME 89	배수 공법	241
THEME 90	흙막이 하자 유형	243
THEME 91	지반개량 공법	245
THEME 92	계측기기의 종류 및 특징	248
THEME 93	기초공사 일반	249
THEME 94	기성콘크리트말뚝	253
THEME 95	기성콘크리트말뚝 박기 공법	255
THEME 96	기성콘크리트말뚝 이음 공법	257
THEME 97	기성콘크리트말뚝 지지력 판단방법	258
THEME 98	기성콘크리트말뚝 두부 정리	262
THEME 99	제자리(현장) 콘크리트 말뚝	264
THEME 100	부동침하 및 부상	267
THEME 101	언더피닝(Underpinning)	268
THEME 102	철근 이음방법	269
THEME 103	철근의 정착 및 피복두께	271
THEME 104	철근의 부동태막 및 pre-fab	272
THEME 105	거푸집 공사	273
THEME 106	거푸집의 고려 하중 및 측압	278
THEME 107	거푸집 존치 기간	279
THEME 108	콘크리트 타설 공법	280
THEME 109	콘크리트 줄눈의 종류	283
THEME 110	콘크리트 양생	286
THEME 111	콘크리트 비파괴시험	289
THEME 112	미경화·경화 콘크리트의 균열	291
THEME 113	구조물의 노후화(열화)의 종류	293
THEME 114	콘크리트 균열 보수·보강	295
THEME 115	철골공사 일반	301
THEME 116	철골세우기	303
THEME 117	철골 녹막이칠	305
THEME 118	철골 접합	306
THEME 119	용접 접합	309
THEME 120	용접결함 및 변형	312
THEME 121	기타 결함 및 용접 검사	314
THEME 122	철골 내화피복	316
THEME 123	철골 기타 관련 용어	318
THEME 124	P·C(Precast Concrete) 공법	320
THEME 125	벽돌공사	322
THEME 126	블록공사	326

Part 5 건설재료학

THEME 127	철근 일반	330
THEME 128	콘크리트 배합설계	332
THEME 129	시멘트의 종류 및 특징	336
THEME 130	혼화재료	339
THEME 131	콘크리트의 화학적 침식 및 피해	343

THEME 132	레미콘 · · · · · 346		THEME 166	사전조사 및 작업계획서의 작성 등 · · · · · 406
THEME 133	P.S.C(Pre stressed concrete) · 348		THEME 167	신호 · · · · · 407
THEME 134	한중콘크리트 · · · · · 349		THEME 168	운전위치의 이탈금지 · · · · · 408
THEME 135	서중콘크리트 · · · · · 352		THEME 169	추락의 방지 · · · · · 408
THEME 136	매스(Masss)콘크리트 · · · · · 354		THEME 170	개구부 등의 방호 조치 · · · · 408
THEME 137	경량콘크리트 · · · · · 357		THEME 171	지붕 위에서의 위험 방지 · · · 409
THEME 138	섬유보강 콘크리트 · · · · · 359		THEME 172	붕괴·낙하에 의한 위험 방지 · · 409
THEME 139	기타 콘크리트 · · · · · 362		THEME 173	작업발판 · · · · · 410
THEME 140	금속 · · · · · 372		THEME 174	비계 등의 조립·해체 및 변경 · 410
THEME 141	목재 · · · · · 374		THEME 175	비계의 점검 및 보수 · · · · · 411
THEME 142	석재 · · · · · 377		THEME 176	강관비계 조립 시의 준수사항 · 411
THEME 143	점토 및 타일 · · · · · 380		THEME 177	강관비계의 구조 · · · · · 412
THEME 144	미장재료 · · · · · 382		THEME 178	강관틀비계 · · · · · 413
THEME 145	아스팔트 방수재료 · · · · · 383		THEME 179	달비계의 구조 · · · · · 413
THEME 146	합성수지 · · · · · 384		THEME 180	걸침비계의 구조 · · · · · 415
THEME 147	도료(Paint & Vanish) · · · · 386		THEME 181	말비계 · · · · · 415
			THEME 182	이동식비계 · · · · · 416
			THEME 183	시스템비계의 구조 · · · · · 416

Part 6 건설안전기술

THEME 184	시스템비계의 조립 작업 시 준수사항 · · · · · 416			
THEME 148	작업장 조도 · · · · · 390		THEME 185	환기장치 · · · · · 417
THEME 149	작업장의 출입구 · · · · · 390		THEME 186	탑승의 제한 · · · · · 418
THEME 150	동력으로 작동되는 문의 설치 조건 · · · · · 391		THEME 187	운전위치 이탈 시의 조치 · · · 419
THEME 151	안전난간의 구조 및 설치요건 · 391		THEME 188	양중기 · · · · · 420
THEME 152	낙하물에 의한 위험의 방지 · 392		THEME 189	크레인 · · · · · 422
THEME 153	투하설비 등 · · · · · 392		THEME 190	이동식 크레인 · · · · · 425
THEME 154	비상구의 설치 · · · · · 392		THEME 191	리프트 · · · · · 425
THEME 155	경보용 설비 등 · · · · · 393		THEME 192	양중기 와이어로프 등 달기구의 안전계수 · · · · · 427
THEME 156	출입의 금지 등 · · · · · 393		THEME 193	차량계 하역운반기계 등 · · · 427
THEME 157	통로의 설치 · · · · · 395		THEME 194	지게차 · · · · · 429
THEME 158	가설통로의 구조 · · · · · 395		THEME 195	구내운반차 · · · · · 430
THEME 159	사다리식 통로 등의 구조 · · · 396		THEME 196	고소작업대 · · · · · 430
THEME 160	갱내통로 등의 위험 방지 · · · 396		THEME 197	차량계 건설기계 · · · · · 431
THEME 161	계단 · · · · · 396		THEME 198	항타기 및 항발기 · · · · · 433
THEME 162	보호구의 지급 · · · · · 397		THEME 199	굴착기 · · · · · 435
THEME 163	관리감독자의 유해·위험 방지 업무 등 · · · · · 398		THEME 200	인화성 액체 등을 수시로 취급하는 장소 · · · · 436
THEME 164	작업시작 전 점검사항 · · · · 404		THEME 201	가스용접 등의 작업 · · · · · 437
THEME 165	악천후 및 강풍 시 작업 중지 · 406			

| THEME 202 | 가스 등의 용기 · · · · · · · 437
| THEME 203 | 화재위험작업 시의 준수사항 · 438
| THEME 204 | 화재감시자 · · · · · · · · · 439
| THEME 205 | 아세틸렌 용접장치의 관리 등 439
| THEME 206 | 가스집합용접장치의 관리 등 440
| THEME 207 | 전기 기계·기구 등의
충전부 방호 · · · · · · · 440
| THEME 208 | 누전차단기에 의한 감전방지 441
| THEME 209 | 꽂음접속기의 설치·사용 시
준수사항 · · · · · · · · · 442
| THEME 210 | 충전전로에서의 전기작업 · · 442
| THEME 211 | 거푸집 조립 시의 안전조치 · 444
| THEME 212 | 동바리 조립 시·동바리 유형에 따른
동바리 조립 시 안전조치 · · 444
| THEME 213 | 콘크리트의 타설작업 · · · · 446
| THEME 214 | 콘크리트 타설장비 사용 시 준수사항
· · · · · · · · · · · · · 446
| THEME 215 | 조립·해체 등 작업 시의 준수사항
· · · · · · · · · · · · · 446
| THEME 216 | 작업발판 일체형 거푸집의 안전조치
· · · · · · · · · · · · · 447
| THEME 217 | 지반 등의 굴착 시 위험 방지 448
| THEME 218 | 굴착작업 시 위험 방지 · · · 449
| THEME 219 | 흙막이 지보공 붕괴의 위험 방지
· · · · · · · · · · · · · 449
| THEME 220 | 발파의 작업기준 · · · · · · 449
| THEME 221 | 터널 지보공의 붕괴 방지 · · 450
| THEME 222 | 교량작업 시 준수사항 · · · · 450
| THEME 223 | 잠함 등 내부에서의 작업
· · · · · · · · · · · · · 450
| THEME 224 | 가설도로 · · · · · · · · · · 451
| THEME 225 | 철골작업 · · · · · · · · · · 451
| THEME 226 | 화물취급 하역작업 등 · · · · 451
| THEME 227 | 항만하역작업 · · · · · · · · 452
| THEME 228 | 석면 해제 등에 관한 조치기준
· · · · · · · · · · · · · 454
| THEME 229 | 소음작업 기준 · · · · · · · 458
| THEME 230 | 밀폐공간작업 기준 · · · · · 459
| THEME 231 | 건설업 산업안전보건관리비 계상 및
사용기준 · · · · · · · · · 459

Part 7 과년도 기출문제

2020년 1·2회 통합 기출 · · · · · · · · 466
2020년 3회 기출 · · · · · · · · · · · 514
2020년 4회 기출 · · · · · · · · · · · 564
2021년 1회 기출 · · · · · · · · · · · 615
2021년 2회 기출 · · · · · · · · · · · 660
2021년 4회 기출 · · · · · · · · · · · 704
2022년 1회 기출 · · · · · · · · · · · 752
2022년 2회 기출 · · · · · · · · · · · 796
2023년 1회 기출 · · · · · · · · · · · 843
2023년 2회 기출 · · · · · · · · · · · 876
2023년 4회 기출 · · · · · · · · · · · 911
2024년 1회 기출 · · · · · · · · · · · 953
2024년 2회 기출 · · · · · · · · · · · 996
2024년 3회 기출 · · · · · · · · · · · 1036

Part 1
산업안전관리론

PART 01 산업안전관리론

THEME 1 재해발생 이론-하인리히(H. William Heinrich)

1 사고 발생의 연쇄성

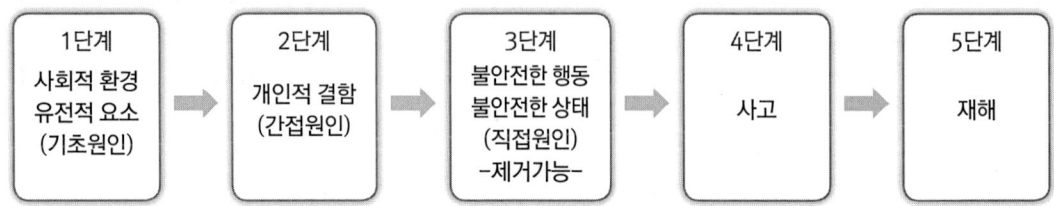

2 내용

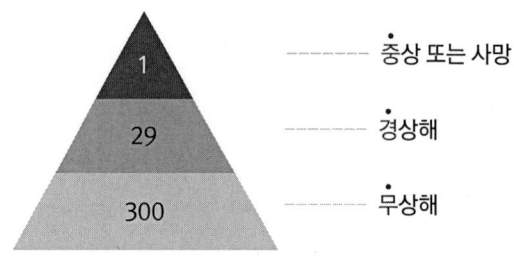

1) 1 : 29 : 300 법칙

① 재해 구성 비율 1 : 29 : 300은 330회의 사고 중에서 중상 또는 사망 1회, 경상 29회, 무상해 사고 300회 발생하는 것.

② 재해의 배후에는 상해를 수반하지 않는 300건의 사고가 발생함.

③ 300건의 아차사고의 인과관계를 밝히는 것이 중요함.
(아차사고 : 건설공사 중 사고가 발생할 뻔하였으나, 직접적으로 인적·물적 피해 등이 발생하지 않은 사고로서 크고 작은 건설 사고의 전조증상)

3 하인리히의 재해(사고)예방 5단계

단계	내용	조치 사항
제1단계	안전보건관리조직 (Organization)	– 안전보건관리조직의 구성 · 운영 – 안전보건관리계획서 수립 · 시행
제2단계	사실의 발견 (Fact finding)	– 작업분석 및 위험요인 확인 – 점검, 검사 및 재해원인 조사
제3단계	평가 · 분석 (Analysis)	– 재해조사 · 분석 · 평가 – 위험성 평가, 작업환경 측정
제4단계	시정책의 선정 (Selection of remedy)	– 기술적, 제도적인 개선안 수립 – 재발방지 대책의 구체적 강구
제5단계	시정책의 적용 (Application of remedy)	– 대책의 실현 및 재평가 보완 – 3E 및 4M의 대책 적용

Plus note

THEME 2 재해발생 이론-버드(Frank Bird) 신도미노 이론

1 사고 발생의 연쇄성

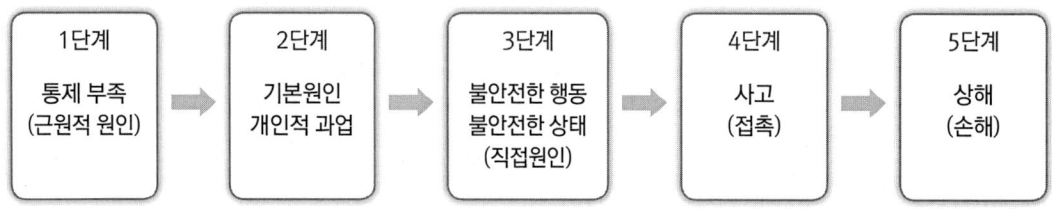

2 내용

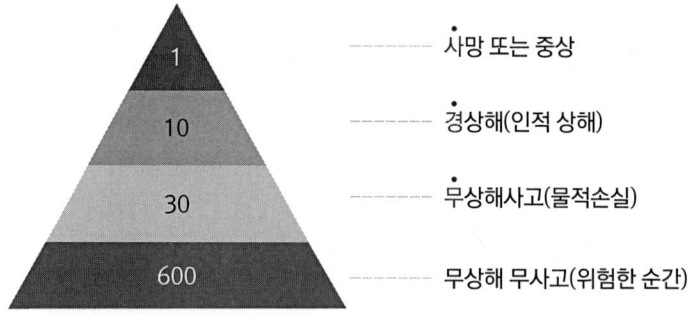

1) 1 : 10 : 30 : 600 법칙

① 재해구성 비율 641회 사고 중 사망 또는 중상 1회, 경상 10회, 무상해사고 30회, 상해도 손실도 없는 사고가 600회의 비율로 발생함.
② 재해의 배후에는 상해를 동반하지 않는 630건의 사고가 발생함.
③ 630건의 아차사고의 인과관계를 밝혀 안전대책을 수립해야 함.

THEME 3 재해발생메카니즘·사고예방 원리·사고모델

1 재해발생 메카니즘

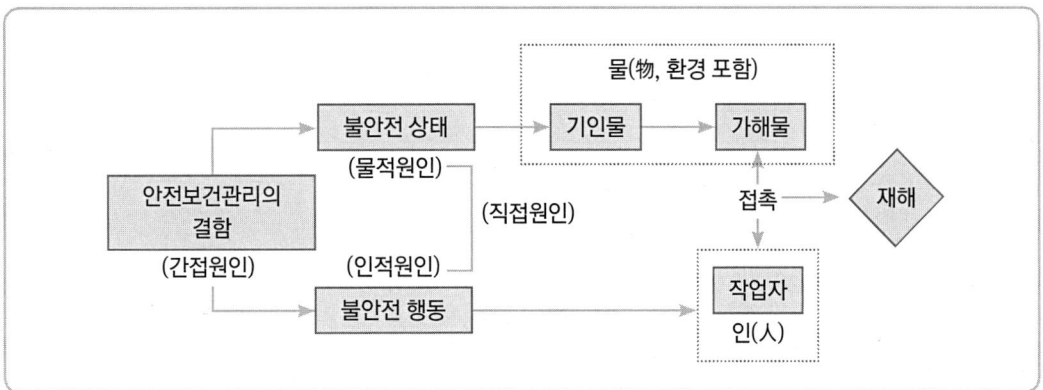

2 재해예방 4원칙

1) 원인계기의 원칙
재해가 발생하는 데에는 반드시 원인이 존재함.

2) 손실우연의 원칙
재해로 인한 손실은 사고대상, 사고발생 조건 등에 따라 다름.

3) 예방가능의 원칙
재해는 원인만 제거한다면 예방 가능함.

4) 대책선정의 원칙
해당 재해에 관한 예방 가능한 대책은 존재함.

3 사고모델

이   연   복   집

1) 연쇄성
   ① 하나의 사고요인이 또 다른 요인으로 발생시키면서 발생
   ② 단순 연쇄형, 복합 연쇄형

2) 집중형
   ① 재해가 일어난 장소에서 일시적으로 요인이 집중되어 발생
   ② 상호자극으로 순간적 발생

3) 복합형
   ① 연쇄형과 집중형의 혼합형태
   ② 일반적인 산업재해 형태

Plus note

THEME 4 　안전보건관리조직

1. 직계(line)형 조직
1) 정의
   안전관리에 관한 계획에서 실시까지 모든 안전업무를 생산라인에서 이루어지는 구조로 형성된 조직
2) 규모
   소규모 기업 또는 현장(100명 이하)
3) 특징
   ① 안전 지시 및 명령체계 유리함
   ② 지시, 명령 및 보고, 대책처리 신속 운영
   ③ 안전에 관한 조직이 없음
   ④ 안전 지식 및 기술 축적 어려움
   ⑤ 안전에 관한 정보 수집 부족함

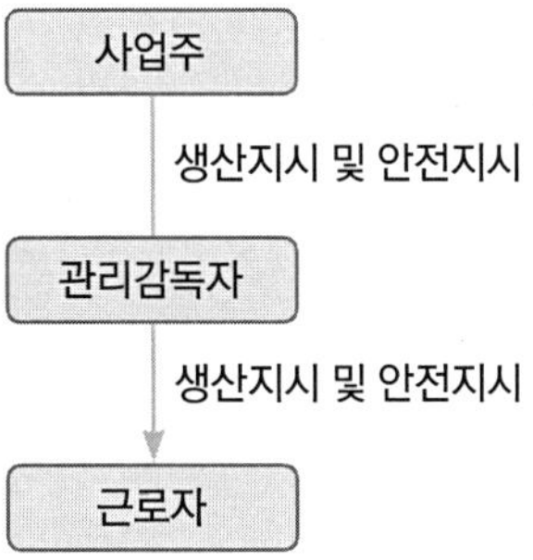

2. 참모(staff)형 조직
1) 정의
   중소규모 기업 및 현장에 적절한 조직으로 참모(staff)를 배치하여 안전에 관한 계획, 보고 등의 업무를 하는 조직
2) 규모
   중규모(100명 이상 ~ 1,000명 이하)
3) 특징
   ① 안전에 관한 정보 수집이 신속함
   ② 사업자에게 조언 및 자문 역할 가능
   ③ 전문적인 안전 기술 연구 가능함
   ④ 작업자에게 안전 지시 사항이 빠르게 전달되지 못함
   ⑤ 생산부문은 안전에 대해 책임 및 권한 없음
   ⑥ 업무에 소요되는 시간이 많음

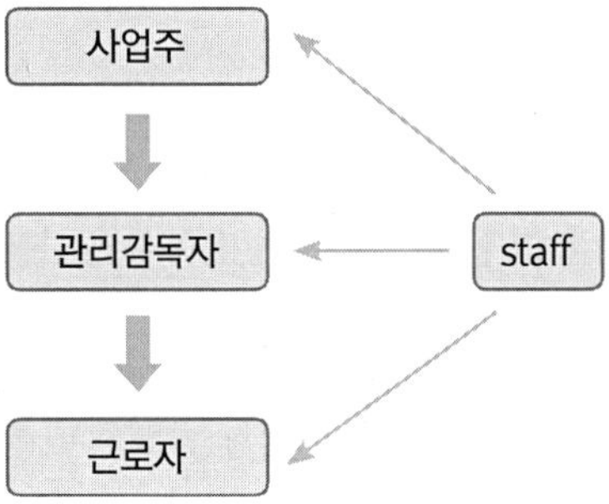

3. 직계참모형조직(line-staff)형 조직
1) 정의
   직계형과 참모형의 혼합형, 대규모 사업장에 적합한 조직
2) 규모
   대규모(1,000명 이상)
3) 특징
   ① 안전 기술 및 경험에 관한 축적이 가능
   ② 독자적인 안전 대책 강구 가능
   ③ 안전 지시 신속하게 전달됨
   ④ 명령 계통과 혼선이 야기되기 쉬움

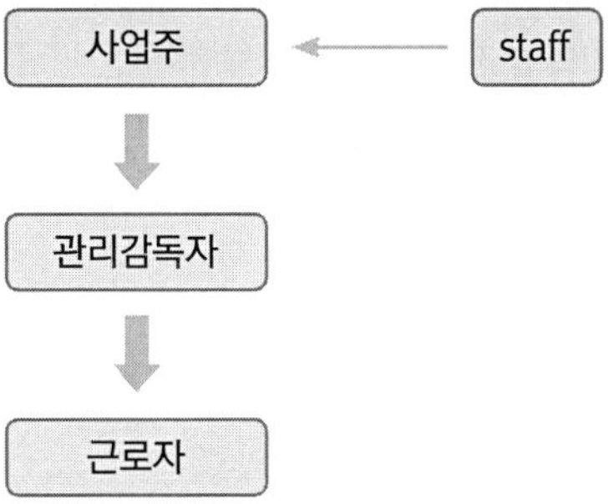

THEME 5 무재해 운동

1 정의
무재해 운동 시행 사업장에서 근로자가 업무로 인해 사망 또는 4일 이상 요양하는 부상 또는 질병에 걸리지 않는 것

2 목적
1) 기업의 손실방지 및 생산성 향상
2) 자율적 문제해결능력으로 품질 및 생산 향상
3) 전원참가로 긍정적 직장 분위기 조성
4) 노사 간 화합으로 신뢰도 향상

3 무재해 운동 3원칙
1) 무의 원칙 : 모든 잠재위험요인을 사전에 발견하여 해결
2) 참가의 원칙 : 전원이 참여하고 협력하여 잠재적인 위험요인 발견하고 해결
3) 선취의 원칙 : 직장의 위험요인을 사전에 발견하고 해결하여 사고 예방

4 무재해 운동 3기둥
1) 직장 내 자율활동 극대화
2) 관리감독자의 업무 실천
3) 경영자의 안전에 관한 철학(인간존중 바탕)

5 무재해 활동

| 비 | 자 | 대 | 수 | 심 | 청 | 복 | 리 | 점 |

1) 지적확인
2) 터치앤콜(touch and call)

3) 원포인트 위험예지훈련
4) 브레인스토밍(brain storming)
   ① 비판금지
   ② 자유분방
   ③ 대량발언
   ④ 수정발언
5) TBM(tool box meeting) 위험예지훈련
6) 롤플레잉(role playing)
7) 5C운동
   ① 복장단정(Correctness)
   ② 정리정돈(Clearance)
   ③ 점검 및 확인(Checking)
   ④ 전심전력(Concentration)
   ⑤ 청소청결(Cleaning)

THEME 6 제조물 책임 및 결함

1 제조물 책임법에 관한 책임

1) 과실에 관한 책임
① 주의 의무
② 소비자 보호에 관한 의무
③ 재해자 손해에 대한 배상 의무

2) 보증에 관한 책임
① 제조자의 제품에 대한 보증
② 제품의 내용과 실제가 동일
③ 실제와 다른 경우 소비자에 대한 책임

3) 불법행위에 대한 엄격책임
① 제품이 소비자에게 상해를 줄 수 있는 결함
② 결함이 입증 시 제조자 책임
③ 제조자의 과실유무 여부 상관없이 책임

2 결함

1) 경고 표시에 관한 결함
① 제조자의 설명, 경고, 지시 등 합리적인 표시 미비
② 상기사항의 미비로 위험, 피해 발생

2) 제조에 관한 결함
① 제조자의 제품 제작 시 발생 결함
② 제조자의 주의 의무 이행
③ 설계와 상이하게 제조 및 가공됨에 따라 결함 발생

3) 설계에 관한 결함
① 제조자의 적합한 설계 미비
② 설계 주의 부재로 인한 제조물의 불안전

THEME 7　산업안전보건위원회

1 산업안전보건위원회를 구성해야 할 사업의 종류 및 사업장의 상시근로자 수

농　어　소　컴　시　정　금　임　전　사　회

■ 산업안전보건법 시행령 [별표 9] 〈개정 2024. 6. 25.〉

사업의 종류	사업장의 상시근로자 수
1. 토사석 광업 2. 목재 및 나무제품 제조업 : 가구 제외 3. 화학물질 및 화학제품 제조업 : 의약품 제외(세제, 화장품 및 광택제 제조업과 화학섬유 제조업은 제외한다) 4. 비금속 광물제품 제조업 5. 1차 금속 제조업 6. 금속가공제품 제조업 : 기계 및 가구 제외 7. 자동차 및 트레일러 제조업 8. 기타 기계 및 장비 제조업(사무용 기계 및 장비 제조업은 제외한다) 9. 기타 운송장비 제조업(전투용 차량 제조업은 제외한다)	상시근로자 50명 이상
10. 농업 11. 어업 12. 소프트웨어 개발 및 공급업 13. 컴퓨터 프로그래밍, 시스템 통합 및 관리업 13의2. 영상 · 오디오물 제공 서비스업 14. 정보서비스업 15. 금융 및 보험업 16. 임대업 : 부동산 제외 17. 전문, 과학 및 기술 서비스업(연구개발업은 제외한다) 18. 사업지원 서비스업 19. 사회복지 서비스업	상시근로자 300명 이상
20. 건설업	공사금액 120억 원 이상(「건설산업기본법 시행령」 별표 1의 종합공사를 시공하는 업종의 건설업종란 제1호에 따른 토목공사업의 경우에는 150억 원 이상)
21. 제1호부터 제13호까지, 제13호의2 및 제14호부터 제20호까지의 사업을 제외한 사업	상시근로자 100명 이상

2 위원회 구성

1) 근로자 위원

　① 근로자 대표
　② 근로자 대표가 지명하는 명예산업안전감독관
　③ 근로자 대표가 지명하는 해당 사업장의 근로자 9명 이내

2) 사용자 위원

　① 해당 사업의 대표자
　② 안전관리자
　③ 보건관리자
　④ 산업보건의
　⑤ 해당 사업의 대표자가 지명하는 9명 이내의 해당 사업장 부서의 장

3 심의 및 의결 논의 사항

1) 산업 재해 예방 계획 수립에 관한 사항
2) 안전 보건 관리 규정의 작성 및 변경에 관한 사항
3) 근로자 안전 보건 교육에 관한 사항
4) 작업 환경 측정 점검 및 개선에 관한 사항
5) 근로자 건강 진단에 관한 사항
6) 중대재해 원인 조사 및 재발 방지 대책
7) 산재 통계 및 기록 유지에 관한 사항
8) 안전보건관리자의 수, 자격 및 직무 등

THEME 8 명예산업안전감독관

1 위촉대상

1) 산업안전보건위원회 또는 노사협의체 설치 대상 사업의 근로자 중에서 근로자 대표가 사업주의 의견을 들어 추천하는 자
2) 노동조합 또는 그 지역 대표기구에 소속된 임직원 중에서 해당 연합체인 노동조합 또는 그 지역 대표기구가 추천하는 자
3) 전국규모의 사업주 단체 또는 그 산하조직에 소속된 임직원 중에서 해당 단체 또는 그 산하조직이 추천하는 자
4) 산업재해예방 관련 업무를 하는 단체 또는 그 산하조직에 소속된 임직원 중에서 해당 단체 또는 그 산하조직이 추천하는 자

2 업무내용

1) 사업장에서 하는 자체점검 참여 및 근로감독관이 하는 사업장 감독 참여
2) 사업장 산업재해 예방계획 수립 참여 및 사업장에서 하는 기계·기구 자체검사 입회
3) 법령을 위반한 사실이 있는 경우 사업주에 대한 개선 요청 및 감독기관에 신고
4) 산업재해 발생이 급박한 위험이 있는 경우 사업주에 대한 작업중지 요청
5) 작업환경측정, 근로자 건강진단 시 입회 및 결과에 대한 설명회 참여
6) 직업성 질환의 증상이 있거나 질병에 걸린 근로자가 여럿 발생한 경우 사업주에 대한 임시건강진단 실시 요청
7) 근로자에 대한 안전수칙 준수 및 지도
8) 법령 및 산업재해 예방정책 개선 건의
9) 안전 보건 의식을 북돋우기 위한 활동과 무재해 운동 등에 대한 참여와 지원
10) 그 밖에 산업재해 예방에 대한 홍보 및 계몽 등 산업재해 예방업무와 관련해 고용노동부장관이 정하는 업무

3 업무영역

위촉대상 1)에 해당하는 경우 업무내용 1) ~ 7)까지 업무수행을 할 수 있으며, 위촉대상 2)~4)에 해당하는 경우 업무내용 8) ~ 10)에 해당하는 영역만 업무수행이 가능함.

4 임기 및 해촉에 관한 사항

1) 임기는 **2년**이며, 고용노동부장관은 명예산업감독관에게 수당 등을 지급할 수 있다.
2) **명예산업안전감독관 해촉 사항**
   ① 근로자 대표가 사업주의 의견을 들어 해촉을 요청한 경우
   ② 산하조직 퇴직 및 해임이 된 경우
   ③ 부정행위를 한 경우
   ④ 질병 등 부상으로 업무수행이 곤란한 경우

Plus note

THEME 9 안전보건관리규정

1 안전보건관리규정을 작성해야 할 사업의 종류 및 상시근로자 수

■ 산업안전보건법 시행규칙 [별표 2] 〈개정 2024. 6. 28.〉

사업의 종류	상시근로자 수
1. 농업 2. 어업 3. 소프트웨어 개발 및 공급업 4. 컴퓨터 프로그래밍, 시스템 통합 및 관리업 4의2. 영상·오디오물 제공 서비스업 5. 정보서비스업 6. 금융 및 보험업 7. 임대업 : 부동산 제외 8. 전문, 과학 및 기술 서비스업(연구개발업은 제외한다) 9. 사업지원 서비스업 10. 사회복지 서비스업	300명 이상
11. 제1호부터 제4호까지, 제4호의2 및 제5호부터 제10호까지의 사업을 제외한 사업	100명 이상

2 작성내용

1) 안전 보건관리 조직과 그 직무에 관한 사항
2) 안전 보건교육에 관한 사항
3) 작업장 안전관리에 관한 사항
4) 작업장 보건관리에 관한 사항
5) 사고조사 및 대책수립에 관한 사항
6) 그 밖에 안전 보건에 관한 사항

3 작성 및 변경 절차

1) 사업주는 안전보건관리 규정을 작성해야 할 사유가 발생한 날부터 30일 이내에 안전보건관리규정을 작성해야 한다.
2) 이를 변경할 사유가 발생한 경우에도 내용은 동일하다.
3) 사업주가 1), 2)에 따라 안전보건관리규정을 작성하는 경우에는 소방, 가스, 전기, 교통 분야 등 다른 법령에서 정하는 안전관리에 관한 규정과 통합하여 작성할 수 있다.
4) 사업주는 안전보건관리 규정을 작성 또는 변경할 때에는 산업안전보건위원회의 심의 및 의결을 거쳐야 한다.
5) 다만, 산업안전보건위원회가 설치되어 있지 아니한 사업장에 있어서는 근로자 대표의 동의를 얻어야 한다.

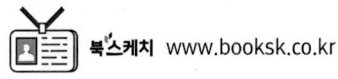

THEME 10 유해위험방지계획서 제출대상 사업

삼성 전자 반도체 1차 화 가 기 자
장 비 금 고 식 목

1 대상 사업장 종류(전기계약 용량이 300kw 이상)

1) <u>금</u>속가공제품(기계 및 가구는 제외) 제조업
2) <u>비</u>금속 광물제품 제조업
3) 기타 기계 및 <u>장</u>비 제조업
4) <u>자</u>동차 및 트레일러 제조업
5) <u>식</u>료품 제조업
6) <u>고</u>무제품 및 플라스틱제품 제조업
7) <u>목</u>재 및 나무제품 제조업
8) <u>기</u>타 제품 제조업
9) <u>1차</u> 금속 제조업
10) <u>가</u>구 제조업
11) <u>화</u>학물질 및 화학제품 제조업
12) <u>반</u>도체 제조업
13) <u>전자</u>부품 제조업

2 건설공사(제출시기 : 공사 착공 전)

1) 지상높이 **31m 이상**인 건축물 또는 인공구조물
2) 깊이 **10m 이상**인 굴착공사
3) **터널** 건설 등의 공사
5) 최대 지간길이가 **50m 이상**인 교량건설 등 공사
6) 연면적 **30,000m² 이상**인 건축물

7) 연면적 5,000m² 이상인 **문화** 및 **집회**시설(전시장 및 동물원·식물원 제외), **판**매시설, **운**수시설(고속철도의 역사 및 집배송시설 제외), **종**교시설, 의료시설 중 종**합**병원, 숙박시설 중 **관**광숙박시설, **지**하도상가 또는 냉동·냉장 창고시설의 건설, 개조, 해체

8) 연면적 5,000m² 이상의 **냉동**·**냉장** 창고시설의 설비공사 및 단열공사

9) 다목적 댐, 발전용 댐 및 저수용량 **2천만 톤** 이상의 용수 전용 댐, 지방상수도 전용 댐 건설 등의 공사

Plus note

THEME 11 안전보건개선계획

1 개요
고용노동부장관은 안전상태가 불량한 사업장에 대해서 안전보건개선계획의 수립을 명할 수 있으며, 사업주는 개선계획에 따라 종합적으로 개선조치를 하여야 함.

2 안전보건개선계획서 작성대상 사업장

1) 고용노동부장관의 필요 인정 시 대상
① 안전관리자 배치 사업장으로 같은 업종의 규모별 평균 재해율보다 높은 사업장
② 사업주가 안전보건조치의무를 이행하지 않아 중대재해가 발생한 사업장
③ 유해인자 노출기준을 초과한 사업장
④ 기타 고용노동부장관이 정하는 사업장

2) 안전보건진단을 받아 안전보건개선계획 수립 사업장
① 산재재해율이 동종 업종의 2배 이상인 사업장
② 직업병 유소견자가 연간 2명 이상 발생한 사업장(상시근로자 1천 명 이상인 경우 3명 이상)
③ 작업환경 불량, 화재 및 폭발 또는 누출사고 등 사회적 물의를 일으킨 사업장
④ 중대재해(사업주가 안전보건 조치의무를 이행하지 않아 발생한 것만 해당)

3 안전보건개선계획서 포함 내용
1) 안전보건관리 체계
2) 안전보건교육
3) 산재예방에 필요한 사항
4) 작업환경개선에 필요한 사항
5) 안전시설에 관한 사항

4 안전보건개선계획서 제출
안전보건개선계획서의 수립·시행명령을 받은 후 사업주는 명령을 받은 날부터 60일 이내에 관할 지방고용노동관서의 장에게 해당 계획서(전자문서 포함)를 제출해야 함.

THEME 12 재해 발생의 형태

재해 형태	내용
추락	사람이 인력(중력)에 의하여 건축물 등의 높은 장소에서 떨어지는 것
전도 전복	사람이 거의 평면 또는 경사면 등에서 구르거나 넘어짐 또는 미끄러진 경우, 물체가 전도, 전복되는 것
충돌(부딪힘) 접촉	재해자 자신의 움직임, 동작으로 인하여 기인물에 접촉 또는 부딪히거나, 물체가 고정부에서 이탈하지 않은 상태로 움직임 등에 의하여 접촉, 충돌하는 것
낙하 비래	고정되어 있던 물체가 고정부에서 이탈하거나, 설비 등으로 부터 물질이 분출되어 사람을 가해하는 것
붕괴 도괴	토사, 건축물, 가설물 등이 허물어져 내리거나 주요 부분이 꺾어져 무너지는 것
협착(끼임) 감김	운동하는 물체 사이의 협착, 회전부와 고정체 사이의 끼임 롤러 등 회전체 사이에 물리거나 또는 회전체, 돌기부 등에 감긴 것
전류 접촉	충전부 등에 신체의 일부가 직접 접촉하거나 유도전류의 통전으로 근육의 수축, 호흡곤란 등이 발생한 경우 또는 특별 고압 등에 접근함에 따라 발생한 합선 등으로 인하여 발생한 아크에 접촉한 것(전기 접촉이나 방전에 의해서 사람이 충격을 받은 경우)
이상온도 노출 · 접촉	고 · 저온 환경 또는 물체에 노출, 접촉되는 것
유해 위험물질 노출 · 접촉	유해, 위험물질에 노출, 접촉 또는 흡입하였거나 독성동물에 쏘이거나 물리는 것
산소결핍 질식	유해물질과 관련 없이 산소가 부족한 상태, 환경에 노출되었거나 이물질 등에 의하여 기도가 막혀 호흡기능이 불충분한 것
소음 노출	폭발음을 제외한 일시적, 장기적인 소음에 노출된 것
이상기압 노출	고 · 저기압 등의 환경에 노출되는 것
유해광선 노출	전리 또는 비전리 방사선에 노출되는 것
폭발	건축물, 용기 내 또는 대기 중에서 물질의 화학적, 물리적 변화가 급격히 진행되어 열, 폭음, 폭발압 등이 동반하여 발생되는 것
화재	가연물에 점화원이 가해져 비의도적으로 불이 일어나는 것(방화도 포함)
과도한 힘동작	물체의 취급과 관련하여 근육의 힘을 많이 사용하는 경우(밀기, 당기기 등)
반복적 동작	물체의 취급과 관련하여 근육의 힘을 많이 사용하지 않는 경우(지속적 또는 반복적인 업무수행으로 신체의 일부에 부담을 주는 행위, 동작)
신체 반작용	일시적 급격한 행위, 동작, 균형상실에 따른 반사적 행위(스트레스 등)
압박, 진동	재해자가 신체특정부위에 과도한 힘에 눌러진 경우나 마찰접촉 또는 진동 등으로 신체에 부담을 주는 것
폭력행위	의도적 또는 의도가 불분명한 위험행위로 자신 또는 타인에게 입히는 상해(언어, 성폭력 및 동물에 의한 상해 등 포함)

THEME 13 안전·보건관리자의 직무

1 안전보건총괄책임자의 직무

1) 작업의 중지 및 재개
2) 도급사업 시 안전보건조치
3) 수급인의 산업안전보건관리비의 집행감독 및 그 사용에 관한 수급인 간의 협의 및 조정
4) 안전인증대상 기계·기구 등과 자율안전확인대상 기계·기구 등의 사용 여부 확인
5) 위험성평가의 실시에 관한 사항

→ **안전보건총괄책임자 지정대상 사업**

수급인에게 고용된 근로자를 포함한 상시근로자가 **100명 이상**인 사업 및 수급인의 공사금액을 포함한 해당 공사의 총공사금액이 **20억 이상**인 건설업, **선박 및 보트 건조업, 1차 금속 제조업** 및 **토사석 광업의 경우 50명 이상**

2 안전보건관리책임자의 직무

1) 산업재해예방계획의 수립에 관한 사항
2) 안전보건관리규정의 작성 및 그 변경에 관한 사항
3) 근로자의 안전보건교육에 관한 사항
4) 작업환경의 측정 등 작업환경의 점검 및 개선에 관한 사항
5) 근로자의 건강진단 등 건강관리에 관한 사항
6) 산업재해의 원인조사 및 재발 방지대책 수립에 관한 사항
7) 산업재해에 관한 통계의 기록 및 유지에 관한 사항
8) 안전보건과 관련된 안전장치 및 보호구 구입 시 적격품 여부 확인에 관한 사항
9) 근로자의 유해위험예방조치에 관한 사항으로서 고용노동부령으로 정한 사항

3 관리감독자의 직무

1) 사업장 내 관리감독자가 지휘 및 감독하는 작업과 관련된 기계·기구 또는 설비의 안전보건 점검 및 이상 유무의 확인
2) 관리감독자에게 소속된 근로자의 작업복 보호구 및 방호장치의 점검과 그 착용 사용에 관한 교육 및 지도
3) 해당 작업에서 발생한 산업재해에 관한 보고 및 이에 대한 응급조치
4) 산업보건의, 안전관리자, 보건관리자 및 안전보건담당자의 지도 조언에 대한 협조

5) 위험성평가를 위한 업무에 기인하는 유해위험 요인의 파악 및 그 결과에 따른 개선조치의 시행
6) 해당 작업의 정리 정돈 및 통로확보에 대한 확인 및 감독

4 안전관리자의 직무

1) 산업안전보건위원회 또는 안전 보건에 관한 노사협의체에서 심의 의결한 업무
2) 해당 사업장의 안전보건관리규정 및 취업규칙에서 정한 업무
3) 안전인증대상 기계·기구 등과 자율안전확인대상 기계·기구 등 구입 시 적격품의 선정에 관한 **보좌 및 조언 지도**
4) 위험성 평가에 관한 **보좌 및 조언 지도**
5) 해당 사업장 안전교육계획의 수립 및 안전교육 실시에 관한 **보좌 및 조언 지도**
6) 사업장 순회점검 지도 및 조치의 건의
7) 산업재해 발생의 원인 조사 분석 및 재발 방지를 위한 기술적 **보좌 및 조언 지도**
8) 산업재해에 관한 통계의 유지, 관리, 분석을 위한 **보좌 및 조언 지도**
9) 업무수행 내용의 기록 및 유지

5 안전관리자 등의 증원 교체임명 명령

1) 해당 사업장의 연간재해율이 같은 업종의 **평균재해율의 2배 이상**인 경우
2) 중대재해가 **연간 3건 이상** 발생한 경우
3) 관리자가 질병이나 그 밖의 사유로 **3개월 이상** 직무 수행을 할 수 없게 된 경우
4) 화학적 인자로 인한 직업성질병자가 **연간 3명 이상** 발생한 경우
→ 지방고용노동관서의 장은 안전관리자, 보건관리자 또는 안전보건관리담당자를 정수 이상으로 증원, 교체를 명할 수 있음.

6 보건관리자의 직무

1) 산업안전보건위원회의 심의 의결한 업무
2) 안전보건관리규정 및 취업규칙에서 정한 업무
3) 안전인증대상 기계·기구 등과 자율안전확인대상 기계·기구 중 보건과 관련된 보호구 구입 시 적격품 선정에 관한 **보좌 및 조언 지도**
4) 물질안전보건자료의 게시 또는 비치에 관한 **보좌 및 조언 지도**
5) 산업보건의의 직무
6) 위험성평가에 관한 **보좌 및 조언 지도**

7) 해당 사업장 보건교육계획의 수립 및 보건교육 실시에 관한 보좌 및 조언 지도
8) 해당 사업장의 근로자를 보호하기 위한 다음 사항에 관한 조치 의료행위
   ① 외상 등 흔히 볼 수 있는 환자의 치료
   ② 응급조치가 필요한 사람에 대한 처치
   ③ 부상 및 질병의 악화를 방지하기 위한 처치
   ④ 건강진단 결과 발견된 질병자의 요양 지도 및 관리
   ⑤ 위 의료행위에 따를 의약품 투여
9) 작업장 내에서 사용되는 전체 환기장치 및 국소배기장치 등에 관한 설비의 점검
10) 작업방법의 공학적 개선에 관한 **보좌 및 조언 지도**
11) 사업장 순회점검 지도 및 조치의 건의
12) 산업재해 발생의 원인 조사 분석 및 재발 방지를 위한 기술적 **보좌 및 조언 지도**
13) 산업재해에 관한 통계의 유지 관리 분석을 위한 **보좌 및 조언 지도**
14) 업무수행 내용의 기록 및 유지
15) 그 밖에 작업관리 및 작업환경관리에 관한 사항

7 산업보건의의 직무

1) 건강진단 실시결과의 검토 및 그 결과에 따른 작업배치, 작업전환 또는 근로시간 단축 등 근로자의 건강보호 조치
2) 근로자의 건강자행의 원인조사와 재발방지를 위한 의학적 조치
3) 그 밖에 근로자의 건강 유지 및 증진을 위한 필요한 의학적 조치에 관해 고용노동부장관이 정하는 사항

THEME 14 도급사업 시 안전보건조치 등

1 적용대상

1) 도급인인 사업주는 작업장을 2일에 1회 이상 순회점검
   ① 서적 잡지 및 기타 **인**쇄물 출판업
   ② 음악 및 기타 **오**디오물 출판업
   ③ **금**속 및 비금속 원료 재생업
   ④ **토**사석 광업
   ⑤ **제**조업
   ⑥ **건**설업
2) 1) 이외 사업은 1주일에 1회 이상 순회점검

2 주의사항

1) 수급인인 사업주는 도급인인 사업주가 실시하는 순회점검을 거부하거나 방해 또는 기피해서는 아니 되며, 점검 결과 도급인인 사업주의 시정요구가 있으면 이에 따라야 한다.
2) 도급인인 사업주는 수급인인 사업주가 실시하는 근로자 해당 안전보건교육에 필요한 장소 및 자료의 제공 등 필요한 조치를 하여야 한다.

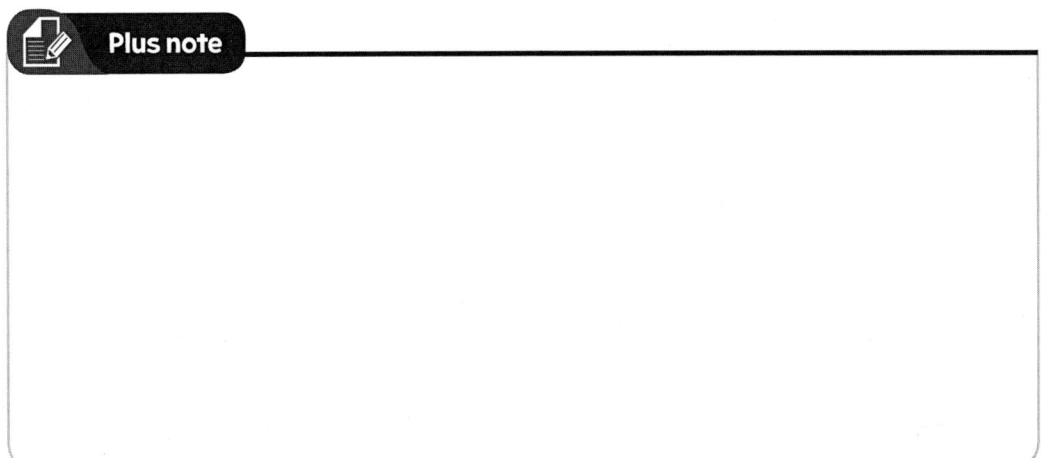

THEME 15 재해조사

1 재해조사 체계도

1) 긴급처리

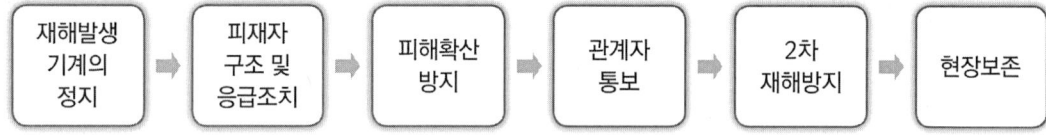

2) **재해조사** (육하원칙으로 상세히 조사 실시)
3) **원인분석** (인간-Man, 기계-Machine, 작업매체-Media, 관리-Management)
4) **대책수립** (기술적-Engineering, 교육적-Education, 관리적-Enforcement)
5) 대책실시계획
6) 실시
7) 평가

2 산업재해 발생 시 기록 보존 사항(사업주)

1) 사업장의 개요
2) 근로자 인적사항
3) 재해 발생 일시 및 장소
4) 재해 발생 원인
5) 재해 발생 과정
6) 재해 재발방지 계획

3 산업재해 발생건수 및 재해율, 순위 등 공표 대상 사업장(고용노동부장관)

1) 중대재해가 발생한 사업장으로서 해당 중대재해 발생연도의 연간 산업재해율이 규모별 같은 업종의 **평균 재해율 이상인 사업장**
2) 산업재해로 인한 **사망자가 연간 2명 이상** 발생한 사업장
3) 사망만인율이 규모별 같은 업종의 **평균 사망만인율 이상**인 사업장
4) 산업재해 발생 사실을 **은폐**한 사업장

THEME 16　재해 통계 원인분석 방법 및 재해사례연구

1　재해 통계 원인분석 방법

1) 개별적 분석 방법
① 개개의 재해요인을 상세하게 분석해 근본적인 해결법 제시
② 중대재해, 대형사고가 일어난 사업장 적용
③ 재해형식, 재해원인, 재해율, 재해경향성 등을 분석

2) 통계적 분석방법
① 개별적 분석 자료를 통해 재해 간의 요인들의 실효관계와 분포상태 등을 가시적으로 분석
② 빈발성의 높은 요인 발견, 원인 요소의 상세규명으로 개선대책 수립
③ 재해형식, 재해원인, 재해율, 재해경향성 등을 분석
④ 분석방법

종류	내용
파레토도	분류 항목을 큰 것에서 작은 것 순서대로 분석
특성요인도	특성과 요인관계를 도표화하여 어골상으로 세분화한 분석
클로즈분석도	요인별 결과 내역을 교차한 그림으로 작성하는 분석
관리도	월별 재해발생 수를 그래프화하여 관리선을 설정하는 방법

2　재해사례 연구순서

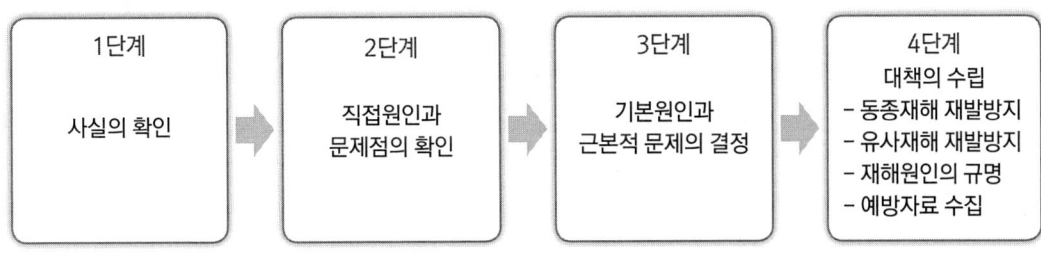

THEME 17　재해율의 종류

1 재해율(임금근로자 수 100명당 발생하는 재해자 수의 비율)

$$재해율 = \frac{재해자 \ 수}{임금근로자 \ 수}$$

2 연천인율(임금근로자 1,000명당 1년간 발생하는 재해자 수)

$$연천인율 = \frac{재해자 \ 수}{연평균 \ 근로자 \ 수} \times 1,000 \qquad 연천인율 = 도수율(빈도율) \times 2.4$$

3 도수율(빈도율)

- 근로자 100만 명이 1시간 작업 시 발생하는 재해건수
- 근로자 1명이 100만 시간 작업 시 발생하는 재해건수

$$도수율 = \frac{재해 \ 발생 \ 건수}{연 \ 근로시간 \ 수} \times 1,000,000$$

연 근로시간 수 = 실 근로자 수 × 근로자 1인당 연간 근로시간 수
1년(300일, 2,400시간), 1월(25일, 200시간) 1일(8시간)

4 강도율(연 근로시간 1,000시간당 재해로 인한 근로손실일수)

$$강도율 = \frac{근로손실일수}{연 \ 근로시간 \ 수} \times 1,000$$

〈근로손실일수〉
① 사망 및 영구 전노동 불능(장애등급 1~3급)
② 영구 일부노동 불능(4~14급)

등급	4	5	6	7	8	9	10	11	12	13	14
일수	5,500	4,000	3,000	2,200	1,500	1,000	600	400	200	100	50

③ 일시 전노동 불능(의사진단)

　　휴직일수 × $\dfrac{300}{365}$

5 평균강도율(재해 1건당 평균 근로손실일수)

$$\text{평균강도율} = \frac{\text{강도율}}{\text{도수율}} \times 1,000$$

6 환산강도율(입사~퇴직까지 근로손실일수)

$$\text{환산강도율} = \text{강도율} \times 100$$

7 환산도수율[입사~퇴직까지 40년(10만 시간) 재해 건수]

$$\text{환산도수율} = \frac{\text{도수율}}{10}$$

8 종합재해지수(재해 빈도의 다수와 상해정도를 종합)

$$\text{종합재해지수} = \sqrt{\text{도수율} \times \text{강도율}}$$

9 세이프티 스코어(safe T.Score)

$$\text{세이프티 스코어} = \frac{\text{도수율(현재)} - \text{도수율(과거)}}{\sqrt{\frac{\text{도수율(과거)}}{\text{총 근로시간 수}} \times 1,000,000}}$$

① 현재와 과거의 안전성적을 비교하여 (+)이면 나쁜 기록, (−)이면 과거에 비해 좋은 기록
② 평가방법 : +2 이상(과거보다 심각), +2 ~ −2(심각한 차이 없음), −2 이하(과거보다 좋음)

10 건설업 환산재해율

$$환산재해율 = \frac{환산재해자\ 수}{상시근로자\ 수} \times 100\ (소수점\ 셋째\ 자리에서\ 반올림)$$

$$상시근로자\ 수 = \frac{연간\ 국내공사\ 실적액 \times 노무비율}{건설업\ 월\ 평균임금 \times 12개월}$$

1) 환산재해자 수는 환산재해율 산정 대상 연도의 1월 1일부터 12월 31일까지의 기간 동안 해당 업체가 시공하는 국내의 건설현장(자체사업 포함)에서 산업재해를 입은 근로자 수를 합산하여 산출

2) 가중치 부여
   ① 가중치는 부상 재해자의 5배
   ② 재해 발생 시기와 사망 시기의 연도가 다른 경우 재해 발생 연도 다음 연도 3월 31일 이전에 사망한 경우에만 부상 재해자의 5배의 가중치를 부여
   ③ 산업재해 발생 보고를 게을리 하여 고용노동부장관이 사망재해 발생연도 이후에 그 사실을 알게 된 경우에는 알게 된 연도의 사망재해자 수로 산정하며 부상 재해자의 5배에 따른 가중치 부여

3) 재해자 수 산정 제외
   ① 방화, 근로자 간 또는 타인 간의 폭행
   ② 도로교통법에 따라 도로에서 발생한 교통사고(해당 공사 차량 장비에 의한 사고 제외)
   ③ 천재지변에 의한 불가항력적인 재해
   ④ 작업과 관련 없는 제3자의 과실(해당 목적물 완성을 위한 작업자 간의 과실 제외)
   ⑤ 진폐증에 의한 경우
   ⑥ 야유회, 체육행사, 취침, 휴식 등 건설작업과 직접 관련이 없는 경우

THEME 18 재해손실비의 종류 및 계산

1 하인리히 계산법(국내 재해손실비용 『경제적 손실 추정액』으로 산정)

> 총 재해비용 = 직접비 + 간접비 (직접비 : 간접비 = 1 : 4)

1) 직접비(재해자에게 지급되는 법령으로 정해진 산재보험비)

① 장해보상비
② 유족보상비
③ 간병비
④ 장의비
⑤ 요양보상비
⑥ 휴업보상비

2) 간접비(기업이 입은 손실)

① 인적손실 : 본인, 제3자의 시간 손실
② 물적손실 : 기계, 시설 등을 복구하는 데 소요되는 시간 손실 및 재산 손실
③ 생산손실 : 생산 중단, 감소, 판매 감소 등에 관한 손실
④ 특수손실
⑤ 기타손실

2 시몬즈 계산법

산업재해에서 제외되는 무상해까지 포함해서 계산(하인리히 이론 검토 수정)

> 총 재해비용 = 산재보험비용 + 비보험비용
> ① 비보험비용 = (휴업상해건수×A) + (통원상해건수×B) + (응급조치건수×C) + (무상해사고건수×D)
> ② A, B, C, D는 상해정도별 비보험비용의 평균치

3 버드의 계산법

총 재해비용 = 보험비 + 비보험비 + 비보험 기타비용
(구성비율 1 : 5 ~ 50 : 1~3)

① 보험비 : 의료비, 보상금
② 비보험 재산비용 : 건물, 기계, 기구, 장비 손실 및 작업중단 및 지연에 관한 비용
③ 비보험 기타 비용 : 교육 등

4 콤패스 계산법

총 재해비용 = 공동비용비 + 개발비용비

① 공동비용 : 보험료, 안전팀 유지비
② 개발비용 : 작업손실비, 수립비, 치료비 등

Plus note

THEME 19 재해통계

1 상해정도별 분류

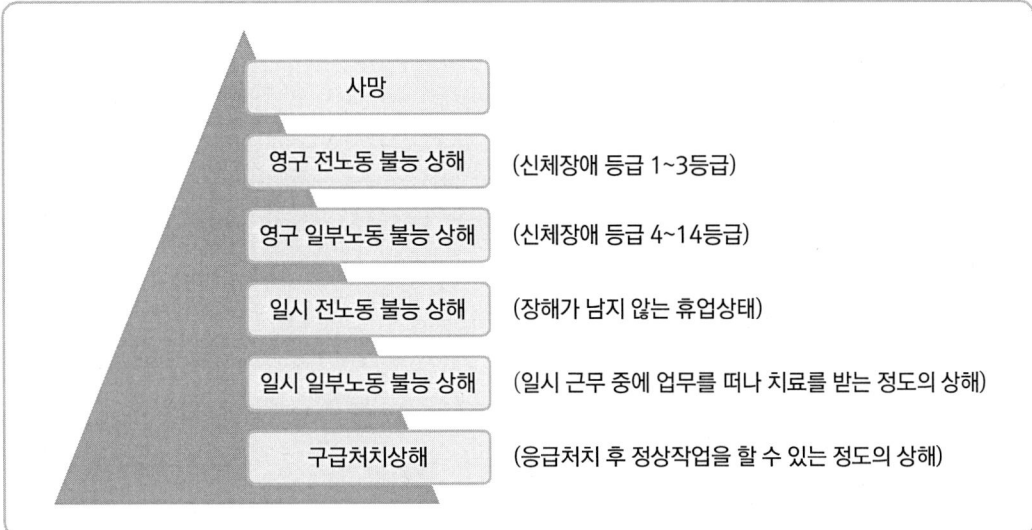

- 사망
- 영구 전노동 불능 상해 (신체장애 등급 1~3등급)
- 영구 일부노동 불능 상해 (신체장애 등급 4~14등급)
- 일시 전노동 불능 상해 (장해가 남지 않는 휴업상태)
- 일시 일부노동 불능 상해 (일시 근무 중에 업무를 떠나 치료를 받는 정도의 상해)
- 구급처치상해 (응급처치 후 정상작업을 할 수 있는 정도의 상해)

2 통계적 분류

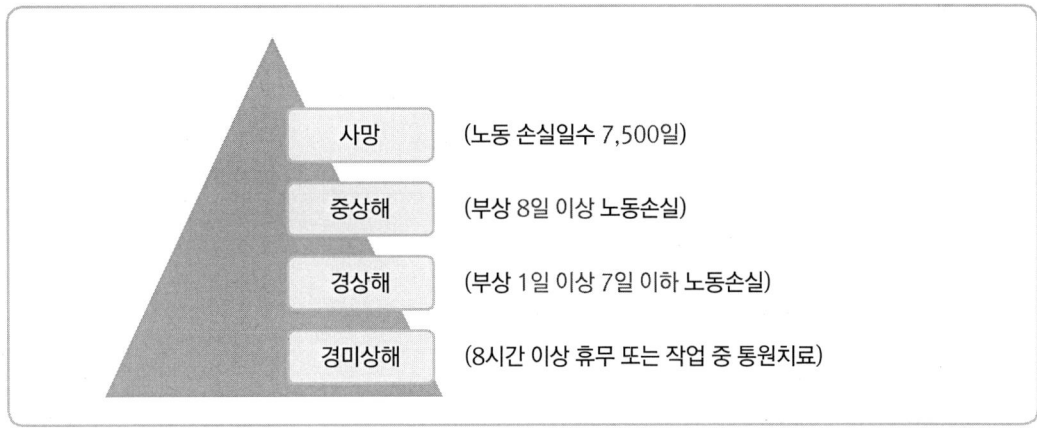

- 사망 (노동 손실일수 7,500일)
- 중상해 (부상 8일 이상 노동손실)
- 경상해 (부상 1일 이상 7일 이하 노동손실)
- 경미상해 (8시간 이상 휴무 또는 작업 중 통원치료)

3 상해의 종류

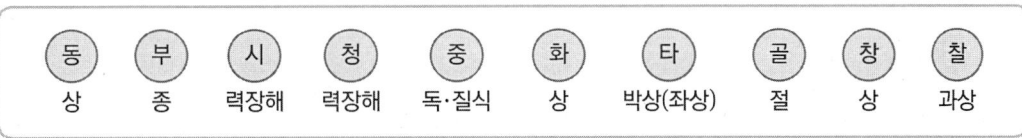

동상 | 부종 | 시력장해 | 청력장해 | 중독·질식 | 화상 | 타박상(좌상) | 골절 | 창상 | 찰과상

THEME 20 안전점검

1 안전점검의 종류

1) **일상점검(수시점검)** : 작업 전, 작업 중, 작업 후 실시
2) **정기점검** : 정기적 실시 (주, 월, 분기, 년)
3) **특별점검**
   ① 기계기구 신설 및 변경 시 점검
   ② 고장 수리 등에 의한 점검
   ③ 안전강조기간 등에 의한 점검
4) **임시점검** : 재해 등 이상 발견 시 실시하는 임시 점검

2 안전점검표(체크리스트)

1) 안전점검표 포함 내용
   ① 점검대상
      - 안전관리 조직체계 및 운영실태에 관한 사항
      - 안전교육계획 및 실시에 관한 사항
      - 작업환경 및 유해·위험관리에 관한 사항
      - 작업장 정리정돈 및 위험물 방화관리에 관한 사항
      - 운반설비 및 관련 시설물의 상태
   ② 점검부분(개소)
   ③ 점검항목(내용)
   ④ 점검시기(주기 및 기간)
   ⑤ 점검방법
      - 육안점검 : 시각, 청각, 촉각 등으로 판단
      - 기능점검 : 간단한 조작으로 점검대상의 결함에 대한 판단
      - 기기점검 : 점검대상을 순차적으로 작동하여 양·부를 판단
      - 정밀점검 : 측정, 검사 등을 종합적으로 점검하여 판단
   ⑥ 판정기준
   ⑦ 조치사항

2) 작성 시 주의사항

① 이해하기 쉽게 작성할 것
② 구체적으로 작성할 것
③ 재해예방에 실효성이 있을 것
④ 위험성이 높은 순서로 작성할 것(중요한 것부터 작성)

THEME 21 작업시작 전 점검사항

(산업안전보건기준에 관한 규칙 [별표 3])

작업시작 전 점검사항(제35조 제2항 관련)

작업의 종류	점검내용
1. 프레스 등을 사용하여 작업을 할 때(제2편 제1장 제3절)	가. 클러치 및 브레이크의 기능 나. 크랭크축·플라이휠·슬라이드·연결봉 및 연결나사의 풀림 여부 다. 1행정 1정지기구·급정지장치 및 비상정지장치의 기능 라. 슬라이드 또는 칼날에 의한 위험방지 기구의 기능 마. 프레스의 금형 및 고정볼트 상태 바. 방호장치의 기능 사. 전단기(剪斷機)의 칼날 및 테이블의 상태
2. 로봇의 작동 범위에서 그 로봇에 관하여 교시 등(로봇의 동력원을 차단하고 하는 것은 제외한다)의 작업을 할 때(제2편 제1장 제13절)	가. 외부 전선의 피복 또는 외장의 손상 유무 나. 매니퓰레이터(manipulator) 작동의 이상 유무 다. 제동장치 및 비상정지장치의 기능
3. 공기압축기를 가동할 때(제2편 제1장 제7절)	가. 공기저장 압력용기의 외관 상태 나. 드레인밸브(drain valve)의 조작 및 배수 다. 압력방출장치의 기능 라. 언로드밸브(unloading valve)의 기능 마. 윤활유의 상태 바. 회전부의 덮개 또는 울 사. 그 밖의 연결 부위의 이상 유무
4. 크레인을 사용하여 작업을 하는 때(제2편 제1장 제9절 제2관)	가. 권과방지장치·브레이크·클러치 및 운전장치의 기능 나. 주행로의 상측 및 트롤리(trolley)가 횡행하는 레일의 상태 다. 와이어로프가 통하고 있는 곳의 상태
5. 이동식 크레인을 사용하여 작업을 할 때(제2편 제1장 제9절 제3관)	가. 권과방지장치나 그 밖의 경보장치의 기능 나. 브레이크·클러치 및 조정장치의 기능 다. 와이어로프가 통하고 있는 곳 및 작업장소의 지반 상태
6. 리프트(자동차정비용 리프트를 포함한다)를 사용하여 작업을 할 때(제2편 제1장 제9절 제4관)	가. 방호장치·브레이크 및 클러치의 기능 나. 와이어로프가 통하고 있는 곳의 상태
7. 곤돌라를 사용하여 작업을 할 때(제2편 제1장 제9절 제5관)	가. 방호장치·브레이크의 기능 나. 와이어로프·슬링와이어(sling wire) 등의 상태
8. 양중기의 와이어로프·달기체인·섬유로프·섬유벨트 또는 훅·샤클·링 등의 철구(이하 "와이어로프 등"이라 한다)를 사용하여 고리걸이작업을 할 때(제2편 제1장 제9절 제7관)	와이어로프 등의 이상 유무

9. 지게차를 사용하여 작업을 하는 때(제2편 제1장 제10절 제2관)	가. 제동장치 및 조종장치 기능의 이상 유무 나. 하역장치 및 유압장치 기능의 이상 유무 다. 바퀴의 이상 유무 라. 전조등 · 후미등 · 방향지시기 및 경보장치 기능의 이상 유무
10. 구내운반차를 사용하여 작업을 할 때(제2편 제1장 제10절 제3관)	가. 제동장치 및 조종장치 기능의 이상 유무 나. 하역장치 및 유압장치 기능의 이상 유무 다. 바퀴의 이상 유무 라. 전조등 · 후미등 · 방향지시기 및 경음기 기능의 이상 유무 마. 충전장치를 포함한 홀더 등의 결합상태의 이상 유무
11. 고소작업대를 사용하여 작업을 할 때(제2편 제1장 제10절 제4관)	가. 비상정지장치 및 비상하강 방지장치 기능의 이상 유무 나. 과부하 방지장치의 작동 유무(와이어로프 또는 체인구동방식의 경우) 다. 아웃트리거 또는 바퀴의 이상 유무 라. 작업면의 기울기 또는 요철 유무 마. 활선작업용 장치의 경우 홈 · 균열 · 파손 등 그 밖의 손상 유무
12. 화물자동차를 사용하는 작업을 하게 할 때(제2편 제1장 제10절 제5관)	가. 제동장치 및 조종장치의 기능 나. 하역장치 및 유압장치의 기능 다. 바퀴의 이상 유무
13. 컨베이어 등을 사용하여 작업을 할 때(제2편 제1장 제11절)	가. 원동기 및 풀리(pulley) 기능의 이상 유무 나. 이탈 등의 방지장치 기능의 이상 유무 다. 비상정지장치 기능의 이상 유무 라. 원동기 · 회전축 · 기어 및 풀리 등의 덮개 또는 울 등의 이상 유무
14. 차량계 건설기계를 사용하여 작업을 할 때(제2편 제1장 제12절 제1관)	브레이크 및 클러치 등의 기능
14의2. 용접 · 용단 작업 등의 화재위험작업을 할 때(제2편 제2장 제2절)	가. 작업 준비 및 작업 절차 수립 여부 나. 화기작업에 따른 인근 가연성물질에 대한 방호조치 및 소화기구 비치 여부 다. 용접불티 비산방지덮개 또는 용접방화포 등 불꽃 · 불티 등의 비산을 방지하기 위한 조치 여부 라. 인화성 액체의 증기 또는 인화성 가스가 남아 있지 않도록 하는 환기 조치 여부 마. 작업근로자에 대한 화재예방 및 피난교육 등 비상조치 여부
15. 이동식 방폭구조(防爆構造) 전기기계 · 기구를 사용할 때(제2편 제3장 제1절)	전선 및 접속부 상태

16. 근로자가 반복하여 계속적으로 중량물을 취급하는 작업을 할 때(제2편 제5장)	가. 중량물 취급의 올바른 자세 및 복장 나. 위험물이 날아 흩어짐에 따른 보호구의 착용 다. 카바이드·생석회(산화칼슘) 등과 같이 온도상승이나 습기에 의하여 위험성이 존재하는 중량물의 취급방법 라. 그 밖에 하역운반기계 등의 적절한 사용방법
17. 양화장치를 사용하여 화물을 싣고 내리는 작업을 할 때(제2편 제6장 제2절)	가. 양화장치(揚貨裝置)의 작동상태 나. 양화장치에 제한하중을 초과하는 하중을 실었는지 여부
18. 슬링 등을 사용하여 작업을 할 때(제2편 제6장 제2절)	가. 훅이 붙어 있는 슬링·와이어슬링 등이 매달린 상태 나. 슬링·와이어슬링 등의 상태(작업시작 전 및 작업 중 수시로 점검

Plus note

THEME 22 안전검사

1 안전검사 대상 유해·위험기계 등

(크) (리) (프) (곤) (전) (압) (사) (고) (국) (산) (원) (롤) (컨)

1) **크**레인(정격하중 2톤 미만 제외)
2) **리**프트
3) **프**레스
4) **곤**돌라
5) **전**단기
6) **압**력용기
7) **사**출성형기(형 체결력 294KN 미만 제외)
8) **고**소작업대(화물자동차, 특수자동차에 탑재한 고소작업대로 한정)
9) **국**소배기장치(이동식 제외)
10) **산**업용 로봇
11) **원**심기(산업용만 해당)
12) **롤**러기(밀폐용 구조는 제외)
13) **컨**베이어

2 안전검사 주기

1) 크레인(이동식 크레인은 제외), 리프트(이삿짐운반용 리프트는 제외) 및 곤돌라
   ① 사업장에 설치가 끝난 날부터 **3년 이내**에 최초 안전검사를 실시
   ② 그 이후부터 **2년마다**(건설현장에서 사용하는 것은 최초로 설치한 날부터 **6개월마다**)
2) 이동식 크레인, 이삿짐운반용 리프트, 고소작업대
   ①「자동차관리법」제8조에 따른 신규등록 이후 **3년 이내**에 최초 안전검사를 실시
   ② 그 이후부터 **2년마다**

3) 프레스, 전단기, 압력용기, 국소 배기장치, 원심기, 롤러기, 사출성형기, 컨베이어, 산업용 로봇
   ① 사업장에 설치가 끝난 날부터 **3년 이내**에 최초 안전검사를 실시
   ② 그 이후부터 **2년마다**(공정안전보고서를 제출하여 확인을 받은 **압력용기는 4년마다**)

3 안전검사 신청

안전검사를 받아야 하는 자는 안전검사 신청서를 검사 주기 **만료일 30일 전**에 안전검사 업무를 위탁받은 기관에 제출하여야 함(전자문서 제출 포함)

Plus note

THEME 23 　안전인증

1 안전인증대상 기계·기구

1) 크레인
2) 리프트
3) 프레스
4) 곤돌라
5) 전단기 및 절곡기
6) 압력용기
7) 사출성형기
8) 고소작업대
9) 롤러기

2 안전인증대상 방호장치

1) 프레스 및 전단기 방호장치
2) 양중기용 과부하방지장치
　① 크레인(호이스트 포함)
　② 리프트(이삿짐 운반용 리프트 적재하중 0.1톤 이상)
　③ 곤돌라
　④ 이동식 크레인
　⑤ 승강기(최대하중 0.25톤 이상)
3) 보일러 압력방출용 안전밸브
4) 압력용기 압력방출용 안전밸브
5) 압력용기 압력방출용 파열판

6) 절연용 방호구 및 활선작업용 기구

7) 방폭구조 전기기계·기구 및 부품

8) 추락·낙하 및 붕괴 등의 위험 방지 및 보호에 필요한 가설기자재

3 안전인증대상 보호구

1) 추락 및 감전 위험방지용 안전모
2) 방진마스크
3) 방독마스크
4) 송기마스크
5) 전동식 호흡보호구
6) 안전장갑
7) 보호복
8) 안전대
9) 차광 및 비산물 위험방지용 보안경
10) 용접용 보안면
11) 방음용 귀마개 또는 귀덮개
12) 안전화

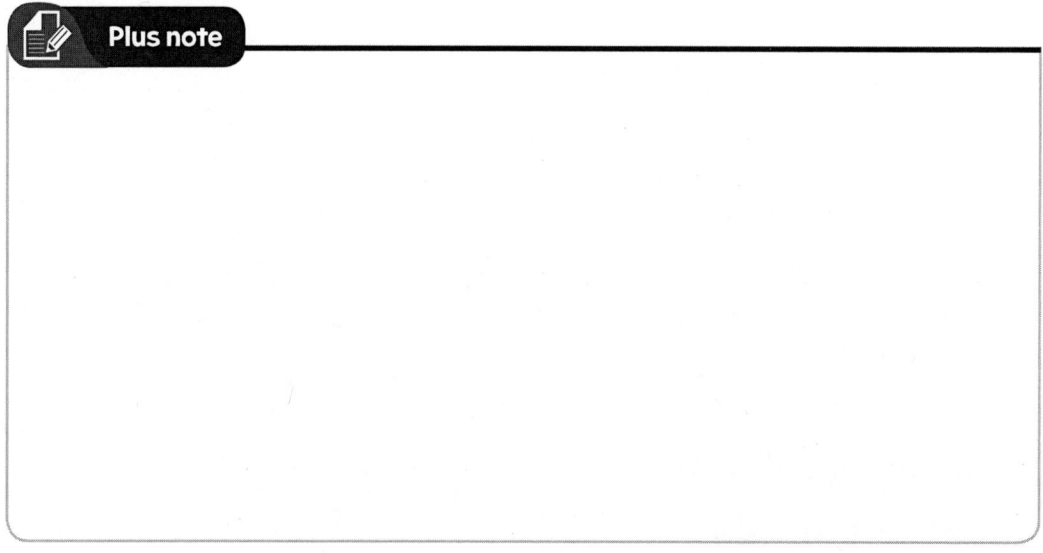

THEME 24 자율안전확인대상

1 자율안전확인대상 기계·기구

1) 연삭기 또는 연마기(휴대용 제외)
2) 산업용 로봇
3) 공작기계(선반, 드릴기, 평삭·형삭기, 밀링만 해당)
4) 고정형 목재가공용 기계(둥근톱, 대패, 루타기, 띠톱, 모떼기 기계만 해당)
5) 자동차 정비용 리프트
6) 식품가공용 기계(파쇄기, 절단기, 혼합기, 제면기만 해당)
7) 컨베이어
8) 인쇄기
9) 파쇄기 또는 분쇄기
10) 혼합기

2 자율안전확인대상 기계·기구의 방호장치

1) 목재 가공용 둥근톱 반발 예방장치와 날 접촉 예방장치
2) 동력식 수동대패용 칼날 접촉 방지 장치
3) 아세틸렌 용접장치용 또는 가스집합 용접장치용 안전기
4) 교류 아크용접지용 자동전격방지기
5) 연삭기 덮개
6) 추락·낙하 및 붕괴 등의 위험 방지 및 보호에 필요한 가설기자재
7) 롤러기 급정지장치

3 자율안전확인대상 보호구

1) **안전모**(추락 및 감전 위험방지용 안전모 제외)
2) **보안경**(차광 및 비산물 위험방지용 보안경 제외)
3) **보안면**(용접용 보안면 제외)

Plus note

THEME 25 안전인증심사

1 안전인증심사의 종류

1) 예비심사
기계·기구 및 방호장치·보호구가 유해·위험한 기계·기구 여부 확인 심사

2) 사전심사
유해·위험한 기계·기구·설비 등의 종류별 또는 형식별로 설계도면 등 유해·위험한 기계·기구·설비의 제품 기술과 관련 문서가 안전인증기준에 적합한지 여부 심사

3) 기술능력 및 생산체계 심사
유해·위험한 기계·기구·설비 등의 안전성능을 지속적으로 유지·보증하기 위해 사업장에서 갖추어야 할 기술능력과 생산체계가 안전인증기준에 적합한지 심사

4) 제품심사(개별 제품심사, 형식별 제품심사)
① 유해·위험 기계·기구·설비 등이 서면심사 내용과 일치하는지 여부
② 유해·위험 기계·기구·설비 등의 안전에 관한 성능이 안전인증기준에 적합한지에 관한 여부 심사

2 안전인증 심사기간

예	서	기	제	개	형
7	15(30)	30(45)		15	30

1) 예비심사 : 7일

2) 서면심사 : 15일(외국 제조 시 30일)

3) 기술능력 및 생산체계 심사 : 30일(외국 제조 시 45일)

4) 제품심사
① 개별 제품심사 : 15일
② 형식별 제품검사 : 30일

THEME 26 보호구 요건 및 종류

1 보호구가 갖추어야 할 요건

1) 착용이 용이할 것
2) 착용 시 작업에 용이할 것
3) 품질이 우수할 것
4) 외관이 보기 좋을 것
5) 작업에 방해가 되지 않을 것
6) 사용하는 목적에 적합할 것
7) 안전인증 또는 자율안전확인을 받을 것

2 보호구의 종류

1) 자율안전확인대상 보호구

① 안전모(추락 및 감전 위험방지용 안전모 제외)
② 보안경(차광 및 비산물 위험방지용 보안경 제외)
③ 보안면(용접용 보안면 제외)

2) 안전인증대상 보호구

① 추락 및 감전 위험방지용 **안전모**
② **방진**마스크
③ **방독**마스크
④ **송기**마스크
⑤ **전동식 호흡보호구**
⑥ 안전**장갑**
⑦ 보호복
⑧ 안전대
⑨ **차광 및 비산물 위험방지용 보안경**
⑩ 용접용 보안면
⑪ 방음용 **귀**마개 또는 귀덮개
⑫ 안전화

3 보호구의 지급

산업안전보건기준에 관한 규칙 제32조

1) 물체가 떨어지거나 날아올 위험 또는 근로자가 추락할 위험이 있는 작업 : **안전모**
2) 높이 또는 깊이 2미터 이상의 추락할 위험이 있는 장소에서 하는 작업 : **안전대(安全帶)**
3) 물체의 낙하·충격, 물체에의 끼임, 감전 또는 정전기의 대전(帶電)에 의한 위험이 있는 작업 : **안전화**
4) 물체가 흩날릴 위험이 있는 작업 : **보안경**

5) 용접 시 불꽃이나 물체가 흩날릴 위험이 있는 작업 : **보안면**
6) 감전의 위험이 있는 작업 : **절연용 보호구**
7) 고열에 의한 화상 등의 위험이 있는 작업 : **방열복**
8) 선창 등에서 분진(粉塵)이 심하게 발생하는 하역작업 : **방진마스크**
9) 섭씨 영하 18도 이하인 급냉동어창에서 하는 하역작업 : **방한모, 방한복, 방한화, 방한장갑**
10) 물건을 운반하거나 수거·배달하기 위하여 「자동차관리법」 제3조 제1항 제5호에 따른 이륜자동차(이하 "이륜자동차"라 한다)를 운행하는 작업 : 「도로교통법 시행규칙」 제32조 제1항 각 호의 기준에 적합한 **승차용 안전모**

4 안전인증 제품표시의 붙임

1) 형식 또는 모델명
2) 규격 또는 등급 등
3) 제조자명
4) 제조번호 및 제조연월
5) 안전인증 번호

5 제품사용설명서 포함 사항

1) 안전인증의 표시
 (제품명, 제조업체명, 인증번호, 인증일자, KCS표시, 안전인증의 형식과 등급)
2) 제품용도
3) 사용방법
4) 사용제한 및 경고사항
5) 점검사항과 방법
6) 폐기방법
7) 안전한 운반과 보관방법
8) 보증사항
9) 작성일자, 연락처 등

6 재검토기한

고용노동부장관은 「훈령·예규 등의 발령 및 관리에 관한 규정」에 따라 이 고시에 대하여 2018년 1월 1일 기준으로 매 3년이 되는 시점(매 3년째의 12월 31일까지를 말한다)마다 그 타당성을 검토하여 개선 등의 조치를 하여야 한다.

THEME 27 : 추락 및 감전 위험방지용 안전모

[시행 2023. 12. 18.] [고용노동부고시 제2023-64호, 2023. 12. 18., 일부개정]

1 용어 정의

번호	명칭	
①	모체	
②	착장체	머리받침끈
③		머리고정대
④		머리받침고리
⑤	충격흡수재	
⑥	턱끈	
⑦	챙(차양)	

(a) 내부수직거리 (b) 충격흡수제
(c) 외부수직거리 (d) 착용높이

용어	내용
모체	착용자의 머리부위를 덮는 주된 물체로서 단단하고 매끄럽게 마감된 재료
착장체	머리받침끈, 머리고정대 및 머리받침고리로 구성되어 추락 및 감전 위험방지용 안전모(이하 "안전모"라 한다) 머리부위에 고정시켜주며, 안전모에 충격이 가해졌을 때 착용자의 머리부위에 전해지는 충격을 완화시켜주는 기능을 갖는 부품
충격흡수재	안전모에 충격이 가해졌을 때, 착용자의 머리부위에 전해지는 충격을 완화하기 위하여 모체의 내면에 붙이는 부품
턱끈	모체가 착용자의 머리부위에서 탈락하는 것을 방지하기 위한 부품
통기구멍	통풍의 목적으로 모체에 있는 구멍
챙	햇빛 등을 가리기 위한 목적으로 착용자의 이마 앞으로 돌출된 모체의 일부
착용높이	안전모를 머리모형에 장착하였을 때 머리고정대의 하부와 머리모형 최고점과의 수직거리
외부수직거리	안전모를 머리모형에 장착하였을 때 모체 외면의 최고점과 머리모형 최고점과의 수직거리
내부수직거리	안전모를 머리모형에 장착하였을 때 모체 내면의 최고점과 머리모형 최고점과의 수직거리
수평간격	모체 내면과 머리모형 전면 또는 측면 간의 거리
관통거리	모체 두께를 포함하여 철제추가 관통한 거리

THEME 28 추락 및 감전 위험방지용 안전모 성능기준

[시행 2023. 12. 18.] [고용노동부고시 제2023-64호, 2023. 12. 18., 일부개정]

1 종류

종류(기호)	사용구분	비고
AB	물체의 낙하 또는 비래 및 추락에 의한 위험을 방지 또는 경감시키기 위한 것	
AE	물체의 낙하 또는 비래에 의한 위험을 방지 또는 경감하고, 머리부위 감전에 의한 위험을 방지하기 위한 것	내전압성 (주1)
ABE	물체의 낙하 또는 비래 및 추락에 의한 위험을 방지 또는 경감하고, 머리부위 감전에 의한 위험을 방지하기 위한 것	내전압성

(주1) 내전압성이란 7,000V 이하의 전압에 견디는 것

2 일반구조

1) 안전모의 일반구조

① 안전모는 모체, 착장체 및 턱끈을 가질 것
② 착장체의 머리고정대는 착용자의 머리부위에 적합하도록 조절할 수 있을 것
③ 착장체의 구조는 착용자의 머리에 균등한 힘이 분배되도록 할 것
④ 모체, 착장체 등 안전모의 부품은 착용자에게 상해를 줄 수 있는 날카로운 모서리 등이 없을 것
⑤ 턱끈은 사용 중 탈락되지 않도록 확실히 고정되는 구조일 것
⑥ 안전모의 착용높이는 85mm 이상이고 외부수직거리는 80mm 미만일 것
⑦ 안전모의 내부수직거리는 25mm 이상 50mm 미만일 것
⑧ 안전모의 수평간격은 5mm 이상일 것
⑨ 머리받침끈이 섬유인 경우에는 각각의 폭이 15mm 이상이어야 하며, 교차지점 중심으로부터 방사되는 끈폭의 총합은 72mm 이상일 것
⑩ 턱끈의 폭은 10mm 이상일 것

2) AB종 안전모는 1)의 조건에 적합해야 하고 충격흡수재를 가져야 하며, 리벳(rivet) 등 기타 돌출부가 모체의 표면에서 5mm 이상 돌출되지 않아야 한다. 다만, 통기목적으로 안전모에 구멍을 뚫을 수 있으며 통기구멍의 총면적은 150mm^2 이상, 450mm^2 이하로 하여야 하며, 직경 3mm의 탐침을 통기구멍에 삽입하였을 때 탐침이 두상에 닿지 않아야 한다.

3) AE종 안전모는 1)의 조건에 적합해야 하고 금속제의 부품을 사용하지 않고, 착장체는 모체의 내외면을 관통하는 구멍을 뚫지 않고 붙일 수 있는 구조로서 모체의 내외면을 관통하는 구멍 핀홀 등이 없어야 한다.

4) ABE종 안전모는 1) 및 3)에서 규정하는 조건에 적합해야 한다. 1) 및 3)에서 규정하는 조건에 적합하여야 하며 충격흡수재를 부착하되, 리벳(rivet) 등 기타 돌출부가 모체의 표면에서 5mm 이상 돌출되지 않아야 한다.

3 재료

착용자의 머리와 접촉하는 안전모의 모든 부품은 피부에 유해하지 않은 재료를 사용해야 한다.

4 성능시험기준

항목	시험성능기준
내관통성	AE, ABE종 안전모는 관통거리가 9.5mm 이하이고, AB종 안전모는 관통거리가 11.1mm 이하이어야 한다.
충격흡수성	최고전달충격력이 4,450N을 초과해서는 안 되며, 모체와 착장체의 기능이 상실되지 않아야 한다.
내전압성	AE, ABE종 안전모는 교류 20kV 에서 1분간 절연파괴 없이 견뎌야 하고, 이때 누설되는 충전전류는 10mA 이하이어야 한다.
내수성	AE, ABE종 안전모는 질량증가율이 1% 미만이어야 한다.
난연성	모체가 불꽃을 내며 5초 이상 연소되지 않아야 한다.
턱끈풀림	150N 이상 250N 이하에서 턱끈이 풀려야 한다.

5 부가성능기준 및 표시

1) 부가성능기준

① 안전모의 측면변형방호 기능을 부가성능으로 요구 시에는 측면변형 시험방법(THEME 29 ⑨ 참고)에 따라 시험하여 최대측면변형은 40mm, 잔여변형은 15mm 이내이어야 한다.
② 안전모의 금속용융물 분사방호기능을 부가성능으로 요구 시에는 금속용융물 분사 시험방법(THEME 29 ⑩ 참고)에 따라 시험하여 다음과 같이 한다.
- 용융물에 의해 10mm 이상의 변형이 없고 관통되지 않을 것
- 금속용융물의 방출을 정지한 후 5초 이상 불꽃을 내며 연소되지 않을 것

2) 부가성능표시

부가성능을 갖는 안전모에는 규칙 제114조(안전인증의 표시)에 따른 표시 외에 측면변형방호 또는 금속용융물 분사방호의 부가성능에 대한 사항을 표시해야 한다.

THEME 29 추락 및 감전 위험방지용 안전모 시험방법

[시행 2023. 12. 18.] [고용노동부고시 제2023-64호, 2023. 12. 18., 일부개정.]

1 전처리

1) 저온전처리는 (−10±2)℃에서 4시간 이상 유지한다.
2) 고온전처리는 (50±2)℃에서 4시간 이상 유지한다.
3) 침지전처리는 (20±2)℃의 물에서 4시간 이상 침지한다.
4) 노화전처리는 제논아크램프를 사용하여 다음과 같이 할 것
   ① 시료는 제논아크램프의 복사에너지에 노출되어야 하며, 램프에서 복사되는 에너지는 지면에 닿는 햇빛과 가까운 스펙트럼 분포를 가질 것
   ② 충격흡수성 및 내관통성 시험에 사용될 모체 표면이 램프를 향하도록 시편고정대에 장착되어야 하며, 시편고정대는 분당 1~5회 회전할 것
   ③ 안전모 시편 표면에서 측정된 파장길이 280nm에서 800nm 대역의 복사에너지의 총량은 $1GJ/m^2$으로 할 것
   ④ 시험 시간은 120분을 주기로 102분은 살수하지 않은 상태로 노화시키고, 나머지 18분은 살수하면서 노화시킬 것. 이때 살수되는 물은 금속 및 미네랄이 없는 물(전도율 5μS/cm 이하)이어야 한다.
   ⑤ 시험챔버 내의 온도는 램프로부터 안전모 표면과 같은 거리에 설치된 온도계로 측정하였을 때 (70±3)℃로 유지되어야 하며, 102분 동안의 상대습도는 (50±5)%로 유지할 것

2 착용높이 측정

1) 안전모의 외부수직거리, 내부수직거리, 내부수직간격 및 모체와 착장체 간의 수평간격 및 착용높이는 안전모 머리고정대를 머리모형에 장착하여 측정한다.
2) 안전모는 50N의 수직하중을 가한 상태에서 측정한다.
3) 착용높이 및 수평간격 측정 시 머리받침고리가 조절 가능하다면 가장 높은 위치로 조절된 상태에서 측정한다.

3 내관통성 시험

1) 그림1-1에 나타난 시험장치에 시험하고자 하는 안전모를 머리고정대가 느슨한 상태(머리고정대 길이가 58cm 이상)로 머리 모형에 장착하고 질량 450g 철제추를 낙하점이 모체정

부를 중심으로 직경 76mm 이내가 되도록 높이 3m에서 자유 낙하시켜 관통거리를 측정한다. (이때 시험은 전처리한 후 1분 이내에 행한다)

2) 시험에 사용되는 안전모는 별표 1의2 제1호에 따라 전처리한다.
3) 머리모형은 공명이 적은 마그네슘 K-1, 나무, 알루미늄을 재료로 제작되고 질량은 (3.6±0.45)kg이어야 하며, 머리모형의 형상과 치수는 그림1-1 과 같다.
4) 철제추의 형상과 치수는 원뿔각도 (35±0.5)°, 뾰족한 끝의 반경은 0.25mm 이하의 반구상으로 한다.
5) AB, ABE종 안전모는 낙하점이 모체앞머리, 양옆머리, 뒷머리가 각각 되도록 머리모형에 장착한 후 1)과 동일한 방법으로 관통거리를 추가로 측정한다.(저온 및 고온 전처리에 한함)

4 충격흡수성 시험

1) 그림1-1 에 나타난 시험장치에 시험하고자 하는 안전모를 머리고정대가 느슨한 상태(머리고정대 길이가 58cm 이상)로 머리모형에 장착하고 질량 3,600g의 충격추를 낙하점이 모체정부를 중심으로 직경 76mm 이내가 되도록 높이 1.5m에서 자유 낙하시켜 전달충격력을 측정한다. (이때 충격이 가해진 안전모에 다시 충격을 가해지지 않도록 하며, 전처리한 후 1분 이내에 행한다)
2) 시험에 사용되는 안전모는 별표 1의2 제1호에 따라 전처리한다.
3) AB, ABE종 안전모는 낙하점이 모체앞머리, 양옆머리, 뒷머리가 각각 되도록 머리모형에 장착한 후 1)과 동일한 방법으로 전달충격력을 추가로 측정한다.(저온 및 고온 전처리에 한함)

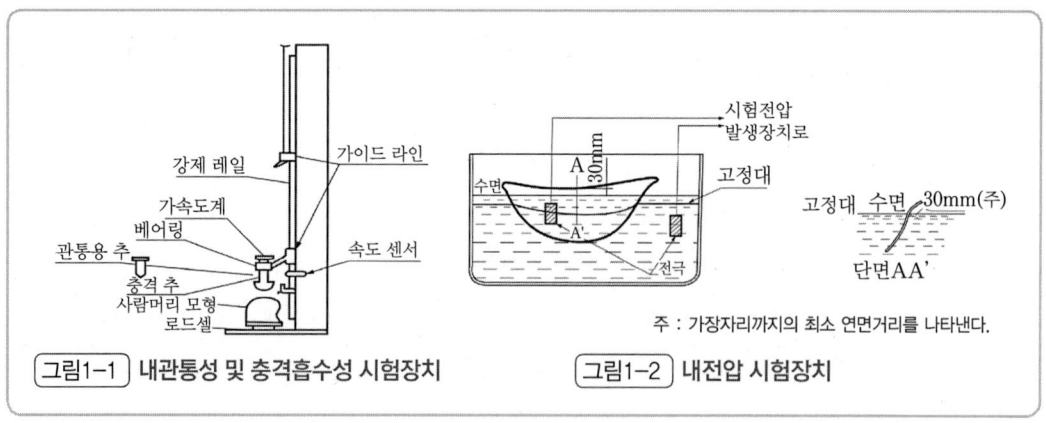

그림1-1 내관통성 및 충격흡수성 시험장치   그림1-2 내전압 시험장치

5 내전압성 시험

AE, ABE종 안전모의 내전압성 시험은 다음과 KS P 8010(절연용보호구·방구류의 내전압 시험방법)에 따른다.

1) 그림1-2 에 나타난 시험장치에 안전모 모체 내외의 수위가 동일하게 되도록 물을 채운다.
2) 모체의 내부 수면에서 최소연면거리는 전부위에 챙이 있는 것은 챙 끝까지, 챙이 없는 것은 모체의 끝까지 30mm로 한다.
3) 이 상태에서 모체 내외의 수중에 전극을 담그고, 주파수 60Hz의 정현파에 가까운 20kV의 전압을 가하고 충전전류를 측정한다.
4) 전압을 가하는 방법은 규정 전압의 100분의 75까지 상승시키고, 이후에는 1초간에 약 1,000V의 비율로 전압을 상승시켜 20kV에 달한 후 1분간 이에 견디는지 확인한다.
5) 충전전류의 측정은 실효치지시형 전류계를 사용함을 원칙으로 이것을 접지측에 접속하여 실시한다.

6 내수성 시험

AE, ABE종 안전모의 내수성 시험은 시험 안전모의 모체를 (20~25)℃의 수중에 24시간 담가놓은 후, 대기 중에 꺼내어 마른천 등으로 표면의 수분을 닦아내고 다음 산식으로 질량증가율 (%)을 산출한다.

$$질량증가율(\%) = \frac{담근 \ 후의 \ 질량 - 담그기 \ 전의 \ 질량}{담그기 \ 전의 \ 질량} \times 100$$

7 난연성 시험

고온 전처리하여 충격흡수성 시험을 마친 시편을 프로판 가스를 사용하는 분젠버너(직경 10mm)에 그림1-3 과 같이 가스 압력을 (3,430±50)Pa로 조절하고 청색불꽃의 길이가 (45±5)mm가 되도록 조절하여 시험한다. 이 경우 모체의 연소부위는 모체 상부로부터 (50~100)mm 사이로 불꽃 접촉면이 수평이 된 상태에서 버너를 수직방향에서 45° 기울여서 10초간 연소시킨 후 불꽃을 제거한 후 모체가 불꽃을 내고 계속 연소되는 시간을 측정한다.

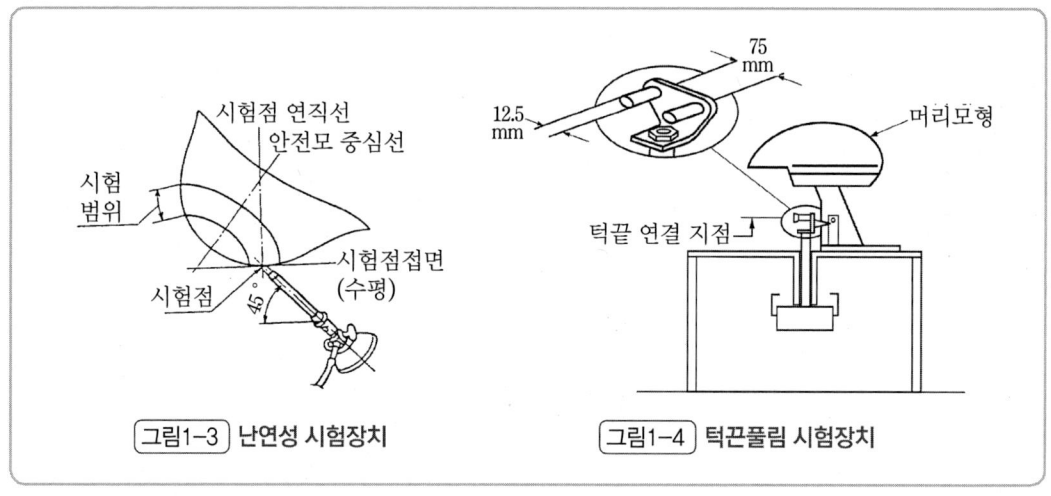

그림1-3 난연성 시험장치   그림1-4 턱끈풀림 시험장치

8 턱끈풀림 시험

턱끈풀림 시험은 그림1-4와 같이 안전모를 머리모형에 장착하고 직경이 (12.5±0.5)mm이고 양단 간의 거리가 (75±2)mm인 원형롤러에 턱끈을 고정시킨 후 초기 150N의 하중을 원형 롤러부에 가하고 이후 턱끈이 풀어질 때까지 분당 (20±2)N의 힘을 가하여 최대하중을 측정하고 턱끈 풀림여부를 확인한다.

9 측면변형 시험

1) 안전모의 측면을 가로 300mm, 세로 250mm이고 모서리가 반경 (10±0.5)mm인 두 개의 평행한 금속판에 고정시킨다.
2) 테두리가 있는 안전모는 금속판을 가능한 한 테두리에 근접시키고 테두리가 없는 안전모는 금속판 사이에 설치한다.
3) 안전모 측면에 힘을 받도록 30N의 초기 하중을 금속판의 수직 방향으로 가한 상태에서 금속판 사이의 거리(L_1)를 측정한다.
4) 분당 100N의 힘으로 430N이 될 때까지 힘을 가한 상태에서 30초간 유지시킨 후 금속판 사이의 거리(L_2)를 측정한다.
5) 하중을 즉시 25N으로 감소시킨 후 다시 30N으로 가하여 30초간 유지시킨 후 금속판 사이의 거리(L_3)를 측정한다.
6) 최대 측면변형은 L_1과 L_2 사이의 거리로 측정하며, 잔여변형은 L_1과 L_3 사이의 거리로 측정한다.

10 금속용융물 분사 시험

1) (150±10)g의 철 용융물이 안전모 상부 반경 50mm 내에 떨어지도록 그림1-5 와 같이 안전모를 시편고정대에 고정한다.
2) 이때 용융물의 낙하거리는 (225±5)mm로 한다.
3) 용융물이 낙하된 후 안전모 모체의 관통 여부 및 모체의 변형 유무와 5초 이상 불꽃을 내며 연소하는지의 여부를 확인한다.

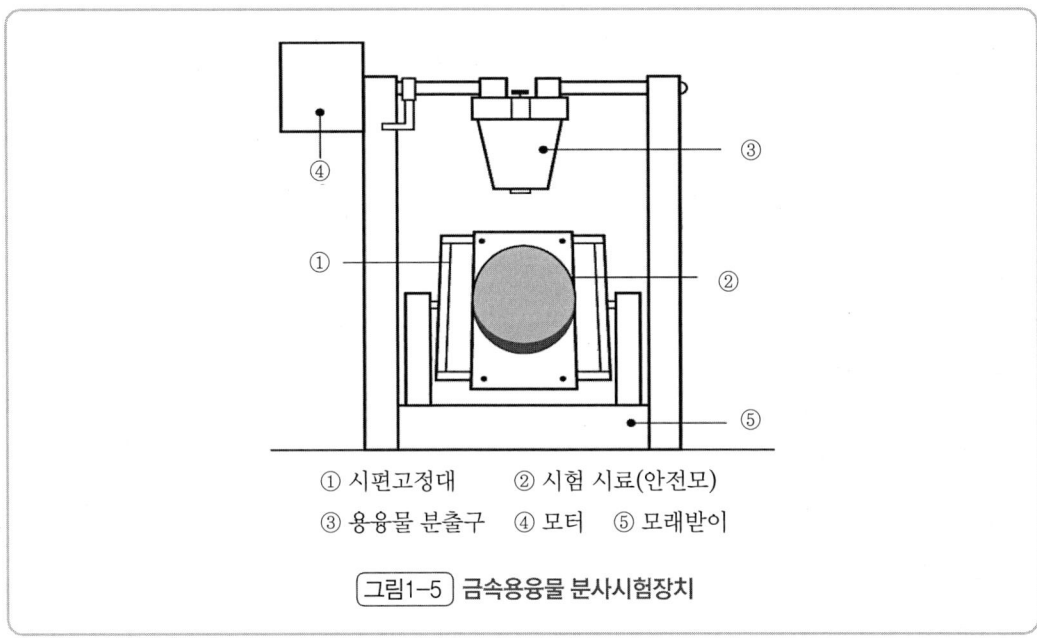

① 시편고정대   ② 시험 시료(안전모)
③ 용융물 분출구   ④ 모터   ⑤ 모래받이

그림1-5 금속용융물 분사시험장치

Plus note

THEME 30 안전화

[시행 2023. 12. 18.] [고용노동부고시 제2023-64호, 2023. 12. 18., 일부개정.]

1 용어 정의

용어	내용
중작업용 안전화	1,000밀리미터의 낙하높이에서 시험했을 때 충격과 (15.0±0.1)킬로뉴턴(KN)의 압축하중에서 시험했을 때 압박에 대하여 보호해 줄 수 있는 선심을 부착하여, 착용자를 보호하기 위한 안전화
보통작업용 안전화	500밀리미터의 낙하높이에서 시험했을 때 충격과 (10.0±0.1)킬로뉴턴(KN)의 압축하중에서 시험했을 때 압박에 대하여 보호해 줄 수 있는 선심을 부착하여, 착용자를 보호하기 위한 안전화
경작업용 안전화	250밀리미터의 낙하높이에서 시험했을 때 충격과 (4.4±0.1)킬로뉴턴(KN)의 압축하중에서 시험했을 때 압박에 대하여 보호해 줄 수 있는 선심을 부착하여, 착용자를 보호하기 위한 안전화
은면 가죽	원래의 섬유 조직 및 은면층의 성질을 유지하면서, 무두질로 방부 처리된 가죽(full-grain leather)
수정된 가죽	원래의 섬유 조직 성질을 유지하면서 은면층을 수정하기 위해 기계적 연마를 하고, 무두질로 방부 처리된 가죽(corrected-grain leather)
상가죽	원래의 섬유조직 성질을 유지하면서 은면층을 완전히 제거하고, 무두질로 방부 처리된 가죽의 외피 또는 중간 부분(leather split)
인조가죽 등	극세사로 직조된 가죽 및 코팅된 섬유
고무	가황 처리된 탄성체(rubber)
기타재질	중합재료(Polymeric materials)인 폴리우레탄, 폴리염화비닐 등과 같이 화학적 결합에 의하여 동일한 단위체가 반복된 형태로 된 재질
안창	발에 접촉하는 안전화 내부 바닥의 분리할 수 없는 창(insole)
몸통높이	몸통의 가장 높은 지점과 안창의 뒤끝 위쪽 면 사이의 수직거리
안감	발에 접촉하는 몸통 안쪽을 싸고 있는 내피층(lining)
연료유	석유로 구성된 지방족 탄화수소(fuel oil)
소돌기	창의 바깥 면에 돌출된 부분(cleat)
내답판	관통에 대한 보호를 위해서 창에 들어가는 부품(penetration-resistance insert)
선심	일정한 충격과 압축하중에서 착용자의 발끝을 보호하는 부품(safety toecap)
깔창	안창을 덮는 부품(insock)
뒷굽	안전화의 뒷부분(몸통과 창)(seat region)

2 안전화의 명칭

가죽제 안전화 각 부분의 명칭

1. 선포
2. 안전화혀
3. 목패딩
4. 몸통
5. 안감
6. 깔개
7. 선심
8. 보강재
9. 겉창
10. 소돌기
11. 내답판
12. 안창
13. 뒷굽
14. 뒷날개
15. 앞날개

고무제 안전화 각 부분의 명칭

1. 몸통
2. 신울
3. 뒷굽
4. 겉창
5. 선심
6. 내답판

3 안전화의 종류

종류	성능구분
가죽제안전화	물체의 낙하, 충격 또는 날카로운 물체에 의한 찔림 위험으로부터 발을 보호하기 위한 것
고무제안전화	물체의 낙하, 충격 또는 날카로운 물체에 의한 찔림 위험으로부터 발을 보호하고 내수성을 겸한 것
정전기안전화	물체의 낙하, 충격 또는 날카로운 물체에 의한 찔림 위험으로부터 발을 보호하고 정전기의 인체대전을 방지하기 위한 것
발등안전화	물체의 낙하, 충격 또는 날카로운 물체에 의한 찔림 위험으로부터 발 및 발등을 보호하기 위한 것
절연화	물체의 낙하, 충격 또는 날카로운 물체에 의한 찔림 위험으로부터 발을 보호하고 저압의 전기에 의한 감전을 방지하기 위한 것
절연장화	고압에 의한 감전을 방지 및 방수를 겸한 것
화학물질용 안전화	물체의 낙하, 충격 또는 날카로운 물체에 의한 찔림 위험으로부터 발을 보호하고 화학물질로부터 유해위험을 방지하기 위한 것

4 안전화의 등급

등급	사용장소
중작업용	광업, 건설업 및 철광업 등에서 원료취급, 가공, 강재취급 및 강재 운반, 건설업 등에서 중량물 운반작업, 가공대상물의 중량이 큰 물체를 취급하는 작업장으로서 날카로운 물체에 의해 찔릴 우려가 있는 장소
보통 작업용	기계공업, 금속가공업, 운반, 건축업 등 공구 가공품을 손으로 취급하는 작업 및 차량 사업장, 기계 등을 운전 조작하는 일반작업장으로서 날카로운 물체에 의해 찔릴 우려가 있는 장소
경작업용	금속 선별, 전기제품 조립, 화학제품 선별, 반응장치 운전, 식품 가공업 등 비교적 경량의 물체를 취급하는 작업장으로서 날카로운 물체에 의해 찔릴 우려가 있는 장소

5 안전화의 몸통높이

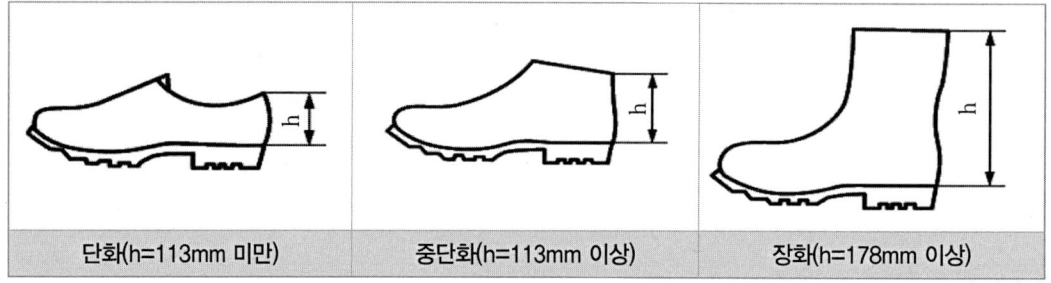

단화(h=113mm 미만)   중단화(h=113mm 이상)   장화(h=178mm 이상)

6 안전화의 일반구조

1) 안전화의 발 끝 부분에 선심을 넣어 압박 및 충격으로부터 착용자의 발가락을 보호할 수 있는 구조이어야 한다.
2) 착용감이 좋으며 작업 및 활동하기가 편리해야 한다.
3) 겉창의 소돌기는 좌우, 전후 균형을 유지해야 한다.
4) 선심의 내측은 헝겊, 가죽, 고무 또는 합성수지 등으로 감싸고 특히 후단부의 내측은 보강되어 있어야 한다.
5) 내답발성을 향상시키기 위해 얇은 금속 또는 이와 동등 이상의 재질로 된 내답판을 사용해야 한다.
6) 안창은 유연하고 강하여야 하며 흡습성이 있는 재질이어야 한다.
7) 봉합사가 사용된 경우 그 사용목적에 적합하고 굵기 및 꼬임이 균등해야 한다.
8) 내답판은 안전화의 손상 없이는 제거될 수 없도록 안전화 내측에 삽입되어야 한다.
9) 가죽은 천연가죽으로 하거나 합성수지로 코팅된 인조가죽을 사용하고 두께가 균일하여야 하며 흠 등 결함이 없어야 한다.

10) 선심은 충격 및 압박시험조건에 파손되지 않고 견딜 수 있는 충분한 강도를 가지는 금속, 합성수지 또는 이와 동등 이상의 재질이어야 하며 표면이 모두 평활하고 가장자리 및 모서리는 둥글게 하고 강재 선심인 경우에는 전체표면에 부식방지 처리를 해야 한다.
11) 안전화 겉창내면의 가장자리와 내답판 최대 이격거리를 명시해야 한다.

THEME 31 안전화의 성능기준

[시행 2023. 12. 18.] [고용노동부고시 제2023-64호, 2023. 12. 18., 일부개정.]

1 고무제안전화의 성능기준

1) 사용장소

구분	사용장소
일반용	일반작업장
내유용	탄화수소류의 윤활유 등을 취급하는 작업장

2) 일반구조

① 안전화는 방수 또는 내화학성의 재료(고무, 합성수지 등)를 사용하여 견고하게 제조되고 가벼우며 또한 착용하기에 편안하고, 활동하기 쉬워야 한다.

② 안전화는 물, 산 또는 알카리 등이 안전화 내부로 쉽게 들어가지 않도록 되어 있어야 하며, 또한 겉창, 뒷굽, 테이프 기타 부분의 접착이 양호하여 물 등이 새어 들지 않도록 해야 한다.

③ 안전화 내부에 부착하는 안감·안창포 및 심지포(이하 "안감 및 기타포"라 한다)에 사용되는 메리야스, 융 등은 사용목적에 따라 적합한 조직의 재료를 사용하고 견고하게 제조하여 모양이 균일해야 한다. 다만, 분진발생 및 고온작업장소에서 사용되는 안전화는 안감 및 기타를 부착하지 아니할 수 있다.

④ 겉창(굽 포함), 몸통, 신울 기타 접합부분 또는 부착부분은 밀착이 양호하며, 물이 새지 않고 고무 및 포에 부착된 박리고무의 부풀음 등 흠이 없도록 해야 한다.

⑤ 선심의 안쪽은 포, 고무 또는 합성수지 등으로 붙이고 특히, 선심 뒷부분의 안쪽은 보강되도록 해야 한다.

⑥ 안쪽과 골씌움이 완전하도록 해야 한다.

⑦ 부속품의 접착은 견고하도록 해야 한다.

⑧ 에나멜을 칠한 것은 에나멜이 벗겨지지 않아야 하고 건조가 충분하여야 하며, 몸통과 신울에 칠한 면이 대체로 평활하고, 칠한 면을 겉으로 하여 180° 각도로 구부렸을 때, 에나멜을 칠한 면에 균열이 생기지 않도록 해야 한다.

⑨ 사용할 때 위험한 흠, 균열, 기공, 기포, 이물 혼입, 기타 유사한 결함이 없도록 해야 한다.

3) 재료

① 몸통의 두께는 몸통에 사용된 재질이 고무인 경우 1.5mm 이상이고 고분자화합물 재질인 경우 1.0mm 이상이어야 한다.

② 겉창 중 소돌기가 있는 부분의 두께 d_1은 3mm 이상이고 d_3는 6mm 이상이어야 한다.
③ 소돌기의 높이 d_2는 4.0mm 이상이어야 한다.
④ 소돌기부의 범위는 앞쪽으로 전체 길이(L)의 0.45배 이상이어야 하며, 뒷굽 부분은 0.25배 이상이어야 한다.(그림1-7 참고)

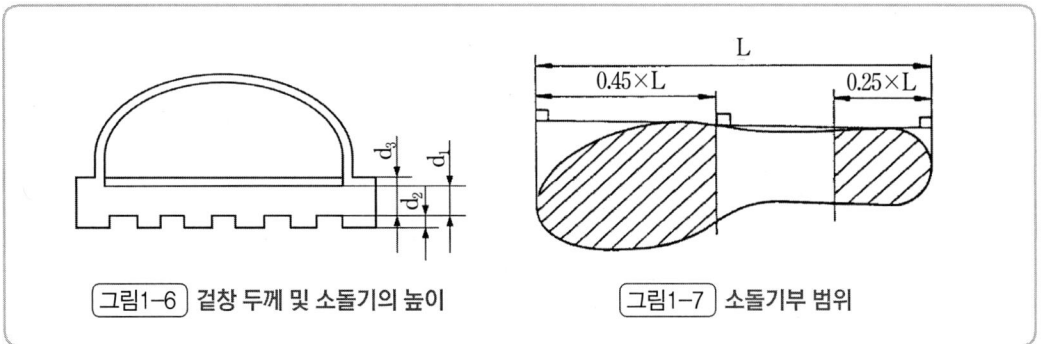

그림1-6 겉창 두께 및 소돌기의 높이   그림1-7 소돌기부 범위

4) 재료기준

항목			시험성능기준	
			일반용	내유용
겉창	인장시험	인장강도(N/cm²)	880 이상	780 이상
		신장률(%)	300 이상	300 이상
	내유시험	부피변화율(%)	-	-5~+30 이내
몸통	인장시험	인장강도(N/cm²)	1,270 이상	980 이상
		신장률(%)	420 이상	300 이상
	내유시험	부피변화율(%)	-	-5~+30 이내
안감 및 기타포	파열시험	파열강도(N/cm²)	39N/cm² 이상에서 파열되지 않을 것	

2 정전기안전화의 성능기준

1) 구분

구분			대전방지성능(저항)
신울 등이 가죽제인 것	선심 있는 것	1종	0.1MΩ < R < 100MΩ
		2종	0.1MΩ < R < 10MΩ
	선심 없는 것	1종	0.1MΩ < R < 100MΩ
		2종	0.1MΩ < R < 10MΩ

신울 등이 고무제인 것	선심 있는 것	1종	0.1MΩ < R < 100MΩ
		2종	0.1MΩ < R < 10MΩ
	선심 없는 것	1종	0.1MΩ < R < 100MΩ
		2종	0.1MΩ < R < 10MΩ

비고 1. 1종은 착화에너지가 0.1mJ 이상의 가연성물질 또는 가스(메탄, 프로판 등)를 취급하는 작업장에서 사용하는 것이어야 한다.
    2. 2종은 착화에너지가 0.1mJ 미만의 가연성물질 또는 가스(수소, 아세틸렌 등)를 취급하는 작업장에서 사용하는 것이어야 한다.

2) 일반구조

① 안전화는 인체에 대전된 정전기를 겉창을 통하여 대지로 누설시키는 전기회로가 형성될 수 있는 재료와 구조로서 대전방지성능 구분은 위의 '1)구분'의 표와 같다.
② 겉창은 전기저항변화가 적은 합성고무를 사용해야 한다.
③ 안창이 도전로가 되는 경우에는 적어도 그 일부분에 겉창보다 전기저항이 적은 재료를 사용해야 한다.
④ 안전화는 착용자의 발한이나 마모로 인한 안전화 내부의 흡습, 더러워짐 등에 의해서 전기저항의 변화가 적은 안정된 재료와 구조이어야 한다.

3 발등안전화의 성능기준

1) 구분

구분	방호대 결합방법
고정식	안전화에 방호대를 고정한 것
탈착식	안전화의 끈 등을 이용하여 안전화에 방호대를 결합한 것으로 그 탈착이 가능한 것

2) 일반구조

① 안전화 선심의 후단에 방호대가 3mm 이상 겹쳐서 발등부를 덮음으로써 선심과 방호대에 의하여 발가락과 발등을 낙하물로부터 방호하는 구조이어야 한다.
② 착용자가 보행이나 무릎을 굽혔을 때 불편하지 않은 구조이어야 한다.
③ 방호대는 방호대 본체만으로 되어진 것과 방호대 본체를 피혁 등으로 씌운 것이 있으며 작업 중 안전화에서 쉽게 이탈되지 않아야 한다.
④ 방호대 본체의 폭은 75mm 이상, 길이는 85mm 이상이어야 한다.

3) 성능시험기준

① 안전화는 안전화의 명칭·종류·등급(총괄) 및 가죽제안전화의 성능기준(THEME 30 참고) 가죽제안전화 시험방법(THEME 32 ❶ 참고)에서 규정하는 안전화의 성능을 갖추는 이외에 안전화의 선심과 방호대가 상호작용 하여 낙하물의 충격에너지를 분산시킴으로서 발가락 및 발등을 방호하는 성능을 가져야 한다.

② 방호대의 내충격성은 발등안전화 시험방법(THEME 32 ❸ 참고)에 따라 시험하였을 때 유점토 최저부의 높이와 시험용 발모형에 남은 홈의 두께를 가산한 높이가 25mm 이상이어야 한다.

4 절연화의 성능기준

1) 구분

구분		내전압성능
신울 등이 가죽제인 것	선심 있는 것	14,000V에 1분간 견디고 충전전류가 5mA 이하일 것
	선심 없는 것	
신울 등이 고무제인 것	선심 있는 것	
	선심 없는 것	

2) 일반구조

① 저압(직류 750V 이하 또는 교류 600V 이하의 전극을 말한다)전기를 취급하는 작업을 행할 때 감전으로부터 신체를 보호하기 위한 안전화는 다음과 같이 한다.
- 발가락을 보호하기 위한 선심이나 강재 내답판을 제외하고는 안전화 어느 부분에도 도전성 재료를 사용하여서는 안 된다.
- 안전화의 겉창은 절연체를 사용해야 한다.
- 안전화에 선심이나 강제 내답판을 사용한 경우에는 기타 다른 부분과는 완전히 절연되어 있어야 한다.

② 압박이나 충격 기타 날카로운 물체에 의한 위험이 있는 장소에서 신울 등이 가죽인 절연화를 착용하여야 할 경우에는 안전화의 명칭·종류·등급(총괄) 및 가죽제안전화의 성능기준(THEME 30 참고)과 가죽제안전화 시험방법(THEME 32 ❶ 참고)의 규정에 따른다.

3) 시험성능기준

① 안전화 내전압 성능은 발등안전화 시험방법(THEME 32 ❸ 참고)에 따라 시험하였을 때 60Hz, 14,000V의 전극에 1분간 견디어야 하고, 충전전류가 5mA 이하이어야 한다.

② 안전화의 성능 중 내전압성능을 제외한 각 부품의 성능은 안전화의 명칭·종류·등급(총괄) 및 가죽제안전화의 성능기준(THEME 30 참고)과 가죽제안전화 시험방법(THEME 32 ❶ 참고)의 규정에 따른다.

5 절연장화의 성능기준

1) 일반구조 및 재료

고압(직류 750V 이상 또는 교류 600V 초과하는 7,000V 이하의 전압을 말한다)전기를 취급하는 작업을 행할 때 전기에 의한 감전으로부터 신체를 보호하기 위해 사용하는 절연장화는 다음 과 같이 한다.

① 절연장화는 절연성능이 뛰어난 양질의 고무를 사용해야 하며 균질한 재질로서 적당한 유연성 및 탄력성을 보유해야 한다.
② 고무의 내외면은 평활하고 눈에 보이지 않는 구멍이나 홈, 기포 및 기타 사용상 유해한 결점이 없어야 하며 절연성능을 저하시키는 불순물이 혼합되지 않아야 한다.
③ 절연장화에는 금속이나 또는 도전성이 뛰어난 재료를 사용하지 말아야 한다.
④ 절연장화의 모든 접합부분은 접착이 완전하고 물이 새지 않는 구조이어야 하며 내면에는 면 등을 부착하지 말아야 한다.

2) 부분치수 및 두께(mm)

구분	A	B	C	D	E	F	G	H	I	t_1 t_2 t_3
치수	210	250	430	390	8	6	100	25	27	1.5

3) 시험성능기준

구분		시험성능 기준
내전압성시험		20,000V에 1분간 견디고 이때의 충전전류가 20mA 이하일 것
인장강도시험	겉창	880N/cm² 이상일 것
	몸통	1,270N/cm² 이상일 것
신장률시험	겉창	350% 이상일 것
	몸통	350% 이상일 것
노화 후의 잔존율 시험	겉창, 몸통, 인장강도	가열 전의 80% 이상일 것
	겉창, 몸통, 신장률	가열 전의 75% 이상일 것
내열성시험		균열, 홈 등 외관상 이상이 없을 것

6 화학물질용 안전화의 성능기준

1) 구분

구분		사용장소
가죽제		물체의 낙하, 충격 또는 날카로운 물체에 의한 찔림 위험과 화학물질로부터 발을 보호하기 위한 것
고무제	내답판 있는 것	물체의 낙하, 충격 또는 날카로운 물체에 의한 찔림 위험과 화학물질로부터 발을 보호하기 위한 것
	내답판 없는 것	

2) 재료의 요구 성능기준

항목			시험성능기준
겉창	인장시험	인장강도(N/cm^2)	780 이상
		신장률(%)	300 이상
	투과저항	성능수준	1 수준 이상
몸통	인장시험	인장강도(N/cm^2)	980 이상
		신장률(%)	300 이상
	투과저항	성능수준	1 수준 이상
안감 및 기타포	파열시험	파열강도(N/cm^2)	39N/cm^2 이상에서 파열되지 않을 것

3) 투과저항시험 성능수준 구분

성능수준	파과시간(분)
1	121~240
2	241~480
3	481~1,440
4	1,441~1,920
5	1,921 이상

4) 투과저항시험 화학물질 목록

구분 문자	화학물질	CAS 번호
B	아세톤	67-64-1
D	디클로로메탄	75-09-2
F	톨루엔	108-88-3
G	디에틸아민	109-89-7
H	테트라하이드로퓨란	109-99-9
I	에틸아세테이트	141-78-6

J	N-헥산	110-54-3
K	수산화나트륨 40%	1310-73-2
L	황산 96%	7664-93-9
M	질산 (65±3)%	7697-37-2
N	아세트산 (99±1)%	64-19-7
O	암모니아 용액 (25±1)%	1336-21-6
P	과산화수소 (30±1)%	124-43-6
Q	이소프로판올	67-63-0
R	차아염소산나트륨 (13±1)%	7681-52-9

Plus note

THEME 32 　안전화의 시험방법

[시행 2023. 12. 18.] [고용노동부고시 제2023-64호, 2023. 12. 18., 일부개정.]

1 가죽제안전화의 시험방법

1) 은면결렬 시험방법

① 각 시편은 시험 전에 온도 (20±2)℃, 상대습도 (65±2)%의 상태에서 48시간 전처리한다.

② 아래 그림과 같이 강구파열 시험장치를 이용하여 전처리한 시편이 강구를 향하고, 은면이 위쪽을 향하게 장치에 고정시킨다.

③ 강구의 상대적 속도는 (12±4)mm/min로 하고, 압박하중은 1.47kN으로 가한다.

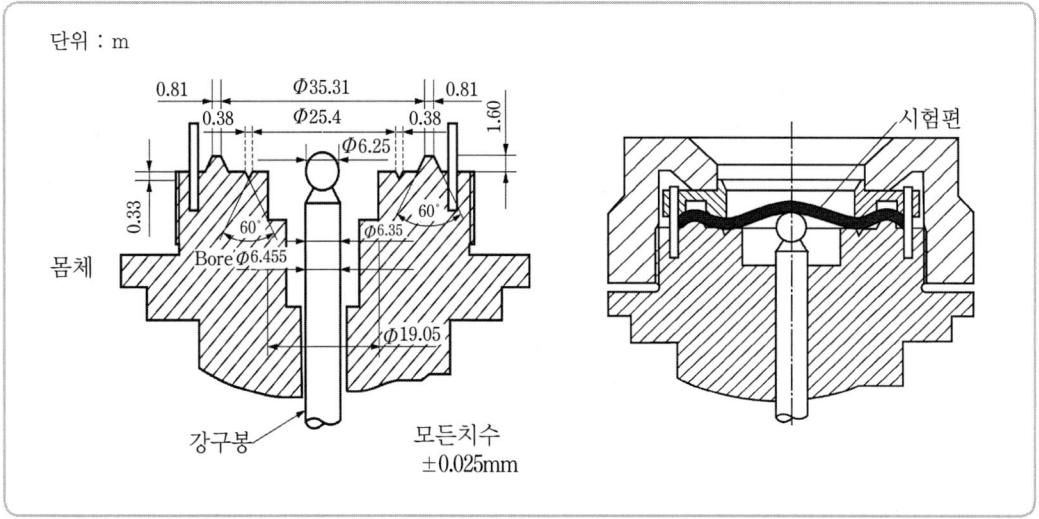

2) 인열강도 시험방법

① 가죽의 경우 그림1-8 과 같은 형상과 치수의 시편을 사용하여 (100±20)mm/min의 시험속도로 시편이 절단될 때까지의 최대값을 구한다.

② 시험결과 값은 3개 시편의 산술평균값으로 한다.

③ 합성수지로 코팅된 인조가죽의 경우 그림1-9 와 같이 인장강도 시편을 채취하여 (100±20)mm/min의 시험속도로 시험하고 시험하는 동안 하중의 변화를 기록계로 기록한 후 측정범위의 처음과 마지막의 부분 최대값(Peak) 사이에서 양쪽의 100분의 25에 범위를 제외한 가운데 100분의 50 범위 중에서 가장 큰 값 3개를 취하여 그 중 중앙값(Median)을 시편의 결과 값으로 하여 산술평균값을 구한다.

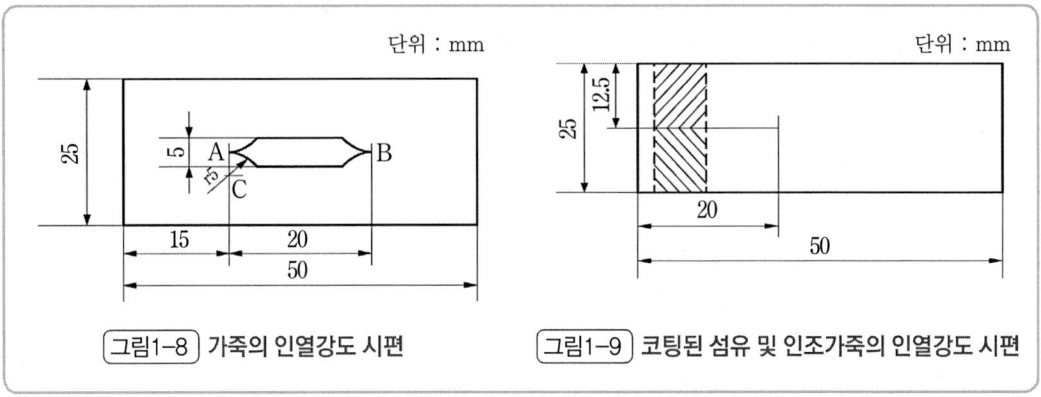

| 그림1-8 | 가죽의 인열강도 시편 | 그림1-9 | 코팅된 섬유 및 인조가죽의 인열강도 시편 |

3) 선심의 내부길이 측정

선심의 내부 길이는 평평한 표면 위에 열린 부분을 아래로 하여 선심을 놓고 다이얼 게이지 등을 이용하여 선심이 놓여있는 평면에서 3~10mm 위의 부분에서 평면에 평행하게 앞코에서부터 뒤 가장자리까지 시험 축을 따라 측정할 수 있는 최대의 내부 길이를 측정한다.

4) 내부식성 시험

안전화에서 선심이나 내답판을 빼내거나 동일한 시편을 채취하고 부피분율 100분의 8의 끓는 식염수에 15분간 담근 후 즉시 상온에서 부피분율 100분의 8에 해당하는 식염수에 10분간 담갔다가 꺼낸다. 이때 부착된 식염수는 닦아내지 말고 24시간 실온 중에 방치한 후 미지근한 물에서 세척하고 다시 실온 중에 48시간 방치한 후 육안으로 부식 유무를 확인한다.

5) 겉창시편의 채취방법

① 겉창의 시편은 겉창의 폭 방향과 평행으로 제작한다.
② 제품에서 직접 시편을 취할 때는 겉창에서 소돌기 부분을 적당한 방법으로 떼어내고 허구리부분(아령형의 시편을 딸 때는 넓이 30mm)의 고무층을 판형으로 떼어내서 이것에서 시편을 만든다. 이 경우 천이 붙어 있을 때는 천이 붙은 채로 적당한 넓이의 시료를 잘라내어 천을 떼어내든가 긁어내되 고무에 긴장이 가지 않도록 하여 판형으로 고무를 떼어낸다. 떼어낸 고무층의 두께는 아령형의 시편을 채취할 경우에는 겉창 고무층의 원두께가 3mm를 넘을 때는 되도록 3mm에 가까운 두께로, 고무층의 원두께가 3mm 이하일 때는 되도록 원두께에 가까운 두께가 되도록 하되 부득이 용제를 사용하여 천을 뜯어낼 때에는 KSM 2611(공업용휘발유)의 1호를 사용하고 뜯어낸 후 1시간 이상 방치하여 잘 말린 후에 사용해야 한다.
③ 시편은 양면이 평활치 못한 것은 연마기로 가급적 평활하게 연마하되 연마 시 발열하지 않도록 하고, 또 과도로 연마하지 않도록 한다.
④ 아령형의 시편은 연마 후 평행부분의 두께가 2mm~3mm로 함을 원칙으로 하되 연마 전

시편의 원두께가 2mm 이하인 때에는 되도록 원두께에 가까운 두께로 평활하게 만든다.

⑤ 제품과 동일한 조건으로 가황한 고무판에서 시편을 채취할 경우에는 2mm~3mm 두께로 프레스 가황한 고무판에서 채취한다.

6) 인장강도시험 및 신장률 시험방법

① 두께 측정기는 0.01mm의 눈금을 가진 평활하고 지름 5mm의 원형 가압면이 있는 것이어야 하며 두께 측정기의 가압하중은 1N을 원칙으로 하고, 측정 범위안에서 ±15% 이상 변화하지 않아야 한다.

② 시편두께의 측정은 시편의 여러 곳(아령형의 시편일 때에는 평행부분의 수개소)에서 측정한 값의 최저값을 그 시편의 두께로 한다. 다만, 두께 측정기 가압면중심의 시편 모서리에서 나온 것을 그대로 측정하여서는 안 된다.

③ 시편넓이는 따내는 틀칼의 넓이(칼날의 안쪽치수)를 그대로 쓴다.

④ 시편의 단면적은 다음 식으로 계산한다.
- 아령형 시편 단면적(mm^2)=두께(mm)×평행부분의 넓이(mm)

⑤ 아령형 시편은 신장률 측정용 표선(이하 "표선"이라 한다)을 표시한다.

⑥ 표선 사이의 거리는 20mm이며, 표선은 시편의 평행부분에 그 중앙부를 중심으로 정확하고 선명하게 긋는다.

⑦ 시편은 미리 검사하여 두께(아령형 시편에서는 평행부분의 두께)의 차가 0.1mm를 넘거나 넓이(아령형 시편에서는 평행부분의 넓이)가 고르지 않거나 불순물이 혼합되었거나 기포가 있는 것 또는 흠이 있는 것은 제외시킨다.

⑧ 인장강도시험기는 최대하중의 지시장치를 갖추고 있으며 시편을 자동적으로 조이는 집게장치가 부착되어 있는 것을 사용토록 한다. 시험기의 용량은 시험 시의 최대하중이 그 용량의 15~85%의 범위에 있는 것을 사용하여야 하며, 시험속도는 (500±25)mm/min으로 한다. 시험기 하중눈금의 허용오차는 ±2%로 한다.

⑨ 인장강도의 측정은 시편이 끊어질 때까지의 최대하중을 읽고 신장률의 측정은 아령형 시편일 때는 적당한 방법으로 절단할 때까지의 표선 사이 길이를 측정한다.

⑩ 인장강도(T) 및 신장률(E)은 다음 산식에 따라 계산한다.

$T = \dfrac{F}{A}$	$E = \dfrac{L_1 - L_2}{L} \times 100$
T : 인장강도(N/cm^2) F : 최대하중(N) A : 시편의 단면적(cm^2)	E : 신장률(%) L : 표선거리(mm) L_1 : 절단될 때의 표선거리(mm)

⑪ 시험 결과값은 측정한 3개 시편의 인장강도 및 신장률의 측정값이 큰 것부터 차례로 놓고 각각 $S_1 \geq S_2 \geq S_3$으로 하여 다음 산식에 따라 계산한 값을 결과 값으로 한다.

$$T \text{ 또는 } E = 0.7 S_1 + 0.2 S_2 + 0.1 S_3$$

7) 내유성시험방법

① 시편은 안전화에서 채취하여 연마기 등으로 두께를 균일하게 제작토록 한다.
② 시편은 넓이 20.0mm, 길이 50.0mm, 두께 (2.00±0.15)mm의 4개를 사용한다.
③ 시험용 기름은 ASTM No.2 기름 또는 이와 동등 이상의 기름을 사용한다.
④ 시험용기는 바깥지름 약 38mm, 길이 약 300mm의 유리시험관을 사용하고, 기름이 휘발성이 강할 때는 시험관에 환류냉각기를 붙여서 시험하며, 고무의 밀도가 기름의 밀도보다 작을 때는 적당한 방법으로 시편을 완전히 침적시킨다.
⑤ 각 시편은 각각 별도의 용기에 들어있는 기름에 담근 후 직사광선을 받지 않는 곳에서 시험하되 시험용 기름은 시험할 때마다 매번 바꾼다.
⑥ 시험온도 및 시간은 각각 (20±1)℃ 및 (22±0.25)시간으로 한다.
⑦ 시편을 공기 중에서 1mg까지 질량(m_1)을 단 다음 실온의 증류수중에서 질량(m_2)을 단 후 알코올에 담그고 즉시 꺼내서 거름종이로 닦고 수분을 제거한다. 그리고 시편을 시험용 기름 중에 정해진 온도에서 일정기간 담근 후 같은 종류의 시험용 기름 중에서 냉각시키고 다시 아세톤으로 기름을 닦은 다음 공기 중의 질량(m_3)을 달고 다시 실온의 증류수중에서 질량(m_4)을 달아서 다음 산식에 의해서 부피변화율을 산출한다.

$$\Delta V = \frac{(m_3 - m_4) - (m_1 - m_2)}{(m_1 - m_2)} \times 100$$

ΔV : 부피변화율(%), m_1 : 담그기 전 공기 중에서의 질량(g), m_2 : 담그기 전 수중에서의 질량(g)
m_3 : 담근 후 공기 중에서의 질량(g), m_4 : 담근 후 수중에서의 질량(g)

8) 내압박성 시험방법

내압박시험장치는 상하 평면으로 이루어진 누름판(20kN 이상 하중, 75mm 이상 가압면)으로써 시험 중 평행을 유지한다.

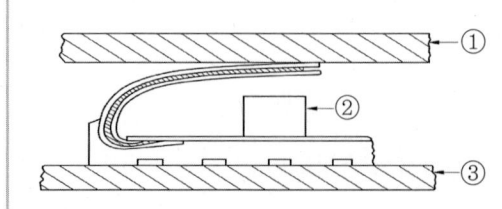

① 상부 누름판, ② 유점토, ③ 하부 누름판

등급	중작업용	보통작업용	경작업용
시험하중	15kN	10kN	4.4kN

9) 내충격성 시험방법

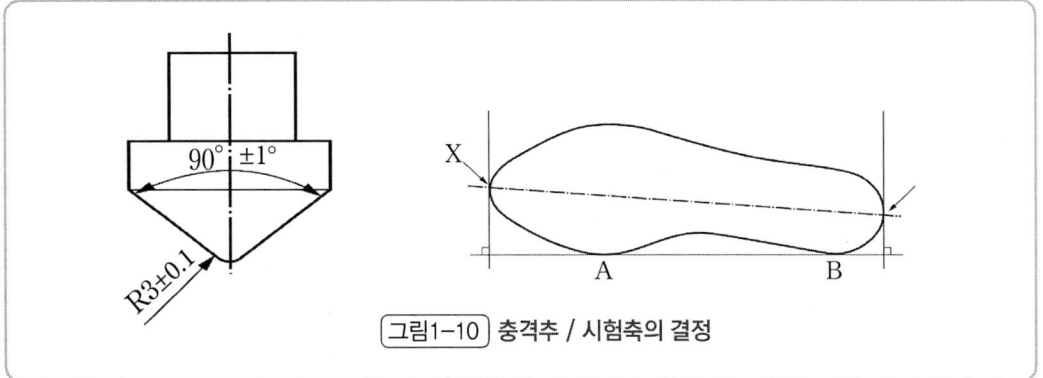

[그림1-10] 충격추 / 시험축의 결정

① 충격추는 무게 (20.0±0.2)kg이고 최소 60mm 길이의 V자 형태 충격날을 갖추고 있으며, 충격날의 V자 각도는 (90±1)°이고 선단은 반지름 (3.0±0.1)mm로 둥글게 처리한다.
② 충격시험장치는 최초 충격 이후 충격추를 잡을 수 있는 장치가 있어서 시편이 단 한번의 충격만 받을 수 있도록 한다.
③ 시편은 안전화 선심 끝에서 30mm 후방 위치를 절단하여 준비한다. 이때 깔창 등 내부 부속품이 있는 경우에는 이를 포함한다.
④ 시험축의 결정은 안전화를 평평한 바닥 위에 올려놓고 안전화의 안쪽 면 창모서리가 [그림1-10]과 같이 A와 B점에 직선으로 접촉하도록 놓고, A와 B점을 연결한 직선으로부터 수직선을 그어 앞코와 뒤코와 만나는 최초의 점을 직선으로 연결한 선 X, Y를 시험 축으로 해야 한다.
⑤ 고정장치는 최소경도 60HRc이고 (150×150)mm 면적에 최소 두께 19mm인 평판으로 한다.
⑥ 선심의 뒤끝과 지름(25±2)mm의 유점토 뒤끝이 일치하도록 시편의 안쪽에 유점토를 올려놓고, 안전화의 등급에 따라 아래 표에서 요구되는 충격을 가한 후 유점토의 최소높이를 다이얼게이지[반구상가압면(3.0±0.2)mm, 바닥부분(15±2)mm, 가압하중(250mN 이하)]로 측정한다.

단위 : mm

등급	중작업용	보통작업용	경작업용
낙하높이	1,000	500	250

10) 박리저항 시험방법

① 인장시험기에서 시편(폭 25mm ~ 30mm)을 (100±20)mm/min의 시험속도로 인장한다.
② 시험결과는 3개 시편의 측정된 평균 하중(N)을 평균 폭(mm)으로 나누어 접합강도(N/mm)를 구한다.

11) 내답발성 시험방법

① 내답발성 시험장치는 시험못이 고정되어 있는 압축판 및 지름 25mm의 개구부를 가진 기초판을 갖추어야 하며, 시험못은 지름 (4.50±0.05)mm, 경도는 60HRc 이상이고, 시험못 끝 절단면의 지름은 (1.00±0.02)mm로 한다.
② 시편(겉창)을 기초판에 올려놓고 (10±3)mm/min의 속도로 겉창의 4개의 지점(소돌기가 없는 곳이어야 함)에서 관통할 때까지 하중을 가한다. 이때 4개의 지점들은 서로 30mm 이상 떨어져 있어야 하고, 안창 가장자리로부터 10mm 이상 떨어지고, 4개의 지점 중 2개 지점은 구두골의 깃선 가장자리로부터 10mm에서 15mm 떨어진 곳에서 시험한다.

2 정전기안전화의 시험방법

1) 대전방지시험

① 재료는 제조 후 24시간 이상 경과한 것으로서 표준상태하에서 2시간 이상 유지한다.
② 시험전압은 직류 500V으로 한다.
③ 대향전극은 그림1-11 과 같이 금속제 발 모형 전극을 사용한다.
④ 시험에 사용하는 주전극은 안전화의 바닥 면 전체가 접촉하도록 물을 함유하는 연질스폰지(연속 발포의 것)를 넣어 제작한 그림1-11 에서 표시하는 금속용기를 사용토록 하되, 금속용기의 재질은 동, 황동, 알루미늄 또는 이것과 동등 혹은 그 이상의 도전성을 갖는 금속으로 하여야 하며 대향전극은 주전극에 사용하는 재질 등의 금속을 사용토록 한다.
⑤ 시편을 그림1-11 과 같은 시험장치에 장착하고 절연저항을 측정한다. 또한 대향전극과 안창과의 전기접촉을 좋게 하기 위해 금속용기와 같은 재질로 된 보조전극을 사용하는 방법을 이용한다.

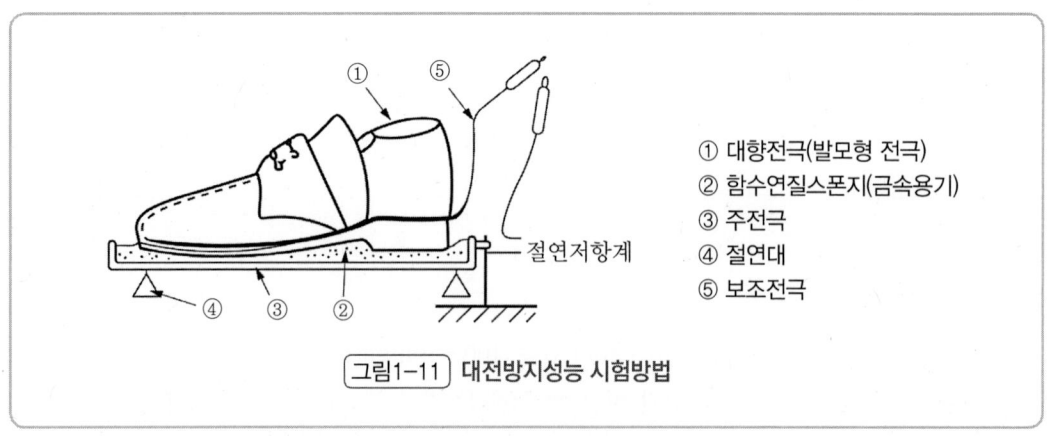

그림1-11 대전방지성능 시험방법

3 발등안전화의 시험방법

1) 시험에 사용되는 발모형은 목재 또는 합성수지제로 제작하고 발모형의 발등부위에는 2)와 같은 고무가 부착되도록 하고 길이는 (255±10)mm이며 그 치수는 그림1-12의 충격점상 세도와 같다.

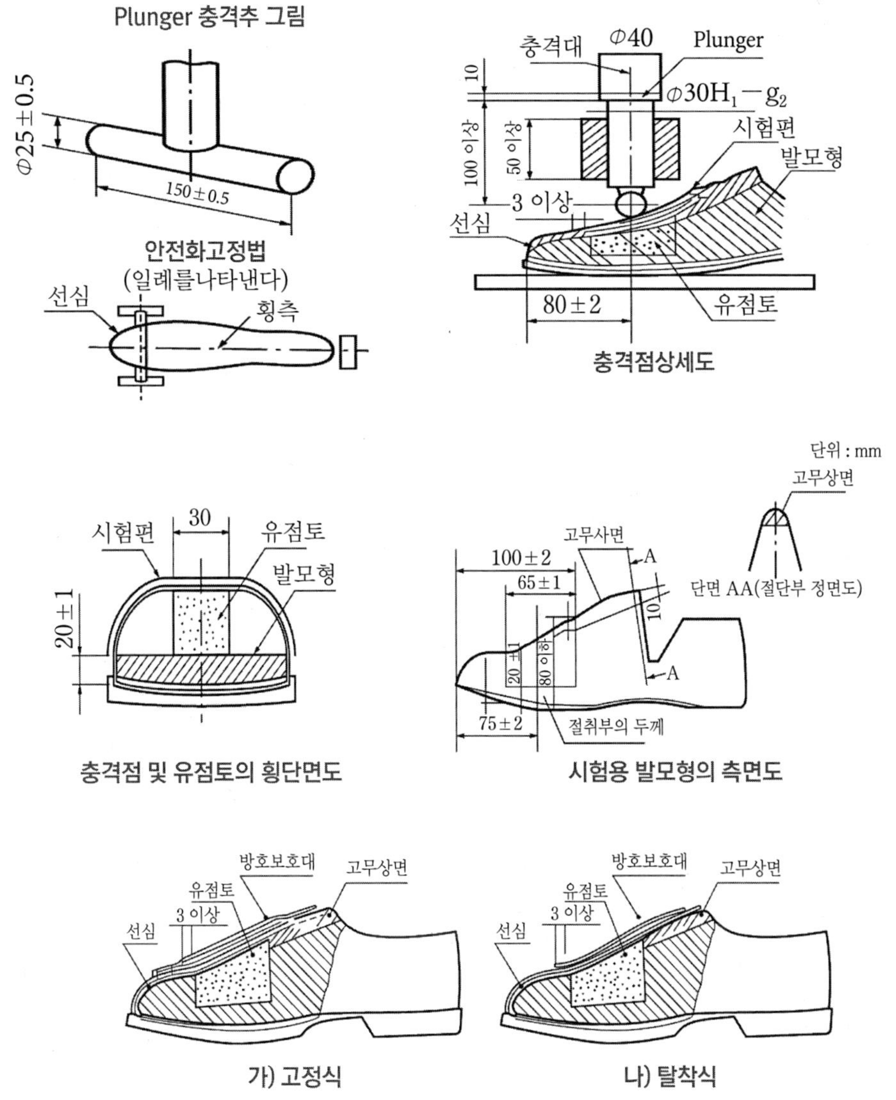

그림1-12 방호대 내충격시험장치 및 종류

2) 발모형에 사용하는 고무의 경도는 (75±5)Hs이어야 하고 그 표면은 발모형을 따라 원활하게 마무리되어지고 고정은 나사, 못 등 고무의 탄성을 줄이는 것은 사용하지 않으며 고무의

탄성을 줄이는 것은 사용하지 않으면서 시험할 때 쉽게 이탈되지 않는 고정방법으로 한다.
3) 충격시험장치는 무게 (20±0.2)kg의 철제추를 소정의 높이에서 수직 가이드를 따라 자유낙하시키고 원주형의 철제 플랜저의 상부에 충돌시켜 플랜저 하단의 충격봉 직경 (25±0.5)mm, 길이 (150±0.5)mm으로 시료에 충격을 가함으로써 방호대에 충격력을 전달시키는 장치로 한다.
4) 시험방법은 안전화의 구분에 따라 다음과 같이 한다.
   ① 내충격시험 전에 (20±2)℃의 항온조에서 2시간 전처리한다.
   ② 고정식은 방호대를 안전화 본체에 고정한 시료에 삽입하여 시험장치에 장착하고 좌우 및 후단의 세방향에서 지지하여 고정한 다음 안전화의 앞쪽 선단에서 (80±2)mm 떨어진 방호대의 중심을 충격점으로 정하고 안전화의 등급에 따라 요구되는 내충격을 가한 후 유점토의 최저부의 높이(높이의 측정부는 발모형의 축선상으로 한다)에서 시험용 발모형에 남은 홈의 두께를 가산하였을 때 발등안전화의 성능기준(THEME 31 ❸ 참고)에 적합해야 한다.
   ③ 탈착식은 고정식시험방법을 준용할 것. 다만 방호대의 선단이 선심의 후단과 3mm 이상 겹치도록 한다.

❹ 절연화의 시험방법

1) 절연화 완성품 2개를 시험 전 표준상태의 시험실내에 적어도 1시간 이상 유지하여 건조시킨 다음 부피분율 100분의 1에 해당하는 염화나트륨 용액 속에 5분간 침지시킨 다음 시편 표면의 용액을 적당한 방법으로 제거한다.
2) 1)에 따라 전처리된 시편을 금속제 전극위에 고정시키고 질량 (2.3±0.2)kg의 금속제 발모형을 안창표면과 100분의 65 이상 접촉되도록 부착한 다음 60Hz, 14,000V의 전압을 100분의 75까지는 적당한 속도로 상승시키고 그 이후는 1초간에 약 1,000V의 비율로 규정 시험전압치까지 증가시켜 이에 1분간 견디는지의 여부와 또한 그때의 충전전류를 측정한다.
3) 충전전류의 기준은 실효치 지시형 전류계를 사용하고 접지측에 접촉하여 실시한다.

❺ 절연장화의 시험방법

1) 내전압성 시험

절연장화의 내전압성 시험방법은 절연장화의 완성품 내외면의 수위가 같도록 수조에 수직으로 세운 상태에서 60Hz, 20,000V의 전압을 100분의 75까지 적당한 속도로 상승시키고 그 이후는 1초간에 약 1,000V의 비율로 규정시험 전압값까지 증가시켜 이에 1분간 견디는가를 측정하고 또한 이때의 충전전류를 측정한다.

2) 내열성 시험

절연장화의 내열성 시험방법은 시편을 몸통 부분에서 (60mm × 60mm) 크기로 2매를 채취하고, 그 표면을 물로 씻고 수분을 닦아낸 후 표면을 안쪽으로 겹치어 맞추고, 표면이 평활한 2매의 유리판 사이에 시편을 끼우고 그 위에 지름 40mm의 금속제 원판을 올려놓고 4.9N의 하중을 가하여 (130±3)℃의 항온조 안에서 4시간 유지 후 시편을 꺼내어 상온상태에서 4시간 유지한 다음 2매의 시편을 벗기어 표면의 균열, 홈 등 기타 이상 유무를 확인한다.

Plus note

THEME 33 내전압용 절연장갑

[시행 2023. 12. 18.] [고용노동부고시 제2023-64호, 2023. 12. 18., 일부개정.]

1 용어 정의

용어	내용
손바닥(palm)부분	내전압용 절연장갑(이하 "절연장갑"이라 한다)의 손바닥 안쪽 중심면을 덮는 부분
손목(wrist)부분	절연장갑의 소매 위 좁은 부분
컨투어 장갑	소매 끝단을 팔의 구부림을 편리하게 한 절연장갑(contour glove)
아귀(fork)	절연장갑의 두 손가락 사이 또는 엄지와 손가락 사이 부분
합성 장갑	다양한 색상 또는 형태의 고무를 여러 개 붙이거나 층층으로 포개어 합성한 장갑(composite glove)
미트(mitt)	4개 이하의 손가락 덮개를 가진 절연장갑
소매(cuff)	절연장갑의 손목에서 개구부까지의 부분
소매 롤	소매 끝단을 말거나 보강한 부분(cuff roll)
색 스플래시	균질한 성분으로써 절연장갑 내부 또는 외부를 돋보이게 하기 위하여 칠 또는 줄무늬 등을 함침 공법에 의하여 착색시켜 경화시킨 것(colour splash)
펑크	고형 절연물을 관통하는 절연 파괴(puncture)
정격전압	설계 또는 규정된 계통에 적용되는 적정한 값의 전압(nominal voltage)
탄성중합체 (고무, elastomer)	천연이나 합성 또는 이들의 혼합물이나 화합물로 될 수 있는 천연 고무, 유액 및 합성 고무 등

2 내전압용 절연장갑의 성능기준

1) 절연장갑의 등급

등급	최대사용전압		비고
	교류(V, 실효값)	직류(V)	
00	500	750	
0	1,000	1,500	
1	7,500	11,250	
2	17,000	25,500	
3	26,500	39,750	
4	36,000	54,000	

2) 일반구조 및 재료

① 절연장갑은 고무로 제조하여야 하며 핀홀(Pin hole), 균열, 기포 등의 물리적인 변형이 없어야 한다.

② 여러 색상의 층들로 제조된 합성 절연장갑이 마모되는 경우에는 그 아래의 다른 색상의 층이 나타나야 한다.

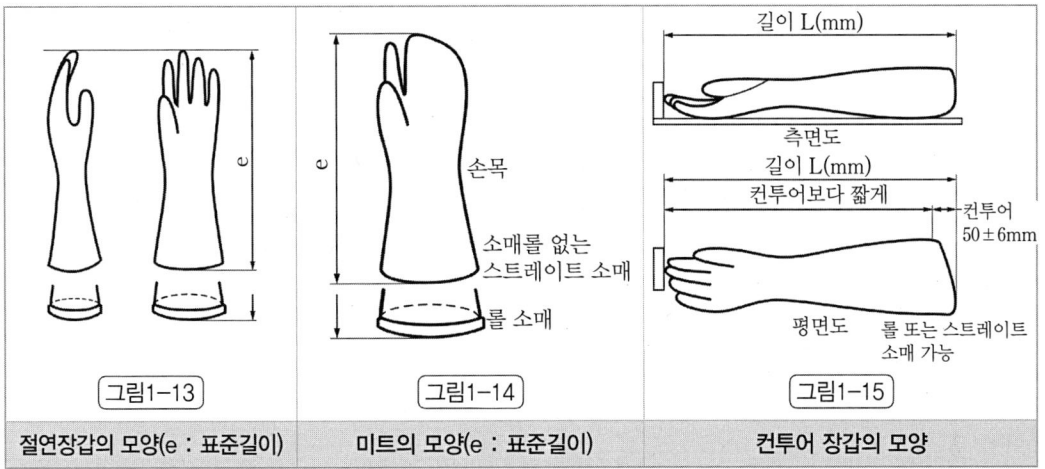

그림1-13	그림1-14	그림1-15
절연장갑의 모양(e : 표준길이)	미트의 모양(e : 표준길이)	컨투어 장갑의 모양

③ 미트의 모양은 그림1-14 에 나타내며, 이것은 하나 또는 그 이상의 손가락을 넣을 수 있는 구조이어야 한다.
④ 각 등급별 표준길이는 아래의 3)과 같다. 이 경우 각 등급에서의 오차범위는 ±15mm이다.
⑤ 컨투어소매 장갑의 최대 길이와 최소 길이의 차이는 (50±6)mm이어야 한다.

3) 절연장갑의 치수

등급	표준길이(mm)	비고
00	270 및 360	
0	270, 360, 410 및 460	
1, 2, 3	360, 410 및 460	
4	410 및 460	

4) 고무의 최대두께

등급	두께(mm)	비고
00	0.50 이하	
0	1.00 이하	
1	1.50 이하	
2	2.30 이하	
3	2.90 이하	
4	3.60 이하	

5) 절연내력

최소내전압 시험 (실효치, kV)		00 등급	0 등급	1 등급	2 등급	3 등급	4 등급
		5	10	20	30	30	40
누설전류 시험 (실효값, mA)	시험전압 (실효치, kV)	2.5	5	10	20	30	40
	표준길이 mm 460	미적용	18 이하	18 이하	18 이하	18 이하	18 이하
	410	미적용	16 이하	16 이하	16 이하	16 이하	16 이하
	360	14 이하	14 이하	14 이하	14 이하	14 이하	미적용
	270	12 이하	12 이하	미적용	미적용	미적용	미적용

6) 기타 기준

인장강도		1,400N/cm² 이상 (평균값)
신장률		100분의 600 이상 (평균값)
영구신장률		100분의 15 이하
경년 변화	인장강도	노화전 100분의 80 이상
	신장률	노화전 100분의 80 이상
	영구신장률	100분의 15 이하
뚫림강도		18N/mm 이상
화염억제시험		55mm 미만으로 화염 억제
저온시험		찢김, 깨짐 또는 갈라짐이 없을 것
내열성		이상이 없을 것
추가표시		안전인증 절연장갑에는 규칙 제114조(안전인증의 표시)에 따른 표시 외에 다음 각 목의 내용을 추가로 표시해야 한다. 가. 등급별 사용전압 나. 등급별 색상(00등급 : 갈색, 0등급 : 빨강색, 1등급 : 흰색, 2등급 : 노랑색, 3등급 : 녹색, 4등급 : 등색)

2 내전압용 절연장갑의 시험 방법

1) 재료 시험

① 절연장갑은 온도 (23±2)℃, 상대 습도 (50±5)%의 상태에서 (2±0.5)시간 동안 전처리한다.

② 절연장갑의 모양은 그림1-13 에 따라 육안으로 확인한다.

③ 절연장갑의 길이측정은 그림1-13, 그림1-14, 그림1-15 를 참조하여 다음과 같이 한다.
  - 절연장갑의 길이측정은 셋째 손가락(중지)의 끝단, 미트의 경우에는 손가락 부분을 싸는 덮개 부분의 끝단으로부터 소매의 끝단까지를 측정할 것

- 컨투어 장갑에 대한 최대, 최소 길이의 차이는 장갑을 자연스럽게 편 상태에서 측정할 것

④ 절연장갑의 두께는 절연장갑의 손바닥과 손등 부분에 대해 각각 최소 4지점 이상 측정할 것. 다만, 소매부분은 측정하지 않는다.

2) 절연내력 시험 방법

① 절연장갑에 물을 채우고 아래 표에 나타난 깊이로 물탱크에 담근다. 이 경우 절연장갑 내·외부의 수위는 같아야 한다.

② 최소내전압 시험방법은 최소 내전압시험값에 도달할 때까지 초당 약 1,000V의 비율로 증가시키며 펑크의 발생여부를 확인한다. 다만, 연면방전이 발생하면 개구부에서 수면까지의 거리를 증가하여 시험한다.

③ 누설전류 시험방법은 누설전류시험 값에 이를 때까지 초당 약 1,000V의 비율로 증가시켜 3분간 유지한 후 누설전류값(mA)을 측정한다.

절연장갑의 개구부에서 수면까지 거리

등급	시험을 위한 거리(mm)	
	절연강도시험	내전압시험
00	40	40
0	40	40
1	40	65
2	65	75
3	90	100
4	130	165

비고 1. 절연장갑의 개구부에서 수면 사이 거리의 허용 오차는 ±13mm임
2. 상대습도가 100분의 55 이상 또는 대기압이 933hPa 이하인 경우에는 최대 25mm를 증가시킬 수도 있음

3) 인장강도시험 및 신장률시험 방법

① 절연장갑을 온도 (23±2)℃, 상대 습도 (50±5)%에서 24시간 동안 전처리한다.

② 4개의 인장시편을 시험 대상 절연장갑의 손바닥 부분에서 1개, 손등 부분에서 1개, 손목 부분에서 2개를 잘라내어 20mm의 기준점을 표시하고 분당 (500±50)mm의 상승률로 시험한다.

평면도	인장시편	
	기호	치수(mm)
	A	75
	B	12.5±1.0
	C	25±1
	D	4±0.1
	E	8±0.5
	F	12.5±1
	l_0 (기준점)	20

4) 영구신장률 시험 방법

3개의 시편을 시험 대상 절연장갑의 손바닥 부분에서 1개, 손등 부분에서 1개, 손목 부분에서 1개를 잘라내어 시험장치에 설치하고 (2~6)mm/초의 속도로 (400±10)%까지 신장시켜 10분간 유지하고 (2~10)mm/초의 속도로 이완시킨 다음 10분의 회복시간 후에 기준길이를 다시 측정 한다.

$$영구신장률 = 100 \times \frac{l_1 - l_0}{l_s - l_0}$$

l_0 : 최초의 미응력 기준 길이, l_s : 응력의 기준 길이, l_1 : 회복 후의 기준 길이

5) 경년변화 시험 방법

① 경년변화시험방법은 4개의 인장시편과 3개의 시편을 준비하여 (70±2)℃ 및 상대습도 100분의 20 미만에서 168시간 동안 유지시킨 후 오븐에서 꺼내 16시간 이상 냉각시켜 전처리한다.
② 파단점에서 인장강도 및 신장시험을 4회 실시하고, 영구신장률시험을 3회 실시한다.

6) 뚫림강도 시험 방법

① 지름 50mm의 2개의 원형 시편을 채취하여 전처리한다.
② 준비한 시편을 지름 50mm인 평면 시험판 사이에 조립한다.
③ 금속막대침으로 상부시험판의 수직통로를 통해 관통속도 (500±50)mm/분으로 관통하여 펑크에 소요되는 힘을 측정한다.

7) 화염억제 시험 방법

① 절연장갑의 셋째나 넷째 손가락 또는 미트의 손가락을 길이 (60~70)mm로 잘라서 석고

를 채운 뒤 그림1-16과 같이 지름 5mm, 길이 120mm의 금속축에 설치하고 24시간 이상 경화시킨다.

② 가스버너를 점화하여 버너 불꽃이 (20±2)mm 높이의 황색 불꽃 끝을 가진 파란 불꽃이 될 때까지 가스 및 공기의 공급을 조절하고, 이어서 황색 불꽃 끝이 사라질 때까지 공기 공급을 증가시킨다.

③ 시험용 불꽃을 10초 동안 시편에 인가한 후 55초 동안 관찰한다.

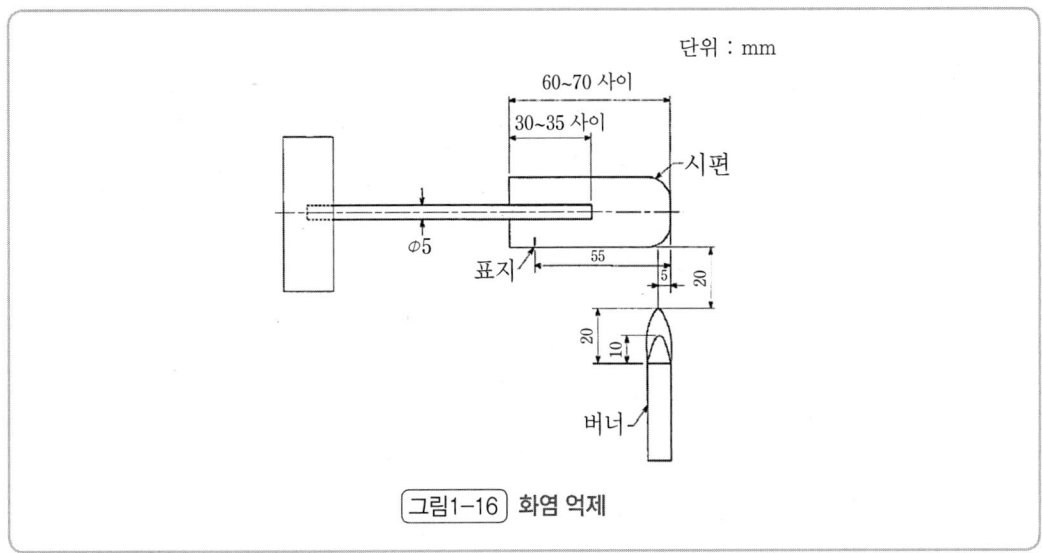

그림1-16 화염 억제

8) 저온 시험 방법

3개의 절연장갑 및 2개의 폴리에틸렌판(200×200×5mm)을 (-25±3)℃의 온도에서 1시간 동안 전처리한 후 1분 이내에 절연장갑의 손목을 구부려 30초 동안 100N의 힘을 가한다.

9) 내열성 시험 방법

시료를 가급적 평면의 부분으로 60mm × 60mm의 시편 2매를 취하고, 그 표면을 물로 씻고 수분을 닦아낸 후 표면을 안쪽으로 겹치어 맞추고 표면이 평활한 2매의 유리판 사이에 끼우고 그 위에 지름 40mm의 원판을 올려놓고 5N이 되도록 하중을 가하여, (130±2)℃의 항온조 안에서 4시간 유지한 후 시편을 끄집어내어 방냉 후 2매의 시편을 벗기어 표면의 이상유무를 확인한다.

THEME 34　화학물질용 안전장갑

[시행 2023. 12. 18.] [고용노동부고시 제2023-64호, 2023. 12. 18., 일부개정.]

1 일반구조 및 재료

1) 안전장갑에 사용되는 재료와 부품은 착용자에게 해로운 영향을 주지 않아야 한다.
2) 안전장갑은 착용 및 조작이 용이하고, 착용상태에서 작업을 행하는 데 지장이 없어야 한다.
3) 안전장갑은 육안을 통해 확인한 결과 찢어진 곳, 터진 곳, 구멍난 곳이 없어야 한다.
4) 안전장갑의 치수에 따른 최소길이는 아래 표와 같이 한다.
5) 안전장갑의 등급은 투과저항과 그 성능수준으로 한다.

손크기	손둘레(mm)	손길이(mm)	안전장갑 최소길이(mm)
6	152	160	220
7	178	171	230
8	203	182	240
9	229	192	250
10	254	204	260
11	279	215	270

2 재료시험 성능기준

구분	시험항목 (단위)	성능 수준(Class)					
		6	5	4	3	2	1
재료	투과저항(분)	>480	>240	>120	>60	>30	>10
	마모저항(횟수)	-	-	>8,000	>2,000	>500	>100
	절삭저항(지수)	-	>20.0	>10.0	>5.0	>2.5	>1.2
	인열강도(N)	-	-	>75	>50	>25	>10
	뚫림강도(N)	-	-	>150	>100	>60	>20

3 시험방법

1) 투과저항시험

2) 마모저항시험

① 시험장치는 리사주 평면 운동을 하는 시편 장착장치와 규정된 마모지와 시편에 9kPa의 하중을 가하는 추로 구성한다.

② 시험에 사용되는 시편은 4개로 하며, 각각 4개의 안전장갑으로부터 채취한다.

③ 시편은 재료 외부표면이 마모지에 접촉하도록 시험면적 $6.45cm^2$인 시편 홀더에 장착하고, 시험에 사용되는 마모지는 질량이 $300g/m^2 \pm 10\%$이어야 하며, 마모지 입도는 $212\mu m$의 체눈금을 갖는 것을 구비한다.

④ 시편 홀더가 마모지에 가하는 압축은 9kPa의 하중을 가한다.

⑤ 성능 수준별 마모횟수를 시험하면서 각 수준별로 시편의 손상유무를 확인한다.

⑥ 시편의 마모에 대한 손상유무 평가는 시편에 구멍이 뚫린 경우 손상되었다고 평가하고, 시험결과는 4개의 시편 중 가장 낮은 성능 수준을 나타낸 값을 결과값으로 한다.

3) 절삭저항시험

① 시험장치는 회전하는 원형칼날과 수평으로 왕복 운동하는 이송대 및 시편을 고정하는 장치로 구성되며 세부 시험장치의 사양은 다음과 같다.

원형칼날	두께 $3\pm0.3mm$이고 직경이 $45\pm0.5mm$이며, 절삭각은 앞부위는 $(32.5\pm2.5)°$ 이고, 텅스텐 재질(vickers hardness : 740~800)
절삭 날의 속도	최대 10cm/s
날에 가해지는 하중	$5N\pm0.5N$
이송대의 수평 이동거리	50mm

② 시편은 2개로 하고, 1짝의 안전장갑 손바닥부위에서 사선방향으로 각각 1개씩 채취하되 시편의 크기는 폭 80mm, 길이 100mm 이상이 되도록 한다.

③ 원형칼날의 절삭도를 확인하기 위한 표준시편의 크기는 안전장갑 시편과 같으며 표준시편에 사용되는 캔버스 특성을 다음과 같이 한다.

경사 · 위사의 선질량 (linear mass)	161 Tex
경사 꼬임	이중꼬임 s 280t/m, 단사 z 500t/m
위사 꼬임	경사 꼬임과 동일
경사	cm당 18드레드
위사	cm당 11드레드

크림프	경사 29%, 위사 4%
인장강도	경사 1,400N, 위사 1,000N
단위 면적당 질량	540g/m²
두께	1.2mm

④ 시편은 전도성 고무판에 알루미늄 호일을 올려놓고 시편 상부 지지대에 안전장갑의 바깥쪽이 칼날을 향하도록 시편을 장착하도록 하며, 표준시편은 알루미늄 호일 위에 당겨지지 않은 상태로 올려놓는다.

⑤ 시험은 표준시편, 시편, 표준시편의 순서를 시험단위로 하며 동일 시편에 대하여 5회의 시험을 실시하도록 하며, 절삭유무는 원형칼날이 알루미늄 호일에 닿는지 여부를 소리 또는 빛으로 확인한다.

⑥ ⑤에서 시험한 결과는 아래의 표와 같이 표시하고, 표준시편의 절삭평균 및 절삭지수를 구하는 산식은 다음과 같다. 이 경우 시험결과의 평가는 2개의 시편 평균 절삭지수 중 작은 값을 결과값으로 한다.

횟수	표준시편	시편	표준시편	절삭지수
1	C_1	T_1	C_2	i_1
2	C_2	T_2	C_3	i_2
3	C_3	T_3	C_4	i_3
4	C_4	T_4	C_5	i_4
5	C_5	T_5	C_6	i_5

$$C_{n:avg} = \frac{C_n + C_{n+1}}{2} \quad i_n = \frac{C_{n:avg} + T_n}{C_{n:avg}}$$

C, T : 표준시편 및 시편이 손상될 때까지의 원형칼날의 왕복횟수
$C_{n:avg}$: 표준시편 평균왕복운동횟수, i_n : 절삭지수

4) 인열강도시험

각기 4개의 안전장갑으로부터 채취된 4개의 시편으로 시험을 실시한다. 이 경우 2개의 시편은 손가락 방향으로, 나머지 2개의 시편은 손바닥을 가로지르는 방향으로 채취하도록 한다. 이 경우 시험은 인장속도를 (100±10)mm/min으로 시편이 완전히 파단될 때까지 인장하고, 이때 최대강도(N)를 구한다. 만일 안전장갑이 접합되지 않은 여러 층으로 이루어진 경우 각각의 층에 대하여 시험을 실시하고 그중 최대값을 시험 값으로 한다. 시험결과의 평가는 4개의 시편 인열강도 중 가장 낮은 값을 결과 값으로 한다.

5) 뚫림강도 시험

시편은 4개의 안전장갑 손바닥부위에서 각각 채취하고, 그림1-17과 같이 팁의 내경이 (1.0±0.05)mm인 시험스파이크를 사용한다. 다만, 안전장갑이 접합되지 않은 여러 층으로 이루어진 경우 한꺼번에 측정한다. 시험결과의 평가는 4개의 시편의 뚫림강도 중 가장 낮은 결과 값으로 한다.

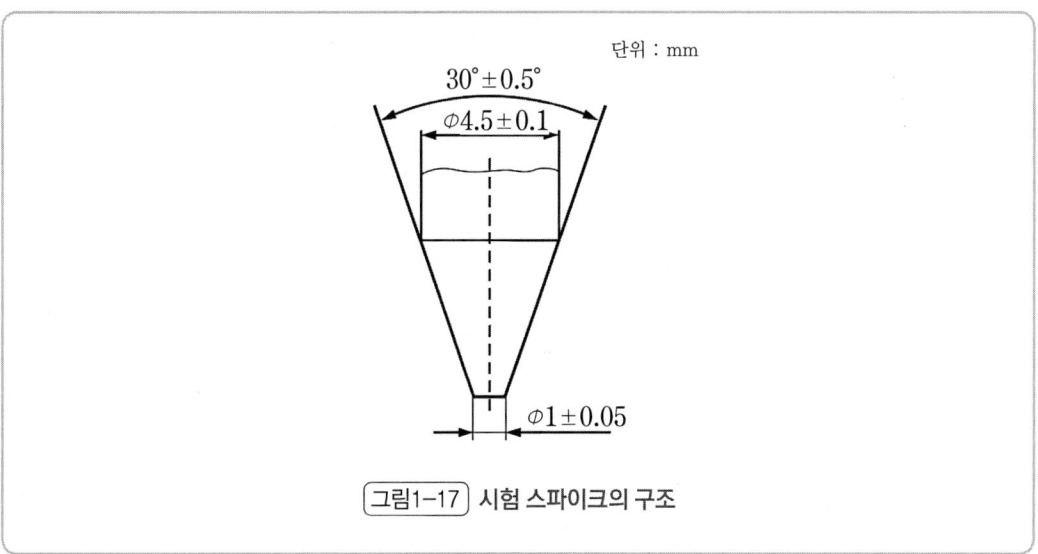

그림1-17 시험 스파이크의 구조

6) 침투시험

사이즈별로 하나씩, 제품별로 최소 4개의 안전장갑에 대해 다음에 따라 공기 및 물 누출시험을 통해 실시하고 두 가지 시험 모두를 통과하여야 한다. 다만, 공기누출시험의 경우 장갑의 일부분만 현저히 부풀어 오르는 경우에는 물 누출시험으로 평가한다.

① 공기누출 시험방법
- 안전장갑을 그림1-18과 같이 원형심봉에 고정시켜 조이고 안전장갑의 두께에 따라 아래 정한 공기압력(게이지압력)에 침수깊이 100mm당 1kPa을 추가하여 물에 침지한다.

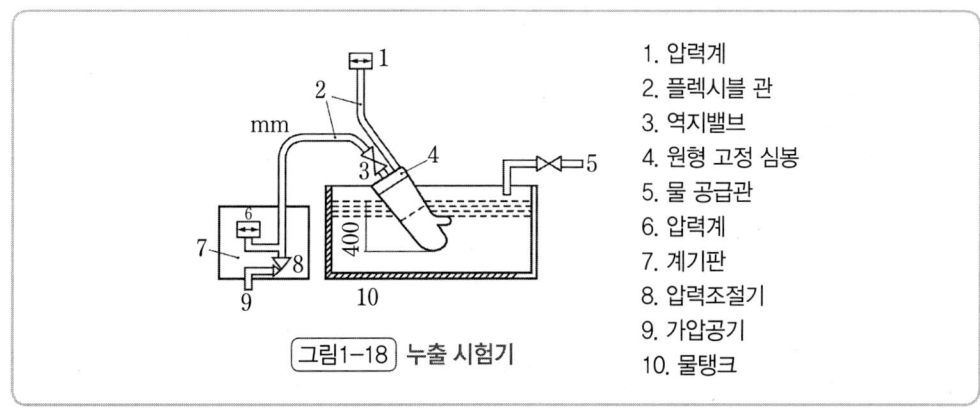

그림1-18 누출 시험기

안전장갑의 두께에 따른 공기압력

안전장갑의 두께(mm)	압력(kPa)
e ≦ 0.3	0.5
0.3 < e ≦ 0.5	2.0
0.5 < e ≦ 1.0	5.0
e > 1.0	6.0

- 안전장갑의 침수거리가 수직으로 250mm 이상이 되도록 물에 잠기게 하고, 침수거리가 250mm를 초과하는 경우에는 안전장갑의 중지 부위로부터 잠긴 수직거리가 250mm가 되도록 경사지게 침지한다.
- 원형심봉을 침지시킨 상태에서 회전시키면서 안전장갑에서 공기가 누출되는지 여부를 확인하여 공기방울이 발생하면 누출된 것으로 평가한다. 다만 시험 시 안전장갑의 일부분만 현저하게 부풀어 오르는 경우 또는 부풀어 오르지 않는 경우에는 물을 이용한 누출시험을 실시하여 평가한다.

② 물누출 시험방법
- 안전장갑 소매 끝단을 그림1-19와 같이 속이 빈 튜브의 40mm 표시선까지 끼운 후 물이 새지 않도록 조인다.
- 튜브를 통해 40mm 표시선까지 물을 채운다.
- 누출여부는 안전장갑이 압착되지 않은 상태에서 검사하도록 하고 안전장갑의 표면으로부터 물방울 등의 누수가 확인되면 누출된 것으로 평가한다. 이 경우 육안 식별을 용이하게 하기 위하여 화장용 파우더 등을 사용하여 누수 여부를 검사할 수 있다.
- 시험에서 즉각적인 누수가 발견되지 않으면 최초로 물을 가한 안전장갑을 수직으로 매단 뒤 2분이 경과된 후 안전장갑의 표면에서 누수 여부를 확인한다.

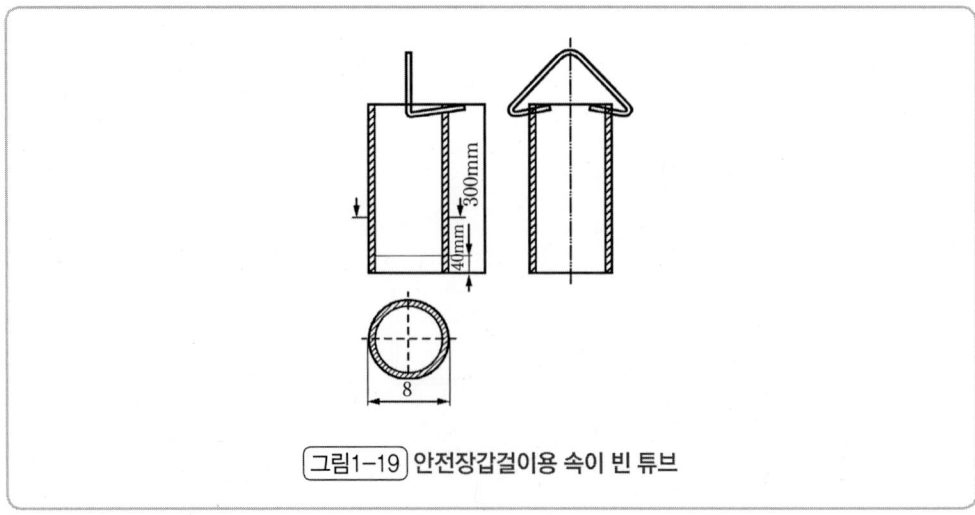

그림1-19 안전장갑걸이용 속이 빈 튜브

THEME 35 방진마스크

[시행 2023. 12. 18.] [고용노동부고시 제2023-64호, 2023. 12. 18., 일부개정.]

1 용어 정의

용어	내용
분진 등	분진, 미스트 및 흄을 총칭하는 것으로 물리적 작용 및 화학적 반응에 의해 생성된 고체 또는 액체입자
전면형 방진마스크	분진 등으로부터 안면부 전체(입, 코, 눈)를 덮을 수 있는 구조의 방진마스크
반면형 방진마스크	분진 등으로부터 안면부의 입과 코를 덮을 수 있는 구조의 방진마스크
신장률	시편에 인장하중을 가하고 난 후 인장을 받아 생기는 방향으로의 변형을 말하며 원래 길이에 대한 늘어난 길이의 비를 백분율로 나타낸 것
영구 변형률	시편에 일정시간 동안 인장하중을 가하고 난 후 원상태로 되돌아오지 않고 남아 있는 변형을 말하며 원래 길이에 대한 늘어난 길이의 비를 백분율로 나타낸 것

2 성능기준

1) 방진마스크의 등급

등급	특급	1급	2급
사용장소	– 베릴륨 등과 같이 독성이 강한 물질들을 함유한 분진 등 발생장소 – 석면 취급장소	– 특급마스크 착용장소를 제외한 분진 등 발생장소 – 금속흄 등과 같이 열적으로 생기는 분진 등 발생장소 – 기계적으로 생기는 분진 등 발생장소(규소 등과 같이 2급 방진마스크를 착용하여도 무방한 경우는 제외한다)	특급 및 1급 마스크 착용장소를 제외한 분진 등 발생장소
	배기밸브가 없는 안면부 여과식 마스크는 특급 및 1급 장소에 사용해서는 안 된다.		

2) 형태 및 구조분류

종류	분리식		안면부 여과식
	격리식	직결식	
형태	전면형	전면형	반면형
	반면형	반면형	
사용 조건	산소농도 18% 이상인 장소에서 사용하여야 한다.		

3) 형태 및 구조

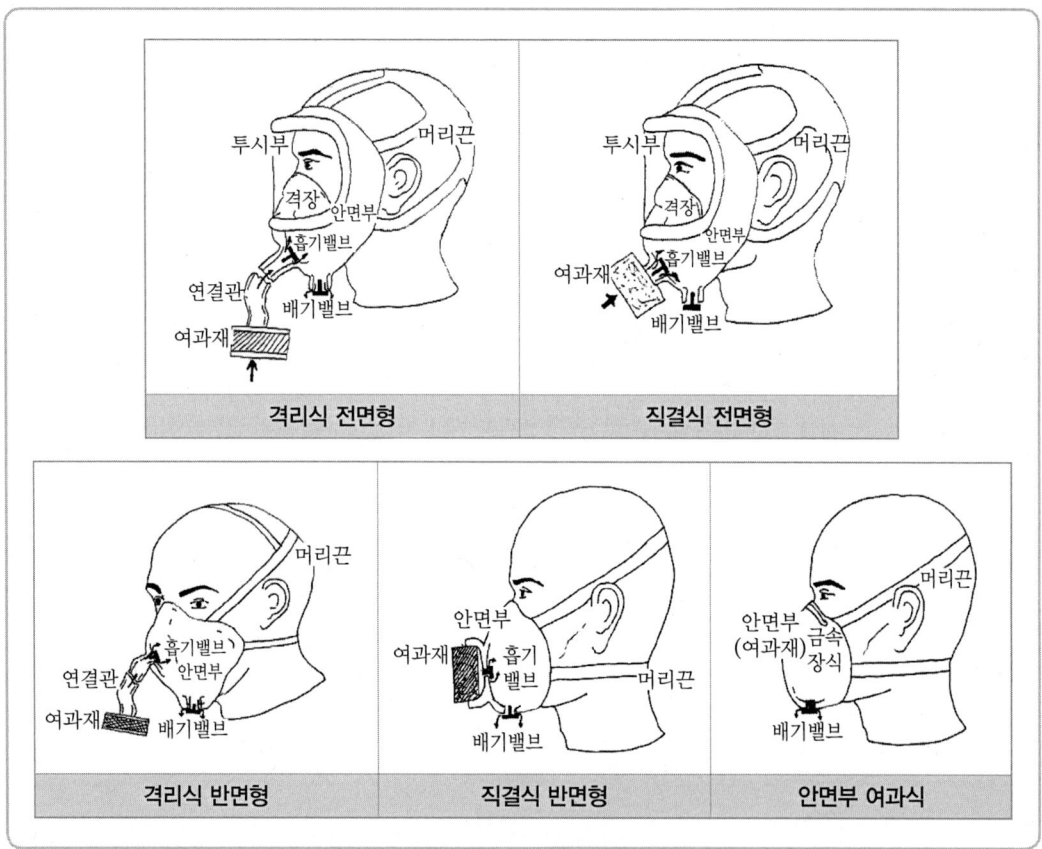

4) 형태별 구조분류

분리식		안면부 여과식
격리식	직결식	
안면부, 여과재, 연결관, 흡기밸브, 배기밸브 및 머리끈으로 구성되며 여과재에 의해 분진 등이 제거된 깨끗한 공기를 연결관으로 통하여 흡기밸브로 흡입되고 체내의 공기는 배기밸브를 통하여 외기 중으로 배출하게 되는 것으로 부품을 자유롭게 교환할 수 있는 것을 말한다.	안면부, 여과재, 흡기밸브, 배기밸브 및 머리끈으로 구성되며 여과재에 의해 분진 등이 제거된 깨끗한 공기가 흡기밸브를 통하여 흡입되고 체내의 공기는 배기밸브를 통하여 외기 중으로 배출하게 되는 것으로 부품을 자유롭게 교환할 수 있는 것을 말한다.	여과재로 된 안면부와 머리끈으로 구성되며 여과재인 안면부에 의해 분진 등을 여과한 깨끗한 공기가 흡입되고 체내의 공기는 여과재인 안면부를 통해 외기 중으로 배기되는 것으로 (배기밸브가 있는 것은 배기밸브를 통하여 배출)부품이 교환될 수 없는 것을 말한다.

5) 구조

① 방진마스크의 일반구조
- 착용 시 이상한 압박감이나 고통을 주지 않을 것
- 전면형은 호흡 시에 투시부가 흐려지지 않을 것
- 분리식 마스크에 있어서는 여과재, 흡기밸브, 배기밸브 및 머리끈을 쉽게 교환할 수 있고 착용자 자신이 안면과 분리식 마스크의 안면부와의 밀착성 여부를 수시로 확인할 수 있어야 할 것
- 안면부 여과식 마스크는 여과재로 된 안면부가 사용기간 중심하게 변형되지 않을 것
- 안면부 여과식 마스크는 여과재를 안면에 밀착시킬 수 있어야 할 것

② 방진마스크의 각부의 구조
- 방진마스크는 쉽게 착용되어야 하고 착용하였을 때 안면부가 안면에 밀착되어 공기가 새지 않을 것
- 흡기밸브는 미약한 호흡에 대하여 확실하고 예민하게 작동하도록 할 것
- 배기밸브는 방진마스크의 내부와 외부의 압력이 같을 경우 항상 닫혀 있도록 할 것. 또한, 약한 호흡 시에도 확실하고 예민하게 작동하여야 하며 외부의 힘에 의하여 손상되지 않도록 덮개 등으로 보호되어 있을 것
- 연결관(격리식에 한한다)은 신축성이 좋아야 하고 여러 모양의 구부러진 상태에서도 통기에 지장이 없을 것. 또한, 턱이나 팔의 압박이 있는 경우에도 통기에 지장이 없어야 하며 목의 운동에 지장을 주지 않을 정도의 길이를 가질 것
- 머리끈은 적당한 길이 및 탄력성을 갖고 길이를 쉽게 조절할 수 있을 것

6) 재료

① 안면에 밀착하는 부분은 피부에 장해를 주지 않을 것
② 여과재는 여과성능이 우수하고 인체에 장해를 주지 않을 것
③ 방진마스크에 사용하는 금속부품은 내식성을 갖거나 부식방지를 위한 조치가 되어 있을 것
④ 전면형의 경우 사용할 때 충격을 받을 수 있는 부품은 충격 시에 마찰 스파크를 발생되어 가연성의 가스혼합물을 점화시킬 수 있는 알루미늄, 마그네슘, 티타늄 또는 이의 합금을 사용하지 않을 것
⑤ 반면형의 경우 사용할 때 충격을 받을 수 있는 부품은 충격 시에 마찰 스파크를 발생되어 가연성의 가스혼합물을 점화시킬 수 있는 알루미늄, 마그네슘, 티타늄 또는 이의 합금을 최소한 사용할 것

7) 시험성능 기준

① 안면부 흡기저항

형태 및 등급		유량(ℓ/min)	차압(Pa)
분리식	전면형	160	250 이하
		30	50 이하
		95	150 이하
	반면형	160	200 이하
		30	50 이하
		95	130 이하
안면부 여과식	특급	30	100 이하
	1급		70 이하
	2급		60 이하
	특급	95	300 이하
	1급		240 이하
	2급		210 이하

② 여과재분진 등 포집효율

형태 및 등급		염화나트륨(NaCl) 및 파라핀 오일(Paraffin oil)(%)
분리식	특급	99.95 이상
	1급	94.0 이상
	2급	80.0 이상
안면부 여과식	특급	99.0 이상
	1급	94.0 이상
	2급	80.0 이상

③ 안면부 배기저항

형태	유량(ℓ/min)	차압(Pa)
분리식	160	300 이하
안면부 여과식	160	300 이하

④ 안면부 누설률

형태 및 등급		누설률(%)
분리식	전면형	0.05 이하
	반면형	5 이하
안면부 여과식	특급	5 이하
	1급	11 이하
	2급	25 이하

⑤ 시야

형태		시야(%)	
		유효시야	겹침시야
전면형	1안식	70 이상	80 이상
	2안식	70 이상	20 이상

⑥ 강도, 신장률 및 영구 변형률

형태	부품	강도	신장률(%)	영구변형률(%)
분리식 전면형	머리끈과 안면부의 연결부	찢어짐 또는 끊어짐이 없을 것	–	–
	머리끈	–	100 이하	5 이하
	안면부와 나사 연결부	찢어짐 또는 끊어짐이 없을 것	–	–
	배기밸브 덮개	이탈되지 않을 것	–	–
분리식 반면형	머리끈과 안면부의 연결부	찢어짐 또는 끊어짐이 없을 것	–	–
	안면부와 여과재 연결부	이탈되지 않을 것	–	–
	배기밸브 덮개	이탈되지 않을 것	–	–
안면부 여과식	배기밸브 덮개	이탈되지 않을 것	–	–
분리식	음성전달판의 조립부	이탈되지 않을 것	–	–

⑦ 여과재 질량

형태		질량(g)
분리식	전면형	500 이하
	반면형	300 이하

⑧ 여과재 호흡저항

형태 및 등급		유량(ℓ/min)	차압 (Pa)
분리식	특급	30	120 이하
		95	420 이하
	1급	30	70 이하
		95	240 이하
	2급	30	60 이하
		95	210 이하

⑨ 불연성(불꽃을 제거했을 때 안면부가 계속적으로 타지 않을 것)
⑩ 음성전달판(찢어지거나 변형이 없을 것)
⑪ 투시부의 내충격성(이탈, 균열, 깨어짐 및 갈라짐이 없을 것)
⑫ 안면부 내부의 이산화탄소 농도(안면부 내부의 이산화탄소 농도가 부피분율 1% 이하일 것)

THEME 36 방독마스크

[시행 2023. 12. 18.] [고용노동부고시 제2023-64호, 2023. 12. 18., 일부개정.]

1 용어 정의

용어	내용
파과	대응하는 가스에 대하여 정화통 내부의 흡착제가 포화상태가 되어 흡착능력을 상실한 상태
파과시간	어느 일정농도의 유해물질 등을 포함한 공기를 일정 유량으로 정화통에 통과하기 시작부터 파과가 보일 때까지의 시간
파과곡선	파과시간과 유해물질 등에 대한 농도와의 관계를 나타낸 곡선
전면형 방독마스크	안면부 전체(입, 코, 눈)를 덮을 수 있는 구조의 방독마스크
반면형 방독마스크	유해물질 등으로부터 안면부의 입과 코를 덮을 수 있는 구조의 방독마스크
복합용 방독마스크	두 종류 이상의 유해물질 등에 대한 제독능력이 있는 방독마스크
겸용 방독마스크	방독마스크(복합용 포함)의 성능에 방진마스크의 성능이 포함된 방독마스크

2 성능기준

1) 방독마스크의 종류

종류	시험 가스
유기화합물용	시클로헥산(C_6H_{12})
	디메틸에테르(CH_3OCH_3)
	이소부탄(C_4H_{10})
할로겐용	염소가스 또는 증기(Cl_2)
황화수소용	황화수소가스(H_2S)
시안화수소용	시안화수소가스(HCN)
아황산용	아황산가스(SO_2)
암모니아용	암모니아가스(NH_3)

2) 방독마스크의 등급

등급	사용장소
고농도	가스 또는 증기의 농도가 100분의 2(암모니아에 있어서는 100분의 3) 이하의 대기 중에서 사용하는 것
중농도	가스 또는 증기의 농도가 100분의 1(암모니아에 있어서는 100분의 1.5) 이하의 대기 중에서 사용하는 것
저농도 및 최저농도	가스 또는 증기의 농도가 100분의 0.1 이하의 대기 중에서 사용하는 것으로서 긴급용이 아닌 것

비고 : 방독마스크는 산소농도가 18% 이상인 장소에서 사용하여야 하고, 고농도와 중농도에서 사용하는 방독마스크는 전면형(격리식, 직결식)을 사용해야 한다.

3) 방독마스크의 형태 및 구조

형태		구조
분리식	전면형	정화통, 연결관, 흡기밸브, 안면부, 배기밸브 및 머리끈으로 구성되고, 정화통에 의해 가스 또는 증기를 여과한 청정공기를 연결관을 통하여 흡입하고 배기는 배기밸브를 통하여 외기 중으로 배출하는 것으로 안면부 전체를 덮는 구조
	반면형	정화통, 연결관, 흡기밸브, 안면부, 배기밸브 및 머리끈으로 구성되고, 정화통에 의해 가스 또는 증기를 여과한 청정공기를 연결관을 통하여 흡입하고 배기는 배기밸브를 통하여 외기 중으로 배출하는 것으로 코 및 입부분을 덮는 구조
직결식	전면형	정화통, 흡기밸브, 안면부, 배기밸브 및 머리끈으로 구성되고, 정화통에 의해 가스 또는 증기를 여과한 청정공기를 흡기밸브를 통하여 흡입하고 배기는 배기밸브를 통하여 외기 중으로 배출하는 것으로 정화통이 직접 연결된 상태로 안면부 전체를 덮는 구조
	반면형	정화통, 흡기밸브, 안면부, 배기밸브 및 머리끈으로 구성되고, 정화통에 의해 가스 또는 증기를 여과한 청정공기를 흡기밸브를 통하여 흡입하고 배기는 배기밸브를 통하여 외기 중으로 배출하는 것으로 안면부와 정화통이 직접 연결된 상태로 코 및 입부분을 덮는 구조

4) 방독마스크의 형태

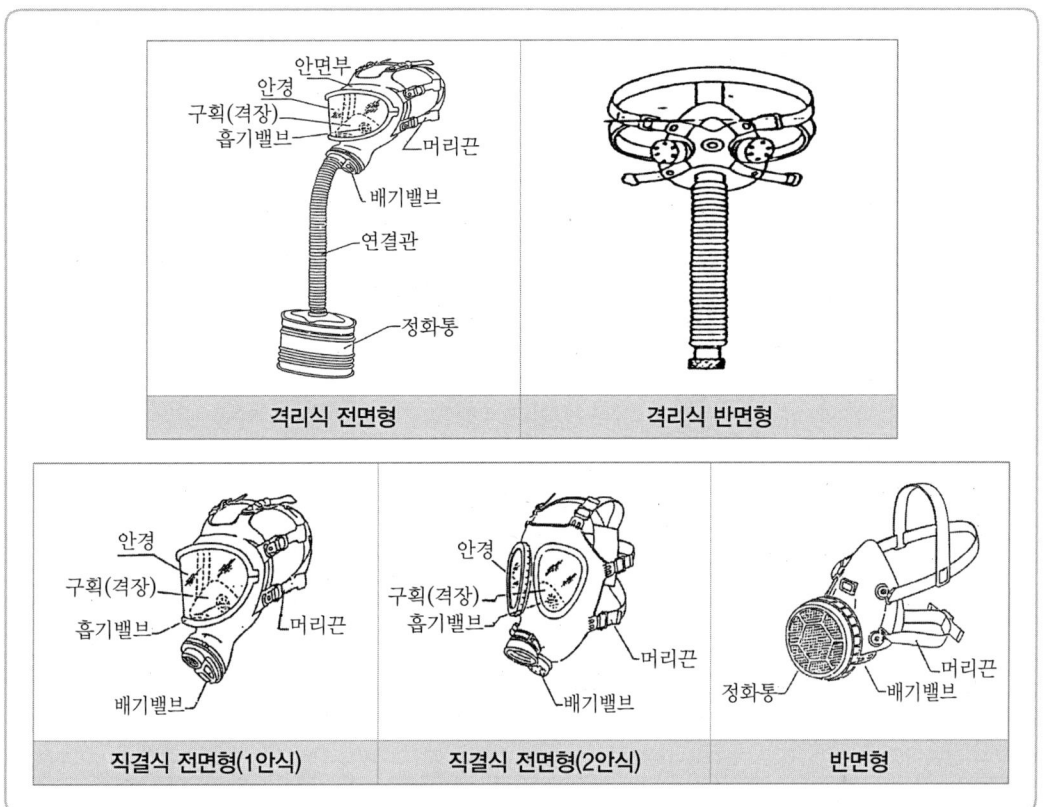

5) 일반구조

① 착용 시 이상한 압박감이나 고통을 주지 않을 것
② 착용자의 얼굴과 방독마스크의 내면 사이의 공간이 너무 크지 않을 것
③ 전면형은 호흡 시에 투시부가 흐려지지 않을 것
④ 격리식 및 직결식 방독마스크에 있어서는 정화통·흡기밸브·배기밸브 및 머리끈을 쉽게 교환할 수 있고, 착용자 자신이 스스로 안면과 방독마스크 안면부와의 밀착성 여부를 수시로 확인할 수 있을 것
⑤ 방독마스크는 쉽게 착용할 수 있고, 착용하였을 때 안면부가 안면에 밀착되어 공기가 새지 않을 것
⑥ 정화통 내부의 흡착제는 견고하게 충진되고 충격에 의해 외부로 노출되지 않을 것
⑦ 흡기밸브는 미약한 호흡에 대하여 확실하고 예민하게 작동할 것
⑧ 배기밸브는 방독마스크의 내부와 외부의 압력이 같을 경우 항상 닫혀 있어야 하고 미약한 호흡에 대하여 확실하고 예민하게 작동하여야 하며 외부의 힘에 의하여 손상되지 않도록 덮개 등으로 보호되어 있을 것

⑨ 연결관은 신축성이 좋아야 하고 여러 모양의 구부러진 상태에서도 통기에 지장이 없어야 하고 턱이나 팔의 압박이 있는 경우에도 통기에 지장이 없어야 하며 목의 운동에 지장을 주지 않을 정도의 길이를 가질 것
⑩ 머리끈은 적당한 길이 및 탄력성을 갖고 길이를 쉽게 조절할 수 있을 것

6) 재료
① 안면에 밀착하는 부분은 피부에 장해를 주지 않을 것
② 흡착제는 흡착성능이 우수하고 인체에 장해를 주지 않을 것
③ 방독마스크에 사용하는 금속부품은 부식되지 않을 것
④ 방독마스크를 사용할 때 충격을 받을 수 있는 부품은 충격 시에 마찰 스파크가 발생되어 가연성의 가스혼합물을 점화시킬 수 있는 알루미늄, 마그네슘, 티타늄 또는 이의 합금으로 만들지 말 것

7) 안면부 흡기저항

형태		유량(ℓ/min)	차압(Pa)
격리식 및 직결식	전면형	160	250 이하
		30	50 이하
		95	150 이하
	반면형	160	200 이하
		30	50 이하
		95	130 이하

8) 안면부 배기저항, 안면부 누설률, 시야

형태	유량(ℓ/min)	차압(Pa)
격리식 및 직결식	160	300 이하

형태		누설률(%)
격리식 및 직결식	전면형	0.05 이하
	반면형	5 이하

형태		시야(%)	
		유효시야	겹침시야
전면형	1안식	70 이상	80 이상
	2안식		20 이상

9) 시험가스의 조건 및 파과농도, 파과시간 등

종류 및 등급		시험가스의 조건		파과농도 (ppm, ±20%)	파과시간(분)	분진 포집 효율(%)
		시험가스	농도(%) (±10%)			
유기 화합물용	고농도	시클로헥산	0.8	10.0	65 이상	** 특급 : 99.95 1급 : 94.0 2급 : 80.0
	중농도		0.5		35 이상	
	저농도		0.1		70 이상	
	최저농도	시클로헥산	0.1	5.0	20 이상	
		디메틸에테르	0.05		50 이상	
		이소부탄	0.25			
할로겐용	고농도	염소가스	1.0	0.5	30 이상	
	중농도		0.5		20 이상	
	저농도		0.1		20 이상	
황화수소용	고농도	황화수소가스	1.0	10.0	60 이상	
	중농도		0.5		40 이상	
	저농도		0.1		40 이상	
시안화수소용	고농도	시안화수소 가스	1.0	10.0*	35 이상	
	중농도		0.5		25 이상	
	저농도		0.1		25 이상	
아황산용	고농도	아황산가스	1.0	5.0	30 이상	
	중농도		0.5		20 이상	
	저농도		0.1		20 이상	
암모니아용	고농도	암모니아가스	1.0	25.0	60 이상	
	중농도		0.5		40 이상	
	저농도		0.1		50 이상	

* 시안화수소가스에 의한 제독능력시험 시 시아노겐(C_2N_2)은 시험가스에 포함될 수 있다.
  (C_2N_2+HCN)를 포함한 파과농도는 10ppm을 초과할 수 없다.
** 겸용의 경우 정화통과 여과재가 장착된 상태에서 분진포집효율시험을 하였을 때 등급에 따른 기준치 이상일 것

10) 강도, 신장률 및 영구변형률

형태	부품	강도	신장률(%)	영구변형률(%)
전면형	머리끈과 안면부의 연결부	찢어짐 또는 끊어짐이 없을 것	–	–
	머리끈	–	100 이하	5 이하
	안면부와 나사 연결부	찢어짐 또는 끊어짐이 없을 것	–	–
	배기밸브 덮개	이탈되지 않을 것	–	–
반면형	머리끈과 안면부의 연결부	찢어짐 또는 끊어짐이 없을 것	–	–
	안면부와 정화통 연결부	찢어짐 또는 끊어짐이 없을 것	–	–
	배기밸브 덮개	이탈되지 않을 것	–	–
음성전달판의 조립부		이탈되지 않을 것	–	–

11) 정화통 질량(여과재가 있는 경우 포함)

형태		질량(g)
격리식 및 직결식	전면형	500 이하
	반면형	300 이하

12) 정화통 호흡저항

등급		최대 호흡저항(Pa)		표면막힘 전처리 후 95ℓ/min에서 최대 호흡저항(Pa)
		30ℓ/min	95ℓ/min	
고농도	*정화통(특급)	280	1,060	1,140
	*정화통(1급)	230	880	1,140
	*정화통(2급)	220	850	1,040
	정화통	160	640	–
중농도	*정화통(특급)	260	980	1,060
	*정화통(1급)	210	800	1,060
	*정화통(2급)	200	770	960
	정화통	140	560	–
저농도 및 최저농도	*정화통(특급)	220	820	900
	*정화통(1급)	170	640	900
	*정화통(2급)	160	610	800
	정화통	100	400	–

* 특급, 1급, 2급의 방진마스크 여과재가 장착된 상태임
* 표면막힘 전처리 후 최대호흡저항은 부가성능 기준으로 신청자의 요구 시에 시험할 수 있음
* 증기밀도가 낮은 유기화합물의 호흡저항 기준은 중농도 조건에 따름(정화통 호흡저항기준)

13) 정화통 외부 측면의 표시 색

종류	표시 색
유기화합물용 정화통	갈색
할로겐용 정화통	회색
황화수소용 정화통	회색
시안화수소용 정화통	
아황산용 정화통	노랑색
암모니아용 정화통	녹색
복합용 및 겸용의 정화통	– 복합용의 경우 　해당가스 모두 표시(2층 분리) – 겸용의 경우 　백색과 해당가스 모두 표시(2층 분리)

※ 증기밀도가 낮은 유기화합물 정화통의 경우 색상표시 및 화학물질명 또는 화학기호를 표기

Plus note

THEME 37   송기마스크

[시행 2023. 12. 18.] [고용노동부고시 제2023-64호, 2023. 12. 18., 일부개정.]

1 용어 정의

용어	내용
안면부 등	안면부, 페이스실드 및 후드
디맨드밸브	흡기 때 열리고 흡기를 정지시켰을 때 및 배기할 때 닫히는 밸브
압력 디맨드밸브	안면부 안이 외기압보다 일정 정도만 양압이 되도록 설계된 밸브로서 안면부 안에 일정 양압 이하가 되는 경우 작동하는 밸브
공급밸브	디맨드밸브와 압력 디맨드밸브
AL마스크	에어라인 마스크와 복합식 에어라인 마스크

2 성능기준

1) 송기마스크의 종류 및 등급

종류	등급		구분
호스 마스크	폐력흡인형		안면부
	송풍기형	전동	안면부, 페이스실드, 후드
		수동	안면부
에어라인마스크	일정유량형		안면부, 페이스실드, 후드
	디맨드형		안면부
	압력디맨드형		
복합식 에어라인마스크	디맨드형		안면부
	압력디맨드형		

2) 일반구조

① 튼튼하고 가능한 한 가벼워야 하며, 장시간 사용하여도 고장이 없을 것
② 공기공급호스는 그 결합이 확실하고 누설의 우려가 없을 것
③ 취급 시의 충격에 대한 내성을 보유할 것
④ 각 부분의 취급이 간단하고 쉽게 파손되지 않아야 하며 착용 시 압박을 주지 않을 것

3) 송기마스크의 종류에 따른 형상 및 사용범위

종류	등급	형상 및 사용범위	도해
호스 마스크	폐력 흡인형	호스의 끝을 신선한 공기 중에 고정시키고 호스, 안면부를 통하여 착용자가 자신의 폐력으로 공기를 흡입하는 구조로서, 호스는 원칙적으로 안지름 19mm 이상, 길이 10m 이하이어야 한다.	
	송풍기형	전동 또는 수동의 송풍기를 신선한 공기 중에 고정시키고 호스, 안면부 등을 통하여 송기하는 구조로서, 송기풍량의 조절을 위한 유량조절 장치(수동 송풍기를 사용하는 경우는 공기조절 주머니도 가능) 및 송풍기에는 교환이 가능한 필터를 구비하여야 하며, 안면부를 통해 송기하는 것은 송풍기가 사고로 정지된 경우에도 착용자가 자기 폐력으로 호흡할 수 있는 것이어야 한다.	
에어라인 마스크	일정 유량형	압축 공기관, 고압 공기용기 및 공기압축기 등으로부터 중압호스, 안면부 등을 통하여 압축공기를 착용자에게 송기하는 구조로서, 중간에 송기 풍량을 조절하기 위한 유량조절장치를 갖추고 압축공기중의 분진, 기름미스트 등을 여과하기 위한 여과장치를 구비한 것이어야 한다.	
	디맨드형 및 압력 디맨드형	일정 유량형과 같은 구조로서 공급밸브를 갖추고 착용자의 호흡량에 따라 안면부 내로 송기하는 것이어야 한다.	
복합식 에어라인 마스크	디맨드형 및 압력 디맨드형	보통의 상태에서는 디맨드형 또는 압력디맨드형으로 사용할 수 있으며, 급기의 중단 등 긴급 시 또는 작업상 필요시에는 보유한 고압공기용기에서 급기를 받아 공기호흡기로서 사용할 수 있는 구조로서, 고압공기 용기 및 폐지밸브는 KS P 8155(공기 호흡기)의 규정에 의한 것이어야 한다.	

4) 송기마스크의 각 부분 기준

부분	기준
안면부	- 배기밸브를 갖추어야 한다. 폐력 흡인형의 안면부는 흡기밸브도 있어야 한다. - 착용이 간단하고 머리부 조임끈은 길이를 조절할 수 있는 것이어야 한다. - 전면형은 1안식 및 2안식의 것으로서 안면전체를 가리고 누설이 없어야 하며 아이피스는 투명하여 영상이 흔들리지 않고 시야가 넓은 것으로서 사용 중 김서림이 없어야 한다. - 반면형은 코, 입 및 턱을 막아 누설되지 않아야 한다.
흡기밸브	보통의 호흡에 의하여 예민하게 작동해야 한다.
배기밸브	- 밸브 및 밸브자리의 건습 상태에 관계없이 보통의 호흡에 의하여 확실하고 예민하게 작동해야 한다. - 내부와 외부의 압력이 같을 때는 안면부의 방향에 관계없이 닫힌 상태를 유지해야 한다. - 외력에 의한 손상이 생기지 않도록 덮개 등으로 보호된 것이어야 한다.
머리부 조임끈	KS M 6674(방독면)의 5.3.1(5)(강도시험)에 적합한 것이어야 한다.
페이스 실드	- 착용자의 얼굴 전체를 가리는 크기이어야 한다. - 눈 부분을 가리는 부분은 투명하여 영상이 흔들리지 않고 시야가 넓은 것으로 사용 중 김서림이 없어야 한다. - 내측은 연질 플라스틱제, 고무제 또는 이와 동등 이상의 재질로 안면을 둘러싸고 가능한 한 유해 오염물질이 들어오지 못하도록 해야 한다. - 용접작업에 사용하는 경우에는 검정에 합격된 용접용보안면과 교환할 수 있는 것이어야 한다. - 바깥쪽 창틀을 들어 올릴 수 있는 것은 투시부가 흔들리지 않아야 한다.
후드	- 외부에서 유해 오염물질이 들어오지 못하도록 머리, 눈, 안면 및 목부분 전체를 가리는 것으로 하고 목부분은 조임끈에 의해 확실하게 조여지거나 기밀이 양호한 보호복과 하나로 되어 있어야 한다. - 착용 중에 머리부를 포함하여 신체의 운동에 가능한 지장이 없어야 한다. - 송기구는 그 출구에 바람막이 판을 부착하는 등 착용자에게 불쾌감을 주지 않아야 한다. - 아이피스는 투명하여 영상이 흔들리지 않고 시야가 넓은 것으로서 사용 중 김서림이 없어야 한다. - 배기밸브는 후드 내의 미약한 압력변화에 대하여도 예민하고 확실하게 작동하여야 하며 외력에 의한 변형 및 손상으로부터 보호되어야 한다. - 후드내부의 음압수준은 분당 송기량 200ℓ에서 KS A 0701(소음도 측정방법)의 4.1(정상소음)에 규정하는 방법에 따라 시험했을 때 착용자의 귀의 근방에서 80dB(A) 이하이어야 한다.
연결관	- 신축성이 양호한 것으로서 다양한 상태로 휘어져도 통기에 지장이 없어야 한다. - 턱 또는 팔의 압박에 의해서도 통기에 지장이 없어야 한다. - 목부위를 자유롭게 움직일 수 있도록 충분히 긴 것이어야 한다. - 안면부에서 호스연결부까지의 강도는 KS M 6674(방독면)의 7.2.7(연결관 부착 강도시험)에 규정하는 방법에 따라 시험했을 때 150N 이상이어야 한다.
유량 조절 장치	공기유량을 자유롭게 조절할 수 있어야 하며 착용자의 통상적인 수조작에 의하여도 자유롭게 조절되어야 한다. 에어라인 마스크용 유량조절장치는 출구를 완전히 닫은 상태에서 980kPa의 압력에 견디어야 한다.
공급밸브	- 당해 제품의 사용압력에 대하여 안전성과 기밀성이 충분하여야 하며 외부로부터의 충격에 대하여 사용압력의 변동이 크지 않아야 한다. - 디맨드밸브는 흡기에 의하여 예민하게 열리고 흡기정지 시 및 배기 시에 확실하게 닫혀야 한다. - 압력디맨드밸브는 설정 양압에 대하여 예민하게 작동해야 한다.

감압밸브	고압공기 용기에서의 압축공기 압력을 에어라인 마스크의 최고 사용압력 이하로 감압할 수 있는 것이어야 한다.
여과장치	압축공기 중의 분진, 기름 미스트 등의 입자를 여과할 수 있어야 한다.
공기조절 주머니	내부에 스프링재료 등을 넣어 통기성을 확보하여야 하며, 그 공기량은 2ℓ 이상이어야 한다.
공기 취입구	폐력흡인형 호스마스크의 공기 취입구는 이물질의 침입을 방지하여야 하며 호스의 끝을 고정시킬 수 있는 유지기구를 갖추어야 한다.
호스연결부	나사조임식, 원터치식 또는 이와 동등 이상 구조를 사용할 수 있어야 한다. 그러나 복합식 에어라인마스크는 나사 조임식만으로 하여서는 안 된다.
장착대	착용자가 호스 또는 중압호스를 뒤쪽으로 당기면서 작업할 수 있도록 견고성이 있어야 하며 착용자의 체격에 따라서 조절이 가능한 것으로서 이음매, 꿰맨 곳 및 호스연결부는 각각 1kN의 인장에 견디어야 한다.
케이블	전동 송풍기에 사용하는 케이블은 KS C 3004(고무, 플라스틱 절연전선시험방법)에 규정하는 캡타이어 코드 또는 이와 동등 이상의 것이어야 한다.
긴급 시 급기경보장치	에어라인 마스크용의 긴급 시 급기경보장치는 에어라인 마스크를 사용할 시의 안전성을 특히 높이기 위하여 사용하는 장치로서 공기원에서는 급기가 갑자기 정지되거나 극히 적은 경우 자동적으로 급기원을 다른 것으로 교환하여 그 압력공기를 착용자에게 송기할 수 있어야 한다. 또한 이 장치는 착용자 및 주변 작업자에게 긴급사태의 발생을 경보할 수 있어야 한다.

5) 재료

① 강도 · 탄력성 등이 각 부위별 용도에 따라 적합할 것
② 피부에 접촉하는 부분에 사용하는 재료는 자극 또는 변화를 주지 않아야 하며, 소독이 가능한 것일 것
③ 금속재료는 내부식성이 있는 것이거나 내부식 처리를 할 것
④ 호스 및 중압호스는 균일하고 유연성이 있어야 하며, 흠 · 기포 · 균열 등의 결점이 없고 유해가스 등에 의하여 침식되지 않을 것

6) 배기밸브의 작동 기밀성

① 공기를 흡인하였을 때 바로 내부가 감압되어야 한다.
② 내외의 압력차가 980Pa이 될 때까지의 시간이 15초 이상이어야 한다.

7) 안면부 누설률

종류	등급		누설률(%)
호스 마스크	폐력흡인형		0.05 이하
	송풍기형	전동	2 이하
		수동	
에어라인마스크	일정유량형		0.05 이하
	디맨드형		
	압력디맨드형		
복합식 에어라인마스크	디맨드형		
	압력디맨드형		
페이스실드 또는 후드			5 이하

8) 안면부 내의 압력

종류	흡기량(ℓ/min)	압력(Pa)
디맨드형	30	-245 이상 0 이하
	150	-685 이상 0 이하
압력 디맨드형	0	98 이상 588 이하
	0 초과 200 이하	0 이상

9) 통기저항

종류		흡·배기량 (ℓ/min)	저항(Pa)
폐력흡인형 호스마스크의 흡기저항		30	148 이하
		85	588 이하
안면부를 가진 송기마스크의 배기 저항	폐력흡인형 호스마스크	85	196 이하
	송풍기형 호스마스크 및 일정유량형 에어라인마스크	135	343 이하
	디맨드형 AL마스크	30	69 이하
		150	490 이하
	압력디맨드형 AL마스크	30	686 이하
		150	980 이하

10) 송풍기

① 안면부 등의 흡입구에서는 풍량이 50ℓ/min 이상이고 베어링 등 작동부에 이상이 없으며 수동송풍기의 송풍기 1개당 소비에너지는 150W를 초과하지 않아야 한다.

② 송기구 1개당의 풍량이 100ℓ/min 이상, 압력이 127.5kPa 이상이어야 한다.

THEME 38 전동식 호흡보호구

[시행 2023. 12. 18.] [고용노동부고시 제2023-64호, 2023. 12. 18., 일부개정.]

1 공통 성능기준

1) 전동식 호흡보호구의 분류

종류	사용구분
전동식 방진마스크	분진 등이 호흡기를 통하여 체내에 유입되는 것을 방지하기 위하여 고효율 여과재를 전동장치에 부착하여 사용하는 것
전동식 방독마스크	유해물질 및 분진 등이 호흡기를 통하여 체내에 유입되는 것을 방지하기 위하여 고효율 정화통 및 여과재를 전동장치에 부착하여 사용하는 것
전동식 후드 및 전동식 보안면	유해물질 및 분진 등이 호흡기를 통하여 체내에 유입되는 것을 방지하기 위하여 고효율 정화통 및 여과재를 전동장치에 부착하여 사용함과 동시에 머리, 안면부, 목, 어깨부분 까지 보호하기 위해 사용하는 것

2) 일반조건

① 위험·유해 요소에 대하여 적절한 보호를 할 수 있는 형태일 것
② 착용부품은 착용이 간편하여야 하고 견고하게 만들어 착용자가 움직이더라도 쉽게 탈착 또는 움직이지 않을 것
③ 각 부품의 재질은 내구성이 있을 것
④ 각 부품은 조립이 가능한 형태이고 분해하였을 때 세척이 용이할 것
⑤ 전동기에 부착하는 여과재 및 정화통은 교환이 용이할 것
⑥ 사용하는 여과재 및 정화통은 접합부 사이에서 누설이 없도록 부착할 수 있어야 하고 겸용 정화통의 경우 바깥쪽에 여과재를 장착할 것
⑦ 호흡호스는 사용상 지장이 없어야 하고 착용자의 움직임에 방해가 없을 것
⑧ 착용부품 등 안면에 접촉하는 재료는 인체에 무해한 재료를 사용할 것
⑨ 전원공급 장치는 누전차단 회로가 설치되어 있어야 하고 충전지는 쉽게 충전할 수 있을 것
⑩ 본질안전방폭구조로 설계된 전동식 호흡보호구는 정상 시 및 사고 시(단선, 단락, 지락 등)에 발생하는 전기불꽃, 아크 또는 고온에 의하여 폭발성 가스 또는 증기에 점화되지 않도록 설계될 것
⑪ 사용할 때 충격을 받을 수 있는 부품은 충격 시에 마찰 스파크가 발생되어 가연성의 가스 혼합물을 점화시킬 수 있는 알루미늄, 마그네슘, 티타늄 또는 이의 합금으로 만들어지지 않을 것

⑫ 전동식 호흡보호구에 사용하는 금속부품은 내식성을 갖거나 부식방지를 위한 조치가 되어 있을 것
⑬ 여과재 및 흡착제는 포집성능이 우수하고 인체에 장해를 주지 않을 것
⑭ 전동기의 작동에 의한 공기공급 유속과 분포가 착용자에게 통증(과도한 국부 냉각 및 눈 자극 유발)을 일으키지 않아야 하고 정상 작동상태에서 공기공급의 차단이 발생하지 않을 것
⑮ 공기공급량을 조절할 수 있는 유량조절 장치가 설치되어 있는 경우 등급이 다른 여과재 및 정화통에 대하여 사용하지 말 것(같은 등급에서의 유량조절 장치는 사용할 수 있다)

3) 재료

① 사용 중에 접할 수 있는 온도·습도·부식성에 적합한 재료로 만들어질 것
② 사용자가 장시간 착용할 경우 피부와 접촉하는 재료는 인체에 유해하지 않은 재료를 사용할 것
③ 사용설명서에 따라 세척, 살균이 용이하도록 만들어야 하고 보관방법 등을 구체적인 사용설명서를 제공할 것
④ 착용하였을 때 안면부와 접촉하는 재료는 부드러운 소재로 이루어져야 하고, 안면부에 찰과상을 줄 우려가 있는 예리한 요철이 없도록 제작될 것
⑤ 모든 착용부품은 탈착이 가능하며 손으로 쉽고 견고하게 조립할 수 있을 것
⑥ 전동식 호흡보호구의 작동으로 여과재 및 흡착제에서 이탈되는 입자가 발생하지 않도록 조치하여야 하고, 여과재 및 흡착제에 사용하는 재료는 인체에 유해하지 않을 것

THEME 39 전동식 방진마스크

[시행 2023. 12. 18.] [고용노동부고시 제2023-64호, 2023. 12. 18., 일부개정.]

1 형태 및 구조

형태	구조	도해
전동식 전면형	전동기, 여과재, 호흡호스, 안면부, 흡기밸브, 배기밸브 및 머리끈으로 구성되며 허리 또는 어깨에 부착한 전동기의 구동에 의해 분진 등이 여과된 깨끗한 공기가 호흡호스를 통하여 흡기밸브로 공급하고 호흡에 의한 공기 및 여분의 공기는 배기밸브를 통하여 외기 중으로 배출하게 되는 것으로 안면부 전체를 덮는 구조	안면부, 머리끈, 투시부, 흡기밸브, 배기밸브, 호흡호스, 충전지, 전동기, 여과재
전동식 반면형	전동기, 여과재, 호흡호스, 안면부, 흡기밸브, 배기밸브 및 머리끈으로 구성되며 허리 또는 어깨에 부착한 전동기의 구동에 의해 분진 등이 여과된 깨끗한 공기가 호흡호스를 통하여 흡기밸브로 공급하고 호흡에 의한 공기 및 여분의 공기는 배기밸브를 통하여 외기 중으로 배출하게 되는 것으로 코 및 입 부분을 덮는 구조	안면부, 머리끈, 흡기밸브, 배기밸브, 호흡호스, 충전지, 전동기, 여과재
사용조건	산소농도 18% 이상인 장소에서 사용해야 한다.	

2 호흡저항

형태	상태	차압(Pa)
전동식 전면형 전동식 반면형	전원을 끈 상태	1,100 이하
	전원을 켠 상태	350 이하

3 여과재의 분진 등 포집효율

형태 및 등급		염화나트륨(NaCl) 및 파라핀 오일(Paraffin oil) 시험(%)
전동식 전면형 전동식 반면형	전동식 특급	99.95 이상
	전동식 1급	99.5 이상
	전동식 2급	95.0 이상

4 배기저항

형태	상태	차압(Pa)
전동식 전면형, 전동식 반면형	전원을 켠 상태	700 이하

5 안면부 누설률

상태 및 등급		누설률(%)
전원을 켠 상태	전동식 특급	0.05 이하
	전동식 1급	0.5 이하
	전동식 2급	5 이하
전원을 끈 상태	전동식 특급	0.1 이하
	전동식 1급	1 이하
	전동식 2급	5 이하

6 시야

형태		시야(%)	
		유효시야	겹침시야
전동식 전면형	1안식	70 이상	80 이상
	2안식	70 이상	20 이상

7 질량

형태	질량
전동식 방진마스크 총 질량	총 질량이 5kg 이하이어야 하고 머리 부분은 1.5kg 이하일 것
전동식 전면형	전동식 방진마스크의 모든 부착물을 포함한 상태에서 500g 이하일 것
전동식 반면형	전동식 방진마스크의 모든 부착물을 포함한 상태에서 300g 이하일 것

8 전동기 용량

항목	기준
최소 사용시간	사용시간이 최소 240분 이상일 것
공기 공급량	안면부로 공급되는 공기유량을 30분 동안 최소설계유량 이상일 것

9 호흡호스의 변형

규정하중으로 눌렀을 때 호흡호스의 저항이 50Pa 이상 차이가 없어야 하고 최대 350Pa을 초과하지 않아야 하며 규정하중을 제거하고 5분 경과 후 호흡호스에 변형이 없어야 한다.

10 호흡호스의 연결강도

등급	연결강도(N)
전동식 특급	250
전동식 1급	100
전동식 2급	50

11 소음

전동기 작동 시 안면부 내부의 소음은 75dB(A) 이하일 것

12 안면부 내부의 이산화탄소 농도

상태	농도(%)
전원을 켠 상태	안면부 내부의 이산화탄소(CO_2) 농도가 부피분율 1.0% 이하일 것
전원을 끈 상태	안면부 내부의 이산화탄소(CO_2) 농도가 부피분율 2.0% 이하일 것

THEME 40 전동식 방독마스크

[시행 2023. 12. 18.] [고용노동부고시 제2023-64호, 2023. 12. 18., 일부개정.]

1 형태 및 구조

형태		구조	도해
전동식 방독 마스크	전면형	전동기, 정화통, 여과재, 호흡호스, 안면부, 흡기밸브, 배기밸브 및 머리끈으로 구성되며 허리 또는 어깨에 부착한 전동기의 구동에 의해 유해물질 및 분진 등이 여과된 깨끗한 공기가 호흡호스를 통하여 흡기밸브로 공급하고 호흡에 의한 공기 및 여분의 공기는 배기밸브를 통하여 외기 중으로 배출하게 되는 것으로 안면부 전체를 덮는 구조	안면부, 머리끈, 투시부, 흡기밸브, 배기밸브, 호흡호스, 충전지, 전동기, 정화통 및 여과재
	반면형	전동기, 정화통, 여과재, 호흡호스, 안면부, 흡기밸브, 배기밸브 및 머리끈으로 구성되며 허리 또는 어깨에 부착한 전동기의 구동에 의해 유해물질 및 분진 등이 여과된 깨끗한 공기가 호흡호스를 통하여 흡기밸브로 공급하고 호흡에 의한 공기 및 여분의 공기는 배기밸브를 통하여 외기 중으로 배출하게 되는 것으로 코 및 입 부분을 덮는 구조	안면부, 흡기밸브, 머리끈, 배기밸브, 호흡호스, 충전지, 전동기, 정화통 및 여과재

2 정화통의 제독능력

항목	시험 성능기준
정화통의 제독능력	① 시험가스 함유공기의 경우 '❸시험가스의 조건 및 파과농도, 파과시간' 표의 파과농도에 도달할 때까지의 시간이 우측의 파과시간 이상일 것. ② 복합용의 경우 해당 시험가스에 대하여 정화통 제독능력시험을 각각 측정한다. ③ 겸용의 경우 정화통이 장착된 상태에서 분진포집효율을 측정한다.

3 시험가스의 조건 및 파과농도, 파과시간

종류 및 등급		시험가스의 조건		파과농도 (ppm, ±20%)	파과시간(분)
		시험가스	농도(%) (±10%)		
유기 화합물용	고농도	시클로헥산	0.5	10.0	35 이상
	중농도		0.1		70 이상
	저농도	시클로헥산	0.05	5.0	70 이상
		디메틸에테르	0.05		70 이상
		이소부탄	0.25		70 이상
할로겐스용	고농도	염소가스	0.5	0.5	20 이상
	중농도		0.1		20 이상
	저농도		0.05		20 이상
황화수소용	고농도	황화수소가스	0.5	10.0	40 이상
	중농도		0.1		40 이상
	저농도		0.05		40 이상
시안화 수소용	고농도	시안화수소가스	0.5	10.0*	25 이상
	중농도		0.1		25 이상
	저농도		0.05		25 이상
아황산용	고농도	아황산가스	0.5	5.0	20 이상
	중농도		0.1		20 이상
	저농도		0.05		20 이상
암모니아용	고농도	암모니아가스	0.5	25.0	40 이상
	중농도		0.1		50 이상
	저농도		0.05		50 이상

* 시안화수소가스에 의한 제독능력시험 시 시아노겐(C_2N_2)은 시험가스에 포함될 수 있다. (C_2N_2+HCN)를 포함한 파과농도는 10ppm을 초과할 수 없다.

** 겸용의 경우 정화통과 여과재가 장착된 상태에서 분진포집효율시험을 하였을 때 등급에 따른 기준치 이상이어야 한다.

THEME 41 전동식 후드 및 전동식 보안면

[시행 2023. 12. 18.] [고용노동부고시 제2023-64호, 2023. 12. 18., 일부개정.]

1 전동식 후드 및 전동식 보안면의 등급

형태	종류	등급	사용장소
전동식 후드 및 전동식 보안면	- 분진, 미스트, 흄용 - 유기화합물용(고, 중, 저농도) - 할로겐용(고, 중, 저농도) - 황화수소용(고, 중, 저농도) - 시안화수소용(고, 중, 저농도) - 아황산용(고, 중, 저농도) - 암모니아용(고, 중, 저농도)	전동식 특급	- 베릴륨 등과 같이 독성이 강한 물질들을 함유한 분진 등 발생장소 - 석면 취급장소(안면부 누설률 0.05% 이하인 경우에 한함)
		전동식 1급	- 전동식 특급 착용 장소를 제외한 분진 등 발생장소 - 금속흄 등과 같이 열적으로 생기는 분진 등 발생장소 - 기계적으로 생기는 분진 등 발생장소(규소 등과 같이 전동식 2급을 착용하여도 무방한 경우는 제외한다)
		전동식 2급	전동식 특급 및 전동식 1급 착용장소를 제외한 분진 등 발생장소

2 호흡저항

형태	상태	차압(Pa)
전동식 후드 및 전동식 보안면	상온상압에서 시료를 인두 또는 인체모형에 장착	500 이하

3 여과재의 분진 등 포집효율

형태 및 등급		염화나트륨(NaCl) 및 파라핀 오일(Paraffin oil) 시험(%)
전동식 후드 및 전동식 보안면	전동식 특급	99.8 이상
	전동식 1급	98.0 이상
	전동식 2급	90.0 이상

4 안면부 누설률

상태 및 등급		안면부 누설률(%)
전원을 켠 상태	전동식 특급	0.2 이하
	전동식 1급	2.0 이하
	전동식 2급	10.0 이하

5 전동식 후드 및 전동식 보안면의 형태 및 구조

형태	구조	도해
전동식 후드	전동기, 정화통 또는 여과재, 호흡호스, 후드 등으로 구성되며 허리 또는 어깨에 부착한 전동기의 구동에 의해 유해물질 및 분진 등이 여과된 깨끗한 공기가 호흡호스를 통하여 후드로 공급되고 호흡에 의한 공기 및 여분의 공기는 배기밸브 및 목부분을 통하여 외기 중으로 배출하게 되는 것으로 머리, 안면부, 목, 어깨부분을 덮는 구조	
전동식 보안면	전동기, 정화통 또는 여과재, 호흡호스, 보안면 등으로 구성되며 허리 또는 어깨에 부착한 전동기의 구동에 의해 유해물질 및 분진 등이 여과된 깨끗한 공기가 호흡호스를 통하여 보안면으로 공급되고 호흡에 의한 공기 및 여분의 공기는 목부분을 통하여 외기 중으로 배출하게 되는 것으로 머리, 안면부를 덮고 투시부를 들어올릴 수도 있는 구조	충전지와 전동장치 일체형 / 충전지와 전동장치 분리형
사용조건	산소농도 18% 이상인 장소에서 사용해야 한다.	

6 시야

형태		시야(%)	
		유효시야	겹침시야
전동식 전면형	1안식	70 이상	80 이상
	2안식	70 이상	20 이상

7 질량

총 질량이 5kg 이하이어야 하고, 머리부분은 1.5kg 이하일 것

8 전동기 용량

항목	기준
최소 사용시간	사용시간이 최소 240분 이상일 것
공기 공급량	안면부로 공급되는 공기유량을 30분 동안 측정한 평균값이 120ℓ/min 이상일 것
설계 유량	설계 사용시간보다 60분(공기공급량 측정시간을 포함) 적게 작동시킨 후 설계 사용시간에 이르렀을 때 공기 공급량이 120ℓ/min 이상일 것

9 호흡호스의 변형

규정하중으로 눌렀을 때 설계된 유량을 기준으로 공기유량의 감소가 5% 이하이어야 하며, 규정하중을 제거하고 5분 경과 후 호흡호스에 변형이 없어야 한다.

10 호흡호스의 연결강도

등급	연결강도(N)
전동식 특급	250
전동식 1급	100
전동식 2급	50

11 소음

전동기 작동 시 전동식 후드 및 전동식 보안면 내부의 소음은 75dB(A) 이하일 것

12 후드 및 보안면 내부의 이산화탄소 농도

상태	농도(%)
전원을 켠 상태	후드 및 보안면 내부의 이산화탄소(CO_2) 농도가 부피분율 1.0% 이하일 것

THEME 42 방열복

[시행 2023. 12. 18.] [고용노동부고시 제2023-64호, 2023. 12. 18., 일부개정.]

1 종류

종류	착용부위
방열상의	상체
방열하의	하체
방열일체복	몸체(상·하체)
방열장갑	손
방열두건	머리

2 일반구조

1) 방열복은 파열, 절상, 균열이 생기거나 피막이 벗겨지지 않아야 하고, 기능상 지장을 초래하는 흠이 없을 것
2) 방열복은 착용 및 조작이 원활하며, 착용상태에서 작업을 행하는 데 지장이 없을 것
3) 방열복을 사용하는 금속부품은 내식성 재질 또는 내식처리를 할 것
4) 방열상의의 앞가슴 및 소매의 구조는 열풍이 쉽게 침입할 수 없을 것
5) 방열두건의 안면렌즈는 평면상에 투영시켰을 때에 크기가 가로 150mm 이상, 세로 80mm 이상이어야 하며, 견고하게 고정되어 외부 물체의 형상이 정확히 보일 것
6) 방열두건의 안전모는 안전인증품을 사용하여야 하며, 상부는 공기를 배출할 수 있는 구조로 하고, 하부에는 열풍의 침입방지를 위한 보호포가 있을 것
7) 땀수는 균일하게 박아야 하며 2땀/cm 이상일 것
8) 박아뒤집는 봉제시접은 3mm 이상일 것
9) 박이시작, 끝맺음 및 특히 터지기 쉬운 곳에 대해서는 2회 이상 되돌아 박기를 할 것

3 종류별 질량

종류	질량(kg)
방열상의	3.0
방열하의	2.0
방열일체복	4.3
방열장갑	0.5
방열두건	2.0

4 부품별 용도 및 성능 기준

부품별	용도	성능기준	적용대상
내열 원단	겉감용 및 방열장갑의 등감용	- 질량 : 500g/m² 이하 - 두께 : 0.70mm 이하	방열상의 · 방열하의 · 방열일체복 방열장갑 · 방열두건
	안감	- 질량 : 330g/m² 이하	
내열 펠트	누빔 중간층용	- 두께 : 0.1mm 이하 - 질량 : 300g/m² 이하	
면포	안감용	고급면	
안면 렌즈	안면 보호용	- 재질 : 폴리카보네이트 또는 이와 동등 이상의 성능이 있는 것에 산화동이나 알루미늄 또는 이와 동등 이상의 것을 증착하거나 도금필름을 접착한 것 - 두께 : 3.0mm 이상	방열두건

5 방열복의 시험성능기준

구분	항목	시험성능기준			
내열 원단	난연성	잔염 및 잔진시간이 2초 미만이고 녹거나 떨어지지 말아야 하며, 탄화길이가 102mm 이내일 것			
	절연저항	표면과 이면의 절연저항이 1MΩ 이상일 것			
	인장강도	인장강도는 가로, 세로방향으로 각각 25kgf 이상일 것			
	내열성	균열 또는 부풀음이 없을 것			
	내한성	피복이 벗겨져 떨어지지 않을 것			
안면 렌즈	차광 능력	투시부의 가시광선 파장영역에 대한 시감투과율은 0.061% 이상, 43.2% 이하이고, 가시광선 투과율에 따른 적외선 투과율이 다음 수치 이하일 것			
		차광도 번호(#)	가시광선 투과율(%) (380~780nm)	적외선 투과율(%)	
				근적외선 (780~1,300nm)	증적외선 (1,300~2,000nm)
		2.0	43.2~29.1	21	13
		2.5	29.1~17.8	15	9.6
		3	17.8~8.5	12	8.5
		4	8.5~3.2	6.4	5.4
		5	3.2~1.2	3.2	3.2
		6	1.2~0.44	1.7	1.9
		7	0.44~0.16	0.81	1.2
		8	0.16~0.061	0.43	0.68

안면렌즈	열충격	열충격 시험 시 균열, 파손, 얼룩, 발포가 없을 것				
	표면마모저항	헤이즈 미터에 의한 시험결과가 다음 기준에 적합할 것				
		연삭재의량(g)	100	200	400	800
		표면마모저항(%)	3 이하	5 이하	8 이하	13이하
	내충격	균열 및 파손이 없을 것				
내열원단 및 안면렌즈	열전도율	이면중심 온도가 47℃ 이하이고, 온도상승이 25℃/4min 이하일 것				

Plus note

THEME 43 화학물질용 보호복

[시행 2023. 12. 18.] [고용노동부고시 제2023-64호, 2023. 12. 18., 일부개정.]

1 구분

형식		형식구분 기준
1형식	1a형식	보호복 내부에 개방형 공기호흡기와 같은 대기와 독립적인 호흡용 공기공급이 있는 가스 차단 보호복
	1a형식 (긴급용)	긴급용 1a 형식 보호복
	1b형식	보호복 외부에 개방형 공기호흡기와 같은 호흡용 공기공급이 있는 가스 차단 보호복
	1b형식 (긴급용)	긴급용 1b 형식 보호복
	1c형식	공기라인과 같은 양압의 호흡용 공기가 공급되는 가스 차단 보호복
2형식		공기라인과 같은 양압의 호흡용 공기가 공급되는 가스 비차단 보호복
3형식		액체 차단 성능을 갖는 보호복. 만일 후드, 장갑, 부츠, 안면창(visor) 및 호흡용보호구가 연결되는 경우에도 액체 차단 성능을 가져야 한다.
4형식		분무 차단 성능을 갖는 보호복. 만일 후드, 장갑, 부츠, 안면창(visor) 및 호흡용보호구가 연결되는 경우에도 분무 차단 성능을 가져야 한다.
5형식		분진 등과 같은 에어로졸에 대한 차단 성능을 갖는 보호복
6형식		미스트에 대한 차단 성능을 갖는 보호복

비고 : 3, 4, 6형식은 부분보호복을 인정한다.
      1, 2형식 보호복은 안전장갑과 안전화를 포함하는 일체형이어야 한다.

2 구조 및 재료

1) 보호복에 사용되는 재료와 부품은 착용자에게 해로운 영향을 주지 않아야 한다.
2) 보호복은 착용 및 조작이 원활하여야 하며, 착용상태에서 작업을 행하는 데 지장이 없어야 한다.
3) 착용자에게 접촉되는 보호복의 부위는 상해를 줄 수 있는 날카로운 모서리 등이 없어야 한다.

THEME 44 안전대

[시행 2023. 12. 18.] [고용노동부고시 제2023-64호, 2023. 12. 18., 일부개정.]

1 용어 정의

용어	내용
벨트	신체지지의 목적으로 허리에 착용하는 띠 모양의 부품
안전그네	신체지지의 목적으로 전신에 착용하는 띠 모양의 것으로서 상체 등 신체 일부분만 지지하는 것은 제외
지탱벨트	U자걸이 사용 시 벨트와 겹쳐서 몸체에 대는 역할을 하는 띠 모양의 부품
죔줄	벨트 또는 안전그네를 구명줄 또는 구조물 등 그 밖의 걸이설비와 연결하기 위한 줄모양의 부품
D링	벨트 또는 안전그네와 죔줄을 연결하기 위한 D자형의 금속 고리
각링	벨트 또는 안전그네와 신축조절기를 연결하기 위한 사각형의 금속 고리
버클	벨트 또는 안전그네를 신체에 착용하기 위해 그 끝에 부착한 금속장치
추락방지대	신체의 추락을 방지하기 위해 자동잠김 장치를 갖추고 죔줄과 수직구명줄에 연결된 금속장치
훅 및 카라비너	죔줄과 걸이설비 등 또는 D링과 연결하기 위한 금속장치
보조훅	U자걸이를 위해 훅 또는 카라비너를 지탱벨트의 D링에 걸거나 떼어낼 때 추락을 방지하기 위한 훅
신축조절기	죔줄의 길이를 조절하기 위해 죔줄에 부착된 금속의 조절장치
8자형 링	안전대를 1개걸이로 사용할 때 훅 또는 카라비너를 죔줄에 연결하기 위한 8자형의 금속고리
안전블록	안전그네와 연결하여 추락발생 시 추락을 억제할 수 있는 자동잠김장치가 갖추어져 있고 죔줄이 자동적으로 수축되는 장치
보조죔줄	안전대를 U자걸이로 사용할 때 U자걸이를 위해 훅 또는 카라비너를 지탱벨트의 D링에 걸거나 떼어낼 때 잘못하여 추락하는 것을 방지하기 위한 링과 걸이설비연결에 사용하는 훅 또는 카라비너를 갖춘 줄모양의 부품
수직구명줄	로프 또는 레일 등과 같은 유연하거나 단단한 고정줄로서 추락발생 시 추락을 저지시키는 추락방지대를 지탱해 주는 줄모양의 부품
충격흡수장치	추락 시 신체에 가해지는 충격하중을 완화시키는 기능을 갖는 죔줄에 연결되는 부품
억제거리	감속거리를 포함한 거리로서 추락을 억제하기 위하여 요구되는 총 거리
감속거리	추락하는 동안 전달충격력이 생기는 지점에서의 착용자의 D링 등 체결지점과 완전히 정지에 도달하였을 때의 D링 등 체결지점과의 수직거리
최대전달충격력	동하중시험 시 시험몸통 또는 시험추가 추락하였을 때 로드셀에 의해 측정된 최고 하중
U자걸이	안전대의 죔줄을 구조물 등에 U자 모양으로 돌린 뒤 훅 또는 카라비너를 D링에, 신축조절기를 각링 등에 연결하는 걸이 방법
1개걸이	죔줄의 한쪽 끝을 D링에 고정시키고 훅 또는 카라비너를 구조물 또는 구명줄에 고정시키는 걸이 방법

2 성능기준

1) 안전대의 종류

종류	사용구분
벨트식 안전그네식	1개걸이용
	U자걸이용
	추락방지대
	안전블록

비고 : 추락방지대 및 안전블록은 안전그네식에만 적용함

2) 일반구조

① 안전대의 일반구조
- 벨트 또는 지탱벨트에 D링 또는 각 링과의 부착은 벨트 또는 지탱벨트와 같은 재료를 사용하여 견고하게 봉합할 것(U자걸이 안전대에 한함)
- 벨트 또는 안전그네에 버클과의 부착은 벨트 또는 안전그네의 한쪽 끝을 꺾어 돌려 버클을 꺾어 돌린 부분을 봉합사로 견고하게 봉합할 것
- 죔줄 또는 보조죔줄 및 수직구명줄에 D링과 훅 또는 카라비너(이하 "D링 등"이라 한다)와의 부착은 죔줄 또는 보조죔줄 및 수직구명줄을 D링 등에 통과시켜 꺾어돌린 후 그 끝을 3회 이상 얽어매는 방법(풀림방지장치의 일종) 또는 이와 동등 이상의 확실한 방법으로 할 것
- 1호 또는 3호의 부착은 벨트 또는 지탱벨트 및 죔줄, 수직구명줄 또는 보조죔줄에 씸블(thimble)등의 마모방지장치가 되어 있을 것
- 죔줄의 모든 금속 구성품은 내식성을 갖거나 부식방지 처리를 할 것
- 벨트의 조임 및 조절 부품은 저절로 풀리거나 열리지 않을 것
- 안전그네는 골반 부분과 어깨에 위치하는 띠를 가져야 하고, 사용자에게 잘 맞게 조절할 수 있을 것
- 안전대에 사용하는 죔줄은 충격흡수장치가 부착될 것 다만 U자걸이, 추락방지대 및 안전블록에는 해당하지 않는다.

② U자걸이를 사용할 수 있는 안전대의 구조
- 지탱벨트, 각링, 신축조절기가 있을 것(안전그네를 착용할 경우 지탱벨트를 사용하지 않아도 된다)
- U자걸이 사용 시 D링, 각 링은 안전대 착용자의 몸통 양 측면에 해당하는 곳에 고정되도록 지탱벨트 또는 안전그네에 부착할 것
- 신축조절기는 죔줄로부터 이탈하지 않도록 할 것

- U자걸이 사용상태에서 신체의 추락을 방지하기 위하여 보조죔줄을 사용할 것
- 보조훅 부착 안전대는 신축조절기의 역방향으로 낙하저지 기능을 갖출 것 다만 죔줄에 스토퍼가 부착될 경우에는 이에 해당하지 않는다.
- 보조훅이 없는 U자걸이 안전대는 1개걸이로 사용할 수 없도록 훅이 열리는 너비가 죔줄의 직경보다 작고 8자형링 및 이음형 고리를 갖추지 않을 것

③ 안전블록이 부착된 안전대의 구조
- 안전블록을 부착하여 사용하는 안전대는 신체지지의 방법으로 안전그네만을 사용할 것
- 안전블록은 정격 사용 길이가 명시 될 것
- 안전블록의 줄은 합성섬유로프, 웨빙(webbing), 와이어로프이어야 하며, 와이어로프인 경우 최소지름이 4mm 이상일 것

④ 추락방지대가 부착된 안전대의 구조
- 추락방지대를 부착하여 사용하는 안전대는 신체지지의 방법으로 안전그네만을 사용하여야 하며 수직구명줄이 포함될 것
- 수직구명줄에서 걸이설비와의 연결부위는 훅 또는 카라비너 등이 장착되어 걸이설비와 확실히 연결될 것
- 유연한 수직구명줄은 합성섬유로프 또는 와이어로프 등이어야 하며 구명줄이 고정되지 않아 흔들림에 의한 추락방지대의 오작동을 막기 위하여 적절한 긴장수단을 이용, 팽팽히 당겨질 것
- 죔줄은 합성섬유로프, 웨빙, 와이어로프 등일 것
- 고정된 추락방지대의 수직구명줄은 와이어로프 등으로 하며 최소지름이 8mm 이상일 것
- 고정 와이어로프에는 하단부에 무게추가 부착되어 있을 것

3) 부품의 구조 및 치수

명칭	구조 및 치수
벨트	- 강인한 실로 짠 직물로 비틀어짐, 흠, 기타 결함이 없을 것 - 벨트의 너비는 50mm 이상(U자걸이로 사용할 수 있는 안전대는 40mm), 길이는 버클포함 1,100mm 이상, 두께는 2mm 이상일 것
안전그네	- 강인한 실로 짠 직물로 비틀어짐, 헤어짐, 흠, 기타 결함이 없을 것 - 추락 시 받는 하중을 신체에 골고루 분산시킬 수 있는 구조일 것 - 힘을 받는 주요 부분인 어깨, 엉덩이, 허리부분의 너비는 40mm 이상일 것
지탱벨트	- 강인한 실로 짠 직물로 비틀어짐, 흠, 기타 결함이 없는 것 - 지탱벨트의 너비는 75mm 이상, 길이는 600mm 이상, 두께는 2mm 이상일 것
죔줄	- 재료가 합성섬유인 경우 비틀어짐, 헤어짐, 흠, 기타 결함이 없을 것 - 죔줄의 길이는 충격흡수장치, 훅 등의 연결부품을 포함한 길이가 2,000mm 이하일 것 (단, U자걸이용 죔줄은 3,000mm 이하일 것, 추락방지대용 죔줄은 1,000mm 이하일 것, 보조죔줄의 길이는 1,500mm 이하일 것)

D링, 각링, 8자형링 등	- 이음매가 없을 것 - 표면이 평평하고 매끄러울 것 - 모서리는 날카로운 부분이 없을 것	
추락방지대	- 구명줄의 임의의 위치에 설치와 해체가 용이한 구조로서 이탈방지 장치가 2중으로 되어 있을 것 - 손을 사용하지 않고 자동으로 구명줄의 축방향으로 용이하게 이동시킬 수 있는 구조일 것 - 추락방지대의 보기 쉬운 위치에 사용방향이 각인되어 있을 것 - 추락방지대의 보기 쉬운 위치에 구명줄의 직경이 각인되어 있을 것 - 구명줄전용의 추락방지대는 구명줄로부터 이탈하지 않도록 되어 있어야 하며 위의 기준들을 적용하지 아니함	
훅	- 이탈방지장치를 2중으로 할 것(다만, 보조훅은 고리부분의 이탈방지장치가 하나라도 무방하다) - D링에 탈부착이 용이한 구조일 것	
카라비너	- 이탈방지장치를 2중으로 할 것 - 이탈방지장치가 카라비너에 걸리는 힘의 작동중심선상에 없을 것 - 표면은 평활할 것	
신축조절기	이탈방지장치를 할 것	
안전블록	- 자동잠김장치를 갖출 것 - 안전블록의 부품은 부식방지처리를 할 것	

 Plus note

THEME 45 차광보안경

[시행 2023. 12. 18.] [고용노동부고시 제2023-64호, 2023. 12. 18., 일부개정.]

1 사용구분에 따른 차광보안경의 종류

종류	사용구분
자외선용	자외선이 발생하는 장소
적외선용	적외선이 발생하는 장소
복합용	자외선 및 적외선이 발생하는 장소
용접용	산소용접작업 등과 같이 자외선, 적외선 및 강렬한 가시광선이 발생하는 장소

2 일반구조

1) 차광보안경에는 돌출 부분, 날카로운 모서리 혹은 사용 도중 불편하거나 상해를 줄 수 있는 결함이 없어야 한다.
2) 착용자와 접촉하는 차광보안경의 모든 부분에는 피부 자극을 유발하지 않는 재질을 사용해야 한다.
3) 머리띠를 착용하는 경우, 착용자의 머리와 접촉하는 모든 부분의 폭이 최소한 10mm 이상 되어야 하며, 머리띠는 조절이 가능해야 한다.

3 시야 범위

수평 22.0mm, 수직 20.0mm 이상

Plus note

THEME 46 용접용 보안면

[시행 2023. 12. 18.] [고용노동부고시 제2023-64호, 2023. 12. 18., 일부개정.]

1 종류
용접필터의 자동변화유무에 따라 자동용접필터형과 일반용접필터형으로 구분한다.

2 용접보안면의 형태

형태	구조
헬멧형	안전모나 착용자의 머리에 지지대나 헤드밴드 등을 이용하여 적정위치에 고정, 사용하는 형태(자동용접필터형, 일반용접필터형)
핸드실드형	손에 들고 이용하는 보안면으로 적절한 필터를 장착하여 눈 및 안면을 보호하는 형태

3 용접필터의 차광등급

차광도 번호	자외선 최대 분광 투과율		시감 투과율(τ_v)		적외선 투과율
	313nm(%)	365nm(%)	최대(%)	최소(%)	근적외부 분광투과율(τ_A) 780nm ~ 1,400nm (%)
1.2	0.0003	50	100	74.4	69
1.4	0.0003	35	74.4	58.1	52
1.7	0.0003	22	58.1	43.2	40
2	0.0003	14	43.2	29.1	28
2.5	0.0003	6.4	29.1	17.8	15
3	0.0003	2.8	17.8	8.5	12
4	0.0003	0.95	8.5	3.2	6.4
5	0.0003	0.30	3.2	1.2	3.2
6	0.0003	0.10	1.2	0.44	1.7
7	0.0003	0.050	0.44	0.16	0.81
8	0.0003	0.025	0.16	0.061	0.43
9	0.0003	0.012	0.061	0.023	0.20
10	0.0003	0.006	0.023	0.0085	0.10
11	0.0003	0.0032	0.0085	0.0032	0.050
12	0.0003	0.0012	0.0032	0.0012	0.027
13	0.0003	0.00044	0.0012	0.00044	0.014

14	0.00016	0.00016	0.00044	0.00016	0.007
15	0.000061	0.000061	0.00016	0.000061	0.003
16	0.000023	0.000023	0.000061	0.000023	0.003

비고

210nm ≤λ≤ 313nm의 경우, 분광 투과율은 313nm의 허용값을 초과하지 않아야 한다.
313nm <λ≤ 365nm의 경우, 분광 투과율은 365nm의 허용값을 초과하지 않아야 한다.
365nm <λ≤ 380nm의 경우, 분광 투과율은 시감 투과율을 초과하지 않아야 한다.
380nm <λ≤ 480nm의 경우, 분광 투과율은 480nm 측정값을 초과하지 않아야 한다.

4 일반구조

1) 보안면에는 돌출 부분, 날카로운 모서리 혹은 사용 도중 불편하거나 상해를 줄 수 있는 결함이 없어야 한다.
2) 착용자와 접촉하는 보안면의 모든 부분에는 피부 자극을 유발하지 않는 재질을 사용해야 한다.
3) 머리띠를 착용하는 경우, 착용자의 머리와 접촉하는 모든 부분의 폭이 최소한 10mm 이상 되어야 하며, 머리띠는 조절이 가능해야 한다.
4) 복사열에 노출될 수 있는 금속부분은 단열처리해야 한다.
5) 필터 및 커버 등은 특수공구를 사용하지 않고 사용자가 용이하게 교체할 수 있어야 한다.
6) 지지대는 보안면을 정확한 위치에 고정하고 머리방향에 무관하게 이상 압력이나 미끄러짐 없이 편안한 착용상태를 유지할 수 있어야 한다.
7) 용접용 보안면의 내부 표면은 무광 처리하고 보안면 내부로 빛이 침투하지 않도록 해야 한다.

5 형식 및 치수(핸드실드형)

길이 : 350mm 이상, 폭 : 210mm 이상, 깊이 : 75mm 이상

THEME 47 방음용 귀마개 또는 귀덮개

[시행 2023. 12. 18.] [고용노동부고시 제2023-64호, 2023. 12. 18., 일부개정.]

1 종류 및 등급

종류	등급	기호	성능	비고
귀마개	1종	EP-1	저음부터 고음까지 차음하는 것	귀마개의 경우 재사용 여부를 제조특성으로 표기
	2종	EP-2	주로 고음을 차음하고 저음(회화음역)은 차음하지 않는 것	
귀덮개	-	EM		

2 일반구조

1) 귀마개

① 귀마개는 사용수명 동안 피부자극, 피부질환, 알레르기 반응 혹은 그 밖에 다른 건강상의 부작용을 일으키지 않을 것
② 귀마개 사용 중 재료에 변형이 생기지 않을 것
③ 귀마개를 착용할 때 귀마개의 모든 부분이 착용자에게 물리적인 손상을 유발시키지 않을 것
④ 귀마개를 착용할 때 밖으로 돌출되는 부분이 외부의 접촉에 의하여 귀에 손상이 발생하지 않을 것
⑤ 귀(외이도)에 잘 맞을 것
⑥ 사용 중 심한 불쾌함이 없을 것
⑦ 사용 중에 쉽게 빠지지 않을 것

2) 귀덮개

① 인체에 접촉되는 부분에 사용하는 재료는 해로운 영향을 주지 않을 것
② 귀덮개 사용 중 재료에 변형이 생기지 않을 것
③ 제조자가 지정한 방법으로 세척 및 소독을 한 후 육안상 손상이 없을 것
④ 금속으로 된 재료는 부식방지 처리가 된 것으로 할 것
⑤ 귀덮개의 모든 부분은 날카로운 부분이 없도록 처리할 것
⑥ 제조자는 귀덮개의 쿠션 및 라이너를 전용 도구로 사용하지 않고 착용자가 교체할 수 있을 것

⑦ 귀덮개는 귀 전체를 덮을 수 있는 크기로 하고, 발포 플라스틱 등의 흡음재료로 감쌀 것
⑧ 귀 주위를 덮는 덮개의 안쪽 부위는 발포 플라스틱 공기 혹은 액체를 봉입한 플라스틱 튜브 등에 의해 귀 주위에 완전하게 밀착되는 구조일 것
⑨ 길이조절을 할 수 있는 금속재질의 머리띠 또는 걸고리 등은 적당한 탄성을 가져 착용자에게 압박감 또는 불쾌함을 주지 않을 것

3 차음성능기준

	중심주파수(Hz)	차음치(dB)		
		EP-1	EP-2	EM
차음성능	125	10 이상	10 미만	5 이상
	250	15 이상	10 미만	10 이상
	500	15 이상	10 미만	20 이상
	1,000	20 이상	20 미만	25 이상
	2,000	25 이상	20 이상	30 이상
	4,000	25 이상	25 이상	35 이상
	8,000	20 이상	20 이상	20 이상

Plus note

THEME 48 안전보건표지

1. 금지표지	101 출입금지	102 보행금지	103 차량통행금지	104 사용금지	105 탑승금지	106 금연
	107 화기금지	108 물체이동금지	2. 경고표지	201 인화성물질 경고	202 산화성물질 경고	203 폭발성물질 경고	204 급성독성물질 경고
	205 부식성물질 경고	206 방사성물질 경고	207 고압전기 경고	208 매달린 물체 경고	209 낙하물 경고	210 고온 경고	211 저온 경고
	212 몸균형 상실 경고	213 레이저광선 경고	214 발암성·변이원성·생식독성·전신독성·호흡기 과민성 물질 경고	215 위험장소 경고	3. 지시표지	301 보안경 착용	302 방독마스크 착용
	303 방진마스크 착용	304 보안면 착용	305 안전모 착용	306 귀마개 착용	307 안전화 착용	308 안전장갑 착용	309 안전복 착용
4. 안내표지	401 녹십자 표지	402 응급구호표지	403 들것	404 세안장치	405 비상용기구	406 비상구

	407 좌측비상구	408 우측비상구	5. 관계자 외 출입금지	501 허가대상물질 작업장 관계자 외 출입금지 (허가물질 명칭)제조/ 사용/보관 중 보호구/보호복 착용 흡연 및 음식물 섭취 금지	502 석면취급/해체 작업장 관계자 외 출입금지 석면 취급/해체 중 보호구/보호복 착용 흡연 및 음식물 섭취 금지	503 금지대상물질의 취급 실험실 등 관계자 외 출입금지 발암물질 취급 중 보호구/보호복 착용 흡연 및 음식물 섭취 금지
6. 문자추가시 예시문				▶ 내 자신의 건강과 복지를 위하여 안전을 늘 생각한다. ▶ 내 가정의 행복과 화목을 위하여 안전을 늘 생각한다. ▶ 내 자신의 실수로써 동료를 해치지 않도록 안전을 늘 생각한다. ▶ 내 자신이 일으킨 사고로 인한 회사의 재산과 손실을 방지하기 위하여 안전을 늘 생각한다. ▶ 내 자신의 방심과 불안전한 행동이 조국의 번영에 장애가 되지 않도록 하기 위하여 안전을 늘 생각한다.		

1 종류 및 형태

1) **금지표지** : 바탕은 흰색, 기본모형은 빨간색, 관련부호 및 그림은 검은색

2) **경고표지** : 바탕은 노란색, 기본모형 관련부호 및 그림은 검은색

3) **지시표지** : 바탕은 파란색, 관련그림은 흰색

4) **안내표지** : 바탕은 흰색, 기본모형 및 관련부호는 녹색, 바탕은 녹색, 관련부호 및 그림은 흰색

2 안전보건표지의 색도기준 및 용도

산업안전보건법 시행규칙 [별표 8] 제38조 제3항 관련

색채	색도기준	용도	사용 례
빨간색	7.5R 4/14	금지	정지신호, 소화설비 및 그 장소, 유해행위의 금지
		경고	화학물질 취급장소에서의 유해·위험 경고
노란색	5Y 8.5/12	경고	화학물질 취급장소에서의 유해·위험경고 이외의 위험경고, 주의표지 또는 기계방호물
파란색	2.5PB 4/10	지시	특정 행위의 지시 및 사실의 고지
녹색	2.5G 4/10	안내	비상구 및 피난소, 사람 또는 차량의 통행표지
흰색	N9.5		파란색 또는 녹색에 대한 보조색
검은색	N0.5		문자 및 빨간색 또는 노란색에 대한 보조색

1. 허용 오차 범위 H = ±2, V = ±0.3, C = ±1(H는 색상, V는 명도, C는 채도를 말한다)
2. 위의 색도기준은 한국산업규격(KS)에 따른 색의 3속성에 의한 표시방법(KSA 0062 기술표준원 고시 제2008-0759)에 따른다.

3 안전보건표지의 기본모형

산업안전보건법 시행규칙 [별표 9] 제40조 제1항 관련

번호	기본모형	규격비율(크기)	표시사항
1		$d \geq 0.025L$ $d_1 = 0.8d$ $0.7d < d_2 < 0.8d$ $d_3 = 0.1d$	금지
2		$a \geq 0.034L$ $a_1 = 0.8a$ $0.7a < a_2 < 0.8a$	경고
		$a \geq 0.025L$ $a_1 = 0.8a$ $0.7a < a_2 < 0.8a$	

3		$d \geqq 0.025L$ $d_1 = 0.8d$	지시
4		$b \geqq 0.0224L$ $b_2 = 0.8b$	안내
5		$h < l$ $h_2 = 0.8h$ $l \times h \geqq 0.0005L^2$ $h - h_2 = l - l_2 = 2e_2$ $l/h = 1, 2, 4, 8\,(4종류)$	안내
6	A B C 모형 안쪽에는 A, B, C로 3가지 구역으로 구분하여 글씨를 기재한다.	1. 모형크기(가로 40cm, 세로 25cm 이상) 2. 글자크기 　A : 가로 4cm, 세로 5cm 이상 　B : 가로 2.5cm, 세로 3cm 이상 　C: 가로 3cm, 세로 3.5cm 이상	관계자 외 출입금지
7	A B C 모형 안쪽에는 A, B, C로 3가지 구역으로 구분하여 글씨를 기재한다.	1. 모형크기(가로 70cm, 세로 50cm 이상) 2. 글자크기 　A : 가로 8cm, 세로 10cm 이상 　B, C : 가로 6cm, 세로 6cm 이상	관계자 외 출입금지

1. L은 안전·보건표지를 인식할 수 있거나 인식해야 할 안전거리를 말한다(L과 a, b, d, e, h, l은 같은 단위로 계산해야 한다).
2. 점선 안쪽에는 표시사항과 관련된 부호 또는 그림을 그린다.

Plus note

생	각	을		스	케	치	하	다
세	상	을		스	케	치	하	다

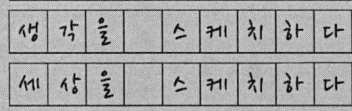

Part 2
산업심리 및 교육

PART 02 산업심리 및 교육

THEME 49 안전보건교육

1 근로자 안전보건교육(산업안전보건법 시행규칙 [별표 4])

안전보건교육 교육과정별 교육시간(제26조 제1항 등 관련)

교육과정	교육대상		교육시간
가. 정기교육	사무직 종사 근로자		매반기 6시간 이상
	그 밖의 근로자	판매업무에 직접 종사하는 근로자	매반기 6시간 이상
		판매업무에 직접 종사하는 근로자 외의 근로자	매반기 12시간 이상
나. 채용 시 교육	일용근로자 및 근로계약기간이 1주일 이하인 기간제근로자		1시간 이상
	근로계약기간이 1주일 초과 1개월 이하인 기간제근로자		4시간 이상
	그 밖의 근로자		8시간 이상
다. 작업내용 변경 시 교육	일용근로자 및 근로계약기간이 1주일 이하인 기간제근로자		1시간 이상
	그 밖의 근로자		2시간 이상
라. 특별교육	일용근로자 및 근로계약기간이 1주일 이하인 기간제근로자: 별표 5 제1호 라목(제39호는 제외)에 해당하는 작업에 종사하는 근로자에 한정		2시간 이상
	일용근로자 및 근로계약기간이 1주일 이하인 기간제근로자: 별표 5 제1호 라목 제39호에 해당하는 작업에 종사하는 근로자에 한정		8시간 이상
	일용근로자 및 근로계약기간이 1주일 이하인 기간제근로자:별표 5 제1호 라목에 해당하는 작업에 종사하는 근로자에 한정		- 16시간 이상(최초 작업에 종사하기 전 4시간 이상 실시하고 12시간은 3개월 이내에서 분할하여 실시 가능) - 단기간 작업 또는 간헐적 작업인 경우에는 2시간 이상
마. 건설업 기초안전·보건교육	건설 일용근로자		4시간 이상

2 관리감독자 안전보건교육(제26조 제1항 관련)

교육과정	교육시간
정기교육	연간 16시간 이상
채용 시 교육	8시간 이상
작업내용 변경 시 교육	2시간 이상
특별교육	16시간 이상(최초 작업에 종사하기 전 4시간 이상 실시하고 12시간은 3개월 이내에서 분할하여 실시 가능)
	단기간 작업 또는 간헐적 작업인 경우에는 2시간 이상

3 안전보건관리책임자 등에 대한 교육(제29조 제2항 관련)

교육대상	교육시간	
	신규교육	보수교육
가. 안전보건관리책임자	6시간 이상	6시간 이상
나. 안전관리자, 안전관리전문기관의 종사자	34시간 이상	24시간 이상
다. 보건관리자, 보건관리전문기관의 종사자	34시간 이상	24시간 이상
라. 건설재해예방전문지도기관의 종사자	34시간 이상	24시간 이상
마. 석면조사기관의 종사자	34시간 이상	24시간 이상
바. 안전보건관리담당자	–	8시간 이상
사. 안전검사기관, 자율안전검사기관의 종사자	34시간 이상	24시간 이상

4 특수형태근로종사자에 대한 안전보건교육(제95조 제1항 관련)

교육과정	교육시간
가. 최초 노무제공 시 교육	2시간 이상(단기간 작업 또는 간헐적 작업에 노무를 제공하는 경우에는 1시간 이상 실시하고, 특별교육을 실시한 경우는 면제)
나. 특별교육	16시간 이상(최초 작업에 종사하기 전 4시간 이상 실시하고 12시간은 3개월 이내에서 분할하여 실시 가능)
	단기간 작업 또는 간헐적 작업인 경우에는 2시간 이상

5 검사원 성능검사 교육(제131조 제2항 관련)

교육과정	교육대상	교육시간
성능검사 교육	–	28시간 이상

THEME 50 안전보건교육 교육대상별 교육내용

1 안전보건교육 교육대상별 교육내용(산업안전보건법 시행규칙 [별표 5])

1) 근로자 정기교육

교육내용
- 산업안전 및 사고 예방에 관한 사항 - 산업보건 및 직업병 예방에 관한 사항 - 위험성 평가에 관한 사항 - 건강증진 및 질병 예방에 관한 사항 - 유해 · 위험 작업환경 관리에 관한 사항 - 산업안전보건법령 및 산업재해보상보험 제도에 관한 사항 - 직무스트레스 예방 및 관리에 관한 사항 - 직장 내 괴롭힘, 고객의 폭언 등으로 인한 건강장해 예방 및 관리에 관한 사항

2) 관리감독자 안전보건교육 – 정기교육

교육내용
- 산업안전 및 사고 예방에 관한 사항 - 산업보건 및 직업병 예방에 관한 사항 - 위험성 평가에 관한 사항 - 유해 · 위험 작업환경 관리에 관한 사항 - 산업안전보건법령 및 산업재해보상보험 제도에 관한 사항 - 직무스트레스 예방 및 관리에 관한 사항 - 직장 내 괴롭힘, 고객의 폭언 등으로 인한 건강장해 예방 및 관리에 관한 사항 - 작업공정의 유해 · 위험과 재해 예방대책에 관한 사항 - 사업장 내 안전보건관리체제 및 안전 · 보건조치 현황에 관한 사항 - 표준안전 작업방법 및 지도 요령에 관한 사항 - 현장근로자와의 의사소통능력 및 강의능력 등 안전보건교육 능력 배양 등에 관한 사항 - 비상시 또는 재해 발생 시 긴급조치에 관한 사항 - 그 밖의 관리감독자의 직무에 관한 사항

3) 채용 시 교육 및 작업내용 변경 시 교육

교육내용
- 산업안전 및 사고 예방에 관한 사항 - 산업보건 및 직업병 예방에 관한 사항 - 위험성 평가에 관한 사항 - 산업안전보건법령 및 산업재해보상보험 제도에 관한 사항 - 직무스트레스 예방 및 관리에 관한 사항 - 직장 내 괴롭힘, 고객의 폭언 등으로 인한 건강장해 예방 및 관리에 관한 사항 - 기계 · 기구의 위험성과 작업의 순서 및 동선에 관한 사항

- 작업 개시 전 점검에 관한 사항
- 정리정돈 및 청소에 관한 사항
- 사고 발생 시 긴급조치에 관한 사항
- 물질안전보건자료에 관한 사항

4) 특별교육 대상 작업별 교육

작업명	교육내용
〈공통내용〉 제1호부터 제39호까지의 작업	다목과 같은 내용
〈개별내용〉 1. 고압실 내 작업(잠함공법이나 그 밖의 압기공법으로 대기압을 넘는 기압인 작업실 또는 수갱 내부에서 하는 작업만 해당한다)	- 고기압 장해의 인체에 미치는 영향에 관한 사항 - 작업의 시간 · 작업 방법 및 절차에 관한 사항 - 압기공법에 관한 기초지식 및 보호구 착용에 관한 사항 - 이상 발생 시 응급조치에 관한 사항 - 그 밖에 안전 · 보건관리에 필요한 사항
2. 아세틸렌 용접장치 또는 가스집합 용접장치를 사용하는 금속의 용접 · 용단 또는 가열작업(발생기 · 도관 등에 의하여 구성되는 용접장치만 해당한다)	- 용접 흄, 분진 및 유해광선 등의 유해성에 관한 사항 - 가스용접기, 압력조정기, 호스 및 취관두(불꽃이 나오는 용접기의 앞부분) 등의 기기점검에 관한 사항 - 작업방법 · 순서 및 응급처치에 관한 사항 - 안전기 및 보호구 취급에 관한 사항 - 화재예방 및 초기대응에 관한사항 - 그 밖에 안전 · 보건관리에 필요한 사항
3. 밀폐된 장소(탱크 내 또는 환기가 극히 불량한 좁은 장소를 말한다)에서 하는 용접작업 또는 습한 장소에서 하는 전기용접 작업	- 작업순서, 안전작업방법 및 수칙에 관한 사항 - 환기설비에 관한 사항 - 전격 방지 및 보호구 착용에 관한 사항 - 질식 시 응급조치에 관한 사항 - 작업환경 점검에 관한 사항 - 그 밖에 안전 · 보건관리에 필요한 사항
4. 폭발성 · 물반응성 · 자기반응성 · 자기발열성 물질, 자연발화성 액체 · 고체 및 인화성 액체의 제조 또는 취급작업(시험연구를 위한 취급작업은 제외한다)	- 폭발성 · 물반응성 · 자기반응성 · 자기발열성 물질, 자연발화성 액체 · 고체 및 인화성 액체의 성질이나 상태에 관한 사항 - 폭발 한계점, 발화점 및 인화점 등에 관한 사항 - 취급방법 및 안전수칙에 관한 사항 - 이상 발견 시의 응급처치 및 대피 요령에 관한 사항 - 화기 · 정전기 · 충격 및 자연발화 등의 위험방지에 관한 사항 - 작업순서, 취급주의사항 및 방호거리 등에 관한 사항 - 그 밖에 안전 · 보건관리에 필요한 사항
5. 액화석유가스 · 수소가스 등 인화성 가스 또는 폭발성 물질 중 가스의 발생장치 취급 작업	- 취급가스의 상태 및 성질에 관한 사항 - 발생장치 등의 위험 방지에 관한 사항 - 고압가스 저장설비 및 안전취급방법에 관한 사항 - 설비 및 기구의 점검 요령 - 그 밖에 안전 · 보건관리에 필요한 사항
6. 화학설비 중 반응기, 교반기 · 추출기의 사용 및 세척작업	- 각 계측장치의 취급 및 주의에 관한 사항 - 투시창 · 수위 및 유량계 등의 점검 및 밸브의 조작주의에 관한 사항 - 세척액의 유해성 및 인체에 미치는 영향에 관한 사항

	- 작업 절차에 관한 사항 - 그 밖에 안전보건관리에 필요한 사항
7. 화학설비의 탱크 내 작업	- 차단장치·정지장치 및 밸브 개폐장치의 점검에 관한 사항 - 탱크 내의 산소농도 측정 및 작업환경에 관한 사항 - 안전보호구 및 이상 발생 시 응급조치에 관한 사항 - 작업절차·방법 및 유해·위험에 관한 사항 - 그 밖에 안전·보건관리에 필요한 사항
8. 분말·원재료 등을 담은 호퍼(하부가 깔대기 모양으로 된 저장통)·저장창고 등 저장탱크의 내부작업	- 분말·원재료의 인체에 미치는 영향에 관한 사항 - 저장탱크 내부작업 및 복장보호구 착용에 관한 사항 - 작업의 지정·방법·순서 및 작업환경 점검에 관한 사항 - 팬·풍기(風旗) 조작 및 취급에 관한 사항 - 분진 폭발에 관한 사항 - 그 밖에 안전·보건관리에 필요한 사항
9. 다음 각 목에 정하는 설비에 의한 물건의 가열·건조작업 가. 건조설비 중 위험물 등에 관계되는 설비로 속부피가 1세제곱미터 이상인 것 나. 건조설비 중 가목의 위험물 등 외의 물질에 관계되는 설비로서, 연료를 열원으로 사용하는 것(그 최대연소소비량이 매 시간당 10킬로그램 이상인 것만 해당한다) 또는 전력을 열원으로 사용하는 것(정격소비전력이 10킬로와트 이상인 경우만 해당한다)	- 건조설비 내외면 및 기기기능의 점검에 관한 사항 - 복장보호구 착용에 관한 사항 - 건조 시 유해가스 및 고열 등이 인체에 미치는 영향에 관한 사항 - 건조설비에 의한 화재·폭발 예방에 관한 사항
10. 다음 각 목에 해당하는 집재장치(집재기·가선·운반기구·지주 및 이들에 부속하는 물건으로 구성되고, 동력을 사용하여 원목 또는 장작과 숯을 담아 올리거나 공중에서 운반하는 설비를 말한다)의 조립, 해체, 변경 또는 수리작업 및 이들 설비에 의한 집재 또는 운반 작업 가. 원동기의 정격출력이 7.5킬로와트를 넘는 것 나. 지간의 경사거리 합계가 350미터 이상인 것 다. 최대사용하중이 200킬로그램 이상인 것	- 기계의 브레이크 비상정지장치 및 운반경로, 각종 기능 점검에 관한 사항 - 작업 시작 전 준비사항 및 작업방법에 관한 사항 - 취급물의 유해·위험에 관한 사항 - 구조상의 이상 시 응급처치에 관한 사항 - 그 밖에 안전·보건관리에 필요한 사항
11. 동력에 의하여 작동되는 프레스기계를 5대 이상 보유한 사업장에서 해당 기계로 하는 작업	- 프레스의 특성과 위험성에 관한 사항 - 방호장치 종류와 취급에 관한 사항 - 안전작업방법에 관한 사항 - 프레스 안전기준에 관한 사항 - 그 밖에 안전·보건관리에 필요한 사항

작업명	교육내용
12. 목재가공용 기계[둥근톱기계, 띠톱기계, 대패기계, 모떼기기계 및 라우터기(목재를 자르거나 홈을 파는 기계)만 해당하며, 휴대용은 제외한다]를 5대 이상 보유한 사업장에서 해당 기계로 하는 작업	- 목재가공용 기계의 특성과 위험성에 관한 사항 - 방호장치의 종류와 구조 및 취급에 관한 사항 - 안전기준에 관한 사항 - 안전작업방법 및 목재 취급에 관한 사항 - 그 밖에 안전·보건관리에 필요한 사항
13. 운반용 등 하역기계를 5대 이상 보유한 사업장에서의 해당 기계로 하는 작업	- 운반하역기계 및 부속설비의 점검에 관한 사항 - 작업순서와 방법에 관한 사항 - 안전운전방법에 관한 사항 - 화물의 취급 및 작업신호에 관한 사항 - 그 밖에 안전·보건관리에 필요한 사항
14. 1톤 이상의 크레인을 사용하는 작업 또는 1톤 미만의 크레인 또는 호이스트를 5대 이상 보유한 사업장에서 해당 기계로 하는 작업(제40호의 작업은 제외한다)	- 방호장치의 종류, 기능 및 취급에 관한 사항 - 걸고리·와이어로프 및 비상정지장치 등의 기계·기구 점검에 관한 사항 - 화물의 취급 및 안전작업방법에 관한 사항 - 신호방법 및 공동작업에 관한 사항 - 인양 물건의 위험성 및 낙하·비래(飛來)·충돌재해 예방에 관한 사항 - 인양물이 적재될 지반의 조건, 인양하중, 풍압 등이 인양물과 타워크레인에 미치는 영향 - 그 밖에 안전·보건관리에 필요한 사항
15. 건설용 리프트·곤돌라를 이용한 작업	- 방호장치의 기능 및 사용에 관한 사항 - 기계, 기구, 달기체인 및 와이어 등의 점검에 관한 사항 - 화물의 권상·권하 작업방법 및 안전작업 지도에 관한 사항 - 기계·기구에 특성 및 동작원리에 관한 사항 - 신호방법 및 공동작업에 관한 사항 - 그 밖에 안전·보건관리에 필요한 사항
16. 주물 및 단조(금속을 두들기거나 눌러서 형체를 만드는 일) 작업	- 고열물의 재료 및 작업환경에 관한 사항 - 출탕·주조 및 고열물의 취급과 안전작업방법에 관한 사항 - 고열작업의 유해·위험 및 보호구 착용에 관한 사항 - 안전기준 및 중량물 취급에 관한 사항 - 그 밖에 안전·보건관리에 필요한 사항
17. 전압이 75볼트 이상인 정전 및 활선작업	- 전기의 위험성 및 전격 방지에 관한 사항 - 해당 설비의 보수 및 점검에 관한 사항 - 정전작업·활선작업 시의 안전작업방법 및 순서에 관한 사항 - 절연용 보호구, 절연용 보호구 및 활선작업용 기구 등의 사용에 관한 사항 - 그 밖에 안전·보건관리에 필요한 사항
18. 콘크리트 파쇄기를 사용하여 하는 파쇄작업(2미터 이상인 구축물의 파쇄작업만 해당한다)	- 콘크리트 해체 요령과 방호거리에 관한 사항 - 작업안전조치 및 안전기준에 관한 사항 - 파쇄기의 조작 및 공통작업 신호에 관한 사항 - 보호구 및 방호장비 등에 관한 사항 - 그 밖에 안전·보건관리에 필요한 사항

19. 굴착면의 높이가 2미터 이상이 되는 지반 굴착(터널 및 수직갱 외의 갱 굴착은 제외한다)작업	- 지반의 형태 · 구조 및 굴착 요령에 관한 사항 - 지반의 붕괴재해 예방에 관한 사항 - 붕괴 방지용 구조물 설치 및 작업방법에 관한 사항 - 보호구의 종류 및 사용에 관한 사항 - 그 밖에 안전 · 보건관리에 필요한 사항
20. 흙막이 지보공의 보강 또는 동바리를 설치하거나 해체하는 작업	- 작업안전 점검 요령과 방법에 관한 사항 - 동바리의 운반 · 취급 및 설치 시 안전작업에 관한 사항 - 해체작업 순서와 안전기준에 관한 사항 - 보호구 취급 및 사용에 관한 사항 - 그 밖에 안전 · 보건관리에 필요한 사항
21. 터널 안에서의 굴착작업(굴착용 기계를 사용하여 하는 굴착작업 중 근로자가 칼날 밑에 접근하지 않고 하는 작업은 제외한다) 또는 같은 작업에서의 터널 거푸집 지보공의 조립 또는 콘크리트 작업	- 작업환경의 점검 요령과 방법에 관한 사항 - 붕괴 방지용 구조물 설치 및 안전작업 방법에 관한 사항 - 재료의 운반 및 취급 · 설치의 안전기준에 관한 사항 - 보호구의 종류 및 사용에 관한 사항 - 소화설비의 설치장소 및 사용방법에 관한 사항 - 그 밖에 안전 · 보건관리에 필요한 사항
22. 굴착면의 높이가 2미터 이상이 되는 암석의 굴착작업	- 폭발물 취급 요령과 대피 요령에 관한 사항 - 안전거리 및 안전기준에 관한 사항 - 방호물의 설치 및 기준에 관한 사항 - 보호구 및 신호방법 등에 관한 사항 - 그 밖에 안전 · 보건관리에 필요한 사항
23. 높이가 2미터 이상인 물건을 쌓거나 무너뜨리는 작업(하역기계로만 하는 작업은 제외한다)	- 원부재료의 취급 방법 및 요령에 관한 사항 - 물건의 위험성 · 낙하 및 붕괴재해 예방에 관한 사항 - 적재방법 및 전도 방지에 관한 사항 - 보호구 착용에 관한 사항 - 그 밖에 안전 · 보건관리에 필요한 사항
24. 선박에 짐을 쌓거나 부리거나 이동시키는 작업	- 하역 기계 · 기구의 운전방법에 관한 사항 - 운반 · 이송경로의 안전작업방법 및 기준에 관한 사항 - 중량물 취급 요령과 신호 요령에 관한 사항 - 작업안전 점검과 보호구 취급에 관한 사항 - 그 밖에 안전 · 보건관리에 필요한 사항
25. 거푸집 동바리의 조립 또는 해체작업	- 동바리의 조립방법 및 작업 절차에 관한 사항 - 조립재료의 취급방법 및 설치기준에 관한 사항 - 조립 해체 시의 사고 예방에 관한 사항 - 보호구 착용 및 점검에 관한 사항 - 그 밖에 안전 · 보건관리에 필요한 사항
26. 비계의 조립 · 해체 또는 변경작업	- 비계의 조립순서 및 방법에 관한 사항 - 비계작업의 재료 취급 및 설치에 관한 사항 - 추락재해 방지에 관한 사항 - 보호구 착용에 관한 사항 - 비계상부 작업 시 최대 적재하중에 관한 사항 - 그 밖에 안전 · 보건관리에 필요한 사항

27. 건축물의 골조, 다리의 상부구조 또는 탑의 금속제의 부재로 구성되는 것(5미터 이상인 것만 해당한다)의 조립·해체 또는 변경작업	- 건립 및 버팀대의 설치순서에 관한 사항 - 조립 해체 시의 추락재해 및 위험요인에 관한 사항 - 건립용 기계의 조작 및 작업신호 방법에 관한 사항 - 안전장비 착용 및 해체순서에 관한 사항 - 그 밖에 안전·보건관리에 필요한 사항
28. 처마 높이가 5미터 이상인 목조건축물의 구조 부재의 조립이나 건축물의 지붕 또는 외벽 밑에서의 설치작업	- 붕괴·추락 및 재해 방지에 관한 사항 - 부재의 강도·재질 및 특성에 관한 사항 - 조립·설치 순서 및 안전작업방법에 관한 사항 - 보호구 착용 및 작업 점검에 관한 사항 - 그 밖에 안전·보건관리에 필요한 사항
29. 콘크리트 인공구조물(그 높이가 2미터 이상인 것만 해당한다)의 해체 또는 파괴작업	- 콘크리트 해체기계의 점검에 관한 사항 - 파괴 시의 안전거리 및 대피 요령에 관한 사항 - 작업방법·순서 및 신호 방법 등에 관한 사항 - 해체·파괴 시의 작업안전기준 및 보호구에 관한 사항 - 그 밖에 안전·보건관리에 필요한 사항
30. 타워크레인을 설치(상승작업을 포함한다)·해체하는 작업	- 붕괴·추락 및 재해 방지에 관한 사항 - 설치·해체 순서 및 안전작업방법에 관한 사항 - 부재의 구조·재질 및 특성에 관한 사항 - 신호방법 및 요령에 관한 사항 - 이상 발생 시 응급조치에 관한 사항 - 그 밖에 안전·보건관리에 필요한 사항
31. 보일러(소형 보일러 및 다음 각 목에서 정하는 보일러는 제외한다)의 설치 및 취급 작업 　가. 몸통 반지름이 750밀리미터 이하이고 그 길이가 1,300밀리미터 이하인 증기보일러 　나. 전열면적이 3제곱미터 이하인 증기보일러 　다. 전열면적이 14제곱미터 이하인 온수보일러 　라. 전열면적이 30제곱미터 이하인 관류보일러(물관을 사용하여 가열시키는 방식의 보일러)	- 기계 및 기기 점화장치 계측기의 점검에 관한 사항 - 열관리 및 방호장치에 관한 사항 - 작업순서 및 방법에 관한 사항 - 그 밖에 안전·보건관리에 필요한 사항
32. 게이지 압력을 제곱센티미터당 1킬로그램 이상으로 사용하는 압력용기의 설치 및 취급작업	- 안전시설 및 안전기준에 관한 사항 - 압력용기의 위험성에 관한 사항 - 용기 취급 및 설치기준에 관한 사항 - 작업안전 점검 방법 및 요령에 관한 사항 - 그 밖에 안전·보건관리에 필요한 사항
33. 방사선 업무에 관계되는 작업(의료 및 실험용은 제외한다)	- 방사선의 유해·위험 및 인체에 미치는 영향 - 방사선의 측정기기 기능의 점검에 관한 사항 - 방호거리·방호벽 및 방사선물질의 취급 요령에 관한 사항 - 응급처치 및 보호구 착용에 관한 사항 - 그 밖에 안전·보건관리에 필요한 사항

34. 밀폐공간에서의 작업	– 산소농도 측정 및 작업환경에 관한 사항 – 사고 시의 응급처치 및 비상시 구출에 관한 사항 – 보호구 착용 및 사용방법에 관한 사항 – 밀폐공간작업의 안전작업방법에 관한 사항 – 그 밖에 안전 · 보건관리에 필요한 사항
35. 허가 및 관리 대상 유해물질의 제조 또는 취급작업	– 취급물질의 성질 및 상태에 관한 사항 – 유해물질이 인체에 미치는 영향 – 국소배기장치 및 안전설비에 관한 사항 – 안전작업방법 및 보호구 사용에 관한 사항 – 그 밖에 안전 · 보건관리에 필요한 사항
36. 로봇작업	– 로봇의 기본원리 · 구조 및 작업방법에 관한 사항 – 이상 발생 시 응급조치에 관한 사항 – 안전시설 및 안전기준에 관한 사항 – 조작방법 및 작업순서에 관한 사항
37. 석면해체 · 제거작업	– 석면의 특성과 위험성 – 석면해체 · 제거의 작업방법에 관한 사항 – 장비 및 보호구 사용에 관한 사항 – 그 밖에 안전 · 보건관리에 필요한 사항
38. 가연물이 있는 장소에서 하는 화재위험 작업	– 작업준비 및 작업절차에 관한 사항 – 작업장 내 위험물, 가연물의 사용 · 보관 · 설치 현황에 관한 사항 – 화재위험작업에 따른 인근 인화성 액체에 대한 방호조치에 관한 사항 – 화재위험작업으로 인한 불꽃, 불티 등의 흩날림 방지 조치에 관한 사항 – 인화성 액체의 증기가 남아 있지 않도록 환기 등의 조치에 관한 사항 – 화재감시자의 직무 및 피난교육 등 비상조치에 관한 사항 – 그 밖에 안전 · 보건관리에 필요한 사항
39. 타워크레인을 사용하는 작업 시 신호업무를 하는 작업	– 타워크레인의 기계적 특성 및 방호장치 등에 관한 사항 – 화물의 취급 및 안전작업방법에 관한 사항 – 신호방법 및 요령에 관한 사항 – 인양 물건의 위험성 및 낙하 · 비래 · 충돌재해 예방에 관한 사항 – 인양물이 적재될 지반의 조건, 인양하중, 풍압 등이 인양물과 타워크레인에 미치는 영향 – 그 밖에 안전 · 보건관리에 필요한 사항

2 건설업 기초안전보건교육에 대한 내용 및 시간(제28조 제1항 관련)

구분	교육내용	시간
공통	산업안전보건법령 주요 내용(건설 일용근로자 관련 부분)	1시간
	안전의식 제고에 관한 사항	
교육 대상별	작업별 위험요인과 안전작업 방법(재해사례 및 예방대책)	2시간
	건설 직종별 건강장해 위험요인과 건강관리	1시간

3 안전보건관리책임자 등에 대한 교육(제29조 제2항 관련)

교육대상	교육내용	
	신규과정	보수과정
가. 안전보건관리책임자	1) 관리책임자의 책임과 직무에 관한 사항 2) 산업안전보건법령 및 안전·보건조치에 관한 사항	1) 산업안전·보건정책에 관한 사항 2) 자율안전·보건관리에 관한 사항
나. 안전관리자 및 안전관리전문기관 종사자	1) 산업안전보건법령에 관한 사항 2) 산업안전보건개론에 관한 사항 3) 인간공학 및 산업심리에 관한 사항 4) 안전보건교육방법에 관한 사항 5) 재해 발생 시 응급처치에 관한 사항 6) 안전점검·평가 및 재해 분석기법에 관한 사항 7) 안전기준 및 개인보호구 등 분야별 재해예방 실무에 관한 사항 8) 산업안전보건관리비 계상 및 사용기준에 관한 사항 9) 작업환경 개선 등 산업위생 분야에 관한 사항 10) 무재해운동 추진기법 및 실무에 관한 사항 11) 위험성평가에 관한 사항 12) 그 밖에 안전관리자의 직무 향상을 위하여 필요한 사항	1) 산업안전보건법령 및 정책에 관한 사항 2) 안전관리계획 및 안전보건개선계획의 수립·평가·실무에 관한 사항 3) 안전보건교육 및 무재해운동 추진실무에 관한 사항 4) 산업안전보건관리비 사용기준 및 사용방법에 관한 사항 5) 분야별 재해 사례 및 개선 사례에 관한 연구와 실무에 관한 사항 6) 사업장 안전 개선기법에 관한 사항 7) 위험성평가에 관한 사항 8) 그 밖에 안전관리자 직무 향상을 위하여 필요한 사항
다. 보건관리자 및 보건관리전문기관 종사자	1) 산업안전보건법령 및 작업환경측정에 관한 사항 2) 산업안전보건개론에 관한 사항 3) 안전보건교육방법에 관한 사항 4) 산업보건관리계획 수립·평가 및 산업역학에 관한 사항 5) 작업환경 및 직업병 예방에 관한 사항	1) 산업안전보건법령, 정책 및 작업환경관리에 관한 사항 2) 산업보건관리계획 수립·평가 및 안전보건교육 추진 요령에 관한 사항 3) 근로자 건강 증진 및 구급환자 관리에 관한 사항 4) 산업위생 및 산업환기에 관한 사항 5) 직업병 사례 연구에 관한 사항

	6) 작업환경 개선에 관한 사항(소음·분진·관리대상 유해물질 및 유해광선 등) 7) 산업역학 및 통계에 관한 사항 8) 산업환기에 관한 사항 9) 안전보건관리의 체제·규정 및 보건관리자 역할에 관한 사항 10) 보건관리계획 및 운용에 관한 사항 11) 근로자 건강관리 및 응급처치에 관한 사항 12) 위험성평가에 관한 사항 13) 그 밖에 보건관리자의 직무 향상을 위하여 필요한 사항	6) 유해물질별 작업환경 관리에 관한 사항 7) 위험성평가에 관한 사항 8) 그 밖에 보건관리자 직무 향상을 위하여 필요한 사항
라. 건설재해예방전문지도기관 종사자	1) 산업안전보건법령 및 정책에 관한 사항 2) 분야별 재해사례 연구에 관한 사항 3) 새로운 공법 소개에 관한 사항 4) 사업장 안전관리기법에 관한 사항 5) 위험성평가의 실시에 관한 사항 6) 그 밖에 직무 향상을 위하여 필요한 사항	1) 산업안전보건법령 및 정책에 관한 사항 2) 분야별 재해사례 연구에 관한 사항 3) 새로운 공법 소개에 관한 사항 4) 사업장 안전관리기법에 관한 사항 5) 위험성평가의 실시에 관한 사항 6) 그 밖에 직무 향상을 위하여 필요한 사항
마. 석면조사기관 종사자	1) 석면 제품의 종류 및 구별 방법에 관한 사항 2) 석면에 의한 건강유해성에 관한 사항 3) 석면 관련 법령 및 제도(법, 「석면안전관리법」 및 「건축법」 등)에 관한 사항 4) 법 및 산업안전보건 정책방향에 관한 사항 5) 석면 시료채취 및 분석 방법에 관한 사항 6) 보호구 착용 방법에 관한 사항 7) 석면조사결과서 및 석면지도 작성 방법에 관한 사항 8) 석면 조사 실습에 관한 사항	1) 석면 관련 법령 및 제도(법, 「석면안전관리법」 및 「건축법」 등)에 관한 사항 2) 실내공기오염 관리(또는 작업환경측정 및 관리)에 관한 사항 3) 산업안전보건 정책방향에 관한 사항 4) 건축물·설비 구조의 이해에 관한 사항 5) 건축물·설비 내 석면함유 자재 사용 및 시공·제거 방법에 관한 사항 6) 보호구 선택 및 관리방법에 관한 사항 7) 석면해체·제거작업 및 석면 흩날림 방지 계획 수립 및 평가에 관한 사항 8) 건축물 석면조사 시 위해도평가 및 석면지도 작성·관리 실무에 관한 사항 9) 건축 자재의 종류별 석면조사실무에 관한 사항
바. 안전보건관리담당자		1) 위험성평가에 관한 사항 2) 안전·보건교육방법에 관한 사항 3) 사업장 순회점검 및 지도에 관한 사항 4) 기계·기구의 적격품 선정에 관한 사항 5) 산업재해 통계의 유지·관리 및 조사에 관한 사항 6) 그 밖에 안전보건관리담당자 직무 향상을 위하여 필요한 사항

사. 안전검사기관 및 자율안전검사기관	1) 산업안전보건법령에 관한 사항 2) 기계, 장비의 주요장치에 관한 사항 3) 측정기기 작동 방법에 관한 사항 4) 공통점검 사항 및 주요 위험요인별 점검내용에 관한 사항 5) 기계, 장비의 주요안전장치에 관한 사항 6) 검사 시 안전보건 유의사항 7) 기계·전기·화공 등 공학적 기초 지식에 관한 사항 8) 검사원의 직무윤리에 관한 사항 9) 그 밖에 종사자의 직무 향상을 위하여 필요한 사항	1) 산업안전보건법령 및 정책에 관한 사항 2) 주요 위험요인별 점검내용에 관한 사항 3) 기계, 장비의 주요장치와 안전장치에 관한 심화과정 4) 검사 시 안전보건 유의 사항 5) 구조해석, 용접, 피로, 파괴, 피해예측, 작업환기, 위험성평가 등에 관한 사항 6) 검사대상 기계별 재해 사례 및 개선 사례에 관한 연구와 실무에 관한 사항 7) 검사원의 직무윤리에 관한 사항 8) 그 밖에 종사자의 직무 향상을 위하여 필요한 사항

4 특수형태근로종사자에 대한 안전보건교육(제95조 제1항 관련)

1) 최초 노무제공 시 교육

교육내용
아래의 내용 중 특수형태근로종사자의 직무에 적합한 내용을 교육해야 한다. – 산업안전 및 사고 예방에 관한 사항 – 산업보건 및 직업병 예방에 관한 사항 – 건강증진 및 질병 예방에 관한 사항 – 유해·위험 작업환경 관리에 관한 사항 – 산업안전보건법령 및 산업재해보상보험 제도에 관한 사항 – 직무스트레스 예방 및 관리에 관한 사항 – 직장 내 괴롭힘, 고객의 폭언 등으로 인한 건강장해 예방 및 관리에 관한 사항 – 기계·기구의 위험성과 작업의 순서 및 동선에 관한 사항 – 작업 개시 전 점검에 관한 사항 – 정리정돈 및 청소에 관한 사항 – 사고 발생 시 긴급조치에 관한 사항 – 물질안전보건자료에 관한 사항 – 교통안전 및 운전안전에 관한 사항 – 보호구 착용에 관한 사항

2) 특별교육 대상 작업별 교육

THEME 50 ❶ 의 4)와 같다.

5 검사원 성능검사 교육(제131조 제2항 관련)

설비명	교육과정	교육내용
가. 프레스 및 전단기	성능검사 교육	- 관계 법령 - 프레스 및 전단기 개론 - 프레스 및 전단기 구조 및 특성 - 검사기준 - 방호장치 - 검사장비 용도 및 사용방법 - 검사실습 및 체크리스트 작성 요령 - 위험검출 훈련
나. 크레인	성능검사 교육	- 관계 법령 - 크레인 개론 - 크레인 구조 및 특성 - 검사기준 - 방호장치 - 검사장비 용도 및 사용방법 - 검사실습 및 체크리스트 작성 요령 - 위험검출 훈련 - 검사원 직무
다. 리프트	성능검사 교육	- 관계 법령 - 리프트 개론 - 리프트 구조 및 특성 - 검사기준 - 방호장치 - 검사장비 용도 및 사용방법 - 검사실습 및 체크리스트 작성 요령 - 위험검출 훈련 - 검사원 직무
라. 곤돌라	성능검사 교육	- 관계 법령 - 곤돌라 개론 - 곤돌라 구조 및 특성 - 검사기준 - 방호장치 - 검사장비 용도 및 사용방법 - 검사실습 및 체크리스트 작성 요령 - 위험검출 훈련 - 검사원 직무

마. 국소배기장치	성능검사 교육	- 관계 법령 - 산업보건 개요 - 산업환기의 기본원리 - 국소환기장치의 설계 및 실습 - 국소배기장치 및 제진장치 검사기준 - 검사실습 및 체크리스트 작성 요령 - 검사원 직무
바. 원심기	성능검사 교육	- 관계 법령 - 원심기 개론 - 원심기 종류 및 구조 - 검사기준 - 방호장치 - 검사장비 용도 및 사용방법 - 검사실습 및 체크리스트 작성 요령
사. 롤러기	성능검사 교육	- 관계 법령 - 롤러기 개론 - 롤러기 구조 및 특성 - 검사기준 - 방호장치 - 검사장비의 용도 및 사용방법 - 검사실습 및 체크리스트 작성 요령
아. 사출성형기	성능검사 교육	- 관계 법령 - 사출성형기 개론 - 사출성형기 구조 및 특성 - 검사기준 - 방호장치 - 검사장비 용도 및 사용방법 - 검사실습 및 체크리스트 작성 요령
자. 고소작업대	성능검사 교육	- 관계 법령 - 고소작업대 개론 - 고소작업대 구조 및 특성 - 검사기준 - 방호장치 - 검사장비의 용도 및 사용방법 - 검사실습 및 체크리스트 작성 요령
차. 컨베이어	성능검사 교육	- 관계 법령 - 컨베이어 개론 - 컨베이어 구조 및 특성 - 검사기준 - 방호장치 - 검사장비의 용도 및 사용방법 - 검사실습 및 체크리스트 작성 요령

	성능검사 교육	– 관계 법령 – 산업용 로봇 개론 – 산업용 로봇 구조 및 특성 – 검사기준 – 방호장치 – 검사장비 용도 및 사용방법 – 검사실습 및 체크리스트 작성 요령
카. 산업용 로봇		
타. 압력용기	성능검사 교육	– 관계 법령 – 압력용기 개론 – 압력용기의 종류, 구조 및 특성 – 검사기준 – 방호장치 – 검사장비 용도 및 사용방법 – 검사실습 및 체크리스트 작성 요령 – 이상 시 응급조치
파. 혼합기	성능검사 교육	– 관계 법령 – 혼합기 개론 – 혼합기 구조 및 특성 – 검사기준 – 방호장치 – 검사장비 용도 및 사용방법 – 검사실습 및 체크리스트 작성 요령
하. 파쇄기 또는 분쇄기	성능검사 교육	– 관계 법령 – 파쇄기 또는 분쇄기 개론 – 파쇄기 또는 분쇄기 구조 및 특성 – 검사기준 – 방호장치 – 검사장비 용도 및 사용방법 – 검사실습 및 체크리스트 작성 요령

6 물질안전보건자료에 관한 교육(제169조 제1항 관련)

교육내용
– 대상화학물질의 명칭(또는 제품명) – 물리적 위험성 및 건강 유해성 – 취급상의 주의사항 – 적절한 보호구 – 응급조치 요령 및 사고 시 대처방법 – 물질안전보건자료 및 경고표지를 이해하는 방법

THEME 51 교육총론

1 학습지도 이론

1) **사회화의 원리** : 학습을 통해 협력과 사회화 형성

2) **직관의 원리** : 경험 및 구체적인 사물 제시를 통해 학습효과를 얻음

3) **통합의 원리** : 학습자의 능력을 균형 있게 발달시키는 것

4) **자발성의 원리** : 학습자가 자발적으로 학습에 참여하는 것

5) **개별화의 원리** : 학습자 개개인의 요구 및 능력에 적합하도록 지도하는 것

6) **전이** : 학습한 결과가 다른 학습에 영향을 미치는 현상(학습의 전이, 학습효과의 전이)
   (학습의 **정**도, 학습자의 **태**도 · **지**능, **시**간의 간격, **유**의성)

2 학습목적의 3요소(학습의 구성 3요소)

1) **주제** : 목표 달성을 위한 것
2) **학습정도** : 주제를 학습시킬 범위와 내용 정도
3) **목표** : 학습의 목적(지표)

3 교육의 3요소

1) 강사(주체)
2) 학생(객체)
3) 교재(매개체)

4 학습평가의 기준

1) 실용성
2) 타당성
3) 신뢰성
4) 객관성

5 학습정도의 4단계

6 교육지도(안전보건교육) 단계 및 원칙

1) 단계

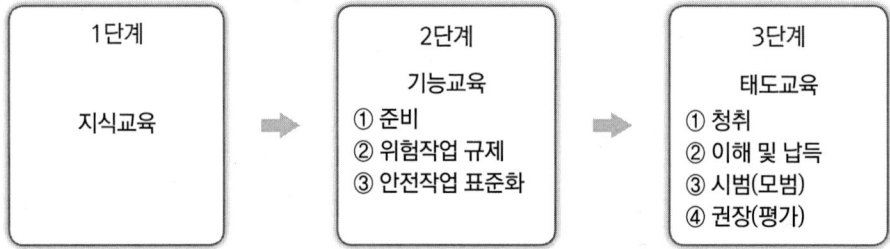

2) 원칙

① 동기부여
② 타인(상대방)의 입장 고려
③ 쉬운 것에서 어려운 것
④ 한 번에 하나씩
⑤ 오감 활용
⑥ 반복

7 교육훈련의 단계 및 평가방법

1) 단계

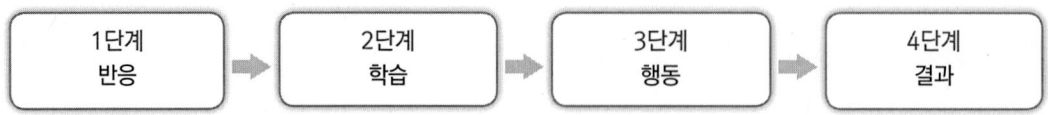

2) 평가방법

① 면접
② 시험
③ 평가
④ 실험

⑤ 과제
⑥ 감상문
⑦ **자**료분석법
⑧ **설**문
⑨ 관찰

8 교육심리학적 연구방법

1) 관찰법
2) 실험법
3) 면접법
4) 질문지법
5) 투사법
6) 사례연구법
7) 카운슬링

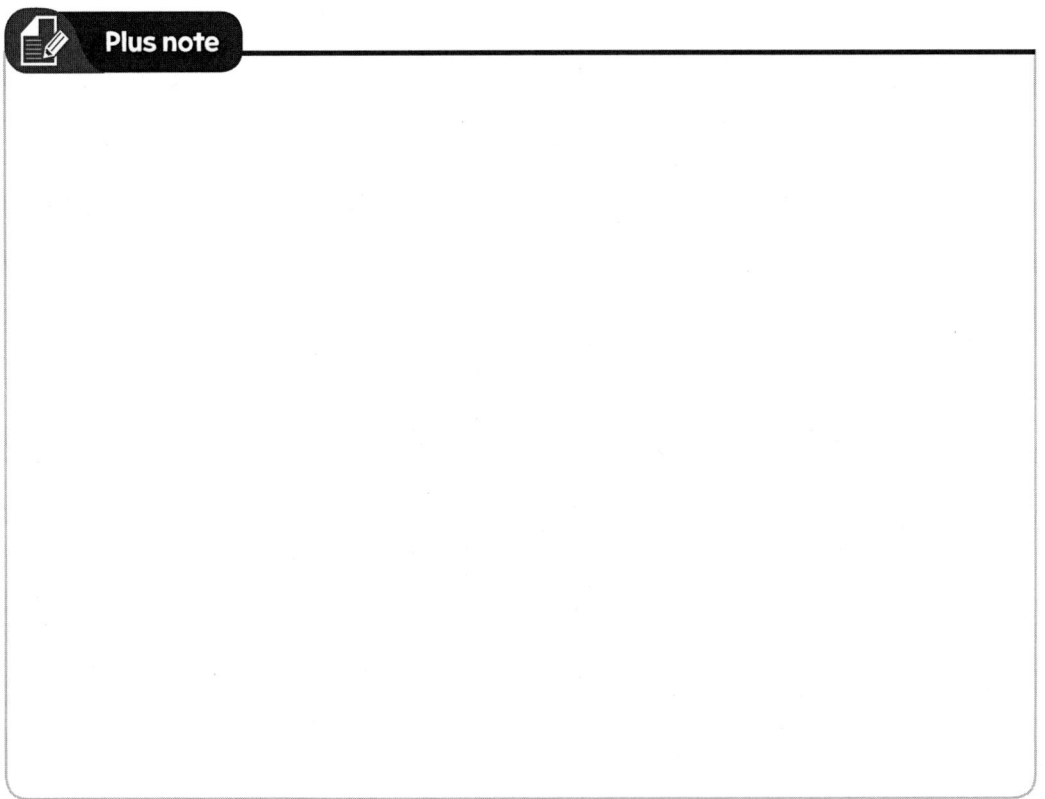

THEME 52　교육방법

1 단계별 개념도

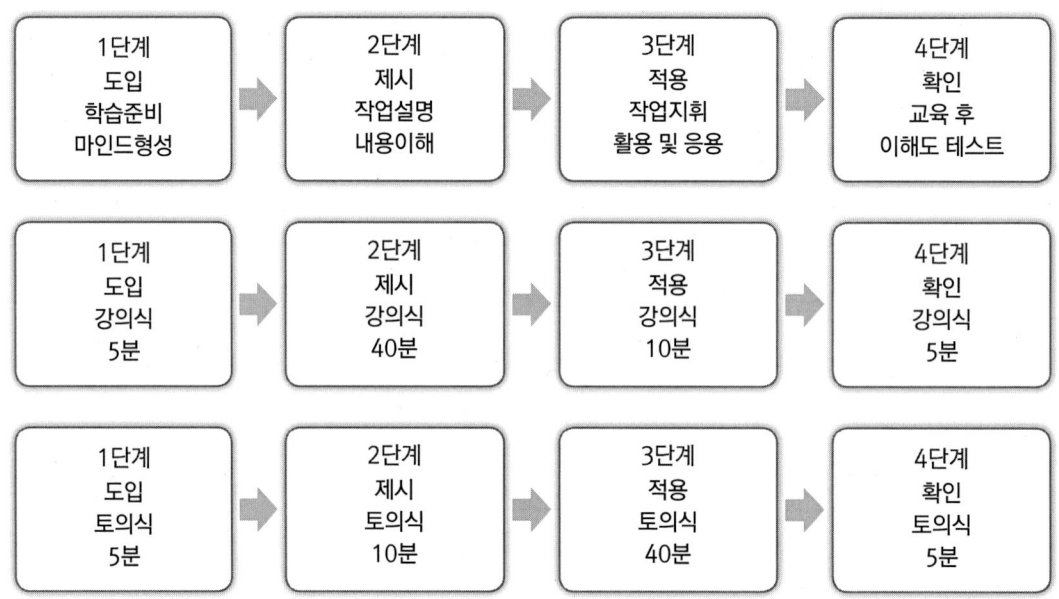

2 교육방법의 종류

1) 강의법(교육학용어사전, 1995. 6. 29., 서울대학교 교육연구소)

정의	교사 중심적 수업형태의 하나로서 학생들에게 제시할 학습 자료를 설명, 또는 주입의 형식을 통해 행하는 수업하는 것
특징	- 다인수(多人數) 학급에서 효과적 - 수업할 내용이나 과제가 정보와 지식수준일 때는 효과적으로 적용 - 개인의 역량에 따라 교육하기 어려움

2) 토의법

다수(10~20명 정도 규모)가 모여 상호 간 의사전달하는 과정

구분	종류	내용
운영방식에 따라	일제문답식	교수자가 학습자를 대상으로 문답하는 방식
	공개식	발표자가 발표내용을 중심으로 질의 응답하는 방식
	원탁식	원탁에 둘러앉아 자유롭게 의견을 나누는 방식
	워크숍	학습자를 몇 개의 그룹으로 나누어 토론하는 방식
	자유토의	학습자 간의 자유롭게 토론하는 방식

		롤 플레잉	학습자에게 실제 연기를 시켜 자신의 역할을 인지하는 방식
집단규모에 따라		버즈법	소집단을 구성하여 회의를 진행시키는 방식으로 참가자가 다수인 경우 적용 (6-6회의)
	대집단	패널 토의	사회자의 진행에 따라 구성원(3~6명) 간의 대립 견해에 대해 청중 앞에서 논쟁을 하는 것
		포럼	전문가(1~2명)가 10~20분 동안 공개 연설 후 사회자가 진행하여 질의응답을 하는 것
		심포지엄	전문가에 의해 주제에 대한 견해를 발표한 후 참가자가 의견 및 질문을 하는 것
	소집단		브레인스토밍(brain storming) ① 비판금지, ② 자유분방, ③ 대량발언, ④ 수정발언

3) 실연법(performance method)

수업에서 학습자가 설명을 듣거나 시범을 보고 일차 획득한 지적 기능이나 운동 기능을 익히기 위해서 적용 또는 연습해 보는 학습활동 또는 교수방법이다.(교육심리학 용어사전)

4) 구안법(project method)

① 정의(교육학용어사전, 1995. 6. 29., 서울대학교 교육연구소)
- 진보주의 교육의 실천가인 킬패트릭(W. Kilpatrick)이 제시한, 활동중심 교육과정의 조직 방식을 강조하는 교수-학습 원리를 말하며, 교사가 주도하는 기존의 암기식 교과 지도법에서 탈피하여, 생활 그 자체를 교육으로 간주하는 교육원리를 구체화한 유목적적이고 자발적인 학습자의 참여를 강조하는 학습 지도법
- **목표 설정, 계획, 실행, 평가**의 네 단계로 구성
- **전심전력하는 참여, 학습의 법칙, 윤리적 활동** 등의 제반 특성이 강조
- 교사와 학습자의 협동적 공동 활동과 학습자의 흥미와 욕구가 중심이 됨

② 특징
- 현실적인 학습방법
- 동기부여가 충분
- 작업에 대한 창조력 발생
- 시간과 에너지가 많이 소비 됨

5) 모의법
6) 시청각 교육법
7) 프로그램 학습법
8) 집중학습
9) 배부학습
10) 초과학습

THEME 53 적응기제(適應機制, adjustment mechanism)

1 개요(교육심리학용어사전, 2000. 1. 10., 한국교육심리학회)

인간이 행동적응 과정에서 목표에 도달하지 못하고 문제사태에 부딪혔을 때 갈등이나 욕구불만 상태에 있게 되는데, 이런 부적응 상태에서 목표를 수정하거나 문제사태를 우회 내지 대리적 목표를 설정하고 긴장이나 불안을 해소하려고 하는 방법이나 반응 혹은 행동양식

2 종류

1) 방어기제

어려운 현실에 당면하여 문제의 직접적 해결을 시도하지 않고 현실을 왜곡시켜 체면을 유지하고 심리적 평형을 되찾아 자기를 보존하려고 하는 기제
① 동일시 : 자신이 되고 싶은 인물을 탐색하여 동일시해서 만족을 얻으려는 행동
② 보상 : 계획이 성취되는 데에서 오는 자존감
③ 합리화 : 자신의 행동에 그럴듯한 이유를 붙이는 것(변명)
④ 승화 : 가치 있게 목표에 도달하기 위해 노력하는 것

2) 도피기제

욕구불만에 의하여 발생된 정서적 긴장이나 불안감을 해소하기 위하여 비합리적인 행동으로 당면하고 있는 현장이나 또는 비현실적 세계로 벗어나 정서적 안정을 추구하려고 하는 기제
① 백일몽 : 현실에서 만족할 수 없기에 상상의 공간에서 욕구를 이루고자 하는 것
② 억압 : 좋지 않은 것을 잊고 앞으로 더 이상 행동하지 않겠다는 것
③ 퇴행 : 위협이나 불안을 느끼는 상황에서 생애 초기에 만족했던 시절을 상기하는 것
④ 고립 : 타인과의 접촉을 피하고 자신만의 세계로 피하려는 것

3) 공격기제

욕구충족 과정이 방해되었을 때 방해요인에 대해 공격함으로써 정서적 긴장을 해소하려고 하는 기제
① 직접적 : 폭행, 다툼
② 간접적 : 욕설, 비난

THEME 54 자극과 반응이론

1 파블로프(Pavlov) 조건반사설

종소리를 이용해 개의 소화작용에 대한 실험을 해서, 훈련을 통해 반응이나 어떤 새로운 행동을 적응할 수 있다는 가설

1) **계속성의 원리** : 자극과 반응과의 관계는 횟수가 지속될수록 강화가 잘 일어남
2) **강도의 원리** : 처음 준 자극보다 동일하거나 더 강한 자극을 주어야 강화가 잘 일어남
3) **일관성의 원리** : 일관된 자극을 사용해야 됨
4) **시간의 원리** : 조건자극을 조건이 없는 자극보다 조금 앞당겨서 하거나 동시에 해주어야 강화가 잘 일어남

2 손다이크(Edward Lee Thorndike)의 시행착오설

상자 안의 고양이가 끈을 당기거나 발판을 밟는 등 행동으로 상자의 문이 열려 상자 밖으로 나갈 수 있도록 장치하고 상자 밖에 먹이를 두고 실험하는 것으로, 우연히 고양이가 탈출하게 되고, 이런 반응 과정을 반복하면 고양이에게 탈출에 필요한 반응은 남고 그것과 관계없는 반응들은 사라지게 됨.

1) **효과의 법칙** : 자극과 반응의 결합 결과가 만족스러울수록 강화됨
2) **연습의 법칙** : 연습이 거듭될수록 자극과 반응 사이의 결합이 강화됨
3) **준비성의 법칙** : 준비가 되었을 때 자극과 반응 사이의 결합이 만족스럽게 진행되었지만, 준비가 되지 않을 때 그 결합이 만족스럽지 못하다는 것

3 스키너(B. Skinner)의 조작적 조건형성설

몇 가지 장치(지렛대·먹이접시·전등)를 해둔 상자 속에 쥐를 넣고 관찰하고, 먹이는 쥐가 지렛대를 누를 때에만 주기로 한다. 쥐가 우연히 지렛대를 눌러 먹이가 나오자, 이후 동일한 행동을 되풀이 한다. 이러한 현상은 먹이가 행동을 반복시키는 보강물(reinforcement)의 역할을 하기 때문임을 확인할 수 있다. 그리하여 스키너는 인간도 어떤 행동을 반복하느냐의 여부는 이러한 보강물에 의해 결정된다고 주장한다.

1) 강화의 원리 : 어떤 행동의 발생빈도와 강도를 증가시키는 것
2) 자발적 회복의 원리
3) 변별의 원리
4) 소거의 원리
5) 조형의 원리

Plus note

THEME 55 O.J.T 및 OFF.J.T

1 O.J.T(on-the-job training)

1) 개요
① **직장 내에서의 종업원 교육 훈련방법**
② 피교육자(종업원)는 직무에 종사하면서 지도교육을 받게 됨

2) 특징
① 업무수행이 중단되는 일이 없음
② 지도자와 피교육자 사이에 친밀감을 조성
③ 시간의 낭비가 적음
④ 기업의 필요에 합치되는 교육훈련을 할 수 있음
⑤ 지도자의 높은 자질이 요구됨
⑥ 교육훈련 내용의 체계화가 어려움
⑦ 교육훈련대상은 비교적 하부조직의 직종

2 OFF.J.T(off-the-job training)

1) 개요
① O.J.T(on-the-job training)를 보다 효과적으로 하려는 목적에서 **직장 밖에서** 집합적으로 10명 내외 인원을 모아, 거의 정형적으로 실시하는 교육훈련
② 직장배치 전에 다른 장소에서 실시되는 직장 외 교육훈련

2) 특징
① 직무수행을 중단하고 훈련을 받음
② 외부 전문가를 강사로 초청하는 것이 가능

3) 훈련형태
① 외부 교육훈련기관에 위탁하는 것
② 기업 부설의 연수기관이나 양성소 등에서 집중적으로 실시하는 것
③ 정기 또는 부정기적으로 강연회 등을 개최하는 것

4) 훈련종류

① TWI(training within industry) : 기업 내 감독자에 대한 교육훈련
② MTP(management training program) : 관리자에 대한 교육훈련
③ CCS(civil communication section) : 경영자에 대한 교육훈련

THEME 56 TWI · MTP

1 TWI(training within industry)

1) 직장에서 제 일선 감독자에 대해서 감독능력을 발휘시키고, 조직원과의 인간관계를 개선하여 생산성을 높이기 위해 정형(定形)시키는 훈련방법
2) 현장 감독자(現場監督者) 훈련법의 하나이며, 교육시간은 10시간(1일 2시간 5일 교육)
3) 한 그룹에 10명 내외로 교육실시(토의법, 실연법 중심으로 수업 주도)
4) 훈련의 종류
   ① 작업지도훈련(JIT, Job Instruction training) : 작업을 가르치는 방법
   ② 작업방법훈련(JMT, Job Methods training) : 개선방법
   ③ 인간관계훈련(JRT, Job Relations training) : 사람을 다루는 방법
   ④ 작업안전훈련(JST, Job Safety training) : 안전작업의 실시방법
5) 훈련단계(산업안전대사전, 2004. 5. 10., 최상복)

훈련단계	훈련 내용
① 배울 준비를 시킨다.	작업을 기억하려는 의욕, 즉 학습자가 효과적인 학습을 하기 위해 필요한 경험이나 기초지식 · 신체적인 발달을 갖춘 상태를 환기시킴
② 작업을 설명한다.	작업 단계별로 설명하며 해 보이고 기록해 보인다.
③ 시켜 본다.	– 시켜보고 잘못된 것을 고쳐준다. 시키면서 급소를 말하게 한다. – 이해했는지 확인한다. – 상대가 잘 납득하기까지 계속한다.
④ 교육한 뒤를 확인한다.	– 독자적으로 작업을 하게 한다. – 질문하도록 조치하고 서서히 지도를 줄여간다.

2 MTP(management training program)(산업안전대사전, 2004. 5. 10., 최상복)

1) 개요
   ① 관리자 훈련계획이라고 지적되는 감독자훈련
   ② 회의를 주체로 한 훈련으로 1회의에 2시간의 20회의로 합계 40시간 소요

2) 훈련 내용

① 관리의 기본적인 사고방식
② 조직의 원칙
③ 조직의 검토
④ 직무할당의 개선
⑤ 작업의 방법개선
⑥ 작업의 수행기준
⑦ 계획
⑧ 지령
⑨ 통제
⑩ 조정
⑪ 직장회의
⑫ 작업훈련
⑬ 조직원의 육성
⑭ 조직원을 이해
⑮ 인사문제의 처리
⑯ 조직원과의 대화
⑰ 직장사기
⑱ 관리의 전개

Plus note

THEME 57　착시·착오·착각

1 안전사고와 관련된 인간의 심리적인 5대 요소

1) **동기** : 인간의 마음을 움직이는 원동력
2) **감정** : 인간의 희노애락
3) **기질** : 환경적 영향으로 인한 개인의 성격, 능력 등의 특성
4) **습성** : 동기 등의 성향이 인간의 행동에 영향을 미치는 것
5) **습관** : 부지불식간에 형성되는 특성

2 착각(대상이 특수한 조건하에서 통상의 경우와는 달리 지각되는 현상)

1) **유도운동(induced movement)**
   근처에 있는 다른 사물의 운동에 의해 야기되는 사물의 착각적 운동

2) **가현운동(apparent movement)**
   공간이 다른 위치에 두 개의 대상이 짧은 시간 간격으로 제시되면, 한쪽 대상에서 다른 대상으로의 운동.
   예 영화에서 화면이 움직이는 것처럼 보이게 하는 베타운동(β-movement)

3) **자유운동효과(autokinetic movement)**
   시각적 자극의 운동에 있어서의 환상.
   예 완전히 어두워진 방에서 정지되어 있는 아주 작은 불빛이 움직이는 것처럼 보임

3 착오(주관적 인식과 객관적 사실이 일치하지 않는 일)

1) 모양(형)의 착오
2) 패턴의 착오
3) 기억의 착오
4) 순서의 착오
5) 위치의 착오

4 착시(시각에 관해서 생기는 착각)의 종류 및 특징

Müller Lyer 착시	Poggendorf 착시	Sander 착시	Orbigon 착시
(a), (b)의 길이가 다르게 보임	(a)와 (b)가 실제 일직선	점선 길이 다르게 보임	내원이 찌그러져 보임
Ponzo 착시	Helmholz 착시	Zoller 착시	Köhler 착시
두 수평선 길이가 다르게 보임	(a)와 (b)가 다른 크기로 보임	세로선이 굽어 보임	직선이 굽어 보임

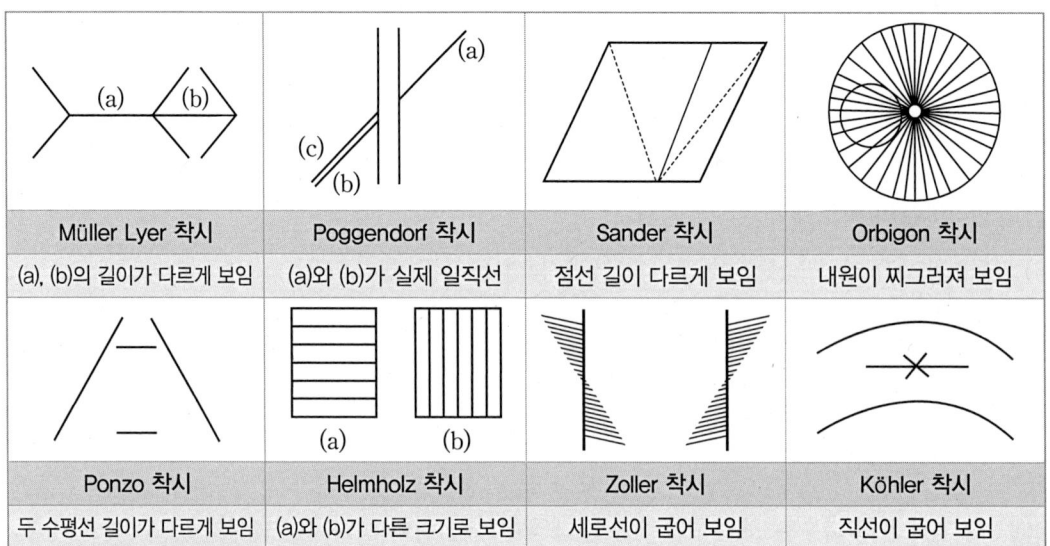

Plus note

THEME 58 산업심리

1 개요

산업활동 및 현장의 근로자의 심리적 특성과 연관 조직 간의 관련성을 연구하고 해결하려는 응용심리학으로 근로자의 선발 및 배치, 인간·노동 공학 및 안전관리학 등의 영역이 존재함.

2 산업심리검사의 구비조건

표준화	검사의 일관성 및 통일성, 검사자가 통제 받는 모든 조건 동일(검사시간 및 장소, 질문 등)
타당도	측정할 내용을 실제로 측정을 잘 하는지에 대한 여부 판별(구인타당도, 내용타당도)
객관도	측정내용에 대한 평가가 객관적인가에 대한 여부
실용도	검사를 하기 용이한 정도
신뢰도	검사를 동일한 사람에게 실시했을 때 일관성 있는 결과치에 대한 판별

3 테일러(Taylor)방식(과학적관리법)

1) 생산량의 극대화와 고품질을 달성함으로써 고용자와 노동자의 대립을 해결
2) 고임금, 저노무비의 원칙을 현실화하기 위한 관리방식
3) 과업을 중심으로 한 공장관리를 의미함
4) 생산능률을 향상시키기 위해 작업 과정에서 시간연구와 동작연구를 행하여 과업의 표준량을 정함
5) 작업량에 따라 임금을 지급함, 태업(怠業)을 방지, 생산성을 향상
6) 인간의 기계화 및 개인차 무시를 통한 폐해 발생
7) 반복적이고 단순한 업무에만 적정

4 포드(Ford)방식

1) 미국의 자동차 왕 헨리 포드가 실행한 경영관리방식
2) 3S운동을 전개(부품의 표준화, 제품의 단순화, 작업의 전문화)
3) 컨베이어 시스템에 의한 이동조립방법을 채택, 생산능률을 극대화

5 호손(Hawthorne)의 실험

1) 미국의 웨스턴 일렉트릭 회사의 호손 공장에서 행한 사회심리학 실험
2) 작업 능률은 물리적인 작업조건보다는 **인간관계**가 더 큰 요소로 작용함을 인지하게 됨

6 집단활동

1) 집단에서 발생하는 개인의 양상
   ① 고립
   ② 대립
   ③ 도피
   ④ 협력
   ⑤ 융합

2) 집단활동의 효과
   ① **시너지(상승)** 효과
   ② **동조**의 효과
   ③ **견물** 효과(자랑스럽게 생각함)

3) 인간관계유형
   ① 화합응집형
   ② 화합분산형
   ③ 대립분리형
   ④ 대립분산형

4) 집단행동의 양상
   ① 통제가 있는 집단행동 : 풍습, 예의, 유행 등
   ② 통제가 없는 집단행동 : **모브**(폭동, 합의성이 없는 감정행동), **심리적 전염**, **패닉**, **군중**
   ③ 집단 간의 갈등

7 직업적성

1) **기계적 적성** : 손, 팔, 공간감각, 기계적 이해
2) **사무적 적성** : 지능, 지각속도

3) 적성검사의 종류
① **시**각적 판단검사(형태비교 · 입체도판단 · 언어식별 · 평면도판단 · 명칭판단 · 공구판단 검사)
② **정**밀성 검사(**교환** · **회전** · **분해** · **조립** 검사)
③ **계**산의 의한 검사(**수학**응용 · **기록** · **계**산 검사)
④ **속**도에 의한 검사
⑤ **운동**능력검사
⑥ **직**무적성도 판단검사(설문지법, 색채법)
⑦ **안**전검사(건강진단 등)
⑧ **창**조성검사

4) 직무분석 : 특정 직무에 적합한지를 파악하는 직무 조사 활동
① 직무분석 방법 : **설**문지법, **면**접법, **관**찰법
② 정보 활용 : 인력배치, 경력개발, 교육 및 훈련, 인사

5) 직무평가 : 직무마다 임금수준을 결정하기 위한 직무 간의 상대적 가치 조사

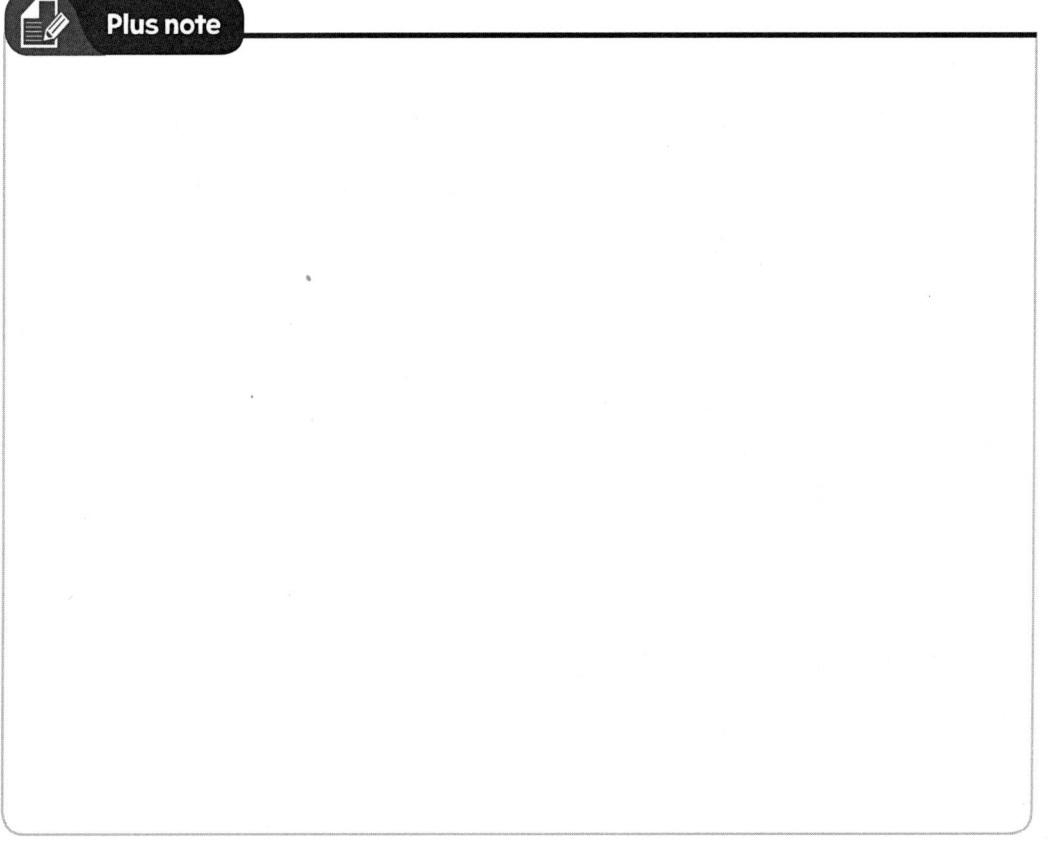

THEME 59 인간의 심리

1 레빈(Lewin. K)의 법칙

1) 인간의 행동은 당해 사람이 가진 자질을 의미함
2) 인간의 행동(B)는 개체(P)와 심리적 환경(E)과의 상호함수관계

> $$B = f(P \cdot E)$$
> B(Behavior) : 인간의 행동
> f(Function) : 함수관계
> P(Person) : 개체의 연령, 경험, 심신상태, 성격, 지능 등
> E(Environment) : 심리적 환경[인간관계, 작업환경(온도, 조명, 소음 등)]

2 인간의 심리

1) **간결성의 원리** : 최소한의 에너지를 소비해 빨리 가려는 행위
2) **주의의 일점집중현상** : 어떤 특정한 상황(돌발 상황 등)에서 멍한 상태
3) **억측판단**(산업안전대사전, 2004. 5. 10., 최상복)

  자기 멋대로 주관적(主觀的)인 판단이나 희망적(希望的)인 관찰에 근거를 두고 다분히 이래도 될 것이라는 것을 확인하지 않고 행동으로 옮기는 판단

 ① 억측판단의 자제 방안
  - 작업정보는 정확하게 전달되고 또 정확하게 입수
  - 과거 경험에 사로잡혀서 선입감을 가지고 판단하지 않음
  - 자신의 사정에 좋도록 희망적인 관측을 하지 않음
  - 항상 올바른 작업을 하도록 노력함
 ② 사례 : 방호장치를 해제하고 둥근톱으로 자재를 자르는 행위 등

3 인간의 의식 레벨의 단계별 신뢰성

단계	의식의 상태	신뢰성	의식의 작용
Phase 0	무의식	0	없음
Phase I	의식의 둔화	0.9 이하	부주의
Phase II	이완 상태	0.99~0.99999	마음이 안으로 향함, passive
Phase III	명료한 상태	0.99999 이상	전향적, active
Phase IV	과긴장 상태	0.9 이하	한 점에 집중, 판단정지

THEME 60 동기부여 이론

1 매슬로우(Maslow)의 욕구단계설

단계	욕구	내용
1	생리적 욕구	갈증, 배고픔, 배설, 성욕 등의 욕구
2	안전의 욕구	안전하려는 욕구
3	사회적 욕구	소속 및 애정에 대한 욕구
4	자기존중의 욕구(승인의 욕구)	자존심, 성취, 명예, 지위 등에 대한 욕구
5	자아실현의 욕구(성취의 욕구)	잠재능력을 실현하려는 욕구

2 맥그리거(D. McMgregor)의 X이론과 Y이론

1) X이론에 대한 가정

① 사람들은 원래 **일하기 싫어**하고, 일하는 것을 가능한 한 피하려 함
② 바람직한 목표를 이루기 위해서는 사람들을 **통제, 위협, 처벌 등이 필요함**
③ 사람들은 **책임을 회피**하고 공식적인 지시, 감독을 선호함
④ 사람들은 **명령 받기를 좋아**하며 안전을 바라는 인간관 지님
⑤ 사람들이 **도전적이지 못함**

2) Y이론에 대한 가정

① 사람들은 **일하는 것을 자연스럽게** 받아들임. 놀이나 휴식과 동일한 것으로 볼 수 있음
② 외적으로 들어나는 것보다 **많은 잠재력**을 소유
③ 사람들은 **의사결정 능력**을 가지고 있으며, **문제 해결 의지**를 소유함
④ 사람들은 **책임을 수용**하고 감수하려는 본성을 지님
⑤ 조직의 목표에 동의하는 경우 **자발적으로 목표 달성**을 위해 노력함

3 알더퍼(Alderfer)의 EGR이론

1) 개념

알더퍼(Alderfer)는 매슬로우(Maslow) 욕구단계설이 갖는 한계성에 대한 대안으로 5가지 욕구를 3가지로 구분

2) ERG 이론

① 생존욕구(Existence needs, E : existence)

- 다양한 형태의 물리적 · 생리적 욕구로, 인간의 생존을 위한 욕구
- 매슬로우(Maslow)의 생리적, 안전적 욕구와 동일
② 관계욕구(Relatedness needs, R : relatedness)
- 인간답게 살기위하여 타인(동료, 가족, 친구)과 관계를 유지하려는 욕구
- 매슬로우(Maslow)의 사회적 욕구와 동일
③ 성장욕구(Growth needs, G : growth)
- 개인적이며 창조적인 성장을 위한 개인의 노력과 관련된 욕구
- 잠재능력 개발과 관련된 욕구
- 매슬로우(Maslow)의 자아실현 욕구와 자기존경의 욕구와 동일

4 허즈버그(Herzberg)의 동기·위생이론

1) 개념
① 허즈버그(Herzberg)는 매슬로우(Maslow)의 욕구단계설에서 동기·위생이론을 개발
② 개인 내면에 존재하는 욕구에 중점을 두기보다는 작업 환경에 초점을 둠
③ 직무만족과 관련된 동기요인과 직무불만족과 관련된 위생요인으로 구분

2) 구분
① 동기요인
- 직무만족에 긍정적인 영향을 미쳐 개인의 생산 능력 증대를 가져오는 요인
- 작업 자체에서 나오는 내적 · 심리적인 것(성취, 책임감, 인정, 발전)
- 매슬로우(Maslow)의 자기존경의 욕구, 자아실현 욕구에 해당
② 위생요인(유지요인)
- 작업환경에 파생되는 외적이며 물리적인 것(임금, 대인관계, 작업 조건, 보상, 감독)
- 작업의 붕괴를 방지하고, 현 상태로 유지시켜주지만, 생산성 향상은 없음
- 매슬로우(Maslow)의 생리적 욕구, 안전의 욕구, 사회적 욕구에 해당

5 데이비스(K.Davis)의 동기부여 이론

1) 지식(K̇nowledge) × 기능(Ṡkill) = 능력(Ȧbility)
2) 능력(Ȧbility) × 동기유발(Ṁotivation) = 인간의 성과(human Ṗerformance)
3) 인간의 성과(human Ṗerformance) × 물질적 성과 = 경영의 성과
4) 상황(Ṡituation) × 태도(Ȧttitude) = 동기유발(Ṁotivation)

THEME 61 주의와 부주의

1 주의의 특성

1) **변동성** : 사람은 한 점에 지속적으로 주의를 집중할 수 없음
2) **선택성** : 사물을 기억하는 3단계를 거치면서 입력된 정보를 선택적으로 골라내는 것
   (감각보관 → 단기기억 → 장기기억)
3) **방향성** : 정보의 발생방향을 선택한 후 집중적인 정보 입력을 하는 것

2 부주의의 특성

1) **의식의 단절** : 지속적인 의식에서 단절 및 공백의 상태가 생기는 현상
2) **의식의 과잉** : 과대한 의욕으로 인하여 발생하는 현상
3) **의식의 우회** : 의식의 흐름 상태에서 벗어나는 현상(고민, 걱정 등)
4) **의식수준의 저하** : 육체적 · 심리적 피로 및 단순한 반복 작업 등으로 일어나는 현상

Plus note

생	각	을		스	케	치	하	다
세	상	을		스	케	치	하	다

북스케치

Part 3
인간공학 및 시스템안전공학

PART 03 인간공학 및 시스템안전공학

THEME 62 인간공학

1 인간공학 정의

인간의 정신적, 신체적 능력 등을 고려해 적합한 작업이 이루어지도록 하는 것으로, 설비 및 환경, 공정, 직무 등을 평가 및 디자인하는 것을 말한다. 이를 통해 작업자의 실수, 피로 등을 감소시켜 궁극적으로 불안전한 행동을 저감시켜 작업자의 작업능률 향상과 만족도, 안전을 보장하는 목적이 있다.

2 작업관리

작업을 표준화하고 생산작업을 효율적·합리적 개선하여 작업장을 안전하게 유지하는 것을 말하며, 이를 위해서 R(rearrange, 대체), E(eliminate, 제거), C(combine, 결합), S(simplify, 단순화)의 원칙을 적용한다. 작업자는 작업 시 **과도한 힘**을 들이지 않고 **자연스러운 자세**로 작업을 영위하고, 공구 및 작업대상물이 **손이 닿기 쉬운 곳**에 두며, 작업자 등의 **신체를 고려한 작업대**를 사용한다. 또한 충분한 **작업여유공간을 확보**하고, **반복동작**을 줄이며 **신체부위가 압박**되지 않도록 하여 **작업자의 피로 및 정적 부하**를 감소시킨다.

3 동작경제의 원칙

작업자 관련	작업장 관련
① 두 손 동작 같이 시작 및 완료	① 모든 공구 및 재료는 지정 위치에 있고, 공구 및 재료, 제어장치는 사용위치에 근접(작업동작이 원활한 위치)
② 양손 동시 휴식 금지(휴식시간 제외)	② 낙하식 운반법 지향
③ 두 팔 동작은 서로 반대방향 대칭적	③ 적합한 조명 환경 유지
④ 관성을 이용한 작업	④ 중력이송원리 이용(부품상장, 용기)
⑤ 갑작스런 손의 동작 및 직선동작 피함	⑤ 작업대 및 의자높이의 조정 용이
⑥ 눈의 초점이 모아지는 작업 배제	
⑦ 가능한 한 쉽고 자연스런 리듬의 작업동작 유도	

4 기본설계

직무분석, 작업설계, 기능할당 등 시스템의 형태를 형성하는 단계

구성요소	내용
신뢰성	변수 측정의 일관성 또는 안정성
설계성	정량적, 객관적, 수집용이
민감도	피검자 간에 예상되는 차이점에 비례하는 단위로 측정
타당성	변수가 실제로 의도하는 바를 측정하는지 여부 결정(시스템 목표 반영 정도)
순수성	외적 변수 영향 무관

5 인간과 기계 체계 비교

기능	인간	기계
감지	감각기관(시각·청각·미각·촉각·후각 등)	음파탐지기 등
정보저장	학습내용(뇌의 기억)	기록, 자료, 자기테이프 등
정보처리 (의사결정)	인간의 결정(심) 정보량 $(H, bit) = \log_2 n, \ n = \dfrac{1}{p}$	프로그램
행동	조정행위(작동·이동·변경 등), 통신행위(음성)	신호, 기록 등
비교	① 시·청·촉·후·미각의 미세한 감지 가능 ② 경험을 바탕으로 한 의사결정(상황판단) ③ 예치키 못한 상황 등 감지 ④ 주관적 추산 및 평가 ⑤ 귀납적 판단(관찰 기반)	① 반복적 작업 신뢰성 우수 ② 과부하 시 효율적 운영 ③ 정상적 감지범위 외 존재 자극 감지 ④ 암호화된 정보 처리 신속 및 대량 보관 가능 ⑤ 연역적 추리

6 계면설계

1) 인간의 특성을 고려
2) 시스템을 인간의 예상과 양립
3) 작업의 흐름으로 배치
4) 표시·제어 장치 중요성·사용빈도·순서·기능에 따라 배치

THEME 63 시각적 표시장치

1 인체의 눈

정상적 시계 200°, 색채 식별 범위 70°

홍채	빛의 양 조절(카메라의 조리개)
수정체	빛의 굴절을 통해 망막에 상이 맺히게 함(카메라 렌즈)
망막	상이 맺힘(실제 빛을 수용해 뇌로 전달하는 역할)
각막	빛이 통과하는 곳
맥락막	망막을 둘러싼 검은 막(어둠상자)
모양체	수정체 두께 조절하는 근육
시신경	망막으로부터 정보 전달하는 역할

2 시각과 시력

1) 시각(Visual Angle)

① 보는 물체에 대한 **눈의 대각**을 말한다.

② 시각(분) $= 60 \times \tan^{-1} \dfrac{L}{D} = L \times 57.3 \times \dfrac{60}{D}$

2) 시력 $= \dfrac{1}{시각}$

3) 디옵터(Diopter, 단위 D)

① 수정체의 초점 조절 능력(초점거리를 m으로 표시할 때 굴절률)

② 인체의 눈은 물체를 수정체의 0.017m(1.7cm) 뒤쪽에 있는 망막에 초점이 맺히도록 함

③ 렌즈의 굴절률(D) $= \dfrac{1}{단위의\ 초점거리(m)}$

④ 사람의 굴절률 $= \dfrac{1}{0.017} = 59D$

3 눈의 이상 및 순(조)응

원시	먼 거리 물체는 잘 보이나 가까운 물체는 보기 어려움(가까운 물체의 상이 망막 뒤에 맺힘)
근시	가까운 물체는 잘 보이나 먼 물체는 보기 어려움(먼 물체의 상이 망막 앞에 맺힘)
암순(조)응	약 5분 가량 원추세포의 순응단계를 거쳐 약 30~35분 정도 소요되는 간상세포의 순응단계(완전 암순응)가 발생
명순(조)응	시각계통이 어두운 상태에서 밝은 곳으로 갑자기 나왔을 때 강한 빛으로 인해 잠시 보이지 않다가 1~2분 뒤 사물을 판단 가능

4 관련 용어

조도	물체의 표면에 도달하는 빛의 밀도
	① Lux
	   - 1촉광의 광원으로부터 1m 이격된 구면에 비추는 빛의 밀도
	② Foot Candle(fc)
	   - 1촉광의 점광원으로부터 1foot 이격된 구면에 비추는 빛의 밀도
	③ 조도(lux) = $\dfrac{광속(lumen)}{거리(m)^2}$

광도	단위면적당 표면에서 반사되는 빛의 양 Lambert(L), foot-Lambert, nit(cd/m²)
휘도	빛이 어떤 물체에서 반사되어 나오는 양
휘광	휘도가 높을 경우, 휘도 대비가 클 경우 발생하는 눈부심
명도 대비	$\dfrac{L_b(배경의\ 광도) - L_t(표적의\ 광도)}{L_b(배경의\ 광도)} \times 100$

5 청각적·시각적 표시장치 비교

청각적 표시장치	시각적 표시장치
① 메시지 · 경고 간단함	① 메시지 · 경고 복잡함
② 메시지 · 경고 짧음	② 메시지 · 경고 긺
③ 메시지 · 경고 재참조 불가	③ 메시지 · 경고 재참조 가능
④ 메시지 · 경고 시간적 사상을 요구	④ 메시지 · 경고 공간적 위치 중요
⑤ 수신자 즉각적인 행동을 요구하는 경우	⑤ 수신자 즉각적인 행동 요구하지 않음
⑥ 수신자가 직무 시 움직임이 많을 경우	⑥ 수신자가 직무 시 움직임이 거의 없는 경우
⑦ 수신 장소가 암조응 유지를 요하거나 매우 밝은 경우	⑦ 수신 장소가 소음 발생이 큰 경우
⑧ 수신자의 시각 계통이 과부하인 경우	⑧ 수신자의 청각 계통이 과부하인 경우

THEME 64 　청각적 표시장치

1 일반사항

1) 음파의 진동수(주파수)

① 소리굽쇠가 진동함에 따라 주변 공기 입자의 움직임이 증가·감소

② 초당 사이클(cycle) 수, Hz(herz) 또는 CPS(cycle/s)

2) 음의 강도

① 단위면적당(Watt/㎡), 로그(log) 사용(음의 강도 범위가 크다)

② SPL(dB) = $10\log\left(\dfrac{P_1^2}{P_0^2}\right)$, P_1 : 측정하려는 음압, P_0 : 기준음압(20μN/m²)

③ PWL(음력레벨) = $10\log\left(\dfrac{P}{P_0}\right)$dB, P : 음력(Watt), P_0 : 기준의 음력 10^{-12}Watt

3) 음량

① phon
- 정량적 평가를 위한 음량 수준 척도
- 1,000Hz 순음의 음압수준(dB)

② sone
- 40dB의 1,000Hz 순음 크기(1sone)
- 기준음보다 10배 크게 들리는 음(10sone)
- sone치 = $2^{(phon치 - 40)/10}$

4) Masking(은폐)효과

음의 한 성분이 타 성분으로 인한 귀 감수성을 저하시키는 현상

예 음악 소리로 인해 대화 소리가 들리지 않는 상황

2 청각적 표시장치의 적용성

1) 조명 등의 요인으로 시각적 표현이 곤란한 경우
2) 수신자가 정보 획득 시 즉각적인 행동을 요구하는 경우
3) 신호음 자체가 음일 경우
4) 전화 등의 모든 음성통신 경로가 사용되는 경우
5) 항로정보 등 연속적 변화 정보를 제시하는 경우

THEME 65 웨버(Weber)의 법칙

1 웨버(Weber)의 법칙

1) 웨버(Weber)비가 작을수록 사람의 분별력은 증가한다.
2) 웨버(Weber)비 $= \dfrac{\Delta I}{I}$, ΔI : 변화감지역, I : 기준자극의 크기
3) 웨버(Weber)비

감각	미각	후각	청각	무게	시각
웨버(Weber)비	1/3	1/4	1/10	1/50	1/60

2 인체의 피부 감각점 분포량 크기 순서

통점(아픔을 느끼는 감각) > **압**점(압박·충격) > **냉**점 > **온**점

3 인체의 감각기관 자극 반응속도

청각 > **촉**각 > **시**각 > **미**각 > **통**각

Plus note

THEME 66 표시장치

1 정량적 표시장치

1) 형태별 분류

① 동침형

원형 눈금, 반원형 눈금, 수직·평 눈금 등 고정되어 있는 눈금에 **지침(pointer)이 이동**하여 측정값을 나타내는 것

② 동목형

동침형과 반대로 원형 눈금, 개창형, 수직·평 눈금 등이 이동되며 **지침(pointer)이 고정**되어 있는 것으로 작은 계기판에 모든 값의 범위를 나타내기 어려운 경우 적용되나, 값을 빠르게 읽어야 하는 작업장에서는 사용이 곤란하다.

③ 계수형

눈금에 지침 위치를 추정할 필요가 없고, 시각적 피로 발생이 적어 수치(값)를 정확히 읽어내야 하는 경우에 적용한다.

2 정성적 표시장치

연속적으로 변하는 변수(온도, 압력, 속도 등)의 변화 추세 및 대략적 값을 파악하는 데 적용되는 것으로, 주로 표시되는 값이 정상인지 아닌지 판단함. 예 소화기 게이지 표시창

3 묘사적 표시장치

1) 항공기 이동표시

지평선 이동형(일반적 형태)	지평선 이동, 항공기 고정
항공기 이동형	지평선 고정, 항공기 이동
빈도 분리형	지평선 이동형과 항공기 이동형의 혼합

4 상태 표시기

정적 표시	시간의 경과, 변화 등에 따라 변화가 없는 것 예 그래프, 도표, 간판 등
동적 표시	시간 등 다양한 현상의 변수 등에 따라 변화가 있는 것 예 기압계, 고도계, 온도계, 속도계 등

5 문자-숫자 표시장치

1) 판단기준
식별성, **판**독성, **가**시성

2) 문자-숫자 표시

획폭비	- 문자·숫자 높이에 대한 획의 굵기 비율 - 흑색 바탕(1 : 13.3), 백색 바탕(1 : 8)
종횡비	- 문자·숫자의 폭에 대한 높이 비율 - 문자(1 : 1), 숫자(3 : 5)
크기	$1 point(pt) = 0.35mm, \frac{1}{72}in$

3) 광삼현상
① 백색 문자가 흑색 바탕 배경색으로 인해 문자가 번져 보이는 현상
② 흑색 바탕에 백색 문자는 가늘게 표시되어야 함

6 암호·부호·기호 표시

임의적	산업안전표지(금지, 경고, 지시, 안내 표지의 형태-원형, 사각형)
추상적	기본 개념과 유사하게 전달하고자하는 메시지를 도식적으로 표현
묘사적	도로표지판(보행 신호), 유해화학물질 표지(해골, 뼈) 등

7 경보등 및 신호 장치

배경 광	- 배경의 불빛이 신호등과 유사할 경우 식별이 어려움 - 배경 광이 점멸(네온사인 등)할 경우 신호등의 점멸신호의 기능 상실
광원	- 광원 크기가 작을수록 광속발산도가 크도록 함 - 광원 크기가 작을수록 시각이 작음
점멸 속도	- 점멸 융합주파수(≒ 30Hz)보다 작도록 함 - 3~10회/sec의 점멸속도의 지속시간은 0.05초 이상
색광	- 반응시간이 빠른 순서(적색-녹색-황색-백색) - 명도의 크기 순서(백색-황색-녹색-등색-자색-청색-흑색)

THEME 67 휴먼에러(Human Error)

1 인간실수(Human Error)의 분류

1) 심리적 분류

① **실행**(작위적, 선택 · 순서 · 시간착오) 에러 : 작업 또는 절차 수행 시 잘못한 것
② **과잉행동** 에러 : 불필요한 절차 또는 작업으로 인한 것
③ **순서** 에러 : 작업 순서를 잘못한 것
④ **시간** 에러 : 주어진 시간 내에 작업을 수행하지 못한 것
⑤ **생략**(누락) 에러 : 작업 또는 절차의 미수행으로 인해 발생한 것

2) 인간의 행동과정에 따른 분류

① **정보처리** 에러 : 정보처리 시 절차의 착오
② **의사결정** 에러 : 의사결정 시 착오
③ **피드백** 에러 : 인간 제어의 착오
④ **출력** 에러 : 신체 반응의 착오
⑤ **입력** 에러 : 지각이나 감각의 착오

3) 정보처리 과정에 따른 분류

① 인지확인 오류
② 기억(판단) 오류
③ 조작(동작) 오류

4) 인간 오류 모형

① **건망증**(lapse) : 기억의 실패 또는 연계적 행위 중 일부 잊어버림으로써 발생하는 것
② **위반**(violation) : 규칙을 고의적으로 지키지 않거나 무시하는 것
③ **착오**(mistake) : 상황을 잘못 해석하거나 목표를 잘못 이해하여 착각하는 것
④ **실수**(slip) : 상황 또는 목표의 해석 및 이해는 적합하였으나 그 행위가 다른 것

2 인간실수 확률(HEP, Human Error Probability)

1) 특정 직무에서 하나의 착오가 발생할 수 있는 확률

2) $\text{HEP} = \dfrac{\text{인간 실수의 수}}{\text{실수 발생의 전체 기회 수}}$

3) 인간의 신뢰도(R) $= (1-\text{HEP}) = 1-P$

2 휴먼에러 예방기법

1) 휴먼에러 배후 요인(4M) 파악 및 제거

① **Man**(인간) : 미숙련자의 불안전한 행동, 작업자세 및 동작의 결함, 개인보호구 미착용 등
② **Machine**(기계) : 방호장치 불량, 비상시 안전연동장치 또는 경고장치의 결함 등
③ **Media**(작업매체) : 작업장 상태 불량, 산소결핍 및 소음 · 진동 등
④ **Management**(관리) : 안전관리 조직 및 계획 결함, 교육 및 훈련 부족 등

2) 휴먼에러 대책

① **안전설계**(Fail safe design)
- 사용자가 휴먼에러 발생 시 안전장치를 통해 사고 예방
- 중복설계 적용(시스템 설계 시 병렬체계로 설계하거나 대기체계로 함)

② **보호설계**(Preventive design, Fool proof design)
- 정신적 · 신체적 조건이 상대적으로 불리한 사용자일지라도 사고 발생확률을 낮춘다는 뜻
- 사용자의 조작 등의 실수가 있더라도 사고 등의 피해를 끼치지 않도록 한다는 설계 개념
- 청소세제의 뚜껑 등의 제작 시 설계 적용

③ **배타설계**(Exclusion design)
- 설계 시 제작 및 사용에 적용되는 모든 재료 및 기계 등에 휴먼에러 요소를 근원적으로 제거하고자 하는 설계 개념
- 유아용품(장난감, 놀이기구) 등 제작 시 설계 적용

THEME 68 인체계측 및 제어장치

1 산업인간공학의 의의

1) 인력의 이용률 및 생산성 향상
2) 생산 및 정비유지의 경제성 함양
3) 작업자의 수용도 향상 및 훈련비용 절감
4) 사고 및 오용으로 인한 손실 감소

2 인체 계측

인체측정방법	구조적 인체 치수	① 표준(정지)자세 측정 ② 설계의 표준 치수 결정 ③ 마틴측정기, 실루엣 사진기 이용하여 측정
	기능적 인체 치수	① 인체의 동작 자세 측정 ② 인간의 동작 자세를 통한 기준 설정 ③ 아르티스트로브, VTR, 사이클그래프 이용
인체 계측 응용 원칙	조절범위	개인마다 작업에 적합하도록 조절식 적용(의자 등)
	최대·최소 치수	인체의 상위·하위 백분위 수 적용
	평균치 기준	평균치를 적용하여 설계 반영(싱크대, 작업대 높이 등)

3 신체 역학

구분	내용	
팔 다리	① 외전(신체의 중심선으로부터 멀리 떨어지게 하는 행위, 두 팔 옆들기 등) ② 내전(신체의 중심선으로 오는 행위, 옆으로 들었던 두 팔을 내리기 등)	
팔꿈치	① 굴곡(관절의 각도가 감소하는 행위, 팔 굽히기) ② 신전(관절의 각도가 증가하는 행위, 팔 펴기)	
손	① 상향(손바닥을 위로 향하는 행위) ② 하향(손바닥을 아래로 향하는 행위)	〈수공구 설계 시 유의사항〉 손목은 곧게, 손바닥의 접촉면적 크게, 반복동작×, 모든 손가락 사용
발	① 외선(신체의 중심으로부터의 회전) ② 내선(신체의 중심으로 회전)	

4 신체 반응 측정

측정 요소	내용
작업종류	정적근력(근전도), 동적근력(호흡량), 신경적(맥박수), 심적(플리커값)
산소소비량	더글러스백 이용한 배기가스 수집
심장활동	심박수(75회/분), 심장주기(확장기 0.5초, 수축기 0.3초), 심전도

5 제어장치의 기능과 유형

구분	내용
양을 조절하는 제어	페달, 핸들, 노브, 크랭크
반응에 의한 제어	감각 또는 신호에 의한 통제, 자동경보장치
개폐에 의한 제어	push button, foot push, toggle switch, rotary switch

6 제어장치의 코드화(식별)

1) 구별의 용이성을 향상(식별의 혼동을 최소화하기 위함)
2) **종류** : 형상, 크기, 위치, 촉감, 라벨, 색깔, 조작방법 등을 이용해 코드화함

7 통제(제어)표시

1) **통제비의 3요소**

　① 조절시간　② 시각감지시간　③ 통제기기 주행시간

2) **최적의 C/D비(1.18~2.42)**

　① C/D비가 증가할수록 조정시간이 급격하게 감소 후 안정
　② C/D비가 증가할수록 이동시간이 급격하게 증가 후 안정
　③ C/D비가 증가할수록 이동시간이 길고 조정이 쉬움
　④ C/D비가 감소할수록 이동시간이 짧고 조정이 어렵고 조정장치가 민감함

통제표시비(선형조정장치)	조종구의 통제비
$\dfrac{C}{D} = \dfrac{\text{통제기기의 변위량}}{\text{표시계기지침의 변위량}}$	$\dfrac{C}{D} = \dfrac{\left(\dfrac{a}{360}\right) \times 2\pi L}{\text{표시계기지침의 이동거리}}$ a : 조종장치가 움직인 각도 L : 지레의 길이(반경)

3) 설계 시 통제(제어)표시 고려요소

① 조절시간이 짧게 소요되는 크기로 계기를 설계할 것
② 목시거리(눈과 계기표 시간과의 거리)가 짧도록 할 것
③ 조작시간이 짧도록 할 것(조작시간이 지연되면 통제비가 큼)
④ 공차의 인정범위를 초과하지 않도록 할 것
⑤ 방향성이 양호할 것

4) 사정효과

① 육안으로 보지 않고 수평면상에서 손을 움직여 조작하는 경우 짧은 거리는 지나치고, 긴 거리는 못 미치는 현상
② 수평면상의 조작자는 큰 오차에 과소반응, 작은 오차에 과잉반응함

8 양립성

1) 공간적 양립성

① 조작자의 기대와 공간적 구성이 일치하는 것(조작장치와 표시장치의 위치가 상호 연관)
② 오른쪽 버튼을 누르면 오른쪽 등이 점등되는 등의 행위

2) 운동적 양립성

① 조작자의 기대와 조정기의 움직임이 일치하는 것
② 차량의 핸들을 오른쪽으로 돌리면 오른쪽으로 움직이는 등의 행위

3) 개념적 양립성

① 조작자의 개념이 코드나 상징과 일치하는 것
② 수도 밸브의 색깔(적색은 온수, 청색은 냉수)

9 에너지 대사율(R.M.R, Relative Metabolic Rate)

$R.M.R = \dfrac{운동\ 시\ 산소\ 소모량 - 안정\ 시\ 산소\ 소모량}{기초대사량}$	0~1 초경작업　　1~2 경작업　　2~4 보통(중)작업 4~7 중량작업　　7~ 초중량작업

10 휴식시간 산정

$휴식시간(분) = \dfrac{60(E-5)}{E-1.5}$	- 60분 기준 - E : 작업의 평균에너지(kcal/min) - 에너지 값의 상한 : 5kcal/min

THEME 69 작업 자세 및 공간

1 부품배치의 원칙

1) 중요성의 원칙
2) 사용빈도의 원칙
3) 기능별 배치의 원칙
4) 사용 순서의 원칙

2 작업공간

1) 용어

① 작업공간 포락면 : 작업자가 앉아서 작업활동을 영위하는 공간
② 파악한계 : 좌식 작업자가 해당 과업을 용이하게 수행할 수 있는 작업공간의 외곽한계
③ 정상 작업영역(34~45cm) : 상완(위팔)을 수직으로 늘어뜨린 상태에서 전완(아래팔)을 뻗어 편안하게 작업할 수 있는 영역
④ 최대 작업영역(55~65cm) : 상완(위팔)과 전완(아래팔)을 곧게 펴서 작업할 수 있는 영역

2) 작업대 높이

① 작업대의 높이는 상완(위팔)을 편하게 늘어뜨리고 전완(아래팔)은 약간 아래 또는 수평으로 유지하는 것이 바람직함
② 작업대는 정밀한 작업일 경우 약간 높게 하고 거친 작업일 경우 약간 낮게 설계
③ 높이 조절이 가능한 의자 적용
④ 작업대의 하부 여유 공간은 대퇴부가 큰 사람이 움직이는데 자유롭도록 할 것
⑤ 입식 작업대의 높이는 정밀작업일 경우 팔꿈치 높이보다 5~10cm 높게 설계하고, 일반작업일 경우 팔꿈치 높이보다 5~10cm 낮게 설계할 것(단, 중작업일 경우 팔꿈치 높이보다 10~20cm 낮게 설계)

3) 작업공간 설계 시 고려사항

① 사용 순서에 따른 부품 배치
② 사용 빈도에 따른 부품 배치
③ 일관성 있는 배치
④ 팔꿈치 높이 및 수행과업에 따른 작업면 높이 결정 및 조정

⑤ 높이 조절이 가능한 의자 배치
⑥ 입식 근로자를 위한 피로예방 바닥매트 적용

4) 의자 설계 시 고려사항

① 작업자 체중이 골반 뼈에 실리도록 하여 몸통의 안정을 취하도록 할 것(체중분포 안정)
② 의자 좌판의 높이는 좌판 앞부분이 오금높이보다 높지 않게 설계할 것
③ 의자 좌판의 폭은 큰 사람에 맞도록 하고, 의자 좌판의 길이는 대퇴를 압박하지 않도록 작은 사람에 맞도록 설계할 것

Plus note

THEME 70 근골격계 질환

(산업안전보건기준에 관한 규칙, 개정 2024. 6. 28.)

1 용어 정의

1) **근골격계 부담작업** : 작업량·작업속도·작업강도 및 작업장 구조 등에 따라 고용노동부장관이 정하여 고시하는 작업

2) **근골격계 질환** : 반복적인 동작, 부적절한 작업자세, 무리한 힘의 사용, 날카로운 면과의 신체접촉, 진동 및 온도 등의 요인에 의하여 발생하는 건강장해로서 목, 어깨, 허리, 팔·다리의 신경·근육 및 그 주변 신체조직 등에 나타나는 질환

3) **근골격계 질환 예방관리 프로그램** : 유해요인 조사, 작업환경 개선, 의학적 관리, 교육·훈련, 평가에 관한 사항 등이 포함된 근골격계 질환을 예방관리하기 위한 종합적인 계획

2 유해요인 조사

(1) 유해요인 조사(제657조)

① 사업주는 근로자가 근골격계 부담작업을 하는 경우에 3년마다 다음 각 호의 사항에 대한 유해요인 조사를 하여야 한다. 다만, 신설되는 사업장의 경우에는 신설일부터 1년 이내에 최초의 유해요인 조사를 하여야 한다.
  1. 설비·작업공정·작업량·작업속도 등 작업장 상황
  2. 작업시간·작업자세·작업방법 등 작업조건
  3. 작업과 관련된 근골격계 질환 징후와 증상 유무 등

② 사업주는 다음 각 호의 어느 하나에 해당하는 사유가 발생하였을 경우에 제1항에도 불구하고 1개월 이내에 조사대상 및 조사방법 등을 검토하여 유해요인 조사를 해야 한다. 다만, 제1호에 해당하는 경우로서 해당 근골격계질환에 대하여 최근 1년 이내에 유해요인 조사를 하고 그 결과를 반영하여 제659조에 따른 작업환경 개선에 필요한 조치를 한 경우는 제외한다.
〈개정 2017. 3. 3., 2024. 6. 28.〉
  1. 법에 따른 임시건강진단 등에서 근골격계 질환자가 발생하였거나 근로자가 근골격계 질환으로 「산업재해보상보험법 시행령」 별표 3 제2호 가목·마목 및 제12호 라목에 따라 업무상 질병으로 인정받은 경우(근골격계부담작업이 아닌 작업에서 근골격계질환자가 발생하였거나 근골격계부담작업이 아닌 작업에서 발생한 근골격계질환에 대해 업무상 질병으로 인정받은 경우를 포함한다)
  2. 근골격계 부담작업에 해당하는 새로운 작업·설비를 도입한 경우
  3. 근골격계 부담작업에 해당하는 업무의 양과 작업공정 등 작업환경을 변경한 경우

③ 사업주는 유해요인 조사에 근로자 대표 또는 해당 작업 근로자를 참여시켜야 한다.

(2) 유해요인 조사 방법 등(제658조)

사업주는 유해요인 조사를 하는 경우에 근로자와의 면담, 증상 설문조사, 인간공학적 측면을 고려한 조사 등 적절한 방법으로 하여야 한다. 이 경우 제657조 제2항 제1호에 해당하는 경우에는 고용노동부장관이 정하여 고시하는 방법에 따라야 한다. 〈개정 2017. 12. 28.〉

3 작업환경 개선

사업주는 유해요인 조사 결과 근골격계 질환이 발생할 우려가 있는 경우에 인간공학적으로 설계된 인력작업 보조설비 및 편의설비를 설치하는 등 작업환경 개선에 필요한 조치를 하여야 한다.

4 유해성의 주지

① 사업주는 근로자가 근골격계 부담작업을 하는 경우에 다음 각 호의 사항을 근로자에게 알려야 한다.
  1. 근골격계 부담작업의 유해요인
  2. 근골격계 질환의 징후와 증상
  3. 근골격계 질환 발생 시의 대처요령
  4. 올바른 작업자세와 작업도구, 작업시설의 올바른 사용방법
  5. 그 밖에 근골격계 질환 예방에 필요한 사항
② 사업주는 제657조 제1항과 제2항에 따른 유해요인 조사 및 그 결과, 제658조에 따른 조사방법 등을 해당 근로자에게 알려야 한다.
③ 사업주는 근로자 대표의 요구가 있으면 설명회를 개최하여 제657조 제2항 제1호에 따른 유해요인 조사 결과를 해당 근로자와 같은 방법으로 작업하는 근로자에게 알려야 한다. 〈신설 2017. 12. 28.〉

5 근골격계 질환 예방관리 프로그램 시행

① 사업주는 다음 각 호의 어느 하나에 해당하는 경우에 근골격계 질환 예방관리 프로그램을 수립하여 시행하여야 한다. 〈개정 2017. 3. 3.〉
  1. 근골격계 질환으로 「산업재해보상보험법 시행령」 별표 3 제2호 가목·마목 및 제12호 라목에 따라 업무상 질병으로 인정받은 근로자가 연간 10명 이상 발생한 사업장 또는 5명 이상 발생한 사업장으로서 발생 비율이 그 사업장 근로자 수의 10퍼센트 이상인 경우
  2. 근골격계 질환 예방과 관련하여 노사 간 이견(異見)이 지속되는 사업장으로서 고용노동부장관이 필요하다고 인정하여 근골격계 질환 예방관리 프로그램을 수립하여 시행할 것을 명령한 경우
② 사업주는 근골격계 질환 예방관리 프로그램을 작성·시행할 경우에 노사협의를 거쳐야 한다.
③ 사업주는 근골격계 질환 예방관리 프로그램을 작성·시행할 경우에 인간공학·산업의학·산업위생·산업간호 등 분야별 전문가로부터 필요한 지도·조언을 받을 수 있다.

6 작업유해요인 분석평가방법

1) OWAS(Ovako Working posture Analysis System)
① Karhu(1977), 철강업에 종사하는 근로자의 부적절한 작업자세를 정의 및 평가하기 위해 개발한 작업자세 평가기법
② 작업자의 모습을 비디오로 촬영한 후 근로자의 작업자세를 자세기준에 따라 육안으로 분석
③ 현장 활용성이 높은 분석기법이나 세밀한 분석이 어렵고 정성적 분석만 가능

2) RULA(Rapid Upper Limb Assessment)
① McAtamney, Corlett(1993), 근골격계 질환의 관련 위험인자에 대한 개인 작업자의 노출정도를 평가하기 위한 목적으로 개발
② 팔목, 손목, 목, 어깨 등 상지(Upper Limb)에 주안점을 두어 작업부하를 평가
③ 근육 피로에 영향을 주는 인자, 정적 또는 반복적인 작업, 힘의 크기 등 근육부하 평가

THEME 71 작업환경

1 빛 환경

구분	내용		
조명의 결정요소	① 수행과업의 형태 ③ 작업 진행 속도 및 정확도	② 작업시간 및 작업조건 ④ 내재된 작업의 위험정도	
인공조명 설계	① 광색은 주광색에 가까울 것 ③ 화재위험성 및 폭발이 없을 것 ⑤ 전면조명방식(균일한 빛 분포)	② 해당 작업에 충분한 조도를 확보할 것 ④ 경제적이고 취급이 용이할 것 ⑥ 유해가스 발생하지 않을 것	
조도 (fc, lux)	① 어떤 표면 또는 물체에 도달하는 빛의 밀도	② 조도(lux) $= \dfrac{광속(lumen)}{거리(m)^2}$	
조도기준	〈산업안전보건기준에 관한 규칙〉		
	작업의 종류	조도(lux)	
	초정밀작업	750 이상	
	정밀작업	300 이상	
	보통작업	150 이상	
	기타작업	75 이상	
광도	광원의 크기		
광속발산도	① 단위면적당 방출 또는 반사되는 빛의 양 ② 단위 : mL, fL, L(lambert)		
대비	① 표적에서의 광속발산도와 배경에서의 광속발산도의 차이 ② 대비 $= \dfrac{배경의\ 광속발산도 - 표적의\ 광속발산도}{배경의\ 광속발산도} \times 100$		
소요조명(fc)	소요조명 $= \dfrac{소요광산발산도(fL)}{반사율(\%)} \times 100$		
반사율(%)	① 단위면적당 방출 또는 반사되는 빛의 양 ② 반사율(%) $= \dfrac{광도(fL)}{조도(fC)} \times 100 = \dfrac{cd/m^2}{lux} = \dfrac{광속발산도}{소요조명} \times 100$ ③ 천장(80~90%) > 벽(40~60%) > 가구(25~45%) > 바닥(20~40%)		
휘도	광원의 단위면적당 밝기의 정도, cd/m^2		
휘광(눈부심)	① 발생원인(휘도가 높거나 휘도대비가 클 경우 발생) 　- 광원을 오래 바라보는 경우, 광원과 배경 사이의 휘도대비가 큰 경우, 눈에 들어오는 광속이 많을 경우, 순응이 안 되는 경우 ② 처리방법 　- 광원의 휘도↓, 광원의 수↑, 광도비↓(휘광원 주위 밝게) 　- 시선에서 광원을 멀리 위치시킴, 차양·가리개 등 사용		
영상표시단말기 (VDT)를 위한 조명	① 조명수준 : VDT 조명은 300~500 lux ② 광도비 : 화면 : 극 인접 주변(1 : 3), 화면 : 화면에서 먼 주위(1 : 10) ③ 화면 밝기와 작업대 주변 밝기 차를 줄임		

2 음 환경

구분	내용		
소음	① 가청주파수(20~20,000Hz), 유해주파수(4,000Hz) ② Sound Masking : 강도가 큰 음에 묻혀 약한 소리가 들리지 않는 현상		
소음기준 〈산업안전보건 기준에 관한 규칙〉	구분	소음기준	
	소음작업	1일 8시간 작업기준으로 85dB 이상의 소음이 발생하는 작업	
	강렬한 소음작업	90dB 이상의 소음이 1일 8시간 이상 발생하는 작업	
		95dB 이상의 소음이 1일 4시간 이상 발생하는 작업	
		100dB 이상의 소음이 1일 2시간 이상 발생하는 작업	
		105dB 이상의 소음이 1일 1시간 이상 발생하는 작업	
		110dB 이상의 소음이 1일 30분 이상 발생하는 작업	
		115dB 이상의 소음이 1일 15분 이상 발생하는 작업	
	충격 소음작업	120dB 초과하는 소음이 1일 1만회 이상 발생하는 작업	
		130dB 초과하는 소음이 1일 1천회 이상 발생하는 작업	
		140dB 초과하는 소음이 1일 1백회 이상 발생하는 작업	
청력손실	① 진동수↑ 청력손실↑(4,000Hz)에서 크게 나타남 ② 노출 소음 수준에 따라 청력손실 증가		
소음 방지	① 소음원의 통제 및 격리　　　　② 적절한 배치 ③ 음향처리제 적용　　　　　　　④ 흡음재료 및 차폐장치 적용		

3 기타 환경

구분	내용
열균형	열축적(S) = 대사열(M) − 증발(E) ± 복사(R) ± 대류(C) − 한일(W)
열압박지수	열압박지수(HSI) = $\dfrac{요구되는\ 증발량(E_{req})}{최대증발량(E\max)} \times 100$
열손실률	① 열손실률(R) = $\dfrac{증발에너지(Q)}{증발시간(t,\ sec)}$ ② 37.5℃에서 물 1g을 증발 시 필요한 에너지는 575.5cal/g(2,410J/g)
옥스퍼드 (습건)지수	$W_D = 0.85W(습구온도) + 0.15d(건구온도)$
불쾌지수	① 불쾌지수 = 섭씨(습구온도+건구온도) × 0.72 ± 40.6℃ ② 불쾌지수 = 화씨(습구온도+건구온도) × 0.4 + 15℉ ※ 불쾌지수 : 80↑(100% 불쾌감), 75(50% 불쾌감), 70↓(쾌적)
감각온도 허용한계	사무작업(15.6~18.3℃), 경작업(12.8~15.6℃), 중작업(10~12.8℃)
온열요소	온도, 습도(25~50%), 복사열, 기류

THEME 72 · 시스템 위험 분석기법

1 시스템 위험성의 분류

범주	내용
Category I 무시(Negligible)	인원 손상 또는 시스템 성능 기능 손상 없음
Category II 한계(Marginal)	인원 상해 또는 시스템 중대한 손상 없이 제거 가능
Category III 위험(Critical)	인원 상해 또는 주요 시스템 생존위해 시정조치 필요
Category IV 파국(Catastrophic)	인원 상망 또는 중상, 시스템 완전 손상

2 시스템 위험 분석기법

1) F.M.E.A(Failure Mode and Effect Analysis), 귀납적·정성적

① 정의

모든 고장요소를 형별로 분석하여 해당 고장에 미치는 영향을 분석하는 기법

② 특징
- 서식 간단, 적은 노력으로 분석 가능
- 동시 2개의 고장일 경우 분석 어려움, 논리성 부족, 인적 원인 분석 어려움

③ 위험성 분류 표시

범주	내용
Category I	인명 또는 임무 상실
Category II	수행 작업 실패
Category III	활동 지연
Category IV	영향 없음

④ 고장 영향 분류

영향	발생확률
실제 손실	$\beta = 1.00$
예상 손실	$0.10 < \beta < 1.00$
가능 손실	$0 < \beta < 0.10$
영향 없음	$\beta = 0$

⑤ 분석 순서

단계	내용
1단계 (해당 시스템 분석)	- 시스템의 구성·기능 확인 - 기본방침 수립 - 분석단계 결정 - 기능별·신뢰성 블록도 작성
2단계 (고장 형태 및 영향 해석)	- 고장 형태 예측 및 결정 - 고장 형태 예측 원인 나열 - 상위 단계 고장 영향 확인 - 고장 등급 평가
3단계 (치명도 해석 및 개선방안 검토)	- 치명도 해석 - 해석 결과 및 설계 개선 확인
4단계 (고장 등급 결정)	- Ⅰ등급(인명손실 및 임무수행 불가) : 설계변경 필요 - Ⅱ등급(중대부분 임무 불가) : 설계 재검토 필요 - Ⅲ등급(일부 임부 불가) : 설계 변경 불필요 - Ⅳ등급(해당 사항 없음) : 설계 변경 불필요 ※ 고장 평점법 $C = (C_1 \times C_2 \times C_3 \times C_4 \times C_5)^{\frac{1}{5}}$ C_1 : 기능적 고장 영향의 중요도 C_2 : 영향을 받는 시스템의 범위 C_3 : 고장발생 빈도 C_4 : 고장예방 가능성 C_5 : 신규 설계 정도

2) P.H.A(Preliminary Hazards Analysis), 정성적

① 시스템 내의 위험상태 정도를 평가

② 시스템 안전프로그램 최초 분석 단계 방식으로 사용

③ 위험등급

Ⅰ등급	Ⅱ등급	Ⅲ등급	Ⅳ등급
파국	중대	한계	무시 가능

3) F.H.A(Fault Hazards Analysis)

① 분담하여 설계한 보조시스템 간의 인터페이스를 조절해 각 보조시스템과 메인시스템에 악영향을 미치지 않게 분석하는 기법

② 작성사항
- 환경요인, 위험수준 및 위험관리, 위험을 받을 수 있는 2차 요인
- 구성요소 명칭 및 위험방식, 시스템 작동 방식, 메인시스템 및 보조시스템의 위험영향

4) C.A(Criticality Analysis), 정량적·귀납적

① 위험도를 발생시키는 요소 또는 고장 형태 분석기법

② 주로 항공기 안전성 평가에 사용(부품 고장률, 사용시간비율, 보정계수, 운용형태 등)

5) E.T.A(Event Tree Analysis), 정량적·귀납적

① D.T(Decision Tree, 정량적·귀납적, 요소의 신뢰도를 이용해 시스템의 신뢰도를 나타냄)에서 변형
② 설비의 제작·심사·설계·검사 등의 대책 과정의 성공여부를 확인

6) T.H.E.R.P(Technique of Human Error Rate Prediction)

① 인간의 기본 과오율을 평가하는 확률론적 안전기법
② 100만 운전시간당 과오도수를 기본 과오율로 산정

7) O&SHA(Operation and Support Hazard Analysis)

① 운영 및 지원 위험해석 기법
② 시스템 전 단계에 사용되는 인적·물적(생산·보전·시험·저장 등에 사용되는 인원 설비, 순서, 인원) 위험성을 평가하고 안전요건 결정

8) M.O.R.T(Management Oversight and Risk Tree)

① 미국의 W.G Johnson에 의해 개발된 것으로 원자력 산업에 이용함
② F.T.A에 동일한 논리기법을 이용해 설계·생산 등에 안전성 확보를 위한 기법

9) S.S.P.P(System Safety Program Plan)

① 시스템 안전요건에 일치시키기 위해 계획된 안전업무를 기재하는 기법
② 작성사항
 - 시스템 계획 개요, 계약조건, 타 관련부문과의 조정사항
 - 안전조직, 안전기준, 안전해석, 안전성 평가, 안전데이터 수집 및 분석, 결과분석 등

10) H.A.Z.O.P(Hazard and Operability Study)

① 위험 및 운전성 검토, 체계적으로 공정이나 설계도를 비판적으로 검토하여 잠재된 위험 또는 기능저하로 인해 모든 시설에 미칠 수 있는 영향을 평가
② 평가 순서
 목적 범위 결정 > 검토 팀 선정 > 검토 준비 > 검토 > 후속조치 및 결과 기록
③ 용어

용어	내용
No, Not	설계 의도의 완전한 부정
Reverse	설계 의도의 논리적인 역
As well as	성질상의 증가와 동시에 발생
More, Less	압력, 온도 등의 양의 증가 또는 감소
Other than	완전한 대체
Part of	일부 변경

THEME 73 결함수 분석법(F.T.A, Fault Tree Analysis)

1 일반사항

1) 미국 벨 연구소 H.A.Watson(1962)에 의해 개발, 미사일 발사사고 예측 활용
2) 연역적(top down 방식), 정성적, 정량적으로 시스템의 고장을 논리게이트를 통해 분석
3) 서식이 간단하여 비전문가도 사용 가능(시간·노력 절감)
4) 논리기호를 통한 특정사상 해석
5) 사고원인 규명의 간편화 및 정량화
6) 사고원인 분석의 일반화
7) 시스템 결함 진단 및 안전점검 체크리스트 작성

2 F.T.A 실행 순서

1) 시스템 분석(파악)
2) 정상사상 선정
3) FT도 작성 및 단순화
4) 정량적 평가
5) 종결

3 F.T.A에 의한 재해사례 연구 순서

1) TOP사상 선정
2) 각 사상마다 재해원인 규명
3) FT도 작성
4) 개선계획 작성

4 Cut set, Path Set, Minimal Cut set, Minimal Path Set

Cut	모든 기본사상이 일어날 때 정상사상을 일으키는 기본사상의 집합
Cut set	– 정상사상을 발생하게 하는 기본사상의 집합 – 포함된 모든 기본사상이 발생할 경우 정상사상을 발생시킴
Path Set	– 처음으로 정상사상이 발생하지 않는 기본사상의 집합 – 포함된 모든 기본사상이 발생하지 않을 경우에 발생
Minimal Cut set	– 정상사상을 일으키기기 위한 최소한의 컷 – 시스템 고장을 일으키는 최소한의 요인 집합
Minimal Path Set	시스템을 살리는데 필요한 최소한의 요인 집합

5 확률사상 계산법

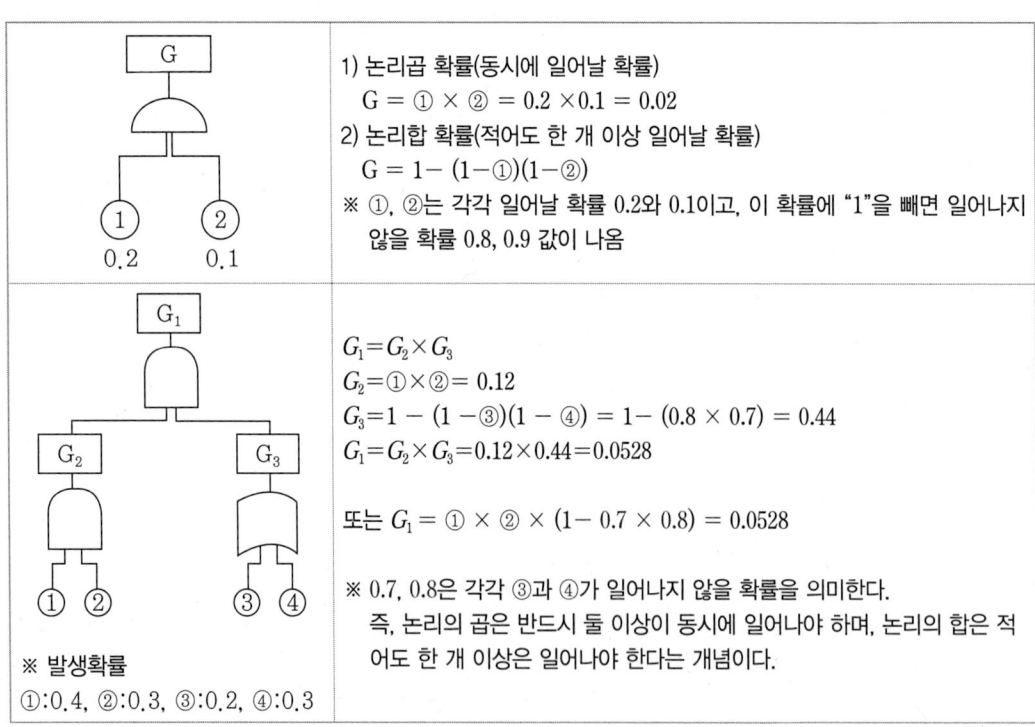

1) 논리곱 확률(동시에 일어날 확률)
   $G = ① \times ② = 0.2 \times 0.1 = 0.02$
2) 논리합 확률(적어도 한 개 이상 일어날 확률)
   $G = 1 - (1-①)(1-②)$
※ ①, ②는 각각 일어날 확률 0.2와 0.1이고, 이 확률에 "1"을 빼면 일어나지 않을 확률 0.8, 0.9 값이 나옴

$G_1 = G_2 \times G_3$
$G_2 = ① \times ② = 0.12$
$G_3 = 1 - (1-③)(1-④) = 1 - (0.8 \times 0.7) = 0.44$
$G_1 = G_2 \times G_3 = 0.12 \times 0.44 = 0.0528$

또는 $G_1 = ① \times ② \times (1 - 0.7 \times 0.8) = 0.0528$

※ 0.7, 0.8은 각각 ③과 ④가 일어나지 않을 확률을 의미한다.
즉, 논리의 곱은 반드시 둘 이상이 동시에 일어나야 하며, 논리의 합은 적어도 한 개 이상은 일어나야 한다는 개념이다.

※ 발생확률
①:0.4, ②:0.3, ③:0.2, ④:0.3

6 Minimal Cut set 계산법

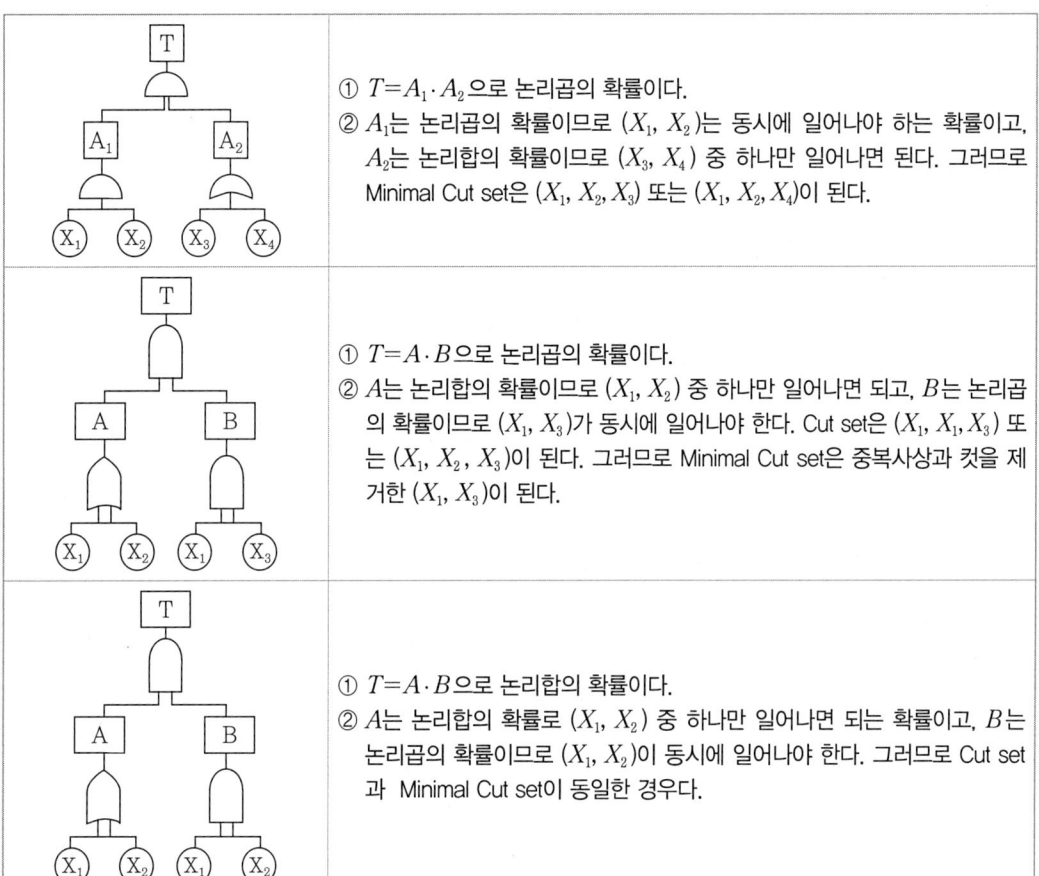

① $T = A_1 \cdot A_2$ 으로 논리곱의 확률이다.
② A_1는 논리곱의 확률이므로 (X_1, X_2)는 동시에 일어나야 하는 확률이고, A_2는 논리합의 확률이므로 (X_3, X_4) 중 하나만 일어나면 된다. 그러므로 Minimal Cut set은 (X_1, X_2, X_3) 또는 (X_1, X_2, X_4)이 된다.

① $T = A \cdot B$ 으로 논리곱의 확률이다.
② A는 논리합의 확률이므로 (X_1, X_2) 중 하나만 일어나면 되고, B는 논리곱의 확률이므로 (X_1, X_3)가 동시에 일어나야 한다. Cut set은 (X_1, X_1, X_3) 또는 (X_1, X_2, X_3)이 된다. 그러므로 Minimal Cut set은 중복사상과 컷을 제거한 (X_1, X_3)이 된다.

① $T = A \cdot B$ 으로 논리합의 확률이다.
② A는 논리합의 확률로 (X_1, X_2) 중 하나만 일어나면 되는 확률이고, B는 논리곱의 확률이므로 (X_1, X_2)이 동시에 일어나야 한다. 그러므로 Cut set과 Minimal Cut set이 동일한 경우다.

7 논리 및 사상기호

번호	기호	명칭	내용
1	○	기본사상 (사상기호)	전개가 더 이상 되지 않는 기본사상
2	○(점선)	기본사상 (사상기호)	인간의 실수
3	◇	생략사상 (최후사상)	해석기술 부족, 정보 부족으로 더 이상 전개할 수 없는 사상
4	⌂	통상사상 (사상기호)	통상적으로 발생이 예상되는 사상
5	▭	결함사상 (사상기호)	개별적 결함사상

번호	기호	명칭	설명
6	(IN) (OUT)	전이기호	– 삼각형의 정상선은 정보 전입 의미 – 삼각형의 옆의 선은 정보 전출 의미 – 이행 또는 연결을 나타냄
7	출력/입력	AND게이트 (논리기호)	모든 입력사상이 공존할 경우 출력사상 발생
8	Ai Aj Ak 순으로	우선 AND게이트	입력사상 중 어떤 현상이 다른 현상보다 우선 발생하는 경우 출력사상 발생
9	Ai, Aj, Ak / Ai Aj Ak	조합 AND게이트	입력현상 3개 이상일 경우 2개가 발생하면 출력현상 발생
10	위험지속기간	위험지속 AND게이트	입력현상이 발생하여 일정기간 지속될 경우 출력현상 발생
11	출력/입력	OR게이트 (논리기호)	입력사상 중 어느 하나가 존재 시 출력사상 발생
12	동시발생 안한다	배타적 OR게이트	동시에 2개 이상의 입력이 발생 시 출력현상 발생하지 않음
13	입력 — 출력	수정 게이트	입력사상에 대해 게이트로 나타내는 조건상에서 만족하는 경우 출력사상 발생
14	A̅	부정(NOT) 게이트	입력현상의 반대현상 출력(부정 모디파이어)
15	출력/조건/입력	억제 게이트 (논리기호)	입력사상 중 어떤 것이나 이 게이트로 나타내는 조건에 만족하는 경우 출력사상 발생(조건부 확률)

THEME 74 안전성 평가

1 안정성 평가 단계

1) 1단계(관계자료의 정비검토)

공정 개요, 입지조건, 화학설비 배치도, 공정계통도, 안전설비 종류 및 설치 장소 등

2) 2단계(정성적 평가)

안전 확보를 위한 기본자료 검토(설계 및 운전관계)

3) 3단계(정량적 평가)

① 재해 가능성이 높거나 중복성 재해에 대한 위험도 평가
② 평가항목(온도, 압력, 물질, 용량, 조작)
③ 위험등급 I (합산점수 16점 이상), 위험등급 II (합산접수 11~15점), 위험등급 III (10점 이하)

4) 4단계(설비적·관리(인적)적 안전대책)

5) 5단계(재해정보를 통한 재평가)

6) F.T.A를 통한 재평가(위험등급 I에 해당하는 화학설비)

2 안전성 평가 종류 및 기법

안전성 평가 종류	안전성 평가 기법
① Safety Assessment	① F.T.A(결함수 분석법)
② Risk Assessment	② F.M.E.A(고장형태와 영향분석법)
③ Technology Assessment	③ Layout 검토법(위험예측평가)
④ Human Assessment	④ Check List 법

THEME 75 설비 유지·관리

1 설비 일반

1) 보전의 종류

① 사후보전 : 고장이 발생한 후 시스템을 원래대로 되돌리는 것
② 예방보전 : 설비를 정상 또는 양호한 상태로 유지하는 것
③ 개량보전 : 설비 고장 후 부품 개선 또는 설계 변경 등으로 설비 수명 연장 등을 하는 것
④ 일상보전 : 설비의 수명을 연장하기 위해 청소, 주유, 교체, 점검 등을 하는 것

2) 고장률의 종류

① 감소형(초기고장) : 생산 시 품질관리 불량 또는 제조 불량으로 인해 발생하는 고장
　- 디버깅 기간 : 결함을 찾고 고장률을 안정시키는 기간
　- 번인 기간 : 장시간 움직여 고장 난 것을 제거하는 기간
② 증가형(마모고장) : 설비 등이 수명을 다해 발생하는 고장
③ 일정형(우발고장) : 설비 사용 중 예상할 수 없이 발생하는 고장

3) Lock system의 종류

① Interlock System : 기계에 설치하거나 인간과 기계 사이에 설치하는 안전장치
② Intralock System : 인간 내면에 불완전 요소를 통제하는 장치
③ Translock System : Interlock System과 Intralock System 사이에서 통제

2 신뢰도 및 고장률

1) 부품 또는 시스템에 주어진 운용조건상에서 의도하는 사용시간 중에 해당 시스템의 목적에 부합(만족)하게 작동하는 확률

2) 기계의 신뢰도

$$R = e^{-\lambda t} = e^{\frac{-t}{t_0}}$$

λ : 고장률, t : 가동시간, t_0 : 평균수명

※ 1시간 가동 시 고장발생확률이 0.004일 경우
- 평균고장간격(MTBF) = $\dfrac{1}{\lambda} = \dfrac{1}{0.004} = 250hr$
- 신뢰도 $R(t) = e^{-\lambda t} = e^{-0.004 \times 10} = e^{-0.04}$ (10시간 가동 시)
- 고장발생확률 $F(t) = 1 - R(t)$

3) 평균고장간격(MTBF)

① 부품 또는 시스템상의 고장 간의 동작시간 평균치

② $MTBF = \dfrac{1}{\lambda} \cdot \lambda(\text{평균고장률}) = \dfrac{\text{고장건수}}{\text{총 가동시간}}$

③ $MTBF = MTTF(\text{평균고장시간}) + MTTR(\text{평균수리시간})$

4) 평균수리시간(MTTR)

① 사후보전에 필요한 수리시간의 평균치

② $MTTR = \dfrac{\text{총 수리시간}}{\text{해당기간 수리 횟수}}$

5) 평균고장시간(MTTF)

① 부품 또는 시스템상에서 고장 나기까지 동작시간 평균치(평균수명)

② 직렬계 시스템 수명 : $\dfrac{MTTF}{n} = \dfrac{1}{\lambda}$

③ 병렬계 시스템 수명 : $MTTF(1 + \dfrac{1}{2} + \dfrac{1}{3} + \cdots\cdots + \dfrac{1}{n})$, n : 직렬 또는 병렬계의 요소

6) 가용도(이용률)

① 시스템이 일정 기간 동안 고장을 일으키지 않고 가동될 확률

② 가용도 $= \dfrac{MTTF}{MTTF+MTTR} = \dfrac{MTBF}{MBTF+MTTR} = \dfrac{MTTF}{MTBF}$

③ 가용도 $= \dfrac{\mu(\text{평균수리율})}{\lambda(\text{평균고장률})+\mu(\text{평균수리율})}$

3 Fail-safe & Fool proof

1) 부품 또는 기계 고장, 기능불량이 발생하여도 안전을 유지하는 것

2) 기계의 오작동 또는 인간의 과오가 발생하더라도 2중, 3중으로 안전장치 설치

3) 종류 및 분류

Fail-safe의 종류	Fail-safe의 기능적 분류
- 하중 경감 구조 - 다경로 하중 구조 - 중복 구조 - 교대 구조	- Fail passive(자동감지) : 고장 시 정지 - Fail active(자동제어) : 짧은 시간만 운전 - Fail operational : 보수 전까지 운전 가능

4) Fool proof

작업자가 기계 취급을 잘못하여도 사고로 연결되지 않는 것(휴먼에러 방지)

생각을 스케치하다
세상을 스케치하다

북스케치

Part 4
건설시공학

PART 04 건설시공학

THEME 76 건설시공 총론

1 건설 관계자

구분	내용
건축주 (발주자)	건물에 대한 소유권을 가지고 있으며, 공사에 사용되는 제반비용(공사대금)에 대한 지급의무가 있는 자
설계자	건축물에 관한 설계도서를 작성하는 자로서, 일정 자격 요건을 갖춘 자, 건축사, 구조기술사 등
시공자	건축물에 관한 설계도서를 기본으로 하여 건설에 필요한 모든 조건을 검토하여 설계도서에 적합하게 실체물(건축물)을 구현하는 자, 흔히 건축물 시공하는 공사업무를 담당하는 자를 일컬으며, 하도급자도 포함
(공사) 감리자	설계도서에 따라 시공자가 적합하고 효율적으로 공사를 진행하는지를 확인하는 자로, 설계도면과 시방서에 따라 시공되는지 확인 감독
도급자	도급자는 원도급자와 하도급자로 분류하며, 원도급자는 건축주(발주자)와 직접 도급계약을 체결한 자를 말하며, 하도급자는 건축주(발주자)와 관계가 없으며 원도급자와 도급공사의 일부 공사를 수행하기 위해 계약한 시공자
노무자	원도급자에게 직접 고용이 되어 근무하는 노무자를 직용노무자(근로자)라고 하며, 하도급자 등에게 고용되어 근무하는 노무자를 정용노무자라고 한다. 대개 직용노무자는 공사 미숙련자가 많으며, 정용노무자는 공사 숙련자들로 구성되어 있다. 이외 임시(일용) 노무자가 있으며, 미숙련자와 숙련자로 혼재

2 시공관리 주요 관리기법

1) E.C(Engineering Constructor)

과거의 단순한 시공업과 비교하여, 건설사업의 발굴 및 기획, 설계, 시공, 유지관리에 이르기까지 사업 전반에 관한 내용을 종합하고 기획·관리하는 업무영역의 확대를 일컫는다. 설계, Engineering, 시공, 조달 등의 사업 전반의 범위를 하나의 영역으로 설정하는 것이다. 이를 통해 효율적 공사관리를 도모한다. E.C화는 건설수요가 다양화되고 복잡화됨에 따라 높은 기술력과 공법을 요구한다. 최근 건설공사의 대형화와 건축물의 초고층화로 인해 신공법 및 기술력의 요구가 커지고 있으며, 품질저하와 하자에 대한 철저한 품질관리가 수반되어야 한다. E.C화 (Engineering Construction)는 건설사업의 공정·품질·원가·안전·환경 관리의 시스템화를 통해 국내·외 건설시장의 기술력 제공에 기여한다.

E.C화(Engineering Constructor)							
software				hardware	software		
consulting		Engineering		Construction			
프로젝트 발굴계획	기획	타당성 분석	기본 설계	실시 설계	시공(생산)	시운전	인도	운영

2) C.M(Construction Management)

건축시공(건설) 전 과정에서 당해 건설사업을 보다 효과적, 효율적으로 진행하기 위해 건설 분야 각 부문 전문가들이 참여하여 건설기술 및 관리를 발주자(건축주)에게 제공하는 시스템을 말한다. 설계단계에서부터 원가절감 및 공기단축을 획득할 수 있는 설계를 구현하고 통합적 시스템을 가동하여 체계적인 관리가 가능한 관리기법이다.

시행주체에 따른 분류	① 설계자에 의한 방식 ② 종합건설회사에 의한 방식 ③ CM전문회사에 의한 방식 ④ 부동산 관련업자에 의한 방식

3) V.E(Value Engineering, 가치공학)

비용에 대해 기능의 정도를 구현하여 가치판단을 하는 관리기법으로, 비용을 절감하거나 기능을 향상시키는 데 사용된다. 최근 공공건축물 및 국가기반사업 분야에서 V.E의 적극적인 활용으로 건설 전 작업과정에서 최소의 비용으로 최대의 기능을 획득하는 데 많은 노력을 쏟고 있다. 이를 통해 해당 공사의 공기 및 품질, 안전 등에 필요한 기능을 분석하여 원가절감 요소를 찾아내어 최상의 품질을 얻고자 하는 개선활동으로 이해하면 된다.

$$V.E(Value\ Engineering) = \frac{Function(기능)}{Cost(비용)}$$

V.E(Value Engineering)의 적용대상	① 수량이 많고 반복 효과가 큰 것 ② 공사의 개선 효과가 큰 것 ③ 공사비의 절감 효과가 큰 것 ④ 원가절감 효과가 큰 것 ⑤ 하자가 빈번한 것

4) L.C.C(Life Cycle Cost, 생애주기비용)

건축물의 기획 및 계획, 설계, 시공, 유지관리, 해체에 이르는 건축물의 생애 전 과정에 투입되는 제비용을 합한 것이다. L.C.C는 건축물의 유지관리 측면에서 볼 때, 건축물의 기획, 계획, 설계, 시공의 합리성이 큰 영향을 미친다. 건축물의 유지 및 관리, 해체단계로 이어지는 일련의 과정으로 종합적인 관리차원의 전체 비용(total cost)으로 경제성을 평가한다.

5) S.E(System Engineering)

건축물의 생애주기를 고려하여 발주자의 요구사항을 만족하는 당해 건축물을 성공적으로 시공하기 위한 체계적인 기술적 활동이다. 공법을 최적화하는 과정으로 시공의 시스템화를 구현하고, 이를 시뮬레이션(simulation)하는 과정을 통해 결과를 창출하고 이후 피드백(feed back) 및 검토하는 과정을 거친다.

6) I.E(Industrial Engineering)

예산 및 원가관리, 생산기술, 경영관리방식, 경영조직 등 경영상의 모든 문제의 합리화를 공학적인 수법을 사용하여 추진하는 것이다.

7) Q.C(Quality Control)

과학적으로 품질을 관리하는 방법으로 원자재로 제작된 제품의 품질이 변동되는 원인을 통계 분석해서 평균치 또는 경향을 찾아내고 각 제품의 품질에 나타나는 변동원인의 조사필요성 여부를 검증, 미비점을 보완하고 품질을 개선하는 관리기법이다.

8) B.I.M(Building Information Modeling)

3차원 정보모델을 기반으로 시설물의 생애주기에 걸쳐 발생하는 모든 정보를 통합하여 활용이 가능하도록 시설물의 형상, 속성 등을 정보로 표현한 디지털 모형을 말한다. B.I.M 활용으로 2차원 도면 환경에서는 달성하기 어려웠던 기획, 설계, 시공, 유지관리 단계의 사업정보 통합관리를 통해, 설계 품질 및 생산성 향상, 시공오차 최소화, 체계적 유지관리 등이 가능하다.

9) L.C(Lean Construction, 린 건설)

린 건설은 린(Lean)과 건설(Construction)의 합성어로서 '낭비를 최소화하는 가장 효율적인 건설 생산 시스템'을 의미한다. 린 건설은 사업 관리 방식의 새로운 개념으로 낭비(waste)를 제거하는 원리이다. 가치를 창출하지 않는(non value adding) 모든 활동을 낭비로 규정한다.

10) P.M(Project Management)

프로젝트를 수행하는 동안 자원의 효율성을 꾀하고, 발생 가능한 많은 문제를 해결하는 체계적 관리를 말하며, 업무영역관리, 공정관리, 품질관리, 원가관리, 계약 및 구매관리, 인사관리, 정보관리, 리스크 관리 등의 기능을 가진다.

11) Computer system화

① I.B(Intelligent Building)

건축물의 쾌적한 실내환경과 업무의 능률향상 및 효율성을 증대시키는 최첨단 기술이 집약된 건축물을 말하며, 이는 B.A(building automation), O.A(office automation), T.C(tele communication)를 기반으로 한다. 전자정보 통신의 획기적인 발전과 통신 산업의 자동화가 이끌어낸 산물로 기업의 생산활동 향상을 고취시킨다.

② P.I.M.S(Project Management Information Modeling)

신속한 정보수집을 위한 데이터 통신망을 설치하여, 건설현장의 세부 정보와 본사의 경영 전반에 걸친 정보를 단계적으로 수집 및 체계적인 분류를 통해, 모든 정보를 데이터화 함으로써 각 공정 및 프로젝트 운영에 대한 본사 차원의 지원 및 통제가 가능하도록 한 시스템을 말한다.

③ C.A.L.S(Computer Aided Logistic Support)

건설산업의 기획, 계약, 설계, 시공 및 유지관리 등 생산활동의 전 과정을 발주기관, 건설업체들과의 컴퓨터 전산망을 통해 공유 및 교환하는 통합정보시스템을 말한다. 이 시스템을 통해 견적 및 인·허가에 소요되는 시간이 단축되고, 원거리에서도 감리가 가능하며, 현장 계측 결과를 공유할 수 있다.

Plus note

THEME 77 공사방식에 의한 분류

1. 직영공사(Direct management)		
2. 도급공사	공사실시 방식	① 일식도급(General Contract, 일괄도급) ② 분할도급(Patial Contract) ③ 공사별 도급(Seperate Contract)
	공사대금 지급방식	① 단가도급(Unit price Contract) ② 정액도급(Lump sum Contract)
3. 실비정산식도급 (Cost plus Fee Contract)		① 실비 정산 비율 보수가산식 계약 　(Cost plus a percentage Contract) ② 실비 정산 정액 보수가산식 계약 　(Cost plus a fixed fee Contract) ③ 실비 한정 비율 보수가산식 계약 　(Cost plus a percentage with guaranted limit Contract) ④ 실비 정산 준동률 보수가산식 계약 　(Cost plus a sliding scale contract)
4. 공동도급 (Joint Venture)		① 공동 이행 방식 ② 분담 이행 방식 ③ 주계약자 관리 방식
5. 공사(사업) 업무범위에 따른 계약방식		1) 사회간접자본(Social Overhead Capital) 시설방식 　① B.T.O(Build-Transfer-Operate, 건설·양도 후 운영) 　② B.O.O(Build-Own-Operate, 건설·소유 운영) 　③ B.O.T(Build-Operate-Transfer, 건설·운영 후 양도) 　④ B.L.T(Build-Lease-Transfer, 건설·리스 후 양도) 　⑤ B.T.L(Build-Transfer-Lease, 건설·양도 후 리스) 　⑥ ROT(Rehabilitate-Operate-Transfer, 시설 정비 후 운영권 위탁) 　⑦ ROO(Rehabilitate-Own-Operate, 시설 정비 후 소유권 인정) 2) 턴키(Turn-key) 방식 3) 파트너링(Partnering) 4) 프로젝트(Project) 관리 방식

THEME 78 주요 공사방식

1 직영공사(Direct management)

직영공사란 발주자가 공사에 필요한 재료 및 자재를 구매한 후 공사관계자 등의 작업자를 직접 고용하여 시공하는 방식을 말한다. 직영공사는 전문화된 도급업자의 분업으로 인해 점점 자취를 감추게 되고 현재는 소규모 공사일 경우 제한적으로 적용되는 방식이나, 단순한 공사에 적용하고 있다. 건축주가 직접 건설에 대해 공사계획을 수립하고 자재 및 재료를 구입, 노무자 채용, 시공기계 및 일체의 가설재를 준비하여 건축주 책임하에 시행하는 공사방식이다.

1) 비영리에 적합한 프로젝트로 확실성 있는 공사에 적합
2) 별도의 계약 조건이 없으므로 공사관리의 임기응변적 대처 용이
3) 계약 등의 업무처리로 인한 시간 절약 및 절차 간소화
4) 공사비 증대, 자재 및 재료 낭비, 건설기계·기구의 비경제적 사용 및 관리
5) 공사기간의 연장, 건설기술자의 기술력 및 자질 등의 검증이 어려움

2 도급공사

1) 일식도급(General Contract, 일괄도급)

공사(사업) 전체를 하나의 도급자에게 전부 위임 및 계약하여 공정·품질·원가·안전관리 등을 시행하도록 하는 공사방식이다. 건축주(발주자)는 설계도서를 기반으로 시공의 진행여부를 확인하고, 공사 작업에 관한 지도 및 감리를 시행하는 방식이다. 일식도급인 경우 설계도서의 목적 및 취지에 적합하게 시공되지 않을 경우가 다수 발생하므로 건축주의 세밀한 현장 및 시공관리가 필요하다. 또한 설계도서의 명확화, 현장관리의 표준화를 통해 발주자의 요구에 부합하는 사업이 성취되도록 관리시스템이 필요하다.

① 공사관리가 용이함
② 공사비가 확정되어있고, 공사비의 절감의 효과가 있음
③ 공사에 관한 공사관계자의 책임한계가 분명함
④ 건축주(발주자)의 의견이 반영되기 어려움

2) 분할도급(Patial Contract)

분할도급은 당해 사업(Project) 공사를 공종 등으로 세분화하여 관련 도급업자를 선정해 발주하여 계약하는 방식이다.

① 공구별 분할도급

대규모 공사에서 주로 채용하는 것으로, 지역별로 공사를 분리 발주한다. 주로 지하철, 터널, 교량, 도로 등의 대규모 토목공사에서 채용하는 도급방식이다. 도급업자에게 균등한 기회를 부여하며, 도급업자 상호 간의 선의의 경쟁을 통해 공사기간 단축 및 시공 기술의 향상으로 높은 사업 성과를 기대할 수 있다.

② 공정별 분할도급

공사를 과정별로 도급하는 방식으로, 구체공사, 마무리공사 등이 있다. 설계가 완료되지 않은 상태에서 완료된 부분만 분리 발주가 가능하며, 확보된 예산만큼만 공정 시행 시 유리한 도급방식이다.

③ 공종별 분할도급

공사 종목별로 구분하여 도급을 하는 방식으로 직영공사와 유사한 방식이다. 건축주(발주자)와 도급업자의 의사소통이 원활하나, 공사관리에 어려운 점이 있다.

④ 전문공종별 분할도급

⑤ 직종별, 공종별 분할도급

3 단가도급(Unit price Contract)

사업 전체의 공사금액을 구성하는 공사 물량 및 단위 공사의 단가만을 정하여 공사 완료 시에 실투입 수량을 계산하여 정산하는 도급방식이다. 공사 진행이 원활하게 수행되는 장점이 있으나, 총 공사금액이 증대될 우려가 있다. 공사를 긴급히 시행하거나 전체 공사금액을 확정하기 어려운 사업이 시행된다. 또한, 공사관계자의 자재 및 노무비 절감에 대한 의욕이 적어, 공사비의 비대화를 초래할 잠재적 위험요소를 가진다.

4 정액도급(Lump sum Contract)

사업 실시 이전에 총공사금액을 결정 후 공사를 시행하는 도급방식이다. 공사관리업무가 용이하며, 도급업자는 자금 및 공사계획 수립에 편리성을 확보할 수 있으며, 공사원가절감에 대한 노력을 기대할 수 있다. 이에 반해 공사변경에 따른 도급금액 증액이 어려우며, 부실공사가 발생할 우려가 있다. 설계변경 등으로 인한 공사비 증액에 대한 난조로 인해 법적 다툼의 소지가 있다.

5 실비 정산식 도급(Cost plus Fee Contract)

1) 실비 정산 비율 보수가산식 계약(Cost plus a percentage Contract)

공사의 진척도에 따라 확정된 시점에 실비와 사전에 계약된 비율을 곱한 보수로 공사업자에게 지불하는 방식

2) 실비 정산 정액 보수가산식 계약(Cost plus a fixed fee Contract)
사전에 정해진 일정액의 보수만을 지불하는 방식

3) 실비 한정 비율 보수가산식 계약(Cost plus a percentage with guaranted limit Contract)
실비의 상한선을 두고 공사업자에게 지급하는 방식

4) 실비 정산 준동률 보수가산식 계약(Cost plus a sliding scale contract)
실비를 단계별로 구분하여 공사금액이 각 단계의 금액 이상일 경우 비율보수 또는 정액보수로 체감하는 방식

6 공동도급(Joint Venture)

공동도급이란 대규모 공사일 경우 다수의 건설업체가 하나의 공동출자 기업체를 조직한 다음, 한 회사의 입장에서 공사를 수급하여 시공을 행하는 도급방식이다. 공동출자하여 연대책임을 지게 되며, 사업을 완료한 후 해체하게 되는 방식을 가진다. 사업으로 발생하는 손익에 대해 출자한 비율에 따라 부담하게 되나, 공사경비의 증가, 상호 업체 간 업무 간섭, 조직 간의 의사소통의 어려움, 하자부분의 책임한계의 불명확화 등의 단점을 내포하고 있다. 공동도급의 이행방식은 분담이행방식과 공동이행방식으로 구분되며, 주계약자형, 페이퍼 조인트(Paper joint), 파트너링(Partnering)으로 분류된다.

1) 융자력의 증대 : 각 회사가 부담하게 되는 소요자금이 경감되므로 대규모 공사 적합

2) 기술력의 확충 : 상호 기술력 교류 및 신기술로 인한 기술력 증대

3) 위험분산 : 출자한 비율에 따른 위험부담 분배

4) 시공의 확실성 : 상호 계약으로 인한 연대책임에 대한 부담으로 시공의 성실성 확보

7 사회간접자본(Social Overhead Capital)시설방식

1) B.T.O(Build-Transfer-Operate, 건설·양도 후 운영)
시설의 준공과 동시에 당해 시설의 소유권이 국가 또는 지방자치단체에 귀속되며 사업시행자에게 일정 기간의 시설관리운영권을 인정하는 계약방식이다.

2) B.O.O(Build-Own-Operate, 건설·소유 운영)
시설의 준공과 동시에 사업시행자에게 당해 시설의 소유권을 인정하는 방식이다.

3) B.O.T(Build-Operate-Transfer, 건설·운영 후 양도)

시설의 준공 후 일정 기간 동안 사업시행자에게 당해 시설의 소유권이 인정되며 그 기간의 만료 시 시설소유권이 국가 또는 지방자치단체에 귀속되는 방식이다.

4) B.L.T(Build-Lease-Transfer, 건설·리스 후 양도)

사업시행자가 일정기간 동안 리스해 주고 리스기간이 끝나면 소유권을 국가 또는 지방자치단체에 양도하는 방식이다.

5) B.T.L(Build-Transfer-Lease, 건설·양도 후 리스)

사업시행자가 국가 또는 지방자치단체에 소유권은 넘겨주고 일정 기간 동안 리스해 운영하는 방식이다.

6) ROT(Rehabilitate-Operate-Transfer, 시설 정비 후 운영권 위탁)

국가 또는 지방자치단체 소유의 기존 시설을 정비한 사업시행자에게 일정 기간 해당 시설에 대한 운영권을 인정하는 방식이다.

7) ROO(Rehabilitate-Own-Operate, 시설 정비 후 소유권 인정)

기존 시설을 정비한 사업시행자에게 당해 국가 또는 지방자치단체 소유의 시설 소유권을 인정하는 방식이다.

8 턴키방식(Turn-key Contract)

턴키(Turn-key)란 '건축주(발주자)가 열쇠(Key)만 돌리면 당해 건축물을 사용할 수 있다'는 뜻에서 파생된 용어로, 당해 사업과 관련된 모든 요소를 일체 도급 계약하는 방식을 말한다. 건설업자는 해당 사업의 계획·설계·시공 및 시운전 등과 같은 기술적인 업무와 기업·금융·토지조달 등의 비기술적인 업무를 망라해 도급을 체결한다. 턴키도급의 종류로는 ① 설계도면과 시방서 등의 설계도서가 없이 성능만을 제시하여 건설업자의 제안 및 기술력에 의존하는 방식, ② 기본설계도와 일반시방서만 제시되고 건설업자의 실시 설계 등에 의존하는 방식, ③ 일체의 설계도서와 시방서가 제시되고 건설업자의 대안에 의존하는 방식으로 구분된다. 턴키도급은 책임시공이 가능하며, 설계와 시공 간의 의사소통이 원활하고 공사비 절감 및 공사기간 단축 등의 특징을 가진다. 하지만 건축주의 의도가 반영되기 어렵고, 중소건설업체에서는 시행하기가 힘든 방식이다. 또한 최저 낙찰 시 공사 품질의 저하가 우려되고, 우수한 설계반영이 어려운 게 실정이다.

9 파트너링(Partnering)

파트너링은 건축주(발주자)가 직접 설계 및 시공에 참여하여 발주자와 설계자, 시공자가 하나의 팀으로 구성되어 당해 사업을 시행하는 방식이다.

10 프로젝트(Project) 관리 방식

해당 건설사업에 관한 전반적인 관리 방식으로, 기획·조사·설계·시공·유지관리 및 해체 등 건축물의 생애주기에 관한 종합관리기술이다. 이 방식은 건축물의 L.C.C(Life Cycle Cost)에 관해 공사금액 및 유지관리비의 최소화, 건축물의 기능 및 역할의 최대화를 이끌어내는 관리 방식이다.

Plus note

THEME 79 　입찰 및 계약

1 입찰순서

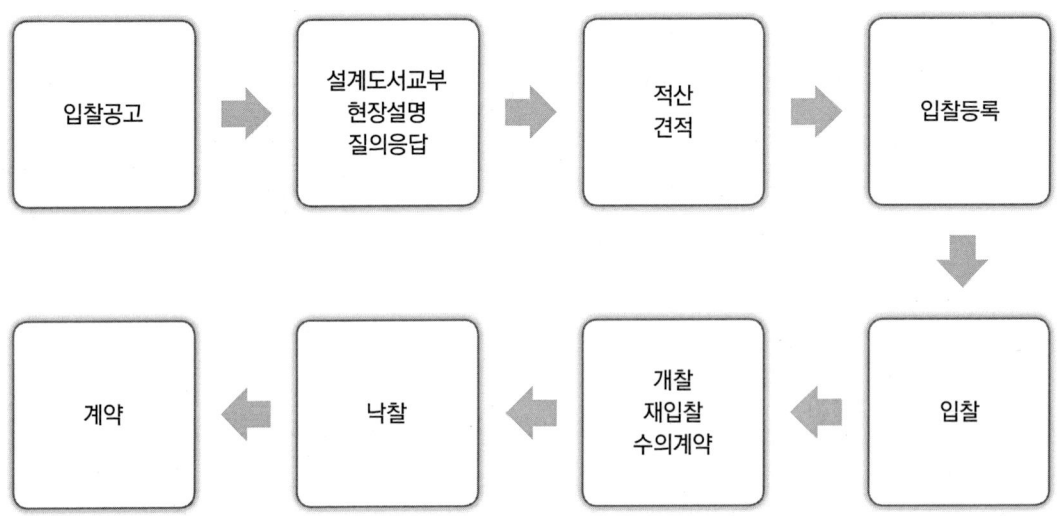

2 입찰 포함사항

입찰공고	해당 공사규모, 입찰 자격, 현장설명회 일시 등을 공고
설계도서 배부	① 설계도면, ② 시방서(특기시방서, 표준시방서), ③ 현장설명서, ④ 질의·응답서
현장 설명 질의 및 응답	① 현장 조건(인접도로, 수로, 인접부지, 인접 건물, 지하매설물에 관한 사항) ② 대지 조건에 관한 사항(대지의 고저차, 지질 및 잔토 처리, 기타 대지 사항) ③ 설계 도서 및 시방서에 관한 설명(도면 표시가 불충분한 사항 보충 설명)
적산 및 견적	
입찰등록	입찰보증금 등
입찰	
개찰	유찰 시 재입찰, 재유찰 시 수의계약
낙찰	
계약	– 필요서류(공사도급계약서류, 설계도, 시방서) – 참고서류(공사비내역서, 현장설명서, 질의·응답서, 공정표)
도급 계약서 포함 사항	– 공사내용, 도급금액, 공사 착공 및 완공시기, 도급금액 지불방법, 지불시기 – 천재지변에 의한 손해부담, 계약에 관한 분쟁 해결방법, 인도·검사 시기 등

THEME 80 입찰의 종류

1 일반공개입찰

입찰 참가자를 공모하여 해당 자격자를 전원 입찰에 참여할 수 있는 기회를 제공한다. 일반업자에게 균등하게 기회를 제공하고, 입찰자 선정이 공정하여 담합의 우려를 경감시키고, 공사비를 절감할 수 있다. 이에 반해 입찰자가 많아 입찰수속 및 등록사무가 복잡하고, 부적격자에게 낙찰될 우려가 있어 공사가 조잡해질 우려가 있다. 과다한 경쟁으로 건설업자 간의 긍정적인 효과에 저해가 된다.

2 특명입찰

건축주(발주자)가 건설업자의 신용정도, 자산규모, 보유기자재, 기술경력사항 등을 고려하여 가장 적합한 건설업자 1인에게 지명하여 입찰시키는 방식이다. 건설업자는 공사비를 책정하고, 성실한 시공을 이행한다. 입찰 수속이 간단하고, 공사의 기밀 유지가 잘 되며, 양질의 공사를 기대할 수 있다. 이에 반해 공사비가 증대될 우려가 있으며, 공사금액 결정이 불명확할 수 있다.

3 지명경쟁입찰

일반공개입찰과 특명입찰의 장점을 취합한 입찰방식으로, 해당 공사에 가장 적합한 건설업체를 7개 내외 선정하여 입찰하는 방식이다. 해당 공사규모에 따라 도급 건설업체를 선정한다. 건설업체의 자산규모, 보유기자재 및 기술능력, 관련 실적 등을 검토한 후 지명하도록 한다. 시공상의 신뢰성이 높고 부적당한 건설업체를 배제할 수 있으나, 담합의 우려가 있다.

4 P.Q 제도(Pre-Qualification, 입찰참가자격 사전심사제도)

건설업체의 시공경험 및 능력, 시공에 관한 기술능력, 재무 건전성, 조직체계 등 공사 수행능력을 종합적으로 검토하여 가장 효과적·효율적으로 공사를 진행할 수 있는 건설업체를 선정하여 입찰 참가 자격을 부여하는 제도이다. P.Q 심사내용은 시공업체의 경영 및 재무상태, 신임도, 시공 경험, 기술력이며, P.Q의 적용대상 공사에 제한적이고, 실적위주의 평가, 심사 기준의 미정립, 중소 건설업체 및 신규 업체에게 다소 불리하게 작용할 수 있는 문제점을 안고 있다.

5 성능발주방식

건축주(발주자)가 제안하는 기본요건에 맞게 입찰자가 제출한 설계도서, 공법, 공사금액 등을 대상으로 심사하여 가장 적합한 것을 선택하는 입찰방식이다.

6 대안입찰제

최근 초고층화, 대형화, 복잡화 되어가는 공사에 적용되는 입찰방식의 하나로, 최초 원안입찰과 함께 입찰자의 의견에 따라 공사에 대한 대안 제출이 허용되는 입찰방식이다.

7 제한경쟁입찰

입찰할 수 있는 자격 이외에 특정 기술 및 공법, 공사 실적 등 추가적인 요인을 갖춘 시공업체를 참여시켜 무능력 및 불성실한 업체를 배제하고자 하는 입찰방식이다.

8 내역입찰제

당해 예상공사비가 50억 원 이상인 공사에 적용되는 입찰방식으로, 발주자가 배부한 물량내역서를 입찰자가 단가로 산정하여 입찰 시 총공사금액과 함께 제출하는 제도이며, 내역서는 계약변경의 기준으로 적용된다.

9 부대입찰제

발주자로부터 도급을 받은 원도급자가 당해 사업에 함께 할 하도급업자를 명시하여 제안하는 입찰제도로 원도급자와 하도급자 간의 불공정한 거래행위를 방지하고자 하는 입찰방식이다. 하도급 거래의 양성화와 전문업체의 기술력 향상, 공정한 하도급 거래 정착으로 부대입찰제의 실효성을 증대시킬 수 있다. 이를 통해 원도급자와 하도급자 간의 계열화가 촉진되고, 건설업의 위험부담 및 인력, 장비 등에 대한 교류가 증진된다.

10 T.E.S(Two Envelope System)

선기술 후가격 협상제도로, 입찰자가 봉투 속에 또 하나의 봉투를 더 넣어서 입찰한다는 개념이다. 공사발주 시 기술능력이 우수한 업체를 선정하기 위한 방법으로 기술관련 제안서와 공사금액 관련 제안서를 분리하여 제출받아 평가한 후 낙찰자를 선정하는 제도이다. 부실공사를 방지하고, 부적격 입찰자를 방지할 수 있으며, 신기술 및 시공위주 낙찰이 가능한 제도이다. 하지만, 심사기준의 미흡, 참가등록 시 서류업무 복잡 등으로 중소건설업체는 참가하기 어려운 단점이 있다.

THEME 81　공정관리

1 열기식 공정표

기본 및 상세 공정표에 예정된 계획대로 공사가 진행될 수 있도록 재료 반입 및 인력 투입, 원척도 등이 필요한 기일까지 반입 및 동원될 수 있도록 작성한 나열식 공정표

2 사선식 공정표

공사의 기성고를 표시하는 데 가장 편리한 공정표 작성방식으로 세로축에 공사량과 인력 투입을 기재하고 가로축에는 공사 월·일수를 기재하여 공사의 진행 상태를 정량적으로 표시하는 공정표이다. 각 공사별 작업의 관련성을 표시할 수 없어 공종 간의 마찰에 대응하는 데 어려움이 있다. 인력투입 및 재료반입 파악이 용이하여 즉각적인 대처가 쉽다.

3 횡선식 공정표

횡선으로 작성하여 공사의 진도관리가 용이하고, 공사의 착공 및 완공일을 시각적으로 명확히 표시할 수 있는 공정표이다. 전체 공기를 일목요연하게 표현할 수 있으며, 초심자의 경우에도 이용하기 편리한 장점을 가지고 있다. 하지만 공기에 영향을 주는 공종 발견이 어렵고, 사전 예측 및 통계 기능이 미흡하며, 작업 상호 간의 관계가 불명확하다는 단점을 가지고 있다.

4 네트워크 공정표

1) 개요

프로젝트(project)의 수행과 관련된 공정을 네트워크라는 도해적이고 수학적인 모델에 의해 표현되는 공정관리기법이다. 화살표(→)와 ○표로 조립된 망상도로서 이 망상도에 의해 작업의 순서를 명확하게 표현한다. 네트워크 기법에는 PERT(Program Evaluation and Review Technique)와 CPM(Critical Path Method)이 있다. PERT는 1954년 미해군이 개발 및 이용해 신규 사업에 공정관리기법으로 이용되었고, 현재까지 여러 선진국에서 사용되는 기법이다. 신규사업 및 비반복사업, 경험이 없는 사업 등에 용이한 공정관리기법이다. CPM(Critical Path Method)은 1956년 미국의 듀퐁(Dupont)사가 신규 설비 및 투자자금의 효율성 향상을 도모하기 위해 연구 개발한 수법이다. 반복적 사업, 경험이 있는 사업 등에 용이한 공정관리기법이다.

2) 특징

공사 전체를 파악하는 데 용이하게 사용할 수 있으며, 각 작업의 흐름과 공정이 분배됨과 동시에 작업의 상호관계가 명확하게 표시된다. 계획단계에서부터 공정의 문제점이 명료하게 파악되어 작업 수행 전에 수정을 할 수 있다. 누구나 공사의 진척상황을 쉽게 파악할 수 있으나, 공정표 작성 시간이 많이 소요되고 작성 및 검사에 대한 특별한 기능이 요구된다.

3) 작성방법

프로젝트(Project)를 단위작업으로 분해하여 각 작업 순서를 네트워크로 표현한다. 표현된 공정에 작업시간을 견적되어 삽입한 뒤 시간계산을 실시하고 공기조정을 통해 공정표를 작성한다. 공정표 작성이 종료가 되면 공정표를 기반으로 공정관리를 실시한다. 네트워크 공정표를 작성할 때에는 다음과 같은 원칙에 준하여 작성한다.

① 공정의 원칙 : 작업에 대응하는 결합점이 표시돼야 하며, 해당 작업은 하나로 한다.
② 단계의 원칙 : 선행작업이 종료된 후에 후속작업을 개시한다.
③ 활동의 원칙 : 각 작업의 활동은 보장된다.
④ 연결의 원칙 : 최초 개시 결합점과 종료 결합점은 반드시 하나씩 존재한다.
⑤ 무의미한 더미(dummy)는 생략하며 가능한 작업 상호 간 교차는 피한다.

4) PERT와 CPM 비교

구분	PERT	C.P.M
배경	1954년 미해군이 개발	1956년 미국의 듀퐁(Dupont)사
적용대상	① 신규사업 ② 비반복사업 ③ 무경험 사업	① 반복 사업 ② 경험 사업
소요시간 추정	3점 시간 추정	1점 시간 추정
일정계산	※단계 중심의 일정계산 ① 가장 이른 시간(ET, Earliest expected Time) ② 가장 늦은 시간(LT, Latest allowable Time)	※작업 중심의 일정계산 ① 가장 이른 개시 시간(EST, Earliest Start Time) ② 가장 늦은 개시 시간(LST, Latest Start Time) ③ 가장 이른 완료 시간(EFT, Earliest Finish Time) ④ 가장 늦은 완료 시간(LFT, Latest Finish Time)
최소비용	적용 이론 없음	핵심이론

5) 구성 요소

① 결합점(Event, Node)

기호는 'O'로 나타내며, 네트워크 공정표상에서 작업의 개시 및 종료를 나타내고 작업 간에 연결을 하는 기호이다. 작업의 시작과 종료를 표시하는 개시점, 종료점을 나타내고, 작업 간의 연결점, 결합점을 표현한다. 번호를 붙일 경우 작업 진행방향으로 큰 번호를 부여한다.

② 작업(activity, job)

기호는 '→'로 나타내며, 네트워크 공정표상에서 단위 작업을 나타내는 기호이다. 화살표의 길이와 작업일수는 관계가 없으며, 화살표의 상단에는 작업명, 하단에는 시간을 표시한다.

③ 더미(dummy)

기호는 '-->'로 나타내며, 네트워크 공정표상에서 정상적으로 표현할 수 없는 작업상호 간의 관계를 표시하는 점선 형태로, 명목상 작업으로 시간적 요소는 없다.

6) 네트워크 공정표 용어 정리

① 가장 이른 개시 시간(EST, Earliest Start Time) : 작업을 시작할 수 있는 가장 빠른 시간

② 가장 늦은 개시 시간(LST, Latest Start Time) : 공사기간에 영향을 주지 않는 범위 내에서 작업을 가장 늦게 진행하여도 되는 시간

③ 가장 이른 완료 시간(EFT, Earliest Finish Time) : 작업을 완료할 수 있는 가장 빠른 시간

④ 가장 늦은 완료 시간(LFT, Latest Finish Time) : 공사기간에 영향을 주지 않는 범위 내에서 작업을 가장 늦게 완료하여도 되는 시간

⑤ 가장 이른 결합점 시간(ET, Earliest node Time) : 최초의 결합점에서 다음 대상의 결합점 경로까지 가장 긴 경로를 통해 가장 먼저 도달되는 결합점 시간

⑥ 가장 늦은 결합점 시간(LT, Latest node Time) : 임의의 결합점에서 최종 결합점까지 이르는 경로 중에서 시간적으로 가장 긴 경로를 거쳐 완료 시간에 될 수 있는 개시 시간

⑦ 플로트(Float) : 네트워크 공정표상에서 작업의 여유시간

 - 전체여유(TF, Total Float) : 가장 이른 개시 시간에 시작하고 가장 늦은 완료 시간으로 종료할 때 생기는 여유시간

 - 자유여유(FF, Free Float) : 가장 이른 개시 시간에 시작하고 후속 작업도 가장 이른 개시 시간에 시작해도 존재하는 여유시간

 - 간섭여유(DF, Dependent Float) : 후속작업의 전체여유에 영향을 주는 여유

⑧ 슬랙(Slack) : 네트워크 공정표상에서 결합점이 가지는 여유시간

⑨ 경로(Path) : 임의의 결합점에서 다른 결합점에 도달되는 작업의 연결에 이르는 것으로, 두 개 이상의 작업(activity, job)이 연결되는 것

 - 주공정선(CP, Critical Path) : 개시 결합점에서 완료 결합점까지 이르는 가장 긴 경로(Path)로 주공정선상에서 Float, Slack은 0이다. 더미(dummy)도 주공정선이 될 수 있으며, 복수일 수 있다.

 - 최장패스(LP, Longest Path) : 임의의 두 결합점의 경로 중에서 소요시간이 가장 긴 경로

7) 일정 계산

EST(Earliest Start Time) 및 EFT(Earliest Finish Time)를 계산할 경우 작업의 흐름에 따라 전진하여 계산하며, 개시 결합점에서 나간 EST는 0로 한다. 임의의 작업에서의 EFT는 해당 작업의 EST에 소요 일수를 가산해 구해주며, 종속 작업의 EST는 선행작업의 EFT로 한다. 복수 작업에 종속된 작업의 EST는 선행작업의 EFT의 최대값으로 하며 최종 종료된 결합점의 작업 중 EFT값이 최대값이 되는 것이 계산공기가 된다. LST(Latest Start Time)와 LFT(Latest Finish Time)를 계산할 경우 작업의 흐름과 반대로 역진하여 계산하며, 종료작업의 LFT값은 계산 공기값이 된다. 임의의 작업에서의 LST값은 해당 작업의 LFT값에서 소요 일수를 차감하여 구해주며, 선행작업의 LFT값은 종속작업의 LST값이 된다. 종속 작업이 복수일 경우 종속 작업의 LST의 최솟값이 해당 작업의 LFT가 된다. TF(Total Float)는 해당 작업의 LFT에서 해당 작업 EFT를 차감하여 구한다.

8) 공기단축

공기단축이란 지정된 공사기간보다 계산한 공사기간이 지연되는 경우 또는 진도관리 등에 의해 작업이 지연되고 있다는 것을 판단한 경우에 총 공사기간을 단축하고 비용의 증가를 최소화하는 목적으로 공기단축을 실행하게 된다. 총 공사비는 직접공사비(인건비, 자재비, 장비대 등)와 간접공사비(현장유지비, 경상비 등)의 합으로 구성되는데, 시공 속도가 빠르게 되면 직접공사비는 증가하고, 간접공사비는 감소하게 된다. 직접공사비와 간접공사비의 합이 최소가 되도록 하는 것을 최적 시공속도(경제속도)라 한다.

9) 비용구배(cost slope)

비용구배란 공사기간 1일을 단축할 때 증가하는 비용을 말한다. 공기를 단축할 때 증가되는 비용의 곡선을 직선으로 가정한 기울기의 값이다. 급속점(특급점, crash point, 절대공기)은 더 이상 공기단축이 불가능한 시간을 말한다.

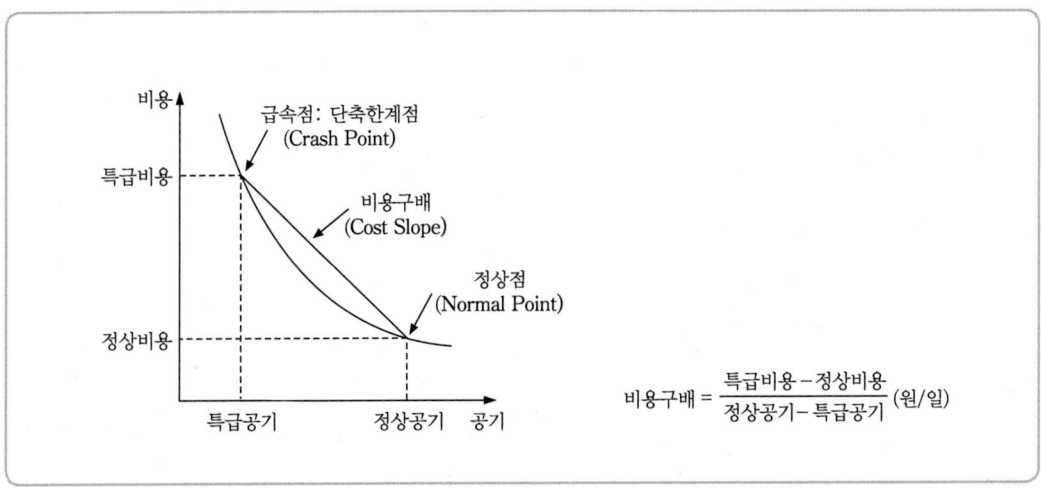

10) MCX(Minimum Cost Expediting)

네트워크 공정표를 작성한 후, 주공정선(CP, Critical Path)을 구해 각 작업의 비용구배(cost slope)를 구한다. 주공정선의 작업에서 비용구배가 가장 작은 작업부터 가능 단축일수 범위 내에서 공기단축을 시행한다. 공기단축 작업 시 주공정선이 변경되지 않도록 주의해야 한다.

11) 네트워크 공정표 예시

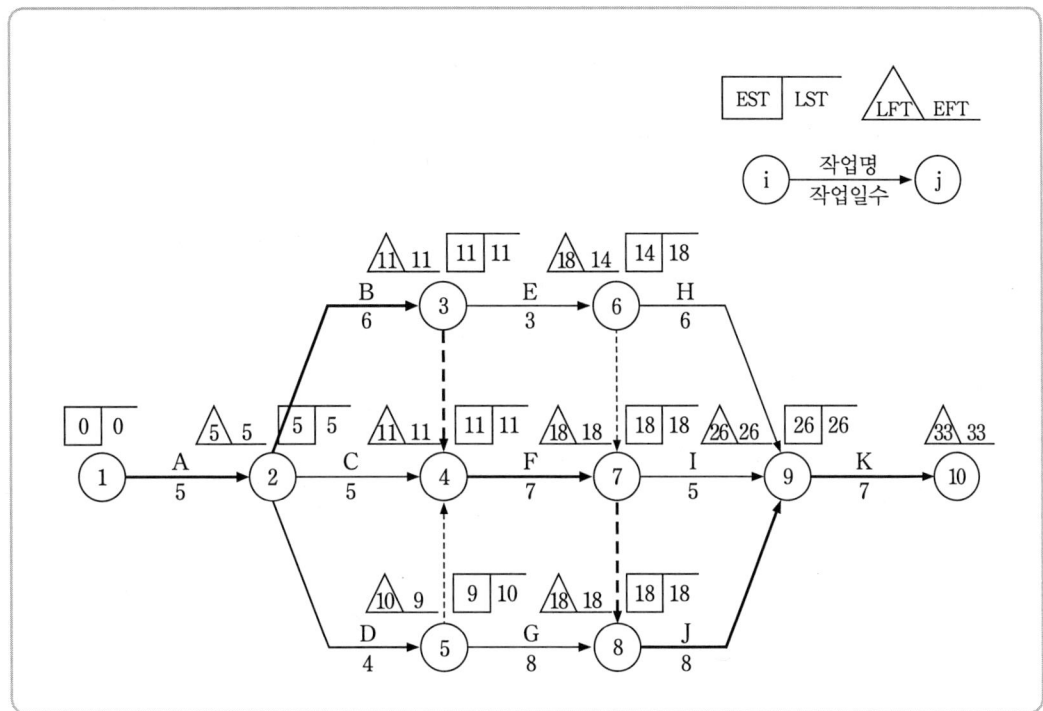

Plus note

THEME 82 품질관리

1 품질관리 4단계

품질관리 4단계 계획(Plan), 실시(Do), 검토(Check), 시정(action)의 단계를 거치면서 발주자가 요구하는 설계도서 및 시방서에 따라 합리적이고 적합한 생산물의 품질을 확보하는 단계별 시스템을 말한다. 1단계(계획, Plan)는 목표를 확정하고 품질의 기준 및 가격 등을 정하고 목적을 달성할 수 있는 방법을 선정한다. 2단계(실시, Do)는 작업표준 및 동일한 작업을 실시한다. 작업자에게 작업의 표준을 교육 및 훈련시켜 작업을 실시하며 정해진 방법으로 계측을 시행한다. 3단계(검토, Check)는 현장작업상황 및 결과를 확인한다. 작업표준과 동일하게 작업이 실행되고 있는지에 대한 유무를 확인하고 측정값이 표준에 적절한지를 판단한다. 4단계(시정, action)는 확인한 결과에 따라 시정한다. 작업이 기준이 되는 표준에 부합되지 않는 경우 표준치가 되도록 시정하고, 이상 발생 시 당해 작업의 원인을 파악하고 제거하여 재발을 방지한다.

2 TQC(Total Quality Control, 전사적 품질관리)

TQC는 기업의 전체 근로자 개개인이 종합적으로 품질을 관리하는 것을 말하며, 경제적인 방법으로 질 좋은 품질 생산이 가능하도록 기업내부에서 관련 조직이 전사적으로 행하는 품질관리의 전반적인 시스템을 말한다. 소정의 품질을 확보하고 균일한 품질을 생산하여 하자 및 부실의 위험을 감소시켜 품질보증 및 원가절감, 작업방법 개선을 그 목적으로 한다. TQC는 전 공정에서 실시되고, 모든 직원의 협력을 통해 유기적인 상호관계에서 발전된다. 작업자의 자발적이고 능동적인 의식이 품질의 향상을 도모하고 이를 통해 제품에 대한 신뢰성을 확보한다. TQC의 7가지 도구, 히스토그램(histogram), 특성요인도(characteristics diagram), 파레토도(pareto diagram), 체크시트(check sheet), 관리도(control chart), 산점도(scatter lot), 층별(stratification)의 활성화를 통해 품질의 향상을 기대할 수 있다.

1) 히스토그램(histogram)

히스토그램이란 모집단에 대한 품질의 특성을 파악하기 위해서 모집단의 분포상태, 분포의 중심위치, 분포의 산포 등을 쉽게 파악할 수 있도록 막대그래프 형식으로 작성하는 도수분포도이다. 공사 또는 제품의 품질상태가 만족한 상태인지를 판단하는 데 사용된다. 계량치의 분포가 어떠한 분포로 되어 있는지를 파악하기 위해 작성한다.

미장작업자(여) 신장(cm)	인원수
145 이상 ~ 150 미만	2
150 이상 ~ 155 미만	9
155 이상 ~ 160 미만	15
160 이상 ~ 165 미만	7
165 이상 ~ 170 미만	4
170 이상 ~ 175 미만	3
합계	40

2) 특성요인도(characteristics diagram, 어골[魚骨]형)

어떤 대상(對象)을 만들어낸 많은 요인과의 관련 정도를 도표화해서 형상이 발생한 원인을 분석하려고 하는 관리기법이다. 계통적으로 계획, 검토할 수 있기 때문에 원인을 탐구하는 방법으로 널리 활용된다. 결과에 대한 원인의 관련성을 나타내기 위해 작성한다.

구분	불량수	누적 불량수	구성비	누적 구성비
치수불량	94	94	47	47
성형 불량	22	180	11	88
용접 불량	12	191	5	94
도색 불량	8	198	4	96
마감 불량	64	156	32	76

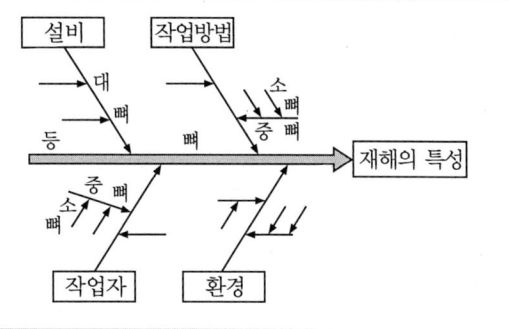

3) 파레토도(pareto diagram)

자재 및 기구의 불량, 결점, 고장 등의 발생건수를 현상과 원인 등 다양한 항목으로 분류해서 크기 순서대로 나열하여 막대그래프로 표기하는 것이다.

4) 체크시트(check sheet)

계수의 데이터 불량개수, 결점의 수 등이 분류 항목별로 어디에 집중되어 있는지를 파악하기 위해 알아보기 쉽게 나타낸 것이다.

5) 관리도(control chart)

작업공정에 있어서 우연한 원인에 의한 변동과 이상원인에 의한 변동을 구별하여 공정을 관리하기 위한 것이다. 예로 콘크리트 압축강도 시험에 대한 관리도를 작성한다고 할 때 그림의 가로축에 날짜, 세로축에 강도 등을 적어 관리가 가능하다.

6) 산점(포)도(scatter plot, scatter diagram)

서로 대응하는 두 개의 짝으로 이루어진 데이터를 그래프상에 점으로 나타내어 대응하는 두 변수 간의 상관관계를 나타내는 것을 말한다.

7) 층별(stratification)

데이터의 특성을 일정한 범주나 그룹을 편성하여 도표로 나타낸 것으로, 집단을 구성하는 많은 데이터를 여러 개의 부분집단으로 나눈 것을 말한다.

Plus note

THEME 83 흙의 기본 성질

1 흙의 삼상도

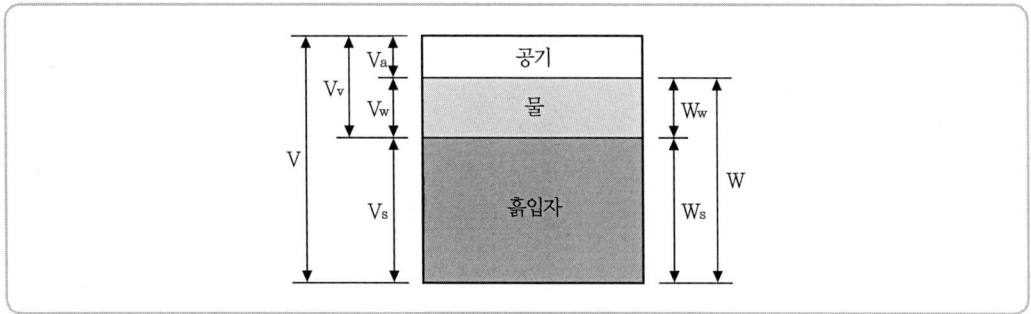

2 간극비(e, void Ratio)

간극비는 흙입자의 용적에 대한 간극의 용적의 비를 말한다. 간극비가 크면 전단강도·지지력이 작아지고, 압축성과 투수성이 커진다. 간극비가 크면 블리딩 현상이 발생하며, 압밀침하가 커진다. 간극비가 작으면 모래지반에서 내부마찰력이 적어지고 점토지반에서 점착력이 작아진다. 이에 간극비를 감소시키기 위해서는 연약지반개량, 다짐, 탈수 공법, 배수 공법이 적용된다.

$$e = \frac{V_v(간극의 용적)}{V_s(흙입자의 용적)}$$

3 간극률(n)

$$n = \frac{V_v(간극의 용적)}{V(흙 전체의 용적)} \times 100\%$$

4 포화도(Sr)

포화도는 간극 내부의 물의 용적비율을 말하며, 흙이 포화상태에 있으면 완전히 건조되어, $Sr=0$ 가 된다.

$$Sr = \frac{V_w(물의 용적)}{V_v(간극의 용적)} \times 100\%$$

5 함수비(w)

함수비는 흙입자의 중량에 대한 물의 중량의 백분율을 말한다. 함수비로 인해 액상화 현상이 발생하고, 모래지반에서는 보일링(boiling)현상이 발생하고 내부마찰각이 감소하며, 점토지반에서는 히빙(heaving)현상이 발생하고 점착력이 감소한다.

$$w = \frac{W_w(\text{물의 중량})}{W_s(\text{흙입자의 중량})} \times 100\%$$

6 함수율(w')

$$w' = \frac{W_w(\text{물의 중량})}{W(\text{흙 전체의 중량})} \times 100\%$$

7 예민비(St, Sensitivity Ratio)

예민비는 점토에 있어서 자연시료는 어느 정도의 강도는 있지만, 이것의 함수율을 변화시키지 않고 이기면 약해지는 성질이 있으며, 흙의 이김에 의해 약해지는 정도를 표시한 것을 말한다. 점토지반에서는 점토를 이기면 자연 상태 강도보다 작아지며, 진동다짐보다는 전압식 다짐을 하는 것이 바람직하다. 모래지반에서는 모래를 이기면 자연 상태보다 커지며, 전동식 다짐이 효과적이다.

$$\text{예민비} = \frac{\text{자연 시료의 강도(불교란 시료의 강도)}}{\text{이긴 시료의 강도(교란 시료의 강도)}}$$

8 흙의 연경도(Consistency)

점착성이 있는 흙은 함수량이 차차 감소하면서 액성·소성·반고체·고체의 상태로 변하는데, 함수량에 의하여 나타나는 이러한 성질을 흙의 연경도라 하고 각각의 변화 한계를 애터버그(Atterberg) 한계라고 한다. 수축한계(shrinkage limit, SL)는 함수량이 감소해도 흙의 부피가 감소하지 않고 함수량이 일정 이상으로 증가하면 흙의 부피가 증가하는 한계의 함수비를 의미한다. 소성한계(plastic limit, PL)는 파괴 없이 변형시킬 수 있는 최소의 함수비로, 압축, 투수, 강도 등의 흙의 역학적 성질을 추정할 경우 사용된다.

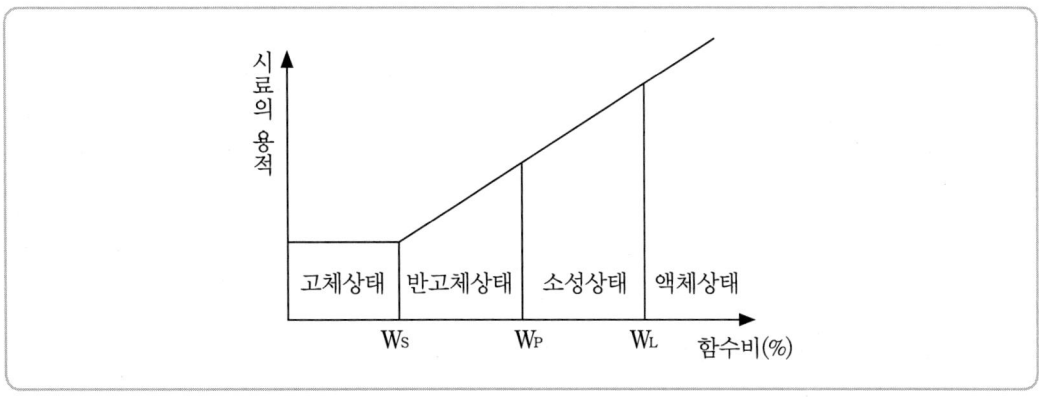

9 흙의 투수성

투수성이란 흙의 다짐의 정도가 견고하더라도 흙 내부의 공극은 서로 연결되어 있고, 연속되지 않은 공극 내부에 물이 흐를 수 있는 성질을 말한다. 터파기 시 지반의 투수성은 공사에 큰 영향을 미치므로, 투수성의 크기는 지하수위 아래의 기초공사의 난이도 및 점토지반의 압밀침하와도 관련이 크다. 사질지반은 흙의 투수성은 압밀침하의 시간에 영향을 미치며, 탈수 공법인 샌드드레인(sand drain) 공법, 페이퍼드레인(paper drain) 공법, 팩 드레인(pack drain) 공법과 관련이 깊다. 점토지반은 흙의 투수성이 크며, 웰포인트(well point) 공법과 관련이 있다.

10 흙의 전단강도

흙의 성질을 일반적으로 물리적 성질과 역학적 성질로 구분하는데, 역학적 성질에는 전단강도, 압밀, 투수성이 있다. 전단강도는 흙의 역학적 성질로 구조물의 기초 하중이 해당 흙의 전단강도 이상이 되면 흙이 붕괴하게 되고, 기초는 침하 또는 전도되어 기초의 극한 지지력을 파악할 수 있다. 아래 Coulomb의 법칙을 통해 알아보도록 한다.

$$S = C + \sigma' \cdot \tan\phi$$
S : 전단강도, C : 점착력, σ' : 유효응력, $\cdot \tan\phi$: 마찰계수, ϕ : 내부마찰각

점토는 내부마찰각이 '0(zero)'이고, 모래는 점착력이 '0(zero)'이다. 전단시험은 직접시험, 일축압축시험, 삼축압축시험이 있다.

11 흙의 액상화

액상화란 사질지반에서 순간적인 충격, 지진, 진동 등에 의해 간극수압이 상승하여 유효응력이 감소되고, 전단저항을 상실하여 지반이 액체처럼 되는 현상을 말한다. 액상화 시 건물이 부상(浮上)하거나 부동침하 하는 현상이 발생하기도 한다.

1) 원인

포화상태인 느슨한 모래가 순간적인 충격, 지진, 진동에 의해 모래의 부피가 감소되고, 간극수압의 발생으로 유효응력이 감소하여 발생한다. Coulomb의 법칙에서 유효응력(σ')을 상실할 때 액상화가 발생한다.

$$S = C + \sigma' \cdot \tan\phi$$

S : 전단강도, C : 점착력, σ' : 유효응력, $\tan\phi$: 마찰계수, ϕ : 내부마찰각

2) 대책

액상화 현상이 발생하면 건물의 부동침하 및 부상, 지반의 이동 등의 영향을 받게 된다. 이때, 탈수 공법인 샌드드레인(sand drain) 공법, 페이퍼드레인(paper drain) 공법, 팩 드레인(pack drain) 공법, 배수공법인 웰포인트(well point), 딥웰(Deepwell) 공법을 적용한다. 입도를 개량하는 치환 공법, 약액주입 공법, 전단변형을 억제하기 위한 Sheet Pile 공법과, 지하연속벽 공법을 적용할 수 있다.

THEME 84 지반조사

1 지반조사 순서

사전조사 → 예비조사 → 본조사 → 추가 및 보완 조사

2 지하탐사법

1) 짚어보기

끝이 뾰족한 ∅9mm의 철봉을 직접 지중에 삽입하여, 작업자의 손짐작으로 굳은 지층의 위치 등을 파악하는 방법이다. 작업자의 기능에 좌우되기에 비교적 얕은 지층이나 덜 중요한 공사에 사용된다.

2) 터파보기

굳은 지층이 비교적 얕은 지층에 사용되는 조사방법으로, 2m 내외의 구덩이를 삽으로 파서 지층의 토질, 용수량 등을 확인하는 조사방법이다.

3) 물리적 탐사법

지반의 지층과 지층 변화의 심도를 판단하는 방법으로 지층의 변화하는 심도를 측정할 수 있는 전기저항식이 주로 사용된다. 물리적 탐사법의 종류로 전기저항식, 강제진동식, 탄성파식이 있다.

3 보링(Boring)

지중에 ∅100mm 정도의 철관을 박아서 천공하여 철관 안의 토사를 채취 및 관찰할 수 있는 조사방법으로, 지중의 토질분포 및 구성을 파악할 수 있으며, 토질주상도를 작성할 수 있는 자료를 얻을 수 있다. 보링은 토질의 조사, 점착력 판단, 지하수위를 조사하고 토질의 샘플을 채취할 수 있는 방법이다. 보링의 종류에는 오거식, 수세식, 회전식, 충격식이 있다.

1) 오거식 보링(Auger Boring)

인력으로 보통 10m 내외의 점토층에 나선형의 오거를 지중에 박아 지층을 조사하는 방법이다.

2) 수세식 보링(Wash Boring)

이중관을 선단에 충격을 주어 박고 물을 뿜어내어 흙과 물을 같이 배출하는 방법으로 흙탕물을 침전시켜 지층의 토질을 판별하는 조사방식이다.

3) 회전식 보링(Rotary Boring)

드릴 로드(Rod) 선단에 날(bit)을 회전시켜 지반을 천공하는 방식으로, 연속적으로 시료를 채취할 수 있는 방법이다. 토질주상도를 얻기 용이한 조사방식으로 거의 모든 지층에 사용되며, 가장 정확한 시료채취 방법이다.

4) 충격식 보링(Percussion Boring)

Percussion bit로 상·하로 작동하여 지중에 충격을 가해 토사 및 암석을 파쇄 천공해 조사하는 방식으로, 균열이 심한 암반에 적합하다.

4 사운딩(Sounding)

사운딩(Sounding)은 로드(rod) 선단에 붙은 저항체를 지중에 관입하여 회전, 인발 등의 힘을 주어, 저항값으로 지층을 파악하는 방법이다. 종류로는 표준관입시험(Standard Penetration Test), 베인테스트(Vane Test), 콘 관입시험, 스웨덴식 사운딩이 있다.

1) 표준관입시험(Standard Penetration Test)

주로 사질지반에 사용되는 조사방법으로, 표준관입시험용 sampler를 rod에 끼워 75cm의 높이에서 63.5kg의 공이를 자유낙하시켜, 최초 15cm 관입된 상태에서 최종 30cm까지 관입시키는데 타격횟수(N치)를 구하여 지지력을 조사하는 시험방법이다. N치를 통해 사질지반에서는 상대밀도, 침하에 대한 허용지지력, 지지력계수, 탄성계수 등을 추정할 수 있으며, 점토지반에서는 흙의 연경도, 점착력, 일축압축강도, 점착력, 파괴에 대한 극한 지지력을 추정할 수 있다.

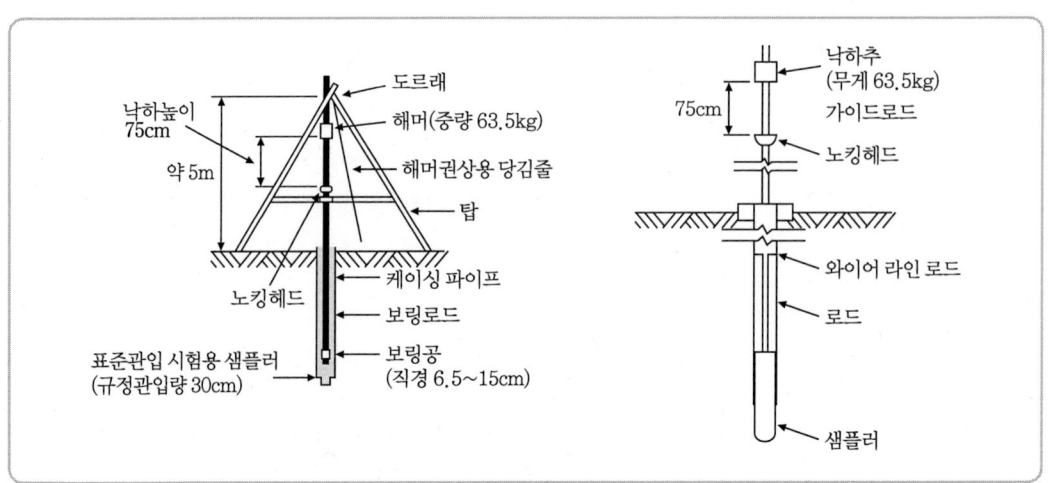

사질지반의 N치	점토지반의 N치	상대밀도
0 ~ 4	0 ~ 2	매우 연약
4 ~ 10	2 ~ 4	연약
10 ~ 30	4 ~ 8	보통
30 ~ 50	8 ~ 15	단단함
50 이상	15 ~ 30	아주 단단함
-	30 이상	경질

2) 베인테스트(Vane Test)

Boring의 구멍을 이용해 +자 저항 날개형의 vane을 지중의 소요깊이에 박아 넣은 후 베인을 회전시켜 저항하는 모멘트 값을 측정하여 전단강도를 구하는 방법으로 연한 점토질 지층에 토질의 점착력을 파악하기 용이하다. 점토질의 점착력을 판별하거나 기초 저면의 지내력 확인용으로 활용이 가능하다.

3) 콘(Cone) 관입시험

강봉의 선단에 원추형 콘(cone)을 달고 지중에 관입시켜, 관입저항치를 측정하여 지반의 지지력을 측정하는 방법이다. 주로 연약지반에 사용되고, 연속적으로 지중에 관입하므로 지반의 심도에 따라 지지력 측정이 가능하고, 장비가 간단하고, 시험이 용이하며, 측정비용이 적다.

5 샘플링(Sampling)

지반의 토질 판별을 위해 시료를 채취하는 것으로, 방법에는 교란시료 채취와 불교란시료 채취가 있다. 교란시료 채취는 토질이 흐트러진 상태를 말하며, 불교란시료 채취는 자연상태 그대로 흐트러지지 않도록 채취하는 것을 말한다.

6 토질시험

토질시험은 물리적·역학적 시험이 있는데, 물리적 시험은 흙의 함수량, 입도, 비중, 연경도를 조사하기 위한 시험이며, 역학적 시험은 다짐시험, 전단시험, 압밀시험이 있다.

7 지내력시험

1) 평판재하시험(P.B.T, plate bearing test)

기초 저면에서 직접 재하하여 허용지지력을 구하는 시험으로 원칙적으로 기초 저면에서 시행하며, 시험용 재하판은 정방형 또는 원형으로 면적이 0.2㎡의 것으로 보통 45cm 각으로 사용한다. 매회 재하는 1t 이하 또는 예정파괴하중의 1/5 이하로 하고, 침하의 증가는 2시간에 0.1mm의 비율 이하가 될 때는 정지가 된 것으로 본다. 장기하중에 대한 허용지내력은 단기하중의 허용지내력 1/2로 한다.

2) 말뚝재하시험

시공 예정인 말뚝에 대해 실제로 사용되는 상태 또는 이에 가까운 상태에서 지지력 판정의 자료를 얻는 시험으로 직접 지지력을 확인하는 방법이다. 시험방법에는 정재하 시험과 동재하 시험이 있으며, 정재하 시험에는 압축재하, 인발, 수평 재하시험이 있다.

3) 말뚝박기시험

시험말뚝은 말뚝의 길이, 지지력 등을 조사하기 위한 시험으로 실제 말뚝과 동일한 조건에서 시행하여야 한다. 기초면적이 1,500m² 까지는 2본, 3,000m² 까지는 3본 이상 단일 시험말뚝을 설치한다. 시험말뚝은 실제 사용할 말뚝과 동일한 것으로 하고, 휴식시간 없이 연속으로 박으며 수직도를 유지하며 타입해야 한다. 말뚝의 최종관입량은 5~10회 타격한 평균침하량으로 하며, 말뚝의 최종관입량과 리바운드(Rebound)량을 측정하여 지지력을 추정한다.

THEME 85 터파기

1 오픈 컷(Open Cut)

1) 비탈면 오픈 컷
터파기를 하는 비탈면에 사면의 안정을 확보하고, 기초파기를 하는 공법으로 지보공 흙막이가 없어 경제적이며, 시공에 제약을 받지 않기에 공기단축이 가능하지만, 넓은 대지가 필요하므로 깊은 굴착 시 토량 증가로 비경제적이다.

2) 흙막이 오픈 컷
붕괴하는 흙의 이동을 흙막이로 지지시키면서 굴착하는 공법으로 반출토사가 감소하고, 현장 부지 전체 건축물 축조로 부지 활용이 양호하지만, 흙막이 지보공으로 인해 작업에 장애가 발생한다. 종류로는 자립 공법, 버팀대(Strut) 공법, 어스앵커(Earth Anchor) 공법, 당김줄(tie rod anchor) 공법이 있다.

자립공법	흙막이가 배면의 측압을 자립에 의해 지지하면서 흙파기하는 공법
버팀대(Strut) 공법	붕괴하려는 흙의 이동을 버팀대로 지지하는 공법으로 버팀대의 시공으로 인해 작업이 곤란하고, 가설재가 과다하게 투입되는 경향이 있다.
어스앵커 공법 (Earth Anchor)	흙막이 벽체 배면에 로드(rod)를 앵커(anchor)시켜 시멘트 페이스트를 주입해 인발 저항 확보한 후 토압에 견디게 하는 공법
당김줄 공법 (tie rod anchor)	흙막이 외부의 지표면을 이용해 고정지지말뚝을 박고 어미말뚝을 당김으로써 흙의 붕괴를 방지하는 공법

2 아일랜드 컷(Island Cut)

흙막이 벽이 자립이 가능한 만큼 비탈면을 남기고 중앙부를 먼저 굴착한 후 구조물을 축조하고, 경사·수평 버팀대를 이용해 주변부를 터파기하여 구조물을 완성시키는 공법이다. 얕은 구조물로 범위가 넓은 공사에 적당하고, 부지 전체 지보공(strut)이 절약되지만, 공사기간이 길고, 연약지반에서는 작업이 곤란하다. 시공 시 굴착깊이는 10m 내외가 적당하고, 버팀대 설치 시 전체적인 균형이 유지되도록 하며, 비탈면 보강에 대한 검토도 필요하다. 굴착 저면에 배수시설을 하며 물의 흐름을 원활하게 하며, 계측관리를 통해 지반변위를 반드시 측정하고 붕괴에 대한 대책을 강구하여야 한다.

3 트렌치 컷(Trench Cut)

지반이 연약해 오픈 컷(Open Cut)을 하기 곤란한 경우, 지하 구조체가 넓어 가설비가 과다할 경우 적용되는 공법으로 아일랜드 컷(Island Cut)의 역순으로 시공한다. 매우 연약한 지반에 적용하며, 히빙(heaving)현상이 우려될 때, 굴착면이 커서 버팀대로 가설이 어려운 경우에 주로 시공된다. 트렌치 컷(Trench Cut)은 굴착 중앙부분 활용이 용이하며, 버팀대(strut)의 길이가 짧아 변형이 적으나, 깊은 굴착에는 부적당하고, 공사기간이 긴 단점이 있다.

Plus note

THEME 86 흙막이 벽식 공법

1 토류판 공법

H-pile을 일정한 간격으로 박고 굴착장비로 하향 굴토를 하면서, H-pile 사이에 토류판을 끼워 흙막이벽을 만드는 공법을 말한다. 시공이 간단하고, 공사기간이 짧고, 공사비가 저렴한 장점이 있다. 하지만 비교적 양질의 지반에 사용해야 하며, 차수의 효과가 적으며, 근입장의 길이가 작을 경우 히빙(heaving)현상이 일어날 우려가 크다. 시공 시 H-pile의 수직도를 유지해야 하며, 흙막이 배면에 배수 공법 등을 이용해 지하수위를 저하시킬 필요가 있다.

토류판 공법

Steel Sheet Pile 공법

2 Steel Sheet Pile 공법

강재 철재 널말뚝을 연속으로 박아 수밀성 있는 흙막이벽으로 조성하여 띠장 및 버팀대로 지지하는 공법을 말한다. 지하수위가 높은 연약지반에 적용성이 높으며 자갈층·암반층 등을 제외한 모든 지반에 적용이 가능하다. 시공이 용이하고, 차수성이 좋으며, 공사비가 저렴하고, 재질이 균등하다. Sheet Pile 타입 시 직타로 인한 소음, 진동이 심하고, 근입 깊이를 깊게 하지 않으면, 히빙(heaving)현상이 발생하기 쉽다.

3 주열식 공법

1) C.I.P(Cast In Place Pile) 공법

연약지반이나 지하수위가 낮은 지반에서 주로 적용되는 공법으로, Earth Drill, Auger, Rotary Boring 등의 굴착장비로 소정의 깊이까지 천공하여 지상에서 조립된 철근망 또는 H-Beam 등을 삽입하여, 조골재를 채우고 모르타르를 주입하는 주열식 흙막이를 말한다. 현장에서는 조골재 및 모르타르를 주입하지 않고 바로 콘크리트를 타설한다. 현장 콘크리트 타설 시 피복두께를 확보하고, 천공 시 수직 정밀도를 확보하며, 천공부위에 철근망을 삽입 시 철근망이 변형이 일어나지 않도록 주의해야 한다.

2) S.C.W(Soil Cement Wall) 공법

soil에 시멘트 페이스트(cement paste)를 직접 혼합하여, 현장 콘크리트 파일을 연속시켜 지중연속벽을 형성하는 공법으로 차수성이 우수하고, 공사비가 저렴하며, 공사기간이 단축된다. 소음 및 진동 등이 적어 인근 민원 발생이 적으나, 시공자의 기술 능력에 따라 품질의 차이가 크고, 지반의 토사 성질의 양부에 따라 강도가 좌우되므로 주의 깊은 시공이 요구된다. 연속방식은 3축 오거로 하나의 Element를 조성하고, 반복시공함으로써 지중연속벽을 구성하고, Element 방식은 3축 오거로 Element를 만들고 1개공씩 간격을 두고 선·후행으로 반복시공해 지중연속벽을 구축하는 것이며, 선행방식은 1축 오거로 1개공씩 간격을 두고 선행 시공한 다음, Element 방식과 동일한 방법으로 진행하며, 현장 시공 시 근입장의 깊이를 1.5~2.0m 유지하고, 오거(Auger)를 설치 시 로드(Rod)의 수직도를 확인한다.

4 지하연속벽(diaphragm wall) 공법

지하연속벽 공법이란 지수벽 및 구조체로 이용하기 위해 지하에 트렌치를 굴착 후 철근망을 삽입 후 콘크리트를 타설하여 여러 패널(panel)을 하나의 구조체로 형성하는 공법을 말하며, 소위 slurry wall이라고도 한다. 부지를 코너를 기점으로 주출입구와 안정액 plant 장비를 고려하여 primary-panel을 정하고, panel의 양생순서에 따라 second panel의 시공순서도를 작성한다. 지하연속벽을 시공하기 위한 선행공종으로 굴착 시 붕괴방지, 수직도 유지, 굴착 시 안내벽 역할, 거치대 역할, 계획고 및 측량의 기준이 된다. Hang Grab로 선행굴착, Guide wall을 따라 1~2m 가량 굴착한다. Hang Grab로 1차 굴착이 종료하면, BC-cutter로 굴착을 한다. 별도의 철근 가공장에서 철근망을 조립한 뒤, 주 크레인(crane)과 보조 크레인이 동시에 철근망을 Balance Frame 이용해 양중하며, 철근망의 변형에 유의하고 피복두께 등을 고려하여 지하공벽에 삽입을 한다. 콘크리트를 타설하기 위해 Tremie pipe를 관입하고, 타설준비를 한다. 콘크리트 타설 시 균등하게 타설하며, 연속타설을 위해 레미콘 배차 계획을 실시한다. slime이 혼합되어 있는 지하연속벽의 상단부를 파쇄한 후, 철근을 배근하여 콘크리트를 타설하여 wall girder를 형성해 각 panel이 연속성을 확보할 수 있도록 한다.

Plus note

THEME 87 흙막이 지보공 공법

1 어스앵커(Earth Anchor) 공법

흙막이벽 등의 배면에 천공하여 앵커체를 삽입해 그라우팅하여 주변지반을 지지하는 공법을 말한다. 지지방식에 따라 마찰형, 지압형, 마찰지압(복합)형이 있으며, 용도에 따라 가설용과 영구용으로 구분된다. 인장재를 가공하고 조립한 후 흙막이 배면을 천공하고 인장재를 삽입한다. 1차 그라우팅(grouting) 후 양생하고 인장확인시험 후 인장 정착하고 2차 그라우팅(grouting)하면 종료된다. 어스앵커는 버팀대가 없어, 작업공간 활용 및 공기단축이 용이하며, 좁은 공간에서도 작업할 수 있는 장점이 있다. 이에 반해 앵커 시공 후 점검이 어려우며, 인접지반에 구조물 기초 또는 매설물이 있을 경우 시공이 곤란하다.

어스앵커

소일네일링

2 소일네일링(Soil nailing) 공법

흙과 보강재 사이에 마찰력과 보강재의 인장·전단응력 및 휨모멘트에 대한 저항력으로 흙과 nail이 일체화되어, 지반의 안정성을 확보하는 공법이다. 주로 굴착면과 사면안정에 적용되며, 사용재료로는 인장재인 nail과 지압판, grouting재, 와이어메쉬(wire mesh) 등이 있다. 시공은 먼저 굴착을 하고 1차 그라우팅(grouting)하고, 천공한 후 nail을 삽입하고, 양생 후 인장시험을 거쳐 nail을 정착하고, wire mesh를 설치한 다음 2차 그라우팅하면 작업이 종료된다. 주로 건축현장보다는 토목공사 현장에 사용된다.

3 역타(Top Down) 공법

지하연속벽(diaphragm wall)을 본 구조체의 지하 외벽으로 이용하고, 1층 바닥 슬래브, 기둥, 기초를 시공하면서, 점진적으로 하향 진행하는 것과 동시에 지상부도 시공해 나가는 방식을 말한다. 일반적으로 기둥 및 기초는 R.C.D 공법을 사용하여, 지상과 지하가 동시에 시공되므로 공사비는 상승되나 공기가 단축되는 이점이 있다.

역타공법의 종류는 크게 3가지로 분류되는데, 완전역타공법, 부분역타공법, Beam & Girder식 역타공법이 있다. 시공방향에 따라 다운업(Down-up), 업업(UP-UP), 탑다운(Top-Down)이 있고, 바닥(slab)시공방법에 따라 SOG(slab on ground), BOG(beam on ground), SOS(slab on support), NSTD(non supporting top down)로 구분된다. 지보공법에 따라 SPS(strut as permanent system), CWS(buried wale continuous wall system)으로 구분된다.

완전역타공법(Full Top Down)은 지하 각 층 슬래브를 지하연속벽에 완전히 지지하는 공법이고, 부분역타공법(Partial Top Down)은 슬래브를 부분적으로 시공하는 공법이며, Beam & Girder식 역타공법은 지하 철골 구조물에 Beam과 Girder를 지하연속벽에 지지해서 하향 굴착하는 공법이다. 다운업(Down-up)은 공사비 절감을 목적으로 하고, 1층에서 지하층을 공사하면서 지하층을 완료한 후 지상을 공사하는 공법이다. 업업(UP-UP)은 기초를 완성한 후, 지하층 수직부재와 지상 공사가 동시에 시행하는 공법이다. 탑다운(Top-Down)은 지하층과 지상층을 동시에 공사하는 방식이다.

1) SOG(slab on ground)

Flat slab에 적합한 공법으로, 1층 바닥을 시공하기 위해 토사를 굴착한 후 바닥에 합판 등을 설치하고 철근 배근 및 con'c를 타설해 1층 바닥을 slab level로 시공하는 것을 말한다.

2) BOG(beam on ground)

지반을 보 하부 level로 굴착한 후 바닥에 합판 등을 설치하고 girder와 beam 옆면 거푸집을 설치하고, 바닥과 보 철근 배근 후 콘크리트를 타설하는 공법을 말한다.

3) SOS(slab on support)

지반에서 골조 바닥보다 2m 정도 깊게 굴착한 뒤 굴착 저면에서 support를 설치하고 거푸집을 조립해 콘크리트를 타설하는 공법이다.

4) NSTD(non supporting top down)

일정 간격으로 sleeve를 매립한 1층 slab를 타설한 후 sleeve 내부로 wire를 관통하여 하층부 slab를 달아 내리는 방식이다. slab 거푸집 해체작업이 없어 공기단축이 가능하고, 가설재 소요량이 적은 장점이 있다.

5) SPS(strut as permanent system)

본 구조물의 보를 기둥에 연결하여, 흙막이 지보공 Strut로 이용하는 공법으로, Strut용 가시설의 설치 및 해체의 작업을 감소시킴으로써, 공기단축의 효과가 있는 공법이다. 지하연속벽과 철골보의 접속 부분에서의 용접 작업을 할 경우 콘크리트 잔재물 등의 용접면 청소 및 정리 등의 불량, 결속 위치 불일치 등 접속부위 안정성 저하의 위험 우려가 있으므로 반드시 용접 검사를 시행해야 한다. 가설공사가 필요 없고, 해체공정이 없으며, 작업 공간이 넓고, 지하・지상공사 동시 가능하여 공기단축이 가능하며 현장 유지관리가 용이하다. 반면, 대자가 넓을 경우 비용이 증대되며, 철골보의 단면이 증대될 수 있는 단점이 있다.

6) CWS(buried wale continuous wall system)

철골 띠장, 보, 슬래브를 선시공하고 지하연속벽과 슬래브를 연속하여 상향 시공하는 공법으로, king Post를 이용한 철골 Top Down이다. 테두리보 대신 철골 좌대에 의해 지지되는 매립형 철골 띠장을 적용하여, 공정일원화와 연속성을 확보하는 공법이다. 구성요소는 매립형 철골 띠장과 좌대, 영구 철골 보로 구성된다.

Plus note

THEME 88 차수 공법

1 개요

차수공법은 터파기 주변부에 발생하는 물을 차단하는 공법으로, 특히 지반내에 존재하는 피압수(Confined ground water)에 대한 대책이 필요하다. 피압수는 대수층에 존재하는 것으로, 투수계수가 작아 물이 침투하기 어려운 불투수층 사이에 있으며, 지하수가 불투수층 사이에 있기에 부력을 발생시키거나, 용출현상, 공벽 붕괴 등의 위험요소를 내포하고 있다. 피압수에 대한 피해 방지대책으로는 배수공법을 시행하거나, 지수벽의 근입 깊이를 깊게 하고, 차수성이 높은 흙막이를 시공하고, 약액주입을 하는 등의 방법이 있다.

2 차수공법의 종류

1) 흙막이 공법

터파기 주변에 차수성이 강한 흙막이 벽을 시공하여 투수층을 관통하고 투수층 하부의 불투수층까지 관입시켜 지하수를 차단하는 공법으로, 이미 설명한 지하연속벽(diaphragm wall) 공법과 Sheet Pile 공법이 있다.

2) 고결 공법

① 생석회 말뚝

지중에 생석회(Cao) 말뚝을 설치하여 흙을 고결시켜, 연약 지층을 강화하는 공법이다. 흙 속에 물을 급속하게 탈수하여, 말뚝 체적이 2배 이상으로 팽창하여 지반을 강제압밀, 지지력 증대 등의 효과를 발현한다. 생석회(Cao)가 흡수, 발열함에 따라 간극수압 발생이 억제되고, 압력에 의해 연약층을 압밀 및 압축시킨다. 생석회와 연약 지층 흙이 화학반응을 일으켜 말뚝 주변의 흙이 고결하는 방식으로, 연약 점토, 실트질의 지층 개량에 적합하다.

② 소결 공법

점토질의 연약지반에 보링(Boring)하여 천공을 하고, 구멍을 가열하여 주변 흙을 탈수시켜 지반을 개량하는 공법이다. 공법의 종류는 밀폐식과 개방식에 의한 방법이 있다.

③ 동결 공법

지중의 수분을 일시적으로 동결시켜 지반의 강도와 차수성을 향상시키는 공법이다. 토질에 관계없이 일정하게 동결시키며, 시공관리가 용이하고, 신뢰성이 높으며, 동결된 흙의 강도가 대단히 크고 차수성이 높은 장점이 있다. 하지만 공사비가 높으며 지하수위 유속이 빠를 경우 동결이 곤란하다. 공법의 종류로는 가스(Gas)방식과 브라인(Brine)방식이 있다.

3) 약액주입 공법

① L.W(Labiles Wasserglass) 공법

시멘트 페이스트를 규산소다와 혼입하여 지반을 고결시키는 공법으로 지중에 cement paste를 먼저 주입하고 지반의 공극을 채우고 L.W(Labiles Wasserglass)를 $0.3 \sim 0.6 \, N/mm^2$ 정도의 저압으로 주입하여 지반을 고결시킨다.

② J.S.P(Jumbo Special Pile) 공법

지반을 천공하여 2중관 주입관 삽입하고 설치한 상태에서 노즐에 초고압수 $200kg/cm^2$에 의해 경화재와 Air $7kg/cm^2$를 분사하여 지반을 파쇄시켜 슬라임(Slime)을 외부로 배출하면서 경화재가 흙과 충전 및 혼합되어 원주형의 고결체를 형성시키는 공법이다. $N \leq 30$ 이하의 모든 지반에서 적용이 가능하며, 지반개량 효과가 매우 우수하고, 차수효과가 확실한 장점이 있다. 하지만 지하수 오염 등의 환경 문제 발생 우려가 있으며, 슬라임(Slime) 발생량이 많고, 지반 변형을 가져올 수 있다.

Plus note

THEME 89 배수 공법

1 개요

배수 공법은 건축물 등을 구축할 시 굴착면이 지하수위보다 낮아 유입되는 물을 양수하여 지하수위를 저하시켜 굴착 및 기초공사의 효과·효율적인 시공을 위해 채택하는 공법이다. 배수 공법을 통해 점토지반을 압밀촉진시키고, 건설장비의 주행성을 향상시키며, 보일링(Boiling)현상 및 히빙(Heaving)현상을 방지할 수 있다.

2 배수 공법의 종류

1) 중력배수 공법

중력의 법칙에 의해 물이 높은 곳에서 낮은 곳으로 흐르는 현상을 이용해 지하수위를 저하시키는 공법으로 집수정 배수, 깊은 우물 공법 등이 있다.

① 집수정 배수

터파기를 시행한 굴착 저면에 깊은 집수통을 설치하여 지하수가 자연적으로 고이게 하여 수중에 설치한 pump에 의해 외부로 배출시키는 배수 공법이다.

② 깊은 우물(Deep well) 공법

터파기 굴착 저면에 깊은 우물을 파고, 케이싱 스트레이너(Casing Strainer)를 삽입하여 수중 pump로 양수시키는 공법이다. 깊은 우물 공법은 용수량이 많아 웰포인트(Well point) 배수 공법 적용이 어려운 곳, 대수층이 사력층으로 인해 웰포인트가 곤란한 경우, 보일링(Boiling)현상 및 히빙(Heaving)현상 발생 가능성이 높은 경우 시행한다.

2) 강제배수 공법

① 웰포인트(Well point) 공법

지중에 집수관 pipe를 1~2m 정도 일정한 간격으로 박고, 웰포인트(Well point)를 사용해 지하수를 진공으로 흡입하고 탈수하는 공법이다. 투수층이 비교적 낮은 사질지반에 용이하며, 보일링(Boiling)현상 및 히빙(Heaving)현상 방지가 가능하고, 공사비 및 공기 단축이 가능하다. 하지만 웰포인트 시공으로 압밀침하로 인해 주변 대지 및 도로에 균열 발생 우려가 있으며, 주변 우물이 고갈될 위험성이 있다.

② 진공 Deep well

우물관 내에 진공 pump를 이용해 가압하고, 지하수를 집수하여 수중 pump로 배수해 지하수위 및 피압수두를 저하시키는 배수 공법이다. 주로 점토질 지반개량에 채택되며, 배수량이 많을 경우 사용한다. 웰포인트에 비해 시공이 고가이며 투수층이 작은 대수층에 적용된다.

3) 영구배수(Dewatering) 공법

Dewatering은 지하수로 인해 건축물이 부력(浮力)을 받아 부상(浮上)하는 것을 방지하는 배수 공법으로 기초 콘크리트 상부의 누름 콘크리트 속에 배수관을 설치하거나 유공관을 설치한다. 기초 시공 전·후 모두 시공이 가능하며, 지하수의 수량에 따라 설치 공수를 조절한다. 기초하부에 설치된 pvc유공관이 이물질 등에 막히는 것에 유의해야 하며, 누름 콘크리트 내에 설치된 배수 pipe에 발생하는 결로(結露)에 대한 대책도 필요하다. Dewatering의 공법 종류에는 Draim mat system과 Trench System이 있다.

Plus note

THEME 90 흙막이 하자 유형

1 개요

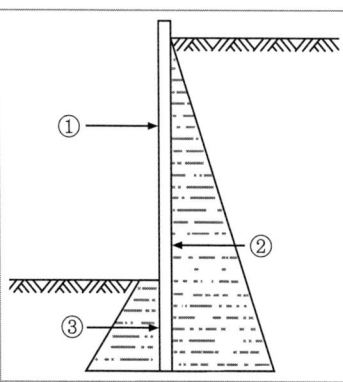

① 버팀대(R)의 반력
② 주동토압(Pa, Active Earth Pressure)
　벽체가 뒷면의 흙으로부터 떨어지도록 움직일 때 발생하는 흙의 압력
③ 수동토압(Pp, Pasive Earth Pressure)
　벽체가 흙쪽으로 향해 이동 시 흙이 벽체에 미치는 압력
④ 정지토압(Po, Earth Pressure at rest)
　벽체의 변위가 없을 때의 토압
　Pa < Pp + R : 안전
　Pa = Pp + R : 정지토압
　Pa > Pp + R : 붕괴발생

2 보일링(Boiling)현상

　사질지반에서 투수성이 클 경우, 흙막이 배면과 굴착저면의 지하수위차로 인해 굴착저면을 통해 모래와 물이 부풀어 올라 마치 끓어오르는 것처럼 나타나는 현상을 말한다. 흙막이의 근입장 깊이가 부족할 때, 흙막이 벽의 배면과 굴착저면과의 지하수위차가 클 경우, 굴착 하부 지반에 투수성이 큰 사질층이 존재할 경우 발생한다. 이에 대한 대책으로 흙막이 근입장을 깊게 하여 불투수층까지 박아 넣고, Deep well, Well point 등의 배수 공법을 적용한다. 수밀성이 지하연속벽(diaphragm wall) 공법과 Sheet Pile 공법을 적용하는 것도 바람직하다. 또한 약액주입 공법을 채택해 지수벽 또는 지수층을 형성하는 방법도 있다.

3 히빙(Heaving)현상

　연약 점토지반을 굴착 시 흙막이벽 내외 흙의 중량 차이에 의해서 굴착 저면의 지지력을 상실하여 붕괴되고, 배면에 있는 흙이 내부로 밀려 들어와 굴착 저면이 부풀어 오르는 현상을 말한다. 주로 흙막이벽의 근입장이 부족하거나 흙막이벽 내외 흙의 중량 차이에 의해서 발생한다. 흙막이 근입장을 경질지반까지 박거나, 강성이 큰 흙막이 벽을 사용하여 히빙(Heaving)현상을 방지한다.

4 파이핑(Piping)현상

사질지반에서 주로 발생하는 현상으로, 흙막이 배면의 토사가 유실되면서, 지반 내에 파이프(pipe) 형태로 수로가 만들어져 지반이 파괴되는 현상을 말한다. 흙막이 배면의 지하수가 과다 및 피압수 존재, 흙막이벽이 차수성의 문제로 인해 발생한다. 차수성이 높은 흙막이벽을 시공하거나, 지하수위를 저하, 지반의 고결, 흙막이벽의 밀실한 시공 등의 방법으로 파이핑 현상에 대처하여야 한다.

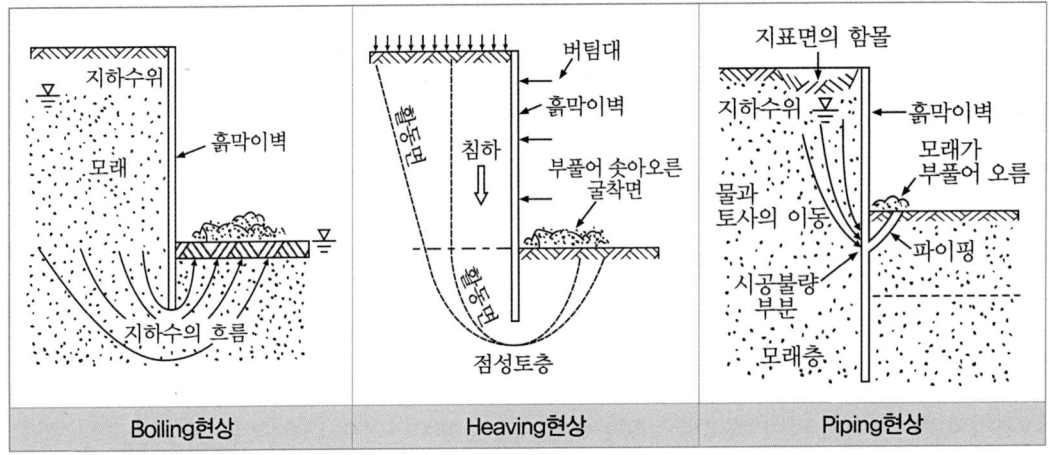

Plus note

THEME 91 지반개량 공법

1 사질지반 개량 공법

1) 진동다짐(Vibro Floatation) 공법

수평방향으로 진동을 하는 Vibro Float를 이용해 느슨해진 사질토를 개량하는 공법으로, 진동과 물 다짐을 병행하여 지반을 밀실하게 다져 지지력을 증대시킨다.

2) 폭파다짐 공법

지중에서 폭약 등의 화약을 폭발시켜 가스를 발생시켜, 지반을 파괴하여 다지는 공법이다. N≥40까지 다짐이 가능하고, 완전 건조 지반, 100% 포화상태 지반도 적용이 가능한 공법이며, 공사비가 저렴한 편이다.

3) 전기충격 공법

사질지반에서 Water Jet으로 굴진과 동시에 물을 주입해 지반을 포화상태로 형성한 다음, 방전 전극을 삽입해 대전류를 흘려 보내어 고압 방전을 일으킨 충격으로 지반을 다지는 공법이다. 지중에 보내는 방전에너지 조정이 가능하고, 방전 횟수가 많을수록, 시공 간격이 조밀할수록 다짐 효과가 증대되며, 사질지반에 적용성이 우수하다.

4) 약액주입 공법

지반의 지수 및 차수, 지반강도를 증대할 목적으로 지중에 주입관을 삽입하여 약액을 주입하고, 흙입자 간의 공극을 충진함으로써 지반을 고결시키는 공법이다. 소음·진동이 적고 공기가 짧으며, 흙막이 저면의 Heaving 현상 및 기초 지지력을 보강하고, 인접건물의 underpinning 효과가 있으나, 약액에 따른 지하수 오염 발생 우려가 크다.

5) 동압밀(다짐) 공법

지반에 100~200t 가량의 추를 크레인 등에 매달아 10~40m 높이에서 낙하시켜 지표에 충격을 가해, 지반의 심층까지 다짐효과를 기대할 수 있는 공법이다. 쇄석성토 지반, 사질토, 점성토 등의 지반에 적용이 가능한 공법으로, 타격에너지를 크게 증가시켜 깊은 심도까지 개량할 수 있으며, 지반 내에 장애물이 있어도 시공 가능하다. 지표면의 충격에 의한 소음·진동, 인접 건물 부동침하 및 균열 발생 등으로 민원 발생 우려가 있어, 이에 대한 대비책을 강구하여 작업을 진행해야 한다.

2 점토지반 개량 공법

1) 치환 공법

연약지반을 양질의 재료로 치환하여, 지반의 안정도를 증대시키는 공법으로, 굴착치환 공법, 미끄럼치환 공법, 폭파치환 공법이 있다. 굴착치환 공법은 연약층의 일부 또는 전부를 제거하여 양질의 흙으로 치환하는 공법으로 공기가 짧고, 개량효과가 확실하나 다른 공법에 비해 시공능률과 경제성에서 불리하다. 미끄럼치환 공법은 양지의 치환토의 성토자중에 의해 연약층 전단면을 강제로 밀어내어 연약층을 양질토로 치환하는 공법으로 굴착치환 공법에 비해 공사 효과가 불확실하다. 폭파치환 공법은 연약층에 폭약을 삽입해 폭발시키고 연약층을 밀어내어 양질의 흙으로 치환하는 공법으로 폭파에 의한 소음·진동에 대비하여 공사를 진행해야 한다.

2) 압밀 공법

점토지반에 하중을 가해 흙을 압축시키는 개량 공법으로, 선행재하(Preloading) 공법, 사면전단재하 공법, 압성토(Surcharge) 공법이 있다. 선행재하(Preloading) 공법은 연약지반의 표면에 등분포하중을 가해 지반을 압밀침하를 촉진시키는 공법으로 다소 공기가 소요된다. 사면전단재하 공법은 성토한 비탈 측면을 1m 정도 돋움하여 비탈면 종단의 전단강도를 증가시킨 후, 더돋움 부분을 제거해 비탈면을 정리하는 공법이다. 압성토(Surcharge) 공법은 토사의 측방에 소단 모양의 성토를 하여 활동에 대한 저항 모멘트를 증가시켜 성토지반의 활동 파괴를 예방하는 공법이다.

3) 탈수 공법

연약한 점성토 지반에 투수성이 우수한 Drain을 박아 지중의 간극수를 수평으로 탈수시켜 압밀을 촉진하는 공법으로, Sand Drain 공법, Paper Drain 공법, Pack Drain 공법이 있다. Sand Drain 공법은 sand pile을 박고 지중의 물을 지표면으로 제거하여 단시간에 지반을 압밀 강화하는 공법으로, 압밀효과가 크고 침하속도를 조절할 수 있다. Paper Drain 공법은 Sand Drain 공법과 유사한 공법으로, 모래 대신에 Card Board를 지반에 압밀해 촉진시키는 공법으로 시공이 빠르고 지반 교란이 적은 장점이 있다. Pack Drain 공법은 pack에 모래를 채워 drain의 연속성을 확보한 공법으로 시공속도가 빠르고 모래 사용량이 감소되나, 장비의 선정의 어려움이 있다.

4) 고결 공법

① 생석회 말뚝

지중에 생석회(Cao) 말뚝을 설치하여 흙을 고결시켜, 연약 지층을 강화하는 공법이다. 흙 속에 물을 급속하게 탈수하여, 말뚝 체적이 2배 이상으로 팽창하여 지반을 강제압밀, 지지력 증대 등의 효과를 발현한다. 생석회(Cao)가 흡수, 발열함에 따라 간극수압 발생이 억제되고, 압력에 의해 연약층을 압밀 및 압축시킨다. 생석회와 연약 지층 흙이 화학반응을 일으켜 말뚝 주변의 흙이 고결하는 방식으로, 연약 점토, 실트질의 지층 개량에 적합하다.

② 소결 공법

점토질의 연약지반에 보링(Boring)하여 천공을 하고, 구멍을 가열하여 주변 흙을 탈수시켜 지반을 개량하는 공법이다. 공법의 종류는 밀폐식과 개방식에 의한 방법이 있다.

③ 동결 공법

지중의 수분을 일시적으로 동결시켜 지반의 강도와 차수성을 향상시키는 공법이다. 토질에 관계없이 일정하게 동결시키며, 시공관리가 용이하고, 신뢰성이 높으며, 동결된 흙의 강도가 대단히 크고 차수성이 높은 장점이 있다. 하지만 공사비가 높으며 지하수위 유속이 빠를 경우 동결이 곤란하다. 공법의 종류로는 가스(Gas)방식과 브라인(Brine)방식이 있다.

5) 배수 공법

① 웰포인트(Well point) 공법

지중에 집수관 pipe를 1~2m 정도 일정한 간격으로 박고, 웰포인트(Well point)를 사용해 지하수를 진공으로 흡입하고 탈수하는 공법이다. 투수층이 비교적 낮은 사질지반에 용이하며, 보일링(Boiling)현상 및 히빙(Heaving)현상 방지가 가능하고, 공사비 및 공기 단축이 가능하다. 반면 웰포인트 시공으로 압밀침하로 인해 주변 대지 및 도로에 균열 발생 우려가 있으며, 주변 우물이 고갈될 위험성이 있다.

② 깊은 우물(Deep well) 공법

터파기 굴착 저면에 깊은 우물을 파고, 케이싱 스트레이너(Casing Strainer)를 삽입하여 수중 pump로 양수시키는 공법이다. 깊은 우물 공법은 용수량이 많아 웰포인트(Well point) 배수 공법 적용이 어려운 곳, 대수층이 사력층으로 인해 웰포인트가 곤란한 경우, 보일링(Boiling)현상 및 히빙(Heaving)현상 발생 가능성이 높은 경우 시행한다.

6) 동치환(Dynamic Replacement) 공법

크레인에 중량의 추를 매달아 자유낙하시켜, 기 포설된 쇄석, 모래, 자갈 등을 타격하여 연약지반에 대구경의 쇄석기둥을 형성하는 공법으로 점토성지반, 심도가 얕은 연약층 지반에 적용된다.

7) 전기침투 공법 및 대기압 공법(진공압밀 공법)

전기침투 공법은 물이 양(+)극에서 음(-)극으로 흐르는 원리를 이용해 점토 지반의 간극수를 탈수하여 지반강도를 증가시키는 공법으로, 현재는 사용하지 않는다. 점토지반의 간극수를 탈수하고, 강제배수와 병용해 압밀촉진시켜, 지반강도를 증진시킨다. 대기압 공법은 연약 점토층을 탈수에 의해 압밀 촉진시키는 공법으로, 지중을 진공상태로 형성하여 대기압으로 재하중으로 사용한다. 깊은 심도까지 압밀효과가 확실하며 공기단축 및 시공성이 양호하나 침하발생 시 배수기능 불량에 따른 압밀효과가 저하될 수 있다.

THEME 92 계측기기의 종류 및 특징

1	지중경사계 (Inclinometer)	흙막이벽, 배면지반에 굴착심도보다 깊게 천공하여 설치하여 굴착 작업 시 흙막이가 배면 측압에 의해 기울어지는 정도를 파악
2	지하수위계 (Water level meter)	흙막이벽 배면지반에 대수층까지 천공하여 설치하고, 지하수위의 변화를 측정하여 지하수위 변화의 원인을 분석
3	간극수압계 (Piezometer)	연약지반의 배면에 연약층의 깊이별로 설치하고 굴착 작업에 따른 과잉간극수압의 변화를 측정하여 안전성을 판단
4	변형률계 (Strain Gauge)	지보공(strut) 및 띠장(wale), 각종 강재에 용접 등으로 부착을 하고 굴착 작업에 따른 지보공(strut) 및 띠장(wale), 각종 강재 등의 변형 정도를 측정
5	지표침하계 (Surface Settlement)	흙막이벽 배면 및 인접도로변에 설치하여 굴착작업으로 인한 인접지반의 침하를 측정
6	하중계 (Load Cell)	지보공(strut), 어스앵커(Earth Anchor) 부위에 각 단계별로 하향 굴착하면서 설치하여, 축하중 변화상태를 측정해 부재의 안전성을 파악
7	지중침하계 (Extensometer)	흙막이벽 배면과 인접 건물 주변에 천공하여 설치하는 것으로, 각 층별 침하량의 변동 상태를 확인
8	균열측정기 (Crack guage)	인접구조물에 설치하여 굴착 등의 작업으로 인한 균열의 크기와 변화를 측정
9	건물경사계 (Tilt meter)	인접구조물의 골조 등에 설치하여 굴착 등의 작업으로 인한 건물의 기울기를 측정해 안전진단에 활용
10	진동·소음 측정기 (Vibration monitor)	인접구조물 또는 현장에 굴착 작업 등으로 인해 발생하는 소음과 진동의 정도를 측정

균열측정계(Crack guage)

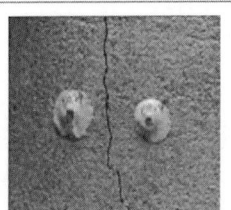

변형률계(Strain Gauge)

하중계(Load Cell)

건물경사계(Tilt meter)

THEME 93 기초공사 일반

1 기초의 형식에 따른 분류

기초판의 형식에 따라 독립기초, 복합기초, 연속기초(줄기초), 온통기초로 분류된다. 독립기초는 단일 기둥을 지지하는 기초형식이다. 복합기초는 2개 이상의 기둥으로 전달되는 하중을 하나의 기초판으로 지지하는 기초형식으로 대지가 협소한 경우 많이 적용되는 공법으로 편심에 주의하여 하중을 균등하게 배분해야 한다. 연속기초는 줄기초라고도 하며, 길게 연속되어 기둥과 벽체의 하중을 부담하는 기초형식이다. 온통기초는 매트기초라고도 하며, 기둥과 벽을 전체적으로 하나의 기초판으로 하중을 부담하는 기초형식이다.

2 지정 형식에 따른 분류

1) 직접기초

① 모래지정 : 기초 하부의 지반이 연약하고, 그 하부가 2m 이내에 굳은 지층이 있을 때 굳은 지층까지 파내어 모래를 넣고 물다짐한다.
② 자갈지정 : 5~10cm 정도 자갈을 깔고 다진 후 그 위에 밑창 콘크리트를 타설한다.
③ 잡석지정 : 기초 밑, 콘크리트 바닥 밑에 10~25cm 크기의 막돌 등을 옆 세워 깔고 사춤자갈 또는 모래 섞인 자갈 등으로 틈막이를 한다.
④ 밑창 con'c 지정 : 자갈·잡석 지정 위의 기초 저면에 먹매김을 하기 위해 5cm 정도의 콘크리트를 타설한다.

2) 말뚝기초

3 말뚝기초의 기능상 분류

1) 지지말뚝

연약 지반에 말뚝을 관입하여 경질의 지지층에 도달시켜 상부 구조물의 하중을 말뚝의 선단 지지력에 의존하게 하는 것이다. 선단지지말뚝(End Bearing Pile)이라고도 하며, 말뚝의 단면이 받는 하중은 말뚝의 두부와 선단이 거의 일치한다. 연약지반의 변화에 대해 영향이 거의 없으며, 구조적으로 안정성을 확보할 수 있으나, 부마찰력(Negative Friction)이 발생할 우려가 있다.

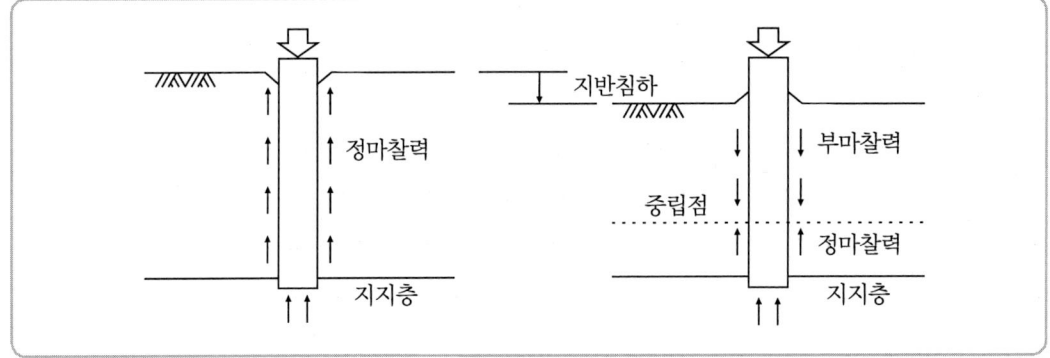

부마찰력(Negative Friction)이란 지지말뚝에서만 발생하는 것으로 지반이 연약할 경우 하향으로 작용하는 주면마찰력을 말한다. 부마찰력으로 인해 지반 침하, 구조물 균열, 말뚝의 지지력 감소, 건물 누수 등의 문제점이 발생한다. 부마찰력은 연약지반, 지반 치환이 불량한 경우, 말뚝 간격이 조밀한 경우, 함수율이 크거나 진동, 지표면의 상재하중이 과할 경우 등 발생한다. 이에 대한 대책으로 연약지반을 개량하거나, 치환, 재하 등의 공법을 적용하고, 말뚝에 진동을 주지 말고, 배수 공법을 시행하며, 지하수위를 저하시켜 수압 변화를 방지하는 방법이 있다. 또한, 주변에 역청제를 도포하여 말뚝과 흙 사이에 미끄럼층(slip layer)을 형성해 부마찰력을 저감시키는 S.L.P(Slip Layer Pile) 말뚝을 사용하기도 한다.

2) 마찰말뚝

연약지층이 깊어 경질 지반까지 말뚝이 도달할 수 없을 경우 말뚝의 전 길이의 주면마찰력에 의해 지지하는 말뚝을 말한다. 말뚝의 두부가 받는 하중은 말뚝의 길이에 반비례하고, 말뚝의 선단은 거의 하중을 받지 못한다.

3) 다짐말뚝

말뚝을 무리를 지어 박음으로써 연약한 지반을 밀실하게 다지도록 하는 말뚝으로, 느슨한 사질지반에 주로 사용되며 무리말뚝이라고도 한다. 지반의 밀도를 높이기위해 가장자리에서 중앙으로 시공하며, 지반의 무른 정도를 판단하여 말뚝의 간격을 결정한다.

4) 빗말뚝

횡말뚝으로 횡방향에 저항하는 말뚝을 말한다.

5) 인장말뚝

매우 큰 휨모멘트를 받는 기초의 인장측에 사용되거나 말뚝의 재하시험 시 하중 재하 말뚝과 같이 인장력에 저항하는 말뚝을 말한다.

6) 앵커말뚝

반력말뚝 재하시험의 경우 유압잭에 대한 반력용으로 사용하는 말뚝이다.

4 말뚝기초의 형상에 따른 분류

1) 선단확대말뚝(Base Enlarged Pile)
현장타설 콘크리트 말뚝으로, 말뚝 선단부 단면을 확대시켜 지반과 접하는 면적을 크게 하여, 선대확대부를 기초로 이용하는 말뚝이다. 선단을 확대하여 지지력을 증대시키고, 굴착토와 콘크리트 양을 절감시켜 공기단축이 가능하다. 말뚝의 모양에 따라 균일단면말뚝, 측면경사말뚝, 선단확대말뚝으로 구분되고, 지지력 증대, 굴착 토량 감소, 사용 콘크리트 감소, 말뚝 침하량 감소 등의 장점이 있다.

2) 팽이말뚝(Top Base Pile)
팽이말뚝은 공장 제작형과 현장 타설형으로 구분하고, 공장 제작형 팽이말뚝은 짧은 팽이형의 기성 말뚝을 지반에 연속 압입하여 설치하고, 말뚝 사이 공간을 쇄석으로 채운 다음, 진동 다짐하여 팽이말뚝 상부에 있는 연결고리에 철근을 연결하여 콘크리트를 타설해, MAT 기초를 현상하는 것을 말한다. 현장 타설형 팽이말뚝은 팽이말뚝의 팽이모양의 틀을 현장에서 조립한다면 굴착 저면에 설치하고, 상부 연결철근을 설치한 후, 콘크리트를 타설하고, 쇄석을 포석하여 말뚝을 완성한다. 팽이말뚝은 원추부가 45° 접지면으로 인해 연직하중이 수직·수평 분력의 응력으로 분산되고, 상쇄되어 침하량을 저감시키는 효과가 있다.

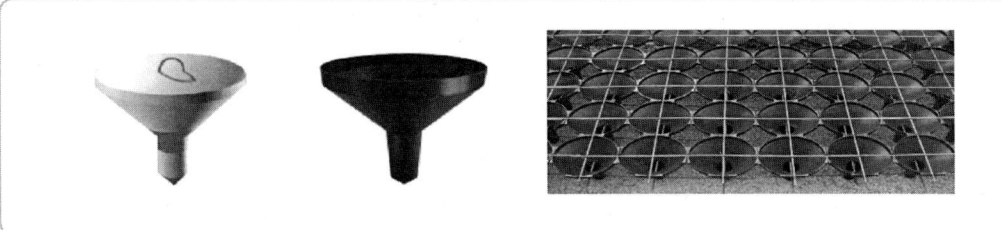

5 말뚝기초의 재료상 분류

나무말뚝	목제의 말뚝. 주로 소나무재를 사용하고, 부식 방지를 위해 지하 상수위 이하에 박아 넣는다.
기성 con'c 말뚝	일반적으로 말뚝의 길이가 15m 이내로 비교적 큰 내력을 요구하는 경우, 지하수위가 낮은 경우에 주로 쓰이며, 원심력 R.C 말뚝, P.H.C 말뚝, P.S.C 말뚝 등이 있다.
현장 con'c 말뚝	현장에서 말뚝이 형성될 소경의 위치에 천공을 하고, 철근콘크리트 등을 충진하여 만드는 말뚝으로, 제자리말뚝이라고도 한다.
강재 말뚝	강재말뚝은 원형, 각형, H형 등의 형상으로 제작된 말뚝

6 깊은기초

1) Well 공법(우물통기초)

상·하부가 개방된 1~1.5m 정도의 철근콘크리트 우물통을 지상에서 제작하여 내부를 굴착하고 침하시킨 후에 콘크리트를 타설하여 기초기둥(Pier)를 구축하는 공법으로, 경질지반을 직접 확인하면서 시공되므로 신뢰성이 우수한 공법이다. 소음과 진동이 적음, 지지층 확인이 가능하고, 협소한 현장에서도 시공이 가능하다. 이에 반해 공사비가 비교적 고가이며, 인접지반에 피해를 줄 우려가 있으며, 침하를 위한 재하작업이 복잡하다. 굴착 시 중앙부에서 시작하고 점진적으로 주변부로 진행하여 대칭형태로 만들어야 한다. 하중에 의해 침하하는 우물통 위에 재하하여 서서히 침하시키며, 중심이 기울어지기 쉬우므로 주의해서 시공해야 한다.

2) Caisson 공법

① Open Caisson(개방잠함공법)

하구조체를 지상에서 제작하여 외벽 선단에 끝날을 부착하고, 하부 중앙 흙을 굴착하여 구조체의 자중으로 침하시키는 공법으로 구조체에 편심이 발생하지 않도록 해야 한다. 잠함을 정착시키기 위해서는 중앙부를 경질 지반까지 우선 굴착하고, 철근콘크리트의 기초를 형성한 다음 주변의 기초는 그 이후에 구축한다. 건물 내부를 굴착하여 구조체 전체를 침하시키고, 시공 시 지하수를 강하시키면서 작업을 한다.

② Pneumatic Caisson(용기잠함공법)

최하부 작업실이 밀폐되어 지하수압에 상응하는 고압공기를 공급하여 지하수위의 침입이 방지하고 흙파기 작업을 진행하고 침하시키는 공법으로 용수량이 많고, 깊은 기초를 굴착 시 적용되는 공법이다. 지하구조체가 침하하는 대로 지상에서 지속적으로 이어서 제작하여 소정의 지반에 도달하면, 작업실에 콘크리트를 타설하여 기초를 형성한다.

THEME 94 기성콘크리트말뚝

1 개요

기성 콘크리트 말뚝은 비교적 큰 내력을 요구하는 경우 또는 지하수위가 낮은 경우에 주로 적용되며, 말뚝 길이가 15m 이내가 경제적이다. 말뚝은 우선 ① 지반조사를 하고, ② 지반 정지 작업을 한 다음, ③ 말뚝 중심 측량을 한다. ④ 시험말뚝박기를 하고, ⑤ 본 말뚝 시공을 한 다음, ⑥ 말뚝 이음 방법 등을 결정하고, ⑦ 지지력을 판정한 후, ⑧ 두부정리를 시행한다. 말뚝 공법을 선정 시 계약 공사비 및 공사기간, 주변여건 및 지반 상태, 말뚝 종류, 설계지지력, Hammer의 사양 등을 확인하여 가장 적합한 공법을 선정하여 시공해야 한다.

2 기성 말뚝의 종류

1) 원심력 R.C 말뚝(Centrifugal reinforced concrete pile)

공장제작을 하며, 말뚝의 형상은 중공원통형이고, 보통 R.C 말뚝이라 칭하며, 기초말뚝에 사용된다. 말뚝의 길이는 보통 15m 정도 제작이 가능하나, 5~10m 정도 적용 및 생산이 많이 되며, 허용압축강도는 80kgf/cm²이다. 재료가 균질하고 강도가 크며, 선단지반에 접착성이 우수하다. 이에 반해 말뚝이음부분에 대한 신뢰도가 부족하고, 말뚝이 중량이라 보관 및 운반, 박기 등 사전계획 및 주의가 필요하다. 말뚝 간격은 통상 말뚝지름의 2.5배 이상, 75cm 이상이다. 말뚝 선정 및 시공 시 말뚝의 품질이 확보되어야 하고, 말뚝이음 시 강도가 충분하여야 한다. 변형이 없고, 내구성이 커야 하고, 말뚝박기 시 소음, 진동을 고려해야 하며, 수직으로 박고, 인접 지반에 대한 주의가 요구된다.

2) P.S.C 말뚝(Prestressed concrete pile)

축방향으로 배근된 P.S 강재에 의해, 말뚝 전체에 Prestress를 가해 인장력을 증대시킨 말뚝으로, Pre-tension법과 Post-tension법이 있다. 말뚝이음을 용접이음을 하여 신뢰도가 높으며, 휨모멘트 저항이 크다. 말뚝 자체 및 이음매의 강도가 충분한 말뚝을 사용하며, 변형이 없고 내구성이 높아야 한다. N ≤ 30 정도의 보통 경질지층 관통이 가능하며, 말뚝 캡(Cap)을 반드시 씌우며, 말뚝의 수직도를 유지하며 시공하여야 한다.

① Pre-tension 원심력 P.S.C 말뚝

미리 P.S 강재에 인장력을 부여 하고, P.S 강재 주위에 콘크리트를 타설하고 경화된 후 P.S 강재를 절단하여 P.S 강재와 콘크리트의 부착으로 Prestress를 부여하는 공법으로 제작된 말뚝이다.

② Post-tension 원심력 P.S.C 말뚝

콘크리트를 타설하기 이전에 시스(Sheath)관을 매설하고, 콘크리트가 경화된 후 시스(Sheath)관 내에 P.S 강재를 삽입 후 단부에 정착시켜 긴장시킨 후 Prestress를 부여하고 Sheath관 내부에 cement grouting하여 제작된 말뚝이다.

3) P.H.C 말뚝(Pretensioning centrifugal H.C pile)

Pretension 방식에 의한 원심력을 이용하여 제작된 콘크리트 압축강도 800kgf/cm² 이상의 고강도 콘크리트 말뚝을 말한다. P.H.C 말뚝용 P.S강선은 고온으로 긴장력 감소를 예방하여 이완 및 풀림이 작은 특수 P.S강선을 이용한다. 설계지지력을 크게 취할 수 있으며, 타격력에 대한 저항도가 크고, 경제적인 설계가 가능하다. 휨에 대한 저항력이 크며, 크리프(creep) 및 건조수축이 적다. 말뚝이음은 용접방식을 채택하고, 말뚝 캡(cap)의 구조는 타격력에 충분히 견디는 강성으로 하며, 말뚝 이음부의 편심량은 이음부 전체에 대해 2mm 이하이다.

Plus note

THEME 95 기성콘크리트말뚝 박기 공법

1 타격 공법

항타기로 말뚝을 직접 타격하여 박는 공법으로, pile의 종류 및 총 수량, 지반의 상태 등을 고려하여 적정 Hammer를 선정한다. 타격 공법은 대체로 시공이 용이하며, 타격속도가 비교적 빠르다.

1) Drop Hammer

공이 300~600kg 내외의 것을 사용하며, 사각틀 또는 평틀식으로 비계목을 설치하고, 비계목 중심에 심대(rod)를 세워 1~2.5m 낙하고를 설정하여 말뚝을 박는다.

2) Steam Hammer

증기압을 이용해 실린더, 피스톤, 자동증기 조작밸브 등으로 타입하는 공법이다.

3) Diesel Hammer

타격에너지가 크며, 단동식과 복동식으로 구분되고, 기계틀, 기동장치, 공이 등으로 구성되어 비교적 좁은 장소에서 타입이 가능하고, 가장 많이 쓰이는 방식이다. 타격에너지가 크고, 경비가 저렴하고 기동성이 좋다. 말뚝을 박는 속도가 빠르고, 운전이 간단하며 시공관리가 용이하다. 이에 반해 타격에너지가 크므로 말뚝의 두부가 파손될 우려가 크며, 기름 및 연기 등의 비산으로 환경문제가 발생된다.

4) 유압 Hammer

유압에 의해 피스톤 로드(Piston rod)를 작동시켜 공이(Ram)를 자유낙하시켜 말뚝을 타격하는 공법이다. 말뚝박기 시 소음 및 진동이 적으며, 말뚝 두부 파손이 적고, 낙하높이를 자유롭게 선정할 수 있어 Hammer의 타격력을 조절할 수 있다. 기름 및 연기 등의 비산이 발생되지 않아 환경적인 이점을 가진다.

2 진동 공법

연약지반 및 말뚝 인발에 사용되며, Vibro Hammer로 상·하 진동으로 말뚝을 박는 공법으로, 주변 저항 및 선단 저항을 저하시켜 말뚝의 중량과 Hammer 자중으로 말뚝을 박는다. 정확한 위치에 타입이 가능하고, 말뚝 두부 손상이 적으며, 소음이 적고, 말뚝 타입 및 인발 시 겸용으로 사용 가능하다. 하지만 경질지반에서는 관입이 잘 되지 않으며, 토질변화에 순응이 적고, 말뚝의 지지력 추정이 정확하지 않다.

3 압입 공법

압입장치의 반력을 이용해 말뚝을 압입하여 박는 공법으로, 보통 Pre Boring 공법, Water jet 공법, 중공굴착 공법과 병용하며, 압입하중이 계획하중의 1.5배 이상의 하중이 필요하다. 압입하중의 측정으로 말뚝의 지지력을 판정이 가능하고 주변지반이 교란되지 않으며, 비교적 연약지반에 적용되어 소음 및 진동이 적다. 말뚝 두부 파손이 거의 없으나, 대규모 설비가 필요하고 큰 지지력을 필요로 하는 말뚝에는 부적당한 공법이다.

4 Water jet 공법(수사법)

관입이 어려운 사질지반에 유리한 공법으로 소음 및 진동이 적으며, 말뚝 두부 파손이 거의 없는 공법으로, 말뚝 선단부에 고압으로 물을 분사시켜 수압에 의해 지반을 무르게 한 후 말뚝을 박는 공법이다.

5 Pre Boring 공법(선행굴착 공법)

Auger로 먼저 천공을 하여 기성말뚝을 삽입한 후, 압입 또는 타격하여 말뚝을 설치하는 공법으로 소음 및 진동이 적고, 두부 파손이 적으며, 타입이 어려운 전석층에도 시공이 가능하다.

6 중공굴착 공법

말뚝 중공부에 스파이럴 오거를 삽입해 굴착·관입하고, 말뚝 선단부의 지지력을 크게 하기 위해 시멘트 밀크를 주입해 처리하는 공법이다. 대구경 말뚝에 적합하고, 말뚝 파손이 없으며, 소음 및 진동이 적고, 배출토사로 지질 판단이 용이한 공법이다. 우선 소정의 위치에 기계를 설치하고, 2~3m 정도 터파기한 후 보조크레인으로 말뚝을 세운다. 말뚝의 중공부에 오거를 삽입해 굴착과 동시에 말뚝을 관입하여 지지층에 도달하면 시멘트 밀크를 주입하고, 압입장치 또는 타격에 의해 말뚝을 침설하면 완료된다.

THEME 96 기성콘크리트말뚝 이음 공법

1 개요

기성 con'c 말뚝은 15m 이하의 말뚝을 일반적으로 사용하며, 15m 이상의 길이가 필요한 경우 말뚝을 이음하여 사용하며, 이음방식에는 장부식이음, 충전식이음, 볼트식이음, 용접식이음 등이 있다.

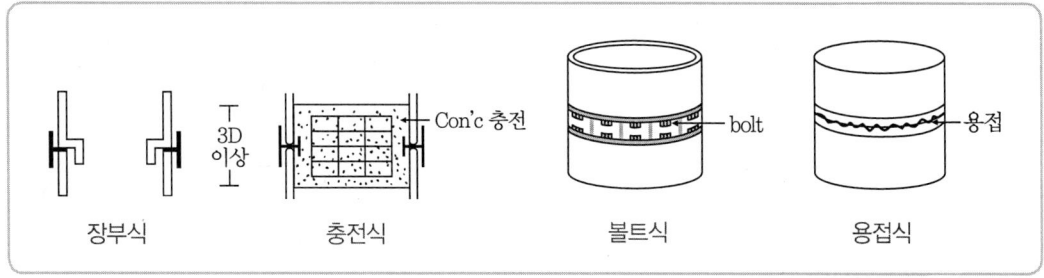

2 이음 공법 종류

1) 장부식이음

이음부에 밴드(Band)를 채워서 이음하는 공법으로 구조가 간단하고 시공이 용이하지만, 타격 시 강성이 약해 연결부위 파손이 크다.

2) 충전식이음

일반적으로 가장 많이 적용되는 공법으로, 말뚝 이음부의 철근을 따내어 용접한 후 상하 말뚝에 steel sleeve를 설치해 콘크리트를 충전하는 공법이다. 이음부의 길이는 말뚝 직경의 3배 이상이며, 압축 및 인장에 저항하며 내식성이 우수하다.

3) 용접식이음

상·하부 말뚝의 철근을 용접한 후 외부에 보강철판을 용접하여 이음하는 공법으로 설계 및 시공이 우수하여 강성이 크나, 용접부분의 부식에 대한 대비가 필요하다.

4) 볼트(Bolt)식이음

말뚝 이음부를 볼트로 조여 시공하는 방법으로 시공이 간단하고 이음내력이 우수하나, 가격이 비교적 고가이고 볼트의 내식성과 타격 시 변형이 우려된다.

THEME 97 기성콘크리트말뚝 지지력 판단방법

1 개요

말뚝의 선단 지반의 지지력과 주면마찰력의 합을 말뚝의 지지력이라고 하며, 말뚝 선단의 지지력과 주면마찰력의 합을 안전율로 나눈 것을 말뚝의 허용지지력이라 한다.

$$R_a(허용지지력) = \frac{R_u(극한지지력)}{F_s(안전율)}$$

2 정역학적 추정 방법

1) 테르자기(Terzaghi) 공식

$$R_u(극한지지력) = R_p(선단 극한지지력) + R_t(주면 극한 마찰력)$$

2) 메이어호프(Meyerhof) 공식

$$R_u = 30 N_p A_p + \frac{1}{5} N_S A_S + \frac{1}{2} N_c A_c$$

3 동역학적 추정 방법

1) 샌더(Sander) 공식

$$R_u(극한지지력) = \frac{W \times H}{S}$$

W : 타격에 유효한 Hammer 무게(kg), H : Hammer 낙하고(cm), S : 말뚝 평균 관입량(cm)

2) 엔지니어링뉴스(Engineering news) 공식

Drop Hammer	$R_u(극한지지력) = \dfrac{W \times H}{S + 2.54}$
Steam Hammer	단동식 : $R_u(극한지지력) = \dfrac{W \times H}{S + 0.254}$ 복동식 : $R_u(극한지지력) = \dfrac{(W \times a \times p) \times H}{S + 0.254}$

3) Hiley 공식

기성pile의 지지력 판단방법 중 동역학적 추정방법으로, 말뚝 타격에너지와 말뚝의 최종관입량을 기준으로 하여, 말뚝의 동역학적 극한지지력을 추정하는 공식이나 실제로는 정확하지 않다. 공사규모가 비교적 작으며 재하시험을 못하는 경우, 동일 지반에서 항타공식과 재하시험 결과를 비교할 경우, 시공관리상 말뚝지지력 변동을 확인할 경우 Hiley 공식을 적용한다.

$$R_u(극한지지력) = \dfrac{e_f \times F}{S + \dfrac{C_1 + C_2 + C_3}{2}} \times \dfrac{W_H + e^2 \times W_P}{W_H + W_P}$$

R_u: 말뚝의 동역학적 극한 지지력, S: 말뚝의 최종 관입량(cm), C_1: 말뚝의 탄성변화량(cm)
C_2: 지반의 탄성변화량(cm), C_3: Cap Cushion의 변화량(cm), e_f: Hammer의 효율(0.6~1.0)
F: 타격에너지($t \cdot m$), W_H: Hammer의 중량(t), W_p: 말뚝의 중량(t)
e^2: 반발계수-탄성(탄성$e=1$, 비탄성$e=0$)

4 재하시험 방법

1) 정재하시험

기초 말뚝의 거동을 파악하기 위한 가장 확실한 방법으로, 타입된 말뚝에 실제하중으로 재하시험을 하는 것을 말하며, 압축재하, 인발, 수평재하시험이 있다.

① 압축재하시험

압축재하시험은 등속도 관입시험과 하중지속시험으로 분류된다. 등속도 관입시험은 말뚝이 등속도로 관입되도록 하중을 지속적으로 증가시키는 방법이며, 극한하중 결정에 주로 사용되며, 관입속도는 0.25~0.5mm/min 정도로 시행하며, 소요시간은 2~3시간 정도 소요된다. 하중지속시험은 말뚝에 하중을 1시간 정도 가해 말뚝을 침하시킨 후 동일한 하중을 지속적으로 증가시키는 방법으로, 현장에서 지지력 확인 시험으로 적합한 시험이다.

② 인발시험

타입된 말뚝을 유압jack을 이용해 인발하는 시험으로, 압축재하시험과 유사한 방법으로 시험을 진행한다.

③ 수평재하시험

타입된 말뚝이 수평하중에 저항하는 정도를 측정하는 시험으로, 무리말뚝의 경우에는 말뚝 간격이 말뚝지름의 10배 이상되어야 하며, 단일말뚝일 경우 콘크리트 받침 블록을 이용하여 재하시험을 한다.

2) 동재하시험(Dynamic Analysis Test)

말뚝을 항타 시 발생하는 응력 및 속도를 분석 및 측정하여 말뚝의 지지력을 측정하는 방법으로, 파일두부에 가속도계와 변형률계를 설치하고, 가속도와 변형률을 측정하여 파일 몸체에 걸리는 응력을 환산하여 지지력을 측정하는 방법이다. 현장 활용도가 높은 시험으로, pile의 지력, pile의 파손유무, 지지력 분석을 하는 데 용이하며 시험방법이 간단하고, 소요내력 파악이 쉽고, 비용이 저렴하며, 측정 판단이 신속하다.

5 소음·진동 방법

말뚝박기 시 소음 및 진동의 크기로 지지층에 도달하였는지 확인하고, 지지층 도달 전 1.5m 정도 관입 시에 소음과 진동이 가장 크다.

6 Rebound Check

연약지반에서 상부하중을 지지하는 말뚝기초 시공 시 허용지내력을 산출하는 방법으로 항타장비, Hammer의 중량, 말뚝길이·치수, 이음방법, 허용관입량 등을 결정한다. 말뚝이 50cm 관입할 때마다 측정하며, 말뚝이 3m 이내 남을 경우 말뚝관입량 10cm마다 측정하고 hammer의 낙하고는 말뚝 관입량 범위 내에서 평균낙하고를 측정한다.

$$R_a(허용지지력) = \frac{R_u(극한지지력)}{F_s(안전율)}$$

7 말뚝박기시험(시항타)

본 말뚝박기 이전에 말뚝의 길이·지지력·항타장비·Hammer의 중량 등을 파악하기 위한 시험방법으로, 실제 말뚝과 동일한 조건하에서 시행한다.

1) 시험방법

① 기초면적 1,500m²까지는 2개, 3,000m²까지는 3개의 단일 시험말뚝을 설치한다.
② 시험말뚝은 실제말뚝과 동일한 조건으로 하고, 실제 말뚝박기에 적용될 타격에너지와 가동률로 말뚝박기를 한다.
③ 말뚝의 최종관입량은 5~10회 타격한 평균침하량으로 본다.
④ 말뚝의 최종관입량과 Rebound check 측정량으로 지지력을 추정한다.

2) 유의사항

① 말뚝은 중단 없이 연속으로 박는다.
② 관입은 소정의 위치까지 박고 그 이상 무리하게 박지 않는다.
③ 말뚝은 편심이 발생하지 않도록 정확하게 수직으로 박는다.
④ 타격횟수는 5회에 총 관입량이 6mm 이하인 경우 타입 거부현상으로 간주한다.
⑤ 말뚝은 기초 밑면에서 15~30cm 상부 위치에서 박기를 중단한다.
⑥ 두부의 설계위치·수평방향 오차는 각각 10cm 이하로 한다.

THEME 98 기성콘크리트말뚝 두부 정리

1 개요

기성 콘크리트 말뚝의 두부는 주로 쿠션(Cushion) 등으로 파손에 대한 보호를 하나, 두부는 Hammer의 타격에너지가 가장 크게 전달되는 부위이므로 파손되는 경우가 많다. 두부의 파손은 건축물 전체가 구조적으로 불안정한 상태가 되는 결과를 초래한다.

2 두부파손의 형태

말뚝 두부 종방향 균열(crack), 횡방향 균열, 이음부 파손, 선단부 파손, 말뚝 중간부위 횡 균열 등이 있다.

3 두부파손의 원인

연약지반 파격할 경우, 파일의 운반 및 부주의한 취급으로 인한 파손, 말뚝 자체의 강도 부족, 항타 시 편심항타, Hammer 과다 용량 및 타격에너지의 과다, 항타 시 축선 불일치, 쿠션재의 두께 부족, 타격횟수 과다, 지중장애물 등으로 인해 Pile의 두부가 파손된다.

4 두부파손 대책

말뚝 운반 및 보관 시 취급 주의하며, 말뚝 자체의 강도를 확보하고, 편타를 금지한다. Hammer와 말뚝의 축선을 일치시키며, 적정한 Hammer를 선정하고, 쿠션재의 적정한 두께 확보 및 시공, 말뚝 이음부의 적정 시공 등으로 두부파손이 발생하지 않도록 한다.

5 두부정리

타입이 완료된 말뚝머리는 커터기 등의 기구로 말뚝에 유해한 손상을 주지 않도록 커팅을 실시한다. 두부정리가 완료된 말뚝은 콘크리트 충격방지 및 이음부 오염을 방지하기 위해 캡 등의 처리를 한다. 말뚝의 길이가 긴 경우에는 버림 콘크리트 상부 6cm 정도 위치에서 말뚝 30cm를 남겨두고 절단을 한다. 말뚝이 짧은 경우에는 말뚝의 직경 0.5D 되는 하부지점에서 내부 받이판을 설치하고 버림 콘크리트 위 30cm 이상 되게 보강철근을 설치하여 콘크리트를 타설해 작업을 진행한다.

 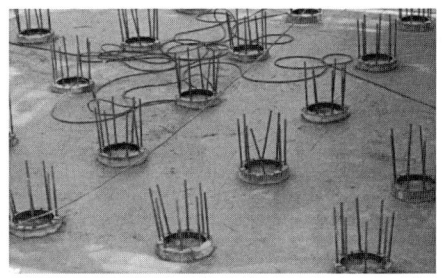

Plus note

THEME 99　제자리(현장) 콘크리트 말뚝

1 관입 공법에 따른 분류

1) Compressol pile

1.0~2.5ton 정도의 3개의 추를 자유낙하하여 천공하여 구멍 속에 잡석과 콘크리트를 번갈아 넣으면서 다지는 공법이다. 지하수가 많이 발생하지 않는 경질지반에 짧은 말뚝으로 사용하며, 현재는 사용하지 않는 공법이다.

2) Franky pile

심대의 끝에 원추형 마개가 달린 외관을 추로 내리쳐 소정의 깊이에 도달하면 내부의 마개와 추를 제거하고 콘크리트를 타설하여 추로 다져 외관을 서서히 들어 올리면서 선단 구근 요철말뚝을 형성하는 공법으로 소음과 진동이 적어 도심지 공사에 유리하다.

3) Simplex pile

외관을 소정의 깊이까지 박고 콘크리트를 넣어 다지면서 외관을 빼내는 공법으로 외관 끝에 철제의 쇠신을 대고 외관을 박는다.

4) Pedestal pile

지내력 증진을 위해 말뚝 선단에 구근을 형성하는 공법으로, Simplex pile을 개량한 공법이다. 외관과 내관을 소정의 깊이까지 박은 다음 내관은 빼내고 콘크리트를 타설하고 외관을 서서히 빼내어 말뚝선단이 구근을 형성한다.

5) Raymond pile

주로 연약지반에 적용되며, 얇은 철판제의 외관에 Core를 넣어 지지층까지 관입한 후 심대를 빼내고 외관에 콘크리트를 다지면서 말뚝을 형성하는 공법이다.

2 굴착 공법에 따른 분류

1) Earth Drill 공법

칼웰드(Calweld) 공법이라고도 하며, 회전식 Drilling bucket으로 소정의 깊이까지 굴착한 후 철근망을 삽입하여 콘크리트를 타설하는 공법으로 지름 1~2m 정도의 대구경 제자리말뚝을 형성할 수 있다. 이 공법은 소음 및 진동이 적으며, 비교적 소형장비로 굴착속도가 빠르다. 협소한 장소에서 작업이 가능하고, 지하수가 없는 점성토에 적당한 공법이나, 중간 굳은층 굴착이 어렵고, 슬라임(Slime)처리가 불확실하여 말뚝의 초기 침하 우려가 있다.

시공순서는 ① 굴착, ② Casing pipe 삽입 및 안정액 주입, ③ 슬라임 제거, ④ 철근망 근입, ⑤ 트레미관(Tremie pipe) 삽입, ⑥ 콘크리트 타설, ⑦ Casing 인발순으로 작업한다.

2) Benoto 공법

All casing 공법이라고도 하며, 케이싱 튜브(casing tube)를 요동장치(Oscillator)로 왕복요동 회전시키면서 유압jack으로 경질지반까지 관입 및 정착시킨 후, Hammer grab로 내부 굴착 후, 공벽 내에 철근망을 근입 후 콘크리트를 타설하면서 케이싱 튜브를 빼내어 말뚝을 형성하는 공법이다. 공법 적용 지층이 넓으며 50~60m 정도의 장척말뚝에도 시공이 가능하며, 굴착작업을 병행하면서 지지층 확인이 용이하다. 하지만 기계가 대형이고 기계중량이 크고 기계경비가 고가이며, 굴착속도가 느린 단점이 있다.

시공순서는 ① 케이싱 튜브(casing tube) 설치, ② Hammer grab 굴착, ③ 케이싱 튜브 삽입, ④ 철근망 근입, ⑤ 트레미관(Tremie pipe) 삽입, ⑥ 콘크리트 타설, ⑦ Casing tube 인발순으로 작업을 진행한다.

3) R.C.D(Reverse Circulation Drill)

Reverse Circulation Drill로 천공을 하고 정수압으로 공벽을 보호하고 철근망을 삽입한 후 콘크리트를 타설하여 만드는 현장콘크리트 말뚝이다. 회전식 보링공법과 달리 물의 흐름이 반대이고, Drill Rod에서 물을 빨아올려 굴착한 토사를 물과 함께 지상으로 배출하여 천공하는 공법으로 역순환(환류) 공법이라고도 한다. 사질지반에 적용성이 좋고, 시공속도가 빠르고 유지비가 비교적 좋은 편이며, 케이싱 튜브가 필요하지 않아 해상작업이 가능하나, 정수압 관리가 어렵고, 관리가 잘 안될 경우 공벽붕괴 원인이 되기도 한다. 시공 시 지하수위보다 2m 이상 물을 높여 공벽에 $0.2kg/cm^2$ 이상의 정수압이 걸리도록 하며, 굴착속도가 너무 빠르게 되면 공벽붕괴의 원인이 될 수 있으므로, 적정한 굴착속도를 유지해야 한다. 또한 트레미관의 선단은 공벽 최하부에서 10~20cm 정도 거리를 유지한다.

시공순서는 ① 케이싱 설치, ② 굴착, ③ 철근망 삽입, ④ 트레미관(Tremie pipe) 삽입, ⑤ 콘크리트 타설, ⑥ Casing 인발순으로 작업을 진행한다.

4) Prepacked concrete pile

기초의 지정공사에서 소정의 위치에 천공을 하여, 콘크리트를 타설하거나, 흙을 이용해 형성하는 제자리말뚝을 말한다. 굴착장비가 소형이고, 공사비가 저렴하며 무소음·무진동 공법으로 지반여건에 추종되나 지지층 확인이 곤란하고 공벽붕괴 우려가 있으며 경암반에는 시공이 곤란하다.

① C.I.P(Cast In placed Pile)

어스오거(Earth Auger)로 천공을 하여, 철근망 또는 H-beam을 삽입하여 모르타르 주입관을 설치한 후, 자갈을 채운 다음 주입관을 통해 모르타르(mortar)를 주입해 제자리 말뚝을 형성한다. 철근망 또는 H-beam을 삽입하지 않아도 무방하며, 모르타르와 자갈을 채우는 대신, 현장에서는 콘크리트를 바로 타설하기도 한다. 지하수가 없는 경질지반에 적용성이 우수하고, 지중에 연속하여 시공하여 주열식 흙막이 벽체를 구축할 수 있다. 협소한 장소에서도 시공이 용이하나, 벽체 연결부위가 취약한 단점이 있다.

② P.I.P(Packed In placed Pile)

스크류 오거(Srew Auger)의 머리에 구동장치를 설치하여, 소정의 깊이까지 회전 및 굴착한 다음 오거와 흙을 구멍에서 뺀 양과 동일한 양의 Packed mortar를 오거의 중공을 통해 압출시켜 제자리 말뚝을 구축하는 공법이다. 사질층 및 자갈층에 적용성이 높으며, 장치가 간단하고 취급이 용이하여 시공성이 우수하다. 흙막이로 이용 가능하며 지지말뚝으로도 사용되며 소음 및 진동이 적다.

③ M.I.P(Mixed In placed Pile)

Soil Cement Pile이라고도 하며, 오거(Auger)의 중공관으로 된 회전축 선단부에서 cement paste를 압출하여 토사를 굴착하면서, 토사와 시멘트 페이스트가 혼합 교반되어 pile을 형성한다. 사질층 및 자갈층에 적용성이 우수하고, 비교적 연약지반에 적용되며, 지하 흙막이로도 사용한다. 흙을 골재로 사용하므로 경제적이나, 지중에 형성되므로 지지층 확인이 곤란하다.

Plus note

THEME 100 부동침하 및 부상

1 부동침하 원인 및 대책

원인	① 연약지반 기초 시공 ② 연약층의 두께 차이, 분포 깊이가 다른 지반에 기초 시공 ③ 이질 지반에 기초 시공 ④ 지하매설물 등 지중 매립 ⑤ 기초 제원을 다르게 시공 ⑥ 인근지역의 부주의한 터파기 ⑦ 지하수위 변동 ⑧ 경사지반 ⑨ 무리한 증축	
방지대책	설계적 측면	① 건축물의 평면 길이 단축하여 하중 불균형 방지 ② 건축물의 자중 경감 및 중량 균등 배분 ③ 건축물의 형태 균형 ④ 지하실 설치 ⑤ 동일한 지반일 경우 통합 기초
	시공적 측면	① 연약지반의 개량화 ② 기초의 경질지반지지 ③ 사전조사에 적합한 기초공법 적용 ④ 마찰말뚝 적용 ⑤ 지하수위 변동 방지

2 부상(浮上)의 원인 및 대책

원인	① 부력(浮力)보다는 건축물의 자중이 상대적으로 적을 경우 ② 지중 내 압력 수두차에 의해 건축물의 기초저면이 부상하는 현상 ③ 매립 및 계곡 지대에 건축물을 구축할 경우에 빗물, 우기 시에 지하수위 상승 ④ 불투수층이 큰 점토층이나 암반층에 위치할 때 지하수 등의 물의 유입	
방지대책	순응(順應) 공법	① 영구배수 공법(Dewatering) ② 강제배수 공법 ③ 중력배수 공법 ④ 지하수 유입 ⑤ 지하실 규모 축소
	대응(對應) 공법	① 마찰말뚝을 이용하여 기초 하부의 정(+)마찰력을 증대 ② 건축물의 자중을 증대 ③ 브라켓(Bracket)을 건축물의 지하 외벽에 설치하여 상부 매립토 하중 증대하여 부력에 대항하는 방법 ④ 인접건물과 연결하는 공법 채택 ⑤ 락앵커(Rock Anchor) 설치

THEME 101 언더피닝(Underpinning)

1 개요

언더피닝(Underpinning)은 기존 건축물의 기초를 보강하거나, 기초를 신설하여 기존건축물의 보호하는 보강공사 공법을 말한다. 건축물이 침하하는 경우 원래 상태로 복원이 가능하며, 건축물의 증축을 가능하게 하고 기초지지력을 증대시킬 수 있으나, 공사비가 고가이며, 대형건축물에는 적용이 곤란하다. 기울어진 건물을 바로 잡거나, 인접 터파기 시 건물이 침하하는 경우에 이 공법이 적용된다.

2 공법의 종류

이중널말뚝박기	① 해당 부지와 인접대지 건물과의 간격이 여유가 있을 때 적용되는 공법 ② 널말뚝의 외측에 별도로 하나의 널말뚝을 더 시공하여 물과 흙의 이동을 막는 공법 ③ 연약지반일 경우 효과적인 공법
차단벽 공법	인접대지의 건물과 당해 부지의 흙막이벽 사이에 상수면 위에 공사 가능한 경우 적용하는 공법
Pit 공법	기존 건축물과 흙막이벽 사이에 pit를 배치하는 공법
현장 콘크리트 말뚝	인접지반의 건축물의 기초 저면에 구덩이를 굴착하여 현장 콘크리트 말뚝을 시공
약액주입 공법	인접건축물과 흙막이벽 사이에 약액을 주입하여 지수성을 증대시키고 지반을 강화 공법
강재 Pile 공법	강재 pile을 사용하여 경질지반까지 박아 넣어 기초나 기둥을 지지하는 공법

3 기초판 보강 공법

기존 건축물의 기초를 보강하거나 기초를 신설하여 기존 건축물을 보호하려는 목적성을 가진 보강(補强)공사 공법이다. 사전조사를 통해 underpinning할 구간을 확정하고 적용될 공법을 선정한 후 기초보강계획을 수립한다. 준비공사 완료 후 가받이를 시행하는데, 가받이는 지주를 이용하는 방법, 신설기초를 이용하는 방법, 보를 이용하는 방법 등으로 시행한다. 가받이를 완료 후 본받이공사를 시행하는데, 종류로는 바로받이, 보받이, 바닥받이가 있다.

THEME 102 철근 이음방법

1 가스압접 이음

철근의 접합면을 직각으로 절단해 연마한 후, 철근을 서로 맞대어 압력을 가하고 산소 아세틸렌가스의 중성염으로 가열(1,200~1,300℃)하여 접합부가 부풀어 오르면서 접합되는 것을 말한다. 용접돌출부의 직경은 철근직경의 1.5배 이상, 용접돌출부의 길이는 1.2배 이상, 철근 중심축의 편심량은 철근 직경의 0.2d 이하, 용접돌출부의 단부에서 엇갈림은 철근직경의 0.25d 이하이다.

2 sleeve joint

접합부재를 sleeve 내부에 삽입하고 유압잭으로 압착하여 이음하는 공법으로 시공이 간편하고 신속하며, 인장 및 압축에 대한 내역이 확보되어 접합부의 신뢰도가 높다.

3 나사 이음

철근에 숫나사를 만들고 커플러(coupler) 양단을 너트로 조여 이음하는 방법으로, 열을 사용하지 않으므로 철근의 변형 및 화재의 위험이 적으며, 시공이 간편하다. 굵은 철근 이음에 적당하고 유압 토크렌치를 사용하여 접합한다.

4 Cad welding

철근에 슬리브를 끼워 슬리브 내에 화약과 합금을 섞은 혼합물을 넣고 순간폭발시켜 합금이 녹아 슬리브 내를 충전하여 이음이 되는 공법이다. D35 이상 철근 이음이 용이하며 단면이 적은 구조체에 적용된다. 기후 영향 및 화재 위험이 적고, 예열 및 냉각 공정이 필요 없으며, 인장 및 압축에 대한 전달내력 확보가 용이하나, 육안검사가 불가능하고, 철근의 규격이 다른 경우 사용이 어렵다.

5 G-loc splice

깔대기 모양이 G-loc sleeve를 두 철근 사이에 끼운 뒤, 망치 등으로 내려쳐서 이음을 하는 공법으로, 철근의 규격이 다른 경우 reducer insert를 사용해 시공을 하며 수직철근 이음에 사용한다.

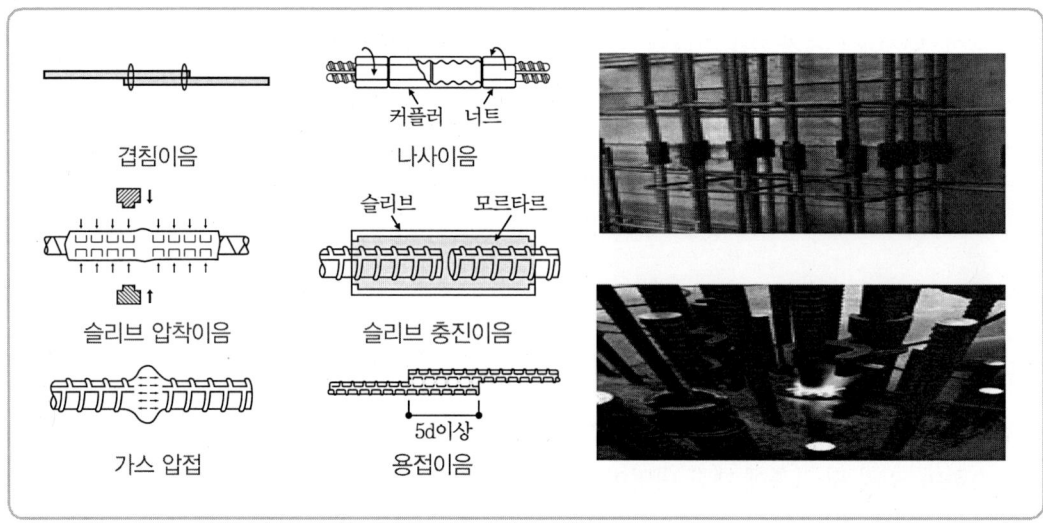

Plus note

THEME 103　철근의 정착 및 피복두께

1 철근의 정착

철근콘크리트 구조체가 큰 외력을 받으면 철근과 콘크리트가 분리되게 되므로, 철근이 콘크리트로부터 분리되지 않도록 철근의 정착길이를 확보해야 한다. 기둥 주근은 기초에 정착하고, 벽 주근은 보, 바닥, 기둥에 정착, 지중보 주근은 기초 또는 기둥에 정착한다. 작은보 주근은 큰 보에, 보 주근은 기둥에, 바닥철근은 보 및 벽체에 정착한다.

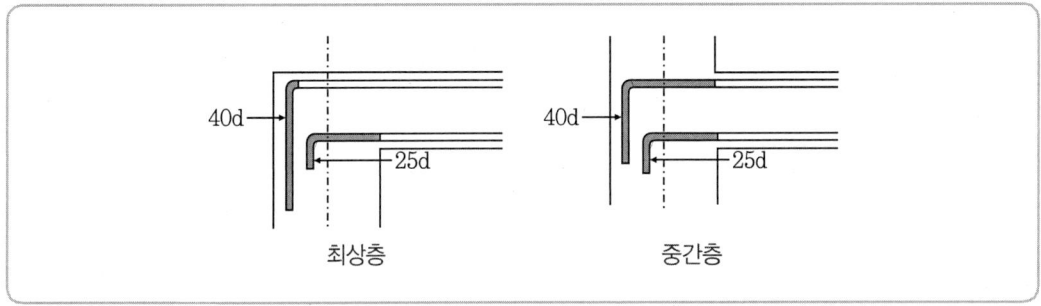

형태	보통 콘크리트	경량 콘크리트
압축철근 또는 적은 인장	25d 이상	30d 이상
큰 인장력	40d 이상	50d 이상
철근 지름이 다른 경우	가는 철근 기준	

2 철근의 피복두께(covering depth)

철근을 보호할 목적으로 철근을 콘크리트로 감싼 두께를 말하며, 철근 표면과 콘크리트 표면의 최단거리를 피복두께라고 한다. 철근 피복은 내구성 및 부착성 확보, 내화성, 방청성을 확보하며, 콘크리트의 유동성을 확보한다.

부위			피복두께(mm)
흙, 옥외에 접하지 않는 부위	슬래브, 장선, 벽체	D35 초과	30d 이상
		D35 이하	20
	보, 기둥		40
흙, 옥외에 접하는 부위	노출되는 콘크리트	D29 이상	60
		D25 이하	50
		D16 이하	40
	영구히 묻혀 있는 콘크리트		80
수중에 타설하는 콘크리트			100

THEME 104 철근의 부동태막 및 pre-fab

1 철근의 부동태막

부식 우려가 있는 금속, 철근 등이 부식 우려가 적은 상태를 부동태라 하며, 콘크리트에 매설된 철근 표면에 이러한 성질의 막이 형성되는데, 이를 부동태막이라 한다.

$$CaO + H_2O \rightarrow Ca(OH)_2 + CO_2 \rightarrow CaCO_3 + H_2O$$

중성화 반응으로 pH의 농도가 8.5~9.5 이하가 될 때 부동태막이 파괴된다. 중성과 속도가 빠를수록 부동태막의 파괴가 빠르며, 피복두께가 두꺼울수록, 콘크리트 타설이 밀실하게 이루어질수록 부동태막의 파괴속도가 느리다.

2 철근의 방청법

철근의 부식은 일종의 전기적 화학반응이므로, 양(+)극과 음(-)극 반응으로 분류되어 양반응이 동시에 진행되므로, 이를 지연시키는 것이 방청의 주요한 기능이다. 방청은 철근의 부식을 억제하고, 구조체의 내구성을 확보하며, 균열 확대를 제어하는 목적을 가진다. 부식은 염해(鹽害), 중성화, 알칼리 골재반응(A.A.R), 동결융해, 건조수축 및 온도변화 등으로 발생한다. 이를 방지하기 위한 방청법으로는 합금법, 피막법, 전기법, 제염법, 무염사 혼합 방법이 있다. 또한 슬럼프 및 물시멘트비를 낮게 하고, 피복두께를 유지하며, 수밀 콘크리트를 사용하는 방법 등이 있다.

3 철근의 pre-fab

철근의 pre-fab 공법(철근 선조립 공법)은 철근콘크리트 공사에 사용되는 철근을 부위별로 미리 조립하여 현장에서 이 부재를 접합하는 공법이다. 관리가 용이하고 시공정도를 향상시키며, 공기 단축, 작업 단순화로 구조체 공사의 시스템화가 가능하다. 대구경이 철근 사용이 가능하고, 피복이 정확하여 시공정도 향상을 기대할 수 있으며 고강도 철근 사용으로 고강도 콘크리트 적용에 유리하다. 하지만 운반비 증가로 실질적인 원가 상승과 접합부의 취약성, 공장생산의 호환성 미비 등의 문제점이 있다. 이를 해결하기 위해서는 철근 이음 및 가설 공법의 표준화를 마련하고 정착방법 등의 개발과 표준화를 만들어 작업여건에 적합한 공법이 이루어지도록 해야 한다.

THEME 105 거푸집 공사

거푸집 공사는 콘크리트를 타설하기 위해 설계도서에 따라 동일하게 제작하여 콘크리트가 경화될 때까지 외기의 영향을 최소화하여 콘크리트의 품질을 확보하기 위한 일련의 과정을 말한다. 거푸집 공사는 대략 구조체 공사비의 25~30% 내외로 소요되며, 설계도서의 면밀한 검토를 통해 시공성, 경제성, 안정성이 있는 공법을 적용하는 것이 중요하다.

1 벽 전용 거푸집

1) 갱폼(Gang Form)

외벽에 주로 사용되는 거푸집으로, panel·멍에·장선 등을 일체화하여 반복 사용해 전용성을 높인 것을 말한다. 시공 능률이 향상되고, 양중기계 등의 사용으로 노동력 절감 및 공기단축이 가능한 공법이다.

2) 클라이밍폼(Climbing Form)

벽체용 거푸집으로 갱폼에 거푸집 설치를 위한 비계틀과 마감작업용 비계를 일체로 조립 및 제작한 거푸집으로 한 번에 인양시켜 거푸집의 설치 및 해체가 가능한 공법이다. 시공정밀도가 향상되고, 연속 반복작업으로 공기단축이 가능하며 외부마감을 동시에 시공할 수 있다. 거푸집의 전용횟수가 증가하고, 설치 및 해체 인력 및 비용이 절감되고, 대형 양중장비가 필요하다.

2 바닥 전용 거푸집

1) 테이블폼(Table Form)

바닥판과 지보공을 일체화하여 테이블 모양으로 제작한 거푸집으로, 바닥 콘크리트 타설 후, 동일한 층의 다른 구역으로 수평으로 이동시켜 반복적으로 사용하는 거푸집을 말한다. 일반적으로 폭 1 ~ 6m, 길이 2.5 ~ 8m 정도이며, 비교적 넓은 공간을 간단하게 시공하여 공기가 단축된다.

2) 플라잉폼(Flying Form, flying shore form)

수직·수평으로 이동이 가능한 바닥 전용 거푸집으로 거푸집·장선·멍에·지주를 일체화하였다. 가설발판 미설치로 공기단축이 가능하고 전용횟수가 많아 경제적이며, 형상의 변화가 많은 단면에는 적용이 어렵다. 거푸집 중량이 $50kg/m^2$ 내외이고, 갱폼과 조합하여 사용이 가능하다. 조립 및 해체가 편리하도록 제작하고, 거푸집의 중량을 사전 조사하여 양중장비의 종류 및 성능을 파악하며, 수평이동이 용이하도록 바닥 평활도를 확인하여, 중량물의 이동에 따른 이동하중을 고려하여 시공하도록 한다.

3 벽·바닥 거푸집

1) 터널폼(Tunnel Form)

벽체와 바닥거푸집을 장선·멍에·지주와 일체화하는 거푸집으로 조립 및 해체 공정을 줄여 공기단축 및 비용 절감 효과가 큰 공법이다. 보가 없는 벽식구조 및 동일한 크기의 평면 및 공간을 시공하는 데 용이한 공법이다. 종류로는 Mono shell form과 Twin shell form이 있다.

4 수직·수평 이동 거푸집

1) 슬라이딩폼(Sliding Form, Self Climbing Form)

단면의 변화가 없고 일정한 평면을 가진 구조물에 적용성이 높으며, 연속하여 콘크리트를 타설하기에 joint 발생 우려가 적다. 공기단축 및 콘크리트의 수밀성이 보장되고 자재비 및 노무비 절감에 효과적이다. 거푸집의 높이는 일반적으로 1~1.2m 정도이며, 1일 상승높이는 5~8m 가량된다. 거푸집 제작시 내·외벽 발판을 설칠하고, 잭(jack)의 여유용량 및 로드(rod)에 가해지는 하중을 계산하는 등 정밀 시공을 요한다.

2) 슬립폼(Slip Form)

유압jack에 의해 자동적으로 로드(rod)를 통해 시간당 10~17cm 수직 상승하는 것으로 단면변화가 적은 교량의 교각 등에 설치되는 거푸집이다. 슬립업(slip-up) 시에 콘크리트 경화 정도, 압축강도, 품질, 시공 조건 등을 고려하여 슬립업 속도를 결정해야 하며, 슬립폼 인양 시작 전에 거푸집의 경사도와 수직도를 검사하고, 시공 중에는 최소 4시간 이내마다 실시하여야 한다.

슬립업 속도 기준

일평균 기온(℃)	형틀 높이(m)	1일 슬립업량(m)	1시간당 슬립업량(cm)
25	1,250	4	17
10~25	1,250	3	12.5
10 이하	1,250	2.5~3	10 ~ 12.5

3) 트레블링폼(Travelling Form)

수평으로 이동이 가능한 대형 거푸집으로, 연속해서 콘크리트 타설이 가능하도록 하는 거푸집 시스템이다. 연속시공으로 공기단축이 가능하며 터널 및 지하철 공사 등에 적용된다.

5 무지주 공법

1) 보우빔(Bow beam)

하층의 작업공간을 확보가 가능한 공법으로, 철골트러스와 유사한 형태인 가설보를 설치하여 바닥콘크리트를 타설하는 공법이다. 층고가 높고 큰 span에 유리하며, 하층 작업 공간을 확보하여 협소한 현장에 적용성이 높다. 구조적으로 안전성을 확보할 수 있으며, span이 일정한 경우만 적용된다.

2) 페코빔(Pecco beam)

하층의 작업공간을 확보가 가능한 무지주 공법으로, 보우빔(Bow beam)과 다르게 안보(2.8m)가 있어 span의 조절을 자유롭게 할 수 있다. 전용횟수가 100회 이상으로 매우 크며, 4.7 ~ 6.4m 까지 span 조절이 가능하며, 최대허용모멘트는 1.5tonf·m이다.

6 바닥판 공법

1) 데크플레이트(Deck plate)

철골보에 Deck plate를 대고 철근배근 후 콘크리트를 타설하는 공법으로, 동바리가 없어 하층 작업이 용이하고, 거푸집 해체 공정이 감소하는 이점이 있다.

2) 합성데크(Composite Deckplate)

콘크리트와 일체화되어 압축응력은 콘크리트가 부담하고, 인장응력은 Deckplate가 부담하는 구조체를 말하며 추가적인 내화피복이 필요하다. Deckplate가 시공 시에는 거푸집의 용도로, 양생 후 구조적으로 휨에 저항할 수 있는 철근 대용으로 사용되어 별도의 철근 배근이 필요하지 않다. 공장생산 및 현장 설치로 공기단축이 가능하고, 작업의 단순화로 노무비가 절감되며, 여러 층의 연속작업이 가능하다. 또한 Deckplate 하부의 전기 배선 등의 작업이 용이하다. 주철근이 없으므로 단면 성능 저하 우려가 있고, 와이어메쉬(Wire-mesh)를 설치하여 콘크리트 균열에 대비해야 한다.

3) 페로데크(Ferro Deck)

공장에서 바닥구성재를 생산하고, 현장에서 배력근과 연결근을 시공하여 철근과 거푸집 공사를 동시에 pre-fab화한 공법을 말한다. 공기단축, 공사비 절감, 시공 정밀도가 향상되며 시공이 단순하고 설계 범위가 넓은 특징을 가진다. 공장에서 생산되므로 제작에 필요한 기간을 고려하여 시공계획을 수립해야 하고, 용접·용단 작업에 의한 화재에 주의해야 한다. 슬라브 내 배관은 유연성 있는 재료를 사용하고, 개구부 주위 콘크리트 누출 방지와 개구부가 큰 경우 보강근을 설치해야 한다. 상·하현 주근은 D13 또는 D10, Lattice Bar $\phi 6$, Latch Bar $\phi 4$, 연결근, 배력근, 보강근은 D13 또는 D10, 강판은 용융아연도강판 0.4~0.5mm이다.

4) 슈퍼데크(Super Deck)

아연도강판 바닥 위에 고강도 이형철근인 트러스 바를 트러스 거더형식으로 조립하여 전기저항용접으로 접합시킨 공장 제품으로, 현장에서 배력근만을 설치하고, 거푸집의 설치 및 해체 작업이 불필요한 무지보공, 무거푸집 슬래브 공법이다.

5) 와플폼(Waffle form)

거푸집의 형태가 와플과자 모양으로, 작은 보 없이 큰 span의 공간을 확보할 수 있고 층고를 낮출 수 있어 격자 모양의 미려한 슬래브 공법이다. 데크 플레이트에 비해 8 ~ 9m 정도의 span 확보가 가능하나, 특수형태의 거푸집이기에 전용성이 떨어진다.

7 합벽 전용 거푸집

1) 무폼타이 거푸집(Tie Less Form System)

벽체의 양면에 거푸집 설치가 곤란한 경우, 한 면에만 거푸집을 설치해서 폼타이 없이 거푸집에 작용하는 콘크리트 측압을 지지하도록 한 거푸집 공법이다. 폼타이가 없으므로 용접작업이 없고 철물에 의한 누수가 방지된다. 흙막이벽에 주로 시공되며 공법이 비교적 단순하여 거푸집 설치 및 해체 작업이 적다. 전용성이 높고, 하부 앵커 매입을 위한 지지층이 필요하다. 공법의 종류로는 브레이스 프레임(Brace frame, 일체형)과 솔져 시스템(Soldier system, 분리형)이 있다.

갱폼	테이블폼
터널폼	슬라이딩폼

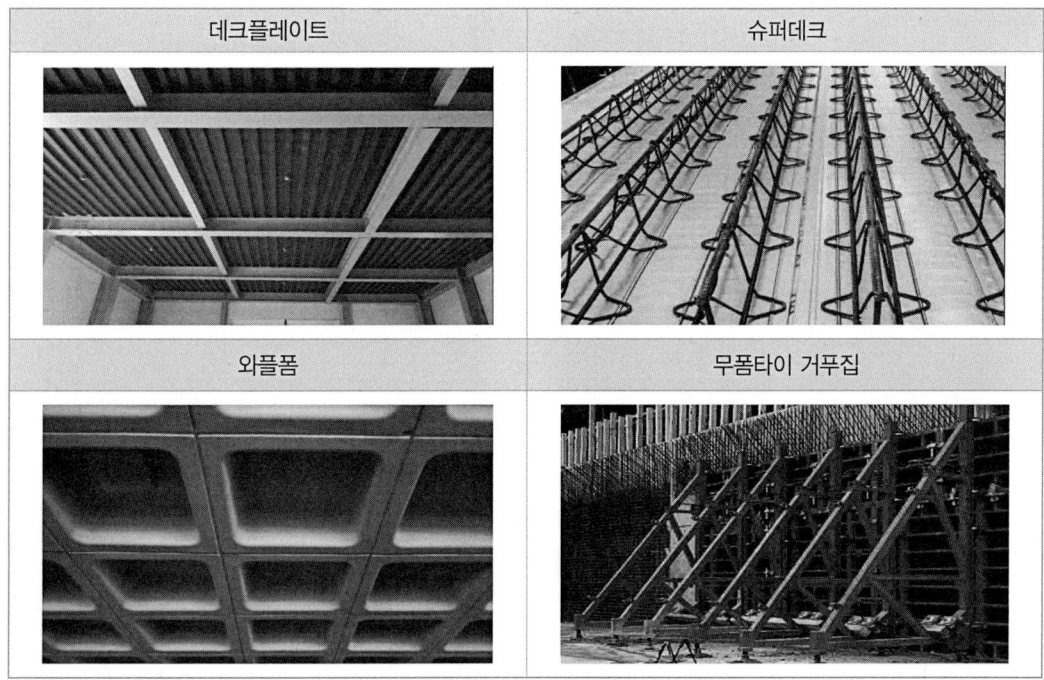

데크플레이트	슈퍼데크
와플폼	무폼타이 거푸집

Plus note

THEME 106 거푸집의 고려 하중 및 측압

1 거푸집의 고려하중

거푸집은 콘크리트 타설 시 나타나는 다양한 하중 및 측압에 대해 안전한 구조가 되어야 하므로 거푸집의 안전성검토는 필수적이다. 하중계산 검토 시 생콘크리트 중량, 작업하중, 충격하중, 생콘크리트 측압을 검토해야 하며, 강도계산 검토 시 휨강도, 전단강도를 검토하고, 처짐계산 검토 시 처짐 및 처짐각을 확인해야 한다.

구분	고려하중	비고
생콘크리트 중량	2,300kg/m²	
작업하중	강도계산용 : 360kgf/m² 처짐계산용 : 180kgf/m²	
충격하중	강도계산용 : 1,150kgf/m² 처짐계산용 : 575kgf/m²	콘크리트 중량의 1/2 콘크리트 중량의 1/4
생콘크리트 측압	벽 : 약 1t/m² 기둥 : 약 2.5t/m²	

2 콘크리트 측압

콘크리트를 타설 시 거푸집 수직부재가 수평방향으로 받는 압력을 측압(t/m²)이라 하며, 콘크리트 타설 윗면에서 최대측압이 발생하는 지점까지의 거리를 콘크리트 헤드(con'c head)라 한다. 측압에 주는 요인으로는 거푸집이 평활할수록, 슬럼프가 클수록, 시공연도가 좋을수록, 철근·철골량이 적을수록, 외기의 온도가 낮을수록, 습도가 높을수록, 부배합일수록, 타설속도가 빠를수록, 다짐이 충분할수록, 타설높이가 높을수록 측압은 커진다.

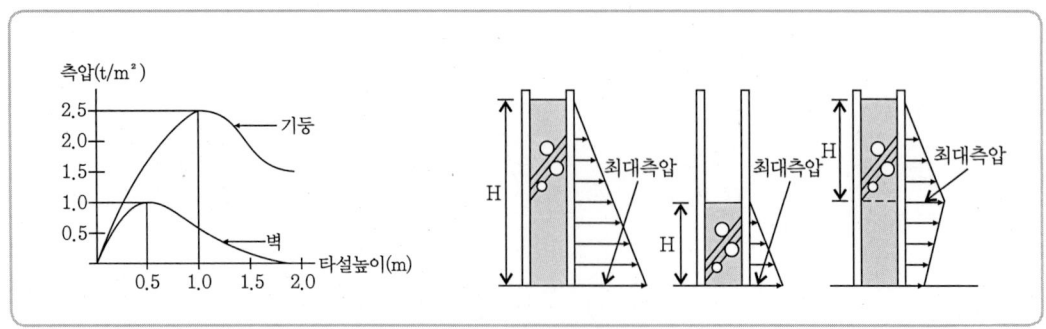

진동다짐 시 측압의 표준치

분류	기둥	벽
내부 진동기 사용	3t/m²	2t/m²
외부 진동기 사용	4t/m²	3t/m²

THEME 107 거푸집 존치 기간

1 거푸집 존치 기간

거푸집 및 동바리의 존치기간은 콘크리트 타설 이후 소요강도가 확보되기까지의 외력이나 자중에 영향이 없도록 유지되는 기간으로, 시멘트의 종류 및 기온, 양생 조건 등을 충분히 고려하여 결정한다. 거푸집의 강성은 해체할 때까지 유지하도록 하며, 콘크리트의 양생에 지장이 없도록 진동 및 충격이 가하지 않도록 유의해야 한다. 거푸집 해체의 순서는 조립의 역순으로 실시하며, 해체공법 선정 시 해체가 용이하고 안전하도록 관리 감독하여야 한다. 숙련공에 의해 작업이 실시되어야 하며, 해체작업 전 안전교육 등을 실시하여 안전사고에 만전을 기하고 감시자를 배치한다.

압축강도를 시험할 경우

부재	콘크리트 압축강도(f_{cu})
확대기초, 보 옆, 기둥, 벽 등의 측면	5Mpa(50kgf/cm²) 이상
슬래브, 보 밑면, 아치 내면	설계기준강도×2/3($f_{cu} \geq 2/3 f_{ck}$) 다만, 14Mpa(140kgf/cm²) 이상

압축강도를 시험하지 않을 경우 – 기초, 보 옆, 기둥, 벽

시멘트 종류 평균기온	조강 포틀랜드시멘트	보통포틀랜드 시멘트 고로슬래그 시멘트(특급) 포틀랜드포졸란 시멘트(A종) 플라이애시 시멘트(A종)	고로슬래그 시멘트 포틀랜드포졸란 시멘트(B종) 플라이애시 시멘트(B종)
20℃ 이상	2일	4일	5일
10℃ 이상 20℃ 미만	3일	6일	8일

2 동바리 바꾸어 세우기(Reshoring)

동바리는 거푸집의 전용을 위해 콘크리트가 설계기준강도의 2/3 이상 발현 시 동바리를 해체한다. 상부층의 타설을 위해 기 타설된 바닥과 보의 충격하중, 작업하중 등이 발생하므로 이에 대비하기 위해 새로운 동바리를 별도로 설치하는데 이를 Reshoring이라 한다. 동바리 바꾸어 세우기는 원칙적으로 하지 않으나, 관리감독자의 승인을 받아 시행하며 상부에 큰 하중이 존재하는 경우 실시하지 않는다. Reshoring은 양생 중인 콘크리트에 진동 및 충격을 가해서는 안 되며, 신속하게 진행하여, 한 부분씩 순차적으로 동바리를 바꾸어 세운다. 동바리의 상부에는 30cm 각 이상의 크기의 두꺼운 머리받침판을 설치하고, 라멘조에서 큰보(Girder)는 동바리 바꾸어 세우기를 하면 안 된다. 최근에는 동바리 바꾸어 세우기 대신 처음 동바리를 설치할 때 해체가 필요 없도록 filler 처리를 하고, 거푸집의 일부를 사전에 30cm 각 정도의 크기로 제작하여 하부에 동바리를 설치하므로 동바리 바꾸어 세우기 공정이 생략 가능하다.

THEME 108 콘크리트 타설 공법

1 운반방법에 의한 분류

1) Bucket 공법
크레인 등을 이용하여 버킷(Bucket)에 콘크리트를 담아 직접 타설하는 공법이다.

2) Chute 공법
콘크리트 타설용 반원모양의 철제관을 통해서 중력 타설하는 공법이다.

3) Cart 공법
손수레를 이용하여 인력으로 소운반한 후 타설하는 공법이다.

4) Press 공법
pump 공법과 유사하고, 협소한 장소에서의 운반에 사용한다.

5) Pump 공법
콘크리트 수송용 펌프를 이용하여 콘크리트를 타설하는 공법으로, 정치식 및 트럭 탑재식으로 구분하며, 주로 트럭 탑재식(concrete pump car)이 사용된다. 압송능력은 일반적으로 수평거리 200~300m이며, 수직거리 40~60m, 압송량은 30~120m^3/h, 수송배관은 직경은 100mm 관을 주로 사용하며, 타설속도가 빨라서 공기단축이 가능하며, 품질향상이 기대되며, 노무비가 절감되어 성력화가 가능하다. 이에 반해 슬럼프의 저하로 강도 저하 우려가 있으며, 압송관의 폐색현상(plug)이 발생되기 쉽다. 콘크리트 타설 시 타설속도 및 압송압력에 적절히 조절하여 거푸집 측압에 유의해야 한다.

2 타설방법에 의한 분류

1) V.H(Vertical Horizontal) 분리 타설 공법

주로 기둥, 벽 등의 수직부재를 선행 타설하고, P·C 판과 접합되는 Topping con'c에 타설되는 방법으로, Half P·C Slab 공법과 병행하여 적용되는 공법이다. 공기단축이 가능하며, 노무비 절감, 하층 작업공간 확보, 타설 접합면의 일체화, Slab 거푸집의 불필요 등의 장점이 있다.

2) Spacing 공법

손잡이가 붙어 있는 철판으로 콘크리트를 박리하듯이 삽입하는 마감처리 방법이다.

3) Tremie pipe 공법

콘크리트 타설 시 Tremie pipe를 통해 콘크리트의 중력으로 안정액을 치환하면서 타설하는 공법으로, 주로 지하연속벽 패널 콘크리트 타설 시 적용된다. 수중 콘크리트 타설용의 수송관으로, 상부에 콘크리트를 받는 호퍼를 가지며, 관 끝에 역류 방지용 마개 또는 뚜껑이 붙어 있다. 콘크리트 타설에 따라 관 하단을 콘크리트 속에 삽입한 상태를 유지하면서 점차 관을 끌어 올려서 타설한다.

4) Tampping 공법

콘크리트 표면의 침하 및 균열 등을 방지하기 위해 타설한 다음 1시간 후 각재 또는 판재 등을 이용하여 가볍게 콘크리트 표면을 다짐하는 공법이다.

5) Con'c Distributor(콘크리트 분배기)

콘크리트 타설 장소에 레일(Rail)을 설치하여 이동 및 타설 시 철근 및 거푸집에 충격을 최소화하여 구조체에 악영향을 미치지 않도록 하는 공법이다. 분배기는 회전이동이 가능하고, 바닥에 설치된 레일을 따라 직선 이동한다. 타워크레인 등을 이용하여 분배기를 이동시키고, 분배기의 타설 영역은 15m 내외이다.

6) C.P.B(Concrete Placing Boom)

초고층 건축물 및 고강도 콘크리트의 사용 증가로, 수직상승용 마스트(mast)를 별도로 설치하여야 하며 콘크리트 타설용 붐(boom)을 연결하여 철근에 영향을 주지 않고 신속하게 타설 가능하다. 적은 인원으로 타설이 가능하나, 초기구입비 및 임대료가 고가이며 저층 구조물의 공사에서는 불리하다.

THEME 109   콘크리트 줄눈의 종류

콘크리트 구조체가 내·외부 온도변화 및 건조수축 등에 의해 균열이 발생하게 되는데, 이를 예방하거나 균열을 유도하기 위해 조인트(joint)를 설치한다. 조인트는 설계 시 고려되어 반영되는 것이 바람직하며, 균열의 예상 크기 및 온도 응력에 의한 발생정도, 구조물의 내·외적 조건, 외기 환경 등을 고려하여 적합한 조인트를 설치하여야 한다. 조인트의 종류로는 시공이음(Construction joint), 신축이음(Expansion joint), 조절줄눈(Control joint, 수축줄눈), Sliding joint, Slip joint, 지연줄눈(Delay joint), 콜드조인트(Cold joint) 등이 있다.

1 시공이음(Construction joint)

콘크리트 타설작업 여건상 경화된 콘크리트에 미경화 콘크리트를 새로 이어붓기할 경우 발생하는 조인트를 말한다. 기능상 필요에 의해 발생하는 것이 아니라, 시공 시 발생하는 줄눈이므로, 강도 저하 및 누수 등의 원인이 되기 때문에, 콘크리트 타설 시 가능한 한 발생하지 않도록 하는 것이 바람직하다. 시공이음을 설치하는 이유로는 거푸집의 반복사용 및 무리한 작업 지양, 콘크리트 검사, 콘크리트 내부 온도상승 저감 등이다. 시공이음의 설치위치로는 구조물의 강도상 영향이 적은 곳, 이음길이와 면적이 최소화되는 곳, 전단력이 적은 곳, 1일 타설량이 종료되는 지점, 보·바닥 및 지붕슬래브에서는 중앙부근, 기둥 및 벽은 바닥슬래브 및 기초의 상단에 설치한다. 조인트 시공 시 지수판(water stop)을 사용하여 누수를 방지하고, 콘크리트 수화열 및 온도변화, 건조수축 등에 유의하여 시공하도록 한다. 콜드조인트(Cold joint)가 발생하지 않도록 하고, 이음하고자 하는 콘크리트 표면을 충분히 정리 후 습윤하게 해야 한다. 보 및 슬래브의 이음은 중앙부에서 양쪽으로 1/4 지점 내에서 이음을 하며, 작은 보는 Beam 폭의 2배 정도 떨어진 곳에서 이음을 하고, 아치부 이음은 Arch의 축선과 직교되게 이음하고, 캔틸레버는 이음을 하지 않는 것이 원칙이다.

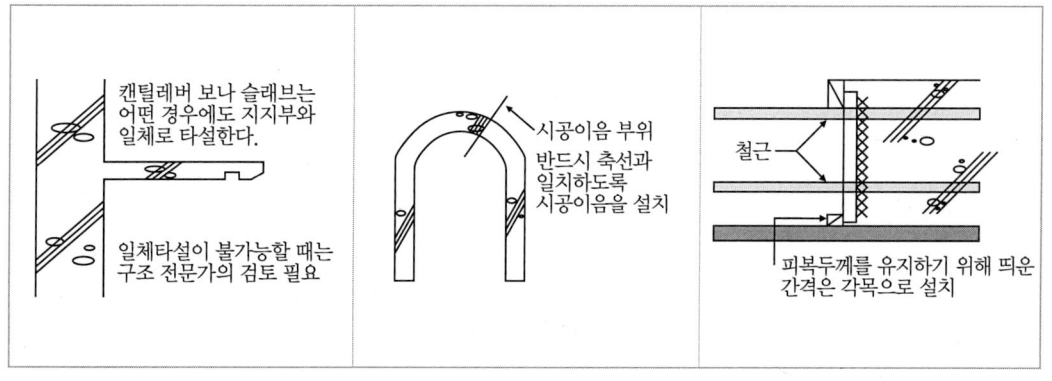

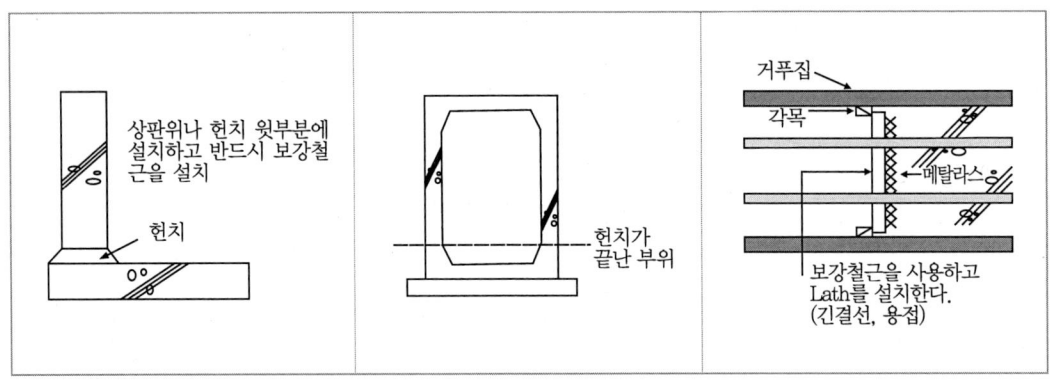

2 신축이음(Expansion joint, isolation joint)

　콘크리트 내·외부 온도변화에 따라 팽창·수축되거나, 구조물의 부동침하, 진동 등에 따라 발생이 예상되는 위치에 설치하는 균열 방지 조인트를 말한다. 주로 건물의 기초가 상이한 부분이나, 기존 건축물에 증축한 부위, 구조상 하중 및 중량 분포가 상이한 곳에 설치한다. 콘크리트의 양생 및 안전성을 확보하고, 구조물의 변형을 수용하며, 콘크리트의 수축·팽창 조절 기능을 한다. 조인트는 온도변화에 따라 설치간격을 달리하는데, 온도변화가 큰 지역은 60m, 적은 지역은 90m 이내로 설치하며, 구조체의 형식, 기초의 연결방식, 건축물의 규모와 형태를 고려하여 설치해야 한다. 신축이음의 종류로는 closed joint, butt joint, clearance joint, settlement joint 등이 있다.

3 조절줄눈(수축줄눈, 맹줄눈, Control joint, dummy joint)

　건조수축으로 인한 균열을 일정한 지점에서만 발생하도록 단면의 결손 부위로 유도하여, 구조물의 외관 손상을 최소화하는 조인트를 말한다. 수축에 의한 구조물의 변위를 흡수하고, 수축줄눈에서만 균열을 제어 및 억제하므로 균열 유발 줄눈이라고도 한다. 주로 외벽의 개구부 주위, 구조물의 코너부, 배수구 등에 설치하며, 줄눈의 깊이는 벽두께의 1/5 이하로 한다.

4 Sliding joint(활동면이음)

　슬래브나 보가 단순지지일 경우 자유롭게 미끄러지도록 한 것으로, 조인트의 직각방향에서 하중이 발생할 우려가 있을 경우 필요한 조인트를 말한다.

5 Slip joint

조적조와 콘크리트 구조물이 맞닿는 부위에 온도·습도, 외기영향 등으로 각 구조물의 변위가 다르게 되는데, 각 구조물 상호 간의 자유로운 움직임을 위해 조인트를 설치한다. 사용되는 재료는 2겹 보강지, 그리스(grease) 칠을 한 스틸 플레이트(steel plate), 루핑 펠트 등이 쓰이며, 이질재가 맞닿는 면에 설치하고, 온도변화에 따라 팽창 및 수축을 방지하며, 부재의 뒤틀림 등에 의한 균열 방지에 적합한 조인트 공법이다.

6 지연줄눈(Delay joint)

콘크리트 타설 시 장 span의 일부분만을 콘크리트를 타설하지 않은 수축대를 설치하고 기타설한 콘크리트의 초기수축을 기다린 후, 수축대를 마저 타설하여 일체화하는 조인트를 말한다. 100m를 초과하는 구조물에 유리한 공법이며, 구조체 및 마감비용이 절감되는 효과가 있으나, 거푸집 존치기간이 길어지는 단점이 있다. 지연줄눈은 일반적으로 1m 정도의 폭을 두며, 옥상부에 적용할 경우 방수에 유의해야 한다.

7 콜드조인트(Cold joint)

콘크리트의 타설온도가 25℃를 초과하는 경우 2시간 이상, 25℃ 이하에서는 2.5시간이 경과 후 콘크리트 이어붓기를 할 경우 콘크리트가 일체화가 되지 않아 발생하는 조인트를 말한다. 콜드조인트가 발생하게 되면 콘크리트 구조체의 내구성 및 수밀성이 저하되고, 철근이 부식하며, 마감재의 균열이 발생하여 누수가 발생하게 된다. 이를 방지하기 위해서는 사전에 콘크리트 운반계획을 철저히 수립하며, 레미콘 배차간격을 엄수해야 한다. 또한 타설할 구획의 타설순서를 계획에 맞게 실시하며, 하절기에 콘크리트를 타설 시에는 응결지연제 등의 혼화제를 사용하는 것이 필요하다. 중용열 포틀랜드 시멘트와 같은 분말도가 낮은 시멘트를 사용하고, 콘크리트 이어치기는 1시간 이내에 완료하도록 한다.

THEME 110 콘크리트 양생

양생은 시멘트의 수화반응을 촉진시키기 위한 방법으로, 적절하게 배합된 콘크리트를 타설한 후 콘크리트 경화의 초기단계부터 적합한 환경을 만드는 일을 말한다. 미경화 콘크리트 내부에 있는 물로 채워진 공간을 시멘트의 수화생성물로 변화될 때까지 콘크리트 포수상태를 유지하는 것이다.

콘크리트 양생에 영향을 미치는 요소로는 일사, 강우, 바람, 진동 및 충격, 과대하중, 콘크리트의 급격한 건조 및 온도 변화 등이 있다. 양생 시 직사광선이나 직접적인 바람의 영향으로 콘크리트의 내·외부 수분이 증발하지 않도록 보호하며, 콘크리트 노출면을 일정한 기간 동안 습윤상태로 보호하도록 한다. 거푸집 자체가 건조될 우려가 있을 경우에는 살수처리를 하며, 피막양생을 할 경우에는 충분한 양의 피막양생제를 콘크리트 타설면에 균일하게 살포하도록 한다. 양생 공법으로는 습윤양생(Wet Curing), 증기양생(Steam Curing), 전기양생(Eletric Curing), 피막양생(Membrane Curing), 프리쿨링(Pre-cooling), 파이프쿨링(Pipe-cooling), 단열보온양생, 가열보온양생 등이 있다.

1 양생방법 종류 및 특징

1) 습윤양생(Wet Curing)

보양 시트(sheet), 거적 등을 콘크리트 표면에 설치한 후 스프리클러(sprinkler) 등을 이용하여 습윤상태로 유지하여 양생하는 공법을 말한다.

2) 증기양생(Steam Curing)

거푸집을 빠른 시간 내에 해체하고 단기간에 소요 강도를 발현시키기 위해, 고온의 증기로 양생하는 방법을 말하며, 공법 종류로는 상압증기양생, 고압증기양생이 있다.

상압증기양생은 거푸집 그대로 증기양생실에 넣어 양생실 온도를 균등하게 상승시키고, 온도 상승속도는 1시간에 20℃ 이하로 하고, 최고온도는 65℃로 한다. 양생이 끝난 후 양생실의 온도를 서서히 낮추고, 외기와의 온도차가 생기지 않도록 한 다음 제품을 꺼내도록 한다. 초기강도는 매우 크나, 이후 강도 증진이 적다.

고압증기양생(Autoclaved curing)은 고온 및 고압의 탱크 내에서 시행하는 콘크리트 양생방법으로 규산석회 벽돌, 프리캐스트 콘크리트 등을 제작할 때 적용하는 방법이다. 초기강도가 높고, 내구성이 양호하며, 황산염 반응에 대한 저항성이 크다. 내동결융해성이 크고, 백화현상이 적으며, 건조수축 감소 및 수분이동이 적다. 이에 반해 철근의 부착 강도가 저하되고, 고압증기 양생한 콘크리트는 어느 정도의 취성(脆性)이 있다.

3) 전기양생(Electric Curing)

콘크리트로 저압교류를 보내서 발생하는 전기저항으로 열을 이용해 양생하는 공법을 말한다.

4) 피막양생(Membrane Curing)

콘크리트 표면에 피막양생제를 살포하여 수분증발을 방지하는 양생 공법으로 습윤양생이 더 이상 안 되는 경우나 습윤양생이 완료된 경우, 장기양생이 필요한 경우 많이 적용되는 공법이다. 피막양생의 효율적 방안으로는 습기가 통하지 않고, 살포나 도포가 용이해야 하고, 콘크리트 바탕면에 부착성이 좋으며, 외기영향에 내구성이 우수한 것이 바람직하다. 피막양생에 쓰이는 재료는 합성수지계와 유지계로 구분되는데, 합성수지계는 비닐수지, 페놀수지, 멜라민수지, 에폭시수지 등이 있으며, 유지계는 아마인유, 대두유, 보일유, 합성건유 등이 있다.

피막양생을 할 경우 열흡수방지를 위해 백색 도료를 혼합하고, 통풍이 잘 되지 않는 장소에서 사용할 경우 피막재의 휘발성분에 의한 화재에 주의하고, 콘크리트 표면의 블리딩수가 없어진 후 살포한다. 살포 시 가로·세로 겹쳐 2회 이상 살포하며, 피막양생제가 철근에 닿지 않도록 주의한다.

5) 프리쿨링(Pre-cooling)

콘크리트에 사용되는 재료를 전부 또는 일부를 냉각시켜 콘크리트의 온도를 낮추는 방법으로 서중콘크리트나 매스콘크리트 타설 시 콘크리트의 내외부 온도차에 의한 균열을 방지하기위한 방법이다. 물은 낮은 온도의 배합수를 사용하며, 얼음도 사용 가능하다. 물의 온도가 ±4℃에 따라 콘크리트 온도는 ±1℃ 변화한다. 시멘트는 낮은 온도의 시멘트를 사용하며, 시멘트 온도는 ±8℃에 따라 콘크리트 온도는 ±1℃ 변화한다. 골재는 가능한 한 낮은 온도를 유지하게 하며, 골재 온도가 ±2℃에 따라 콘크리트 온도는 ±1℃ 변화한다. 혼화제는 감수제, AE감수제, 응결 지연성 혼화제를 사용한다. 얼음은 콘크리트 비짐 전에 완전히 녹여서 사용하며, 전체 물의 40% 이하로 사용해야 한다. 콘크리트 온도는 타설 장소에서 35℃ 이하로 관리해야 하고, 콘크리트 타설 후 직사광선으로부터 타설면을 보호하며, 건조수축균열 등을 방지하기 위해 현장의 적극적인 관리 및 조치가 필요하다.

6) 파이프쿨링(Pipe-cooling)

온도균열제어 양생 공법으로, 콘크리트를 타설하기 전에 내부에 pipe를 배관하여, pipe배관 내로 냉각수나 찬 공기를 순환시켜 콘크리트의 온도를 저감시키는 공법이다. 매스콘크리트와 같은 단면이 큰 부재인 경우, 콘크리트 내외부의 온도차에 의해서 균열이 발생하는데 이를 제어하는 양생 공법이다.

pipe 배관은 ϕ25mm 정도의 가스 pipe를 사용하고, 간격은 1~1.5m 정도 두며, 유량을 균등하게 하기 위해 직렬배관으로 설치한다. 통수방법을 적용하며, 통수량은 보통 15ℓ/분로 하며, 찬 공기에 의해 냉각하는 공법도 있다.

7) 단열보온양생

한중 콘크리트에서 온도 저하를 방지하기 위해 적용되는 양생 공법이다. 시트나 단열재 등으로 콘크리트 표면을 보양하는 공법으로, 동절기에 주로 이용되는 공법은 버블시트 공법이다.

8) 가열보온양생

콘크리트 타설 후 초기 양생 동안 콘크리트가 동해(凍害)를 입지 않게 하기 위해 가열하여 주위 온도를 높이는 양생 공법으로, 공간가열 공법, 표면가열 공법, 내부가열 공법 등이 있다. 현장에서는 가설 천막을 설치 후 열풍기를 배치하여 양생하는 공법을 주로 사용한다.

Plus note

THEME 111　콘크리트 비파괴시험

　콘크리트 비파괴시험은 콘크리트 구조물의 압축강도를 추정하고, 구조물의 내구성, 철근 및 균열의 위치 등을 파악하여 구조체를 파괴하지 않는 방법으로 측정하는 시험방법을 말한다. 시험 종류로는 슈미트 해머(Schumidt Hammer, 반발경도법), 방사선법, 초음파법, 진동법, 인발법, 철근 탐사법 등이 있다.

1 슈미트 해머(Schumidt Hammer, 반발경도법)

　콘크리트 표면을 타격하여 반발계수를 측정하는 것으로, 콘크리트 강도를 추정한다. 검사장비가 소형이고 조작이 용이하며, 광범위하게 사용된다. 구조가 간단하고 사용하기 편리한 측정방법으로 측정비용이 비교적 저렴하나, 구조체의 습윤 정도에 따라 시험결과가 달라져서 측정값의 신뢰도가 부족하다.

　벽·기둥·보 등의 측면에서 측정을 하며, 콘크리트 품질을 대표할 수 있는 곳 또는 측정작업이 용이한 곳에서 실시한다. 측장부위는 표면이 평활하고, 오염되지 않아야 하며, 마감재가 있을 경우 철거 후 측정하여야 한다. 측정 간격은 3cm로 가로 4개, 세로 5개의 선을 그어 서로 만나는 교점 20점에서 측정하며, 부재 두께가 10cm 이하는 제외한다. 측정면에서 검사기구를 직각으로 대고 측정하며, 20개소를 측정하여 평균값을 정수로 표시하여 측정치를 구한다. 평균치보다 ±20% 이상의 값은 버린다.

2 방사선법

　X선 발생장치 또는 방사선 동위원소에서 방사되는 X선, Y선을 이용해 철근의 위치, 크기, 내부결함 등을 조사하는 방법이다.

3 초음파법(음속법)

　콘크리트 중의 음속의 크기에 의해 강도를 추정하는 방법으로, 음속은 측정물 소정의 위치에 설치한 발신자와 수신자의 사이를 음파가 전하는 시간을 측정하여 측정치를 계산한다. 콘크리트 내부 강도 측정이 가능하고, 타설 후 6~9시간이 경과하면 측정이 가능하며, 강도가 작을 경우 오차가 크고, 철근의 영향이 크다. 음속 측정 장치는 50~100Hz 정도의 초음파를 이용한다. 비교적 측정이 용이한 곳에서 실시하고, 같은 측정을 2회 이상 실시하며, 가능한 한 많은 측정점을 선정한다.

4 진동법·인발법·철근 탐사법

진동법은 콘크리트 공시체에 진동을 주어, 공시체에서 발생하는 공명 및 진동 등을 측정하여 콘크리트 탄성계수를 측정하는 검사방법이다. 인발법은 철근을 종류별로 배치한 후 콘크리트를 타설하여 경화시킨 다음 인장력을 가하여 철근과 콘크리트의 부착력을 검사하는 방법이다. 철근 탐사법은 전자유도에 의한 병렬 공진회로의 진폭 감소를 응용한 것으로, 콘크리트 구조물의 철근의 피복두께, 배근상태 등을 탐사하는 방법이다.

Plus note

THEME 112 미경화·경화 콘크리트의 균열

　콘크리트가 급격하게 건조하게 되면 콘크리트 표면과 내부의 건조수축 차이에 의해 콘크리트 표면에 인장응력이 발생하여 균열이 발생하게 되어 구조체의 강도를 저하시키는 원인이 된다. 콘크리트의 균열은 미경화 콘크리트 균열과 경화 콘크리트 균열로 구분되며, 미경화 콘크리트 균열은 소성수축균열과 침하균열이 있으며, 경화 콘크리트 균열은 온도변화에 의한 균열, 건조수축에 의한 균열, 화학적 침식에 의한 균열, 기상조건에 의한 균열, 철근부식에 의한 균열, 과하중에 의한 균열 등이 있다.

1 미경화 콘크리트의 균열

1) 소성수축균열(Plastic shrinkage crack)

　콘크리트 타설 시 콘크리트 표면에 급속한 수분증발로 인해 발생하는 균열로, 수분의 증발 속도가 콘크리트 블리딩 속도보다 빠를 경우 발생한다. 주로 시멘트 페이스트가 경화할 경우 절대 체적 약 1% 정도 감소한다. 소성수축균열은 콘크리트 타설 후 콘크리트 표면의 수분증발과 밀실하지 못한 거푸집의 틈으로 수분이 손실되는 등의 요인으로 발생한다. 또한 대기온도가 높고, 상대습도가 낮으며, 콘크리트 온도가 클 경우 균열 발생이 더 잘 일어난다. 결과적으로 콘크리트 온도와 대기온도가 높고, 외부에 바람이 작용하면 수분증발이 더욱 활성화되고, 이로 인해 콘크리트 하부에서 상승하는 수분의 양보다 표면에서 증발하는 속도가 더 빠르면 균열은 증가하게 된다.

　균열의 크기는 보통 1~2mm 정도로 콘크리트의 강도 및 내구성이 미치는 영향은 적으나, 적절한 조치가 상응하지 않을 경우 콘크리트의 내구성 및 강도가 문제가 발생하게 된다. 이를 위해 콘크리트 배합 시 배합수와 골재의 온도를 낮추어 콘크리트 온도를 저하시키고, 타설 시 차양막 등을 설치하여 콘크리트 표면수의 증발을 방지할 수 있도록 한다. 또한 피막양생제를 도포하거나, 비닐로 보양한 후 살수하는 등의 양생방법을 강구한다.

2) 침하균열(Settlement crack)

　콘크리트 타설 후 1~2시간에 걸쳐서 발생하는 콘크리트의 침강 현상을 콘크리트 내부에 있는 철근이 방해함으로써 철근 직상부에 발생하는 균열을 말한다. 주로 잔골재율이 낮을수록 침강속도가 빨라지고, 단위수량이 많을수록 슬럼프가 커서 묽은 비빔이 되기 쉬우므로 침하는 증가한다. 콘크리트 1회 타설량이 많을수록, 시멘트의 분말도가 낮을수록 응결시간이 길어져 침하량은 커진다. 배근된 철근의 직경이 클수록 침하에 방해되는 면적이 증가하므로 침하균열은 증가한다. 침하균열을 방지하기 위해서는 콘크리트 타설 시 충분히 다짐을 하고, 작업성을 고려하여 단위수량 및 슬럼프를 적게 한다. 타설 속도를 낮추고, 1회 타설높이를 낮게 시공하며, 철근의 피복두께를 기준에 맞게 유지하며, 특히 보의 밑면은 충분히 콘크리트가 충진되어 침하될 수 있도록 시간을 두며, 슬래브와 일체화 타설하는 등의 방법을 강구한다. 침하균열의 발생여부를 육안검사 등으로 수시로 점검하여 콘크리트의 내구성과 강도에 대한 품질관리를 철저히 시행해야 한다.

2 경화 콘크리트의 균열

경화된 콘크리트는 온도변화에 의한 균열, 건조수축에 의한 균열, 화학적 침식에 의한 균열, 기상조건에 의한 균열, 철근부식에 의한 균열, 과하중에 의한 균열 등이 있다.

1) 온도변화에 의한 균열

주로 콘크리트의 온도와 외기온도 차가 클수록, 수화발열량이 많을수록, 단면치수가 클수록, 단위 시멘트량이 많을수록, 콘크리트의 탄성계수가 클수록 발생한다. 이에 대한 대책으로, 신축줄눈을 설치하여 균열을 제어하거나, 수화열이 적은 중용열 포틀랜드 시멘트를 사용한다. 또한 플라이 애시 등의 혼화제를 사용하거나 단위시멘트량을 감소시키는 방법이 있으며, 굵은 골재 최대치수를 가능한 크게 하는 방법도 있다. 타설온도를 낮추는 프리쿨링(precooling)이나 파이프쿨링(pipecooling)을 적용하여 균열을 방지하기도 한다.

2) 건조수축에 의한 균열

콘크리트가 경화하면서 수분이 증발하고, 이로 인해 체적의 감소로 수축이 발생하는 것을 말한다. 건조수축으로 균열이 발생하며, 균열된 틈으로 물이 침투하여 부식하거나 구조체의 강도를 저하시킨다. 건조수축이 발생하는 요인으로는 분말도가 높은 시멘트를 사용하거나, 흡수율이 큰 골재나 불량한 입도의 골재를 사용할 경우, 포졸란계의 혼화제, 경화촉진제, 염화칼슘제를 사용하는 경우, 단위수량이 큰 경우 등으로 발생한다.

이를 방지하기 위해서는 중용열 포틀랜드 시멘트를 사용하거나, 골재의 흡수율과 단위수량을 적게 하고, 굵은 골재 최대치수를 크게 하며, 증기양생으로 건조수축을 감소시키는 등의 방법을 시행한다.

건조수축의 종류로는 경화수축, 건조수축, 탄화수축이 있으며, 탄화수축은 콘크리트의 응결 및 경화촉진을 위해 염화물($CaCl_2$)을 첨가하는 경우 발생한다. 염화칼슘의 혼합비율이 많을수록 건조수축이 커지고, 골재의 형태 및 크기에 따라 수축정도가 다르다. 탄산화 과정은 중성화를 의미하며, 탄산화 수축으로 균열이 발생되어 콘크리트의 내구성 및 강도를 저하시키는 결과를 초래한다.

THEME 113　구조물의 노후화(열화)의 종류

　콘크리트 구조물은 시간의 경과에 따라 다양한 요인에 의해 내구성 및 강성이 저하된다. 이러한 경우 적합한 보수 및 보강 공법을 적용하여 구조물의 성능을 향상시켜야만 사용성을 증대시킬 수 있다. 특히 콘크리트 구조물은 사용연수가 경과함에 따라 열화나 피로하중, 구조적 설계강도의 부족, 과하중의 집중, 외부의 급격한 진동 및 충격 등으로 인해 내력저하가 발생하거나 균열이 발생하여 부재의 단면 손실과 구조적 문제점 등을 보완하기 위해 보수·보강 공법이 적용된다.

1 균열(콘크리트 균열폭의 허용한도)

판정의 기준		내구성으로 볼 경우			방수측면에서 볼 경우
구분	그 외의 다른 요인[1]	환경			
		심함	중간	완만	
보수 필요한 균열	대	0.4 이상	0.4 이상	0.6 이상	0.2 이상
	중	0.4 이상	0.6 이상	0.8 이상	0.2 이상
	소	0.6 이상	0.8 이상	1.0 이상	0.2 이상
보수 불필요한 균열	대	0.1 이상	0.2 이상	0.2 이상	0.5 이상
	중	0.1 이상	0.2 이상	0.3 이상	0.5 이상
	소	0.2 이상	0.3 이상	0.3 이상	0.5 이상

[1] 그 외의 요인(대, 중, 소)이란 콘크리트 구조물의 내구성 및 방수성에 이르는 유해성 정도를 나타내며, 다음 요인을 고려한다. (균열의 깊이, 패턴, 피복두께, 재료의 배합, 접속부분 등)

2 박리(Scaling)

　콘크리트 표면의 모르타르가 점진적으로 손실되는 현상으로, 표면에서의 모르타르 손실 깊이에 따라 4가지로 박리현상을 분류한다.

종류	모르타르 손실 깊이
경미한 박리	0.5mm 미만
중간정도의 박리	0.5mm 이상 1.0mm 미만
심한 박리	1.0mm 이상 25.0mm 미만
극심한 박리	25.0mm 이상으로 조골재 손실

3 층 분리(Delamination)

철근의 상부 또는 하부에 콘크리트가 층을 이루면서 분리되는 현상을 말하며, 주로 염화물이온에 의한 철근 부식으로 인한 팽창에 의해서 발생한다. 층 분리가 의심되는 부위에 망치 등으로 두들겨 중공음의 발생여부로 확인한다.

4 박락(Spalling)

박락은 콘크리트가 균열을 따라서 원형 형태로 떨어져 나가는 것으로, 층 분리 현상이 진전된 현상을 말하며, 박락의 정도에 따라 소형(깊이 25mm 미만 또는 직경 150mm 미만), 대형(깊이 25mm 이상 또는 직경 150mm 이상)으로 박락을 구분한다.

5 백태(Efflorescence)

콘크리트 내에 있는 수분이 포함하고 있는 염성분이 콘크리트 표면에 고형화된 현상을 말한다.

6 부식 및 과재하중

강재에서 주로 발생하는 현상인 부식은 노후화 현상의 대표적인 형태로, 환경적 요인에 의한 부식, 과대응력에 의한 부식, 전류에 의한 부식, 마모에 의한 부식, 박테리아에 의한 부식으로 구분된다. 과재하중은 구조물의 설계에 적용된 하중을 초과하는 하중을 말하며, 인장재는 신장(Elongation) 및 단면 감소가 발생되며, 압축재에서는 좌굴이 유발된다.

7 피로균열 및 외부충격으로 인한 손상

구조물에 작용하는 반복하중에 의해 발생하고, 갑작스런 파괴로 진전되기 때문에 피로균열부위를 정기적·수시적 점검하는 것이 필요하다. 주로 시설물의 하중이나, 응력범주의 크기, 상세부위의 형태, 제작 상태 및 질, 파괴 인성(Fracture Toughness), 용접의 품질 등이 피로균열의 원인이 된다. 외부충격에 의한 손상은 구조물이 외부 충격에 의해 각종 부재가 뒤틀림이나 변위, 손상 등이 가해지는 현상을 말한다.

THEME 114   콘크리트 균열 보수(補修)·보강(補强)

1 안전성 평가

구조물의 부재별 상태평가, 재료시험결과 및 각종 계측, 측정, 조사, 시험 등을 통하여 검사 결과를 분석하고 이를 바탕으로 구조적 특성에 따른 이론적 계산과 해석을 통하여 구조물의 안정과 부재의 내하력 등을 평가한다. 이를 통해 구조물의 전반적인 안전성을 종합적으로 평가하여야 한다. 또한 안전성 평가에 사용된 평가방법의 종류 및 해석결과에 대한 설명과 계산기록을 포함하여야 한다. 안전성 평가를 위하여 실시하는 계측, 측정, 조사 및 시험은 시설물 분야 및 구조적 특성에 따라 적절한 것으로 결정하여 실시한다.

2 균열보수 공법의 분류 및 적용성

균열은 일반적으로 그 모양이나 폭이 다양하게 분포되어 있기에 다양한 공법으로 분류되고 선정된다. 균열 폭이 0.2mm 이하의 균열에 대해서는 내구성 및 방수성을 확보하기 위한 콘크리트 표면처리 공법이 있고, 균열 폭이 0.2mm를 초과하고 누수의 흔적이 있는 균열은 충전 및 주입 공법을 적용한다. 결과적으로 균열 폭이 0.2mm를 이하인 내부 균열에 대해서는 표면처리 공법을 선택하는 것이 바람직하다. 또한, 균열로 인해 발생하는 누수, 철근 부식 및 중성화의 방지 등을 목적으로 하는 균열 보수재료를 충전 및 주입하는 충전 공법과 주입 공법이 있다. 충전 공법은 균열에 따라 콘크리트를 V자형 또는 U자형으로 파쇄한 후 충전하는 공법을 말한다.

공법의 분류		효과	균열폭(mm)		
			0.2 이하	0.2~1.0	1.0 이상
표면 처리 공법	균열부위	내구성 방수성	양호	보통	부적합
	전표면 처리 공법 (마감 공법)	내구성 방수성 미장성	양호	보통	부적합
충전 주입 공법	충전 공법	내구성 방수성	양호	양호	양호
	주입 공법	내구성 방수성	보통	양호	양호
강재 보수 공법	일반강재 앵커 앵커공법	구조내력 확보	–	–	–
	고장력강재 앵커 앵커공법	구조내력 확보	–	–	–

| | 강재망
보수공법 | 구조내력 확보 | – | – | – |
| | 강판
보수공법 | 구조내력 확보 | – | – | – |

3 보수(補修)·보강(補强) 공법 결정

구조물 결함에 따라 보수(補修) 및 보강(補强)은 보수재료와 공법 선정 및 적용성, 구조적 안전성, 경제성 등을 사전에 충분히 검토 후 계획·수립을 통해 실행된다. 우선적으로 고려해야 할 것은 구조물의 결함발생원인에 대한 정확한 분석이다. 이를 통해 적합한 보수·보강 공법을 선정하고, 적용성이 높은 보수재료를 판단한다. 콘크리트는 균열 및 중성화, 화학적 침식, 곰보, 화재, 동해 등으로 인한 결함으로 인해 보수 및 보강을 필요로 한다. 보수는 결함을 발생시킨 원인, 손상의 정도, 상황, 목적 등을 고려하여 사전·사후에 충분히 조사한 후 최적의 보수 공법을 선정한다. 보수 공법은 손상부위를 처리하는 형에 따라 크게 표면처리 공법, 주입 공법, 충전 공법 등으로 분류한다. 또한 설계 시 오류, 시공상 불량, 과대하중 등에 의해 구조내력이 부족한 경우에 보강이 필요하다. 보강의 경우 외부적 요인에 의하여 손상을 받은 부위에 콘크리트보다 강도가 큰 부재 등을 덧대어 손상을 입은 부재의 부담능력을 향상시키기 위한 방법으로 주로 강판에 의한 보강 공법과 탄소섬유시트에 의한 보강 공법 등으로 분류할 수 있다.

4 보수(補修) 공법

1) 표면처리(피복) 공법

균열이 발생한 부위에 에폭시수지 등의 피복재료 도막을 형성해 처리하는 공법으로, 균열의 폭이 경미하거나 좁은 곳에 사용된다. 표면처리 공법에 사용되는 재료는 콘크리트 구조물의 균열 성격에 따라 분류할 수 있는데, 균열의 수축팽창이 비교적 큰 경우에는 폴리우레탄, 폴리설파이드, 실리콘, 타르에폭시가 사용되며, 균열의 수축팽창이 비교적 작은 경우에는 에폭시계 재료, 폴리머 시멘트, 아스팔트, 시멘트 모르타르가 사용된다. 이러한 재료는 성분에 따라 무기계와 유기질계로 분류할 수 있고, 각각의 재료에 폴리머를 첨가한 복합형 재료도 있다. 보수재료는 다음과 같다.

① 폴리머계 시멘트 혼화재

시멘트 모르타르의 결합재로, 시멘트 이외에 폴리머를 시멘트의 중량비 0.3~0.5 정도로 혼합해서 모르타르의 특성을 개선한다. 폴리머시멘트 모르타르는 코킹 등의 보수공사 재료로 매우 유용하고, 일반적인 시멘트 모르타르에 비해 휨인장강도와 신장력이 크고, 방수성이 좋으며, 동결융해에 대한 저항성이 크다. 건조수축이 적고 내충격성, 내마모성이 크며, 콘크리트, 모르타르, 강재 등에 대한 접착력이 크다.

② 레진콘크리트용 수지

시멘트를 사용하지 않고 폴리머만을 결합재로서 사용한 것을 레진콘크리트라 말하며, 내약품성이 우수하다. 경화시간을 광범위하게 조절 가능하며, 단시간에 경화시킬 수 있다.

③ 콘크리트 도장 수지

콘크리트 표면에 폴리머 등을 도포해서 침투시킨 후, 콘크리트와 폴리머를 일체화하여 콘크리트 표면에 강도 및 수밀성, 신장력, 내구성이 높은 보호층을 형성하여, 보수 및 강화하는 데 사용된다.

④ 에폭시수지 모르타르

압축강도 100~600ha/cm, 휨강도 200~400ha/cm로 강도가 높은 편이며, 경화가 빠르고, 단시간에 강도를 얻을 수 있다. 보통 2시간 경화, 재령 3일에 표준 강도의 50~70%, 재령 7일에 표준강도가 발현되고, 접착력 및 내마모성, 내약품성이 우수하다. 이에 반해 시멘트 모르타르에 비해 고가이며, 80~100℃ 이상에서 는 구조용으로 사용할 수 없어, 내열성이 약하며 품질관리가 복잡하여 시공성이 떨어진다.

2) 주입 공법

주입 공법은 균열내부에 점성이 낮은 수지계 또는 시멘트계 재료를 주입하여 방수성과 내구성을 향상시키는 공법으로, 균열의 변위를 최소화하고, 균열 발생 후 철근의 부식 진행 및 균열 폭의 증대를 방지한다. 에폭시수지의 탄성계수가 콘크리트에 비해서 작고, 미세한 균열까지 주입이 곤란하나, 최근 부재의 강성 및 휨·전단내력을 균열 전과 동등한 수준으로 회복가능하며, 철근과의 부착강도도 증진시키는 에폭시수지가 개발되어 상용화되고 있다.

에폭시수지는 저수시설 및 건축물 외벽 등의 보수에 사용되나, 방수 목적으로 주입하는 사례가 많다. 또한, 철근 등의 부식방지를 위한 보수의 경우에는 에폭시 주입만으로는 충분하지 못한 경우가 있으므로, 통상적으로 사용하는 에폭시수지의 변형량은 2% 정도이므로, 진행성 균열일 경우는 가변성 에폭시수지 및 충전 공법을 병용에 대한 검토가 필요하다.

주입방법에는 중압 주입법과 고압 주입법이 있으며, 중압 주입법은 주입구에 소형 금속 파이프를 사용하는 경우와 균열을 V-cut 하여 파이프를 매립하는 방법으로 구분된다. 소형 금속 파이프를 사용한 경우에는 균열 폭이 통상 0.1mm 정도의 경우에 적용되며, V-cut 방식은 균열 폭이 0.3mm 이상인 경우에 적용된다. 에폭시수지 주입 시 외기 기온은 10~30℃, 콘크리트의 표면온도는 10℃ 이상일 경우가 적당하다. 또한 에폭시수지는 온도 변화에 대하여 민감하므로 작업 시 외기온도의 변화에 따라 탄력적으로 작업할 필요가 있다. 또한 주입재는 균열의 보수에 사용되는 합성수지로, 수축이 적고 조기강도 발현이 우수하며, 접착력이 우수하다.

3) 충전(진) 공법

비교적 균열 폭이 0.5mm 이상되는 큰 균열에 적용하는 보수 공법으로, 균열 방향 및 형태를 고려하여 균열을 따라서 콘크리트를 V-cut 또는 U-cut 한 후 보수재를 채워 넣는 공법을 말한다. 철근의 부식 및 균열의 진행, 누수여부 등에 따라 적용되는 보수방법이 다르다. 충전 공법에 적용되는 보수재료는 다음과 같다.

① 에폭시수지계 줄눈 충전재

진행성 및 비진행성의 균열 모두 적용이 가능한 보수재로, 주로 구조물의 바닥면 보수나 요철부의 조정 등에 사용되고, 수평·수직 방향으로 시공이 가능하다. 특히 콘크리트 바탕면의 곰보나 철근 노출부에 적용성이 우수하다.

② 에폭시계 경량 모르타르

에폭시수지를 특수변형한 것으로, 부착성이 높고, 비교적 경량이다. 콘크리트 바탕면에 바름 두께 조정이 가능하고, 작업성이 우수하여 공기단축이 가능하다.

③ 경량 에폭시수지 모르타르

에폭시수지와 경량 골재를 혼합한 것으로 비중이 낮아 벽체 및 슬라브 하부 등 상향 시공성이 양호하며, 바탕면에 얇게 시공이 되어도 들뜸현상이 적어 단면보수용으로 적합하다.

④ 에폭시수지 모르타르

에폭시수지에 특수골재를 혼합하여 슬라브 하부, 벽체 등에 시공하여도 흘러내림이 적고, 비투수성으로서 콘크리트의 방식 및 방청, 결손부위, 요철부의 조정에 적합하다.

5 보강(補强) 공법

1) 강판보강 공법

노후화 및 강성이 저하된 콘크리트 구조물의 상판 및 보, 기둥, 벽체 등에 Steel plate, H-beam 등을 설치하여 일체화시켜 내하력을 증강시키는 공법으로 내진 보강공사에도 많이 적용되는 보강 공법이다. 강판 보강 공법을 통해 콘크리트 부재의 인장측 바깥면에 에폭시 등의 접착제로 강판을 접합하여, 단면보강효과는 물론 콘크리트의 열화와 철근의 부식방지 효과를 증대할 수 있다. 주로 4.5~6mm 두께의 강판을 제작하여 사용하며 접착제로는 에폭시수지가 주로 사용되고, 적용방식에 따라 압착 공법과 주입 공법으로 구분하여 적용한다.

강판보강공사는 우선 강판의 규격을 선정하고, 재단, 앵커위치, 주입파이프 구멍 등을 설계 및 계획하여 강판을 가공한다. 보강할 콘크리트 접착면에 있는 이물질 등을 브러쉬나 디스크 샌더 등으로 바탕처리를 하고, 습기를 완전히 제거한 후 강판표면을 정리한다. 보수할 면에 앵커위치를 설정하고 타공하여 앵커를 설치한 후 강판을 앵커볼트로 고정하여 부착한다. 강판 설치 완료 후 주입 및 배기 파이프를 설치하고, 에폭시계 실링제로 강판과 앵커볼트 주위를 밀폐한 다음 주입압력에 견딜 수 있도록 양생 처리한다. 소정의 배합지로 에폭시계 주입제를 혼합하여 주입펌프로 서서히 주입하고 주입이 완료된 후 주입제가 완전히 경화할 때까지 양생한 다음 주입파이프를 제거하여 공사를 완료한다.

2) 증설(增設)보 공법

보 증설 공법에는 합성단면 증설 공법, 강형단면증설 공법이 있으며, 합성단면증설 공법은 신·구단면간에 전단력을 직접 전달하기 위해 접촉면에 앵커를 매립하고, 증설되는 강형보에 콘크리트를 타설하여 기존의 보와 일체화하는 공법을 말한다. 빔을 증설하는 경우 크리프(creep), 건조수축에 의해 신(新)단면은 인장력이, 구(舊)단면에는 압축력이 발생하는 경우가 있기에, 신(新)단면에 균열이 발생하지 않도록 철근 배근에 대한 검토가 선행되어야 한다. 강형단면 증설 공법은 기존 보의 외연부를 절단하고 콘크리트 또는 강형의 증설보를 설치하여 단면을 증대시켜 내력을 증대시키는 공법이다.

3) 탄소섬유(시트) 보강 공법

기존 철근콘크리트 구조물의 슬래브 밑면, 보의 밑면과 측면, 기둥 등에 탄소섬유시트를 에폭시수지로 접착하여 일체화해 내하력을 증대시키는 보강 공법을 말한다. 탄소섬유는 역청에서 추출한 신소재로 인장강도는 철의 10배, 비중은 철의 1/4로 알루미늄보다 가벼우며, 탄성률은 철과 유사하고, 내식성·내산성·내알카리성·내염성이 우수하다.

화기에 저항성이 크며, 부식되지 않는 고강도·고탄성의 소재로, 중량증가 우려가 없고, 형상변화가 거의 없어 미관을 해칠 우려가 없고, 협소한 공간에서도 작업이 용이하다. 1 방향으로 배열된 탄소섬유 시트를 상온 경화형 에폭시수지를 이용하여 접착하여 보강하는 구조로, 부재의 내하력 향상을 기대할 수 있으며, 기존에 발생한 균열을 구속하는 효과를 얻을 수 있다.

탄소섬유시트 시공순서는 우선 보강하고자 하는 부재의 단면·표면처리 후 콘크리트 균열 및 불량위치를 패칭하고, 프라이머를 도포한다. 일정시간 경과 후 에폭시수지 도포하고, 탄소섬유시트 밀착하여 부착한다. 부착 시 발생하는 기포를 제거하고, 에폭시수지 2차 도포 후 탄소섬유시트 2차 접착을 하여 시공을 완료한다.

6 공법비교

구분	탄소섬유시트 공법	철근콘크리트 단면증대 공법	강판접착 공법
개요	기존콘크리트표면에 에폭시수지를 사용하여 탄소섬유시트를 접착시킨다.	기존 콘크리트 표면에 철근 콘크리트를 타설하여 단면을 증가시킨다.	콘크리트 표면에 접착수지로 강판을 접착시킨다.
구조특성	보강재료 (경량, 고강도) 중량증가 거의 없음	시공실적 많음 자체하중 증가 신구 콘크리트 계면문제	시공실적은 많으나 자체하중 증가
시공성	중장비 필요 없음 시공전 면처리 필요 시공기간이 짧음	중장비 필요 시공 시 소음, 분진 발생 시공장소 제한	중장비 필요 현장용접, 앵커 필요 시공장소 제한
유지관리	필요시 도장처리	철근 부식문제	정기적 도장 필요
종합평가	우수	보통	우수

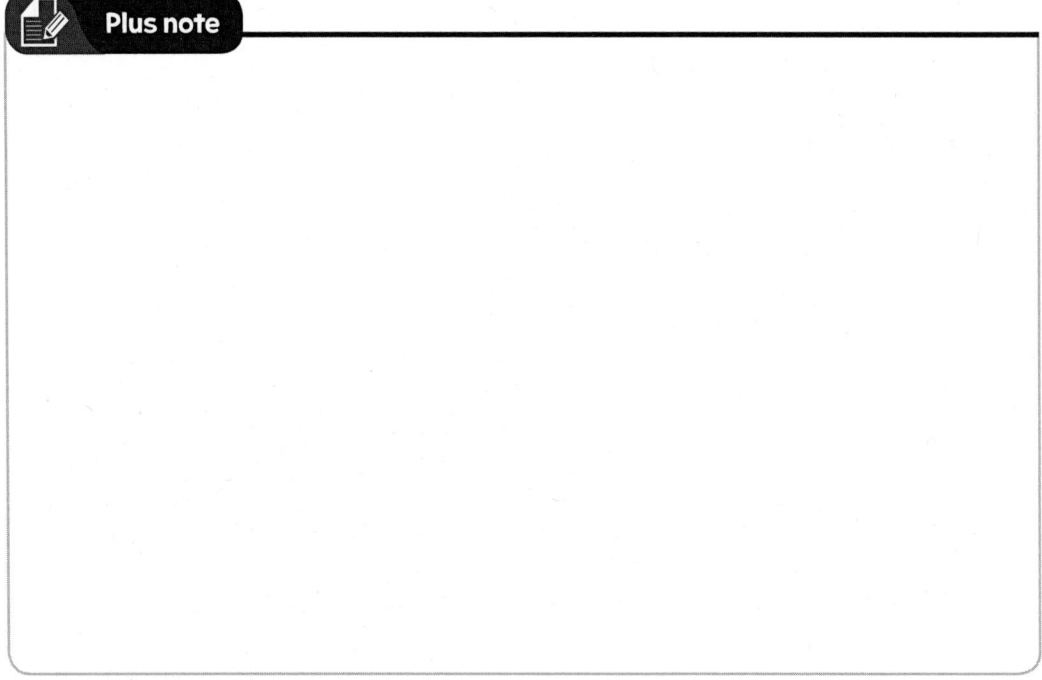

THEME 115　철골공사 일반

1 개요

철골 부재 및 기타 부재를 가공하고 제작하는 작업은 주로 공장생산에 의존하며, 철골 세우기 및 조립은 현장에서 시행한다. 철골 구조는 주로 뼈대를 형성하는 골조 공사로 진행되며, 이러한 현장작업에 의해 전체 공기에 미치는 영향이 매우 크다. 철골공사를 시행함에 있어서, 공장에서 가공된 철골 부재를 운반하여 현장세우기 작업이 진행되고 내화피복 공정으로 마무리된다. 철골 구조물 접합은 볼트, 리벳, 고력볼트, 용접 등으로 시행되며, 작업하는 동안 품질관리에 주의하며, 외기 조건에 대한 대비 및 작업 진행여부를 판단한다.

2 시공계획

철골공사의 시공계획은 철근콘크리트 공사에 비해 간단하게 보일 수 있으나, 구조물의 접합 및 품질검사, 안전관리 등에 세심한 계획이 필요하다. 특히 안전관리는 철골구조물의 특성상, 고소작업이 많아 추락 및 낙하 등의 안전사고가 빈번하게 발생한다. 이에 대한 안전대책을 수립하여 사전에 안전사고에 대한 대비를 철저히 해야 한다.

품질계획 측면에서는 구조물의 접합 및 세우기 등의 강도와 정밀도를 확보할 수 있도록 체계적인 품질관리가 수반되어야 하며, 각종 접합 및 세우기의 허용오차에 대해 엄격한 관리가 필요하다.

철골공사로 인한 주변 민원 및 환경에 관한 관리 또한 매우 중요하다. 작업 시 발생하는 소음 및 진동에 대한 계측관리를 주기적으로 시행하여, 법적기준 초과여부 및 실제 수치를 데이터화 하는 작업이 필요하다. 공사 전·중·후에 발생하는 민원 등에 대한 자료로 준비 등 철저한 사후관리가 되어야 한다. 또한 철골 부재 도장 시 비산되는 용제, 철골 부재 운반 시 발생하는 교통장애 및 각종 민원에 대한 사전 계획 수립이 동반되어야 한다.

공장 생산된 중량 철골 부재를 현장 반입하는 운반장비 및 양중장비에 대한 계획이 선행되어야 한다. 운반 차량의 크기 및 용량에 따라 현장 게이트와 크기와 현장 내 지반상태, 철골 야적장 등을 합리적으로 계획해야 하고, 도면에 제시된 건축물의 규모, 형상, 부재의 중량 등을 고려하여 양중장비의 성능 및 용량을 선정한다. 장비를 계획 시 안전성, 경제성 등을 고려하여 선정하되, 현장 주변 및 교통상황 등을 통합적으로 고려하여 실시한다. 또한, 철골공사 시 소요되는 전력용량을 확인 및 확보하며, 공사 중 정전에 대한 대비도 마련해야 한다.

3 철골 공작도

철골 공작도란 설계도서 및 관련 시방서를 기준으로 작성한 시공 도면을 말하며, 정밀 시공 및 재시공을 방지하고, 기존 도면에 대한 정확한 해석을 주지하고, 오해의 소지를 사전에 차단하는 효과가 있다. 철골의 제작계획, 운반계획, 양중계획, 현장작업계획 등의 사전 계획 및 작업 등에 용이하다. 주로 각종 평면도 및 골조도는 1/100 축척으로 작성되며, 기둥 및 보 등 주요 구조부의 상세도는 별도로 1/10 정도의 축척으로 상세히 작성된다. 앵커볼트의 위치 및 길이, 크기, 간격, 레벨 등을 구체적으로 명기하고, 구조물의 각 층의 기준 높이 및 기둥 이음 위치, 스팬의 크기 및 치수 등이 표현된다. 주요 부재 및 각 부재의 접합부 방식이 표시되는데, 리벳(rivet), 볼트(bolt) 등의 피치(pitch), 게이지(guage), 엣지(edge) 등이 표시된다. 또한 용접의 위치 및 각장, 형식 등을 표기하며, 각 부재의 도장여부 및 재료를 명기한다.

4 공장 가공 및 제작

철골 각 부재는 선정된 공장에서 가공 및 제작을 진행한다. 부재의 견고성, 정확성 등의 품질관리에 유리하고, 현장작업의 편리성을 극대화하는 방안으로 주로 철골공사에서 적용되는 방식이다. 공장에서는 현장 건립 계획에 따라 순차적으로 가공을 시행하며, 부재를 운반하는 장비의 성능 및 용량 등에 근거하여 중량물 및 장대물을 분할하는 등의 작업을 적용한다. 설계도면상 동일한 크기 및 중량의 부재는 연속 생산하여 작업의 효율성 및 제작 기간의 능률성을 기하고, 완성된 부재의 반출이 용이하도록 운반 동선 및 작업 순서 등을 고려하여 야적장에 적치하도록 한다. 또한 반출되기 전 지정된 품질검사 및 반출 검사 등을 통해 품질확보에 만전을 기하도록 한다.

공장가공 및 제작순서는 ① 원척도, ② 본뜨기, ③ 변형 바로잡기, ④ 금긋기, ⑤ 절단 및 가공, ⑥ 구멍뚫기, ⑦ 가조립, ⑧ 본조립, ⑨ 제품검사, ⑩ 부재 녹막이칠, ⑪ 검사순으로 진행한다.

THEME 116   철골세우기

공장 생산된 각종 철골 부재를 현장 반입하여 양중장비를 통해 철골 부재를 건립하여 접합하는 작업을 진행한다. 철골세우기 작업을 하기 전에 바닥면에 주각부 중심 먹매김을 하고, 기초 앵커볼트 매입 및 상부 고름질 작업을 시행하며, 철골 부재가 반입되는 도로 및 교통 정리를 사전에 시행하여 원활한 반입처리가 되도록 하며, 반입 후 면밀한 양중작업이 이루어지도록 양중계획이 선행되어야 한다. 기초의 앵커 볼트는 베이스 플레이트(base plate) 하단에서 기준높이 면에서 3mm 이하, 인접 기둥 높이에서 3mm 이내로 해야 한다.

1 기초 Anchor Bolt 매입 공법

1) 고정매입 공법

구조물의 기초 철근을 배근하는 것과 동시에 앵커볼트(anchor bolt)를 기초 상부면에 묻히게 한 다음 콘크리트를 타설하는 공법으로, 구조물이 대규모인 경우에 적합하며, 구조물의 안정도가 높으나, 앵커볼트의 위치 및 기초 상부 노출 정도가 불량한 경우 수정이 어렵다.

2) 가동매입 공법

기초 상부로 돌출된 앵커볼트의 상부를 수정 및 조정이 가능한 공법으로, 콘크리트 타설 이전에 기초 배근 시 조치한다. 주로 중규모의 구조물에 적합한 앵커 매입 공법으로 시공오차에 대한 수정이 가능하나. 이로 인해 부착강도가 저하될 수 있다.

3) 나중매입 공법

콘크리트를 타설하기 이전에 앵커볼트를 매입할 공간을 사전에 마련해 두고 콘크리트 타설 후 코어(core) 등의 천공장비를 이용하여 앵커볼트 위치를 천공한 후 앵커볼트를 매입하는 공법이다. 주로 소규모 구조물에 적용되는 매입 공법으로 시공이 비교적 간단하고, 보수가 용이하나. 구조물의 안정성 및 부착강도를 보장하기 어렵다.

2 기초상부고름질

1) 전면바름 마무리

기둥 저면을 시공되는 부위보다 3cm 이상 넓게 하여 레벨체크(level check) 후 된비빔 모르타르를 충전하여 경화시킨 후 철골 기둥 부재를 세우는 공법으로, 주로 소규모 구조물에 적용되며, 시공이 비교적 간단하나, 높은 정밀도의 시공도를 요한다.

2) 나중채워넣기 중심바름

기둥 저면의 중심부만을 수평으로 펼쳐 바르고 철골 부재 기둥을 세운 다음 모르타르를 다져 넣는 공법으로, 주로 대규모 공사에 적용되며, 수정작업이 용이하다.

3) 나중채워넣기 십자(+)바름

기둥 저면에 십자형으로 모르타르를 펼쳐 바른 다음 기둥을 세우고 그 위에 모르타르를 다져 넣는 공법으로, 주로 고층 구조물 시공 시 적용되며, 기둥 저면 중앙부에 십자형 패드 모르타르를 설치한다. 기둥 철골 부재를 세운 다음 모르타르 나중채워넣기 작업으로 인해 공극이 발생될 우려가 있다.

4) 나중채워넣기

베이스 플레이트(base plate) 중앙에 구멍을 내어, 철판 사면에 쐐기라이너 등을 괴어 수평 조절한 다음 기둥을 세우고 모르타르를 채우는 공법을 말한다. 주로 소규모 건축물에 적용되는 공법으로 레벨고정너트로 수평 조정이 가능하다.

3 철골세우기용 기계

철골세우기 작업 시 해당 현장의 입지 조건 및 도로 및 교통 상황, 사업 구조물의 규모, 구조 등을 고려하여 철골세우기 장비를 선정한다. 또한 철골 부재 수 및 장비 설치 장소, 작업 완료 후 장비 반출 계획 등이 사전에 수립되어야 하며, 장비의 용량 및 크기 등을 고려하여 작업을 시행한다.

스티프레그 데릭 (stiffleg derrick)	롤러(roller)가 있어 수평이동이 가능하고, 비교적 층수가 낮고 평면 형태가 긴 건축물에 양중하는데 유리하고, 회전범위 270°, 작업범위는 180°이다.
가이 데릭 (guy derrick)	철골세우기용으로 가장 많이 적용되는 것으로, 하중능력이 크고, 중량물 운반에 용이하며, 작업범위는 360°이나 수평방향으로 이동이 불가능하다.
타워 크레인 (tower crane)	비교적 고층 건축물에 적용성이 좋으며, 작업능률이 좋고, 붐(boom)이 360°로 가능하다.
트럭 크레인 (truck crane)	트럭 위에 붐을 설치한 것으로 이동성이 좋으며, 비교적 넓은 장소에서 작업성이 좋으나, 아웃트리거 등의 조치를 하여 차량 전도 등의 사고를 방지한다.
진 폴 (gin pole)	비교적 소규모 또는 옥탑 돌출부에 적용성이 좋으며, 윈치(winch) 등과 동시 적용하여 중량물 양중에 용이하다.
크롤러 크레인 (crawler crane)	크레인의 주행부가 무한궤도로 되어 있어 연약지반에서 양중을 하는데 용이하며, 이동이 많은 건물에 적합한 장비이다.

THEME 117　철골 녹막이칠

철골 표면에 접하는 물질 사이에 발생하는 화학반응으로 인해 철골 부재 표면이 소모되는 현상을 부식(腐蝕)이라 한다.

1 방청 페인트 종류

구분	내용
징크로메트계	크롬아연과 산화아연이 혼합된 것으로, 물에 약한 특징을 가지고 있다.
연단계(광명단)	주로 산화연을 주원료로 하는 유성 페인트로 가장 보편적으로 적용되는 페인트이다.
아연 징크로메트계	아연분말과 산화아연이 혼합된 것으로 부착성이 양호하고 내후성이 좋은 편이다.

2 녹막이칠 시 유의사항

철골 부재 표면에 발생한 스케일(scale), 기름, 슬래그 등 기타 오염물질을 깨끗하게 청소한 다음 강재면에 녹막이칠을 1회 실시하고, 공장 조립 시 철골 부재가 서로 맞닿는 면과 조립 이후 녹막이칠이 불가능한 부분은 사전에 1~2회 정도 녹막이칠을 실시한다.

고력볼트 마찰 접합부의 마찰면과 콘크리트가 묻히는 부분, 조립에 의해 면맞춤이 되는 부분은 녹막이칠을 하지 않는다. 또한 현장 용접 부위와 용접부 양측 100mm 이내 인접부위와 초음파 탐상법 등의 용접검사 시 영향을 미치는 부위는 녹막이칠을 하지 않는다. 끝으로 핀(pin), 롤러(roller) 등과 밀착하는 부분과 회전면 등 절삭 가공한 부분도 녹막이칠에서 제외된다.

Plus note

THEME 118 　 철골 접합

1 Bolt 접합

지압접합에 의해 응력이 전달되는 접합 방식으로, 소음이 적고 해체작업이 용이하며, 시공이 간편하고, 소규모 공사 또는 가조립, 가설건물 등에 적용성이 우수하다. 이에 반해 진동 등에 의해 너트가 풀리기 쉬우며 균등한 조임 시공이 어렵다. 볼트 접합 시공 시 볼트 구멍의 지름은 볼트 지름보다 0.5mm 미만이어야 하고, 볼트 조임은 핸드렌치(hand wrench), 임팩트렌치(impact wrench) 등을 이용하며, 0.5mm 이상 구멍이 어긋날 경우 리머(reamer)로 수정하지 않고 이음판을 교환해야 한다. 볼트 길이는 조임 완료 후 너트 밖으로 나사선이 3개 이상 나오도록 한다. 불량 볼트의 경우 설계도서에 제시된 품질 및 치수로 교체하여 재시공하며, 너트는 스프링 와셔 등을 사용하여 볼트의 풀림 방지에 대비한다. 조임이 되지 않은 볼트는 재조임하며, 볼트가 느슨하지 않도록 견고히 시공하며, 지나치게 조여진 볼트는 교체해야 한다.

2 Rivet 접합

900~1,000℃ 정도로 가열된 리벳을 joe rivet 등으로 충격을 가해 접합하는 방법으로, 강설 및 강우, 강풍 시 작업을 중단해야 한다. 1,100℃ 초과 시 강재에 변질이 발생할 우려가 크므로 초과 가열을 금지하며, 검사에 불합격한 리벳은 커터, 드릴 등으로 리벳머리를 제거한 후 다시 치기 한다. 또한 리벳 치기는 리벳구멍에 완전하게 충전되게 한다. 리벳 접합은 인성이 크며 불량 리벳 검사가 용이하며, 사용성이 좋으나 소음 발생이 크며 화재의 위험성이 있다.

리벳은 그 형상에 따라 둥근머리 리벳, 민머리 리벳, 평 리벳, 둥근접시머리 리벳 등의 종류가 있으며, 리벳구멍은 공칭축 직경(d)이 20mm 미만일 경우 구멍지름(D)은 d+1.0mm이고, 공칭축 직경(d)이 20mm 이상일 경우 구멍지름(D)은 d+1.5mm이다. 또한 리벳이 헐겁거나 머리가 갈라진 것, 리벳 머리 모양이 좋지 않은 것 등은 제거하여 재시공하고, 리벳 머리와 축선이 일치하고 강재 간에 틈서리가 생기지 않도록 주의해야 한다.

3 고력 Bolt 접합

고탄소강, 합금강을 열처리한 것으로 항복강도 7tonf/cm^2 이상, 인장강도 9tonf/cm^2 이상 고력볼트를 사용하여, 철골 부재 간에 마찰력에 의해 응력을 전달하는 방식으로, 시공이 간편하고, 접합부 강도가 커서 구조체 접합에 주로 적용되나, 접합 숙련공의 작업이 필요하다. 부재에 미치는 응력 집중이 적으며 반복응력에 대해 강하나, 접촉면의 관리와 나사의 마무리 정도가 어려운 편이다.

1) 접합방법

마찰접합	철골 부재 간의 마찰력을 이용하여 볼트축과 직각방향으로 응력을 전달하는 전단형 방식을 말한다.
인장접합	볼트의 인장내력을 이용한 방식으로 볼트의 축방향의 응력을 전달하는 인장형 접합방식을 말한다.
지압접합	볼트의 전단력과 볼트 구멍의 지압내력을 이용한 접합방식을 말한다.

2) 볼트 조임 방법

우선 토크 렌치, 임팩트 렌치 등을 사용하여 볼트군마다 중앙에서 단부로 조이며, 1차 조임 완료 후 볼트, 너트, 와셔, 부재에 금매김을 실시한다. 임팩트 렌치는 고력볼트 조임용 공구로 2회 조임을 실시하며, 1차 조임은 표준 볼트 장력의 80% 정도 값이 나오도록 임팩트 렌치로 조인다. 1차 조임 후 모든 볼트에는 금매김을 실시하고, 본조임 시 토크관리법에 따라 표준 볼트 장력의 100% 값이 나오도록 임팩트 렌치를 조이며, 너트 회전법에 따라 1차 조임 후 금매김을 기준으로 너트를 120° 회전시킨다.

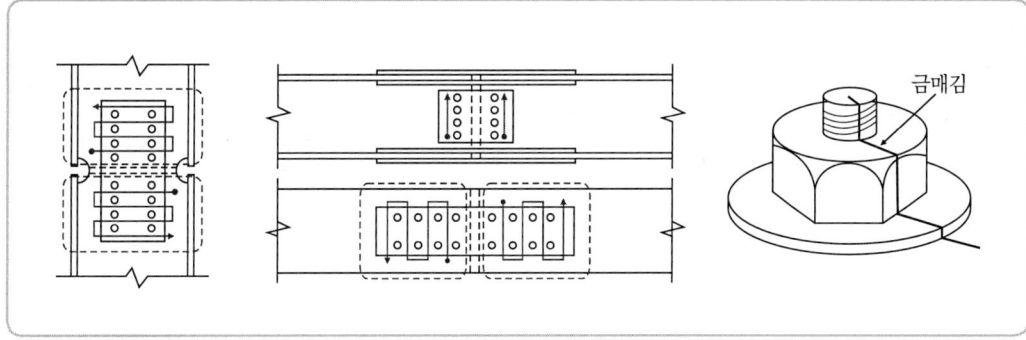

3) 고력볼트 토크값

$$T = k \cdot d \cdot N$$

T: 토크치(t·cm), k: 토크(torque)계수, d: 볼트의 축부지름(cm), N: 볼트의 축력(t)

현장에서 축력계를 사용하여 토크 렌치로 필요한 볼트의 장력에 대한 토크 모멘트를 구한 값을 토크값(치)이라고 하고, 그 값을 표시하는 기구를 토크 렌치(torque wrench)라 한다. 너트(nut)를 조여서 완료된 다음 토크 렌치를 이용해 토크치를 측정하며, 1군의 볼트의 개수가 6개 이하이면 1개 이상 검사하며, 1군의 볼트의 개수가 7개 이상이면 2개 이상 검사한다.

4) 표준 볼트의 장력 및 1차 조임 토크값

볼트의 호칭	표준 볼트 장력(tonf)	1차 조임 토크값(kgf · cm)
M12	6.26	500
M16	11.7	1,000
M20	18.2	1,500
M22	22.6	1,500
M24	26.2	2,000
M27	34.1	3,000
M30	41.7	4,000

5) 조임 검사

볼트 및 너트, 와셔가 동시에 회전 및 축회전이 발생한 경우 또는 너트 회전량에 이상이 발생한 경우에는 새로운 것으로 교체하며, 한 번 사용한 볼트는 재사용하지 않으며, 고력볼트의 조임 및 검사에 사용한 축력계와 토크 렌치의 정밀도는 3% 이내의 오차범위가 되어야 한다.

① 토크 관리법(torque control)

본조임을 완료한 후, 모든 볼트에 1차 조임 후 실시한 금매김을 기준으로 회전량을 육안으로 확인하며, 반입검사 시 획득한 평균 토크값의 ±10% 이내의 것을 합격으로 한다. 평균 토크값을 초과하는 볼트는 교체하며, 조임이 안 되었거나 부족한 볼트군은 볼트 검사와 소요 토크값을 얻을 때까지 조이도록 한다.

② 너트 회전법

본조임을 완료한 다음 모든 볼트 군에 표시된 금매김을 기준으로 너트 회전량을 육안으로 확인하며, 1·2차 조임 시 너트의 회전량이 120°±30° 범위인 것은 합격으로 한다. 합격 범위를 초과해 조여진 볼트는 즉시 교체하며, 너트의 회전량이 부족한 것은 소요 너트 회전량까지 추가적으로 조임을 실시한다.

THEME 119 용접 접합

용접접합은 응력전달이 효과적이며 덧댐의 형태가 없으므로 건축물의 자중을 경감할 수 있어 강재의 절약으로 철골 중량이 감소된다. 부재 간의 이음처리 및 작업성이 매우 용이하며, 무소음 및 무진동으로 현장 환경관리 및 민원관리에도 효과적이며, 구조적으로 수밀성 및 기밀성에 효과적이다. 이에 반해 용접작업은 숙련공이 투입되어야 하며 부재 간의 인성이 약하다. 또한 용접 시 발생하는 열로 인해 부재의 변형이 발생할 우려가 크며, 내부 결함 확인 및 용접부위에 대한 검사가 필요하다.

1 용접의 종류

1) 피복 아크 용접(수동용접, Shield metal arc welding)

용접봉과 용접할 금속에 전류를 발생시켜 전기 아크열로 용접봉과 모재를 동시에 녹여 용접봉에서 녹은 쇳물이 모재에 결합되도록 하는 공법을 말한다. 비교적 설비비가 저렴하고 시공이 간편하여 보편적으로 사용되는 용접법으로, 좁은 공간에서의 작업성이 우수하다. 또한, 용접상태를 육안으로 확인이 가능하며, 모든 금속 재료에 적용성이 높으나, 용접봉의 잦은 소모로 수시로 교체해야 하는 번거로움이 있으며 용접공의 기능도에 의존하여 용접 정밀도가 다소 떨어진다.

2) 반자동 용접(CO_2 arc 용접, Gas shield arc welding)

코일형태의 강선 와이어를 연속적으로 송급하여 와이어와 모재 간에 아크를 발생시켜 실시하는 용접법으로, 아크와 용융금속을 탄산가스가 감싸 공기를 차단하여 산소 및 질소의 침입을 방지한다. 반자동 용접법은 용입깊이가 깊고 용접속도가 빠르고, 결함발생률이 적은 편이다. 대전류의 사용으로 용접능률이 좋으나, 탄산가스(CO_2 gas)를 사용하므로 적절한 환기가 병행되어야 한다. 외기의 영향에 취약하므로 옥외에서는 작업이 곤란하며, 플럭스에 의한 합금원소 첨가가 안 되므로 용접할 강재 종류가 한정된다.

3) 자동 용접(Submerged arc 용접)

모재의 이음 표면 선상에 플럭스(flux)를 쌓아 올린 후, 플럭스 내부에 전극 와이어를 연속으로 송급하여 용접하는 방식을 말한다. 대전류를 사용하여 용융속도를 빠르게 하여 고능률의 용접이 가능하며, 용접이음의 신뢰성이 높은 편이다. 또한 플럭스에 덮인 용접봉의 선단과 모재 사이에서 발생하여, 용융금속은 플럭스와 슬래그에 의해 대기에서 보호되는 효과가 있다. 하지만 초기 설비비가 비교적 고가이며, 플럭스 내부의 아크가 보이지 않으므로 용접 상태를 확인하면서 작업을 하기가 곤란하다.

4) 스터드 용접(stud welding)

일종의 자동식 아크 용접으로 스터드 볼트를 모재에 용접하는 방식을 말하며, 스터드건에 용접할 스터드를 꽂고 모재와 약간의 간격을 두고 전류를 통하게 하여 스터드가 용접봉과 같은 역할을 한다. 스터드의 끝과 모재 사이에 아크가 발생하게 되어 모재에 스터드가 용착된다. 용접속도가 비교적 빠르고 효율성이 높으며, 용접에 의한 비틀림이 적다. 주로 철골보 부재, 컴포지트 빔(composite beam, 합성보)의 전단연결재(shear connector)로 사용하며, 모재에 대한 열영향이 적다. 용접 작업 완료 후 기울기 검사 또는 타격 구부림 검사를 통해 용접검사를 실시한다. 기울기 검사는 일반적으로 5° 이내로 관리하며, 타격 구부림 검사는 해머(hammer)로 15°까지 타격하여 용접부 결함이 발생하지 않으면 합격이다.

5) 전기 용접(Electro slag 용접)

용접할 모재를 20mm 정도 간격을 두고 물로 냉각된 동판을 양옆에 설치한 후 용융금속 또는 슬래그가 새어나지 않도록 한 다음 수직으로 용접하는 방식으로 전극와이어와 용융 슬래그 속을 흐르는 전기 저항열을 이용한다. 비교적 조작이 간편하고, 적은 용접결함과 뒤틀림이 있으며, 합금원소 첨가가 용이하고 아크발생이 없다. 이에 반해 충격강도가 저하되고 열에 대한 영향이 큰 편이다. 용접의 처음과 끝에 용접결함이 발생하기 쉬워 엔드탭(end tab)을 사용하고, 용접 중에 슬래그량과 상태를 확인해야 한다. 용접은 수직으로 하며, 이음이 발생하는 경우 용접결함 여부를 확인한 후 수정용접을 실시한다.

2 맞댄용접(Butt welding)

맞댄용접은 접합재의 끝을 적절한 각도로 개선해 서로 맞대어 용착금속을 용융하여 접합하는 방식을 말한다. 개선(앞벌림, 홈, groove)의 형태는 맞댄 형태에 따라 I형, V형, X형, bevel형, K형, U형, J형, H형, 쌍J형이 있다.

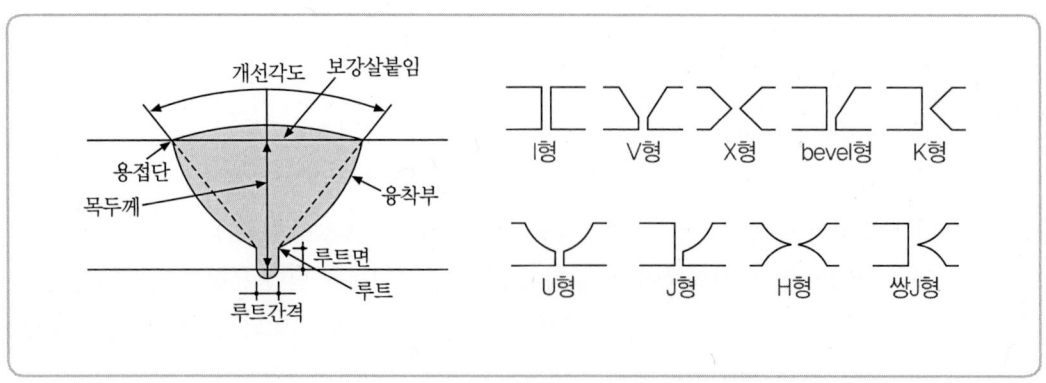

3 모살용접(fillet welding)

모살용접은 목두께의 방향이 모재의 면과 45° 각을 이루는 용접을 말한다. 이음의 형태는 겹침이음, T형이음, 모서리이음, 단부이음 등이 있으며, 가공하기가 용이하고 경제성 및 적응성이 우수하여 보편적으로 사용되는 용접방법이다. 모살형식에 따라 연속모살, 단속모살, 병렬모살, 엇모모살로 구분된다.

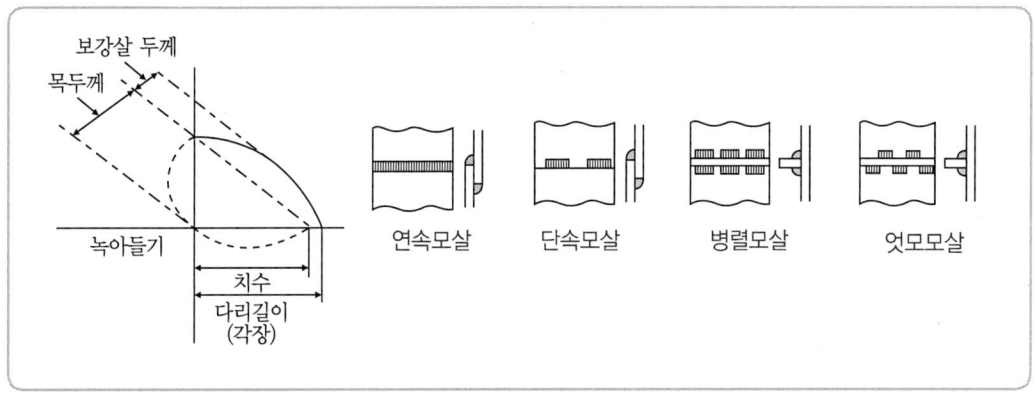

Plus note

THEME 120   용접결함 및 변형

　　용접작업 시 전류의 높낮이가 균등하지 못하거나 용접속도의 불균일성, 작업자의 숙련도 부족 등으로 인해 용접결함이 발생한다. 또한 용접봉의 관리 미숙과 선정의 부적합, 용접부의 청소상태, 개선 정밀도의 불량, 용접 방법 및 순서의 미준수로 인해 구조체의 내구성을 저하시키고, 접합부의 응력 강도를 상실하여 품질저하의 결과를 초래한다.

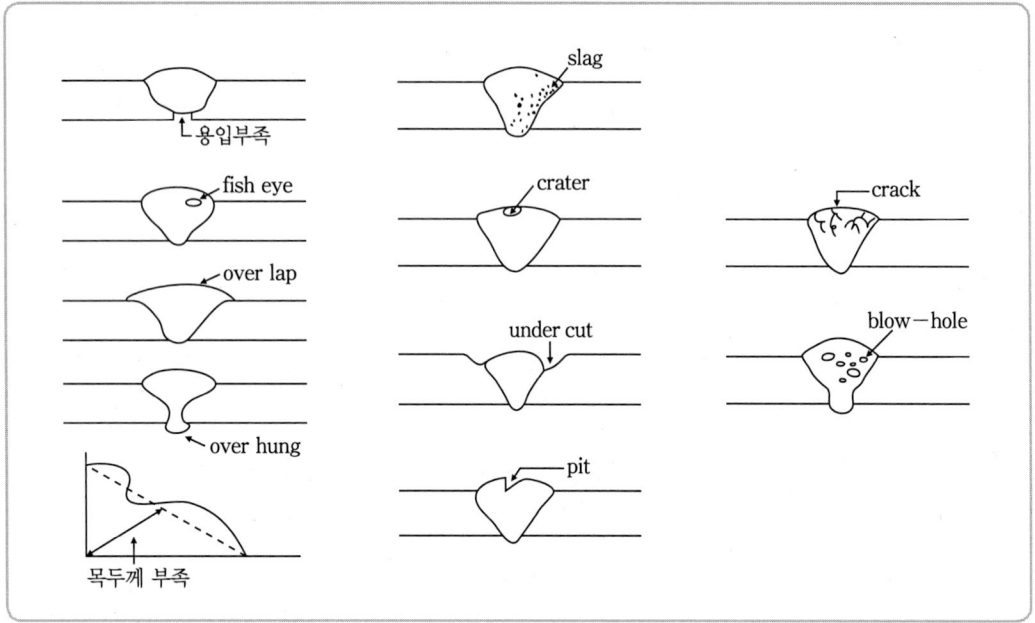

용접결함의 종류		내용
표면결함	크랙(crack)	용접부 응고 후 수축응력을 심하게 받는 경우 발생
	크리에이터(crater)	용접부 중심부에 불순물 등이 함유되는 경우 발생
	루트(root)	모재의 예열이 부족한 경우 발생
	피트(pit)	용접부 용융금속 응고수축하는 경우 표면에 발생
	피쉬아이(fish eye)	블루홀과 혼입된 슬래그가 모여 생기는 은색의 반점
내부결함	블루홀(blow hole)	용착부의 잔존 가스의 영향으로 생성되는 기공
	슬래그 감싸들기	슬래그가 용착한 금속 내에서 혼입하여 발생
	용입불량	용접부가 너무 좁거나 넓은 경우 발생
형상결함	오버랩(over lap)	모재가 용융되지 않고 겹치는 현상
	언더컷(under cut)	용접 전류가 과다하거나 불안정한 경우 발생
	오버헝(over hung)	용착금속이 모재에 정착되지 않고 모재 밑으로 흘러내리는 현상

변형의 종류	내용
각변형	용접온도가 일정하지 못하여 용접이음부 가장자리가 상부로 변형되는 현상
종수축	장대 부재를 용접할 경우 용접선 방향으로 수축하려는 현상
회전변형	용접되지 않은 개선부가 외측으로 개선 간격이 좁아지거나 커지는 현상
비틀림변형	부재 강도 부족으로 용접 시 부재가 비틀리는 현상
종굽힘변형	T형 또는 I형 부재를 용접하는 경우 좌우 용접선 종수축량의 차이에 의해 발생
횡수축	용접선의 직각방향으로 수축변형하는 현상
좌굴변형	수축응력으로 인해 중앙부에 과도한 변형 발생

Plus note

THEME 121 기타 결함 및 용접 검사

1 기타 결함

결함종류	내용
라멜라 티어링 (lamellar tearing)	용접 시 열영향부의 국부 열변형으로 모재 내부에 구속응력이 발생하여 미세한 균열이 생성되는 현상으로, 주로 T형 용접 시 발생하며 기둥과 보, 가새 용접 시 많이 발생하는 결함 현상
각장 부족	모살용접 시 다리길이(각장)가 부족한 현상으로 모재 표면의 만나는 점에서 다리 끝까지의 길이가 부족한 현상

2 시기별 용접 검사 종류

검사 시기	검사 방법	검사 종류
용접 전	트임새 모양	-
	구속법	-
	모아대기법	-
	자세의 적부	-
용접 중	용접봉	-
	운봉	-
	전류	-
용접 후	외관검사	-
	절단검사	-
	비파괴검사 (Non Destructive Test)	방사선투과법(R.T)
		초음파탐상법(U.T)
		자기분말탐상법(M.T)
		침투탐상법(P.T)

3 비파괴검사(Non Destructive Test)

1) 방사선투과법(R.T, radiographic test)

가장 보편적으로 사용하는 비파괴검사로서, X선, γ선을 용접부위에 투과시켜 용접부 상태를 필름에 투영시켜 내부결함을 파악하는 방법으로, 검사 결과를 기록 및 보존할 수 있다. 부재가 두꺼운 경우에도 검사가 가능하며, 신뢰성이 높고 검사방법이 비교적 간단하다. 하지만 검사 장소에 제한이 있으며, 측정자의 판단에 의해 결과를 판단하므로 검사 결과가 다를 수 있고, 용접부 내의 미세 균열은 발견이 곤란하며 방사선을 이용하므로 인체에 해로울 수 있다.

2) 초음파탐상법(U.T, ultrasonic test)

발사된 음파의 반사음의 속도와 반사시간을 측정하여 결함의 깊이를 측정하는 방법으로, 용접부위에 초음파를 통과시켜 용접상태를 검사장비 모니터를 통해 실시간으로 확인 가능하며, 결함의 위치 및 크기, 종류 등을 파악하는 데 용이한 검사방법이다. 검사장비가 소형이어서 운반 및 취급이 편리하고, 검사속도가 빠르며 균열의 검출이 용이하다. 주로 맞댄이음 및 T형이음에 적용성이 좋으나, 검사의 숙련도와 경험이 검출 결과의 신뢰성을 높일 수 있고, 필름을 사용하지 않으므로 기록 및 보존하기가 곤란하다. 주파수는 주로 1~5Hz를 사용하며, 검사측정 시작 30분 전에 장비를 세팅하여 감도가 안정한지 확인해야 하고, 피검사 용접부위는 깨끗하게 청소 등 정리가 필요하다. 피검사체에 녹이나 페인트, 스케일 등이 있을 경우 제거하도록 한다.

3) 자기분말탐상법(M.T, magnetic particle test)

용접부위에 자력선을 통과시켜 자력을 형성하도록 한 후 철분가루(자분)를 뿌려놓고 자분이 결함부위에 모이는 성질을 이용한 검사방법으로, 결함부위의 크기 및 형태 등을 파악하기 용이하다. 용접부위 결함모양이 부재 표면에 나타나 육안으로 결함 확인이 가능하고, 표면 균열검사에 적합하다. 작업이 신속하고 간단하며 피검사체의 크기 및 형상 등에 구속받지 않으며, 자동화 검사가 가능하고 검사비가 비교적 저렴한 편이다. 하지만 표면검사에 적용성이 높아 내부검사가 불가능하고, 자성체 부재에만 검사가 가능하고, 대형 구조물을 검사할 경우 높은 전류가 필요하다.

4) 침투탐상법(P.T, penetration test)

검사를 하고자 하는 용접부위에 농적색의 침투액을 도포하여 표면을 닦아낸 다음 백색의 현상제를 도포하여 결함부위를 검출하는 방법으로, 균열 등 용접결함이 있는 부위는 백색 피막면이 적색으로 변한다. 검사가 비교적 간단하고 넓은 범위의 표면검사가 가능하며 자기분말탐상법과 달리 비철금속도 검사가 가능하나, 내부검사에는 적용하기 어렵다.

THEME 122 철골 내화피복

철골구조 강재의 융점은 1,500℃로 500~600℃ 정도 되면 응력이 50% 저하되고, 800℃ 이상이면 응력이 거의 제로(zero)상태가 된다. 철골 구조가 화재 등 열에 저항하여 구조체 및 마감재를 보호하고, 인명 및 재산을 보호하기 위해 내화피복을 실시한다. 내화피복은 화재로 인해 강재의 온도 상승 및 강도 저하를 방지하여 건축물의 붕괴를 방지한다.

1 내화피복 종류

1) 습식 내화피복

미장 공법	철골 강재에 메탈라스(metal lath) 및 용접철망 등을 설치하고 단열모르타르로 미장하는 공법 – 내화피복과 표면 마무리를 동시에 작업 가능 – 부착에 관한 신뢰성 검토 및 균열, 방청에 관한 검사 실시 – 인력작업으로 인한 시간이 다소 소요
뿜칠 공법	철골 강재 표면에 부착성을 향상시키기 위해 접착제를 도포한 다음 내화재료를 뿜칠하는 공법 – 철골 강재의 단면이 복잡하거나 다양한 경우 시공성이 우수 – 철골 강재의 피복 두께의 균일성 및 비중에 관한 검사 및 관리 필요 – 작업 성능이 우수하고 시공 가격이 저렴
타설 공법	철골 강재 주변에 거푸집을 설치하고 일반 콘크리트 또는 경량 콘크리트를 타설하는 공법 – 피복두께 확보가 우수하고 표면마감성이 좋음 – 철골 구조체와 일체화 시공이 가능함 – 거푸집 해체 공정 및 콘크리트를 타설로 인해 공기 연장
조적 공법	철골 강재 주변에 콘크리트 블록 또는 벽돌 등을 쌓는 공법 – 외부 충격에 강하며 박리 등의 우려가 적음 – 조적으로 인한 공사기간이 다소 소요

2) 건식 내화피복

내화 및 단열성이 좋은 경량 성형판을 연결철물 또는 접착제 등을 이용하여 부착하는 공법으로, PC판, ALC판, 석면 시멘트판, 석면 규산칼슘판, 석면 성형판 등이 있다. 성형판 등의 재료가 공장제품으로 제작되므로 품질관리 및 신뢰성이 좋으며, 사용 시 파손 등이 발생할 경우 보수가 용이하다. 하지만 내충격성, 내흡수성이 약하고, 절단 및 가공으로 인한 재료 손실이 크고, 접합부 등의 시공이 불량한 경우 내화성능이 저하될 우려가 크다.

3) 합성 내화피복

두 종류 이상의 재료를 혼합하여 내화성능을 구현하는 공법으로 이종재료 적층 공법과 이질재료 접합 공법이 있다. 이종재료 적층 공법은 철골 강재면에 석면 성형판을 설치한 다음 상부에 질석 플라스터 등으로 일체화하는 공법을 말한다. 건식 및 습식의 단점을 보완하여 내화성능이 우수하나, 바름층이 탈락 및 균열에 대한 검토가 필요하다. 또한 질석 플라스터의 바름두께는 25mm 이상 유지하여 탈락 등의 결함에 주의해야 한다. 이질재료 접합 공법은 철골 강재 내부에는 석면 성형판 또는 석면규산칼슘판을 부착하고, 외부에는 PC판을 부착하여 접합부의 밀실한 시공을 요하는 내화 공법이다.

2 내화성능기준

건축물의 벽, 기둥, 보, 바닥 또는 지붕 등의 일정 부위는 건축물의 용도별 높이, 층수, 면적에 따른 규모에 따라 화재 발생 시 일정 시간 이상을 견딜 수 있는 내화구조로 해야 한다.

(단위 : 시간)

구분	층수/최고높이		기둥	보	슬래브	내력벽
일반시설	12/50	초과	3	3	2	3
		이하	2	2	2	2
	4/20 이하		1	1	1.5	1
주거시설	12/50	초과	3	3	2	2
		이하	2	2	2	2
	4/20 이하		1	1	1.5	1
산업시설	12/50	초과	3	3	2	2
		이하	2	2	2	2
	4/20 이하		1	1	1.5	1

3 검사

미장 및 뿜칠 경우, 5m²당 1개소 두께 확인하며, 뿜칠 시공 시 코어 채취를 통해 두께 및 비중을 측정하며, 각 층마다 또는 1,500m²마다 각 부위별로 1회 5개소 실시하며, 연면적 1,500m² 미만인 경우 2회 이상 측정한다. 조적 및 붙임 경우, 각 층마다 또는 1,500m²마다 각 부위별로 1회 3개소 실시하며, 연면적 1,500m² 미만인 경우 2회 이상 실시한다.

THEME 123 철골 기타 관련 용어

1 스캘럽(scallop)

철골 부재 용접접합 시 용접선이 교차되어 재용접된 부위가 열영향을 받아 내구성 및 강성 등이 취약해질 우려가 있기에 재용접이 발생하지 않도록 모재를 부채꼴 모양으로 모따기한 것을 말한다. 주로 절삭가공기나 수동 가스절단기를 이용하여 모따기를 시행하며, 스캘럽의 반지름은 30mm를 기준으로 하나, 조립 H형강의 경우 스캘럽 내 웨브 필렛의 회전 용접부를 피하기 위해 35mm도 가능하다. 용접선의 교차를 방지하고 열영향으로 인한 모재의 취약성을 사전에 예방하며, 응집균열 및 슬래그 혼입 등의 용접결함을 방지할 수 있다.

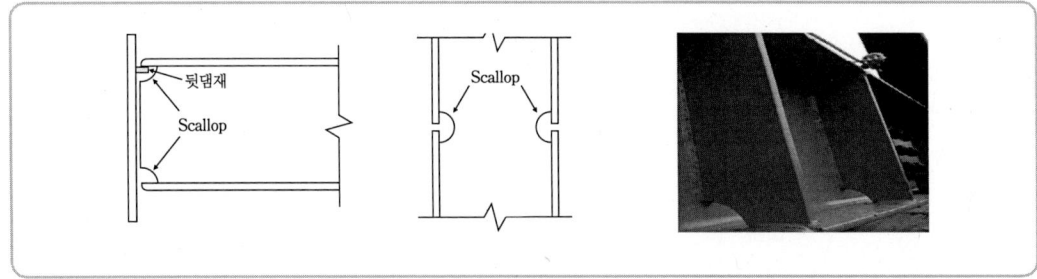

2 메탈터치(metal touch)

철골 기둥의 상하부의 밀착성을 향상 및 축력의 25%까지 하부 기둥 밀착면에 직접 전달시키고 75%의 축력은 용접 또는 고력볼트에 의해 전달하는 이음방법을 말한다. 철골기둥의 경우 주로 2~3개층의 건축물은 단일 기둥으로 시공하나, 층고가 높아짐에 따라 기둥의 축력, 휨모멘트, 전단력 등을 효과적으로 전달하기 위해서는 기둥의 이음이 매우 중요하다. 기둥을 밀착시공하기 전에 기둥 간의 접합면이 커지도록 정밀가공하며, 상하 기둥 부재의 접합면을 미리 측정하여 접합하고 접합면 부족 시에는 재가공하여 시공한다. 이음부에 응력집중현상 및 불연속 이음이 발생하지 않도록 주의하고, 축력 및 휨모멘트, 전단력이 충분히 전달되도록 한다.

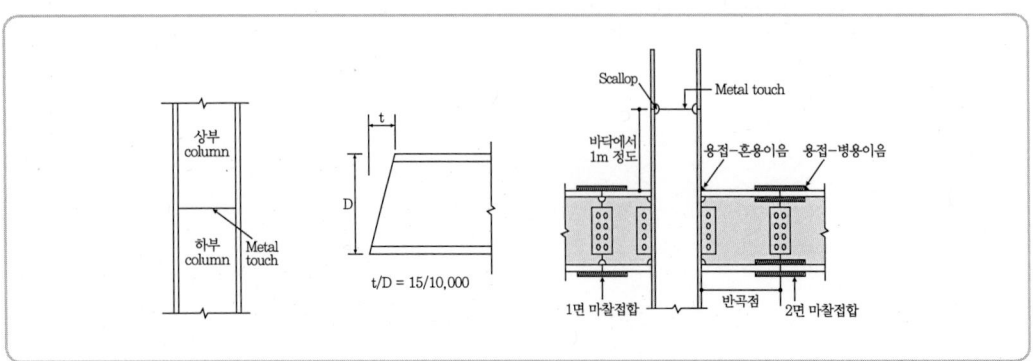

3 엔드 탭(end tab, run-off tab)

용접결함이 발생하기 쉬운 용접 비드(bead)의 시작과 끝 지점에 용접을 하기 위해 모재의 양단부에 부착하는 보조강판을 말한다. 엔드 탭을 사용할 경우 용접 유효길이를 인정받을 수 있고, 용접 완료 시 엔드 탭을 제거한다. 엔드 탭의 재질은 모재와 동일한 철판을 사용하고, 두께는 본 용접 모재와 동일해야 한다.

용접방법	엔드탭의 길이(mm)
아크 손 용접	35 이상
반자동 용접	40 이상
자동 용접	70 이상

4 스티프너(stiffener)

철골보 웨브(web)의 전단보강 및 좌굴 방지를 위해 설치하는 보강재로, 수직형과 수평형이 있다. 웨브의 춤을 크게 하면 보의 전단응력을 커지나, 휨응력 또는 지압응력에 의해 좌굴이 발생한다. 보의 춤이 웨브판 두께의 60배 이상일 경우 스티프너를 사용하며, 간격은 보춤의 1.5배 이하로 한다.

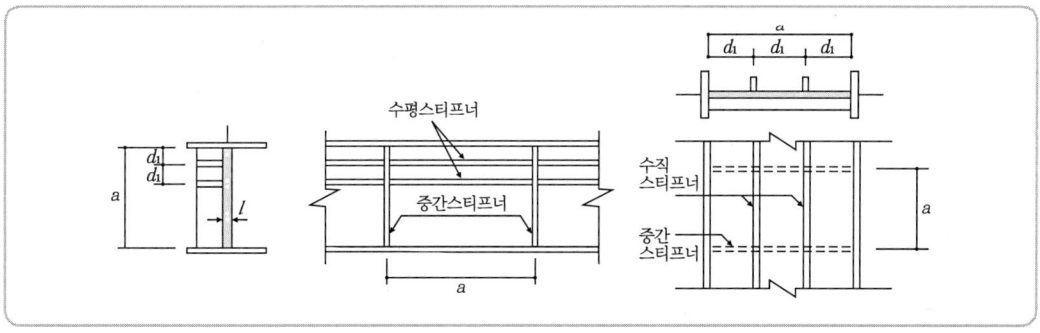

수평 스티프너	- 철골보의 플랜지(flange)와 평행하게 설치하여 좌굴을 방지하고, 보춤(d)의 1/5 지점에 설치 - 스티프너의 단면적은 웨브 단면적의 1/20 이상
수직 스티프너	- 전단 좌굴강도를 크게하여 좌굴 및 지압 파괴를 방지하도록 철골보의 플랜지 수직방향으로 설치 - 하중점 스티프너(집중하중이 작용하는 지점에 사용) - 중간 스티프너(보의 중간에 사용)

5 Mill sheet

철강 제품의 품질을 보증하는 증명서로, 납품되는 철골의 재료성분 및 제원, 규격에 대한 사항을 기록한 것으로 제조자가 발행한다. 제조업체의 품질보증서로 공인된 시험기관을 통한 제품의 시험성적서가 첨부된다. mill sheet에는 제품의 역학적 시험(압축강도, 인장강도, 휨강도, 전단강도 등)내용과 화학성분시험(철, 황, 규소, 납, 탄소 등)내용, 규격(길이, 두께, 단위중량, 두께, 크기, 형상, 제품번호)표시 등이 기록되어야 한다.

THEME 124 P·C(Precast Concrete) 공법

　건축물의 고층화, 대형화됨에 따라 공사단가의 상승과 숙련공의 고령화 및 수요부족 등으로 인해 공사지연 등의 클레임 및 다양한 사회적 문제가 야기되고 있다. 이러한 문제를 해결하는데 P.C가 적용되는 사례를 종종 현장에서 접하게 된다. P.C는 현장작업이 적어 공기단축이 가능하고, 외부 영향을 덜 받아 동절기에도 시공이 원활한 편이다. 공장에서 생산된 제품을 사용하기에 현장에서는 별도의 품질검사 과정이 필수적이며, 문제가 발생한 제품은 해당 자재의 교체가 가능하고, 규격품을 생산하다보니 현장에서 제작된 것보다 시공오차가 적고 정밀도가 높다. 종전의 공사는 인력위주의 시공이었다면 P.C는 양중장비의 작업위주이며, 기계화시공으로 인해 현장작업이 간소화되어 현장관리비 및 노무비 절감에 탁월하다.

1 P·C 판식 공법(S.P.H, standard public housing)

　R.C조의 내력벽 및 슬래브 등을 룸 사이즈(room size) 단위로 공장 생산하여 현장에서 조립하는 공법으로 저층 주택 및 공동주택에 적용성이 높다. 일반적으로 공장 생산된 부재가 크므로 접합부의 결함이 적고 품질향상 및 공기단축이 가능하다. 이에 반해 운반 및 별도의 야적장이 필요하고 기밀성 및 수밀성에 대한 관리가 필요하다.

공법 종류	내용
횡벽 구조 (long wall system)	평면구조상 내력벽을 가로방향으로 배치하고, 외벽이 내력벽 기능을 가지도록 하는 공법으로, 외벽에 개구부를 설치하기 곤란한 구조이다.
종벽 구조 (cross wall system)	평면구조상 내력벽을 세로방향으로 배치하고, 외벽을 비내력벽 기능을 가지는 공법으로, 외벽에 커튼월 처리가 가능한 구조이다.
양벽 구조 (mixed system)	평면구조상 가로·세로방향 모두 내력벽인 구조로, 외벽을 내력 또는 비내력 구조로 처리가 가능한 구조이다.

2 P·C 골조식 공법(skeleton construction system)

공법 종류	내용
H.P.C 공법	기둥을 H형강을 사용하고, 보 및 바닥판, 내력벽 등을 P.C 부재로 현장 조립 접합하는 공법으로, 일반적으로 기둥은 S.R.C 형태로 현장에서 타설하는 공법을 말한다. 주로 고층 공동주택에 적합한 공법으로, 부재 접합 시 고력볼트 또는 현장용접을 실시하여 공기단축 및 시공성을 향상시킬 수 있다. 이에 반해 부재자체가 대형이므로 운반 및 양중, 작업장에 관한 계획이 필수적이며, 차음에 대한 대책이 필요하다.
R.P.C 공법	라멘 구조의 기둥과 보를 S.R.C 또는 R.C로 P.C 부재로 제작하여 현장에서 조립하는 공법으로, 응력이 큰 기둥과 보의 접합부가 공장 생산되므로 제품의 신뢰성이 높고 안전성이 우수하다. 기둥과 보의 접합은 응력이 작은 위치에 조인트를 두어 설계 및 제작되며, 철근의 이음은 강관 슬리브(sleeve)방식에 의한 기계적 이음이 일반적으로 적용된다. 이 공법이 적용되는 부재는 건식접합(dry joint), 습식접합(wet joint)이 있다.

T.S.A(Total Space Accumulation, 적층 공법)	구조체 및 외벽 등을 1개층씩 조립과 동시에 설비 및 마감공사도 1개층씩 완료하면서 조립하는 공법으로, 주로 사무실 건축물, 호텔 등에 시공 적용성이 높으며, 공기단축 및 노무비 절감에 우수한 공법이다. 기계화 시공으로 인해 현장 노동력이 절감되고, P.C 부재가 균일하여 품질향상에 기여할 수 있으며, 현장작업 감소와 현장에서 배출되는 폐기물의 감소로 건설공해를 저감시킬 수 있다.

3 P·C 상자식 공법

공법 종류	내용
Cubicle Unit 공법	공장 생산된 상자형태의 주거 unit을 현장에서 쌓거나 조립 및 연결 시공하여 2층 규모의 주택을 시공하는 공법으로, 주로 저층주택에 적용된다. 단독주택 양산 공법으로 적용성이 우수하고, 공기단축 및 시공성이 좋으나, 실의 배치가 획일적이고 운반 및 수송이 곤란하다.
Space Unit 공법	공장 생산된 space unit을 순철골조 구조체 안에 크레인 등의 양중장비로 인양하여 삽입하는 공법으로, 고층 공동주택에 적합한 공법이며, 철골 구조 안에 space unit을 삽입하므로 고층이 되어도 구조적으로 유리하다.

4 합성 Slab(Half P·C Slab) 공법

하부는 공장 생산된 P.C판을 사용하고, 상부는 현장타설 콘크리트로 일체화하는 바닥슬래브 설치 공법으로, 거푸집 설치가 필요하지 않으며 보가 없는 슬래브 구축이 가능하다. 인건비 절감과 장 span 시공이 가능하나, 상·하부 구조체의 타설 접합면의 일체성이 부족하다. 콘크리트와 합성구조 시 전단응력 전달 및 일체성을 확보하기 위해 전단연결철물(Shear Connector)을 사용한다.

적용 대상	Shear Connector의 종류
합성 슬래브 공법	- P.C판과 topping concrete의 타설 이음부의 일체성을 확보하기 위한 전단 철물 - Dubel bar Spiral bar, Omnier bar
철골조	- 데크플레이트를 사용한 현장타설 콘크리트 바닥판과 철골보를 일체화하기 위한 전단 철물 - Stud bolt, 굽힘 이형철근, 하트형 철물
G.P.C	- 화강석 판재와 콘크리트를 일체화시키기 위한 전단 철물 - 매입 앵커형, 집게형, 꺾쇠형

5 Lift Slab 공법

바닥 또는 지붕판을 지상에서 제작 및 조립한 후 설치 예정 위치까지 jack 등의 양중장비로 인양하여 접합하는 공법을 말하며, 주로 빌딩, 공장, 체육관 등 비교적 적용범위가 넓다. 고소작업이 많으므로 안전관리에 특히 주의하고, 노무비 및 가설재 절감이 우수하고 타 공법에 비해 고도의 시공성이 요구된다. 또한 자재 lift up 작업 시 숙련공의 기술력 의존성이 높으며, 작업을 하는 동안 하부작업은 불가능하다.

THEME 125 벽돌공사

1 콘크리트벽돌

구분	길이	너비	두께
표준형(일반형)	190	90	57
재래형(기존형)	210	100	600
허용치(%)	±3(6.3mm)	±3(3mm)	±4(2.4mm)

벽돌종류 \ 벽두께	0.5B	1.0B	1.5B	2.0B	비고
표준형	75	149	224	298	단위 : 장/m², 줄눈 : 10mm ※ 할증률 　붉은벽돌 및 내화벽돌 3% 　시멘트벽돌 5%
기존형	65	130	195	260	
내화	59	118	177	236	

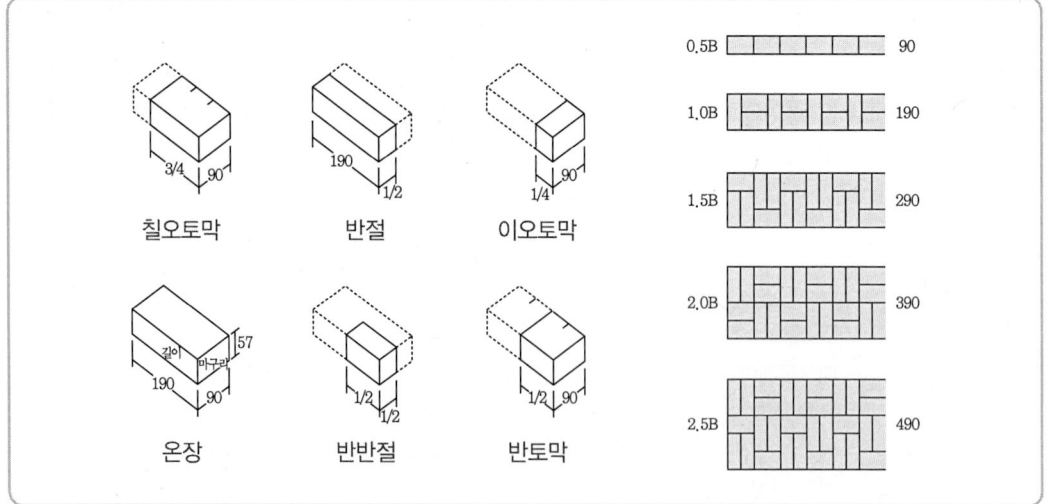

2 벽돌쌓기

1) 쌓기 기준

　가로 및 세로줄눈의 너비는 도면 또는 공사시방서에 정한 바가 없을 때에는 10mm를 표준으로 한다. 세로줄눈은 통줄눈이 되지 않도록 하고, 수직 일직선상에 오도록 벽돌나누기를 한다. 도면 또는 공사시방서에서 정한 바가 없을 때에는 영식 쌓기 또는 화란식 쌓기로 하며, 가로줄눈의 바탕 모르타르는 일정한 두께로 평평히 펴 바르고, 벽돌을 내리누르듯 규준틀과 벽돌나누기에 따라 정확히 쌓는다. 세로줄눈의 모르타르는 벽돌 마구리면에 충분히 발라 쌓도록 하고, 벽돌은 각부를 가급적 동일한 높이로 쌓아 올라가고, 벽면의 일부 또는 국부적으로 높게 쌓지 않는다.

하루의 쌓기 높이는 1.2m(18켜 정도)를 표준으로 하고, 최대 1.5m(22켜 정도) 이하로 한다. 연속되는 벽면의 일부를 트이게 하여 나중쌓기로 할 때에는 그 부분을 층단 들여쌓기로 한다. 직각으로 오는 벽체의 한편을 나중 쌓을 때에도 층단 들여쌓기로 하는 것을 원칙으로 하나, 부득이할 경우 담당원의 승인을 받아 켜걸음 들여쌓기로 하거나 이음보강철물을 사용한다. 먼저 쌓은 벽돌이 움직일 때에는 이를 철거하고 청소한 후 다시 쌓는다. 물려 쌓을 때에는 이 부분의 모르타르는 빈틈없이 다져 넣고 사춤 모르타르도 매 켜마다 충분히 부어 넣고, 벽돌벽이 블록벽과 서로 직각으로 만날 때에는 연결철물을 만들어 블록 3단마다 보강하여 쌓는다. 벽돌벽이 콘크리트 기둥(벽)과 슬래브 하부면과 만날 때는 그 사이에 모르타르를 충전한다.

2) 보강벽돌쌓기

벽종근 및 벽횡근의 조립 시 종근은 기초까지 정착되도록 콘크리트 타설 전에 배근한다. 벽체 부분의 철근은 굽어지면 안 되며, 상시 내진설계로 배근한다. 횡근은 횡근용 벽돌 내에 배근하고 종근과의 교차부를 결속선으로 긴결하며, 우각부 및 T형 합성부의 횡근은 종근을 구속하도록 배근한다. 철근의 피복 두께는 20mm 이상으로 하나, 칸막이벽에서 콩자갈 콘크리트 또는 모르타르를 충전하는 경우에 있어서 10mm 이상으로 한다.

3) 벽돌쌓기공법

최하단의 벽돌쌓기에 있어서 수평으로 정확히 평평하게 되도록 하고, 완성 후에 누수되지 않도록 바닥면과 벽돌 사이에 바탕 모르타르를 바르고, 줄눈바름면의 전체에 줄눈 모르타르가 고루 배부되도록 쌓는다. 벽돌의 1일 쌓기 높이는 1.5m 이하로 하고, 줄눈 모르타르는 공동 부분에 노출되지 않도록 한다. 시공 중 배수가 불가능한 벽돌공동 내에는 우수 등이 침입하지 않도록 양생한다.

영식쌓기	입면상 한켜 마구리쌓기 하고 다음켜 길이쌓기를 하여 벽 모서리 끝에는 반절 또는 이오토막을 사용하여 마무리하는 쌓기법으로 통줄눈이 생기지 않아 가장 튼튼한 쌓기법으로 내력벽에 사용된다.
화란식 쌓기 (네델란드식)	입면상 한켜 마구리쌓기 하고 다음켜 길이쌓기를 하여 벽 모서리 끝에 칠오토막을 사용하여 마무리하는 쌓기법으로 모서리가 다소 견고하며, 내력벽으로 많이 적용되며, 국내에서 많이 적용한다.
불식 쌓기 (프랑스식)	입면상 매켜마다 길이와 마구리가 번갈아 나오도록 하는 쌓기법으로 많은 토막 벽돌이 사용되며, 통줄눈이 생겨 내력적으로 좋지 못하나, 장식 벽체로 쓰인다.
미식 쌓기	뒷면은 영식쌓기, 표면은 치장벽돌을 사용하여 한켜는 마구리쌓기, 5켜 정도는 길이쌓기하는 쌓기법을 치장벽돌이 사용되며, 통줄눈이 발생하지 않아 내력벽에 적용된다.

4) 줄눈 및 치장줄눈

벽돌쌓기 줄눈 모르타르는 벽돌의 접합면 전부에 빈틈없이 가득 차도록 하고, 쌓은 직후 줄눈 모르타르가 굳기 전에 줄눈흙손으로 빈틈없이 줄눈 누르기를 한다. 치장줄눈을 바를 경우 줄눈 모르타르가 굳기 전에 줄눈파기를 하고, 벽돌 벽면을 청소 및 정리하고 공사에 지장이 없는 한 빠른 시일 내에 빈틈없이 바른다. 치장줄눈의 깊이는 6mm로 하고, 그 의장은 공사시방서에 따른다.

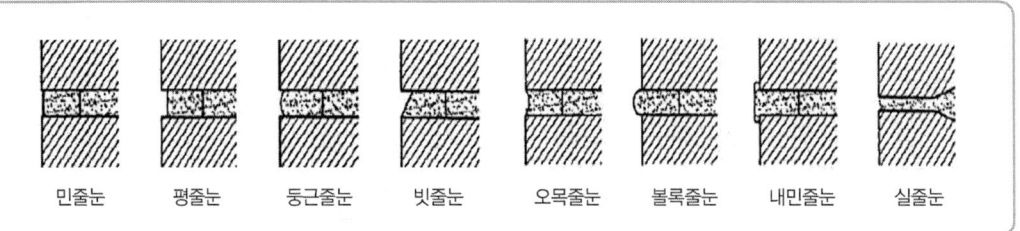

5) 기초쌓기 및 내쌓기

줄기초 윗면은 청소하고 물축이기를 한다. 기초 윗면의 우묵한 곳은 벽돌쌓기 전에 모르타르 또는 콘크리트로 고름질하여 둔다. 기초 쌓기는 1/4 B씩 1켜 또는 2켜 내어쌓는다. 기초 벽돌의 맨 밑의 너비는 도면 또는 공사시방서에서 정한 바가 없을 때에는 벽두께의 2배로 하고 맨 밑은 2켜 쌓기로 한다. 벽돌 벽면 중간에서 내쌓기를 할 때에는 2켜씩 1/4 B 또는 1켜씩 1/8 B 내쌓기로 하고 맨 위는 2켜 내쌓기로 한다.

6) 교차부 및 모서리 쌓기

직교하는 벽돌벽의 한편을 나중쌓기로 할 때에는 그 부분에 벽돌 물림자리를 벽돌 한켜 걸름으로 1/4 B를 들여쌓고, 켜걸름 들여쌓기의 좌측, 우측 및 옆은 정확하게 수직으로 하고 일정한 깊이로 들여 놓는다. 하루 일이 끝나면 들여쌓기 부분의 여분의 모르타르는 깨끗이 청소하고, 교차부 물려쌓기는 모르타르를 충분히 펴고, 끼우는 벽돌에는 모르타르를 끼워대고 사춤 모르타르도 빈틈없이 채워 넣는다.

벽돌벽의 끝 모서리쌓기를 할 때에는 통줄눈이 생기지 않도록 주의하고, 토막이 적게 사용되도록 벽돌 나누기를 하며 사춤 모르타르도 충분히 채운다. 벽돌벽의 끝 또는 모서리 선은 정확히 수직으로 일직선이 되게 한다. 예각 또는 둔각 교차부의 치장쌓기에는 마름질한 벽돌을 연마하여 평활하게 하여 쌓는다.

7) 독립기둥, 붙임기둥, 부축벽 및 좁은벽 쌓기

이들의 평면은 벽돌 나누기를 잘하여 통줄눈이 생기지 않도록 하고, 모서리선은 정확한 수직선이 되게 한다. 특히 이 부분에 사용하는 벽돌은 일정한 치수의 것을 선별하여 사용하고, 서로 잘 물려 쌓으며 사춤 모르타르도 매 켜마다 한다.

8) 아치쌓기

아치의 가설 형틀은 형상 및 치수를 정확하고 견고하게 짜서 설치하고 떼어내기에 편리하게 한다. 아치쌓기는 그 축선에 따라 미리 벽돌 나누기를 하고, 아치의 어깨에서부터 좌우 대칭형으로 균등하게 쌓는다. 사춤 모르타르를 빈틈없이 채워 넣고 줄눈이 일매지고 모양 바르게 쌓는다. 아치를 쌓은 후에는 보행, 짐싣기 및 충격 등을 주지 않도록 하고 모르타르가 충분히 굳은 다음 그 윗벽을 쌓는다. 환기구멍 및 층보 걸침 구멍 등의 작은 문꼴 윗부분에는 도면 또는 공사시방서에서 정한 바가 없더라도 담당원이 지시할 때에는 아치쌓기로 한다.

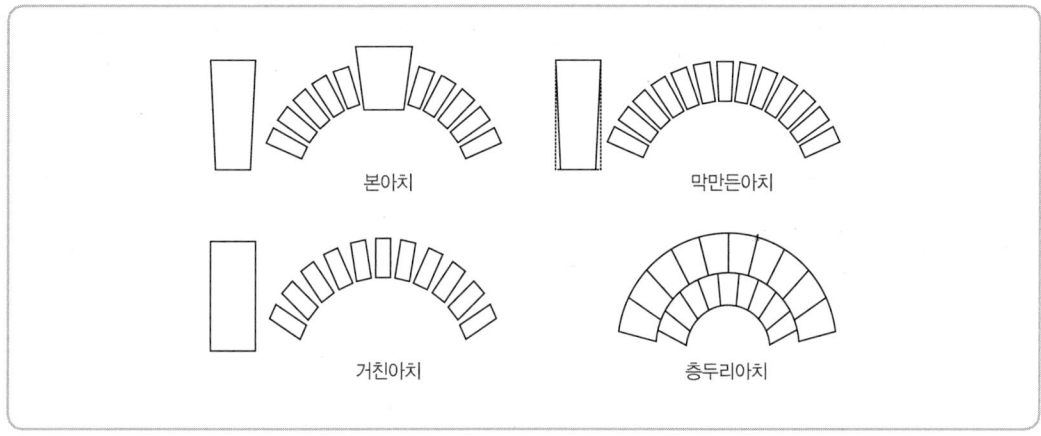

본아치　　막만든아치
거친아치　　층두리아치

9) 공간쌓기

공간쌓기는 일반적으로 바깥쪽을 주벽체로 하고 안쪽은 반장쌓기로 한다. 공간은 50mm~70mm 정도로 하고 바깥쪽에는 필요에 따라 물빠짐 구멍(직경 10mm)을 낸다. 안쌓기는 연결재를 사용하여 주 벽체에 튼튼히 연결한다. 연결재의 배치 및 거리 간격의 최대 수직거리는 400mm를 초과해서는 안 되고, 최대 수평거리는 900mm를 초과해서는 안 된다. 연결재는 위 아래층 것이 서로 엇갈리게 배치한다. 또한 공간쌓기를 할 때에는 모르타르가 공간에 떨어지지 않도록 주의하여 쌓는다. 연결재의 종류, 형상, 치수 및 설치 공법은 도면 또는 공사시방서에 따르고, 그 지정이 없을 때에는 담당원의 승인을 받아 다음 중의 하나로 한다.

① 벽돌을 걸쳐대고 끝에는 이오토막 또는 칠오토막을 사용한다.
② #8 철선(아연도금 또는 적절한 녹막이칠을 한 것)을 구부려 사용한다.
③ #8 철선을 가스압접 또는 용접하여 井자형으로 된 철망형의 것을 사용한다.
④ 직경 6mm~9mm의 철근을 꺾쇠형으로 구부려 사용한다.
⑤ 두께 2mm, 너비 12mm 이상의 띠쇠를 사용한다.
⑥ 직경 6mm, 길이 210mm 이상의 둥근 꺾쇠 또는 각형 꺾쇠를 사용한다.

THEME 126 블록공사

1 블록규격

형상	치수(mm)			허용치(mm)		비고
	길이	높이	두께	길이 및 두께	높이	
기본 블록	390	190	210 190 150 100	±2		
이형 블록	길이, 높이 및 두께의 최소 크기를 90mm 이상, 가로근 삽입 블록, 모서리 블록과 기본 블록과 동일한 크기인 것의 치수 및 허용치는 기본 블록에 따른다.					

블록치수	매수/m²	시멘트(kg)	모래(m³)	모르타르량(m³)
190×390×100	13	3.06	0.007	0.006
190×390×150	13	4.59	0.01	0.009
190×390×190	13	5.1	0.011	0.01

2 시공일반

1) 벽 세로근

　벽의 세로근은 구부리지 않고 항상 진동 없이 설치하고, 밑창 콘크리트 윗면에 철근을 배근하기 위한 먹매김을 하여 기초판 철근 위의 정확한 위치에 고정시켜 배근한다. 원칙으로 기초 및 테두리보에서 위층의 테두리보까지 잇지 않고 배근하여 그 정착길이는 철근 직경의 40배 이상으로 하며, 상단의 테두리보 등에 적정 연결철물로 세로근을 연결한다. 그라우트 및 모르타르의 세로 피복두께는 20mm 이상, 테두리보 위에 쌓는 박공벽의 세로근은 테두리보에 40d 이상 정착하고, 세로근 상단부는 180°의 갈구리를 내어 벽 상부의 보강근에 걸치고 결속선으로 결속한다.

2) 벽 가로근

　가로근을 블록 조적 중의 소정의 위치에 배근하여 이동하지 않도록 고정하고, 우각부, 역T형 접합부 등에서의 가로근은 세로근을 구속하지 않도록 배근하고 세로근과의 교차부를 결속선으로 결속한다. 가로근은 배근 상세도에 따라 가공하되 그 단부는 180°의 갈구리로 구부려 배근한다. 철근의 피복두께는 20mm 이상으로 하며, 세로근과의 교차부는 모두 결속선으로 결속한다. 모서리에 가로근의 단부는 수평방향으로 구부려서 세로근의 바깥쪽으로 두르고 정착길이는 공시시방서에 정한 바가 없는 한 40d 이상으로 한다. 창 및 출입구 등의 모서리 부분에 가로근의 단부를 수평방향으로 정착할 여유가 없을 때에는 갈구리로 하여 단부 세로근에 걸고 결속선으로 결속한다. 개구부 상하부의 가로근을 양측 벽부에 묻을 때의 정착길이는 40d 이상으로 한다.

3) 거푸집 블록쌓기

규준틀에 의하여 모서리 끝 또는 중간 요소에 먼저 규준이 되는 블록을 수직·수평으로 높이와 면을 정확하게 쌓은 다음 수평실을 치고, 이 블록을 기준으로 하여 모서리부 또는 단부에서부터 차례로 쌓아 돌아간다. 블록의 세로 및 가로 접촉면에는 모르타르를 바르고 블록은 줄바르게 쌓는다. 거푸집 블록 속에 모르타르 또는 그라우트를 채워 넣을 때 버려지거나 이동 및 변형 등이 생길 우려가 있는 곳은 가는 #20 철선 등으로 연결하여 이들의 변형을 방지한다. 거푸집 블록을 콘크리트면에 붙여 댈 때에는 떨어지지 않도록 연결철물을 사용하여 고정시키고, 모르타르를 채워 넣는다. 줄눈 모르타르가 경화되기 전에 흙손으로 줄눈누르기를 하고 필요할 때에는 줄눈파기를 하고, 치장줄눈을 할 때에는 줄눈흙손으로 빈틈이 생기지 않도록 눌러 바르고 줄눈은 블록면에 밀착되게 바르고 마무리한다.

4) 모르타르 및 그라우트 사춤

모르타르 및 그라우트를 부어 넣기에 앞서 거푸집 내부 또는 거푸집 블록의 속빈 부분을 청소하고, 적당히 물축이기를 한다. 그라우트를 부어 넣을 때에는 철근의 피복두께를 정확히 유지하며, 둥근 막대 등으로 다져 빈틈 등이 생기지 않도록 한다. 벽체 그라우트의 1회 부어넣기 높이는 그 속빈 부분이 90mm×120mm 정도일 때 600mm 이내로 하고, 90mm×450mm 이상일 때에는 가로철근의 위치 이하마다로 한다.

| 생 | 각 | 을 | | 스 | 케 | 치 | 하 | 다 |
| 세 | 상 | 을 | | 스 | 케 | 치 | 하 | 다 |

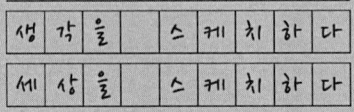

Part 5

건설재료학

PART 05 건설재료학

THEME 127 철근 일반

1 철근의 공칭단면적

철근의 공칭단면적이란 이형(異形)철근을 원형(圓形)철근과 동일한 길이로 제조할 경우 환산한 단면적을 말한다. 이형철근은 표면의 돌기로 인해 정확한 단면적을 실측하기 어려우므로 중량으로 역산하여 단면적을 산출한다. 아래의 식으로 이형철근의 인장 강도를 산출할 수 있으며, 철근의 항복점 및 건축물 설계 시 철근 계산이 가능하다.

$$철근의\ 공칭단면적 = \frac{이형철근의\ 단위길이당\ 중량(g/cm)}{강재의\ 단위\ 용적\ 중량\ 7.85(g/cm^2)}$$

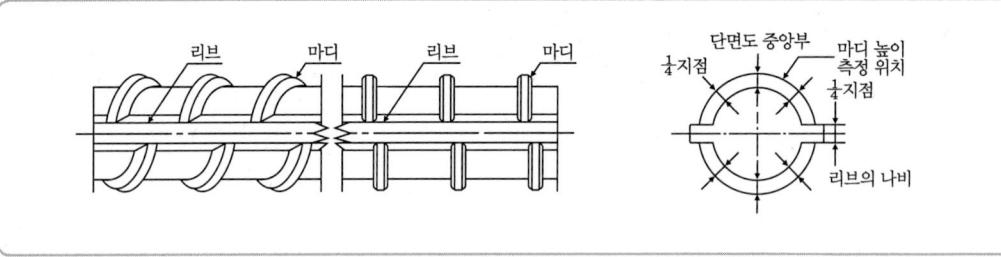

2 철근의 응력·변형도곡선(Stress strain curve)

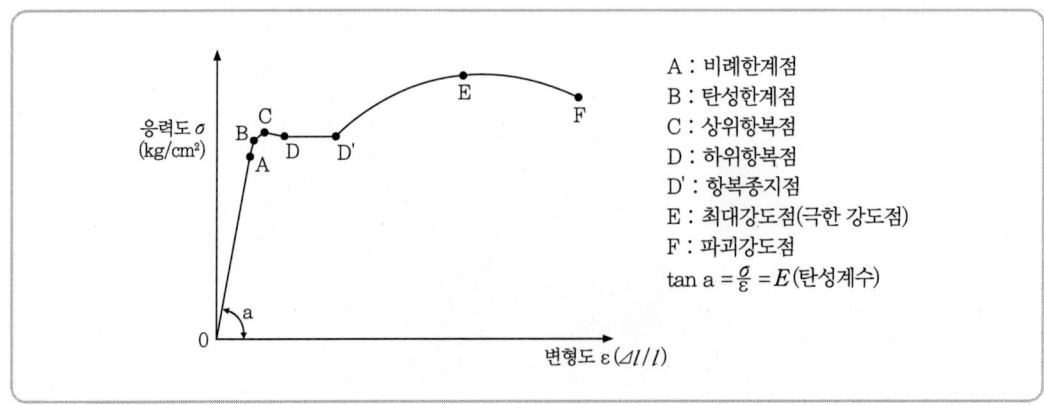

A : 비례한계점
B : 탄성한계점
C : 상위항복점
D : 하위항복점
D' : 항복종지점
E : 최대강도점(극한 강도점)
F : 파괴강도점
$\tan a = \frac{\sigma}{\varepsilon} = E$(탄성계수)

철근의 기계적인 성질을 알아보기 위해 인장시험을 시행하여 철근의 응력도(σ)와 변형도(ε) 응력의 관계를 나타내는 그래프를 응력변형도곡선(Stress strain curve)이라 한다.

지점	내용
비례한계점(A)	응력도(σ)와 변형도(ε)는 직선이며 철근의 응력과 변형이 비례하는 한계점
탄성한계점(B)	외력이 제거되면 변형은 원점으로 복귀되며, 이 점을 벗어나면 응력도가 커지면서 외력을 제거해도 계속 변형하는 상태인 소성변형되는 지점
상위항복점(C)	응력의 증가가 없어도 변형이 급속하게 진행되는 시작점
하위항복점(D)	하중은 증가하나 응력도는 변하지 않는 점
항복종지점(D')	응력에 비하여 변형이 큰 종지점
최대강도점(E)	철근이 파괴하지 않고 응력도는 저하하나 변형도는 증가하는 지점
파괴강도점(F)	철근 단면 직경의 일부가 가늘어지면서 파괴되는 지점

Plus note

THEME 128　콘크리트 배합설계

콘크리트의 강도·수밀성·내구성 등을 확보하기 위해, 시멘트·골재·물 등을 적절한 비율로 배합하는 것을 말하며, 배합 시 소요강도·시공연도·내구성·소정의 슬럼프 등을 확보하여야 한다.

1 배합설계순서

1) 설계기준강도(f_{ck})

콘크리트 부재 설계 시 계산의 기준이 되는 강도를 말하며, 일반적으로 재령 28일의 압축강도를 기준으로 한다.

$$f_{ck} = 3 \times 장기허용응력도,\ 1.5 \times 단기허용응력도$$

일반적으로 f_{ck}의 범위는 15~300Mpa에 해당한다. 토목공사 시 설계기준강도(f_{ck})는 도로포장용일 경우 28일 휨강도이며, 댐(Dam)용은 91일 압축강도를 설계기준강도(f_{ck})로 산정한다.

2) 배합강도(f_{cr})

구조물 등에 사용되는 콘크리트 압축강도는 설계기준강도(f_{ck})보다 크도록 현장콘크리트의 품질변동을 고려하여 콘크리트의 배합강도(f_{cr})를 설계기준강도(f_{ck})보다 충분히 크게 정해야 한다. 3회 연속으로 시험한 값의 평균이 설계기준강도(f_{ck}) 이하로 내려갈 확률이 1% 이하이고, 각 시험한 값이 설계기준강도(f_{ck})보다 3.5Mpa 이하로 내려갈 확률이 1% 이하로 하여야 한다. 콘크리트의 압축강도 시험 값이 미경화 콘크리트에서 채취하여 제작한 공시체를 표준양생하여 얻은 압축강도의 평균값을 말한다.

설계기준강도(f_{ck}) ≤ 35Mpa	배합강도(f_{cr}) = 설계기준강도(f_{ck}) + 1.34S(Mpa) 배합강도(f_{cr}) = (f_{ck} – 3.5) + 2.33S(Mpa) 중 큰 값 S는 압축강도의 표준편차(Mpa)
설계기준강도(f_{ck}) > 35Mpa	배합강도(f_{cr}) = 설계기준강도(f_{ck}) + 1.34S(Mpa) 배합강도(f_{cr}) = 0.9f_{ck} + 2.33S(Mpa) 중 큰 값 S는 압축강도의 표준편차(Mpa)

3) 시멘트강도(k)

시멘트 시험(KS L 5105)을 통해 결정한 시멘트의 28일 압축강도로 한다.

4) 물시멘트비(w/c)

시멘트의 중량에 대한 유효수량의 중량 백분율을 말하여, 시멘트 페이스트(cement paste)의 농도이며, 선정방법에는 압축강도, 내구성, 수밀성 등이 있다. 콘크리트의 강도 및 내구성을 결정하는 중요한 요인으로, 물시멘트비가 커지면 강도·수밀성·내구성이 떨어진다. 배합설계 시 굵은 골재 최대치수를 크게 하고, 잔골재율을 작게 하며, 단위수량을 적게 하는 등의 방법으로 물시멘트비를 최소화 한다.

종류	물시멘트비(w/c)
경량골재	55% 이하
한중 콘크리트	60% 이하
수밀 콘크리트	55% 이하
고강도·수중 콘크리트	50% 이하
해양 콘크리트	50% 이하
일반 콘크리트	60% 이하
조강 포틀랜드 시멘트	70% 이하

5) 슬럼프치(slump)

생콘크리트의 반죽질기를 측정하는 방법으로, 워커빌리티를 판단한다. 수밀성 평판을 설치하고, 시험통을 철판중앙에 밀착시켜, 비빔 콘크리트를 용적의 1/3이 되게 넣어 다짐봉으로 25회 균일하게 다진 후, 시험통 용적의 2/3까지 생콘크리트를 부어 넣고 또 다시 25회 다진다. 끝으로 시험통이 넘칠 정도로 생콘크리트를 넣고 25회를 다진 후, 생콘크리트의 표면을 시험통 상단에 맞추어 평행하게 한다. 서서히 몰드(시험통)를 들어 올려 측정계기로 콘크리트가 내려 앉은 길이를 측정하는데, 이를 슬럼프치라 한다.

( ) 2015건축공사 표준시방서

종류		슬럼프 값(mm)
철근 콘크리트	일반적인 경우	80~150(180)
	단면이 큰 경우	60~120(150)
무근 콘크리트	일반적인 경우	50~150(180)
	단면이 큰 경우	50~100(150)

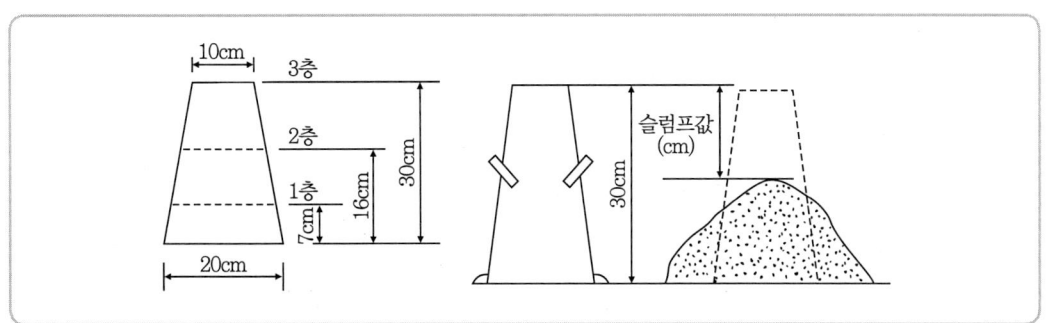

6) 굵은 골재 최대치수(G_{MAX})

굵은 골재는 표준망체 규격 5mm를 이용하여 중량비로 85% 이상 남는 골재를 말하며, 굵은 골재의 치수가 커지면 단위수량과 잔골재율은 감소하여 강도는 증가하나 시공연도는 불량하다. 골재는 견고하고, 모양이 구(球)형에 가까울수록 좋으며, 밀도가 높고 물리적·화학적 성질이 안정되어야 한다. 풍화되지 않고, 시멘트 페이스트와 부착력이 좋고, 내구성·내화성이 커야 한다. 굵은 골재 치수가 커지면 단위수량이 감소하여 콘크리트 강도가 증가하고, 단위시멘트량의 감소로 건조수축이 감소하며, 물시멘트비가 감소하여 콘크리트 강도가 증가한다.

구조물의 종류	굵은 골재의 최대치수(mm)
일반적인 경우	20 또는 25
단면이 큰 경우	40
무근 콘크리트	40(부재 최소치수의 1/4 이하)

7) 잔골재율(세골재율)

골재의 절대용적의 합에 대한 잔골재의 절대용적의 백분율을 잔골재율이라 하며, 잔골재율이 작아지면 단위수량·단위시멘트량이 감소한다. 표준망체 10mm체를 전부 통과하고, 5mm체에 중량비로 85% 이상 통과하며, 0.08mm체에 거의 다 남는 골재이다. 즉, 잔골재는 표준망 5mm체를 다 통과하고, 굵은 골재는 5mm체에 다 남는다. 잔골재율에 영향을 미치는 요인으로는 잔골재의 입도, 콘크리트의 공기량, 단위시멘트량, 혼화재료의 종류가 있다. 잔골재율을 적게 하면, 단위수량이 감소하여 콘크리트 강도가 증가하고, 단위시멘트량이 감소하여 장기강도가 증가하나, 워커빌리티가 불량해진다. 콘크리트 펌프 사용 시 잔골재율이 큰 콘크리트는 플러그(plug)현상이 발생하고, 잔골재율이 너무 작으면 콘크리트는 오히려 더 거칠어지고 재료분리현상이 발생한다.

8) 단위수량

콘크리트 타설 직후 콘크리트 1m³ 중에 포함된 수량을 말하며, 단위수량이 많으면 시공연도는 향상되나 재료분리 현상이 발생되기 쉽다.

9) 시방배합

시방서 또는 현장기술자가 지시한 배합을 말한다.

10) 현장배합

현장에 저장된 골재의 표면수량과 유효흡수량 및 잔골재와 굵은 골재의 혼합률을 고려하여 시방배합에 맞도록 현장재료의 상태 및 계량방법에 따라 정한 배합을 말한다.

2 빈배합(Poor Mix)과 부배합(Rich Mix)

빈배합이란 콘크리트의 배합 시 단위시멘트량이 비교적 적은 상태(150~250kg/m³)의 배합을 말하며, 부배합은 단위시멘트량이 300kg/m³ 이상인 배합을 말한다. 빈배합은 수화열이 적어 균열의 발생이 적어지고, 알칼리골재반응이 감소한다. 경화 시 콘크리트 온도상승이 적어 서중콘크리트에 적용되나, 배합 시 비빔시간이 많이 소요된다. 구조체의 강도 저하가 우려되고 재료분리 현상이 발생하기 쉽다. 부배합은 수화열의 과다발생으로 구조체 균열이 많이 발생하며, 수밀성과 강도, 내구성이 저하된다. 콘크리트 온도가 상승하여, pre-cooling, pipe-cooling 등으로 양생할 필요가 있다. 초기강도가 커서 한중콘크리트 적용에 유리하나, 비경제적인 배합이다.

3 시공연도(Workability)

경화되지 않은 콘크리트가 재료분리의 발생을 적게 하고, 밀실하게 채워지기 위해서는 유동성이 필요하게 되는데, 이것을 시공연도라 한다. 시공연도에 영향을 주는 요인으로는 시멘트의 성질, 골재의 입형, 혼화재료, 물시멘트비, 굵은 골재 최대치수, 잔골재율, 단위수량, 공기량, 비빔시간, 온도 등이 있다. 시공연도는 콘크리트의 강도와 시공성에 영향을 미치며, 굳지 않은 콘크리트의 품질 측정의 기준이 되며, 콘크리트 배합비를 구하는 기준은 물론, 콘크리트의 유동성 및 재료분리 등의 판정기준이 된다.

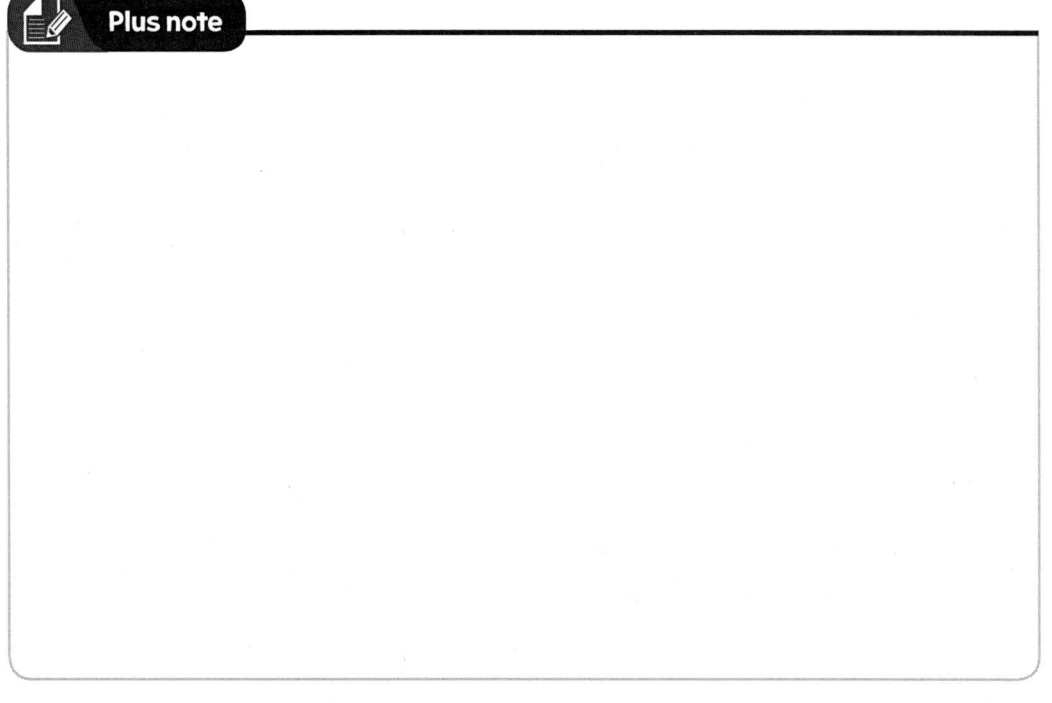

THEME 129 시멘트의 종류 및 특징

1 포틀랜드 시멘트(potrland cement)

석회질의 원료와 점토질의 원료를 혼합하여 소성한 클링커(Clinker)에 석고를 가하여 분쇄한 것으로, 주요성분으로 석회(CaO), 산화철(Fe_2O_3), 3산화유황(SO_3) 등이 있다. 풍화된 시멘트는 비중이 작아지고 응결을 지연시키며, 초기강도 감소, 압축강도 저하시킨다.

구분	분말도(cm^2/g)	안정도(%)	초결(분)	종결(시간)	압축강도(Mpa)		
					3일	7일	28일
KS 규격	2,800 이상	0.8 이하	60 이상	10 이하	13 이상	20 이상	29 이상

2 중용열 포틀랜드 시멘트

알루미나(Alumina)의 성분이 적고, 실리카(Silica) 성분이 많으며, 초기강도 발현이 늦어 장기강도에 유리한 시멘트이다. 내침식성, 내구성이 크고, 장기강도 및 내화학성 확보에 유리하며, 수화발열량이 적어 균열 발생이 적고, 블리딩(Bleeding)현상이 적다. 주로 매스(Mass)콘크리트, 수밀콘크리트, 중량(차폐)콘크리트, 서중콘크리트 등에 적용되고, 콘크리트의 단위수량이 증가하여 강도상 불리할 수 있으므로 유의해야 한다.

3 조강 포틀랜드 시멘트

석회와 알루미나(Alumina) 성분을 다량 포함한 시멘트로 보통 포틀랜드 시멘트의 7일 강도를 3일 만에 발현할 수 있다. 주로 조기강도를 요하는 긴급공사, 한중 콘크리트, 수중공사 등에 사용한다. 조기강도의 발현이 빠르고, 응결 시 수화발열량이 많고, 낮은 온도에서도 강도저하가 적으나 건조수축에 의한 균열이 발생하기 쉽다.

4 저열 포틀랜드 시멘트

수화열이 높은 성분인 규산삼석회, 알루민산삼석회의 함량을 보통 포틀랜드 시멘트보다 적게 하고, 규산이석회, 브라운밀레라이트($4CaO \cdot Al_2O_3 \cdot Fe_2O_3$)를 많게 한다. 보통 포틀랜드 시멘트에 비해 수화열(水化熱)이 대단히 낮은 시멘트를 말하며, 발열량이 큰 시멘트로 시공량이 많으면 너무 고온이 되어 냉각 후 균열 등이 발생한다. 이를 방지하기 위해 저열 시멘트가 제조되어 시멘트 사용량이 많은 댐 공사 등에 사용된다.

5 내황산염 포틀랜드 시멘트

시멘트 조성으로는 알루민산삼석회를 적게 하고 브라운밀레라이트($4CaO \cdot Al_2O_3 \cdot Fe_2O_3$)를 많게 하고, 또 규산삼석회를 적게 한다. 일반적으로 다른 종류의 약액에 대한 저항성도 크며, 해수에 접촉하는 구축물, 도시 하수 공사용 등에 적용된다.

시멘트 종류	수화열(cal/g)			압축 강도(kg/cm²)		
	3일	7일	28일	3일	7일	28일
저열 시멘트	41	50	64	40	87	262
보통 포틀랜드 시멘트	63	80	96	93	141	256
내황산염 시멘트	43	55	72	–	–	–

6 혼합시멘트

1) 고로 슬래그(slag) 시멘트

포틀랜드 시멘트의 클링커(Clinker)와 고로 슬래그에 석고를 가해 혼합 분쇄하여 제조하거나, 클링커, 고로 슬래그, 석고를 따로 조합·분쇄하여 만든 시멘트이다. 구조체의 장기강도가 좋으며, 수화열이 낮고, 분말도가 낮아 해수·하수·지하수 등의 내침투성이 우수하다. 하지만 응결시간이 다소 빠르고, 실리카 성분의 탄산가스에 의해 중성화되기 쉬우므로 유의해야 하고, 동결융해에 저항성이 낮고, 콘크리트 펌프 압송 시 저항성이 크다. 분쇄방식에는 동시분쇄방식, 분리분쇄방식, Slag 혼합방식이 있다.

2) 실리카(silica) 시멘트

실리카(Silica)질의 혼화재를 클링커(Clinker)와 혼합하고, 소량의 석고와 혼합하여 만든 시멘트로서, 시멘트의 수화과정에서 발생하는 수산화칼슘과 결합하여 불용성화합물을 생성하는데, 이때의 실리카질의 재료를 포졸란(Pozzolan)이라 한다. 콘크리트의 화학저항성 및 워커빌리티(Workability)가 향상된다. 시멘트 내 알루미나가 많으면 초기강도가 높아지고, 실리카가 많으면 장기강도가 높아진다. 수화발열량이 적고, 온도 응력에 의한 균열을 방지하는 역할을 하며, 블리딩이 감소하고 백화현상이 적어진다. 반면에 콘크리트의 단위수량이 증가하여 강도상 불리할 수 있으며, 탄산가스에 의한 중성화가 되기 쉽고 동결융해에 대한 저항성이 약하다.

3) 플라이 애시(Fly ash) 시멘트

포틀랜드 시멘트와 플라이 애시를 혼합한 것으로, 플라이 애시의 양에 따라 A종(5~10%), B종(10~20%), C종(20~30%)이 있다. 단위수량을 감소시키는 효과나 수화열을 저감할 수 있기 때문에 댐 콘크리트나 매스 콘크리트(mass concrete)에 사용한다.

7 특수시멘트

1) 알루미나(Alumina) 시멘트
석회석과 알루미나 성분을 균일하게 혼합될 때까지 소성하여 급격히 냉각시켜 분쇄한 시멘트를 말하며, 조기강도가 아주 크므로, 긴급공사 등에 주로 사용된다. 내화 콘크리트 공사, 저온에서의 공사, 구조체의 조강성이 필요한 공사, 내화학성이 필요한 공사 등에 적용된다. 조기강도가 커서 보통 포틀랜드 시멘트의 28일 강도를 24시간만에 발현할 수 있고, 해수에 대한 저항성과 내화성이 크나 가격이 고가이다.

2) 초속경 시멘트(ultra rapid harding cement)
보통 포틀랜드 시멘트의 원료에 보크사이트, 카올린, 형석(螢石) 등을 적당량 가하여 클링커로 만들고, 이것에 무수 석고 및 반수 석고를 필요에 따라 첨가하여 분쇄한 시멘트이다. 이 시멘트를 사용한 콘크리트는 재령 2~3시간에 압축 강도 200~300kgf/cm²의 조기 강도가 안정하게 얻어진다. 주로 긴급 보수(補修)·보강(補強) 공사, 한중(寒中) 공사, 그라우트, 콘크리트 제품 등에 사용된다.

3) 팽창 시멘트
물과 반응하여 경화의 과정에서 팽창하는 성질을 가진 시멘트로, 그라우트(Grout)재 또는 각종 보수공사에 주로 사용된다. 콘크리트의 결점인 수축성을 개선하고, 28일간 습도 약 50%로 기건양생할 경우 0.05% 팽창하고, 수중양생인 경우 0.15% 정도의 팽창을 한다. 콘크리트가 수밀화되므로 강도가 증가하고, 균열발생이 보통 포틀랜드 시멘트보다 현저히 감소한다.

4) 백색 시멘트
구조체보다 장식용·미장용 등으로 주로 사용되는 것으로, 석회석 및 점토의 선정 시 착색성분이 없는 것을 사용하여 백색으로 만든 시멘트이다. 산화철 성분을 극도로 줄였고, 보통 포틀랜드 시멘트보다 높은 강도를 발현하며, 단기강도는 조강 포틀랜드 시멘트와 거의 비슷하다. 습기에 약하므로 건조상태로 보관해야 하며, 골재가 오염되거나 다른 재료와 혼입되면 시멘트의 순백(純白)성이 떨어지므로 유의해야 한다.

THEME 130　혼화재료

1 혼화제(混和劑)

콘크리트의 구성재료인 시멘트, 골재 등에 첨가하여 콘크리트의 품질을 개선하기 위한 재료로서 시멘트 중량의 5% 미만으로 약품적인 성질만 가지고 있는 것을 말한다. 이를 사용할 시에는 설계기준강도는 그대로 유지하고, 시공연도를 향상시키며, 콘크리트의 고강도화 등 경화 후 콘크리트에 유해한 성질이 없게 해야 한다. 종류로는 표면활성제(AE제, 감수제, AE감수제, 고성능 감수제, 고성능 AE감수제), 응결경화조절제(촉진제, 지연제), 방청제, 유동화제, 수중 불분리성 혼화제(분리저감제), 방수제, 발포제, 기포제, 방동제 등이 있다.

1) 표면활성제

기름에 녹기 쉽고 물에는 녹기 어려운 친유기성(親油基性)과 물에 잘 녹으나 기름에 녹기 어려운 친수기성(親水基性)으로 구성된다. 주로 기포작용을 하는 AE제, 분산작용을 하는 감수제·AE감수제·고성능 감수제·고성능 AE감수제, 습윤작용을 하는 감수제·AE감수제로 분류된다. 기포작용은 계면활성제의 용액에 기계적 수단을 가하여 공기를 혼합하면 용액에 둘러싸인 기포가 발생하는데, 이중 기포성이 뛰어나고 안정된 것을 콘크리트에 적용하는 것을 말한다. 분산작용은 응집해 있던 시멘트 입자 사이에 물·공기·분산제를 첨가하여 시멘트에 유동성이 생기는 것을 말한다. 습윤작용은 계면활성제의 용액이 시멘트 입자 표면에 닿아 시멘트 입자와 물의 수화작용이 용이하도록 하는 것을 말한다.

① AE제

독립된 기포를 균일하게 분포시켜 콘크리트의 시공성능을 향상시키고, 동결융해 저항성을 향상시키는 목적으로 사용하는 것으로 워커빌리티(Workability)를 개선하고, 단위수량·블리딩(Bleeding)·알칼리 골재반응·재료분리 감소 등의 특징을 가진다. 또한 Entrained air의 양이 7% 이상 증가하면 내구성이 저하되고, Entrained air(연행공기)의 양이 1% 증가하면 콘크리트 강도는 4~6% 감소한다. AE제는 소량이므로 계량(계량오차 3% 이내)에 주의해야 하고, 진동다짐, 운반 시 공기량이 감소될 우려가 있으므로, 소요공기량이 1/4~1/6 정도 많게 한다. 공기량이 많아지면 시공성이 향상되나, 강도가 저하될 우려가 있으므로 주의하여 배합한다.

② 감수제

시멘트 페이스트(Paste)의 유동성 증대 및 블리딩(Bleeding)·레이턴스(Laitance) 감소, 수화발열량 감소, 콘크리트 수밀성 향상을 시키는 특징을 가지고 있으며, 단위수량을 감소시켜 내동해성을 증대시킬 목적으로 사용되나, 콘크리트 강도에는 도움이 되지 않는다.

감수제 과잉 사용으로 응결 지연, 강도 저하가 되지 않도록 유의해야 하며, 현장 투입 전에 사전에 시험하여 사용해야 한다. 장기간 제품이 방치된 경우는 사용하지 말아야 하며, 계량장치는 정기적으로 검사하여 정확히 작동되는지 확인 후 사용하도록 한다.

③ AE감수제

내구성을 증대시키는 목적으로 사용되며, 감수효과가 우수하여 단위시멘트량을 줄일 수 있고, 수화발열량이 적어 균열에 대한 안전성이 확보된다. AE감수제는 음이온계, 양이온계, 비이온계로 분류된다.

④ 고성능 감수제

시멘트를 효과적으로 분산시키고, 강도 저하, 응결 지연, 단위수량을 감소시키는 것으로 사용방법에 따라 고강도 콘크리트용 감수제와 유동화제로 분류된다. 고강도 콘크리트용 감수제는 나프탈렌계 고성능 감수제와 리그닌계 고성능 감수제가 있다. 나프탈렌계는 첨가량의 증가에 따라 슬럼프도 증가하며, 첨가량이 0.75%를 넘으면 재료분리 현상이 발생한다. 리그닌계는 첨가량이 과다하면 응결 지연 현상이 발생하며 첨가량이 0.25%이면 콘크리트 강도가 최대가 된다.

⑤ 고성능 AE감수제

AE감수제에 비해 감수율(20% 정도)이 높고, 슬럼프(slump) 손실이 적으며, 고내구성 콘크리트 제조가 가능하다. 고강도 콘크리트의 슬럼프 loss를 방지하고, 장시간·장거리 운반이 가능하며, 무염화, 무알칼리성이다. 물시멘트비 30~40%로 압축강도 50Mpa 이상의 고강도 콘크리트를 제조하고, 슬럼프값은 제조 직후부터 1시간 내 18±2cm로 조절이 가능하다.

2) 응결·경화조절제

콘크리트가 수화반응이 시작되어 응결이 진행됨에 따라 유동성이 저하되고 경화되는데 이 속도를 임의적으로 조절하는 혼화제를 말한다.

① 촉진제

유기질계(리그닌설폰산염계, 옥시칼폰산염계), 무기질계(규불화 마그네슘) 등이 있으며 서중(暑中)콘크리트의 발열 억제 및 콜드조인트(cold joint) 방지에 유효하다.

② 지연제

질산염, 아질산계의 무기염, 규산칼슘 등이 있으며 한중(寒中)콘크리트의 초기강도 발현에 유효하고 시멘트 수화에 있어서 칼슘이온 강도를 높이는 성질이 있다.

3) 방청제

철근콘크리트 내부의 철근이 해수에 포함된 염류에 의해 녹이 발생하는 것을 방지하기 위해 사용하는 혼화제이다. 철근콘크리트 속의 철근은 콘크리트의 중성화, 전류의 흐름, 균열의 발생 및 염해에 의해 녹이 발생하는데, 염해(鹽害)에 대한 대책으로 방청제를 첨가한다. 철근의 방청 조치로는 물시멘트비를 적게 하고, 피복두께를 증가시키며, 아연도금 철근 사용 및 수밀성이 높은 표면마감 하는 등의 방법이 있다. 방청제는 1급과 2급으로 구분되는데, 1급은 세골재의 염분(Nacl)을 함유량이 0.02% 이하인 경우, 2급은 염분(Nacl) 함유량이 0.02%를 초과하는 경우 사용한다. 해사(海沙)를 사용하면 하천사 사용 콘크리트보다 철근의 녹 발생률이 매우 높고, 콘크리트의 내구성이 현저히 저하된다.

4) 유동화제

물시멘트비는 같으나 워커빌리티 향상을 목적으로 할 경우 사용하는 것으로, 나프탈렌 설폰산염계, 멜라민 설폰산염계, 변성 리그린 설폰산염계로 분류한다. 주로 프리스트레스(Prestress) 콘크리트, 고강도 콘크리트, 유동화 콘크리트에 적용되며, 슬럼프가 12cm에서 21cm까지 상승한다. 분산효과가 크며, 건조수축이 적고, 구조체의 내구성이 향상된다. 사용 시 유동화제 첨가량이 0.75%를 넘으면 재료분리 현상이 발생하고, 콘크리트가 가열되면 큰 기공이 생겨 물침투가 생기므로 유의하여 첨가해야 한다.

5) 수중 불분리성 혼화제(분리저감제)

콘크리트에 수용성 고분자의 첨가로 점성을 부여하여, 수중에 투입되는 콘크리트가 물의 세척작용을 받아도 시멘트와 골재의 분리를 방지하는 것으로, 셀룰로오즈계와 아크릴계가 있다. 수중에서 분리저감 효과를 가지며, 블리딩을 억제하고, 부착강도를 증가시킨다. 펌프의 압송성이 양호하며, 강도 및 내구성이 우수하다.

2 혼화재(混和材)

콘크리트의 구성재료인 시멘트, 골재 등에 첨가하여 콘크리트의 품질을 개선하기 위한 재료로서 시멘트 중량의 5% 이상으로 시멘트의 성질을 개량하는 것을 말한다. 이를 사용할 시에는 설계기준강도는 그대로 유지하고, 시공연도를 향상시키며, 콘크리트의 고강도화 등 경화 후 콘크리트에 유해한 성질이 없게 해야 한다. 종류로는 포졸란(Pozzolan), 고로 슬래그(Slag), 플라이 애쉬(Fly ash), 팽창제, 착색제 등이 있다.

1) 포졸란(Pozzolan)

이탈리아어 pozzuoli에서 채취되어 유래된 것으로 화산회, 화산암의 풍화물로 가용성 규산을 다량 함유하고 있고, 수경성은 아니나 물로 석회와 화합하면 경화하는 성질을 가지고 있다. 종류로는 천연 포졸란(규조토, 응회암, 규산백토, 화산재 등)과 인공 포졸란(플라이 애시, 소점토 등)이 있다. 포졸란은 워커빌리티를 향상시키고, 수화열 감소 및 온도 응력에 의한 균열을 방지한다. 블리딩 감소 및 백화 현상 감소, 수밀성 향상, 내화학성 향상, 성형성, 보수성이 향상되고, 투수성이 줄어든다. 포졸란 첨가 시 콘크리트의 단위수량이 증가하여 강도에 불리할 수 있고, 동결융해에 저항성이 적으므로 유의하여 사용해야 한다. 또한 포졸란은 실리카(Silica)질이므로 탄산가스에 의해 중성화되기 쉽다.

2) 고로 슬래그(Slag)

용광로 방식의 제철작업에서 선철과 동시에 발생하는 규산염으로 구성된 슬래그가 생성되어, 용융상태의 고온 슬래그를 물과 공기 등으로 급냉하여 입상화한 것을 말한다. 냉각방법에 따라 서냉 슬래그, 급냉 슬래그, 반급냉 슬래그로 구분되며, 서냉 슬래그는 콘크리트 골재, 항만 재료, 지반개량용 시멘트, 규산석회 비료, 도로용으로 사용된다. 급냉 슬래그는 고로시멘트용, 시멘트 클링커 원료, 경량기포콘크리트, 아스팔트용 세골재, 규산석회 비료 등으로 사용되며, 반급냉 슬래그는 보온재, 경량 매립재, 경량 기포콘크리트용 골재로 사용된다. 고로 슬래그 사용 시 콘크리트 구조체 장기 강도를 증진시키고, 해수·지하수 등에 대한 내침투성이 좋으나, 재료분리 및 블리딩 현상이 다소 발생하고, 수화발열량에 의한 온도 상승 및 초기강도가 작다.

3) 플라이 애시(Fly ash)

화력발전소 등의 연소보일러에서 부산되는 석탄재를 말하며, 연소 폐가스 중에 있는 집진기에 의해 회수된 미세한 입상의 잔사이다. 비중이 1.9~2.4 정도이며, 분말도는 1,500~5,000cm^2/g 이어서 시멘트보다 가볍고 높은 분말도를 가진다. 콘크리트의 유동성을 개선하고, 단위수량 감소, 블리딩현상 감소, 장기강도 개선, 수화발열량 감소, 알칼리 골재반응 억제 효과, 황산염에 대한 저항성 증대 효과, 콘크리트 수밀성 향상 등의 특징을 가진다. 플라이 애시를 첨가할 경우 초기강도는 일반콘크리트보다 낮고, 온도가 높을수록 강도증진 효과는 미비하다. 혼합률이 20% 이상 증가하면 피복두께를 1cm 정도 증가시키는 것이 효과적이다. 응결시간이 늦고, 공기 중의 수분과 반응하면 응집현상이 발생할 수 있으므로 주의해야 하며, 초기 습윤 양생이 매우 중요하므로 양생온도에 유의하여 시공하여야 한다. AE콘크리트의 경우 AE제가 플라이 애시에 흡착되므로 사용량을 증가할 필요가 있다.

THEME 131 콘크리트의 화학적 침식 및 피해

콘크리트 구조체를 구성하는 물, 모래, 시멘트 등의 재료들이 상호 화학적 반응을 일으키거나 외부환경의 영향 등으로 인해 화학반응이 일어나 콘크리트 구조체의 강도 저하 및 열화되는 것을 말한다. 화학적 침식의 원인으로는 염해(鹽害), 중성화(中性化), 알칼리 골재반응(A.A.R, alkali aggregate reaction), 황산염반응, 전식(電蝕) 등이 있다. 화학적 침식으로 인해 강도저하, 구조체의 균열, 누수, 열화, 백화현상 등이 발생한다.

1 화학적 침식

1) 염해(鹽害)

콘크리트 내부에 염화물(CaCl), 염화물 이온(Cl−)의 침입으로 철근을 부식시켜 구조체를 손상시키는 현상이다.

성분	염화물 이온량(Cl−) 규제치
콘크리트	$0.3kg/cm^3$ 이하
모래	건조중량의 0.02% 이하
배합수	$0.04kg/cm^3$ 이하

염해(鹽害)의 원인으로는 염화물 이온(Cl−), 콘크리트 내부의 염화물, 철근피복의 두께 부족, 해사(海沙) 사용, 방수공사의 부실 및 하자 등이 있다. 이에 대한 대책으로는 물에 염분, 기름, 산, 알칼리 등의 유기불순물 등이 유해치 이상으로 없어야 하고, 염해에 강한 시멘트 및 혼화제 등을 사용한다. 철근은 아연도금, 에폭시 코팅 등을 하며, 물시멘트비와 슬럼프는 작게, 굵은 골재 최대치수는 크게 하며, 잔골재율은 작게 배합 설계한다. 콘크리트의 수밀성을 증대시키고, 콘크리트의 비빔, 운반, 다짐, 이음, 양생 등에 관한 품질관리 및 시공관리를 확실히 시행한다.

2) 중성화(中性化)

산성비, 탄산가스 등의 영향으로 콘크리트가 강알칼리 상태에서 약알칼리 상태로 변화하는 현상을 말한다.

$$Ca(OH)_2 + CO_2 \rightarrow CaCO_3 + H_2O$$
철근 부식 − 철근의 부피 팽창 − 콘크리트 균열 − 콘크리트 중성화

중성화는 경량골재, 혼합시멘트를 사용하고, 탄산가스의 농도, 시멘트의 분말도, 물시멘트비가 클 경우, 습도가 낮고, 온도가 높을수록 발생된다. 대책으로는 혼화제를 사용하고, 타일 및 돌 붙임, 피복두께 증가, 부재단면 증대하고, 습도는 높고 온도는 낮게 유지하며, 탄산가스의 영

향이 적도록 하며, 다짐 및 양생을 충분히 하며, 재료분리를 방지한다. 결과적으로 중성화를 방지하기 위해서는 양질의 재료로 시공하고, 적합한 강도가 발현되도록 배합설계를 하며, 품질 및 시공 관리를 해야 한다.

3) 알칼리 골재반응(A.A.R, alkali aggregate reaction)

콘크리트 중의 수산화 알칼리와 골재 내부의 알칼리 반응물질(Silica, 황산염) 사이에 발생하는 화학반응을 말한다. 알칼리 반응성 물질의 양이 다량인 경우, 콘크리트 중의 수산화 알칼리 용액의 양이 많은 경우, 습도가 높은 경우, 단위시멘트량이 과다한 경우, 제치장 콘크리트인 경우 주로 발생한다. 이에 대한 대책으로 습도를 낮추고, 단위시멘트량을 낮추며, 알칼리 골재반응에 무해한 골재를 사용하는 등의 방법을 적용한다.

4) 전식(電蝕)

습윤상태의 철근콘크리트 구조물에 전기 직류에 의해 콘크리트 내부의 철근이 부식되는 현상으로, 콘크리트 속의 철근이 부식되면 팽창하여 콘크리트에 균열이 발생하여 종국에 열화가 촉진되어 내구성이 저하된다. 무근 콘크리트와 건조한 상태의 구조물에는 발생하지 않는다. 교류 전류에는 거의 발생하지 않고, 구조물의 지하부 등 항상 습윤 상태인 철근콘크리트에 직류가 흐를 경우 발생한다.

5) 황산염 반응

배합수 중의 황산염이 시멘트 중의 칼슘 알루미나와 접촉하여 칼슘 설포 알루미나를 형성하여 체적을 팽창시키는 현상을 말한다.

2 콘크리트의 피해

1) 동결융해(凍結融解)

미경화 콘크리트의 온도가 0℃ 이하일 경우, 콘크리트 중에 물이 얼었다가 외기온도가 상승하면 콘크리트 내부의 물이 녹는 현상으로, 한 번 얼었던 콘크리트는 양생을 하더라도 소요강도가 확보되기 어렵기에 기 타설된 콘크리트는 사용되지 못한다. 동결융해로 인해 구조물의 강도 저하 및 열화가 발생하며, 해동기 붕괴의 원인이 되며, 철근이 부식된다. 콘크리트 내부의 자유수, 흡수율이 큰 골재, 물시멘트비가 큰 경우에 주로 발생하며, 콘크리트 내부로 침투되는 우수 등이 원인이 된다. 이에 대한 대책으로 단위수량 및 물시멘트비를 작게 하며, 콘크리트의 수밀성을 좋게 하고, 적절한 혼화제를 사용한다. 시공적인 측면에서는 물의 침입을 막기 위해 물끊기, 물흐름 구배 등을 적용한다.

2) Pop Out 현상

콘크리트 내부의 수분이 동결융해하여, 콘크리트 표면의 골재 및 모르타르가 팽창하면서 박리되어 떨어져 나가는 현상이다. 콘크리트 속의 수분이 동절기에 얼어서 부피가 팽창하는 동결융해와 콘크리트 중의 수산화 알칼리 반응성 물질과의 화학반응으로 표면의 골재가 팽창하여 박리되는 알칼리 골재 반응이 원인이 된다. 대책으로는 콘크리트에 AE제를 첨가하여 팽창력을 흡수하는 방법과 물시멘트비를 작게 하여 동결융해를 방지하는 방법, 저알칼리 시멘트를 사용하고 포졸란, 고로 슬래그, 플라이 애시 등의 혼화재를 사용하여 알칼리 골재 반응을 방지하는 방법 등이 있다.

THEME 132　레미콘(Ready mixed concrete)

현장타설 콘크리트는 주로 레미콘 공장에서 제조하여, 현장에 타설된다. 종래 현장처럼 현장에서 직접 골재, 시멘트, 물 등을 비벼 사용하는 경우는 좀처럼 찾기 힘들다. 다만 소량의 콘크리트를 사용할 경우를 제외하고는 현장 인근의 공장에서 조달하여 사용된다. 콘크리트의 배합계획은 시공자가 콘크리트 품질을 지정하고, 필요에 따라 공장 측과 협의하여 제조된다.

원재료인 시멘트, 물, 굵은골재, 잔골재, 혼화재료를 공장 측에서 저장하고 수입검사를 시행한다. 이후 계량을 통해 믹서에서 비비고, 트럭에지테이터(운반차)를 통해 운송하여 현장 타설된다. 현장에서는 레미콘의 염화물 함유량, 공기량, 슬럼프, 제조시간, 공시체 압축강도시험, 세골재 품질에 따른 유동성을 확인한다.

레미콘(Ready mixed concrete)은 공장에서 생산된, 아직 굳지 않은 상태로 운반된 콘크리트로 도심지 공사에서 배처플랜트(Batcher plant)나 골재의 저장 없이, 양질의 콘크리트를 주문하며 mixer truck으로 공급받을 수 있으므로 비교적 안전하다. 특징으로는 양질의 콘크리트 확보, 능률적인 타설작업, 대량 구매, 타설속도가 빠르고, 공기단축 및 노무비 절감이 가능하다. 하지만 슬럼프 저하와 운반거리 및 시간의 제약성이 있으며 대형 차량 진입로가 필요하다.

1 레미콘의 운송방법에 따른 분류

1) Central mixed concrete
플랜트에 설치된 믹서에서 반죽이 완료된 콘크리트를 트럭에지테이터(truck agitator)로 현장까지 운반하여 타설되는 콘크리트로, 근거리에 사용되는 방법이다.

2) Shrink mixed concrete
플랜트의 믹서에서 약간 혼합된 콘크리트를 트럭믹서로 운반하면서 비빔을 끝내는 방식으로 중거리에 이용되는 방법이다.

3) Transit mixed concrete
플랜트에서 재료만 계량하여 트럭믹서로 운반하면서 비비기를 완료하는 방법으로 장거리에 사용되는 방법이다.

2 레미콘의 호칭강도

콘크리트 표준시방서에서 규정한 설계기준강도와 구분하기 위한 용어로 레미콘의 상품으로서의 강도 구분을 나타내는 겉보기 강도를 말한다. 콘크리트 표준양생조건 수중 23 ± 2℃에서 28일 동안 양생한 후 파괴하여 측정한 콘크리트 압축강도이다.

설계기준강도는 구조물의 설계 시 기준강도이며, 호칭강도는 설계기준강도에 기온에 따른 보정치를 더한 값으로 발주한다. 레미콘의 호칭강도는 15 · 18 · 21 · 24 · 27 · 30 · 40MPa 등이 있다. 호칭강도가 설계기준강도 이하로 되는 확률은 5% 이하이어야 하고, 일반적으로 호칭강도는 설계기준강도보다 높다.

3 레미콘 공시체의 압축강도 및 판정기준

호칭 방법	콘크리트의 종류에 따른 구분	굵은골재의 최대 치수에 따른 구분(mm)	호칭강도 (MPa)	슬럼프 또는 슬럼프 플로(mm)	시멘트 종류에 따른 구분
	보통콘크리트	25	21	120	포틀랜드 시멘트 1종

1) 공시체 제작

레미콘 150m³마다 28일 강도용 공시체 3개조 9개 제작하고, 28일 강도 추정을 위한 7일 강도용 공시체 1개조 3개 제작, 거푸집 존치기간 판단용 공시체는 구조물 층별로 3개조 9개 제작(수직부재, 수평부재, 예비용 각각 1개조 3개)한다.

2) 공시체 시료 채취시점

28일 강도용 공시체는 콘크리트 배출량의 1/4, 2/4, 3/4 배출시점에서 채취하고, 7일 강도 공시체는 배출량의 1/2 배출시점에서 채취하여 제작한다. 공시체 탈형 후 수중양생을 실시하며, 급격한 온도 변화 및 직사광선을 피해야 한다.

3) 판정기준

28일 강도용 공시체는 1개조 3개의 평균값이 설계기준강도의 85% 이상이어야 하고, 3개조 9개의 평균값은 설계기준강도의 100% 이상이어야 한다. 7일 강도용 공시체는 1개조 3개의 평균값이 환산설계기준강도의 100% 이상이어야 하며, 각각의 공시체의 강도는 환산설계기준강도의 85% 이상이어야 한다.

THEME 133 P.S.C(Pre stressed concrete)

P.S.C(Pre stressed concrete)는 인장응력이 발생하는 부분에 사정에 압축의 프리스트레스를 주어 콘크리트의 인장강도를 증가하도록 한 것이다. 제작방법에 따라 Pretension 공법과 Post tension 공법이 있다.

설계하중 하에서 구조물의 내구성이 증대되고, 균열이 방지되며, 장 span 설계가 가능하고, 부재의 강도와 안전성이 보장되고, 탄성력과 복원력이 좋으며, 가설공사 및 거푸집공사 공정이 감소하여 공기 및 비용의 절감 효과가 있다.

1 재료 선정

1) 시멘트
주로 보통 포틀랜드 시멘트, 고로 슬래그 시멘트, 플라이 애시 시멘트 등이 사용되고, 압축강도가 크며 건조수축이 적은 것을 선정한다.

2) 골재
흙, 먼지 등이 적고, 내화성과 내구성이 있는 것으로 선정하고, Pretension 부재의 잔골재의 염화물량은 0.02% 이하, Post tension 부재의 잔골재의 염화물량은 0.04% 이하로 한다.

3) 콘크리트
설계기준강도가 Pre tension 공법과 Post tension 공법 모두 30Mpa 이상으로 규정하며, 슬럼프값은 18cm 이하, P.S.C 그라우팅 염화물 이온 총량은 $0.3kgf/m^3$ 이하로 한다.

4) 강재
PS강선, 이형PS강선, PS 꼬은선은 KS D 7002의 규격품을 사용한다. PS강봉, 이형PS 강봉은 KS D 3505의 규격품을 사용한다. 용접철망은 직경이 4mm 이상의 것으로 한다.

2 제작 공법

1) Pre tension 공법
Pre tension 공법은 Long line 공법과 Individual mold 공법으로 분류된다. Long line 공법은 1회의 prestressing으로 여러 개의 부재를 한 번에 제조할 수 있는 공법이며, Individual mold 공법은 한번에 1개의 부재를 제작하는 공법이다.

2) Post tension 공법
설계기준강도가 30Mpa 이상으로, 공장에서 제작 시 Sheath관을 배치하고, 콘크리트를 타설하고 경화된 후, PS 강재를 긴장하여 그라우팅하고 긴장해제를 한다.

THEME 134 한중콘크리트

하루 평균기온이 4℃ 이하인 경우 한중콘크리트의 적용을 받도록 하며, 초기동해에 대한 계획 수립이 필요하다. 콘크리트 타설 후 0℃ 이하가 되는 경우 동해(凍害)가 발생할 우려가 있기에, 초기양생을 철저히 하여 타설된 콘크리트 어느 부위에서도 0℃가 되지 않도록 하여야 한다. 한중(寒中)콘크리트는 외부기온이 −3℃인 경우 가열양생 및 보온양생 등 적극적인 양생 계획이 필요하며, 0℃일 경우 물, 골재 등 재료 가열이 필요하며, 보온에 대한 계획도 마련되어야 한다.

1 초기동해

외기기온으로 인해 콘크리트 내부의 자유수, 흡수율이 큰 골재, 과다한 물시멘트비, 콘크리트 표면으로부터 침투되는 수분 등에 의해 초기동해에 대한 우려가 크다. 콘크리트 타설 후 동결하기까지 경과시간이 짧을수록, 콘크리트 동결시간이 길수록, 콘크리트 동결온도가 낮을수록, 콘크리트 동결 시 인장강도가 작을수록, 적절한 공기연행제가 사용되지 않을수록 초기동해가 잘 일어난다.

이를 방지하기 위해서는 AE제, AE감수제, 고성능감수제 등의 혼화제를 사용하고, 콘크리트 타설 시 온도는 5~20℃ 미만이 적당하며, 물의 온도는 40℃ 이하로 유지한다. 배합 시에는 단위수량을 적게 하고, 콘크리트 타설 완료 후 양생 시 단열보온양생, 가열보온양생 등을 실시한다. 외부의 물의 침입을 차단하기 위해서 물끊기, 물흐름 구배, 제설제 등을 적용하며, 콘크리트 내부에 연행공기 4~5%를 둔다.

2 재료

시멘트는 KS 규정에 적합한 포틀랜드 시멘트를 사용하며, 초속경 시멘트 사용할 경우 응결 및 경화 특성 시험 확인 후에 사용하도록 한다. 골재는 동결되거나 빙설(氷雪)이 혼입되는 골재는 사용할 수 없다. 혼화제는 KS F 2560 콘크리트 화학 혼화제 규정을 준수하여 사용하고, AE제, AE감수제, 고성능 AE감수제를 사용한다. 감수제는 10~15%의 단위수량이 감소하고, 고성능 감수제는 20~30%의 단위수량이 감소한다.

재료 저장 시에는 가급적 찬 곳을 피해 저장하며, 골재는 별도의 보관시설에서 보관하도록 한다. 재료를 가열하여 사용할 경우 골재나 물을 가열하며, 시멘트는 일절 가열하여서는 안 된다. 골재의 가열은 온도가 균등하게 적용되도록 하며, 건조되지 않는 범위 및 방법으로 하여야 한다.

3 배합

초기동해에 필요한 압축강도가 초기양생에서 발현되고, 콘크리트의 설계기준 압축강도가 소정의 재령에서 얻어지도록 해야 한다. 물시멘트비는 60% 이하로 하고, 단위수량은 최소화하며, 경화가 빠른 시멘트를 사용하며, 적합한 혼화제를 사용한다. 공기연행 콘크리트를 사용하는 것을 원칙으로 하며, 단위수량은 초기동해를 입지 않도록 소요의 워커빌리티를 유지할 수 있는 범위 내에서 되도록 적게 지정한다. 또한 배합강도와 물 결합재비는 적산온도 방식에 의해 결정할 수 있다.

4 적산온도(Maturity)

콘크리트의 양생 중, 온도의 이력과 재령과의 관계를 표현하여, 콘크리트의 강도증진에 대한 예측이 가능하다는 가정하에, 콘크리트의 강도증진에 미치는 양생온도와 양생시간을 정량적으로 표시한 함수를 말한다. 일정 온도 이상에서 콘크리트의 양생온도와 양생시간의 관계에 대한 함수를 다음과 같은 공식으로 나타낼 수 있다.

$$M = \Sigma(\theta + A) \Delta T$$

M: 적산온도(℃·D(일), 또는 ℃·D), A: 정수(일반적으로 10), ΔT: 시간(일)
θ: ΔT 시간 중에 콘크리트의 일평균 양생온도(℃). 단, 보온양생 하지 않은 경우 예상 일평균기온

예를 들어, 어느 지역의 11월 평균기온이 상순에 8.3℃, 중순에 4.5℃, 하순에 1.5℃인 경우, 이 지역의 11월 3일에서 4주간의 적산온도(M)와 압축강도를 산정한다고 가정하자.

$$M = (8.3 + 10) \times 8 + (4.5 + 10) \times 10 + (1.5 + 10) \times 10 = 406.4 \, (℃·D)$$

이를 통해 아래의 그래프에서, 406.4(℃·D)에서의 강도는 Plowmand에 의해 제시된 적산온도와 추정강도에 관한 그래프에 의해 28일 압축강도비의 82%로 추정이 가능하다.

5 시공

보온성이 거푸집을 사용하여 지반의 동결 및 융해에 의해 변위가 발생하지 않도록 하며, 콘크리트의 운반·타설 시에 열량의 손실을 최소화하고, 펌프 압송관은 보온하도록 한다. 지반은 콘크리트를 타설하는 도중에 동결되지 않도록 시트 등으로 보양하고, 동결된 지반은 해동작업을 한 후 콘크리트를 타설하도록 한다. 거푸집 또는 철근에 빙설(氷雪) 등이 부착되지 않도록 주

의하고, 시공이음 등에 동결이 된 경우 녹여 제거한 후 이음기준에 따라 시공한다. 콘크리트는 5~20℃의 범위에서 타설되도록 하고, 외기의 조건이 열악하거나 부재의 두께가 작을 경우 콘크리트를 10℃ 정도 유지하여 타설하도록 한다. 콘크리트 표면이 급랭할 우려가 있는 경우에는 타설 면을 보양하여 외기의 침입을 막아야 한다.

6 양생

양생은 초기양생, 가열보온양생, 단열보온양생으로 구분한다. 초기양생은 타설 후 압축강도가 5Mpa 되는 동안 0℃를 유지한다. 양생온도와 양생기간은 사전에 계획하고, 보온양생방법을 선정한다. 가열보온양생은 콘크리트를 타설 후 물리적으로 가열하는 방법으로 콘크리트 타설면의 급격한 건조에 유의하여 시험가열을 한다. 종류로는 공간가열양생, 표면가열양생, 내부가열양생 등이 있다. 단열보온양생은 수화열을 보호하기 위해 비닐 또는 시트 등으로 표면을 보호하는 방법으로, 2가지 이상의 양생방법을 병용할 경우 더욱 효과적이다.

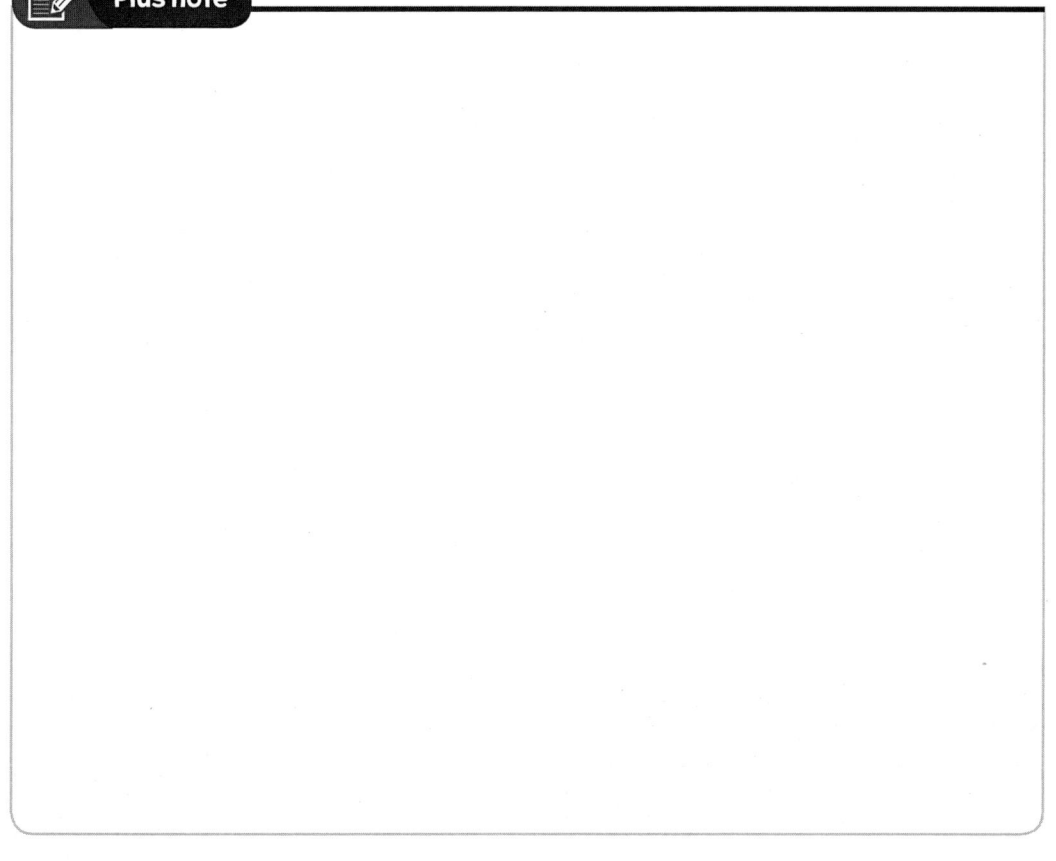

THEME 135 서중콘크리트

하루 평균기온이 25℃를 초과하는 시기에 콘크리트 배합 및 운반, 타설, 양생 시 서중콘크리트의 적용을 받는다. 외기로 인해 급격한 수부증발 등으로 콜드조인트가 발생할 우려가 있다.

Cold joint는 장시간 운반하거나 대기하여 재료분리된 콘크리트를 타설할 경우 발생하며, Massive한 구조물의 수화열, 설계기 각종 movement joint의 누락 및 미시공, 넓은 면적 순환타설 시 돌아오는 시간이 2시간 초과하는 경우 주로 발생한다. 이를 방지하기 위해 프리쿨링 등의 냉각공법을 적용하거나, AE감수제 지연형, 감수제 지연형 등의 혼화제를 사용하고, 콘크리트 운반계획을 수립한다. 중열용 포틀랜드 시멘트와 같은 분말도가 낮은 시멘트를 사용하고, dry mixing 한 재료를 현장 내 반입하여 사용하는 방법 등이 있다. 콘크리트 타설 시 온도는 35℃ 이하로 하고, 슬럼프는 18cm 이하에서 정하도록 하며, 단위수량 및 단위시멘트량은 최소화한다.

1 재료

시멘트는 저발열 시멘트 또는 혼합시멘트를 사용하며, 사일로에 단열시설을 설치해 주기적인 살수를 통해 온도 상승을 막는다. 골재는 골재저장고에 지붕, 덮개 등을 설치하여 직사광선을 통해 온도 상승을 방지하며, 살수를 통해 기화열에 의해 골재의 온도가 낮아지도록 관리한다. 굵은 골재에 냉각수를 살수하고, 골재에 공기를 순환시키는 방법으로 온도관리를 한다. 배합수는 물탱크, 수송관에 직사광선 차단을 위한 차양막, 단열시설을 설치하고, 냉각장치, 액체질소, 얼음 등을 사용하여 배합수는 냉각하거나 액체질소를 이용해 콘크리트를 냉각하는 방법을 고려한다. 혼화제는 AE감수제 및 고성능 AE감수제를 사용하고, 지연형의 감수제 등을 사용한다.

2 배합

단위수량 및 단위시멘트량은 소요강도 및 워커빌리티를 얻을 수 있는 범위 내에서 적게 적용한다. 기온 10℃의 상승에 대해 단위수량에 비례해 단위시멘트량의 증가를 검토하여야 하고, 재료를 비빈 후에 외기 등의 기상조건, 운반시간 등을 고려하여 콘크리트 타설 시 소요 콘크리트 타설 온도가 되도록 관리한다.

3 시공

트럭에지테이터를 장시간 직사광선에 노출하지 않도록 사전에 배차계획을 수립해야 하며, 펌프로 타설할 경우 압송관에 물에 젖은 천 등으로 덮어 온도관리를 할 수 있도록 한다. 콘크리트 운반 및 타설 대기시간으로 트럭믹서 내의 수분이 증발하는 것을 방지하도록 한다. 타설 전에 지반 및 거푸집 등에 충분히 물을 축여 콘크리트로부터 물을 흡수하는 일이 없도록 습윤상태로 유지하고, 철근 및 거푸집이 햇빛을 받아 고온이 될 우려가 있는 경우에는 살수 및 덮개 설치를 통한 관리를 한다. 타설 시 콘크리트 온도는 35℃ 이하이어야 한다. 콘크리트를 비빈 후 즉시 타설해야 하고 지연형 감수제를 사용하더라도 90분 이내에 타설하도록 한다. 또한 콜드조인트가 발생하지 않도록 타설계획, 배차계획, 1회 타설량 등을 사전에 수립하여 시행하도록 한다.

4 양생

콘크리트의 슬럼프 저하와 수분의 급격한 증발 등으로 인해 시공상의 결함이 발생할 우려가 높다. 콘크리트 온도가 10℃ 상승할 때 단위수량이 2~5% 증가하게 되므로 내구성과 강도저하를 유발한다. 콘크리트 온도가 10℃ 상승하면 슬럼프가 2.5cm 감소하고, 공기량 감소로 시공연도 및 내구성이 저하된다. 물시멘트비 증가로 내구성과 강도가 저하되고, 블리딩의 증발속도보다 수분의 증발속도가 빨라서 소성수축균열이 발생한다.

양생방법에는 습윤양생, 피막양생, Pipe cooling, 차양막 설치, 덮개 사용 등을 사용하여 콘크리트의 시공성과 지연성을 확보한다. 습윤양생은 콘크리트 타설 전에 거푸집에 살수처리를 하고, 시트나 거적 등으로 보양 후 살수하여, 타설 후 7일 이상 시행한다. 피막양생은 콘크리트 표면에 피막양생재를 살포하여 콘크리트 수분증발을 방지하는 방법으로, 검정색은 직사광선이 없는 곳에 사용한다. 파이프쿨링은 콘크리트를 타설하기 전에 $\phi 25mm$ 정도의 pipe를 수평으로 배치하고 냉각수를 통과시킨다. 냉각 pipe는 타설 전에 누수검사를 실시하며, 2~3주 정도 콘크리트의 소요 온도를 유지한다. pipecooling 완료 후 관내에 그라우팅하여 마무리한다. 차양막은 타설 후 콘크리트 표면에 직사광선이 도달하는 것을 방지하는 방법이며, 덮개는 타설 표면 건조가 예상되는 지점에 시트 등을 이용하여 보양한 뒤 살수하는 방법이다.

5 품질관리

구분	시험 및 검사방법	시기 및 횟수	판단기준
외기온도	온도 측정	공사시작 전 공사 중	일평균 기온 25℃를 초과하는 경우
재료온도		계획온도 범위 내	
비빔온도		계획온도 범위 내	
타설온도		공사중	35℃ 이하 및 계획온도 범위에서 타설기준에 적합할 것. 매스콘크리트의 경우는 시공기준에 적합할 것
운반시간	시간 확인	공사시작 전 공사 중	비비기로부터 타설 종료까지 시간은 90분 이내 및 계획한 시간 이내로 할 것

THEME 136 매스(Masss)콘크리트

부재단면의 최소치수가 80cm 이상이며, 하단(下壇)이 구속된 경우 두께 50cm 이상의 벽체 등에 적용되는 콘크리트를 말하며, 콘크리트 표면 및 내부의 건조수축의 차에 의한 온도균열에 유의하여 시공한다. 내외부 온도차는 25℃ 이하가 되도록 관리하며, 온도 균열은 콘크리트의 탄성계수, 수화발열량, 콘크리트의 온도와 외기온도 차, 부재의 단면 크기, 단위시멘트량, 온도 변화가 클수록 잘 일어난다. 이런 온도균열을 제어하기 위해 프리쿨링(pre cooling), 파이프쿨링(pipe cooling)을 양생 시 적용한다.

1 온도구배(溫度俱背)

매스 콘크리트, 한중 콘크리트의 경우, 타설된 콘크리트 부재의 시멘트 페이스트의 수화열의 발생에 의한 내·외부 온도차를 말한다. 온도구배는 콘크리트의 온도와 외기온도차가 클수록 크며, 단위시멘트량이 많을수록 크다. 콘크리트의 타설온도와 타설높이가 클수록 크고, 타설부재의 두께가 두꺼울수록 크며, 외기온도가 낮을수록 크다.

이에 대한 대책으로 배합 시 골재량을 증가시키거나, 내·외부 온도차를 줄이고, 혼화제를 사용하여 응결 및 경화를 촉진시키고, 재료를 사전에 냉각하여 사용하며, 단열성 있는 거푸집을 사용하고, 해체기간을 연장한다.

2 온도균열

온도구배에 의해 발생하는 균열을 말하며, 콘크리트 강도 발현이 충분히 일어나지 않는 콘크리트 타설 초기에 주로 발생하며, 콘크리트의 강도, 내구성, 수밀성이 저하되는 결과를 초래한다. 온도균열의 종류로는 내부구속에 의한 균열과 외부구속에 의한 균열이 있다.

1) 내부구속에 의한 균열

구조체의 내·외부 온도차에 의해 발생하는 균열을 말한다.

2) 외부구속에 의한 균열

콘크리트 타설한 구조체가 온도상승에 의해 팽창되었다가, 온도하강 시 수축할 때까지 기 타설된 콘크리트에 구속되어 발생하는 균열을 말한다.

3) 온도균열지수(I_{cr})

콘크리트 타설 시 내·외부 온도차에 의해 온도구배가 발생하여 콘크리트 표면에 인장응력이 발생할 경우, 콘크리트가 견딜 수 있는 인장강도를 온도에 의한 응력의 최대값으로 나눈 값을 말한다.

온도균열지수가 커질수록 균열 방지에 대한 안정성이 높아지며, 온도균열지수가 작을수록 안정성은 낮아지도록 되어 있다. 목표값은 구조물에 요구되는 수밀성이나 기밀성을 감안하여 정하고, 균열의 내구성이나 내력의 환경 및 영향 등을 감안하여 선정한다.

$$온도균열지수(I_{cr}) = \frac{인장강도}{온도\ 응력\ 최대값}$$

온도균열 제어 수준	온도균열지수(I_{cr})
균열을 방지할 경우	1.5 이상
균열 발생을 제한할 경우	12. 이상 1.5 미만
유해한 균열발생을 제한할 경우	0.7 이상 1.2 미만

3 균열유발줄눈

매스콘크리트 타설 시 온도균열을 제어하기 위해 구조물의 길이방향으로 단면 결손 부위를 두어 균열을 유발시킴으로써 다른 부위의 균열을 방지하기 위한 수축줄눈(조절줄눈)의 하나이다. 균열유발줄눈 시공 시 균열 사이로 물의 침투가 우려되므로 신축성 있는 지수판을 설치하며, 지수판은 콘크리트 타설 시 이동되지 않도록 견고하게 고정하도록 한다. 설치 시 간격은 4~5m를 기준으로 하며, 단면 감소폭은 20% 이상으로 한다. 줄눈을 시공함에 있어서 구조상 취약부위가 되지 않도록 유의하며, 균열발생이 종료된 경우에는 누수 및 철근의 부식 등을 방지하기 위해 적정한 방법으로 보수(補修)해야 한다.

4 온도균열제어 적용 메카니즘(Mechanism)

구분	적용단계	내용
콘크리트 온도 저감 방법	1차	- 단위시멘트량 감소 - 저열성 시멘트 사용 - 타설온도 및 타설높이 저하 - 강제적으로 온도 저하
	2차	- 단위수량 감소 - 설계기준강도 저하 - 프리쿨링(pre cooling) - 외기온도 하강 시 콘크리트 타설 - 파이프쿨링(pipe cooling)
	3차	- 슬럼프(slump) 및 잔골재율 저하 - 굵은 골재 최대치수 증가 - 고성능 AE감수제 사용 - 물, 골재 등 온도 저감 후 배합
온도응력 완화 방법	1차	- 외부구속의 저하 - 1차 · 2차 콘크리트의 온도차 감소 - 부재의 내 · 외부 온도차 감소
	2차	- 부재두께 감소 - 콘크리트 타설시간 단축 - 보온양생
	3차	- 수축줄눈 및 신축줄눈 설치 - 보온성 거푸집을 통한 부재 표면 보양 - 양생시간을 충분히 보장
온도응력 저항력 증대 방법	1차	- Prestress 도입 - 인장저항력 증가
	2차	- 기계적 prestress - 팽창재 적용 - 섬유보강 - 폴리머(polymer) 보강
	3차	- 강섬유 및 유리섬유 적용

THEME 137   경량콘크리트(Light weight concrete)

설계기준강도가 15Mpa 이상 24Mpa 이하인 기건 단위용적 중량이 1.4~2.0t/m³ 범위 내에 있는 콘크리트를 말하며, 경량 재료인 경량골재, 톱밥, 석탄재 등을 사용하거나, 기포를 콘크리트 내에 형성하여 부재를 경량화하므로, 자중을 경감시키고 단열 및 방음성의 효과를 증대시킨다. 흡수성과 건조수축이 크고, 열전도율이 일반 콘크리트의 1/10 정도이다. 경량 콘크리트의 종류에는 보통 경량 콘크리트, 기포 콘크리트, 다공질 콘크리트, 톱밥 콘크리트, 신더 콘크리트 등이 있다.

1 보통 경량 콘크리트

경량 골재 콘크리트라고도 하며, 골재의 전부·일부를 인공 경량 골재를 사용하여 제작한 콘크리트로 단위용적 중량이 1,400~2,000kg/m³이다. 주로 프리캐스트 패널(precast panel)제품이나, 경량벽돌을 만드는 데 사용되고, 부재의 자중을 경감시킬 수 있어 초고층 구조물에 사용되기도 한다. 인공 경량 골재 사용 시 굵은 골재 최대치수는 20mm로 하고, 비중이 1.0 이하의 골재는 압축강도와 탄성계수가 저하되므로 취급에 주의해야 하며, 부립률은 10% 이하로 한다. 경량 콘크리트의 피복두께는 보통 콘크리트의 피복두께에 10mm를 더한 값으로 한다.

골재	종류
천연 경량 골재	화산암, 화산암계, 화산재, 응회암, 규조토
인공 경량 골재	혈암, 전판암, 팽창질석, 플라이 애시, 용융광쟁, 석탄재

종류	사용 골재		설계기준강도 (Mpa)	단위용적중량 (kg/m³)
	잔골재	굵은 골재		
1종 경량 골재 콘크리트	모래, 부순모래, 고로 슬래그, 잔골재	인공 경량 골재	18~24	1,700~2,000
2종 경량 골재 콘크리트	인공 경량 골재, 인공 경량 잔골재 일부 사용		15~21	1,400~1,700

2 기포 콘크리트(Cellular concrete)

시멘트에 기포제를 혼합하여 물리적 반응에 의해 기포가 발생되거나 발포제를 첨가해 화학적 반응에 의해 가스를 발생시켜 경량화하여 제작하는 콘크리트를 말한다. 주로 아파트, 주택 등 주거용 건축물의 보온 바닥재로 사용하며, 건축물의 자중 경감에 효과가 크며, 콘크리트 타설 시 시공성이 좋아 노무비가 절감된다. 수밀도가 1,500~1,600kg/m³이며, 흡수성 및 건조수축이 크고, 열전도율은 일반콘크리트의 1/10 정도 된다.

기포 공법	기포제 사용, 물리적 방법, 표면활성제 · AE제 사용
발포 공법	발포제 사용, 화학적 방법, 알루미늄 분말 등 사용

3 다공질 콘크리트(porous concrete)

콘크리트 내부에 작은 구멍이 있어, 수로의 필터(filter)로 사용되며, 단열 및 보온 성능이 우수한 입경이 굵은 골재만을 사용하는 투수성이 우수한 콘크리트를 말한다. 굵은 골재는 사전에 충분히 물축임을 하여 콘크리트 비빔 또는 운반 도중에 흡수되는 것을 방지해야 한다. 주로 배수용 수로, 식수 여과장치, 하중경감용 구조물 등에 적용된다.

모래와 같은 잔골재는 사용하지 않으며, 굵은 골재 최대치수는 5~10mm 정도의 것을 사용하며, 기포는 골재를 둘러싼 시멘트 페이스트로 만든다. 중량 배합비는 시멘트와 골재 비를 1:5로 하며, 물시멘트비는 33%로 하고, 압축강도는 7Mpa 이상인 것을 사용한다.

4 톱밥 콘크리트

톱밥을 골재로 사용하여 못을 박을 수 있게 한 콘크리트를 말한다. 수밀성이 좋지 않아 물을 사용하는 곳에는 사용 시 주의해야 한다.

5 신더 콘크리트(cinder concrete)

석탄재를 골재로 사용하여 제작한 콘크리트로, 현재는 적용하는 사례가 드물다.

THEME 138　섬유보강 콘크리트(Fiber reinforced concrete)

콘크리트의 인장강도와 균열에 대한 저항성을 증대하고, 인성을 개선하기 위해 콘크리트에 각종 섬유를 혼입하여 보강한 콘크리트를 말한다. 보강 섬유는 강섬유, 유리섬유, 탄소섬유 등의 무기계 섬유와 아라미드섬유, 폴리프로필렌섬유, 비닐론섬유, 나일론 등의 유기계 섬유 등이 있다. 콘크리트 보강용 섬유는 사용할 섬유보강 콘크리트의 물리적 및 역학적 성능시험과 구조성능에 미치는 영향에 대한 확인시험 후 책임기술자의 승인을 받아 사용하여야 한다.

1 재료

구분	종류
무기계 섬유	강섬유, 유리섬유, 탄소섬유
유기계 섬유	아라미드섬유, 폴리프로필렌섬유, 비닐론섬유, 나일론

1) 보강용 섬유

초고성능 섬유보강 콘크리트(UHPFRC : Ultra-high performance fiber reinforced concrete)에 사용되는 강섬유의 인장강도는 2,000MPa 이상이어야 한다. 현재 시멘트계 복합재료용 섬유는 강섬유, 유리섬유, 탄소섬유 등의 무기계 섬유와 아라미드섬유, 폴리프로필렌섬유, 비닐론섬유, 나일론 등의 유기계 섬유로 구별되며, 이들 섬유는 섬유와 시멘트 결합재 사이의 부착성이 양호하여야 하고, 섬유의 인장강도가 크며, 내구성, 내열성 및 내후성이 우수하여야 한다. 강섬유를 사용하는 경우에는 그 품질을 확인하여 사용 방법을 충분히 검토하여야 한다.

2) 배합

섬유보강 콘크리트의 배합은 소요의 품질을 만족하는 범위 내에서 단위수량을 될 수 있는 대로 적게 되도록 정하여야 한다. 섬유의 형상, 치수 및 혼입률은 섬유보강 콘크리트의 압축강도, 휨강도 및 인성 등의 요구성능을 고려하여 정하는 것을 원칙으로 하며, 섬유의 형상, 치수 및 섬유 혼입률을 명시하여야 한다. 섬유보강 콘크리트는 소요의 품질이 얻어지도록 충분히 비벼야 하며 비비기 시간은 시험에 의해 정한다. 믹서는 강제식 믹서를 사용하는 것을 원칙으로 하고, 섬유를 믹서에 투입할 때에는 섬유를 콘크리트 속에 균일하게 분산시킬 수 있는 방법으로 하여야 한다. 또한 강섬유보강 콘크리트에서 강섬유의 형상비는 강섬유의 직경(D)과 길이(L)에 의해 결정된다.

$$섬유형상비 = \frac{강섬유\ 길이(L)}{강섬유\ 직경(D)}$$

3) 강 섬유보강 콘크리트(steel fiber reinforced concrete, S.F.R.C)

강선 및 박판을 절단하는 등의 강섬유 길이 25~60mm, 지름 3~9mm 정도를 용적비 1~2% 정도로 혼입한 콘크리트를 말한다. 주로 흄 파이프(hume pipe)와 같은 2차 콘크리트 제품이나 마감용 모르타르, 내화재료, 도로포장, 터널 공사 등에 적용된다. 제조방법으로는 강선절단법, 박판절단법, 후판절삭법, 용강추출법 등이 있다.

콘크리트 구조체에 큰 변형이 발생하는 경우에도 취성파괴는 일어나지 않으며, 섬유 혼입률이 1~2% 정도면, 보통 콘크리트에 비해 인장강도가 30~60% 정도 증가한다. 휨인성은 1.5% 혼입 시 보통 콘크리트의 100배 정도 증가하며, 0.5% 혼입 시 내충격성은 50배, 1% 혼입 시 100배 정도 증가한다. 2% 혼입 시 내열성은 보통 콘크리트보다 80~100% 정도 증가한다.

강섬유를 혼입함으로써 반죽질기가 저하되고 재료분리가 발생할 수 있으므로 유의해서 배합해야 하며, 강섬유가 콘크리트 표면에 노출될 경우 부식 등이 발생해 미관상 문제가 발생하므로 스테인리스강 또는 방청처리를 통해 부식에 대한 대처를 해야 한다. 세골재율은 60%로 선정하며, 굵은 골재 최대치수는 15mm 이하가 적합하다. 단위시멘트량은 400kg/m^{3}이 적정하며, 강섬유의 혼입으로 인한 슬럼프 감소에 대해 유의하여 시공해야 한다.

2 종류 및 특징

1) 유리 섬유보강 콘크리트(glass fiber reinforced concrete, G.F.R.C)

고온으로 용융한 유리에서 만든 길이 25~40mm 정도의 무기섬유를 콘크리트 또는 시멘트 페이스트에 혼입해 만든 콘크리트를 말한다. 주로 방음벽, 내·외장재, 창틀, 커튼월 등에 사용된다. 제조방법으로는 스프레이(Spray)법과 프리믹스(Premix)법으로 구분되고, 스프레이(Spray)법은 Dirrect spray와 Spray suction이 있다.

유리 섬유보강 콘크리트는 인장강도, 내화성, 초기재령 충격강도가 좋고, 디자인을 자유롭게 적용 가능하다. 섬유길이가 40mm까지는 길수록 휨강도가 증가하고, 시멘트량이 많을수록 강도는 커지나 안전성은 떨어지고, 섬유혼입량 및 섬유길이가 증가할수록 충격강도도 증가한다.

2) 탄소 섬유보강 콘크리트(carbon fiber reinforced concrete, C.F.R.C)

Acrylic 섬유를 소성하여 제조한 poly-acrylonitrile(P.A.N)계 섬유와 석탄pitch를 원료로 만든 pitch계 섬유를 특수 mixer로 혼합한 콘크리트를 말한다. 주로 고성능 비구조체, 커튼월(curtain wall), 해양구조물, 도로포장, 쉘(shell)구조 등에 사용된다. 가격이 비교적 저렴하고, 역학적 특성이 우수하며, 내알칼리성·내수성·내화학적 안전성, 내열성, 내마모성이 좋다. 인장강도는 P.A.N계 사용 시 1.7~2.4배, pitch계 사용 시 1.5~1.9배 정도 증가한다. 휨강도는 P.A.N계 사용 시 2.6~3.5배, pitch계 사용 시 2.2~3.0배 정도 증가한다. 또한 보통 콘크리트보다 내충격성이 매우 크며, 동결융해에 대한 저항성이 우수하다. 실리카흄(silica fume)을 사용하면 질량 감소는 5% 이내, 상대동탄성계수도 95% 이상되며, 실리카흄(silica fume)을 사용하면서 Autoclave curing을 하게 되면 질량 감소, 상대동탄성계수 등의 변화도 크고, 내구성 지수도 80 이상으로 나타난다.

3) 비닐론 섬유보강 콘크리트(vinylon fiber reinforced concrete, V.F.R.C)

합성섬유 vinylon을 보강재로 혼입한 콘크리트로, 접착력·내알칼리성·친수성·내후성·내약품성이 매우 우수하다. 다른 합성수지에 비해 가격이 저렴하고, 고강도·고탄성·내산성 등이 뛰어나다. 주로 석면 대체용 고급 슬레이트, 균열방지 보강용 모르타르, 옥외계단, 법면 보강재 및 측도블록으로 사용된다.

비닐론 섬유를 직각방향으로 배치해야 보강효과를 기대할 수 있으며, 시공 시 콘크리트 내에 균등하게 분포시켜, fiberball이 형성되지 않도록 해야 한다.

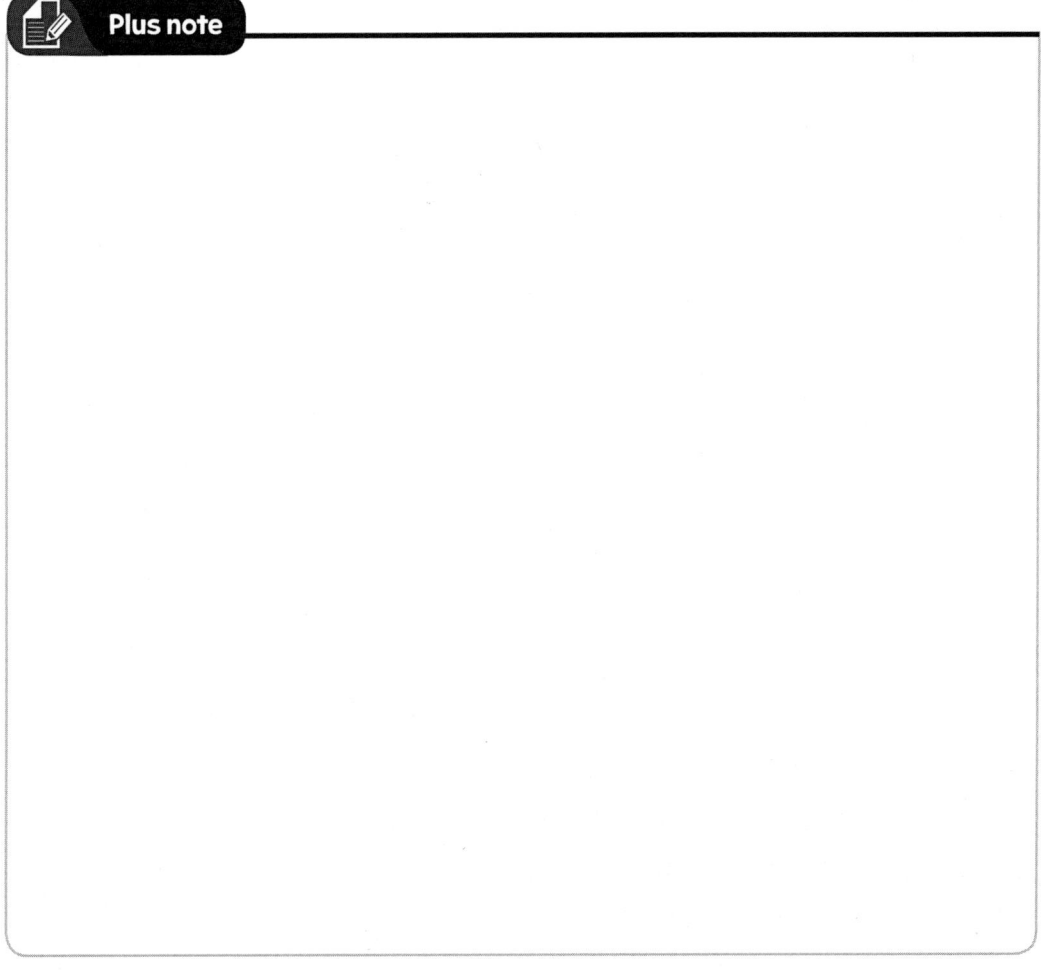

THEME 139   기타 콘크리트

1 서모 콘크리트(Thermo concrete)

　콘크리트 제작 시 골재를 사용하지 않고, 물과 시멘트, 발포제를 사용하여 만든 경량 기포 콘크리트이다. 경량 콘크리트 타설 시 진동기를 사용하는 것을 원칙으로 하고, 진동수가 7,200~8,000rpm일 경우 다짐효과가 우수하다. 주로 경량 프리캐스트 제품이나 바닥 단열 및 흡음재로 사용한다.

구분	배합기준
물시멘트비	43% 이하
비중	0.8~0.9
압축강도	4~5Mpa
인장강도	4.3~5kgf/cm²
휨강도	17~19kgf/cm²
흡수율	10~14%
열전도율	0.16~0.18kcal/m·h·℃

　발포제는 수소·산소·아세틸렌·탄산·암모늄·염소가스 등이 사용되며, 염소가스는 철근의 부식을 촉진시키고, 질소가스는 독성이 있고 고가이므로 취급 시 주의해야 한다. 또한 일반 콘크리트에 비해 건조수축이 5배 정도 크기 때문에 시공 시 건조수축에 대한 균열 방지에 대한 대책이 필요하다.

2 중량 콘크리트(차폐 콘크리트, Heavy concrete)

　방사선을 차폐하는 목적으로 사용되는 비중이 3.3~4 정도인 큰 중량골재를 사용하는 콘크리트이다. 시멘트는 보통 포틀랜드 시멘트, 고로 슬래그 시멘트, 포졸란 시멘트 등이 사용되며, 골재는 중정석, 철편, 철광석 등 비중이 큰 골재가 사용되고, 혼화재료는 단위수량과 단위시멘트량을 적게 하기 위해 감수제 및 플라이 애시를 사용하여 수화열을 적게 한다. 물시멘트비는 50% 이하를 원칙으로 하고, 슬럼프는 15cm 이하로 하며, 보통 10cm 이하가 바람직하다. 굵은 골재 최대치수는 중량골재를 사용하므로 치수가 작고 균질한 것을 사용하며 재료분리를 방지하며, 단위수량은 단위용적중량의 저하 및 수축균열의 발생, 수밀성, 내구성 저하를 방비하기 위해 시공연도가 확보되는 범위 내에서 적게 하도록 한다. 단위시멘트량를 가능한 한 적게 하며, 최소 270kg/cm³ 이상으로 한다. 재료의 계량오차는 시멘트는 1%, 골재는 3%, 물은 1%, 혼화제는 3% 정도가 적당하다. 타설 후 1~3일간은 타설 면에 보행 및 중량물의 적재를 피하며, 초기보양기간은 5일 이상하고, 습윤양생을 실시한다.

3 수밀 콘크리트(Water tight concrete)

수밀성을 필요로 하는 수중 구조물이나 수영장, 수조 등에 시공되는 콘크리트로 내화학적인 저항력이 크고, 내구성 및 강도가 양호하며, 유동성 및 분산성을 증가시키기 위해 혼화재료를 사용한다. 분말도가 높은 시멘트를 사용하는 것이 적합하며, 구형의 입도를 가진 균일한 골재를 사용한다. 혼화재료는 미세한 재료의 응집현상을 방지하기 위해 고성능 감수제를 사용한다. 물시멘트비는 시공연도의 범위 내에서 가능한 한 작게 하고 55% 이하로 하며, 슬럼프는 18cm 이하로 하되 가능한 한 작게 하고 재료분리가 없도록 한다. 굵은 골재 최대치수는 4% 이하로 하되 적당한 혼화제를 사용하도록 한다. 단위수량은 시공연도의 범위 내에서 가능한 한 적게 하는 것이 바람직하다. 콘크리트 타설 시 온도는 30℃ 이하로 유지하고, 이어치기 시간간격은 외기온도가 25℃ 미만일 경우 90분 이하로 한다. 타설 후 3일간은 중량물 적재나 보행하지 않도록 하며 수밀성이 높은 거푸집을 사용하여 시멘트 페이스트 유출이 없도록 주의한다.

4 진공 콘크리트(Vacuum concrete)

콘크리트를 타설한 후 진공매트(mat, vacuum pump)를 이용하여 콘크리트 내부의 잔류 잉여수, 기포를 제거하여 강도를 증대시키는 콘크리트이다. 초기강도 및 장기강도가 증가하고, 경화수축이 감소하며, 마모저항성과 표면경도가 증가되며, 동해(凍害)에 대한 저항성이 크다. 주로 한중(寒中)콘크리트, 포장 콘크리트 등에 적용된다. 콘크리트 타설표면에 $9t/m^2$의 대기압을 작용시켜 타설 후 20분 이내에 혼합용수 30%를 흡수하여 물시멘트비를 낮춘다. 진공처리로 인해 일반 콘크리트보다 수축이 20% 정도 감소한다.

5 프리팩트 콘크리트(Prepacked concrete)

거푸집 내에 사전에 굵은 골재를 채워 넣고, 특수 모르타르를 주입하여 만드는 콘크리트로, 수중 콘크리트 보수·보강 공법에 주로 적용된다. 수화발열량이 적어 건조수축 및 침하량이 적고 내구성 및 수밀성, 동결융해성이 좋아 수중에서의 팽창이 적다. 굵은 골재 최대치수는 15mm 이상, 부재단면의 최소치수의 1/4 이하, 철근 순간격의 2/3 이하로 한다. 잔골재는 1.2mm 체에 100%, 0.6mm 체에서 90% 통과하는 것으로 한다. 거푸집을 조립 후 철근망을 삽입한 다음 모르타르 주입관을 설치 후 굵은 골재를 투입하여 모르타르를 주입하는 순으로 시공한다. 모르타르 믹서는 주입 모르타르를 5분 이내에 비빌 수 있는 것으로 하며, 거푸집의 강도는 주입 모르타르의 측압을 견뎌야 한다. 모르타르는 거푸집 이음부 등에서 새지 않도록 하며, 골재 사이의 공극을 충분히 메울 수 있도록 한다.

6 유동화 콘크리트(superplasticized concrete)

선 비빔된 콘크리트에 유동화제를 첨가하여, 유동성을 증대시켜 작업성을 향상시킨 콘크리트를 말한다. 첨가되는 유동화제에는 나프탈렌 설폰산염계, 멜라민 설폰산염계, 변성 리그닌 설폰산염계 등이 있다. 슬럼프는 12~22cm까지 직선으로 상승되며, 최대치는 21cm로 한다. 분산효과가 크고, 수밀성 및 내구성이 크며, 건조수축이 적다. 감수율은 20~30% 정도이나 유동화제를 첨가한 후 1시간 내에 사용하는 것이 적합하다. 유동화제 첨가는 제조공장 및 현장 이외에서 첨가하는 것은 피해야 한다.

7 초유동화 콘크리트

현장 다짐이 불가능하거나, 작업공간이 협소하여 다짐효과를 제대로 기대할 수 없을 경우 타설하는 콘크리트로, 품질 향상을 위해 충전성 및 유동성, 재료분리 저항성을 가진다. 콘크리트에 첨가되는 혼화재료로는 고성능 AE감수제, 플라이 애시, 고로 슬래그 미분말, 분리 저감제 등이 있다. 콘크리트의 유동성을 평가하는 방법에는 slump flow test, L형 flow test, 깔대기 유하시험 등이 있다.

1) slump flow test

수밀판(60±5cm)에 콘(cone)을 대고 콘크리트를 넣고 지름이 50cm가 될 때까지 콘크리트가 퍼지는 시간을 측정하는 시험으로, 시간이 5±2초면 합격이다.

2) L형 flow test

L형 폼에 콘크리트를 흘러보내어 slump flow값을 측정하는 시험으로, 먼저 L형 폼의 수직부위에 콘크리트를 채운 다음 칸막이를 들어 올릴 때 L형 폼 내부로 흘러내리는 콘크리트의 수평길이를 측정하여 60±5cm이면 유동성이 우수하다고 판정된다.

3) 깔대기 유하시험

O형, ㅁ형의 형태의 깔대기에 콘크리트를 부어 콘크리트의 유동속도에 따른 겉보기강도를 평가한다.

8 고강도 콘크리트(High strength concrete)

설계기준강도(f_{ck})가 40Mpa 이상인 콘크리트로, 고성능 감수제 등을 첨가하여 된비빔의 콘크리트를 타설 가능하게 하고, 실리카흄(silica fume) 등의 미세분말을 사용해 내구성 및 강도를 발현한 콘크리트로, 배합 시 공기연행제를 사용하지 않고 습윤양생을 실시한다. 고성능 감수제를 사용하여 물시멘트비를 감소시키고, 워커빌리티(workability)를 향상시킨다. fly ash, silica fume 등의 미세분말 사용으로 수밀성 및 강도가 증대되고, 조골재와 세골재가 혼입되어 공극률과 시멘트량을 감소시킨다. 콘크리트 배합 시 물시멘트비는 50% 이하로 하고, 가능한 한 적게 되도록 하고, 슬럼프는 15cm 이하로 하며, 유동화제 첨가 콘크리트는 21cm로 한다. 굵은 골재 최대치수는 40mm 이하로서 보통 25mm, 철근의 순간격 3/4, 부재 최소치수 1/5 이내로 한다. 단위수량은 180kg/m³ 이하로 하고, 가능한 한 적게 하며, 단위시멘트량은 워커빌리티 범위 내에서 가능한 한 적게 되도록 배합 계획한다.

9 수중 콘크리트(under concrete)

물의 발생이 많으며, 배수가 불가능한 호안·하천변의 기초공사나 지하층, 가물막이 공사 등에 사용되는 콘크리트로 일반 수중 콘크리트, 수중 불분리성 콘크리트, 현장치기말뚝 및 지하연속벽 수중 콘크리트, 프리팩트 콘크리트로 분류할 수 있다.

1) 일반 수중 콘크리트

물시멘트비가 50% 이하, 단위시멘트량을 370kg/m³ 이상으로 하여 재료분리가 발생하지 않도록 유의하여 시공한다. 슬럼프는 트레미(tremie) 공법 및 펌프(pump) 공법 시 15~20cm로 하며, 입도가 좋은 자갈을 사용하고, 잔골재율은 40~45%로 한다.

2) 수중 불분리성 콘크리트

해양 등 수면하에서 비교적 넓은 면적의 콘크리트를 타설할 경우 수중 불분리성 혼화제를 사용해 재료분리를 방지할 수 있는 콘크리트를 말한다. 이 혼화제를 혼입함으로써 블리딩현상을 방지하고, 양호한 부착강도를 유지하고, 유동성 및 펌프의 압송성을 유지할 수 있다. 하지만 동결 융해에 대한 저항력은 부족하다.

3) 물-결합재비 및 단위시멘트량

종류	일반 수중 콘크리트	현장타설말뚝 / 지하연속벽 수중콘크리트
물-결합재비	50% 이하	55% 이하
단위 결합재량	370kg/m³ 이상	350kg/m³ 이상

4) 내구성으로부터 정해진 수중 불분리성 콘크리트의 최대 물-결합재비

종류＼환경	무근 콘크리트	철근 콘크리트
담수중	65%	55%
해수중	60%	50%

5) 일반 수중 콘크리트의 슬럼프 표준값

타설방법	일반 수중 콘크리트	현장타설말뚝 / 지하연속벽 수중콘크리트
트레미 공법	130~180mm	190~210mm
펌프 공법	130~180mm	-
밑열림상자 · 밑열림포대	100~150mm	-

6) 현장치기 말뚝 및 지하연속벽 타설 시공

시공면에 진흙이 퇴적된 채로 콘크리트를 타설하면 말뚝의 선단지지력의 저하, 진흙 혼입으로 콘크리트의 품질저하 등 나쁜 영향을 미치므로 진흙 제거는 굴착 완료 후와 콘크리트 타설 직전에 2회 실시하여야 한다. 현장 타설말뚝 및 지하연속벽의 콘크리트 타설은 일반적으로 안정액 중에서 시행하며, 양질의 콘크리트가 요구되는 것을 고려하여 트레미를 써서 연속으로 타설하여야 한다. 이때 트레미의 안지름은 굵은 골재의 최대 치수의 8배 정도가 적당하며, 굵은 골재 최대 치수가 25mm인 경우, 관지름이 0.20~0.25m인 트레미를 사용하여야 한다. 콘크리트를 타설하는 도중 트레미의 삽입깊이가 너무 작으면 콘크리트가 분출하여 분리되므로 콘크리트를 타설하는 도중에는 콘크리트 속의 트레미 삽입깊이는 2m 이상으로 하여야 한다. 타설 완료 직전에 콘크리트 면을 확인하기 쉬운 경우에는 삽입깊이를 2m 이하로 할 수 있다. 지하연속벽을 타설할 때는 현장 타설말뚝의 타설과 비교해서 콘크리트의 유동거리가 길어져서 재료 분리가 생기기 쉬우므로 트레미는 가로 방향 3m 이내의 간격에 배치하고 단부나 모서리에 배치하여야 한다. 콘크리트의 타설속도는 안정액의 섞임 등을 고려하여 일반적으로 먼저 타설하는 부분의 경우 4~9m/h, 나중에 타설하는 부분의 경우 8~10m/h로 실시하여야 한다. 콘크리트 상면은 콘크리트 타설 도중 안정액 및 진흙의 혼입, 블리딩에 의한 레이턴스 등으로 품질이 저하되므로 콘크리트의 설계면보다 0.5m 이상 높이로 여유 있게 타설하고 경화한 후 이것을 제거하여야 한다. 다만, 가설벽, 차수벽 등에 쓰이는 지하연속벽의 경우 여분으로 더 타설하는 높이는 0.5m 이하여야 한다.

🔟 해양 콘크리트(off-shore concrete)

해수에 직접 접하는 콘크리트 및 해안 부근에서 해수 및 해풍을 받을 우려가 있는 콘크리트를 말하며, 주로 대형 해양 구조물, 해안 방파제, 해안 제방 등에 적용된다. 시멘트는 중용열 시멘트, 고로 슬래그 시멘트, 플라이 애시 시멘트 등을 사용하며, 골재는 내구성 및 내마모성이 좋고, 흡수율이 적으며 균일한 입도의 것을 사용한다. 철근은 아연도금하거나, 에폭시 수지 도장 등을 시공하며, 물은 염류 및 유기물, 산 등의 함유물이 적은 것으로 배합한다. 물시멘트비는 50% 이하, 단위시멘트량은 280~330kg/m³으로 하며, 공기량은 4~6% 정도이며, 혼화재료는 AE제, AE감수제, 고성능 감수제 등을 사용한다. 해양 구조물은 시공이 불충분하거나 불량한 곳으로부터 열화가 쉽게 진행되므로 균일한 콘크리트를 얻을 수 있도록 타설, 다지기, 양생 등에 특히 주의하여 시공하여야 한다. 해양 구조물은 시공이음부를 둘 경우 성능 저하가 생기기 쉬우므로 될 수 있는 대로 피해야 한다. 특히 만조위로부터 위로 0.6m, 간조위로부터 아래로 0.6m 사이의 감조부분에는 시공이음이 생기지 않도록 시공계획을 세워야 한다.

콘크리트가 충분히 경화되기 전에 해수에 씻기면 모르타르 부분이 유실되는 등 피해를 받을 우려가 있으므로 직접 해수에 닿지 않도록 보호해야 하고, 이 기간은 보통 포틀랜드 시멘트 사용할 경우 대개 5일간이며, 고로 슬래그 시멘트 등 혼합시멘트를 사용할 경우에는 이 기간을 설계기준압축강도의 75% 이상의 강도가 확보될 때까지 연장하여야 한다. 강재와 거푸집판과의 간격은 소정의 피복을 확보하도록 하여야 한다. 간격재의 개수는 기초, 기둥, 벽 및 난간 등에는 2개/m^2 이상, 보 및 슬래브 등에는 4개/m^2 이상을 표준으로 한다. 모래입자를 포함하고 있는 유수, 모래와 자갈을 포함한 파랑 작용, 선박의 충격 등의 심한 영향을 받는 콘크리트 구조물에서는 고무완충재, 목재, 양질의 석재, 강재 및 고분자재료 등 적당한 재료로 표면을 보호하거나 철근의 피복두께 또는 단면을 증가시켜야 한다. 또한 물보라에 의해 비말해수가 직접 닿는 부분과 비말해수 영향권 이상 높은 곳에 위치한 경우라도 해풍의 영향으로 비래염분이 콘크리트 표면에 흡착될 우려가 있는 부분은 장기적인 내구성능 저하를 고려하여 콘크리트 표면의 보호나, 철근의 부식방지 등을 위한 염해방지 대책을 강구하여야 한다.

11 폴리머 시멘트 콘크리트(Polymer cement concrete)

폴리머 콘크리트에 이용되는 골재는 일반 콘크리트에서 이용되는 굵은 골재 및 잔골재 모두 이용될 수 있으며, 폴리머 콘크리트에 사용되는 골재는 아스팔트 콘크리트에서 사용되는 골재와 같이 절대 건조골재를 사용하는 것이 물리적 특성 및 내구성에 유리하다. 주로 개·보수공사, 접착용 모르타르, 방수재, 보강재, 방식재, 도로포장재, 바닥재 등에 적용된다. 또한 폴리머 콘크리트는 폴리머가 구조적인 역할을 담당한다. 폴리머는 단량체(Monomer)가 중합반응으로 단량체가 연결되어 있는 폴리머가 된다. 폴리머 시멘트 콘크리트는 시공연도를 향상시키고, 물시멘트비·건조수축을 감소시키며, 반죽질기 향상 및 내동결융해성을 개선한다. 블리딩 및 재료분리가 감소되고, 단위수량이 대폭 감소되며, 탄성계수 또한 감소된다. 인장강도, 휨강도, 수밀성, 기밀성, 내약품성, 내마모성, 접착성 등을 고려하여 배합설계를 하며, 제조방식은 일반 콘크리트와 동일하다. 가능한 실적률이 높고(공극률 적음) 강도가 높은 것을 하며, 골재의 함수율은 0.5% 이하이고, 액상 폴리머와 경화 반응을 저해하는 불순물을 함유하지 않아야 한다. 일반 콘크리트와 달리 채움재(충전제)가 필요하며, 주로 탄산칼슘, 플라이 애시, 실리카, 석분 및 시멘트 등이다. 이러한 충전제는 폴리머 콘크리트의 공극을 매워 주기 때문에 치밀한 콘크리트가 되게 하여 물리적 특성을 개선시킨다.

12 팽창 콘크리트(Expansive concrete)

물과 반응하여 경화과정에서 팽창 시멘트 또는 혼화재료를 사용하여 만든 콘크리트로 보통 콘크리트에 비해 균열 발생이 거의 없고, 지연줄눈(delay joint)을 설치하지 않아도 장 span 구조물 시공이 가능하다. 주로 그라우트 재료, 균열보수, P.S.C 초고층공사에 적용하며, Pre cast 대형 패널 부재 제작에 적용된다. 일반 콘크리트의 결점인 수축성을 개선하여, 균열발생을 억제한다. 수축률은 일반 콘크리트에 비해 20~30% 정도 낮으며, 28일간 습도를 약 50% 기건양생하면 0.05% 팽창하며, 수중양생한 경우에는 0.15% 정도 팽창한다. 콘크리트가 수밀화됨으로 강도가 증대되고, 팽창하여 압축응력을 발현하므로 프리스트레스(prestress)가 도입되는 효과를 얻을 수 있다. 하지만 팽창 콘크리트는 양생에 의한 품질변화가 많으므로 유의해야 하고, 비빔은 시험에 의해 균일하게 하고, 비빔시간이 길어지면 팽창률이 저하되므로 유의하여 시공해야 한다. 팽창은 상온에서 최소 1주 정도 최대치가 될 수 있도록 해야 하고, 1주를 초과하면 오히려 팽창 효과가 감소한다. 타설 초기에는 살수양생하며 7일간 습윤 상태를 유지하여 강도 발현할 수 있도록 한다.

소요 강도, 내구성, 수밀성, 강재를 보호하는 성능 및 워커빌리티를 만족하도록 정함과 동시에 건조수축보상에 의한 균열감소 혹은 화학적 프리스트레스 도입에 의한 인장 또는 휨 내력의 증대, 충전용 모르타르 및 콘크리트 등 그 목적에 따라 필요한 팽창성능을 갖도록 정한다. 콘크리트의 단위수량 및 슬럼프는 작업에 적합한 워커빌리티를 갖는 범위 내에서 되도록 작은 값으로 정하여야 한다. 배합을 결정하기 전에 반드시 시험비비기를 하여 슬럼프, 단위질량, 압축강도 등의 시험을 하는 외에 필요에 따라서 팽창률시험을 하여 각각 소요의 값이 얻어지는 것을 확인하여야 한다. 화학적 프리스트레스용 콘크리트의 단위시멘트량은 단위 팽창재량을 제외한 값으로서 보통 콘크리트인 경우 260kg/m³ 이상, 경량골재 콘크리트인 경우 300kg/m³ 이상으로 한다. 팽창재와 혼화 재료를 혼합하여 사용할 경우에는 종류에 따라 팽창재의 성능이 발휘되지 않을 경우가 있으므로 사전에 충분히 검토하여 사용할 필요가 있다.

13 순환 골재 콘크리트(recycled aggregate concrete)

건설폐기물을 물리적 또는 화학적 처리과정 등을 거쳐 품질기준에 적합한 골재를 사용한 콘크리트를 말한다.

체의 호칭			체를 통과하는 것의 질량 백분율(%)										
			40mm	25mm	20mm	15mm	10mm	5mm	2.5mm	1.2mm	0.6mm	0.3mm	0.15mm
순환 굵은 골재	최대 치수 (mm)	25	100	95~100		25~60		0~10	0~5				
		20		100	90~100		20~55	0~10	0~5				
순환 잔골재							100	90~100	80~100	50~90	25~65	10~35	2~15

순환 굵은골재의 최대 치수는 25mm 이하로 하되, 가능하면 20mm 이하의 것을 사용하는 것이 좋으며, 순환골재의 운반 및 저장은 되도록이면 골재의 종류, 품종별로 분리하며, 대소의 입자가 분리되지 않도록 하여야 한다. 또한, 저장시설은 프리웨팅이 가능하도록 살수설비를 갖추고, 배수가 용이하도록 하고, 순환골재를 사용할 때는 골재의 혼입률을 확인할 수 있는 별도의 계량 및 관리방안을 마련한다. 순환골재를 계량할 경우, 1회 계량 분량에 대한 계량오차는 ±4%로 하고, 순환골재를 사용한 콘크리트의 설계기준압축강도는 27MPa 이하로 하며, 이를 사용한 콘크리트의 적용 가능 부위는 아래 표와 같다. 설계기준압축강도 27MPa 이하의 콘크리트를 제조할 경우 순환 굵은골재의 최대치환량은 총 굵은 골재 용적의 60%, 순환잔골재의 최대치환량은 총 잔골재 용적의 30% 이하로 한다. 순환골재를 사용하여 설계기준압축강도 27MPa 미만의 콘크리트를 제조할 경우에 사용되는 순환골재의 최대 치환량은 순환 골재의 종류에 관계없이 총 골재용적의 30%로 한다. 순환골재 콘크리트의 공기량은 보통 골재를 사용한 콘크리트보다 1% 크게 하여야 한다.

설계기준 압축강도 (MPa)	사용 골재		적용 가능 부위
	굵은골재	잔골재	
27 이하	굵은골재 용적의 60% 이하	잔골재 용적의 30% 이하	기둥, 보, 슬래브, 내력벽, 교량 하부공, 옹벽, 교각, 교대, 터널 라이닝공 등
	혼합사용 시 총 골재 용적의 30% 이하		콘크리트 블록, 도로 구조물 기초, 측구, 집수받이 기초, 중력식 옹벽, 중력식 교대, 강도가 요구되지 않는 채움재 콘크리트, 건축물의 비구조체 콘크리트 등

14 숏크리트(Shotcrete)

모르타르 또는 콘크리트를 압축공기에 의해 운반되어, 노즐에서 뿜어나와 시공면에 붙여 만드는 콘크리트를 말하며, 뿜어붙이기 콘크리트라고도 한다. 주로 법면을 보강하거나, 터널공사, 긴급공사, soil nailing 등에 적용된다. 숏크리트는 기계취급이 용이하고 시공성이 좋으며, 거푸집이 불필요함으로 가설공사비가 감소하나, 건조수축 및 분진이 심하고 콘크리트의 수밀성이 낮고 숙련공이 필요한 작업이다.

숏크리트는 건식공법과 습식공법으로 구분되는데, 건식공법은 건비빔상태를 수송하여 nozzle에서 물을 가하는 방법으로 장거리 시공이 가능하나 분진발생이 많고, 리바운드(rebound)량이 많다. 습식공법은 완전비빔상태에서 수송하는 방법으로 단거리 시공이 가능하고, 분진 발생이 적으나 노즐 청소가 곤란하다. 굵은 골재 최대치수는 10~15mm 정도가 리바운드량이 적으며, 잔골재율이 적을수록 리바운드량이 적다. 시공면과 시멘트 건(gun)의 위치는 90cm 이상을 유지하고 기온이 10℃ 이상인 날씨에 시공하는 것이 바람직하다.

15 AE 콘크리트(Air-entrained concrete)

독립된 기포를 균일하게 분포시켜 콘크리트의 시공성 향상 및 동결융해 저항성을 증대시키는 AE제를 사용한 콘크리트를 말한다. 워커빌리티를 개선하고, 단위수량을 감소시키며, 동결융해 저항성, 블리딩 감소, 알칼리 골재반응 및 재료분리 감소 등의 특징을 지닌다. 이때, AE제를 혼입한 콘크리트에서 0.025~0.25mm 지름를 가진 기포가 발생하는데, 이를 Entrained air라 한다. Entrained air는 콘크리트 내에서 4~7% 정도가 적당하며, 볼베어링(ball-bearing) 역할을 하며 워커빌리티(workability)를 개선하는 역할을 한다. 또한 1%의 기포는 단위수량 3%에 상당하는 효과를 발현하나, 기포 2% 이하에서는 동결융해에 대한 저항성을 기대하기 어렵다.

16 고성능 콘크리트(High performance concrete)

고강도·유동성·고수밀성·고내구성을 가진 콘크리트로 시공능률이 향상되고, 작업량·진동다짐·처짐·재료분리 등이 감소하여 결과적으로 공기단축의 효과를 가진다. 콘크리트에 혼입되는 고성능 재료는 고성능 감수제, 실리카흄, M.D.F 시멘트 등이 있다. 고성능 감수제는 보통 콘크리트와 동일한 작업성으로 물시멘트를 감소시키는 경우에 사용되며, 감수율은 30% 정도이다. 실리카흄은 실리콘 등의 규사합금 제조 시에 발생하는 폐가스를 집진하여 얻어진 초미립자이며, 고성능 감수제와 병용 시 수밀성 및 강도가 향상된다. M.D.F 시멘트를 사용함으로써 콘크리트의 큰 기공이나 결함을 제거되어 고수밀성, 고강도화가 발현된다.

17 방수 콘크리트(구체방수, Water proofed concrete)

방수제를 첨가하거나 도포하는 방법으로 수분을 차단하기 위한 콘크리트를 말한다. 미세물질을 혼합하여 콘크리트 속의 공극을 채우고, 발수성 물질을 혼합하여 수분의 흡수를 차단하며 콘크리트 내부에 수막을 형성하고, 가용성 물질을 침투 또는 도포시켜 방수성을 확보한다.

18 조습 콘크리트(Humidity controlling concrete)

다공성이 우수한 제올라이트(Zeolite)를 콘크리트에 혼입하여, 습기를 흡착하는 조습성을 발현하여, 습기에 의한 문제를 차단하는 콘크리트를 말한다. 주로 박물관이나 미술관 등 습기에 취약한 구조물에 사용된다. 제올라이트(Zeolite)는 강도가 크고, 다공질 경량골재로 높은 흡착력을 가지고 있어 실내 건조, 악취제거, 세균 예방 등에 효과적이다.

제올라이트(Zeolite)는 물을 흡착하고, 온도의 상승·하강에 대한 조습성이 뛰어나고 수증기압 저하 시 흡습 용량이 커지고 온도에 대한 의존성이 큰 편이다. 제올라이트(Zeolite)를 혼입함으로써 다공질 경량 콘크리트를 제작이 가능하며, 알칼리 함유량이 높은 편이나 알칼리 골재반응에 대한 억제력이 좋은 편이다. 또한 질소산화물과 같은 유해가스를 흡수하는 기능을 가지고 있다.

19 식생(녹화) 콘크리트

다공질 콘크리트에 식물을 배양하고, 콘크리트 내에 식물이 성장할 수 있는 식생기능과 콘크리트의 역학적 성질이 공존하는 콘크리트를 말한다. 굵은 골재를 소량의 시멘트 페이스트로 골재를 서로 접착시켜 형성된 것으로, 비중이 1.6~2.0 정도이며, 물시멘트비는 30~40% 정도로 하며, 공극률은 5~35%로 한다. 주로 불안정한 토양의 조기 녹지화, 수질 및 대기오염 정화블록, 도로 주변 방음벽, 해양 양식용 인공어초로 사용된다.

Plus note

THEME 140 금속

1 철 금속

구분			내용
철강	성질		① 철(Fe) 이외에 규소(Si), 탄소(C), 망간(Mn)과 소량의 황(S), 인(P) 등이 함유된 것 ② 탄소의 함량에 따라 주철(1.7% 이상), 탄소강(0.04~1.7%), 순철(연철, 0.04% 이하)로 구분됨 ③ 최경강 > 경강 > 반경강 > 반연강 > 연강 > 극연강(탄소강, 탄소량 크기) ④ 온도에 따라 강의 인장강도는 변화함(100℃ 이상되면 인장강도가 증가하고 250~300℃에서 인장강도가 최대) ⑤ 선팽창계수 : $10.4 \times 10^{-6} \sim 11.5 \times 10^{-6}$
	제강공정		① 제선(철광석, 코크스, 망간 등과 용광로에 녹여 선철을 만드는 것) ② 제강(선철에서 탄소량을 감소시키고 불순물 제거 후 사용 가능한 구조용 자재로 제작하는 것) ③ 조괴(용융된 강을 빼내어 강괴로 만드는 것) ④ 가공(압연 · 단조 · 인발 · 압출)
	열처리	불림 (소준)	– 800~1,000℃에서 강을 가열 후 공기 중 서서히 냉각 – 입자 미세화, 조직 균일, 변형 제거
		풀림 (소둔)	– 800~1,000℃에서 강을 가열 후 노 속에서 서서히 냉각 – 입자 미세화, 결정 연화
		담금질 (소입)	– 800~1,000℃에서 강을 가열 후 기름 또는 물 속에서 냉각 – 탄소 함유량이 높을수록 담금질의 효과 극대 – 강도↑, 경도↑
		뜨임 (소려)	– 1차 담금질, 2차 200~600℃ 가열 후 공기 중 냉각 – 인성 부여, 변형 제거
주철			① 탄소 함유량(1.7~6.67%) ② 내식성↑, 용융점↓ ③ 기계적 가공 불가, 주조 용이, 맨홀뚜껑, 창호철물
주강			① 탄소 함유량(0.5%) ② 인성↓, 주조성↑(주형에 주입하여 제작)
특수강	스테인리스 강		① 저탄소강으로 크롬(Cr), 니켈(Ni)을 함유 ② 광택↑, 내식성↑, 전기저항↑, 열전도율↓
	구조용		탄소강에 크롬(Cr), 니켈(Ni) 등을 혼입하여 열처리한 것
	동강		① 구리(Cu)를 강에 혼입한 연강 ② 내식성↑, 강도↑, 가격↓

2 비철금속

구분	내용
구리(동)	① 적동광(Cu_2O), 황동광($CuFeS_2$) 등을 용광로에 넣어 가열한 후 전기분해 ② 열전도율 330W/m·℃, 비열 400J/kg·℃, 밀도 8.7~9g/cm³, 용융점 1,080℃ ③ 연성과 전성이 풍부하나 해수에 급속하게 침식됨 ④ 알칼리성과 암모니아 용액에 침식되고, 산성용액에 융해됨 ⑤ 시멘트 모르타르 또는 콘크리트에 직접 접합되는 것에 주의 ⑥ 동판, 관, 봉 등의 건설자재 제품으로 사용 ⑦ 청동(구리+주석4~12%) : 내식성↑, 기계적 성질↑, 내마모성↑ ⑧ 황동(구리+아연10~45%) : 내식성↑, 가공용이, 논슬립, 난간 등
아연	① 아연광($ZnS, ZnCO_3$)을 전해법으로 정제 ② 탄성계수 76GPa, 밀도 7.04~7.16g/cm³, 인장강도 23~135N/mm² ③ 아연도금, 철사 등 사용
주석	① 천연 산출된 SnO_2을 환원하여 정제 ② 탄성계수 39~54GPa, 밀도 7.3g/cm³, 인장강도 23~29N/mm² ③ 주로 피복재료로 사용
알루미늄	① 보크사이트에서 알루미나(Al_2O_3)를 분리 후 전기분해 ② 비중 2.7, 강도·탄성계수 = 강×1/2, 용융점 640~660℃, 열팽창계수(강×2)↑ ③ 열전도율↑, 연성·전성↑, 내부식성↑, 산·염·알칼리 저항성↓, 용접성↓
납	① 천연 산출된 방연광(PbS) 등을 조연 및 정제 ② 밀도 11.4g/cm³, 인장강도 12N/mm², 인성·전성↑ ③ 방사선 차폐용, 수도·가스관, 케이블 피복 등 사용
티타늄	① 티탄광석(TiO_2)으로 제조 ② 밀도 4.5g/cm³, 인장강도 270~410N/mm² ③ 내부식성↑, 경량↑, 강도↑ ④ 항공기 재료 등 사용

3 금속의 이온화 경향

K > Ca > Na > Mg > Al > Cr > Mn > Zn > Fe > Ni > Sn > Pb > Cu > Hg(수은) > Ag(은) > Pt(백금) > Au(금)

4 금속 부식 방지방법

1) 균질한 재료를 사용할 것
2) 습기 또는 물기가 없도록 표면을 청결하게 할 것
3) 서로 다른 재질의 금속을 맞닿거나 이어 사용하지 말 것
4) 도료 등을 보호 또는 도금을 통해 금속 표면에 피막을 형성할 것
5) 적합한 합금을 통해 내식을 방지할 것

THEME 141 목재

1 목재의 구조

구분	내용
심재	① 수심 주위를 둘러싸고 있는 세포의 집합체 ② 비중↑, 신축성↓, 내구성 및 강도↑, 흡수성↓
변재	① 심재에서 껍질에 가까운 부분 ② 비중↓, 신축성↑, 내구성 및 강도↓, 흡수성↑
나이테	춘재와 추재가 줄기의 횡단면상에서 나타나는 동심원형의 조직

2 목재의 특성

장점	단점
① 수종이 다양하고 외관이 미려함 ② 산 또는 알칼리에 대한 저항성이 큼 ③ 경량이며 가공이 용이함 ④ 비중에 비해 강도가 큼 ⑤ 소리 또는 열에 전도율이 적음	① 화재의 위험성이 큼 ② 균질한 재질의 것을 얻기 어려움 ③ 섬유방향 및 재질에 따라 강도차가 큼 ④ 함수량에 따라 수축 또는 팽창이 큼 ⑤ 썩기 쉬우며 흠이 존재함

3 목재의 물리적 성질

구분	내용
비중	① 기건비중 : 공기 중에서 목재의 수분을 제거한 상태 ② 절건비중 : 목재를 완전히 건조한 상태 ③ 실(전)비중 : 목재의 실제 섬유질만의 일정한 비중(대략 1.54) ④ 목재의 공극률 = $1 - \dfrac{\text{절건비중}}{1.54} \times 100\%$
함수율	① 목재 내부에 함유된 수분 ② 함수율 = $\dfrac{\text{전 시료 중량} - \text{절건 시료 중량}}{\text{절건 시료 중량}} \times 100\%$ ③ 섬유포화점 : 세포 내부에 수분이 존재하지 않고 세포막에만 수분이 가득한 상태(함수율 30%) ④ 포화함수 : 세포 내부에는 자유수, 세포막에는 결합수가 있는 상태 ⑤ 기건 : 세포막의 수분이 공기 중에서 건조하지 않은 상태(함수율 12~18%) ⑥ 전건 : 함수율이 '0'인 상태
수축·팽창	① 수축·팽창에 따른 변형 크기 : 변재 > 심재 ② 변형의 크기순서 : 널결 > 곧은결 > 섬유방향 ③ 비중이 클수록 변형이 큼 ④ 섬유포화점 이상 : 체적변화 없음 ⑤ 섬유포화점 이하 : 함수율에 비례해 신축

4 목재의 기타 성질

구분	내용
열적 특성	① 인화점 : 온도가 180 ~ 240℃에서 열분해가 시작됨 ② 착화점 : 온도가 250 ~ 270℃에서 목재에 불꽃 생성 ③ 발화점 : 온도가 400 ~ 450℃에서 자연발화됨
강도	① 강도 크기 : 심재 > 변재 ② 강도의 크기순서 : 인장강도 > 휨강도 > 압축강도 > 전단강도 ③ 기건비중이 클수록 강도가 큼 ④ 섬유포화점 이상 : 강도 변화 없음 ⑤ 섬유포화점 이하 : 함수율이 적을수록 강도가 큼 ⑥ 목재의 인장강도 및 압축강도의 크기 : 섬유방향과 평행한 방향이 직각방향보다 큼

5 목재의 흠의 종류

종류	내용
옹이	가지가 줄기 조직으로 말려들어가 발생하는 것
혹	목질의 섬유가 블록하게 발생하는 것
갈라짐	목재의 건조 및 수축으로 인해 발생하는 것
썩정이	목재 섬유를 파괴하여 변색되고 부패하여 발생하는 것
껍질박이	세로방향으로 발생하는 수복의 외상으로 수피가 말려들어가 발생하는 것

6 목재의 내구성 및 보존 처리법

건조법			내용
	목적		강도↑, 중량↓, 수축↓, 팽창↓, 균열 및 뒤틀림↓, 부식↓
	수액제거법		원목을 1년 이상 강물에 담가두는 방법
	자연 건조법	대기 건조법	목재를 일광이나 우수에 직접 닿지 않도록 실내에서 건조 또는 옥외에서 엇갈리게 적재하여 건조하는 방법
		침수 건조법	수중에 3~4주 가량 생목을 침수시킨 후 대기에 건조하는 방법
	인공 건조법	증기법	증기로 가열하여 건조하는 방법
		훈연법	연기를 통해 건조하는 방법
		열기법	가열 공기 또는 가열을 통해 건조하는 방법
		진공법	밀폐 후 고온 저압 상태에서 수분을 제거하는 방법
		고주파법	고주파를 목재에 투사해 발열 건조하는 방법
		자비법	열탕에 넣어 목재를 찐 다음 공기를 통해 건조하는 방법

방부법	표면피복법	금속판, 니스 등으로 목재 표면을 피복하는 방법	
	침지법	수중에 잠기게 한 후 공기를 차단하는 방법	
	표면탄화법	목패 표면을 태워 수분을 제거하여 방부하는 방법	
	직사일광법	자외선을 목재 표면에 장시간 노출하여 방충하는 방법	
방부제 처리법	상압주입법	방부제 주입(보통 압력)	
	가압주입법	목재를 압력용기에 넣은 후 처리하는 방법	
	도포법	크레오소트 등을 목재 표면에 바르는 방법	
	생리적주입법	목재를 벌목하기 전에 뿌리에 방부제를 주입하는 방법	
	침지법	목재를 일정시간 동안 방부제 용액에 담금질하는 방법	
	방부제 종류	유성	유성페인트, 크레오소트, 콜타르
		유용성	PCP
		수용성	황산동 1%, 불화소다 2%, 염화아연 4%, PF, CCA
방염법	도포법	목재 표면에 불연성 도료를 도포하는 방법	
	피복법	목재 표면에 시멘트 모르타르를 피복하는 방법	
	주입법	목재 표면 또는 내부에 방화제를 도포 및 주입하는 방법	
	방염제 종류	황산암모늄, 몰리브텐, 붕사, 규산나트륨, 탄산나트륨, 인산암모늄	

7 목재 가공

구분	특성
합판 (veneer, 베이어)	① 균질한 재료를 얻기 쉬움 ② 가격이 저렴하고 외관이 미려함 ③ 크기 및 형태 제작이 자유로움(너비가 큰 판, 곡면판) ④ 건조가 빠르고 뒤틀림이 적음 ⑤ 단판이 서로 직교하여 부착되므로 방향에 따른 강도차가 적음 ⑥ 보통합판, 치장합판, 특수합판 등이 있음
섬유판	① 텍스(tex) 또는 파이버보드(fiber board) ② 볏짚, 톱밥, 펄프 등이 주원료가 됨(식물섬유) ③ 경질(하드텍스), 반경질, 연질 등의 섬유판이 존재함
코펜하겐 리브	① 주로 음향조절용으로 사용(강당, 집회장) ② 일반건축물의 수장재료 사용
M.D.F	① 톱밥에 접착제를 주입한 후 압축 가공한 판재 ② 일반 건축물 내 칸막이, 가구, 싱크대 주재료로 사용 ③ 가공이 용이하나 타 자재에 비해 중량임 ④ 습기에 약함
집성목재	① 여러 장의 판재를 서로 겹쳐 접착하여 제작 ② 섬유방향으로 평행하게 접착시키며 주로 각형 부재로 제작 ③ 큰 단면의 구조재(기둥, 보)로 이용 ④ 강도 조절이 용이함

THEME 142 석재

1 암석의 분류

분류	종류	주요 내용
화성암	정의	화산의 마그마 용융체가 고결한 것으로 규산염을 주성분으로 한 것
	화강암	① 압축강도↑, 광택이 양호함 ② 국내 매장량과 생산량이 많고 가장 많이 사용 ③ 바닥재, 내·외장재로 가공이 우수하고 대형재가 가능 ④ 내마모성↑, 내수성↑, 내구성↑
	안산암	① 콘크리트에 배합되는 쇄석의 주원료 ② 강도↑, 경도↑, 비중↑ ③ 주로 구조재로 사용
	현무암	① 암석이 다공질로 형태로 광택이 적음 ② 암면 및 외부마감 주원료 ③ 주로 암회색, 흑색 계통의 색상
	부석	① 화산석(다공질) ② 경량 골재 또는 내화재료로 주로 사용
	감람석	
수성암	정의	풍화, 침식, 운반, 퇴적 등의 작용을 통해 생성된 것
	사암	① 모래, 자갈 등이 침전 및 퇴적, 고결해 경화된 것 ② 외관이 미려하여 실내마감재로 주로 사용 ③ 흡수율↑, 내화성↑, 강도↓ ④ 가공이 다소 어려움
	석회암	① 석회 또는 시멘트의 주원료 ② 백색 또는 회백색의 색상 ③ 내산성↓, 내화성↓, 내후성↓
	응회암	① 다량의 화산회와 화산사 등이 퇴적하여 굳은 것(침전생성 아님) ② 회색 또는 담녹색 계열의 색상으로 가공이 용이함 ③ 내화성↑, 흡수성↑, 강도↓ ④ 주로 토목현장에서 사용되는 재료로 이용
	점판암	① 오랜 기간 동안 진흙이 침전 및 퇴적하여 생성 ② 청회색 또는 흑색의 색상을 지님 ③ 지붕 또는 외벽 재료로 주로 사용됨
변성암	정의	수성암, 화성암 등이 지열 또는 지각의 에너지에 의해 변화를 일으킨 것
	대리석	① 석회암이 변성작용에 의해 생성 ② 광택 및 무늬 등 외관이 우수하여 실내마감, 장식용으로 사용(외장X) ③ 압축강도↑, 내구성↓, 산 및 열↓

변성암	사문암	① 감람석 등이 변성되어 생성 ② 뱀의 문양과 유사(흑백색의 바탕에 암녹색의 줄이 있음) ③ 산 및 열↓, 내구성↓
	편암	
	트래버틴	① 대리석의 일종 ② 다공질로 황갈색의 반문이 있음 ③ 외관이 미려하여 실내장식용으로 사용
	석면	1급 발암물질로 현재 사용되지 않음

2 암석의 성질

분류	내용
내구성	① 내구성↑ : 석영↑, 조암광물의 입자(등립자, 미립자)↑ ② 내구성↓ : 운모↑ ③ 시험방법 : 내알칼리성 시험, 동결시험, 팽창계수시험, 내화시험 등
내화성	① 내화성 크기 : 응회석 > 안산암 > 대리석 > 화강암 ② 대리석, 화강암(500~600℃ 변색 및 강도저하 발생)은 내화성↓ ③ 사암, 응회암, 안산암(1,000℃ 변색, 강도저하 없음)은 내화성↑
강도	① 강도 크기 : 압축강도 > 전단 및 휨강도 > 인장강도 ② 압축강도 크기 : 화강암 > 대리석 > 안산암 > 사문석
비중	비중↑(강도 및 내구성 양호)
흡수율	흡수율 크기 : 응회암 > 안산암 > 사문석 > 화강암 > 점판암 > 대리석

3 석재의 특징

장점	단점
① 외관이 장중하고 광택이 양호함 ② 압축강도↑ ③ 불연재료 ④ 내구성, 내마모성, 내수성이 우수함 ⑤ 외관이 미려함	① 취성이 큼 ② 비중이 크고 운반 및 가공이 어려움 ③ 일부 석재는 염기 또는 화열에 약함 ④ 장 스팬을 얻기 어려움 ⑤ 인장강도↓(압축강도의 1/10~1/20)

4 석재 제품

종류	내용
인조석	① 백색 포틀랜드 시멘트에 대리석, 사문암, 화강암 등의 쇄석을 종석으로 하여 안료 등을 넣고 혼합 및 반죽하여 경화한 것 ② 모조석 또는 의석이라고 하며 자연석과 거의 유사함 ③ 자연석에 비해 비교적 가격이 저렴하며 마감재료로 많이 사용
질석	① 회백색 또는 갈색을 띤 것으로 주로 방음재로 사용 ② 운모계 등의 광석을 고온에 가열하여 부피가 팽창되게 한 다공질 암석
암면	① 현무암, 안산암 등을 고온에 녹인 후 고압 증기를 이용해 섬유화시킨 것 ② 주로 단열재, 흡음재로 사용

5 석재 가공

주의 사항	① 구조용 석재의 경우 압력재로 사용 ② 높은 곳에서 중량이 큰 석재를 사용하지 않도록 함 ③ 외장 재료 또는 바닥재로 시공하는 경우 내수성 및 산에 주의함 ④ 석재의 예각부는 풍화에 주의해야 함
가공 순서	① 혹두기 : 쇠메 또는 날메로 거칠게 가공 ② 정다듬 : 석재에 튀어나온 부분을 정으로 섬세하게 가공 ③ 도드락다듬 : 정다듬 후 도드락망치로 두드리며 가공 ④ 잔다듬 : 양날망치로 쪼아 바탕면을 평탄하게 가공 ⑤ 물갈기 : 숫돌 등으로 간 후 광택을 내며 가공

THEME 143 점토 및 타일

1 점토의 성질

구분	내용
점성	가수(加水)에 의해 서로 밀착
소성	적정한 온도의 가열로 인해 비중, 용적, 색상 등에 변화가 일어나 상호 밀착
가소성	적정량의 가수(加水)로 형태가 만들어지기 용이한 성질
강도	점토에 함유된 불순물의 정도에 따라 발현되는 정도(불순물↑, 강도↓) 점토의 압축강도 = 인장강도 x 5배
색상	주로 적색(철산화물) 또는 황색(석회)

2 점토의 분류

구분	소성온도(℃)	흡수율(%)	강도	적용 제품
자기	1,230~1,460	0~1	강	위생도기, 타일
석기	1,160~1,350	3~10	강중	타일, 벽돌, 테라코타
도기	1,100~1,230	10	중	타일, 기와, 테라코타, 토관
토기	790~1,000	20	약	토관, 기와, 벽돌

3 점토 관련 제품 및 벽돌

구분		내용
테라코타		① '구운 흙'이라는 의미의 이탈리어 ② 점토 소성제품 ③ 경량, 압축강도↑(화강암의 1/2 정도), 내화성↑, 풍화↓ ④ 칸막이, 바닥, 장식용 등 사용
내화 벽돌		① 내화도(1,500~2,000℃) 가진 것-세게르 콘(S.K, 소성온도) 26 이상 ② 주로 용광로, 굴뚝 등 고온의 장소에 적용
점토 벽돌	붉은 벽돌	완전 연소해서 구운 것
	이형 벽돌	각기 다른 형태의 벽돌로 주로 아치 등에 사용하는 것
	포도 벽돌	도로, 바닥 포장용으로 사용하는 벽돌로 강도가 큰 것
	검정 벽돌	불완전 연소해서 구운 것
특수 벽돌	경량 벽돌	점토에 톱밥 등 유기질 재료를 혼합해 성형한 다음 소성한 것
	유공 벽돌	원형 구멍을 뚫어 모르타르 접착이 양호한 벽돌(외부치장용)
	공동 벽돌	속을 비워 만든 벽돌로 칸막이 등에 사용(시멘트블록과 유사)

4 타일 일반

구분		내용
정의		점토, 암석 분말로 성형 후 소성해 만든 박판형 자재
분류	장소별	내부타일, 외부타일
	소재의 질	자기질, 도기질, 석기질
종류	보더타일	주로 걸레받이 또는 징두리벽에 사용되는 길고 가는 모양의 타일
	클링커타일	주로 외부 바닥재로 사용하는 두껍고 진한 다갈색의 타일
	스크래치타일	타일 표면에 거친 무늬를 넣은 것으로 주로 외장용으로 사용

Plus note

THEME 144 미장재료

1 미장 일반

구분		내용
경화	기경성	① 공기 중 CO_2와 결합해 미장 바탕면이 경화 및 수축 ② 돌로마이트 플라스터, 회반죽, 아스팔트 모르타르, 흙바름
	수경성	① 수화반응에 의해 미장 바탕면이 팽창 ② 시멘트 모르타르, 석고 플라스터, 인조석 바름, 테라조 바름
구성 재료	결합재	미장바름의 주재료, 시멘트, 합성수지, 아스팔트 등
	혼화재료	착색, 방수 등의 목적으로 사용되는 착색제, 방수제 등
	보강재	바탕면의 균열 방지 목적으로 사용되는 것, 여물, 와이어라스, 풀 등
	골재	모래, 경량골재 등 수축균열 방지, 점성, 보수 보완 목적으로 사용
시공		바탕 정리 및 청소 > 초벌바름 > 재벌바름 > 정벌바름

2 종류 및 특징

구분		내용
기경성	흙바름	① 진흙, 모래, 여물 등을 물로 반죽 ② 여물을 사용 시 볏짚을 일정한 크기로 절단 후 혼입(균열방지)
	회반죽	① 모래, 소석회, 해초풀(점성유도), 여물(균열방지) 등을 반죽 ② 건조 시간이 오래 걸림 ③ 소량의 석고를 회반죽에 혼입 시 수축균열 방지 효과를 얻음
	돌로마이트 플라스터	① 모래, 여물, 돌로마이트를 물로 반죽 ② 비중↑, 강도↑, 점성↑, 가소성↑, 변색↓, 냄새↓ ③ 건조수축↑, 균열발생↑, 시공·보수성↑, 풀×
수경성	석고 플라스터	① 돌로마이트, 경화 촉진제 등을 물과 혼합 ② 경화↑, 내화성↑, 건조 또는 경화 시 치수 안정성↑ ③ 물을 취급하는 장소에 시공 부적합(수용성) ④ 경석고(킨스시멘트) 플라스터, 순석고, 혼합석고, 석고보드용 등
	시멘트 모르타르	① 용적 배합비 시멘트 : 물(1 : 3) ② 내구성↑, 강도↑, 시공성↑ ③ 지하실에 적용성이 좋으며 주로 외벽용 타일 붙임재료로 쓰임
	인조석 바름	① 용적 배합비 시멘트 : 종석(1: 1.5) ② 시멘트, 안료, 종석을 물로 배합 후 반죽 → 잔다듬, 물갈기 ③ 종석(석회석, 대리석, 화강석의 알갱이)사용 → 천연석재 유사 ④ 안료(무수용성, 내식성)
	테라조 바름	① 종석으로 대리석, 화강석을 이용하여 시멘트와 혼합하여 경화된 후 연마하여 광택 ② 인조석 바름에 비해 더 미려함

THEME 145 아스팔트 방수재료

구분		내용		
종류	천연 아스팔트	① 자연적으로 산출된 것 ② 레이크(Lake)아스팔트, 록(Rock)아스팔트, 아스팔타이트		

	석유 아스팔트	① 원유를 인공적으로 가공해 만든 것
		② 스트레이트 아스팔트
		  – 원유를 증류한 후 남은 잔류유를 정제한 것
		  – 방수성↑, 점착성↑, 신장성↑, 내후성↓, 연화점↓
		  – 주로 지하실 방수공사에 적용
		③ 블로운 아스팔트
		  – 저온에서 장시간 잔류유를 공기 중에 분출시켜 증류한 것
		  – 연화점↑, 내구성↑, 온도감수성↓, 점착성↓, 방수성↓, 신장성↓		

제품	아스팔트 프라이머	아스팔트의 접착성을 높이기 위해 바탕재에 도포하는 것(방수재 접착제)		
	아스팔트 컴파운드	① 아스팔트에 동물섬유 또는 식물섬유를 혼입하여 유동성을 부여한 것 ② 블로운 아스팔트가 주재료		
	아스팔트 펠트	① 목면 등에 스트레이트 아스팔트를 도포하여 가열·용융·흡수시켜 roll 형태로 만든 아스팔트 ② 내·외벽 모르타르 방수재료로 사용되며 아스팔트 방수 중간층 재료로 적용		
	아스팔트 루핑	① 스트레이트 아스팔트를 질긴 섬유에 침투한 다음 앞·뒷면에 컴파운드 피복 후 활석 등의 석분을 부착시킨 roll 형태의 아스팔트 ② 주로 지붕층 지붕깔기 등으로 사용		
	아스팔트 싱글	① 아스팔트 루핑을 사각형 또는 육각형 형태로 절단하여 만든 것 ② 내후성↑, 방수성↑, 변색성↓		
	아스팔트 유제	유화제를 혼입한 아스팔트를 수중에 분산시킨 것		
성질		내용	스트레이트 아스팔트	블로운 아스팔트
		침입도(mm)	9	2
		연화도(℃)	41	98
		밀도(g/cm³)	1.03	1.05
		신율(cm/min)	150	3.2
침입도 시험		① 점성의 굳기를 표시하여 아스팔트의 견고성을 나타냄 ② 25℃에서 100g의 무게를 가한 바늘을 5초간 가하여 점성물이 콘크리트에 관입되는 수치를 측정 ③ 침입도 1은 관입깊이 0.1mm로 함		

THEME 146 합성수지

1 각종 수지 종류 및 특징

구분	정의	종류(수지)	
열가소성 수지	고형체에 열을 가하면 용융 또는 연화해 가소성과 점성이 생기지만 냉각하면 고형체로 다시 회복되는 것	염화비닐	① 비중 1.4, 적용온도 10~60℃ ② 내약품성↑, 강도↑, 전기절연성↑ ③ 접착제, 필름, 시트, 바닥 타일, 도료 등
		아크릴 (유기유리) (메탈크릴)	① 내충격성↑, 유연성↑, 내약품성↑, 투명성↑ ② 열팽창성↑, 착색용이 ③ 유리 대용, 항공기, 방풍유리
		폴리에틸렌	① 비중 0.94, 취약온도 -60℃ 이하 ② 내약품성↑, 내수성, 전기절연성↑ ③ 상온에서 유연성↑ ④ 전선피복, 방수시트, 포장재 필름 등
		폴리스티렌 (스티롤)	① 용융점 145℃ ② 내약품성↑, 내수성↑, 가공성↑, 전기절연성↑ ③ 도료, 블라인드, 스티로폼 등
		폴리프로필렌	① 경량, 비중 0.9 ② 투명도↑, 광택성↑, 내열성↑, 인장강도↑ ③ 의료기구, 필름, 시트 등
		폴리카보네이트	① 비중 1.2, 내후성↑, 투명성↑, 전기절연성↑ ② 내충격성↑(강화유리 90배, 아크릴 30배) ③ 캐노피, 아케이드 등
		ABS	① 부타디엔, 스티렌, 아크릴로니트릴 조합 ② 내충격성↑, 내약품성↑, 성형성↑, 강도↑
		초산비닐	① 무색 · 무미 · 무취 · 무해 ② 감온성↑(0℃ 부서지고 40℃에서 접착성) ③ 유리, 도기, 금속 등 접착제
		폴리아미드	① 강도↑, 내약품성↑, 가공성↑, 내열성↑ ② 가공용이, 난연성↑ ③ 자동차, 의료용품, 전기 · 전자제품 등
열경화성 수지	고형체에 열을 가하면 연화되지 않고 냉각 후 회복되지 않는 것	에폭시	① 접착성↑, 내약품성↑, 내열성↑, 산 · 알칼리↑ ② 접착제, 도료, 내 · 외장재 등
		멜라민	① 내약품성↑, 내수성↑, 내열성↑, 표면강도↑ ② 기계적 강도 및 전기적 성질↑, 무독성 ③ 강산 및 강알칼리 침식 ④ 배선 및 전기기구, 치장합판 등 마감재

열경화성 수지	고형체에 열을 가하면 연화되지 않고 냉각 후 회복되지 않는 것	페놀 (베이클라이트)	① 내열성↑, 전기절연성↑, 접착성↑ ② 아세톤 및 알코올에 녹음 ③ 1급 내수합판 접착제 이용
		요소	① 강도 및 전기적 성질이 페놀수지보다 약함 ② 착색 용이, 무색
		불소	① 내열성↑(250℃ 고온에서 사용 가능) ② 내약품성↑, 전기절연성↑, 내마찰성↑ ③ 비접착성 합성수지 ④ 파이프, 튜브 등
		실리콘	① 내열성↑, 발수성↑, 내수성↑, 전기절연성↑ ② 개스킷, 패킹, 방수제, 전기절연재 등
		폴리에스테르	① 알키드 수지(포화 폴리에스테르 수지) - 내후성↑, 가소성↑, 내알칼리성↓, 내수성↓ - 도료 원료 ② 불포화 폴리에스테르 수지 - 사용온도(90~150℃), 강도↑ - F.R.P 재료, 항공기, 루버, 아케이드 등
		폴리우레탄	① 내약품성↑, 내구성↑ ② 도막방수재, 단열재, 보온재 등
		프란	① 내약품성↑, 접착성↑ ② 흑색의 플라스틱으로 도료 및 금속 접착제
섬유소계 수지	합성섬유	셀룰로오스	① 무색·투명, 비중 1.3 ② 적외선 차단, 자외선 투과 ③ 가공성↑, 착색성↑, 내화학성↓, 내광성↓ ④ 도료 및 가죽 등 각종 접착제
		아세트산 섬유소	파이프, 도료, 사진 등

Plus note

THEME 147 도료(Paint & Vanish)

1 도료의 원료

구분		내용
유류(오일)	보일드유	건조제를 건성유에 넣은 후 공기를 흡입해 100℃로 가열
	건성유	대두유, 동유, 어유, 아마인유
	스탠드유	공기를 차단한 후 아마인유를 300℃로 가열
가소제		① 도료의 내구성을 증대 ② 건조된 도막에 탄성, 가소성 등 생성 ③ 피마자유, 프탈산부틸 등
안료		① 도료에 색채를 입혀 도막을 불투명하게 생성 ② 방청재(도막의 두께 증대), 발광재 등 이용
희석재		① 유동성를 형성하거나 점도를 낮추어 도막형성에 도움을 줌 ② 휘발성 또는 중독성이 높으므로 주의하여 사용
건조제		① 건성유의 건조를 촉진하기 위해 사용 ② 상온에서 기름과 용해(이산화망간, 수산망간, 붕산망간, 초산염 등) ③ 가열하여 기름에 용해(망간, 코발트 수지산, 지방산 염류)
수지		합성수지, 천연수지

2 도료의 종류

구분		내용
유성페인트		① 주재료(안료, 희석재, 보일드유) ② 광택성↑, 내구성↑, 건조시간↑ ③ 내알칼리성↓(모르타르, 콘크리트면 사용 부적합)
수성페인트		① 주재료(안료, 교착제, 물) ② 무광택, 내수성↓, 실내용 적합 ③ 에멀전 페인트(수성페인트와 합성수지, 유화제를 첨가) 내구성↑, 내수성↑ ④ 독성↓, 화재위험↓, 내알칼리성↑(모르타르, 콘크리트면 사용 적합)
유성바니시 (니스)		① 주재료(건성유, 희석제, 유용성 수지) ② 건조성↑, 광택성↑, 투명성↑, 내후성↓ ③ 주로 실내 목공 도장 면에 적용
에나멜 페인트		① 안료+바니시, 스탠드유를 첨가(광택성↑, 건조시간↓) ② 내약품성↑, 내수성↑, 내열성↑
휘발성 바니시	레크	휘발성 용제+천연수지, 건조성↑, 실내가구 등에 적용
	클리어 래커	휘발성 용제+합성수지, 건조성↑, 뿜칠도장
	에나멜 래커	클리어 래커+안료, 건조성↑

합성수지 도료	① 내산성↑, 건조성↑, 내알칼리성↑ ② 도막이 단단함	
스테인	목재면의 나뭇결을 자연스럽게 나타내기 위해 사용	
방청도료	광명단	일산화연을 장시간 가열(400℃ 정도) 후 생성된 황적색의 분말
	징크로메이트	① 안료(크롬산 아연)+전색제(알카드 수지) ② 알루미늄 녹막이 초벌용
옻칠	전통적인 칠 방법, 주로 가구재에 사용	

Plus note

| 생 | 각 | 을 | | 스 | 케 | 치 | 하 | 다 |
| 세 | 상 | 을 | | 스 | 케 | 치 | 하 | 다 |

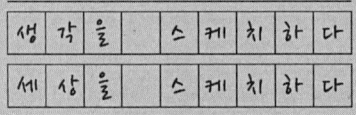

Part 6

건설안전기술

PART 06 건설안전기술

⟨산업안전보건기준에 관한 규칙, 2024. 6. 28.⟩

THEME 148 작업장 조도

사업주는 근로자가 상시 작업하는 장소의 작업면 조도(照度)를 다음 각 호의 기준에 맞도록 하여야 한다. 다만, 갱내(坑內) 작업장과 감광재료(感光材料)를 취급하는 작업장은 그러하지 아니하다.

1. 초정밀작업 : 750럭스(lux) 이상
2. 정밀작업 : 300럭스 이상
3. 보통작업 : 150럭스 이상
4. 그 밖의 작업 : 75럭스 이상

THEME 149 작업장의 출입구

사업주는 작업장에 출입구(비상구는 제외한다. 이하 같다)를 설치하는 경우 다음 각 호의 사항을 준수하여야 한다.

1. 출입구의 위치, 수 및 크기가 작업장의 용도와 특성에 맞도록 할 것
2. 출입구에 문을 설치하는 경우에는 근로자가 쉽게 열고 닫을 수 있도록 할 것
3. 주된 목적이 하역운반기계용인 출입구에는 인접하여 보행자용 출입구를 따로 설치할 것
4. 하역운반기계의 통로와 인접하여 있는 출입구에서 접촉에 의하여 근로자에게 위험을 미칠 우려가 있는 경우에는 비상등·비상벨 등 경보장치를 할 것
5. 계단이 출입구와 바로 연결된 경우에는 작업자의 안전한 통행을 위하여 그 사이에 1.2미터 이상 거리를 두거나 안내표지 또는 비상벨 등을 설치할 것. 다만, 출입구에 문을 설치하지 아니한 경우에는 그러하지 아니하다.

THEME 150 동력으로 작동되는 문의 설치 조건

사업주는 동력으로 작동되는 문을 설치하는 경우 다음 각 호의 기준에 맞는 구조로 설치하여야 한다.

1. 동력으로 작동되는 문에 근로자가 끼일 위험이 있는 2.5미터 높이까지는 위급하거나 위험한 사태가 발생한 경우에 문의 작동을 정지시킬 수 있도록 비상정지장치 설치 등 필요한 조치를 할 것. 다만, 위험구역에 사람이 없어야만 문이 작동되도록 안전장치가 설치되어 있거나 운전자가 특별히 지정되어 상시 조작하는 경우에는 그러하지 아니하다.
2. 동력으로 작동되는 문의 비상정지장치는 근로자가 잘 알아볼 수 있고 쉽게 조작할 수 있을 것
3. 동력으로 작동되는 문의 동력이 끊어진 경우에는 즉시 정지되도록 할 것. 다만, 방화문의 경우에는 그러하지 아니하다.
4. 수동으로 열고 닫을 수 있도록 할 것. 다만, 동력으로 작동되는 문에 수동으로 열고 닫을 수 있는 문을 별도로 설치하여 근로자가 통행할 수 있도록 한 경우에는 그러하지 아니하다.
5. 동력으로 작동되는 문을 수동으로 조작하는 경우에는 제어장치에 의하여 즉시 정지시킬 수 있는 구조일 것

THEME 151 안전난간의 구조 및 설치 요건

사업주는 근로자의 추락 등의 위험을 방지하기 위하여 안전난간을 설치하는 경우 다음 각 호의 기준에 맞는 구조로 설치해야 한다.

1. 상부 난간대, 중간 난간대, 발끝막이판 및 난간기둥으로 구성할 것. 다만, 중간 난간대, 발끝막이판 및 난간기둥은 이와 비슷한 구조와 성능을 가진 것으로 대체할 수 있다.
2. 상부 난간대는 바닥면·발판 또는 경사로의 표면(이하 "바닥면 등"이라 한다)으로부터 90센티미터 이상 지점에 설치하고, 상부 난간대를 120센티미터 이하에 설치하는 경우에는 중간 난간대는 상부 난간대와 바닥면 등의 중간에 설치해야 하며, 120센티미터 이상 지점에 설치하는 경우에는 중간 난간대를 2단 이상으로 균등하게 설치하고 난간의 상하 간격은 60센티미터 이하가 되도록 할 것. 다만, 난간기둥 간의 간격이 25센티미터 이하인 경우에는 중간 난간대를 설치하지 않을 수 있다.
3. 발끝막이판은 바닥면 등으로부터 10센티미터 이상의 높이를 유지할 것. 다만, 물체가 떨어지거나 날아올 위험이 없거나 그 위험을 방지할 수 있는 망을 설치하는 등 필요한 예방 조치를 한 장소는 제외한다.

4. 난간기둥은 상부 난간대와 중간 난간대를 견고하게 떠받칠 수 있도록 적정한 간격을 유지할 것
5. 상부 난간대와 중간 난간대는 난간 길이 전체에 걸쳐 바닥면 등과 평행을 유지할 것
6. 난간대는 지름 2.7센티미터 이상의 금속제 파이프나 그 이상의 강도가 있는 재료일 것
7. 안전난간은 구조적으로 가장 취약한 지점에서 가장 취약한 방향으로 작용하는 100킬로그램 이상의 하중에 견딜 수 있는 튼튼한 구조일 것

THEME 152 낙하물에 의한 위험의 방지

① 사업주는 작업장의 바닥, 도로 및 통로 등에서 낙하물이 근로자에게 위험을 미칠 우려가 있는 경우 보호망을 설치하는 등 필요한 조치를 하여야 한다.
② 사업주는 작업으로 인하여 물체가 떨어지거나 날아올 위험이 있는 경우 낙하물 방지망, 수직보호망 또는 방호선반의 설치, 출입금지구역의 설정, 보호구의 착용 등 위험을 방지하기 위하여 필요한 조치를 하여야 한다. 이 경우 낙하물 방지망 및 수직보호망은 「산업표준화법」 제12조에 따른 한국산업표준에서 정하는 성능기준에 적합한 것을 사용하여야 한다. 〈개정 2017. 12. 28., 2022. 10. 18.〉
③ 제2항에 따라 낙하물 방지망 또는 방호선반을 설치하는 경우에는 다음 각 호의 사항을 준수하여야 한다.
   1. 높이 10미터 이내마다 설치하고, 내민 길이는 벽면으로부터 2미터 이상으로 할 것
   2. 수평면과의 각도는 20도 이상 30도 이하를 유지할 것

THEME 153 투하설비 등

사업주는 높이가 3미터 이상인 장소로부터 물체를 투하하는 경우 적당한 투하설비를 설치하거나 감시인을 배치하는 등 위험을 방지하기 위하여 필요한 조치를 하여야 한다.

THEME 154 비상구의 설치

① 사업주는 별표 1에 규정된 위험물질을 제조·취급하는 작업장과 그 작업장이 있는 건축물에 제11조에 따른 출입구 외에 안전한 장소로 대피할 수 있는 비상구 1개 이상을 다음 각 호의

기준을 모두 충족하는 구조로 설치해야 한다. 다만, 작업장 바닥면의 가로 및 세로가 각 3미터 미만인 경우에는 그렇지 않다. 〈개정 2019. 12. 26.〉
1. 출입구와 같은 방향에 있지 아니하고, 출입구로부터 3미터 이상 떨어져 있을 것
2. 작업장의 각 부분으로부터 하나의 비상구 또는 출입구까지의 수평거리가 50미터 이하가 되도록 할 것
3. 비상구의 너비는 0.75미터 이상으로 하고, 높이는 1.5미터 이상으로 할 것
4. 비상구의 문은 피난 방향으로 열리도록 하고, 실내에서 항상 열 수 있는 구조로 할 것

② 사업주는 제1항에 따른 비상구에 문을 설치하는 경우 항상 사용할 수 있는 상태로 유지하여야 한다.

THEME 155 경보용 설비 등

사업주는 연면적이 400제곱미터 이상이거나 상시 50명 이상의 근로자가 작업하는 옥내작업장에는 비상시에 근로자에게 신속하게 알리기 위한 경보용 설비 또는 기구를 설치하여야 한다.

THEME 156 출입의 금지 등

사업주는 다음 각 호의 작업 또는 장소에 울타리를 설치하는 등 관계 근로자가 아닌 사람의 출입을 금지해야 한다. 다만, 제2호 및 제7호의 장소에서 수리 또는 점검 등을 위하여 그 암(arm) 등의 움직임에 의한 하중을 충분히 견딜 수 있는 안전지지대 또는 안전블록 등을 사용하도록 한 경우에는 그렇지 않다. 〈개정 2024. 6. 28.〉

1. 추락에 의하여 근로자에게 위험을 미칠 우려가 있는 장소
2. 유압(流壓), 체인 또는 로프 등에 의하여 지탱되어 있는 기계·기구의 덤프, 램(ram), 리프트, 포크(fork) 및 암 등이 갑자기 작동함으로써 근로자에게 위험을 미칠 우려가 있는 장소
3. 케이블 크레인을 사용하여 작업을 하는 경우에는 권상용(卷上用) 와이어로프 또는 횡행용(橫行用) 와이어로프가 통하고 있는 도르래 또는 그 부착부의 파손에 의하여 위험을 발생시킬 우려가 있는 그 와이어로프의 내각측(內角側)에 속하는 장소
4. 인양전자석(引揚電磁石) 부착 크레인을 사용하여 작업을 하는 경우에는 달아 올려진 화물의 아래쪽 장소
5. 인양전자석 부착 이동식 크레인을 사용하여 작업을 하는 경우에는 달아 올려진 화물의 아래쪽 장소

6. 리프트를 사용하여 작업을 하는 다음 각 목의 장소
   가. 리프트 운반구가 오르내리다가 근로자에게 위험을 미칠 우려가 있는 장소
   나. 리프트의 권상용 와이어로프 내각측에 그 와이어로프가 통하고 있는 도르래 또는 그 부착부가 떨어져 나감으로써 근로자에게 위험을 미칠 우려가 있는 장소
7. 지게차·구내운반차(작업장 내 운반을 주목적으로 하는 차량으로 한정한다. 이하 같다)·화물자동차등의 차량계 하역운반기계 및 고소(高所)작업대(이하 "차량계 하역운반기계 등")의 포크·버킷(bucket)·암 또는 이들에 의하여 지탱되어 있는 화물의 밑에 있는 장소. 다만, 구조상 갑작스러운 하강을 방지하는 장치가 있는 것은 제외한다.
8. 운전 중인 항타기(杭打機) 또는 항발기(杭拔機)의 권상용 와이어로프 등의 부착 부분의 파손에 의하여 와이어로프가 벗겨지거나 드럼(drum), 도르래 뭉치 등이 떨어져 근로자에게 위험을 미칠 우려가 있는 장소
9. 화재 또는 폭발의 위험이 있는 장소
10. 낙반(落磐) 등의 위험이 있는 다음 각 목의 장소
    가. 부석의 낙하에 의하여 근로자에게 위험을 미칠 우려가 있는 장소
    나. 터널 지보공(支保工)의 보강작업 또는 보수작업을 하고 있는 장소로서 낙반 또는 낙석 등에 의하여 근로자에게 위험을 미칠 우려가 있는 장소
11. 토사·암석 등(이하 "토사등")의 붕괴 또는 낙하로 인하여 근로자에게 위험을 미칠 우려가 있는 토사등의 굴착작업 또는 채석작업을 하는 장소 및 그 아래 장소
12. 암석 채취를 위한 굴착작업, 채석에서 암석을 분할가공하거나 운반하는 작업, 그 밖에 이러한 작업에 수반(隨伴)한 작업(이하 "채석작업"이라 한다)을 하는 경우에는 운전 중인 굴착기계·분할기계·적재기계 또는 운반기계(이하 "굴착기계 등"이라 한다)에 접촉함으로써 근로자에게 위험을 미칠 우려가 있는 장소
13. 해체작업을 하는 장소
14. 하역작업을 하는 경우에는 쌓아놓은 화물이 무너지거나 화물이 떨어져 근로자에게 위험을 미칠 우려가 있는 장소
15. 다음 각 목의 항만하역작업 장소
    가. 해치커버[해치보드(hatch board) 및 해치빔(hatch beam)을 포함한다]의 개폐·설치 또는 해체작업을 하고 있어 해치 보드 또는 해치빔 등이 떨어져 근로자에게 위험을 미칠 우려가 있는 장소
    나. 양화장치(揚貨裝置) 붐(boom)이 넘어짐으로써 근로자에게 위험을 미칠 우려가 있는 장소
    다. 양화장치, 데릭(derrick), 크레인, 이동식 크레인(이하 "양화장치 등"이라 한다)에 매달린 화물이 떨어져 근로자에게 위험을 미칠 우려가 있는 장소
16. 벌목, 목재의 집하 또는 운반 등의 작업을 하는 경우에는 벌목한 목재 등이 아래 방향으로 굴러 떨어지는 등의 위험이 발생할 우려가 있는 장소

17. 양화장치 등을 사용하여 화물의 적하[부두 위의 화물에 훅(hook)을 걸어 선(船) 내에 적재하기까지의 작업] 또는 양하(선 내의 화물을 부두 위에 내려놓고 훅을 풀기까지의 작업을 말한다)를 하는 경우에는 통행하는 근로자에게 화물이 떨어지거나 충돌할 우려가 있는 장소
18. 굴착기 붐·암·버킷 등의 선회(旋回)에 의하여 근로자에게 위험을 미칠 우려가 있는 장소 〈신설 2022. 10. 18〉

THEME 157 통로의 설치

사업주는 근로자가 안전하게 통행할 수 있도록 통로에 75럭스 이상의 채광 또는 조명시설을 하여야 한다. 다만, 갱도 또는 상시 통행을 하지 아니하는 지하실 등을 통행하는 근로자에게 휴대용 조명기구를 사용하도록 한 경우에는 그러하지 아니하다.
① 사업주는 작업장으로 통하는 장소 또는 작업장 내에 근로자가 사용할 안전한 통로를 설치하고 항상 사용할 수 있는 상태로 유지하여야 한다.
② 사업주는 통로의 주요 부분에 통로표시를 하고, 근로자가 안전하게 통행할 수 있도록 하여야 한다. 〈개정 2016. 7. 11.〉
③ 사업주는 통로면으로부터 높이 2미터 이내에는 장애물이 없도록 하여야 한다. 다만, 부득이하게 통로면으로부터 높이 2미터 이내에 장애물을 설치할 수밖에 없거나 통로면으로부터 높이 2미터 이내의 장애물을 제거하는 것이 곤란하다고 고용노동부장관이 인정하는 경우에는 근로자에게 발생할 수 있는 부상 등의 위험을 방지하기 위한 안전 조치를 하여야 한다. 〈개정 2016. 7. 11.〉

THEME 158 가설통로의 구조

사업주는 가설통로를 설치하는 경우 다음 각 호의 사항을 준수하여야 한다.
1. 견고한 구조로 할 것
2. 경사는 30도 이하로 할 것. 다만, 계단을 설치하거나 높이 2미터 미만의 가설통로로서 튼튼한 손잡이를 설치한 경우에는 그러하지 아니하다.
3. 경사가 15도를 초과하는 경우에는 미끄러지지 아니하는 구조로 할 것
4. 추락할 위험이 있는 장소에는 안전난간을 설치할 것. 다만, 작업상 부득이한 경우에는 필요한 부분만 임시로 해체할 수 있다.
5. 수직갱에 가설된 통로의 길이가 15미터 이상인 경우에는 10미터 이내마다 계단참을 설치할 것
6. 건설공사에 사용하는 높이 8미터 이상인 비계다리에는 7미터 이내마다 계단참을 설치할 것

THEME 159 사다리식 통로 등의 구조

① 사업주는 사다리식 통로 등을 설치하는 경우 다음 각 호의 사항을 준수하여야 한다. 〈개정 2024. 6. 28.〉
  1. 견고한 구조로 할 것
  2. 심한 손상·부식 등이 없는 재료를 사용할 것
  3. 발판의 간격은 일정하게 할 것
  4. 발판과 벽과의 사이는 15센티미터 이상의 간격을 유지할 것
  5. 폭은 30센티미터 이상으로 할 것
  6. 사다리가 넘어지거나 미끄러지는 것을 방지하기 위한 조치를 할 것
  7. 사다리의 상단은 걸쳐놓은 지점으로부터 60센티미터 이상 올라가도록 할 것
  8. 사다리식 통로의 길이가 10미터 이상인 경우에는 5미터 이내마다 계단참을 설치할 것
  9. 사다리식 통로의 기울기는 75도 이하로 할 것. 다만, 고정식 사다리식 통로의 기울기는 90도 이하로 하고, 그 높이가 7미터 이상인 경우에는 다음의 구분에 따른 조치를 할 것
    가. 등받이울이 있어도 근로자 이동에 지장이 없는 경우: 바닥으로부터 높이가 2.5미터 되는 지점부터 등받이울을 설치할 것
    나. 등받이울이 있으면 근로자가 이동이 곤란한 경우: 한국산업표준에서 정하는 기준에 적합한 개인용 추락 방지 시스템을 설치하고 근로자로 하여금 한국산업표준에서 정하는 기준에 적합한 전신안전대를 사용하도록 할 것
  10. 접이식 사다리 기둥은 사용 시 접혀지거나 펼쳐지지 않도록 철물 등을 사용하여 견고하게 조치할 것
② 잠함(潛函) 내 사다리식 통로와 건조·수리 중인 선박의 구명줄이 설치된 사다리식 통로(건조·수리작업을 위하여 임시로 설치한 사다리식 통로는 제외한다)에 대해서는 제1항 제5호부터 제10호까지의 규정을 적용하지 아니한다.

THEME 160 갱내통로 등의 위험 방지

사업주는 갱내에 설치한 통로 또는 사다리식 통로에 권상장치(卷上裝置)가 설치된 경우 권상장치와 근로자의 접촉에 의한 위험이 있는 장소에 판자벽이나 그 밖에 위험 방지를 위한 격벽(隔壁)을 설치하여야 한다.

THEME 161 계단

(계단의 강도)
① 사업주는 계단 및 계단참을 설치하는 경우 매제곱미터당 500킬로그램 이상의 하중에 견딜 수

있는 강도를 가진 구조로 설치하여야 하며, 안전율[안전의 정도를 표시하는 것으로서 재료의 파괴응력도(破壞應力度)와 허용응력도(許容應力度)의 비율을 말한다]은 4 이상으로 하여야 한다.
② 사업주는 계단 및 승강구 바닥을 구멍이 있는 재료로 만드는 경우 렌치나 그 밖의 공구 등이 낙하할 위험이 없는 구조로 하여야 한다.

(계단의 폭)
① 사업주는 계단을 설치하는 경우 그 폭을 1미터 이상으로 하여야 한다. 다만, 급유용·보수용·비상용 계단 및 나선형 계단이거나 높이 1미터 미만의 이동식 계단인 경우에는 그러하지 아니하다. 〈개정 2014. 9. 30.〉
② 사업주는 계단에 손잡이 외의 다른 물건 등을 설치하거나 쌓아 두어서는 아니 된다.

(계단참의 설치) 사업주는 높이가 3미터를 초과하는 계단에 높이 3미터 이내마다 진행방향으로 길이 1.2미터 이상의 계단참을 설치해야 한다. 〈개정 2023. 11. 14.〉

(천장의 높이) 사업주는 계단을 설치하는 경우 바닥면으로부터 높이 2미터 이내의 공간에 장애물이 없도록 하여야 한다. 다만, 급유용·보수용·비상용 계단 및 나선형 계단인 경우에는 그러하지 아니하다.

(계단의 난간) 사업주는 높이 1미터 이상인 계단의 개방된 측면에 안전난간을 설치하여야 한다.

THEME 162 보호구의 지급

① 사업주는 다음 각 호의 어느 하나에 해당하는 작업을 하는 근로자에 대해서는 다음 각 호의 구분에 따라 그 작업조건에 맞는 보호구를 작업하는 근로자 수 이상으로 지급하고 착용하도록 하여야 한다. 〈개정 2024. 6. 28.〉
  1. 물체가 떨어지거나 날아올 위험 또는 근로자가 추락할 위험이 있는 작업 : 안전모
  2. 높이 또는 깊이 2미터 이상의 추락할 위험이 있는 장소에서 하는 작업 : 안전대(安全帶)
  3. 물체의 낙하·충격, 물체에의 끼임, 감전 또는 정전기의 대전(帶電)에 의한 위험이 있는 작업 : 안전화
  4. 물체가 흩날릴 위험이 있는 작업 : 보안경
  5. 용접 시 불꽃이나 물체가 흩날릴 위험이 있는 작업 : 보안면
  6. 감전의 위험이 있는 작업 : 절연용 보호구
  7. 고열에 의한 화상 등의 위험이 있는 작업 : 방열복
  8. 선창 등에서 분진(粉塵)이 심하게 발생하는 하역작업 : 방진마스크
  9. 섭씨 영하 18도 이하인 급냉동어창에서 하는 하역작업 : 방한모·방한복·방한화·방한장갑
  10. 물건을 운반하거나 수거·배달하기 위하여 「도로교통법」 제2조제18호가목5)에 따른 이륜

자동차 또는 같은 법 제2조제19호에 따른 원동기장치자전거를 운행하는 작업 : 「도로교통법 시행규칙」 제32조 제1항 각 호의 기준에 적합한 승차용 안전모

11. 물건을 운반하거나 수거·배달하기 위해 「도로교통법」 제2조제21호의2에 따른 자전거등을 운행하는 작업:「도로교통법 시행규칙」 제32조제2항의 기준에 적합한 안전모(신설)

② 사업주로부터 제1항에 따른 보호구를 받거나 착용지시를 받은 근로자는 그 보호구를 착용하여야 한다.

THEME 163 관리감독자의 유해·위험 방지 업무 등

① 사업주는 법 제16조 제1항에 따른 관리감독자(건설업의 경우 직장·조장 및 반장의 지위에서 그 작업을 직접 지휘·감독하는 관리감독자를 말하며, 이하 "관리감독자"라 한다)로 하여금 별표 2에서 정하는 바에 따라 유해·위험을 방지하기 위한 업무를 수행하도록 하여야 한다. 〈개정 2019. 12. 26.〉

② 사업주는 별표 3에서 정하는 바에 따라 작업을 시작하기 전에 관리감독자로 하여금 필요한 사항을 점검하도록 하여야 한다.

③ 사업주는 제2항에 따른 점검 결과 이상이 발견되면 즉시 수리하거나 그 밖에 필요한 조치를 하여야 한다.

■ 산업안전보건기준에 관한 규칙 [별표 2]

관리감독자의 유해·위험 방지(제35조 제1항 관련)

작업의 종류	점검내용
1. 프레스 등을 사용하는 작업(제2편 제1장 제3절)	가. 프레스 등 및 그 방호장치를 점검하는 일 나. 프레스 등 및 그 방호장치에 이상이 발견되면 즉시 필요한 조치를 하는 일 다. 프레스 등 및 그 방호장치에 전환스위치를 설치했을 때 그 전환스위치의 열쇠를 관리하는 일 라. 금형의 부착·해체 또는 조정작업을 직접 지휘하는 일
2. 목재가공용 기계를 취급하는 작업(제2편 제1장 제4절)	가. 목재가공용 기계를 취급하는 작업을 지휘하는 일 나. 목재가공용 기계 및 그 방호장치를 점검하는 일 다. 목재가공용 기계 및 그 방호장치에 이상이 발견된 즉시 보고 및 필요한 조치를 하는 일 라. 작업 중 지그(jig) 및 공구 등의 사용 상황을 감독하는 일
3. 크레인을 사용하는 작업(제2편 제1장 제9절 제2관·제3관)	가. 작업방법과 근로자 배치를 결정하고 그 작업을 지휘하는 일 나. 재료의 결함 유무 또는 기구 및 공구의 기능을 점검하고 불량품을 제거하는 일

		다. 작업 중 안전대 또는 안전모의 착용 상황을 감시하는 일
4. 위험물을 제조하거나 취급하는 작업(제2편 제2장 제1절)		가. 작업을 지휘하는 일 나. 위험물을 제조하거나 취급하는 설비 및 그 설비의 부속설비가 있는 장소의 온도 · 습도 · 차광 및 환기 상태 등을 수시로 점검하고 이상을 발견하면 즉시 필요한 조치를 하는 일 다. 나목에 따라 한 조치를 기록하고 보관하는 일
5. 건조설비를 사용하는 작업(제2편 제2장 제5절)		가. 건조설비를 처음으로 사용하거나 건조방법 또는 건조물의 종류를 변경했을 때에는 근로자에게 미리 그 작업방법을 교육하고 작업을 직접 지휘하는 일 나. 건조설비가 있는 장소를 항상 정리정돈하고 그 장소에 가연성 물질을 두지 않도록 하는 일
6. 아세틸렌 용접장치를 사용하는 금속의 용접 · 용단 또는 가열작업(제2편 제2장 제6절 제1관)		가. 작업방법을 결정하고 작업을 지휘하는 일 나. 아세틸렌 용접장치의 취급에 종사하는 근로자로 하여금 다음의 작업요령을 준수하도록 하는 일 　(1) 사용 중인 발생기에 불꽃을 발생시킬 우려가 있는 공구를 사용하거나 그 발생기에 충격을 가하지 않도록 할 것 　(2) 아세틸렌 용접장치의 가스누출을 점검할 때에는 비눗물을 사용하는 등 안전한 방법으로 할 것 　(3) 발생기실의 출입구 문을 열어 두지 않도록 할 것 　(4) 이동식 아세틸렌 용접장치의 발생기에 카바이드를 교환할 때에는 옥외의 안전한 장소에서 할 것 다. 아세틸렌 용접작업을 시작할 때에는 아세틸렌 용접장치를 점검하고 발생기 내부로부터 공기와 아세틸렌의 혼합가스를 배제하는 일 라. 안전기는 작업 중 그 수위를 쉽게 확인할 수 있는 장소에 놓고 1일 1회 이상 점검하는 일 마. 아세틸렌 용접장치 내의 물이 동결되는 것을 방지하기 위하여 아세틸렌 용접장치를 보온하거나 가열할 때에는 온수나 증기를 사용하는 등 안전한 방법으로 하도록 하는 일 바. 발생기 사용을 중지하였을 때에는 물과 잔류 카바이드가 접촉하지 않은 상태로 유지하는 일 사. 발생기를 수리 · 가공 · 운반 또는 보관할 때에는 아세틸렌 및 카바이드에 접촉하지 않은 상태로 유지하는 일 아. 작업에 종사하는 근로자의 보안경 및 안전장갑의 착용 상황을 감시하는 일
7. 가스집합용접장치의 취급작업(제2편 제2장 제6절 제2관)		가. 작업방법을 결정하고 작업을 직접 지휘하는 일 나. 가스집합장치의 취급에 종사하는 근로자로 하여금 다음의 작업요령을 준수하도록 하는 일

	(1) 부착할 가스용기의 마개 및 배관 연결부에 붙어 있는 유류·찌꺼기 등을 제거할 것 (2) 가스용기를 교환할 때에는 그 용기의 마개 및 배관 연결부 부분의 가스누출을 점검하고 배관 내의 가스가 공기와 혼합되지 않도록 할 것 (3) 가스누출 점검은 비눗물을 사용하는 등 안전한 방법으로 할 것 (4) 밸브 또는 콕은 서서히 열고 닫을 것 다. 가스용기의 교환작업을 감시하는 일 라. 작업을 시작할 때에는 호스·취관·호스밴드 등의 기구를 점검하고 손상·마모 등으로 인하여 가스나 산소가 누출될 우려가 있다고 인정할 때에는 보수하거나 교환하는 일 마. 안전기는 작업 중 그 기능을 쉽게 확인할 수 있는 장소에 두고 1일 1회 이상 점검하는 일 바. 작업에 종사하는 근로자의 보안경 및 안전장갑의 착용 상황을 감시하는 일
8. 거푸집 동바리의 고정·조립 또는 해체 작업/지반의 굴착작업/흙막이 지보공의 고정·조립 또는 해체 작업/터널의 굴착작업/건물 등의 해체작업(제2편 제4장 제1절 제2관·제4장 제2절 제1관·제4장 제2절 제3관 제1속·제4장 제4절)	가. 안전한 작업방법을 결정하고 작업을 지휘하는 일 나. 재료·기구의 결함 유무를 점검하고 불량품을 제거하는 일 다. 작업 중 안전대 및 안전모 등 보호구 착용 상황을 감시하는 일
9. 높이 5미터 이상의 비계(飛階)를 조립·해체하거나 변경하는 작업(해체작업의 경우 가목은 적용 제외)(제1편 제7장제2절)	가. 재료의 결함 유무를 점검하고 불량품을 제거하는 일 나. 기구·공구·안전대 및 안전모 등의 기능을 점검하고 불량품을 제거하는 일 다. 작업방법 및 근로자 배치를 결정하고 작업 진행 상태를 감시하는 일 라. 안전대와 안전모 등의 착용 상황을 감시하는 일
10. 달비계 또는 높이 5미터 이상의 비계(飛階)를 조립·해체하거나 변경하는 작업(해체작업의 경우 가목은 적용 제외)(제1편 제7장 제2절)	가. 재료의 결함 유무를 점검하고 불량품을 제거하는 일 나. 기구·공구·안전대 및 안전모 등의 기능을 점검하고 불량품을 제거하는 일 다. 작업방법 및 근로자 배치를 결정하고 작업 진행 상태를 감시하는 일 라. 안전대와 안전모 등의 착용 상황을 감시하는 일
11. 발파작업(제2편 제4장 제2절 제2관)	가. 점화 전에 점화작업에 종사하는 근로자가 아닌 사람에게 대피를 지시하는 일 나. 점화작업에 종사하는 근로자에게 대피장소 및 경로를 지시하는 일 다. 점화 전에 위험구역 내에서 근로자가 대피한 것을 확인하는 일 라. 점화순서 및 방법에 대하여 지시하는 일 마. 점화신호를 하는 일 바. 점화작업에 종사하는 근로자에게 대피신호를 하는 일

		사. 발파 후 터지지 않은 장약이나 남은 장약의 유무, 용수(湧水)의 유무 및 암석·토사의 낙하 여부 등을 점검하는 일 아. 점화하는 사람을 정하는 일 자. 공기압축기의 안전밸브 작동 유무를 점검하는 일 차. 안전모 등 보호구 착용 상황을 감시하는 일
12. 채석을 위한 굴착작업(제2편 제4장 제2절 제5관)		가. 대피방법을 미리 교육하는 일 나. 작업을 시작하기 전 또는 폭우가 내린 후에는 암석·토사의 낙하·균열의 유무 또는 함수(含水)·용수(湧水) 및 동결의 상태를 점검하는 일 다. 발파한 후에는 발파장소 및 그 주변의 암석·토사의 낙하·균열의 유무를 점검하는 일
13. 화물취급작업(제2편 제6장 제1절)		가. 작업방법 및 순서를 결정하고 작업을 지휘하는 일 나. 기구 및 공구를 점검하고 불량품을 제거하는 일 다. 그 작업장소에는 관계 근로자가 아닌 사람의 출입을 금지하는 일 라. 로프 등의 해체작업을 할 때에는 하대(荷臺) 위의 화물의 낙하위험 유무를 확인하고 작업의 착수를 지시하는 일
14. 부두와 선박에서의 하역작업(제2편 제6장 제2절)		가. 작업방법을 결정하고 작업을 지휘하는 일 나. 통행설비·하역기계·보호구 및 기구·공구를 점검·정비하고 이들의 사용 상황을 감시하는 일 다. 주변 작업자간의 연락을 조정하는 일
15. 전로 등 전기작업 또는 그 지지물의 설치, 점검, 수리 및 도장 등의 작업(제2편 제3장)		가. 작업구간 내의 충전전로 등 모든 충전 시설을 점검하는 일 나. 작업방법 및 그 순서를 결정(근로자 교육 포함)하고 작업을 지휘하는 일 다. 작업근로자의 보호구 또는 절연용 보호구 착용 상황을 감시하고 감전재해 요소를 제거하는 일 라. 작업 공구, 절연용 방호구 등의 결함 여부와 기능을 점검하고 불량품을 제거하는 일 마. 작업장소에 관계 근로자 외에는 출입을 금지하고 주변 작업자와의 연락을 조정하며 도로작업 시 차량 및 통행인 등에 대한 교통통제 등 작업전반에 대해 지휘·감시하는 일 바. 활선작업용 기구를 사용하여 작업할 때 안전거리가 유지되는지 감시하는 일 사. 감전재해를 비롯한 각종 산업재해에 따른 신속한 응급처치를 할 수 있도록 근로자들을 교육하는 일
16. 관리대상 유해물질을 취급하는 작업(제3편 제1장)		가. 관리대상 유해물질을 취급하는 근로자가 물질에 오염되지 않도록 작업방법을 결정하고 작업을 지휘하는 업무 나. 관리대상 유해물질을 취급하는 장소나 설비를 매월 1회 이상 순회점검하고 국소배기장치 등 환기

설비에 대해서는 다음 각 호의 사항을 점검하여 필요한 조치를 하는 업무. 단, 환기설비를 점검하는 경우에는 다음의 사항을 점검
  (1) 후드(hood)나 덕트(duct)의 마모·부식, 그 밖의 손상 여부 및 정도
  (2) 송풍기와 배풍기의 주유 및 청결 상태
  (3) 덕트 접속부가 헐거워졌는지 여부
  (4) 전동기와 배풍기를 연결하는 벨트의 작동 상태
  (5) 흡기 및 배기 능력 상태
다. 보호구의 착용 상황을 감시하는 업무
라. 근로자가 탱크 내부에서 관리대상 유해물질을 취급하는 경우에 다음의 조치를 했는지 확인하는 업무
  (1) 관리대상 유해물질에 관하여 필요한 지식을 가진 사람이 해당 작업을 지휘
  (2) 관리대상 유해물질이 들어올 우려가 없는 경우에는 작업을 하는 설비의 개구부를 모두 개방
  (3) 근로자의 신체가 관리대상 유해물질에 의하여 오염되었거나 작업이 끝난 경우에는 즉시 몸을 씻는 조치
  (4) 비상시에 작업설비 내부의 근로자를 즉시 대피시키거나 구조하기 위한 기구와 그 밖의 설비를 갖추는 조치
  (5) 작업을 하는 설비의 내부에 대하여 작업 전에 관리대상 유해물질의 농도를 측정하거나 그 밖의 방법으로 근로자가 건강에 장해를 입을 우려가 있는지를 확인하는 조치
  (6) 제(5)에 따른 설비 내부에 관리대상 유해물질이 있는 경우에는 설비 내부를 충분히 환기하는 조치
  (7) 유기화합물을 넣었던 탱크에 대하여 제(1)부터 제(6)까지의 조치 외에 다음의 조치
    (가) 유기화합물이 탱크로부터 배출된 후 탱크 내부에 재유입되지 않도록 조치
    (나) 물이나 수증기 등으로 탱크 내부를 씻은 후 그 씻은 물이나 수증기 등을 탱크로부터 배출
    (다) 탱크 용적의 3배 이상의 공기를 채웠다가 내보내거나 탱크에 물을 가득 채웠다가 내보내거나 탱크에 물을 가득 채웠다가 배출
마. 나목에 따른 점검 및 조치 결과를 기록·관리하는 업무

17. 허가대상 유해물질 취급작업(제3편 제2장)	가. 근로자가 허가대상 유해물질을 들이마시거나 허가대상 유해물질에 오염되지 않도록 작업수칙을 정하고 지휘하는 업무 나. 작업장에 설치되어 있는 국소배기장치나 그 밖에 근로자의 건강장해 예방을 위한 장치 등을 매월 1회 이상 점검하는 업무 다. 근로자의 보호구 착용 상황을 점검하는 업무
18. 석면 해체·제거작업(제3편 제2장 제6절)	가. 근로자가 석면분진을 들이마시거나 석면분진에 오염되지 않도록 작업방법을 정하고 지휘하는 업무 나. 작업장에 설치되어 있는 석면분진 포집장치, 음압기 등의 장비의 이상 유무를 점검하고 필요한 조치를 하는 업무 다. 근로자의 보호구 착용 상황을 점검하는 업무

19. 고압작업(제3편 제5장)	가. 작업방법을 결정하여 고압작업자를 직접 지휘하는 업무
	나. 유해가스의 농도를 측정하는 기구를 점검하는 업무
	다. 고압작업자가 작업실에 입실하거나 퇴실하는 경우에 고압작업자의 수를 점검하는 업무
	라. 작업실에서 공기조절을 하기 위한 밸브나 콕을 조작하는 사람과 연락하여 작업실 내부의 압력을 적정한 상태로 유지하도록 하는 업무
	마. 공기를 기압조절실로 보내거나 기압조절실에서 내보내기 위한 밸브나 콕을 조작하는 사람과 연락하여 고압작업자에 대하여 가압이나 감압을 다음과 같이 따르도록 조치하는 업무
	  (1) 가압을 하는 경우 1분에 제곱센티미터당 0.8킬로그램 이하의 속도로 함
	  (2) 감압을 하는 경우에는 고용노동부장관이 정하여 고시하는 기준에 맞도록 함
	바. 작업실 및 기압조절실 내 고압작업자의 건강에 이상이 발생한 경우 필요한 조치를 하는 업무

20. 밀폐공간 작업(제3편 제10장)	가. 산소가 결핍된 공기나 유해가스에 노출되지 않도록 작업 시작 전에 해당 근로자의 작업을 지휘하는 업무 나. 작업을 하는 장소의 공기가 적절한지를 작업 시작 전에 측정하는 업무 다. 측정장비·환기장치 또는 공기호흡기 또는 송기마스크를 작업 시작 전에 점검하는 업무 라. 근로자에게 공기호흡기 또는 송기마스크의 착용을 지도하고 착용 상황을 점검하는 업무

THEME 164 작업시작 전 점검사항

■ 산업안전보건기준에 관한 규칙 [별표 3] 〈개정 2019. 12. 26.〉

작업시작 전 점검사항(제35조 제2항 관련)

작업의 종류	점검내용
1. 프레스 등을 사용하여 작업을 할 때(제2편 제1장 제3절)	가. 클러치 및 브레이크의 기능 나. 크랭크축 · 플라이휠 · 슬라이드 · 연결봉 및 연결나사의 풀림 여부 다. 1행정 1정지기구 · 급정지장치 및 비상정지장치의 기능 라. 슬라이드 또는 칼날에 의한 위험방지 기구의 기능 마. 프레스의 금형 및 고정볼트 상태 바. 방호장치의 기능 사. 전단기(剪斷機)의 칼날 및 테이블의 상태
2. 로봇의 작동 범위에서 그 로봇에 관하여 교시 등(로봇의 동력원을 차단하고 하는 것은 제외한다)의 작업을 할 때(제2편 제1장 제13절)	가. 외부 전선의 피복 또는 외장의 손상 유무 나. 매니퓰레이터(manipulator) 작동의 이상 유무 다. 제동장치 및 비상정지장치의 기능
3. 공기압축기를 가동할 때(제2편 제1장 제7절)	가. 공기저장 압력용기의 외관 상태 나. 드레인밸브(drain valve)의 조작 및 배수 다. 압력방출장치의 기능 라. 언로드밸브(unloading valve)의 기능 마. 윤활유의 상태 바. 회전부의 덮개 또는 울 사. 그 밖의 연결 부위의 이상 유무
4. 크레인을 사용하여 작업을 하는 때(제2편 제1장 제9절 제2관)	가. 권과방지장치 · 브레이크 · 클러치 및 운전장치의 기능 나. 주행로의 상측 및 트롤리(trolley)가 횡행하는 레일의 상태 다. 와이어로프가 통하고 있는 곳의 상태
5. 이동식 크레인을 사용하여 작업을 할 때(제2편 제1장 제9절 제3관)	가. 권과방지장치나 그 밖의 경보장치의 기능 나. 브레이크 · 클러치 및 조정장치의 기능 다. 와이어로프가 통하고 있는 곳 및 작업장소의 지반 상태
6. 리프트(자동차정비용 리프트를 포함한다)를 사용하여 작업을 할 때(제2편 제1장 제9절 제4관)	가. 방호장치 · 브레이크 및 클러치의 기능 나. 와이어로프가 통하고 있는 곳의 상태
7. 곤돌라를 사용하여 작업을 할 때(제2편 제1장 제9절 제5관)	가. 방호장치 · 브레이크의 기능 나. 와이어로프 · 슬링와이어(sling wire) 등의 상태
8. 양중기의 와이어로프 · 달기체인 · 섬유로프 · 섬유벨트 또는 훅 · 샤클 · 링 등의 철구(이하 "와이어로프 등"이라 한다)를 사용하여 고리걸이작업을 할 때(제2편 제1장 제9절 제7관)	와이어로프 등의 이상 유무

9. 지게차를 사용하여 작업을 하는 때(제2편 제1장 제10절 제2관)	가. 제동장치 및 조종장치 기능의 이상 유무 나. 하역장치 및 유압장치 기능의 이상 유무 다. 바퀴의 이상 유무 라. 전조등·후미등·방향지시기 및 경보장치 기능의 이상 유무	
10. 구내운반차를 사용하여 작업을 할 때(제2편 제1장 제10절 제3관)	가. 제동장치 및 조종장치 기능의 이상 유무 나. 하역장치 및 유압장치 기능의 이상 유무 다. 바퀴의 이상 유무 라. 전조등·후미등·방향지시기 및 경음기 기능의 이상 유무 마. 충전장치를 포함한 홀더 등의 결합상태의 이상 유무	
11. 고소작업대를 사용하여 작업을 할 때(제2편 제1장 제10절 제4관)	가. 비상정지장치 및 비상하강 방지장치 기능의 이상 유무 나. 과부하 방지장치의 작동 유무(와이어로프 또는 체인구동방식의 경우) 다. 아웃트리거 또는 바퀴의 이상 유무 라. 작업면의 기울기 또는 요철 유무 마. 활선작업용 장치의 경우 홈·균열·파손 등 그 밖의 손상 유무	
12. 화물자동차를 사용하는 작업을 하게 할 때(제2편 제1장 제10절 제5관)	가. 제동장치 및 조종장치의 기능 나. 하역장치 및 유압장치의 기능 다. 바퀴의 이상 유무	
13. 컨베이어 등을 사용하여 작업을 할 때(제2편 제1장 제11절)	가. 원동기 및 풀리(pulley) 기능의 이상 유무 나. 이탈 등의 방지장치 기능의 이상 유무 다. 비상정지장치 기능의 이상 유무 라. 원동기·회전축·기어 및 풀리 등의 덮개 또는 울 등의 이상 유무	
14. 차량계 건설기계를 사용하여 작업을 할 때(제2편 제1장 제12절 제1관)	브레이크 및 클러치 등의 기능	
14의 2. 용접·용단 작업 등의 화재위험작업을 할 때(제2편 제2장 제2절)	가. 작업 준비 및 작업 절차 수립 여부 나. 화기작업에 따른 인근 가연성물질에 대한 방호조치 및 소화기구 비치 여부 다. 용접불티 비산방지덮개 또는 용접방화포 등 불꽃·불티 등의 비산을 방지하기 위한 조치 여부 라. 인화성 액체의 증기 또는 인화성 가스가 남아 있지 않도록 하는 환기 조치 여부 마. 작업근로자에 대한 화재예방 및 피난교육 등 비상조치 여부	
15. 이동식 방폭구조(防爆構造) 전기기계·기구를 사용할 때(제2편 제3장 제1절)	전선 및 접속부 상태	
16. 근로자가 반복하여 계속적으로 중량물을 취급하는 작업을 할 때(제2편 제5장)	가. 중량물 취급의 올바른 자세 및 복장 나. 위험물이 날아 흩어짐에 따른 보호구의 착용	

	다. 카바이드 · 생석회(산화칼슘) 등과 같이 온도상승이나 습기에 의하여 위험성이 존재하는 중량물의 취급방법 라. 그 밖에 하역운반기계 등의 적절한 사용방법
17. 양화장치를 사용하여 화물을 싣고 내리는 작업을 할 때(제2편 제6장 제2절)	가. 양화장치(揚貨裝置)의 작동상태 나. 양화장치에 제한하중을 초과하는 하중을 실었는지 여부
18. 슬링 등을 사용하여 작업을 할 때(제2편 제6장 제2절)	가. 훅이 붙어 있는 슬링 · 와이어슬링 등이 매달린 상태 나. 슬링 · 와이어슬링 등의 상태(작업시작 전 및 작업 중 수시로 점검)

THEME 165 악천후 및 강풍 시 작업 중지

① 사업주는 비·눈·바람 또는 그 밖의 기상상태의 불안정으로 인하여 근로자가 위험해질 우려가 있는 경우 작업을 중지하여야 한다. 다만, 태풍 등으로 위험이 예상되거나 발생되어 긴급 복구작업을 필요로 하는 경우에는 그러하지 아니하다.
② 사업주는 순간풍속이 초당 10미터를 초과하는 경우 타워크레인의 설치·수리·점검 또는 해체 작업을 중지하여야 하며, 순간풍속이 초당 15미터를 초과하는 경우에는 타워크레인의 운전작업을 중지하여야 한다. 〈개정 2017. 3. 3.〉

THEME 166 사전조사 및 작업계획서의 작성 등

① 사업주는 다음 각 호의 작업을 하는 경우 근로자의 위험을 방지하기 위하여 별표 4에 따라 해당 작업, 작업장의 지형·지반 및 지층 상태 등에 대한 사전조사를 하고 그 결과를 기록·보존해야 하며, 조사결과를 고려하여 별표 4의 구분에 따른 사항을 포함한 작업계획서를 작성하고 그 계획에 따라 작업을 하도록 해야 한다.
1. 타워크레인을 설치·조립·해체하는 작업
2. 차량계 하역운반기계 등을 사용하는 작업(화물자동차를 사용하는 도로상의 주행작업은 제외한다. 이하 같다)
3. 차량계 건설기계를 사용하는 작업
4. 화학설비와 그 부속설비를 사용하는 작업
5. 제318조에 따른 전기작업(해당 전압이 50볼트를 넘거나 전기에너지가 250볼트암페어를 넘는 경우로 한정한다)
6. 굴착면의 높이가 2미터 이상이 되는 지반의 굴착작업
7. 터널굴착작업
8. 교량(상부구조가 금속 또는 콘크리트로 구성되는 교량으로서 그 높이가 5미터 이상이거나

교량의 최대 지간 길이가 30미터 이상인 교량으로 한정한다)의 설치·해체 또는 변경 작업
  9. 채석작업
  10. 구축물, 건축물, 그 밖의 시설물 등(이하 "구축물등"이라 한다)의 해체작업
  11. 중량물의 취급작업
  12. 궤도나 그 밖의 관련 설비의 보수·점검작업
  13. 열차의 교환·연결 또는 분리 작업(이하 "입환작업"이라 한다)
② 사업주는 제1항에 따라 작성한 작업계획서의 내용을 해당 근로자에게 알려야 한다.
③ 사업주는 항타기나 항발기를 조립·해체·변경 또는 이동하는 작업을 하는 경우 그 작업방법과 절차를 정하여 근로자에게 주지시켜야 한다.
④ 사업주는 제1항 제12호의 작업에 모터카(motor car), 멀티플타이탬퍼(multiple tie tamper), 밸러스트 콤팩터(ballast compactor, 철도자갈다짐기), 궤도안정기 등의 작업차량(이하 "궤도작업차량"이라 한다)을 사용하는 경우 미리 그 구간을 운행하는 열차의 운행관계자와 협의하여야 한다. 〈개정 2019. 10. 15.〉

THEME 167 신호

① 사업주는 다음 각 호의 작업을 하는 경우 일정한 신호방법을 정하여 신호하도록 하여야 하며, 운전자는 그 신호에 따라야 한다.
  1. 양중기(揚重機)를 사용하는 작업
  2. 제171조 및 제172조 제1항 단서에 따라 유도자를 배치하는 작업
  3. 제200조 제1항 단서에 따라 유도자를 배치하는 작업
  4. 항타기 또는 항발기의 운전작업
  5. 중량물을 2명 이상의 근로자가 취급하거나 운반하는 작업
  6. 양화장치를 사용하는 작업
  7. 제412조에 따라 유도자를 배치하는 작업
  8. 입환작업(入換作業)
② 운전자나 근로자는 제1항에 따른 신호방법이 정해진 경우 이를 준수하여야 한다.

THEME 168 운전위치의 이탈금지

① 사업주는 다음 각 호의 기계를 운전하는 경우 운전자가 운전위치를 이탈하게 해서는 아니 된다.
  1. 양중기
  2. 항타기 또는 항발기(권상장치에 하중을 건 상태)
  3. 양화장치(화물을 적재한 상태)
② 제1항에 따른 운전자는 운전 중에 운전위치를 이탈해서는 아니 된다.

THEME 169 추락의 방지

① 사업주는 근로자가 추락하거나 넘어질 위험이 있는 장소[작업발판의 끝·개구부(開口部) 등을 제외한다] 또는 기계·설비·선박블록 등에서 작업을 할 때에 근로자가 위험해질 우려가 있는 경우 비계(飛階)를 조립하는 등의 방법으로 작업발판을 설치하여야 한다.

② 사업주는 제1항에 따른 작업발판을 설치하기 곤란한 경우 다음 각 호의 기준에 맞는 추락방호망을 설치해야 한다. 다만, 추락방호망을 설치하기 곤란한 경우에는 근로자에게 안전대를 착용하도록 하는 등 추락위험을 방지하기 위해 필요한 조치를 해야 한다. 〈개정 2017. 12. 28., 2021. 5. 28.〉

   1. 추락방호망의 설치위치는 가능하면 작업면으로부터 가까운 지점에 설치하여야 하며, 작업면으로부터 망의 설치지점까지의 수직거리는 10미터를 초과하지 아니할 것
   2. 추락방호망은 수평으로 설치하고, 망의 처짐은 짧은 변 길이의 12퍼센트 이상이 되도록 할 것
   3. 건축물 등의 바깥쪽으로 설치하는 경우 추락방호망의 내민 길이는 벽면으로부터 3미터 이상 되도록 할 것. 다만, 그물코가 20밀리미터 이하인 추락방호망을 사용한 경우에는 제14조 제3항에 따른 낙하물 방지망을 설치한 것으로 본다.

③ 사업주는 추락방호망을 설치하는 경우에는 한국산업표준에서 정하는 성능기준에 적합한 추락방호망을 사용하여야 한다. 〈신설 2017. 12. 28.〉〈개정 2022. 10. 18.〉

④ 사업주는 제1항 및 제2항에도 불구하고 작업발판 및 추락방호망을 설치하기 곤란한 경우에는 근로자로 하여금 3개 이상의 버팀대를 가지고 지면으로부터 안정적으로 세울 수 있는 구조를 갖춘 이동식 사다리를 사용하여 작업을 하게 할 수 있다. 이 경우 사업주는 근로자가 다음 각 호의 사항을 준수하도록 조치해야 한다. 〈신설 2024. 6. 28.〉

   1. 평탄하고 견고하며 미끄럽지 않은 바닥에 이동식 사다리를 설치할 것
   2. 이동식 사다리의 넘어짐을 방지하기 위해 다음 각 목의 어느 하나 이상에 해당하는 조치를 할 것
      가. 이동식 사다리를 견고한 시설물에 연결하여 고정할 것
      나. 아웃트리거(outrigger, 전도방지용 지지대)를 설치하거나 아웃트리거가 붙어있는 이동식 사다리를 설치할 것
      다. 이동식 사다리를 다른 근로자가 지지하여 넘어지지 않도록 할 것
   3. 이동식 사다리의 제조사가 정하여 표시한 이동식 사다리의 최대사용하중을 초과하지 않는 범위 내에서만 사용할 것
   4. 이동식 사다리를 설치한 바닥면에서 높이 3.5미터 이하의 장소에서만 작업할 것
   5. 이동식 사다리의 최상부 발판 및 그 하단 디딤대에 올라서서 작업하지 않을 것. 다만, 높이 1미터 이하의 사다리는 제외한다.
   6. 안전모를 착용하되, 작업 높이가 2미터 이상인 경우에는 안전모와 안전대를 함께 착용할 것

7. 이동식 사다리 사용 전 변형 및 이상 유무 등을 점검하여 이상이 발견되면 즉시 수리하거나 그 밖에 필요한 조치를 할 것

THEME 170 개구부 등의 방호 조치

① 사업주는 작업발판 및 통로의 끝이나 개구부로서 근로자가 추락할 위험이 있는 장소에는 안전난간, 울타리, 수직형 추락방망 또는 덮개 등(이하 이 조에서 "난간 등"이라 한다)의 방호 조치를 충분한 강도를 가진 구조로 튼튼하게 설치하여야 하며, 덮개를 설치하는 경우에는 뒤집히거나 떨어지지 않도록 설치하여야 한다. 이 경우 어두운 장소에서도 알아볼 수 있도록 개구부임을 표시해야 하며, 수직형 추락방망은 한국산업표준에서 정하는 성능기준에 적합한 것을 사용해야 한다. 〈개정 2022. 10. 18.〉

② 사업주는 난간 등을 설치하는 것이 매우 곤란하거나 작업의 필요상 임시로 난간 등을 해체하여야 하는 경우 제42조 제2항 각 호의 기준에 맞는 추락방호망을 설치하여야 한다. 다만, 추락방호망을 설치하기 곤란한 경우에는 근로자에게 안전대를 착용하도록 하는 등 추락할 위험을 방지하기 위하여 필요한 조치를 하여야 한다. 〈개정 2017. 12. 28.〉

THEME 171 지붕 위에서의 위험 방지

사업주는 슬레이트, 선라이트(sunlight) 등 강도가 약한 재료로 덮은 지붕 위에서 작업을 할 때에 발이 빠지는 등 근로자가 위험해질 우려가 있는 경우 폭 30센티미터 이상의 발판을 설치하거나 추락방호망을 치는 등 위험을 방지하기 위하여 필요한 조치를 하여야 한다. 〈개정 2017. 12. 28.〉

THEME 172 토사 등에 의한 위험 방지

사업주는 토사등 또는 구축물의 붕괴 또는 낙하 등에 의하여 근로자가 위험해질 우려가 있는 경우 그 위험을 방지하기 위하여 다음 각 호의 조치를 해야 한다.

1. 지반은 안전한 경사로 하고 낙하의 위험이 있는 토석을 제거하거나 옹벽, 흙막이 지보공 등을 설치할 것
2. 토사등의 붕괴 또는 낙하 원인이 되는 빗물이나 지하수 등을 배제할 것
3. 갱내의 낙반·측벽(側壁) 붕괴의 위험이 있는 경우에는 지보공을 설치하고 부석을 제거하는 등 필요한 조치를 할 것

THEME 173 작업발판

(작업발판의 최대적재하중)
사업주는 비계의 구조 및 재료에 따라 작업발판의 최대적재하중을 정하고, 이를 초과하여 실어서는 안 된다. [전문개정 2024. 6. 28.]

(작업발판의 구조) 사업주는 비계(달비계, 달대비계 및 말비계는 제외한다)의 높이가 2미터 이상인 작업장소에 다음 각 호의 기준에 맞는 작업발판을 설치하여야 한다. 〈개정 2012. 5. 31., 2017. 12. 28.〉

1. 발판재료는 작업할 때의 하중을 견딜 수 있도록 견고한 것으로 할 것
2. 작업발판의 폭은 40센티미터 이상으로 하고, 발판재료 간의 틈은 3센티미터 이하로 할 것. 다만, 외줄비계의 경우에는 고용노동부장관이 별도로 정하는 기준에 따른다.
3. 제2호에도 불구하고 선박 및 보트 건조작업의 경우 선박블록 또는 엔진실 등의 좁은 작업공간에 작업발판을 설치하기 위하여 필요하면 작업발판의 폭을 30센티미터 이상으로 할 수 있고, 걸침비계의 경우 강관기둥 때문에 발판재료 간의 틈을 3센티미터 이하로 유지하기 곤란하면 5센티미터 이하로 할 수 있다. 이 경우 그 틈 사이로 물체 등이 떨어질 우려가 있는 곳에는 출입금지 등의 조치를 하여야 한다.
4. 추락의 위험이 있는 장소에는 안전난간을 설치할 것. 다만, 작업의 성질상 안전난간을 설치하는 것이 곤란한 경우, 작업의 필요상 임시로 안전난간을 해체할 때에 추락방호망을 설치하거나 근로자로 하여금 안전대를 사용하도록 하는 등 추락위험 방지 조치를 한 경우에는 그러하지 아니하다.
5. 작업발판의 지지물은 하중에 의하여 파괴될 우려가 없는 것을 사용할 것
6. 작업발판재료는 뒤집히거나 떨어지지 않도록 둘 이상의 지지물에 연결하거나 고정시킬 것
7. 작업발판을 작업에 따라 이동시킬 경우에는 위험 방지에 필요한 조치를 할 것

THEME 174 비계 등의 조립·해체 및 변경

① 사업주는 달비계 또는 높이 5미터 이상의 비계를 조립·해체하거나 변경하는 작업을 하는 경우 다음 각 호의 사항을 준수하여야 한다.
  1. 근로자가 관리감독자의 지휘에 따라 작업하도록 할 것
  2. 조립·해체 또는 변경의 시기·범위 및 절차를 그 작업에 종사하는 근로자에게 주지시킬 것
  3. 조립·해체 또는 변경 작업구역에는 해당 작업에 종사하는 근로자가 아닌 사람의 출입을

금지하고 그 내용을 보기 쉬운 장소에 게시할 것
4. 비, 눈, 그 밖의 기상상태의 불안정으로 날씨가 몹시 나쁜 경우에는 그 작업을 중지시킬 것
5. 비계재료의 연결·해체작업을 하는 경우에는 폭 20센티미터 이상의 발판을 설치하고 근로자로 하여금 안전대를 사용하도록 하는 등 추락을 방지하기 위한 조치를 할 것
6. 재료·기구 또는 공구 등을 올리거나 내리는 경우에는 근로자가 달줄 또는 달포대 등을 사용하게 할 것

② 사업주는 강관비계 또는 통나무비계를 조립하는 경우 쌍줄로 하여야 한다. 다만, 별도의 작업발판을 설치할 수 있는 시설을 갖춘 경우에는 외줄로 할 수 있다.

THEME 175 비계의 점검 및 보수

사업주는 비, 눈, 그 밖의 기상상태의 악화로 작업을 중지시킨 후 또는 비계를 조립·해체하거나 변경한 후에 그 비계에서 작업을 하는 경우에는 해당 작업을 시작하기 전에 다음 각 호의 사항을 점검하고, 이상을 발견하면 즉시 보수하여야 한다.
1. 발판 재료의 손상 여부 및 부착 또는 걸림 상태
2. 해당 비계의 연결부 또는 접속부의 풀림 상태
3. 연결 재료 및 연결 철물의 손상 또는 부식 상태
4. 손잡이의 탈락 여부
5. 기둥의 침하, 변형, 변위(變位) 또는 흔들림 상태
6. 로프의 부착 상태 및 매단 장치의 흔들림 상태

THEME 176 강관비계 조립 시의 준수사항

사업주는 강관비계를 조립하는 경우에 다음 각 호의 사항을 준수해야 한다.
1. 비계기둥에는 미끄러지거나 침하하는 것을 방지하기 위하여 밑받침철물을 사용하거나 깔판·받침목 등을 사용하여 밑둥잡이를 설치하는 등의 조치를 할 것〈개정 2023.11.14.〉
2. 강관의 접속부 또는 교차부(交叉部)는 적합한 부속철물을 사용하여 접속하거나 단단히 묶을 것
3. 교차 가새로 보강할 것
4. 외줄비계·쌍줄비계 또는 돌출비계에 대해서는 다음 각 목에서 정하는 바에 따라 벽이음 및 버팀을 설치할 것. 다만, 창틀의 부착 또는 벽면의 완성 등의 작업을 위하여 벽이음 또는 버팀을 제거하는 경우, 그 밖에 작업의 필요상 부득이한 경우로서 해당 벽이음 또는 버팀 대신 비계기둥 또는 띠장에 사재(斜材)를 설치하는 등 비계가 넘어지는 것을 방지하기 위한 조치를

한 경우에는 그러하지 아니하다.
  가. 강관비계의 조립 간격은 별표 5의 기준에 적합하도록 할 것
  나. 강관·통나무 등의 재료를 사용하여 견고한 것으로 할 것
  다. 인장재(引張材)와 압축재로 구성된 경우에는 인장재와 압축재의 간격을 1미터 이내로 할 것
5. 가공전로(架空電路)에 근접하여 비계를 설치하는 경우에는 가공전로를 이설(移設)하거나 가공전로에 절연용 방호구를 장착하는 등 가공전로와의 접촉을 방지하기 위한 조치를 할 것

■ 산업안전보건기준에 관한 규칙 [별표 5]

강관비계의 조립간격(제59조 제4호 관련)

강관비계의 종류	조립간격(단위 : m)	
	수직방향	수평방향
단관비계	5	5
틀비계(높이가 5m 미만인 것은 제외한다)	6	8

THEME 177 강관비계의 구조

사업주는 강관을 사용하여 비계를 구성하는 경우 다음 각 호의 사항을 준수해야 한다. 〈개정 2023. 11. 14.〉

1. 비계기둥의 간격은 띠장 방향에서는 1.85미터 이하, 장선(長線) 방향에서는 1.5미터 이하로 할 것. 다만, 다음 각 목의 어느 하나에 해당하는 작업의 경우에는 안전성에 대한 구조검토를 실시하고 조립도를 작성하면 띠장 방향 및 장선 방향으로 각각 2.7미터 이하로 할 수 있다.
  가. 선박 및 보트 건조작업
  나. 그 밖에 장비 반입·반출을 위하여 공간 등을 확보할 필요가 있는 등 작업의 성질상 비계 기둥 간격에 관한 기준을 준수하기 곤란한 작업
2. 띠장 간격은 2.0미터 이하로 할 것. 다만, 작업의 성질상 이를 준수하기가 곤란하여 쌍기둥틀 등에 의하여 해당 부분을 보강한 경우에는 그러하지 아니하다.
3. 비계기둥의 제일 윗부분으로부터 31미터되는 지점 밑부분의 비계기둥은 2개의 강관으로 묶어 세울 것. 다만, 브라켓(bracket, 까치발) 등으로 보강하여 2개의 강관으로 묶을 경우 이상의 강도가 유지되는 경우에는 그러하지 아니하다.
4. 비계기둥 간의 적재하중은 400킬로그램을 초과하지 않도록 할 것

THEME 178 강관틀비계

사업주는 강관틀 비계를 조립하여 사용하는 경우 다음 각 호의 사항을 준수하여야 한다.

1. 비계기둥의 밑둥에는 밑받침 철물을 사용하여야 하며 밑받침에 고저차(高低差)가 있는 경우에는 조절형 밑받침철물을 사용하여 각각의 강관틀비계가 항상 수평 및 수직을 유지하도록 할 것
2. 높이가 20미터를 초과하거나 중량물의 적재를 수반하는 작업을 할 경우에는 주틀 간의 간격을 1.8미터 이하로 할 것
3. 주틀 간에 교차 가새를 설치하고 최상층 및 5층 이내마다 수평재를 설치할 것
4. 수직방향으로 6미터, 수평방향으로 8미터 이내마다 벽이음을 할 것
5. 길이가 띠장 방향으로 4미터 이하이고 높이가 10미터를 초과하는 경우에는 10미터 이내마다 띠장 방향으로 버팀기둥을 설치할 것

THEME 179 달비계의 구조

① 사업주는 곤돌라형 달비계를 설치하는 경우에는 다음 각 호의 사항을 준수해야 한다.
〈개정 2021. 11. 19.〉

1. 다음 각 목의 어느 하나에 해당하는 와이어로프를 달비계에 사용해서는 아니 된다.
   가. 이음매가 있는 것
   나. 와이어로프의 한 꼬임[(스트랜드(strand)를 말한다. 이하 같다)]에서 끊어진 소선(素線)[필러(pillar)선은 제외한다]의 수가 10퍼센트 이상(비자전로프의 경우에는 끊어진 소선의 수가 와이어로프 호칭지름의 6배 길이 이내에서 4개 이상이거나 호칭지름 30배 길이 이내에서 8개 이상)인 것
   다. 지름의 감소가 공칭지름의 7퍼센트를 초과하는 것
   라. 꼬인 것
   마. 심하게 변형되거나 부식된 것
   바. 열과 전기충격에 의해 손상된 것
2. 다음 각 목의 어느 하나에 해당하는 달기 체인을 달비계에 사용해서는 아니 된다.
   가. 달기 체인의 길이가 달기 체인이 제조된 때의 길이의 5퍼센트를 초과한 것
   나. 링의 단면지름이 달기 체인이 제조된 때의 해당 링의 지름의 10퍼센트를 초과하여 감소한 것

다. 균열이 있거나 심하게 변형된 것
3. 삭제〈2021. 11. 19〉
4. 달기 강선 및 달기 강대는 심하게 손상·변형 또는 부식된 것을 사용하지 않도록 할 것
5. 달기 와이어로프, 달기 체인, 달기 강선, 달기 강대는 한쪽 끝을 비계의 보 등에, 다른 쪽 끝을 내민 보, 앵커볼트 또는 건축물의 보 등에 각각 풀리지 않도록 설치할 것
6. 작업발판은 폭을 40센티미터 이상으로 하고 틈새가 없도록 할 것
7. 작업발판의 재료는 뒤집히거나 떨어지지 않도록 비계의 보 등에 연결하거나 고정시킬 것
8. 비계가 흔들리거나 뒤집히는 것을 방지하기 위하여 비계의 보·작업발판 등에 버팀을 설치하는 등 필요한 조치를 할 것
9. 선반 비계에서는 보의 접속부 및 교차부를 철선·이음철물 등을 사용하여 확실하게 접속시키거나 단단하게 연결시킬 것
10. 근로자의 추락 위험을 방지하기 위하여 다음 각 목의 조치를 할 것
가. 달비계에 구명줄을 설치할 것
나. 근로자에게 안전대를 착용하도록 하고 근로자가 착용한 안전줄을 달비계의 구명줄에 체결(締結)하도록 할 것
다. 달비계에 안전난간을 설치할 수 있는 구조인 경우에는 달비계에 안전난간을 설치할 것

② 사업주는 작업의자형 달비계를 설치하는 경우에는 다음 각 호의 사항을 준수해야 한다.
〈신설 2021. 11. 19.〉
1. 달비계의 작업대는 나무 등 근로자의 하중을 견딜 수 있는 강도의 재료를 사용하여 견고한 구조로 제작할 것
2. 작업대의 4개 모서리에 로프를 매달아 작업대가 뒤집히거나 떨어지지 않도록 연결할 것
3. 작업용 섬유로프는 콘크리트에 매립된 고리, 건축물의 콘크리트 또는 철재 구조물 등 2개 이상의 견고한 고정점에 풀리지 않도록 결속(結束)할 것
4. 작업용 섬유로프와 구명줄은 다른 고정점에 결속되도록 할 것
5. 작업하는 근로자의 하중을 견딜 수 있을 정도의 강도를 가진 작업용 섬유로프, 구명줄 및 고정점을 사용할 것
6. 근로자가 작업용 섬유로프에 작업대를 연결하여 하강하는 방법으로 작업을 하는 경우 근로자의 조종 없이는 작업대가 하강하지 않도록 할 것
7. 작업용 섬유로프 또는 구명줄이 결속된 고정점의 로프는 다른 사람이 풀지 못하게 하고 작업 중임을 알리는 경고표지를 부착할 것
8. 작업용 섬유로프와 구명줄이 건물이나 구조물의 끝부분, 날카로운 물체 등에 의하여 절단되거나 마모(磨耗)될 우려가 있는 경우에는 로프에 이를 방지할 수 있는 보호 덮개를 씌우는

등의 조치를 할 것
9. 달비계에 다음 각 목의 작업용 섬유로프 또는 안전대의 섬유벨트를 사용하지 않을 것
 가. 꼬임이 끊어진 것
 나. 심하게 손상되거나 부식된 것
 다. 2개 이상의 작업용 섬유로프 또는 섬유벨트를 연결한 것
 라. 작업높이보다 길이가 짧은 것
10. 근로자의 추락 위험을 방지하기 위하여 다음 각 목의 조치를 할 것
 가. 달비계에 구명줄을 설치할 것
 나. 근로자에게 안전대를 착용하도록 하고 근로자가 착용한 안전줄을 달비계의 구명줄에 체결(締結)하도록 할 것

THEME 180 걸침비계의 구조

사업주는 선박 및 보트 건조작업에서 걸침비계를 설치하는 경우에는 다음 각 호의 사항을 준수하여야 한다.
1. 지지점이 되는 매달림부재의 고정부는 구조물로부터 이탈되지 않도록 견고히 고정할 것
2. 비계재료 간에는 서로 움직임, 뒤집힘 등이 없어야 하고, 재료가 분리되지 않도록 철물 또는 철선으로 충분히 결속할 것. 다만, 작업발판 밑 부분에 띠장 및 장선으로 사용되는 수평부재 간의 결속은 철선을 사용하지 않을 것
3. 매달림부재의 안전율은 4 이상일 것
4. 작업발판에는 구조검토에 따라 설계한 최대적재하중을 초과하여 적재하여서는 아니 되며, 그 작업에 종사하는 근로자에게 최대적재하중을 충분히 알릴 것 [본조신설 2012. 5. 31.]

THEME 181 말비계

사업주는 말비계를 조립하여 사용하는 경우에 다음 각 호의 사항을 준수하여야 한다.
1. 지주부재(支柱部材)의 하단에는 미끄럼 방지장치를 하고, 근로자가 양측 끝부분에 올라서서 작업하지 않도록 할 것
2. 지주부재와 수평면의 기울기를 75도 이하로 하고, 지주부재와 지주부재 사이를 고정시키는 보조부재를 설치할 것
3. 말비계의 높이가 2미터를 초과하는 경우에는 작업발판의 폭을 40센티미터 이상으로 할 것

THEME 182 이동식비계

사업주는 이동식비계를 조립하여 작업을 하는 경우에는 다음 각 호의 사항을 준수하여야 한다. 〈개정 2019. 10. 15., 2024. 6. 28.〉
1. 이동식비계의 바퀴에는 뜻밖의 갑작스러운 이동 또는 전도를 방지하기 위하여 브레이크·쐐기 등으로 바퀴를 고정시킨 다음 비계의 일부를 견고한 시설물에 고정하거나 아웃트리거를 설치하는 등 필요한 조치를 할 것
2. 승강용사다리는 견고하게 설치할 것
3. 비계의 최상부에서 작업을 하는 경우에는 안전난간을 설치할 것
4. 작업발판은 항상 수평을 유지하고 작업발판 위에서 안전난간을 딛고 작업을 하거나 받침대 또는 사다리를 사용하여 작업하지 않도록 할 것
5. 작업발판의 최대적재하중은 250킬로그램을 초과하지 않도록 할 것

THEME 183 시스템비계의 구조

사업주는 시스템 비계를 사용하여 비계를 구성하는 경우에 다음의 사항을 준수하여야 한다.
1. 수직재·수평재·가새재를 견고하게 연결하는 구조가 되도록 할 것
2. 비계 밑단의 수직재와 받침철물은 밀착되도록 설치하고, 수직재와 받침철물의 연결부의 겹침길이는 받침철물 전체길이의 3분의 1 이상이 되도록 할 것
3. 수평재는 수직재와 직각으로 설치하여야 하며, 체결 후 흔들림이 없도록 견고하게 설치할 것
4. 수직재와 수직재의 연결철물은 이탈되지 않도록 견고한 구조로 할 것
5. 벽 연결재의 설치간격은 제조사가 정한 기준에 따라 설치할 것

THEME 184 시스템비계의 조립 작업 시 준수사항

사업주는 시스템 비계를 조립 작업하는 경우 다음 각 호의 사항을 준수하여야 한다.
1. 비계 기둥의 밑둥에는 밑받침 철물을 사용하여야 하며, 밑받침에 고저차가 있는 경우에는 조절형 밑받침 철물을 사용하여 시스템 비계가 항상 수평 및 수직을 유지하도록 할 것
2. 경사진 바닥에 설치하는 경우에는 피벗형 받침 철물 또는 쐐기 등을 사용하여 밑받침 철물의 바닥면이 수평을 유지하도록 할 것
3. 가공전로에 근접하여 비계를 설치하는 경우에는 가공전로를 이설하거나 가공전로에 절연

용 방호구를 설치하는 등 가공전로와의 접촉을 방지하기 위하여 필요한 조치를 할 것
4. 비계 내에서 근로자가 상하 또는 좌우로 이동하는 경우에는 반드시 지정된 통로를 이용하도록 주지시킬 것
5. 비계 작업 근로자는 같은 수직면상의 위와 아래 동시 작업을 금지할 것
6. 작업발판에는 제조사가 정한 최대적재하중을 초과하여 적재해서는 아니 되며, 최대적재하중이 표기된 표지판을 부착하고 근로자에게 주지시키도록 할 것

THEME 185 환기장치

(후드) 사업주는 인체에 해로운 분진, 흄(fume, 열이나 화학반응에 의하여 형성된 고체증기가 응축되어 생긴 미세입자), 미스트(mist, 공기 중에 떠다니는 작은 액체방울), 증기 또는 가스 상태의 물질(이하 "분진 등"이라 한다)을 배출하기 위하여 설치하는 국소배기장치의 후드가 다음 각 호의 기준에 맞도록 하여야 한다. 〈개정 2019. 10. 15.〉
1. 유해물질이 발생하는 곳마다 설치할 것
2. 유해인자의 발생형태와 비중, 작업방법 등을 고려하여 해당 분진 등의 발산원(發散源)을 제어할 수 있는 구조로 설치할 것
3. 후드(hood) 형식은 가능하면 포위식 또는 부스식 후드를 설치할 것
4. 외부식 또는 리시버식 후드는 해당 분진 등의 발산원에 가장 가까운 위치에 설치할 것

(덕트) 사업주는 분진 등을 배출하기 위하여 설치하는 국소배기장치(이동식은 제외한다)의 덕트(duct)가 다음 각 호의 기준에 맞도록 하여야 한다.
1. 가능하면 길이는 짧게 하고 굴곡부의 수는 적게 할 것
2. 접속부의 안쪽은 돌출된 부분이 없도록 할 것
3. 청소구를 설치하는 등 청소하기 쉬운 구조로 할 것
4. 덕트 내부에 오염물질이 쌓이지 않도록 이송속도를 유지할 것
5. 연결 부위 등은 외부 공기가 들어오지 않도록 할 것

(배풍기) 사업주는 국소배기장치에 공기정화장치를 설치하는 경우 정화 후의 공기가 통하는 위치에 배풍기(排風機)를 설치하여야 한다. 다만, 빨아들여진 물질로 인하여 폭발할 우려가 없고 배풍기의 날개가 부식될 우려가 없는 경우에는 정화 전의 공기가 통하는 위치에 배풍기를 설치할 수 있다.

(배기구) 사업주는 분진 등을 배출하기 위하여 설치하는 국소배기장치(공기정화장치가 설치된 이동식 국소배기장치는 제외한다)의 배기구를 직접 외부로 향하도록 개방하여 실외에 설치하는 등 배출되는 분진 등이 작업장으로 재유입되지 않는 구조로 하여야 한다.

(배기의 처리) 사업주는 분진 등을 배출하는 장치나 설비에는 그 분진 등으로 인하여 근로자의 건강에 장해가 발생하지 않도록 흡수·연소·집진(集塵) 또는 그 밖의 적절한 방식에 의한 공기정화장치를 설치하여야 한다.

(전체환기장치) 사업주는 분진 등을 배출하기 위하여 설치하는 전체환기장치가 다음 각 호의 기준에 맞도록 하여야 한다.

1. 송풍기 또는 배풍기(덕트를 사용하는 경우에는 그 덕트의 흡입구를 말한다)는 가능하면 해당 분진 등의 발산원에 가장 가까운 위치에 설치할 것
2. 송풍기 또는 배풍기는 직접 외부로 향하도록 개방하여 실외에 설치하는 등 배출되는 분진 등이 작업장으로 재유입되지 않는 구조로 할 것

(환기장치의 가동)

① 사업주는 분진 등을 배출하기 위하여 국소배기장치나 전체환기장치를 설치한 경우 그 분진 등에 관한 작업을 하는 동안 국소배기장치나 전체환기장치를 가동하여야 한다.
② 사업주는 국소배기장치나 전체환기장치를 설치한 경우 조정판을 설치하여 환기를 방해하는 기류를 없애는 등 그 장치를 충분히 가동하기 위하여 필요한 조치를 하여야 한다.

THEME 186 탑승의 제한

① 사업주는 크레인을 사용하여 근로자를 운반하거나 근로자를 달아 올린 상태에서 작업에 종사시켜서는 아니 된다. 다만, 크레인에 전용 탑승설비를 설치하고 추락 위험을 방지하기 위하여 다음 각 호의 조치를 한 경우에는 그러하지 아니하다.
  1. 탑승설비가 뒤집히거나 떨어지지 않도록 필요한 조치를 할 것
  2. 안전대나 구명줄을 설치하고, 안전난간을 설치할 수 있는 구조인 경우에는 안전난간을 설치할 것
  3. 탑승설비를 하강시킬 때에는 동력하강방법으로 할 것
② 사업주는 이동식 크레인을 사용하여 근로자를 운반하거나 근로자를 달아 올린 상태에서 작업에 종사시켜서는 안된다. 다만, 작업 장소의 구조, 지형 등으로 고소작업대를 사용하기가 곤란하여 이동식 크레인 중 기중기를 한국산업표준에서 정하는 안전기준에 따라 사용하는 경우는 제외한다. 〈개정 2022. 10. 18.〉
③ 사업주는 내부에 비상정지장치·조작스위치 등 탑승조작장치가 설치되어 있지 아니한 리프트의 운반구에 근로자를 탑승시켜서는 아니 된다. 다만, 리프트의 수리·조정 및 점검 등의 작업을 하는 경우로서 그 작업에 종사하는 근로자가 추락할 위험이 없도록 조치를 한 경우에는 그러하지 아니하다.
④ 사업주는 자동차정비용 리프트에 근로자를 탑승시켜서는 아니 된다. 다만, 자동차정비용 리

프트의 수리·조정 및 점검 등의 작업을 할 때에 그 작업에 종사하는 근로자가 위험해질 우려가 없도록 조치한 경우에는 그러하지 아니하다. 〈개정 2019. 4. 19.〉

⑤ 사업주는 곤돌라의 운반구에 근로자를 탑승시켜서는 아니 된다. 다만, 추락 위험을 방지하기 위하여 다음 각 호의 조치를 한 경우에는 그러하지 아니하다.
  1. 운반구가 뒤집히거나 떨어지지 않도록 필요한 조치를 할 것
  2. 안전대나 구명줄을 설치하고, 안전난간을 설치할 수 있는 구조인 경우이면 안전난간을 설치할 것

⑥ 사업주는 소형화물용 엘리베이터에 근로자를 탑승시켜서는 아니 된다. 다만, 소형화물용 엘리베이터의 수리·조정 및 점검 등의 작업을 하는 경우에는 그러하지 아니하다. 〈개정 2019. 4. 19.〉

⑦ 사업주는 차량계 하역운반기계(화물자동차는 제외한다)를 사용하여 작업을 하는 경우 승차석이 아닌 위치에 근로자를 탑승시켜서는 아니 된다. 다만, 추락 등의 위험을 방지하기 위한 조치를 한 경우에는 그러하지 아니하다.

⑧ 사업주는 화물자동차 적재함에 근로자를 탑승시켜서는 아니 된다. 다만, 화물자동차에 울 등을 설치하여 추락을 방지하는 조치를 한 경우에는 그러하지 아니하다.

⑨ 사업주는 운전 중인 컨베이어 등에 근로자를 탑승시켜서는 아니 된다. 다만, 근로자를 운반할 수 있는 구조를 갖춘 컨베이어 등으로서 추락·접촉 등에 의한 위험을 방지할 수 있는 조치를 한 경우에는 그러하지 아니하다.

⑩ 사업주는 이삿짐운반용 리프트 운반구에 근로자를 탑승시켜서는 아니 된다. 다만, 이삿짐운반용 리프트의 수리·조정 및 점검 등의 작업을 할 때에 그 작업에 종사하는 근로자가 추락할 위험이 없도록 조치한 경우에는 그러하지 아니하다.

⑪ 사업주는 전조등, 제동등, 후미등, 후사경 또는 제동장치가 정상적으로 작동되지 아니하는 이륜자동차(「자동차관리법」 제3조제1항제5호에 따른 이륜자동차를 말한다. 이하 같다)에 근로자를 탑승시켜서는 아니 된다. 〈신설 2017. 3. 3., 2024. 6. 28.〉

THEME 187 운전위치 이탈 시의 조치

① 사업주는 차량계 하역운반기계 등, 차량계 건설기계의 운전자가 운전위치를 이탈하는 경우 해당 운전자에게 다음 각 호의 사항을 준수하도록 하여야 한다. 〈개정 2024. 6. 28.〉
  1. 포크, 버킷, 디퍼 등의 장치를 가장 낮은 위치 또는 지면에 내려 둘 것
  2. 원동기를 정지시키고 브레이크를 확실히 거는 등 차량계 하역운반기계등, 차량계 건설기계의 갑작스러운 이동을 방지하기 위한 조치를 할 것

3. 운전석을 이탈하는 경우에는 시동키를 운전대에서 분리시킬 것. 다만, 운전석에 잠금장치를 하는 등 운전자가 아닌 사람이 운전하지 못하도록 조치한 경우에는 그러하지 아니하다.
② 차량계 하역운반기계 등, 차량계 건설기계의 운전자는 운전위치에서 이탈하는 경우 제1항 각 호의 조치를 하여야 한다.

THEME 188 양중기

① 양중기란 다음 각 호의 기계를 말한다. 〈개정 2019. 4. 19.〉
  1. 크레인[호이스트(hoist)를 포함한다]
  2. 이동식 크레인
  3. 리프트(이삿짐운반용 리프트의 경우에는 적재하중이 0.1톤 이상인 것으로 한정한다)
  4. 곤돌라
  5. 승강기

② 제1항 각 호의 기계의 뜻은 다음 각 호와 같다. 〈개정 2022. 10. 18.〉
  1. "크레인"이란 동력을 사용하여 중량물을 매달아 상하 및 좌우(수평 또는 선회를 말한다)로 운반하는 것을 목적으로 하는 기계 또는 기계장치를 말하며, "호이스트"란 훅이나 그 밖의 달기구 등을 사용하여 화물을 권상 및 횡행 또는 권상동작만을 하여 양중하는 것을 말한다.
  2. "이동식 크레인"이란 원동기를 내장하고 있는 것으로서 불특정 장소에 스스로 이동할 수 있는 크레인으로 동력을 사용하여 중량물을 매달아 상하 및 좌우(수평 또는 선회를 말한다)로 운반하는 설비로서 「건설기계관리법」을 적용 받는 기중기 또는 「자동차관리법」 제3조에 따른 화물·특수자동차의 작업부에 탑재하여 화물운반 등에 사용하는 기계 또는 기계장치를 말한다.
  3. "리프트"란 동력을 사용하여 사람이나 화물을 운반하는 것을 목적으로 하는 기계설비로서 다음 각 목의 것을 말한다.
      가. 건설작업용 리프트 : 동력을 사용하여 가이드레일을 따라 상하로 움직이는 운반구를 매달아 사람이나 화물을 운반할 수 있는 설비 또는 이와 유사한 구조 및 성능을 가진 것으로 건설현장에서 사용하는 것
      나. 삭제 〈2019. 4. 19.〉
      다. 자동차정비용 리프트 : 동력을 사용하여 가이드레일을 따라 움직이는 지지대로 자동차 등을 일정한 높이로 올리거나 내리는 구조의 리프트로서 자동차 정비에 사용하는 것
      라. 이삿짐운반용 리프트 : 연장 및 축소가 가능하고 끝단을 건축물 등에 지지하는 구조의

사다리형 붐에 따라 동력을 사용하여 움직이는 운반구를 매달아 화물을 운반하는 설비로서 화물자동차 등 차량 위에 탑재하여 이삿짐 운반 등에 사용하는 것

4. "곤돌라"란 달기발판 또는 운반구, 승강장치, 그 밖의 장치 및 이들에 부속된 기계부품에 의하여 구성되고, 와이어로프 또는 달기강선에 의하여 달기발판 또는 운반구가 전용 승강장치에 의하여 오르내리는 설비를 말한다.

5. "승강기"란 건축물이나 고정된 시설물에 설치되어 일정한 경로에 따라 사람이나 화물을 승강장으로 옮기는 데에 사용되는 설비로서 다음 각 목의 것을 말한다.

   가. 승객용 엘리베이터 : 사람의 운송에 적합하게 제조·설치된 엘리베이터

   나. 승객화물용 엘리베이터 : 사람의 운송과 화물 운반을 겸용하는데 적합하게 제조·설치된 엘리베이터

   다. 화물용 엘리베이터 : 화물 운반에 적합하게 제조·설치된 엘리베이터로서 조작자 또는 화물취급자 1명은 탑승할 수 있는 것(적재용량이 300킬로그램 미만인 것은 제외한다)

   라. 소형화물용 엘리베이터 : 음식물이나 서적 등 소형 화물의 운반에 적합하게 제조·설치된 엘리베이터로서 사람의 탑승이 금지된 것

   마. 에스컬레이터 : 일정한 경사로 또는 수평로를 따라 위·아래 또는 옆으로 움직이는 디딤판을 통해 사람이나 화물을 승강장으로 운송시키는 설비

(정격하중 등의 표시) 사업주는 양중기(승강기는 제외한다) 및 달기구를 사용하여 작업하는 운전자 또는 작업자가 보기 쉬운 곳에 해당 기계의 정격하중, 운전속도, 경고표시 등을 부착하여야 한다. 다만, 달기구는 정격하중만 표시한다.

(방호장치의 조정)

① 사업주는 다음 각 호의 양중기에 과부하방지장치, 권과방지장치(捲過防止裝置), 비상정지장치 및 제동장치, 그 밖의 방호장치[승강기의 파이널 리미트 스위치(final limit switch), 속도조절기, 출입문 인터 록(inter lock) 등을 말한다]가 정상적으로 작동될 수 있도록 미리 조정해 두어야 한다. 〈개정 2017. 3. 3., 2019. 4. 19.〉

1. 크레인
2. 이동식 크레인
3. 삭제 〈2019. 4. 19.〉
4. 리프트
5. 곤돌라
6. 승강기

② 제1항 제1호 및 제2호의 양중기에 대한 권과방지장치는 훅·버킷 등 달기구의 윗면(그 달기구에 권상용 도르래가 설치된 경우에는 권상용 도르래의 윗면)이 드럼, 상부 도르래, 트롤리 프레임 등 권상장치의 아랫면과 접촉할 우려가 있는 경우에 그 간격이 0.25미터 이상(직동식

(直動式) 권과방지장치는 0.05미터 이상으로 한다)]이 되도록 조정하여야 한다.
③ 제2항의 권과방지장치를 설치하지 않은 크레인에 대해서는 권상용 와이어로프에 위험표시를 하고 경보장치를 설치하는 등 권상용 와이어로프가 지나치게 감겨서 근로자가 위험해질 상황을 방지하기 위한 조치를 하여야 한다.

(과부하의 제한 등) 사업주는 제132조 제1항 각 호의 양중기에 그 적재하중을 초과하는 하중을 걸어서 사용하도록 해서는 아니 된다.

THEME 189 크레인

(안전밸브의 조정) 사업주는 유압을 동력으로 사용하는 크레인의 과도한 압력상승을 방지하기 위한 안전밸브에 대하여 정격하중(지브 크레인은 최대의 정격하중으로 한다)을 걸 때의 압력 이하로 작동되도록 조정하여야 한다. 다만, 하중시험 또는 안전도시험을 하는 경우 그러하지 아니하다.

(해지장치의 사용) 사업주는 훅걸이용 와이어로프 등이 훅으로부터 벗겨지는 것을 방지하기 위한 장치(이하 "해지장치"라 한다)를 구비한 크레인을 사용하여야 하며, 그 크레인을 사용하여 짐을 운반하는 경우에는 해지장치를 사용하여야 한다.

(경사각의 제한) 사업주는 지브 크레인을 사용하여 작업을 하는 경우에 크레인 명세서에 적혀 있는 지브의 경사각(인양하중이 3톤 미만인 지브 크레인의 경우에는 제조한 자가 지정한 지브의 경사각)의 범위에서 사용하도록 하여야 한다.

(크레인의 수리 등의 작업)
① 사업주는 같은 주행로에 병렬로 설치되어 있는 주행 크레인의 수리·조정 및 점검 등의 작업을 하는 경우, 주행로상이나 그 밖에 주행 크레인이 근로자와 접촉할 우려가 있는 장소에서 작업을 하는 경우 등에 주행 크레인끼리 충돌하거나 주행 크레인이 근로자와 접촉할 위험을 방지하기 위하여 감시인을 두고 주행로상에 스토퍼(stopper)를 설치하는 등 위험 방지 조치를 하여야 한다.
② 사업주는 갠트리 크레인 등과 같이 작업장 바닥에 고정된 레일을 따라 주행하는 크레인의 새들(saddle) 돌출부와 주변 구조물 사이의 안전공간이 40센티미터 이상 되도록 바닥에 표시를 하는 등 안전공간을 확보하여야 한다.

(폭풍에 의한 이탈 방지) 사업주는 순간풍속이 초당 30미터를 초과하는 바람이 불어올 우려가 있는 경우 옥외에 설치되어 있는 주행 크레인에 대하여 이탈방지장치를 작동시키는 등 이탈 방지를 위한 조치를 하여야 한다.

(조립 등의 작업 시 조치사항) 사업주는 크레인의 설치·조립·수리·점검 또는 해체 작업을 하

는 경우 다음 각 호의 조치를 하여야 한다.
1. 작업순서를 정하고 그 순서에 따라 작업을 할 것
2. 작업을 할 구역에 관계 근로자가 아닌 사람의 출입을 금지하고 그 취지를 보기 쉬운 곳에 표시할 것
3. 비, 눈, 그 밖에 기상상태의 불안정으로 날씨가 몹시 나쁜 경우에는 그 작업을 중지시킬 것
4. 작업장소는 안전한 작업이 이루어질 수 있도록 충분한 공간을 확보하고 장애물이 없도록 할 것
5. 들어올리거나 내리는 기자재는 균형을 유지하면서 작업을 하도록 할 것
6. 크레인의 성능, 사용조건 등에 따라 충분한 응력(應力)을 갖는 구조로 기초를 설치하고 침하 등이 일어나지 않도록 할 것
7. 규격품인 조립용 볼트를 사용하고 대칭되는 곳을 차례로 결합하고 분해할 것

(타워크레인의 지지)

① 사업주는 타워크레인을 자립고(自立高) 이상의 높이로 설치하는 경우 건축물 등의 벽체에 지지하도록 하여야 한다. 다만, 지지할 벽체가 없는 등 부득이한 경우에는 와이어로프에 의하여 지지할 수 있다. 〈개정 2013. 3. 21.〉

② 사업주는 타워크레인을 벽체에 지지하는 경우 다음 각 호의 사항을 준수하여야 한다. 〈개정 2019. 10. 15.〉

1. 「산업안전보건법 시행규칙」 제110조 제1항 제2호에 따른 서면심사에 관한 서류(「건설기계관리법」 제18조에 따른 형식승인서류를 포함한다) 또는 제조사의 설치작업설명서 등에 따라 설치할 것
2. 제1호의 서면심사 서류 등이 없거나 명확하지 아니한 경우에는 「국가기술자격법」에 따른 건축구조·건설기계·기계안전·건설안전기술사 또는 건설안전분야 산업안전지도사의 확인을 받아 설치하거나 기종별·모델별 공인된 표준방법으로 설치할 것
3. 콘크리트구조물에 고정시키는 경우에는 매립이나 관통 또는 이와 같은 수준 이상의 방법으로 충분히 지지되도록 할 것
4. 건축 중인 시설물에 지지하는 경우에는 그 시설물의 구조적 안정성에 영향이 없도록 할 것

③ 사업주는 타워크레인을 와이어로프로 지지하는 경우 다음 각 호의 사항을 준수해야 한다. 〈개정 2013. 3. 21., 2022. 10. 18.〉

1. 제2항 제1호 또는 제2호의 조치를 취할 것
2. 와이어로프를 고정하기 위한 전용 지지프레임을 사용할 것
3. 와이어로프 설치각도는 수평면에서 60도 이내로 하되, 지지점은 4개소 이상으로 하고, 같은 각도로 설치할 것
4. 와이어로프와 그 고정부위는 충분한 강도와 장력을 갖도록 설치하고, 와이어로프를 클립·샤클(shackle, 연결고리) 등의 고정기구를 사용하여 견고하게 고정시켜 풀리지 아니하

도록 하며, 사용 중에는 충분한 강도와 장력을 유지하도록 할 것. 이 경우 클립·샤클 등의 고정기구는 한국산업표준 제품이거나 한국산업표준이 없는 제품의 경우에는 이에 준하는 규격을 갖춘 제품이어야 한다. 〈개정 2022. 10. 18.〉

5. 와이어로프가 가공전선(架空電線)에 근접하지 않도록 할 것

(폭풍 등으로 인한 이상 유무 점검) 사업주는 순간풍속이 초당 30미터를 초과하는 바람이 불거나 중진(中震) 이상 진도의 지진이 있은 후에 옥외에 설치되어 있는 양중기를 사용하여 작업을 하는 경우에는 미리 기계 각 부위에 이상이 있는지를 점검하여야 한다.

(건설물 등과의 사이 통로)

① 사업주는 주행 크레인 또는 선회 크레인과 건설물 또는 설비와의 사이에 통로를 설치하는 경우 그 폭을 0.6미터 이상으로 하여야 한다. 다만, 그 통로 중 건설물의 기둥에 접촉하는 부분에 대해서는 0.4미터 이상으로 할 수 있다.

② 사업주는 제1항에 따른 통로 또는 주행궤도 상에서 정비·보수·점검 등의 작업을 하는 경우 그 작업에 종사하는 근로자가 주행하는 크레인에 접촉될 우려가 없도록 크레인의 운전을 정지시키는 등 필요한 안전 조치를 하여야 한다.

(건설물 등의 벽체와 통로의 간격 등) 사업주는 다음 각 호의 간격을 0.3미터 이하로 하여야 한다. 다만, 근로자가 추락할 위험이 없는 경우에는 그 간격을 0.3미터 이하로 유지하지 아니할 수 있다.

1. 크레인의 운전실 또는 운전대를 통하는 통로의 끝과 건설물 등의 벽체의 간격
2. 크레인 거더(girder)의 통로 끝과 크레인 거더의 간격
3. 크레인 거더의 통로로 통하는 통로의 끝과 건설물 등의 벽체의 간격

(크레인 작업 시의 조치)

① 사업주는 크레인을 사용하여 작업을 하는 경우 다음 각 호의 조치를 준수하고, 그 작업에 종사하는 관계 근로자가 그 조치를 준수하도록 하여야 한다.

1. 인양할 하물(荷物)을 바닥에서 끌어당기거나 밀어내는 작업을 하지 아니할 것
2. 유류드럼이나 가스통 등 운반 도중에 떨어져 폭발하거나 누출될 가능성이 있는 위험물 용기는 보관함(또는 보관고)에 담아 안전하게 매달아 운반할 것
3. 고정된 물체를 직접 분리·제거하는 작업을 하지 아니할 것
4. 미리 근로자의 출입을 통제하여 인양 중인 하물이 작업자의 머리 위로 통과하지 않도록 할 것
5. 인양할 하물이 보이지 아니하는 경우에는 어떠한 동작도 하지 아니할 것(신호하는 사람에 의하여 작업을 하는 경우는 제외한다)

② 사업주는 조종석이 설치되지 아니한 크레인에 대하여 다음 각 호의 조치를 하여야 한다.

1. 고용노동부장관이 고시하는 크레인의 제작기준과 안전기준에 맞는 무선원격제어기 또는 펜던트 스위치를 설치·사용할 것
2. 무선원격제어기 또는 펜던트 스위치를 취급하는 근로자에게는 작동요령 등 안전조작에 관

한 사항을 충분히 주지시킬 것
③ 사업주는 타워크레인을 사용하여 작업을 하는 경우 타워크레인마다 근로자와 조종 작업을 하는 사람 간에 신호업무를 담당하는 사람을 각각 두어야 한다. 〈신설 2018. 3. 30.〉

THEME 190 이동식 크레인

(안전밸브의 조정) 사업주는 유압을 동력으로 사용하는 이동식 크레인의 과도한 압력상승을 방지하기 위한 안전밸브에 대하여 최대의 정격하중을 건 때의 압력 이하로 작동되도록 조정하여야 한다. 다만, 하중시험 또는 안전도시험을 실시할 때에 시험하중에 맞는 압력으로 작동될 수 있도록 조정한 경우에는 그러하지 아니하다.

(해지장치의 사용) 사업주는 이동식 크레인을 사용하여 하물을 운반하는 경우에는 해지장치를 사용하여야 한다.

(경사각의 제한) 사업주는 이동식 크레인을 사용하여 작업을 하는 경우 이동식 크레인 명세서에 적혀 있는 지브의 경사각(인양하중이 3톤 미만인 이동식 크레인의 경우에는 제조한 자가 지정한 지브의 경사각)의 범위에서 사용하도록 하여야 한다.

THEME 191 리프트

(권과 방지 등) 사업주는 리프트(자동차정비용 리프트는 제외한다. 이하 이 관에서 같다)의 운반구 이탈 등의 위험을 방지하기 위하여 권과방지장치, 과부하방지장치, 비상정지장치 등을 설치하는 등 필요한 조치를 하여야 한다. 〈개정 2019. 4. 19.〉

(무인작동의 제한)
① 사업주는 운반구의 내부에만 탑승조작장치가 설치되어 있는 리프트를 사람이 탑승하지 아니한 상태로 작동하게 해서는 아니 된다.
② 사업주는 리프트 조작반(盤)에 잠금장치를 설치하는 등 관계 근로자가 아닌 사람이 리프트를 임의로 조작함으로써 발생하는 위험을 방지하기 위하여 필요한 조치를 하여야 한다.

(피트 청소 시의 조치) 사업주는 리프트의 피트 등의 바닥을 청소하는 경우 운반구의 낙하에 의한 근로자의 위험을 방지하기 위하여 다음 각 호의 조치를 하여야 한다.
1. 승강로에 각재 또는 원목 등을 걸칠 것
2. 제1호에 따라 걸친 각재(角材) 또는 원목 위에 운반구를 놓고 역회전방지기가 붙은 브레이크를 사용하여 구동모터 또는 윈치(winch)를 확실하게 제동해 둘 것

(붕괴 등의 방지)
① 사업주는 지반침하, 불량한 자재사용 또는 헐거운 결선(結線) 등으로 리프트가 붕괴되거나

넘어지지 않도록 필요한 조치를 하여야 한다.

② 사업주는 순간풍속이 초당 35미터를 초과하는 바람이 불어올 우려가 있는 경우 건설용 리프트(지하에 설치되어 있는 것은 제외한다)에 대하여 받침의 수를 증가시키는 등 그 붕괴 등을 방지하기 위한 조치를 하여야 한다. 〈개정 2022. 10. 18.〉

(운반구의 정지위치) 사업주는 리프트 운반구를 주행로 위에 달아 올린 상태로 정지시켜 두어서는 아니 된다.

(조립 등의 작업)

① 사업주는 리프트의 설치·조립·수리·점검 또는 해체 작업을 하는 경우 다음 각 호의 조치를 하여야 한다.

1. 작업을 지휘하는 사람을 선임하여 그 사람의 지휘하에 작업을 실시할 것
2. 작업을 할 구역에 관계 근로자가 아닌 사람의 출입을 금지하고 그 취지를 보기 쉬운 장소에 표시할 것
3. 비, 눈, 그 밖에 기상상태의 불안정으로 날씨가 몹시 나쁜 경우에는 그 작업을 중지시킬 것

② 사업주는 제1항 제1호의 작업을 지휘하는 사람에게 다음 각 호의 사항을 이행하도록 하여야 한다.

1. 작업방법과 근로자의 배치를 결정하고 해당 작업을 지휘하는 일
2. 재료의 결함 유무 또는 기구 및 공구의 기능을 점검하고 불량품을 제거하는 일
3. 작업 중 안전대 등 보호구의 착용 상황을 감시하는 일

(이삿짐운반용 리프트 운전방법의 주지) 사업주는 이삿짐운반용 리프트를 사용하는 근로자에게 운전방법 및 고장이 났을 경우의 조치방법을 주지시켜야 한다.

(이삿짐 운반용 리프트 전도의 방지) 사업주는 이삿짐 운반용 리프트를 사용하는 작업을 하는 경우 이삿짐 운반용 리프트의 전도를 방지하기 위하여 다음 각 호를 준수하여야 한다.

1. 아웃트리거가 정해진 작동위치 또는 최대전개위치에 있지 않는 경우(아웃트리거 발이 닿지 않는 경우를 포함한다)에는 사다리 붐 조립체를 펼친 상태에서 화물 운반작업을 하지 않을 것
2. 사다리 붐 조립체를 펼친 상태에서 이삿짐 운반용 리프트를 이동시키지 않을 것
3. 지반의 부동침하 방지 조치를 할 것

(화물의 낙하 방지) 사업주는 이삿짐 운반용 리프트 운반구로부터 화물이 빠지거나 떨어지지 않도록 다음 각 호의 낙하방지 조치를 하여야 한다.

1. 화물을 적재 시 하중이 한쪽으로 치우치지 않도록 할 것
2. 적재화물이 떨어질 우려가 있는 경우에는 화물에 로프를 거는 등 낙하 방지 조치를 할 것

THEME 192 양중기 와이어로프 등 달기구의 안전계수

① 사업주는 양중기의 와이어로프 등 달기구의 안전계수(달기구 절단하중의 값을 그 달기구에 걸리는 하중의 최대값으로 나눈 값을 말한다)가 다음 각 호의 구분에 따른 기준에 맞지 아니한 경우에는 이를 사용해서는 아니 된다.
  1. 근로자가 탑승하는 운반구를 지지하는 달기와이어로프 또는 달기체인의 경우 : 10 이상
  2. 화물의 하중을 직접 지지하는 달기와이어로프 또는 달기체인의 경우 : 5 이상
  3. 훅, 샤클, 클램프, 리프팅 빔의 경우 : 3 이상
  4. 그 밖의 경우 : 4 이상
② 사업주는 달기구의 경우 최대허용하중 등의 표식이 견고하게 붙어 있는 것을 사용하여야 한다.

THEME 193 차량계 하역운반기계 등

(전도 등의 방지) 사업주는 차량계 하역운반기계등을 사용하는 작업을 할 때에 그 기계가 넘어지거나 굴러떨어짐으로써 근로자에게 위험을 미칠 우려가 있는 경우에는 그 기계를 유도하는 사람(이하 "유도자"라 한다)을 배치하고 지반의 부동침하 및 갓길 붕괴를 방지하기 위한 조치를 해야 한다. 〈개정 2023. 11. 14.〉

(접촉의 방지)
① 사업주는 차량계 하역운반기계 등을 사용하여 작업을 하는 경우에 하역 또는 운반 중인 화물이나 그 차량계 하역운반기계 등에 접촉되어 근로자가 위험해질 우려가 있는 장소에는 근로자를 출입시켜서는 아니 된다. 다만, 제39조에 따른 작업지휘자 또는 유도자를 배치하고 그 차량계 하역운반기계 등을 유도하는 경우에는 그러하지 아니하다.
② 차량계 하역운반기계 등의 운전자는 제1항 단서의 작업지휘자 또는 유도자가 유도하는 대로 따라야 한다.

(화물적재 시의 조치)
① 사업주는 차량계 하역운반기계 등에 화물을 적재하는 경우에 다음 각 호의 사항을 준수하여야 한다.
  1. 하중이 한쪽으로 치우치지 않도록 적재할 것
  2. 구내운반차 또는 화물자동차의 경우 화물의 붕괴 또는 낙하에 의한 위험을 방지하기 위하여 화물에 로프를 거는 등 필요한 조치를 할 것
  3. 운전자의 시야를 가리지 않도록 화물을 적재할 것

② 제1항의 화물을 적재하는 경우에는 최대적재량을 초과해서는 아니 된다.

(차량계 하역운반기계등의 이송) 사업주는 차량계 하역운반기계 등을 이송하기 위하여 자주(自走) 또는 견인에 의하여 화물자동차에 싣거나 내리는 작업을 할 때에 발판·성토 등을 사용하는 경우에는 해당 차량계 하역운반기계 등의 전도 또는 굴러 떨어짐에 의한 위험을 방지하기 위하여 다음 각 호의 사항을 준수하여야 한다. 〈개정 2019. 10. 15.〉

1. 싣거나 내리는 작업은 평탄하고 견고한 장소에서 할 것
2. 발판을 사용하는 경우에는 충분한 길이·폭 및 강도를 가진 것을 사용하고 적당한 경사를 유지하기 위하여 견고하게 설치할 것
3. 가설대 등을 사용하는 경우에는 충분한 폭 및 강도와 적당한 경사를 확보할 것
4. 지정운전자의 성명·연락처 등을 보기 쉬운 곳에 표시하고 지정운전자 외에는 운전하지 않도록 할 것

(주용도 외의 사용 제한) 사업주는 차량계 하역운반기계 등을 화물의 적재·하역 등 주된 용도에만 사용하여야 한다. 다만, 근로자가 위험해질 우려가 없는 경우에는 그러하지 아니하다.

(수리 등의 작업 시 조치) 사업주는 차량계 하역운반기계 등의 수리 또는 부속장치의 장착 및 해체작업을 하는 경우 해당 작업의 지휘자를 지정하여 다음 각 호의 사항을 준수하도록 하여야 한다. 〈개정 2019. 10. 15.〉

1. 작업순서를 결정하고 작업을 지휘할 것
2. 제20조 각 호 외의 부분 단서의 안전지지대 또는 안전블록 등의 사용 상황 등을 점검할 것

(싣거나 내리는 작업) 사업주는 차량계 하역운반기계 등에 단위화물의 무게가 100킬로그램 이상인 화물을 싣는 작업(로프 걸이 작업 및 덮개 덮기 작업을 포함한다. 이하 같다) 또는 내리는 작업(로프 풀기 작업 또는 덮개 벗기기 작업을 포함한다. 이하 같다)을 하는 경우에 해당 작업의 지휘자에게 다음 각 호의 사항을 준수하도록 하여야 한다.

1. 작업순서 및 그 순서마다의 작업방법을 정하고 작업을 지휘할 것
2. 기구와 공구를 점검하고 불량품을 제거할 것
3. 해당 작업을 하는 장소에 관계 근로자가 아닌 사람이 출입하는 것을 금지할 것
4. 로프 풀기 작업 또는 덮개 벗기기 작업은 적재함의 화물이 떨어질 위험이 없음을 확인한 후에 하도록 할 것

(허용하중 초과 등의 제한)
① 사업주는 지게차의 허용하중(지게차의 구조, 재료 및 포크·램 등 화물을 적재하는 장치에 적재하는 화물의 중심위치에 따라 실을 수 있는 최대하중을 말한다)을 초과하여 사용해서는 아니 되며, 안전한 운행을 위한 유지·관리 및 그 밖의 사항에 대하여 해당 지게차를 제조한 자가 제공하는 제품설명서에서 정한 기준을 준수하여야 한다.
② 사업주는 구내운반차, 화물자동차를 사용할 때에는 그 최대적재량을 초과해서는 아니 된다.

THEME 194 지게차

(전조등 등의 설치)

① 사업주는 전조등과 후미등을 갖추지 아니한 지게차를 사용해서는 아니 된다. 다만, 작업을 안전하게 수행하기 위하여 필요한 조명이 확보되어 있는 장소에서 사용하는 경우에는 그러하지 아니하다. 〈개정 2019. 1. 31., 2019. 12. 26.〉

② 사업주는 지게차 작업 중 근로자와 충돌할 위험이 있는 경우에는 지게차에 후진경보기와 경광등을 설치하거나 후방감지기를 설치하는 등 후방을 확인할 수 있는 조치를 해야 한다. 〈신설 2019. 12. 26.〉

[제목개정 2019. 12. 26.]

(헤드가드) 사업주는 다음 각 호에 따른 적합한 헤드가드(head guard)를 갖추지 아니한 지게차를 사용해서는 안 된다. 다만, 화물의 낙하에 의하여 지게차의 운전자에게 위험을 미칠 우려가 없는 경우에는 그렇지 않다. 〈개정 2022. 10. 18.〉

1. 강도는 지게차의 최대하중의 2배 값(4톤을 넘는 값에 대해서는 4톤으로 한다)의 등분포정하중(等分布靜荷重)에 견딜 수 있을 것
2. 상부틀의 각 개구의 폭 또는 길이가 16센티미터 미만일 것
3. 운전자가 앉아서 조작하거나 서서 조작하는 지게차의 한국산업표준에서 정하는 높이 기준 이상일 것
4. 삭제 〈2019. 1. 31.〉

(백레스트) 사업주는 백레스트(backrest)를 갖추지 아니한 지게차를 사용해서는 아니 된다. 다만, 마스트의 후방에서 화물이 낙하함으로써 근로자가 위험해질 우려가 없는 경우에는 그러하지 아니하다.

(팔레트 등) 사업주는 지게차에 의한 하역운반작업에 사용하는 팔레트(pallet) 또는 스키드(skid)는 다음 각 호에 해당하는 것을 사용하여야 한다.

1. 적재하는 화물의 중량에 따른 충분한 강도를 가질 것
2. 심한 손상ㆍ변형 또는 부식이 없을 것

(좌석 안전띠의 착용 등)

① 사업주는 앉아서 조작하는 방식의 지게차를 운전하는 근로자에게 좌석 안전띠를 착용하도록 하여야 한다.

② 제1항에 따른 지게차를 운전하는 근로자는 좌석 안전띠를 착용하여야 한다.

THEME 195 구내운반차

(제동장치 등) 사업주는 구내운반차를 사용하는 경우에 다음 각 호의 사항을 준수해야 한다. 〈개정 2021. 11. 19., 2024. 6. 28.〉

1. 주행을 제동하거나 정지상태를 유지하기 위하여 유효한 제동장치를 갖출 것
2. 경음기를 갖출 것
3. 운전석이 차 실내에 있는 것은 좌우에 한개씩 방향지시기를 갖출 것
4. 전조등과 후미등을 갖출 것. 다만, 작업을 안전하게 하기 위하여 필요한 조명이 있는 장소에서 사용하는 구내운반차에 대해서는 그러하지 아니하다.

(연결장치) 사업주는 구내운반차에 피견인차를 연결하는 경우에는 적합한 연결장치를 사용하여야 한다.

THEME 196 고소작업대

(고소작업대 설치 등의 조치)

① 사업주는 고소작업대를 설치하는 경우에는 다음 각 호에 해당하는 것을 설치하여야 한다.
  1. 작업대를 와이어로프 또는 체인으로 올리거나 내릴 경우에는 와이어로프 또는 체인이 끊어져 작업대가 떨어지지 아니하는 구조여야 하며, 와이어로프 또는 체인의 안전율은 5 이상일 것
  2. 작업대를 유압에 의해 올리거나 내릴 경우에는 작업대를 일정한 위치에 유지할 수 있는 장치를 갖추고 압력의 이상저하를 방지할 수 있는 구조일 것
  3. 권과방지장치를 갖추거나 압력의 이상상승을 방지할 수 있는 구조일 것
  4. 붐의 최대 지면경사각을 초과 운전하여 전도되지 않도록 할 것
  5. 작업대에 정격하중(안전율 5 이상)을 표시할 것
  6. 작업대에 끼임·충돌 등 재해를 예방하기 위한 가드 또는 과상승방지장치를 설치할 것
  7. 조작반의 스위치는 눈으로 확인할 수 있도록 명칭 및 방향표시를 유지할 것

② 사업주는 고소작업대를 설치하는 경우에는 다음 각 호의 사항을 준수하여야 한다.
  1. 바닥과 고소작업대는 가능하면 수평을 유지하도록 할 것
  2. 갑작스러운 이동을 방지하기 위하여 아웃트리거 또는 브레이크 등을 확실히 사용할 것

③ 사업주는 고소작업대를 이동하는 경우에는 다음 각 호의 사항을 준수하여야 한다. 〈개정 2023. 11. 14.〉

1. 작업대를 가장 낮게 내릴 것
2. 작업자를 태우고 이동하지 말 것. 다만, 이동 중 전도 등의 위험예방을 위하여 유도하는 사람을 배치하고 짧은 구간을 이동하는 경우에는 제1호에 따라 작업대를 가장 낮게 내린 상태에서 작업자를 태우고 이동할 수 있다.
3. 이동통로의 요철상태 또는 장애물의 유무 등을 확인할 것

④ 사업주는 고소작업대를 사용하는 경우에는 다음 각 호의 사항을 준수하여야 한다.
1. 작업자가 안전모·안전대 등의 보호구를 착용하도록 할 것
2. 관계자가 아닌 사람이 작업구역에 들어오는 것을 방지하기 위하여 필요한 조치를 할 것
3. 안전한 작업을 위하여 적정수준의 조도를 유지할 것
4. 전로(電路)에 근접하여 작업을 하는 경우에는 작업감시자를 배치하는 등 감전사고를 방지하기 위하여 필요한 조치를 할 것
5. 작업대를 정기적으로 점검하고 붐·작업대 등 각 부위의 이상 유무를 확인할 것
6. 전환스위치는 다른 물체를 이용하여 고정하지 말 것
7. 작업대는 정격하중을 초과하여 물건을 싣거나 탑승하지 말 것
8. 작업대의 붐대를 상승시킨 상태에서 탑승자는 작업대를 벗어나지 말 것. 다만, 작업대에 안전대 부착설비를 설치하고 안전대를 연결하였을 때에는 그러하지 아니하다.

THEME 197 차량계 건설기계

(차량계 건설기계의 정의) "차량계 건설기계"란 동력원을 사용하여 특정되지 아니한 장소로 스스로 이동할 수 있는 건설기계로서 별표 6에서 정한 기계를 말한다.

■ 산업안전보건기준에 관한 규칙 [별표 6] 〈개정 2022. 10. 18.〉

차량계 건설기계(제196조 관련)

1. 도저형 건설기계(불도저, 스트레이트도저, 틸트도저, 앵글도저, 버킷도저 등)
2. 모터그레이더(motor grader, 땅 고르는 기계)
3. 로더(포크 등 부착물 종류에 따른 용도 변경 형식을 포함한다)
4. 스크레이퍼(scraper, 흙을 절삭·운반하거나 펴 고르는 등의 작업을 하는 토공기계)
5. 크레인형 굴착기계(크램쉘, 드래그라인 등)
6. 굴착기(브레이커, 크러셔, 드릴 등 부착물 종류에 따른 용도 변경 형식을 포함한다)
7. 항타기 및 항발기
8. 천공용 건설기계(어스드릴, 어스오거, 크롤러드릴, 점보드릴 등)
9. 지반 압밀침하용 건설기계(샌드드레인머신, 페이퍼드레인머신, 팩드레인머신 등)

10. 지반 다짐용 건설기계(타이어롤러, 매커덤롤러, 탠덤롤러 등)
11. 준설용 건설기계(버킷준설선, 그래브준설선, 펌프준설선 등)
12. 콘크리트 펌프카
13. 덤프트럭
14. 콘크리트 믹서 트럭
15. 도로포장용 건설기계(아스팔트 살포기, 콘크리트 살포기, 아스팔트 피니셔, 콘크리트 피니셔 등)
16. 골재 채취 및 살포용 건설기계(쇄석기, 자갈채취기, 골재살포기 등)
17. 제1호부터 제16호까지와 유사한 구조 또는 기능을 갖는 건설기계로서 건설작업에 사용하는 것

(전조등의 설치) 사업주는 차량계 건설기계에 전조등을 갖추어야 한다. 다만, 작업을 안전하게 수행하기 위하여 필요한 조명이 있는 장소에서 사용하는 경우에는 그러하지 아니하다.

(낙하물 보호구조) 사업주는 토사등이 떨어질 우려가 있는 등 위험한 장소에서 차량계 건설기계[불도저, 트랙터, 굴착기, 로더(loader: 흙 따위를 퍼올리는 데 쓰는 기계), 스크레이퍼(scraper: 흙을 절삭·운반하거나 펴 고르는 등의 작업을 하는 토공기계), 덤프트럭, 모터그레이더(motor grader: 땅 고르는 기계), 롤러(roller: 지반 다짐용 건설기계), 천공기, 항타기 및 항발기로 한정한다]를 사용하는 경우에는 해당 차량계 건설기계에 견고한 낙하물 보호구조를 갖춰야 한다. . 〈개정 2022. 10. 18., 2024. 6. 28.〉

(전도 등의 방지) 사업주는 차량계 건설기계를 사용하는 작업할 때에 그 기계가 넘어지거나 굴러 떨어짐으로써 근로자가 위험해질 우려가 있는 경우에는 유도하는 사람을 배치하고 지반의 부동침하 방지, 갓길의 붕괴 방지 및 도로 폭의 유지 등 필요한 조치를 하여야 한다.

(접촉 방지)
① 사업주는 차량계 건설기계를 사용하여 작업을 하는 경우에는 운전 중인 해당 차량계 건설기계에 접촉되어 근로자가 부딪칠 위험이 있는 장소에 근로자를 출입시켜서는 아니 된다. 다만, 유도자를 배치하고 해당 차량계 건설기계를 유도하는 경우에는 그러하지 아니하다.
② 차량계 건설기계의 운전자는 제1항 단서의 유도자가 유도하는 대로 따라야 한다.

(차량계 건설기계의 이송) 사업주는 차량계 건설기계를 이송하기 위해 자주 또는 견인에 의해 화물자동차 등에 싣거나 내리는 작업을 할 때에 발판·성토 등을 사용하는 경우에는 해당 차량계 건설기계의 전도 또는 굴러 떨어짐에 의한 위험을 방지하기 위해 다음 각 호의 사항을 준수해야 한다. 〈개정 2019. 10. 15., 2021. 5. 28.〉

1. 싣거나 내리는 작업은 평탄하고 견고한 장소에서 할 것
2. 발판을 사용하는 경우에는 충분한 길이·폭 및 강도를 가진 것을 사용하고 적당한 경사를 유지하기 위하여 견고하게 설치할 것
3. 자루·가설대 등을 사용하는 경우에는 충분한 폭 및 강도와 적당한 경사를 확보할 것

(승차석 외의 탑승금지) 사업주는 차량계 건설기계를 사용하여 작업을 하는 경우 승차석이 아닌 위치에 근로자를 탑승시켜서는 아니 된다.

(안전도 등의 준수) 사업주는 차량계 건설기계를 사용하여 작업을 하는 경우 그 차량계 건설기계가 넘어지거나 붕괴될 위험 또는 붐·암 등 작업장치가 파괴될 위험을 방지하기 위하여 그 기계의 구조 및 사용상 안전도 및 최대사용하중을 준수하여야 한다.

(주용도 외의 사용 제한) 사업주는 차량계 건설기계를 그 기계의 주된 용도에만 사용하여야 한다. 다만, 근로자가 위험해질 우려가 없는 경우에는 그러하지 아니하다.

(붐 등의 강하에 의한 위험 방지) 사업주는 차량계 건설기계의 붐·암 등을 올리고 그 밑에서 수리·점검작업 등을 하는 경우 붐·암 등이 갑자기 내려옴으로써 발생하는 위험을 방지하기 위하여 해당 작업에 종사하는 근로자에게 안전지지대 또는 안전블록 등을 사용하도록 하여야 한다. 〈개정 2019. 10. 15.〉

(수리 등의 작업 시 조치) 사업주는 차량계 건설기계의 수리나 부속장치의 장착 및 제거작업을 하는 경우 그 작업을 지휘하는 사람을 지정하여 다음 각 호의 사항을 준수하도록 하여야 한다. 〈개정 2019. 10. 15.〉

1. 작업순서를 결정하고 작업을 지휘할 것
2. 제205조의 안전지지대 또는 안전블록 등의 사용상황 등을 점검할 것

THEME 198 항타기 및 항발기

(조립·해체 시 점검사항) 〈신설 2022. 10. 18.〉

① 사업주는 항타기 또는 항발기를 조립하거나 해체하는 경우 다음 각 호의 사항을 준수해야 한다.
  1. 항타기 또는 항발기에 사용하는 권상기에 쐐기장치 또는 역회전방지용 브레이크를 부착할 것
  2. 항타기 또는 항발기의 권상기가 들리거나 미끄러지거나 흔들리지 않도록 설치할 것
  3. 그 밖에 조립·해체에 필요한 사항은 제조사에서 정한 설치·해체 작업 설명서에 따를 것

② 사업주는 항타기 또는 항발기를 조립하거나 해체하는 경우 다음 각 호의 사항을 점검해야 한다. 〈개정 2022. 10. 18.〉
  1. 본체 연결부의 풀림 또는 손상의 유무
  2. 권상용 와이어로프·드럼 및 도르래의 부착상태의 이상 유무
  3. 권상장치의 브레이크 및 쐐기장치 기능의 이상 유무
  4. 권상기의 설치상태의 이상 유무
  5. 리더(leader)의 버팀 방법 및 고정상태의 이상 유무
  6. 본체·부속장치 및 부속품의 강도가 적합한지 여부
  7. 본체·부속장치 및 부속품에 심한 손상·마모·변형 또는 부식이 있는지 여부

[제목개정 2022. 10. 18.]

(무너짐의 방지) 사업주는 동력을 사용하는 항타기 또는 항발기에 대하여 무너짐을 방지하기 위하여 다음 각 호의 사항을 준수해야 한다. 〈개정 2023. 11. 14.〉

1. 연약한 지반에 설치하는 경우에는 아웃트리거·받침 등 지지구조물의 침하를 방지하기 위하여 깔판·받침목 등을 사용할 것
2. 시설 또는 가설물 등에 설치하는 경우에는 그 내력을 확인하고 내력이 부족하면 그 내력을 보강할 것
3. 아웃트리거·받침 등 지지구조물이 미끄러질 우려가 있는 경우에는 말뚝 또는 쐐기 등을 사용하여 해당 지지구조물을 고정시킬 것
4. 궤도 또는 차로 이동하는 항타기 또는 항발기에 대해서는 불시에 이동하는 것을 방지하기 위하여 레일 클램프(rail clamp) 및 쐐기 등으로 고정시킬 것
5. 상단 부분은 버팀대·버팀줄로 고정하여 안정시키고, 그 하단 부분은 견고한 버팀·말뚝 또는 철골 등으로 고정시킬 것

6. 7. 삭제 〈2022. 10. 18〉

(이음매가 있는 권상용 와이어로프의 사용 금지) 사업주는 항타기 또는 항발기의 권상용 와이어로프로 제63조 제1항 제1호 각 목에 해당하는 것을 사용해서는 아니 된다. 〈개정 2022. 10. 18.〉

(권상용 와이어로프의 안전계수) 사업주는 항타기 또는 항발기의 권상용 와이어로프의 안전계수가 5 이상이 아니면 이를 사용해서는 아니 된다.

(권상용 와이어로프의 길이 등) 사업주는 항타기 또는 항발기에 권상용 와이어로프를 사용하는 경우에 다음 각 호의 사항을 준수하여야 한다.

1. 권상용 와이어로프는 추 또는 해머가 최저의 위치에 있을 때 또는 널말뚝을 빼내기 시작할 때를 기준으로 권상장치의 드럼에 적어도 2회 감기고 남을 수 있는 충분한 길이일 것
2. 권상용 와이어로프는 권상장치의 드럼에 클램프·클립 등을 사용하여 견고하게 고정할 것
3. 권상용 와이어로프에서 추·해머 등과의 연결은 클램프·클립 등을 사용하여 견고하게 할 것 〈개정 2022. 10. 18.〉
4. 제2호 및 제3호의 클램프·클립 등은 한국산업표준 제품이거나 한국산업표준이 없는 제품의 경우에는 이에 준하는 규격을 갖춘 제품을 사용할 것 〈신설 2022. 10. 18.〉

(널말뚝 등과의 연결) 사업주는 항발기의 권상용 와이어로프·도르래 등은 충분한 강도가 있는 샤클·고정철물 등을 사용하여 말뚝·널말뚝 등과 연결시켜야 한다.

(도르래의 부착 등)

① 사업주는 항타기나 항발기에 도르래나 도르래 뭉치를 부착하는 경우에는 부착부가 받는 하중에 의하여 파괴될 우려가 없는 브라켓·샤클 및 와이어로프 등으로 견고하게 부착하여야 한다.
② 사업주는 항타기 또는 항발기의 권상장치의 드럼축과 권상장치로부터 첫 번째 도르래의 축 간의 거리를 권상장치 드럼폭의 15배 이상으로 하여야 한다.

③ 제2항의 도르래는 권상장치의 드럼 중심을 지나야 하며 축과 수직면상에 있어야 한다.
④ 항타기나 항발기의 구조상 권상용 와이어로프가 꼬일 우려가 없는 경우에는 제2항과 제3항을 적용하지 아니한다.

(사용 시의 조치 등)
① 사업주는 압축공기를 동력원으로 하는 항타기나 항발기를 사용하는 경우에는 다음 각 호의 사항을 준수하여야 한다. 〈개정 2022 10. 18.〉
  1. 해머의 운동에 의하여 공기호스와 해머의 접속부가 파손되거나 벗겨지는 것을 방지하기 위하여 그 접속부가 아닌 부위를 선정하여 공기호스를 해머에 고정시킬 것
  2. 증기나 공기를 차단하는 장치를 해머의 운전자가 쉽게 조작할 수 있는 위치에 설치할 것
② 사업주는 항타기나 항발기의 권상장치의 드럼에 권상용 와이어로프가 꼬인 경우에는 와이어로프에 하중을 걸어서는 아니 된다.
③ 사업주는 항타기나 항발기의 권상장치에 하중을 건 상태로 정지하여 두는 경우에는 쐐기장치 또는 역회전방지용 브레이크를 사용하여 제동하는 등 확실하게 정지시켜 두어야 한다.

(말뚝 등을 끌어올릴 경우의 조치)
① 사업주는 항타기를 사용하여 말뚝 및 널말뚝 등을 끌어올리는 경우에는 그 훅 부분이 드럼 또는 도르래의 바로 아래에 위치하도록 하여 끌어올려야 한다.
② 항타기에 체인블록 등의 장치를 부착하여 말뚝 또는 널말뚝 등을 끌어 올리는 경우에는 제1항을 준용한다.

(항타기 등의 이동) 사업주는 두 개의 지주 등으로 지지하는 항타기 또는 항발기를 이동시키는 경우에는 이들 각 부위를 당김으로 인하여 항타기 또는 항발기가 넘어지는 것을 방지하기 위하여 반대측에서 원치로 장력와이어로프를 사용하여 확실히 제동하여야 한다.

(가스배관 등의 손상 방지) 사업주는 항타기를 사용하여 작업할 때에 가스배관, 지중전선로 및 그 밖의 지하공작물의 손상으로 근로자가 위험에 처할 우려가 있는 경우에는 미리 작업장소에 가스배관·지중전선로 등이 있는지를 조사하여 이전 설치나 매달기 보호 등의 조치를 하여야 한다.

THEME 199 굴착기 (신설 2022. 10. 18.)

(충돌위험 방지조치)
① 사업주는 굴착기에 사람이 부딪히는 것을 방지하기 위해 후사경과 후방영상표시장치 등 굴착기를 운전하는 사람이 좌우 및 후방을 확인할 수 있는 장치를 굴착기에 갖춰야 한다.
② 사업주는 굴착기로 작업을 하기 전에 후사경과 후방영상표시장치 등의 부착상태와 작동 여부를 확인해야 한다.

(좌석안전띠의 착용)

① 사업주는 굴착기를 운전하는 사람이 좌석안전띠를 착용하도록 해야 한다.

② 굴착기를 운전하는 사람은 좌석안전띠를 착용해야 한다.

(잠금장치의 체결)

사업주는 굴착기 퀵커플러(quick coupler)에 버킷, 브레이커(breaker), 크램셸(clamshell) 등 작업장치(이하 "작업장치"라 한다)를 장착 또는 교환하는 경우에는 안전핀 등 잠금장치를 체결하고 이를 확인해야 한다.

(인양작업 시 조치)

① 사업주는 다음 각 호의 사항을 모두 갖춘 굴착기의 경우에는 굴착기를 사용하여 화물 인양작업을 할 수 있다.
  1. 굴착기의 퀵커플러 또는 작업장치에 달기구(훅, 걸쇠 등을 말한다)가 부착되어 있는 등 인양작업이 가능하도록 제작된 기계일 것
  2. 굴착기 제조사에서 정한 정격하중이 확인되는 굴착기를 사용할 것
  3. 달기구에 해지장치가 사용되는 등 작업 중 인양물의 낙하 우려가 없을 것

② 사업주는 굴착기를 사용하여 인양작업을 하는 경우에는 다음 각 호의 사항을 준수해야 한다.
  1. 굴착기 제조사에서 정한 작업설명서에 따라 인양할 것
  2. 사람을 지정하여 인양작업을 신호하게 할 것
  3. 인양물과 근로자가 접촉할 우려가 있는 장소에 근로자의 출입을 금지시킬 것
  4. 지반의 침하 우려가 없고 평평한 장소에서 작업할 것
  5. 인양 대상 화물의 무게는 정격하중을 넘지 않을 것

③ 굴착기를 이용한 인양작업 시 와이어로프 등 달기구의 사용에 관해서는 제163조부터 제170조까지의 규정(제166조, 제167조 및 제169조에 따라 준용되는 경우를 포함한다)을 준용한다. 이 경우 "양중기" 또는 "크레인"은 "굴착기"로 본다.

THEME 200 인화성 액체 등을 수시로 취급하는 장소

① 사업주는 인화성 액체, 인화성 가스 등을 수시로 취급하는 장소에서는 환기가 충분하지 않은 상태에서 전기기계·기구를 작동시켜서는 아니 된다.

② 사업주는 수시로 밀폐된 공간에서 스프레이 건을 사용하여 인화성 액체로 세척·도장 등의 작업을 하는 경우에는 다음 각 호의 조치를 하고 전기기계·기구를 작동시켜야 한다.
  1. 인화성 액체, 인화성 가스 등으로 폭발위험 분위기가 조성되지 않도록 해당 물질의 공기 중 농도가 인화하한계값의 25퍼센트를 넘지 않도록 충분히 환기를 유지할 것
  2. 조명 등은 고무, 실리콘 등의 패킹이나 실링재료를 사용하여 완전히 밀봉할 것

3. 가열성 전기기계·기구를 사용하는 경우에는 세척 또는 도장용 스프레이 건과 동시에 작동되지 않도록 연동장치 등의 조치를 할 것
4. 방폭구조 외의 스위치와 콘센트 등의 전기기기는 밀폐 공간 외부에 설치되어 있을 것

③ 사업주는 제1항과 제2항에도 불구하고 방폭성능을 갖는 전기기계·기구에 대해서는 제1항의 상태 및 제2항 각 호의 조치를 하지 아니한 상태에서도 작동시킬 수 있다.

THEME 201 가스용접 등의 작업

사업주는 인화성 가스, 불활성 가스 및 산소(이하 "가스 등"이라 한다)를 사용하여 금속의 용접·용단 또는 가열작업을 하는 경우에는 가스 등의 누출 또는 방출로 인한 폭발·화재 또는 화상을 예방하기 위해 다음 각 호의 사항을 준수해야 한다. 〈개정 2021. 5. 28.〉

1. 가스 등의 호스와 취관(吹管)은 손상·마모 등에 의하여 가스 등이 누출할 우려가 없는 것을 사용할 것
2. 가스 등의 취관 및 호스의 상호 접촉부분은 호스밴드, 호스클립 등 조임기구를 사용하여 가스 등이 누출되지 않도록 할 것
3. 가스 등의 호스에 가스 등을 공급하는 경우에는 미리 그 호스에서 가스 등이 방출되지 않도록 필요한 조치를 할 것
4. 사용 중인 가스 등을 공급하는 공급구의 밸브나 콕에는 그 밸브나 콕에 접속된 가스 등의 호스를 사용하는 사람의 이름표를 붙이는 등 가스 등의 공급에 대한 오조작을 방지하기 위한 표시를 할 것
5. 용단작업을 하는 경우에는 취관으로부터 산소의 과잉방출로 인한 화상을 예방하기 위하여 근로자가 조절밸브를 서서히 조작하도록 주지시킬 것
6. 작업을 중단하거나 마치고 작업장소를 떠날 경우에는 가스 등의 공급구의 밸브나 콕을 잠글 것
7. 가스 등의 분기관은 전용 접속기구를 사용하여 불량체결을 방지하여야 하며, 서로 이어지지 않는 구조의 접속기구 사용, 서로 다른 색상의 배관·호스의 사용 및 꼬리표 부착 등을 통하여 서로 다른 가스배관과의 불량체결을 방지할 것

THEME 202 가스 등의 용기

사업주는 금속의 용접·용단 또는 가열에 사용되는 가스 등의 용기를 취급하는 경우에 다음 각 호의 사항을 준수하여야 한다.

1. 다음 각 목의 어느 하나에 해당하는 장소에서 사용하거나 해당 장소에 설치·저장 또는 방치하지 않도록 할 것

가. 통풍이나 환기가 불충분한 장소

나. 화기를 사용하는 장소 및 그 부근

다. 위험물 또는 제236조에 따른 인화성 액체를 취급하는 장소 및 그 부근

2. 용기의 온도를 섭씨 40도 이하로 유지할 것
3. 전도의 위험이 없도록 할 것
4. 충격을 가하지 않도록 할 것
5. 운반하는 경우에는 캡을 씌울 것
6. 사용하는 경우에는 용기의 마개에 부착되어 있는 유류 및 먼지를 제거할 것
7. 밸브의 개폐는 서서히 할 것
8. 사용 전 또는 사용 중인 용기와 그 밖의 용기를 명확히 구별하여 보관할 것
9. 용해아세틸렌의 용기는 세워 둘 것
10. 용기의 부식 · 마모 또는 변형상태를 점검한 후 사용할 것

THEME 203 화재위험작업 시의 준수사항

① 사업주는 통풍이나 환기가 충분하지 않은 장소에서 화재위험작업을 하는 경우에는 통풍 또는 환기를 위하여 산소를 사용해서는 아니 된다. 〈개정 2017. 3. 3.〉

② 사업주는 가연성물질이 있는 장소에서 화재위험작업을 하는 경우에는 화재예방에 필요한 다음 각 호의 사항을 준수하여야 한다. 〈개정 2017. 3. 3., 2019. 12. 26.〉

1. 작업 준비 및 작업 절차 수립
2. 작업장 내 위험물의 사용 · 보관 현황 파악
3. 화기작업에 따른 인근 가연성물질에 대한 방호조치 및 소화기구 비치
4. 용접불티 비산방지덮개, 용접방화포 등 불꽃, 불티 등 비산방지조치
5. 인화성 액체의 증기 및 인화성 가스가 남아 있지 않도록 환기 등의 조치
6. 작업근로자에 대한 화재예방 및 피난교육 등 비상조치

③ 사업주는 작업시작 전에 제2항 각 호의 사항을 확인하고 불꽃 · 불티 등의 비산을 방지하기 위한 조치 등 안전조치를 이행한 후 근로자에게 화재위험작업을 하도록 해야 한다. 〈신설 2019. 12. 26.〉

④ 사업주는 화재위험작업이 시작되는 시점부터 종료될 때까지 작업내용, 작업일시, 안전점검 및 조치에 관한 사항 등을 해당 작업장소에 서면으로 게시해야 한다. 다만, 같은 장소에서 상시 · 반복적으로 화재위험작업을 하는 경우에는 생략할 수 있다. 〈신설 2019. 12. 26.〉

[제목개정 2019. 12. 26.]

THEME 204 화재감시자

① 사업주는 근로자에게 다음 각 호의 어느 하나에 해당하는 장소에서 용접·용단 작업을 하도록 하는 경우에는 화재감시자를 지정하여 용접·용단 작업 장소에 배치해야 한다. 다만, 같은 장소에서 상시·반복적으로 용접·용단작업을 할 때 경보용 설비·기구, 소화설비 또는 소화기가 갖추어진 경우에는 화재감시자를 지정·배치하지 않을 수 있다. 〈개정 2019. 12. 26., 2021. 5. 28.〉
  1. 작업반경 11미터 이내에 건물구조 자체나 내부(개구부 등으로 개방된 부분을 포함한다)에 가연성물질이 있는 장소
  2. 작업반경 11미터 이내의 바닥 하부에 가연성물질이 11미터 이상 떨어져 있지만 불꽃에 의해 쉽게 발화될 우려가 있는 장소
  3. 가연성물질이 금속으로 된 칸막이·벽·천장 또는 지붕의 반대쪽 면에 인접해 있어 열전도나 열복사에 의해 발화될 우려가 있는 장소

② 제1항 본문에 따른 화재감시자는 다음 각 호의 업무를 수행한다. 〈신설 2021. 5. 28.〉
  1. 제1항 각 호에 해당하는 장소에 가연성물질이 있는지 여부의 확인
  2. 제232조 제2항에 따른 가스 검지, 경보 성능을 갖춘 가스 검지 및 경보 장치의 작동 여부의 확인
  3. 화재 발생 시 사업장 내 근로자의 대피 유도

③ 사업주는 제1항 본문에 따라 배치된 화재감시자에게 업무 수행에 필요한 확성기, 휴대용 조명기구 및 화재대피용마스크 등 대피용 방연장비를 지급해야 한다. 〈개정 2022. 10. 18.〉

[본조신설 2017. 3. 3.]

THEME 205 아세틸렌 용접장치의 관리 등

사업주는 아세틸렌 용접장치를 사용하여 금속의 용접·용단(溶斷) 또는 가열작업을 하는 경우에 다음 각 호의 사항을 준수하여야 한다. 〈개정 2024. 6. 28.〉
1. 발생기(이동식 아세틸렌 용접장치의 발생기는 제외한다)의 종류, 형식, 제작업체명, 매 시 평균 가스발생량 및 1회 카바이드 공급량을 발생기실 내의 보기 쉬운 장소에 게시할 것
2. 발생기실에는 관계 근로자가 아닌 사람이 출입하는 것을 금지할 것
3. 발생기에서 5미터 이내 또는 발생기실에서 3미터 이내의 장소에서는 흡연, 화기의 사용 또는 불꽃이 발생할 위험한 행위를 금지시킬 것

4. 도관에는 산소용과 아세틸렌용의 혼동을 방지하기 위한 조치를 할 것
5. 아세틸렌 용접장치의 설치장소에는 소화기 한 대 이상을 갖출 것
6. 이동식 아세틸렌 용접장치의 발생기는 고온의 장소, 통풍이나 환기가 불충분한 장소 또는 진동이 많은 장소 등에 설치하지 않도록 할 것

THEME 206 가스집합용접장치의 관리 등

사업주는 가스집합용접장치를 사용하여 금속의 용접·용단 및 가열작업을 하는 경우에는 다음 각 호의 사항을 준수하여야 한다. 〈개정 2024. 6. 28.〉

1. 사용하는 가스의 명칭 및 최대가스저장량을 가스장치실의 보기 쉬운 장소에 게시할 것
2. 가스용기를 교환하는 경우에는 관리감독자가 참여한 가운데 할 것
3. 밸브·콕 등의 조작 및 점검요령을 가스장치실의 보기 쉬운 장소에 게시할 것
4. 가스장치실에는 관계 근로자가 아닌 사람의 출입을 금지할 것
5. 가스집합장치로부터 5미터 이내의 장소에서는 흡연, 화기의 사용 또는 불꽃을 발생할 우려가 있는 행위를 금지할 것
6. 도관에는 산소용과의 혼동을 방지하기 위한 조치를 할 것
7. 가스집합장치의 설치장소에는 소화설비[「소방시설 설치 및 관리에 관한 법률 시행령」 별표 1에 따른 소화설비(간이소화용구를 제외한다)를 말한다] 중 어느 하나 이상을 갖출 것
8. 이동식 가스집합용접장치의 가스집합장치는 고온의 장소, 통풍이나 환기가 불충분한 장소 또는 진동이 많은 장소에 설치하지 않도록 할 것
9. 해당 작업을 행하는 근로자에게 보안경과 안전장갑을 착용시킬 것

THEME 207 전기 기계·기구 등의 충전부 방호

① 사업주는 근로자가 작업이나 통행 등으로 인하여 전기기계, 기구[전동기·변압기·접속기·개폐기·분전반(分電盤)·배전반(配電盤) 등 전기를 통하는 기계·기구, 그 밖의 설비 중 배선 및 이동전선 외의 것을 말한다. 이하 같다] 또는 전로 등의 충전부분(전열기의 발열체 부분, 저항접속기의 전극 부분 등 전기기계·기구의 사용 목적에 따라 노출이 불가피한 충전부분은 제외한다. 이하 같다)에 접촉(충전부분과 연결된 도전체와의 접촉을 포함한다. 이하 이 장에서 같다)하거나 접근함으로써 감전 위험이 있는 충전부분에 대하여 감전을 방지하기 위하여 다음 각 호의 방법 중 하나 이상의 방법으로 방호하여야 한다.

1. 충전부가 노출되지 않도록 폐쇄형 외함(外函)이 있는 구조로 할 것

2. 충전부에 충분한 절연효과가 있는 방호망이나 절연덮개를 설치할 것
3. 충전부는 내구성이 있는 절연물로 완전히 덮어 감쌀 것
4. 발전소·변전소 및 개폐소 등 구획되어 있는 장소로서 관계 근로자가 아닌 사람의 출입이 금지되는 장소에 충전부를 설치하고, 위험표시 등의 방법으로 방호를 강화할 것
5. 전주 위 및 철탑 위 등 격리되어 있는 장소로서 관계 근로자가 아닌 사람이 접근할 우려가 없는 장소에 충전부를 설치할 것

② 사업주는 근로자가 노출 충전부가 있는 맨홀 또는 지하실 등의 밀폐공간에서 작업하는 경우에는 노출 충전부와의 접촉으로 인한 전기위험을 방지하기 위하여 덮개, 울타리 또는 절연 칸막이 등을 설치하여야 한다. 〈개정 2019. 10. 15.〉

③ 사업주는 근로자의 감전위험을 방지하기 위하여 개폐되는 문, 경첩이 있는 패널 등(분전반 또는 제어반 문)을 견고하게 고정시켜야 한다.

THEME 208 누전차단기에 의한 감전방지

① 사업주는 다음 각 호의 전기 기계·기구에 대하여 누전에 의한 감전위험을 방지하기 위하여 해당 전로의 정격에 적합하고 감도가 양호하며 확실하게 작동하는 감전방지용 누전차단기를 설치하여야 한다.
1. 대지전압이 150볼트를 초과하는 이동형 또는 휴대형 전기기계·기구
2. 물 등 도전성이 높은 액체가 있는 습윤장소에서 사용하는 저압(750볼트 이하 직류전압이나 600볼트 이하의 교류전압을 말한다)용 전기기계·기구
3. 철판·철골 위 등 도전성이 높은 장소에서 사용하는 이동형 또는 휴대형 전기기계·기구
4. 임시배선의 전로가 설치되는 장소에서 사용하는 이동형 또는 휴대형 전기기계·기구

② 사업주는 제1항에 따라 감전방지용 누전차단기를 설치하기 어려운 경우에는 작업시작 전에 접지선의 연결 및 접속부 상태 등이 적합한지 확실하게 점검하여야 한다.

③ 다음 각 호의 어느 하나에 해당하는 경우에는 제1항과 제2항을 적용하지 아니한다. 〈개정 2019. 1. 31.〉
1. 「전기용품안전관리법」에 따른 이중절연구조 또는 이와 같은 수준 이상으로 보호되는 전기기계·기구
2. 절연대 위 등과 같이 감전위험이 없는 장소에서 사용하는 전기기계·기구
3. 비접지방식의 전로

④ 사업주는 제1항에 따라 전기기계·기구를 사용하기 전에 해당 누전차단기의 작동상태를 점검하고 이상이 발견되면 즉시 보수하거나 교환하여야 한다.

⑤ 사업주는 제1항에 따라 설치한 누전차단기를 접속하는 경우에 다음 각 호의 사항을 준수하여야 한다.

1. 전기기계·기구에 설치되어 있는 누전차단기는 정격감도전류가 30밀리암페어 이하이고 작동시간은 0.03초 이내일 것. 다만, 정격전부하전류가 50암페어 이상인 전기기계·기구에 접속되는 누전차단기는 오작동을 방지하기 위하여 정격감도전류는 200밀리암페어 이하로, 작동시간은 0.1초 이내로 할 수 있다.
2. 분기회로 또는 전기기계·기구마다 누전차단기를 접속할 것. 다만, 평상시 누설전류가 매우 적은 소용량부하의 전로에는 분기회로에 일괄하여 접속할 수 있다.
3. 누전차단기는 배전반 또는 분전반 내에 접속하거나 꽂음접속기형 누전차단기를 콘센트에 접속하는 등 파손이나 감전사고를 방지할 수 있는 장소에 접속할 것
4. 지락보호전용 기능만 있는 누전차단기는 과전류를 차단하는 퓨즈나 차단기 등과 조합하여 접속할 것

THEME 209 꽂음접속기의 설치·사용 시 준수사항

사업주는 꽂음접속기를 설치하거나 사용하는 경우에는 다음 각 호의 사항을 준수하여야 한다.
1. 서로 다른 전압의 꽂음접속기는 서로 접속되지 아니한 구조의 것을 사용할 것
2. 습윤한 장소에 사용되는 꽂음접속기는 방수형 등 그 장소에 적합한 것을 사용할 것
3. 근로자가 해당 꽂음접속기를 접속시킬 경우에는 땀 등으로 젖은 손으로 취급하지 않도록 할 것
4. 해당 꽂음접속기에 잠금장치가 있는 경우에는 접속 후 잠그고 사용할 것

THEME 210 충전전로에서의 전기작업

① 사업주는 근로자가 충전전로를 취급하거나 그 인근에서 작업하는 경우에는 다음 각 호의 조치를 하여야 한다.
1. 충전전로를 정전시키는 경우에는 제319조에 따른 조치를 할 것
2. 충전전로를 방호, 차폐하거나 절연 등의 조치를 하는 경우에는 근로자의 신체가 전로와 직접 접촉하거나 도전재료, 공구 또는 기기를 통하여 간접 접촉되지 않도록 할 것
3. 충전전로를 취급하는 근로자에게 그 작업에 적합한 절연용 보호구를 착용시킬 것
4. 충전전로에 근접한 장소에서 전기작업을 하는 경우에는 해당 전압에 적합한 절연용 방호구를 설치할 것. 다만, 저압인 경우에는 해당 전기작업자가 절연용 보호구를 착용하되, 충전전로에 접촉할 우려가 없는 경우에는 절연용 방호구를 설치하지 아니할 수 있다.
5. 고압 및 특별고압의 전로에서 전기작업을 하는 근로자에게 활선작업용 기구 및 장치를 사

용하도록 할 것

6. 근로자가 절연용 방호구의 설치·해체작업을 하는 경우에는 절연용 보호구를 착용하거나 활선작업용 기구 및 장치를 사용하도록 할 것
7. 유자격자가 아닌 근로자가 충전전로 인근의 높은 곳에서 작업할 때에 근로자의 몸 또는 긴 도전성 물체가 방호되지 않은 충전전로에서 대지전압이 50킬로볼트 이하인 경우에는 300센티미터 이내로, 대지전압이 50킬로볼트를 넘는 경우에는 10킬로볼트당 10센티미터씩 더한 거리 이내로 각각 접근할 수 없도록 할 것
8. 유자격자가 충전전로 인근에서 작업하는 경우에는 다음 각 목의 경우를 제외하고는 노출 충전부에 다음 표에 제시된 접근한계거리 이내로 접근하거나 절연 손잡이가 없는 도전체에 접근할 수 없도록 할 것

   가. 근로자가 노출 충전부로부터 절연된 경우 또는 해당 전압에 적합한 절연장갑을 착용한 경우
   나. 노출 충전부가 다른 전위를 갖는 도전체 또는 근로자와 절연된 경우
   다. 근로자가 다른 전위를 갖는 모든 도전체로부터 절연된 경우

충전전로의 선간전압(KV)	충전전로에 대한 한계 접근거리(cm)
0.3 이하	접촉금지
0.3 초과 0.75 이하	30
0.75 초과 2 이하	45
2 초과 15 이하	60
15 초과 37 이하	90
37 초과 88 이하	110
88 초과 121 이하	130
121 초과 145 이하	150
145 초과 169 이하	170
169 초과 242 이하	230
242 초과 362 이하	280
362 초과 550 이하	550
550 초과 800 이하	790

② 사업주는 절연이 되지 않은 충전부나 그 인근에 근로자가 접근하는 것을 막거나 제한할 필요가 있는 경우에는 울타리를 설치하고 근로자가 쉽게 알아볼 수 있도록 하여야 한다. 다만, 전기와 접촉할 위험이 있는 경우에는 도전성이 있는 금속제 울타리를 사용하거나, 제1항의 표에 정한 접근 한계거리 이내에 설치해서는 아니 된다. 〈개정 2019. 10. 15.〉
③ 사업주는 제2항의 조치가 곤란한 경우에는 근로자를 감전위험에서 보호하기 위하여 사전에 위험을 경고하는 감시인을 배치하여야 한다.

THEME 211   거푸집 조립 시의 안전조치

사업주는 거푸집을 조립하는 경우에는 다음 각 호의 사항을 준수해야 한다.
1. 거푸집을 조립하는 경우에는 거푸집이 콘크리트 하중이나 그 밖의 외력에 견딜 수 있거나, 넘어지지 않도록 견고한 구조의 긴결재(콘크리트를 타설할 때 거푸집이 변형되지 않게 연결하여 고정하는 재료를 말한다), 버팀대 또는 지지대를 설치하는 등 필요한 조치를 할 것
2. 거푸집이 곡면인 경우에는 버팀대의 부착 등 그 거푸집의 부상(浮上)을 방지하기 위한 조치를 할 것
[본조신설 2023. 11. 14.]

THEME 212   동바리 조립 시 / 동바리 유형에 따른 동바리 조립 시의 안전조치

동바리 조립 시의 안전조치
사업주는 동바리를 조립하는 경우에는 하중의 지지상태를 유지할 수 있도록 다음 각 호의 사항을 준수해야 한다.
1. 받침목이나 깔판의 사용, 콘크리트 타설, 말뚝박기 등 동바리의 침하를 방지하기 위한 조치를 할 것
2. 동바리의 상하 고정 및 미끄러짐 방지 조치를 할 것
3. 상부·하부의 동바리가 동일 수직선상에 위치하도록 하여 깔판·받침목에 고정시킬 것
4. 개구부 상부에 동바리를 설치하는 경우에는 상부하중을 견딜 수 있는 견고한 받침대를 설치할 것
5. U헤드 등의 단판이 없는 동바리의 상단에 멍에 등을 올릴 경우에는 해당 상단에 U헤드 등의 단판을 설치하고, 멍에 등이 전도되거나 이탈되지 않도록 고정시킬 것
6. 동바리의 이음은 같은 품질의 재료를 사용할 것
7. 강재의 접속부 및 교차부는 볼트·클램프 등 전용철물을 사용하여 단단히 연결할 것
8. 거푸집의 형상에 따른 부득이한 경우를 제외하고는 깔판이나 받침목은 2단 이상 끼우지 않도록 할 것
9. 깔판이나 받침목을 이어서 사용하는 경우에는 그 깔판·받침목을 단단히 연결할 것
[전문개정 2023. 11. 14.]

동바리 유형에 따른 동바리 조립 시의 안전조치
사업주는 동바리를 조립할 때 동바리의 유형별로 다음 각 호의 구분에 따른 각 목의 사항을 준수해야 한다.

1. 동바리로 사용하는 파이프 서포트의 경우
   가. 파이프 서포트를 3개 이상 이어서 사용하지 않도록 할 것
   나. 파이프 서포트를 이어서 사용하는 경우에는 4개 이상의 볼트 또는 전용철물을 사용하여 이을 것
   다. 높이가 3.5미터를 초과하는 경우에는 높이 2미터 이내마다 수평연결재를 2개 방향으로 만들고 수평연결재의 변위를 방지할 것
2. 동바리로 사용하는 강관틀의 경우
   가. 강관틀과 강관틀 사이에 교차가새를 설치할 것
   나. 최상단 및 5단 이내마다 동바리의 측면과 틀면의 방향 및 교차가새의 방향에서 5개 이내마다 수평연결재를 설치하고 수평연결재의 변위를 방지할 것
   다. 최상단 및 5단 이내마다 동바리의 틀면의 방향에서 양단 및 5개틀 이내마다 교차가새의 방향으로 띠장틀을 설치할 것
3. 동바리로 사용하는 조립강주의 경우: 조립강주의 높이가 4미터를 초과하는 경우에는 높이 4미터 이내마다 수평연결재를 2개 방향으로 설치하고 수평연결재의 변위를 방지할 것
4. 시스템 동바리(규격화·부품화된 수직재, 수평재 및 가새재 등의 부재를 현장에서 조립하여 거푸집을 지지하는 지주 형식의 동바리를 말한다)의 경우
   가. 수평재는 수직재와 직각으로 설치해야 하며, 흔들리지 않도록 견고하게 설치할 것
   나. 연결철물을 사용하여 수직재를 견고하게 연결하고, 연결부위가 탈락 또는 꺾어지지 않도록 할 것
   다. 수직 및 수평하중에 대해 동바리의 구조적 안정성이 확보되도록 조립도에 따라 수직재 및 수평재에는 가새재를 견고하게 설치할 것
   라. 동바리 최상단과 최하단의 수직재와 받침철물은 서로 밀착되도록 설치하고 수직재와 받침철물의 연결부의 겹침길이는 받침철물 전체길이의 3분의 1 이상 되도록 할 것
5. 보 형식의 동바리[강제 갑판(steel deck), 철재트러스 조립 보 등 수평으로 설치하여 거푸집을 지지하는 동바리를 말한다]의 경우
   가. 접합부는 충분한 걸침 길이를 확보하고 못, 용접 등으로 양끝을 지지물에 고정시켜 미끄러짐 및 탈락을 방지할 것
   나. 양끝에 설치된 보 거푸집을 지지하는 동바리 사이에는 수평연결재를 설치하거나 동바리를 추가로 설치하는 등 보 거푸집이 옆으로 넘어지지 않도록 견고하게 할 것
   다. 설계도면, 시방서 등 설계도서를 준수하여 설치할 것
   [본조신설 2023. 11. 14.]

THEME 213   콘크리트의 타설작업

사업주는 콘크리트 타설작업을 하는 경우에는 다음 각 호의 사항을 준수해야 한다. 〈개정 2023. 11. 14.〉
1. 당일의 작업을 시작하기 전에 해당 작업에 관한 거푸집 및 동바리의 변형·변위 및 지반의 침하 유무 등을 점검하고 이상이 있으면 보수할 것
2. 작업 중에는 감시자를 배치하는 등의 방법으로 거푸집 및 동바리의 변형·변위 및 침하 유무 등을 확인해야 하며, 이상이 있으면 작업을 중지하고 근로자를 대피시킬 것
3. 콘크리트 타설작업 시 거푸집 붕괴의 위험이 발생할 우려가 있으면 충분한 보강조치를 할 것
4. 설계도서상의 콘크리트 양생기간을 준수하여 거푸집 및 동바리를 해체할 것
5. 콘크리트를 타설하는 경우에는 편심이 발생하지 않도록 골고루 분산하여 타설할 것

THEME 214   콘크리트 타설장비 사용 시 준수사항

사업주는 콘크리트 타설작업을 하기 위하여 콘크리트 플레이싱 붐(placing boom), 콘크리트 분배기, 콘크리트 펌프카 등(이하 이 조에서 "콘크리트타설장비"라 한다)을 사용하는 경우에는 다음 각 호의 사항을 준수해야 한다. 〈개정 2023. 11. 14.〉
1. 작업을 시작하기 전에 콘크리트타설장비를 점검하고 이상을 발견하였으면 즉시 보수할 것
2. 건축물의 난간 등에서 작업하는 근로자가 호스의 요동·선회로 인하여 추락하는 위험을 방지하기 위하여 안전난간 설치 등 필요한 조치를 할 것
3. 콘크리트타설장비의 붐을 조정하는 경우에는 주변의 전선 등에 의한 위험을 예방하기 위한 적절한 조치를 할 것
4. 작업 중에 지반의 침하나 아웃트리거 등 콘크리트타설장비 지지구조물의 손상 등에 의하여 콘크리트타설장비가 넘어질 우려가 있는 경우에는 이를 방지하기 위한 적절한 조치를 할 것

THEME 215   조립·해체 등 작업 시의 준수사항

① 사업주는 기둥·보·벽체·슬래브 등의 거푸집동바리 등을 조립하거나 해체하는 작업을 하는 경우에는 다음 각 호의 사항을 준수해야 한다. 〈개정 2021. 5. 28., 2023. 11. 14.〉
1. 해당 작업을 하는 구역에는 관계 근로자가 아닌 사람의 출입을 금지할 것
2. 비, 눈, 그 밖의 기상상태의 불안정으로 날씨가 몹시 나쁜 경우에는 그 작업을 중지할 것
3. 재료, 기구 또는 공구 등을 올리거나 내리는 경우에는 근로자로 하여금 달줄·달포대 등을 사용하도록 할 것

4. 낙하·충격에 의한 돌발적 재해를 방지하기 위하여 버팀목을 설치하고 거푸집동바리 등을 인양장비에 매단 후에 작업을 하도록 하는 등 필요한 조치를 할 것

② 사업주는 철근조립 등의 작업을 하는 경우에는 다음 각 호의 사항을 준수하여야 한다.
  1. 양중기로 철근을 운반할 경우에는 두 군데 이상 묶어서 수평으로 운반할 것
  2. 작업위치의 높이가 2미터 이상일 경우에는 작업발판을 설치하거나 안전대를 착용하게 하는 등 위험 방지를 위하여 필요한 조치를 할 것

THEME 216 작업발판 일체형 거푸집의 안전조치

① "작업발판 일체형 거푸집"이란 거푸집의 설치·해체, 철근 조립, 콘크리트 타설, 콘크리트 면처리 작업 등을 위하여 거푸집을 작업발판과 일체로 제작하여 사용하는 거푸집으로서 다음 각 호의 거푸집을 말한다.
  1. 갱 폼(gang form)
  2. 슬립 폼(slip form)
  3. 클라이밍 폼(climbing form)
  4. 터널 라이닝 폼(tunnel lining form)
  5. 그 밖에 거푸집과 작업발판이 일체로 제작된 거푸집 등

② 제1항 제1호의 갱 폼의 조립·이동·양중·해체(이하 이 조에서 "조립 등"이라 한다) 작업을 하는 경우에는 다음 각 호의 사항을 준수하여야 한다.
  1. 조립 등의 범위 및 작업절차를 미리 그 작업에 종사하는 근로자에게 주지시킬 것
  2. 근로자가 안전하게 구조물 내부에서 갱 폼의 작업발판으로 출입할 수 있는 이동통로를 설치할 것
  3. 갱 폼의 지지 또는 고정철물의 이상 유무를 수시 점검하고 이상이 발견된 경우에는 교체하도록 할 것
  4. 갱 폼을 조립하거나 해체하는 경우에는 갱 폼을 인양장비에 매단 후에 작업을 실시하도록 하고, 인양장비에 매달기 전에 지지 또는 고정철물을 미리 해체하지 않도록 할 것
  5. 갱 폼 인양 시 작업발판용 케이지에 근로자가 탑승한 상태에서 갱 폼의 인양작업을 하지 아니할 것

③ 사업주는 제1항 제2호부터 제5호까지의 조립 등의 작업을 하는 경우에는 다음 각 호의 사항을 준수하여야 한다.
  1. 조립 등 작업 시 거푸집 부재의 변형 여부와 연결 및 지지재의 이상 유무를 확인할 것
  2. 조립 등 작업과 관련한 이동·양중·운반 장비의 고장·오조작 등으로 인해 근로자에게 위험을 미칠 우려가 있는 장소에는 근로자의 출입을 금지하는 등 위험 방지 조치를 할 것

3. 거푸집이 콘크리트면에 지지될 때에 콘크리트의 굳기정도와 거푸집의 무게, 풍압 등의 영향으로 거푸집의 갑작스런 이탈 또는 낙하로 인해 근로자가 위험해질 우려가 있는 경우에는 설계도서에서 정한 콘크리트의 양생기간을 준수하거나 콘크리트면에 견고하게 지지하는 등 필요한 조치를 할 것
4. 연결 또는 지지 형식으로 조립된 부재의 조립 등 작업을 하는 경우에는 거푸집을 인양장비에 매단 후에 작업을 하도록 하는 등 낙하·붕괴·전도의 위험 방지를 위하여 필요한 조치를 할 것

THEME 217 지반 등의 굴착 시 위험 방지

① 사업주는 지반 등을 굴착하는 경우 굴착면의 기울기를 별표 11의 기준에 맞도록 해야 한다. 다만, 「건설기술 진흥법」 제44조제1항에 따른 건설기준에 맞게 작성한 설계도서상의 굴착면의 기울기를 준수하거나 흙막이 등 기울기면의 붕괴 방지를 위하여 적절한 조치를 한 경우에는 그렇지 않다.
② 사업주는 비가 올 경우를 대비하여 측구(側溝)를 설치하거나 굴착경사면에 비닐을 덮는 등 빗물 등의 침투에 의한 붕괴재해를 예방하기 위하여 필요한 조치를 해야 한다.
[전문개정 2023. 11. 14.].

■ 산업안전보건기준에 관한 규칙 [별표 11]

굴착면의 기울기 기준(제339조 제1항 관련)

지반의 종류	굴착면의 기울기
모래	1 : 1.8
연암 및 풍화암	1 : 1.0
경암	1 : 0.5
그 밖의 흙	1 : 1.2

비고
1. 굴착면의 기울기는 굴착면의 높이에 대한 수평거리의 비율을 말한다.
2. 굴착면의 경사가 달라서 기울기를 계산하기가 곤란한 경우에는 해당 굴착면에 대하여 지반의 종류별 굴착면의 기울기에 따라 붕괴의 위험이 증가하지 않도록 위 표의 지반의 종류별 굴착면의 기울기에 맞게 해당 각 부분의 경사를 유지해야 한다.

THEME 218 굴착작업 시 위험방지

사업주는 굴착작업 시 토사등의 붕괴 또는 낙하에 의하여 근로자에게 위험을 미칠 우려가 있는 경우에는 미리 흙막이 지보공의 설치, 방호망의 설치 및 근로자의 출입 금지 등 그 위험을 방지하기 위하여 필요한 조치를 해야 한다. [전문개정 2023. 11. 14.]

THEME 219 흙막이 지보공 붕괴의 위험 방지

① 사업주는 흙막이 지보공을 설치하였을 때에는 정기적으로 다음 각 호의 사항을 점검하고 이상을 발견하면 즉시 보수하여야 한다.
　1. 부재의 손상·변형·부식·변위 및 탈락의 유무와 상태
　2. 버팀대의 긴압(緊壓)의 정도
　3. 부재의 접속부·부착부 및 교차부의 상태
　4. 침하의 정도
② 사업주는 제1항의 점검 외에 설계도서에 따른 계측을 하고 계측 분석 결과 토압의 증가 등 이상한 점을 발견한 경우에는 즉시 보강조치를 하여야 한다.

THEME 220 발파의 작업기준

사업주는 발파작업에 종사하는 근로자에게 다음 각 호의 사항을 준수하도록 하여야 한다.
1. 얼어붙은 다이나마이트는 화기에 접근시키거나 그 밖의 고열물에 직접 접촉시키는 등 위험한 방법으로 융해되지 않도록 할 것
2. 화약이나 폭약을 장전하는 경우에는 그 부근에서 화기를 사용하거나 흡연을 하지 않도록 할 것
3. 장전구(裝塡具)는 마찰·충격·정전기 등에 의한 폭발의 위험이 없는 안전한 것을 사용할 것
4. 발파공의 충진재료는 점토·모래 등 발화성 또는 인화성의 위험이 없는 재료를 사용할 것
5. 점화 후 장전된 화약류가 폭발하지 아니한 경우 또는 장전된 화약류의 폭발 여부를 확인하기 곤란한 경우에는 다음 각 목의 사항을 따를 것
　가. 전기뇌관에 의한 경우에는 발파모선을 점화기에서 떼어 그 끝을 단락시켜 놓는 등 재점화되지 않도록 조치하고 그 때부터 5분 이상 경과한 후가 아니면 화약류의 장전장소에 접근시키지 않도록 할 것
　나. 전기뇌관 외의 것에 의한 경우에는 점화한 때부터 15분 이상 경과한 후가 아니면 화약류의 장전장소에 접근시키지 않도록 할 것

6. 전기뇌관에 의한 발파의 경우 점화하기 전에 화약류를 장전한 장소로부터 30미터 이상 떨어진 안전한 장소에서 전선에 대하여 저항측정 및 도통(導通)시험을 할 것

THEME 221 터널 지보공의 붕괴 방지

사업주는 터널 지보공을 설치한 경우에 다음 각 호의 사항을 수시로 점검하여야 하며, 이상을 발견한 경우에는 즉시 보강하거나 보수하여야 한다.
1. 부재의 손상·변형·부식·변위 탈락의 유무 및 상태
2. 부재의 긴압 정도
3. 부재의 접속부 및 교차부의 상태
4. 기둥침하의 유무 및 상태

THEME 222 교량작업 시 준수사항

사업주는 제38조 제1항 제8호에 따른 교량의 설치·해체 또는 변경작업을 하는 경우에는 다음 각 호의 사항을 준수하여야 한다.
1. 작업을 하는 구역에는 관계 근로자가 아닌 사람의 출입을 금지할 것
2. 재료, 기구 또는 공구 등을 올리거나 내릴 경우에는 근로자로 하여금 달줄, 달포대 등을 사용하도록 할 것
3. 중량물 부재를 크레인 등으로 인양하는 경우에는 부재에 인양용 고리를 견고하게 설치하고, 인양용 로프는 부재에 두 군데 이상 결속하여 인양하여야 하며, 중량물이 안전하게 거치되기 전까지는 걸이로프를 해제시키지 아니할 것
4. 자재나 부재의 낙하·전도 또는 붕괴 등에 의하여 근로자에게 위험을 미칠 우려가 있을 경우에는 출입금지구역의 설정, 자재 또는 가설시설의 좌굴(挫屈) 또는 변형 방지를 위한 보강재 부착 등의 조치를 할 것

THEME 223 잠함 등 내부에서의 작업

① 사업주는 잠함, 우물통, 수직갱, 그 밖에 이와 유사한 건설물 또는 설비(이하 "잠함 등"이라 한다)의 내부에서 굴착작업을 하는 경우에 다음 각 호의 사항을 준수하여야 한다.
1. 산소 결핍 우려가 있는 경우에는 산소의 농도를 측정하는 사람을 지명하여 측정하도록 할 것
2. 근로자가 안전하게 오르내리기 위한 설비를 설치할 것
3. 굴착 깊이가 20미터를 초과하는 경우에는 해당 작업장소와 외부와의 연락을 위한 통신설

비 등을 설치할 것
② 사업주는 제1항 제1호에 따른 측정 결과 산소 결핍이 인정되거나 굴착 깊이가 20미터를 초과하는 경우에는 송기(送氣)를 위한 설비를 설치하여 필요한 양의 공기를 공급해야 한다.

THEME 224 가설도로

사업주는 공사용 가설도로를 설치하는 경우에 다음 각 호의 사항을 준수하여야 한다. 〈개정 2019. 10. 15.〉
1. 도로는 장비와 차량이 안전하게 운행할 수 있도록 견고하게 설치할 것
2. 도로와 작업장이 접하여 있을 경우에는 울타리 등을 설치할 것
3. 도로는 배수를 위하여 경사지게 설치하거나 배수시설을 설치할 것
4. 차량의 속도제한 표지를 부착할 것

THEME 225 철골작업

(철골조립 시의 위험 방지) 사업주는 철골을 조립하는 경우에 철골의 접합부가 충분히 지지되도록 볼트를 체결하거나 이와 같은 수준 이상의 견고한 구조가 되기 전에는 들어 올린 철골을 걸이로프 등으로부터 분리해서는 아니 된다. 〈개정 2019. 1. 31.〉
(승강로의 설치) 사업주는 근로자가 수직방향으로 이동하는 철골부재(鐵骨部材)에는 답단(踏段) 간격이 30센티미터 이내인 고정된 승강로를 설치하여야 하며, 수평방향 철골과 수직방향 철골이 연결되는 부분에는 연결작업을 위하여 작업발판 등을 설치하여야 한다.
(가설통로의 설치) 사업주는 철골작업을 하는 경우에 근로자의 주요 이동통로에 고정된 가설통로를 설치하여야 한다. 다만, 제44조에 따른 안전대의 부착설비 등을 갖춘 경우에는 그러하지 아니하다.
(작업의 제한) 사업주는 다음 각 호의 어느 하나에 해당하는 경우에 철골작업을 중지하여야 한다.
1. 풍속이 초당 10미터 이상인 경우
2. 강우량이 시간당 1밀리미터 이상인 경우
3. 강설량이 시간당 1센티미터 이상인 경우

THEME 226 화물취급 하역작업 등

(꼬임이 끊어진 섬유로프 등의 사용 금지) 사업주는 다음 각 호의 어느 하나에 해당하는 섬유로프 등을 화물운반용 또는 고정용으로 사용해서는 아니 된다.

1. 꼬임이 끊어진 것
2. 심하게 손상되거나 부식된 것

(사용 전 점검 등) 사업주는 섬유로프 등을 사용하여 화물취급작업을 하는 경우에 해당 섬유로프 등을 점검하고 이상을 발견한 섬유로프 등을 즉시 교체하여야 한다.

(화물 중간에서 화물 빼내기 금지) 사업주는 차량 등에서 화물을 내리는 작업을 하는 경우에 해당 작업에 종사하는 근로자에게 쌓여 있는 화물 중간에서 화물을 빼내도록 해서는 아니 된다.

(하역작업장의 조치기준) 사업주는 부두·안벽 등 하역작업을 하는 장소에 다음 각 호의 조치를 하여야 한다.

1. 작업장 및 통로의 위험한 부분에는 안전하게 작업할 수 있는 조명을 유지할 것
2. 부두 또는 안벽의 선을 따라 통로를 설치하는 경우에는 폭을 90센티미터 이상으로 할 것
3. 육상에서의 통로 및 작업장소로서 다리 또는 선거(船渠) 갑문(閘門)을 넘는 보도(步道) 등의 위험한 부분에는 안전난간 또는 울타리 등을 설치할 것

(하적단의 간격) 사업주는 바닥으로부터의 높이가 2미터 이상 되는 하적단(포대·가마니 등으로 포장된 화물이 쌓여 있는 것만 해당한다)과 인접 하적단 사이의 간격을 하적단의 밑부분을 기준하여 10센티미터 이상으로 하여야 한다.

(하적단의 붕괴 등에 의한 위험방지)
① 사업주는 하적단의 붕괴 또는 화물의 낙하에 의하여 근로자가 위험해질 우려가 있는 경우에는 그 하적단을 로프로 묶거나 망을 치는 등 위험을 방지하기 위하여 필요한 조치를 하여야 한다.
② 하적단을 쌓는 경우에는 기본형을 조성하여 쌓아야 한다.
③ 하적단을 헐어내는 경우에는 위에서부터 순차적으로 층계를 만들면서 헐어내어야 하며, 중간에서 헐어내어서는 아니 된다.

(화물의 적재) 사업주는 화물을 적재하는 경우에 다음 각 호의 사항을 준수하여야 한다.
1. 침하 우려가 없는 튼튼한 기반 위에 적재할 것
2. 건물의 칸막이나 벽 등이 화물의 압력에 견딜 만큼의 강도를 지니지 아니한 경우에는 칸막이나 벽에 기대어 적재하지 않도록 할 것
3. 불안정할 정도로 높이 쌓아 올리지 말 것
4. 하중이 한쪽으로 치우치지 않도록 쌓을 것

THEME 227 항만하역작업

(통행설비의 설치 등) 사업주는 갑판의 윗면에서 선창(船倉) 밑바닥까지의 깊이가 1.5미터를 초과하는 선창의 내부에서 화물취급작업을 하는 경우에 그 작업에 종사하는 근로자가 안전하게

통행할 수 있는 설비를 설치하여야 한다. 다만, 안전하게 통행할 수 있는 설비가 선박에 설치되어 있는 경우에는 그러하지 아니하다.

(급성 중독물질 등에 의한 위험 방지) 사업주는 항만하역작업을 시작하기 전에 그 작업을 하는 선창 내부, 갑판 위 또는 안벽 위에 있는 화물 중에 별표 1의 급성 독성물질이 있는지를 조사하여 안전한 취급방법 및 누출 시 처리방법을 정하여야 한다.

(무포장 화물의 취급방법)

① 사업주는 선창 내부의 밀·콩·옥수수 등 무포장 화물을 내리는 작업을 할 때에는 시프팅보드(shifting board), 피더박스(feeder box) 등 화물 이동 방지를 위한 칸막이벽이 넘어지거나 떨어짐으로써 근로자가 위험해질 우려가 있는 경우에는 그 칸막이벽을 해체한 후 작업을 하도록 하여야 한다.

② 사업주는 진공흡입식 언로더(unloader) 등의 하역기계를 사용하여 무포장 화물을 하역할 때 그 하역기계의 이동 또는 작동에 따른 흔들림 등으로 인하여 근로자가 위험해질 우려가 있는 경우에는 근로자의 접근을 금지하는 등 필요한 조치를 하여야 한다.

(선박승강설비의 설치)

① 사업주는 300톤급 이상의 선박에서 하역작업을 하는 경우에 근로자들이 안전하게 오르내릴 수 있는 현문(舷門) 사다리를 설치하여야 하며, 이 사다리 밑에 안전망을 설치하여야 한다.

② 제1항에 따른 현문 사다리는 견고한 재료로 제작된 것으로 너비는 55센티미터 이상이어야 하고, 양측에 82센티미터 이상의 높이로 울타리를 설치하여야 하며, 바닥은 미끄러지지 않도록 적합한 재질로 처리되어야 한다. 〈개정 2019. 10. 15.〉

③ 제1항의 현문 사다리는 근로자의 통행에만 사용하여야 하며, 화물용 발판 또는 화물용 보판으로 사용하도록 해서는 아니 된다.

(통선 등에 의한 근로자 수송 시의 위험 방지) 사업주는 통선(通船) 등에 의하여 근로자를 작업장소로 수송(輸送)하는 경우 그 통선 등이 정하는 탑승정원을 초과하여 근로자를 승선시켜서는 아니 되며, 통선 등에 구명용구를 갖추어 두는 등 근로자의 위험 방지에 필요한 조치를 취하여야 한다.

(수상의 목재·뗏목 등의 작업 시 위험 방지) 사업주는 물 위의 목재·원목·뗏목 등에서 작업을 하는 근로자에게 구명조끼를 착용하도록 하여야 하며, 인근에 인명구조용 선박을 배치하여야 한다.

(베일포장화물의 취급) 사업주는 양화장치를 사용하여 베일포장으로 포장된 화물을 하역하는 경우에 그 포장에 사용된 철사·로프 등에 훅을 걸어서는 아니 된다.

(동시 작업의 금지) 사업주는 같은 선창 내부의 다른 층에서 동시에 작업을 하도록 해서는 아니 된다. 다만, 방망(防網) 및 방포(防布) 등 화물의 낙하를 방지하기 위한 설비를 설치한 경우에는 그러하지 아니하다.

(양하작업 시의 안전조치)

① 사업주는 양화장치 등을 사용하여 양하작업을 하는 경우에 선창 내부의 화물을 안전하게 운반할 수 있도록 미리 해치(hatch)의 수직하부에 옮겨 놓아야 한다.
② 제1항에 따라 화물을 옮기는 경우에는 대차(臺車) 또는 스내치 블록(snatch block)을 사용하는 등 안전한 방법을 사용하여야 하며, 화물을 슬링 로프(sling rope)로 연결하여 직접 끌어내는 등 안전하지 않은 방법을 사용해서는 아니 된다.

(훅부착슬링의 사용) 사업주는 양화장치 등을 사용하여 드럼통 등의 화물권상작업을 하는 경우에 그 화물이 벗어지거나 탈락하는 것을 방지하는 구조의 해지장치가 설치된 훅부착슬링을 사용하여야 한다. 다만, 작업의 성질상 보조슬링을 연결하여 사용하는 경우 화물에 직접 연결하는 훅은 그러하지 아니하다.

(로프 탈락 등에 의한 위험방지) 사업주는 양화장치 등을 사용하여 로프로 화물을 잡아당기는 경우에 로프나 도르래가 떨어져 나감으로써 근로자가 위험해질 우려가 있는 장소에 근로자를 출입시켜서는 아니 된다.

THEME 228 석면 해체 등에 관한 조치기준 (개정 2024. 6. 28.)

(직업성 질병의 주지) 사업주는 석면으로 인한 직업성 질병의 발생 원인, 재발 방지 방법 등을 석면을 취급하는 근로자에게 알려야 한다.

(유지·관리) 사업주는 건축물이나 설비의 천장재, 벽체 재료 및 보온재 등의 손상, 노후화 등으로 석면분진을 발생시켜 근로자가 그 분진에 노출될 우려가 있을 경우에는 해당 자재를 제거하거나 다른 자재로 대체하거나 안정화(安定化)하거나 씌우는 등 필요한 조치를 하여야 한다.

(일반석면조사)
① 법 제119조 제1항에 따라 건축물·설비를 철거하거나 해체하려는 건축물·설비의 소유주 또는 임차인 등은 그 건축물이나 설비의 석면함유 여부를 맨눈, 설계도서, 자재이력(履歷) 등 적절한 방법을 통하여 조사하여야 한다. 〈개정 2012. 3. 5., 2019. 10. 15., 2019. 12. 26.〉
② 제1항에 따른 조사에도 불구하고 해당 건축물이나 설비의 석면 함유 여부가 명확하지 않은 경우에는 석면의 함유 여부를 성분분석하여 조사하여야 한다.
③ 삭제 〈2012. 3. 5.〉
[제목개정 2012. 3. 5.]

(석면해체·제거작업 계획 수립)
① 사업주는 석면해체·제거작업을 하기 전에 법 제119조에 따른 일반석면조사 또는 기관석면조사 결과를 확인한 후 다음 각 호의 사항이 포함된 석면해체·제거작업 계획을 수립하고, 이에 따라 작업을 수행하여야 한다. 〈개정 2012. 3. 5., 2019. 12. 26.〉
 1. 석면해체·제거작업의 절차와 방법

        2. 석면 흩날림 방지 및 폐기방법
        3. 근로자 보호조치
② 사업주는 제1항에 따른 석면해체·제거작업 계획을 수립한 경우에 이를 해당 근로자에게 알려야 하며, 작업장에 대한 석면조사 방법 및 종료일자, 석면조사 결과의 요지를 해당 근로자가 보기 쉬운 장소에 게시하여야 한다. 〈개정 2012. 3. 5.〉
[제목개정 2012. 3. 5.]

(경고표지의 설치) 사업주는 석면해체·제거작업을 하는 장소에「산업안전보건법 시행규칙」별표6 중 일람표 번호 502에 따른 표지를 출입구에 게시하여야 한다. 다만, 작업이 이루어지는 장소가 실외이거나 출입구가 설치되어 있지 아니한 경우에는 근로자가 보기 쉬운 장소에 게시하여야 한다. 〈개정 2012. 3. 5., 2019. 12. 26.〉

(개인보호구의 지급·착용)

① 사업주는 석면해체·제거작업에 근로자를 종사하도록 하는 경우에 다음 각 호의 개인보호구를 지급하여 착용하도록 하여야 한다. 다만, 제2호의 보호구는 근로자의 눈 부분이 노출될 경우에만 지급한다. 〈개정 2012. 3. 5., 2019. 12. 26.〉
    1. 방진마스크(특등급만 해당한다)나 송기마스크 또는「산업안전보건법 시행령」별표 28 제3호 마목에 따른 전동식 호흡보호구. 다만, 제495조 제1호의 작업에 종사하는 경우에는 송기마스크 또는 전동식 호흡보호구를 지급하여 착용하도록 하여야 한다.
    2. 고글(Goggles)형 보호안경
    3. 신체를 감싸는 보호복, 보호장갑 및 보호신발
② 근로자는 제1항에 따라 지급된 개인보호구를 사업주의 지시에 따라 착용하여야 한다.

(출입의 금지)

① 사업주는 제489조 제1항에 따른 석면해체·제거작업 계획을 숙지하고 제491조 제1항 각 호의 개인보호구를 착용한 사람 외에는 석면해체·제거작업을 하는 작업장(이하 "석면해체·제거작업장"이라 한다)에 출입하게 해서는 아니 된다. 〈개정 2012. 3. 5.〉
② 근로자는 제1항에 따라 출입이 금지된 장소에 사업주의 허락 없이 출입해서는 아니 된다.

(흡연 등의 금지)

① 사업주는 석면해체·제거작업장에서 근로자가 담배를 피우거나 음식물을 먹지 않도록 하고 그 내용을 보기 쉬운 장소에 게시하여야 한다. 〈개정 2012. 3. 5.〉
② 근로자는 제1항에 따라 흡연 또는 음식물의 섭취가 금지된 장소에서 흡연 또는 음식물 섭취를 해서는 아니 된다.

(위생설비의 설치 등)

① 사업주는 석면해체·제거작업장과 연결되거나 인접한 장소에 평상복 탈의실, 샤워실 및 작업복 탈의실 등의 위생설비를 설치하고 필요한 용품 및 용구를 갖추어 두어야 한다. 〈개정 2012. 3. 5., 2019. 12. 26.〉

② 사업주는 석면해체·제거작업에 종사한 근로자에게 제491조 제1항 각 호의 개인보호구를 작업복 탈의실에서 벗어 밀폐용기에 보관하도록 하여야 한다. 〈개정 2012. 3. 5., 2019. 12. 26.〉

③ 사업주는 석면해체·제거작업을 하는 근로자가 작업 도중 일시적으로 작업장 밖으로 나가는 경우에는 고성능 필터가 장착된 진공청소기를 사용하는 방법 등으로 제491조 제2항에 따라 착용한 개인보호구에 부착된 석면분진을 제거한 후 나가도록 하여야 한다. 〈신설 2012. 3. 5.〉

④ 사업주는 제2항에 따라 보관 중인 개인보호구를 폐기하거나 세척하는 등 석면분진을 제거하기 위하여 필요한 조치를 하여야 한다. 〈개정 2012. 3. 5.〉

(석면해체·제거작업 시의 조치) 사업주는 석면해체·제거작업에 근로자를 종사하도록 하는 경우에 다음 각 호의 구분에 따른 조치를 하여야 한다. 다만, 사업주가 다른 조치를 한 경우로서 지방고용노동관서의 장이 다음 각 호의 조치와 같거나 그 이상의 효과를 가진다고 인정하는 경우에는 다음 각 호의 조치를 한 것으로 본다. 〈개정 2012. 3. 5., 2019. 12. 26.〉

1. 분무(噴霧)된 석면이나 석면이 함유된 보온재 또는 내화피복재(耐火被覆材)의 해체·제거작업
   가. 창문·벽·바닥 등은 비닐 등 불침투성 차단재로 밀폐하고 해당 장소를 음압(陰壓)으로 유지하고 그 결과를 기록·보존할 것(작업장이 실내인 경우에만 해당한다)
   나. 작업 시 석면분진이 흩날리지 않도록 고성능 필터가 장착된 석면분진 포집장치를 가동하는 등 필요한 조치를 할 것(작업장이 실외인 경우에만 해당한다)
   다. 물이나 습윤제(濕潤劑)를 사용하여 습식(濕式)으로 작업할 것
   라. 평상복 탈의실, 샤워실 및 작업복 탈의실 등의 위생설비를 작업장과 연결하여 설치할 것(작업장이 실내인 경우에만 해당한다)

2. 석면이 함유된 벽체, 바닥타일 및 천장재의 해체·제거작업[천공(穿孔)작업 등 석면이 적게 흩날리는 작업을 하는 경우에는 나목의 조치로 한정한다]
   가. 창문·벽·바닥 등은 비닐 등 불침투성 차단재로 밀폐할 것
   나. 물이나 습윤제를 사용하여 습식으로 작업할 것
   다. 작업장소를 음압으로 유지하고 그 결과를 기록·보존할 것(석면함유 벽체·바닥타일·천장재를 물리적으로 깨거나 기계 등을 이용하여 절단하는 작업인 경우에만 해당한다)

3. 석면이 함유된 지붕재의 해체·제거작업
   가. 해체된 지붕재는 직접 땅으로 떨어뜨리거나 던지지 말 것
   나. 물이나 습윤제를 사용하여 습식으로 작업할 것(습식작업 시 안전상 위험이 있는 경우는 제외한다)
   다. 난방이나 환기를 위한 통풍구가 지붕 근처에 있는 경우에는 이를 밀폐하고 환기설비의 가동을 중단할 것

4. 석면이 함유된 그 밖의 자재의 해체·제거작업

가. 창문·벽·바닥 등은 비닐 등 불침투성 차단재로 밀폐할 것(작업장이 실내인 경우에만 해당한다)
나. 석면분진이 흩날리지 않도록 석면분진 포집장치를 가동하는 등 필요한 조치를 할 것(작업장이 실외인 경우에만 해당한다)
다. 물이나 습윤제를 사용하여 습식으로 작업할 것

[제목개정 2012. 3. 5.]

(석면함유 잔재물 등의 처리)
① 사업주는 석면해체·제거작업이 완료된 후 그 작업 과정에서 발생한 석면함유 잔재물 등이 해당 작업장에 남지 아니하도록 청소 등 필요한 조치를 하여야 한다.
② 사업주는 석면해체·제거작업 및 제1항에 따른 조치 중에 발생한 석면함유 잔재물 등을 비닐이나 그 밖에 이와 유사한 재질의 포대에 담아 밀봉한 후 별지 제3호 서식에 따른 표지를 붙여 「폐기물관리법」에 따라 처리하여야 한다.

[전문개정 2019. 1. 31.]

(잔재물의 흩날림 방지)
① 사업주는 석면해체·제거작업에서 발생된 석면을 함유한 잔재물은 습식으로 청소하거나 고성능필터가 장착된 진공청소기를 사용하여 청소하는 등 석면분진이 흩날리지 않도록 하여야 한다. 〈개정 2012. 3. 5.〉
② 사업주는 제1항에 따라 청소하는 경우에 압축공기를 분사하는 방법으로 청소해서는 아니 된다.

(석면해체·제거작업 기준의 적용 특례) 석면해체·제거작업 중 석면의 함유율이 1퍼센트 이하인 경우의 작업에 관해서는 제489조부터 제497조까지의 규정에 따른 기준을 적용하지 아니한다.

[본조신설 2012. 3. 5.]

(석면함유 폐기물 처리작업 시 조치)
① 사업주는 석면을 1퍼센트 이상 함유한 폐기물(석면의 제거작업 등에 사용된 비닐시트·방진마스크·작업복 등을 포함한다)을 처리하는 작업으로서 석면분진이 발생할 우려가 있는 작업에 근로자를 종사하도록 하는 경우에는 석면분진 발산원을 밀폐하거나 국소배기장치를 설치하거나 습식방법으로 작업하도록 하는 등 석면분진이 발생하지 않도록 필요한 조치를 하여야 한다. 〈개정 2017. 3. 3.〉
② 제1항에 따른 사업주에 관하여는 제464조, 제491조 제1항, 제492조, 제493조, 제494조 제2항부터 제4항까지 및 제500조를 준용하고, 제1항에 따른 근로자에 관하여는 제491조 제2항을 준용한다.

[본조신설 2012. 3. 5.]

THEME 229 소음작업 기준

1. "소음작업"이란 1일 8시간 작업을 기준으로 85데시벨 이상의 소음이 발생하는 작업을 말한다.
2. "강렬한 소음작업"이란 다음 각목의 어느 하나에 해당하는 작업을 말한다.
    가. 90데시벨 이상의 소음이 1일 8시간 이상 발생하는 작업
    나. 95데시벨 이상의 소음이 1일 4시간 이상 발생하는 작업
    다. 100데시벨 이상의 소음이 1일 2시간 이상 발생하는 작업
    라. 105데시벨 이상의 소음이 1일 1시간 이상 발생하는 작업
    마. 110데시벨 이상의 소음이 1일 30분 이상 발생하는 작업
    바. 115데시벨 이상의 소음이 1일 15분 이상 발생하는 작업
3. "충격소음작업"이란 소음이 1초 이상의 간격으로 발생하는 작업으로서 다음 각 목의 어느 하나에 해당하는 작업을 말한다.
    가. 120데시벨을 초과하는 소음이 1일 1만회 이상 발생하는 작업
    나. 130데시벨을 초과하는 소음이 1일 1천회 이상 발생하는 작업
    다. 140데시벨을 초과하는 소음이 1일 1백회 이상 발생하는 작업
4. "진동작업"이란 다음 각 목의 어느 하나에 해당하는 기계·기구를 사용하는 작업을 말한다.
    가. 착암기(鑿巖機)
    나. 동력을 이용한 해머
    다. 체인톱
    라. 엔진 커터(engine cutter)
    마. 동력을 이용한 연삭기
    바. 임팩트 렌치(impact wrench)
    사. 그 밖에 진동으로 인하여 건강장해를 유발할 수 있는 기계·기구
5. "청력보존 프로그램"이란 다음 각 목의 사항이 포함된 소음성 난청을 예방·관리하기 위한 종합적인 계획을 말한다.
    가. 소음노출 평가
    나. 소음노출에 대한 공학적 대책
    다. 청력보호구의 지급과 착용
    라. 소음의 유해성 및 예방 관련 교육
    마. 정기적 청력검사
    바. 청력보존 프로그램 수립 및 시행 관련 기록·관리체계
    사. 그 밖에 소음성 난청 예방·관리에 필요한 사항
〈개정 2024. 6. 28.〉

THEME 230 밀폐공간작업 기준

1. "밀폐공간"이란 산소결핍, 유해가스로 인한 질식·화재·폭발 등의 위험이 있는 장소로서 별표 18에서 정한 장소를 말한다.
2. "유해가스"란 이산화탄소·일산화탄소·황화수소 등의 기체로서 인체에 유해한 영향을 미치는 물질을 말한다.
3. "적정공기"란 산소농도의 범위가 18퍼센트 이상 23.5퍼센트 미만, 탄산가스의 농도가 1.5퍼센트 미만, 일산화탄소의 농도가 30피피엠 미만, 황화수소의 농도가 10피피엠 미만인 수준의 공기를 말한다.
4. "산소결핍"이란 공기 중의 산소농도가 18퍼센트 미만인 상태를 말한다.
5. "산소결핍증"이란 산소가 결핍된 공기를 들이마심으로써 생기는 증상을 말한다.

THEME 231 건설업 산업안전보건관리비 계상 및 사용기준

[시행 2025. 1. 1.] [고용노동부고시 제2024-53호, 2024. 9. 19., 일부개정]

(적용범위) 이 고시는 건설공사 중 총공사금액 2천만 원 이상인 공사에 적용한다. 다만, 단가계약에 의하여 행하는 공사에 대하여는 총계약금액을 기준으로 적용한다.

(계상의무 및 기준)

① 발주자가 도급계약 체결을 위한 원가계산에 의한 예정가격을 작성하거나, 자기공사자가 건설공사 사업 계획을 수립할 때에는 다음 각 호에 따라 산정한 금액 이상의 산업안전보건관리비를 계상하여야 한다. 다만, 발주자가 재료를 제공하거나 일부 물품이 완제품의 형태로 제작·납품되는 경우에는 해당 재료비 또는 완제품 가액을 대상액에 포함하여 산출한 산업안전보건관리비와 해당 재료비 또는 완제품 가액을 대상액에서 제외하고 산출한 산업안전보건관리비의 1.2배에 해당하는 값을 비교하여 그 중 작은 값 이상의 금액으로 계상한다.
 1. 대상액이 5억 원 미만 또는 50억 원 이상인 경우: 대상액에 별표 1에서 정한 비율을 곱한 금액
 2. 대상액이 5억 원 이상 50억 원 미만인 경우: 대상액에 별표 1에서 정한 비율을 곱한 금액에 기초액을 합한 금액
 3. 대상액이 명확하지 않은 경우: 제4조 제1항의 도급계약 또는 자체사업계획상 책정된 총공사금액의 10분의 7에 해당하는 금액을 대상액으로 하고 제1호 및 제2호에서 정한 기준에 따라 계상

② 발주자는 제1항에 따라 계상한 산업안전보건관리비를 입찰공고 등을 통해 입찰에 참가하려는 자에게 알려야 한다.

③ 발주자와 법 제69조에 따른 건설공사도급인 중 자기공사자를 제외하고 발주자로부터 해당 건설공사를 최초로 도급받은 수급인(이하 "도급인"이라 한다)은 공사계약을 체결할 경우 제1항에 따라 계상된 산업안전보건관리비를 공사도급계약서에 별도로 표시하여야 한다.

④ 별표 1의 공사의 종류는 별표 5의 건설공사의 종류 예시표에 따른다. 다만, 하나의 사업장 내에 건설공사 종류가 둘 이상인 경우(분리발주한 경우를 제외한다)에는 공사금액이 가장 큰 공사종류를 적용한다.

⑤ 발주자 또는 자기공사자는 설계변경 등으로 대상액의 변동이 있는 경우 별표 1의3에 따라 지체 없이 산업안전보건관리비를 조정 계상하여야 한다. 다만, 설계변경으로 공사금액이 800억 원 이상으로 증액된 경우에는 증액된 대상액을 기준으로 제1항에 따라 재계상한다.

[별표 1] 공사종류 및 규모별 안전관리비 계상기준표

(단위 : 원)

공사종류 \ 구분	대상액 5억 원 미만인 경우 적용비율(%)	대상액 5억 원 이상 50억 원 미만인 경우		대상액 50억 원 이상인 경우 적용비율(%)	영 별표 5에 따른 보건관리자 선임 대상 건설공사의 적용비율(%)
		적용비율(%)	기초액		
건축공사	3.11%	2.28%	4,325,000원	2.37%	2.64%
토목공사	3.15%	2.53%	3,300,000원	2.60%	2.73%
중건설공사	3.64%	3.05%	2,975,000원	3.11%	3.39%
특수건설공사	2.07%	1.59%	2,450,000원	1.64%	1.78%

[별표 1의3] 설계변경 시 안전관리비 조정 · 계상 방법

1. 설계변경에 따른 안전관리비는 다음 계산식에 따라 산정한다.
   설계변경에 따른 안전관리비 = 설계변경 전의 안전관리비 + 설계변경으로 인한 안전관리비 증감액
2. 제1호의 계산식에서 설계변경으로 인한 안전관리비 증감액은 다음 계산식에 따라 산정한다.
   설계변경으로 인한 안전관리비 증감액 = 설계변경 전의 안전관리비 × 대상액의 증감 비율
3. 제2호의 계산식에서 대상액의 증감 비율은 다음 계산식에 따라 산정한다. 이 경우, 대상액은 예정가격 작성시의 대상액이 아닌 설계변경 전 · 후의 도급계약서상의 대상액을 말한다.
   대상액의 증감 비율 = [(설계변경 후 대상액 − 설계변경 전 대상액) / 설계변경 전 대상액] × 100%

(사용기준)

① 도급인과 자기공사자는 산업안전보건관리비를 산업재해예방 목적으로 다음 각 호의 기준에 따라 사용하여야 한다.
   1. 안전관리자 · 보건관리자의 임금 등

가. 법 제17조제3항 및 법 제18조제3항에 따라 안전관리 또는 보건관리 업무만을 전담하는 안전관리자 또는 보건관리자의 임금과 출장비 전액

나. 안전관리 또는 보건관리 업무를 전담하지 않는 안전관리자 또는 보건관리자의 임금과 출장비의 각각 2분의 1에 해당하는 비용

다. 안전관리자를 선임한 건설공사 현장에서 산업재해 예방 업무만을 수행하는 작업지휘자, 유도자, 신호자 등의 임금 전액

다. 별표 1의2에 해당하는 작업을 직접 지휘·감독하는 직·조·반장 등 관리감독자의 직위에 있는 자가 영 제15조 제1항에서 정하는 업무를 수행하는 경우에 지급하는 업무수당(월 급여액의 10퍼센트 이내)

[별표 1의2] 관리감독자 안전보건업무 수행 시 수당지급 작업

1. 건설용 리프트·곤돌라를 이용한 작업
2. 콘크리트 파쇄기를 사용하여 행하는 파쇄작업 (2미터 이상인 구축물 파쇄에 한정한다)
3. 굴착 깊이가 2미터 이상인 지반의 굴착작업
4. 흙막이 지보공의 보강, 동바리 설치 또는 해체작업
5. 터널 안에서의 굴착작업, 터널거푸집의 조립 또는 콘크리트 작업
6. 굴착면의 깊이가 2미터 이상인 암석 굴착 작업
7. 거푸집 지보공의 조립 또는 해체작업
8. 비계의 조립, 해체 또는 변경작업
9. 건축물의 골조, 교량의 상부구조 또는 탑의 금속제의 부재에 의하여 구성되는 것(5미터 이상에 한정한다)의 조립, 해체 또는 변경작업
10. 콘크리트 공작물(높이 2미터 이상에 한정한다)의 해체 또는 파괴 작업
11. 전압이 75볼트 이상인 정전 및 활선작업
12. 맨홀작업, 산소결핍장소에서의 작업
13. 도로에 인접하여 관로, 케이블 등을 매설하거나 철거하는 작업
14. 전주 또는 통신주에서의 케이블 공중가설작업

2. 안전시설비 등

가. 산업재해 예방을 위한 안전난간, 추락방호망, 안전대 부착설비, 방호장치(기계·기구와 방호장치가 일체로 제작된 경우, 방호장치 부분의 가액에 한함) 등 안전시설의 구입·임대 및 설치를 위해 소요되는 비용

나. 「산업재해예방시설자금 융자금 지원사업 및 보조금 지급사업 운영규정」(고용노동부고시) 제2조 제12호에 따른 "스마트안전장비 지원사업" 및 「건설기술진흥법」 제62조의3에 따른 스마트 안전장비 구입·임대 비용. 다만, 제4조에 따라 계상된 산업안전보건관리비 총액의 10분의 1을 초과할 수 없다.

다. 용접 작업 등 화재 위험작업 시 사용하는 소화기의 구입·임대비용

3. 보호구 등

가. 영 제74조 제1항 제3호에 따른 보호구의 구입·수리·관리 등에 소요되는 비용

나. 근로자가 가목에 따른 보호구를 직접 구매·사용하여 합리적인 범위 내에서 보전하는 비용

다. 제1호 가목부터 다목까지의 규정에 따른 안전관리자 등의 업무용 피복, 기기 등을 구입하기 위한 비용

라. 제1호 가목에 따른 안전관리자 및 보건관리자가 안전보건 점검 등을 목적으로 건설공사 현장에서 사용하는 차량의 유류비·수리비·보험료

4. 안전보건진단비 등

가. 법 제42조에 따른 유해위험방지계획서의 작성 등에 소요되는 비용

나. 법 제47조에 따른 안전보건진단에 소요되는 비용

다. 법 제125조에 따른 작업환경 측정에 소요되는 비용

라. 그 밖에 산업재해예방을 위해 법에서 지정한 전문기관 등에서 실시하는 진단, 검사, 지도 등에 소요되는 비용

5. 안전보건교육비 등

가. 법 제29조부터 제32조까지의 규정에 따라 실시하는 의무교육이나 이에 준하여 실시하는 교육을 위해 건설공사 현장의 교육 장소 설치·운영 등에 소요되는 비용

나. 가목 이외 산업재해 예방 목적을 가진 다른 법령상 의무교육을 실시하기 위해 소요되는 비용

다. 「응급의료에 관한 법률」 제14조 제1항 제5호에 따른 안전보건교육 대상자 등에게 구조 및 응급처치에 관한 교육을 실시하기 위해 소요되는 비용

라. 안전보건관리책임자, 안전관리자, 보건관리자가 업무수행을 위해 필요한 정보를 취득하기 위한 목적으로 도서, 정기간행물을 구입하는 데 소요되는 비용

마. 건설공사 현장에서 안전기원제 등 산업재해 예방을 기원하는 행사를 개최하기 위해 소요되는 비용. 다만, 행사의 방법, 소요된 비용 등을 고려하여 사회통념에 적합한 행사에 한한다.

바. 건설공사 현장의 유해·위험요인을 제보하거나 개선방안을 제안한 근로자를 격려하기 위해 지급하는 비용

6. 근로자 건강장해예방비 등

가. 법·영·규칙에서 규정하거나 그에 준하여 필요로 하는 각종 근로자의 건강장해 예방에 필요한 비용

나. 중대재해 목격으로 발생한 정신질환을 치료하기 위해 소요되는 비용

다. 「감염병의 예방 및 관리에 관한 법률」 제2조 제1호에 따른 감염병의 확산 방지를 위한 마스크, 손소독제, 체온계 구입비용 및 감염병병원체 검사를 위해 소요되는 비용

라. 법 제128조의2 등에 따른 휴게시설을 갖춘 경우 온도, 조명 설치·관리기준을 준수하기 위해 소요되는 비용

마. 건설공사 현장에서 근로자 심폐소생을 위해 사용되는 자동심장충격기(AED) 구입에 소요되는 비용

7. 법 제73조 및 제74조에 따른 건설재해예방전문지도기관의 지도에 대한 대가로 제2조 제1항 제5호의 자기공사자가 지급하는 비용

8. 「중대재해 처벌 등에 관한 법률 시행령」 제4조 제2호나목에 해당하는 건설사업자가 아닌 자가 운영하는 사업에서 안전보건 업무를 총괄·관리하는 3명 이상으로 구성된 본사 전담조직에 소속된 근로자의 임금 및 업무수행 출장비 전액. 다만, 제4조에 따라 계상된 산업안전보건관리비 총액의 20분의 1을 초과할 수 없다.

9. 법 제36조에 따른 위험성평가 또는 「중대재해 처벌 등에 관한 법률 시행령」 제4조 제3호에 따라 유해·위험요인 개선을 위해 필요하다고 판단하여 법 제24조의 산업안전보건위원회 또는 법 제75조의 노사협의체에서 사용하기로 결정한 사항을 이행하기 위한 비용. 다만, 제4조에 따라 계상된 산업안전보건관리비 총액의 10분의 1을 초과할 수 없다.

② 제1항에도 불구하고 도급인 및 자기공사자는 다음 각 호의 어느 하나에 해당하는 경우에는 산업안전보건관리비를 사용할 수 없다. 다만, 제1항제2호나목 및 다목, 제1항제6호나목부터 마목, 제1항제9호의 경우에는 그러하지 아니하다.

1. 「(계약예규)예정가격작성기준」제19조제3항 중 각 호(단, 제14호는 제외)에 해당되는 비용
2. 다른 법령에서 의무사항으로 규정한 사항을 이행하는 데 필요한 비용
3. 근로자 재해예방 외의 목적이 있는 시설·장비나 물건 등을 사용하기 위해 소요되는 비용
4. 환경관리, 민원 또는 수방대비 등 다른 목적이 포함된 경우

③ 도급인 및 자기공사자는 별표 3에서 정한 공사진척에 따른 산업안전보건관리비 사용기준을 준수하여야 한다. 다만, 건설공사발주자는 건설공사의 특성 등을 고려하여 사용기준을 달리 정할 수 있다.

④ 〈삭 제〉

⑤ 도급인 또는 자기공사자는 사업의 일부를 타인에게 도급한 경우 그의 관계수급인이 제1항의 기준에 따라 사용한 비용을 산업안전보건관리비 범위에서 적정하게 지급할 수 있다.

[별표 3] 공사진척에 따른 안전관리비 사용기준

공정률	50퍼센트 이상 70퍼센트 미만	70퍼센트 이상 90퍼센트 미만	90퍼센트 이상
사용기준	50퍼센트 이상	70퍼센트 이상	90퍼센트 이상

(※ 공정률은 기성공정률을 기준)

(사용금액의 감액·반환 등) 발주자는 도급인이 법 제72조제2항에 위반하여 다른 목적으로 사용하거나 사용하지 않은 산업안전보건관리비에 대하여 이를 계약금액에서 감액조정하거나 반환을 요구할 수 있다.

(사용내역의 확인)

① 도급인은 산업안전보건관리비 사용내역에 대하여 공사 시작 후 6개월마다 1회 이상 발주자 또는 감리자의 확인을 받아야 한다. 다만, 6개월 이내에 공사가 종료되는 경우에는 종료 시 확인을 받아야 한다.

② 제1항에도 불구하고 발주자, 감리자 및 「근로기준법」 제101조에 따른 관계 근로감독관은 산업안전보건관리비 사용내역을 수시 확인할 수 있으며, 도급인 또는 자기공사자는 이에 따라야 한다.

③ 발주자 또는 감리자는 제1항 및 제2항에 따른 산업안전보건관리비 사용내역 확인 시 기술지도 계약 체결, 기술지도 실시 및 개선 여부 등을 확인하여야 한다.

(실행예산의 작성과 집행 등)

① 공사금액 4천만 원 이상의 도급인 및 자기공사자는 공사실행예산을 작성하는 경우에 해당 공사에 사용하여야 할 산업안전보건관리비의 실행예산을 계상된 산업안전보건관리비 총액 이상으로 별도 편성해야 하며, 이에 따라 산업안전보건관리비를 사용하고 별지 제1호서식의 산업안전보건관리비 사용내역서를 작성하여 해당 공사현장에 갖추어 두어야 한다.

② 도급인 및 자기공사자는 제1항에 따른 산업안전보건관리비 실행예산을 작성하고 집행하는 경우에 법 제17조와 영 제16조에 따라 선임된 해당 사업장의 안전관리자가 참여하도록 하여야 한다.

③ 〈삭 제〉

(재검토기한) 고용노동부 장관은 이 고시에 대하여 2025년 1월 1일 기준으로 매 3년이 되는 시점(매 3년째의 12월 31일까지를 말한다)마다 그 타당성을 검토하여 개선 등의 조치를 하여야 한다.

Part 7

과년도 기출문제
2020~2022 기출 문제 +
2023~2024 기출 복원

PART 07 2020년 1·2회 통합 기출
2020.06.06.시행

1과목 산업안전관리론

01 다음은 산업안전보건법령상 공정안전보고서의 제출 시기에 관한 기준 내용이다. ( ) 안에 들어갈 내용을 올바르게 나열한 것은?

> 사업주는 산업안전보건법 시행령에 따라 유해하거나 위험한 설비의 설치·이전 또는 주요 구조부분의 변경공사의 착공일 (㉠) 전까지 공정안전보고서를 (㉡) 작성하여 공단에 제출해야 한다.

① ㉠ 1일, ㉡ 2부
② ㉠ 15일, ㉡ 1부
③ ㉠ 15일, ㉡ 2부
④ ㉠ 30일, ㉡ 2부

해설

「산업안전보건법 시행규칙」 제 51조(공정안전보고서의 제출 시기)
사업주는 영 제45조 제1항에 따라 유해하거나 위험한 설비의 설치·이전 또는 주요 구조부분의 변경공사의 착공일(기존 설비의 제조·취급·저장 물질이 변경되거나 제조량·취급량·저장량이 증가하여 영 별표 13에 따른 유해·위험물질 규정량에 해당하게 된 경우에는 그 해당일을 말한다) 30일 전까지 공정안전보고서를 2부 작성하여 공단에 제출해야 한다.

정답 ④

02 안전보건관리조직 중 스탭(Staff)형 조직에 관한 설명으로 옳지 않은 것은?

① 안전정보수집이 신속하다.
② 안전과 생산을 별개로 취급하기 쉽다.
③ 권한 다툼이나 조정이 용이하여 통제수속이 간단하다.
④ 스탭 스스로 생산라인이 안전업무를 행하는 것은 아니다.

해설

③은 라인형에 관한 설명이다.

1. 직계(line)형 조직 : 안전관리에 관한 계획에서 실시까지 모든 안전업무를 생산라인에서 이루어지는 구조로 형성된 조직으로 규모가 기업 또는 현장(100명 이하)에 적합
   ① 안전 지시 및 명령체계 유리함
   ② 지시, 명령 및 보고, 대책처리 신속 운영
   ③ 안전에 관한 조직이 없음
   ④ 안전 지식 및 기술 축적 어려움
   ⑤ 안전에 관한 정보 수집 부족함

2. 참모(staff)형 조직 : 중소규모 기업 및 현장에 적절한 조직으로 참모(staff)를 배치하여 안전에 관한 계획, 보고 등의 업무를 하는 조직으로 규모가 중규모(100명 이상~1,000명 이하)에 적합
   ① 안전에 관한 정보 수집이 신속함
   ② 사업자에게 조언 및 자문 역할 가능
   ③ 전문적인 안전 기술 연구 가능함
   ④ 작업자에게 안전 지시 사항이 빠르게 전달되지 못함
   ⑤ 생산부문은 안전에 대해 책임 및 권한 없음
   ⑥ 업무에 소요되는 시간이 많음

3. 직계참모형조직(line-staff)형 조직 : 직계형과 참모형의 혼합형, 대규모 사업장에 적합한 조직으로 대규모(1,000명 이상)에 적합
   ① 안전 기술 및 경험에 관한 축적이 가능
   ② 독자적인 안전 대책 강구 가능
   ③ 안전 지시 신속하게 전달됨
   ④ 명령 계통과 혼선이 야기되기 쉬움

정답 ③

03 다음 중 시설물의 안전 및 유지관리에 관한 특별법상 시설물 정기안전점검의 실시 시기로 옳은 것은? (단, 시설물의 안전등급이 A등급인 경우)

① 반기에 1회 이상 ② 1년에 1회 이상
③ 2년에 1회 이상 ④ 3년에 1회 이상

 해설

안전점검, 정밀안전진단 및 성능평가의 실시시기

안전 등급	정기안전점검	정밀안전점검		정밀안전진단	성능평가
		건축물	그 외 시설물		
A등급	반기에 1회 이상	4년에 1회 이상	3년에 1회 이상	6년에 1회 이상	5년에 1회 이상
B·C 등급		3년에 1회 이상	2년에 1회 이상	5년에 1회 이상	
D·E 등급	1년에 3회 이상	2년에 1회 이상	1년에 1회 이상	4년에 1회 이상	

정답 ①

04 정보서비스업의 경우, 상시근로자의 수가 최소 몇 명 이상일 때 안전보건관리규정을 작성하여야 하는가?

① 50명 이상   ② 100명 이상   ③ 200명 이상   ④ 300명 이상

해설

「산업안전보건법 시행규칙」[별표 2]

안전보건관리규정을 작성해야 할 사업의 종류 및 상시근로자 수(제25조 제1항 관련)

사업의 종류	상시근로자 수
1. 농업 2. 어업 3. 소프트웨어 개발 및 공급업 4. 컴퓨터 프로그래밍, 시스템 통합 및 관리업 4의2. 영상 · 오디오물 제공 서비스업 5. 정보서비스업 6. 금융 및 보험업 7. 임대업; 부동산 제외 8. 전문, 과학 및 기술 서비스(연구개발업은 제외한다) 9. 사업지원 서비스업 10. 사회복지 서비스업	300명 이상
11. 제1호부터 제10호까지의 사업을 제외한 사업	100명 이상

정답 ④

05 100명의 근로자가 근무하는 A 기업체에서 1주일에 48시간, 연간 50주를 근무하는데 1년에 50건의 재해로 총 2,400일의 근로손실일수가 발생하였다. A 기업체의 강도율은?

① 10   ② 24   ③ 100   ④ 240

해설

$$강도율 = \frac{근로손실일수}{연 근로시간 수} \times 1{,}000 = \frac{2{,}400일}{100명 \times 48시간 \times 50주} \times 1{,}000 = 10$$

정답 ①

06 아파트 신축 건설현장에 산업안전보건법령에 따른 안전 · 보건표지를 설치하려고 한다. 용도에 따른 표지의 종류를 올바르게 연결한 것은?

① 금연 – 지시표시   ② 비상구 – 안내표시
③ 고압전기 – 금지표시   ④ 안전모 착용 – 경고표시

해설

금연 — 금지표지, 고압전기 — 경고표지, 안전모 착용 — 지시표지

1. 금지표지	101 출입금지	102 보행금지	103 차량통행금지	104 사용금지	105 탑승금지	106 금연
	107 화기금지	108 물체이동금지	2. 경고표지	201 인화성물질 경고	202 산화성물질 경고	203 폭발성물질 경고	204 급성독성물질 경고
	205 부식성물질 경고	206 방사성물질 경고	207 고압전기 경고	208 매달린 물체 경고	209 낙하물 경고	210 고온 경고	211 저온 경고
	212 몸균형 상실 경고	213 레이저광선 경고	214 발암성·변이원성·생식독성·전신독성·호흡기·과민성 물질 경고	215 위험장소 경고	3. 지시표지	301 보안경 착용	302 방독마스크 착용
	303 방진마스크 착용	304 보안면 착용	305 안전모 착용	306 귀마개 착용	307 안전화 착용	308 안전장갑 착용	309 안전복 착용
4. 안내표지	401 녹십자 표지	402 응급구호표지	403 들것	404 세안장치	405 비상용기구	406 비상구

407 좌측비상구	408 우측비상구	5. 관계자 외 출입금지	501 허가대상물질 작업장 관계자 외 출입금지 (허가물질 명칭)제조/ 사용/보관 중 보호구/보호복 착용 흡연 및 음식물 섭취 금지	502 석면취급/해체 작업장 관계자 외 출입금지 석면 취급/해체 중 보호구/보호복 착용 흡연 및 음식물 섭취 금지	503 금지대상물질의 취급 실험실 등 관계자 외 출입금지 발암물질 취급 중 보호구/보호복 착용 흡연 및 음식물 섭취 금지
6. 문자추가시 예시문			▶ 내 자신의 건강과 복지를 위하여 안전을 늘 생각한다. ▶ 내 가정의 행복과 화목을 위하여 안전을 늘 생각한다. ▶ 내 자신의 실수로써 동료를 해치지 않도록 안전을 늘 생각한다. ▶ 내 자신이 일으킨 사고로 인한 회사의 재산과 손실을 방지하기 위하여 안전을 늘 생각한다. ▶ 내 자신의 방심과 불안전한 행동이 조국의 번영에 장애가 되지 않도록 하기 위하여 안전을 늘 생각한다.		

정답 ②

07 하인리히 사고예방대책 5단계의 각 단계와 기본 원리가 잘못 연결된 것은?

① 제1단계 – 안전관리조직 ② 제2단계 – 사실의 발견
③ 제3단계 – 점검 및 검사 ④ 제4단계 – 시정 방법의 선정

해설

- 1단계 안전관리조직   - 2단계 사실의 발견   - 3단계 분석평가
- 4단계 대책의 선정   - 5단계 대책의 적용

정답 ③

08 기계설비의 안전에 있어서 중요 부분의 피로, 마모, 손상, 부식 등에 대한 장치의 변화 유무 등을 일정 기간마다 점검하는 안전점검의 종류는?

① 수시점검   ② 임시점검   ③ 정기점검   ④ 특별점검

해설

점검 종류	내용
정기점검	정기적으로 실시하는 점검
일상점검	작업 전, 중, 후로 실시하는 점검(수시점검)
임시점검	재해 발생 또는 이상 발견 시에 실시하는 점검
특별점검	기계·기구의 변경 및 신설, 고장, 안전강조기간 등에 실시하는 점검
정밀점검	사고 발생 이후 외부 전문가에 의한 실시

정답 ③

09 산업안전보건법령상 사업주의 의무에 해당하지 않는 것은?

① 산업재해 예방을 위한 기준 준수
② 사업장의 안전 및 보건에 관한 정보를 근로자에게 제공
③ 산업 안전 및 보건 관련 단체 등에 대한 지원 및 지도·감독
④ 근로자의 신체적 피로와 정신적 스트레스 등을 줄일 수 있는 쾌적한 작업환경의 조성 및 근로조건 개선

해설

「산업안전보건법」제5조(사업주 등의 의무)
① 사업주(제77조에 따른 특수형태근로종사자로부터 노무를 제공받는 자와 제78조에 따른 물건의 수거·배달 등을 중개하는 자를 포함한다. 이하 이 조 및 제6조에서 같다)는 다음 각 호의 사항을 이행함으로써 근로자(제77조에 따른 특수형태근로종사자와 제78조에 따른 물건의 수거·배달 등을 하는 사람을 포함한다. 이하 이 조 및 제6조에서 같다)의 안전 및 건강을 유지·증진시키고 국가의 산업재해 예방정책을 따라야 한다. <개정 2020. 5. 26.>
  1. 이 법과 이 법에 따른 명령으로 정하는 산업재해 예방을 위한 기준
  2. 근로자의 신체적 피로와 정신적 스트레스 등을 줄일 수 있는 쾌적한 작업환경의 조성 및 근로조건 개선
  3. 해당 사업장의 안전 및 보건에 관한 정보를 근로자에게 제공
② 다음 각 호의 어느 하나에 해당하는 자는 발주·설계·제조·수입 또는 건설을 할 때 이 법과 이 법에 따른 명령으로 정하는 기준을 지켜야 하고, 발주·설계·제조·수입 또는 건설에 사용되는 물건으로 인하여 발생하는 산업재해를 방지하기 위하여 필요한 조치를 하여야 한다.
  1. 기계·기구와 그 밖의 설비를 설계·제조 또는 수입하는 자
  2. 원재료 등을 제조·수입하는 자
  3. 건설물을 발주·설계·건설하는 자

정답 ③

10 시몬즈(Simonds)의 총 재해 코스트 계산방식 중 비보험 코스트 항목에 해당하지 않는 것은?

① 사망재해 건수
② 통원상해 건수
③ 응급조치 건수
④ 무상해 사고 건수

해설

시몬즈방식 = 보험코스트 + 비보험코스트
1) 보험코스트 : 사업장에서 납부한 산재보험료
2) 비보험코스트
  (A × 휴업상해건수) + (B × 통원상해건수) + (C × 응급조치건수) + (D × 무상해사고건수)
  – 휴업상해 : 영구 일부 노동 불능, 일시적 노동 불능
  – 통원상해 : 일시 부분 노동 불능, 의사 조치 필요한 통원상해
  – 응급(구급)처치 : 8시간 미만 휴업 의료조치 상해
  – 무상해사고 : 의료조치를 필요로 하지 않은 경미한 상해사고 또는 무상해 사고

정답 ①

11 위험예지훈련의 4라운드 기법에서 문제점을 발견하고 중요 문제를 결정하는 단계는?

① 현상파악　　　　　　② 본질추구
③ 목표설정　　　　　　④ 대책수립

해설

1단계(현상파악) > 2단계(본질추구) > 3단계(대책수립) > 4단계(목표설정)

정답 ②

12 재해조사의 주된 목적으로 옳은 것은?

① 재해의 책임소재를 명확히 하기 위함이다.
② 동일 업종의 산업재해 통계를 조사하기 위함이다.
③ 동종 또는 유사재해의 재발을 방지하기 위함이다.
④ 해당 사업장의 안전관리 계획을 수립하기 위함이다.

해설

재해조사 목적
– 재해예방 자료 수집　– 재해원인 규명　– 유사재해 재발방지　– 동종재해 재발방지

정답 ③

13 위험예지훈련의 기법으로 활용하는 브레인 스토밍(Brain Storming)에 관한 설명으로 옳지 않은 것은?

① 발언은 누구나 자유분방하게 하도록 한다.
② 가능한 한 무엇이든 많이 발언하도록 한다.
③ 타인의 아이디어를 수정하여 발언할 수 없다.
④ 발표된 의견에 대하여는 서로 비판을 하지 않도록 한다.

해설

브레인스토밍
– 비판금지　– 자유발언　– 대량발언　– 수정발언

정답 ③

14 버드(Frank Bird)의 도미노 이론에서 재해발생 과정에 있어 가장 먼저 수반되는 것은?

① 관리의 부족
② 전술 및 전략적 에러
③ 불안전한 행동 및 상태
④ 사회적 환경과 유전적 요소

해설

구분	하인리히	버드	아담스
1단계	사회적 환경, 유전적 요소 (선천적 결함)	통제(제어) 부족	관리구조
2단계	개인적 결함	기본적 원인	작전적 에러
3단계	불안전한 행동 및 불안전한 상태	직접적 원인	전술적 에러
4단계	사고	사고	불안전한 행동 및 조작 (전술적 에러)
5단계	상해	상해	상해

정답 ①

15 재해사례연구의 진행순서로 옳은 것은?

① 재해 상황의 파악 → 사실의 확인 → 문제점 발견 → 근본적 문제점 결정 → 대책수립
② 사실의 확인 → 재해 상황의 파악 → 근본적 문제점 결정 → 문제점 발견 → 대책수립
③ 문제점 발견 → 사실의 확인 → 재해 상황의 파악 → 근본적 문제점 결정 → 대책수립
④ 재해 상황의 파악 → 문제점 발견 → 근본적 문제점 결정 → 대책수립 → 사실의 확인

해설

재해 상황 파악(전제 조건) > 사실의 확인 > 문제점 발견 > 근본적 문제점 결정 > 대책수립

정답 ①

16 사고예방대책의 기본원리 5단계 시정책의 적용 중 3E에 해당하지 않은 것은?

① 교육(Education)
② 관리(Enforcement)
③ 기술(Engineering)
④ 환경(Enviroment)

해설

3E - 교육적(Education), 관리적(Enforcement), 기술적(Engineering)

정답 ④

17 다음 중 산업재해발견의 기본 원인 4M에 해당하지 않는 것은?

① Media   ② Material Man
③ Machine   ④ Management

해설

4M(Man, Machine, Media, Management)

정답 ②

18 산업안전보건법령상 안전보건총괄책임자의 직무에 해당하지 않는 것은?

① 도급 시 산업재해 예방조치
② 위험성평가의 실시에 관한 사항
③ 해당 사업장 안전교육계획의 수립에 관한 보좌 및 지도·조언
④ 산업안전보건관리비의 관계수급인 간의 사용에 관한 협의·조정 및 그 집행의 감독

해설

「산업안전보건법 시행령」 제53조(안전보건총괄책임자의 직무 등)
① 안전보건총괄책임자의 직무는 다음 각 호와 같다.
　1. 법 제36조에 따른 위험성평가의 실시에 관한 사항
　2. 법 제51조 및 제54조에 따른 작업의 중지
　3. 법 제64조에 따른 도급 시 산업재해 예방조치
　4. 법 제72조 제1항에 따른 산업안전보건관리비의 관계수급인 간의 사용에 관한 협의·조정 및 그 집행의 감독
　5. 안전인증대상기계등과 자율안전확인대상기계등의 사용 여부 확인
② 안전보건총괄책임자에 대한 지원에 관하여는 제14조 제2항을 준용한다. 이 경우 "안전보건관리책임자"는 "안전보건총괄책임자"로, "법 제15조 제1항"은 "제1항"으로 본다.
③ 사업주는 안전보건총괄책임자를 선임했을 때에는 그 선임 사실 및 제1항 각 호의 직무의 수행내용을 증명할 수 있는 서류를 갖추어 두어야 한다.

정답 ③

19 보호구 안전인증제품에 표시할 사항으로 옳지 않은 것은?

① 규격 또는 등급   ② 형식 또는 모델명
③ 제조번호 및 제조연월   ④ 성능기준 및 시험방법

해설

1. 규격 또는 등급   2. 제조자명   3. 제조번호 및 제조연월
4. 형식 또는 모델명   5. 안전인증 번호

정답 ④

20 산업안전보건법령상 자율안전확인대상 기계 등에 해당하지 않는 것은?

① 연삭기　　　② 곤돌라　　　③ 컨베이어　　　④ 산업용 로봇

해설

1. 연삭기 또는 연마기(휴대형 제외)
2. 산업용 로봇
3. 공작기계(선반, 드릴기, 평삭 · 형삭기, 밀링만 해당)
4. 고정형 목재가공용 기계(둥근톱, 대패. 루타기, 띠톱, 모떼기 기계만 해당)
5. 자동차정비용 리프트
6. 식품가공용기계(파쇄, 절단, 혼합, 제면기만 해당)
7. 컨베이어
8. 인쇄기
9. 파쇄기 또는 분쇄기
10. 혼합기

정답 ②

2과목　산업심리 및 교육

21 집단 간 갈등의 해소방안으로 틀린 것은?

① 공동의 문제 설정
② 상위 목표의 설정
③ 집단 간 접촉 기회의 증대
④ 사회적 범주화 편향의 최대화

해설

집단 간 갈등을 해소하기 위해서는 사회적 범주화 편향의 최소화가 필요하다.

정답 ④

22 의사소통의 심리구조를 4영역으로 나누어 설명한 조하리의 창(Johari's Windows)에서 "나는 모르지만 다른 사람은 알고 있는 영역"을 무엇이라 하는가?

① Blind area　　② Hidden area　　③ Open area　　④ Unknown area

해설

- Blind area : 나는 모르지만 다른 사람은 알고 있는 영역
- Hidden area : 나는 알지만 다른 사람은 모르는 영역
- Open area : 나는 물론 다른 사람도 아는 영역
- Unknown area : 나는 물론 다른 사람도 모르는 영역

정답 ①

23 구안법(Project method)의 장점으로 볼 수 없는 것은?

① 창조력이 생긴다.
② 동기부여가 충분하다.
③ 현실적인 학습방법이다.
④ 시간과 에너지가 적게 소비된다.

해설

구안법은 시간과 에너지가 많이 소비된다.

정답 ④

24 존 듀이(Jone Dewey)의 5단계 사고과정을 순서대로 나열한 것으로 맞는 것은?

㉠ 행동에 의하여 가설을 검토한다.
㉡ 가설(hypothesis)을 설정한다.
㉢ 지식화(intellectualization)한다.
㉣ 시사(suggestion)를 받는다.
㉤ 추론(reasoning)한다.

① ㉤ → ㉡ → ㉣ → ㉠ → ㉢
② ㉣ → ㉢ → ㉡ → ㉤ → ㉠
③ ㉤ → ㉢ → ㉡ → ㉣ → ㉠
④ ㉣ → ㉠ → ㉡ → ㉢ → ㉤

해설

- 1단계 : **시사**(suggestion)
- 2단계 : **지식화**(intellectualization)
- 3단계 : **가설**(hypothesis)을 설정
- 4단계 : **추론**(reasoning)
- 5단계 : **가설을 검토**

정답 ②

25 주의(attention)에 대한 설명으로 틀린 것은?

① 주의력의 특성은 선택성, 변동성, 방향성을 표현된다.
② 한 자극에 주의를 집중하여도 다른 자극에 대한 주의력은 약해지지 않는다.
③ 여러 종류의 자극을 지각할 때 소수의 특정한 것을 선택하여 집중하는 특성을 갖는다.
④ 의식작용이 있는 일에 집중하거나 행동의 목적에 맞추어 의식수준이 집중되는 심리상태를 말한다.

해설

인간은 한 지점에 지속적으로 주의를 집중하기 어렵다.

정답 ②

26 안전교육 계획수립 및 추진에 있어 진행순서를 나열한 것으로 맞는 것은?

① 교육의 필요점 발견 → 교육 대상 결정 → 교육 준비 → 교육 실시 → 교육의 성과를 평가
② 교육 대상 결정 → 교육의 필요점 발견 → 교육 준비 → 교육 실시 → 교육의 성과를 평가
③ 교육의 필요점 발견 → 교육 준비 → 교육 대상 결정 → 교육 실시 → 교육의 성과를 평가
④ 교육 대상 결정 → 교육 준비 → 교육의 필요점 발견 → 교육 실시 → 교육의 성과를 평가

정답 ①

27 인간의 동작 특성을 외적조건과 내적조건으로 구분할 때 내적조건에 해당하는 것은?

① 경력
② 대상물의 크기
③ 기온
④ 대상물의 동적성질

해설

내적조건에는 근무경력, 경험, 적성, 개성, 생리적 조건(피로, 건강) 등이 있다.

정답 ①

28 교육방법에 있어 강의방식의 단점으로 볼 수 없는 것은?

① 학습내용에 대한 집중이 어렵다.
② 학습자의 참여가 제한적일 수 있다.
③ 인원대비 교육에 필요한 비용이 많이 든다.
④ 학습자 개개인의 이해도를 파악하기 어렵다.

해설

강의식은 인원대비 교육에 필요한 비용이 적게 소요된다.

정답 ③

29 리더십의 행동이론 중 관리 그리드(managerial grid)에서 인간에 대한 관심보다 업무에 대한 관심이 매우 높은 유형은?

① (1,1)형
② (1,9)형
③ (5,5)형
④ (9,1)형

해설

관리 그리드 이론(관리격자이론)은 바닥판 모양의 격자를 이용하여 인간과 과업 두 차원에 기초하여 리더십 이론을 설명
- (1,1) : 무관심형, 생산과 인간에 대한 관심이 모두 낮음
- (5,5) : 중간형, 과업과 인간의 절충
- (1,9) : 인기형, 인간에 관한 관심은 높으나, 생산에 대한 관심은 낮음

- (9,1) : 과업형, 생산에 대한 관심은 높으나, 인간에 대한 관심은 낮음
- (9,9) : 이상형, 구성원에게 조직의 공동목표 및 상호의존적 관계 강조, 상호신뢰적

정답 ④

30 산업안전보건법령상 사업 내 안전보건교육 중 관리감독자의 지위에 있는 사람을 대상으로 실시하여야 할 정기교육의 교육시간으로 맞는 것은?

① 연간 1시간 이상
② 매반기 3시간 이상
③ 연간 16시간 이상
④ 매반기 6시간 이상

해설

「산업안전보건법 시행규칙」[별표 4] 1의2. 관리감독자 안전보건교육(제26조 제1항 등 관련)

교육과정	교육시간
정기교육	연간 16시간 이상
채용 시 교육	8시간 이상
작업내용 변경 시 교육	2시간 이상
특별교육	16시간 이상(최초 작업에 종사하기 전 4시간 이상 실시하고 12시간은 3개월 이내에서 분할하여 실시 가능)
	단기간 작업 또는 간헐적 작업인 경우에는 2시간 이상

정답 ③

31 교육의 3요소로만 나열된 것은?

① 강사, 교육생, 사회인사
② 강사, 교육생, 교육자료
③ 교육자료, 지식인, 정보
④ 교육생, 교육자료, 교육장소

해설

교육자(강사) — 교육의 주체, 수강자(학생) — 교육의 객체, 교재(시청각) — 교육의 매개체

정답 ②

32 판단과정 착오의 요인이 아닌 것은?

① 자기 합리화   ② 능력 부족   ③ 작업경험 부족   ④ 정보 부족

해설

착오의 종류	내용
인지과정의 착오	정서적 불안정, 감각 차단 현상, 정보량 저장의 한계, 생리적·심리적 능력 부족

판단과정의 착오	능력 부족, 정보 부족, 작업조건 불량, 자기 합리화
조치과정 착오	합리적 조치 미숙, 잘못된 정보 입수

정답 ③

33 직업적성검사 중 시각적 판단 검사에 해당하지 않는 것은?

① 조립검사 ② 명칭판단검사 ③ 형태비교검사 ④ 공구판단검사

해설

직업적성검사 중 조립검사는 정밀성 검사에 해당된다.
- 시각적 판단검사 : 형태비교, 입체도판단, 언어식별, 평면도판단, 명칭판단, 공구판단검사
- 정밀성 검사 : 교환, 회전, 분해, 조립 검사

정답 ①

34 조직에 의한 스트레스 요인으로 역할 수행자에 대한 요구가 개인의 능력을 초과하거나 주어진 시간과 능력이 허용하는 것 이상을 달성하도록 요구받고 있다고 느끼는 상황을 무엇이라 하는가?

① 역할 갈등 ② 역할 과부하 ③ 업무수행 평가 ④ 역할 모호성

정답 ②

35 매슬로우(Abraham Maslow)의 욕구위계설에서 제시된 5단계의 인간의 욕구 중 허츠버그(Herzberg)가 주장한 2요인(인자)이론의 동기요인에 해당하지 않는 것은?

① 성취 욕구 ② 안전의 욕구 ③ 자아실현의 욕구 ④ 존경의 욕구

해설

- 위생요인 : 유지 욕구, 인간의 동물적, 생리적 욕구, 안전 사회적 욕구
- 동기요인 : 만족 욕구, 자아실현

구분	매슬로우 욕구단계 이론	허츠버그	알더퍼
1단계	생리적 욕구	위생 요인	생존 욕구
2단계	안전의 욕구		
3단계	사회적 욕구		관계 욕구
4단계	존경의 욕구	동기 요인	
5단계	자아실현의 욕구		성장 욕구

정답 ②

36 인간의 행동특성에 있어 태도에 관한 설명으로 맞는 것은?

① 인간의 행동은 태도에 따라 달라진다.
② 태도가 결정되면 단시간 동안만 유지된다.
③ 집단의 심적 태도교정보다 개인의 심적 태도교정이 용이하다
④ 행동결정을 판단하고, 지시하는 외적 행동체계라고 할 수 있다.

인간의 행동은 태도에 따라 달라지고, 태도가 결정되면 장시간 유지된다. 태도의 기능은 자아방어, 자기표현, 작업 적응이 있다.

정답 ①

37 손다이크(Thorndike)의 시행착오설에 의한 학습법칙과 관계가 가장 먼 것은?

① 효과의 법칙   ② 연습의 법칙   ③ 동일성의 법칙   ④ 준비성의 법칙

손다이크 시행착오설
시행과 착오의 과정을 통하여 특정한 자극과 반응이 결합되어 학습으로 나타나는 것, 효과의 법칙, 준비성의 법칙, 빈도(연습)의 법칙

정답 ③

38 산업안전보건법령상 근로자 정기안전 보건교육의 교육내용이 아닌 것은?

① 산업안전 및 사고 예방에 관한 사항
② 건강증진 및 질병 예방에 관한 사항
③ 산업보건 및 직업병 예방에 관한 사항
④ 작업공정의 유해 · 위험과 재해 예방대책에 관한 사항

해설

근로자 정기교육

교육내용
– 산업안전 및 사고 예방에 관한 사항
– 산업보건 및 직업병 예방에 관한 사항
– 건강증진 및 질병 예방에 관한 사항
– 유해 · 위험 작업환경 관리에 관한 사항
– 산업안전보건법령 및 산업재해보상보험 제도에 관한 사항
– 직무스트레스 예방 및 관리에 관한 사항
– 직장 내 괴롭힘, 고객의 폭언 등으로 인한 건강장해 예방 및 관리에 관한 사항

정답 ④

39 에너지소비량(RMR)의 산출방법으로 맞는 것은?

① $\dfrac{\text{작업 시의 소비에너지} - \text{기초대사량}}{\text{안정 시의 소비에너지}}$

② $\dfrac{\text{전체 소비에너지} - \text{작업 시의 소비에너지}}{\text{기초대사량}}$

③ $\dfrac{\text{작업 시의 소비에너지} - \text{안정 시의 소비에너지}}{\text{기초대사량}}$

④ $\dfrac{\text{작업 시의 소비에너지} - \text{안정 시의 소비에너지}}{\text{안정 시의 소비에너지}}$

정답 ③

40 레윈의 3단계 조직변화모델에 해당되지 않는 것은?

① 해빙단계 ② 체험단계
③ 변화단계 ④ 재동결단계

해설

해빙단계 > 변화단계 > 재동결단계

정답 ②

3과목 인간공학 및 시스템안전공학

41 인체에서 뼈의 주요 기능이 아닌 것은?

① 인체의 지주 ② 장기의 보호
③ 골수의 조혈 ④ 근육의 대사

해설

인체의 지주, 장기의 보호, 골수의 조혈, 신체 기능에 필요한 미네랄 저장

정답 ④

42 FT도에서 사용하는 기호 중 다음 그림과 같이 OR 게이트이지만, 2개 또는 그 이상의 입력이 동시에 존재할 때 출력이 생기지 않은 경우 사용하는 것은? (문제 오류로 전항 정답 처리되었습니다.)

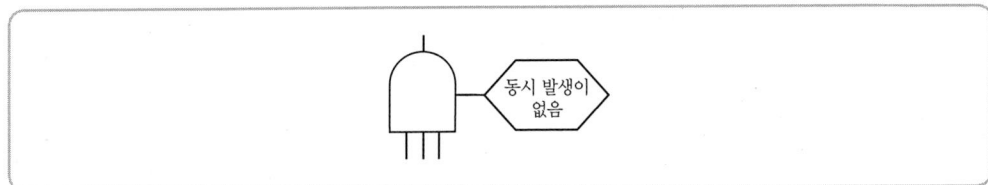

① 부정 OR 게이트
② 배타적 OR 게이트
③ 억제 게이트
④ 조합 OR 게이트

해설

배타적 OR 게이트는 OR 게이트이나 2개 또는 2 이상의 입력이 동시에 존재하는 경우 출력이 생기지 않는다.

정답 ②

43 손이나 특정 신체부위에 발생하는 누적손상 장애(CTD)의 발생인자와 가장 거리가 먼 것은?

① 무리한 힘
② 다습한 환경
③ 장시간의 진동
④ 반복도가 높은 작업

해설

누적손상 장애(누적 외상성 질환)
- 외부의 스트레스에 의해 오랜 시간을 두고 반복 발생되는 육체적 질환
- 부적절한 휴식, 과도한 힘 발휘, 높은 반복 및 작업빈도, 부자연스러운 작업 자세, 진동 등

정답 ②

44 FTA에 의한 재해사례 연구순서 중 2단계에 해당하는 것은?

① FT도의 작성
② 톱 사상의 선정
③ 개선계획의 작성
④ 사상의 재해원인을 규명

해설

TOP 사상의 선정 > 사상의 재해 원인 규명 > FT(fault tree) > 개선계획 작성 > 개선안 실시계획

정답 ④

45 산업안전보건법령상 사업주가 유해위험방지계획서를 제출할 때에는 사업장별로 관련서류를 첨부하여 해당 작업 시작 며칠 전까지 해당 기관에 제출하여야 하는가?

① 7일   ② 15일   ③ 30일   ④ 60일

해설

제조업(해당 작업 시작 15일 전까지), 건설업(해당 공사 착공 전일까지)

정답 ②

46 반사율이 85%, 글자의 밝기가 400cd/m²인 VDT화면에 350lux의 조명이 있다면 대비는 약 얼마인가?

① −6.0   ② −5.0   ③ −4.2   ④ −2.8

해설

$$-\text{대비} = \frac{\text{배경의 광속발산도}(L_b) - \text{표적의 광속발산도}(L_t)}{\text{배경의 광속발산도}(L_b)}$$

$$-L_b(cd/m^2) = \frac{\text{반사율} \times \text{조도}}{\pi} = \frac{0.85 \times 350}{\pi} = 94.7$$

$-L_t = $ 표적의 전체 휘도$(cd/m^2) = 400 + 94.7 = 494.7$

$$-\text{대비} = \frac{94.7 - 494.7}{94.7} \times 100 = -4.223 = -4.2\%$$

정답 ③

47 휴먼 에러(Human Error)의 요인을 심리적 요인과 물리적 요인으로 구분할 때, 심리적 요인에 해당하는 것은?

① 일이 너무 복잡한 경우
② 일의 생산성이 너무 강조될 경우
③ 동일 형상의 것이 나란히 있을 경우
④ 서두르거나 절박한 상황에 놓여있을 경우

해설

심리적 요인 (내적 요인)	지식이 부족한 경우, 의욕·사기가 결여되는 경우, 서두르거나 절박한 상황, 선입관, 주의소홀, 자극 등
물리적 요인 (외적 요인)	일이 단조로운 경우, 일이 복잡한 경우, 동일 형상의 것이 나란히 있는 경우 등

정답 ④

48 각 부품의 신뢰도가 다음과 같을 때 시스템의 전체 신뢰도는 약 얼마인가?

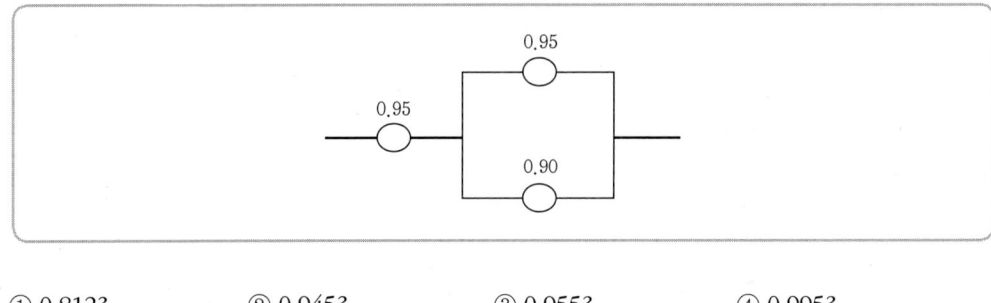

① 0.8123 ② 0.9453 ③ 0.9553 ④ 0.9953

해설

$0.95 \times 1 - (1 - 0.95)(1 - 0.95) = 0.9453$

정답 ②

49 시스템 안전 MIL-STD-882B 분류기준의 위험성 평가 매트릭스에서 발생빈도에 속하지 않는 것은?

① 거의 발생하지 않는(remote)
② 전혀 발생하지 않는(impoossible)
③ 보통 발생하는(reasonably probable)
④ 극히 발생하지 않을 것 같은(extremely improbable)

해설

MIL-STD-882B 분류기준에서 발생빈도는 다음과 같이 구분한다.
자주 발생(Frequent, A수준), 보통 발생(Probable, B수준), 가끔 발생(Occasional, C수준), 거의 발생하지 않음(Remote, D수준), 극히 발생하지 않음(Improbable, E수준)

정답 ②

50 적절한 온도의 작업환경에서 추운 환경으로 온도가 변할 때 우리의 신체가 수행하는 조절 작용이 아닌 것은?

① 발한(發汗)이 시작된다.
② 피부의 온도가 내려간다.
③ 직장(直腸)온도가 약간 올라간다.
④ 혈액의 많은 양이 몸의 중심부를 위주로 순환한다.

해설

– 추운 환경으로 변화 시 : 피부온도↓, 피부경유 혈액순환량↓, 직장 온도 약간↑, 몸이 떨리고 소름 돋음
– 더운 환경으로 변화 시 : 피부온도↑, 피부경유 혈액순환량↑, 직장 온도↓, 발한 시작

정답 ①

51 의자 설계 시 고려해야 할 일반적인 원리와 가장 거리가 먼 것은?

① 자세고정을 줄인다.
② 조정이 용이해야 한다.
③ 디스크가 받는 압력을 줄인다.
④ 요추 부위의 후만곡선을 유지한다.

해설

요추 부위의 전만곡선을 유지한다.

정답 ④

52 인체 계측 자료의 응용 원칙이 아닌 것은?

① 기존 동일 제품을 기준으로 한 설계
② 최대치수와 최소치수를 기준으로 한 설계
③ 조절범위를 기준으로 한 설계
④ 평균치를 기준으로 한 설계

해설

최대 · 최소 치수(극단치 설계), 조절식(5~95%), 평균치 기준

정답 ①

53 컷셋(cut set)과 패스셋(path set)에 관한 설명으로 옳은 것은?

① 동일한 시스템에서 패스셋의 개수와 컷셋의 개수는 같다.
② 패스셋은 동시에 발생했을 때 정상사상을 유발하는 사상들의 집합이다.
③ 일반적으로 시스템에서 최소 컷셋의 개수가 늘어나면 위험 수준이 높아진다.
④ 최소 컷셋은 어떤 고장이나 실수를 일으키지 않으면 재해는 일어나지 않는다고 하는 것이다.

해설

Cut	• 모든 기본사상이 일어날 때 정상사상을 일으키는 기본사상의 집합
Cut set(컷셋)	• 정상사상을 발생하게 하는 기본사상의 집합 • 포함된 모든 기본사상이 발생할 경우 정상사상을 발생시킴
Path Set	• 처음으로 정상사상이 발생하지 않는 기본사상의 집합 • 포함된 모든 기본사상이 발생하지 않을 경우에 발생

Minimal Cut set	• 정상사상을 일으키기기 위한 최소한의 컷 • 시스템 고장을 일으키는 최소한의 요인 집합
Minimal Path Set	• 시스템을 살리는데 필요한 최소한의 요인 집합

정답 ③

54 모든 시스템에서 안전분석에서 제일 첫 번째 단계의 분석으로 실행되고 있는 시스템을 포함한 모든 것의 상태를 인식하고 시스템의 개발단계에서 시스템 고유의 위험상태를 식별하여 예상되고 있는 재해의 위험수준을 결정하는 것을 목적으로 하는 위험분석 기법은?

① 결함 위험 분석(FHA : Fault Hazard Analysis)
② 시스템 위험 분석(SHA : System Hazard Analysis)
③ 예비 위험 분석(PHA : Preliminary Hazard Analysis)
④ 운용 위험 분석(OHA : Operating Hazard Analysis)

정답 ③

55 다음 FT도에서 시스템에 고장이 발생할 확률이 약 얼마인가? (단, X_1과 X_2의 발생확률은 각각 0.05, 0.03이다.)

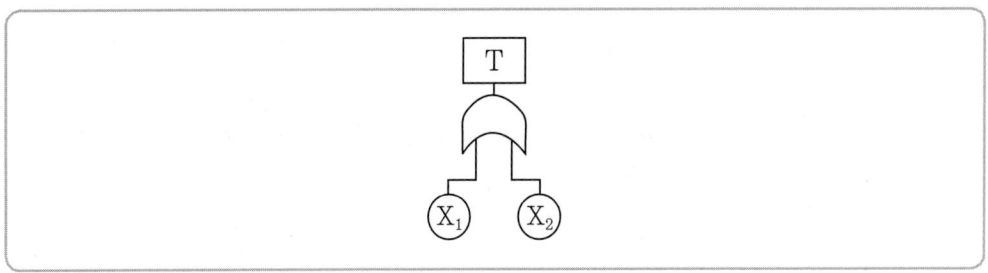

① 0.0015
② 0.0785
③ 0.9215
④ 0.9985

해설

$T = 1 - (1 - X_1)(1 - X_2) = 1 - (1 - 0.05)(1 - 0.03) = 0.0785$

정답 ②

56 조종장치를 촉각적으로 식별하기 위하여 사용되는 촉각적 코드화의 방법으로 옳지 않은 것은?

① 색감을 활용한 코드화
② 크기를 이용한 코드화
③ 조종장치의 형상 코드화
④ 표면 촉감을 이용한 코드화

 해설

조종장치의 촉각적 코드화 방법에는 표면촉감, 형상, 크기로 구별하는 방법이 있다.

정답 ①

57 인간-기계 시스템을 설계할 때에는 특정기능을 기계에 할당하거나 인간에게 할당하게 된다. 이러한 기능할당과 관련된 사항으로 옳지 않은 것은? (단, 인공지능과 관련된 사항은 제외한다.)

① 인간은 원칙을 적용하여 다양한 문제를 해결하는 능력이 기계에 비해 우월하다.
② 일반적으로 기계는 장시간 일관성이 있는 작업을 수행하는 능력이 인간에 비해 우월하다.
③ 인간은 소음, 이상온도 등의 환경에서 작업을 수행하는 능력이 기계에 비해 우월하다.
④ 일반적으로 인간은 주위가 이상하거나 예기치 못한 사건을 감지하여 대처하는 능력이 기계에 비해 우월하다.

해설

구분	인간	기계
비교	① 시·청·촉·후·미각의 미세한 감지 가능 ② 경험을 바탕으로 한 의사결정(상황판단) ③ 예기치 못한 상황 등 감지 ④ 주관적 추산 및 평가 ⑤ 귀납적 판단(관찰 기반)	① 반복적 작업 신뢰성 우수 ② 과부하시 효율적 운영 ③ 정상적 감지범위 외 존재 자극 감지 ④ 암호화된 정보 처리 신속 및 대량 보관 가능 ⑤ 연역적 추리

정답 ③

58 화학설비에 대한 안전성 평가 중 정량적 평가항목에 해당되지 않는 것은?

① 공정
② 취급물질
③ 압력
④ 화학설비용량

 해설

정량적 평가항목에는 조작, 압력, 물질, 용량, 온도가 있다.

정답 ①

59 시각 장치와 비교하여 청각 장치 사용이 유리한 경우는?

① 메시지가 길 때
② 메시지가 복잡할 때
③ 정보 전달 장소가 너무 소란할 때
④ 메시지에 대한 즉각적인 반응이 필요할 때

해설

청각적 표시장치	시각적 표시장치
① 메시지·경고 간단함	① 메시지·경고 복잡함
② 메시지·경고 짧음	② 메시지·경고 김
③ 메시지·경고 재참조 불가	③ 메시지·경고 재참조 가능
④ 메시지·경고 시간적 사상을 요구	④ 메시지·경고 공간적 위치 중요
⑤ 수신자 즉각적인 행동을 요구하는 경우	⑤ 수신자 즉각적인 행동 요구 하지 않음
⑥ 수신자가 직무 시 움직임이 많을 경우	⑥ 수신자가 직무 시 움직임이 거의 없는 경우
⑦ 수신 장소가 암조응 유지를 요하거나 매우 밝은 경우	⑦ 수신 장소가 소음 발생이 큰 경우
⑧ 수신자의 시각 계통이 과부하인 경우	⑧ 수신자의 청각 계통이 과부하인 경우

정답 ④

60 인간공학 연구조사에 사용되는 기준의 구비조건과 가장 거리가 먼 것은?

① 다양성　　　　　　　② 적절성
③ 무오염성　　　　　　④ 기준 척도의 신뢰성

해설

체계기준 구비조건에는 신뢰성, 민감도, 타당성(적절성), 순수성(무오염성), 실제적 요건이 있다.

정답 ①

4과목 건설시공학

61 흙을 이김에 의해서 약해지는 강도를 나타내는 흙의 성질은?

① 간극비
② 함수비
③ 예민비
④ 항복비

해설

예민비 = $\dfrac{\text{자연시료의 강도(불교란시료)}}{\text{이긴시료의 강도(교란시료)}}$

정답 ③

62 콘크리트 타설 중 응결이 어느 정도 진행된 콘크리트에 새로운 콘크리트를 이어치면 시공 불량이음부가 발생하여 경화 후 누수의 원인 및 철근의 녹 발생 등 내구성에 손상을 일으키는 것은?

① Expansion joint
② Construction joint
③ Cold joint
④ Sliding joint

해설

구분	설명
신축이음 (Expansion joint, Isolation joint)	콘크리트 내·외부 온도변화에 따라 팽창·수축되거나, 구조물의 부동침하, 진동 등에 따라 발생이 예상되는 위치에 설치하는 균열 방지 조인트
조절줄눈, 수축줄눈, 맹줄눈 (Control joint, dummy joint)	건조수축으로 인한 균열을 일정한 지점에서만 발생하도록 단면의 결손 부위로 유도하여, 구조물의 외관 손상을 최소화하는 조인트
활동면이음(Sliding joint)	슬래브나 보가 단순지지일 경우 자유롭게 미끄러지도록 한 것으로, 조인트의 직각방향에서 하중이 발생할 우려가 있을 경우 필요한 조인트
Sip joint	조적조와 콘크리트 구조물이 맞닿는 부위에 온도·습도, 외기영향 등으로 각 구조물의 변위가 다르게 되는데, 각 구조물 상호 간의 자유로운 움직임을 위한 조인트
지연줄눈(Delay joint)	콘크리트 타설 시 장span의 일부분만을 콘크리트를 타설하지 않은 수축대를 설치하고 기타설한 콘크리트의 초기수축을 기다린 후, 수축대를 마저 타설하여 일체화하는 조인트
콜드조인트(Cold joint)	콘크리트의 타설온도가 25℃ 초과할 경우 2시간 이상, 25℃ 이하에서는 2.5시간이 경과 후 콘크리트 이어붓기를 할 경우 콘크리트가 일체화가 되지 않아 발생하는 조인트

정답 ③

63 표준관입시험의 N치에서 추정이 곤란한 사항은?

① 사질토의 상대밀도와 내부 마찰각
② 선단지지층이 사질토지반일 때 말뚝 지지력
③ 점성토의 전단강도
④ 점성토 지반의 투수 계수와 예민비

해설

표준관입시험(Standard Penetration Test)

사질지반의 N치	점토지반의 N치	상대밀도
0 ~ 4	0 ~ 2	매우 연약
4 ~ 10	2 ~ 4	연약
10 ~ 30	4 ~ 8	보통
30 ~ 50	8 ~ 15	단단함
50 이상	15 ~ 30	아주 단단함
-	30 이상	경질

주로 사질지반에 사용되는 조사방법으로, 표준관입시험용 sampler를 rod에 끼워 75cm의 높이에서 63.5kg의 공이를 자유낙하시켜, 최초 15cm 관입된 상태에서 최종 30cm까지 관입시키는데 타격횟수(N치)를 구하여 지지력을 조사하는 시험방법이다. N치를 통해 사질지반에서는 상대밀도, 침하에 대한 허용지지력, 지지력계수, 탄성계수 등을 추정할 수 있으며, 점토지반에서는 흙의 연경도, 점착력, 일축압축강도, 점착력, 파괴에 대한 극한 지지력을 추정할 수 있다.

정답 ④

64 공동도급(Joint Venture Contract)의 장점이 아닌 것은?

① 융자력의 증대 ② 위험의 분산
③ 이윤의 증대 ④ 시공의 확실성

해설

공동도급이란 대규모 공사일 경우 다수의 건설업체가 하나의 공동출자 기업체를 조직한 다음, 한 회사의 입장에서 공사를 수급하여 시공을 행하는 도급방식이다. 공동출자하여 연대책임을 지게 되며, 사업을 완료한 후 해체하게 되는 방식을 가진다. 사업으로 발생하는 손익에 대해 출자한 비율에 따라 부담하게 되나, 공사경비의 증가, 상호 업체 간 업무 간섭, 조직간의 의사소통의 어려움, 하자부분의 책임한계의 불명확화 등의 단점을 내포하고 있다. 공동도급의 이행방식은 분담이행방식과 공동이행방식으로 구분되며, 주계약자형, 페이퍼 조인트(Paper joint), 파트너링(Partnering)으로 분류된다.
① 융자력의 증대 : 각 회사가 부담하게 되는 소요자금이 경감되므로 대규모 공사 적합
② 기술력의 확충 : 상호 기술력 교류 및 신기술로 인한 기술력 증대
③ 위험분산 : 출자한 비율에 따른 위험부담 분배
④ 시공의 확실성 : 상호 계약으로 인한 연대책임에 대한 부담으로 시공의 성실성 확보

정답 ③

65 철골 내화피복 공법의 종류에 따른 사용재료의 연결이 옳지 않은 것은?

① 타설 공법-경량콘크리트
② 뿜칠 공법-압면 흡임판
③ 조적 공법-경량콘크리트 블록
④ 성형판붙임 공법-ALC판

해설

철골 내화피복 공법

습식 공법	미장 공법	철골 강재에 메탈라스(metal lath) 및 용접철망 등을 설치하고 단열모르타르로 미장하는 공법 - 내화피복과 표면 마무리를 동시에 작업 가능 - 부착에 관한 신뢰성 검토 및 균열, 방청에 관한 검사 실시 - 인력작업으로 인한 시간이 다소 소요
	뿜칠 공법	철골 강재 표면에 부착성을 향상시키기 위해 접착제를 도포한 다음 내화재료를 뿜칠하는 공법 - 철골 강재의 단면이 복잡하거나 다양한 경우 시공성이 우수 - 철골 강재의 피복 두께의 균일성 및 비중에 관한 검사 및 관리 필요 - 작업 성능이 우수하고 시공 가격이 저렴
	타설 공법	철골 강재 주변에 거푸집을 설치하고 일반 콘크리트 또는 경량 콘크리트를 타설하는 공법 - 피복두께 확보가 우수하고 표면마감성이 좋음 - 철골 구조체와 일체화 시공이 가능함 - 거푸집 해체 공정 및 콘크리트를 타설로 인해 공기 연장
	조적 공법	철골 강재 주변에 콘크리트 블록 또는 벽돌 등을 쌓는 공법 - 외부 충격에 강하며 박리 등의 우려가 적음 - 조적으로 인한 공사기간이 다소 소요
건식 공법		내화 및 단열성이 좋은 경량 성형판을 연결철물 또는 접착제 등을 이용하여 부착하는 공법 - PC판, ALC판, 석면 시멘트판, 석면 규산칼슘판, 석면 성형판 등 - 품질관리 및 신뢰성이 좋으며, 사용 시 파손 등이 발생할 경우 보수가 용이 - 내충격성, 내흡수성이 약하고, 절단 및 가공으로 인한 재료 손실이 크고, 접합부 등의 시공이 불량한 경우 내화성능이 저하될 우려가 있음
합성 공법		두 종류 이상의 재료를 혼합하여 내화성능을 구현하는 공법으로 이종재료 적층 공법과 이질재료 접합 공법 - 이종재료 적층 공법은 철골 강재면에 석면 성형판을 설치한 다음 상부에 질석 플라스터 등으로 일체화하는 공법 - 건식 및 습식의 단점을 보완하여 내화성능이 우수하나, 바름층이 탈락 및 균열에 대한 검토가 필요

정답 ②

66 기초공사 시 활용되는 현장타설 콘크리트 말뚝 공법에 해당되지 않는 것은?

① 어스드릴(earth drill) 공법
② 베노토 말뚝(benoto pile) 공법
③ 리버스서큘레이션(reverse circulation pile) 공법
④ 프리보링(preboring) 공법

해설

프리보링(preboring) 공법은 사전에 지반을 천공하여 기성콘크리트 말뚝 등을 삽입하는 공법이다.

정답 ④

67 벽돌벽 두께 1.0B, 벽높이 2.5m, 길이 8m인 벽면에 소요되는 점토벽돌의 매수는 얼마인가? (단, 규격은 190×90×57mm, 할증은 3%로 하며, 소수점 이하 결과는 올림하여 정수매로 표기)

① 2,980매
② 3,070매
③ 3,278매
④ 3,542매

해설

2.5m × 8m × 149매(1.0B) × 1.03(할증) = 3,069.4매

벽돌종류 \ 벽두께	0.5B	1.0B	1.5B	2.0B	비고
표준형(190×90×57)	75	149	224	298	단위 : 장/m², 줄눈 : 10mm
기존형(210×100×60)	65	130	195	260	※ 할증률 붉은벽돌 및 내화벽돌 3% 시멘트벽돌 5%
내화	59	118	177	236	

정답 ②

68 금속제 천장틀 공사 시 반자틀의 적정한 간격으로 옳은 것은? (단, 공사시방서가 없는 경우)

① 450mm 정도
② 600mm 정도
③ 900mm 정도
④ 1,200mm 정도

정답 ③

69 철근이음에 관한 설명으로 옳지 않은 것은?

① 철근의 이음부는 구조내력상 취약점이 되는 곳이다.
② 이음위치는 되도록 응력이 큰 곳을 피하도록 한다.
③ 이음이 한 곳에 집중되지 않도록 엇갈리게 교대로 분산시켜야 한다.
④ 응력 전달이 원활하도록 한 곳에서 철근 수의 반 이상을 주어야 한다.

해설

철근 이음 시 한 곳에 철근 수의 반 이상이 되어서는 안 된다.

정답 ④

70 철골용접이음 후 용접부의 내부결함 검출을 위하여 실시하는 검사로 빠르고 경제적이어서 현장에서 주로 사용하는 초음파를 이용한 비파괴 검사법은?

① MT(Magnetic particle Testing)   ② UT(Ultrasonic Testing)
③ RT(Radiogtaphy Testing)   ④ PT(Liquid Penetrant Testing)

해설

비파괴검사 종류	내용
MT(Magnetic particle Testing)	자기분말 탐상법, 표면결함
UT(Ultrasonic Testing)	초음파 탐상법, 내부결함
RT(Radiogtaphy Testing)	방사선 투과법, 내부결함
PT(Liquid Penetrant Testing)	침투 탐상법, 표면결함

정답 ②

71 건설의 전 과정에 걸쳐 프로젝트를 보다 효율적이고 경제적으로 수행하기 위하여 각 부문의 전문가들로 구성된 통합관리기술을 발주자에게 서비스하는 것을 무엇이라고 하는가?

① Cost Management   ② Cost Manpower
③ Construction Manpower   ④ Construction Management

해설

C.M(Construction Management)
건축시공(건설) 전 과정에서 당해 건설사업을 보다 효과적, 효율적으로 진행하기 위해 건설 분야 각 부문 전문가들이 참여하여 건설기술 및 관리를 발주자(건축주)에게 제공하는 시스템을 말한다. 설계단계에서부터 원가절감 및 공기단축을 획득할 수 있는 설계를 구현하고 통합적 시스템을 가동하여 체계적인 관리가 가능한 관리기법이다. 시행주체에 따라 설계자에 의한 방식, 종합건설회사에 의한 방식, CM전문회사에 의한 방식, 부동산 관련 업자에 의한 방식 등이 있다.

정답 ④

72 네트워크공정표에서 후속작업의 가장 빠른 개시시간(EST)에 영향을 주지 않는 범위 내에서 한 작업이 가질 수 있는 여유시간을 의미하는 것은?

① 전체여유(TF) ② 자유여유(FF)
③ 간섭여유(IF) ④ 종속여유(DF)

해설

① 가장 이른 개시 시간 (EST, Earliest Start Time) : 작업을 시작할 수 있는 가장 빠른 시간
② 가장 늦은 개시 시간 (LST, Latest Start Time) : 공사기간에 영향을 주지 않는 범위 내에서 작업을 가장 늦게 진행하여도 되는 시간
③ 가장 이른 완료 시간 (EFT, Earliest Finish Time) : 작업을 완료할 수 있는 가장 빠른 시간
④ 가장 늦은 완료 시간 (LFT, Latest Finish Time) : 공사기간에 영향을 주지 않는 범위 내에서 작업을 가장 늦게 완료하여도 되는 시간
⑤ 가장 이른 결합점 시간 (ET, Earliest node Time) : 최초의 결합점에서 다음 대상의 결합점 경로까지 가장 긴 경로를 통해 가장 먼저 도달되는 결합점 시간
⑥ 가장 늦은 결합점 시간(LT, Latest node Time) : 임의의 결합점에서 최종 결합점까지 이르는 경로 중에서 시간적으로 가장 긴 경로를 거쳐 완료 시간에 될 수 있는 개시 시간
⑦ 플로트(Float) : 네트워크 공정표 상에서 작업의 여유시간
  - 전체여유(TF, Total Float) : 가장 이른 개시 시간에 시작하고 가장 늦은 완료 시간으로 종료할 때 생기는 여유시간
  - 자유여유(FF, Free Float) : 가장 이른 개시 시간에 시작하고 후속 작업도 가장 이른 개시 시간에 시작해도 존재하는 여유시간
  - 간섭여유(DF, Dependent Float) : 후속작업의 전체여유에 영향을 주는 여유
⑧ 슬랙(Slack) : 네트워크 공정표 상에서 결합점이 가지는 여유시간
⑨ 경로(Path) : 임의의 결합점에서 다른 결합점에 도달되는 작업의 연결에 이르는 것으로, 두 개 이상의 작업 (activity, job)이 연결되는 것.
  - 주공정선(CP, Critical Path) : 개시 결합점에서 완료 결합점까지 이르는 가장 긴 경로(Path)로 주공정선 상에서 Float, Slack은 0이다. 더미(dummy)도 주공정선이 될 수 있으며, 복수일 수 있다.
  - 최장패스(LP, Longest Path): 임의의 두 결합점의 경로 중에서 소요시간이 가장 긴 경로(Path)

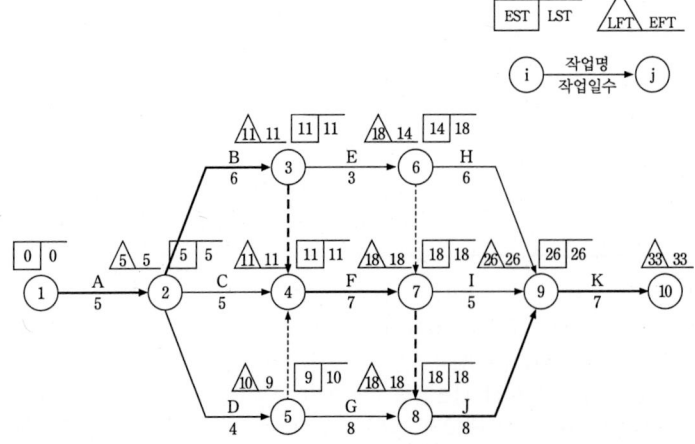

정답 ②

73 강구조물 제작 시 절단 및 개선(그루브)가공에 관한 일반사항으로 옳지 않은 것은?

① 주요 부재의 강판 절단은 주된 응력의 방향과 압연방향을 직각으로 교차시켜 절단함을 원칙으로 하며, 절단작업 착수 전 재단도를 작성해야 하다.
② 강재의 절단은 강재의 형상, 치수를 고려하여 기계절단, 가스절단, 플라즈마 절단 등을 적용한다.
③ 절단할 강재의 표면에 녹, 기름, 도료가 부착되어 있는 경우에는 제거 후 절단해야 한다.
④ 용접선의 교차부분 또는 한 부재를 다른 부재에 접합시킬 때 불필요한 접촉을 피하기 위하여 모퉁이따기를 할 경우에는 10mm 이상 둥글게 해야 한다.

해설

주요 부재의 강판 절단은 주된 응력의 방향과 압연방향을 일치시킨다.

정답 ①

74 공사계약방식 중 직영공사방식에 관한 설명으로 옳은 것은?

① 사회간접자본(SOC : Social Overhead Capital)의 민간투자유치에 많이 이용되고 있다.
② 영리목적의 도급공사에 비해 저렴하고 재료선정이 자유로운 장점이 있으나, 고용기술자 등에 의한 시공관리능력이 부족하면 공사비 증대, 시공성의 결함 및 공기가 연장되기 쉬운 단점이 있다.
③ 도급자가 자금을 조달하면 설계, 엔지니어링, 시공의 전부를 도급받아 시설물을 완성하고 그 시설을 일정기간 운영하는 것으로, 운영수입으로부터 투자자금을 회수한 후 발주자에게 그 시설을 인도하는 방식이다.
④ 수입을 수반한 공공 혹은 공익 프로젝트(유료도로, 도시철도, 발전도 등)에 많이 이용되고 있다.

해설

직영공사(Direct management)
직영공사란 발주자가 공사에 필요한 재료 및 자재를 구매한 후 공사관계자 등의 작업자를 직접 고용하여 시공하는 방식을 말한다. 직영공사는 전문화된 도급업자의 분업으로 인해 점점 자취를 감추게 되고 현재는 소규모 공사일 경우 제한적으로 적용되는 방식이나, 단순한 공사에 적용하고 있다. 건축주가 직접 건설에 대해 공사계획을 수립하고 자재 및 재료를 구입, 노무자 채용, 시공기계 및 일체의 가설재를 준비하여 건축주 책임하에 시행하는 공사방식이다.
① 비영리에 적합한 프로젝트로 확실성 있는 공사에 적합
② 별도의 계약 조건이 없으므로 공사관리의 임기응변적 대처 용이
③ 계약 등의 업무처리로 인한 시간 절약 및 절차 간소화
④ 공사비 증대, 자재 및 재료 낭비, 건설기계·기구의 비경제적 사용 및 관리
⑤ 공사기간의 연장, 건설기술자의 기술력 및 자질 등의 검증이 어려움

정답 ②

75 보강블록 공사 시 벽 가로근의 시공에 관한 설명으로 옳지 않은 것은?

① 가로근은 배근 상세도에 따라 가공하되 그 단부는 90°의 갈구리로 구부려 배근한다.
② 모서리에 가로근의 단부는 수평방향으로 구부려서 세로근의 바깥쪽으로 두르고, 정착길이는 공사시방서에 정한 바가 없는 한 40d 이상으로 한다.
③ 창 및 출입구 등의 모서리 부분에 가로근의 단부를 수평방향으로 정착할 여유가 없을 때에는 갈구리로 하여 단부 세로근에 걸고 결속선으로 결속한다.
④ 개구부 상하부의 가로근을 양측 벽부에 묻을 때의 정착길이는 40d 이상으로 한다.

해설

보강블록 공사 시 벽 가로근
가로근을 블록 조적 중의 소정의 위치에 배근하여 이동하지 않도록 고정하고, 우각부, 역T형 접합부 등에서의 가로근은 세로근을 구속하지 않도록 배근하고 세로근과의 교차부를 결속선으로 결속한다. 가로근은 배근 상세도에 따라 가공하되 그 단부는 180°의 갈구리로 구부려 배근한다. 철근의 피복두께는 20mm 이상으로 하며, 세로근과의 교차부는 모두 결속선으로 결속한다. 모서리에 가로근의 단부는 수평방향으로 구부려서 세로근의 바깥쪽으로 두르고 정착길이는 공사시방서에 정한 바가 없는 한 40d 이상으로 한다. 창 및 출입구 등의 모서리 부분에 가로근의 단부를 수평방향으로 정착할 여유가 없을 때에는 갈구리로 하여 단부 세로근에 걸고 결속선으로 결속한다. 개구부 상하부의 가로근을 양측 벽부에 묻을 때의 정착길이는 40d 이상으로 한다.

정답 ①

76 철근배금 시 콘크리트의 피복두께를 유지해야 되는 가장 큰 이유는?

① 콘크리트의 인장강도 증진을 위하여
② 콘크리트의 내구성, 내화성 확보를 위하여
③ 구조물의 미관을 좋게 하기 위하여
④ 콘크리트 타설을 쉽게 하기 위하여

해설

철근의 피복두께(covering depth)
철근을 보호할 목적으로 철근을 콘크리트로 감싼 두께를 말하며, 철근 표면과 콘크리트 표면의 최단거리를 피복두께라고 한다. 철근 피복은 내구성 및 부착성 확보, 내화성, 방청성을 확보하며, 콘크리트의 유동성을 확보한다.

부위			피복두께(mm)
흙, 옥외에 접하지 않는 부위	슬래브, 장선, 벽체	D35 초과	40
		D35 이하	20
	보, 기둥		40
흙, 옥외에 접하는 부위	노출되는 콘크리트	D29 이상	60
		D25 이하	50

	D16 이하	40
영구히 묻혀 있는 콘크리트		80
수중에 타설하는 콘크리트		100

정답 ②

77 흙막이 지지공법 중 수평버팀대 공법의 특징에 관한 설명으로 옳지 않은 것은?

① 가설구조물이 적어 중장비작업이나 토량제거작업의 능률이 좋다.
② 토질에 대해 영향을 적게 받는다.
③ 인근 대지로 공사범위로 넘어가지 않는다.
④ 고저차가 크거나 상이한 구조인 경우 균형을 잡기 어렵다.

 해설

흙막이 오픈 컷(Open Cut)
붕괴하는 흙의 이동을 흙막이로 지지시키면서 굴착하는 공법으로 반출토사가 감소하고, 현장 부지 전체 건축물 축조로 부지 활용이 양호하지만, 흙막이 지보공으로 인해 작업에 장애가 발생한다. 종류로는 자립 공법, 버팀대(Strut) 공법, 어스앵커(Earth Anchor) 공법, 당김줄(Tie rod anchor) 공법이 있다.

자립 공법	흙막이가 배면의 측압을 자립에 의해 지지하면서 흙파기하는 공법
버팀대(Strut) 공법	붕괴하려는 흙의 이동을 버팀대로 지지하는 공법으로 버팀대의 시공으로 인해 작업이 곤란하고, 가설재가 과다하게 투입되는 경향이 있다.
어스앵커 공법(Earth Anchor)	흙막이 벽체 배면에 로드(rod)를 앵커(anchor)시켜 시멘트 페이스트를 주입해 인발 저항 확보한 후 토압에 견디게 하는 공법
당김줄공 법(Tie rod anchor)	흙막이 외부의 지표면을 이용해 고정지지말뚝을 박고 어미말뚝을 당김으로써 흙의 붕괴를 방지하는 공법

정답 ①

78 터널 폼에 관한 설명으로 옳지 않은 것은?

① 거푸집의 전용횟수는 약 10회 정도로 매우 적다.
② 노무 절감, 공기단축이 가능하다.
③ 벽체 및 슬래브거푸집을 일체로 제작한 거푸집이다.
④ 이 폼의 종류에는 트윈 쉘(twin shell)과 모노 쉘(mono shell)이 있다.

해설

거푸집의 전용횟수는 약 200회 정도이다.
터널폼(Tunnel Form)은 벽체와 바닥거푸집을 장선·멍에·지주와 일체화하는 거푸집으로 조립 및 해체 공정을 줄여 공기단축 및 비용 절감 효과가 큰 공법이다. 보가 없는 벽식구조 및 동일한 크기의 평면 및 공간을 시공하는 데 용이한 공법이다. 종류로는 Mono shell form과 Twin shell form이 있다.

정답 ①

79 철근콘크리트 공사에서 거푸집의 간격을 일정하게 유지시키는 데 사용되는 것은?

① 클램프　　　② 쉐어 커넥터　　　③ 세퍼레이터　　　④ 인서트

해설

세퍼레이터(격리재)는 거푸집 상호 간에 간격을 유지하기 위해 사용되는 것으로 철근제, 파이프제, 모르타르제 등이 있다.

정답 ③

80 지정에 관한 설명으로 옳지 않은 것은?

① 잡석지정 – 기초 콘크리트 타설 시 흙의 혼입을 방지하기 위해 사용한다.
② 모래지정 – 지반이 단단하며 건물이 중량일 때 사용한다.
③ 자갈지정 – 굳은 지반에 사용되는 지정이다.
④ 밑창 콘크리트지정 – 잡석이나 자갈 위 기초부분의 먹매김을 위해 사용한다.

해설

지정 형식에 따른 분류

1. 직접기초
   ① 모래지정 : 기초 하부의 지반이 연약하고, 그 하부가 2m 이내에 굳은 지층이 있을 때 굳은 지층까지 파내어 모래를 넣고 물다짐한다.
   ② 자갈지정 : 5~10cm 정도 자갈을 깔고 다진 후 그 위에 밑창 콘크리트를 타설한다.
   ③ 잡석지정 : 기초 밑, 콘크리트 바닥 밑에 10~25cm 크기의 막돌 등을 옆 세워 깔고 사춤자갈 또는 모래 섞인 자갈 등으로 틈막이를 한다.
   ④ 밑창 con'c 지정 : 자갈·잡석 지정 위에 기초 저면에 먹매김을 하기 위해 5cm 정도의 콘크리트를 타설한다.
2. 말뚝기초

정답 ②

5과목　건설재료학

81 도료의 저장 중 또는 용기 내 방치 시 도료의 표면에 피막이 형성되는 현상의 발생 원인과 가장 관계가 먼 것은?

① 피막방지제의 부족이나 건조제가 과잉일 경우
② 용기내의 공간이 커서 산소의 양이 많을 경우
③ 부적당한 신너로 희석하였을 경우
④ 사용잔량을 뚜껑을 열어둔 채 방치하였을 경우

정답 ③

82 다음 중 무기질 단열재에 해당하는 것은?

① 발포폴리스티렌 보온재　　② 셀룰로스 보온재
③ 규산칼슘판　　　　　　　④ 경질폴리우레탄폼

해설

- 무기질 단열재 : 유리질, 광물질, 금속질, 탄소질
- 유기질 단열재 : 연질 섬유판, 폴리스틸렌폼, 셀룰로스 섬유판, 경질우레탄폼, 발포폴리스티렌(스티로폼), 발포 폴리우레탄, 발포염화비닐

정답 ③

83 통풍이 잘 되지 않는 지하실의 미장재료로서 가장 적합하지 않은 것은?

① 시멘트 모르타르　　　　② 석고 플라스터
③ 킨즈 시멘트　　　　　　④ 돌로마이트 플라스터

해설

돌로마이트 플라스터는 습기에 약하여 환기가 어려운 지하실에 사용하기 부적합하다.

구분		내용
경화	기경성	① 공기 중 CO_2와 결합해 미장 바탕면이 경화 및 수축 ② 돌로마이트 플라스터, 회반죽, 아스팔트 모르타르, 흙바름
	수경성	① 수화반응에 의해 미장 바탕면이 팽창 ② 시멘트 모르타르, 석고 플라스터, 인조석 바름, 테라조 바름

정답 ④

84 지붕공사에 사용되는 아스팔트 싱글제품 중 단위 중량이 10.3kg/m² 이상 12.5kg/m² 미만인 것은?

① 경량 아스팔트 싱글　　　② 일반 아스팔트 싱글
③ 중량 아스팔트 싱글　　　④ 초중량 아스팔트 싱글

해설

- 일반 아스팔트 싱글 : 단위 중량이 10.3kg/m² 이상 12.5kg/m² 미만
- 중량 아스팔트 싱글 : 단위 중량이 12.5kg/m² 이상 14.2kg/m² 미만
- 초중량 아스팔트 싱글 : 단위 중량이 14.2kg/m² 이상

정답 ②

85 점토벽돌 1종의 압축강도는 최소 얼마 이상인가?

① 17.85MPa ② 19.53MPa ③ 20.59MPa ④ 24.50MPa

해설

구분	1종	2종	3종
흡수율	10% 이하	13% 이하	15% 이하
압축강도	24.50MPa 이상	20.59MPa 이상	10.78MPa 이상

정답 ④

86 골재의 함수상태에 따른 질량이 다음과 같을 경우 표면수율은?

> 절대 건조 상태 : 490g, 표면 건조 상태 : 500g, 습윤 상태 : 550g

① 2% ② 3% ③ 10% ④ 15%

해설

$$\text{표면수율} = \frac{\text{습윤상태} - \text{표면건조상태}}{\text{표면건조상태}} \times 100 = \frac{550 - 500}{500} \times 100 = 10\%$$

정답 ③

87 콘크리트의 건조수축에 관한 설명으로 옳지 않은 것은?

① 시멘트의 제조성분에 따라 수축량이 다르다.
② 골재의 성질에 따라 수축량이 다르다.
③ 시멘트량의 다소에 따라 수축량이 다르다.
④ 된비빔일수록 수축량이 많다.

해설

콘크리트 건조수축은 된비빔일수록 수축량이 적다.

정답 ④

88. 목재의 나뭇결 중 아래의 설명에 해당하는 것은?

> 나이테에 직각방향으로 켠 목재면에 나타나는 나뭇결로 일반적으로 외관이 아름답고 수축변형이 적으며 마모율도 낮다.

① 무늬결
② 곧은결
③ 널결
④ 엇결

해설

- 곧은결 : 나이테에 직각방향으로 켠 목재면에서 나타나는 나뭇결. 외관이 수려, 수축변형↓, 마모율↓
- 널결 : 나이테에 접선(평행)방향으로 켠 목재면에 나타나는 물결 모양의 무늬결

정답 ②

89. 조이너(joiner)의 설치목적으로 옳은 것은?

① 벽, 기둥 등의 모서리에 미장 바름의 보호
② 인조석깔기에서의 신축균열방지나 의장 효과
③ 천장에 보드를 붙인 후 그 이음새를 감추기 위한 목적
④ 환기구멍이나 라디에이터의 덮개 역할

해설

조이너는 천장 또는 내벽 접합 마감부에 사용되는 덮개를 말한다.

정답 ③

90. 각 석재별 주용도를 표기한 것으로 옳지 않은 것은?

① 화강암 : 외장재
② 석회암 : 구조재
③ 대리석 : 내장재
④ 점판암 : 지붕재

해설

석회암은 석회 또는 시멘트 원료로 사용하며 내화성이 적어 구조재로 사용하기 부적합하다.

정답 ②

91 암석의 구조를 나타내는 용어에 관한 설명으로 옳지 않은 것은?

① 절리란 암석 특유의 천연적으로 갈라진 금을 말하며, 규칙적인 것과 불규칙적인 것이 있다.
② 층리란 퇴적암 및 변성암에 나타나는 퇴적할 당시의 지표면과 방향이 거의 평행한 절리를 말한다.
③ 석리란 암석이 가장 쪼개지기 쉬운 면을 말하며, 절리보다 불분명하지만 방향이 대체로 일치되어 있다.
④ 편리란 변성암에 생기는 절리로서 방향이 불규칙하고 얇은 판자모양으로 갈라지는 성질을 말한다.

해설

석리는 석재의 외관과 성질을 결정하는 요소로 석재 표면의 구성조직을 의미한다.

정답 ③

92 강은 탄소 함유량의 증가에 따라 인장강도가 증가하지만 어느 이상이 되면 다시 감소한다. 이때 인장강도가 가장 큰 시점의 탄소 함유량은?

① 약 0.9%   ② 약 1.8%   ③ 약 2.7%   ④ 약 3.6%

해설

인장강도가 가장 큰 시점의 탄소 함유량은 0.8~1.0% 일 경우이다.

정답 ①

93 아스팔트의 물리적 성질에 관한 설명으로 옳은 것은?

① 감온성은 블로운 아스팔트가 스트레이트 아스팔트보다 크다.
② 연화점은 블로운 아스팔트가 스트레이트 아스팔트보다 낮다.
③ 신장성은 스트레이트 아스팔트가 블로운 아스팔트보다 크다.
④ 점착성은 블로운 아스팔트가 스트레이트 아스팔트보다 크다.

해설

1. 스트레이트 아스팔트
   - 석유계 아스팔트, 점착성↑, 방수성↑, 연화점↓, 내후성 및 온도에 의한 변화↑
   - 신장성, 점착성, 방수성 양호
   - 지하실 방수공사에 적용, 아스팔트 펠트 및 루핑 방수재료의 원료
2. 블로운 아스팔트
   - 중유를 가정제한 것, 감온성↓, 연화점↑, 옥상 방수에 주로 이용
   - 신장성 및 점착성이 스트레이트 아스팔트보다 적음

정답 ③

94 킨즈시멘트 제조 시 무수석고의 경화를 촉진시키기 위해 사용하는 혼화재료는?

① 규산백토 ② 플라이애쉬 ③ 화산회 ④ 백반

해설

킨즈시멘트
- 경석고 플라스터, 강도↑, 응결시간↑, 부착성↑, 강재를 녹슬게 하는 성분 포함
- 무수석고가 주성분

정답 ④

95 초기강도가 아주 크고 초기 수화발열이 커서 긴급공사나 동절기 공사에 가장 적합한 시멘트는?

① 알루미나시멘트 ② 보통포틀랜드시멘트
③ 고로시멘트 ④ 실리카시멘트

정답 ①

96 일반적으로 단열재에 습기나 물기가 침투하면 어떤 현상이 발생하는가?

① 열전도율이 높아져 단열성능이 좋아진다.
② 열전도율이 높아져 단열성능이 나빠진다.
③ 열전도율이 낮아져 단열성능이 좋아진다.
④ 열전도율이 낮아져 단열성능이 나빠진다.

해설

단열재에 습기 또는 물기가 침투하게 되면 열전도율이 상승하여 단열성능이 떨어진다.

정답 ②

97 도장재료 중 래커(lacquer)에 관한 설명으로 옳지 않은 것은?

① 내구성은 크나 도막이 느리게 건조된다.
② 클리어래커는 투명래커로 도막은 얇으나 견고하고 광택이 우수하다.
③ 클리어래커는 내후성이 좋지 않아 내부용으로 주로 쓰인다.
④ 래커에나멜은 불투명 도료로서 클리어래커에 안료를 첨가한 것을 말한다.

해설

래커의 경우 내구성은 크나 도막이 급속하게 건조된다.

정답 ①

98 도료의 건조제 중 상온에서 기름에 용해되지 않는 것은?

① 붕산망간 ② 이산화망간
③ 초산염 ④ 코발트의 수지산

해설

상온에서 기름에 용해되는 건조제
수산망간, 붕산망간, 이산화망간, 리사지, 연단, 초산염

정답 ④

99 시멘트의 분말도에 관한 설명으로 옳지 않은 것은?

① 분말도가 클수록 수화반응이 촉진된다.
② 분말도가 클수록 초기강도는 작으나 장기강도는 크다.
③ 분말도가 클수록 시멘트 분말이 미세하다.
④ 분말도가 너무 크면 풍화되기 쉽다.

해설

시멘트 분말도↑
- 시멘트 분말도가 미세, 수화반응 촉진, 초기강도↑, 블리딩↓, 시공연도↑
- 분말도가 너무 크면 풍화되기 쉬우며 균열발생↑
- 분말시험 방법 : 체분석법, 피크노메타법, 브레인법

정답 ②

100 목재의 방부 처리법 중 압력용기 속에 목재를 넣어 처리하는 방법으로 가장 신속하고 효과적인 방법은?

① 가압주입법 ② 생리적 주입법
③ 표면탄화법 ④ 침지법

해설

방부법	표면피복법	금속판, 니스 등으로 목재 표면을 피복하는 방법
	침지법	수중에 잠기게 한 후 공기를 차단하는 방법
	표면탄화법	목재 표면을 태워 수분을 제거하여 방부하는 방법
	직사일광법	자외선을 목재 표면에 장시간 노출하여 방충하는 방법

방부제 처리법	상압주입법	방부제 주입(보통 압력)
	가압주입법	목재를 압력용기에 넣은 후 처리하는 방법
	도포법	크레오소트 등을 목재 표면에 바르는 방법
	생리적주입법	목재를 벌목하기 전에 뿌리에 방부제를 주입하는 방법
	침지법	목재를 일정시간 동안 방부제 용액에 담금질하는 방법
방부제 종류	유성	유성페인트, 크레오소트, 콜타르
	유용성	PCP
	수용성	황산동 1%, 불화소다 2%. 염화아연 4%, PF, CCA

정답 ①

6과목 건설안전기술

101 지면보다 낮은 땅을 파는 데 적합하고 수중굴착도 가능한 굴착기계는?

① 백호우 ② 파워쇼벨
③ 가이데릭 ④ 파일드라이버

해설

백호우는 장비가 위치한 지면보다 낮은 곳의 지반을 굴착하는 데 적합

정답 ①

102 굴착공사에서 비탈면 또는 비탈면 하단을 성토하여 붕괴를 방지하는 공법은?

① 배수공 ② 배토공
③ 공작물에 의한 방지공 ④ 압성토공

해설

압성토공은 굴착공사 시에 비탈면 또는 비탈면 하단을 성토하여 붕괴를 방지하는 공법이다.

정답 ④

103 작업장에 계단 및 계단참을 설치하는 경우 매 제곱미터당 최소 몇 킬로그램 이상의 하중에 견딜 수 있는 강도를 가진 구조로 설치하여야 하는가?

① 300kg　　② 400kg　　③ 500kg　　④ 600kg

해설

「산업안전보건기준에 관한 규칙」
제26조(계단의 강도)
① 사업주는 계단 및 계단참을 설치하는 경우 매제곱미터당 500킬로그램 이상의 하중에 견딜 수 있는 강도를 가진 구조로 설치하여야 하며, 안전율[안전의 정도를 표시하는 것으로서 재료의 파괴응력도(破壞應力度)와 허용응력도(許容應力度)의 비율을 말한다]은 4 이상으로 하여야 한다.
② 사업주는 계단 및 승강구 바닥을 구멍이 있는 재료로 만드는 경우 렌치나 그 밖의 공구 등이 낙하할 위험이 없는 구조로 하여야 한다.

정답 ③

104 작업으로 인하여 물체가 떨어지거나 날아올 위험이 있는 경우 필요한 조치와 가장 거리가 먼 것은?

① 투하설비 설치　　② 낙하물 방지망 설치
③ 수직보호망 설치　　④ 출입금지구역 설정

해설

「산업안전보건기준에 관한 규칙」 제14조(낙하물에 의한 위험의 방지)
① 사업주는 작업장의 바닥, 도로 및 통로 등에서 낙하물이 근로자에게 위험을 미칠 우려가 있는 경우 보호망을 설치하는 등 필요한 조치를 하여야 한다.
② 사업주는 작업으로 인하여 물체가 떨어지거나 날아올 위험이 있는 경우 낙하물 방지망, 수직보호망 또는 방호선반의 설치, 출입금지구역의 설정, 보호구의 착용 등 위험을 방지하기 위하여 필요한 조치를 하여야 한다. 이 경우 낙하물 방지망 및 수직보호망은 한국산업표준에서 정하는 성능기준에 적합한 것을 사용하여야 한다. 〈개정 2017. 12. 28., 2022. 10. 18〉
③ 제2항에 따라 낙하물 방지망 또는 방호선반을 설치하는 경우에는 다음 각 호의 사항을 준수하여야 한다.
　1. 높이 10미터 이내마다 설치하고, 내민 길이는 벽면으로부터 2미터 이상으로 할 것
　2. 수평면과의 각도는 20도 이상 30도 이하를 유지할 것

정답 ①

105 크레인의 운전실 또는 운전대를 통하는 통로의 끝과 건설물 등의 벽체의 간격은 최대 얼마 이하로 하여야 하는가?

① 0.2m　　② 0.3m　　③ 0.4m　　④ 0.5m

해설

「산업안전보건기준에 관한 규칙」 제145조(건설물 등의 벽체와 통로의 간격 등)
사업주는 다음 각 호의 간격을 0.3미터 이하로 하여야 한다. 다만, 근로자가 추락할 위험이 없는 경우에는 그 간격을 0.3미터 이하로 유지하지 아니할 수 있다.
1. 크레인의 운전실 또는 운전대를 통하는 통로의 끝과 건설물 등의 벽체의 간격
2. 크레인 거더(girder)의 통로 끝과 크레인 거더의 간격
3. 크레인 거더의 통로로 통하는 통로의 끝과 건설물 등의 벽체의 간격

정답 ②

106 철골공사 시 안전작업방법 및 준수사항으로 옳지 않은 것은?

① 강풍, 폭우 등과 같은 악천우 시에는 작업을 중지하여야 하며 특히 강풍 시에는 높은 곳에 있는 부재나 공구류가 낙하비래하지 않도록 조치하여야 한다.
② 철골부재 반입 시 시공순서가 빠른 부재는 상단부에 위치하도록 한다.
③ 구명줄 설치 시 마닐라 로프 직경 10mm를 기준하여 설치하고 작업방법을 충분히 검토하여야 한다.
④ 철골보의 두 곳을 매어 인양시킬 때 와이어로프의 내각은 60° 이하이어야 한다.

해설

구명줄 설치 시 마닐라 로프 직경 16mm를 기준하여 설치하고 작업방법을 충분히 검토하여야 한다.

정답 ③

107 강관비계의 수직방향 벽이음 조립간격(m)으로 옳은 것은? (단, 틀비계이며 높이가 5m 이상일 경우)

① 2m ② 4m ③ 6m ④ 9m

해설

「산업안전보건기준에 관한 규칙」 제60조(강관비계의 구조)
사업주는 강관을 사용하여 비계를 구성하는 경우 다음 각 호의 사항을 준수하여야 한다. <개정 2012. 5. 31., 2019. 10. 15., 2019. 12. 26., 2023. 11. 14.>
1. 비계기둥의 간격은 띠장 방향에서는 1.85미터 이하, 장선(長線) 방향에서는 1.5미터 이하로 할 것. 다만, 다음 각 목의 어느 하나에 해당하는 작업의 경우에는 안전성에 대한 구조검토를 실시하고 조립도를 작성하면 띠장 방향 및 장선 방향으로 각각 2.7미터 이하로 할 수 있다.
   가. 선박 및 보트 건조작업
   나. 그 밖에 장비 반입·반출을 위하여 공간 등을 확보할 필요가 있는 등 작업의 성질상 비계기둥 간격에 관한 기준을 준수하기 곤란한 작업
2. 띠장 간격은 2.0미터 이하로 할 것. 다만, 작업의 성질상 이를 준수하기가 곤란하여 쌍기둥틀 등에 의하여 해당 부분을 보강한 경우에는 그러하지 아니하다.
3. 비계기둥의 제일 윗부분으로부터 31미터 되는 지점 밑부분의 비계기둥은 2개의 강관으로 묶어 세울 것. 다만, 브라켓(bracket, 까치발) 등으로 보강하여 2개의 강관으로 묶을 경우 이상의 강도가 유지되는 경우에는 그러하지 아니하다.

4. 비계기둥 간의 적재하중은 400킬로그램을 초과하지 않도록 할 것

산업안전보건기준에 관한 규칙 [별표 5]

강관비계의 조립간격(제59조 제4호 관련)

강관비계의 종류	조립간격(단위 : m)	
	수직방향	수평방향
단관비계	5	5
틀비계(높이가 5m 미만인 것은 제외한다)	6	8

정답 ③

108 공정률이 65%인 건설현장의 경우 공사 진척에 따른 산업안전보건관리비의 최소 사용기준으로 옳은 것은? (단, 공정률은 기성공정률을 기준으로 함)

① 40% 이상 ② 50% 이상 ③ 60% 이상 ④ 70% 이상

해설

「건설업 산업안전보건관리비 계상 및 사용기준」 [별표 3]

공사진척에 따른 안전관리비 사용기준

공정률	50퍼센트 이상 70퍼센트 미만	70퍼센트 이상 90퍼센트 미만	90퍼센트 이상
사용기준	50퍼센트 이상	70퍼센트 이상	90퍼센트 이상

*공정률은 기성공정률을 기준으로 한다.

정답 ②

109 달비계에 사용이 불가한 와이어로프의 기준으로 옳지 않은 것은?

① 이음매가 있는 것
② 와이어로프의 한 꼬임에서 끊어진 소선의 수가 7% 이상인 것
③ 지름의 감소가 공칭지름의 7%를 초과하는 것
④ 심하게 변형되거나 부식된 것

해설

「산업안전보건기준에 관한 규칙」 제63조(달비계의 구조)
사업주는 달비계를 설치하는 경우에 다음 각 호의 사항을 준수하여야 한다.
1. 다음 각 목의 어느 하나에 해당하는 와이어로프를 달비계에 사용해서는 아니 된다.
   가. 이음매가 있는 것
   나. 와이어로프의 한 꼬임[스트랜드(strand)를 말한다. 이하 같다]에서 끊어진 소선(素線)[필러(pillar)선은 제외한다]의 수가 10퍼센트 이상(비자전로프의 경우에는 끊어진 소선의 수가 와이어로프 호칭지름의 6배 길이 이내에서 4개 이상이거나 호칭지름 30배 길이 이내에서 8개 이상)인 것
   다. 지름의 감소가 공칭지름의 7퍼센트를 초과하는 것
   라. 꼬인 것   마. 심하게 변형되거나 부식된 것   바. 열과 전기충격에 의해 손상된 것

정답 ②

110 구축물에 안전차단 등 안전성 평가를 실시하여 근로자에게 미칠 위험성을 미리 제거하여야 하는 경우가 아닌 것은?

① 구축물 또는 이와 유사한 시설물의 인근에서 굴착·항타작업 등으로 침하·균열 등이 발생하여 붕괴의 위험이 예상될 경우
② 구조물, 건축물, 그 밖의 시설물이 그 자체의 무게·적설·풍압 또는 그 밖에 부가되는 하중 등으로 붕괴 등의 위험이 있을 경우
③ 화재 등으로 구축물 또는 이와 유사한 시설물의 내력(耐力)이 심하게 저하되었을 경우
④ 구축물의 구조체가 안전측으로 과도하게 설계가 되었을 경우

해설

「산업안전보건기준에 관한 규칙」 제52조(구축물 등의 안전성 평가)
사업주는 구축물 또는 이와 유사한 시설물이 다음 각 호의 어느 하나에 해당하는 경우 안전진단 등 안전성 평가를 하여 근로자에게 미칠 위험성을 미리 제거하여야 한다.
1. 구축물 또는 이와 유사한 시설물의 인근에서 굴착·항타작업 등으로 침하·균열 등이 발생하여 붕괴의 위험이 예상될 경우
2. 구축물 또는 이와 유사한 시설물에 지진, 동해(凍害), 부동침하(不同沈下) 등으로 균열·비틀림 등이 발생하였을 경우
3. 구조물, 건축물, 그 밖의 시설물이 그 자체의 무게·적설·풍압 또는 그 밖에 부가되는 하중 등으로 붕괴 등의 위험이 있을 경우
4. 화재 등으로 구축물 또는 이와 유사한 시설물의 내력(耐力)이 심하게 저하되었을 경우
5. 오랜 기간 사용하지 아니하던 구축물 또는 이와 유사한 시설물을 재사용하게 되어 안전성을 검토하여야 하는 경우
6. 구축물등의 주요구조부(「건축법」 제2조제1항제7호에 따른 주요구조부를 말한다. 이하 같다)에 대한 설계 및 시공방법의 전부 또는 일부를 변경하는 경우
7. 그 밖의 잠재위험이 예상될 경우

정답 ④

111 흙막이 지보공을 설치하였을 때 정기적으로 점검하여 이상 발견 시 즉시 보수하여야 할 사항이 아닌 것은?

① 굴착 깊이의 정도
② 버팀대의 긴압의 정도
③ 부재의 접속부·부착부 및 교차부의 상태
④ 부재의 손상·변형·부식·변위 및 탈락의 유무와 상태

해설

「산업안전보건기준에 관한 규칙」 제347조(붕괴 등의 위험 방지)
① 사업주는 흙막이 지보공을 설치하였을 때에는 정기적으로 다음 각 호의 사항을 점검하고 이상을 발견하면 즉시 보수하여야 한다.
  1. 부재의 손상·변형·부식·변위 및 탈락의 유무와 상태
  2. 버팀대의 긴압(緊壓)의 정도
  3. 부재의 접속부·부착부 및 교차부의 상태
  4. 침하의 정도

정답 ①

112 사업주는 달비계의 높이가 몇 미터 이상인 작업장소에 각 기준에 맞는 작업발판을 설치해야 하는가? (개정 법령에 맞게 문제를 수정함)

① 1미터 ② 2미터 ③ 3미터 ④ 5미터

해설

「산업안전보건기준에 관한 규칙」
제56조(작업발판의 구조)
사업주는 비계(달비계, 달대비계 및 말비계는 제외한다)의 높이가 2미터 이상인 작업장소에 다음 각 호의 기준에 맞는 작업발판을 설치하여야 한다.
1. 발판재료는 작업할 때의 하중을 견딜 수 있도록 견고한 것으로 할 것
2. 작업발판의 폭은 40센티미터 이상으로 하고, 발판재료 간의 틈은 3센티미터 이하로 할 것. 다만, 외줄비계의 경우에는 고용노동부장관이 별도로 정하는 기준에 따른다.
3. 제2호에도 불구하고 선박 및 보트 건조작업의 경우 선박블록 또는 엔진실 등의 좁은 작업공간에 작업발판을 설치하기 위하여 필요하면 작업발판의 폭을 30센티미터 이상으로 할 수 있고, 걸침비계의 경우 강관기둥 때문에 발판재료 간의 틈을 3센티미터 이하로 유지하기 곤란하면 5센티미터 이하로 할 수 있다. 이 경우 그 틈 사이로 물체 등이 떨어질 우려가 있는 곳에는 출입금지 등의 조치를 하여야 한다.
4. 추락의 위험이 있는 장소에는 안전난간을 설치할 것. 다만, 작업의 성질상 안전난간을 설치하는 것이 곤란한 경우, 작업의 필요상 임시로 안전난간을 해체할 때에 추락방호망을 설치하거나 근로자로 하여금 안전대를 사용하도록 하는 등 추락위험 방지 조치를 한 경우에는 그러하지 아니하다.
5. 작업발판의 지지물은 하중에 의하여 파괴될 우려가 없는 것을 사용할 것
6. 작업발판재료는 뒤집히거나 떨어지지 않도록 둘 이상의 지지물에 연결하거나 고정시킬 것
7. 작업발판을 작업에 따라 이동시킬 경우에는 위험 방지에 필요한 조치를 할 것

정답 ②

113 다음은 안전대와 관련된 설명이다. 아래 내용에 해당되는 용어로 옳은 것은?

> 로프 또는 레일 등과 같은 유연하거나 단단한 고정줄로서 추락발생 시 추락을 저지시키는 추락방지대를 지탱해 주는 줄모양의 부품

① 안전블록 ② 수직구명줄
③ 죔줄   ④ 보조죔줄

정답 ②

114 사업주가 유해위험방지 계획서 제출 후 건설공사 중 6개월 이내마다 안전보건공단의 확인을 받아야 할 내용이 아닌 것은?

① 유해위험방지 계획서의 내용과 실제공사 내용이 부합하는지 여부
② 유해위험방지 계획서 변경 내용의 적정성
③ 자율안전관리 업체 유해·위험방지 계획서 제출·심사 면제
④ 추가적인 유해·위험요인의 존재 여부

해설

「산업안전보건법 시행규칙」 제46조(확인)
① 법 제42조 제1항 제1호 및 제2호에 따라 유해위험방지계획서를 제출한 사업주는 해당 건설물·기계·기구 및 설비의 시운전단계에서, 법 제42조 제1항 제3호에 따른 사업주는 건설공사 중 6개월 이내마다 법 제43조 제1항에 따라 다음 각 호의 사항에 관하여 공단의 확인을 받아야 한다.
  1. 유해위험방지계획서의 내용과 실제공사 내용이 부합하는지 여부
  2. 법 제42조 제6항에 따른 유해위험방지계획서 변경내용의 적정성
  3. 추가적인 유해·위험요인의 존재 여부
② 공단은 제1항에 따른 확인을 할 경우에는 그 일정을 사업주에게 미리 통보해야 한다.
③ 제44조 제4항에 따른 건설물·기계·기구 및 설비 또는 건설공사의 경우 사업주가 고용노동부장관이 정하는 요건을 갖춘 지도사에게 확인을 받고 별지 제22호 서식에 따라 그 결과를 공단에 제출하면 공단은 제1항에 따른 확인에 필요한 현장방문을 지도사의 확인결과로 대체할 수 있다. 다만, 건설업의 경우 최근 2년간 사망재해(별표 1 제3호 라목에 따른 재해는 제외한다)가 발생한 경우에는 그렇지 않다.
④ 제3항에 따른 유해위험방지계획서에 대한 확인은 제44조 제4항에 따라 평가를 한 자가 해서는 안 된다.

정답 ③

115 다음 중 방망사의 폐기 시 인장강도에 해당하는 것은? (단, 그물코의 크기는 10cm이며 매듭 없는 방망의 경우임)

① 50kg   ② 100kg
③ 150kg ④ 200kg

해설

그물코의 크기(cm)	방망의 종류(kg) ( ) : 방망사의 폐기 시 인장강도	
	매듭 없는 방망	매듭 방망
10	240(150)	200(135)
5	-	110(60)

정답 ③

116 산업안전보건법령에 따른 지반의 종류별 굴착면의 기울기 기준으로 옳지 않은 것은?

(개정 법령에 맞게 문제를 수정함)

① 모래 - 1 : 1.8
② 연암 및 풍화암 - 1 : 0.7
③ 경암 - 1 : 0.5
④ 그 밖의 흙 - 1 : 1.2

해설

산업안전보건기준에 관한 규칙 [별표 11] 〈개정 2023. 11. 14.〉
굴착면의 기울기 기준(제339조 제1항 관련)

지반의 종류	굴착면의 기울기
모래	1 : 1.8
연암 및 풍화암	1 : 1.0
경암	1 : 0.5
그 밖의 흙	1 : 1.2

비고
1. 굴착면의 기울기는 굴착면의 높이에 대한 수평거리의 비율을 말한다.
2. 굴착면의 경사가 달라서 기울기를 계산하기가 곤란한 경우에는 해당 굴착면에 대하여 지반의 종류별 굴착면의 기울기에 따라 붕괴의 위험이 증가하지 않도록 위 표의 지반의 종류별 굴착면의 기울기에 맞게 해당 각 부분의 경사를 유지해야 한다.

정답 ②

117 가설통로의 설치에 관한 기준으로 옳지 않은 것은?

① 경사는 30° 이하로 한다.
② 건설공사에 사용하는 높이 8m 이상인 비계다리에는 7m 이내마다 계단참을 설치한다.
③ 작업상 부득이한 경우에는 필요한 부분에 한하여 안전난간을 임시로 해체할 수 있다.
④ 수직갱에 가설된 통로의 길이가 10m 이상인 경우에는 5m 이내마다 계단참을 설치한다.

해설

「산업안전보건기준에 관한 규칙」 제23조(가설통로의 구조)
사업주는 가설통로를 설치하는 경우 다음 각 호의 사항을 준수하여야 한다.
1. 견고한 구조로 할 것
2. 경사는 30도 이하로 할 것. 다만, 계단을 설치하거나 높이 2미터 미만의 가설통로로서 튼튼한 손잡이를 설치한 경우에는 그러하지 아니하다.
3. 경사가 15도를 초과하는 경우에는 미끄러지지 아니하는 구조로 할 것
4. 추락할 위험이 있는 장소에는 안전난간을 설치할 것. 다만, 작업상 부득이한 경우에는 필요한 부분만 임시로 해체할 수 있다.
5. 수직갱에 가설된 통로의 길이가 15미터 이상인 경우에는 10미터 이내마다 계단참을 설치할 것
6. 건설공사에 사용하는 높이 8미터 이상인 비계다리에는 7미터 이내마다 계단참을 설치할 것

정답 ④

118 콘크리트 타설 시 거푸집 측압에 관한 설명으로 옳지 않은 것은?

① 기온이 높을수록 측압은 크다.
② 타설속도가 클수록 측압은 크다.
③ 슬럼프가 클수록 측압은 크다.
④ 다짐이 과할수록 측압은 크다.

해설

물이 중요해!.
슬럼프↑ 시공연도↑ 습도↑ 부배합↑ 타설속도↑ 다짐↑ 타설높이↑ 철근·철골량↓ 온도↓
콘크리트를 타설 시 거푸집 수직부재가 수평방향으로 받는 압력을 측압(t/m^2)이라 하며, 콘크리트 타설 윗면에서 최대측압이 발생하는 지점까지의 거리를 콘크리트 헤드(con'c head)라 한다. 측압에 주는 요인으로는 거푸집이 평활할수록, 슬럼프가 클수록, 시공연도가 좋을수록, 철근·철골량이 적을수록, 외기의 온도가 낮을수록, 습도가 높을수록, 부배합일수록, 타설속도가 빠를수록, 다짐이 충분할수록, 타설높이가 높을수록 측압은 커진다.

정답 ①

119 해체공사 시 작업용 기계기구의 취급 안전기준에 관한 설명으로 옳지 않은 것은?

① 철제햄머와 와이어로프의 결속은 경험이 많은 사람으로서 선임된 자에 한하여 실시하도록 하여야 한다.
② 팽창제 천공간격은 콘크리트 강도에 의하여 결정되나 70~120cm 정도를 유지하도록 한다.
③ 쐐기타입으로 해체 시 천공구멍은 타입기 삽입부분의 직경과 거의 같아야 한다.
④ 화염방사기로 해체작업 시 용기 내 압력은 온도에 의해 상승하기 때문에 항상 40℃ 이하로 보존해야 한다.

해설

팽창제 천공간격은 콘크리트 강도에 의해 결정되나 30~70cm 정도를 유지하도록 한다.

정답 ②

120 굴착과 싣기를 동시에 할 수 있는 토공기계가 아닌 것은?

① Power shovel
② Tractor shovel
③ Back hoe
④ Motor grader

해설

모터 그레이더(Motor grader)는 지반 정지 및 배토작업에 사용되는 건설기계이다.

정답 ④

PART 07 2020년 3회 기출
2020.08.22.시행

1과목 산업안전관리론

01 재해손실비의 평가방식 중 시몬즈 방식에서 비보험 코스트에 반영되는 항목에 속하지 않는 것은?

① 휴업상해 건수
② 통원상해 건수
③ 응급조치 건수
④ 무손실사고 건수

해설

시몬즈방식 = 보험코스트 + 비보험코스트
1) 보험코스트 : 사업장에서 납부한 산재보험료
2) 비보험코스트
   (A × 휴업상해건수) + (B × 통원상해건수) + (C × 응급조치건수) + (D × 무상해사고건수)
   - 휴업상해 : 영구 일부 노동 불능, 일시적 노동 불능
   - 통원상해 : 일시 부분 노동 불능, 의사 조치 필요한 통원상해
   - 응급(구급)처치 : 8시간 미만 휴업 의료조치 상해
   - 무상해사고 : 의료조치를 필요로 하지 않은 경미한 상해사고 또는 무상해 사고

정답 ④

02 산업안전보건법령상 중대재해에 속하지 않는 것은?

① 사망자가 2명 발생한 재해
② 부상자가 동시에 7명 발생한 재해
③ 직업성 질병자가 동시에 11명 발생한 재해
④ 3개월 이상의 요양이 필요한 부상자가 동시에 3명 발생한 재해

해설

「산업안전보건법 시행규칙」 제3조(중대재해의 범위)
법 제2조 제2호에서 "고용노동부령으로 정하는 재해"란 다음 각 호의 어느 하나에 해당하는 재해를 말한다.
1. 사망자가 1명 이상
2. 3개월 이상의 요양이 필요한 부상자가 동시에 2명 이상
3. 부상자 또는 직업성 질병자가 동시에 10명 이상
※ 중대재해 : 산업재해 중 사망 등 재해 정도가 심하거나 다수의 재해자가 발생한 경우.

정답 ②

03 산업안전보건법령상 공정안전보고서에 포함되어야 하는 내용 중 공정안전자료의 세부 내용에 해당하는 것은?

① 안전운전지침서
② 공정위험성평가서
③ 도급업체 안전관리계획
④ 각종 건물·설비의 배치도

해설

1) 취급저장하고 있거나 취급저장하려는 유해위험물질의 종류 및 수량
2) 유해위험물질에 대한 물질안전보건자료
3) 유해위험설비의 목록 및 사양
4) 유해위험설비의 운전방법을 알 수 있는 공정도면
5) 각종 건물·설비의 배치도
6) 폭발위험장소 구분도 및 전기단선도
7) 위험설비의 안전설계 제작 및 설치 관련 지침서

정답 ④

04 산업안전보건법령상 금지표시에 속하는 것은?

①    ②    ③    ④

해설

① 산화성물질 경고 — 경고표지
② 방독마스크 착용 — 지시표지
③ 급독성물질경고 — 경고표지
④ 탑승금지 — 금지표지

정답 ④

05 도수율이 25인 사업장의 연간 재해발생 건수는 몇 건인가? (단, 이 사업장의 당해 연도 총근로시간은 80,000시간이다.)

① 1건   ② 2건   ③ 3건   ④ 4건

해설

$$도수율 = \frac{재해건수}{연\ 근로시간\ 수} \times 1,000,000 \quad 재해건수 = \frac{25 \times 80,000}{1,000,000} = 2건$$

정답 ②

06 산업안전보건법령상 건설공사도급인은 산업안전보건관리비의 사용명세서를 건설공사 종료 후 몇 년간 보존해야 하는가?

① 1년　　　② 2년　　　③ 3년　　　④ 5년

해설

「산업안전보건법 시행규칙」 제89조(산업안전보건관리비의 사용)
① 건설공사도급인은 도급금액 또는 사업비에 계상(計上)된 산업안전보건관리비의 범위에서 그의 관계수급인에게 해당 사업의 위험도를 고려하여 적정하게 산업안전보건관리비를 지급하여 사용하게 할 수 있다. 〈개정 2021. 1. 19.〉
② 건설공사도급인은 법 제72조 제3항에 따라 산업안전보건관리비를 사용하는 해당 건설공사의 금액(고용노동부장관이 정하여 고시하는 방법에 따라 산정한 금액을 말한다)이 4천만 원 이상인 때에는 고용노동부장관이 정하는 바에 따라 매월(건설공사가 1개월 이내에 종료되는 사업의 경우에는 해당 건설공사가 끝나는 날이 속하는 달을 말한다) 사용명세서를 작성하고, 건설공사 종료 후 1년 동안 보존해야 한다. 〈개정 2021. 1. 19.〉

정답 ①

07 산업안전보건법령에 따른 안전보건총괄책임자의 직무에 속하지 않는 것은?

① 도급 시 산업재해 예방조치
② 위험성평가의 실시에 관한 사항
③ 안전인증대상기계와 자율안전확인대상기계 구입 시 적격품의 선정에 관한 지도
④ 산업안전보건관리비의 관계수급인 간의 사용에 관한 협의·조정 및 그 집행의 감독

해설

「산업안전보건법 시행령」 제53조(안전보건총괄책임자의 직무 등)
① 안전보건총괄책임자의 직무는 다음 각 호와 같다.
　1. 법 제36조에 따른 위험성평가의 실시에 관한 사항
　2. 법 제51조 및 제54조에 따른 작업의 중지
　3. 법 제64조에 따른 도급 시 산업재해 예방조치
　4. 법 제72조 제1항에 따른 산업안전보건관리비의 관계수급인 간의 사용에 관한 협의·조정 및 그 집행의 감독
　5. 안전인증대상기계등과 자율안전확인대상기계등의 사용 여부 확인
② 안전보건총괄책임자에 대한 지원에 관하여는 제14조 제2항을 준용한다. 이 경우 "안전보건관리책임자"는 "안전보건총괄책임자"로, "법 제15조 제1항"은 "제1항"으로 본다.
③ 사업주는 안전보건총괄책임자를 선임했을 때에는 그 선임 사실 및 제1항 각 호의 직무의 수행내용을 증명할 수 있는 서류를 갖추어 두어야 한다.

정답 ③

08 다음 중 재해 발생 시 긴급조치사항을 올바른 순서로 배열한 것은?

㉠ 현장보존 ㉡ 2차 재해방지 ㉢ 피재기계의 정지
㉣ 관계자에게 통보 ㉤ 피해자의 응급처리

① ㉤ → ㉢ → ㉡ → ㉠ → ㉣
② ㉢ → ㉤ → ㉣ → ㉡ → ㉠
③ ㉢ → ㉤ → ㉣ → ㉠ → ㉡
④ ㉢ → ㉤ → ㉠ → ㉣ → ㉡

해설

피재기계의 정지 > 피해자의 응급조치 > 관계자에게 통보 > 2차 재해방지 > 현장보존

정답 ②

09 직계(Line)형 안전조직에 관한 설명으로 옳지 않은 것은?

① 명령과 보고가 간단명료하다.
② 안전정보의 수집이 빠르고 전문적이다.
③ 안전업무가 생산현장 라인을 통하여 시행된다.
④ 각종 지시 및 조치사항이 신속하게 이루어진다.

해설

1. 직계(line)형 조직 : 안전관리에 관한 계획에서 실시까지 모든 안전업무를 생산라인에서 이루어지는 구조로 형성된 조직으로 규모가 기업 또는 현장(100명 이하)에 적합
   ① 안전 지시 및 명령체계 유리함
   ② 지시, 명령 및 보고, 대책처리 신속 운영
   ③ 안전에 관한 조직이 없음
   ④ 안전 지식 및 기술 축적 어려움
   ⑤ 안전에 관한 정보 수집 부족함
2. 참모(staff)형 조직 : 중소규모 기업 및 현장에 적절한 조직으로 참모(staff)를 배치하여 안전에 관한 계획, 보고 등의 업무를 하는 조직으로 규모가 중규모(100명 이상~1,000명 이하)에 적합
   ① 안전에 관한 정보 수집이 신속함
   ② 사업자에게 조언 및 자문 역할 가능
   ③ 전문적인 안전 기술 연구 가능함
   ④ 작업자에게 안전 지시 사항이 빠르게 전달되지 못함
   ⑤ 생산부문은 안전에 대해 책임 및 권한 없음
   ⑥ 업무에 소요되는 시간이 많음

3. 직계참모형조직(line-staff)형 조직 : 직계형과 참모형의 혼합형, 대규모 사업장에 적합한 조직으로 대규모 (1,000명 이상)에 적합
① 안전 기술 및 경험에 관한 축적이 가능
② 독자적인 안전 대책 강구 가능
③ 안전 지시 신속하게 전달됨
④ 명령 계통과 혼선이 야기되기 쉬움

정답 ②

10 보호구 안전인증 고시에 따른 가죽제안전화의 성능시험방법에 해당되지 않는 것은?

① 내답발성시험　　　　　　　　② 박리저항시험
③ 내충격성시험　　　　　　　　④ 내전압성시험

해설

내전압성시험은 절연화의 경우 해당하는 성능시험방법이다.

정답 ④

11 위험예지훈련 4R(라운드) 중 2R(라운드)에 해당하는 것은?

① 목표설정　　② 현상파악　　③ 대책수립　　④ 본질추구

해설

1단계(현상파악) > 2단계(본질추구) > 3단계(대책수립) > 4단계(목표설정)

정답 ④

12 기계, 기구 또는 설비를 신설하거나 변경 또는 고장 수리 시 실시하는 안전점검의 종류는?

① 정기점검　　② 수시점검　　③ 특별점검　　④ 임시점검

해설

점검 종류	내용
정기점검	정기적으로 실시하는 점검
일상점검	작업 전, 중, 후로 실시하는 점검(수시점검)
임시점검	재해 발생 또는 이상 발견 시에 실시하는 점검
특별점검	기계·기구의 변경 및 신설, 고장, 안전강조기간 등에 실시하는 점검
정밀점검	사고 발생 이후 외부 전문가에 의한 실시

정답 ③

13 산업안전보건법령상 안전인증대상 기계 또는 설비에 속하지 않는 것은?

① 리프트 ② 압력용기 ③ 곤돌라 ④ 파쇄기

해설

「산업안전보건법 시행령」 제74조(안전인증대상기계등)
크레인, 리프트, 프레스, 곤돌라, 전단기 및 절곡기, 압력용기, 사출성형기, 고소작업대, 롤러기

정답 ④

14 브레인 스토밍의 4가지 원칙 내용으로 옳지 않은 것은?

① 비판하지 않는다.
② 자유롭게 발언한다.
③ 가능한 한 정리된 의견만 발언한다.
④ 타인의 생각에 동참하거나 보충발언을 해도 좋다.

해설

브레인스토밍
- 비판금지 - 자유발언 - 대량발언 - 수정발언

정답 ③

15 안전관리는 PDCA 사이클의 4단계를 거쳐 지속적인 관리를 수행하여야 한다. 다음 중 PDCA 사이클의 4단계를 잘못 나타낸 것은?

① P : Plan ② D : Do
③ C : Check ④ A : Analysis

해설

단계	단계	내용
1단계	Plan	목표달성을 위한 계획
2단계	Do	계획에 따라 실시
3단계	Check	실시 결과의 확인 분석 검토
4단계	Action	확인 결과 적절한 조치

정답 ④

16 재해의 발생형태 중 재해가 일어난 장소나 그 시점에 일시적으로 요인이 집중되어 사고가 발생하는 유형은?

① 연쇄형　　　② 복합형　　　③ 결합형　　　④ 단순 자극형

 해설

연쇄성	① 하나의 사고요인이 또 다른 요인으로 발생시키면서 발생 ② 단순 연쇄형, 복합 연쇄형
집중형 (단순자극형)	① 재해가 일어난 장소에서 일시적으로 요인이 집중되어 발생 ② 상호자극으로 순간적 발생
복합형	① 연쇄형과 집중형의 혼합형태 ② 일반적인 산업재해 형태

정답 ④

17 안전보건관리계획 수립 시 고려할 사항으로 옳지 않은 것은?

① 타 관리계획과 균형이 맞도록 한다.
② 안전보건을 저해하는 요인을 확실히 파악해야 한다.
③ 수립된 계획은 안전보건관리활동의 근거로 활용된다.
④ 과거실적을 중요한 것으로 생각하고, 현재 상태에 만족해야 한다.

 해설

안전보건관리계획 수립 시 고려사항
1. 안전보건의 저해요인의 명확한 파악
2. 타 관리계획과의 균형
3. 계획 목표는 점진적으로 수립(높은 수준의 것)
4. 경영자의 기본 방침을 명확히 근로자에게 전달
5. 수립 계획은 안전보건관리활동의 근거로 활용
6. 과거 실적을 검토 및 자료 조사하는 등 참고하고, 현재 문제점을 검토 목표로 한다.

정답 ④

18 재해예방의 4원칙에 해당하지 않는 것은?

① 예방가능의 원칙　　　② 원인계기의 원칙
③ 손실필연의 원칙　　　④ 대책선정의 원칙

 해설

원인연계의 원칙, 손실우연의 원칙, 예방가능의 원칙, 대책선정의 원칙

정답 ③

19 다음은 안전보건개선계획의 제출에 관한 기준 내용이다. ( ) 안에 들어갈 말로 알맞은 것은?

> 안전보건개선계획서를 제출해야 하는 사업주는 안전보건개선계획서 수립·시행 명령을 받은 날부터 ( )일 이내에 관할 지방고용노동관서의 장에게 해당 계획서를 제출(전자 문서로 제출하는 것을 포함한다)해야 한다.

① 15 ② 30
③ 45 ④ 60

해설

「산업안전보건법 시행규칙」 제61조(안전보건개선계획의 제출 등)
① 법 제50조 제1항에 따라 안전보건개선계획서를 제출해야 하는 사업주는 법 제49조 제1항에 따른 안전보건개선계획서 수립·시행 명령을 받은 날부터 60일 이내에 관할 지방고용노동관서의 장에게 해당 계획서를 제출(전자 문서로 제출하는 것을 포함한다)해야 한다.
② 제1항에 따른 안전보건개선계획서에는 시설, 안전보건관리체제, 안전보건교육, 산업재해 예방 및 작업환경의 개선을 위하여 필요한 사항이 포함되어야 한다.

정답 ④

20 재해의 간접적 원인과 관계가 가장 먼 것은?

① 스트레스 ② 안전수칙의 오해
③ 작업준비 불충분 ④ 안전방호장치 결함

해설

1. 직접원인 : 불안전한 행동(인적 요인), 불안전한 상태(물적 요인)
2. 간접원인
   1) 정신적 원인
   2) 신체적 원인
   3) 기술적 원인
   4) 교육적 원인
   5) 작업관리상 원인
      – 부적합한 인원배치, 부적절한 작업지시, 불충분한 작업준비, 설비불량, 안전관리조직 결함

정답 ④

2과목 산업심리 및 교육

21 다음 중 학습전이의 조건으로 가장 거리가 먼 것은?

① 학습 정도
② 시간적 간격
③ 학습 분위기
④ 학습자의 지능

해설

1. 학습의 전이
   - 학습 결과가 다른 학습 또는 반응에 영향을 주는 것
2. 학습의 전이 조건
   - 학습자의 태도
   - 학습자의 지능
   - 학습 자료의 유사성
   - 학습 정도 : 선행학습 정도
   - 시간적 간격 : 선행학습과 후행학습 간의 간격

정답 ③

22 인간의 동기에 대한 이론 중 자극, 반응, 보상의 3가지 핵심변인을 가지고 있으며, 표출된 행동에 따라 보상을 주는 방식에 기초한 동기이론은?

① 강화이론
② 형평이론
③ 기대이론
④ 목표성절이론

해설

강화란 어떤 행위와 발생빈도와 강도를 증대시키는 것(핵심변인 : 자극, 보상, 반응)

정답 ①

23 집단이 가지는 효과로 두 개 이상의 서로 다른 개체가 힘을 합쳐 둘이 지닌 힘 이상의 효과를 내는 현상은?

① 시너지 효과
② 동조 효과
③ 응집성 효과
④ 자생적 효과

정답 ①

24 다음 중 산업안전 심리의 5대 요소가 아닌 것은?

① 동기　　　　② 감정　　　　③ 기질　　　　④ 지능

해설

1. 동기(motive) : 능동적인 감각에 의한 자극에서 발생하는 사고의 결과
2. 기질(temper) : 감정적인 경향이나 반응에 관계되는 성격
3. 감정(feeling) : 생활체가 어떤 행동을 할 경우 발생하는 주관적인 동요
4. 습성(habit) : 개체의 대부분에서 관찰할 수 있는 일정한 생활양식
5. 습관(custom) : 성장과정을 통해 형성된 특성

정답 ④

25 다음 중 사고에 관한 표현으로 틀린 것은?

① 사고는 비변형된 사상(unstrained event)이다.
② 사고는 비계획적인 사상(unplaned event)이다.
③ 사고는 원하지 않는 사상(undesired event)이다.
④ 사고는 비효율적인 사상(ineffcient event)이다.

해설

사고는
1. 원하지 않는 사상(undesired event)　　2. 비효율적인 사상(ineffcient event)
3. 비계획적인 사상(unplaned event)　　4. 변형된 사상(strained event)

정답 ①

26 교육방법 중 하나인 사례연구법의 장점으로 볼 수 없는 것은?

① 의사소통 기술이 향상된다.
② 무의식적인 내용의 표현 기회를 준다.
③ 문제를 다양한 관점에서 바라보게 된다.
④ 강의법에 비해 현실적인 문제에 대한 학습이 가능하다.

해설

사례연구법은 우선 사례를 제시하고 문제적 사실과의 상호관계에 관해 검토하여 대책을 토의하고, 문제를 다양한 관점에서 고찰, 의사소통 기술 향상, 현실적인 문제에 대한 학습이 가능하다.

정답 ②

27. 직무와 관련한 정보를 직무명세서(job specification)와 직무기술서(job description)로 구분할 경우 직무기술서에 포함되어야 하는 내용과 가장 거리가 먼 것은?

① 직무의 직종
② 수행되는 과업
③ 직무수행 방법
④ 작업자의 요구되는 능력

해설

직무기술서	직무명칭, 직무의 직종, 수행되는 과업, 직무수행 방법·절차, 직무수행에 필요 도구 및 장비, 작업조건
직무명세서	작업자에게 요구되는 능력, 기술, 적성, 지식, 성격, 흥미, 가치, 경험, 자격요건, 태도 등

정답 ④

28. 판단과정에서의 착오원인이 아닌 것은?

① 능력부족
② 정보부족
③ 감각차단
④ 자기합리화

해설

감각차단은 인지과정의 착오요인에 해당한다.

정답 ③

29. 다음 중 ATT(American Telephone & Telegram) 교육훈련기법의 내용이 아닌 것은?

① 인사관계
② 고객관계
③ 회의의 주관
④ 종업원의 향상

해설

ATT(American Telephone & Telegram)
- 대상 계층이 한정되어 있지 않고 유도자 중심의 토의식으로 결론을 내려가는 방식
- 인사관계, 계획적 감독, 작업계획 및 인원배치, 개인작업 개선, 안전 및 훈련, 공구 및 자료의 기록 및 보고, 종업원(근로자)의 향상, 고객관계

정답 ③

30. 미국 국립산업안전보건연구원(NIOSH)이 제시한 직무스트레스 모형에서 직무스트레스 요인을 작업요인, 조직요인, 환경요인으로 구분할 때 조직요인에 해당하는 것은?

① 관리유형
② 작업속도
③ 교대근무
④ 조명 및 소음

해설

1. 작업요인 : 작업속도
2. 환경요인 : 소음, 조명
3. 조직요인 : 관리유형
4. 완충작용요인 : 대응능력

정답 ①

31. 안전교육에서 안전기술과 방호장치관리를 몸으로 습득시키는 교육방법으로 가장 적절한 것은?

① 지식교육
② 기능교육
③ 해결교육
④ 태도교육

해설

1단계 지식교육	안전의식 향상, 안전 책임감 주입, 안전규정 학습, 기초지식
2단계 기능교육	안전기술, 전문적 기술, 방호장치 관리기능, 점검 및 검사 장비 기능
3단계 태도교육	작업동작 및 표준작업방법, 공구 및 보호구 취급태도, 작업 전중후 검사요령, 언어태도

정답 ②

32. 다음 중 안전교육의 목적과 가장 거리가 먼 것은?

① 생산성이나 품질의 향상에 기여한다.
② 작업자를 산업재해로부터 미연에 방지한다.
③ 재해의 발생으로 인한 직접적 및 간접적 경제적 손실을 방지한다.
④ 작업자에게 작업의 안전에 대한 자신감을 부여하고 기업에 대한 충성도를 증가시킨다.

정답 ④

33 안전교육의 형태와 방법 중 Off.J.T(Off the Job Training)의 특징이 아닌 것은?

① 공통된 대상자를 대상으로 일관적으로 교육할 수 있다.
② 업무 및 사내의 특성에 맞춘 구체적이고 실제적인 지도교육이 가능하다.
③ 외부의 전문가를 강사로 초청할 수 있다.
④ 다수의 근로자에게 조직적 훈련이 가능하다.

해설

O. J. T(On the Job Training)	Off. J. T(Off the Job Training)
- 개개인간 지도 훈련 가능 - 직장 실정에 맞는 훈련 가능 - 업무에 즉각 연결 - 업무의 지속성 유지 - 교육의 효과가 업무로 개선 - 상호 신뢰 증가 및 의사소통 원활	- 다수의 근로자에게 조직적 훈련 가능 - 외부 전문 강사 초빙 가능 - 피교육자가 훈련에만 집중 가능 - 교구 및 시설, 특별교재 활용 - 타 직장 근로자와 교류 가능 - 업무 연속성의 어려움

정답 ②

34 레윈(Lewin)이 제시한 인간의 행동특성에 관한 법칙에서 인간의 행동(B)은 개체(P)와 환경(E)의 함수관계를 가진다고 하였다. 다음 중 개체(P)에 해당하는 요소가 아닌 것은?

① 연령　　　② 지능　　　③ 경험　　　④ 인간관계

해설

$$B = f(P \cdot E)$$

B(Behavior) : 인간의 행동
f(function) : 함수관계
P(Person) : 개체의 연령, 경험, 심신상태, 성격, 지능 등
E(Environment) : 심리적 환경[인간관계, 작업환경(온도, 조명, 소음 등)]

정답 ④

35 다음 중 안전교육방법에 있어 도입단계에서 가장 적합한 방법은?

① 강의법　　　② 실연법　　　③ 반복법　　　④ 자율학습법

해설

도입(시범, 강의법) > 전개(토의법, 실연법) > 정리(자율학습법)

정답 ①

36 다음 중 피들러(Fiedler)의 상황 연계성 리더십 이론에서 중요시하는 상황적 요인에 해당하지 않는 것은?

① 과제의 구조화　　　　　② 부하의 성숙도
③ 리더의 직위상 권한　　　④ 리더와 부하 간의 관계

해설

피들러의 상황리더십
- 리더의 특성 또는 행위는 주어진 상황에 따라 달라진다는 이론
- 리더의 성격적 특성과 상황의 호의도 및 적합성 정도에 따라 집단의 성과가 나타남
- 상황변수
  리더-부하의 관계, 집단의 과업구조, 리더의 직위권력

정답 ②

37 조직에 있어 구성원들의 역할에 대한 기대와 행동은 항상 일치하지는 않는다. 역할 기대와 실제 역할 행동 간에 차이가 생기면 역할 갈등이 발생하는데, 역할 갈등이 원인으로 가장 거리가 먼 것은?

① 역할 마찰　　　　② 역할 민첩성
③ 역할 부적합　　　④ 역할 모호성

해설

역할 갈등
- 역할 마찰 : 역할 내 또는 역할 간의 마찰
- 역할 부적합 : 집단이 부여한 역할이 개인의 성격이나 능력에 맞지 않을 경우 발생하는 갈등
- 역할 모호성 : 개인이 수행할 업무 및 책임이 명확하지 않을 경우 발생하는 갈등

정답 ②

38 부주의의 발생방지 방법은 발생 원인별로 대책을 강구해야 하는데 다음 중 발생 원인의 외적요인에 속하는 것은?

① 의식의 우회　　　　② 소질적 문제
③ 경험·미경험　　　　④ 작업순서의 부자연성

해설

- 외적원인 : 작업 환경조건 불량, 작업 순서의 부적합(부자연성), 높은 강도의 작업, 기상조건
- 내적원인 : 소질적 문제, 의식의 우회, 경험·미경험

정답 ④

39 다음 중 역할연기(role playing)에 의한 교육의 장점으로 틀린 것은?

① 관찰능력을 높이고 감수성이 향상된다.
② 자기의 태도에 반성과 창조성이 생긴다.
③ 정도가 높은 의사결정의 훈련으로서 적합하다.
④ 의견 발표에 자신이 생긴다.

해설

역할 연기는 흥미를 지니고 문제에 적극적 참여하고, 문제배경에 통찰력을 향상시켜 감수성이 높아지며, 자기 태도 반성 및 창조성이 발생하고 발표력이 양호해진다.

정답 ③

40 상황성 누발자의 재해유발원인으로 가장 적절한 것은?

① 소심한 성격
② 주의력의 산만
③ 기계설비의 결함
④ 침착성 및 도덕성의 결여

해설

- 상황성 누발자 : 심신의 걱정, 주의력 집중의 혼란, 작업의 난이도, 기계설비 결함 등으로 작업자가 사고경향자로 바뀌는 현상
- 습관성 누발자 : 슬럼프, 재해 경험
- 미숙성 누발자 : 환경 미 적응 및 기능 미숙
- 소질성 누발자 : 개인의 능력, 성격, 지능 등

정답 ③

3과목 인간공학 및 시스템안전공학

41 후각적 표시장치(olfactory display)와 관련된 내용으로 옳지 않은 것은?

① 냄새의 확산을 제어할 수 없다.
② 시각적 표시장치에 비해 널리 사용되지 않는다.
③ 냄새에 대한 민감도의 개별적 차이가 존재한다.
④ 경보 장치로서 실용성이 없기 때문에 사용되지 않는다.

해설

광산의 비상경보장치(악취발생), 가스누출경보(천연가스에 냄새나는 물질을 첨가)

- 코가 막힐 경우 민감도↓
- 냄새의 확산 통제 어려움
- 보편적 사용↓
- 냄새에 대한 개인의 차
- 복잡한 정보 전달에 효율성↓

정답 ④

42 HAZOP 기법에서 사용하는 가이드 워드와 의미가 잘못 연결된 것은?

① No/Not - 설계 의도의 완전한 부정
② More/Less - 정량적인 증가 또는 감소
③ Part of - 성질상의 감소
④ Other than - 기타 환경적인 요인

해설

용어	내용
No, Not	설계 의도의 완전한 부정
Reverse	설계 의도의 논리적인 역
As well as	성질상의 증가와 동시에 발생
More, Less	압력, 온도 등의 양의 증가 또는 감소
Other than	완전한 대체
Part of	일부 변경

정답 ④

43 그림과 같은 FT도에서 $F_1 = 0.015$, $F_2 = 0.02$, $F_3 = 0.05$이면, 정상사상 T가 발생할 확률은 약 얼마인가?

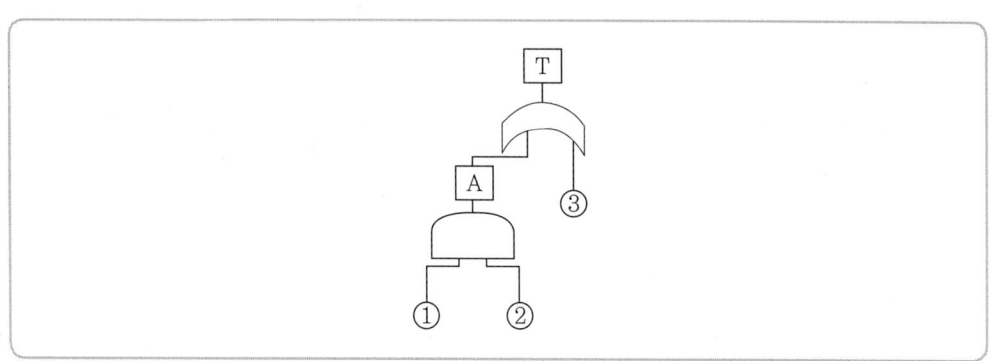

① 0.0002   ② 0.0283   ③ 0.0503   ④ 0.9500

해설

$A = ① \times ② = 0.015 \times 0.02 = 0.0003$
$T = 1 - \{(1-A)(1-③)\} = 1 - \{(1-0.0003)(1-0.05)\} = 0.05028$

정답 ③

44 다음은 유해위험방지계획서의 제출에 관한 설명이다. ( ) 안에 들어갈 내용으로 옳은 것은?

> 산업안전보건법령상 "대통령령으로 정하는 사업의 종류 및 규모에 해당하는 사업으로서 해당 제품의 생산 공정과 직접적으로 관련된 건설물·기계·기구 및 설비 등 일체를 설치·이전하거나 그 주요 구조부분을 변경하려는 경우"에 해당하는 사업주는 유해위험방지계획서에 관련 서류를 첨부하여 해당 작업 시작 (㉠)까지 공단에 (㉡)부를 제출하여야 한다.

① ㉠ : 7일 전, ㉡ : 2
② ㉠ : 7일 전, ㉡ : 4
③ ㉠ : 15일 전, ㉡ : 2
④ ㉠ : 15일 전, ㉡ : 4

해설

산업안전보건법 시행규칙 제42조(제출서류 등)
① 법 제42조 제1항 제1호에 해당하는 사업주가 유해위험방지계획서를 제출할 때에는 사업장별로 별지 제16호 서식의 제조업 등 유해위험방지계획서에 다음 각 호의 서류를 첨부하여 해당 작업 시작 15일 전까지 공단에 2부를 제출해야 한다. 이 경우 유해위험방지계획서의 작성기준, 작성자, 심사기준, 그 밖에 심사에 필요한 사항은 고용노동부장관이 정하여 고시한다.
1. 건축물 각 층의 평면도
2. 기계·설비의 개요를 나타내는 서류
3. 기계·설비의 배치도면
4. 원재료 및 제품의 취급, 제조 등의 작업방법의 개요
5. 그 밖에 고용노동부장관이 정하는 도면 및 서류

정답 ③

45 차폐효과에 대한 설명으로 옳지 않은 것은?

① 차폐음과 배음의 주파수가 가까울 때 차폐효과가 크다.
② 헤어드라이어 소음 때문에 전화 음을 듣지 못한 것과 관련이 있다.
③ 유의적 신호와 배경 소음의 차이를 신호/소음(S/N) 비로 나타낸다.
④ 차폐효과는 어느 한 음 때문에 다른 음에 대한 감도가 증가되는 현상이다.

해설

은폐(차폐, Masking)효과
- 음의 한 성분이 다른 성분에 의해 귀의 감수성을 감소시키는 효과
- 두 가지 이상의 음이 동시에 들리는 경우 한 가지 음으로 인해 다른 음이 작게 들리는 현상
- 두 음(소리)의 주파수가 유사하면 은폐효과↑
- 유의적 신호와 배경 소음의 차이 = $\dfrac{\text{신호}(S)}{\text{소음}(N)}$ 비로 나타냄

정답 ④

46 그림과 같이 FTA로 분석된 시스템에서 현재 모든 기본사상에 대한 부품이 고장 난 상태이다. 부품 X_1부터 부품 X_5까지 순서대로 복구한다면 어느 부품을 수리 완료하는 시점에서 시스템이 정상가동 되는가?

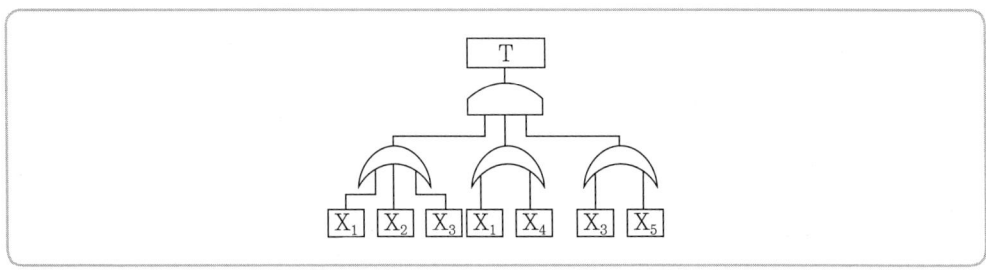

① 부품 X_2 ② 부품 X_3 ③ 부품 X_4 ④ 부품 X_5

해설

- T가 AND 게이트이므로 정상가동하기 위해서는 하위 OR 게이트 전체(3개)가 모두 복구되어야 한다.
- 하위 OR 게이트는 하나만 복구되면 출력된다.
- 하위 OR 게이트가 순차적으로 복구된다면 X_1, X_2, X_3순으로 수리가 진행된다면, X_3가 완료하는 시점에 시스템이 정상가동한다.

정답 ②

47 인간이 기계보다 우수한 기능으로 옳지 않은 것은? (단, 인공지능은 제외한다.)

① 암호화된 정보를 신속하게 대량으로 보관할 수 있다.
② 관찰을 통해서 일반화하여 귀납적으로 추리한다.
③ 항공사진의 파시체나 말소리처럼 상황에 따라 변화하는 복잡한 자극의 형태를 식별할 수 있다.
④ 수신 상태가 나쁜 음극선관에 나타나는 영상과 같이 배경 잡음이 심한 경우에도 신호를 인지할 수 있다.

해설

인간의 우수성	기계의 우수성
1. 낮은 수준의 외부 자극에 대한 감지 (시각, 청각, 후각, 미각, 촉각) 2. 상황 변화에 따른 복잡·다양한 자극을 식별 3. 다양한 경험을 기반한 의사 결정 4. 많은 양의 정보를 장시간 보관 가능 5. 관찰을 통해 일반화하여 귀납적 처리 가능 6. 과부하 경우 중요도가 높은 일에 전념 가능	1. 인간의 감지 영역(범위)외 자극을 감지 가능 2. 암호화된 정보를 대량화하여 신속하게 보관 3. 관찰을 통한 연역적 추리 가능 4. 과부하 시 효율적 작동 가능 5. 명시된 절차에 따라 신속 처리 및 정량적 정보처리 가능

7. 원칙, 규칙을 적용하여 다양한 문제 해결 능력 8. 임기응변, 주관적 추산 9. 독창성, 융통성 능력 발휘 가능 10. 예기치 못한 사건(상황)을 감지하여 대처	6. 장기간 일관성 있는 작업, 중량작업 7. 반복작업, 동시작업 가능 8. 비교적 외부환경(소음, 진동, 온도)을 받지 않고 작업 수행 가능

정답 ①

48 THERP(Technique for Human Error Rate Prediction)의 특징에 대한 설명으로 옳은 것을 모두 고른 것은?

> ㉠ 인간-기계 계(system)에서 여러 가지의 인간의 에러와 이에 의해 발생할 수 있는 위험성의 예측과 개선을 위한 기법
> ㉡ 인간의 과오를 정상적으로 평가하기 위하여 개발된 기법
> ㉢ 가지처럼 갈라지는 형태의 논리구조와 나무 형태의 그래프를 이용

① ㉠, ㉡ ② ㉠, ㉢ ③ ㉡, ㉢ ④ ㉠, ㉡, ㉢

 해설

THERP는 인간의 기본 과오율을 평가하는 확률론적 안전기법으로 100만 운전시간당 과오도수를 기본 과오율로 산정

정답 ②

49 설비의 고장과 같이 발생 확률이 낮은 사건의 특정시간 또는 구간에서의 발생 횟수를 측정하는 데 가장 적합한 확률분포는?

① 이항분포(Binomial distribution) ② 푸아송분포(Poisson distribution)
③ 와이블분포(Welbull distribution) ④ 지수분포(Exponential distribution)

 해설

푸아송분포(Poisson distribution)는 설비의 고장이 발생하는 특정시간이나 구간에 특정 사건이 발생할 확률이 적을 경우 해당 사건의 발생 횟수를 측정하는 데 가장 적합한 확률분포를 말한다.

정답 ②

50 인간공학을 기업에 적용할 때의 기대효과로 볼 수 없는 것은?

① 노사 간의 신뢰 저하 ② 작업손실시간의 감소
③ 제품과 작업의 질 향상 ④ 작업자의 건강 및 안전 향상

해설

인간공학을 기업에 적용 시 기대효과로는 노사 간의 신뢰성 강화, 작업손실시간의 감소, 제품과 작업의 질 향상, 작업자의 건강과 안전성 향상 등이 있다.

정답 ①

51 인간 에러(human error)에 관한 설명으로 틀린 것은?

① omission error : 필요한 작업 또는 절차를 수행하지 않는데 기인한 에러
② commission error : 필요한 작업 또는 절차의 수행지연으로 인한 에러
③ extraneous error : 불필요한 작업 또는 절차를 수행함으로써 기인한 에러
④ sequential error : 필요한 작업 또는 절차의 순서 착오로 인한 에러

해설

인간 에러(human error)의 종류	내용
commission error(실행 에러)	필요한 작업 또는 절차를 불확실하게 수행하여 발생하는 에러. 작위 오류.
time error(시간 에러)	필요한 작업(직무) 또는 절차의 수행지연(또는 빠르게)으로 인한 에러
omission error(생략 에러)	필요한 작업 또는 절차를 수행하지 않는데 기인한 에러. 부작위 오류.
extraneous error(과잉행동 에러)	불필요한 작업 또는 절차를 수행함으로써 기인한 에러
sequential error(순서 에러)	필요한 작업 또는 절차의 순서 착오로 인한 에러

정답 ②

52 눈과 물체의 거리가 23cm, 시선과 직각으로 측정한 물체의 크기가 0.03cm일 때 시각(분)은 얼마인가? (단, 시각은 600 이하이며, radian 단위를 분으로 환산하기 위한 상수값은 57.3과 60을 모두 적용하여 계산하도록 한다.)

① 0.001 ② 0.007 ③ 4.48 ④ 24.55

해설

시각(분)
- 물체의 한 점과 눈을 연결한 선을 방향선이라하고, 2개의 방향선 사이의 각을 시각이라 함
- 바라보는 물체에 대한 눈의 대각

시각(분) $= \dfrac{H \times 57.3 \times 60}{D} = \dfrac{0.03 \times 57.3 \times 60}{23} = 4.48$

H(획폭) : 시각자극의 높이(시선과 직각으로 측정한 물체의 크기), D : 물체와 눈 사이의 거리

정답 ③

53 산업안전보건기준에 관한 규칙상 "강렬한 소음 작업"에 해당하는 기준은?

① 85데시벨 이상의 소음이 1일 4시간 이상 발생하는 작업
② 85데시벨 이상의 소음이 1일 8시간 이상 발생하는 작업
③ 90데시벨 이상의 소음이 1일 4시간 이상 발생하는 작업
④ 90데시벨 이상의 소음이 1일 8시간 이상 발생하는 작업

해설

「산업안전보건기준에 관한 규칙」 제512(정의)

구분	소음기준
소음작업	1일 8시간 작업기준으로 85dB 이상의 소음이 발생하는 작업
강렬한 소음작업	90dB 이상의 소음이 1일 8시간 이상 발생하는 작업
	95dB 이상의 소음이 1일 4시간 이상 발생하는 작업
	100dB 이상의 소음이 1일 2시간 이상 발생하는 작업
	105dB 이상의 소음이 1일 1시간 이상 발생하는 작업
	110dB 이상의 소음이 1일 30분 이상 발생하는 작업
	115dB 이상의 소음이 1일 15분 이상 발생하는 작업
충격 소음작업	120dB 초과하는 소음이 1일 1만회 이상 발생하는 작업
	130dB 초과하는 소음이 1일 1천회 이상 발생하는 작업
	140dB 초과하는 소음이 1일 1백회 이상 발생하는 작업

정답 ④

54 컴퓨터 스크린 상에 있는 버튼을 선택하기 위해 커서를 이동시키는데 걸리는 시간을 예측하는데 가장 적합한 법칙은?

① Fitts의 법칙
② Lewin의 법칙
③ Hick의 법칙
④ Weber의 법칙

해설

피츠(Fitts)의 법칙
- 인간의 손, 발 등을 이동시켜 조작장치를 조작하는데 소요되는 시간을 표적까지의 거리와 표적의 크기의 함수로 나타낸 모형(자동차의 가속 페달과 브레이크 페달의 간격, 브레이크 폭을 결정하는데 적용되는 원리)
- 표적의 크기↓, 이동거리↑ － 이동시간↑
- 정확성↑ － 운동속도↓, 운동속도↑ － 정확성↓

정답 ①

55 직무에 대하여 청각적 자극 제시에 대한 음성 응답을 하도록 할 때 가장 관련 있는 양립성은?

① 공간적 양립성 ② 양식 양립성
③ 운동 양립성 ④ 개념적 양립성

해설

양립성
인간의 기대와 외부 자극이 서로 모순되지 않아야 하는 제어 및 표시 장치 간에 연관성이 인간의 예측과 일치되는 정도
1) 양식 양립성 : 청각적 자극 제시와 이에 대응하는 음성 응답 과업이 갖는 양립성
2) 공간적 양립성 : 표시장치와 조정장치의 물리적 형태 또는 공간적 배치와의 양립성
   예) 우측 버튼을 누르면 우측 기계가 작동
3) 개념적 양립성 : 특정한 신호가 전달하려는 내용과 연관성이 있는지에 관한 양립성
   예) 위험신호는 빨간색, 안전신호는 초록색, 주의신호는 노란색, 온수 손잡이 색은 빨간색, 냉수 손잡이 색은 파란색
4) 운동적 양립성 : 표시장치와 조정장치 간의 운동방향에 관한 양립성
   예) 자동차 핸들을 우측으로 돌리면 우측으로, 좌측으로 돌리면 좌측으로 바퀴가 변경

정답 ②

56 NIOSH lifting guideline에서 권장무게한계(RWL) 산출에 사용되는 계수가 아닌 것은?

① 휴식 계수 ② 수평 계수
③ 수직 계수 ④ 비대칭 계수

해설

NIOSH(미국 국립 산업안전보건 연구원)에서의 권장무게한계(RWL) 산출

$$LC \times HM \times VM \times DM \times AM \times PM \times CM$$

LC : 부하상수(23kg)
HM : 수평계수, 몸에서 붙어 있는 정도
VM : 수직계수, 들기 작업 시에 적합한 높이
DM : 거리계수, 물건을 수직으로 이동시킨 거리
AM : 비대칭계수, 신체 중심에서 물건 중심까지의 각도
PM : 빈도계수, 1분 동안 반복된 횟수
CM : 커플링(결합)계수, 붙잡기 편한 손잡이의 형태

정답 ①

57 Sanders와 McCormick의 의자 설계의 일반적인 원칙으로 옳지 않은 것은?

① 요부 후만을 유지한다.
② 조정이 용이해야 한다.
③ 등근육의 정적부하를 줄인다.
④ 디스크가 받는 압력을 줄인다.

해설

의자 설계 일반원칙
- 조절 가능(용이)
- 요부전만을 유지(S라인)
- 등근육의 정적 부하 감소 구조
- 디스크(추간판)에 가해지는 압력 감소 구조
- 장시간 고정된 자세 유지 않도록 하는 구조

정답 ①

58 화학설비의 안정성 평가에서 정량적 평가의 항목에 해당되지 않는 것은?

① 훈련   ② 조작
③ 취급물질   ④ 화학설비용량

해설

안전성 평가
1. 1단계(관계 자료 작성 준비)
2. 2단계(정성적 평가)
   - 설계관계 : 공장 내 배치, 공장 입지조건, 건조물, 소방설비
   - 운전관계 : 원재료, 중간제품, 수송, 저장, 고정기기, 공정
3. 3단계(정량적 평가)
   - 평가항목 : 취급물질, 온도, 압력, 조작, 화학설비 용량
   - 평가방법 : 화학설비 평가 5항목(등급구분 A.B.C.D.E)
   - 점수부여 합산 : A급 10점, B급 5점, C급 2점, D급 0점
   - 합산 결과에 따라 등급 구분
4. 4단계(안전 대책)
5. 5단계(재해 정보에 의한 재평가)
6. 6단계(FTA에 의한 재평가)

정답 ①

59 그림과 같이 신뢰도 95%인 펌프 A가 각각 신뢰도 90%인 밸브 B와 밸브 C의 병렬밸브계와 직렬계를 이룬 시스템의 실패확률은 약 얼마인가?

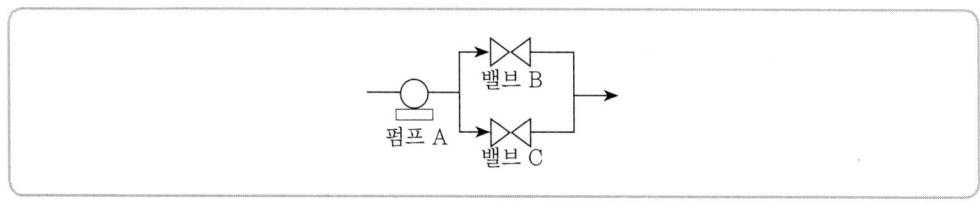

① 0.0091　　　② 0.0595　　　③ 0.9405　　　④ 0.9811

해설

시스템의 실패확률(불신뢰도)
F(t) = 1 − R(t)
신뢰도 R(t) = 0.95 × {1−(1 − 0.9)(1 − 0.9)} = 0.9405
F(t) = 1 − R(t) = 1− 0.9405 = 0.0595

정답 ②

60 FTA에서 사용되는 최소 컷셋에 관한 설명으로 옳지 않은 것은?

① 일반적으로 Fussell Algorithm을 이용한다.
② 정상사상(Top event)을 일으키는 최소한의 집합이다.
③ 반복되는 사건이 많은 경우 Limnios와 Ziani Algorithm을 이용하는 것이 유리하다.
④ 시스템에 고장이 발생하지 않도록 하는 모든 사상의 집합이다.

해설

최소 컷셋(minimal cut set)
− 컷셋 가운데 그 부분집합만으로 정상사상(결함발생)을 일으키기 위한 최소의 컷셋
− 시스템의 위험성을 표시함
− 정상사상(top event)을 일으키기 위한 최소의 컷셋
− 일반적으로 Fussell Algorithm을 이용
− 반복되는 사건이 많은 경우 Limnios와 Ziani Algorithm을 이용하는 것이 유리
− 시스템 고장을 일으키는 최소한의 요인 집합

정답 ④

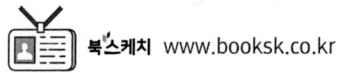

4과목 건설시공학

61 지하연속벽 공법에 관한 설명으로 옳지 않은 것은?

① 흙막이벽의 강성이 적어 보강재를 필요로 한다.
② 지수벽의 기능도 갖고 있다.
③ 인접건물의 경계선까지 시공이 가능하다.
④ 암반을 포함한 대부분의 지반에 시공이 가능하다.

해설

지하연속벽 공벽 적용 시 흙막이벽 자체가 구조체의 벽체로 이용됨으로 강성이 크다. 지하연속벽 공법이란 지수벽 및 구조체로 이용하기 위해 지하에 트렌치를 굴착 후 철근망을 삽입 후 콘크리트를 타설하여 여러 패널 (panel)을 하나의 구조체로 형성하는 공법을 말하며, 소위 slurry wall이라고도 한다.

정답 ①

62 벽돌공사 중 벽돌쌓기에 관한 설명으로 옳지 않은 것은?

① 가로 및 세로줄눈의 너비는 도면 또는 공사시방서에 정한 바가 없을 때에는 10mm를 표준으로 한다.
② 벽돌쌓기는 도면 또는 공사시방서에서 정한 바가 없을 때에는 불식쌓기 또는 미식쌓기로 한다.
③ 연속되는 벽면의 일부를 트이게 하여 나중쌓기로 할 때에는 그 부분을 층단 들여쌓기로 한다.
④ 벽돌은 각부를 가급적 동일한 높이로 쌓아 올라가고, 벽면의 일부 또는 국부적으로 높게 쌓지 않는다.

해설

벽돌공사 시 유의사항
- 벽돌을 쌓기 전에는 벽돌을 충분히 물에 축여 모르타르 접착이 좋아지도록 함
- 붉은 벽돌의 경우에는 하루 전에 물을 충분히 젖게 한 후 벽돌 표면습도 유지
- 시멘트 벽돌은 물축임을 하지 않음
- 벽돌쌓기방법은 도면 또는 공사시방서에 따르나, 없을 경우에는 영식쌓기 또는 화란식쌓기 실시
- 하루 벽돌 쌓기 높이는 1.2m(18켜), 최대 1.5m(22켜)
- 연속되는 벽면 일부는 트이게 하여 나중쌓기할 경우 층단 들여쌓기함
- 벽돌벽이 블록벽과 서로 직각으로 만나는 경우 연결철물을 만들어 블록 3단마다 보강하여 쌓음
- 줄눈(사춤)모르타르는 3~5켜마다 실시하나, 원칙적으로 매 켜마다 실시
- 규준틀에 의해 벽돌나누기를 정확히 하고 토막 벽돌이 생기지 않도록 함
- 가로·세로줄눈의 너비는 도면 또는 공사시방서에서 정한 바가 없을 경우 10mm로 함

정답 ②

63 프리플레이스트 콘크리트 말뚝으로 구멍을 뚫어 주입관과 굵은 골재를 채워 넣고 관을 통하여 모르타르를 주입하는 공법은?

① MIP 파일(Mixed In Place pile)
② CIP 파일(Cast In Place pile)
③ PIP 파일(Packed In Place pile)
④ NIP 파일(Nail In Place pile)

해설

C.I.P(Cast In Place Pile) 공법은 연약지반이나 지하수위가 낮은 지반에서 주로 적용되는 공법으로, Earth Drill, Auger, Rotary Boring 등의 굴착장비로 소정의 깊이까지 천공하여 지상에서 조립된 철근망 또는 H-Beam 등을 삽입하여, 조골재를 채우고 모르타르를 주입하는 주열식 흙막이를 말한다.

정답 ②

64 철근 이음의 종류 중 기계적 이음의 검사 항목에 해당되지 않는 것은?

① 위치
② 초음파 탐사검사
③ 인장시험
④ 외관 검사

해설

초음파 탐사법은 철골 용접부위 결함요소를 확인하는 비파괴검사법에 해당한다.

정답 ②

65 강구조 건축물의 현장조립 시 볼트시공에 관한 설명으로 옳지 않은 것은?

① 마찰내력을 저감시킬 수 있는 틈이 있는 경우에는 끼움판을 삽입해야 한다.
② 볼트조임 작업 전에 마찰접합면의 흙, 먼지 또는 유해한 도료, 유류, 녹, 밀스케일 등 마찰력을 저감시키는 불순물을 제거해야 한다.
③ 1군의 볼트조임은 가장자리에서 중앙부의 순으로 한다.
④ 현장조임은 1차 조임, 마킹, 2차 조임(본조임), 육안검사의 순으로 한다.

해설

1군의 볼트조임은 접합주의 중심으로부터 바깥쪽으로 실시한다.

정답 ③

66 거푸집 설치와 관련하여 다음 설명에 해당하는 것으로 옳은 것은?

> 보, 슬래브 및 트러스 등에서 그의 정상적 위치 또는 형상으로부터 처짐을 고려하여 상향으로 들어올리는 것 또는 들어 올린 크기

① 폼타이 ② 캠버
③ 동바리 ④ 턴버클

정답 ②

67 품질관리를 위한 통계 수법으로 이용되는 7가지 도구(Tools)를 특징별로 조합한 것 중 잘못 연결된 것은?

① 히스토그램 – 분포도 ② 파레토그램 – 영향도
③ 특성요인도 – 원인결과도 ④ 체크시트 – 상관도

해설

전사적 품질관리(T.Q.C)

종류	내용
히스토그램(분포도)	자료의 분포 상태를 직사각형으로 나타내어 보기 쉽고, 제품의 품질상태가 만족스러운 상태인지 여부를 판단함
파레토도(영향도)	제품의 결점, 불량, 고장 등의 발생건수를 현상과 원인별로 파악하고, 이러한 데이터를 항목별로 나누어 문제의 크기순으로 나열하여 막대그래프 형태로 표기함
특성요인도(원인결과도)	결과와 원인이 어떤 관계인지를 파악하기 위하여 작성
체크시트	결점수, 불량수 등을 데이터로 분류하여 어느 곳에 집중되어 있는지를 파악하기 용이하게 나타낸 그림 또는 표
산점도(산포도)	서로 대응하는 짝으로 된 데이터를 그래프에 옮겨 점으로 표시
층별	집단을 구성하고 있는 자료를 특징에 따라 몇 개의 부분집단으로 구분
관리도	공정 관리상태를 유지하기 위해 공정을 나타내는 그래프

정답 ④

68 말뚝지정 중 강재말뚝에 관한 설명으로 옳지 않은 것은?

① 기성콘크리트말뚝에 비해 중량으로 운반이 쉽지 않다.
② 자재의 이음 부위가 안전하여 소요길이의 조정이 자유롭다.
③ 지중에서의 부식 우려가 높다.
④ 상부구조물과의 결합이 용이하다.

해설

강재말뚝
- 이음이 안전, 깊은 지층까지 도달 가능하며 말뚝의 소요길이 조정이 용이
- 상부 구조와 결합이 용이하고 강한 타격에 견디는 구조
- 강도에 비해 경량이므로 운반과 시공이 용이
- 휨강성↑, 수평하중과 충격력에 대한 저항성↑
- 균질한 자재로 대량생산이 가능하고 재질에 관한 신뢰도가 높음
- 말뚝의 부식방지에 대한 대책 필요(지중 부식 우려)
- 지지력이 크나 자재비가 고가

정답 ①

69 지반조사 시 시추주상도 보고서에서 확인사항과 거리가 먼 것은?

① 지층의 확인
② Slime의 두께 확인
③ 지하수위 확인
④ N값의 확인

해설

토질(시추)주상도 표시 사항
- 지역, 지반조사일자, 작성자, 보링공법, 지층의 확인, 지층 두께 및 구성 상태, 심도(깊이)에 따른 토질 상태, 지하수위 위치 및 확인, N값(수치), 시료채취 등

정답 ②

70 철골부재 절단 방법 중 가장 정밀한 절단방법으로 앵클커터(angle cutter) 등으로 작업하는 것은?

① 가스절단　② 전단절단　③ 톱절단　④ 전기절단

해설

절단면 양호 순서
톱 절단 > 전단 절단 > 가스 절단

정답 ③

71 CM 제도에 관한 설명으로 옳지 않은 것은?

① 대리인형 CM(CM for fee) 방식은 프로젝트 전반에 걸쳐 발주자의 컨설턴트 역할을 수행한다.
② 시공자형 CM(CM at risk) 방식은 공사관리자의 능력에 의해 사업의 성패가 좌우된다.
③ 대리인형 CM(CM for fee) 방식에 있어서 독립된 공종별 수급자는 공사관리자와 공사계약을 한다.
④ 시공자형 CM(CM at risk) 방식에 있어서 CM조직이 직접 공사를 수행하기도 한다.

해설

1. CM for fee(대리인형, 에이전시형)
   - CM 담당자가 발주자의 대리인 역할을 하는 것으로 시공에 대한 책임이 없음
   - 기획, 설계, 시공 단계의 총괄적 관리업무만 수행
2. CM at risk(위험형)
   - CM 담당자가 관리업무 외에 시공까지 책임을 지는 형태
   - 공사관리자의 능력에 따라 프로젝트의 성패가 좌우됨

정답 ③

72 다음 보기의 블록쌓기 시공순서로 옳은 것은?

> A. 접착면 청소   B. 세로규준틀 설치   C. 규준쌓기
> D. 중간부쌓기   E. 줄눈누르기 및 파기   F. 치장줄눈

① A → D → B → C → F → E
② A → B → D → C → F → E
③ A → C → B → D → E → F
④ A → B → C → D → E → F

해설

접착면 청소 > 세로규준틀 설치 > 규준쌓기 > 중간부 쌓기 > 줄눈누르기 및 파기 > 치장줄눈

정답 ④

73 단순조적 블록공사 시 방수 및 방습처리에 관한 설명으로 옳지 않은 것은?

① 방습층은 도면 또는 공사시방서에서 정한 바가 없을 때에는 마루밑이나 콘크리트 바닥판 밑에 접근되는 세로줄눈의 위치에 둔다.
② 물빼기 구멍은 콘크리트의 윗면에 두거나 물끊기 및 방습층 등의 바로 위에 둔다.
③ 도면 또는 공사시방서에서 정한 바가 없을 때 물빼기 구멍의 직경은 10mm 이내, 간격 1.2m 마다 1개소로 한다.
④ 물빼기 구멍에는 다른 지시가 없는 한 직경 6mm, 길이 100mm되는 폴리에틸렌 플라스틱 튜브를 만들어 집어넣는다.

해설

방습층은 도면 또는 공사시방서에서 정한 바가 없을 때에는 마루밑이나 콘크리트 바닥판 밑에 접근되는 가로줄눈의 위치에 둔다.

정답 ①

74 강구조부재의 내화피복 공법이 아닌 것은?

① 조적 공법
② 세라믹울 피복 공법
③ 타설 공법
④ 메탈라스 공법

해설

철골 내화피복 공법

습식 공법	미장 공법	철골 강재에 메탈라스(metal lath) 및 용접철망 등을 설치하고 단열모르타르로 미장하는 공법 – 내화피복과 표면 마무리를 동시에 작업 가능 – 부착에 관한 신뢰성 검토 및 균열, 방청에 관한 검사 실시 – 인력작업으로 인한 시간이 다소 소요
	뿜칠 공법	철골 강재 표면에 부착성을 향상시키기 위해 접착제를 도포한 다음 내화재료를 뿜칠하는 공법 – 철골 강재의 단면이 복잡하거나 다양한 경우 시공성이 우수 – 철골 강재의 피복 두께의 균일성 및 비중에 관한 검사 및 관리 필요 – 작업 성능이 우수하고 시공 가격이 저렴
	타설 공법	철골 강재 주변에 거푸집을 설치하고 일반 콘크리트 또는 경량 콘크리트를 타설하는 공법 – 피복두께 확보가 우수하고 표면마감성이 좋음 – 철골 구조체와 일체화 시공이 가능함 – 거푸집 해체 공정 및 콘크리트를 타설로 인해 공기 연장
	조적 공법	철골 강재 주변에 콘크리트 블록 또는 벽돌 등을 쌓는 공법 – 외부 충격에 강하며 박리 등의 우려가 적음 – 조적으로 인한 공사기간이 다소 소요
건식 공법		내화 및 단열성이 좋은 경량 성형판을 연결철물 또는 접착제 등을 이용하여 부착하는 공법 – PC판, ALC판, 석면 시멘트판, 석면 규산칼슘판, 석면 성형판 등 – 품질관리 및 신뢰성이 좋으며, 사용 시 파손 등이 발생할 경우 보수가 용이 – 내충격성, 내흡수성이 약하고, 절단 및 가공으로 인한 재료 손실이 크고, 접합부 등의 시공이 불량한 경우 내화성능이 저하될 우려가 있음
합성 공법		두 종류 이상의 재료를 혼합하여 내화성능을 구현하는 공법으로 이종재료 적층 공법과 이질재료 접합 공법 – 이종재료 적층 공법은 철골 강재면에 석면 성형판을 설치한 다음 상부에 질석 플라스터 등으로 일체화하는 공법 – 건식 및 습식의 단점을 보완하여 내화성능이 우수하나, 바름층이 탈락 및 균열에 대한 검토가 필요

정답 ④

75 콘크리트 공사 시 콘크리트를 2층 이상으로 나누어 타설할 경우 허용 이어치기 시간간격의 표준으로 옳은 것은? (단, 외기온도가 25℃ 이하일 경우이며, 허용이어치기 시간간격은 하층 콘크리트 비비기 시작에서부터 콘크리트 타설 완료한 후, 상층 콘크리트가 타설되기까지의 시간을 의미)

① 2.0 시간   ② 2.5 시간   ③ 3.0 시간   ④ 3.5 시간

 해설

콘크리트 한도 운반시간

콘크리트 표준 시방서 / 건축공사 표준시방서	KS F 4009
재료 혼합 직후 ~ 현장 타설 완료까지	재료 혼합 직후 ~ 배출까지
외기온도 25℃ 이상 (90분)	90분
외기온도 25℃ 미만 (120분)	

콘크리트 허용 이어치기 시간

외기온도	허용 이어치기 시간
25℃ 초과	2시간
25℃ 이하	2.5시간

정답 ②

76 대규모 공사에서 지역별로 공사를 분리하여 발주하는 방식이며 공사기일 단축, 시공기술 향상 및 공사의 높은 성과를 기대할 수 있어 유리한 도급방법은?

① 전문공종별 분할도급   ② 공정별 분할도급
③ 공구별 분할도급   ④ 직종별 공종별 분할도급

 해설

분할도급(Patial Contract)은 당해 사업(Project)의 공사를 공종 등으로 세분화하여 관련 도급업자를 선정해 발주하여 계약하는 방식이다.
1. 공구별 분할도급 : 대규모 공사에서 주로 채용하는 것으로, 지역별로 공사를 분리 발주한다. 주로 지하철, 터널, 교량, 도로 등의 대규모 토목공사에서 채용하는 도급방식이다. 도급업자에게 균등한 기회를 부여하며, 도급업자 상호 간의 선의의 경쟁을 통해 공사기간 단축 및 시공 기술의 향상으로 높은 사업 성과를 기대 할 수 있다.
2. 공정별 분할도급 : 공사를 과정별로 도급하는 방식으로, 구체공사, 마무리공사 등이 있다. 설계가 완료되지 않은 상태에서 완료된 부분만 분리 발주가 가능하며, 확보된 예산만큼만 공정 시행 시 유리한 도급방식이다.
3. 공종별 분할도급 : 공사 종목별로 구분하여 도급을 하는 방식으로 직영공사와 유사한 방식이다. 건축주(발주자)와 도급업자의 의사소통이 원활하나, 공사관리에 어려운 점이 있다.

정답 ③

77 기초굴착 방법 중 굴착 공에 철근망을 삽입하고 콘크리트를 타설하여 말뚝을 형성하는 공법이며, 안정액으로 벤토나이트 용액을 사용하고 표층부에서만 케이싱을 사용하는 것은?

① 리버스 서큘레이션 공법
② 베노토 공법
③ 심초 공법
④ 어스드릴 공법

해설

어스드릴 공법은 주로 지하수가 존재하지 않는 점성토지반에 적용성이 높은 공법으로 천공한 지반에 철근망을 삽입하고 콘크리트를 타설하여 현장말뚝을 형성한다. 벤토나이트 등의 안정액을 사용하여 공벽을 유지하며 표층부에만 케이싱을 사용한다.

정답 ④

78 철근콘크리트의 부재별 철근의 정착위치로 옳지 않은 것은?

① 작은 보의 주근은 기둥에 정착한다.
② 기둥의 주근은 기초에 정착한다.
③ 바닥철근은 보 또는 벽체에 정착한다.
④ 지중보의 주근은 기초 또는 기둥에 정착한다.

해설

철근의 정착 위치
1. 기둥 주근 : 기초 또는 바닥판
2. 보 주근 : 기둥 또는 큰 보
3. 보 밑 기둥이 없을 경우 : 보 상호간
4. 지중보 주근 : 기초 또는 기둥
5. 벽 철근 : 기둥, 보, 바닥
6. 바닥 철근 : 보 또는 벽체
7. 작은 보의 주근 : 큰 보
8. 벽체의 주근 : 기둥, 큰 보

정답 ①

79 콘크리트를 타설 시 주의사항으로 옳지 않은 것은?

① 콘크리트는 그 표면이 한 구획 내에서는 거의 수평이 되도록 타설하는 것을 원칙으로 한다.
② 한 구획 내의 콘크리트는 타설이 완료될 때까지 연속해서 타설하여야 한다.
③ 타설한 콘크리트를 거푸집 안에서 횡방향으로 이동시켜 밀실하게 채워질 수 있도록 한다.
④ 콘크리트 타설의 1층 높이는 다짐능력을 고려하여 결정하여야 한다.

해설

타설한 콘크리트는 거푸집 안에서 횡방향으로 이동시켜서는 안 된다.

정답 ③

80 각 거푸집 공법에 관한 설명으로 옳지 않은 것은?

① 플라잉 폼 : 벽체 전용거푸집으로 거푸집과 벽체마감공사를 위한 비계틀을 일체로 조립한 거푸집을 말한다.
② 갱 폼 : 대형벽체거푸집으로써 인력절감 및 재사용이 가능한 장점이 있다.
③ 터널 폼 : 벽체용, 바닥용 거푸집을 일체로 제작하여 벽과 바닥 콘크리트를 일체로 하는 거푸집 공법이다.
④ 트래블링 폼 : 수평으로 연속된 구조물에 적용되며 해체 및 이동에 편리하도록 제작된 이동식 거푸집 공법이다.

 해설

1. 플라잉폼(Flying Form, Flying shore form)
   수직·수평으로 이동이 가능한 바닥 전용 거푸집으로 거푸집·장선·멍에·지주를 일체화 하였다. 가설발판 미설치로 공기단축이 가능하고 전용횟수가 많아 경제적이며, 형상의 변화가 많은 단면에는 적용이 어렵다. 거푸집 중량이 50kg/m² 내외이고, 갱폼과 조합하여 사용이 가능하다. 조립 및 해체가 편리하도록 제작하고, 거푸집의 중량을 사전 조사하여 양중장비의 종류 및 성능을 파악하며, 수평이동이 용이하도록 바닥 평활도를 확인하여, 중량물의 이동에 따른 이동하중을 고려하여 시공하도록 한다.
2. 갱폼(Gang Form)
   외벽에 주로 사용되는 거푸집으로, panel·멍에·장선 등을 일체화하여 반복 사용해 전용성을 높인 것을 말한다. 시공능률이 향상되고, 양중기계 등의 사용으로 노동력 절감 및 공기단축이 가능한 공법이다.
3. 터널폼(Tunnel Form)
   벽체와 바닥거푸집을 장선·멍에·지주와 일체화하는 거푸집으로 조립 및 해체 공정을 줄여 공기단축 및 비용절감 효과가 큰 공법이다. 보가 없는 벽식구조 및 동일한 크기의 평면 및 공간을 시공하는 데 용이한 공법이다. 종류로는 Mono shell form과 Twin shell form이 있다.
4. 트레블링폼(Travelling Form)
   수평으로 이동이 가능한 대형 거푸집으로, 연속해서 콘크리트 타설이 가능하도록 하는 거푸집 시스템이다. 연속시공으로 공기단축이 가능하며 터널 및 지하철 공사 등에 적용된다.

정답 ①

5과목 건설재료학

81 통풍이 좋지 않은 지하실에 사용하는 데 가장 적합한 미장재료는?

① 시멘트 모르타르
② 회사벽
③ 회반죽
④ 돌로마이트 플라스터

 해설

돌로마이트 플라스터는 습기에 약하여 환기가 어려운 지하실에 사용하기 부적합하다.

구분		내용
경화	기경성	① 공기 중 CO_2와 결합해 미장 바탕면이 경화 및 수축 ② 돌로마이트 플라스터, 회반죽, 아스팔트 모르타르, 흙바름
	수경성	① 수화반응에 의해 미장 바탕면이 팽창 ② 시멘트 모르타르, 석고 플라스터, 인조석 바름, 테라조 바름

정답 ①

82 점토의 성분 및 성질에 관한 설명으로 옳지 않은 것은?

① Fe_2O_3 등의 부성분이 많으면 제품의 건조수축이 크다.
② 점토의 주성분은 실리카, 알루미나이다.
③ 소성 색상은 석회물질이 많을수록 짙은 적색이 된다.
④ 가소성은 점토입자가 미세할수록 좋다.

 해설

점토의 성질
- 주성분은 실리카, 알루미나, 산화철(Fe_2O_3) 등의 부성분이 많음
- 건조수축↑ 점토입자가 미세할수록 가소성↑
- 저온 소성된 제품일수록 화학변화가 쉬움
- 철화합물, 망간화합물, 소성온도에 따라 소성 색깔이 다름

정답 ③

83 블리딩현상이 콘크리트에 미치는 가장 큰 영향은?

① 공기량이 증가하여 결과적으로 강도를 저하시킨다.
② 수화열을 발생시켜 콘크리트에 균열을 발생시킨다.
③ 콜드조인트의 발생을 방지한다.
④ 철근과 콘크리트의 부착력 저하, 수밀성 저하의 원인이 된다.

 해설

블리딩현상(Bleeding)은 콘크리트를 타설한 후 콘크리트 타설 표면에 미세한 물질 또는 물 등이 기존 타설 재료와 분리되어 상승하여 떠오르는 현상을 말한다. 이로 인해 콘크리트와 철근의 부착력 및 수밀성을 저하시키는 원인이 되므로 재료배합, 타설 공법, 기상조건 등에 유의하여 시공하여야 한다.

정답 ④

84 석재를 성인에 의해 분류하면 크게 화성암, 수성암, 변성암으로 대별하는데 다음 중 수성암에 속하는 것은?

① 사문암 ② 대리암
③ 현무암 ④ 응회암

해설

- 화성암 : 화강암, 현무암, 안산암, 감람석, 부석
- 수성암 : 석회암, 응회암, 사암
- 변성암 : 대리석, 석면, 사문석, 트래버틴, 점판암, 편마암,

정답 ④

85 미장공사에서 사용되는 바름재료 중 여물에 관한 설명으로 옳지 않은 것은?

① 바름에 있어서 재료에 끈기를 주어 흘러내림을 방지한다.
② 흙손질을 용이하게 하는 효과가 있다.
③ 바름 중에는 보수성을 향상시키고, 바름 후에는 건조에 따라 생기는 균열을 방지한다.
④ 여물의 섬유는 질기고 굵으며, 색이 짙고 빳빳한 것일수록 양질의 제품이다.

해설

여물의 섬유는 질기고 가늘며 부드러운 백색인 것이 양질의 제품이다.

정답 ④

86 플로트판유리를 연화점 부근까지 가열 후 양 표면에 냉각공기를 흡착시켜 유리의 표면에 20 이상 60 이하(N/mm^2)의 압축응력층을 갖도록 한 가공유리는?

① 강화유리 ② 열선반사유리
③ 로이유리 ④ 배강도 유리

정답 ④

87 고로슬래그 쇄석에 관한 설명으로 옳지 않은 것은?

① 철을 생산하는 과정에서 용광로에서 생기는 광재를 공기 중에서 서서히 냉각시켜 경화된 것을 파쇄하여 입도를 고른 것이다.
② 다른 암석을 사용한 콘크리트보다 고로슬래그 쇄석을 사용한 콘크리트가 건조수축이 매우 큰 편이다.
③ 투수성은 보통골재를 사용한 콘크리트보다 크다.
④ 다공질이기 때문에 흡수율이 높다.

해설

고로슬래그 쇄석
용광로에서 발생하는 슬래그(광재)를 공기 중에 서서히 냉각시켜 경화된 것을 파쇄하여 입도를 고른 것으로 건조수축이 적어 균열이 적다. 보통골재를 사용한 콘크리트보다 투수성이 크며 다공질이어서 흡수율이 크다.

정답 ②

88 유리공사에 사용되는 자재에 관한 설명으로 옳지 않은 것은?

① 흡습제는 작은 기공을 수억 개 갖고 있는 입자로 기체분자를 흡착하는 성질에 의해 밀폐공간에 건조상태를 유지하는 재료이다.
② 세팅 블록은 새시 하단부의 유리끼움용 부재료로서 유리의 자중을 지지하는 고임재이다.
③ 단열간봉은 복층유리의 간격을 유지하는 재료로 알루미늄간봉을 말한다.
④ 백업재는 실링 시공인 경우에 부재의 측면과 유리면 사이에 연속적으로 충전하여 유리를 고정하는 재료이다.

해설

단열간봉이란 복층유리에 유리 간격을 일정하게 유지하는 기능을 하는 것으로 유리 간에 주입한 가스가 새어나오거나 외부 습기가 침투하는 것을 방지하고 기존 알루미늄간봉의 열전달 저항률을 개선해 준다.

정답 ③

89 목재 또는 기타 식물질을 절삭 또는 파쇄하고 소편으로 하여 충분히 건조시킨 후 합성수지 접착제와 같은 유기질의 접착제를 첨가하여 열압제판한 보드로써 상판, 칸막이벽, 가구 등에 사용되는 것은?

① 파키트리 보드   ② 파티클 보드   ③ 플로링 보드   ④ 파키트리 블록

해설

파티클 보드는 목재를 작은 조각으로 파쇄해 건조시킨 후 유기질 접착제(합성수지 등)를 첨가해 열압 제판한 제품으로 흡음성 및 단열성이 크고 변형이 적다.

정답 ②

90 금속재료의 일반적인 부식 방지를 위한 대책으로 옳지 않은 것은?

① 가능한 한 다른 종류의 금속을 인접 또는 접촉시켜 사용한다.
② 가공 중에 생긴 변형은 뜨임질, 풀림 등에 의해서 제거한다.
③ 표면은 깨끗하게 하고, 물기나 습기가 없도록 한다.
④ 부분적으로 녹이 나면 즉시 제거한다.

해설

금속 부식 대책
- 이중 금속은 인접 또는 접속시키지 말 것
- 균질한 금속을 사용하고 큰 변형을 주지 말 것
- 자재 표면은 평활하게 하고 건조상태를 유지하며 청결할 것
- 발생한 녹은 가급적 빨리 제거할 것
- 수밀(기밀)성 보호피막을 생성할 것
- 철강 표면에 아연, 주석, 니켈 등의 내식성 강한 금속으로 도금할 것

정답 ①

91 목재용 유성 방부제의 대표적인 것으로 방부성이 우수하나, 악취가 나고 흑갈색으로 외관이 불미하여 눈에 보이지 않는 토대, 기둥, 도리 등에 이용되는 것은?

① 유성페인트
② 크레오소트 오일
③ 염화아연 4% 용액
④ 불화소다 2% 용액

해설

크레오소트 오일은 목재 방부제로 주로 사용되며, 방부성이 우수하나, 악취가 난다.

정답 ②

92 다음 중 알루미늄과 같은 경금속 접착에 가장 적합한 합성수지는?

① 멜라민수지
② 실리콘수지
③ 에폭시수지
④ 푸란수지

해설

에폭시수지는 콘크리트, 석재, 금속, 유리 등 다양한 자재에 접합이 가능한 우수한 접착제이다.

정답 ③

93 리녹신에 수지, 고무물질, 코르크분말 등을 섞어 마포(hemp cloth) 등에 발라 두꺼운 종이 모양으로 압면·성형한 제품은?

① 스펀지 시트 ② 리놀륨
③ 비닐 시트 ④ 아스팔트 타일

 해설

리놀륨은 리녹신에 코르크 분말, 수지 등을 혼합하여 바닥타일 등의 자재로 성형한 제품이다.

정답 ②

94 다음 중 단백질계 접착제에 해당하는 것은?

① 카세인 접착제 ② 푸란수지 접착제
③ 에폭시수지 접착제 ④ 실리콘수지 접착제

 **해설**

단백질계 접착제
- 아교(동물가죽, 힘줄, 뼈 이용)
- 카세인(우유가 주원료)
- 알부민(혈액에 함유된 단백질)
- 탈지대두 단백질(식물성, 지방 뺀 콩가루에 포함된 단백질 리그닌)

정답 ①

95 고로시멘트의 특성에 관한 설명으로 옳지 않은 것은?

① 수화열이 낮고 수축률이 적어 댐이나 항만공사 등에 적합하다.
② 보통포틀랜드시멘트에 비하여 비중이 크고 풍화에 대한 저항성이 뛰어나다.
③ 응결시간이 느리기 때문에 특히 겨울철 공사에 주의를 요한다.
④ 다량으로 사용하게 되면 콘크리트의 화학저항성 및 수밀성, 알칼리골재반응 억제 등에 효과적이다.

해설

고로시멘트
- 보통포틀랜드 시멘트에 비해 비중↓, 팽창균열↓, 수화열↓, 수축률↓, 화학적 저항성↑
- 공장폐수, 하수, 해수 등에 접하는 콘크리트에 적용성이 높아 댐, 항만공사에 적합
- 응결시간이 느리고(동절기 공사에 유의), 풍화되기 쉬움

정답 ②

96 비철금속에 관한 설명으로 옳지 않은 것은?

① 청동은 구리와 아연을 주체로 한 합금으로 건축용 장식철물에 사용된다.
② 알루미늄은 산 및 알칼리에 약하다.
③ 아연은 산 및 알칼리에 약하나 일반대기나 수중에서는 내식성이 크다.
④ 동은 전기 및 열전도율이 매우 크다.

해설

황동	청동
- 구리와 아연의 합금 - 구리에 비해 기계적 성질 우수 - 연성, 전성이 풍부하여 가공성 및 주조성↑ - 내식성↑, 알칼리 및 암모니아에 침식되기 쉬움	- 구리와 주석의 합금 - 내식성↑ - 청록색, 건축장식철물, 미술공예 재료 사용

정답 ①

97 콘크리트의 압축강도에 영향을 주는 요인에 관한 설명으로 옳지 않은 것은?

① 양생온도가 높을수록 콘크리트의 초기강도는 낮아진다.
② 일반적으로 물-시멘트비가 같으면 시멘트의 강도가 큰 경우 압축강도가 크다.
③ 동일한 재료를 사용하였을 경우에 물-시멘트비가 작을수록 압축강도가 크다.
④ 습윤양생을 실시하게 되면 일반적으로 압축강도는 증진된다.

해설

콘크리트의 압축강도에 영향을 주는 요인
- 양생온도가 높을수록 콘크리트 초기강도↑
- 물-시멘트비가 동일한 경우 시멘트강도가 크면 압축강도↑
- 동일 재료 사용 시 물-시멘트비가 작을수록 압축강도↑
- 일반적으로 습윤양생 시 압축강도↑

정답 ①

98 어떤 재료의 초기 탄성변형량이 2.0cm이고, 크리프(creep) 변형량이 4.0cm라면 이 재료의 크리프 계수는 얼마인가?

① 0.5　　② 1.0　　③ 2.0　　④ 4.0

해설

크리프 계수란 일정한 지속하중에 의해 시간 경과함에 따라 변형이 점차 증가하는 현상을 의미함.

크리프 계수 $= \dfrac{\text{크리프 변형량}}{\text{탄성변형량}} = \dfrac{4}{2} = 2.0$

정답 ③

99 목재의 강도에 관한 설명으로 옳지 않은 것은?

① 목재의 건조는 중량을 경감시키지만 강도에는 영향을 끼치지 않는다.
② 벌목의 계절은 목재의 강도에 영향을 끼친다.
③ 일반적으로 응력의 방향이 섬유방향에 평행인 경우 압축강도가 인장강도보다 작다.
④ 섬유포화점 이하에서는 함수율 감소에 따라 강도가 증대한다.

해설

목재의 강도
- 응력방향이 섬유방향의 평행인 경우(압축강도가 100이라고 하면)
  인장강도(150) > 휨강도(120) > 압축강도(100) > 전단강도(18)
- 목재 섬유에 평행 방향의 인장강도는 직각방향에 비해 매우 큼
- 강도와 탄성은 가력방향과 섬유방향과의 관계에 따라 차이가 큼
- 목재를 기둥(압축재)으로 사용할 경우 목재는 섬유의 평행방향으로 압축력 받음
- 일반적으로 목재의 강도는 비중에 비례
- 목재의 강도는 마구리면이 다소 크며, 곧은 결면과 널결면은 차이가 거의 없음
- 목재의 전단강도는 섬유의 평행방향이 직각방향과 차이가 거의 없음
- 목재의 휨강도는 옹이의 크기와 위치에는 영향을 많이 받음
- 옹이가 클수록 강도의 감소율이 큼
- 강도크기 심재 > 변재, 활엽수 > 침엽수, 추재 > 춘재
- 목재의 함수율이 섬유포화점 이하가 되면 목재의 수축이 시작되고 강도 증가
- 목재의 함수율이 섬유포화점 이상이 되면 함수율의 증감에도 신축이 발생하지 않음

정답 ①

100 목제 제품 중 합판에 관한 설명으로 옳지 않은 것은?

① 방향에 따른 강도차가 작다.
② 곡면가공을 하여도 균열이 생기지 않는다.
③ 여러 가지 아름다운 무늬를 얻을 수 있다.
④ 함수율 변화에 의한 신축변형이 크다.

해설

합판
- 원목을 얇게 잘라 결을 교차하도록 겹쳐 쌓은 다음 압착하여 제작한 것
- 균일한 강도 얻을 수 있음(방향에 따른 강도차가 적음)
- 균일한 크기로 제작 가능
- 함수율 변화에 의한 수축팽창변형이 적음
- 곡면으로 가공하여도 균열이 발생하지 않음

정답 ④

6과목 건설안전기술

101 다음 중 해체작업용 기계 기구로 가장 거리가 먼 것은?

① 압쇄기
② 핸드 브레이커
③ 철체해머
④ 진동롤러

해설

해체작업용 기계·기구
압쇄기, 대형브레이커, 철제해머, 핸드 브레이커, 절단기, 잭 등

정답 ④

102 산업안전보건관리비 계상기준에 따른 토목공사, 대상액 「5억 원 이상 ~ 50억 원 미만」의 안전관리비 비율 및 기초액으로 옳은 것은? (개정 법령에 맞게 문제를 수정함)

① 비율 : 2.53%, 기초액 : 3,300,000원
② 비율 : 2.28%, 기초액 : 4,325,000원
③ 비율 : 2.35%, 기초액 : 5,400,000원
④ 비율 : 2.07%, 기초액 : 2,450,000원

해설

「건설업 산업안전보건관리비 계상 및 사용기준」[별표 1]

공사종류 및 규모별 안전관리비 계상기준표

(단위 : 원)

공사종류	구분	대상액 5억 원 미만인 경우 적용비율(%)	대상액 5억 원 이상 50억 원 미만인 경우 적용비율(%)	대상액 5억 원 이상 50억 원 미만인 경우 기초액	대상액 50억 원 이상인 경우 적용비율(%)	영 별표 5에 따른 보건관리자 선임 대상 건설공사의 적용비율(%)
건축공사		3.11%	2.28%	4,325,000원	2.37%	2.64%
토목공사		3.15%	2.53%	3,300,000원	2.60%	2.73%
중건설공사		3.64%	3.05%	2,975,000원	3.11%	3.39%
특수건설공사		2.07%	1.59%	2,450,000원	1.64%	1.78%

정답 ①

103 다음은 말비계를 조립하여 사용하는 경우에 관한 준수사항이다. ( ) 안에 들어갈 내용으로 옳은 것은?

- 지주부재와 수평면의 기울기를 (A)° 이하로 하고 지주부재와 지주부재 사이를 고정시키는 보조부재를 설치할 것
- 말비계의 높이가 2m를 초과하는 경우에는 작업 발판의 폭을 (B)cm 이상으로 할 것

① A : 75, B : 30
② A : 75, B : 40
③ A : 85, B : 30
④ A : 85, B : 40

해설

「산업안전보건기준에 관한 규칙」 제67조(말비계)
사업주는 말비계를 조립하여 사용하는 경우에 다음 각 호의 사항을 준수하여야 한다.
1. 지주부재(支柱部材)의 하단에는 미끄럼 방지장치를 하고, 근로자가 양측 끝부분에 올라서서 작업하지 않도록 할 것
2. 지주부재와 수평면의 기울기를 75도 이하로 하고, 지주부재와 지주부재 사이를 고정시키는 보조부재를 설치할 것
3. 말비계의 높이가 2미터를 초과하는 경우에는 작업발판의 폭을 40센티미터 이상으로 할 것

정답 ②

104 비계의 부재 중 기둥과 기둥을 연결시키는 부재가 아닌 것은?

① 띠장
② 장선
③ 가새
④ 작업발판

정답 ④

105 토질시험 중 연약한 점토 지반의 점착력을 판별하기 위하여 실시하는 현장시험은?

① 베인테스트(Vane Test)
② 표준관입시험(SPT)
③ 하중재하시험
④ 삼축압축시험

해설

베인테스트(Vane Test)는 Boring의 구멍을 이용해 +자 저항 날개형의 vane을 지중의 소요깊이에 박아 넣은 후 베인을 회전시켜 저항하는 모멘트 값을 측정하여 전단강도를 구하는 방법으로 연한 점토질 지층에 토질의 점착력을 파악하기 용이하다. 점토질의 점착력을 판별하거나 기초 저면의 지내력 확인용으로 활용이 가능하다.

정답 ①

106 터널 등의 건설작업을 하는 경우에 낙반 등에 의하여 근로자가 위험해질 우려가 있는 경우에 필요한 직접적인 조치사항과 거리가 먼 것은?

① 터널지보공 설치
② 부석의 제거
③ 울 설치
④ 록볼트 설치

「산업안전보건기준에 관한 규칙」 제351조(낙반 등에 의한 위험의 방지)
사업주는 터널 등의 건설작업을 하는 경우에 낙반 등에 의하여 근로자가 위험해질 우려가 있는 경우에 터널 지보공 및 록볼트의 설치, 부석(浮石)의 제거 등 위험을 방지하기 위하여 필요한 조치를 하여야 한다.

정답 ③

107 다음 중 유해위험방지계획서 제출 대상공사가 아닌 것은?

① 지상높이가 30m인 건축물 건설공사
② 최대 지간길이가 50m인 교량건설공사
③ 터널 건설공사
④ 깊이가 11m인 굴착공사

「산업안전보건법 시행령」 제42조(유해위험방지계획서 제출 대상)
1. 다음 각 목의 어느 하나에 해당하는 건축물 또는 시설 등의 건설·개조 또는 해체(이하 "건설 등"이라 한다) 공사
  가. 지상높이가 31미터 이상인 건축물 또는 인공구조물
  나. 연면적 3만 제곱미터 이상인 건축물
  다. 연면적 5천 제곱미터 이상인 시설로서 다음의 어느 하나에 해당하는 시설
    1) 문화 및 집회시설(전시장 및 동물원·식물원은 제외한다)
    2) 판매시설, 운수시설(고속철도의 역사 및 집배송시설은 제외한다)
    3) 종교시설
    4) 의료시설 중 종합병원
    5) 숙박시설 중 관광숙박시설
    6) 지하도상가
    7) 냉동·냉장 창고시설
2. 연면적 5천 제곱미터 이상인 냉동·냉장 창고시설의 설비공사 및 단열공사
3. 최대 지간(支間)길이(다리의 기둥과 기둥의 중심 사이의 거리)가 50미터 이상인 다리의 건설 등 공사
4. 터널의 건설 등 공사
5. 다목적댐, 발전용댐, 저수용량 2천만 톤 이상의 용수 전용 댐 및 지방상수도 전용 댐의 건설 등 공사
6. 깊이 10미터 이상인 굴착공사

정답 ①

108 사다리식 통로의 길이가 10m 이상일 때 얼마 이내마다 계단참을 설치하여야 하는가?

① 3m 이내　　② 4m 이내　　③ 5m 이내　　④ 6m 이내

해설

「산업안전보건기준에 관한 규칙」 제24조(사다리식 통로 등의 구조)
① 사업주는 사다리식 통로 등을 설치하는 경우 다음 각 호의 사항을 준수하여야 한다. <개정 2024. 6. 28.>
  1. 견고한 구조로 할 것
  2. 심한 손상·부식 등이 없는 재료를 사용할 것
  3. 발판의 간격은 일정하게 할 것
  4. 발판과 벽과의 사이는 15센티미터 이상의 간격을 유지할 것
  5. 폭은 30센티미터 이상으로 할 것
  6. 사다리가 넘어지거나 미끄러지는 것을 방지하기 위한 조치를 할 것
  7. 사다리의 상단은 걸쳐놓은 지점으로부터 60센티미터 이상 올라가도록 할 것
  8. 사다리식 통로의 길이가 10미터 이상인 경우에는 5미터 이내마다 계단참을 설치할 것
  9. 사다리식 통로의 기울기는 75도 이하로 할 것. 다만, 고정식 사다리식 통로의 기울기는 90도 이하로 하고, 그 높이가 7미터 이상인 경우에는 다음 각 목의 구분에 따른 조치를 할 것
    가. 등받이울이 있어도 근로자 이동에 지장이 없는 경우: 바닥으로부터 높이가 2.5미터 되는 지점부터 등받이울을 설치할 것
    나. 등받이울이 있으면 근로자가 이동이 곤란한 경우: 한국산업표준에서 정하는 기준에 적합한 개인용 추락 방지 시스템을 설치하고 근로자로 하여금 한국산업표준에서 정하는 기준에 적합한 전신안전대를 사용하도록 할 것
  10. 접이식 사다리 기둥은 사용 시 접혀지거나 펼쳐지지 않도록 철물 등을 사용하여 견고하게 조치할 것

정답 ③

109 산업안전보건기준에 관한 규칙에 따라 호수 지반의 종류가 다음과 같을 때 굴착면의 기울기 기준으로 옳은 것은? (개정 법령에 맞게 문제를 수정함)

| 그 밖의 흙 |

① 1 : 1.8　　② 1 : 1.2　　③ 1 : 0.5　　④ 1 : 0.5

해설

산업안전보건기준에 관한 규칙 [별표 11] <개정 2023. 11. 14.>
굴착면의 기울기 기준(제339조 제1항 관련)

지반의 종류	굴착면의 기울기
모래	1 : 1.8
연암 및 풍화암	1 : 1.0
경암	1 : 0.5
그 밖의 흙	1 : 1.2

정답 ②

110 콘크리트 타설을 위한 거푸집동바리의 구조 검토 시 가장 선행되어야 할 작업은?

① 각 부재에 생기는 응력에 대하여 안전한 단면을 산정한다.
② 가설물에 작용하는 하중 및 외력의 종류, 크기를 산정한다.
③ 하중 및 외력에 의하여 각 부재에 생기는 응력을 구한다.
④ 사용할 거푸집동바리의 설치간격을 결정한다.

해설
콘크리트 타설을 위한 거푸집 동바리의 구조 검토 시 1차적으로 가설물에 작용하는 하중 및 외력의 종류, 크기를 산정한다.

정답 ②

111 항만하역작업에서의 선박승강설비 설치기준으로 옳지 않은 것은?

① 200톤급 이상의 선박에서 하역작업을 하는 경우에 근로자들의 안전하게 오르내릴 수 있는 현문(舷門) 사다리를 설치하여야 하며, 이 사다리 밑에 안전망을 설치하여야 한다.
② 현문 사다리는 견고한 재료로 제작된 것으로 너비는 55cm 이상이어야 한다.
③ 현문 사다리의 양측에는 82cm 이상의 높이로 울타리를 설치하여야 한다.
④ 현문 사다리는 근로자의 통행에만 사용하여야 하며, 화물용 발판 또는 화물용 보판으로 사용하도록 해서는 아니 된다.

해설
「산업안전보건기준에 관한 규칙」 제397조(선박승강설비의 설치)
① 사업주는 300톤급 이상의 선박에서 하역작업을 하는 경우에 근로자들이 안전하게 오르내릴 수 있는 현문(舷門) 사다리를 설치하여야 하며, 이 사다리 밑에 안전망을 설치하여야 한다.
② 제1항에 따른 현문 사다리는 견고한 재료로 제작된 것으로 너비는 55센티미터 이상이어야 하고, 양측에 82센티미터 이상의 높이로 울타리를 설치하여야 하며, 바닥은 미끄러지지 않도록 적합한 재질로 처리되어야 한다. 〈개정 2019. 10. 15.〉
③ 제1항의 현문 사다리는 근로자의 통행에만 사용하여야 하며, 화물용 발판 또는 화물용 보판으로 사용하도록 해서는 아니 된다.

정답 ①

112 운반작업을 인력운반작업과 기계운반작업으로 분류할 때 기계운반작업으로 실시하기에 부적당한 대상은?

① 단순하고 반복적인 작업
② 표준화되어 있어 지속적이고 운반량이 많은 작업
③ 취급물의 형상, 성질, 크기 등이 다양한 작업
④ 취급물이 중량인 작업

해설

취급물의 형상, 성질, 크기 등이 다양한 작업은 인력운반작업에 적합하다.

정답 ③

113 터널작업 시 자동경보장치에 대하여 당일의 작업시작 전 점검하여야 할 사항으로 옳지 않은 것은?

① 검지부의 이상 유무 ② 조명시설의 이상 유무
③ 경보장치의 작동 상태 ④ 계기의 이상 유무

해설

「산업안전보건기준에 관한 규칙」 제350조(인화성 가스의 농도측정 등)
① 사업주는 터널공사 등의 건설작업을 할 때에 인화성 가스가 발생할 위험이 있는 경우에는 폭발이나 화재를 예방하기 위하여 인화성 가스의 농도를 측정할 담당자를 지명하고, 그 작업을 시작하기 전에 가스가 발생할 위험이 있는 장소에 대하여 그 인화성 가스의 농도를 측정하여야 한다.
② 사업주는 제1항에 따라 측정한 결과 인화성 가스가 존재하여 폭발이나 화재가 발생할 위험이 있는 경우에는 인화성 가스 농도의 이상 상승을 조기에 파악하기 위하여 그 장소에 **자동경보장치**를 설치하여야 한다.
③ 지하철도공사를 시행하는 사업주는 터널굴착[개착식(開鑿式)을 포함한다] 등으로 인하여 도시가스관이 노출된 경우에 접속부 등 필요한 장소에 자동경보장치를 설치하고, 「도시가스사업법」에 따른 해당 도시가스사업자와 합동으로 정기적 순회점검을 하여야 한다.
④ 사업주는 제2항 및 제3항에 따른 자동경보장치에 대하여 당일 작업 시작 전 다음 각 호의 사항을 점검하고 이상을 발견하면 즉시 보수하여야 한다.
  1. 계기의 이상 유무
  2. 검지부의 이상 유무
  3. 경보장치의 작동상태

정답 ②

114 장비 자체보다 높은 장소의 땅을 굴착하는 데 적합한 장비는?

① 파워쇼벨(Power Shovel) ② 불도저(Bulldozer)
③ 드래그라인(Drag line) ④ 클램쉘(Clam Shell)

정답 ①

115 본 터널(main tunnel)을 시공하기 전에 터널에서 약간 떨어진 곳에 지질조사, 환기, 배수, 운반 등의 상태를 알아보기 위하여 설치하는 터널은?

① 프리패브(prefab) 터널 ② 사이드(side) 터널
③ 쉴드(shield) 터널 ④ 파일럿(pilot) 터널

정답 ④

116 타워크레인을 자립고(自立高) 이상의 높이로 설치할 때 지지벽체가 없어 와이어로프로 지지하는 경우의 준수사항으로 옳지 않은 것은?

① 와이어로프를 고정하기 위한 전용 지지프레임을 사용할 것
② 와이어로프 설치각도를 수평면에서 60° 이내로 하되, 지지점은 4개소 이상으로 하고, 같은 각도로 설치할 것
③ 와이어로프와 그 고정부위는 충분한 강도와 장력을 갖도록 설치하되, 와이어로프를 클립·샤클(shackle) 등의 기구를 사용하여 고정하지 않도록 유의할 것
④ 와이어로프가 가공전선(架空電線)에 근접하지 않도록 할 것

해설

「산업안전보건기준에 관한 규칙」 제142조(타워크레인의 지지)
① 사업주는 타워크레인을 자립고(自立高) 이상의 높이로 설치하는 경우 건축물 등의 벽체에 지지하도록 하여야 한다. 다만, 지지할 벽체가 없는 등 부득이한 경우에는 와이어로프에 의하여 지지할 수 있다. 〈개정 2013. 3. 21.〉
② 사업주는 타워크레인을 벽체에 지지하는 경우 다음 각 호의 사항을 준수하여야 한다. 〈개정 2019. 1. 31., 2019. 12. 26.〉
 1. 「산업안전보건법 시행규칙」 제110조 제1항 제2호에 따른 서면심사에 관한 서류(「건설기계관리법」 제18조에 따른 형식승인서류를 포함한다) 또는 제조사의 설치작업설명서 등에 따라 설치할 것
 2. 제1호의 서면심사 서류 등이 없거나 명확하지 아니한 경우에는 「국가기술자격법」에 따른 건축구조·건설기계·기계안전·건설안전기술사 또는 건설안전분야 산업안전지도사의 확인을 받아 설치하거나 기종별·모델별 공인된 표준방법으로 설치할 것
 3. 콘크리트구조물에 고정시키는 경우에는 매립이나 관통 또는 이와 같은 수준 이상의 방법으로 충분히 지지되도록 할 것
 4. 건축 중인 시설물에 지지하는 경우에는 그 시설물의 구조적 안정성에 영향이 없도록 할 것
③ 사업주는 타워크레인을 와이어로프로 지지하는 경우 다음 각 호의 사항을 준수해야 한다. 〈개정 2013. 3. 21., 2019. 10. 15., 2022. 10. 18.〉
 1. 제2항 제1호 또는 제2호의 조치를 취할 것
 2. 와이어로프를 고정하기 위한 **전용 지지프레임**을 사용할 것
 3. 와이어로프 설치각도는 수평면에서 **60도 이내**로 하되, **지지점은 4개소 이상**으로 하고, 같은 각도로 설치할 것
 4. 와이어로프와 그 고정부위는 **충분한 강도와 장력**을 갖도록 설치하고, 와이어로프를 클립·샤클(shackle, 연결고리) 등의 고정기구를 사용하여 견고하게 고정시켜 풀리지 않도록 하며, 사용 중에는 충분한 강도와 장력을 유지하도록 할 것 이 경우 클립·샤클 등의 고정기구는 한국산업표준 제품이거나 한국산업표준이 없는 제품의 경우에는 이에 준하는 규격을 갖춘 제품이어야 한다.
 5. 와이어로프가 가공전선(架空電線)에 근접하지 않도록 할 것

정답 ③

117 다음은 강관틀비계를 조립하여 사용하는 경우 준수해야 할 기준이다. ( ) 안에 알맞은 숫자를 나열한 것은?

> 길이가 띠장방향으로 (A)미터 이하이고 높이가 (B)미터를 초과하는 경우에는 (C)미터 이내마다 띠장방향으로 버팀기둥을 설치할 것

① A : 4, B : 10, C : 5
② A : 4, B : 10, C : 10
③ A : 5, B : 10, C : 5
④ A : 5, B : 10, C : 10

해설

「산업안전보건기준에 관한 규칙」 제62조(강관틀비계)
사업주는 강관틀 비계를 조립하여 사용하는 경우 다음 각 호의 사항을 준수하여야 한다.
1. 비계기둥의 밑둥에는 밑받침 철물을 사용하여야 하며 밑받침에 고저차(高低差)가 있는 경우에는 조절형 밑받침철물을 사용하여 각각의 강관틀비계가 항상 수평 및 수직을 유지하도록 할 것
2. 높이가 20미터를 초과하거나 중량물의 적재를 수반하는 작업을 할 경우에는 주틀 간의 간격을 1.8미터 이하로 할 것
3. 주틀 간에 교차 가새를 설치하고 최상층 및 5층 이내마다 수평재를 설치할 것
4. 수직방향으로 6미터, 수평방향으로 8미터 이내마다 벽이음을 할 것
5. 길이가 띠장 방향으로 4미터 이하이고 높이가 10미터를 초과하는 경우에는 10미터 이내마다 띠장 방향으로 버팀기둥을 설치할 것

정답 ②

118 추락방지용 설치 시 그물코의 크기가 10cm인 매듭 있는 방망의 신품에 대한 인장강도 기준으로 옳은 것은?

① 100 kgf 이상
② 200 kgf 이상
③ 300 kgf 이상
④ 400 kgf 이상

해설

그물코의 크기(cm)	방망의 종류(kg)　( ) : 방망사의 폐기 시 인장강도	
	매듭 없는 방망	매듭 방망
10	240(150)	200(135)
5	−	110(60)

정답 ②

119 동력을 사용하는 항타기 또는 항발기에 대하여 무너짐을 방지하기 위하여 준수하여야 할 기준으로 옳지 않은 것은? (개정 법령에 맞게 보기를 수정함)

① 연약한 지반에 설치하는 경우에는 아웃트리거·받침 등 지지구조물의 침하를 방지하기 위하여 깔판·받침목 등을 사용할 것
② 아웃트리거·받침 등 지지구조물이 미끄러질 우려가 있는 경우에는 말뚝 또는 쐐기 등을 사용하여 해당 지지 구조물을 고정시킬 것
③ 상단 부분은 버팀대·버팀줄로 고정하여 안정시키고, 그 하단 부분은 견고한 버팀·말뚝 또는 철골 등으로 고정시킬 것
④ 버팀줄만으로 상단 부분을 안정시키는 경우에는 버팀줄을 2개 이상으로 하고 같은 간격으로 배치할 것

해설

「산업안전보건기준에 관한 규칙」 제209조(무너짐의 방지)
사업주는 동력을 사용하는 항타기 또는 항발기에 대하여 무너짐을 방지하기 위하여 다음 각 호의 사항을 준수하여야 한다. 〈개정 2023. 11. 14.〉
1. 연약한 지반에 설치하는 경우에는 아웃트리거·받침 등 지지구조물의 침하를 방지하기 위하여 깔판·받침목 등을 사용할 것
2. 시설 또는 가설물 등에 설치하는 경우에는 그 내력을 확인하고 내력이 부족하면 그 내력을 보강할 것
3. 아웃트리거·받침 등 지지구조물이 미끄러질 우려가 있는 경우에는 말뚝 또는 쐐기 등을 사용하여 해당 지지구조물을 고정시킬 것
4. 궤도 또는 차로 이동하는 항타기 또는 항발기에 대해서는 불시에 이동하는 것을 방지하기 위하여 레일 클램프(rail clamp) 및 쐐기 등으로 고정시킬 것
5. 상단 부분은 버팀대·버팀줄로 고정하여 안정시키고, 그 하단 부분은 견고한 버팀·말뚝 또는 철골 등으로 고정시킬 것

정답 ④

120 다음 중 산업안전보건기준에 관한 규칙상 동바리 유형에 따른 동바리 조립 시의 안전조치로 옳지 않은 것은? (개정 법령에 맞게 문제를 수정함)

① 동바리로 사용하는 파이프 서포트의 경우 높이가 3.5미터를 초과하는 경우에는 높이 2미터 이내마다 수평연결재를 2개 방향으로 만들고 수평연결재의 변위를 방지할 것
② 동바리로 사용하는 강관틀의 경우 강관틀과 강관틀 사이에 교차가새를 설치할 것
③ 동바리로 사용하는 파이프 서포트의 경우 파이프 서포트를 이어서 사용하는 경우에는 3개 이상의 볼트 또는 전용철물을 사용하여 이을 것
④ 시스템 동바리의 경우 수평재는 수직재와 직각으로 설치해야 하며, 흔들리지 않도록 견고하게 설치할 것

해설

「산업안전보건기준에 관한 규칙」제332조의2(동바리 유형에 따른 동바리 조립 시의 안전조치)
사업주는 동바리를 조립할 때 동바리의 유형별로 다음 각 호의 구분에 따른 각 목의 사항을 준수해야 한다.
1. 동바리로 사용하는 파이프 서포트의 경우
   가. 파이프 서포트를 3개 이상 이어서 사용하지 않도록 할 것
   나. 파이프 서포트를 이어서 사용하는 경우에는 <u>4개 이상의 볼트 또는 전용철물을 사용하여 이을 것</u>
   다. 높이가 3.5미터를 초과하는 경우에는 높이 2미터 이내마다 수평연결재를 2개 방향으로 만들고 수평연결재의 변위를 방지할 것
2. 동바리로 사용하는 강관틀의 경우
   가. 강관틀과 강관틀 사이에 교차가새를 설치할 것
   나. 최상단 및 5단 이내마다 동바리의 측면과 틀면의 방향 및 교차가새의 방향에서 5개 이내마다 수평연결재를 설치하고 수평연결재의 변위를 방지할 것
   다. 최상단 및 5단 이내마다 동바리의 틀면의 방향에서 양단 및 5개틀 이내마다 교차가새의 방향으로 띠장틀을 설치할 것
3. 동바리로 사용하는 조립강주의 경우: 조립강주의 높이가 4미터를 초과하는 경우에는 높이 4미터 이내마다 수평연결재를 2개 방향으로 설치하고 수평연결재의 변위를 방지할 것
4. 시스템 동바리(규격화·부품화된 수직재, 수평재 및 가새재 등의 부재를 현장에서 조립하여 거푸집을 지지하는 지주 형식의 동바리를 말한다)의 경우
   가. 수평재는 수직재와 직각으로 설치해야 하며, 흔들리지 않도록 견고하게 설치할 것
   나. 연결철물을 사용하여 수직재를 견고하게 연결하고, 연결부위가 탈락 또는 꺾어지지 않도록 할 것
   다. 수직 및 수평하중에 대해 동바리의 구조적 안정성이 확보되도록 조립도에 따라 수직재 및 수평재에는 가새재를 견고하게 설치할 것
   라. 동바리 최상단과 최하단의 수직재와 받침철물은 서로 밀착되도록 설치하고 수직재와 받침철물의 연결부의 겹침길이는 받침철물 전체길이의 3분의 1 이상 되도록 할 것
5. 보 형식의 동바리[강제 갑판(steel deck), 철재트러스 조립 보 등 수평으로 설치하여 거푸집을 지지하는 동바리를 말한다]의 경우
   가. 접합부는 충분한 걸침 길이를 확보하고 못, 용접 등으로 양끝을 지지물에 고정시켜 미끄러짐 및 탈락을 방지할 것
   나. 양끝에 설치된 보 거푸집을 지지하는 동바리 사이에는 수평연결재를 설치하거나 동바리를 추가로 설치하는 등 보 거푸집이 옆으로 넘어지지 않도록 견고하게 할 것
   다. 설계도면, 시방서 등 설계도서를 준수하여 설치할 것
[본조신설 2023. 11. 14.]

정답 ③

PART 07 · 2020년 4회 기출

2020.09.26. 시행

1과목 산업안전관리론

01 위험예지훈련 4라운드의 진행방법을 올바르게 나열한 것은?

① 현상파악 → 목표설정 → 대책수립 → 본질추구
② 현상파악 → 본질추구 → 대책수립 → 목표설정
③ 현상파악 → 본질추구 → 목표설정 → 대책수립
④ 본질추구 → 현상파악 → 목표설정 → 대책수립

해설

1단계(현상파악) > 2단계(본질추구) > 3단계(대책수립) > 4단계(목표설정)

정답 ②

02 재해예방의 4원칙에 속하지 않는 것은?

① 손실우연의 원칙
② 예방교육의 원칙
③ 원인계기의 원칙
④ 예방가능의 원칙

해설

원인계기의 원칙, 손실우연의 원칙, 예방가능의 원칙, 대책선정의 원칙

정답 ②

03 A 사업장의 도수율이 18.9일 때 연천인율은 얼마인가?

① 4.53
② 9.46
③ 37.86
④ 45.36

해설

연천인율 = 도수율 × 2.4 = 18.9 × 2.4 = 45.36

정답 ④

04 산업안전보건법령상 관리감독자가 수행하는 안전 및 보건에 관한 업무에 속하지 않는 것은?

① 해당 작업의 작업장 정리·정돈 및 통로 확보에 대한 확인·감독
② 해당 작업에서 발생한 산업재해에 관한 보고 및 이에 대한 응급조치
③ 해당 사업장 안전교육계획의 수립 및 안전 교육 실시에 관한 보좌 및 지도·조언
④ 관리감독자에게 소속된 근로자의 작업복·보호구 및 방호장치의 점검과 그 착용·사용에 관한 교육·지도

해설

「산업안전보건기준법 시행령」제15조(관리감독자의 업무 등)
① 법 제16조 제1항에서 "대통령령으로 정하는 업무"란 다음 각 호의 업무를 말한다.
  1. 사업장 내 법 제16조 제1항에 따른 관리감독자(이하 "관리감독자"라 한다)가 지휘·감독하는 작업(이하 이 조에서 "해당작업"이라 한다)과 관련된 기계·기구 또는 설비의 안전·보건 점검 및 이상 유무의 확인
  2. 관리감독자에게 소속된 근로자의 작업복·보호구 및 방호장치의 점검과 그 착용·사용에 관한 교육·지도
  3. 해당작업에서 발생한 산업재해에 관한 보고 및 이에 대한 응급조치
  4. 해당작업의 작업장 정리·정돈 및 통로 확보에 대한 확인·감독
  5. 사업장의 다음 각 목의 어느 하나에 해당하는 사람의 지도·조언에 대한 협조
    가. 법 제17조 제1항에 따른 **안전관리자**(이하 "안전관리자"라 한다) 또는 같은 조 제4항에 따라 안전관리자의 업무를 같은 항에 따른 안전관리전문기관(이하 "안전관리전문기관"이라 한다)에 위탁한 사업장의 경우에는 그 안전관리전문기관의 해당 사업장 담당자
    나. 법 제18조 제1항에 따른 **보건관리자**(이하 "보건관리자"라 한다) 또는 같은 조 제4항에 따라 보건관리자의 업무를 같은 항에 따른 보건관리전문기관(이하 "보건관리전문기관"이라 한다)에 위탁한 사업장의 경우에는 그 보건관리전문기관의 해당 사업장 담당자
    다. 법 제19조 제1항에 따른 **안전보건관리담당자**(이하 "안전보건관리담당자"라 한다) 또는 같은 조 제4항에 따라 안전보건관리담당자의 업무를 안전관리전문기관 또는 보건관리전문기관에 위탁한 사업장의 경우에는 그 안전관리전문기관 또는 보건관리전문기관의 해당 사업장 담당자
    라. 법 제22조 제1항에 따른 **산업보건의**(이하 "산업보건의"라 한다)
  6. 법 제36조에 따라 실시되는 위험성평가에 관한 다음 각 목의 업무
    가. 유해·위험요인의 파악에 대한 참여
    나. 개선조치의 시행에 대한 참여
  7. 그 밖에 해당작업의 안전 및 보건에 관한 사항으로서 고용노동부령으로 정하는 사항
② 관리감독자에 대한 지원에 관하여는 제14조 제2항을 준용한다. 이 경우 "안전보건관리책임자"는 "관리감독자"로, "법 제15조 제1항"은 "제1항"으로 본다.

정답 ③

05 안전관리의 수준을 평가하는데 사고가 일어나는 시점을 전후하여 평가를 한다. 다음 중 사고가 일어나기 전의 수준을 평가하는 사전평가활동에 해당하는 것은?

① 재해율 통계
② 안전활동률 관리
③ 재해손실 비용 산정
④ Safe-T-Score 산정

정답 ②

06 산업안전보건법령상 안전 및 보건에 관한 노사협의체의 근로자위원 구성 기준 내용으로 옳지 않은 것은? (단, 명예산업안전감독관이 위촉되어 있는 경우)

① 근로자대표가 지명하는 안전관리자 1명
② 근로자대표가 지명하는 명예산업안전감독관 1명
③ 도급 또는 하도급 사업을 포함한 전체 사업의 근로자대표
④ 공사금액이 20억 원 이상인 공사의 관계수급인의 각 근로자대표

해설

「산업안전보건법 시행령」 제64조(노사협의체의 구성)
① 노사협의체는 다음 각 호에 따라 근로자위원과 사용자위원으로 구성한다.
　1. 근로자위원
　　가. 도급 또는 하도급 사업을 포함한 전체 사업의 근로자대표
　　나. 근로자대표가 지명하는 명예산업안전감독관 1명. 다만, 명예산업안전감독관이 위촉되어 있지 않은 경우에는 근로자대표가 지명하는 해당 사업장 근로자 1명
　　다. 공사금액이 20억 원 이상인 공사의 관계수급인의 각 근로자대표
　2. 사용자위원
　　가. 도급 또는 하도급 사업을 포함한 전체 사업의 대표자
　　나. 안전관리자 1명
　　다. 보건관리자 1명(별표 5 제44호에 따른 보건관리자 선임대상 건설업으로 한정한다)
　　라. 공사금액이 20억 원 이상인 공사의 관계수급인의 각 대표자
② 노사협의체의 근로자위원과 사용자위원은 합의하여 노사협의체에 공사금액이 20억 원 미만인 공사의 관계수급인 및 관계수급인 근로자대표를 위원으로 위촉할 수 있다.
③ 노사협의체의 근로자위원과 사용자위원은 합의하여 제67조 제2호에 따른 사람을 노사협의체에 참여하도록 할 수 있다.

정답 ①

07 브레인스토밍의 원칙에 관한 설명으로 옳지 않은 것은?

① 최대한 많은 양의 의견을 제시한다.
② 누구나 자유롭게 의견을 제시할 수 있다.
③ 타인의 의견에 대하여 비판하지 않도록 한다.
④ 타인의 의견을 수정하여 본인의 의견으로 제시하지 않도록 한다.

해설

브레인스토밍
- 비판금지 - 자유발언 - 대량발언 - 수정발언

정답 ④

08 시설물의 안전 및 유지관리에 관한 특별법상 국토교통부장관은 시설물이 안전하게 유지·관리될 수 있도록 하기 위하여 몇 년마다 시설물의 안전 및 유지관리에 관한 기본계획을 수립·시행하여야 하는가?

① 2년
② 3년
③ 5년
④ 10년

해설

「시설물 안전 및 유지관리에 관한 특별법」제5조(시설물의 안전 및 유지관리 기본계획의 수립·시행)
① 국토교통부장관은 시설물이 안전하게 유지관리될 수 있도록 하기 위하여 5년마다 시설물의 안전 및 유지관리에 관한 기본계획(이하 "기본계획"이라 한다)을 수립·시행하여야 한다.
② 기본계획에는 다음 각 호의 사항이 포함되어야 한다.
  1. 시설물의 안전 및 유지관리에 관한 기본목표 및 추진방향에 관한 사항
  2. 시설물의 안전 및 유지관리체계의 개발, 구축 및 운영에 관한 사항
  3. 시설물의 안전 및 유지관리에 관한 정보체계의 구축·운영에 관한 사항
  4. 시설물의 안전 및 유지관리에 필요한 기술의 연구·개발에 관한 사항
  5. 시설물의 안전 및 유지관리에 필요한 인력의 양성에 관한 사항
  6. 그 밖에 시설물의 안전 및 유지관리에 관하여 대통령령으로 정하는 사항
③ 국토교통부장관은 기본계획을 수립할 때에는 미리 관계 중앙행정기관의 장과 협의하여야 하며, 기본계획을 수립하기 위하여 필요하다고 인정되면 관계 중앙행정기관의 장 및 지방자치단체의 장에게 관련 자료를 제출하도록 요구할 수 있다. 기본계획을 변경할 때에도 또한 같다.
④ 국토교통부장관은 기본계획을 수립 또는 변경한 때에는 이를 관보에 고시하여야 한다.

정답 ③

09 재해의 간접원인 중 기술적 원인에 속하지 않는 것은?

① 경험 및 훈련의 미숙 ② 구조, 재료의 부적합
③ 점검, 정비, 보존 불량 ④ 건물, 기계장치의 설계 불량

 해설

1. 직접원인 : 불안전한 행동(인적 요인), 불안전한 상태(물적 요인)
2. 간접원인
   1) 정신적 원인
   2) 신체적 원인
   3) 기술적 원인
   4) 교육적 원인
   5) 작업관리상 원인
      – 부적합한 인원배치, 부적절한 작업지시, 불충분한 작업준비, 설비불량, 안전관리조직 결함

정답 ①

10 산업안전보건법령상 해당 사업장의 연간재해율이 같은 업종의 평균재해율의 2배 이상인 경우 사업주에게 관리자를 정수 이상으로 증원하게 하거나 교체하여 임명할 것을 명할 수 있는 자는?

① 시 · 도지사 ② 고용노동부장관
③ 국토교통부장관 ④ 지방고용노동관서의 장

 해설

「산업안전보건법 시행규칙」 제12조(안전관리자 등의 증원·교체임명 명령)
① 지방고용노동관서의 장은 다음 각 호의 어느 하나에 해당하는 사유가 발생한 경우에는 법 제17조 제3항·제18조 제3항 또는 제19조 제3항에 따라 사업주에게 안전관리자·보건관리자 또는 안전보건관리담당자(이하 이 조에서 "관리자"라 한다)를 정수 이상으로 증원하게 하거나 교체하여 임명할 것을 명할 수 있다. 다만, 제4호에 해당하는 경우로서 직업성 질병자 발생 당시 사업장에서 해당 화학적 인자(因子)를 사용하지 않은 경우에는 그렇지 않다.
  1. 해당 사업장의 연간재해율이 같은 업종의 평균재해율의 2배 이상인 경우
  2. 중대재해가 연간 2건 이상 발생한 경우. 다만, 해당 사업장의 전년도 사망만인율이 같은 업종의 평균 사망만인율 이하인 경우는 제외한다.
  3. 관리자가 질병이나 그 밖의 사유로 3개월 이상 직무를 수행할 수 없게 된 경우
  4. 별표 22 제1호에 따른 화학적 인자로 인한 직업성 질병자가 연간 3명 이상 발생한 경우. 이 경우 직업성 질병자의 발생일은 「산업재해보상보험법 시행규칙」 제21조 제1항에 따른 요양급여의 결정일로 한다.
② 제1항에 따라 관리자를 정수 이상으로 증원하게 하거나 교체하여 임명할 것을 명하는 경우에는 미리 사업주 및 해당 관리자의 의견을 듣거나 소명자료를 제출받아야 한다. 다만, 정당한 사유 없이 의견진술 또는 소명자료의 제출을 게을리한 경우에는 그렇지 않다.
③ 제1항에 따른 관리자의 정수 이상 증원 및 교체임명 명령은 별지 제4호 서식에 따른다.

정답 ④

11 보호구 안전인증 고시에 따른 추락 및 감전 위험방지용 안전모의 성능시험대상에 속하지 않는 것은?

① 내유성 ② 내수성 ③ 내관통성 ④ 턱끈풀림

해설

충격흡수성, 내수성, 턱끈풀림, 내관통성, 난연성, 내전압성

정답 ①

12 재해의 통계적 원인분석 방법 중 사고의 유형, 기인물 등 분류 항목을 큰 순서대로 도표화한 것은?

① 관리도 ② 파레토도 ③ 크로스도 ④ 특성요인도

해설

전사적 품질관리(T.Q.C)

종류	내용
히스토그램(분포도)	자료의 분포 상태를 직사각형으로 나타내어 보기 쉽고, 제품의 품질상태가 만족스러운 상태인지 여부를 판단함
파레토도(영향도)	제품의 결점, 불량, 고장 등의 발생건수를 현상과 원인별로 파악하고, 이러한 데이터를 항목별로 나누어 문제의 크기순으로 나열하여 막대그래프 형태로 표기함
특성요인도(원인결과도)	결과와 원인이 어떤 관계인지를 파악하기 위하여 작성
체크시트	결점수, 불량수 등을 데이터로 분류하여 어느 곳에 집중되어 있는지를 파악하기 용이하게 나타낸 그림 또는 표
산점도(산포도)	서로 대응하는 짝으로 된 데이터를 그래프에 옮겨 점으로 표시
층별	집단을 구성하고 있는 자료를 특징에 따라 몇 개의 부분집단으로 구분
관리도	공정 관리상태를 유지하기 위해 공정을 나타내는 그래프

정답 ②

13 시설물의 안전 및 유지관리에 관한 특별법상 다음과 같이 정의되는 용어는?

> 시설물의 물리적·기능적 결함을 발견하고 그에 대한 신속하고 적절한 조치를 하기 위하여 구조적 안전성과 결함의 원인 등을 조사·측정·평가하여 보수·보강 등의 방법을 제시하는 행위

① 성능평가 ② 정밀안전진단 ③ 긴급안전점검 ④ 정기안전진단

해설

– "정밀안전진단"이란 시설물의 물리적·기능적 결함을 발견하고 그에 대한 신속하고 적절한 조치를 하기 위하여

구조적 안전성과 결함의 원인 등을 조사·측정·평가하여 보수·보강 등의 방법을 제시하는 행위를 말한다.
- "성능평가"란 시설물의 기능을 유지하기 위하여 요구되는 시설물의 구조적 안전성, 내구성, 사용성 등의 성능을 종합적으로 평가하는 것을 말한다.
- "긴급안전점검"이란 시설물의 붕괴·전도 등으로 인한 재난 또는 재해가 발생할 우려가 있는 경우에 시설물의 물리적·기능적 결함을 신속하게 발견하기 위하여 실시하는 점검을 말한다.

정답 ②

14 다음 중 재해조사의 목적 및 방법에 관한 설명으로 적절하지 않은 것은?

① 재해조사는 현장보존에 유의하면서 재해발생 직후에 행한다.
② 피해자 및 목격자 등 많은 사람으로부터 사고 시의 상황을 수집한다.
③ 재해조사의 1차적 목표는 재해로 인한 손실 금액을 추정하는 데 있다.
④ 재해조사의 목적은 동종재해 및 유사재해의 발생을 방지하기 위함이다.

 해설

재해조사 목적
- 재해예방 자료 수집 - 재해원인 규명 - 유사재해 재발방지 - 동종재해 재발방지

정답 ③

15 사업장의 안전·보건관리계획 수립 시 유의사항을 옳은 것은?

① 사고발생 후의 수습대책에 중점을 둔다.
② 계획의 실시 중에는 변동이 없어야 한다.
③ 계획의 목표는 점진적으로 수준을 높이도록 한다.
④ 대기업의 경우 표준계획서를 작성하여 모든 사업장에 동일하게 적용시킨다.

해설

사업장의 안전·보건관리계획 수립 시 예방대책에 중점을 두며, 계획 실시 중 상황 및 여건에 따라 변동이 가능하도록 유연하고, 계획목표는 점진적으로 수준을 높이며, 각 사업장의 실정에 맞게 표준계획서를 적용한다.

정답 ③

16 다음 중 웨버(D.A.Weaver)의 사고 발생 도미노 이론에서 "작전적 에러"를 찾아내기 위한 질문의 유형과 가장 거리가 먼 것은?

① what   ② why   ③ where   ④ whether

정답 ③

17 안전보건관리조직의 유형 중 직계(Line)형에 관한 설명으로 옳은 것은?

① 대규모의 사업장에 적합하다.
② 안전지식이나 기술축적이 용이하다.
③ 안전지시나 명령이 신속히 수행된다.
④ 독립된 안전참모 조직을 보유하고 있다.

해설

1. 직계(line)형 조직 : 안전관리에 관한 계획에서 실시까지 모든 안전업무를 생산라인에서 이루어지는 구조로 형성된 조직으로 규모가 기업 또는 현장(100명 이하)에 적합
   ① 안전 지시 및 명령체계 유리함
   ② 지시, 명령 및 보고, 대책처리 신속 운영
   ③ 안전에 관한 조직이 없음
   ④ 안전 지식 및 기술 축적 어려움
   ⑤ 안전에 관한 정보 수집 부족함
2. 참모(staff)형 조직 : 중소규모 기업 및 현장에 적절한 조직으로 참모(staff)를 배치하여 안전에 관한 계획, 보고 등의 업무를 하는 조직으로 규모가 중규모(100명 이상~1,000명 이하)에 적합
   ① 안전에 관한 정보 수집이 신속함
   ② 사업자에게 조언 및 자문 역할 가능
   ③ 전문적인 안전 기술 연구 가능함
   ④ 작업자에게 안전 지시 사항이 빠르게 전달되지 못함
   ⑤ 생산부문은 안전에 대해 책임 및 권한 없음
   ⑥ 업무에 소요되는 시간이 많음
3. 직계참모형조직(line-staff)형 조직 : 직계형과 참모형의 혼합형, 대규모 사업장에 적합한 조직으로 대규모(1,000명 이상)에 적합
   ① 안전 기술 및 경험에 관한 축적이 가능
   ② 독자적인 안전 대책 강구 가능
   ③ 안전 지시 신속하게 전달됨
   ④ 명령 계통과 혼선이 야기되기 쉬움

정답 ③

18 산업안전보건기준에 관한 규칙상 공기압축기를 가동할 때의 작업시작 전 점검사항에 해당하지 않는 것은?

① 윤활유의 상태
② 언로드밸브의 기능
③ 압력방출장치의 기능
④ 비상정지장치 기능의 이상 유무

해설

「산업안전보건기준에 관한 규칙」[별표3] 공기압축기를 가동할 때(제2편 제1장 제7절)
가. 공기저장 압력용기의 외관 상태   나. 드레인밸브(drain valve)의 조작 및 배수
다. 압력방출장치의 기능   라. 언로드밸브(unloading valve)의 기능
마. 윤활유의 상태   바. 회전부의 덮개 또는 울
사. 그 밖의 연결 부위의 이상 유무

정답 ④

19 산업안전보건법령에 따른 안전보건표지의 종류 중 지시표지에 속하는 것은?

① 화기 금지　　② 보안경 착용　　③ 낙화물 경고　　④ 응급구호표지

해설

안전보건표지의 종류

1. 금지표지	101 출입금지	102 보행금지	103 차량통행금지	104 사용금지	105 탑승금지	106 금연
	107 화기금지	108 물체이동금지	**2. 경고표지**	201 인화성물질 경고	202 산화성물질 경고	203 폭발성물질 경고	204 급성독성물질 경고
	205 부식성물질 경고	206 방사성물질 경고	207 고압전기 경고	208 매달린 물체 경고	209 낙하물 경고	210 고온 경고	211 저온 경고
	212 몸균형 상실 경고	213 레이저광선 경고	214 발암성·변이원성·생식독성·전신독성·호흡기 과민성 물질 경고	215 위험장소 경고	**3. 지시표지**	301 보안경 착용	302 방독마스크 착용
	303 방진마스크 착용	304 보안면 착용	305 안전모 착용	306 귀마개 착용	307 안전화 착용	308 안전장갑 착용	309 안전복 착용
4. 안내표지	401 녹십자 표지	402 응급구호표지	403 들것	404 세안장치	405 비상용기구	406 비상구

407 좌측비상구	408 우측비상구	5. 관계자 외 출입금지	501 허가대상물질 작업장 관계자 외 출입금지 (허가물질 명칭)제조/ 사용/보관 중 보호구/보호복 착용 흡연 및 음식물 섭취 금지	502 석면취급/해체 작업장 관계자 외 출입금지 석면 취급/해체 중 보호구/보호복 착용 흡연 및 음식물 섭취 금지	503 금지대상물질의 취급 실험실 등 관계자 외 출입금지 발암물질 취급 중 보호구/보호복 착용 흡연 및 음식물 섭취 금지
6. 문자추가시 예시문		▶ 내 자신의 건강과 복지를 위하여 안전을 늘 생각한다. ▶ 내 가정의 행복과 화목을 위하여 안전을 늘 생각한다. ▶ 내 자신의 실수로써 동료를 해치지 않도록 안전을 늘 생각한다. ▶ 내 자신이 일으킨 사고로 인한 회사의 재산과 손실을 방지하기 위하여 안전을 늘 생각한다. ▶ 내 자신의 방심과 불안전한 행동이 조국의 번영에 장애가 되지 않도록 하기 위하여 안전을 늘 생각한다.			

정답 ②

20 다음 중 하인리히(H.W.Heinrich)의 재해코스트 산정방법에서 직접손실비와 간접손실비의 비율로 옳은 것은? (단, 비율은 "직접손실비 : 간접손실비"로 표현한다.)

① 1 : 2
② 1 : 4
③ 1 : 8
④ 1 : 10

해설

총 재해비용 = 직접비 + 간접비 (직접비 : 간접비 = 1 : 4)
1. 직접비(재해자에게 지급되는 법령으로 정해진 산재보험비)
   ① 장해보상비, ② 유족보상비, ③ 간병비, ④ 장의비, ⑤ 요양보상비, ⑥ 휴업보상비
2. 간접비(기업이 입은 손실)
   ① 인적손실 : 본인, 제3자의 시간손실
   ② 생산손실 : 생산 중단, 감소, 판매 감소 등에 관한 손실
   ③ 물적손실 : 기계, 시설 등을 복구하는 데 소요되는 시간 손실 및 재산 손실
   ④ 특수손실
   ⑤ 기타손실

정답 ②

2과목 산업심리 및 교육

21 안전보건 교육을 향상시키기 위한 학습지도의 원리에 해당하지 않는 것은?

① 통합의 원리 ② 자기활동의 원리
③ 개별화의 원리 ④ 동기유발의 원리

 해설

학습지도 이론
- 사회화 : 학습을 통해 협력과 사회화 형성
- 직관 : 경험 및 구체적인 사물 제시를 통해 학습효과를 얻음
- 통합 : 학습자의 능력을 균형있게 발달시키는 것
- 자발성 : 학습자가 자발적으로 학습에 참여하는 것
- 개별화 : 학습자 개개인의 요구 및 능력에 적합하도록 지도하는 것
- 전이 : 학습한 결과가 다른 학습에 영향을 미치는 현상(학습의 전이, 학습효과의 전이)
  (학습의 정도, 학습자의 태도 · 지능, 시간의 간격, 유의성)

정답 ④

22 생체리듬(biorhythm)에 대한 설명으로 옳은 것은?

① 각각의 리듬이 (−)에서의 최저점에 이르렀을 때를 위험일이라 한다.
② 감성적 리듬은 영문으로 S라 표시하며, 23일 주기로 반복된다.
③ 육체적 리듬은 영문으로 P라 표시하며, 28일 주기로 반복된다.
④ 지성적 리듬은 영문으로 I라 표시하며, 33일 주기로 반복된다.

 해설

- 육체적 리듬(P, 청색 실선, 23일 주기)
- 감성적 리듬(S, 적색 점선, 28일 주기)
- 지성적 리듬(I, 녹색 일점쇄선, 33일 주기)

정답 ④

23 다음 중 안전교육을 위한 시청각교육법에 대한 설명으로 가장 적절한 것은?

① 지능, 적성, 학습속도 등 개인차를 충분히 고려할 수 있다.
② 학습자들에게 공통의 경험을 형성시켜줄 수 있다.
③ 학습의 다양성과 능률화에 기여할 수 없다.
④ 학습자료를 시간과 장소에 제한 없이 제시할 수 있다.

정답 ②

24 새로운 기술과 학습에서는 연습이 매우 중요하다. 연습 방법과 관련된 내용으로 틀린 것은?

① 새로운 기술을 학습하는 경우에는 일반적으로 배분연습보다 집중연습이 더 효과적이다.
② 교육훈련과정에서는 학습자료를 한꺼번에 묶어서 일괄적으로 연습하는 방법을 집중연습이라고 한다.
③ 충분한 연습으로 완전학습한 후에도 일정량 연습을 계속하는 것을 초과학습이라고 한다.
④ 기술을 배울 때는 적극적 연습과 피드백이 있어야 부적절하고 비효과적인 반응을 제거할 수 있다.

해설

새로운 기술을 학습하는 경우 배분연습이 집중연습보다 더 효과적이다.

정답 ①

25 다음 중 교육지도의 원칙과 가장 거리가 먼 것은?

① 반복적인 교육을 실시한다.
② 학습자에게 동기부여를 한다.
③ 쉬운 것부터 어려운 것으로 실시한다.
④ 한 번에 여러 가지의 내용을 실시한다.

해설

오감 활용, 반복, 동기부여, 타인(상대방)의 입장 고려, 쉬운 것에서 어려운 것, 한번에 하나씩

정답 ④

26 직무수행평가 시 평가자가 특정 피평가자에 대해 구체적으로 잘 모름에도 불구하고 모든 부분에 대해 좋게 평가하는 오류는?

① 후광오류
② 엄격화오류
③ 중앙집중오류
④ 관대화오류

- 후광오류 : 피평가자에 대해 잘 알지 못하는 상태에서 좋게 평가함
- 엄격화 오류 : 피평가자에 대해 엄격히 평가함(↔관대화 오류)
- 중앙집중 오류 : 피평가자들의 평가 격차가 적게 평가함(평가점수 분포가 집중됨)
- 관대화 오류 : 피평가들에게 전반적으로 양호한 평가함(↔엄격화 오류)

정답 ①

27 다음은 중 정상적 상태이지만 생리적 상태가 휴식할 때에 해당하는 의식수준은?

① phase Ⅰ
② phase Ⅱ
③ phase Ⅲ
④ phase Ⅳ

해설

인간의 의식 레벨의 단계별 신뢰성

단계	의식의 상태	신뢰성	의식의 작용
Phase 0	무의식	0	없음
Phase Ⅰ	의식의 둔화	0.9 이하	부주의
Phase Ⅱ	이완 상태	0.99~0.99999	마음이 안으로 향함, passive
Phase Ⅲ	명료한 상태	0.99999 이상	전향적, active
Phase Ⅳ	과긴장 상태	0.9 이하	한 점에 집중, 판단정지

정답 ②

28 다음 중 하버드 학파의 5단계 교수법에 해당되지 않는 것은?

① 추론한다.
② 교시한다.
③ 연합시킨다.
④ 총괄시킨다.

준비(1단계) > 교시(2단계) > 연합(3단계) > 총괄(4단계) > 응용(5단계)

정답 ①

29 다음 중 리더십과 헤드십에 관한 설명으로 옳은 것은?

① 헤드십은 부하와의 사회적 간격이 좁다.
② 헤드십에서의 책임은 상사에 있지 않고 부하에 있다.
③ 리더십의 지휘형태는 권위주의적인 반면, 헤드십의 지휘형태는 민주적이다.
④ 권한행사 측면에서 보면 헤드십은 임명에 의하여 권한을 행사할 수 있다.

해설

– 리더십 : 지도자와 집단 구성원 간 유대감이 형성되기 쉬움, 같이 하자!
– 헤드십 : 지도자와 집단 구성원 간 유대감 형성이 어려움, 나를 따르라!

정답 ④

30 다음 중 산업안전심리의 5대 요소에 속하지 않는 것은?

① 감정　　② 습관　　③ 동기　　④ 시간

해설

안전사고와 관련된 인간의 심리적인 5대 요소
– 동기 : 인간의 마음을 움직이는 원동력
– 기질 : 환경적 영향으로 인한 개인의 성격, 능력 등의 특성
– 감정 : 인간의 희노애락
– 습성 : 동기 등의 성향이 인간의 행동에 영향을 미치는 것
– 습관 : 부지불식간에 형성되는 특성

정답 ④

31 인간의 착각현상 가운데 암실 내에서 하나의 광점을 보고 있으면 그 광점이 움직이는 것처럼 보이는 것을 자동운동이라 하는데 다음 중 자동운동이 생기기 쉬운 조건이 아닌 것은?

① 광점이 작을 것
② 대상이 단순할 것
③ 광의 강도가 클 것
④ 시야의 다른 부분이 어두울 것

해설

자동운동의 경우 광의 강도가 클 때 발생하기 어렵다.

정답 ③

32 다음 중 데이비스(K.Davis)의 동기부여 이론에서 "능력(ability)"을 올바르게 표현한 것은?

① 기능(skill) × 태도(attitude)
② 지식(knowledge) × 기능(skill)
③ 상황(situation) × 태도(attitude)
④ 지식(knowledge) × 상황(situation)

해설

데이비스(K.Davis)의 동기부여 이론
- 지식(Knowledge) × 기능(Skill) = 능력(Ability)
- 능력(Ability) × 동기유발(Motivation) = 인간의 성과(Human Performance)
- 인간의 성과(Human Performance) × 물질적 성과 = 경영의 성과
- 상황(Situation) × 태도(Attitude) = 동기유발(Motivation)

정답 ②

33 인간이 충족시키고자 추구하는 욕구에 있어 가장 강력한 욕구는?

① 생리적 욕구
② 안전의 욕구
③ 자아실현의 욕구
④ 애정 및 귀속의 욕구

해설

매슬로우(Maslow) 욕구단계

단계	욕구	내용
1	생리적 욕구	갈증, 배고픔, 배설, 성욕 등의 욕구
2	안전의 욕구	안전하려는 욕구
3	사회적 욕구	소속 및 애정에 대한 욕구
4	자기존중의 욕구(승인의 욕구)	자존심, 성취, 명예, 지위 등에 대한 욕구
5	자아실현의 욕구(성취의 욕구)	잠재능력을 실현하려는 욕구

정답 ①

34 다음 중 면접 결과에 영향을 미치는 요인들에 관한 설명으로 틀린 것은?

① 한 지원자에 대한 평가는 바로 앞의 지원자에 의해 영향을 받는다.
② 면접자는 면접 초기와 마지막에 제시된 정보에 의해 많은 영향을 받는다.
③ 지원자에 대한 부정적 정보보다 긍정적 정보가 더 중요하게 영향을 미친다.
④ 지원자의 성과 직업에 있어서 전통적 고정관념은 지원자와 면접자 간의 성의 일치여부보다 더 많은 영향을 미친다.

해설

지원자에 대한 부정적인 정보가 면접결과에 영향을 더 미친다.

정답 ③

35 안전사고와 관련하여 소질적 사고 요인이 아닌 것은?

① 시각기능 ② 지능 ③ 작업자세 ④ 성격

정답 ③

36 교육 및 훈련방법 중 아래 내용의 특징을 갖는 방법은?

- 다른 방법에 비해 경제적이다.
- 교육 대상 집단 내 수준차로 인해 교육의 효과가 감소할 가능성이 있다.
- 상대적으로 피드백이 부족하다.

① 강의법 ② 사례연구법 ③ 세미나법 ④ 감수성 훈련

해설

강의법

정의	교사 중심적 수업형태의 하나로서 학생들에게 제시할 학습 자료를 설명, 또는 주입의 형식을 통해 행하는 수업하는 것
특징	- 다인수(多人數) 학급에서 효과적 - 수업할 내용이나 과제가 정보와 지식수준일 때는 효과적으로 적용 - 개인의 역량에 따라 교육하기 어려움

정답 ①

37 다음 중 주의의 특성에 관한 설명으로 틀린 것은?

① 변동성이란 주의집중 시 주기적으로 부주의의 리듬이 존재함을 말한다.
② 방향성이란 주의는 항상 일정한 수준을 유지할 수 있으므로 장시간 고도의 주의집중이 가능함을 말한다.
③ 선택성이란 인간은 한 번에 여러 종류의 자극을 지각·수용하지 못함을 말한다.
④ 선택성이란 소수의 특정 자극에 한정해서 선택적으로 주의를 기울이는 기능을 말한다.

해설

주의	- 변동성 : 사람은 한 점에 지속적으로 주의를 집중할 수 없음 - 선택성 : 사물을 기억하는 3단계를 거치면서 입력된 정보를 선택적으로 골라내는 것 　　　　　(감각보관 > 단기기억 > 장기기억) - 방향성 : 정보의 발생방향을 선택한 후 집중적인 정보 입력을 하는 것

부주의	- 의식의 단절 : 지속적인 의식에서 단절 및 공백의 상태가 생기는 현상 - 의식의 과잉 : 과대한 의욕으로 인하여 발생하는 현상 - 의식의 우회 : 의식의 흐름 상태에서 벗어나는 현상(고민, 걱정 등) - 의식수준의 저하 : 육체적 · 심리적 피로 및 단순한 반복작업 등으로 일어나는 현상

정답 ②

38 다음 중 관계지향적 리더가 나타내는 대표적인 행동 특징으로 볼 수 없는 것은?

① 우호적이며 가까이 하기 쉽다.
② 집단구성원들을 동등하게 대한다.
③ 집단구성원들의 활동을 조정한다.
④ 어떤 결정에 대해 자세히 설명해준다.

 해설

집단구성원들의 활동을 조정하는 것은 과업지향적 리더의 특징이다.

정답 ③

39 안전교육의 강의안 작성 시 교육할 내용을 항목별로 구분하여 핵심 요점사항만을 간결하게 정리하여 기술하는 방법은?

① 게임 방식
② 시나리오식
③ 조목열거식
④ 혼합형 방식

 해설

조목열거식이란 한 메시지에 명확한 하나의 의미만 넣어 전달하는 방법

정답 ③

40 교육방법 중 O.J.T(On the Job Training)에 속하지 않는 교육방법은?

① 코칭
② 강의법
③ 직무순환
④ 멘토링

해설

강의법은 직장 밖에서 집합적으로 10명 내외 인원을 모아, 거의 정형적으로 실시하는 OFF.J.T(off-the-job training) 교육훈련에 적합하다.

정답 ②

3과목 인간공학 및 시스템안전공학

41 결함수분석법에서 path set에 관한 설명으로 옳은 것은?

① 시스템의 약점을 표현한 것이다.
② Top사상을 발생시키는 조합이다.
③ 시스템이 고장 나지 않도록 하는 사상의 조합이다.
④ 시스템 고장을 유발시키는 필요불가결한 기본사상들의 집합이다.

해설

Cut	모든 기본사상이 일어날 때 정상사상을 일으키는 기본사상의 집합
Cut set	- 정상사상을 발생하게 하는 기본사상의 집합 - 포함된 모든 기본사상이 발생할 경우 정상사상을 발생시킴
Path Set	- 처음으로 정상사상이 발생하지 않는 기본사상의 집합 - 포함된 모든 기본사상이 발생하지 않을 경우에 발생
Minimal Cut set	- 정상사상을 일으키기 위한 최소한의 컷 - 시스템 고장을 일으키는 최소한의 요인 집합
Minimal Path Set	시스템을 살리는데 필요한 최소한의 요인 집합

정답 ③

42 촉감의 일반적인 척도의 하나인 2점 문턱값(two-point threshold)이 감소하는 순서대로 나열한 것은?

① 손가락 → 손바닥 → 손가락 끝
② 손바닥 → 손가락 → 손가락 끝
③ 손가락 끝 → 손가락 → 손바닥
④ 손가락 끝 → 손바닥 → 손가락

해설

촉감의 일반적인 척도의 하나인 2점 문턱값(two-point threshold)은 손바닥 → 손가락 → 손가락 끝의 순으로 감소한다.

정답 ②

43 결함수분석의 기호 중 입력사상이 어느 하나라도 발생할 경우 출력사상이 발생하는 것은?

① NOR GATE ② AND GATE ③ OR GATE ④ NAND GATE

해설

OR GATE는 입력사상 중 어느 하나가 존재 시 출력사상이 발생한다.

정답 ③

44 FTA결과 다음과 같은 패스셋을 구하였다. 최소 패스셋(minimal path sets)으로 옳은 것은?

$$\{X_2, X_3, X_4\}$$
$$\{X_1, X_3, X_4\}$$
$$\{X_3, X_4\}$$

① $\{X_3, X_4\}$ ② $\{X_1, X_3, X_4\}$
③ $\{X_2, X_3, X_4\}$ ④ $\{X_2, X_3, X_4\}$와 $\{X_3, X_4\}$

해설

패스셋(Path Set)은 처음으로 정상사상이 발생하지 않는 기본사상의 집합으로 포함된 모든 기본사상이 발생하지 않을 경우에 발생한다. 즉 위에 제시된 각 패스셋의 공통을 포함한 최소 기본 사상인 최소 패스셋(Minimal Path Set)은 $\{X_3, X_4\}$이 된다.

정답 ①

45 인체측정에 대한 설명으로 옳은 것은?

① 인체측정은 동적측정과 정적측정이 있다.
② 인체측정학은 인체의 생화학적 특징을 다룬다.
③ 자세에 따른 인체치수의 변화는 없다고 가정한다.
④ 측정항목에 무게, 둘레, 두께, 길이는 포함되지 않는다.

해설

인체측정방법	구조적(정적) 인체 치수	① 표준(정지)자세 측정 ② 설계의 표준 치수 결정 ③ 마틴측정기, 실루엣 사진기 이용하여 측정
	기능적(동적) 인체 치수	① 인체의 동작 자세 측정 ② 인간의 동작 자세를 통한 기준 설정 ③ 아르티스트로브, VTR, 사이클그래프 이용

인체 계측 응용 원칙	조절범위	개인마다 작업에 적합하도록 조절식 적용(의자 등)
	최대·최소 치수	인체의 상위·하위 백분위 수 적용
	평균치 기준	평균치를 적용하여 설계 반영(싱크대, 작업대 높이 등)

정답 ①

46 시스템 안전분석 방법 중 예비위험분석(PHA)단계에서 식별하는 4가지 범주에 속하지 않는 것은?

① 위기 상태 ② 무시가능 상태
③ 파국적 상태 ④ 예비조처 상태

 해설

I 등급	II 등급	III 등급	IV 등급
파국	중대	한계	무시가능

정답 ④

47 다음은 불꽃놀이용 화학물질취급설비에 대한 정량적 평가이다. 해당 항목에 대한 위험등급이 올바르게 연결된 것은?

항목	A(10점)	B(5점)	C(2점)	D(0점)
취급물질	○	○	○	
조작		○		○
화학설비의 용량	○		○	
온도	○	○		
압력		○	○	○

① 취급물질-I 등급, 화학설비의 용량-I 등급
② 온도-I 등급, 화학설비의 용량-II 등급
③ 취급물질-I 등급, 조작-IV등급
④ 온도-II 등급, 압력-III등급

해설

취급물질(17점, I 등급), 조작(5점, III 등급) 화학설비용량(12점, II 등급), 온도(15점, II 등급), 압력(7점, III 등급)
안정성 평가
① 1단계(관계자료의 정비검토)
  - 공정 개요, 입지조건, 화학설비 배치도, 공정계통도, 안전설비 종류 및 설치 장소 등

② 2단계(정성적 평가) : 안전 확보를 위한 기본자료 검토(설계 및 운전관계)
③ 3단계(정량적 평가)
 - 재해 가능성이 높거나 중복성 재해에 대한 위험도 평가
 - 평가항목(온도, 압력, 물질, 용량, 조작)
 - 위험등급Ⅰ(합산점수 16점 이상), 위험등급Ⅱ(합산접수 11~15점), 위험등급Ⅲ(10점 이하)
④ 4단계(설비적·관리(인적)적 안전대책)
⑤ 5단계(재해정보를 통한 재평가)
⑥ F.T.A를 통한 재평가(위험등급Ⅰ에 해당하는 화학설비)

정답 ④

48 인간-기계 시스템에서 시스템의 설계를 다음과 같이 구분할 때 제3단계인 기본설계에 해당되지 않는 것은?

> 1단계 : 시스템의 목표와 성능 명세 결정
> 2단계 : 시스템의 정의
> 3단계 : 기본설계
> 4단계 : 인터페이스설계
> 5단계 : 보조물 설계
> 6단계 : 시험 및 평가

① 화면 설계 ② 작업 설계
③ 직무 분석 ④ 기능 할당

해설

기본설계는 직무분석, 작업설계, 기능할당 시스템의 형태를 형성하는 단계

정답 ①

49 신호검출이론(SDT)의 판정결과 중 신호가 없었는데도 있었다고 말하는 경우는?

① 긍정(hit) ② 누락(miss)
③ 허위(false alarm) ④ 부정(correct rejection)

정답 ③

50 연구 기준의 요건과 내용이 옳은 것은?

① 무오염성 : 실제로 의도하는 바와 부합해야 한다.
② 적절성 : 반복 실험 시 재현성이 있어야 한다.
③ 신뢰성 : 측정하고자 하는 변수 이외의 다른 변수의 영향을 받아서는 안 된다.
④ 민감도 : 피실험자 사이에서 볼 수 있는 예상 차이점에 비례하는 단위로 측정해야 한다.

해설

구성요소	내용
신뢰성	변수 측정의 일관성 또는 안정성
설계성	정량적, 객관적, 수집용이
민감도	피검자 간에 예상되는 차이점에 비례하는 단위로 측정
타당성	변수가 실제로 의도하는 바를 측정하는지 여부 결정(시스템 목표 반영 정도, 적절성)
순수성	외적 변수 영향 무관(무오염성)

정답 ④

51 어느 부품 1,000개를 100,000시간 동안 가동하였을 때 5개의 불량품이 발생하였을 경우 평균동작시간(MTTF)은?

① 1×10^6시간
② 2×10^7시간
③ 1×10^8시간
④ 2×10^9시간

해설

평균고장시간(MTTF) : 부품 또는 시스템 상에서 고장 나기까지 동작시간 평균치(평균수명)

- λ(평균고장률) $= \dfrac{\text{고장건수}}{\text{총가동시간}} = \dfrac{5}{100,000} = \dfrac{1}{20,000}$

- $\dfrac{MTTF}{n} = \dfrac{1}{\lambda} \Rightarrow MTTF = \dfrac{n}{\lambda} = \dfrac{1,000}{\dfrac{1}{20,000}} = 2 \times 10^7$

정답 ②

52 시스템 안전분석 방법 중 HAZOP에서 "완전 대체"를 의미하는 것은?

① NOT　　　② REVERSE　　　③ PART OF　　　④ OTHER THAN

해설

용어	내용
No, Not	설계 의도의 완전한 부정
Reverse	설계 의도의 논리적인 역
As well as	성질상의 증가와 동시에 발생
More, Less	압력, 온도 등의 양의 증가 또는 감소
Other than	완전한 대체
Part of	일부 변경

정답 ④

53 신체활동의 생리학적 측정법 중 전신의 육체적인 활동을 측정하는 데 가장 적합한 방법은?

① Flicker 측정　　　② 산소 소비량 측정
③ 근전도(EMG) 측정　　　④ 피부전기반사(GSR) 측정

해설

신체활동 중 전신의 육체적인 활동을 측정하는 데 사용되는 방법은 산소 소비량, 맥박수를 측정한다.

정답 ②

54 가스밸브를 잠그는 것을 잊어 사고가 발생했다면 작업자는 어떤 인적오류를 범한 것인가?

① 생략 오류(omission error)　　　② 시간지연 오류(time error)
③ 순서 오류(sequential error)　　　④ 작위적 오류(commission error)

해설

1. 심리적 분류(Error)
    - 실행(작위적, 선택 · 순서 · 시간착오)에러 : 작업 또는 절차 수행 시 잘못한 것
    - 과잉행동에러 : 불필요한 절차 또는 작업으로 인한 것
    - 순서에러 : 작업 순서를 잘못한 것
    - 시간에러 : 주어진 시간 내에 작업을 수행하지 못한 것
    - 생략(누락)에러 : 작업 또는 절차의 미수행으로 인해 발생한 것
2. 인간의 행동과정에 따른 분류
    - 정보처리 에러 : 정보처리 시 절차의 착오
    - 의사결정 에러 : 의사결정 시 착오
    - 피드백 에러 : 인간 제어의 착오

- 출력 에러 : 신체 반응의 착오
- 입력 에러 : 지각이나 감각의 착오
3. 정보처리 과정 분류
    - 인지확인 오류
    - 기억(판단)오류
    - 조작(동작)오류
4. 인간 오류 모형
    - 건망증(lapse) : 기억의 실패 또는 연계적 행위 중 일부 잊어버림으로써 발생하는 것
    - 위반(violation) : 규칙을 고의적으로 지키지 않거나 무시하는 것
    - 착오(mistake) : 상황을 잘못 해석하거나 목표를 잘못 이해하여 착각하는 것
    - 실수(slip) : 상황 또는 목표의 해석 및 이해는 적합하였으나 그 행위가 다른 것

정답 ①

55 사무실 의자나 책상에 적용할 인체 측정 자료의 설계 원칙으로 가장 적합한 것은?

① 평균치 설계 ② 조절식 설계 ③ 최대치 설계 ④ 최소치 설계

정답 ②

56 산업안전보건법령상 유해위험방지계획서의 제출 대상 제조업은 전기 계약 용량이 얼마 이상인 경우에 해당되는가? (단, 기타 예외사항은 제외한다.)

① 50kW ② 100kW ③ 200kW ④ 300kW

 해설

「산업안전보건법 시행령」 제42조(유해위험방지계획서 제출 대상)
① 법 제42조 제1항 제1호에서 "대통령령으로 정하는 사업의 종류 및 규모에 해당하는 사업"이란 다음 각 호의 어느 하나에 해당하는 사업으로서 전기 계약용량이 300킬로와트 이상인 경우를 말한다.
   1. 금속가공제품 제조업; 기계 및 가구 제외
   2. 비금속 광물제품 제조업
   3. 기타 기계 및 장비 제조업
   4. 자동차 및 트레일러 제조업
   5. 식료품 제조업
   6. 고무제품 및 플라스틱제품 제조업
   7. 목재 및 나무제품 제조업
   8. 기타 제품 제조업
   9. 1차 금속 제조업
   10. 가구 제조업
   11. 화학물질 및 화학제품 제조업
   12. 반도체 제조업
   13. 전자부품 제조업

정답 ④

57 다음 중 열 중독증(heat illness)의 강도를 올바르게 나열한 것은?

ⓐ 열소모(heat exhaustion)
ⓑ 열발진(heat rash)
ⓒ 열경련(heat cramp)
ⓓ 열사병(heat stoke)

① ⓒ < ⓑ < ⓐ < ⓓ
② ⓐ < ⓑ < ⓒ < ⓓ
③ ⓑ < ⓒ < ⓐ < ⓓ
④ ⓑ < ⓓ < ⓐ < ⓒ

해설

열발진(heat rash) < 열경련(heat cramp) < 열소모(heat exhaustion) < 열사병(heat stoke)

정답 ③

58 암호체계의 사용 시 고려해야 될 사항과 거리가 먼 것은?

① 정보를 암호화한 자극은 검출이 가능하여야 한다.
② 다 차원의 암호보다 단일 차원화된 암호가 정보 전달이 촉진된다.
③ 암호를 사용할 때는 사용자가 그 뜻을 분명히 알 수 있어야 한다.
④ 모든 암호 표시는 감지장치에 의해 검출될 수 있다.

해설

암호체계 사용 시 단일 차원화된 암호보다 다차원의 암호가 정보 전달을 촉진시킨다.

정답 ②

59 어떤 소리가 1,000Hz, 60dB인 음과 같은 높이임에도 4배 더 크게 들린다면, 이 소리의 음압수준은 얼마인가?

① 70dB
② 80dB
③ 90dB
④ 100dB

해설

1,000Hz는 함정!!
1,000Hz, 60dB에서 Hz는 소리의 높낮이(진동수)를 말하는 것이고, dB는 소리의 세기, 즉 음압을 의미한다. 그러므로 1,000Hz는 신경쓰지 않아도 된다. 음압은 10dB이 증가하면 소음은 2배 증가하고, 20dB이 증가하면 소음은 4배, 30dB 증가하면 소음은 8배이다. 그러므로 60dB에 20dB을 더하면 80dB이 된다.

정답 ②

60 실리던 블록에 사용하는 가스켓의 수명 분포는 X~N(10,000, 200²)인 정규분포를 따른다. t = 9,600시간일 경우 신뢰도(R(t))는? (단, P(Z≤1) = 0.8413, P(Z≤1.5) = 0.9332, P(Z≤2) = 0.9772, P(Z≤3) = 0.9987이다.)

① 84.13% ② 93.32% ③ 97.72% ④ 99.87%

해설

정규분포
정규분포란 수명에 대해 종모양 형태로 분포되는 것으로 표준편차가 작으면 종모양이 뾰족한 모양을 형성한다. 종모양이 가지는 면적은 확률을 의미하며 확률은 '1'이다.

정규분포 표준화공식
- $(10{,}000,\ 200^2) \to$ (평균, 표준편차²)
- $Z = \dfrac{X(변수) - \mu(평균)}{\sigma(표준편차)} = \dfrac{9{,}600 - 10{,}000}{200}$
- $P(X \geq 9{,}600) = P(Z \geq \dfrac{9{,}600 - 10{,}000}{200}) \to P(Z \geq -2) = P(Z \leq 2)$ 이므로
- $P(Z \leq 2) = 0.9772$ 이므로 백분율(%)로 표현하면 97.72 %가 된다.

정답 ③

4과목 건설시공학

61 철골공사의 내화피복 공법에 해당하지 않는 것은?

① 표면탄화법 ② 뿜칠 공법
③ 타설 공법 ④ 조적 공법

해설

습식 공법	미장 공법	철골 강재에 메탈라스(metal lath) 및 용접철망 등을 설치하고 단열모르타르로 미장하는 공법
	뿜칠 공법	철골 강재 표면에 부착성을 향상시키기 위해 접착제를 도포한 다음 내화재료를 뿜칠하는 공법
	타설 공법	철골 강재 주변에 거푸집을 설치하고 일반 콘크리트 또는 경량 콘크리트를 타설하는 공법
	조적 공법	철골 강재 주변에 콘크리트 블록 또는 벽돌 등을 쌓는 공법
건식 공법		내화 및 단열성이 좋은 경량 성형판을 연결철물 또는 접착제 등을 이용하여 부착하는 공법
합성 공법		두 종류 이상의 재료를 혼합하여 내화성능을 구현하는 공법으로 이종재료 적층 공법과 이질재료 접합 공법

정답 ①

62 강관틀비계에서 주틀의 기둥관 1개당 수직하중의 한도는 얼마인가?

① 16.5kN
② 24.5kN
③ 32.5kN
④ 38.5kN

해설

표준시방서 KCS 21 60 : 2020 비계공사
주틀
(1) 전체 높이는 원칙적으로 40m를 초과할 수 없으며, 높이가 20m를 초과하는 경우 또는 중량작업을 하는 경우에는 내력상 중요한 틀의 높이를 2m 이하로 하고 주틀의 간격을 1.8m 이하로 하여야 한다.
(2) 주틀의 간격이 1.8m일 경우에는 주틀 사이의 하중한도를 4.0kN으로 하고, 주틀의 간격이 1.8m 이내일 경우에는 그 역비율로 하중한도를 증가할 수 있다.
(3) 주틀의 기둥 1개당 수직하중의 한도는 견고한 기초 위에 설치하게 될 경우에는 24.5kN으로 한다. 다만, 깔판이 우그러들거나 침하의 우려가 있을 때 또는 특수한 구조일 때는 규정에 따라 이 값을 낮추어야 한다.
(4) 연결용 통로, 출입구 및 개구부 등에서 내력상 충분히 안전한 경우에는 주틀의 높이 및 간격을 전술한 규정보다 크게 할 수 있다.
(5) 주틀의 기둥재 바닥은 작용한 하중을 안전하게 기초에 전달할 수 있도록 받침 철물을 사용하거나, 견고한 기초 위에 놓여져야 한다. 다만, 주틀의 바닥에 고저 차가 있을 경우에는 조절형 받침 철물을 사용하여 각 주틀을 수평과 수직으로 유지하여야 하며, 연약지반에서는 받침 철물의 하부에 적당한 접지면적을 확보할 수 있도록 깔판을 깔아댄다.
(6) 주틀의 최상부와 다섯단 이내마다 띠장틀 또는 수평재를 설치하여야 한다.
(7) 비계의 모서리 부분에서는 주틀 상호 간을 비계용 강관과 클램프로 견고히 결속하고 주틀의 개구부에는 난간을 설치하여야 한다.

정답 ②

63 고압증기양생 경량기포콘크리트(ALC)의 특징으로 거리가 먼 것은?

① 열전도율이 보통 콘크리트의 1/10 정도이다.
② 경량으로 인력에 의한 취급이 가능하다.
③ 흡수율이 매우 낮은 편이다.
④ 현장에서 절단 및 가공이 용이하다.

해설

경량기포콘크리트(ALC)는 다공질의 제품으로 흡수율↑, 단열성능↑

정답 ③

64 콘크리트 타설 시 진동기를 사용하는 가장 큰 목적은?

① 콘크리트 타설 시 용이함
② 콘크리트 응결, 경화 촉진
③ 콘크리트의 밀실화 유지
④ 콘크리트의 재료 분리 촉진

해설

진동기를 사용하여 철근 하부 등을 밀실하게 다져 콘크리트 품질을 양호하게 한다.

정답 ③

65 철골용접 부위의 비파괴검사에 관한 설명으로 옳지 않은 것은?

① 방사선검사는 필름의 밀착성이 좋지 않은 건축물에서도 검출이 우수하다.
② 침투탐상검사는 액체의 모세관현상을 이용한다.
③ 초음파탐상검사는 인간의 귀로 들을 수 없는 주파수를 갖는 초음파를 사용하여 결함을 검출하는 방법이다.
④ 외관검사는 용접을 한 용접공이나 용접관리 기술자가 하는 것이 원칙이다.

해설

외관검사는 용접을 하지 않은 용접공 또는 용접관리 기술자가 시행한다.

비파괴검사 종류	내용
MT(Magnetic particle Testing)	자기분말 탐상법, 표면결함
UT(Ultrasonic Testing)	초음파 탐상법, 내부결함
RT(Radiogtaphy Testing)	방사선 투과법, 내부결함
PT(Liquid Penetrant Testing)	침투탐상법, 표면결함

정답 ④

66 단순조적 블록쌓기에 관한 설명으로 옳지 않은 것은?

① 단순조적 블록쌓기의 세로줄눈은 도면 또는 공사시방서에서 정한 바가 없을 때에는 막힌 줄눈으로 한다.
② 살두께가 작은 면을 위로 하여 쌓는다.
③ 줄눈 모르타르는 쌓은 후 줄눈누르기 및 줄눈파기를 한다.
④ 특별한 지정이 없으면 줄눈은 10mm가 되게 한다.

해설

살두께가 큰 면을 위로 하여 쌓는다.

정답 ②

67 네트워크공정표의 단점이 아닌 것은?

① 다른 공정표에 비하여 작성시간이 많이 필요하다.
② 작성 및 검사에 특별한 기능이 요구된다.
③ 진척관리에 있어서 특별한 연구가 필요하다.
④ 개개의 관련 작업이 도시되어 있지 않아 내용을 알기 어렵다.

해설

공사 전체를 파악하는 데 용이하게 사용할 수 있으며, 각 작업의 흐름과 공정이 분배됨과 동시에 작업의 상호관계가 명확하게 표시된다. 계획단계에서부터 공정의 문제점이 명료하게 파악되어 작업 수행 전에 수정을 할 수 있다. 누구나 공사의 진척상황을 쉽게 파악할 수 있으나, 공정표 작성 시간이 많이 소요되고 작성 및 검사에 대한 특별한 기능이 요구된다.

정답 ④

68 주문받은 건설업자가 대상 계획의 기업, 금융, 토지조달, 설계, 시공 등을 포괄하는 도급계약방식을 무엇이라 하는가?

① 실비청산 보수가산도급   ② 정액도급
③ 공동도급   ④ 턴키도급

해설

턴키(Turn-key)란 '건축주(발주자)가 열쇠(key)만 돌리면 당해 건축물을 사용할 수 있다'는 뜻에서 파생된 용어로, 당해 사업과 관련된 모든 요소를 일체 도급 계약하는 방식을 말한다. 건설업자는 해당 사업의 계획·설계·시공 및 시운전등과 같은 기술적인 업무와 기업·금융·토지조달 등의 비기술적인 업무를 망라해 도급을 체결한다. 턴키도급의 종류로는 ① 설계도면과 시방서 등의 설계도서가 없이 성능만을 제시하여 건설업자의 제안 및 기술력에 의존하는 방식, ② 기본설계도와 일반시방서만 제시되고 건설업자의 실시 설계 등에 의존하는 방식, ③ 일체의 설계도서와 시방서가 제시되고 건설업자의 대안에 의존하는 방식으로 구분된다. 턴키도급은 책임시공이 가능하며, 설계와 시공간의 의사소통이 원활하고 공사비 절감 및 공사기간 단축 등의 특징을 가진다. 하지만 건축주의 의도가 반영되기 어렵고, 중소건설업체에서는 시행하기가 힘든 방식이다. 또한 최저낙찰시 공사품질의 저하가 우려되고, 우수한 설계반영이 어렵다.

정답 ④

69 시험말뚝에 변형률계(strain gauge)와 가속도계(accelerometer)를 부착하여 말뚝항타에 의한 파형으로부터 지지력을 구하는 시험은?

① 정적재하시험   ② 동적재하시험
③ 비비 시험   ④ 인발 시험

해설

동재하시험(Dynamic Analysis Test)

말뚝을 항타 시 발생하는 응력 및 속도를 분석 및 측정하여 말뚝의 지지력을 측정하는 방법으로, 파일두부에 가속도계와 변형률계를 설치하고, 가속도와 변형률을 측정하여 파일 몸체에 걸리는 응력을 환산하여 지지력을 측정하는 방법이다. 현장 활용도가 높은 시험으로, pile의 지지력, pile의 파손유무, 지지력 분석을 하는 데 용이하며 시험방법이 간단하고, 소요내력 파악이 쉽고, 비용이 저렴하며, 측정 판단이 신속하다.

정답 ②

70 ALC 블록공사 시 내력벽 쌓기에 관한 내용으로 옳지 않은 것은?

① 쌓기 모르타르는 교반기를 사용하여 배합하며, 1시간 이내에 사용해야 한다.
② 가로 및 세로줄눈의 두께는 3~5mm 정도로 한다.
③ 하루 쌓기 높이는 1.8m를 표준으로 하며, 최대 2.4m 이내로 한다.
④ 연속되는 벽면의 일부를 나중쌓기로 할 때에는 그 부분을 층단 떼어쌓기로 한다.

해설

ALC 블록공사 내력벽 쌓기 시 가로 및 세로줄눈의 두께는 1~3mm 정도로 한다.

정답 ②

71 지하 합벽거푸집에서 측압에 대비하여 버팀대를 삼각형으로 일체화한 공법은?

① 1회용 리브라스 거푸집
② 와플 거푸집
③ 무폼타이 거푸집
④ 단열 거푸집

해설

무폼타이 거푸집(Tie Less Form System)

벽체의 양면에 거푸집 설치가 곤란한 경우, 한 면에만 거푸집을 설치해서 폼타이 없이 거푸집에 작용하는 콘크리트 측압을 지지하도록 한 거푸집 공법이다. 폼타이가 없으므로 용접작업이 없고 철물에 의한 누수가 방지된다. 흙막이벽에 주로 시공되며 공법이 비교적 단순하여 거푸집 설치 및 해체 작업이 적다. 전용성이 높고, 하부 앵커 매입을 위한 지지층이 필요하다. 공법의 종류로는 브레이스 프레임(Brace frame, 일체형)과 솔져 시스템(Soldier system, 분리형)이 있다.

정답 ③

72 부재별 철근의 정착위치에 관한 설명으로 옳지 않은 것은?

① 작은보의 주근은 슬래브에 정착한다.
② 기둥의 주근은 기초에 정착한다.
③ 바닥철근은 보 또는 벽체에 정착한다.
④ 벽철근은 기둥, 보 또는 바닥판에 정착한다.

해설

철근의 정착 위치
1. 기둥 주근 : 기초 또는 바닥판
2. 보 주근 : 기둥 또는 큰 보
3. 보 밑 기둥이 없을 경우 : 보 상호간
4. 지중보 주근 : 기초 또는 기둥
5. 벽 철근 : 기둥, 보, 바닥
6. 바닥 철근 : 보 또는 벽체
7. 작은 보의 주근 : 큰 보
8. 벽체의 주근 : 기둥, 큰 보

정답 ①

73 다음은 표준시방서에 따른 기성말뚝 세우기 작업 시 준수사항이다. (   ) 안에 들어갈 내용으로 옳은 것은? (단, 보기항의 D는 말뚝의 바깥지름임)

> 말뚝의 연직도나 경사도는 (A) 이내로 하고, 말뚝박기 후 평면상의 위치가 설계도면의 위치로부터 (B)와 100mm 중 큰 값 이상으로 벗어나지 않아야 한다.

① A : 1/100, B : D/4
② A : 1/200, B : D/4
③ A : 1/300, B : D/4
④ A : 1/400, B : D/4

정답 ①

74 제자리 콘크리트 말뚝지정 중 베노토 파일의 특징에 관한 설명으로 옳지 않은 것은?

① 기계가 저가이고 굴착속도가 비교적 빠르다.
② 케이싱을 지반에 압입해 가면서 관 내부 토사를 특수한 버킷으로 굴착 배토한다.
③ 말뚝구멍의 굴착 후에는 철근콘크리트 말뚝을 제자리치기 한다.
④ 여러 지질에 안전하고 정확하게 시공할 수 있다.

해설

베노토 파일은 현장타설 말뚝으로 사용 장비가 고가이고 굴착속도가 느리나 casing tube를 소정의 깊이까지 박아 공벽을 유지한 후 말뚝을 형성하므로 양질의 말뚝을 얻을 수 있다.

정답 ①

75 공사의 도급계약에 명시하여야 할 사항과 가장 거리가 먼 것은? (단, 첨부서류가 아닌 계약서 상 내용을 의미)

① 공사내용
② 구조설계에 따른 설계방법의 종류
③ 공사착수의 시기와 공사완성의 시기
④ 하자담보책임기간 및 담보방법

해설

구조설계 관련은 첨부서류에 해당한다.

정답 ②

76 철골기둥의 이음부분 면을 절삭가공기를 사용하여 마감하고 충분히 밀착시킨 이음에 해당하는 용어는?

① 밀 스케일(mill scale)
② 스캘럽(scallop)
③ 스패터(spatter)
④ 메탈 터치(metal touch)

해설

메탈터치(metal touch)

철골 기둥의 상하부의 밀착성을 향상 및 축력의 25%까지 하부 기둥 밀착면에 직접 전달시키고 75%의 축력은 용접 또는 고력볼트에 의해 전달하는 이음방법을 말한다. 철골기둥의 경우 주로 2~3개층의 건축물은 단일 기둥으로 시공하나, 층고가 높아짐에 따라 기둥의 축력, 휨모멘트, 전단력 등을 효과적으로 전달하기 위해서는 기둥의 이음이 매우 중요하다. 기둥을 밀착시공하기 전에 기둥 간의 접합면이 커지도록 정밀가공하며, 상하 기둥 부재의 접합면을 미리 측정하여 접합하고 접합면 부족 시에는 재가공하여 시공한다. 이음부에 응력집중현상 및 불연속 이음이 발생하지 않도록 주의하고, 축력 및 휨모멘트, 전단력 등이 충분히 전달되도록 한다.

정답 ④

77 웰포인트(well point) 공법에 관한 설명으로 옳지 않은 것은?

① 강제배수 공법의 일종이다.
② 투수성이 비교적 낮은 사질실트층까지도 배수가 가능하다.
③ 흙의 안전성을 대폭 향상시킨다.
④ 인근 건축물의 침하에 영향을 주지 않는다.

해설

웰 포인트(Well point) 공법

지중에 집수관 pipe를 1~2m 정도 일정한 간격으로 박고, 웰 포인트(Well point)를 사용해 지하수를 진공으로 흡입하고 탈수하는 공법이다. 투수층이 비교적 낮은 사질지반에 용이하며, 보일링(Boiling)현상 및 히빙(Heaving)현상 방지가 가능하고, 공사비 및 공기 단축이 가능하다. 반면 웰 포인트 시공으로 압밀침하로 인해 주변 대지 및 도로에 균열 발생 우려가 있으며, 주변 우물이 고갈될 위험성이 있다.

정답 ④

78 갱폼(Gang Form)에 관한 설명으로 옳지 않은 것은?

① 타워크레인, 이동식 크레인 같은 양중장비가 필요하다.
② 벽과 바닥의 콘크리트 타설을 한 번에 가능하게 하기 위하여 벽체 및 슬래브거푸집을 일체로 조작한다.
③ 공사초기 제작기간이 길고 투자비가 큰 편이다.
④ 경제적인 전용횟수는 30~40회 정도이다.

해설

갱폼(Gang Form)은 외벽에 주로 사용되는 거푸집으로, panel · 멍에 · 장선 등을 일체화하여 반복 사용해 전용성을 높인 것을 말한다. 시공능률이 향상되고, 양중기계 등의 사용으로 노동력 절감 및 공기단축이 가능한 공법이다.

정답 ②

79 지하연속벽(Slurry wall) 굴착 공사 중 공벽붕괴의 원인으로 보기 어려운 것은?

① 지하수위의 급격한 상승
② 안정액의 급격한 점도 변화
③ 물다짐하여 매립한 지반에서 시공
④ 공사 시 공법의 특성으로 발생하는 심한 진동

해설

안정액(Stabilizer Liquid)
굴착공사 중 굴착면의 붕괴를 방지하고, 지반을 안정화하는 비중이 큰 액체를 총칭해 안정액이라고 한다. 안정액은 장기간 굴착면 유지, 굴착벽면 붕괴방지, 흙의 공극gel화, 지하수 유입방지를 목적으로 하며, 지반의 상태, 굴착장비 등을 고려해 선정한다. 투수성이 양호한 사질토, 자갈층이 있는 경우 안정액이 일시에 공벽 외부로 빠져나가는 일수(逸水)현상에 유의해야 한다.

정답 ④

80 철골 공사 중 현장에서 보수도장이 필요한 부위에 해당되지 않는 것은?

① 현장 용접을 한 부위
② 현장접합 재료의 손상부위
③ 조립상 표면접합이 되는 면
④ 운반 또는 양중 시 생긴 손상부위

해설

조립상 표면접합이 되는 면은 보수도장뿐만 아니라 녹막이칠도 하지 않는다.

정답 ③

5과목 건설재료학

81 다음 미장재료 중 수경성 재료인 것은?

① 회반죽
② 회사벽
③ 석고 플라스터
④ 돌로마이트 플라스터

해설

구분		내용
경화	기경성	① 공기 중 CO_2와 결합해 미장 바탕면이 경화 및 수축 ② 돌로마이트 플라스터, 회반죽, 아스팔트 모르타르, 흙바름
	수경성	① 수화반응에 의해 미장 바탕면이 팽창 ② 시멘트 모르타르, 석고 플라스터, 인조석 바름, 테라조 바름

정답 ③

82 부재 두께의 증가에 따른 강도저하, 용접성 확보 등에 대응하기 위해 열간압연 시 냉각조건을 조절하여 냉각속도에 의해 강도를 상승시킨 구조용 특수강재는?

① 일반구조용 압연강재
② 용접구조용 압연강재
③ TMC 강재
④ 내후성 강재

해설

TMC(Thermo Mechanical Control Press Steel)
- 열처리와 소성가공한 것으로 압연상태에서 인성과 높은 강도를 가진 강재
- 저탄소량으로 강도가 높고 용접이 우수하며 일반강재와 달리 용접 시 별도의 예열 공정 필요 없음

정답 ③

83 플라스틱 제품 중 비닐 레더(vinyl leather)에 관한 설명으로 옳지 않은 것은?

① 색채, 모양, 무늬 등을 자유롭게 할 수 있다.
② 면포로 된 것은 찢어지지 않고 튼튼하다.
③ 두께는 0.5mm~1mm이고, 길이는 10m의 두루마리로 만든다.
④ 커튼, 테이블크로스, 방수막으로 사용된다.

해설

비닐 가죽은 커튼, 테이블크로스, 방수막으로 사용하기 부적절하며 주로 소파 외피 등에 사용된다.

정답 ④

84 다음 중 고로시멘트의 특징으로 옳지 않은 것은?

① 고로시멘트는 포틀랜드시멘트 클링커에 급랭한 고로슬래그를 혼합한 것이다.
② 초기강도는 약간 낮으나 장기강도는 보통포틀랜드시멘트와 같거나 그 이상이 된다.
③ 보통포틀랜드시멘트에 비해 화학저항성이 매우 낮다.
④ 수화열이 적어 매스콘크리트에 적합하다.

해설

고로 슬래그(slag) 시멘트
포틀랜드 시멘트의 클링커(Clinker)와 고로 slag에 석고를 가해 혼합 분쇄하여 제조하거나, 클링커, 고로 슬래그, 석고를 따로 조합 분쇄하여 만든 시멘트이다. 구조체의 장기강도가 좋으며, 수화열이 낮고, 분말도가 낮아 해수·하수·지하수 등의 내침투성이 우수하다. 이에 반해 응결시간이 다소 빠르고, 실리카 성분의 탄산가스에 의해 중성화되기 쉬우므로 유의하고, 동결융해에 저항성이 낮고, 콘크리트 펌프 압송 시 저항성이 크며, 보통포틀랜드시멘트에 비해 화학적 저항성이 크다. 분쇄방식에는 동시분쇄방식, 분리분쇄방식, Slag 혼합방식이 있다.

정답 ③

85 다음 중 방청도료에 해당되지 않는 것은?

① 광명단조합페인트
② 클리어 래커
③ 에칭프라이머
④ 징크로메이트 도료

해설

방청도료	광명단	일산화연을 장시간 가열(400℃ 정도) 후 생성된 황적색의 분말
	징크로메이트	① 안료(크롬산 아연)+전색제(알카드 수지) ② 알루미늄 녹막이 초벌용

정답 ②

86 알루미늄의 성질에 관한 설명으로 옳지 않은 것은?

① 비중이 철에 비해 약 1/3 정도이다.
② 황산, 인산 중에서는 침식되지만 염산 중에서는 침식되지 않는다.
③ 열, 전기의 양도체이며 반사율이 크다.
④ 부식률은 대기 중의 습도와 염분함유량, 불순물의 양과 질 등에 관계되며 0.08mm/년 정도이다.

해설

알루미늄은 알칼리, 산, 해수에 약하다.

알루미늄	① 보크사이트에서 알루미나(Al_2O_3)를 분리 후 전기분해 ② 비중 2.7, 강도 · 탄성계수 = 강×1/2, 용융점 640~660℃, 열팽창계수(강×2)↑ ③ 열전도율↑, 연성 · 전성↑, 내부식성↑, 산 · 염 · 알칼리 저항성↓, 용접성↓

정답 ②

87 목재를 이용한 가공제품에 관한 설명으로 옳은 것은?

① 집성재는 두께 1.5~3cm의 널을 접착제로 섬유평행방향으로 겹쳐 붙여서 만든 제품이다.
② 합판은 3매 이상의 얇은 판을 1매마다 섬유평행방향으로 겹쳐 붙여서 만든 제품이다.
③ 연질섬유판은 두께 50mm, 너비 100mm의 긴 판에 표면을 리브로 가공하여 만든 제품이다.
④ 파티클보드는 코르크나무의 수피를 분말로 가열, 성형, 접착하여 만든 제품이다.

해설

구분	내용
합판 (veneer, 베이어)	① 균질한 재료를 얻기 쉬움 ② 가격이 저렴하고 외관이 미려함 ③ 크기 및 형태 제작이 자유로움(너비가 큰 판, 곡면판) ④ 건조가 빠르고 뒤틀림이 적음 ⑤ 단판이 서로 직교하여 부착됨으로 방향에 따른 강도차가 적음 ⑥ 보통합판, 치장합판, 특수합판 등이 있음
섬유판	① 텍스(tex) 또는 파이버보드(fiber board) ② 볏집, 톱밥, 펄프 등이 주원료가 됨(식물섬유) ③ 경질(하드텍스), 반경질, 연질 등의 섬유판이 존재함
코펜하겐 리브	① 주로 음향조절용으로 사용(강당, 집회장) ② 일반건축물의 수장재료 사용
M.D.F	① 톱밥에 접착제를 주입한 후 압축 가공한 판재 ② 일반 건축물 내 칸막이, 가구, 싱크대 주재료로 사용 ③ 가공이 용이하나 타 자재에 비해 중량임 ④ 습기에 약함
집성목재	① 여러 장의 판재를 서로 겹쳐 접착하여 제작 ② 섬유방향으로 평행하게 접착시키며 주로 각형 부재로 제작 ③ 큰 단면의 구조재(기둥, 보)로 이용 ④ 강도 조절이 용이함
파티클보드 (칩보드)	① 원목으로 목재 생산 후 폐 잔재를 파쇄하여 제작 ② 팽창 및 수축이 거의 없음 ③ 가공성↑, 방음효과↑, 가격↓, 내충격성↓, 열전도성↓, 경제성↑ ④ 가구용, 씽크대에 주로 사용

정답 ①

88 경질우레탄폼 단열재에 관한 설명으로 옳지 않은 것은?

① 규격은 한국산업표준(KS)에 규정되어 있다.
② 공사현장에서 발포시공이 가능하다.
③ 사용시간이 경과함에 따라 부피가 팽창하는 결점이 있다.
④ 초저온 장치용 보냉재로 사용된다.

해설

경질 우레탄폼 단열재는 시간의 경과에 따라 부피가 팽창하다가 일정해진다.

정답 ③

89 목재 건조 시 생재를 수중에 일정기간 침수시키는 주된 이유는?

① 재질을 연하게 만들어 가공하기 쉽게 하기 위하여
② 목재의 내화도를 높이기 위하여
③ 강도를 크게 하기 위하여
④ 건조기간을 단축시키기 위하여

해설

건조법			
	목적		강도↑, 중량↓, 수축↓, 팽창↓, 균열 및 뒤틀림↓, 부식↓
	수액제거법		원목을 1년 이상 강물에 담가두는 방법
	자연건조법	대기 건조법	목재를 일광이나 우수에 직접 닿지 않도록 실내에서 건조 또는 옥외에서 엇갈리게 적재하여 건조하는 방법
		침수 건조법	수중에 3~4주 가량 생목을 침수시킨 후 대기에 건조하는 방법
	인공건조법	증기법	증기로 가열하여 건조하는 방법
		훈연법	연기를 통해 건조하는 방법
		열기법	가열 공기 또는 가열을 통해 건조하는 방법
		진공법	밀폐 후 고온 저압 상태에서 수분을 제거하는 방법
		고주파법	고주파를 목재에 투사해 발열 건조하는 방법
		자비법	열탕에 넣어 목재를 찐 다음 공기를 통해 건조하는 방법

정답 ④

90 보통시멘트콘크리트와 비교한 폴리머 시멘트 콘크리트의 특징으로 옳지 않은 것은?

① 유동성이 감소하여 일정 워커빌리티를 얻는데 필요한 물-시멘트비가 증가한다.
② 모르타르, 강재, 목재 등의 각종 재료와 잘 접착한다.
③ 방수성 및 수밀성이 우수하고 동결융해에 대한 저항성이 양호하다.
④ 휨, 인장강도 및 신장능력이 우수하다.

해설

폴리머 시멘트 콘크리트(Polymer cement concrete)
폴리머 콘크리트에 이용되는 골재는 일반 콘크리트에서 이용되는 굵은 골재 및 잔골재 모두 이용될 수 있으며, 폴리머 콘크리트에 사용되는 골재는 아스팔트 콘크리트에서 사용되는 골재와 같이 절대 건조골재를 사용하는 것이 물리적 특성 및 내구성에 유리하다. 주로 개·보수공사, 접착용 모르타르, 방수재, 보강재, 방식재, 도로포장재, 바닥재 등에 적용된다. 또한 폴리머 콘크리트는 폴리머가 구조적인 역할을 담당하며, 폴리머는 단량체(Monomer)가 중합반응으로 단량체가 연결되어 있는 폴리머가 된다. 폴리머 시멘트 콘크리트는 시공연도를 향상시키고, 물시멘트비·건조수축을 감소시키며, 반죽질기 향상 및 내동결융해성을 개선한다. 블리딩 및 재료분리가 감소되고, 단위수량이 대폭 감소되며, 탄성계수 또한 감소된다. 인장강도, 휨강도, 수밀성, 기밀성, 내약품성, 내마모성, 접착성 등을 고려하여 배합설계를 하며, 제조방식은 일반 콘크리트와 동일하다.

정답 ①

91 실리콘(silicon)수지에 관한 설명으로 옳지 않은 것은?

① 실리콘수지는 내열성, 내항성이 우수하여 −60~260℃의 범위에서 안전하다.
② 탄성을 지니고 있고, 내후성도 우수하다.
③ 발수성이 있기 때문에 건축물, 전기 절연물 등의 방수에 쓰인다.
④ 도료로 사용할 경우 안료로서 알루미늄 분말을 혼합한 것은 내화성이 부족하다.

해설

실리콘	① 내열성↑, 발수성↑, 내수성↑, 전기절연성↑ ② 개스킷, 패킹, 방수제, 전기절연재 등

정답 ④

92 다음 제품 중 점토로 제작된 것이 아닌 것은?

① 경량벽돌　　② 테라코타　　③ 위생도기　　④ 파키트리 패널

해설

파키트리 패널을 목재의 가공품이다.

구분	내용	
테라코타	① '구운 흙' 이라는 의미로 이탈리어 ② 점토 소성제품 ③ 경량, 압축강도↑(화강암의 1/2 정도), 내화성↑, 풍화↓ ④ 칸막이, 바닥, 장식용 등에 사용	
내화 벽돌	① 내화도(1,500~2,000℃)를 가진 것—세게르 콘(S.K, 소성온도) 26 이상 ② 주로 용광로, 굴뚝 등에 고온의 장소에 적용	
점토 벽돌	붉은 벽돌	완전 연소해서 구운 것
	이형 벽돌	각기 다른 형태의 벽돌로 주로 아치 등에 사용하는 것
	포도 벽돌	도로, 바닥 포장용으로 사용하는 벽돌로 강도가 큰 것
	검정 벽돌	불완전 연소해서 구운 것
특수 벽돌	경량 벽돌	점토에 톱밥 등 유기질 재료를 혼합해 성형한 다음 소성한 것
	유공 벽돌	원형 구멍을 뚫어 모르타르 접착이 양호한 벽돌(외부치장용)
	공동 벽돌	속을 비워 만든 벽돌로 칸막이 등에 사용(시멘트블록과 유사)

정답 ④

93 다음 각 도료에 관한 설명으로 옳지 않은 것은?

① 유성페인트 : 건조시간이 길고 피막이 튼튼하고 광택이 있다.
② 수성페인트 : 유성페인트에 비하여 광택이 매우 우수하고 내구성 및 내마모성이 크다.
③ 합성수지 페인트 : 도막이 단단하고 내산성 및 내알칼리성이 우수하다.
④ 에나멜페인트 : 건조가 빠르고, 내수성 및 내약품성이 우수하다.

해설

구분	내용
유성페인트	① 주재료(안료, 희석재, 보일드유) ② 광택성↑, 내구성↑, 건조시간↑ ③ 내알칼리성↓(모르타르, 콘크리트면 사용 부적합)
수성페인트	① 주재료(안료, 교착제, 물) ② 무광택, 내수성↓, 실내용 적합 ③ 에멀젼 페인트(수성페인트와 합성수지, 유화제를 첨가) 내구성↑, 내수성↑ ④ 독성↓, 화재위험↓, 내알칼리성↑(모르타르, 콘크리트면 사용 적합)

유성바니시 (니스)	① 주재료(건성유, 희석제, 유용성 수지) ② 건조성↑, 광택성↑, 투명성↑, 내후성↓ ③ 주로 실내 목공 도장 면에 적용		
에나멜 페인트	① 안료 + 바니시, 스탠드유를 첨가(광택성↑, 건조시간↓) ② 내약품성↑, 내수성↑, 내열성↑		
휘발성 바니시	레크	휘발성 용제 + 천연수지, 건조성↑, 실내가구 등에 적용	
	클리어 래커	휘발성 용제 + 합성수지, 건조성↑, 뿜칠도장	
	에나멜 래커	클리어 래커 + 안료, 건조성↑	
합성수지 도료	① 내산성↑, 건조성↑, 내알칼리성↑ ② 도막이 단단함		
스테인	목재면의 나뭇결을 자연스럽게 나타내기 위해 사용		
방청도료	광명단	일산화연을 장시간 가열(400℃ 정도) 후 생성된 황적색의 분말	
	징크로메이트	① 안료(크롬산 아연) + 전색제(알카드 수지) ② 알루미늄 녹막이 초벌용	
옻칠	전통적인 칠 방법, 주로 가구재에 사용		

정답 ②

94 콘크리트용 골재의 요구성능에 관한 설명으로 옳지 않은 것은?

① 골재의 강도는 경화한 시멘트페이스트 강도보다 클 것
② 골재의 형태가 예각이며, 표면은 매끄러울 것
③ 골재의 입형이 둥글고 입도가 고를 것
④ 먼지 또는 유기불순물을 포함하지 않을 것

해설

골재의 표면이 약간 거친 것이 좋다.

정답 ②

95 양질의 도토 또는 장석분을 원료로 하며, 흡수율이 1% 이하로 거의 없고 소성온도가 약 1,230~1,460℃인 점토 제품은?

① 토기 ② 석기 ③ 자기 ④ 도기

해설

구분	소성온도(℃)	흡수율(%)	강도	적용 제품
자기	1,230~1,460	0~1	강	위생도기, 타일
석기	1,160~1,350	3~10	강중	타일, 벽돌, 테라코타
도기	1,100~1,230	10	중	타일, 기와, 테라코타, 토관
토기	790~1,000	20	약	토관, 기와, 벽돌

정답 ③

96 콘크리트의 워커빌리티(workability)에 관한 설명으로 옳지 않은 것은?

① 과도하게 비빔시간이 길면 시멘트의 수화를 촉진하여 워커빌리티가 나빠진다.
② 단위수량을 너무 증가시키면 재료분리가 생기기 쉽기 때문에 워커빌리티가 좋아진다고 볼 수 없다.
③ AE제를 혼합하여 워커빌리티가 좋아진다.
④ 깬 자갈이나 깬 모래를 사용할 경우, 잔골재율을 작게 하고 단위수량을 감소시켜 워커빌리티가 좋아진다.

  해설

콘크리트 배합 시 깬 자갈 또는 깬 모래를 사용할 경우 단위수량을 적게 할 경우 워커빌리티는 나빠진다.

정답 ④

97 건축물에 사용되는 천장마감재의 요구성능으로 옳지 않은 것은?

① 내충격성   ② 내화성   ③ 흡음성   ④ 차음성

정답 ①

98 세라믹재료의 일반적인 특성에 관한 설명으로 옳지 않은 것은?

① 내열성, 화학저항성이 우수하다.
② 전·연성이 매우 뛰어나 가공이 용이하다.
③ 단단하고, 압축강도가 높다.
④ 전기절연성이 있다.

  해설

세라믹은 압축강도가 크고 단단하여 전성과 연성이 좋지 못하다.

정답 ②

99 한중 콘크리트의 배합에 관한 설명으로 옳지 않은 것은?

① 한중 콘크리트는 일반콘크리트만을 사용하고, AE콘크리트의 사용을 금한다.
② 단위수량은 초기동해를 적게 하기 위하여 소요의 워커빌리티를 유지할 수 있는 범위 내에서 되도록 적게 정하여야 한다.
③ 물-결합재비는 원칙적으로 60%이하로 하여야 한다.
④ 배합강도 및 물-결합재비는 적산온도방식에 의해 결정할 수 있다.

해설

한중 콘크리트는 하루 평균기온이 4℃ 이하인 경우 한중 콘크리트의 적용을 받도록 하며, 초기동해에 대한 계획 수립이 필요하다. 콘크리트 타설 후 0℃ 이하가 되는 경우 동해(凍害)가 발생할 우려가 있기에, 초기양생을 철저히 하여 타설된 콘크리트 어느 부위에서도 0℃가 되지 않도록 하여야 한다. 한중 콘크리트는 외부기온이 −3℃인 경우 가열양생 및 보온양생 등 적극적인 양생 계획이 필요하며, 0℃일 경우 물, 골재 등 재료 가열이 필요하며, 보온에 대한 계획도 마련되어야 한다. 시멘트는 KS 규정에 적합한 포틀랜트 시멘트를 사용하며, 초속경 시멘트 사용할 경우 응결 및 경화 특성 시험 확인 후에 사용하도록 한다. 골재는 동결되거나 빙설(氷雪)이 혼입되는 골재는 사용할 수 없다. 혼화제는 KS F 2560 콘크리트 화학 혼화제 규정을 준수하여 사용하고, AE제, AE감수제, 고성능 AE감수제를 사용한다. 감수제는 10~15%의 단위수량이 감소하고, 고성능 감수제는 20~30%의 단위수량이 감소한다.

정답 ①

100 유리의 주성분 중 가장 많이 함유되어 있는 것은?

① CaO ② SiO_2 ③ Al_2O_3 ④ MgO

정답 ②

6과목 건설안전기술

101 비계의 높이가 2m 이상인 작업장소에 설치하는 작업발판의 설치기준으로 옳지 않은 것은? (단, 달비계, 달대비계 및 말비계는 제외)

① 작업발판의 폭은 40m 이상으로 한다.
② 작업발판재료는 뒤집히거나 떨어지지 않도록 1개 이상의 지지물에 연결하거나 고정시킨다.
③ 발판재료 간의 틈은 3cm 이하로 한다.
④ 작업발판의 지지물은 하중에 의하여 파괴될 우려가 없는 것을 사용한다.

해설

「산업안전보건기준에 관한 규칙」 제56조(작업발판의 구조)
사업주는 비계(달비계, 달대비계 및 말비계는 제외한다)의 높이가 2미터 이상인 작업장소에 다음 각 호의 기준에 맞는 작업발판을 설치하여야 한다. <개정 2012. 5. 31., 2017. 12. 28.>
1. 발판재료는 작업할 때의 하중을 견딜 수 있도록 견고한 것으로 할 것
2. 작업발판의 폭은 40센티미터 이상으로 하고, 발판재료 간의 틈은 3센티미터 이하로 할 것. 다만, 외줄비계의 경우에는 고용노동부장관이 별도로 정하는 기준에 따른다.
3. 제2호에도 불구하고 선박 및 보트 건조작업의 경우 선박블록 또는 엔진실 등의 좁은 작업공간에 작업발판을 설치하기 위하여 필요하면 작업발판의 폭을 30센티미터 이상으로 할 수 있고, 걸침비계의 경우 강관기둥 때문에

발판재료 간의 틈을 3센티미터 이하로 유지하기 곤란하면 5센티미터 이하로 할 수 있다. 이 경우 그 틈 사이로 물체 등이 떨어질 우려가 있는 곳에는 출입금지 등의 조치를 하여야 한다.
4. 추락의 위험이 있는 장소에는 안전난간을 설치할 것. 다만, 작업의 성질상 안전난간을 설치하는 것이 곤란한 경우, 작업의 필요상 임시로 안전난간을 해체할 때에 추락방호망을 설치하거나 근로자로 하여금 안전대를 사용하도록 하는 등 추락위험 방지 조치를 한 경우에는 그러하지 아니하다.
5. 작업발판의 지지물은 하중에 의하여 파괴될 우려가 없는 것을 사용할 것
6. 작업발판재료는 뒤집히거나 떨어지지 않도록 둘 이상의 지지물에 연결하거나 고정시킬 것
7. 작업발판을 작업에 따라 이동시킬 경우에는 위험 방지에 필요한 조치를 할 것

정답 ②

102 흙막이 공법을 흙막이 지지방식에 의한 분류와 구조방식에 의한 분류로 나눌 때 다음 중 지지방식에 의한 분류에 해당하는 것은?

① 수평 버팀대식 흙막이 공법
② H-Pile 공법
③ 지하연속벽 공법
④ Top down 공법

정답 ①

103 NATM공법 터널공사의 경우 록 볼트 작업과 관련된 계측결과에 해당되지 않은 것은?

① 내공변위 측정 결과
② 천단침하 측정 결과
③ 인발시험 결과
④ 진동 측정 결과

정답 ④

104 동바리 조립 시의 안전조치로 옳지 않은 것은? (개정 법령에 맞게 문제를 수정함)

① 깔목의 사용, 콘크리트 타설, 말뚝박기 등 동바리의 침하를 방지하기 위한 조치를 할 것
② 개구부 상부에 동바리 설치하는 경우 상부하중을 견딜 수 있는 견고한 받침대를 설치할 것
③ 동바리의 상하 고정 및 미끄러짐 방지 조치를 할 것
④ 동바리의 이음은 비슷한 품질의 재료를 사용할 것

해설

「산업안전보건기준에 관한 규칙」 제332조(동바리 조립 시의 안전조치)
사업주는 동바리를 조립하는 경우에는 하중의 지지상태를 유지할 수 있도록 다음 각 호의 사항을 준수해야 한다.
1. 받침목이나 깔판의 사용, 콘크리트 타설, 말뚝박기 등 동바리의 침하를 방지하기 위한 조치를 할 것
2. 동바리의 상하 고정 및 미끄러짐 방지 조치를 할 것
3. 상부·하부의 동바리가 동일 수직선상에 위치하도록 하여 깔판·받침목에 고정시킬 것

4. 개구부 상부에 동바리를 설치하는 경우에는 상부하중을 견딜 수 있는 견고한 받침대를 설치할 것
5. U헤드 등의 단판이 없는 동바리의 상단에 멍에 등을 올릴 경우에는 해당 상단에 U헤드 등의 단판을 설치하고, 멍에 등이 전도되거나 이탈되지 않도록 고정시킬 것
6. 동바리의 이음은 같은 품질의 재료를 사용할 것
7. 강재의 접속부 및 교차부는 볼트·클램프 등 전용철물을 사용하여 단단히 연결할 것
8. 거푸집의 형상에 따른 부득이한 경우를 제외하고는 깔판이나 받침목은 2단 이상 끼우지 않도록 할 것
9. 깔판이나 받침목을 이어서 사용하는 경우에는 그 깔판·받침목을 단단히 연결할 것
[전문개정 2023. 11. 14.]

정답 ④

105 불도저를 이용한 작업 중 안전조치사항으로 옳지 않은 것은?

① 작업종료와 동시에 삽날을 지면에서 띄우고 주차 제동장치를 건다.
② 모든 조종간은 엔진 시동 전에 중립 위치에 놓는다.
③ 장비의 승차 및 하차 시 뛰어내리거나 오르지 말고 안전하게 잡고 오르내린다.
④ 야간작업 시 자주 장비에서 내려와 장비 주위를 살피며 점검하여야 한다.

 해설

불도저 사용 시 작업종료와 동시에 삽날을 지면에 내리고 주차 제동장치를 건다.

정답 ①

106 콘크리트 타설작업과 관련하여 준수하여야 할 사항으로 가장 거리가 먼 것은?

① 당일의 작업을 시작하기 전에 해당 작업에 관한 거푸집 동바리 등의 변형, 변위 및 지반의 침하 유무 등을 점검하고 이상이 있으면 보수할 것
② 콘크리트를 타설하는 경우에는 편심이 발생하지 않도록 골고루 분산하여 타설할 것
③ 진동기의 사용은 많이 할수록 균일한 콘크리트를 얻을 수 있으므로 가급적 많이 사용할 것
④ 설계도서상의 콘크리트 양생기간을 준수하여 거푸집 동바리 등을 해체할 것

 해설

「산업안전보건기준에 관한 규칙」 제334조(콘크리트의 타설작업)
사업주는 콘크리트 타설작업을 하는 경우에는 다음 각 호의 사항을 준수해야 한다. 〈개정 2023. 11. 14.〉
1. 당일의 작업을 시작하기 전에 해당 작업에 관한 거푸집 및 동바리의 변형·변위 및 지반의 침하 유무 등을 점검하고 이상이 있으면 보수할 것
2. 작업 중에는 감시자를 배치하는 등의 방법으로 거푸집 및 동바리의 변형·변위 및 침하 유무 등을 감시할 수 있는 감시자를 배치하여 이상이 있으면 작업을 중지하고 근로자를 대피시킬 것
3. 콘크리트 타설작업 시 거푸집 붕괴의 위험이 발생할 우려가 있으면 충분한 보강조치를 할 것
4. 설계도서상의 콘크리트 양생기간을 준수하여 거푸집 및 동바리를 해체할 것
5. 콘크리트를 타설하는 경우에는 편심이 발생하지 않도록 골고루 분산하여 타설할 것

정답 ③

107 유해위험방지 계획서를 제출하려고 할 때 그 첨부서류와 가장 거리가 먼 것은?

① 공사개요서
② 산업안전보건관리비 작성요령
③ 전체 공정표
④ 재해 발생 위험 시 연락 및 대피방법

정답 ②

108 화물취급작업과 관련한 위험방지를 위해 조치하여야 할 사항으로 옳지 않은 것은?

① 하역작업을 하는 장소에서 작업장 및 통로의 위험한 부분에는 안전하게 작업할 수 있는 조명을 유지할 것
② 하역작업을 하는 장소에서 부두 또는 안벽의 선을 따라 통로를 설치하는 경우에는 폭을 50cm 이상으로 할 것
③ 차량 등에서 화물을 내리는 작업을 하는 경우에는 해당 작업에 종사하는 근로자에게 쌓여 있는 화물 중간에서 화물을 빼내도록 하지 말 것
④ 꼬임이 끊어진 섬유로프 등을 화물운반용 또는 고정용으로 사용하지 말 것

「산업안전보건기준에 관한 규칙」
제387조(꼬임이 끊어진 섬유로프 등의 사용 금지)
사업주는 다음 각 호의 어느 하나에 해당하는 섬유로프 등을 화물운반용 또는 고정용으로 사용해서는 아니 된다.
1. 꼬임이 끊어진 것
2. 심하게 손상되거나 부식된 것
제388조(사용 전 점검 등)
사업주는 섬유로프 등을 사용하여 화물취급작업을 하는 경우에 해당 섬유로프 등을 점검하고 이상을 발견한 섬유로프 등을 즉시 교체하여야 한다.
제389조(화물 중간에서 화물 빼내기 금지)
사업주는 차량 등에서 화물을 내리는 작업을 하는 경우에 해당 작업에 종사하는 근로자에게 쌓여 있는 화물 중간에서 화물을 빼내도록 해서는 아니 된다.
제390조(하역작업장의 조치기준)
사업주는 부두·안벽 등 하역작업을 하는 장소에 다음 각 호의 조치를 하여야 한다.
1. 작업장 및 통로의 위험한 부분에는 안전하게 작업할 수 있는 조명을 유지할 것
2. 부두 또는 안벽의 선을 따라 통로를 설치하는 경우에는 폭을 90센티미터 이상으로 할 것
3. 육상에서의 통로 및 작업장소로서 다리 또는 선거(船渠) 갑문(閘門)을 넘는 보도(步道) 등의 위험한 부분에는 안전난간 또는 울타리 등을 설치할 것

정답 ②

109 건설재해대책의 사면보호법 중 식물을 교육시켜 그 뿌리로 사면의 표층토를 고정하여 빗물에 의한 침식, 동상, 이완 등을 방지하고, 녹화에 의한 경관조성을 목적으로 시공하는 것은?

① 식생공 ② 쉴드공 ③ 뿜어 붙이기공 ④ 블록공

정답 ①

110 건설현장에 설치하는 사다리식 통로의 설치기준으로 옳지 않은 것은?

① 발판과 벽과의 사이는 15cm 이상의 간격을 유지할 것
② 발판의 간격은 일정하게 할 것
③ 사다리의 상단은 걸쳐놓은 지점으로부터 60cm 이상 올라가도록 할 것
④ 사다리식 통로의 길이가 10m 이상인 경우에는 3m 이내마다 계단참을 설치할 것

해설

「산업안전보건기준에 관한 규칙」제24조(사다리식 통로 등의 구조)
① 사업주는 사다리식 통로 등을 설치하는 경우 다음 각 호의 사항을 준수하여야 한다. 〈개정 2024. 6. 28.〉
  1. 견고한 구조로 할 것
  2. 심한 손상·부식 등이 없는 재료를 사용할 것
  3. 발판의 간격은 일정하게 할 것
  4. 발판과 벽과의 사이는 15센티미터 이상의 간격을 유지할 것
  5. 폭은 30센티미터 이상으로 할 것
  6. 사다리가 넘어지거나 미끄러지는 것을 방지하기 위한 조치를 할 것
  7. 사다리의 상단은 걸쳐놓은 지점으로부터 60센티미터 이상 올라가도록 할 것
  8. 사다리식 통로의 길이가 10미터 이상인 경우에는 5미터 이내마다 계단참을 설치할 것
  9. 사다리식 통로의 기울기는 75도 이하로 할 것. 다만, 고정식 사다리식 통로의 기울기는 90도 이하로 하고, 그 높이가 7미터 이상인 경우에는 다음 각 목의 구분에 따른 조치를 할 것
    가. 등받이울이 있어도 근로자 이동에 지장이 없는 경우: 바닥으로부터 높이가 2.5미터 되는 지점부터 등받이울을 설치할 것
    나. 등받이울이 있으면 근로자가 이동이 곤란한 경우: 한국산업표준에서 정하는 기준에 적합한 개인용 추락 방지 시스템을 설치하고 근로자로 하여금 한국산업표준에서 정하는 기준에 적합한 전신안전대를 사용하도록 할 것
  10. 접이식 사다리 기둥은 사용 시 접혀지거나 펼쳐지지 않도록 철물 등을 사용하여 견고하게 조치할 것
② 잠함(潛函) 내 사다리식 통로와 건조·수리 중인 선박의 구명줄이 설치된 사다리식 통로(건조·수리작업을 위하여 임시로 설치한 사다리식 통로는 제외한다)에 대해서는 제1항 제5호부터 제10호까지의 규정을 적용하지 아니한다.

정답 ④

111 표준관입시험에 관한 설명으로 옳지 않은 것은?

① N치(N-value)는 지반을 30cm 굴진하는데 필요한 타격 횟수를 의미한다.
② N치가 4~10일 경우 모래의 상대밀도는 매우 단단한 편이다.
③ 63.5kg 무게의 추를 76cm 높이에서 자유낙하하여 타격하는 상황이다.
④ 사질기반에 적용하며, 점토기반에서는 편차가 커서 신뢰성이 떨어진다.

표준관입시험(Standard Penetration Test)

주로 사질지반에 사용되는 조사방법으로, 표준관입시험용 sampler를 rod에 끼워 75cm의 높이에서 63.5kg의 공이를 자유낙하시켜, 최초 15cm 관입된 상태에서 최종 30cm까지 관입시키는데 타격횟수(N치)를 구하여 지지력을 조사하는 시험방법이다. N치를 통해 사질지반에서는 상대밀도, 침하에 대한 허용지지력, 지지력계수, 탄성계수 등을 추정할 수 있으며, 점토지반에서는 흙의 연경도, 점착력, 일축압축강도, 점착력, 파괴에 대한 극한 지지력을 추정할 수 있다.

사질지반의 N치	점토지반의 N치	점토지반의 N치
0 ~ 4	0 ~ 2	매우 연약
4 ~ 10	2 ~ 4	연약
10 ~ 30	4 ~ 8	보통
30 ~ 50	8 ~ 15	단단함
50 이상	15 ~ 30	아주 단단함
-	30 이상	경질

정답 ②

112 건설공사의 산업안전보건관리비 계상 시 대상액이 구분되어 있지 않은 공사는 도급계약 또는 자체사업 계획상의 총 공사금액 중 얼마를 대상액으로 하는가? (해당 조문 삭제됨)

① 50%   ② 60%   ③ 70%   ④ 80%

「건설업 산업안전보건관리비 계상 및 사용기준」 제5조(계상방법 및 계상시기 등)   **2022. 6. 2 개정 시 삭제됨**
① 발주자는 원가계산에 의한 예정가격 작성 시 제4조에 따라 안전관리비를 계상하여야 한다.
② 자기공사자는 원가계산에 의한 예정가격을 작성하거나 자체 사업계획을 수립하는 경우에 제4조에 따라 안전보건관리비를 계상하여야 한다.
③ 대상액이 구분되어 있지 않은 공사는 도급계약 또는 자체사업계획 상의 총공사금액의 70퍼센트를 대상액으로 하여 제4조에 따라 안전보건관리비를 계상하여야 한다.
④ 발주자는 제1항 또는 제3항에 따라 계상한 안전보건관리비를 입찰공고 등을 통해 입찰에 참가하고자 하는 자에게 알려야 한다.
⑤ 발주자와 수급인("건설공사발주자로부터 해당 건설공사를 최초로 도급받은 자" 이하 같다)은 공사계약을 체결할 경우 제1항 또는 제3항에 따라 계상된 안전보건관리비를 공사도급계약서에 별도로 표시하여야 한다.

정답 ③

113 흙막이 지보공을 설치하였을 경우 정기적으로 점검하고 이상을 발견하면 즉시 보수하여야 하는 사항과 가장 거리가 먼 것은?

① 부재의 접속부·부착부 및 교차부의 상태
② 버팀대의 긴압(緊壓)의 정도
③ 부재의 손상·변형·부식 변위 및 탈락의 유무와 상태
④ 지표수의 흐름 상태

해설

「산업안전보건기준에 관한 규칙」제347조(붕괴 등의 위험 방지)
① 사업주는 흙막이 지보공을 설치하였을 때에는 정기적으로 다음 각 호의 사항을 점검하고 이상을 발견하면 즉시 보수하여야 한다.
  1. 부재의 손상·변형·부식·변위 및 탈락의 유무와 상태
  2. 버팀대의 긴압(緊壓)의 정도
  3. 부재의 접속부·부착부 및 교차부의 상태
  4. 침하의 정도
② 사업주는 제1항의 점검 외에 설계도서에 따른 계측을 하고 계측 분석 결과 토압의 증가 등 이상한 점을 발견한 경우에는 즉시 보강조치를 하여야 한다.

정답 ④

114 작업발판 및 통로의 끝이나 개구부로서 근로자가 추락할 위험이 있는 장소에서 난간 등의 설치가 매우 곤란하거나 작업의 필요상 임시로 난간 등을 해체하여야 하는 경우에 설치하여야 하는 것은?

① 구명구   ② 수직보호망   ③ 석면포   ④ 추락방호망

해설

「산업안전보건기준에 관한 규칙」제42조(추락의 방지)
① 사업주는 근로자가 추락하거나 넘어질 위험이 있는 장소[작업발판의 끝·개구부(開口部) 등을 제외한다] 또는 기계·설비·선박블록 등에서 작업을 할 때에 근로자가 위험해질 우려가 있는 경우 비계(飛階)를 조립하는 등의 방법으로 작업발판을 설치하여야 한다.
② 사업주는 제1항에 따른 작업발판을 설치하기 곤란한 경우 다음 각 호의 기준에 맞는 추락방호망을 설치해야 한다. 다만, 추락방호망을 설치하기 곤란한 경우에는 근로자에게 안전대를 착용하도록 하는 등 추락위험을 방지하기 위해 필요한 조치를 해야 한다. 〈개정 2017. 12. 28., 2021. 5. 28.〉
  1. 추락방호망의 설치위치는 가능하면 작업면으로부터 가까운 지점에 설치하여야 하며, 작업면으로부터 망의 설치지점까지의 수직거리는 10미터를 초과하지 아니할 것
  2. 추락방호망은 수평으로 설치하고, 망의 처짐은 짧은 변 길이의 12퍼센트 이상이 되도록 할 것
  3. 건축물 등의 바깥쪽으로 설치하는 경우 추락방호망의 내민 길이는 벽면으로부터 3미터 이상 되도록 할 것. 다만, 그물코가 20밀리미터 이하인 추락방호망을 사용한 경우에는 제14조 제3항에 따른 낙하물 방지망을 설치한 것으로 본다.

정답 ④

115 산업안전보건법령에 따른 양중기의 종류에 해당하지 않는 것은?

① 곤돌라　　② 리프트　　③ 클램쉘　　④ 크레인

 해설

「산업안전보건기준에 관한 규칙」 제132조(양중기)
① 양중기란 다음 각 호의 기계를 말한다. 〈개정 2019. 4. 19.〉
  1. 크레인[호이스트(hoist)를 포함한다]
  2. 이동식 크레인
  3. 리프트(이삿짐운반용 리프트의 경우에는 적재하중이 0.1톤 이상인 것으로 한정한다)
  4. 곤돌라
  5. 승강기

정답 ③

116 철골용접부의 내부결함을 검사하는 방법으로 가장 거리가 먼 것은?

① 알칼리 반응 시험　　② 방사선 투과시험
③ 자기분말 탐상시험　　④ 침투 탐상시험

 해설

비파괴검사 종류	점토지반의 N치
MT(Magnetic particle Testing)	자기분말 탐상법, 표면결함
UT(Ultrasonic Testing)	초음파 탐상법, 내부결함
RT(Radiogtaphy Testing)	방사선 투과법, 내부결함
PT(Liquid Penetrant Testing)	침투탐상법, 표면결함

정답 ①, ③, ④

117 도심지 폭파해체 공법에 관한 설명으로 옳지 않은 것은?

① 장기간 발생하는 진동, 소음이 적다.
② 해체 속도가 빠르다.
③ 주위의 구조물에 끼치는 영향이 적다.
④ 많은 분진 발생으로 민원을 발생시킬 우려가 있다.

정답 ③

118 말비계를 조립하여 사용하는 경우 지주부재와 수평면의 기울기는 얼마 이하로 하여야 하는가?

① 65° ② 70° ③ 75° ④ 80°

해설

「산업안전보건기준에 관한 규칙」제67조(말비계)
사업주는 말비계를 조립하여 사용하는 경우에 다음 각 호의 사항을 준수하여야 한다.
1. 지주부재(支柱部材)의 하단에는 미끄럼 방지장치를 하고, 근로자가 양측 끝부분에 올라서서 작업하지 않도록 할 것
2. 지주부재와 수평면의 기울기를 75도 이하로 하고, 지주부재와 지주부재 사이를 고정시키는 보조부재를 설치할 것
3. 말비계의 높이가 2미터를 초과하는 경우에는 작업발판의 폭을 40센티미터 이상으로 할 것

정답 ③

119 근로자의 추락 등의 위험을 방지하기 위한 안전난간의 설치요건에서 상부 난간대를 120cm 이상 지점에 설치하는 경우 중간 난간대를 최소 몇 단 이상 균등하게 설치하여야 하는가?

① 2단 ② 3단 ③ 4단 ④ 5단

해설

「산업안전보건기준에 관한 규칙」제13조(안전난간의 구조 및 설치요건)
사업주는 근로자의 추락 등의 위험을 방지하기 위하여 안전난간을 설치하는 경우 다음 각 호의 기준에 맞는 구조로 설치해야 한다. 〈개정 2023. 11. 14.〉
1. 상부 난간대, 중간 난간대, 발끝막이판 및 난간기둥으로 구성할 것. 다만, 중간 난간대, 발끝막이판 및 난간기둥은 이와 비슷한 구조와 성능을 가진 것으로 대체할 수 있다.
2. 상부 난간대는 바닥면·발판 또는 경사로의 표면(이하 "바닥면 등"이라 한다)으로부터 90센티미터 이상 지점에 설치하고, 상부 난간대를 120센티미터 이하에 설치하는 경우에는 중간 난간대는 상부 난간대와 바닥면 등의 중간에 설치해야 하며, 120센티미터 이상 지점에 설치하는 경우에는 중간 난간대를 2단 이상으로 균등하게 설치하고 난간의 상하 간격은 60센티미터 이하가 되도록 할 것. 다만, 난간기둥 간의 간격이 25센티미터 이하인 경우에는 중간 난간대를 설치하지 않을 수 있다.
3. 발끝막이판은 바닥면 등으로부터 10센티미터 이상의 높이를 유지할 것. 다만, 물체가 떨어지거나 날아올 위험이 없거나 그 위험을 방지할 수 있는 망을 설치하는 등 필요한 예방 조치를 한 장소는 제외한다.
4. 난간기둥은 상부 난간대와 중간 난간대를 견고하게 떠받칠 수 있도록 적정한 간격을 유지할 것
5. 상부 난간대와 중간 난간대는 난간 길이 전체에 걸쳐 바닥면 등과 평행을 유지할 것
6. 난간대는 지름 2.7센티미터 이상의 금속제 파이프나 그 이상의 강도가 있는 재료일 것
7. 안전난간은 구조적으로 가장 취약한 지점에서 가장 취약한 방향으로 작용하는 100킬로그램 이상의 하중에 견딜 수 있는 튼튼한 구조일 것

정답 ①

120 지반 등의 굴착 시 위험을 방지하기 위한 연암 지반 굴착면의 기울기 기준으로 옳은 것은?

① 1 : 0.3　　　② 1 : 0.4　　　③ 1 : 1.0　　　④ 1 : 0.6

해설

산업안전보건기준에 관한 규칙 [별표 11] 〈개정 2023. 11. 14.〉
굴착면의 기울기 기준(제339조 제1항 관련)

지반의 종류	굴착면의 기울기
모래	1 : 1.8
연암 및 풍화암	1 : 1.0
경암	1 : 0.5
그 밖의 흙	1 : 1.2

정답 ③

PART 07 2021년 1회 기출
2021.03.07.시행

1과목 산업안전관리론

01 안전관리에 있어 5C 운동(안전행동 실천운동)에 속하지 않는 것은?

① 통제관리(Control) ② 청소청결(Cleaning)
③ 정리정돈(Clearance) ④ 전심전력(Concentration)

 해설

5C 운동
① 복장단정(Correctness) ② 정리정돈(Clearance) ③ 점검 및 확인(Checking)
④ 전심전력(Concentration) ⑤ 청소청결(Cleaning)

정답 ①

02 연평균 200명의 근로자가 작업하는 사업장에서 연간 2건의 재해가 발생하여 사망이 2명, 50일의 휴업일수가 발생했을 때, 이 사업장의 강도율은? (단, 근로자 1명당 연간근로시간은 2,400시간으로 한다.)

① 약 15.7 ② 약 31.3 ③ 약 65.5 ④ 약 74.3

 해설

$$강도율 = \frac{근로손실일수}{연\ 근로시간\ 수} \times 1,000 = \frac{7,500 \times 2 + (50 \times \frac{300}{365})}{200 \times 2,400} \times 1,000 = 31.335$$

정답 ②

03 위험예지훈련의 문제해결 4단계(4R)에 속하지 않는 것은?

① 현상파악 ② 본질추구 ③ 대책수립 ④ 후속조치

 해설

1단계(현상파악) > 2단계(본질추구) > 3단계(대책수립) > 4단계(목표설정)

정답 ④

04 산업안전보건법령상 안전보건표지의 색채와 색도기준의 연결이 옳은 것은? (단, 색도기준은 한국산업표준(KS)에 따른 색의 3속성에 의한 표시방법에 따른다.)

① 흰색 : N0.5
② 녹색 : 5G 5.5/6
③ 빨간색 : 5R 4/12
④ 파란색 : 2.5PB 4/10

해설

「산업안전보건법 시행규칙」 [별표 8]

안전보건표지의 색도기준 및 용도(제38조 제3항 관련)

색채	색도기준	용도	사용 례
빨간색	7.5R 4/14	금지	정지신호, 소화설비 및 그 장소, 유해행위의 금지
		경고	화학물질 취급장소에서의 유해·위험 경고
노란색	5Y 8.5/12	경고	화학물질 취급장소에서의 유해·위험경고 이외의 위험경고, 주의표지 또는 기계방호물
파란색	2.5PB 4/10	지시	특정 행위의 지시 및 사실의 고지
녹색	2.5G 4/10	안내	비상구 및 피난소, 사람 또는 차량의 통행표지
흰색	N9.5		파란색 또는 녹색에 대한 보조색
검은색	N0.5		문자 및 빨간색 또는 노란색에 대한 보조색

1. 허용 오차 범위 H = ±2, V = ±0.3, C = ±1(H는 색상, V는 명도, C는 채도를 말한다)
2. 위의 색도기준은 한국산업규격(KS)에 따른 색의 3속성에 의한 표시방법(KSA 0062 기술표준원 고시 제2008-0759)에 따른다.

정답 ④

05 산업안전보건법령상 건설업의 경우 안전보건관리규정을 작성하여야 하는 상시근로자 수 기준으로 옳은 것은?

① 50명 이상
② 200명 이상
③ 100명 이상
④ 300명 이상

해설

「산업안전보건법 시행규칙」 [별표 2] 〈개정 2024. 6. 28.〉

안전보건관리규정을 작성해야 할 사업의 종류 및 상시근로자 수(제25조 제1항 관련)

사업의 종류	상시근로자 수
1. 농업 2. 어업 3. 소프트웨어 개발 및 공급업 4. 컴퓨터 프로그래밍, 시스템 통합 및 관리업 4의2. 영상·오디오물 제공 서비스업 5. 정보서비스업 6. 금융 및 보험업	300명 이상

7. 임대업 : 부동산 제외 8. 전문, 과학 및 기술 서비스업(연구개발업은 제외한다) 9. 사업지원 서비스업 10. 사회복지 서비스업	300명 이상
11. 제1호부터 제4호까지, 제4호의2 및 제5호부터 제10호까지의 사업을 제외한 사업	100명 이상

정답 ③

06 작업자가 기계 등의 취급을 잘못해도 사고가 발생하지 않도록 방지하는 기능은?

① Back up 기능
② Fail safe 기능
③ 다중계화 기능
④ Fool proof 기능

해설

휴먼에러대책
① 안전설계(Fail safe design)
  - 사용자가 휴먼에러 발생 시 안전장치를 통해 사고 예방
  - 중복설계 적용(시스템 설계 시 병렬체계로 설계하거나 대기체계로 함)
② 보호설계(Preventive design, Fool proof design)
  - 정신적·신체적 조건이 상대적으로 불리한 사용자일지라도 사고 발생확률을 낮춘다는 뜻
  - 사용자의 조작 등의 실수가 있더라도 사고 등의 피해를 끼치지 않도록 한다는 설계 개념
  - 청소세제의 뚜껑 등의 제작 시 설계 적용
③ 배타설계
  - 설계 시 제작 및 사용에 적용되는 모든 재료 및 기계 등에 휴먼에러 요소를 근원적으로 제거하고자 하는 설계 개념
  - 유아용품(장남감, 놀이기구) 등 제작 시 설계 적용

정답 ②

07 시설물의 안전 및 유지관리에 관한 특별법상 다음과 같이 정의되는 것은?

> 시설물의 붕괴, 전도 등으로 인한 재난 또는 재해가 발생할 우려가 있는 경우에 시설물의 물리적, 기능적 결함을 신속하게 발견하기 위하여 실시하는 점검

① 긴급안전점검
② 특별안전점검
③ 정밀안전점검
④ 정기안전점검

해설

안전점검, 정밀안전진단 및 성능평가의 실시시기
- "정밀안전진단"이란 시설물의 물리적·기능적 결함을 발견하고 그에 대한 신속하고 적절한 조치를 하기 위하여 구조적 안전성과 결함의 원인 등을 조사·측정·평가하여 보수·보강 등의 방법을 제시하는 행위를 말한다.

- "성능평가"란 시설물의 기능을 유지하기 위하여 요구되는 시설물의 구조적 안전성, 내구성, 사용성 등의 성능을 종합적으로 평가하는 것을 말한다.
- "긴급안전점검"이란 시설물의 붕괴·전도 등으로 인한 재난 또는 재해가 발생할 우려가 있는 경우에 시설물의 물리적·기능적 결함을 신속하게 발견하기 위하여 실시하는 점검을 말한다.

정답 ①

08 재해의 분석에 있어 사고유형, 기인물, 불안전한 상태, 불안전한 행동을 하나의 축으로 하고, 그것을 구성하고 있는 몇 개의 분류 항목을 크기가 큰 순서대로 나열하여 비교하기 쉽게 도시한 통계 양식의 도표는?

① 직선도
② 특성요인도
③ 파레토도
④ 체크리스트

해설

파레토도(pareto diagram)
자재 및 기구의 불량, 결점, 고장 등의 발생건수를 현상과 원인을 다양한 항목으로 분류해서 크기 순서대로 나열하여 막대그래프로 표기하는 것이다.

정답 ③

09 산업안전보건법령상 안전관리자의 업무에 명시되지 않은 것은?

① 사업장 순회점검, 지도 및 조치 건의
② 물질안전보건자료의 게시 또는 비치에 관한 보좌 및 지도·조언
③ 산업재해에 관한 통계의 유지·관리·분석을 위한 보좌 및 지도·조언
④ 해당 사업장 안전교육계획의 수립 및 안전교육 실시에 관한 보좌 및 지도·조언

해설

안전관리자의 직무
① 산업안전보건위원회 또는 안전 보건에 관한 노사협의체에서 심의 의결한 업무
② 해당 사업장의 안전보건관리규정 및 취업규칙에서 정한 업무
③ 안전인증대상 기계 기구 등과 자율안전확인대상 기계 기구 등 구입 시 적격품의 선정에 관한 보좌 및 조언 지도
④ 위험성 평가에 관한 보좌 및 조언 지도
⑤ 해당 사업장 안전교육계획의 수립 및 안전교육 실시에 관한 보좌 및 조언 지도
⑥ 사업장 순회점검 지도 및 조치의 건의
⑦ 산업재해 발생의 원인 조사 분석 및 재발 방지를 위한 기술적 보좌 및 조언 지도
⑧ 산업재해에 관한 통계의 유지, 관리, 분석을 위한 보좌 및 조언 지도
⑨ 업무수행 내용의 기록 및 유지

정답 ②

10 재해조사 시 유의사항으로 틀린 것은?

① 인적, 물적 양면의 재해요인을 모두 도출한다.
② 책임 추궁보다 재발 방지를 우선하는 기본태도를 갖는다.
③ 목격자 등이 증언하는 사실 이외의 추측의 말은 참고만 한다.
④ 목격자의 기억보존을 위하여 조사는 담당자 단독으로 신속하게 실시한다.

해설
목격자의 기억보존을 위하여 조사는 2인 이상으로 구성하여 실시한다.

정답 ④

11 재해발생의 간접원인 중 교육적 원인에 속하지 않는 것은?

① 안전수칙의 오해
② 경험훈련의 미숙
③ 안전지식의 부족
④ 작업지시 부적당

해설
작업지시의 부적당은 교육적 원인에 해당하지 않는다.

정답 ④

12 산업안전보건법령상 산업안전보건관리비 사용명세서는 건설공사 종료 후 얼마간 보존해야 하는가? (단, 공사가 1개월 이내에 종료되는 사업은 제외한다.)

① 6개월간
② 1년간
③ 2년간
④ 3년간

해설
「산업안전보건법 시행규칙」 제89조(산업안전보건관리비의 사용)
② 건설공사도급인은 법 제72조 제3항에 따라 산업안전보건관리비를 사용하는 해당 건설공사의 금액(고용노동부장관이 정하여 고시하는 방법에 따라 산정한 금액을 말한다)이 4천만 원 이상인 때에는 고용노동부장관이 정하는 바에 따라 매월(건설공사가 1개월 이내에 종료되는 사업의 경우에는 해당 건설공사가 끝나는 날이 속하는 달을 말한다) 사용명세서를 작성하고, 건설공사 종료 후 1년 동안 보존해야 한다. 〈개정 2021. 1. 19.〉

정답 ②

13 버드(F. Bird)의 사고 5단계 연쇄성 이론에서 제3단계에 해당하는 것은?

① 상해(손실) ② 사고(접촉)
③ 직접원인(징후) ④ 기본원인(기원)

해설

통제부족(근원적 원인) > 기본원인(개인적 과업) > 불안전한 행동·상태(직접원인) > 사고(접촉) > 상해(손해)

정답 ③

14 브레인스토밍(Brain Storming) 4원칙에 속하지 않는 것은?

① 비판수용 ② 대량발언 ③ 자유분방 ④ 수정발언

해설

브레인스토밍
① 비판금지 ② 자유분방 ③ 대량발언 ④ 수정발언

정답 ①

15 보호구 안전인증 고시상 성능이 다음과 같은 방음용 귀마개(기호)로 옳은 것은?

> 저음부터 고음까지 차음하는 것

① EP-1 ② EP-2
③ EP-3 ④ EP-4

해설

귀마개의 종류 및 등급

종류	등급	기호	성능	비고
귀마개	1종	EP-1	저음부터 고음까지 차음하는 것	귀마개의 경우 재사용 여부를 제조특성으로 표기
	2종	EP-2	주로 고음을 차음하고 저음(회화음영역)은 차음하지 않는 것	
귀덮개	-	EM		

정답 ①

16 산업안전보건기준에 관한 규칙상 지게차를 사용하는 작업을 하는 때의 작업 시작 전 점검 사항에 명시되지 않은 것은?

① 제동장치 및 조종장치 기능의 이상 유무
② 하역장치 및 유압장치 기능의 이상 유무
③ 와이어로프가 통하고 있는 곳 및 작업장소의 지반상태
④ 전조등 · 후미등 · 방향지시기 및 경보장치 기능의 이상 유무

해설

「산업안전보건기준에 관한 규칙」[별표 3] 작업시작 전 점검사항(제35조 제2항 관련)

9. 지게차를 사용하여 작업을 하는 때 (제2편 제1장 제10절 제2관)	가. 제동장치 및 조종장치 기능의 이상 유무 나. 하역장치 및 유압장치 기능의 이상 유무 다. 바퀴의 이상 유무 라. 전조등 · 후미등 · 방향지시기 및 경보장치 기능의 이상 유무

정답 ③

17 산업안전보건법령상 산업안전보건위원회의 심의 · 의결사항에 명시되지 않은 것은? (단, 그 밖에 해당 사업장 근로자의 안전 및 보건을 유지 · 증진시키기 위하여 필요한 사항은 제외)

① 사업장의 산업재해 예방계획의 수립에 관한 사항
② 산업재해에 관한 통계의 기록 및 유지에 관한 사항
③ 작업환경측정 등 작업환경의 점검 및 개선에 관한 사항
④ 안전장치 및 보호구 구입 시 적격품 여부 확인에 관한 사항

해설

「산업안전보건법」 제24조(산업안전보건위원회)
① 사업주는 사업장의 안전 및 보건에 관한 중요 사항을 심의 · 의결하기 위하여 사업장에 근로자위원과 사용자위원이 같은 수로 구성되는 산업안전보건위원회를 구성 · 운영하여야 한다.
② 사업주는 다음 각 호의 사항에 대해서는 제1항에 따른 산업안전보건위원회(이하 "산업안전보건위원회"라 한다)의 심의 · 의결을 거쳐야 한다.
  1. 제15조 제1항 제1호부터 제5호까지 및 제7호에 관한 사항

  > 1. 사업장의 산업재해 예방계획의 수립에 관한 사항
  > 2. 제25조 및 제26조에 따른 안전보건관리규정의 작성 및 변경에 관한 사항
  > 3. 제29조에 따른 안전보건교육에 관한 사항
  > 4. 작업환경측정 등 작업환경의 점검 및 개선에 관한 사항
  > 5. 제129조부터 제132조까지에 따른 근로자의 건강진단 등 건강관리에 관한 사항
  > 7. 산업재해에 관한 통계의 기록 및 유지에 관한 사항

  2. 제15조 제1항 제6호에 따른 사항 중 중대재해에 관한 사항

  > 6. 산업재해의 원인 조사 및 재발 방지대책 수립에 관한 사항

  3. 유해하거나 위험한 기계 · 기구 · 설비를 도입한 경우 안전 및 보건 관련 조치에 관한 사항
  4. 그 밖에 해당 사업장 근로자의 안전 및 보건을 유지 · 증진시키기 위하여 필요한 사항

정답 ④

18 재해손실비 중 직접비에 속하지 않는 것은?

① 요양급여　　② 장해급여　　③ 휴업급여　　④ 영업손실비

해설

1) 직접비(재해자에게 지급되는 법령으로 정해진 산재보험비)
   ① 장해보상비, ② 유족보상비, ③ 간병비, ④ 장의비, ⑤ 요양보상비, ⑥ 휴업보상비
2) 간접비(기업이 입은 손실)
   ① 인적손실 : 본인, 제3자의 시간손실
   ② 물적손실 : 기계, 시설 등을 복구하는 데 소요되는 시간 손실 및 재산 손실
   ③ 생산손실 : 생산 중단, 감소, 판매 감소 등에 관한 손실
   ④ 특수손실
   ⑤ 기타손실

정답 ④

19 산업안전보건법령상 안전인증대상기계 등에 명시되지 않은 것은?

① 곤돌라　　② 연삭기　　③ 사출성형기　　④ 고소작업대

해설

「산업안전보건법 시행령」 제74조(안전인증대상기계 등)
크레인, 리프트, 프레스, 곤돌라, 전단기 및 절곡기, 압력용기, 사출성형기, 고소작업대, 롤러기

정답 ②

20 안전관리조직직의 유형 중 라인형에 관한 설명으로 옳은 것은?

① 대규모 사업장에 적합하다.
② 안전지식과 기술축적이 용이하다.
③ 명령과 보고가 상하관계뿐이므로 간단명료하다.
④ 독립된 안전참모 조직에 대한 의존도가 크다.

해설

직계참모형조직(line-staff)형 조직
- 직계형과 참모형의 혼합형
- 대규모 사업장에 적합한 조직(1,000명 이상)
- 안전 기술 및 경험에 관한 축적이 가능
- 독자적인 안전 대책 강구 가능
- 안전 지시 신속하게 전달됨
- 명령 계통과 혼선이 야기되기 쉬움

정답 ③

2과목 산업심리 및 교육

21 정신상태 불량에 의한 사고의 요인 중 정신력과 관계되는 생리적 현상에 해당되지 않는 것은?

① 신경계통의 이상
② 육체적 능력의 초과
③ 시력 및 청각의 이상
④ 과도한 자존심과 자만심

해설

①, ②, ③은 생리적 현상에 해당되고 ④는 심리적 현상에 해당된다.

정답 ④

22 선발용으로 사용되는 적성검사가 잘 만들어졌는지를 알아보기 위한 분석방법과 관련이 없는 것은?

① 구성타당도
② 내용타당도
③ 동등타당도
④ 검사 – 재검사 신뢰도

해설

타당도는 검사하고자 하는 의도를 정확하게 측정하고 있는가에 관한 여부를 의미한다.

정답 ③

23 상황성 누발자의 재해유발 원인과 가장 거리가 먼 것은?

① 기능 미숙 때문에
② 작업이 어렵기 때문에
③ 기계설비에 결함이 있기 때문에
④ 환경상 주의력의 집중이 혼란되기 때문에

해설

상황성 누발자란 심신의 근심, 환경상 주의력 집중 혼란, 작업 어려움, 기계설비 결함 등으로 인해 재해를 유발하는 자를 말한다.

정답 ①

24 생산작업의 경제성과 능률제고를 위한 동작경제의 원칙에 해당하지 않는 것은?

① 신체의 사용에 의한 원칙 ② 작업장의 배치에 관한 원칙
③ 작업표준 작성에 관한 원칙 ④ 공구 및 설비 디자인에 관한 원칙

해설

동작경제의 원칙

작업자 관련	작업장 관련
① 두 손 동작 같이 시작 및 완료 ② 양손 동시 휴식 금지(휴식시간 제외) ③ 두 팔 동작은 서로 반대방향 대칭적 ④ 관성을 이용한 작업 ⑤ 갑작스런 손의 동작 및 직선동작 피함 ⑥ 눈의 초점이 모아지는 작업 배제 ⑦ 가능한 한 쉽고 자연스런 리듬의 작업동작 유도	① 모든 공구 및 재료는 지정 위치에 있고, 공구 및 재료, 제어장치는 사용위치에 근접(작업동작이 원활한 위치) ② 낙하식 운반법 지향 ③ 적합한 조명 환경 유지 ④ 중력이송원리 이용(부품상자, 용기) ⑤ 작업대 및 의자높이의 조정 용이

정답 ③

25 매슬로우(Maslow)의 욕구 5단계를 낮은 단계에서 높은 단계의 순서대로 나열한 것은?

① 생리적 욕구 → 안전 욕구 → 사회적 욕구 → 자아실현의 욕구 → 인정의 욕구
② 생리적 욕구 → 안전 욕구 → 사회적 욕구 → 인정의 욕구 → 자아실현의 욕구
③ 안전 욕구 → 생리적 욕구 → 사회적 욕구 → 자아실현의 욕구 → 인정의 욕구
④ 안전 욕구 → 생리적 욕구 → 사회적 욕구 → 인정의 욕구 → 자아실현의 욕구

해설

매슬로우(Maslow) 욕구단계

단계	욕구	내용
1	생리적 욕구	갈증, 배고픔, 배설, 성욕 등의 욕구
2	안전의 욕구	안전하려는 욕구
3	사회적 욕구	소속 및 애정에 대한 욕구
4	자기존중의 욕구(승인의 욕구)	자존심, 성취, 명예, 지위 등에 대한 욕구
5	자아실현의 욕구(성취의 욕구)	잠재능력을 실현하려는 욕구

정답 ②

26 강의계획 시 설정하는 학습목적의 3요소에 해당하는 것은?

① 학습방법   ② 학습성과   ③ 학습자료   ④ 학습정도

해설

학습목적의 3요소(학습의 구성 3요소)
- 주제 : 목표 달성을 위한 것
- 학습정도 : 주제를 학습시킬 범위와 내용 정도
- 목표 : 학습의 목적(지표)

정답 ④

27 집단과 인간관계에서 집단의 효과에 해당하지 않는 것은?

① 동조효과　　② 견물효과　　③ 암시효과　　④ 시너지효과

해설

- 동조효과 : 타인의 행동 또는 주장에 자신의 의견을 일치하려는 심리적 효과
- 견물효과 : 타인에게 자신의 장점만 보여주려는 효과
- 암시효과 : 직·간접적으로 무의식 상태에서 인간의 관심을 특정 방향으로 이끌어가는 효과
- 시너지효과 : 둘 이상이 하나가 되어 각 개별로 얻을 수 있는 이득 이상으로 결과를 도출하는 효과(협력효과, 상승효과)

정답 ③

28 안전보건교육의 단계별 교육 중 태도교육의 내용과 가장 거리가 먼 것은?

① 작업동작 및 표준작업방법의 습관화
② 안전장치 및 장비 사용 능력의 빠른 습득
③ 공구·보호구 등의 관리 및 취급태도의 확립
④ 작업지시·전달·확인 등의 언어·태도의 정확화 및 습관화

해설

안전장치 및 장비 사용 능력의 빠른 습득보다는 바르게 사용하는 것이 중요하다.

정답 ②

29 O.J.T(On the Job Training)의 장점이 아닌 것은?

① 개개인에게 적절한 지도훈련이 가능하다.
② 전문가를 강사로 초빙하는 것이 가능하다.
③ 훈련에 필요한 업무의 계속성이 끊어지지 않는다.
④ 직장의 실정에 맞게 실제적 훈련이 가능하다.

해설

전문가를 강사로 초빙하여 훈련하는 방식은 OFF.J.T(off-the-job training)이다.

정답 ②

30 인간의 심리 중에는 안전수단이 생략되어 불안전 행위를 나타내는 경우가 있다. 안전수단이 생략되는 경우로 가장 적절하지 않은 것은?

① 의식과잉이 있을 때 ② 교육훈련을 실시할 때
③ 피로하거나 과로했을 때 ④ 부적합한 업무에 배치될 때

해설

인간의 심리 중에 교육훈련을 실시한 경우 안전수단이 생략되어 불안전 행위가 나타나지 않는다.

정답 ②

31 산업안전심리학에서 산업안전심리의 5대 요소에 해당하지 않는 것은?

① 감정   ② 습성   ③ 동기   ④ 피로

해설

안전사고와 관련된 인간의 심리적인 5대 요소
- 동기 : 인간의 마음을 움직이는 원동력
- 기질 : 환경적 영향으로 인한 개인의 성격, 능력 등의 특성
- 감정 : 인간의 희노애락
- 습성 : 동기 등의 성향이 인간의 행동에 영향을 미치는 것
- 습관 : 부지불식간에 형성되는 특성

정답 ④

32 구안법(project method)의 단계를 올바르게 나열한 것은?

① 계획 → 목적 → 수행 → 평가 ② 계획 → 목적 → 평가 → 수행
③ 수행 → 평가 → 계획 → 목적 ④ 목적 → 계획 → 수행 → 평가

해설

목표 설정 > 계획 > 실행(수행) > 평가

정답 ④

33 산업안전보건법령상 근로자 안전·보건교육에서 채용 시 교육 및 작업내용 변경 시의 교육에 해당하는 것은?

① 사고 발생 시 긴급조치에 관한 사항
② 건강증진 및 질병 예방에 관한 사항
③ 유해·위험 작업환경 관리에 관한 사항
④ 작업공정의 유해·위험과 재해 예방대책에 관한 사항

해설

안전보건교육 교육대상별 교육내용(제26조 제1항 등 관련)
– 기계·기구의 위험성과 작업의 순서 및 동선에 관한 사항
– 작업 개시 전 점검에 관한 사항
– 정리정돈 및 청소에 관한 사항
– 사고 발생 시 긴급조치에 관한 사항
– 산업보건 및 직업병 예방에 관한 사항
– 물질안전보건자료에 관한 사항
– 직무스트레스 예방 및 관리에 관한 사항
– 산업안전보건법령 및 일반관리에 관한 사항

정답 ①

34 학습이론 중 S-R 이론에서 조건반사설에 의한 학습이론의 원리에 해당되지 않는 것은?

① 시간의 원리
② 일관성의 원리
③ 기억의 원리
④ 계속성의 원리

해설

파블로프(Pavlov)의 조건반사설
종소리를 이용해 개의 소화작용에 대한 실험을 해서, 훈련을 통해 반응이나 어떤 새로운 행동을 적응할 수 있다는 가설
① 계속성의 원리 : 자극과 반응과의 관계는 횟수가 지속될수록 강화가 잘 일어남
② 강도의 원리 : 처음 준 자극보다 동일하거나 더 강한 자극을 주어야 강화가 잘 일어남
③ 일관성의 원리 : 일관된 자극을 사용해야 됨
④ 시간의 원리 : 조건자극을 조건이 없는 자극보다 조금 앞당겨서 하거나 동시에 해주어야 강화가 잘 일어남

정답 ③

35 허시(Hersey)와 브랜차드(Blanchard)의 상황적 리더십 이론에서 리더십의 4가지 유형에 해당하지 않는 것은?

① 통제적 리더십
② 지시적 리더십
③ 참여적 리더십
④ 위임적 리더십

해설

상황적 리더십 4가지 유형은 지시형, 위임형, 참여형, 설득형으로 대별된다.

정답 ①

36 안전교육 훈련의 기술교육 4단계에 해당하지 않는 것은?

① 준비단계
② 보습지도의 단계
③ 일을 완성하는 단계
④ 일을 시켜보는 단계

해설

- 1단계 : 도입(준비), 학습할 준비를 시킨다.
- 2단계 : 제시(설명), 작업을 설명한다.
- 3단계 : 적용(응용), 작업을 시켜본다.
- 4단계 : 확인(총괄,평가), 가르친 뒤 살펴본다.

정답 ③

37 휴먼에러의 심리적 분류에 해당하지 않는 것은?

① 입력 오류(input error)
② 시간지연 오류(time error)
③ 생략 오류(omission error)
④ 순서 오류(sequential error)

해설

심리적 분류(Error)
- 실행(작위적, 선택·순서·시간착오)에러 : 작업 또는 절차 수행 시 잘못한 것
- 과잉행동에러 : 불필요한 절차 또는 작업으로 인한 것
- 순서에러 : 작업 순서를 잘못한 것
- 시간에러 : 주어진 시간 내에 작업을 수행하지 못한 것
- 생략(누락)에러 : 작업 또는 절차의 미수행으로 인해 발생한 것

정답 ①

38 다음 설명에 해당하는 안전교육방법은?

> ATP라고도 하며, 당초 일부 회사의 톱 매니지먼트(Top Management)에 대하여만 행하여졌으나, 그 후 널리 보급되었으며 정책의 수립, 조직, 통제 및 운영 등의 교육내용을 다룬다.

① TWI(Training Within Industry)
② CCS(Civil Communication Section)
③ MTP(Management Training Program)
④ ATT(American Telephone & Telegram Co)

해설

CCS(civil communication section) : OFF.J.T(off-the-job training) 중 경영자에 대한 교육훈련

정답 ②

39 다음은 리더가 가지고 있는 어떤 권력의 예시에 해당하는가?

> 종업원의 바람직하지 않은 행동들에 대해 해고, 임금삭감, 견책 등을 사용해 처벌한다.

① 보상권력　　　　　　　　② 강압권력
③ 합법권력　　　　　　　　④ 전문권력

해설

- 강압적 권력 : 다양한 제재와 처벌, 부정적인 결과 등을 통해서 타인에게 영향력 행사
- 보상적 권력 : 물질적 보상에 기반한 리더의 권력 행사
- 합법적 권력 : 조직이 부여한 권한과 지위를 바탕으로 영향력 행사
- 전문적 권력 : 전문적 기술이나 지식, 정보를 공유하여 영향력을 행사
- 준거적 권력 : 인간적인 매력을 기반으로 직원들로부터 헌신과 동일화 이끌어냄

정답 ②

40 몹시 피로하거나 단조로운 작업으로 인하여 의식이 뚜렷하지 않은 상태의 의식 수준으로 옳은 것은?

① phase I　　　　　　　　② phase II
③ phase III　　　　　　　 ④ phase IV

해설

인간의 의식 레벨의 단계별 신뢰성

단계	의식의 상태	신뢰성	의식의 작용
Phase 0	무의식	0	없음
Phase I	의식의 둔화	0.9 이하	부주의
Phase II	이완 상태	0.99~0.99999	마음이 안으로 향함, passive
Phase III	명료한 상태	0.99999 이상	전향적, active
Phase IV	과긴장 상태	0.9 이하	한 점에 집중, 판단정지

정답 ①

3과목　인간공학 및 시스템안전공학

41 불필요한 작업을 수행함으로써 발생하는 오류로 옳은 것은?

① Command error　　　② Extraneous error
③ Secondary error　　　④ Commission error

해설

- Extraneous error : 불필요한 수행으로 인한 오류
- Commission error : 작위적 오류, 수행해야 할 작업을 부정확하게 하여 발생하는 오류

정답 ②

42 동작경제의 원칙에 해당하지 않는 것은?

① 공구의 기능을 각각 분리하여 사용하도록 한다.
② 두 팔의 동작은 동시에 서로 반대방향으로 대칭적으로 움직이도록 한다.
③ 공구나 재료는 작업동작이 원활하게 수행되도록 그 위치를 정해준다.
④ 가능하다면 쉽고도 자연스러운 리듬이 작업동작에 생기도록 작업을 배치한다.

해설

공구의 기능은 결합하여 사용하도록 한다.
동작경제의 원칙

작업자 관련	작업장 관련
① 두 손 동작 같이 시작 및 완료 ② 양손 동시 휴식 금지(휴식시간 제외) ③ 두 팔 동작은 서로 반대방향 대칭적 ④ 관성을 이용한 작업 ⑤ 갑작스런 손의 동작 및 직선동작 피함 ⑥ 눈의 초점이 모아지는 작업 배제 ⑦ 가능한 한 쉽고 자연스런 리듬의 작업동작 유도	① 모든 공구 및 재료는 지정 위치에 있고, 공구 및 재료, 제어장치는 사용위치에 근접(작업동작이 원활한 위치) ② 낙하식 운반법 지향 ③ 적합한 조명 환경 유지 ④ 중력이송원리 이용(부품상자, 용기) ⑤ 작업대 및 의자높이의 조정 용이

정답 ①

43 컷셋(Cut Sets)과 최소 패스셋(Minimal Path Sets)의 정의로 옳은 것은?

① 컷셋은 시스템 고장을 유발시키는 필요최소한의 고장들의 집합이며, 최소 패스셋은 시스템의 신뢰성을 표시한다.
② 컷셋은 시스템 고장을 유발시키는 기본고장들의 집합이며, 최소 패스셋은 시스템의 불신뢰도를 표시한다.
③ 컷셋은 그 속에 포함되어 있는 모든 기본사상이 일어났을 때 정상사상을 일으키는 기본사상의 집합이며, 최소 패스셋은 시스템의 신뢰성을 표시한다.
④ 컷셋은 그 속에 포함되어 있는 모든 기본사상이 일어났을 때 정상사상을 일으키는 기본사상의 집합이며, 최소 패스셋은 시스템의 성공을 유발하는 기본사상의 집합이다.

해설

Cut	모든 기본사상이 일어날 때 정상사상을 일으키는 기본사상의 집합
Cut set	– 정상사상을 발생하게 하는 기본사상의 집합 – 포함된 모든 기본사상이 발생할 경우 정상사상을 발생시킴
Path Set	– 처음으로 정상사상이 발생하지 않는 기본사상의 집합 – 포함된 모든 기본사상이 발생하지 않을 경우에 발생
Minimal Cut set	– 정상사상을 일으키기기 위한 최소한의 컷 – 시스템 고장을 일으키는 최소한의 요인 집합
Minimal Path Set	시스템을 살리는데 필요한 최소한의 요인 집합

정답 ③

44 다음 시스템의 신뢰도 값은?

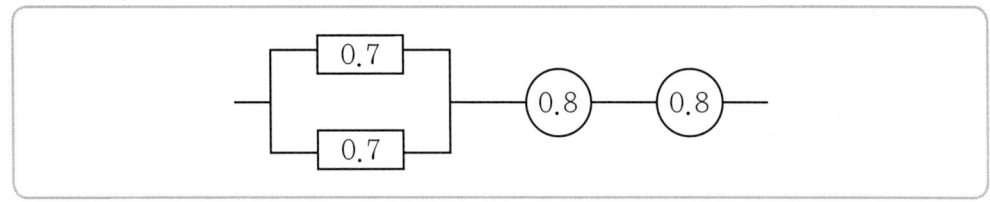

① 0.5824
② 0.6682
③ 0.7855
④ 0.8642

해설

$R = [1 - \{(1-0.7)(1-0.7)\}] \times 0.8 \times 0.8 = 0.5824$

정답 ①

45 Chapanis가 정의한 위험의 확률수준과 그에 따른 위험발생률로 옳은 것은?

① 전혀 발생하지 않는(impossible) 발생빈도 : 10^{-8}/day
② 극히 발생할 것 같지 않는(extremely unlikely) 발생빈도 : 10^{-7}/day
③ 거의 발생하지 않은(remote) 발생빈도 : 10^{-6}/day
④ 가끔 발생하는(occasional) 발생빈도 : 10^{-5}/day

해설

전혀 발생하지 않는(impossible) 발생빈도 : 10^{-8}/day

정답 ①

46 불(Boole) 대수의 정리를 나타낸 관계식으로 틀린 것은?

① $A \cdot A = A$ ② $A + \overline{A} = 0$ ③ $A + AB = A$ ④ $A + A = A$

해설

$A + \overline{A} = 1$

정답 ②

47 다음 현상을 설명한 이론은?

> 인간이 감지할 수 있는 외부의 물리적 자극 변화의 최소범위는 표준 자극의 크기에 비례한다.

① 피츠(Fitts) 법칙
② 웨버(Weber) 법칙
③ 신호검출이론(SDT)
④ 힉-하이만(Hick-Hyman) 법칙

정답 ②

48 화학설비에 대한 안전성 평가 중 정성적 평가방법의 주요 진단 항목으로 볼 수 없는 것은?

① 건조물 ② 취급물질 ③ 입지 조건 ④ 공장 내 배치

해설

안정성 평가 단계
① 1단계(관계자료의 정비검토)
  - 공정 개요, 입지조건, 화학설비 배치도, 공정계통도, 안전설비 종류 및 설치 장소 등
② 2단계(정성적 평가)

- 안전 확보를 위한 기본자료 검토(설계 및 운전관계)
③ 3단계(정량적 평가)
  - 재해 가능성이 높거나 중복성 재해에 대한 위험도 평가
  - 평가항목(온도, 압력, 물질, 용량, 조작)
  - 위험등급 I (합산점수 16점 이상), 위험등급 II (합산접수 11 ~ 15점), 위험등급 III (10점 이하)
④ 4단계(설비적·관리(인)적 안전대책)
⑤ 5단계(재해정보를 통한 재평가)
⑥ F.T.A를 통한 재평가(위험등급 I 에 해당하는 화학설비)

정답 ②

49 인체측정 자료를 장비, 설비 등의 설계에 적용하기 위한 응용원칙에 해당하지 않는 것은?

① 조절식 설계　　　　　　　② 극단치를 이용한 설계
③ 구조적 치수 기준의 설계　　④ 평균치를 기준으로 한 설계

해설

인체 계측 응용 원칙	조절범위	개인마다 작업에 적합하도록 조절식 적용(의자 등)
	최대·최소 치수	인체의 상위·하위 백분위 수 적용
	평균치 기준	평균치를 적용하여 설계 반영(싱크대, 작업대 높이 등)

정답 ③

50 작업공간의 배치에 있어 구성요소 배치의 원칙에 해당하지 않는 것은?

① 기능성의 원칙　　　　　　② 사용빈도의 원칙
③ 사용순서의 원칙　　　　　④ 사용방법의 원칙

해설

기능별 배치의 원칙, 사용 순서의 원칙, 중요성의 원칙, 사용 빈도의 원칙

정답 ④

51 인간의 위치 동작에 있어 눈으로 보지 않고 손을 수평면상에서 움직이는 경우 짧은 거리는 지나치고, 긴 거리는 못 미치는 경향이 있는데 이를 무엇이라고 하는가?

① 사정효과(range effect)　　　② 반응효과(reaction effect)
③ 간격효과(distance effect)　　④ 손동작효과(hand action effect)

해설

사정효과
육안으로 보지 않고 수평면상에서 손을 움직여 조작하는 경우 짧은 거리는 지나치고, 긴 거리는 못 미치는 현상으로 수평면상의 조작자는 큰 오차에 과소반응, 작은 오차에 과잉반응 한다.

정답 ①

52 시각적 표시장치보다 청각적 표시장치를 사용하는 것이 더 유리한 경우는?

① 정보의 내용이 복잡하고 긴 경우
② 정보가 공간적인 위치를 다룬 경우
③ 직무상 수신자가 한 곳에 머무르는 경우
④ 수신 장소가 너무 밝거나 암순응이 요구될 경우

해설

시각적 표시장치와 청각적 표시장치의 비교

청각적 표시장치	시각적 표시장치
① 메시지 · 경고 간단함	① 메시지 · 경고 복잡함
② 메시지 · 경고 짧음	② 메시지 · 경고 긺
③ 메시지 · 경고 재참조 불가	③ 메시지 · 경고 재참조 가능
④ 메시지 · 경고 시간적 사상을 요구	④ 메시지 · 경고 공간적 위치 중요
⑤ 수신자 즉각적인 행동을 요구하는 경우	⑤ 수신자 즉각적인 행동 요구 하지 않음
⑥ 수신자가 직무 시 움직임이 많을 경우	⑥ 수신자가 직무 시 움직임이 거의 없는 경우
⑦ 수신 장소가 암조응 유지를 요하거나 매우 밝은 경우	⑦ 수신 장소가 소음 발생이 큰 경우
⑧ 수신자의 시각 계통이 과부하인 경우	⑧ 수신자의 청각 계통이 과부하인 경우

정답 ④

53 서브시스템, 구성요소, 기능 등의 잠재적 고장형태에 따른 시스템의 위험을 파악하는 위험 분석 기법으로 옳은 것은?

① ETA(Event Tree Analysis)
② HEA(Human Error Analysis)
③ PHA(Preliminary Hazard Analysis)
④ FMEA(Failure Mode and Effect Analysis)

해설

FMEA(Failure Mode and Effect Analysis) : 귀납적 · 정성적 분석기법

정답 ④

54 정신작업 부하를 측정하는 척도를 크게 4가지로 분류할 때 심박수의 변동, 뇌 전위, 동공 반응 등 정보처리에 중추신경계 활동이 관여하고 그 활동이나 징후를 측정하는 것은?

① 주관적(subjective) 척도 ② 생리적(physiological) 척도
③ 주 임무(primary task) 척도 ④ 부 임무(secondary task) 척도

정답 ②

55 그림과 같은 FT도에서 정상사상 T의 발생 확률은? (단, X_1, X_2, X_3의 발생 확률은 각각 0.1, 0.15, 0.1이다.)

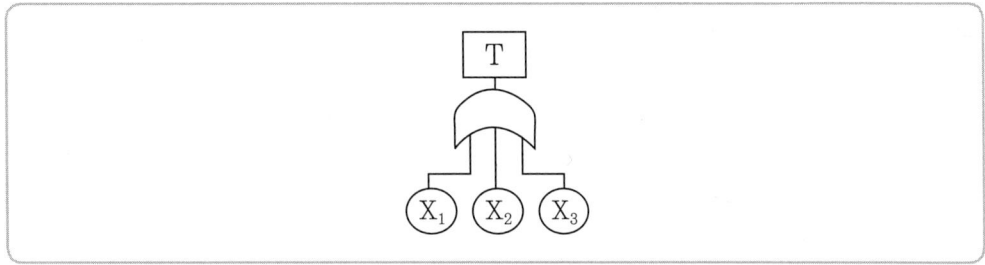

① 0.3115 ② 0.35 ③ 0.496 ④ 0.9985

해설

T = [1 − {(1 − 0.1)(1 − 0.15)(1 − 0.1)}] = 0.3115

정답 ①

56 인간이 기계보다 우수한 기능이라 할 수 있는 것은? (단, 인공지능은 제외한다.)

① 일반화 및 귀납적 추리 ② 신뢰성 있는 반복 작업
③ 신속하고 일관성 있는 반응 ④ 대량의 암호화된 정보의 신속한 보관

해설

기능	인간	기계
감지	감각기관(시각·청각·미각·촉각·후각 등)	음파탐지기 등
정보저장	학습내용(뇌의 기억)	기록, 자료, 자기테이프 등
정보처리 (의사결정)	인간의 결정(심) 정보량(H, bit) = $\log_2 n$, $n = \dfrac{1}{p}$	프로그램

행동	조정행위(작동·이동·변경 등), 통신행위(음성)	신호, 기록 등
비교	① 시·청·촉·후·미각의 미세한 감지 가능 ② 경험을 바탕으로 한 의사결정(상황판단) ③ 예기치 못한 상황 등 감지 ④ 주관적 추산 및 평가 ⑤ 귀납적 판단(관찰 기반)	① 반복적 작업 신뢰성 우수 ② 과부하 시 효율적 운영 ③ 정상적 감지범위 외 존재 자극 감지 ④ 암호화된 정보 처리 신속 및 대량 보관 가능 ⑤ 연역적 추리

정답 ①

57 시스템의 수명 및 신뢰성에 관한 설명으로 틀린 것은?

① 병렬설계 및 디레이팅 기술로 시스템의 신뢰성을 증가시킬 수 있다.
② 직렬시스템에서는 부품들 중 최소 수명을 갖는 부품에 의해 시스템 수명이 정해진다.
③ 수리가 가능한 시스템의 평균 수명(MTBF)은 평균 고장률(λ)과 정비례 관계가 성립한다.
④ 수리가 불가능한 구성요소로 병렬구조를 갖는 설비는 중복도가 늘어날수록 시스템 수명이 길어진다.

수리가 가능한 시스템의 평균 수명(MTBF)은 평균 고장률(λ)과 반비례 관계가 성립한다.

$\text{MTBF} = \dfrac{1}{\lambda}$, $\lambda(\text{평균고장률}) = \dfrac{\text{고장건수}}{\text{총 가동시간}}$

정답 ③

58 산업안전보건법령상 해당 사업주가 유해위험방지계획서를 작성하여 제출해야 하는 대상은?

① 시·도지사　　　　　　　　　② 관할 구청장
③ 고용노동부장관　　　　　　　④ 행정안전부장관

「산업안전보건법」 제42조(유해위험방지계획서의 작성·제출 등)
① 사업주는 다음 각 호의 어느 하나에 해당하는 경우에는 이 법 또는 이 법에 따른 명령에서 정하는 유해·위험 방지에 관한 사항을 적은 계획서(이하 "유해위험방지계획서"라 한다)를 작성하여 고용노동부령으로 정하는 바에 따라 고용노동부장관에게 제출하고 심사를 받아야 한다. 다만, 제3호에 해당하는 사업주 중 산업재해발생률 등을 고려하여 고용노동부령으로 정하는 기준에 해당하는 사업주는 유해위험방지계획서를 스스로 심사하고, 그 심사결과서를 작성하여 고용노동부장관에게 제출하여야 한다. 〈개정 2020. 5. 26.〉

정답 ③

59 작업면상의 필요한 장소만 높은 조도를 취하는 조명은?

① 완화조명 ② 전반조명
③ 투명조명 ④ 국소조명

해설

국소(부)조명은 작업면상의 필요한 장소 또는 한정된 공간에 높은 조도를 취하는 조명을 말한다.

정답 ④

60 자동차를 생산하는 공장의 어떤 근로자가 95dB(A)의 소음수준에서 하루 8시간 작업하며 매 시간 조용한 휴게실에서 20분씩 휴식을 취한다고 가정하였을 때, 8시간 시간가중평균(TWA)은? (단, 소음은 누적소음노출량측정기로 측정하였으며, OSHA에서 정한 95dB(A)의 허용시간은 4시간이라 가정한다.)

① 약 91dB(A) ② 약 92dB(A)
③ 약 93dB(A) ④ 약 94dB(A)

해설

작업환경측정 및 정도관리 등에 관한 고시

- 소음노출량(D) = $\dfrac{\text{가동시간}}{\text{기준시간}} \times 100 = \dfrac{\dfrac{8\text{시간} \times (60\text{분} - 20\text{분})}{60}}{4} \times 100 = 133\%$

- 시간가중평균값(TWA) = $16.61 \times \log\dfrac{133}{100} + 90 = 92.057$

정답 ②

4과목 건설시공학

61 시공의 품질관리를 위한 7가지 도구에 해당되지 않는 것은?

① 파레토그램 ② LOB기법
③ 특성요인도 ④ 체크시트

해설

LOB기법은 공정표를 작성하는 공정관리기법이다.

정답 ②

62 벽돌공사 시 벽돌쌓기에 관한 설명으로 옳은 것은?

① 연속되는 벽면의 일부를 트이게 하여 나중쌓기로 할 때에는 그 부분을 층단 들여쌓기로 한다.
② 벽돌쌓기는 도면 또는 공사시방서에서 정한 바가 없을 때에는 미식 쌓기 또는 불식쌓기로 한다.
③ 하루의 쌓기 높이는 1.8m를 표준으로 한다.
④ 세로줄눈은 구조적으로 우수한 통줄눈이 되도록 한다.

해설

- 벽돌쌓기는 도면 또는 공사시방서에서 정한 바가 없을 때에는 영식 쌓기 또는 화란식 쌓기로 한다.
- 하루의 쌓기 높이는 1.2m(18켜 정도)를 표준으로 하고, 최대 1.5m(22켜 정도) 이하로 한다.
- 세로줄눈은 구조적으로 우수하도록 통줄눈이 되지 않도록 한다.

정답 ①

63 다음 설명에 해당하는 공정표의 종류로 옳은 것은?

> 한 공종의 작업이 하나의 숫자로 표기되고 컴퓨터에 적용하기 용이한 이점 때문에 많이 사용되고 있다. 각 작업은 Node로 표기하고 Dummy의 사용이 불필요하여 화살표는 단순히 작업의 선후관계만을 나타낸다.

① 횡선식 공정표　　② CPM
③ PDM　　　　　　④ LOB

해설

PDM(Precedence Diagramming Method)은 ADM과 같은 CPM기법의 한 종류로서 작업 간의 순서와 작업소요시간의 관계를 표현하고 CP(Critical Path)를 구하는 공정관리기법이다.

정답 ③

64 콘크리트 구조물의 품질관리에서 활용되는 비파괴 시험(검사) 방법으로 경화된 콘크리트 표면의 반발경도를 측정하는 것은?

① 슈미트해머 시험　　② 방사선 투과 시험
③ 자기분말 탐상 시험　④ 침투 탐상 시험

해설

방사선 투과 시험, 자기분말 탐상 시험, 침투 탐상 시험은 주로 강재의 용접검사에 사용되는 비파괴 시험의 종류이다.

정답 ①

65 일명 테이블 폼(table form)으로 불리는 것으로 거푸집널에 장선, 멍에, 서포트 등을 기계적인 요소로 부재화한 대형 바닥판거푸집은?

① 갱 폼(Gang form)
② 플라잉 폼(Flying form)
③ 유로 폼(Euro form)
④ 트래블링 폼(Traveling form)

 해설

플라잉폼(Flying Form, flying shore form)
수직·수평으로 이동이 가능한 바닥 전용 거푸집으로 거푸집·장선·멍에·지주를 일체화하여 가설발판 미설치로 공기단축이 가능하고 전용횟수가 많아 경제적이나 형상의 변화가 많은 단면에는 적용이 어렵다.

정답 ②

66 시험말뚝에 변형률계(Strain gauge)와 가속도계(Accelerometer)를 부착하여 말뚝 항타에 의한 파형으로부터 지지력을 구하는 시험은?

① 정재하 시험
② 비비 시험
③ 동재하 시험
④ 인발 시험

 해설

동재하시험(Dynamic Analysis Test)
말뚝을 항타 시 발생하는 응력 및 속도를 분석 및 측정하여 말뚝의 지지력을 측정하는 방법으로, 파일두부에 가속도계와 변형률계를 설치하고, 가속도와 변형률을 측정하여 파일 몸체에 걸리는 응력을 환산하여 지지력을 측정하는 방법이다.

정답 ③

67 콘크리트 공사 시 철근의 정착위치에 관한 설명으로 옳지 않은 것은?

① 작은 보의 주근은 벽체에 정착한다.
② 큰 보의 주근은 기둥에 정착한다.
③ 기둥의 주근은 기초에 정착한다.
④ 지중보의 주근은 기초 또는 기둥에 정착한다.

해설

철근의 정착 위치
1) 기둥 주근 : 기초 또는 바닥판
2) 보 주근 : 기둥 또는 큰 보
3) 보 밑 기둥이 없을 경우 : 보 상호 간
4) 지중보 주근 : 기초 또는 기둥
5) 벽 철근 : 기둥, 보, 바닥
6) 바닥 철근 : 보 또는 벽체
7) 작은 보의 주근 : 큰 보
8) 벽체의 주근 : 기둥, 큰 보

정답 ①

68 지반개량 지정공사 중 응결 공법이 아닌 것은?

① 플라스틱 드레인 공법
② 시멘트 처리 공법
③ 석회 처리 공법
④ 심층혼합 처리 공법

해설

플라스틱 드레인 공법은 드레인재를 표토를 걷어내고 모래를 깔아 작업지반을 정비한 후 소정의 간격으로 소정의 깊이까지 설치하는 공법이다.

정답 ①

69 공사계약 중 재계약 조건이 아닌 것은?

① 설계도면 및 시방서(specification)의 중대결함 및 오류에 기인한 경우
② 계약상 현장조건 및 시공조건이 상이(difference)한 경우
③ 계약사항에 중대한 변경이 있는 경우
④ 정당한 이유 없이 공사를 착수하지 않은 경우

해설

정당한 이유 없이 공사를 착수하지 않은 경우 시공자의 계약 불이행에 해당하므로 재계약 조건이 아니다.

정답 ④

70 콘크리트에서 사용하는 호칭강도의 정의로 옳은 것은?

① 레디믹스트 콘크리트 발주 시 구입자가 지정하는 강도
② 구조계산 시 기준으로 하는 콘크리트의 압축강도
③ 재령 7일의 압축강도를 기준으로 하는 강도
④ 콘크리트의 배합을 정할 때 목표로 하는 압축강도로 품질의 표준편차 및 양생온도 등을 고려하여 설계기준강도에 할증한 것

해설

콘크리트 표준시방서에서 규정한 설계기준강도와 구분하기 위한 용어로 레미콘의 상품으로서의 강도 구분을 나타내는 겉보기 강도를 말한다. 콘크리트 표준양생조건 수중 $23 \pm 2°C$에서 28일 동안 양생한 후 파괴하여 측정한 콘크리트 압축강도이다.

정답 ①

71 다음 조건에 따른 백호의 단위시간당 추정 굴삭량으로 옳은 것은?

> 버켓용량 0.5m³, 사이클타임 20초, 작업효율 0.9, 굴삭계수 0.7, 굴삭토의 용적변화계수 1.25

① 94.5m³ ② 80.5m³ ③ 76.3m³ ④ 70.9m³

해설

백호의 단위시간당 추정 굴삭량

$$Q = \frac{3,600qkfE}{C_m(\sec)} = \frac{60qkfE}{C_m(\min)} = \frac{qkfE}{C_m(hr)} = \frac{3,600 \times 0.5 \times 0.7 \times 1.25 \times 0.9}{20} = 70.875$$

q : 버킷용량(m³), k : 버킷계수, f : 체적환산계수, E : 작업효율, C_m : 1회 사이클 시간

정답 ④

72 강구조 부재의 용접 시 예열에 관한 설명으로 옳지 않은 것은?

① 모재의 표면온도가 0℃ 미만인 경우는 적어도 20℃ 이상 예열한다.
② 이종 금속 간에 용접을 할 경우는 예열과 층간온도는 하위등급을 기준으로 하여 실시한다.
③ 버너로 예열하는 경우에는 개선면에 직접 가열해서는 안 된다.
④ 온도관리는 용접선에서 75mm 떨어진 위치에서 표면온도계 또는 온도쵸크 등에 의하여 온도관리를 한다.

해설

이종 금속 간에 용접을 할 경우는 예열과 층간온도는 상위등급을 기준으로 하여 실시한다.

정답 ②

73 공동도급방식의 장점에 해당하지 않는 것은?

① 위험의 분산 ② 시공의 확실성
③ 이윤 증대 ④ 기술 자본의 증대

해설

공동도급방식의 경우 참여회사 지분별로 이익이 분배되기 때문에 이윤이 증대되는 구조는 아니다.

정답 ③

74 지하수가 없는 비교적 경질인 지층에서 어스오거로 구멍을 뚫고 그 내부에 철근과 자갈을 채운 후, 미리 삽입해 둔 파이프를 통해 저면에서부터 모르타르를 채워 올라오게 한 것은?

① 슬러리 월 ② 시트 파일 ③ CIP 파일 ④ 프랭키 파일

해설

C.I.P(Cast In placed Pile)
어스오거(Earth Auger)로 천공을 하여, 철근망 또는 H-beam을 삽입하여 모르타르 주입관을 설치한 후, 자갈을 채운 다음 주입관을 통해 모르타르(mortar)를 주입해 제자리 말뚝을 형성한다.

정답 ③

75 기초의 종류 중 지정형식에 따른 분류에 속하지 않는 것은?

① 직접기초 ② 피어기초 ③ 복합기초 ④ 잠함기초

해설

복합기초는 둘 이상의 기초공법을 혼용하여 사용하는 공법으로 지정형식 분류에 속하지 않는다.

정답 ③

76 철골공사에서 발생할 수 있는 용접불량에 해당되지 않는 것은?

① 스캘럽(scallop) ② 언더컷(under cut)
③ 오버랩(over lap) ④ 피트(pit)

해설

스캘럽(scallop)
철골 부재 용접접합 시 용접선이 교차되어 재용접된 부위가 열영향을 받아 내구성 및 강성 등이 취약해질 우려가 있기에 재용접이 발생하지 않도록 모재를 부채꼴 모양으로 모따기한 것을 말한다.

정답 ①

77 미장공법, 뿜칠공법을 통한 강구조부재의 내화피복 시공 시 시공면적 얼마당 1개소 단위로 핀 등을 이용하여 두께를 확인하여야 하는가?

① $2m^2$ ② $3m^2$ ③ $4m^2$ ④ $5m^2$

해설

미장공법, 뿜칠공법 등으로 강구조부재의 내화피복 시공 시 $5m^2$마다 핀 등을 이용하여 피복두께를 확인한다.

정답 ④

78 다음은 표준시방서에 따른 철근의 이음에 관한 내용이다. 빈 칸에 공통으로 들어갈 내용으로 옳은 것은?

> (   )를 초과하는 철근은 겹침이음을 할 수 없다. 다만 서로 다른 크기의 철근을 압축부에서 겹침이음하는 경우 (   ) 이하의 철근과 (   )를 초과하는 철근은 겹침이음을 할 수 있다.

① D29   ② D25   ③ D32   ④ D35

해설

철근의 직경이 D35를 초과하는 경우 겹침이음을 할 수 없다.

정답 ④

79 슬라이딩 폼(Sliding form)에 관한 설명으로 옳지 않은 것은?

① 1일 5~10m 정도 수직시공이 가능하므로 시공속도가 빠르다.
② 타설작업과 마감작업을 병행할 수 없어 공정이 복잡하다.
③ 구조물 형태에 따른 사용 제약이 있다.
④ 형상 및 치수가 정확하며 시공오차가 적다.

해설

슬라이딩 폼을 사용할 경우 타설작업과 마감작업을 병행할 수 있어 공기단축이 가능하다.

정답 ②

80 속빈 콘크리트블록의 규격 중 기본블록치수가 아닌 것은? (단, 단위 : mm)

① 390 × 190 × 190   ② 390 × 190 × 150
③ 390 × 190 × 100   ④ 390 × 190 × 80

해설

블록규격

형상	치수(mm)			허용치(mm)		비고
	길이	높이	두께	길이 및 두께	높이	
기본 블록	390	190	210 190 150 100	±2		
이형 블록	길이, 높이 및 두께의 최소 크기를 90mm 이상, 가로근 삽입 블록, 모서리 블록과 기본 블록과 동일한 크기인 것의 치수 및 허용치는 기본 블록에 따른다.					

정답 ④

5과목 건설재료학

81 석재의 종류와 용도가 잘못 연결된 것은?

① 화산암 – 경량골재
② 화강암 – 콘크리트용 골재
③ 대리석 – 조각재
④ 응회암 – 건축용 구조재

해설

응회암은 주로 토목현장에서 사용되며 건축용 구조재로 사용하지 않는다.

정답 ④

82 표면건조 포화상태 질량 500g의 잔골재를 건조시켜, 공기 중 건조상태에서 측정한 결과 460g, 절대건조상태에서 측정한 결과 450g이었다. 이 잔골재의 흡수율은?

① 8%
② 8.8%
③ 10%
④ 11.1%

해설

$$흡수율 = \frac{표면건조\ 포화상태\ 시료\ 질량(g) - 절대건조상태\ 시료\ 질량(g)}{절대건조상태\ 시료\ 질량(g)} = \frac{500-450}{450} \times 100 = 11.11\%$$

정답 ④

83 목재의 압축강도에 영향을 미치는 원인에 관한 설명으로 옳지 않은 것은?

① 기건비중이 클수록 압축강도는 증가한다.
② 가력방향이 섬유방향과 평행일 때의 압축강도가 직각일 때의 압축강도보다 크다.
③ 섬유포화점 이상에서 목재의 함수율이 커질수록 압축강도는 계속 낮아진다.
④ 옹이가 있으면 압축강도는 저하하고 옹이 지름이 클수록 더욱 감소한다.

해설

섬유포화점 이상에서는 강도 변화가 없다.

정답 ③

84 콘크리트용 혼화제의 사용용도와 혼화제 종류를 연결한 것으로 옳지 않은 것은?

① AE 감수제 : 작업성능이나 동결융해 저항성능의 향상
② 유동화제 : 강력한 감수효과와 강도의 대폭적인 증가
③ 방청제 : 염화물에 의한 강재의 부식억제
④ 증점제 : 점성, 응집작용 등을 향상시켜 재료분리를 억제

해설

유동화제
물시멘트비는 같으나 워커빌리티 향상을 목적으로 할 경우 사용하는 것으로, 분산효과가 크며 건조수축이 적고, 구조체의 내구성이 향상된다. 사용 시 유동화제 첨가량이 0.75%를 넘으면 재료분리 현상이 발생하고, 콘크리트가 가열되면 큰 기공이 생겨 물침투가 생기므로 유의하여 첨가해야 한다.

정답 ②

85 고강도 강선을 사용하여 인장응력을 미리 부여함으로서 큰 응력을 받을 수 있도록 제작된 것은?

① 매스 콘크리트
② 프리플레이스트 콘크리트
③ 프리스트레스트 콘크리트
④ AE 콘크리트

해설

P.S.C(Pre stressed concrete)는 인장응력이 발생하는 부분에 압축의 프리스트레스를 주어 콘크리트의 인장강도를 증가하도록 한 것이다. 제작방법에 따라 Pretension 공법과 Post tension 공법이 있다.

정답 ③

86 유리의 중앙부와 주변부와의 온도 차이로 인해 응력이 발생하여 파손되는 현상을 유리의 열파손이라 한다. 열파손에 관한 설명으로 옳지 않은 것은?

① 색유리에 많이 발생한다.
② 동절기의 맑은 날 오전에 많이 발생한다.
③ 두께가 얇을수록 강도가 약해 열팽창응력이 크다.
④ 균열은 프레임에 직각으로 시작하여 경사지게 진행된다.

해설

유리 두께가 두꺼울수록 열팽창응력이 크다.

정답 ③

87 KS L 4201에 따른 1종 점토벽돌의 압축강도 기준으로 옳은 것은?

① 8.78MPa 이상
② 14.70MPa 이상
③ 20.59MPa 이상
④ 24.50MPa 이상

해설

구분	1종	2종	3종
흡수율	10% 이하	13% 이하	15% 이하
압축강도	24.50MPa 이상	20.59MPa 이상	10.78MPa 이상

정답 ④

88 아스팔트를 천연아스팔트와 석유아스팔트로 구분할 때 천연아스팔트에 해당되지 않는 것은?

① 로크아스팔트
② 레이크아스팔트
③ 아스팔타이트
④ 스트레이트아스팔트

해설

천연 아스팔트	① 자연적으로 산출된 것 ② 레이크(Lake)아스팔트, 록(Rock)아스팔트, 아스팔타이트

석유 아스팔트	① 원유를 인공적으로 가공해 만든 것
	② 스트레이트 아스팔트
	   – 원유를 증류한 후 남은 잔류유를 정제한 것
	   – 방수성↑, 점착성↑, 신장성↑, 내후성↓, 연화점↓
	   – 주로 지하실 방수공사에 적용
	③ 블로운 아스팔트
	   – 저온에서 장시간 잔류유를 공기 중에 분출시켜 증류한 것
	   – 연화점↑, 내구성↑, 온도감수성↓, 점착성↓, 방수성↓, 신장성↓

정답 ④

89 점토의 성질에 관한 설명으로 옳지 않은 것은?

① 양질의 점토는 건조상태에서 현저한 가소성을 나타내며, 점토 입자가 미세할수록 가소성은 나빠진다.
② 점토의 주성분은 실리카와 알루미나이다.
③ 인장강도는 점토의 조직에 관계하며 입자의 크기가 큰 영향을 준다.
④ 점토제품의 색상은 철산화물 또는 석회물질에 의해 나타난다.

해설

점토의 입자가 미세할수록 가소성이 좋아진다.

구분	내용
점성	가수(加水)에 의해 서로 밀착
소성	적정한 온도의 가열로 인해 비중, 용적, 색상 등에 변화가 일어나 상호 밀착
가소성	적정량의 가수(加水)로 형태가 만들어지기 용이한 성질
강도	– 점토에 함유된 불순물의 정도에 따라 발현되는 정도(불순물↑, 강도↓) – 점토의 압축강도 = 인장강도 x 5배
색상	주로 적색(철산화물) 또는 황색(석회)

정답 ①

90 도료의 사용 용도에 관한 설명으로 옳지 않은 것은?

① 유성바니쉬는 투명도료이며, 목재마감에도 사용 가능하다.
② 유성페인트는 모르타르, 콘크리트면에 발라 착색방수피막을 형성한다.
③ 합성수지 에멀션페인트는 콘크리트면, 석고보드 바탕 등에 사용된다.
④ 클리어래커는 목재면의 투명도장에 사용된다.

 해설

수성페인트가 모르타르, 콘크리트면에 사용성이 좋다.

정답 ②

91 습윤상태의 모래 780g을 건조로에서 건조시켜 절대건조상태 720g으로 되었다. 이 모래의 표면수율은? (단, 이 모래의 흡수율은 5%이다.)

① 3.08%   ② 3.17%
③ 3.33%   ④ 3.52%

해설

$$\text{표면수율} = \frac{\text{습윤상태의 시료 질량} - \text{표면건조 포화 상태 시료 질량}}{\text{표면건조상태 포화상태 시료 질량}} \times 100$$

$$= \frac{780 - (720 + 36)}{(720 + 36)} \times 100 = 3.174\%$$

정답 ②

92 미장재료 중 회반죽에 관한 설명으로 옳지 않은 것은?

① 경화속도가 느린 편이다.
② 일반적으로 연약하고, 비내수성이다.
③ 여물은 접착력 증대를, 해초풀은 균열방지를 위해 사용된다.
④ 소석회가 주원료이다.

 해설

회반죽(기경성)
- 모래, 소석회, 해초풀(점성유도), 여물(균열방지) 등을 반죽
- 건조시간이 오래 걸리며 소량의 석고를 회반죽에 혼입 시 수축균열 방지 효과를 얻음

정답 ③

93 다음 합성수지 중 열가소성수지가 아닌 것은?

① 알키드수지
② 염화비닐수지
③ 아크릴수지
④ 폴리프로필렌수지

 해설

알키드수지는 열경화성수지이다.

정답 ①

94 전기절연성, 내열성이 우수하고 특히 내약품성이 뛰어나며, 유리섬유로 보강하여 강화플라스틱(F.R.P)의 제조에 사용되는 합성수지는?

① 멜라민수지
② 불포화폴리에스테르수지
③ 페놀수지
④ 염화비닐수지

 해설

불포화폴리에스테르수지는 전기절연성, 내열성, 내약품성이 우수하며 유리섬유를 보강하여 강화플라스틱 제조에 사용되는 합성수지이다.

정답 ②

95 강의 열처리 방법 중 결정을 미립화하고 균일하게 하기 위해 800~1,000℃까지 가열하여 소정의 시간까지 유지한 후에 로(爐)의 내부에서 서서히 냉각하는 방법은?

① 풀림
② 불림
③ 담금질
④ 뜨임질

해설

열처리	불림 (소준)	– 800~1,000℃에서 강을 가열 후 공기 중 서서히 냉각 – 입자 미세화, 조직 균일, 변형 제거
	풀림 (소둔)	– 800~1,000℃에서 강을 가열 후 노 속에서 서서히 냉각 – 입자 미세화, 결정 연화
	담금질 (소입)	– 800~1,000℃에서 강을 가열 후 기름 또는 물 속에서 냉각 – 탄소 함유량이 높을수록 담금질의 효과 극대. 강도↑, 경도↑
	뜨임 (소려)	– 1차 담금질, 2차 200~600℃ 가열 후 공기 중 냉각 – 인성 부여, 변형 제거

정답 ①

96 단열재료에 관한 설명으로 옳지 않은 것은?

① 열전도율이 높을수록 단열성능이 좋다.
② 같은 두께인 경우 경량재료인 편이 단열에 더 효과적이다.
③ 일반적으로 다공질의 재료가 많다.
④ 단열재료의 대부분은 흡음성도 우수하므로 흡음재료로서도 이용된다.

해설

열전도율이 낮을수록 단열성능이 좋다.

정답 ①

97 목재 건조의 목적에 해당되지 않는 것은?

① 강도의 증진 ② 중량의 경감 ③ 가공성의 증진 ④ 균류 발생의 방지

해설

목재 건조의 목적 : 강도↑, 중량↓, 수축↓, 팽창↓, 균열 및 뒤틀림↓, 부식↓

정답 ③

98 금속부식에 관한 대책으로 옳지 않은 것은?

① 가능한 한 이종 금속은 이를 인접, 접속시켜 사용하지 않을 것
② 균질한 것을 선택하고, 사용할 때 큰 변형을 주지 않도록 할 것
③ 큰 변형을 준 것은 가능한 한 풀림하여 사용할 것
④ 표면을 거칠게 하고 가능한 한 습윤상태로 유지할 것

해설

표면을 매끄럽게(청결하게) 하고 가능한 한 건조 상태로 유지할 것

정답 ④

99 콘크리트용 골재의 품질요건에 관한 설명으로 옳지 않은 것은?

① 골재는 청정·견경해야 한다.
② 골재는 소요의 내화성과 내구성을 가져야 한다.
③ 골재는 표면이 매끄럽지 않으며, 예각으로 된 것이 좋다.
④ 골재는 밀실한 콘크리트를 만들 수 있는 입형과 입도를 갖는 것이 좋다.

해설

골재는 예각으로 된 것은 좋지 않다.

정답 ③

100 각 미장재료별 경화형태로 옳지 않은 것은?

① 회반죽 : 수경성
② 시멘트 모르타르 : 수경성
③ 돌로마이트플라스터 : 기경성
④ 테라조 현장바름 : 수경성

해설

- 기경성 : 돌로마이트 플라스터, 회반죽, 아스팔트 모르타르, 흙바름
- 수경성 : 시멘트 모르타르, 석고 플라스터, 인조석 바름, 테라조 바름

정답 ①

6과목 건설안전기술

101 유해위험방지계획서를 고용노동부장관에게 제출하고 심사를 받아야 하는 대상 건설 공사 기준으로 옳지 않은 것은?

① 최대 지간길이가 50m 이상인 다리의 건설 등 공사
② 지상높이 25m 이상인 건축물 또는 인공구조물의 건설 등 공사
③ 깊이 10m 이상인 굴착공사
④ 다목적댐, 발전용댐, 저수용량 2천만 톤 이상의 용수 전용 댐 및 지방상수도 전용댐의 건설 등 공사

해설

건설공사(제출시기 : 공사 착공 전)
- 지상높이 31m 이상인 건축물 또는 인공구조물
- 깊이 10m 이상인 굴착공사

- 터널 건설 등의 공사
- 최대 지간길이가 50m 이상인 교량건설 등 공사
- 연면적 30,000m² 이상인 건축물
- 연면적 5,000m² 이상인 문화 및 집회시설(전시장 및 동물원 식물원 제외), 판매시설, 운수시설(고속철도의 역사 및 집배송시설 제외), 종교시설, 의료시설 중 종합병원, 숙박시설 중 관광숙박시설, 지하도상가 또는 냉동·냉장 창고시설의 건설, 개조, 해체
- 연면적 5,000m² 이상의 냉동·냉장 창고시설의 설비공사 및 단열공사
- 다목적 댐, 발전용 댐 및 저수용량 2천만 톤 이상의 용수 전용 댐, 지방상수도 전용 댐 건설 등의 공사

정답 ②

102 사면 보호 공법 중 구조물에 의한 보호 공법에 해당되지 않는 것은?

① 블럭공　　　　　　　　② 식생구멍공
③ 돌쌓기공　　　　　　　④ 현장타설 콘크리트 격자공

해설

사면 보호 공법은 식생공법, 피복공법, 뿜칠공법, 격자틀공법, 낙석방호공법, 블록공, 돌쌓기공 등이 있다.

정답 ②

103 미리 작업장소의 지형 및 지반상태 등에 적합한 제한속도를 정하지 않아도 되는 차량계 건설기계의 속도 기준은?

① 최대 제한 속도가 10km/h 이하　　② 최대 제한 속도가 20km/h 이하
③ 최대 제한 속도가 30km/h 이하　　④ 최대 제한 속도가 40km/h 이하

해설

사전에 작업장소의 지형 및 지반상태 등에 적합한 제한속도를 정하지 않아도 되는 차량계 건설기계의 속도 기준은 최대 제한 속도가 10km/h 이하이다.

정답 ①

104 발파구간 인접구조물에 대한 피해 및 손상을 예방하기 위한 건물기초에서의 허용진동치 (cm/sec) 기준으로 옳지 않은 것은? (단, 기존 구조물에 금이 가 있거나 노후구조물 대상일 경우 등은 고려하지 않는다.)

① 문화재 : 0.2cm/sec　　　　② 주택, 아파트 : 0.5cm/sec
③ 상가 : 1.0cm/sec　　　　　④ 철골콘크리트 빌딩 : 0.8 ~ 1.0cm/sec

해설

「발파작업표준안전작업지침」 제5조(진동 및 파손)

건물분류	문화재	주택 아파트	상가 (금이 없는 상태)	철골·콘크리트 빌딩 및 상가
건물기초에서의 허용진동치(cm/sec)	0.2	0.5	1.0	1.0~4.0

정답 ④

---

105 동바리 유형에 따른 동바리 조립 시의 안전조치 기준으로 옳지 않은 것은? (개정 법령에 맞게 문제를 수정함)

① 동바리로 사용하는 파이프 서포트를 이어서 사용하는 경우에는 3개 이상의 볼트 또는 전용철물을 사용하여 이을 것
② 동바리로 사용하는 강관틀은 강관틀과 강관틀 사이에 교차가새를 설치할 것
③ 동바리로 사용하는 파이프 서포트를 3개 이상 이어서 사용하지 않도록 할 것
④ 동바리로 사용하는 강관틀은 최상단 및 5단 이내마다 동바리의 틀면의 방향에서 양단 및 5개틀 이내마다 교차가새의 방향으로 띠장틀을 설치할 것

해설

「산업안전보건기준에 관한 규칙」 제332조의2(동바리 유형에 따른 동바리 조립 시의 안전조치)
사업주는 동바리를 조립할 때 동바리의 유형별로 다음 각 호의 구분에 따른 각 목의 사항을 준수해야 한다.
1. 동바리로 사용하는 파이프 서포트의 경우
  가. 파이프 서포트를 3개 이상 이어서 사용하지 않도록 할 것
  나. 파이프 서포트를 이어서 사용하는 경우에는 4개 이상의 볼트 또는 전용철물을 사용하여 이을 것
  다. 높이가 3.5미터를 초과하는 경우에는 높이 2미터 이내마다 수평연결재를 2개 방향으로 만들고 수평연결재의 변위를 방지할 것
2. 동바리로 사용하는 강관틀의 경우
  가. 강관틀과 강관틀 사이에 교차가새를 설치할 것
  나. 최상단 및 5단 이내마다 동바리의 측면과 틀면의 방향 및 교차가새의 방향에서 5개 이내마다 수평연결재를 설치하고 수평연결재의 변위를 방지할 것
  다. 최상단 및 5단 이내마다 동바리의 틀면의 방향에서 양단 및 5개틀 이내마다 교차가새의 방향으로 띠장틀을 설치할 것
[본조신설 2023. 11. 14.]

정답 ①

106 안전계수가 4이고 2,000MPa의 인장강도를 갖는 강선의 최대허용응력은?

① 500MPa　　② 1,000MPa　　③ 1,500MPa　　④ 2,000MPa

해설

최대허용응력 = $\dfrac{\text{인장강도}}{\text{안전계수}} = \dfrac{2,000}{4} = 500\text{Mpa}$

정답 ①

107 화물을 적재하는 경우의 준수사항으로 옳지 않은 것은?

① 침하 우려가 없는 튼튼한 기반 위에 적재할 것
② 건물의 칸막이나 벽 등이 화물의 압력에 견딜 만큼의 강도를 지니지 아니한 경우에는 칸막이나 벽에 기대어 적재하지 않도록 할 것
③ 불안정할 정도로 높이 쌓아 올리지 말 것
④ 하중이 한쪽으로 치우치더라도 화물을 최대한 효율적으로 적재할 것

해설

화물을 적재하는 경우 하중이 한쪽으로 치우치지 않도록 한다.

정답 ④

108 공사진척에 따른 공정률이 다음과 같을 때 안전관리비 사용기준으로 옳은 것은? (단, 공정률은 기성공정률을 기준으로 함)

> 공정률 : 70% 이상 ~ 90% 미만

① 50퍼센트 이상　② 60퍼센트 이상　③ 70퍼센트 이상　④ 80퍼센트 이상

해설

「건설업 산업안전보건관리비 계상 및 사용기준」 [별표 3]

공사진척에 따른 안전관리비 사용기준

공정률	50퍼센트 이상 70퍼센트 미만	70퍼센트 이상 90퍼센트 미만	90퍼센트 이상
사용기준	50퍼센트 이상	70퍼센트 이상	90퍼센트 이상

*공정률은 기성공정률을 기준으로 한다.

정답 ③

109 차량계 건설기계를 사용하여 작업을 하는 경우 작업계획서 내용에 포함되지 않는 사항은?

① 사용하는 차량계 건설기계의 종류 및 성능
② 차량계 건설기계의 운행경로
③ 차량계 건설기계에 의한 작업방법
④ 차량계 건설기계 사용 시 유도자 배치 위치

해설

「산업안전보건기준에 관한 규칙」[별표 4] 사전조사 및 작업계획서 내용(제38조 제1항 관련)
① 사용하는 차량계 건설기계의 종류 및 성능
② 차량계 건설기계의 운행경로
③ 차량계 건설기계에 의한 작업방법

정답 ④

110 철골작업을 중지하여야 하는 기후조건에 해당하지 않는 것은?

① 풍속이 초당 10m 이상인 경우
② 강우량이 시간당 1mm 이상인 경우
③ 강설량이 시간당 1cm 이상인 경우
④ 기온이 영하 5℃ 이하인 경우

해설

「산업안전보건기준에 관한 규칙」 제383조(작업의 제한)
사업주는 다음 각 호의 어느 하나에 해당하는 경우에 철골작업을 중지하여야 한다.
1. 풍속이 초당 10미터 이상인 경우
2. 강우량이 시간당 1밀리미터 이상인 경우
3. 강설량이 시간당 1센티미터 이상인 경우

정답 ④

111 지하수위 상승으로 포화된 사질토 지반의 액상화 현상을 방지하기 위한 가장 직접적이고 효과적인 대책은?

① well point 공법 적용
② 동다짐 공법 적용
③ 입도가 불량한 재료를 입도가 양호한 재료로 치환
④ 밀도를 증가시켜 한계간극비 이하로 상대밀도를 유지하는 방법 강구

액상화

사질지반에서 순간적인 충격, 지진, 진동 등에 의해 간극수압이 상승하여 유효응력이 감소되고, 전단저항을 상실하여 지반이 액체처럼 되는 현상. 액상화의 대책으로 탈수 공법인 샌드드레인(sand drain), 페이퍼드레인(paper drain), 팩 드레인(pack drain), 배수 공법인 웰포인트(well point), 딥웰(deepwell)을 적용한다. 입도를 개량하는 치환 공법, 약액주입 공법, 전단변형을 억제하기 위한 Sheet Pile 공법과, 지하연속벽 공법을 적용할 수 있다.

정답 ①

112 강관을 사용하여 비계를 구성하는 경우 준수하여야 할 기준으로 옳지 않은 것은?

① 비계기둥의 간격은 띠장 방향에서는 1.85m 이하, 장선(長線) 방향에서는 1.5m 이하로 할 것
② 띠장 간격은 2.0m 이하로 할 것
③ 비계기둥의 제일 윗부분으로부터 31m 되는 지점 밑부분의 비계기둥은 3개의 강관으로 묶어 세울 것
④ 비계기둥 간의 적재하중은 400kg을 초과하지 않도록 할 것

「산업안전보건기준에 관한 규칙」 제60조(강관비계의 구조)   〈개정 2023. 11. 14.〉

1. 비계기둥의 간격은 띠장 방향에서는 1.85미터 이하, 장선(長線) 방향에서는 1.5미터 이하로 할 것. 다만, 다음 각 목의 어느 하나에 해당하는 작업의 경우에는 안전성에 대한 구조검토를 실시하고 조립도를 작성하면 띠장 방향 및 장선 방향으로 각각 2.7미터 이하로 할 수 있다.
   가. 선박 및 보트 건조작업
   나. 그 밖에 장비 반입·반출을 위하여 공간 등을 확보할 필요가 있는 등 작업의 성질상 비계기둥 간격에 관한 기준을 준수하기 곤란한 작업
2. 띠장 간격은 2.0미터 이하로 할 것. 다만, 작업의 성질상 이를 준수하기가 곤란하여 쌍기둥틀 등에 의하여 해당 부분을 보강한 경우에는 그러하지 아니하다.
3. 비계기둥의 제일 윗부분으로부터 31미터되는 지점 밑부분의 비계기둥은 2개의 강관으로 묶어 세울 것. 다만, 브라켓(bracket, 까치발) 등으로 보강하여 2개의 강관으로 묶을 경우 이상의 강도가 유지되는 경우에는 그러하지 아니하다.
4. 비계기둥 간의 적재하중은 400킬로그램을 초과하지 않도록 할 것

정답 ③

113 이동식비계를 조립하여 작업을 하는 경우에 준수하여야 할 기준으로 옳지 않은 것은?

① 승강용사다리는 견고하게 설치할 것
② 비계의 최상부에서 작업을 하는 경우에는 안전난간을 설치할 것
③ 작업발판의 최대적재하중은 400kg을 초과하지 않도록 할 것
④ 작업발판은 항상 수평을 유지하고 작업발판 위에서 안전난간을 딛고 작업을 하거나 받침대 또는 사다리를 사용하여 작업하지 않도록 할 것

해설

「산업안전보건기준에 관한 규칙」 제68조(이동식비계)
사업주는 이동식비계를 조립하여 작업을 하는 경우에는 다음 각 호의 사항을 준수하여야 한다.
1. 이동식비계의 바퀴에는 뜻밖의 갑작스러운 이동 또는 전도를 방지하기 위하여 브레이크·쐐기 등으로 바퀴를 고정시킨 다음 비계의 일부를 견고한 시설물에 고정하거나 아웃트리거를 설치하는 등 필요한 조치를 할 것
2. 승강용사다리는 견고하게 설치할 것
3. 비계의 최상부에서 작업을 하는 경우에는 안전난간을 설치할 것
4. 작업발판은 항상 수평을 유지하고 작업발판 위에서 안전난간을 딛고 작업을 하거나 받침대 또는 사다리를 사용하여 작업하지 않도록 할 것
5. 작업발판의 최대적재하중은 250킬로그램을 초과하지 않도록 할 것

정답 ③

114 가설통로를 설치하는 경우 준수하여야 할 기준으로 옳지 않은 것은?

① 경사는 30° 이하로 할 것
② 경사가 15°를 초과하는 경우에는 미끄러지지 아니하는 구조로 할 것
③ 추락할 위험이 있는 장소에는 안전난간을 설치할 것
④ 수직갱에 가설된 통로의 길이가 15m 이상인 경우에는 7m 이내마다 계단참을 설치할 것

해설

「산업안전보건기준에 관한 규칙」 제23조(가설통로의 구조)
사업주는 가설통로를 설치하는 경우 다음 각 호의 사항을 준수하여야 한다.
1. 견고한 구조로 할 것
2. 경사는 30도 이하로 할 것. 다만, 계단을 설치하거나 높이 2미터 미만의 가설통로로서 튼튼한 손잡이를 설치한 경우에는 그러하지 아니하다.
3. 경사가 15도를 초과하는 경우에는 미끄러지지 아니하는 구조로 할 것
4. 추락할 위험이 있는 장소에는 안전난간을 설치할 것. 다만, 작업상 부득이한 경우에는 필요한 부분만 임시로 해체할 수 있다.
5. 수직갱에 가설된 통로의 길이가 15미터 이상인 경우에는 10미터 이내마다 계단참을 설치할 것
6. 건설공사에 사용하는 높이 8미터 이상인 비계다리에는 7미터 이내마다 계단참을 설치할 것

정답 ④

115 흙의 투수계수에 영향을 주는 인자에 관한 설명으로 옳지 않은 것은?

① 포화도 : 포화도가 클수록 투수계수도 크다.
② 공극비 : 공극비가 클수록 투수계수는 작다.
③ 유체의 점성계수 : 점성계수가 클수록 투수계수는 작다.
④ 유체의 밀도 : 유체의 밀도가 클수록 투수계수는 크다.

해설

공극비가 클수록 투수계수는 크다.

정답 ②

116 거푸집 동바리 등을 조립 또는 해체하는 작업을 하는 경우의 준수사항으로 옳지 않은 것은?

① 재료, 기구 또는 공구 등을 올리거나 내리는 경우에는 근로자로 하여금 달줄·달포대 등의 사용을 금하도록 할 것
② 낙하·충격에 의한 돌발적 재해를 방지하기 위하여 버팀목을 설치하고 거푸집동바리 등을 인양장비에 매단 후에 작업을 하도록 하는 등 필요한 조치를 할 것
③ 비, 눈, 그 밖의 기상상태의 불안정으로 날씨가 몹시 나쁜 경우에는 그 작업을 중지할 것
④ 해당 작업을 하는 구역에는 관계 근로자가 아닌 사람의 출입을 금지할 것

해설

「산업안전보건기준에 관한 규칙」 제333조(조립·해체 등 작업 시의 준수사항)
① 사업주는 기둥·보·벽체·슬래브 등의 거푸집동바리 등을 조립하거나 해체하는 작업을 하는 경우에는 다음 각 호의 사항을 준수해야 한다. <개정 2021. 5. 28., 2023. 11. 14.>
  1. 해당 작업을 하는 구역에는 관계 근로자가 아닌 사람의 출입을 금지할 것
  2. 비, 눈, 그 밖의 기상상태의 불안정으로 날씨가 몹시 나쁜 경우에는 그 작업을 중지할 것
  3. 재료, 기구 또는 공구 등을 올리거나 내리는 경우에는 근로자로 하여금 달줄·달포대 등을 사용하도록 할 것
  4. 낙하·충격에 의한 돌발적 재해를 방지하기 위하여 버팀목을 설치하고 거푸집동바리 등을 인양장비에 매단 후에 작업을 하도록 하는 등 필요한 조치를 할 것
② 사업주는 철근조립 등의 작업을 하는 경우에는 다음 각 호의 사항을 준수하여야 한다.
  1. 양중기로 철근을 운반할 경우에는 두 군데 이상 묶어서 수평으로 운반할 것
  2. 작업위치의 높이가 2미터 이상일 경우에는 작업발판을 설치하거나 안전대를 착용하게 하는 등 위험 방지를 위하여 필요한 조치를 할 것 [제목개정 2023. 11. 14.]

정답 ①

117 터널공사의 전기발파작업에 관한 설명으로 옳지 않은 것은?

① 전선은 점화하기 전에 화약류를 충진한 장소로부터 30m 이상 떨어진 안전한 장소에서 도통시험 및 저항시험을 하여야 한다.
② 점화는 충분한 허용량을 갖는 발파기를 사용하고 규정된 스위치를 반드시 사용하여야 한다.
③ 발파 후 발파기와 발파모선의 연결을 유지한 채 그 단부를 절연시킨 후 재점화가 되지 않도록 한다.
④ 점화는 선임된 발파책임자가 행하고 발파기의 핸들을 점화할 때 이외는 시건장치를 하거나 모선을 분리하여야 하며 발파책임자의 엄중한 관리하에 두어야 한다.

해설

「터널공사표준안전작업지침」 제8조(전기발파)
사업주는 전기발파작업 시 다음 각 호의 사항을 준수하도록 하여야 한다.
1. 미지전류의 유무에 대하여 확인하고 미지전류가 0.01A 이상일 때에는 전기발파를 하지 않아야 한다.
2. 전기발파기는 충분한 기동이 있는지의 여부를 사전에 점검하여야 한다.

3. 도통시험기는 소정의 저항치가 나타나는가에 대해 사전에 점검하여야 한다.
4. 약포에 뇌관을 장치할 때에는 반드시 전기뇌관의 저항을 측정하여 소정의 저항치에 대하여 오차가 ±0.1Ω 이내에 있는가를 확인하여야 한다.
5. 발파모선의 배선에 있어서는 점화장소를 발파현장에서 충분히 떨어져 있는 장소로 하고 물기나 철관, 궤도 등이 없는 장소를 택하여야 한다.
6. 점화장소는 발파현장이 잘 보이는 곳이어야 하며 충분히 떨어져 있는 안전한 장소로 택하여야 한다.
7. 전선은 점화하기 전에 화약류를 충진한 장소로부터 30m 이상 떨어진 안전한 장소에서 도통시험 및 저항시험을 하여야 한다.
8. 점화는 충분한 허용량을 갖는 발파기를 사용하고 규정된 스위치를 반드시 사용하여야 한다.
9. 점화는 선임된 발파책임자가 행하고 발파기의 핸들을 점화할 때 이외는 시건장치를 하거나 모선을 분리하여야 하며 발파책임자의 엄중한 관리하에 두어야 한다.
10. 발파 후 즉시 발파모선을 발파기로부터 분리하고 그 단부를 절연시킨 후 재점화가 되지 않도록 하여야 한다.
11. 발파 후 30분 이상 경과한 후가 아니면 발파장소에 접근하지 않아야 한다.

정답 ③

118 터널 지보공을 조립하거나 변경하는 경우에 조치하여야 하는 사항으로 옳지 않은 것은?

① 목재의 터널 지보공은 그 터널 지보공의 각 부재에 작용하는 긴압 정도를 체크하여 그 정도가 최대한 차이나도록 할 것
② 강(鋼)아치 지보공의 조립은 연결볼트 및 띠장 등을 사용하여 주재 상호 간을 튼튼하게 연결할 것
③ 기둥에는 침하를 방지하기 위하여 받침목을 사용하는 등의 조치를 할 것
④ 주재(主材)를 구성하는 1세트의 부재는 동일 평면 내에 배치할 것

해설

「산업안전보건기준에 관한 규칙」 제364조(조립 또는 변경 시의 조치)
사업주는 터널 지보공을 조립하거나 변경하는 경우에는 다음 각 호의 사항을 조치하여야 한다.
1. 주재(主材)를 구성하는 1세트의 부재는 동일 평면 내에 배치할 것
2. 목재의 터널 지보공은 그 터널 지보공의 각 부재의 긴압 정도가 균등하게 되도록 할 것
3. 기둥에는 침하를 방지하기 위하여 받침목을 사용하는 등의 조치를 할 것
4. 강(鋼)아치 지보공의 조립은 다음 각 목의 사항을 따를 것
    가. 조립간격은 조립도에 따를 것
    나. 주재가 아치작용을 충분히 할 수 있도록 쐐기를 박는 등 필요한 조치를 할 것
    다. 연결볼트 및 띠장 등을 사용하여 주재 상호 간을 튼튼하게 연결할 것
    라. 터널 등의 출입구 부분에는 받침대를 설치할 것
    마. 낙하물이 근로자에게 위험을 미칠 우려가 있는 경우에는 널판 등을 설치할 것
5. 목재 지주식 지보공은 다음 각 목의 사항을 따를 것
    가. 주기둥은 변위를 방지하기 위하여 쐐기 등을 사용하여 지반에 고정시킬 것
    나. 양끝에는 받침대를 설치할 것
    다. 터널 등의 목재 지주식 지보공에 세로방향의 하중이 걸림으로써 넘어지거나 비틀어질 우려가 있는 경우에는 양끝 외의 부분에도 받침대를 설치할 것
    라. 부재의 접속부는 꺾쇠 등으로 고정시킬 것
6. 강아치 지보공 및 목재지주식 지보공 외의 터널 지보공에 대해서는 터널 등의 출입구 부분에 받침대를 설치할 것

정답 ①

119 크레인 등 건설장비의 가공전선로 접근 시 안전대책으로 옳지 않은 것은?

① 안전 이격거리를 유지하고 작업한다.
② 장비를 가공전선로 밑에 보관한다.
③ 장비의 조립, 준비 시부터 가공전선로에 대한 감전 방지 수단을 강구한다.
④ 장비 사용 현장의 장애물, 위험물 등을 점검 후 작업계획을 수립한다.

해설

장비를 가공전선로 밑에 보관해서는 안 된다.   정답 ②

120 다음 중 지하수위 측정에 사용되는 계측기는?

① Load Cell   ② Inclinometer   ③ Extensometer   ④ Piezometer

해설

계측기기의 종류

계측기	설명
지중경사계 (Inclinometer)	흙막이벽, 배면지반에 굴착심도보다 깊게 천공하여 설치하여 굴착 작업 시 흙막이가 배면 측압에 의해 기울어지는 정도를 파악
지하수위계 (Water level meter)	흙막이벽 배면지반에 대수층까지 천공하여 설치하고, 지하수위의 변화를 측정하여 지하수위 변화의 원인을 분석
간극수압계 (Piezometer)	연약지반의 배면에 연약층의 깊이별로 설치하고 굴착 작업에 따른 과잉간극수압의 변화를 측정하여 안전성을 판단
변형률계 (Strain Gauge)	지보공(strut) 및 띠장(wale), 각종 강재에 용접 등으로 부착을 하고 굴착 작업에 따른 지보공(strut) 및 띠장(wale), 각종 강재 등의 변형 정도를 측정
지표침하계 (Surface Settlement)	흙막이벽 배면 및 인접도로변에 설치하여 굴착작업으로 인한 인접지반의 침하를 측정
하중계 (Load Cell)	지보공(strut), 어스앵커(Earth Anchor) 부위에 각 단계별로 하향 굴착하면서 설치하여, 축하중 변화상태를 측정해 부재의 안전성을 파악
지중침하계 (Extensometer)	흙막이벽 배면과 인접 건물 주변에 천공하여 설치하는 것으로, 각 층별 침하량의 변동 상태를 확인
균열측정기 (Crack guage)	인접구조물에 설치하여 굴착 등의 작업으로 인한 균열의 크기와 변화를 측정
건물경사계 (Tilt meter)	인접구조물의 골조 등에 설치하여 굴착 등의 작업으로 인한 건물의 기울기를 측정해 안전진단에 활용
진동·소음 측정기 (Vibration monitor)	인접구조물 또는 현장에 굴착 작업 등으로 인해 발생하는 소음과 진동의 정도를 측정

정답 정답 없음, 지하수위계(Water level meter)

PART 07   2021년 2회 기출

2021.05.15.시행

1과목   산업안전관리론

01 산업안전보건법령상 자율안전확인 안전모의 시험성능기준 항목으로 명시되지 않은 것은?

① 난연성   ② 내관통성   ③ 내전압성   ④ 턱끈풀림

해설

안전모(자율안전확인)의 성능기준

항목	시험성능기준
내관통성	안전모는 관통거리가 11.1밀리미터 이하이어야 한다.
충격흡수성	최고전달충격력이 4,450뉴턴(N)을 초과해서는 안되며, 모체와 착장체의 기능이 상실되지 않아야 한다.
난연성	모체가 불꽃을 내며 5초 이상 연소되지 않아야 한다.
턱끈풀림	150뉴턴(N) 이상 250뉴턴(N) 이하에서 턱끈이 풀려야 한다.

정답 ③

02 산업재해의 발생형태에 따른 분류 중 단순 연쇄형에 속하는 것은? (단, ○는 재해발생의 각종 요소를 나타냄)

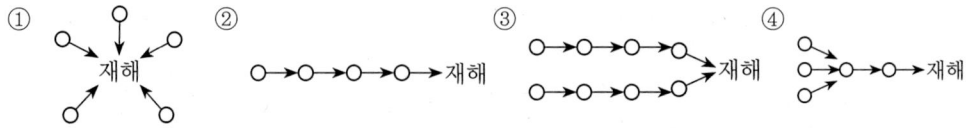

해설

연쇄성
- 하나의 사고요인이 또 다른 요인으로 발생시키면서 발생
- 단순 연쇄형, 복합 연쇄형

정답 ②

03 산업안전보건법령상 안전인증대상기계에 해당하지 않는 것은?

① 크레인　　② 곤돌라　　③ 컨베이어　　④ 사출성형기

 해설

「산업안전보건법 시행령」제74조(안전인증대상기계 등)
크레인, 리프트, 프레스, 곤돌라, 전단기 및 절곡기, 압력용기, 사출성형기, 고소작업대, 롤러기

정답 ③

04 하인리히의 1 : 29 : 300 법칙에서 "29"가 의미하는 것은?

① 재해　　② 중상해　　③ 경상해　　④ 무상해사고

 해설

하인리히의 1 : 29 : 300 법칙
재해 구성 비율 1 : 29 : 300은 330회의 사고 중에서 중상 또는 사망 1회, 경상해 29회, 무상해 사고 300회 발생하는 것으로 재해의 배후에는 상해를 수반하지 않는 300건의 사고가 발생함.

정답 ③

05 A 사업장에서는 산업재해로 인한 인적·물적 손실을 줄이기 위하여 안전행동 실천운동 (5C운동)을 실시하고자 한다. 5C 운동에 해당하지 않는 것은?

① Control　　② Correctness　　③ Cleaning　　④ Checking

 해설

5C운동
① 복장단정(Corretness)　② 정리정돈(Clearance)　③ 점검 및 확인(Cleaning)
④ 전심전력(Checking)　⑤ 청소청결(Concentration)

정답 ①

06 기계, 기구, 설비의 신설, 변경 내지 고장 수리 시 실시하는 안전점검의 종류로 옳은 것은?

① 특별점검　　② 수시점검　　③ 정기점검　　④ 임시점검

해설

안전점검의 종류
1) 일상점검(수시점검) : 작업 전, 작업 중, 작업 후 실시
2) 정기점검 : 정기적 실시 (주, 월, 분기, 년)
3) 특별점검

① 기계기구 신설 및 변경 시 점검
② 고장 수리 등에 의한 점검
③ 안전강조기간 등에 의한 점검
4) 임시점검 : 재해 등 이상 발견 시 실시하는 임시 점검

정답 ①

07 건설기술 진흥법령상 건설사고조사 위원회의 구성 기준 중 다음 (　)에 알맞은 것은?

> 건설사고조사위원회는 위원장 1명을 포함한 (　)명 이내의 위원으로 구성한다.

① 9　　　　② 10　　　　③ 11　　　　④ 12

 해설

「건설사고조사위원회운영규정」 제4조(건설사고조사위원회의 구성)
국토해양부장관 및 발주청 등은 건설사고조사위원의 선정 시 다음 사항을 고려하여 선정한다.
① 건설사고조사위원회는 건설사고조사위원장 1인을 포함하여 12인 이내의 위원으로 구성하며, 위원을 선정할 때는 건설사고발생현황보고서 등을 참고하여 선정한다.
② 건설사고조사위원장은 국토해양부장관 또는 발주청 등이 임명한다.
③ 건설사고조사위원은 공정성과 형평성 등을 위하여 전문분야별 출신학교, 직업, 시민단체, 연령 등이 어느 한쪽에 편중되지 아니 하도록 한다.
④ 건설사고 조사 중 전문분야의 변경 등 위원교체가 필요할 때에는 위원장의 요구에 의하여 국토해양부장관, 발주청 등이 교체할 수 있다.

정답 ④

08 작업자가 불안전한 작업대에서 작업 중 추락하여 지면에 머리가 부딪혀 다친 경우의 기인물과 가해물로 옳은 것은?

① 기인물 – 지면, 가해물 – 지면
② 기인물 – 작업대, 가해물 – 지면
③ 기인물 – 지면, 가해물 – 작업대
④ 기인물 – 작업대, 가해물 – 작업대

 해설

'작업대'는 기인물이며, '지면'은 가해물이다.

정답 ②

09 무재해운동의 이념 3원칙 중 잠재적인 위험 요인을 발견·해결하기 위하여 전원이 협력하여 각자의 위치에서 의욕적으로 문제해결을 실천하는 원칙은?

① 무의 원칙　　② 선취의 원칙　　③ 관리의 원칙　　④ 참가의 원칙

 해설

무재해운동 3원칙
- 무의 원칙 : 모든 잠재위험요인을 사전에 발견하여 해결
- 참가의 원칙 : 전원이 참여하고 협력하여 잠재적인 위험요인 발견하고 해결
- 선취의 원칙 : 직장의 위험요인을 사전에 발견하고 해결하여 사고 예방

정답 ④

10 하인리히의 사고예방대책 기본원리 5단계에 있어 "시정방법의 선정" 바로 이전 단계에서 행하여지는 사항으로 옳은 것은?

① 분석　　② 사실의 발견　　③ 안전조직 편성　　④ 시정책의 적용

 해설

하인리히의 재해(사고)예방 5단계

단계	내용	조치사항
1 단계	안전보건관리조직	- 안전보건관리조직의 구성 및 운영 - 안전보건관리계획서 수립 및 시행
2 단계	사실의 발견	- 작업분석 및 위험요인 확인 - 점검, 검사 및 재해원인 조사
3 단계	평가 및 분석	재해 조사, 분석, 평가
4 단계	시정책의 선정	- 기술적, 제도적 개선안 수립 - 재발방지 대책을 위한 구체적 강구
5 단계	시정책의 적용	- 대책의 실현 및 재평가 보완 - 3E 및 4M의 대책 적용

정답 ①

11 산업안전보건법령상 산업안전보건위원회의 심의·의결사항으로 틀린 것은? (단, 그 밖에 해당 사업장 근로자의 안전 및 보건을 유지·증진시키기 위하여 필요한 사항은 제외한다.)

① 사업장 경영체계 구성 및 운영에 관한 사항
② 작업환경측정 등 작업환경의 점검 및 개선에 관한 사항
③ 안전보건관리규정의 작성 및 변경에 관한 사항
④ 유해하거나 위험한 기계·기구·설비를 도입한 경우 안전 및 보건 관련 조치에 관한 사항

해설

「산업안전보건법」 제24조(산업안전보건위원회)

① 사업주는 사업장의 안전 및 보건에 관한 중요 사항을 심의·의결하기 위하여 사업장에 근로자위원과 사용자위원이 같은 수로 구성되는 산업안전보건위원회를 구성·운영하여야 한다.

② 사업주는 다음 각 호의 사항에 대해서는 제1항에 따른 산업안전보건위원회(이하 "산업안전보건위원회"라 한다)의 심의·의결을 거쳐야 한다.

1. 제15조 제1항 제1호부터 제5호까지 및 제7호에 관한 사항
   > 1. 사업장의 산업재해 예방계획의 수립에 관한 사항
   > 2. 제25조 및 제26조에 따른 안전보건관리규정의 작성 및 변경에 관한 사항
   > 3. 제29조에 따른 안전보건교육에 관한 사항
   > 4. 작업환경측정 등 작업환경의 점검 및 개선에 관한 사항
   > 5. 제129조부터 제132조까지에 따른 근로자의 건강진단 등 건강관리에 관한 사항
   > 7. 산업재해에 관한 통계의 기록 및 유지에 관한 사항
2. 제15조 제1항 제6호에 따른 사항 중 중대재해에 관한 사항
   > 6. 산업재해의 원인 조사 및 재발 방지대책 수립에 관한 사항
3. 유해하거나 위험한 기계·기구·설비를 도입한 경우 안전 및 보건 관련 조치에 관한 사항
4. 그 밖에 해당 사업장 근로자의 안전 및 보건을 유지·증진시키기 위하여 필요한 사항

정답 ①

12 산업안전보건법령상 안전보건개선계획의 제출에 관한 사항 중 ( )에 알맞은 내용은?

> 안전보건개선계획서를 제출해야 하는 사업주는 안전보건개선계획서 수립 및 시행을 명령 받은 날부터 ( )일 이내에 관할 지방고용노동관서의 장에게 해당 계획서를 제출해야 한다.

① 15 ② 30 ③ 60 ④ 90

해설

「산업안전보건법 시행규칙」 제61조(안전보건개선계획의 제출 등)

① 법 제50조 제1항에 따라 안전보건개선계획서를 제출해야 하는 사업주는 법 제49조 제1항에 따른 안전보건개선계획서 수립·시행 명령을 받은 날부터 60일 이내에 관할 지방고용노동관서의 장에게 해당 계획서를 제출(전자문서로 제출하는 것을 포함한다)해야 한다.

② 제1항에 따른 안전보건개선계획서에는 시설, 안전보건관리체제, 안전보건교육, 산업재해 예방 및 작업환경의 개선을 위하여 필요한 사항이 포함되어야 한다.

정답 ③

13 산업안전보건법령상 명예산업안전감독관의 업무에 속하지 않는 것은? (단, 산업안전보건위원회 구성 대상 사업의 근로자 중에서 근로자대표가 사업주의 의견을 들어 추천하여 위촉된 명예산업 안전감독관의 경우)

① 사업장에서 하는 자체점검 참여
② 보호구의 구입 시 적격품의 선정
③ 근로자에 대한 안전수칙 준수 지도
④ 사업장 산업재해 예방계획 수립 참여

해설

「산업안전보건법 시행령」 제32조(명예산업안전감독관 위촉 등)
② 명예산업안전감독관의 업무는 다음 각 호와 같다. 이 경우 제1항 제1호에 따라 위촉된 명예산업안전감독관의 업무 범위는 해당 사업장에서의 업무(제8호는 제외한다)로 한정하며, 제1항 제2호부터 제4호까지의 규정에 따라 위촉된 명예산업안전감독관의 업무 범위는 제8호부터 제10호까지의 규정에 따른 업무로 한정한다.
 1. 사업장에서 하는 자체점검 참여 및 「근로기준법」 제101조에 따른 근로감독관(이하 "근로감독관"이라 한다)이 하는 사업장 감독 참여
 2. 사업장 산업재해 예방계획 수립 참여 및 사업장에서 하는 기계·기구 자체검사 참석
 3. 법령을 위반한 사실이 있는 경우 사업주에 대한 개선 요청 및 감독기관에의 신고
 4. 산업재해 발생의 급박한 위험이 있는 경우 사업주에 대한 작업중지 요청
 5. 작업환경측정, 근로자 건강진단 시의 참석 및 그 결과에 대한 설명회 참여
 6. 직업성 질환의 증상이 있거나 질병에 걸린 근로자가 여러 명 발생한 경우 사업주에 대한 임시건강진단 실시 요청
 7. 근로자에 대한 안전수칙 준수 지도
 8. 법령 및 산업재해 예방정책 개선 건의
 9. 안전·보건 의식을 북돋우기 위한 활동 등에 대한 참여와 지원
 10. 그 밖에 산업재해 예방에 대한 홍보 등 산업재해 예방업무와 관련하여 고용노동부장관이 정하는 업무

정답 ②

14 산업안전보건법령상 다음 (　)에 알맞은 내용은?

> 안전보건관리규정의 작성 대상 사업의 사업주는 안전보건관리규정을 작성해야 할 사유가 발생한 (　)이내에 안전보건관리규정의 세부내용을 포함한 안전보건관리규정을 작성해야 한다.

① 10일　　② 15일　　③ 20일　　④ 30일

해설

「산업안전보건법 시행규칙」 제25조(안전보건관리규정의 작성)
① 법 제25조 제3항에 따라 안전보건관리규정을 작성해야 할 사업의 종류 및 상시근로자 수는 별표 2와 같다.
② 제1항에 따른 사업의 사업주는 안전보건관리규정을 작성해야 할 사유가 발생한 날부터 30일 이내에 별표 3의 내용을 포함한 안전보건관리규정을 작성해야 한다. 이를 변경할 사유가 발생한 경우에도 또한 같다.
③ 사업주가 제2항에 따라 안전보건관리규정을 작성할 때에는 소방·가스·전기·교통 분야 등의 다른 법령에서 정하는 안전관리에 관한 규정과 통합하여 작성할 수 있다.

정답 ④

15 산업안전보건법령상 안전보건표지의 용도가 금지일 경우 사용되는 색채로 옳은 것은?

① 흰색　　　② 녹색　　　③ 빨간색　　　④ 노란색

해설

「산업안전보건법 시행규칙」[별표 8]

안전보건표지의 색도기준 및 용도(제38조 제3항 관련)

색채	색도기준	용도	사용 례
빨간색	7.5R 4/14	금지	정지신호, 소화설비 및 그 장소, 유해행위의 금지
		경고	화학물질 취급장소에서의 유해·위험 경고
노란색	5Y 8.5/12	경고	화학물질 취급장소에서의 유해·위험경고 이외의 위험경고, 주의표지 또는 기계방호물
파란색	2.5PB 4/10	지시	특정 행위의 지시 및 사실의 고지
녹색	2.5G 4/10	안내	비상구 및 피난소, 사람 또는 차량의 통행표지
흰색	N9.5		파란색 또는 녹색에 대한 보조색
검은색	N0.5		문자 및 빨간색 또는 노란색에 대한 보조색

1. 허용 오차 범위 H = ± 2, V = ± 0.3, C = ± 1(H는 색상, V는 명도, C는 채도를 말한다)
2. 위의 색도기준은 한국산업규격(KS)에 따른 색의 3속성에 의한 표시방법(KSA 0062 기술표준원 고시 (제2008-0759)에 따른다.

정답 ③

16 연평균근로자수가 400명인 사업장에서 연간 2건의 재해로 인하여 4명의 사상자가 발생하였다. 근로자가 1일 8시간씩 연간 300일을 근무하였을 때 이 사업장의 연천인율은?

① 1.85　　　② 4.4　　　③ 5　　　④ 10

해설

연천인율
- 임금근로자 1,000명당 1년간 발생하는 재해자 수
- 연천인율 = $\dfrac{재해자수}{연평균근로자수} \times 1,000 =$ 도수율(빈도율) $\times 2.4 = \dfrac{4}{400} \times 1,000 = 10$

정답 ④

17 하인리히의 재해 손실비 평가방식에서 간접비에 속하지 않는 것은?

① 요양급여　　　② 시설복구비　　　③ 교육훈련비　　　④ 생산손실비

해설

1) 직접비(재해자에게 지급되는 법령으로 정해진 산재보험비)
　① 장해보상비, ② 유족보상비, ③ 간병비, ④ 장의비, ⑤ 요양보상비, ⑥ 휴업보상비

2) 간접비(기업이 입은 손실)
   ① 인적손실 : 본인, 제3자의 시간손실
   ② 물적손실 : 기계, 시설 등을 복구하는 데 소요되는 시간 손실 및 재산 손실
   ③ 생산손실 : 생산 중단, 감소, 판매 감소 등에 관한 손실
   ④ 특수손실
   ⑤ 기타손실

정답 ①

18 다음이 설명하는 무재해운동추진기법은?

> 피부를 맞대고 같이 소리치는 것으로서 팀의 일체감, 연대감을 조성할 수 있고 동시에 대뇌 피질에 좋은 이미지를 불어 넣어 안전행동을 하도록 하는 것

① 역할연기(Role Playing)　　② TBM(Tool Box Meeting)
③ 터치 앤 콜(Touch and Call)　　④ 브레인스토밍(Brain Storming)

해설

터치 앤 콜(Touch and Call)은 직접 피부를 맞대고 같이 소리치며 팀의 일체감, 연대감을 조성하고 동시에 대뇌 피질에 좋은 이미지를 불어 넣어 안전행동을 하도록 한다.

정답 ③

19 시설물의 안전 및 유지관리에 관한 특별법상 제1종 시설물에 명시되지 않은 것은?

① 고속철도 교량　　② 25층인 건축물
③ 연장 300m인 철도 교량　　④ 연면적이 70,000m²인 건축물

해설

시설물 안전 및 유지관리에 관한 특별법 시행령 [별표 1] 〈개정 2021. 1. 5.〉
제1종 시설물 및 제2종 시설물의 종류(제4조 관련)
- 철도교량
  - 고속철도 교량
  - 도시철도의 교량 및 고가교
  - 상부구조형식이 트러스교 및 아치교인 교량
  - 연장 500미터 이상의 교량
- 공동주택 외의 건축물
  - 21층 이상 또는 연면적 5만 제곱미터 이상의 건축물
  - 연면적 3만 제곱미터 이상의 철도역시설 및 관람장
  - 연면적 1만 제곱미터 이상의 지하도상가(지하보도면적을 포함한다)

정답 ③

20 산업안전보건법령상 중대재해가 아닌 것은?

① 사망자가 1명 발생한 재해
② 부상자가 동시에 10명 발생한 재해
③ 직업성 질병자가 동시에 10명 발생한 재해
④ 1개월의 요양이 필요한 부상자가 동시에 2명 발생한 재해

해설

「산업안전보건법」 제3조(중대재해의 범위)
법 제2조 제2호에서 "고용노동부령으로 정하는 재해"란 다음 각 호의 어느 하나에 해당하는 재해를 말한다.
1. 사망자가 1명 이상 발생한 재해
2. 3개월 이상의 요양이 필요한 부상자가 동시에 2명 이상 발생한 재해
3. 부상자 또는 직업성 질병자가 동시에 10명 이상 발생한 재해

정답 ④

2과목 산업심리 및 교육

21 참가자 앞에서 소수의 전문가들이 과제에 관한 견해를 자유롭게 토의한 후 참가자 전원이 참가하여 사회자의 사회에 따라 토의하는 방법은?

① 포럼(forum)
② 심포지엄(symposium)
③ 버즈 세션(buzz session)
④ 패널 디스커션(panel discussion)

해설

패널 디스커션(panel discussion)은 토론회의 일종으로 특정한 문제사안에 대해 다른 의견을 가진 대표가 좌담회 형태로 방청자 앞에서 토의한 후 질문 등을 받으며 토론을 진행하는 것을 말한다.

정답 ④

22 교육법의 4단계 중 일반적으로 적용시간이 가장 긴 것은?

① 도입   ② 제시   ③ 적용   ④ 확인

해설

교육법 단계 중 제시와 적용단계가 가장 소요시간이 길다.

정답 ②, ③

23 안전심리의 5대 요소에 관한 설명으로 틀린 것은?

① 기질이란 감정적인 경향이나 반응에 관계되는 성격의 한 측면이다.
② 감정은 생활체가 어떤 행동을 할 때 생기는 객관적인 동요를 뜻한다.
③ 동기는 능동적인 감각에 의한 자극에서 일어난 사고의 결과로서 사람의 마음을 움직이는 원동력이 되는 것이다.
④ 습성은 한 종에 속하는 개체의 대부분에서 볼 수 있는 일정한 생활양식으로 본능, 학습, 조건반사 등에 따라 형성된다.

해설

감정은 생활체가 어떤 행동을 할 때 생기는 주관적인 동요를 의미한다.

정답 ②

24 스트레스(stress)에 영향을 주는 요인 중 환경이나 외적 요인에 해당하는 것은?

① 자존심의 손상
② 현실에의 부적응
③ 도전의 좌절과 자만심의 상충
④ 직장에서의 대인관계 갈등과 대립

해설

자존심의 손상, 현실 부적응, 도전의 좌절, 자만심 상충은 내적 요인에 해당한다.

정답 ④

25 권한의 근거는 공식적이며, 지휘형태가 권위주의적이고 임명되어 권한을 행사하는 지도자로 옳은 것은?

① 헤드십(head ship)
② 리더십(leader ship)
③ 멤버십(member ship)
④ 매니저십(manager ship)

해설

– 헤드십(head ship) : 공식적인 권한을 행사는 것
– 리더십(leader ship) : 공동의 목표를 달성하기 위해 한 사람이 타인에게 지지와 도움을 얻는 것

정답 ①

26 다음의 내용에서 교육지도의 5단계를 순서대로 바르게 나열한 것은?

㉠ 가설의 설정 ㉡ 결론 ㉢ 원리의 제시 ㉣ 관련된 개념의 분석 ㉤ 자료의 평가

① ㉢ → ㉣ → ㉠ → ㉤ → ㉡
② ㉠ → ㉢ → ㉣ → ㉤ → ㉡
③ ㉢ → ㉠ → ㉤ → ㉣ → ㉡
④ ㉠ → ㉢ → ㉤ → ㉣ → ㉡

ⓒ 원리의 제시 > ⓔ 관련된 개념의 분석 > ⓐ 가설의 설정 > ⓓ 자료의 평가 > ⓑ 결론

정답 ①

27 호손(Hawthome) 실험의 결과 생산성 향상에 영향을 준 가장 큰 요인은?

① 생산 기술
② 임금 및 근로시간
③ 인간 관계
④ 조명 등 작업환경

호손(Hawthorne)의 실험
- 미국의 웨스턴 일렉트릭 회사의 호손 공장에서 행한 사회 심리학 실험
- 작업 능률은 물리적인 작업조건보다는 인간관계가 더 큰 요소로 작용함을 인지하게 됨

정답 ③

28 훈련에 참가한 사람들이 직무에 복귀한 후에 실제 직무수행에서 훈련효과를 보이는 정도를 나타내는 것은?

① 전이 타당도
② 교육 타당도
③ 조직 간 타당도
④ 조직 내 타당도

해설

- 교육 타당도(학습준거) : 교육 참여자들이 처음 설정한 목표를 달성하였는지에 관한 여부
- 전이 타당도(외적준거) : 직무에 복귀한 후에 실제 직무수행에서 교육효과를 보이는 정도
- 조직 간 타당도(외적일반화) : 교육이 현 조직 외에 타 조직에서도 효과가 있는지에 관한 여부
- 조직 내 타당도(내적일반화) : 교육이 조직 내 타 집단에도 실시한 경우의 효과 여부

정답 ①

29 착각현상 중에서 실제로는 움직이지 않는데 움직이는 것처럼 느껴지는 심리적인 현상은?

① 진상
② 원근 착시
③ 가현운동
④ 기하학적 착시

가현 운동(apparent movement)
공간이 다른 위치에 두 개의 대상이 짧은 시간 간격으로 제시되면, 한쪽 대상에서 다른 대상으로의 운동을 볼 수 있는 것 **에** 영화에서 화면이 움직이는 것처럼 보이게 하는 베타운동(β-movement)

정답 ③

30 다음 설명의 리더십 유형은 무엇인가?

> 과업을 계획하고 수행하는데 있어서 구성원과 함께 책임을 공유하고 인간에 대하여 높은 관심을 갖는 리더십

① 권위적 리더십 ② 독재적 리더십
③ 민주적 리더십 ④ 자유방임형 리더십

 해설

민주적 리더십은 구성원과의 책임공유와 인간에 대해 높은 관심을 갖는다.

정답 ③

31 의식수준이 정상이지만 생리적 상태가 적극적일 때에 해당하는 것은?

① Phase 0 ② Phase I ③ Phase Ⅲ ④ Phase Ⅳ

 해설

인간의 의식 레벨의 단계별 신뢰성

단계	의식의 상태	신뢰성	의식의 작용
Phase 0	무의식	0	없음
Phase Ⅰ	의식의 둔화	0.9 이하	부주의
Phase Ⅱ	이완 상태	0.99~0.99999	마음이 안으로 향함, passive
Phase Ⅲ	명료한 상태	0.99999 이상	전향적, active
Phase Ⅳ	과긴장 상태	0.9 이하	한 점에 집중, 판단정지

정답 ③

32 직무수행평가에 대한 효과적인 피드백의 원칙에 대한 설명으로 틀린 것은?

① 직무수행 성과에 대한 피드백의 효과가 항상 긍정적이지는 않다.
② 피드백은 개인의 수행 성과뿐만 아니라 집단의 수행 성과에도 영향을 준다.
③ 부정적 피드백을 먼저 제시하고 그 다음에 긍정적 피드백을 제시하는 것이 효과적이다.
④ 직무수행 성과가 낮을 때, 그 원인을 능력 부족의 탓으로 돌리는 것보다 노력 부족 탓으로 돌리는 것이 더 효과적이다.

 해설

긍정적인 피드백을 제시하고 그 다음에 부정적 피드백을 제시하는 것이 효과적이다.

정답 ③

33 안드라고지(Andragogy) 모델에 기초한 학습자로서의 성인의 특징과 가장 거리가 먼 것은?

① 성인들은 타인 주도적 학습을 선호한다.
② 성인들은 과제 중심적으로 학습하고자 한다.
③ 성인들은 다양한 경험을 가지고 학습에 참여한다.
④ 성인들은 왜 배워야 하는지에 대해 알고자 하는 욕구를 가지고 있다.

해설

성인들은 자기 주도적 학습을 선호한다.
안드라고지[Andragogy, Andros(성인) + Agogos(지도)]
- 학습자 중심 교육으로 학습자가 자기주도적으로 학습 상황 및 과정을 의미함
- 교수자는 지원자와 조력자의 역할을 하며, 교수자와 학생이 서로 협력하여 교육계획 및 목표설정, 평가 등이 이루어짐
- 과업중심, 문제중심, 생활중심의 성향, 학습자의 경험이 가치있는 학습자원으로 여김
- 상반된 의미인 페다고지[Paida(어린이) + Agogos(지도)]가 있음

정답 ①

34 안전태도교육 기본과정을 순서대로 나열한 것은?

① 청취 → 모범 → 이해 → 평가 → 장려 · 처벌
② 청취 → 평가 → 이해 → 모범 → 장려 · 처벌
③ 청취 → 이해 → 모범 → 평가 → 장려 · 처벌
④ 청취 → 평가 → 모범 → 이해 → 장려 · 처벌

해설

안전태도교육은 청취 → 이해 → 모범 → 평가 → 장려 · 처벌순으로 진행한다.

정답 ③

35 산업심리에서 활용되고 있는 개인적인 카운슬링 방법에 해당하지 않는 것은?

① 직접 충고   ② 설득적 방법   ③ 설명적 방법   ④ 토론적 방법

해설

토론적 방법은 개인적 카운슬링 방법에는 적절하지 않다.
카운슬링(Counseling)
- 순서 : 장면 구성 > 내담자 대화 > 의견 재분석 > 감정 표출 > 감정 명확화
- 효과 : 동기부여, 안전태도 확립, 정신적 스트레스 해소
- 방법 : 직접충고, 설득적 방법, 설명적 방법

정답 ④

36 맥그리거(Douglas Mcgregor)의 X, Y이론 중 X이론과 관계 깊은 것은?

① 근면, 성실
② 물질적 욕구 추구
③ 정신적 욕구 추구
④ 자기통제에 의한 자율관리

해설

맥그리거(D. McMgregor)의 X이론과 Y이론
1) X이론에 대한 가정
- 사람들은 원래 일하기 싫어하고, 일하는 것을 가능한 피하려 함
- 바람직한 목표를 이루기 위해서는 사람들을 통제, 위협, 처벌 등이 필요함
- 사람들은 책임을 회피하고 공식적인 지시, 감독을 선호함
- 사람들은 명령 받기를 좋아하며 안전을 바라는 인간관을 지님
- 사람들은 도전적이지 못함

2) Y이론에 대한 가정
- 사람들은 일하는 것을 자연스럽게 받아들임, 놀이나 휴식과 동일한 것으로 볼 수 있음
- 외적으로 들어나는 것보다 많은 잠재력을 소유
- 사람들은 의사결정 능력을 가지고 있으며, 문제 해결 의지를 소유함
- 사람들은 책임을 수용하고 감수하려는 본성을 지님
- 조직의 목표에 동의하는 경우 자발적으로 목표 달성을 위해 노력함

정답 ②

37 교육의 3요소를 바르게 나열한 것은?

① 교사 – 학생 – 교육재료
② 교사 – 학생 – 교육환경
③ 학생 – 교육환경 – 교육재료
④ 학생 – 부모 – 사회 지식인

해설

교육의 3요소는 강사(주체), 학생(객체), 교재(매개체)이다.

정답 ①

38 어느 철강회사의 고로작업라인에 근무하는 A씨의 작업강도가 힘든 중작업으로 평가되었다면 해당되는 에너지대사율(RMR)의 범위로 가장 적절한 것은?

① 0~1　　② 2~4　　③ 4~7　　④ 7~10

해설

에너지 대사율(R.M.R, Relative Metabolic Rate)

$$R.M.R = \frac{운동\ 시\ 산소\ 소모량 - 안정\ 시\ 산소\ 소모량}{기초대사량}$$

0 ~ 1 초경작업	1 ~ 2 경작업
2 ~ 4 보통(중)작업	4 ~ 7 중량작업
7 ~ 초중량작업	

정답 ③

39 Off.J.T의 특징이 아닌 것은?

① 우수한 강사를 확보할 수 있다.
② 교재, 시설 등을 효과적으로 이용할 수 있다.
③ 개개인의 능력 및 적성에 적합한 세부 교육이 가능하다.
④ 다수의 대상자를 일괄적, 체계적으로 교육을 시킬 수 있다.

해설

OFF.J.T(off-the-job training)방식은 다수의 대상자를 일괄적으로 교육하기 때문에 개개인의 능력 및 적성에 적합한 세부 교육이 어렵다.

정답 ③

40 인간의 적응기제(Adjustment mechanism) 중 방어적 기제에 해당하는 것은?

① 보상 ② 고립 ③ 퇴행 ④ 억압

해설

고립, 퇴행, 억압은 도피기제에 해당한다. 방어기제는 어려운 현실에 당면하여 문제의 직접적 해결을 시도하지 않고 현실을 왜곡시켜 체면을 유지하고 심리적 평형을 되찾아 자기를 보존하려고 하는 기제이다.
- 동일시 : 자신이 되고 싶은 인물을 탐색하여 동일시해서 만족을 얻으려는 행동
- 보상 : 계획이 성취되는 데 오는 자존감
- 합리화 : 자신의 행동에 그럴듯한 이유를 붙이는 것(변명)
- 승화 : 가치 있게 목표에 도달하기 위해 노력하는 것

정답 ①

3과목 인간공학 및 시스템안전공학

41 FTA에서 사용하는 다음 사상기호에 대한 설명으로 맞는 것은?

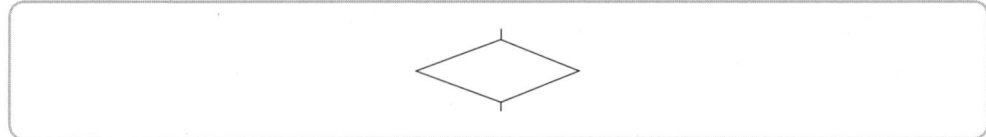

① 시스템 분석에서 좀 더 발전시켜야 하는 사상
② 시스템의 정상적인 가동상태에서 일어날 것이 기대되는 사상
③ 불충분한 자료로 결론을 내릴 수 없어 더 이상 전개할 수 없는 사상
④ 주어진 시스템의 기본사상으로 고장원인이 분석되었기 때문에 더 이상 분석할 필요가 없는 사상

해설

생략사상(최후사상) : 해석기술 부족, 정보 부족으로 더 이상 전개할 수 없는 사상

정답 ③

42 FT도에서 시스템의 신뢰도는 얼마인가? (단, 모든 부품의 발생확률은 0.1이다.)

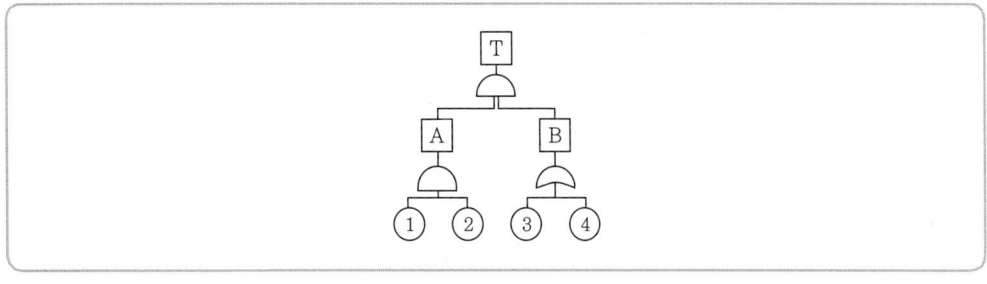

① 0.0033　　② 0.0062　　③ 0.9981　　④ 0.9936

해설

신뢰도(R) = $1 - [(0.1 \times 0.1) \times \{1 - (1-0.1)(1-0.1)\}] = 0.9981$

정답 ③

43 일반적으로 은행의 접수대 높이나 공원의 벤치를 설계할 때 가장 적합한 인체 측정 자료의 응용원칙은?

① 조절식 설계　　② 평균치를 이용한 설계
③ 최대치수를 이용한 설계　　④ 최소치수를 이용한 설계

해설

은행의 접수대 높이나 공원의 벤치를 설계할 때는 불특정 다수를 대상이 이용하기에 평균치를 이용한 설계가 가장 적합하다.

정답 ②

44 감각저장으로부터 정보를 작업기억으로 전달하기 위한 코드화 분류에 해당되지 않는 것은?

① 시각코드　　② 촉각코드　　③ 음성코드　　④ 의미코드

해설

작업기억의 정보는 시각(visual), 음성(phonetic), 의미(semantic) 코드로 저장된다.

정답 ②

45 작업장의 설비 3대에서 각각 80dB, 86dB, 78dB의 소음이 발생되고 있을 때 작업장의 음압수준은?

① 약 81.3dB   ② 약 85.5dB   ③ 약 87.5dB   ④ 약 90.3dB

 해설

작업환경측정 및 정도관리 등에 관한 고시

작업장의 음압수준 $= 10 \log_{10}(10^{\frac{80}{10}} + 10^{\frac{86}{10}} + 10^{\frac{78}{10}}) = 87.491 dB$

정답 ③

46 인간공학 연구방법 중 실제의 제품이나 시스템이 추구하는 특성 및 수준이 달성 되는지를 비교하고 분석하는 연구는?

① 조사연구   ② 실험연구   ③ 분석연구   ④ 평가연구

 해설

차파니스(Chapanis, 미국)의 인간공학
- 목적 : 쾌적성, 기계 조작 능률 및 생산성 향상, 안전성 향상 및 사고방지
- 연구방법
  실험적 연구 : 작업성능에 관한 실험
  평가적 연구 : 실제 제품 또는 시스템 수준 달성 정도 평가
  묘사적 연구 : 인간을 기준으로 한 현장 연구

정답 ④

47 위험분석기법 중 고장이 시스템의 손실과 인명의 사상에 연결되는 높은 위험도를 가진 요소나 고장의 형태에 따른 분석법은?

① CA   ② ETA   ③ FHA   ④ FTA

 해설

C.A(Criticality Analysis) : 정량적·귀납적 위험분석기법으로 위험도를 발생시키는 요소 또는 고장 형태 분석기법. 주로 항공기 안전성 평가에 사용(부품 고장률, 사용시간비율, 보정계수, 운용형태 등)

정답 ①

48 실효 온도(effective temperature)에 영향을 주는 요인이 아닌 것은?

① 온도   ② 습도   ③ 복사열   ④ 공기 유동

 해설

실효온도는 인간이 실제로 느끼는 체감 온도를 말하며 온도, 습도, 공기유동 등에 영향을 받는다.

정답 ③

49 의도는 올바른 것이었지만, 행동이 의도한 것과는 다르게 나타나는 오류는?

① Slip   ② Mistake   ③ Lapse   ④ Violation

해설

- 건망증(lapse) : 기억의 실패 또는 연계적 행위 중 일부 잊어버림으로써 발생하는 것
- 위반(violation) : 규칙을 고의적으로 지키지 않거나 무시하는 것
- 착오(mistake) : 상황을 잘못 해석하거나 목표를 잘못 이해하여 착각하는 것
- 실수(slip) : 상황 또는 목표의 해석 및 이해는 적합하였으나 그 행위가 다른 것

정답 ①

50 일반적인 화학설비에 대한 안정성 평가(safety assessment)절차에 있어 안전대책 단계에 해당되지 않는 것은?

① 보전   ② 위험도 평가   ③ 설비적 대책   ④ 관리적 대책

해설

안정성 평가 단계
1단계(관계자료의 정비검토)
- 공정 개요, 입지조건, 화학설비 배치도, 공정계통도, 안전설비 종류 및 설치 장소 등
2단계(정성적 평가)
- 안전 확보를 위한 기본자료 검토(설계 및 운전관계)
3단계(정량적 평가)
- 재해 가능성이 높거나 중복성 재해에 대한 위험도 평가
- 평가항목(온도, 압력, 물질, 용량, 조작)
- 위험등급Ⅰ(합산점수 16점 이상), 위험등급Ⅱ(합산접수 11~15점), 위험등급Ⅲ(10점 이하)
4단계(설비적·관리(인적)적 안전대책)
5단계(재해정보를 통한 재평가)

정답 ②

51 인간-기계시스템 설계과정 중 직무분석을 하는 단계는?

① 제1단계 : 시스템의 목표와 성능명세 결정
② 제2단계 : 시스템의 정의
③ 제3단계 : 기본 설계
④ 제4단계 : 인터페이스 설계

해설

기본설계 단계에서 직무분석을 실시한다.

정답 ③

52 중량물 들기 작업 시 5분간의 산소소비량을 측정한 결과 90L의 배기량 중에 산소가 16%, 이산화탄소가 4%로 분석되었다. 해당 작업에 대한 산소소비량(L/min)은 약 얼마인가?
(단, 공기 중 질소는 79vol%, 산소는 21vol%이다.)

① 0.948 ② 1.948 ③ 4.74 ④ 5.74

해설

흡기량(5min) = $90\ell \times \dfrac{100\% - 16\% - 4\%}{79\%} = 91.139\ell$

산소소비량(5min) = $(91.139\ell \times 0.21) - (90\ell \times 0.16) = 4.739\ell$

산소소비량(ℓ/min) = $\dfrac{4.739\ell}{5\text{min}} = 0.9478\ell/\text{min}$

정답 ①

53 시스템 수명주기에 있어서 예비위험분석(PHA)이 이루어지는 단계에 해당하는 것은?

① 구상단계 ② 점검단계 ③ 운전단계 ④ 생산단계

정답 ①

54 어떤 설비의 시간당 고장률이 일정하다고 할 때 이 설비의 고장간격은 다음 중 어떤 확률 분포를 따르는가?

① t분포
② 와이블분포
③ 지수분포
④ 아이링(Eyring)분포

해설

지수분포는 사건이 서로 독립적으로 발생할 경우, 일정한 시간동안 사건의 횟수가 포아송 분포를 따르고, 다음 사건이 발생할 때까지 대기시간은 지수분포를 따른다. 시간당 고장률이 일정하다고 가정하면 설비의 고장간격은 지수분포를 따르는 것이 합리적이다.

정답 ③

55 정보를 전송하기 위해 청각적 표시장치보다 시각적 표시장치를 사용하는 것이 더 효과적인 경우는?

① 정보의 내용이 간단한 경우
② 정보가 후에 재참조되는 경우
③ 정보가 즉각적인 행동을 요구하는 경우
④ 정보의 내용이 시간적인 사건을 다루는 경우

해설

청각적 표시장치	시각적 표시장치
① 메시지 · 경고 간단함	① 메시지 · 경고 복잡함
② 메시지 · 경고 짧음	② 메시지 · 경고 긺
③ 메시지 · 경고 재참조 불가	③ 메시지 · 경고 재참조 가능
④ 메시지 · 경고 시간적 사상을 요구	④ 메시지 · 경고 공간적 위치 중요
⑤ 수신자 즉각적인 행동을 요구하는 경우	⑤ 수신자 즉각적인 행동 요구 하지 않음
⑥ 수신자가 직무 시 움직임이 많을 경우	⑥ 수신자가 직무 시 움직임이 거의 없는 경우
⑦ 수신 장소가 암조응 유지를 요하거나 매우 밝은 경우	⑦ 수신 장소가 소음 발생이 큰 경우
⑧ 수신자의 시각 계통이 과부하인 경우	⑧ 수신자의 청각 계통이 과부하인 경우

정답 ②

56 욕조곡선에서의 고장 형태에서 일정한 형태의 고장률이 나타나는 구간은?

① 초기 고장구간 ② 마모 고장구간 ③ 피로 고장구간 ④ 우발 고장구간

해설

욕조곡선(Bath Tub Failure Rate) : 고장률을 시간의 함수로 나타낸 곡선으로 그 곡선의 형태가 욕조 모양과 비슷함.

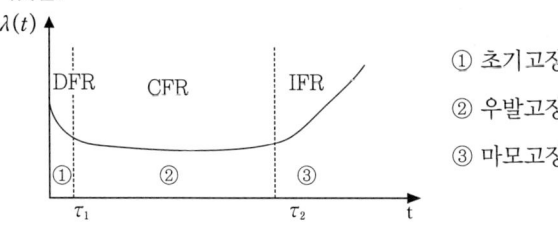

① 초기고장
② 우발고장
③ 마모고장

① 초기고장(Early Failure) : 설계 결함, 제조 결함, 불량부품, 가공 및 조립 등에 생기는 고장
② 우발고장(Random Failure) : 시스템 및 제품이 안정화되면서 우발적인 요인에 의해 발생하는 고장
③ 마모고장(Wearout Failure) : 기계의 노후 또는 마모로 인해 발생하는 것으로 예측 가능한 고장

정답 ④

57 설비보전 방법 중 설비의 열화를 방지하고 그 진행을 지연시켜 수명을 연장하기 위한 점검, 청소, 주유 및 교체 등의 활동은?

① 사후 보전 ② 개량 보전 ③ 일상 보전 ④ 보전 예방

해설

보전의 종류
- 사후보전 : 고장이 발생한 후 시스템을 원래대로 되돌리는 것

- 예방보전 : 설비를 정상 또는 양호한 상태로 유지하는 것
- 개량보전 : 설비 고장 후 부품 개선 또는 설계 변경 등으로 설비 수명 연장 등을 하는 것
- 일상보전 : 설비의 수명을 연장하기 위해 청소, 주유, 교체, 점검 등을 하는 것

정답 ③

58 두 가지 상태 중 하나가 고장 또는 결함으로 나타나는 비정상적인 사건은?

① TOP 사상　　② 결함 사상　　③ 정상적인 사상　　④ 기본적인 사상

해설

결함사상은 두 가지 상태에서 하나가 고장 또는 결함으로 나타나는 비상적인 사상을 말한다.

정답 ②

59 동작경제의 원칙과 가장 거리가 먼 것은?

① 급작스런 방향의 전환은 피하도록 할 것
② 가능한 관성을 이용하여 작업하도록 할 것
③ 두 손의 동작은 같이 시작하고 같이 끝나도록 할 것
④ 두 팔의 동작은 동시에 같은 방향으로 움직일 것

해설

동작경제의 원칙

작업자 관련	작업장 관련
① 두 손 동작 같이 시작 및 완료 ② 양손 동시 휴식 금지(휴식시간 제외) ③ 두 팔 동작은 서로 반대방향 대칭적 ④ 관성을 이용한 작업 ⑤ 갑작스런 손의 동작 및 직선동작 피함 ⑥ 눈의 초점이 모아지는 작업 배제 ⑦ 가능한 한 쉽고 자연스런 리듬의 작업동작 유도	① 모든 공구 및 재료는 지정 위치에 있고, 공구 및 재료, 제어장치는 사용위치에 근접(작업동작이 원활한 위치) ② 낙하식 운반법 지향 ③ 적합한 조명 환경 유지 ④ 중력이송원리 이용(부품상자, 용기) ⑤ 작업대 및 의자높이의 조정 용이

정답 ④

60 음량수준을 평가하는 척도와 관계없는 것은?

① dB　　② HSI　　③ phon　　④ sone

해설

dB, phon, sone은 음량수준을 평가하는 척도이고, HSI은 색상을 표현하는 것이다.

정답 ②

4과목　건설시공학

61 용접작업 시 주의사항으로 옳지 않은 것은?

① 용접할 소재는 수축변형이 일어나지 않으므로 치수에 여분을 두지 않아야 한다.
② 용접할 모재의 표면에 녹·유분 등이 있으면 접합부에 공기포가 생기고 용접부의 재질을 약화시키므로 와이어 브러시로 청소한다.
③ 강우 및 강설 등으로 모재의 표면이 젖어 있을 때나 심한 바람이 불 때는 용접하지 않는다.
④ 용접봉을 교환하거나 다층용접일 때는 슬래그와 스패터를 제거한다.

해설

용접작업 시 용접할 소재는 수축변형이 발생할 수 있으므로 치수에 여분을 두어 실시한다.

정답 ①

62 철근콘크리트 구조물(5~6층)을 대상으로 한 벽, 지하외벽의 철근 고임재 및 간격재의 배치표준으로 옳은 것은?

① 상단은 보 밑에서 0.5m
② 중단은 상단에서 2.0m 이내
③ 횡간격은 0.5m
④ 단부는 2.0m 이내

해설

철근 고임재 및 간격재의 수량 및 배치 표준(국토부 표준시방서 KCS 14 20 11 : 2021 철근공사)

부위	종류	수량 또는 배치간격
기초	강재, 콘크리트	- 8개/4m² - 20개/16m²
지중보	강재, 콘크리트	- 간격은 1.5m - 단부는 1.5m 이내
벽, 지하외벽	강재, 콘크리트	- 상단 보 밑에서 0.5m - 중단은 상단에서 1.5m 이내 - 횡간격은 1.5m - 단부는 1.5m 이내
기둥	강재, 콘크리트	- 상단은 보밑 0.5m 이내 - 중단은 주각과 상단의 중간 - 기둥 폭방향은 1m 미만 2개 - 1m 이상 3개
보	강재, 콘크리트	- 간격은 1.5m - 단부는 1.5m 이내
슬래브	강재, 콘크리트	- 간격은 상·하부 철근 각각 가로 세로 1m

정답 ①

63 벽식 철근콘크리트 구조를 시공할 경우, 벽과 바닥의 콘크리트 타설을 한 번에 가능하게 하기 위하여 벽체용 거푸집과 슬래브거푸집을 일체로 제작하여 한 번에 설치하고 해체할 수 있도록 한 시스템 거푸집은?

① 유로폼 ② 클라이밍폼 ③ 슬립폼 ④ 터널폼

해설

터널폼(Tunnel Form)
벽체와 바닥거푸집을 장선·멍에·지주와 일체화하는 거푸집으로 조립 및 해체 공정을 줄여 공기단축 및 비용 절감 효과가 큰 공법이다. 보가 없는 벽식구조 및 동일한 크기의 평면 및 공간을 시공하는 데 용이한 공법이다. 종류로는 Mono shell form과 Twin shell form이 있다.

정답 ④

64 갱 폼(Gang Form)에 관한 설명으로 옳지 않은 것은?

① 대형화 패널 자체에 버팀대와 작업대를 부착하여 유니트화 한다.
② 수직, 수평 분할 타설 공법을 활용하여 전용도를 높인다.
③ 설치와 탈형을 위하여 대형 양중장비가 필요하다.
④ 두꺼운 벽체를 구축하기에는 적합하지 않다.

해설

갱폼(Gang Form)
외벽에 주로 사용되는 거푸집으로, panel·멍에·장선 등을 일체화하여 반복 사용해 전용성을 높인 것으로, 시공능률이 향상되고, 양중기계 등의 사용으로 노동력 절감 및 공기단축이 가능한 공법이며 두꺼운 벽체를 구축하는 데 용이하다.

정답 ④

65 철근콘크리트 공사 중 거푸집 해체를 위한 검사가 아닌 것은?

① 각종 배관슬리브, 매설물, 인서트, 단열재 등 부착 여부
② 수직, 수평부재의 존치기간 준수 여부
③ 소요의 강도 확보 이전에 지주의 교환 여부
④ 거푸집 해체용 콘크리트 압축강도 확인시험 실시 여부

해설

각종 배관 슬리브(sleeve), 매설물, 인서트, 단열재 등 부착여부는 콘크리트 타설 전 검사항목이다.

정답 ①

66 강재 중 SN 355 B에 관한 설명으로 옳지 않은 것은?

① 건축 구조물에 사용된다.
② 냉간 압연 강재이다.
③ 강재의 두께가 6mm 이상, 40mm 이하일 때 최소 항복강도가 355N/mm²이다.
④ 용접성에 있어 중간 정도의 품질을 갖고 있다.

 해설

SN 355 B는 내진용 강재로 냉간 압연 강재가 아니다.

정답 ②

67 말뚝재하시험의 주요목적과 거리가 먼 것은?

① 말뚝길이의 결정
② 말뚝 관입량 결정
③ 지하수위 추정
④ 지지력 추정

 해설

말뚝재하시험
시공 예정인 말뚝에 대해 실제로 사용되는 상태 또는 이에 가까운 상태에서 지지력 판정의 자료를 얻는 시험으로 직접 지지력을 확인하는 방법이다. 시험방법에는 정재하 시험과 동재하 시험이 있으며, 정재하 시험에는 압축재하, 인발, 수평 재하시험이 있다. 말뚝재하시험은 지하수위 측정을 위함이 아니다.

정답 ③

68 조적식구조에서 내력벽으로 둘러 쌓인 부분의 최대 바닥면적은 얼마인가?

① 60m²
② 80m²
③ 100m²
④ 120m²

 해설

「건축물의 구조기준 등에 관한 규칙」 제31조(내력벽의 높이 및 길이)
① 조적식구조인 건축물 중 2층 건축물에 있어서 2층 내력벽의 높이는 4미터를 넘을 수 없다.
② 조적식구조인 내력벽의 길이[대린벽(對隣壁)의 경우에는 그 접합된 부분의 각 중심을 이은 선의 길이를 말한다. 이하 이 절에서 같다]는 10미터를 넘을 수 없다.
③ 조적식구조인 내력벽으로 둘러쌓인 부분의 바닥면적은 80제곱미터를 넘을 수 없다.

정답 ②

69 철골세우기용 기계설비가 아닌 것은?

① 가이데릭 ② 스티프레그데릭 ③ 진폴 ④ 드래그라인

해설

철골세우기용 기계설비 종류

스티프레그 데릭 (stiffleg derrick)	롤러(roller)가 있어 수평이동이 가능하고, 비교적 층수가 낮고 평면 형태가 긴 건축물에 양중하는데 유리하고, 회전범위 270°, 작업범위는 180°이다.
가이 데릭 (guy derrick)	철골 세우기용으로 가장 많이 적용되는 것으로, 하중능력이 크고, 중량물 운반에 용이하며, 작업범위는 360°이나 수평방향으로 이동이 불가능하다.
타워 크레인 (tower crane)	비교적 고층 건축물에 적용성이 좋으며, 작업능률이 좋고, 붐(boom)이 360°로 가능하다.
트럭 크레인 (truck crane)	트럭 위에 붐을 설치한 것으로 이동성이 좋으며, 비교적 넓은 장소에서 작업성이 좋으나, 아웃트리거 등의 조치를 하여 차량 전도 등의 사고를 방지한다.
진 폴 (gin pole)	비교적 소규모 또는 옥탑 돌출부에 적용성이 좋으며, 원치(winch) 등과 동시 적용하여 중량물 양중에 용이하다.
크롤러 크레인 (crawler crane)	크레인의 주행부가 무한궤도로 되어 있어 연약지반에서 양중 등의 양중을 하는데 용이하며, 이동이 많은 건물에 적합한 장비이다.

정답 ④

70 철근의 피복두께 확보 목적과 가장 거리가 먼 것은?

① 내화성 확보 ② 내구성 확보
③ 구조내력의 확보 ④ 블리딩 현상 방지

해설

블리딩(Bleeding) 현상

콘크리트 타설 후 물과 석고, 불순물 등의 미세한 물질이 콘크리트 타설면으로 상승하고, 무거운 골재나 시멘트는 침하하게 되는 현상을 말한다. 이로 인해 철근과 콘크리트의 부착강도가 저하되고, 슬럼프 및 강도에 영향을 미쳐 콘크리트의 수밀성이 저하된다. 주로 블리딩 현상은 굵은 골재 최대치수가 클수록, 물시멘트비가 클수록, 반죽질기가 클수록, 콘크리트 타설높이가 높고 타설속도가 빠를수록 잘 발생하고, 분말도 낮은 시멘트를 사용, 단위수량 및 다짐, 부재 단면치수가 클수록 많이 발생한다.

정답 ④

71 유동화 콘크리트를 제조할 때 유동화제를 첨가하기 전 기본 배합 콘크리트인 베이스 콘크리트의 슬럼프 기준은? (단, 보통콘크리트의 경우)

① 150mm 이하 ② 180mm 이하 ③ 210mm 이하 ④ 240mm 이하

해설

유동화 콘크리트 제조할 경우 베이스 콘크리트의 슬럼프는 150mm 이하(보통콘크리트)로 한다.

정답 ①

72. 분할도급 발주 방식 중 지하철공사, 고속도로공사 및 대규모 아파트단지 등의 공사에 채용하면 가장 효과적인 것은?

① 직종별 공종별 분할도급
② 공정별 분할도급
③ 공구별 분할도급
④ 전문공종별 분할도급

해설

지하철공사, 고속도로공사 등은 공구별 분할도급방식이 효과적이다.
공구별 분할도급
대규모 공사에서 주로 채용하는 것으로, 지역별로 공사를 분리 발주한다. 주로 지하철, 터널, 교량, 도로 등의 대규모 토목공사에서 채용하는 도급방식이다. 도급업자에게 균등한 기회를 부여하며, 도급업자 상호간의 선의의 경쟁을 통해 공사기간 단축 및 시공 기술의 향상으로 높은 사업 성과를 기대할 수 있다.

정답 ③

73. 흙이 소성 상태에서 반고체 상태로 바뀔 때의 함수비를 의미하는 용어는?

① 예민비 ② 액성한계 ③ 소성한계 ④ 소성지수

해설

흙의 연경도(Consistency)
점착성이 있는 흙은 함수량이 차차 감소하면서 액성·소성·반고체·고체의 상태로 변하는데, 함수량에 의하여 나타나는 이러한 성질을 흙의 연경도라 하고 각각의 변화 한계를 애터버그(Atterberg) 한계라고 한다. 수축한계(shrinkage limit, SL)는 함수량이 감소해도 흙의 부피가 감소하지 않고 함수량이 일정 이상으로 증가하면 흙의 부피가 증가하는 한계의 함수비를 의미한다. 소성한계(plastic limit, PL)는 파괴없이 변형시킬 수 있는 최소 함수비로, 압축, 투수, 강도 등의 흙의 역학적 성질을 추정할 경우 사용된다.

정답 ③

74. 다음 네트워크 공정표에서 주공정선에 의한 총 소요공기(일수)로 옳은 것은? (단, 결함점 간 사이의 숫자는 작업일수임)

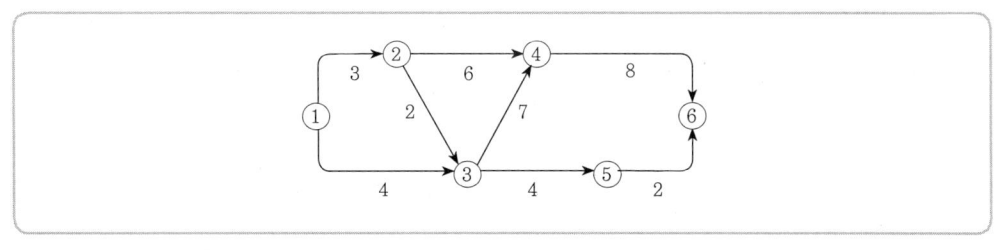

① 17일 ② 19일 ③ 20일 ④ 22일

해설

① → ② → ③ → ④ → ⑥

정답 ③

75 조적 벽면에서의 백화방지에 대한 조치로서 옳지 않은 것은?

① 소성이 잘 된 벽돌을 사용한다.
② 줄눈으로 비가 새어들지 않도록 방수처리한다.
③ 줄눈모르타르에 석회를 혼합한다.
④ 벽돌벽의 상부에 비막이를 설치한다.

해설

줄눈모르타르에 석회를 혼합하면 백화현상이 가중되므로 방수제를 혼합하는 것이 효과적이다.

정답 ③

76 다음 각 기초에 관한 설명으로 옳은 것은?

① 온통기초 : 기둥 1개에 기초판이 1개인 기초
② 복합기초 : 2개 이상의 기둥을 1개의 기초판으로 받치게 한 기초
③ 독립기초 : 조직조의 벽을 지지하는 하부 기초
④ 연속기초 : 건물 하부 전체 또는 지하실 전체를 기초판으로 구성한 기초

해설

기둥 1개에 기초판이 1개인 기초는 독립기초, 조적조의 벽을 지지하는 하부기초는 줄기초, 건물 하부 전체 또는 지하실 전체를 기초판으로 구성하는 기초는 온통기초이다.

정답 ②

77 지반개량 공법 중 배수 공법이 아닌 것은?

① 집수정 공법
② 동결 공법
③ 웰 포인트 공법
④ 깊은 우물 공법

해설

동결 공법은 지반개량 공법 중 고결 공법의 일종으로 지중의 수분을 일시적으로 동결시켜 지반의 강도와 차수성을 향상시키는 공법이다. 토질에 관계없이 일정하게 동결시키며, 시공관리가 용이하고, 신뢰성이 높으며, 동결된 흙의 강도가 대단히 크고 차수성이 높은 장점이 있다. 반면 공사비가 높으며 지하수위 유속이 빠를 경우 동결이 곤란하다. 공법의 종류로는 가스(Gsa)방식과 브라인(Brine)방식이 있다.

정답 ②

78 발주자가 직접 설계와 시공에 참여하고 프로젝트 관련자들이 상호 신뢰를 바탕으로 Team을 구성해서 프로젝트의 성공과 상호이익 확보를 공동 목표로 하여 프로젝트를 추진하는 공사수행 방식은?

① PM 방식(Project Management)
② 파트너링 방식(Partnering)
③ CM 방식(Construction Management)
④ BOT 방식(Build Operate Transfer)

해설

파트너링(Partnering)
건축주(발주자)가 직접 설계 및 시공에 참여하여 발주자와 설계자, 시공자가 하나의 팀으로 구성되어 당해 사업을 시행하는 방식이다.

정답 ②

79 지하 연속벽 공법(slurry wall)에 관한 설명으로 옳지 않은 것은?

① 저진동, 저소음의 공법이다.
② 강성이 높은 지하구조체를 만든다.
③ 타 공법에 비하여 공기, 공사비 면에서 불리한 편이다.
④ 인접 구조물에 근접하도록 시공이 불가하여 대지이용의 효율성이 낮다.

해설

인접 구조물 근접 시공이 가능하고 대지이용 효율성이 높다.

지하연속벽(diaphragm wall) 공법
지수벽 및 구조체로 이용하기위해 지하에 트렌치를 굴착 후 철근망을 삽입 후 콘크리트를 타설하여 여러 패널(panel)을 하나의 구조체로 형성하는 공법을 말하며, 소위 slurry wall이라고도 한다.

정답 ④

80 공사용 표준시방서에 기재하는 사항으로 거리가 먼 것은?

① 재료의 종류, 품질 및 사용처에 관한 사항
② 검사 및 시험에 관한 사항
③ 공정에 따른 공사비 사용에 관한 사항
④ 보양 및 시공상 주의사항

해설

공정에 따른 공사비 사용에 관한 사항은 공사용 표준시방서의 기재사항이 아니다.

정답 ③

5과목　건설재료학

81 각종 금속에 관한 설명으로 옳지 않은 것은?

① 동은 건조한 공기 중에서는 산화하지 않으나, 습기가 있거나 탄산가스가 있으면 녹이 발생한다.
② 납은 비중이 비교적 작고 용융점이 높아 가공이 어렵다.
③ 알루미늄은 비중이 철의 1/3 정도로 경량이며 열·전기전도성이 크다.
④ 청동은 구리와 주석을 주체로 한 합금으로 건축장식부품 또는 미술공예 재료로 사용된다.

해설

납은 천연 산출된 방연광(PbS) 등을 조연 및 정제하고, 밀도 11.4g/cm³, 인장강도 12N/mm², 인성·전성이 크고 방사선 차폐용, 수도·가스관, 케이블 피복 등에 사용한다. 납은 비중(11.36)이 크고 용융점(327)이 낮아 가공이 쉽다.

정답 ②

82 목재의 함수율과 섬유포화점에 관한 설명으로 옳지 않은 것은?

① 섬유포화점은 세포 사이의 수분은 건조되고, 섬유에만 수분이 존재하는 상태를 말한다.
② 벌목 직후 함수율이 섬유포화점까지 감소하는 동안 강도 또한 서서히 감소한다.
③ 전건상태에 이르면 강도는 섬유포화점 상태에 비해 3배로 증가한다.
④ 섬유포화점 이하에서는 함수율의 감소에 따라 인성이 감소한다.

해설

함수율이 섬유포화점 이상인 경우 강도 변화가 없으며, 섬유포화점 이하인 경우 함수율이 적을수록 강도가 크다.

정답 ②

83 재료의 단단한 정도를 나타내는 용어는?

① 연성　　　　　　　② 인성
③ 취성　　　　　　　④ 경도

해설

재료의 단단한 정도를 나타내는 것은 '경도'이다.

정답 ④

84 콘크리트용 골재 중 깬자갈에 관한 설명으로 옳지 않은 것은?

① 깬자갈의 원석은 안삼암·화강암 등이 많이 사용된다.
② 깬자갈을 사용한 콘크리트는 동일한 워커빌리티의 보통자갈을 사용한 콘크리트보다 단위수량이 일반적으로 약 10% 정도 많이 요구된다.
③ 깬자갈을 사용한 콘크리트는 강자갈을 사용한 콘크리트보다 시멘트 페이스트와의 부착성능이 매우 낮다.
④ 콘크리트용 굵은 골재로 깬자갈을 사용할 때는 한국산업표준(KS F 2527)에서 정한 품질에 적합한 것으로 한다.

해설

깬자갈을 사용한 콘크리트는 강자갈을 사용한 콘크리트보다 시멘트 페이스트와의 부착성능이 크다.

정답 ③

85 일종의 못 박기총을 사용하여 콘크리트나 강재 등에 박는 특수 못을 의미하는 것은?

① 드라이브 핀 ② 인서트
③ 익스펜션 볼트 ④ 듀벨

해설

드라이브 핀(drive pin)은 못박기총을 사용해 콘크리트 등에 박는 특수 못을 말한다.

정답 ①

86 다음 중 건축용 단열재와 거리가 먼 것은?

① 유리면(glass wool) ② 암면(rock wool)
③ 테라코타 ④ 펄라이트판

해설

건축용 단열재는 주로 유리면, 암면, 펄라이트 판 등이 사용되며, 테라코타(구운 흙, 이탈리어)는 점토 소성제품으로 사용되며 내화성이 높아 주로 칸막이, 바닥, 장식용 등에 사용된다.

정답 ③

87 석고보드에 관한 설명으로 옳지 않은 것은?

① 부식이 잘되고 충해를 받기 쉽다.
② 단열성, 차음성이 우수하다.
③ 시공이 용이하여 천장, 칸막이 등에 주로 사용된다.
④ 내수성, 탄력성이 부족하다.

해설

석고보드는 부식 및 충해 영향이 거의 없다.

정답 ①

88 주로 석기질 점토나 상당히 철분이 많은 점토를 원료로 사용하며, 건축물의 파라펫, 주두 등의 장식에 사용되는 공동의 대형 점토제품은?

① 테라조 ② 도관 ③ 타일 ④ 테라코타

해설

테라코타(구운 흙, 이탈리어)는 주로 점토 소성제품으로 사용되며 내화성이 높아 칸막이, 바닥, 장식용 등에 사용된다.

정답 ④

89 경량 기포콘크리트(autoclaved lightweight concrete)에 관한 설명으로 옳지 않은 것은?

① 보통콘크리트에 비하여 탄산화의 우려가 낮다.
② 열전도율은 보통콘크리트의 약 1/10 정도로 단열성이 우수하다.
③ 현장에서 취급이 편리하고 절단 및 가공이 용이하다.
④ 다공질이므로 흡수성이 높은 편이다.

해설

경량 기포콘크리트는 보통콘크리트에 비해 탄산화 우려가 크다. 탄산화 과정은 중성화를 의미하며, 탄산화 수축으로 균열이 발생되어 콘크리트의 내구성 및 강도를 저하시키는 결과를 초래한다.

정답 ①

90 KS L 4201에 따른 1종 점토벽돌의 압축강도는 최소 얼마 이상이어야 하는가?

① 9.80MPa 이상 ② 14.70MPa 이상
③ 20.59MPa 이상 ④ 24.50MPa 이상

해설

구분	1종	2종	3종
흡수율	10% 이하	13% 이하	15% 이하
압축강도	24.50MPa 이상	20.59MPa 이상	10.78MPa 이상

정답 ④

91 안료가 들어가지 않는 도료로서 목재면의 투명도장에 쓰이며, 내후성이 좋지 않아 외부에 사용하기에는 적당하지 않고 내부용으로 주로 사용하는 것은?

① 수성페이트 ② 클리어래커
③ 래커에나멜 ④ 유성에나멜

해설

클리어래커는 안료가 들어가지 않는 도료로 건조성이 뛰어나 목재면의 투명도장 및 내장도료로 사용된다. 클리어 래커에 안료는 혼합하면 에나멜래커가 된다.

정답 ②

92 중량 5kg인 목재를 건조시켜 전건중량이 4kg이 되었다. 건조 전 목재의 함수율은 몇 %인가?

① 20% ② 25% ③ 30% ④ 40%

해설

$$목재의\ 함수율 = \frac{물의\ 무게(kg)}{완전\ 건조된\ 목재의\ 무게(kg)} \times 100 = \frac{(5kg - 4kg)}{4kg} \times 100 = 25\%$$

정답 ②

93 미장재료에 관한 설명으로 옳은 것은?

① 보강재는 결합재의 고체화에 직접 관계하는 것으로 여물, 풀, 수염 등이 이에 속한다.
② 수경성 미장재료에는 돌로마이트 플라스터, 소석회가 있다.
③ 소석회는 돌로마이트 플라스터에 비해 점성이 높고, 작업성이 좋다.
④ 회반죽에 석고를 약간 혼합하면 수축균열을 방지할 수 있는 효과가 있다.

해설

- 보강재는 결합재의 고체화에 직접 관계하지 않고 바탕면의 균열 방지를 주목적으로 사용되는 것으로 여물, 와이어라스(wrie lath), 풀, 수염 등이 있다.
- 돌로마이트 플라스터, 소석회는 기경성 미장재료이다.
- 소석회는 돌로마이트 플라스터에 비해 점성이 낮고 작업성이 떨어진다.

정답 ④

94 아스팔트 침입도 시험에 있어서 아스팔트의 온도는 몇 ℃를 기준으로 하는가?

① 15℃　　　② 25℃　　　③ 35℃　　　④ 45℃

해설

아스팔트 침입도 시험에서 아스팔트의 온도는 25℃를 기준으로 한다. 25℃에서 100g의 무게를 가한 바늘을 5초간 가하여 점성물이 콘크리트에 관입되는 수치를 측정한다.

정답 ②

95 실적률이 큰 골재로 이루어진 콘크리트의 특성이 아닌 것은?

① 시멘트 페이스트의 양이 커져 콘크리트 제조 시 경제성이 낮다.
② 내구성이 증대된다.
③ 투수성, 흡습성의 감소를 기대할 수 있다.
④ 건조수축 및 수화열이 감소된다.

해설

실적률

실적률은 골재의 단위 용적 중의 실제 용적을 백분율(%)로 나타낸 값으로, 실적률이 크다는 것은 공극률이 작다는 의미로 풀이된다. 실적률이 큰 골재를 사용하는 경우 시멘트 페이스트(cement paste)의 양이 상대적으로 적어지고 콘크리트 제조 시 경제성이 높아진다. 또한 건조수축, 단위수량, 수화발열량이 감소하며 콘크리트의 내구성, 강도, 수밀성, 내마모성이 커진다.

정답 ①

96 석재의 화학적 성질에 관한 설명으로 옳지 않은 것은?

① 규산분을 많이 함유한 석재는 내산성이 약하므로 산을 접하는 바닥은 피한다.
② 대리석, 사문암 등은 내장재로 사용하는 것이 바람직하다.
③ 조암광물 중 장석, 방해석 등은 산류의 침식을 쉽게 받는다.
④ 산류를 취급하는 곳의 바닥재는 황철광, 갈철광 등을 포함하지 않아야 한다.

해설

규산분을 많이 함유한 석재는 내산성이 강하며, 주로 석회분이 많은 석재는 내산성이 약하다.

정답 ①

97 수화열의 감소와 황산염 저항성을 높이려면 시멘트에 다음 중 어느 화합물을 감소시켜야 하는가?

① 규산 3칼슘
② 알루민산 철4칼슘
③ 규산 2칼슘
④ 알루민산 3칼슘

해설

수화열의 감소와 내황산염을 향상시키려면 시멘트에 알루민산 3칼슘을 감소시켜야 한다.

정답 ④

98 유리가 불화수소에 부식하는 성질을 이용하여 5mm 이상 판유리 면에 그림, 문자 등을 새긴 유리는?

① 스테인드유리
② 망입유리
③ 에칭유리
④ 내열유리

해설

유리가 불화수소에 부식하는 성질을 이용하여 5mm 이상 판유리 면에 그림, 문자 등을 새긴 유리는 에칭유리이다.

정답 ③

99 아스팔트 방수시공을 할 때 바탕재와의 밀착용으로 사용하는 것은?

① 아스팔트 컴파운드
② 아스팔트 모르타르
③ 아스팔트 프라이머
④ 아스팔트 루핑

해설

아스팔트 프라이머	아스팔트의 접착성을 높이기 위해 바탕재에 도포하는 것(방수재 접착제)
아스팔트 컴파운드	① 아스팔트에 동물섬유 또는 식물섬유를 혼입하여 유동성을 부여한 것 ② 블로운 아스팔트가 주재료
아스팔트 펠트	① 목면 등에 스트레이트 아스팔트를 도포하여 가열·용융·흡수시켜 roll 형태로 만든 아스팔트 ② 내·외벽 모르타르 방수재료로 사용되며 아스팔트 방수 중간층 재료로 적용
아스팔트 루핑	① 스트레이트 아스팔트를 질긴 섬유에 침투한 다음 앞·뒷면에 컴파운드 피복 후 활석 등의 석분을 부착시킨 roll 형태의 아스팔트 ② 주로 지붕층 지붕깔기 등으로 사용
아스팔트 싱글	② 내후성↑, 방수성↑, 변색성↓

정답 ③

100 인조석 갈기 및 테라조 현장갈기 등에 사용되는 구획용 철물의 명칭은?

① 인서트(insert) ② 앵커볼트(anchor bolt)
③ 펀칭메탈(punching metal) ④ 줄눈대(metallic joiner)

해설

줄눈대(metallic joiner)는 바닥 바탕 면에 자갈을 바르기 전에 매립하며, 테라조 현장갈기 바탕면의 균열(crack)의 확산방지를 위해 설치한다.

정답 ④

6과목 건설안전기술

101 굴착공사에 있어서 비탈면 붕괴를 방지하기 위하여 실시하는 대책으로 옳지 않은 것은?

① 지표수의 침투를 막기 위해 표면배수공을 한다.
② 지수위를 내리기 위해 수평배수공을 설치한다.
③ 비탈면 하단을 성토한다.
④ 비탈면 상부에 토사를 적재한다.

해설

비탈면 상부에 토사를 적재하면 적재하중의 증가로 비탈면 붕괴를 가속화하게 된다.

정답 ④

102 다음은 산업안전보건법령에 따른 시스템 비계의 구조에 관한 사항이다. ( ) 안에 들어갈 내용으로 옳은 것은?

> 비계 밑단의 수직재와 받침철물은 밀착되도록 설치하고, 수직재와 받침철물의 연결부의 겹침길이는 받침철물 전체길이의 ( ) 이상이 되도록 할 것

① 2분의 1 ② 3분의 1 ③ 4분의 1 ④ 5분의 1

해설

「산업안전보건기준에 관한 규칙」 제69조(시스템 비계의 구조)
사업주는 시스템 비계를 사용하여 비계를 구성하는 경우에 다음 각 호의 사항을 준수하여야 한다.
1. 수직재 · 수평재 · 가새재를 견고하게 연결하는 구조가 되도록 할 것

2. 비계 밑단의 수직재와 받침철물은 밀착되도록 설치하고, 수직재와 받침철물의 연결부의 겹침길이는 받침철물 전체길이의 3분의 1 이상이 되도록 할 것
3. 수평재는 수직재와 직각으로 설치하여야 하며, 체결 후 흔들림이 없도록 견고하게 설치할 것
4. 수직재와 수직재의 연결철물은 이탈되지 않도록 견고한 구조로 할 것
5. 벽 연결재의 설치간격은 제조사가 정한 기준에 따라 설치할 것

정답 ②

103 콘크리트 타설 시 안전수칙으로 옳지 않은 것은?

① 타설순서는 계획에 의하여 실시하여야 한다.
② 진동기는 최대한 많이 사용하여야 한다.
③ 콘크리트를 치는 도중에는 거푸집, 지보공 등의 이상유무를 확인하여야 한다.
④ 손수레로 콘크리트를 운반할 때에는 손수레를 타설하는 위치까지 천천히 운반하여 거푸집에 충격을 주지 아니하도록 타설하여야 한다.

해설

진동기는 가급적 적게 사용하며, 철근에 직접 닿지 않도록 한다.

정답 ②

104 터널 지보공을 조립하는 경우에는 미리 그 구조를 검토한 후 조립도를 작성하고, 그 조립도에 따라 조립하도록 하여야 하는데 이 조립도에 명시하여야 할 사항과 가장 거리가 먼 것은?

① 이음방법　　② 단면규격　　③ 재료의 재질　　④ 재료의 구입처

해설

「산업안전보건기준에 관한 규칙」 제363조(조립도)
① 사업주는 터널 지보공을 조립하는 경우에는 미리 그 구조를 검토한 후 조립도를 작성하고, 그 조립도에 따라 조립하도록 하여야 한다.
② 제1항의 조립도에는 재료의 재질, 단면규격, 설치간격 및 이음방법 등을 명시하여야 한다.

정답 ④

105 산업안전보건법령에 따른 양중기의 종류에 해당하지 않는 것은?

① 고소작업차　　② 이동식 크레인　　③ 승강기　　④ 리프트(Lift)

해설

「산업안전보건기준에 관한 규칙」 제132조(양중기)
① 양중기란 다음 각 호의 기계를 말한다.
　1. 크레인[호이스트(hoist)를 포함한다]
　2. 이동식 크레인

3. 리프트(이삿짐운반용 리프트의 경우에는 적재하중이 0.1톤 이상인 것으로 한정한다)
4. 곤돌라
5. 승강기

정답 ①

106 가설통로 설치에 있어 경사가 최소 얼마를 초과하는 경우에는 미끄러지지 아니하는 구조로 하여야 하는가?

① 15도　　② 20도　　③ 30도　　④ 40도

해설

「산업안전보건기준에 관한 규칙」 제23조(가설통로의 구조)
사업주는 가설통로를 설치하는 경우 다음 각 호의 사항을 준수하여야 한다.
1. 견고한 구조로 할 것
2. 경사는 30도 이하로 할 것. 다만, 계단을 설치하거나 높이 2미터 미만의 가설통로로서 튼튼한 손잡이를 설치한 경우에는 그러하지 아니하다.
3. 경사가 15도를 초과하는 경우에는 미끄러지지 아니하는 구조로 할 것
4. 추락할 위험이 있는 장소에는 안전난간을 설치할 것. 다만, 작업상 부득이한 경우에는 필요한 부분만 임시로 해체할 수 있다.
5. 수직갱에 가설된 통로의 길이가 15미터 이상인 경우에는 10미터 이내마다 계단참을 설치할 것
6. 건설공사에 사용하는 높이 8미터 이상인 비계다리에는 7미터 이내마다 계단참을 설치할 것

정답 ①

107 부두·안벽 등 하역작업을 하는 장소에서 부두 또는 안벽의 선을 따라 통로를 설치하는 경우에는 폭을 최소 얼마 이상으로 하여야 하는가?

① 85cm　　② 90cm　　③ 100cm　　④ 120cm

해설

「산업안전보건기준에 관한 규칙」 제390조(하역작업장의 조치기준)
사업주는 부두·안벽 등 하역작업을 하는 장소에 다음 각 호의 조치를 하여야 한다.
1. 작업장 및 통로의 위험한 부분에는 안전하게 작업할 수 있는 조명을 유지할 것
2. 부두 또는 안벽의 선을 따라 통로를 설치하는 경우에는 폭을 90센티미터 이상으로 할 것
3. 육상에서의 통로 및 작업장소로서 다리 또는 선거(船渠) 갑문(閘門)을 넘는 보도(步道) 등의 위험한 부분에는 안전난간 또는 울타리 등을 설치할 것

정답 ②

108 흙막이 가시설 공사 중 발생할 수 있는 보일링(Boiling) 현상에 관한 설명으로 옳지 않은 것은?

① 이 현상이 발생하면 흙막이 벽의 지지력이 상실된다.
② 지하수위가 높은 지반을 굴착할 때 주로 발생한다.
③ 흙막이벽의 근입장 깊이가 부족할 경우 발생한다.
④ 연약한 점토지반에서 굴착면의 융기로 발생한다.

해설

- **보일링(Boiling) 현상**
사질지반에서 투수성이 클 경우, 흙막이 배면과 굴착저면의 지하수위차로 인해 굴착저면을 통해 모래와 물이 부풀어 올라 마치 끓어오르는 것처럼 나타나는 현상을 말한다. 흙막이의 근입장 깊이가 부족할 때, 흙막이 벽의 배면과 굴착저면과의 지하수위차가 클 경우, 굴착 하부 지반에 투수성이 큰 사질층이 존재할 경우 발생한다. 이에 대한 대책으로 흙막이 근입장을 깊게 하여 불투수층까지 박아 넣고, Deep well, Well point 등의 배수공법을 적용한다. 수밀성이 지하연속벽(diaphragm wall) 공법과 Sheet Pile 공법을 적용하는 것도 바람직하다. 또한 약액주입 공법을 채택해 지수벽 또는 지수층을 형성하는 방법도 있다.

- **히빙(Heaving)현상**
연약 점토지반을 굴착 시 흙막이벽 내외 흙의 중량 차이에 의해서 굴착 저면의 지지력을 상실하여 붕괴되고, 배면에 있는 흙이 내부로 밀려 들어와 굴착 저면이 부풀어 오르는 현상을 말한다. 주로 흙막이벽의 근입장이 부족하거나 흙막이벽 내외 흙의 중량 차이에 의해서 발생한다. 흙막이 근입장을 경질지반까지 박거나, 강성이 큰 흙막이 벽을 사용하여 히빙(Heaving) 현상을 방지한다.

- **파이핑(Piping)현상**
사질지반에서 주로 발생하는 현상으로, 흙막이 배면의 토사가 유실되면서, 지반 내에 파이프(pipe) 형태로 수로가 만들어져 지반이 파괴되는 현상을 말한다. 흙막이 배면의 지하수가 과다 및 피압수 존재, 흙막이벽의 차수성 문제로 인해 발생한다. 차수성이 높은 흙막이벽을 시공하거나, 지하수위 저하, 지반 고결, 흙막이벽 밀실한 시공 등으로 파이핑 현상에 대처하여야 한다.

정답 ④

109 강관틀 비계를 조립하여 사용하는 경우 준수하여야 할 사항으로 옳지 않은 것은?

① 비계기둥의 밑둥에는 밑받침 철물을 사용할 것
② 높이가 20m를 초과하거나 중량물의 적재를 수반하는 작업을 할 경우에는 주틀 간의 간격을 1.8m 이하로 할 것
③ 주틀 간에 교차 가새를 설치하고 최하층 및 3층 이내마다 수평재를 설치할 것
④ 길이가 띠장 방향으로 4m 이하이고 높이가 10m를 초과하는 경우에는 10m 이내마다 띠장 방향으로 버팀기둥을 설치할 것

해설

「산업안전보건기준에 관한 규칙」 제62조(강관틀비계)
사업주는 강관틀 비계를 조립하여 사용하는 경우 다음 각 호의 사항을 준수하여야 한다.

1. 비계기둥의 밑둥에는 밑받침 철물을 사용하여야 하며 밑받침에 고저차(高低差)가 있는 경우에는 조절형 밑받침 철물을 사용하여 각각의 강관틀비계가 항상 수평 및 수직을 유지하도록 할 것
2. 높이가 20미터를 초과하거나 중량물의 적재를 수반하는 작업을 할 경우 주틀 간의 간격을 1.8미터 이하로 할 것
3. 주틀 간에 교차 가새를 설치하고 최상층 및 5층 이내마다 수평재를 설치할 것
4. 수직방향으로 6미터, 수평방향으로 8미터 이내마다 벽이음을 할 것
5. 길이가 띠장 방향으로 4미터 이하이고 높이가 10미터를 초과하는 경우에는 10미터 이내마다 띠장 방향으로 버팀기둥을 설치할 것

정답 ③

110 장비가 위치한 지면보다 낮은 장소를 굴착하는 데 적합한 장비는?

① 트럭크레인 ② 파워셔블 ③ 백호 ④ 진폴

해설

- 파워쇼벨(poewr shovel) : 기계 위치가 지면보다 높은 곳에 적합한 장비
- 백호(back hoe) : 기계 위치가 지면보다 낮은 장소를 굴착하는 데 적합한 장비
- 드래그라인(drag line) : 기계 위치가 지반보다 낮거나 높은 곳 둘 다 가능한 장비
- 클램쉘(clam shell) : 깊은 수직 굴착 또는 협소한 장소에 굴착이 적합한 장비

정답 ③

111 건설공사도급인은 건설공사 중에 가설구조물의 붕괴 등 산업재해가 발생할 위험이 있다고 판단되면 건축·토목 분야의 전문가의 의견을 들어 건설공사 발주자에게 해당 건설공사의 설계변경을 요청할 수 있는데, 이러한 가설구조물의 기준으로 옳지 않은 것은?

① 높이 20m 이상인 비계
② 작업발판 일체형 거푸집 또는 높이 6m 이상인 거푸집 동바리
③ 터널의 지보공 또는 높이 2m 이상인 흙막이 지보공
④ 동력을 이용하여 움직이는 가설구조물

해설

「산업안전보건법 시행령」 제58조(설계변경 요청 대상 및 전문가의 범위)
① 법 제71조 제1항 본문에서 "대통령령으로 정하는 가설구조물"이란 다음의 어느 하나에 해당하는 것을 말한다.
  1. 높이 31미터 이상인 비계
  2. 작업발판 일체형 거푸집 또는 높이 6미터 이상인 거푸집 동바리[타설(打設)된 콘크리트가 일정 강도에 이르기까지 하중 등을 지지하기 위하여 설치하는 부재(部材)]
  3. 터널의 지보공(支保工 : 무너지지 않도록 지지하는 구조물) 또는 높이 2미터 이상인 흙막이 지보공
  4. 동력을 이용하여 움직이는 가설구조물

정답 ①

112 다음 중 산업안전보건기준에 관한 규칙상 동바리 유형에 따른 동바리 조립 시의 안전조치로 옳지 않은 것은? (개정 법령에 맞게 문제를 수정함)

① 동바리로 사용하는 파이프 서포트의 경우 높이가 3.5미터를 초과하는 경우에는 높이 2미터 이내마다 수평연결재를 2개 방향으로 만들고 수평연결재의 변위를 방지할 것
② 동바리로 사용하는 강관틀의 경우 강관틀과 강관틀 사이에 교차가새를 설치할 것
③ 동바리로 사용하는 파이프 서포트의 경우 파이프 서포트를 이어서 사용하는 경우에는 3개 이상의 볼트 또는 전용철물을 사용하여 이을 것
④ 시스템 동바리의 경우 수평재는 수직재와 직각으로 설치해야 하며, 흔들리지 않도록 견고하게 설치할 것

해설

「산업안전보건기준에 관한 규칙」 제332조의2(동바리 유형에 따른 동바리 조립 시의 안전조치)
사업주는 동바리를 조립할 때 동바리의 유형별로 다음 각 호의 구분에 따른 각 목의 사항을 준수해야 한다.
1. 동바리로 사용하는 파이프 서포트의 경우
   가. 파이프 서포트를 3개 이상 이어서 사용하지 않도록 할 것
   나. 파이프 서포트를 이어서 사용하는 경우에는 <u>4개 이상의 볼트 또는 전용철물을 사용하여 이을 것</u>
   다. 높이가 3.5미터를 초과하는 경우에는 높이 2미터 이내마다 수평연결재를 2개 방향으로 만들고 수평연결재의 변위를 방지할 것
2. 동바리로 사용하는 강관틀의 경우
   가. 강관틀과 강관틀 사이에 교차가새를 설치할 것
   나. 최상단 및 5단 이내마다 동바리의 측면과 틀면의 방향 및 교차가새의 방향에서 5개 이내마다 수평연결재를 설치하고 수평연결재의 변위를 방지할 것
   다. 최상단 및 5단 이내마다 동바리의 틀면의 방향에서 양단 및 5개틀 이내마다 교차가새의 방향으로 띠장틀을 설치할 것
3. 동바리로 사용하는 조립강주의 경우: 조립강주의 높이가 4미터를 초과하는 경우에는 높이 4미터 이내마다 수평연결재를 2개 방향으로 설치하고 수평연결재의 변위를 방지할 것
4. 시스템 동바리(규격화·부품화된 수직재, 수평재 및 가새재 등의 부재를 현장에서 조립하여 거푸집을 지지하는 지주 형식의 동바리를 말한다)의 경우
   가. 수평재는 수직재와 직각으로 설치해야 하며, 흔들리지 않도록 견고하게 설치할 것
   나. 연결철물을 사용하여 수직재를 견고하게 연결하고, 연결부위가 탈락 또는 꺾어지지 않도록 할 것
   다. 수직 및 수평하중에 대해 동바리의 구조적 안정성이 확보되도록 조립도에 따라 수직재 및 수평재에는 가새재를 견고하게 설치할 것
   라. 동바리 최상단과 최하단의 수직재와 받침철물은 서로 밀착되도록 설치하고 수직재와 받침철물의 연결부의 겹침길이는 받침철물 전체길이의 3분의 1 이상 되도록 할 것
5. 보 형식의 동바리[강제 갑판(steel deck), 철재트러스 조립 보 등 수평으로 설치하여 거푸집을 지지하는 동바리를 말한다]의 경우
   가. 접합부는 충분한 걸침 길이를 확보하고 못, 용접 등으로 양끝을 지지물에 고정시켜 미끄러짐 및 탈락을 방지할 것
   나. 양끝에 설치된 보 거푸집을 지지하는 동바리 사이에는 수평연결재를 설치하거나 동바리를 추가로 설치하는 등 보 거푸집이 옆으로 넘어지지 않도록 견고하게 할 것
   다. 설계도면, 시방서 등 설계도서를 준수하여 설치할 것
   [본조신설 2023. 11. 14.]

정답 ③

113 강관틀비계(높이 5m 이상)의 넘어짐을 방지하기 위하여 사용하는 벽이음 및 버팀의 설치간격 기준으로 옳은 것은?

① 수직방향 5m, 수평방향 5m
② 수직방향 6m, 수평방향 7m
③ 수직방향 6m, 수평방향 8m
④ 수직방향 7m, 수평방향 8m

해설

「산업안전보건기준에 관한 규칙」제62조(강관틀비계)
사업주는 강관틀 비계를 조립하여 사용하는 경우 다음 각 호의 사항을 준수하여야 한다.
1. 비계기둥의 밑둥에는 밑받침 철물을 사용하여야 하며 밑받침에 고저차(高低差)가 있는 경우에는 조절형 밑받침 철물을 사용하여 각각의 강관비계가 항상 수평 및 수직을 유지하도록 할 것
2. 높이가 20미터를 초과하거나 중량물의 적재를 수반하는 작업을 할 경우에는 주틀 간의 간격을 1.8미터 이하로 할 것
3. 주틀 간에 교차 가새를 설치하고 최상층 및 5층 이내마다 수평재를 설치할 것
4. 수직방향으로 6미터, 수평방향으로 8미터 이내마다 벽이음을 할 것
5. 길이가 띠장 방향으로 4미터 이하이고 높이가 10미터를 초과하는 경우에는 10미터 이내마다 띠장 방향으로 버팀기둥을 설치할 것

정답 ③

114 강관을 사용하여 비계를 구성하는 경우 준수해야할 사항으로 옳지 않은 것은?

① 비계기둥의 간격은 띠장 방향에서는 1.85m 이하, 장선(長線) 방향에서는 1.5m 이하로 할 것
② 띠장 간격은 2.0m 이하로 할 것
③ 비계기둥의 제일 윗부분으로부터 31m되는 지점 밑부분의 비계기둥은 3개의 강관으로 묶어 세울 것
④ 비계기둥 간의 적재하중은 400kg을 초과하지 않도록 할 것

해설

「산업안전보건기준에 관한 규칙」제60조(강관비계의 구조)
사업주는 강관을 사용하여 비계를 구성하는 경우 다음 각 호의 사항을 준수하여야 한다. <개정 2012. 5. 31., 2019. 10. 15., 2019. 12. 26., 2023. 11. 14>
1. 비계기둥의 간격은 띠장 방향에서는 1.85미터 이하, 장선(長線) 방향에서는 1.5미터 이하로 할 것. 다만, 다음 각 목의 어느 하나에 해당하는 작업의 경우에는 안전성에 대한 구조검토를 실시하고 조립도를 작성하면 띠장 방향 및 장선 방향으로 각각 2.7미터 이하로 할 수 있다.
　가. 선박 및 보트 건조작업
　나. 그 밖에 장비 반입·반출을 위하여 공간 등을 확보할 필요가 있는 등 작업의 성질상 비계기둥 간격에 관한 기준을 준수하기 곤란한 작업
2. 띠장 간격은 2.0미터 이하로 할 것. 다만, 작업의 성질상 이를 준수하기가 곤란하여 쌍기둥틀 등에 의하여 해당 부분을 보강한 경우에는 그러하지 아니하다.
3. 비계기둥의 제일 윗부분으로부터 31미터되는 지점 밑부분의 비계기둥은 2개의 강관으로 묶어 세울 것. 다만, 브

라켓(bracket, 까치발) 등으로 보강하여 2개의 강관으로 묶을 경우 이상의 강도가 유지되는 경우에는 그러하지 아니하다.
4. 비계기둥 간의 적재하중은 400킬로그램을 초과하지 않도록 할 것

정답 ③

115 굴착과 싣기를 동시에 할 수 있는 토공기계가 아닌 것은?

① 트랙터 셔블(tractor shovel)   ② 백호(back hoe)
③ 파워 셔블(power shovel)   ④ 모터 그레이더(motor grader)

해설

모터 그레이더(motor grader)는 지반 평탄화 작업에 주로 사용된다.

정답 ④

116 굴착 작업 시 토사 붕괴를 대비한 대책으로 가장 옳은 것은? (개정 법령에 맞게 수정함)

① 흙막이 지보공 설치   ② 경사면 비닐 덮기
③ 측구 설치   ④ 매설물 등의 유무 또는 상태 확인

해설

「산업안전보건기준에 관한 규칙」 제340조(굴착작업 시 위험방지)
사업주는 굴착작업 시 토사등의 붕괴 또는 낙하에 의하여 근로자에게 위험을 미칠 우려가 있는 경우에는 미리 흙막이 지보공의 설치, 방호망의 설치 및 근로자의 출입 금지 등 그 위험을 방지하기 위하여 필요한 조치를 해야 한다.
[전문개정 2023. 11. 14.]

정답 ①

117 다음은 산업안전보건법령에 따른 산업안전보건관리비의 사용에 관한 규정이다. ( ) 안에 들어갈 내용을 순서대로 옳게 작성한 것은?

> 건설공사도급인은 고용노동부장관이 정하는 바에 따라 해당 건설공사를 위하여 계상된 산업안전보건관리비가 그가 사용하는 근로자와 그의 관계수급인이 사용하는 근로자의 산업재해 및 건강장해 예방에 사용하고, 그 사용명세서를 ( ) 작성하고 건설공사 종료 후 ( )간 보존해야 한다.

① 매월, 6개월   ② 매월, 1년
③ 2개월 마다, 6개월   ④ 2개월 마다, 1년

해설

「산업안전보건법 시행규칙」제89조(산업안전보건관리비의 사용)
① 건설공사도급인은 도급금액 또는 사업비에 계상(計上)된 산업안전보건관리비의 범위에서 그의 관계수급인에게 해당 사업의 위험도를 고려하여 적정하게 산업안전보건관리비를 지급하여 사용하게 할 수 있다. 〈개정 2021. 1. 19.〉
② 건설공사도급인은 법 제72조 제3항에 따라 산업안전보건관리비를 사용하는 해당 건설공사의 금액(고용노동부장관이 정하여 고시하는 방법에 따라 산정한 금액을 말한다)이 4천만 원 이상인 때에는 고용노동부장관이 정하는 바에 따라 매월(건설공사가 1개월 이내에 종료되는 사업의 경우에는 해당 건설공사가 끝나는 날이 속하는 달을 말한다) 사용명세서를 작성하고, 건설공사 종료 후 1년 동안 보존해야 한다. 〈개정 2021. 1. 19.〉

정답 ②

118 건설현장에서 작업으로 인하여 물체가 떨어지거나 날아올 위험이 있는 경우에 대한 안전조치에 해당하지 않는 것은?

① 수직보호망 설치 ② 방호선반 설치
③ 울타리 설치 ④ 낙하물 방지망 설치

해설

「산업안전보건기준에 관한 규칙」제14조(낙하물에 의한 위험의 방지)
① 사업주는 작업장의 바닥, 도로 및 통로 등에서 낙하물이 근로자에게 위험을 미칠 우려가 있는 경우 보호망을 설치하는 등 필요한 조치를 하여야 한다.
② 사업주는 작업으로 인하여 물체가 떨어지거나 날아올 위험이 있는 경우 낙하물 방지망, 수직보호망 또는 방호선반의 설치, 출입금지구역의 설정, 보호구의 착용 등 위험을 방지하기 위하여 필요한 조치를 하여야 한다. 이 경우 낙하물 방지망 및 수직보호망은 「산업표준화법」제12조에 따른 한국산업표준(이하 "한국산업표준"이라 한다)에서 정하는 성능기준에 적합한 것을 사용하여야 한다. 〈개정 2022. 10. 18.〉
③ 제2항에 따라 낙하물 방지망 또는 방호선반을 설치하는 경우에는 다음 각 호의 사항을 준수하여야 한다.
 1. 높이 10미터 이내마다 설치하고, 내민 길이는 벽면으로부터 2미터 이상으로 할 것
 2. 수평면과의 각도는 20도 이상 30도 이하를 유지할 것

정답 ③

119 산업안전보건법령에 따른 건설공사 중 다리 건설공사의 경우 유해위험방지계획서를 제출하여야 하는 기준으로 옳은 것은?

① 최대 지간길이가 40m 이상인 다리의 건설 등 공사
② 최대 지간길이가 50m 이상인 다리의 건설 등 공사
③ 최대 지간길이가 60m 이상인 다리의 건설 등 공사
④ 최대 지간길이가 70m 이상인 다리의 건설 등 공사

해설

건설공사(제출시기 : 공사 착공 전)
- 지상높이 31m 이상인 건축물 또는 인공구조물
- 깊이 10m 이상인 굴착공사
- 터널 건설 등의 공사
- 최대 지간길이가 50m 이상인 교량건설 등 공사
- 연면적 30,000m^2 이상인 건축물
- 연면적 5,000m^2 이상인 문화 및 집회시설(전시장 및 동물원 식물원 제외), 판매시설, 운수시설(고속철도의 역사 및 집배송시설 제외), 종교시설, 의료시설 중 종합병원, 숙박시설 중 관광숙박시설, 지하도상가 또는 냉동·냉장창고시설의 건설, 개조, 해체
- 연면적 5,000m^2 이상의 냉동·냉장창고시설의 설비공사 및 단열공사
- 다목적 댐, 발전용 댐 및 저수용량 2천만 톤 이상의 용수 전용 댐, 지방상수도 전용 댐 건설 등의 공사

정답 ②

120 산업안전보건법령에 따른 작업발판 일체형 거푸집에 해당되지 않는 것은?

① 갱 폼(Gang Form)　　　② 슬립 폼(Slip Form)
③ 유로 폼(Euro Form)　　④ 클라이밍 폼(Climbing Form)

해설

「산업안전보건기준에 관한 규칙」제331조의3
(작업발판 일체형 거푸집의 안전조치)
① "작업발판 일체형 거푸집"이란 거푸집의 설치·해체, 철근 조립, 콘크리트 타설, 콘크리트 면처리 작업 등을 위하여 거푸집을 작업발판과 일체로 제작하여 사용하는 거푸집으로서 다음 각 호의 거푸집을 말한다.
  1. 갱 폼(gang form)
  2. 슬립 폼(slip form)
  3. 클라이밍 폼(climbing form)
  4. 터널 라이닝 폼(tunnel lining form)
  5. 그 밖에 거푸집과 작업발판이 일체로 제작된 거푸집 등

정답 ③

07 PART 2021년 4회 기출
2021.09.12.시행

1과목 산업안전관리론

01 하인리히의 도미노 이론에서 재해의 직접원인에 해당하는 것은?

① 사회적 환경
② 유전적 요소
③ 개인의 결함
④ 불안전한 행동 및 불안전한 상태

 해설

하인리히의 도미노 이론에서 재해의 직접원인은 불안전한 행동, 불안전한 상태이며 제거가능하다는 이론이다.

정답 ④

02 안전관리조직의 형태 중 직계식 조직의 특징이 아닌 것은?

① 소규모 사업장에 적합하다.
② 안전에 대한 명령지시가 빠르다.
③ 안전에 대한 정보가 불충분하다.
④ 별도의 안전관리 전담요원이 직접 통제한다.

 해설

직계(line)형 조직

안전관리에 관한 계획에서 실시까지 모든 안전업무가 생산라인에서 이루어지는 구조로 형성된 조직이며, 소규모 기업 또는 현장(100명 이하)에 적합하다. 특징으로는 안전 지시 및 명령체계 유리하고, 지시, 명령 및 보고, 대책 처리가 신속 운영되나 안전에 관한 조직이 없고 안전 지식 및 기술 축적이 어렵다.

정답 ④

03 건설기술진흥법령상 안전점검의 시기 · 방법에 관한 사항으로 ( )에 알맞은 내용은?

> 정기안전점검 결과 건설공사의 물리적 · 기능적 결함 등이 발견되어 보수 · 보강 등의 조치를 위하여 필요한 경우에는 ( )을 할 것

① 긴급점검
② 정기점검
③ 특별점검
④ 정밀안전점검

해설

정밀안전점검은 정기안전점검 결과 건설공사의 물리적·기능적 결함 등이 발견되어 보수·보강 등의 조치를 취하기 위하여 필요한 경우에 실시한다.

정답 ④

04 산업안전보건법령상 타워크레인 지지에 관한 사항으로 ( )에 알맞은 내용은?

> 타워크레인을 와이어로프로 지지하는 경우, 설치각도는 수평면에서 (ㄱ)도 이내로 하되, 지지점은 (ㄴ)개소 이상으로 하고, 같은 각도로 설치하여야 한다.

① ㄱ : 45, ㄴ : 3
② ㄱ : 45, ㄴ : 4
③ ㄱ : 60, ㄴ : 3
④ ㄱ : 60, ㄴ : 4

 해설

「산업안전보건기준에 관한 규칙」제142조(타워크레인의 지지)
③ 사업주는 타워크레인을 와이어로프로 지지하는 경우 다음 각 호의 사항을 준수해야 한다. <개정 2013. 3. 21., 2019. 10. 15.>
1. 제2항 제1호 또는 제2호의 조치를 취할 것
2. 와이어로프를 고정하기 위한 전용 지지프레임을 사용할 것
3. 와이어로프 설치각도는 수평면에서 60도 이내로 하되, 지지점은 4개소 이상으로 하고, 같은 각도로 설치할 것
4. 와이어로프와 그 고정부위는 충분한 강도와 장력을 갖도록 설치하고, 와이어로프를 클립·샤클(shackle, 연결고리) 등의 고정기구를 사용하여 견고하게 고정시켜 풀리지 않도록 하며, 사용 중에는 충분한 강도와 장력을 유지하도록 할 것. 이 경우 클립·샤클 등의 고정기구는 한국산업표준 제품이거나 한국산업표준이 없는 제품의 경우에는 이에 준하는 규격을 갖춘 제품이어야 한다. <2022. 10. 18. 일부 개정, 후단 신설>
5. 와이어로프가 가공전선(架空電線)에 근접하지 않도록 할 것

정답 ④

05 사고예방대책의 기본원리 5단계 중 3단계의 분석평가에 관한 설명으로 옳은 것은?

① 현장 조사
② 교육 및 훈련의 개선
③ 기술의 개선 및 인사조정
④ 사고 및 안전 활동 기록 검토

 해설

하인리히의 재해(사고)예방 5단계

단계	내용	조치사항
1단계	안전보건관리조직	- 안전보건관리조직의 구성 및 운영 - 안전보건관리계획서 수립 및 시행
2단계	사실의 발견	- 작업분석 및 위험요인 확인 - 점검, 검사 및 재해원인 조사
3단계	평가 및 분석	재해 조사, 분석, 평가

4 단계	시정책의 선정	- 기술적, 제도적 개선안 수립 - 재발방지 대책을 위한 구체적 강구
5 단계	시정책의 적용	- 대책의 실현 및 재평가 보완 - 3E 및 4M의 대책 적용

정답 ①

06 산업안전보건법령상 노사협의체에 관한 설명으로 틀린 것은?

① 노사협의체 정기회의는 1개월마다 노사협의체의 위원장이 소집한다.
② 공사금액이 20억 원 이상인 공사의 관계수급인의 각 대표자는 사용자 위원에 해당된다.
③ 도급 또는 하도급 사업을 포함한 전체 사업의 근로자대표는 근로자 위원에 해당된다.
④ 노사협의체의 근로자위원과 사용자위원은 합의하여 노사협의체에 공사금액이 20억 원 미만인 공사의 관계수급인 및 관계수급인 근로자대표를 위원으로 위촉할 수 있다.

해설

「산업안전보건법 시행령」
제64조(노사협의체의 구성)
① 노사협의체는 다음 각 호에 따라 근로자위원과 사용자위원으로 구성한다.
 1. 근로자위원
  가. 도급 또는 하도급 사업을 포함한 전체 사업의 근로자대표
  나. 근로자대표가 지명하는 명예산업안전감독관 1명. 다만, 명예산업안전감독관이 위촉되어 있지 않은 경우에는 근로자대표가 지명하는 해당 사업장 근로자 1명
  다. 공사금액이 20억 원 이상인 공사의 관계수급인의 각 근로자대표
 2. 사용자위원
  가. 도급 또는 하도급 사업을 포함한 전체 사업의 대표자
  나. 안전관리자 1명
  다. 보건관리자 1명(별표 5 제44호에 따른 보건관리자 선임대상 건설업으로 한정한다)
  라. 공사금액이 20억 원 이상인 공사의 관계수급인의 각 대표자
② 노사협의체의 근로자위원과 사용자위원은 합의하여 노사협의체에 공사금액이 20억 원 미만인 공사의 관계수급인 및 관계수급인 근로자대표를 위원으로 위촉할 수 있다.
③ 노사협의체의 근로자위원과 사용자위원은 합의하여 제67조 제2호에 따른 사람을 노사협의체에 참여하도록 할 수 있다.
제65조(노사협의체의 운영 등)
① 노사협의체의 회의는 정기회의와 임시회의로 구분하여 개최하되, 정기회의는 2개월마다 노사협의체의 위원장이 소집하며, 임시회의는 위원장이 필요하다고 인정할 때에 소집한다.
② 노사협의체 위원장의 선출, 노사협의체의 회의, 노사협의체에서 의결되지 않은 사항에 대한 처리방법 및 회의 결과 등의 공지에 관하여는 각각 제36조, 제37조 제2항부터 제4항까지, 제38조 및 제39조를 준용한다. 이 경우 "산업안전보건위원회"는 "노사협의체"로 본다.

정답 ①

07 버드(Bird)의 도미노 이론에서 재해발생과정 중 직접 원인은 몇 단계인가?

① 1단계   ② 2단계
③ 3단계   ④ 4단계

 해설

1단계(통제부족, 근원적 원인) > 2단계(기본원인, 개인적 과업) > 3단계(불안전한 행동, 불안전한 상태, 직접원인) > 4단계(사고, 접촉) > 5단계(상해, 손해)

정답 ③

08 산업안전보건법령상 상시근로자 20명 이상 50명 미만인 사업장 중 안전보건관리담당자를 선임하여야 할 업종이 아닌 것은?

① 임업   ② 제조업
③ 건설업   ④ 하수, 폐수 및 분뇨 처리업

 해설

① 제조업   ② 임업
③ 하수, 폐수 및 분뇨 처리업   ④ 폐기물 수집, 운반, 처리 및 원료 재생업
⑤ 환경 정화 및 복원업

정답 ③

09 산업안전보건법령상 안전보건표지의 용도 및 색도기준이 바르게 연결된 것은?

① 지시표지 : 5N 9.5   ② 금지표시 : 2.5G 4/10
③ 경고표시 : 5Y 8.5/12   ④ 안내표시 : 7.5R 4/14

해설

「산업안전보건법 시행규칙」 [별표 8]

안전보건표지의 색도기준 및 용도(제38조 제3항 관련)

색채	색도기준	용도	사용 례
빨간색	7.5R 4/14	금지	정지신호, 소화설비 및 그 장소, 유해행위의 금지
		경고	화학물질 취급장소에서의 유해·위험 경고
노란색	5Y 8.5/12	경고	화학물질 취급장소에서의 유해·위험경고 이외의 위험경고, 주의표지 또는 기계방호물
파란색	2.5PB 4/10	지시	특정 행위의 지시 및 사실의 고지
녹색	2.5G 4/10	안내	비상구 및 피난소, 사람 또는 차량의 통행표지

흰색	N9.5	파란색 또는 녹색에 대한 보조색
검은색	N0.5	문자 및 빨간색 또는 노란색에 대한 보조색

1. 허용 오차 범위 H = ± 2, V = ± 0.3, C = ± 1(H는 색상, V는 명도, C는 채도를 말한다)
2. 위의 색도기준은 한국산업규격(KS)에 따른 색의 3속성에 의한 표시방법(KSA 0062 기술표준원 고시 (제2008-0759)에 따른다.

정답 ③

10 A 사업장에서 중상이 10명 발생하였다면 버드(Bird)의 재해구성비율에 의한 경상해자는 몇 명인가?

① 50명 ② 100명 ③ 145명 ④ 300명

버드(Frank Bird) 신도미노 이론(1 : 10 : 30 : 600 법칙)
재해구성 비율 641회 사고 중 사망 또는 중상 1회, 경상 10회, 무상해사고 30회, 상해도 손실도 없는 사고가 600회의 비율로 발생하며 재해의 배후에는 상해를 동반하지 않는 630건의 사고가 발생한다.

정답 ②

11 산업재해 발생 시 조치 순서에 있어 긴급처리의 내용으로 볼 수 없는 것은?

① 현장 보존 ② 잠재위험요인 적출
③ 관련 기계의 정지 ④ 재해자의 응급조치

피재자 구조 및 응급조치 > 재해발생 기계의 정지 > 피해확산 방지 > 관계자 통보 > 2차 재해방지 > 현장보존

정답 ②

12 T.B.M 활동의 5단계 추진법의 진행순서로 옳은 것은?

① 도입 → 확인 → 위험예지훈련 → 작업지시 → 정비점검
② 도입 → 정비점검 → 작업지시 → 위험예지훈련 → 확인
③ 도입 → 작업지시 → 위험예지훈련 → 정비점검 → 도입
④ 도입 → 위험예지훈련 → 작업지시 → 정비점검 → 확인

T.B.M 활동의 5단계
도입 → 정비점검 → 작업지시 → 위험예지훈련 → 확인

정답 ②

13 산업안전보건법령상 안전보건진단을 받아 안전보건개선계획을 수립하여야 하는 대상을 모두 고른 것은?

> ㄱ. 산업재해율이 같은 업종 평균 산업재해율의 2배 이상인 사업장
> ㄴ. 사업주가 필요한 안전조치 또는 보건 조치를 이행하지 아니하여 중대재해가 발생한 사업장
> ㄷ. 상시근로자 1천 명 이상 사업장에서 직업성 질병자가 연간 2명 이상 발생한 사업장

① ㄱ, ㄴ　　② ㄱ, ㄷ　　③ ㄴ, ㄷ　　④ ㄱ, ㄴ, ㄷ

해설

「산업안전보건법」 제49조(안전보건개선계획의 수립·시행 명령)
① 고용노동부장관은 다음 각 호의 어느 하나에 해당하는 사업장으로서 산업재해 예방을 위하여 종합적인 개선조치를 할 필요가 있다고 인정되는 사업장의 사업주에게 고용노동부령으로 정하는 바에 따라 그 사업장, 시설, 그 밖의 사항에 관한 안전 및 보건에 관한 개선계획(이하 "안전보건개선계획"이라 한다)을 수립하여 시행할 것을 명할 수 있다. 이 경우 대통령령으로 정하는 사업장의 사업주에게는 제47조에 따라 안전보건진단을 받아 안전보건개선계획을 수립하여 시행할 것을 명할 수 있다.
1. 산업재해율이 같은 업종의 규모별 평균 산업재해율보다 높은 사업장
2. 사업주가 필요한 안전조치 또는 보건조치를 이행하지 아니하여 중대재해가 발생한 사업장
3. 대통령령으로 정하는 수 이상의 직업성 질병자가 발생한 사업장
4. 제106조에 따른 유해인자의 노출기준을 초과한 사업장
② 사업주는 안전보건개선계획을 수립할 때에는 산업안전보건위원회의 심의를 거쳐야 한다. 다만, 산업안전보건위원회가 설치되어 있지 아니한 사업장의 경우에는 근로자대표의 의견을 들어야 한다.

정답 ①

14 사업안전보건법령상 중대재해에 해당하지 않는 것은?

① 사망자 1명이 발생한 재해
② 12명의 부상자가 동시에 발생한 재해
③ 2명의 직업성 질병자가 동시에 발생한 재해
④ 5개월의 요양이 필요한 부상자가 동시에 3명 발생한 재해

해설

「산업안전보건법 시행규칙」 제3조(중대재해의 범위)
법 제2조 제2호에서 "고용노동부령으로 정하는 재해"란 다음 각 호의 어느 하나에 해당하는 재해를 말한다.
1. 사망자가 1명 이상 발생한 재해
2. 3개월 이상의 요양이 필요한 부상자가 동시에 2명 이상 발생한 재해
3. 부상자 또는 직업성 질병자가 동시에 10명 이상 발생한 재해

정답 ③

15 보호구 안전인증 고시상 저음부터 고음까지 차음하는 방음용 귀마개의 기호는?

① EM   ② EP-1   ③ EP-2   ④ EP-3

해설

귀마개의 종류 및 등급

종류	등급	기호	성능	비고
귀마개	1종	EP-1	저음부터 고음까지 차음하는 것	귀마개의 경우 재사용 여부를 제조특성으로 표기
	2종	EP-2	주로 고음을 차음하고 저음(회화음영역)은 차음하지 않는 것	
귀덮개	-	EM		

정답 ②

16 산업재해보상보험법령상 명시된 보험급여의 종류가 아닌 것은?

① 장례비   ② 요양급여   ③ 휴업급여   ④ 생산손실급여

해설

1) 직접비(재해자에게 지급되는 법령으로 정해진 산재보험비)
   ① 장해보상비, ② 유족보상비, ③ 간병비, ④ 장의비, ⑤ 요양보상비, ⑥ 휴업보상비
2) 간접비(기업이 입은 손실)
   ① 인적손실 : 본인, 제3자의 시간손실
   ② 물적손실 : 기계, 시설 등을 복구하는 데 소요되는 시간 손실 및 재산 손실
   ③ 생산손실 : 생산 중단, 감소, 판매 감소 등에 관한 손실
   ④ 특수손실
   ⑤ 기타손실

정답 ④

17 맥그리거의 X, Y이론 중 X이론의 관리처방에 해당하는 것은?

① 조직구조의 평면화   ② 분권화와 권한의 위임
③ 자체평가제도의 활성화   ④ 권위주의적 리더십의 확립

해설

맥그리거(D. McMgregor)의 X이론과 Y이론
1. X이론에 대한 가정
   - 사람들은 원래 일하기 싫어하고, 일하는 것을 가능한 한 피하려 함
   - 바람직한 목표를 이루기 위해서는 사람들을 통제, 위협, 처벌 등이 필요함
   - 사람들은 책임을 회피하고 공식적인 지시, 감독을 선호함
   - 사람들은 명령 받기를 좋아하며 안전을 바라는 인간관을 지님
   - 사람들은 도전적이지 못함

2. X이론의 관리처방
   - 권위주의적 리더십 확립
   - 경제적 보상체제 강화
   - 엄격한 감독 및 통제
   - 조직 구조의 고층성
   - 상부 책임제도 강화
3. Y이론에 대한 가정
   - 사람들은 일하는 것을 자연스럽게 받아들임. 놀이나 휴식과 동일한 것으로 볼 수 있음
   - 외적으로 드러나는 것보다 많은 잠재력을 소유
   - 사람들은 의사결정 능력을 가지고 있으며, 문제 해결 의지를 소유함
   - 사람들은 책임을 수용하고 감수하려는 본성을 지님
   - 조직의 목표에 동의하는 경우 자발적으로 목표 달성을 위해 노력함
4. Y이론의 관리처방
   - 분권화와 권한의 위임
   - 목표에 의한 관리
   - 비공식적 조직 활용
   - 자체평가제도의 활성화
   - 조직구조의 평면화
   - 직무확장

정답 ④

18 산업안전보건법령상 안전보건관리책임자의 업무에 해당하지 않는 것은? (단, 그 밖에 고용노동부령으로 정하는 사항은 제외한다.)

① 근로자의 적정배치에 관한 사항
② 작업환경의 점검 및 개선에 관한 사항
③ 안전보건관리규정의 작성 및 변경에 관한 사항
④ 안전장치 및 보호구 구입 시 적격품 여부 확인에 관한 사항

해설

「산업안전보건법」 제15조(안전보건관리책임자)
① 사업주는 사업장을 실질적으로 총괄하여 관리하는 사람에게 해당 사업장의 다음 각 호의 업무를 총괄하여 관리하도록 하여야 한다.
   1. 사업장의 산업재해 예방계획의 수립에 관한 사항
   2. 제25조 및 제26조에 따른 안전보건관리규정의 작성 및 변경에 관한 사항
   3. 제29조에 따른 안전보건교육에 관한 사항
   4. 작업환경측정 등 작업환경의 점검 및 개선에 관한 사항
   5. 제129조부터 제132조까지에 따른 근로자의 건강진단 등 건강관리에 관한 사항
   6. 산업재해의 원인 조사 및 재발 방지대책 수립에 관한 사항
   7. 산업재해에 관한 통계의 기록 및 유지에 관한 사항
   8. 안전장치 및 보호구 구입 시 적격품 여부 확인에 관한 사항
   9. 그 밖에 근로자의 유해·위험 방지조치에 관한 사항으로서 고용노동부령으로 정하는 사항
② 제1항 각 호의 업무를 총괄하여 관리하는 사람(이하 "안전보건관리책임자"라 한다)은 제17조에 따른 안전관리자와 제18조에 따른 보건관리자를 지휘·감독한다.
③ 안전보건관리책임자를 두어야 하는 사업의 종류와 사업장의 상시근로자 수, 그 밖에 필요한 사항은 대통령령으로 정한다.

정답 ①

19 산업안전보건법령상 명시된 안전검사대상 유해하거나 위험한 기계·기구·설비에 해당하지 않는 것은?

① 리프트
② 곤돌라
③ 산업용 원심기
④ 밀폐형 롤러기

해설

「산업안전보건법 시행령」제78조(안전검사대상기계 등) 〈개정 2024. 6. 25.〉
① 법 제93조 제1항 전단에서 "대통령령으로 정하는 것"이란 다음 각 호의 어느 하나에 해당하는 것을 말한다.
  1. 프레스
  2. 전단기
  3. 크레인(정격 하중이 2톤 미만인 것은 제외한다)
  4. 리프트
  5. 압력용기
  6. 곤돌라
  7. 국소 배기장치(이동식은 제외한다)
  8. 원심기(산업용만 해당한다)
  9. 롤러기(밀폐형 구조는 제외한다)
  10. 사출성형기[형 체결력(型 締結力) 294킬로뉴턴(KN) 미만은 제외한다]
  11. 고소작업대(「자동차관리법」제3조 제3호 또는 제4호에 따른 화물자동차 또는 특수자동차에 탑재한 고소작업대로 한정한다)
  12. 컨베이어   13. 산업용 로봇   14. 혼합기   15. 파쇄기 또는 분쇄기
② 법 제93조 제1항에 따른 안전검사대상기계 등의 세부적인 종류, 규격 및 형식은 고용노동부장관이 정하여 고시한다.

정답 ④

20 재해사례연구의 진행단계로 옳은 것은?

> ㄱ. 대책수립   ㄴ. 사실의 확인   ㄷ. 문제점의 발견
> ㄹ. 재해상황의 파악   ㅁ. 근본적 문제점의 결정

① ㄷ→ㄹ→ㄴ→ㅁ→ㄱ
② ㄷ→ㄹ→ㅁ→ㄴ→ㄱ
③ ㄹ→ㄴ→ㄷ→ㅁ→ㄱ
④ ㄹ→ㄷ→ㅁ→ㄴ→ㄱ

해설

ⓔ 재해상황의 파악 > ⓑ 사실의 확인 > ⓒ 문제점의 발견 > ⓓ 근본적 문제점의 결정 > ⓐ 대책수립

정답 ③

2과목　산업심리 및 교육

21 인간 착오의 메커니즘으로 틀린 것은?

① 위치의 착오　　② 패턴의 착오
③ 느낌의 착오　　④ 형(形)의 착오

해설

착오(주관적 인식과 객관적 사실이 일치하지 않는 일)
① 모양(형)의 착오, ② 패턴의 착오, ③ 기억의 착오, ④ 순서의 착오, ⑤ 위치의 착오

정답 ③

22 산업안전보건법령상 명시된 건설용 리프트·곤돌라를 이용한 작업의 특별교육 내용으로 틀린 것은? (단, 그 밖에 안전·보건관리에 필요한 사항은 제외한다.)

① 신호방법 및 공동작업에 관한 사항
② 화물의 취급 및 작업 방법에 관한 사항
③ 방호 장치의 기능 및 사용에 관한 사항
④ 기계·기구에 특성 및 동작원리에 관한 사항

해설

안전보건교육 교육대상별 교육내용(제26조 제1항 등 관련)
건설용 리프트·곤돌라를 이용한 작업
- 방호장치의 기능 및 사용에 관한 사항
- 기계, 기구, 달기체인 및 와이어 등의 점검에 관한 사항
- 화물의 권상·권하 작업방법 및 안전작업 지도에 관한 사항
- 기계·기구에 특성 및 동작원리에 관한 사항
- 신호방법 및 공동작업에 관한 사항
- 그 밖에 안전·보건관리에 필요한 사항

정답 ②

23 타일러(Taylor)의 과학적 관리와 거리가 가장 먼 것은?

① 시간 - 동작 연구를 적용하였다.
② 생산의 효율성을 상당이 향상시켰다.
③ 인간중심의 관점으로 일을 재설계한다.
④ 인센티브를 도입함으로써 작업자들을 동기화시킬 수 있다.

해설

테일러(Taylor)방식(과학적관리법)
- 생산량의 극대화와 고품질을 달성함으로써 고용자와 노동자의 대립을 해결할 수 있음
- 고임금, 저노무비의 원칙을 현실화하기 위한 관리방식
- 과업을 중심으로 한 공장관리를 의미함
- 생산능률을 향상시키기 위해 작업 과정에서 시간연구와 동작연구를 행하여 과업의 표준량을 정함
- 작업량에 따라 임금을 지급함, 태업(怠業)을 방지, 생산성을 향상
- 인간의 기계화 및 개인차 무시를 통한 폐해 발생
- 반복적이고 단순한 업무에만 적정

정답 ③

24 프로그램 학습법(programmed self-instruction method)의 단점은?

① 보충학습이 어렵다.
② 수강생의 시간적 활용이 어렵다.
③ 수강생의 사회성이 결여되기 쉽다.
④ 수강생의 개인적인 차이를 조절할 수 없다.

해설

프로그램 학습법(Skinner)
- 학습부진아의 완전학습을 위해 강화이론과 학습내용 조직의 계열성 원리 적용
- 학습자의 능력과 진도에 따라 개별적 학습 가능한 교수기계 사용

정답 ③

25 작업의 어려움, 기계설비의 결함 및 환경에 대한 주의력의 집중혼란, 심신의 근심 등으로 인하여 재해를 많이 일으키는 사람을 지칭하는 것은?

① 미숙성 누발자   ② 상황성 누발자
③ 습관성 누발자   ④ 소질성 누발자

해설

상황성 누발자란 심신의 근심, 환경상 주의력 집중 혼란, 작업 어려움, 기계설비 결함 등으로 인해 재해를 유발하는 자를 말한다.

정답 ②

26 안전사고가 발생하는 요인 중 심리적인 요인에 해당하는 것은?

① 감정의 불안정   ② 극도의 피로감
③ 신경계통의 이상   ④ 육체적 능력의 초과

해설

감정의 불안정은 심리적 요인에 해당한다.

정답 ①

27 허츠버그(Herzberg)의 2요인 이론 중 동기요인(motivator)에 해당하지 않는 것은?

① 성취
② 작업 조건
③ 인정
④ 작업 자체

해설

허츠버그(Herzberg)의 동기·위생이론
- 허즈버그는 매슬로우(Maslow)의 욕구단계설에서 동기·위생이론을 개발
- 개인 내면에 존재하는 욕구에 중점을 두기보다는 작업 환경에 초점을 둠
- 직무만족과 관련된 동기요인과 직무불만족과 관련된 위생요인으로 구분

① 동기요인
- 직무만족에 긍정적인 영향을 미쳐 개인의 생산 능력 증대를 가져오는 요인
- 작업 자체에서 나오는 내적·심리적인 것(성취, 책임감, 인정, 발전)
- 매슬로우의 자기존경의 욕구, 자아실현욕구에 해당

② 위생요인(유지요인)
- 작업환경에 파생되는 외적이며 물리적인 것(임금, 대인관계, 작업 조건, 보상, 감독)
- 작업의 붕괴를 방지하고, 현 상태로 유지시켜주지만, 생산성 향상은 없음
- 매슬로우의 생리적 욕구, 안전의 욕구, 사회적 욕구에 해당

정답 ②

28 작업의 강도를 객관적으로 측정하기 위한 지표로 옳은 것은?

① 강도율
② 작업시간
③ 작업속도
④ 에너지 대사율(RMR)

해설

에너지 대사율(R.M.R, Relative Metabolic Rate)

$R.M.R = \dfrac{\text{운동 시 산소 소모량} - \text{안정 시 산소 소모량}}{\text{기초대사량}}$	0 ~ 1 초경작업 1 ~ 2 경작업 2 ~ 4 보통(중)작업 4 ~ 7 중량작업 7 ~ 초중량작업

정답 ④

29 지도자가 부하의 능력에 따라 차별적으로 성과급을 지급하고자 하는 리더십의 권한은?

① 전문성 권한　　　② 보상적 권한
③ 합법적 권한　　　④ 위임된 권한

해설

리더십의 권한
- 전문성 권한 : 리더가 목표 달성·수행에 필요한 전문적 지식을 가져 부하직원들이 자발적으로 따름
- 보상적 권한 : 리더가 부하직원들에게 업무의 성과에 따라 보상할 수 있는 권한
- 합법적 권한 : 조직의 규칙 등에 따라 리더에게 공식적으로 부여된 권한
- 위임된 권한 : 조직의 목표에 도달하기위해 리더가 설정한 목표를 부하직원들이 자발적으로 받아들임
- 강압적 권한 : 리더가 부하직원들을 처벌할 수 있는 권한

정답 ②

30 인간의 욕구에 대한 대응기제(Adjustment Mechanism)를 공격적 기제, 방어적 기제, 도피적 기제로 구분할 때 다음 중 도피적 기제에 해당하는 것은?

① 보상　　　② 고립
③ 승화　　　④ 합리화

해설

적응기제의 종류
- **방어기제**
어려운 현실에 당면하여 문제의 직접적 해결을 시도하지 않고 현실을 왜곡시켜 체면을 유지하고 심리적 평형을 되찾아 자기를 보존하려고 하는 기제
① 동일시 : 자신이 되고 싶은 인물을 탐색하여 동일시해서 만족을 얻으려는 행동
② 보상 : 계획이 성취되는 데 오는 자존감
③ 합리화 : 자신의 행동에 그럴듯한 이유를 붙이는 것(변명)
④ 승화 : 가치 있게 목표에 도달하기 위해 노력하는 것
- **도피기제**
욕구불만에 의하여 발생된 정서적 긴장이나 불안감을 해소하기 위하여 비합리적인 행동으로 당면하고 있는 현장이나 또는 비현실적 세계로 벗어나 정서적 안정을 추구하려고 하는 기제
① 백일몽 : 현실에서 만족할 수 없기에 상상의 공간에서 욕구를 이루고자 하는 것
② 억압 : 좋지 않은 것을 잊고 앞으로 더 이상 행동하지 않겠다는 것
③ 퇴행 : 위협이나 불안을 느끼는 상황에서 생애 초기에 만족했던 시절을 상기하는 것
④ 고립 : 타인과의 접촉을 피하고 자신만의 세계로 피하려는 것
- **공격기제**
욕구충족 과정이 방해되었을 때 방해요인에 대해 공격함으로써 정서적 긴장을 해소하려고 하는 기제
① 직접적 : 폭행, 다툼
② 간접적 : 욕설, 비난

정답 ②

31 알더퍼(Alderfer)의 ERG이론에서 인간의 기본적인 3가지 욕구가 아닌 것은?

① 관계욕구　　　　　　② 성장욕구
③ 생리욕구　　　　　　④ 존재욕구

 해설

알더퍼(Alderfer)의 EGR이론
매슬로우(Maslow) 욕구단계설이 갖는 한계성에 대한 대안으로 5가지 욕구를 3가지로 구분
① 생존욕구(Existence needs)
　- 다양한 형태의 물리적·생리적 욕구로, 인간의 생존을 위한 욕구
　- 매슬로우의 생리적, 안전적 욕구와 동일
② 성장욕구(Growth needs)
　- 개인적이며 창조적인 성장을 위한 개인의 노력과 관련된 욕구
　- 잠재능력 개발과 관련된 욕구
　- 매슬로우의 자아실현욕구와 자기존경의 욕구와 동일
③ 관계욕구(Relatedness needs)
　- 인간답게 살기위하여 타인(동료, 가족, 친구)과 관계를 유지하려는 욕구
　- 매슬로우의 사회적 욕구와 동일

정답 ③

32 주의력의 특성과 그에 대한 설명으로 옳은 것은?

① 지속성 : 인간의 주의력은 2시간 이상 지속된다.
② 변동성 : 인간은 주의 집중은 내향과 외향으로 변동이 반복된다.
③ 방향성 : 인간의 주의력을 집중하는 방향은 상하 좌우에 따라 영향을 받는다.
④ 선택성 : 인간의 주의력은 한계가 있어 여러 작업에 대해 선택적으로 배분된다.

 **해설**

주의의 특성
- 변동성 : 사람은 한 점에 지속적으로 주의를 집중할 수 없음
- 선택성 : 사물을 기억하는 3단계를 거치면서 입력된 정보를 선택적으로 골라내는 것
　　　　　 (감각보관 → 단기기억 → 장기기억)
- 방향성 : 정보의 발생방향을 선택한 후 집중적인 정보 입력을 하는 것

정답 ④

33 파악하고자 하는 연구과제에 대해 언어를 매개로 구조화된 질의응답을 통하여 교육하는 기법은?

① 면접(interview)
② 카운슬링(counseling)
③ CCS(Civil Communication Section)
④ ATT(American Telephone & Telegram Co.)

해설

면접(interview)은 파악하고자 하는 연구과제에 대해 언어를 매개로 구조화된 질의응답을 통하여 교육하는 기법이다.

정답 ①

34 안전교육방법 중 새로운 자료나 교재를 제시하고, 거기에서의 문제점을 피교육자로 하여금 제기하게 하거나, 의견을 여러 가지 방법으로 발표하게 하고, 다시 깊게 파고들어서 토의 하는 방법은?

① 포럼(Forum)
② 심포지엄(Symposium)
③ 버즈세션(Buzz Session)
④ 패널 디스커션(Panel Discussion)

해설

포럼(Forum)은 전문가(1~2명)가 10~20분 동안 공개 연설 후 사회자가 진행하여 질의응답을 하는 것

정답 ①

35 안전교육의 방법을 지식교육, 기능교육 및 태도교육 순서로 구분하여 맞게 나열한 것은?

① 시청각 교육 – 현장실습 교육 – 안전작업 동작지도
② 시청각 교육 – 안전작업 동작지도 – 현장실습 교육
③ 현장실습 교육 – 안전작업 동작지도 – 시청각 교육
④ 안전작업 동작지도 – 시청각 교육 – 현장실습 교육

해설

1단계(지식교육) > 2단계(기능교육) > 3단계(태도교육)

정답 ①

36 학습목적의 3요소가 아닌 것은?

① 목표(goal)
② 주제(subject)
③ 학습정도(level of learning)
④ 학습방법(method of learning)

학습목적의 3요소(학습의 구성 3요소)
- 주제 : 목표 달성을 위한 것
- 학습정도 : 주제를 학습시킬 범위와 내용 정도
- 목표 : 학습의 목적(지표)

정답 ④

37. 산업안전보건법령상 근로자 안전보건교육의 교육과정 중 건설 일용근로자의 건설업 기초 안전·보건교육 교육시간 기준으로 옳은 것은?

① 1시간 이상   ② 2시간 이상   ③ 3시간 이상   ④ 4시간 이상

해설

산업안전보건법 시행규칙 별표4 안전보건교육 교육과정별 교육시간(제26조 제1항 등 관련)

교육과정	교육대상		교육시간
가. 정기교육	사무직 종사 근로자		매반기 6시간 이상
	그 밖의 근로자	판매업무에 직접 종사하는 근로자	매반기 6시간 이상
		판매업무에 직접 종사하는 근로자 외의 근로자	매반기 12시간 이상
나. 채용 시 교육	일용근로자 및 근로계약기간이 1주일 이하인 기간제근로자		1시간 이상
	근로계약기간이 1주일 초과 1개월 이하인 기간제근로자		4시간 이상
	그 밖의 근로자		8시간 이상
다. 작업내용 변경 시 교육	일용근로자 및 근로계약기간이 1주일 이하인 기간제근로자		1시간 이상
	그 밖의 근로자		2시간 이상
라. 특별교육	일용근로자 및 근로계약기간이 1주일 이하인 기간제근로자: 별표 5 제1호 라목(제39호는 제외)에 해당하는 작업에 종사하는 근로자에 한정		2시간 이상
	일용근로자 및 근로계약기간이 1주일 이하인 기간제근로자: 별표 5 제1호 라목 제39호에 해당하는 작업에 종사하는 근로자에 한정		8시간 이상
	일용근로자 및 근로계약기간이 1주일 이하인 기간제근로자:별표 5 제1호 라목에 해당하는 작업에 종사하는 근로자에 한정		- 16시간 이상(최초 작업에 종사하기 전 4시간 이상 실시하고 12시간은 3개월 이내에서 분할하여 실시 가능) - 단기간 작업 또는 간헐적 작업인 경우에는 2시간 이상
마. 건설업 기초안전·보건교육	건설 일용근로자		4시간 이상

정답 ④

38 O.J.T(On the Job Training)의 장점이 아닌 것은?

① 직장의 설정에 맞게 실제적 훈련이 가능하다.
② 교육을 통한 훈련효과에 의해 상호 신뢰이해도가 높아진다.
③ 대상자의 개인별 능력에 따라 훈련의 진도를 조정하기가 쉽다.
④ 교육훈련 대상자가 교육훈련에만 몰두할 수 있어 학습효과가 높다.

해설

O.J.T(on-the-job training)
직장 내에서의 종업원 교육 훈련방법으로 피교육자(종업원)는 직무에 종사하면서 지도교육을 받게 됨
- 업무수행이 중단되는 일이 없고 시간의 낭비가 적음
- 지도자와 피교육자 사이에 친밀감을 조성
- 기업의 필요에 합치되는 교육훈련을 할 수 있음
- 지도자의 높은 자질이 요구됨
- 교육훈련 내용의 체계화가 어려움
- 교육훈련대상은 비교적 하부조직의 직종

정답 ④

39 학습된 행동이 지속되는 것을 의미하는 용어는?

① 회상(recall)
② 파지(retention)
③ 재인(recognition)
④ 기명(memorizing)

해설

파지(retention)는 기억하고 있는 것들 중에서 재생되거나 또는 동일한 내용을 재학습할 경우 잠재적 효과가 나타나는 것이다.

정답 ②

40 작업자들에게 적성검사를 실시하는 가장 큰 목적은?

① 작업자의 협조를 얻기 위함
② 작업자의 인간관계를 개선하기 위함
③ 작업자의 생산능률을 높이기 위함
④ 작업자의 업무량을 최대로 할당하기 위함

해설

작업자들에게 적성검사를 실시하는 주된 목적은 작업자의 생산능률을 높이는 데 있다.

정답 ③

3과목 인간공학 및 시스템안전공학

41 인간공학적 수공구 설계원칙이 아닌 것은?

① 손목을 곧게 유지할 것
② 반복적인 손가락 동작을 피할 것
③ 손잡이 접촉 면적을 작게 설계할 것
④ 조직(tissue)에 가해지는 압력을 피할 것

해설

수공구 설계 시 유의사항
손목은 곧게, 손바닥의 접촉면적 크게, 반복동작 ×, 모든 손가락 사용

정답 ③

42 NIOSH 지침에서 최대허용한계(NPL)는 활동한계(AL)의 몇 배인가?

① 1배　　② 3배　　③ 5배　　④ 9배

해설

최대허용한계(NPL)는 활동한계(AL)의 3배이다.

정답 ②

43 FMEA의 특징에 대한 설명으로 틀린 것은?

① 서브시스템 분석 시 FTA보다 효과적이다.
② 양식이 비교적 간단하고 적은 노력으로 특별한 훈련 없이 해석이 가능하다.
③ 시스템 해석기법은 정성적 · 귀납적 분석법 등에 사용된다.
④ 각 요소 간 영향 해석이 어려워 2가지 이상 동시 고장은 해석이 곤란하다.

해설

F.M.E.A(Failure Mode and Effect Analysis, 귀납적·정성적 분석기법)
- 모든 고장요소를 형별로 분석하여 해당 고장에 미치는 영향을 분석하는 기법
- 서식간단, 적은 노력으로 분석가능
- 동시 2개의 고장일 경우 분석 어려움, 논리성 부족, 인적 원인 분석 어려움

정답 ①

44 인간공학에 대한 설명으로 틀린 것은?

① 제품의 설계 시 사용자를 고려한다.
② 환경과 사람이 격리된 존재가 아님을 인식한다.
③ 인간공학의 목표는 기능적 효과·효율 및 인간 가치를 향상시키는 것이다.
④ 인간의 능력 및 한계에는 개인차가 없다고 인지한다.

해설

인간의 능력 및 한계에는 개인차가 있다고 인지한다. 인간의 정신적, 신체적 능력 등을 고려해 적합한 작업이 이루어지도록 하는 것으로, 설비 및 환경, 공정, 직무 등을 평가 및 디자인하는 것을 말한다. 이를 통해 작업자의 실수, 피로 등을 감소시켜 궁극적으로 불안전한 행동을 저감시켜 작업자의 작업능률 향상과 만족도, 안전을 보장하는 목적이 있다.

정답 ④

45 인간-기계시스템에서의 여러 가지 인간에러와 그것으로 인해 생길 수 있는 위험성의 예측과 개선을 위헌 기법은?

① PHA ② FHA ③ OHA ④ THERP

해설

T.H.E.R.P(Technique of Human Error Rate Prediction)는 인간의 기본 과오율을 평가하는 확률론적 안전기법으로 100만 운전시간당 과오도수를 기본 과오율로 산정한다.

정답 ④

46 개선의 ECRS의 원칙에 해당하지 않는 것은?

① 제거 ② 결합 ③ 재조정 ④ 안전

해설

배제(Eliminate), 결합(Combine), 교환(Re-arrange), 간소화(Simplity)

정답 ④

47 표시장치로부터 정보를 얻어 조종장치를 통해 기계를 통제하는 시스템은?

① 수동 시스템 ② 무인 시스템 ③ 반자동 시스템 ④ 자동 시스템

해설

표시장치로부터 정보를 얻어 조종장치로 기계를 통제하는 것은 반자동 시스템이다.

정답 ③

48 Q10 효과에 직접적인 영향을 미치는 인자는?

① 고온 스트레스
② 한랭한 작업장
③ 중량물의 취급
④ 분진의 다량발생

해설

Q10 효과는 인간의 반응 속도는 온도와 함께 증대하고 온도가 10℃ 올라감에 따라 반응속도는 2~3의 값을 갖는다는 것을 의미함.

정답 ①

49 결함수분석(FTA)에 의한 재해사례의 연구순서로 옳은 것은?

㉠ FT(Fault Tree)
㉡ 개선안 실시계획
㉢ TOP 사상의 선정
㉣ 사상마다 재해원인 및 요인 규명
㉤ 개선계획 작성

① ㉡ → ㉣ → ㉢ → ㉤ → ㉠
② ㉢ → ㉣ → ㉠ → ㉤ → ㉡
③ ㉣ → ㉤ → ㉢ → ㉠ → ㉡
④ ㉤ → ㉢ → ㉡ → ㉠ → ㉣

해설

㉢ TOP사상 선정 > ㉣ 각 사상마다 재해원인 규명 > ㉠ FT(Fault Tree)도 작성 > ㉤ 개선계획 작성 > ㉡ 개선안 실시계획

정답 ②

50 물체의 표면에 도달하는 빛의 밀도를 뜻하는 용어는?

① 광도
② 광량
③ 대비
④ 조도

해설

조도(fc, lux)
- 어떤 표면 또는 물체에 도달하는 빛의 밀도
- 조도(lux) = $\dfrac{광속(lumen)}{거리(m)^2}$

정답 ④

51 시각적 표시장치와 청각적 표시장치 중 시각적 표시장치를 선택해야 하는 경우는?

① 메시지가 긴 경우
② 메시지가 후에 재참조되지 않는 경우
③ 직무상 수신자가 자주 움직이는 경우
④ 메시지가 시간적 사상(event)을 다룬 경우

해설

청각적 표시장치	시각적 표시장치
① 메시지 · 경고 간단함	① 메시지 · 경고 복잡함
② 메시지 · 경고 짧음	② 메시지 · 경고 긺
③ 메시지 · 경고 재참조 불가	③ 메시지 · 경고 재참조 가능
④ 메시지 · 경고 시간적 사상을 요구	④ 메시지 · 경고 공간적 위치 중요
⑤ 수신자 즉각적인 행동을 요구하는 경우	⑤ 수신자 즉각적인 행동 요구 하지 않음
⑥ 수신자가 직무 시 움직임이 많을 경우	⑥ 수신자가 직무 시 움직임이 거의 없는 경우
⑦ 수신 장소가 암조응 유지를 요하거나 매우 밝은 경우	⑦ 수신 장소가 소음 발생이 큰 경우
⑧ 수신자의 시각 계통이 과부하인 경우	⑧ 수신자의 청각 계통이 과부하인 경우

정답 ①

52 조작과 반응의 관계, 사용자의 의도와 실제 반응의 관계, 조종장치와 작동결과에 관한 관계 등 사람들이 기대하는 바와 일치하는 관계가 뜻하는 것은?

① 중복성   ② 조직화   ③ 양립성   ④ 표준화

해설

양립성
1. 공간적 양립성
   ① 조작자의 기대와 공간적 구성이 일치하는 것(조작장치와 표시장치의 위치가 상호 연관)
   ② 오른쪽 버튼을 누르면 오른쪽 등이 점등되는 등의 행위
2. 운동적 양립성
   ① 조작자의 기대와 조정기의 움직임이 일치하는 것
   ② 차량의 핸들을 오른쪽으로 돌리면 오른쪽으로 움직이는 등의 행위
3. 개념적 양립성
   ① 조작자의 개념이 코드나 상징과 일치하는 것
   ② 수도 밸브의 색깔(적색은 온수, 청색은 냉수)

정답 ③

53 FT도에 사용되는 다음 기호의 명칭은?

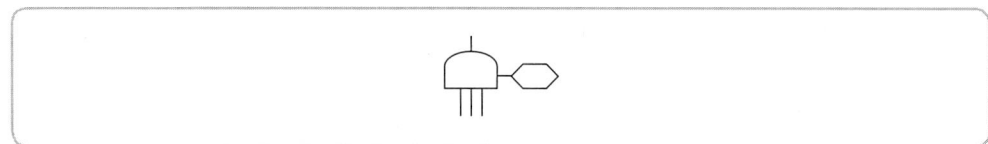

① 억제게이트 ② 조합AND게이트
③ 부정게이트 ④ 배타적OR게이트

해설

조합AND게이트는 입력현상 3개 이상일 경우 2개가 발생하면 출력현상 발생

정답 ②

54 일정한 고장률을 가진 어떤 기계의 고장률이 시간당 0.008일 때 5시간 이내에 고장을 일으킬 확률은?

① $1 + e^{0.04}$ ② $1 - e^{-0.004}$ ③ $1 - e^{0.04}$ ④ $1 - e^{-0.04}$

해설

$R(t) = e^{-\lambda t} = e^{-0.008 \times 5} = e^{-0.04}$

정답 ④

55 HAZOP기법에서 사용하는 가이드워드와 그 의미가 틀린 것은?

① Other than : 기타 환경적인 요인
② No/Not : 디자인 의도의 완전한 부정
③ Reverse : 디자인 의도의 논리적 반대
④ More/Less : 정량적인 증가 또는 감소

해설

용어	내용
No, Not	설계 의도의 완전한 부정
Reverse	설계 의도의 논리적인 역
As well as	성질상의 증가와 동시에 발생
More, Less	압력, 온도 등의 양의 증가 또는 감소
Other than	완전한 대체
Part of	일부 변경

정답 ①

56 음압수준이 60dB일 때 1,000Hz에서 순음의 phon의 값은?

① 50phon　　② 60phon　　③ 90phon　　④ 100phon

해설

- phon : 정량적 평가를 위한 음량 수준 척도[1,000Hz 순음의 음압수준(dB)]
- 1phon은 1,000Hz이며 1dB 음의 크기

정답 ②

57 인간의 오류모형에서 상황해석을 잘못하거나 목표를 잘못 이해하고 착각하여 행하는 경우를 뜻하는 용어는?

① 실수(Slip)　　　　　　② 착오(Mistake)
③ 건망증(Lapse)　　　　④ 위반(Violation)

해설

- 건망증(lapse) : 기억의 실패 또는 연계적 행위 중 일부 잊어버림으로써 발생하는 것
- 위반(violation) : 규칙을 고의적으로 지키지 않거나 무시하는 것
- 착오(mistake) : 상황을 잘못 해석하거나 목표를 잘못 이해하여 착각하는 것
- 실수(slip) : 상황 또는 목표의 해석 및 이해는 적합하였으나 그 행위가 다른 것

정답 ②

58 프레스기의 안전장치 수명은 지수분포를 따르며 평균 수명이 1,000시간 일 때 ㉠, ㉡에 알맞은 값은 약 얼마인가?

> ㉠ : 새로 구입한 안전장치가 향후 500시간 동안 고장 없이 작동할 확률
> ㉡ : 이미 1,000시간을 사용한 안전장치가 향후 500시간 이상 견딜 확률

① ㉠ : 0.606, ㉡ : 0.606　　　② ㉠ : 0.606, ㉡ : 0.808
③ ㉠ : 0.808, ㉡ : 0.606　　　④ ㉠ : 0.808, ㉡ : 0.808

해설

㉠, ㉡의 풀이과정은 동일하다.

- λ(평균고장률) $= \dfrac{고장건수}{총 가동시간} = \dfrac{1}{1000}$, 신뢰도 $R(t) = e^{-\lambda t} = e^{-0.001 \times 500} = e^{-0.5}$
- 고장발생확률 $F(t) = 1 - R(t) = 1 - e^{-0.5} = 0.39346$
- 고장 없이 작동할 확률 $= 1 - 0.39346 = 0.60654$

정답 ①

59 FT도에서 신뢰도는? (단, A 발생확률은 0.01, B 발생확률은 0.02이다.)

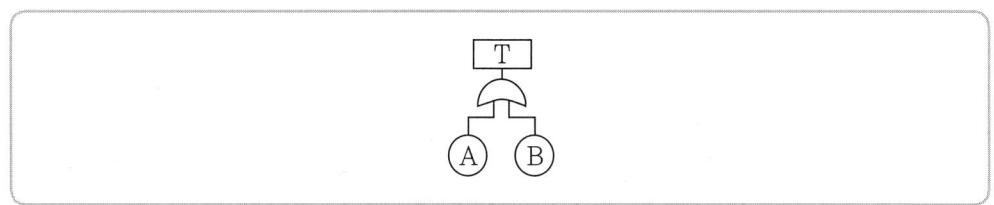

① 96.02%   ② 97.02%   ③ 98.02%   ④ 99.02%

해설

신뢰도 $R(t) = [1 - \{[1 - (1 - 0.01)(1 - 0.02)\}] = 0.9702$

정답 ②

60 위험성평가 시 위험의 크기를 결정하는 방법이 아닌 것은?

① 덧셈법   ② 곱셈법   ③ 뺄셈법   ④ 행렬법

해설

위험성평가 시 위험의 크기를 결정하는 방법에는 덧셈식에 의한 방법, 조합(행렬)에 의한 방법, 곱셈식에 의한 방법이 있다.

정답 ③

4과목 건설시공학

61 기존에 구축된 건축물 가까이에서 건축공사를 실시할 경우 기존 건축물의 지반과 기초를 보강하는 공법은?

① 리버스 서큘레이션 공법   ② 언더피닝 공법
③ 슬러리 월 공법   ④ 탑다운 공법

해설

언더피닝(Underpinning)은 기존 건축물의 기초를 보강하거나, 기초를 신설하여 기존건축물의 보호하는 보강공사 공법을 말한다. 건축물이 침하하는 경우 원래 상태로 복원이 가능하며, 건축물의 증축을 가능하게 하고 기초지지력을 증대시킬 수 있으나, 공사비가 고가이며, 대형건축물에는 적용이 곤란하다. 기울어진 건물을 바로 잡거나, 인접 터파기 시 건물이 침하하는 경우에 이 공법이 적용된다.

정답 ②

62 다음은 기성말뚝 세우기에 관한 표준시방서 규정이다. ( ) 안에 순서대로 들어갈 내용으로 옳게 짝지어진 것은? (단, 보기항의 D는 말뚝의 바깥지름임)

> 말뚝의 연직도나 경사도는 ( ) 이내로 하고, 말뚝박기 후 평면상의 위치가 설계도면의 위치로부터 ( )와 100mm 중 큰 값 이상으로 벗어나지 않아야 한다.

① 1/100, D/4 ② 1/100, D/3 ③ 1/150, D/4 ④ 1/150, D/3

 해설

표준시방서 KCS 11 50 15 : 2021 기성말뚝
말뚝은 설계도서 및 시공계획서에 따라 정확하고 안전하게 세워야 한다.
① 시공기계는 말뚝이 소정의 위치에 정확하게 설치될 수 있도록 견고한 지반위의 정확한 위치에 설치하여야 한다.
② 말뚝을 정확하고도 안전하게 세우기 위해서는 정확한 규준틀을 설치하고 중심선 표시를 용이하게 하여야 하며, 말뚝을 세운 후 검측은 직교하는 2방향으로부터 하여야 한다.
③ 말뚝의 연직도나 경사도는 1/50 이내로 하고, 말뚝박기 후 평면상의 위치가 설계도면의 위치로부터 D/4(D는 말뚝의 바깥지름)와 100mm 중 큰 값 이상으로 벗어나지 않아야 한다.

정답 답 없음(법 개정 2021.05.12.), 1/50, D/4

63 철골공사에서 발생하는 용접 결함이 아닌 것은?

① 피트(Pit) ② 블로우 홀(Blow hole)
③ 오버 랩(Over lap) ④ 가우징(Gouging)

 해설

용접결함의 종류		내용
표면결함	크랙(crack)	용접부 응고 후 수축응력을 심하게 받는 경우 발생
	크리에이터(crater)	용접부 중심부에 불순물 등이 함유되는 경우 발생
	루트(root)	모재의 예열이 부족한 경우 발생
	피트(pit)	용접부 용융금속 응고수축하는 경우 표면에 발생
	피쉬아이(fish eye)	블루홀과 혼입된 슬래그가 모여 생기는 은색의 반점
내부결함	블루홀(blow hole)	용착부의 잔존 가스의 영향으로 생성되는 기공
	슬래그 감싸들기	슬래그가 용착한 금속 내에서 혼입하여 발생
	용입불량	용접부가 너무 좁거나 넓은 경우 발생
형상결함	오버랩(over lap)	모재가 용융되지 않고 겹치는 현상
	언더컷(under cut)	용접 전류가 과다하거나 불안정한 경우 발생
	오버헝(over hung)	용착금속이 모재에 정착되지 않고 모재 밑으로 흘러내리는 현상

정답 ④

64. 원심력 고강도 프리스트레스트 콘크리트말뚝의 이음방법 중 가장 강성이 우수하고 안전하여 많이 사용하는 이음방법은?

① 충전식이음
② 볼트식이음
③ 용접식이음
④ 강관말뚝이음

해설

말뚝이음공법
- 장부식 이음
  이음부에 밴드(Band)를 채워서 이음하는 공법으로 구조가 간단하고 시공용이 용이하지만, 타격 시 강성이 약해 연결부위 파손이 크다.
- 충전식 이음
  일반적으로 가장 많이 적용되는 공법으로, 말뚝 이음부의 철근을 따내어 용접한 후 상하 말뚝에 steel sleeve를 설치해 콘크리트를 충전하는 공법이다. 이음부의 길이는 말뚝 직경의 3배 이상이며, 압축 및 인장에 저항하며 내식성이 우수하다.
- 용접식 이음
  상·하부 말뚝의 철근을 용접한 후 외부에 보강철판을 용접하여 이음하는 공법으로 설계 및 시공이 우수하여 강성이 크나, 용접부분의 부식에 대한 대비가 필요하다.
- 볼트(Bolt)식 이음
  말뚝 이음부를 볼트로 조여 시공하는 방법으로 시공이 간단하고 이음내력이 우수하나, 가격이 비교적 고가이고 볼트의 내식성과 타격 시 변형이 우려된다.

정답 ③

65. 철근이음의 종류 중 나사를 가지는 슬리브 또는 커플러, 에폭시나 모르타르 또는 용융 금속 등을 충전한 슬리브, 클립이나, 편체들의 보조장치 등을 이용한 것을 무엇이라 하는가?

① 겹침이음
② 가스압접이음
③ 기계적이음
④ 용접이음

해설

기계적이음은 나사를 가지는 슬리브 또는 커플러, 에폭시나 모르타르 또는 용융 금속 등을 충전한 슬리브, 클립이나, 편체들의 보조장치 등을 이용하여 철근은 이음하는 방식을 말한다.

정답 ③

66. R.C.D(리버스 서큘레이션 드릴) 공법의 특징으로 옳지 않은 것은?

① 드릴파이프 직경보다 큰 호박돌이 있는 경우 굴착이 불가하다.
② 깊은 심도까지 굴착이 가능하다.
③ 시공속도가 빠른 장점이 있다.
④ 수상(해상)작업이 불가하다.

해설

R.C.D(리버스 서큘레이션 드릴) 공법은 대구경 파일을 제작하는 현장타설 콘크리트 말뚝 공법으로 해상작업이 가능하다.

정답 ④

67. 보강블록공사 시 벽의 철근 배치에 관한 설명으로 옳지 않은 것은?

① 가로근은 배근 상세도에 따라 가공하되, 그 단부는 180°의 갈구리로 구부려 배근한다.
② 블록의 공동에 보강근을 배치하고 콘크리트를 다져넣기 때문에 세로줄눈은 막힌줄눈으로 하는 것이 좋다.
③ 세로근은 기초 및 테두리보에서 위층의 테두리보까지 잇지 않고 배근하여 그 정착길이는 철근 직경의 40배 이상으로 한다.
④ 벽의 세로근은 구부리지 않고 항상 진동없이 설치한다.

해설

블록의 공동에 보강근을 배치하고 콘크리트를 다져넣기 때문에 세로줄눈은 통줄눈으로 하는 것이 좋다.

정답 ②

68. 철근공사 시 철근의 조립과 관련된 설명으로 옳지 않은 것은?

① 철근이 바른 위치를 확보할 수 있도록 결속선으로 결속하여야 한다.
② 철근은 조립한 다음 장기간 경과한 경우에는 콘크리트의 타설 전에 다시 조립검사를 하고 청소하여야 한다.
③ 경미한 황갈색의 녹이 발생한 철근은 콘크리트와의 부착이 매우 불량하므로 사용이 불가하다.
④ 철근의 피복두께를 정확하게 확보하기 위해 적절한 간격으로 고임재 및 간격재를 배치하여야 한다.

해설

경미한 황갈색의 녹이 발생한 철근은 콘크리트와의 부착력이 좋으므로 사용하는 데 문제가 없다.

정답 ③

69 공사계약방식에서 공사실시 방식에 의한 계약제도가 아닌 것은?

① 일식도급 ② 분할도급
③ 실비정산보수가산도급 ④ 공동도급

해설

실비정산 보수가산식 도급은 공사실시 방식에 따른 계약제도가 아니다.

실비 정산식 도급(Cost plus Fee Contract)
- 실비 정산 비율 보수가산식 계약(Cost plus a percentage Contract)
  공사의 진척도에 따라 확정된 시점에 실비와 사전에 계약된 비율을 곱한 보수로 공사업자에게 지불하는 방식
- 실비 정산 정액 보수가산식 계약(Cost plus a fixed fee Contract)
  사전에 정해진 일정액의 보수만을 지불하는 방식
- 실비 한정 비율 보수가산식 계약(Cost plus a percentage with guaranted limit Contract)
  실비의 상한선을 두고 공사업자에게 지급하는 방식
- 실비 정산 준동률 보수가산식 계약(Cost plus a sliding scale contract)
  실비를 단계별로 구분하여 공사금액이 각 단계의 금액 이상일 경우 비율보수 또는 정액보수로 체감하는 방식

정답 ③

70 알루미늄 거푸집에 관한 설명으로 옳지 않은 것은?

① 경량으로 설치시간이 단축된다.
② 이음매(Joint)감소로 견출작업이 감소된다.
③ 주요 시공 부위는 내부벽체, 슬래브, 계단실 벽체이며, 슬래브 필러 시스템이 있어서 해체가 간편하다.
④ 녹이 슬지 않는 장점이 있으나 전용횟수가 매우 적다.

해설

알루미늄 거푸집은 전용횟수가 크다.

정답 ④

71 철거작업 시 지중장애물 사전조사 항목으로 가장 거리가 먼 것은?

① 주변 공사장에 설치된 모든 계측기 확인 ② 기존 건축물의 설계도, 시공기록 확인
③ 가스, 수도, 전기 등 공공매설물 확인 ④ 시험굴착, 탐사 확인

해설

건축물 해체(철거)작업 시 지중장애물(매설물)을 사전조사할 때 주변 공사장에 설치된 계측기를 확인하는 사항은 조사 항목 대상이 아니다.

정답 ①

72 벽돌쌓기 시 사전준비에 관한 설명으로 옳지 않은 것은?

① 줄기초, 연결보 및 바닥 콘크리트의 쌓기면은 작업 전에 청소하고, 우묵한 곳은 모르타르로 수평지게 만든다.
② 벽돌에 부착된 흙이나 먼지는 깨끗이 제거한다.
③ 모르타르는 지정한 배합으로 하되 시멘트와 모래는 건비빔으로 하고, 사용할 때에는 쌓기에 지장이 없는 유동성이 확보되도록 물을 가하고 충분히 반죽하여 사용한다.
④ 콘크리트 벽돌을 쌓기 직전에 충분한 물축이기를 한다.

해설

콘크리트 벽돌을 쌓기 직전에는 물축임을 하지 않는다.

정답 ④

73 콘크리트는 신속하게 운반하여 즉시 타설하고, 충분히 다져야 하는데 비비기로부터 타설이 끝날 때까지의 시간은 원칙적으로 얼마를 넘어서면 안 되는가? (단, 외기온도가 25℃ 이상일 경우)

① 1.5시간　　② 2시간　　③ 2.5시간　　④ 3시간

해설

외기온도 25℃ 미만일 때 120분 이내, 25℃ 이상일 때 90분 이내

정답 ①

74 피어기초공사에 관한 설명으로 옳지 않은 것은?

① 중량구조물을 설치하는데 있어서 지반이 연약하거나 말뚝으로도 수직지지력이 부족하여 그 시공이 불가능한 경우와 기초지반의 교란을 최소화해야 할 경우에 채용한다.
② 굴착된 흙을 직접 탐사할 수 있고 지지층의 상태를 확인할 수 있다.
③ 진동과 소음이 발생하는 공법이긴 하나 여타 기초형식에 비하여 공기 및 비용이 적게 소요된다.
④ 피어기초를 채용한 국내의 초고층 건축물에는 63빌딩이 있다.

해설

피어기초공사는 소음이 적어 도심지 공사에 적합하다.

정답 ③

75 다음 각 거푸집에 관한 설명으로 옳은 것은?

① 트래블링 폼 : 무량판 시공 시 2방향으로 된 상자형 기성재 거푸집이다.
② 슬라이딩 폼 : 수평활동 거푸집이며 거푸집 전체를 그대로 떼어 다음 사용 장소로 이동시켜 사용할 수 있도록 한 거푸집이다.
③ 터널 폼 : 한 구획 전체의 벽판과 바닥판을 ㄱ자형 또는 ㄷ자형으로 짜서 이동시키는 형태의 기성재 거푸집이다.
④ 워플 폼 : 거푸집 높이는 약 1m이고 하부가 약간 벌어진 원형 철판 거푸집을 요오크(yoke)로 서서히 끌어 올리는 공법으로 Silo 공사 등에 적당하다.

해설

터널폼(Tunnel Form)
벽체와 바닥거푸집을 장선·멍에·지주와 일체화하는 거푸집으로 조립 및 해체 공정을 줄여 공기단축 및 비용 절감 효과가 큰 공법이다. 보가 없는 벽식구조 및 동일한 크기의 평면 및 공간을 시공하는 데 용이한 공법이다. 종류로는 Mono shell form과 Twin shell form이 있다.

정답 ③

76 강구조물 부재 제작 시 마킹(금긋기)에 관한 설명으로 옳지 않은 것은?

① 주요부재의 강판에 마킹할 때에는 펀치(punch) 등을 사용하여야 한다.
② 강판 위에 주요부재를 마킹할 때에는 주된 응력의 방향과 압연 방향을 일치시켜야 한다.
③ 마킹할 때에는 구조물이 완성된 후에 구조물의 부재로서 남을 곳에는 원칙적으로 강판에 상처를 내어서는 안된다.
④ 마킹 시 용접열에 의한 수축여유를 고려하여 최종 교정, 다듬질 후 정확한 치수를 확보할 수 있도록 조치해야 한다.

해설

강구조공사 표준시방서(2016, 국토교통부)
주요부재의 강판에 마킹할 때에는 펀치(punch) 등을 사용하지 않아야 한다.

정답 ①

77 건축공사 시 각종 분할도급의 장점에 관한 설명으로 옳지 않은 것은?

① 전문공종별 분할도급은 설비업자의 자본, 기술이 강화되어 능률이 향상된다.
② 공정별 분할도급은 후속공사를 다른 업자로 바꾸거나 후속공사 금액의 결정이 용이하다.
③ 공구별 분할도급은 중소업자에 균등기회를 주고, 업자 상호 간 경쟁으로 공사기일 단축, 시공 기술향상에 유리하다.
④ 직종별, 공종별 분할도급은 전문직종으로 분할하여 도급을 주는 것으로 건축주의 의도를 철저하게 반영시킬 수 있다.

해설

공정별 분할도급은 후속공사를 다른 업자로 변경이 곤란하고 후속공사 금액의 결정이 어렵다.

정답 ②

78 건설사업이 대규모화, 고도화, 다양화, 전문화 되어감에 따라 종래의 단순기술에 의한 시공만이 아닌 고부가가치를 추구하기 위하여 업무영역의 확대를 의미하는 것은?

① BTL ② EC ③ BOT ④ SOC

해설

E.C(Engineering Constructor)
E.C화는 건설수요가 다양화되고 복잡화됨에 따라 높은 기술력과 공법을 요구한다. 최근 건설공사의 대형화와 건축물의 초고층화로 인해 신공법 및 기술력의 요구가 커지고 있으며, 품질저하와 하자에 대한 철저한 품질관리가 수반되어야 한다. E.C화(Engineering Construction)는 건설사업의 공정·품질·원가·안전·환경 관리의 시스템화를 통해 국내·외 건설시장의 기술력 제공에 기여한다.

정답 ②

79 두께 110mm의 일반구조용 압연강재 SS275의 항복강도(f_y) 기준값은?

① 275MPa 이상   ② 265MPa 이상
③ 245MPa 이상   ④ 235MPa 이상

해설

강재의 규격표시 및 강도(KS D 3503 일반 구조용 압연강재, 2018.01.01.시행)

기호	항복강도(N/mm^2) 강재의 두께(mm)				인장강도 (N/mm^2)
	16 이하	16 초과 40 이하	40 초과 100 이하	100 초과	
SS235	235 이상	225 이상	205 이상	195 이상	330–450
SS275	275 이상	265 이상	245 이상	235 이상	410–550
SS315	315 이상	305 이상	295 이상	275 이상	490–630
SS410	410 이상	400 이상	–	–	540 이상
SS450	450 이상	440 이상	–	–	590 이상
SS550	550 이상	540 이상	–	–	690 이상

정답 ④

80 콘크리트 공사 시 시공이음에 관한 설명으로 옳지 않은 것은?

① 시공이음은 될 수 있는 대로 전단력이 작은 위치에 설치하고, 부재의 압축력이 작용하는 방향과 지각이 되도록 하는 것이 원칙이다.
② 외부의 염분에 의한 피해를 받을 우려가 있는 해양 및 항만 콘크리트 구조물 등에 있어서는 시공이음 부위를 최대한 많이 설치하는 것이 좋다.
③ 이음부의 시공에 있어서는 설계에 정해져 있는 이음의 위치와 구조는 지켜져야 한다.
④ 수밀을 요하는 콘크리트에 있어서는 소요의 수밀성이 얻어지도록 적절한 간격으로 시공이음을 두어야 한다.

해설

해양 및 항만 콘크리트 구조물의 경우 시공이음 부위를 최소화하는 것이 중요하다.

정답 ②

5과목 건설재료학

81 건축재료의 성질을 물리적 성질과 역학적 성질로 구분할 때 물체의 운동에 관한 성질인 역학적 성질에 속하지 않는 항목은?

① 비중　　② 탄성　　③ 강성　　④ 소성

해설

비중은 어떤 물질의 무거운 정도를 의미하므로 물리적 성질에 해당한다.

정답 ①

82 강재(鋼材)의 일반적인 성질에 관한 설명으로 옳지 않은 것은?

① 열과 전기의 양도체이다.
② 광택을 가지고 있으며, 빛에 불투명하다.
③ 경도가 높고 내마멸성이 크다.
④ 전성이 일부 있으나 소성변형능력은 없다.

해설

강재의 일반적인 성질
- 철(Fe) 이외에 규소(Si), 탄소(C), 망간(Mn)과 소량의 황(S), 인(P) 등이 함유된 것
- 탄소의 함량에 따라 주철(1.7% 이상), 탄소강(0.04 ~ 1.7%), 순철(연철, 0.04% 이하) 구분됨

- 최경강 > 경강 > 반경강 > 반연강 > 연강 > 극연강(탄소강, 탄소량 크기)
- 온도에 따라 강의 인장강도는 변화함(100℃ 이상 되면 인장강도가 증가하고 250~300℃에서 인장강도가 최대)
- 선팽창계수 : $10.4 \times 10^{-6} \sim 11.5 \times 10^{-6}$

정답 ④

83 콘크리트 혼화재 중 하나인 플라이애시가 콘크리트에 미치는 작용에 관한 설명으로 옳지 않은 것은?

① 내황산염에 대한 저항성을 증가시키기 위하여 사용한다.
② 콘크리트 수화초기 시의 발열량을 감소시키고 장기적으로 시멘트의 석회와 결합하여 장기강도를 증진시키는 효과가 있다.
③ 입자가 구형이므로 유동성이 증가되어 단위수량을 감소시키므로 콘크리트의 워커빌리티의 개선, 압송성을 향상시킨다.
④ 알칼리골재반응에 의한 팽창을 증가시키고 콘크리트의 수밀성을 약화시킨다.

 해설

플라이애시(Fly ash)
화력발전소 등의 연소보일러에서 부산되는 석탄재를 말하며, 연소 폐가스 중에 있는 집진기에 의해 회수된 미세한 입상의 잔사이다. 비중이 1.9~2.4 정도이며, 분말도는 1,500~5,000cm²/g 이어서 시멘트보다 가볍고 높은 분말도를 가진다. 콘크리트의 유동성을 개선하고, 단위수량 감소, 블리딩현상 감소, 장기강도 개선, 수화발열량 감소, 알칼리 골재반응 억제 효과, 황산염에 대한 저항성 증대 효과, 콘크리트 수밀성 향상 등의 특징을 가진다. 플라이애시를 첨가할 경우 초기강도는 일반콘크리트보다 낮고, 온도가 높을수록 강도증진 효과는 미비하다. 혼합률이 20% 이상 증가하면 피복두께를 1cm 정도 증가시키는 것이 효과적이다. 응결시간이 늦고, 공기 중의 수분과 반응하면 응집현상이 발생할 수 있으므로 주의해야하며, 초기 습윤 양생이 매우 중요하므로 양생온도에 유의하여 시공하여야 한다. AE콘크리트의 경우 AE제가 플라이애시에 흡착되므로 사용량을 증가할 필요가 있다.

정답 ④

84 대리석의 일종으로 다공질이며 황갈색의 반문이 있고 갈면 광택이 나서 우아한 실내장식에 사용되는 것은?

① 테라조   ② 트래버틴   ③ 석면   ④ 점판암

 해설

트래버틴은 대리석의 일종으로 다공질이며 황갈색의 반문이 있음. 외관이 미려하여 실내장식용으로 사용

정답 ②

85 비스페놀과 에피클로로히드린의 반응으로 얻어지며 주제와 경화제로 이루어진 2성분계의 접착제로서 금속, 플라스틱, 도자기, 유리 및 콘크리트 등의 접합에 널리 사용되는 접착제는?

① 실리콘수지 접착제 ② 에폭시 접착제
③ 비닐수지 접착제 ④ 아크릴수지 접착제

해설

에폭시 접착제
접착성↑, 내약품성↑, 내열성↑, 산·알칼리↑, 접착제, 도료, 내·외장재 등 사용

정답 ②

86 외부에 노출되는 마감용 벽돌로써 벽돌면의 색깔, 형태, 표면의 질감 등의 효과를 얻기 위한 것은?

① 광재벽돌 ② 내화벽돌 ③ 치장벽돌 ④ 포도벽돌

해설

치장벽돌은 외부에 노출되는 마감용 벽돌로써 벽돌면의 색깔, 형태, 표면의 질감 등의 효과를 얻기 위한 것

정답 ③

87 콘크리트의 블리딩 현상에 의한 성능저하와 가장 거리가 먼 것은?

① 골재와 페이스트의 부착력 저하 ② 철근과 페이스트의 부착력 저하
③ 콘크리트의 수밀성 저하 ④ 콘크리트의 응결성 저하

해설

블리딩(Bleeding) 현상
콘크리트 타설한 후 물과 석고, 불순물 등의 미세한 물질이 콘크리트 타설면으로 상승하고, 무거운 골재나 시멘트는 침하하게 되는 현상을 말한다. 이로 인해 철근과 콘크리트의 부착강도가 저하되고, 슬럼프 및 강도에 영향을 미쳐 콘크리트의 수밀성이 저하된다. 주로 블리딩 현상은 굵은 골재 최대치수가 클수록, 물시멘트비가 클수록, 반죽질기가 클수록, 콘크리트 타설높이가 높고 타설속도가 빠를수록 잘 발생되고, 분말도 낮은 시멘트를 사용, 단위수량 및 다짐, 부재 단면치수가 클수록 많이 발생한다.

정답 ④

88 직사각형으로 자른 얇은 나뭇조각을 서로 직각으로 겹쳐지게 배열하고 방수성 수지로 강하게 압축 가공한 보드는?

① O.S.B　　② M.D.F　　③ 플로어링블록　　④ 시멘트 사이딩

해설
O.S.B(Oriented Stand Board)는 직사각형으로 잘게 부순 나뭇조각을 서로 직각으로 겹쳐 배열하고 방수성 수지로 접착 및 압착하여 제작한 보드를 말한다.

정답 ①

89 발포제로서 보드로 성형하여 단열재로 널리 사용되며 천장재, 전기용품, 냉장고 내부상자 등으로 쓰이는 열가소성 수지는?

① 폴리스티렌수지　　② 폴리에스테르수지
③ 멜라민수지　　④ 메타크릴수지

해설
폴리스티렌 수지는 도료, 블라인드, 스티로폼 등으로 제작된다.
내약품성↑, 내수성↑, 가공성↑, 전기절연성↑

정답 ①

90 블로운 아스팔트의 내열성, 내한성 등을 개량하기 위해 동물섬유나 식물섬유를 혼합하여 유동성을 증대시킨 것은?

① 아스팔트 펠트(Asphalt felt)　　② 아스팔트 루핑(Asphalt roofing)
③ 아스팔트 프라이머(Asphalt primer)　　④ 아스팔트 컴파운드(Asphalt compound)

해설

아스팔트 프라이머	아스팔트의 접착성을 높이기 위해 바탕재에 도포하는 것(방수재 접착제)
아스팔트 컴파운드	① 아스팔트에 동물섬유 또는 식물섬유를 혼입하여 유동성을 부여한 것 ② 블로운 아스팔트가 주재료
아스팔트 펠트	① 목면 등에 스트레이트 아스팔트를 도포하여 가열·용융·흡수시켜 roll 형태로 만든 아스팔트 ② 내·외벽 모르타르 방수재료로 사용되며 아스팔트 방수 중간층 재료로 적용
아스팔트 루핑	① 스트레이트 아스팔트를 질긴 섬유에 침투한 다음 앞·뒷면에 컴파운드 피복 후 활석 등의 석분을 부착시킨 roll 형태의 아스팔트 ② 주로 지붕층 지붕깔기 등으로 사용
아스팔트 싱글	① 아스팔트 루핑을 사각형 또는 육각형 형태로 절단하여 만든 것 ② 내후성↑, 방수성↑, 변색성↓

정답 ④

91 목모시멘트판을 보다 향상시킨 것으로 폐기목재의 삭편을 화학처리하여 비교적 두꺼운 판 또는 공동블록 등으로 제작하여 마루, 지붕, 천장, 벽 등의 구조체에 사용되는 것은?

① 펄라이트시멘트판　　② 후형슬레이트
③ 석면슬레이트　　④ 듀리졸(durisol)

해설

듀리졸(durisol)
목모보드보다 향상된 것으로 시멘트에 폐기목재, 삭편(톱밥, 나무조각)을 혼합한 후 화학처리하여 가압한 것을 말하며 두꺼운 판이나 공동블록의 형태로 바닥, 지붕, 천장, 벽 등의 자재로 이용된다.

정답 ④

92 역청재료의 침입도 시험에서 질량 100g의 표준침이 5초 동안에 10mm 관입했다면 이 재료의 침입도는 얼마인가?

① 1　　② 10　　③ 100　　④ 1,000

해설

- 10mm 관입하였으므로 침입도는 100이 된다.(0.1mm = 침입도 1)
- 역청재료는 원유의 건·증류를 통해 얻어지는 유기화합물을 의미하며, 주로 타르, 아스팔트 등으로 방부, 방수, 포장재로 사용된다. 침입도는 25℃, 100g, 5초가 기준이 되고 바늘의 수직 관입 깊이를 0.1mm 단위로 나타내며 0.1mm을 침입도 1로 표시한다.

정답 ③

93 지름이 18mm인 강봉을 대상으로 인장시험을 행하여 항복하중 27kN, 최대하중 41kN을 얻었다. 이 강봉의 인장강도는?

① 약 106.3MPa　　② 약 133.9MPa
③ 약 161.1MPa　　④ 약 182.3MPa

해설

kN은 힘의 단위, MPa은 강도의 단위이므로 단위를 환산해야 한다. 1MPa = 1N/mm²

$$\text{인장강도} = \frac{\text{하중}}{\text{단면적}} = \frac{41,000}{\frac{\pi \times 18^2}{4}} = 161.12\text{MPa}$$

정답 ③

94 열경화성 수지에 해당하지 않는 것은?

① 염화비닐 수지
② 페놀 수지
③ 멜라민 수지
④ 에폭시 수지

해설

염화비닐수지는 열가소성수지에 해당한다.

정답 ①

95 자기질 점토제품에 관한 설명으로 옳지 않은 것은?

① 조직이 치밀하지만, 도기나 석기에 비하여 강도 및 경도가 약한 편이다.
② 1,230~1,460℃ 정도의 고온으로 소성한다.
③ 흡수성이 매우 낮으며, 두드리면 금속성의 맑은 소리가 난다.
④ 제품으로는 타일 및 위생도기 등이 있다.

해설

자기질 점토제품은 도기나 석기에 비해 강도 및 경도가 큰 편이다.

구분	소성온도(℃)	흡수율(%)	강도	적용 제품
자기	1,230~1,460	0~1	강	위생도기, 타일
석기	1,160~1,350	3~10	강중	타일, 벽돌, 테라코타
도기	1,100~1,230	10	중	타일, 기와, 테라코타, 토관
토기	790~1,000	20	약	토관, 기와, 벽돌

정답 ①

96 접착제를 동물질 접착제와 식물질 접착제로 분류할 때 동물질 접착제에 해당되지 않는 것은?

① 아교
② 덱스트린 접착제
③ 카세인 접착제
④ 알부민 접착제

해설

동물질 접착제
동물질 아교, 알부민 아교, 카세인(casein) 아교

정답 ②

97 대규모 지하구조물, 댐 등 매스콘크리트의 수화열에 의한 균열발생을 억제하기 위해 벨라이트의 비율을 중용열포틀랜드시멘트 이상으로 높인 시멘트는?

① 저열 포틀랜드시멘트
② 보통 포틀랜드시멘트
③ 조강 포틀랜드시멘트
④ 내황산염 포틀랜드시멘트

해설

저열 포틀랜드시멘트
수화열이 높은 성분인 규산삼석회, 알루민산삼석회의 함량을 보통 포틀랜드시멘트보다 적게 하고, 규산이석회, 브라운밀레라이트($4CaO \cdot Al_2O_3 \cdot Fe_2O_3$)를 많게 한다. 보통 포틀랜드시멘트에 비해 수화열(水化熱)이 대단히 낮은 시멘트를 말하며, 발열량이 큰 시멘트로 시공량이 많으면 너무 고온이 되어 냉각 후 균열 등이 발생한다. 이를 방지하기 위해 저열 시멘트가 제조되어 시멘트 사용량이 많은 댐 공사 등에 사용된다.

정답 ①

98 목재의 방부처리법과 가장 거리가 먼 것은?

① 약제도포법
② 표면탄화법
③ 진공탈수법
④ 침지법

해설

목재 방부처리법
- 표면피복법 : 금속판, 니스 등으로 목재 표면을 피복하는 방법
- 침지법 : 수중에 잠기게 한 후 공기를 차단하는 방법
- 표면탄화법 : 목재 표면을 태워 수분을 제거하여 방부하는 방법
- 직사일광법 : 자외선을 목재 표면에 장시간 노출하여 방충하는 방법

정답 ③

99 2장 이상의 판유리 등을 나란히 넣고, 그 틈새에 대기압에 가까운 압력의 건조한 공기를 채우고 그 주변을 밀봉·봉착한 것은?

① 열선흡수유리
② 배강도 유리
③ 강화유리
④ 복층유리

해설

복층유리는 2장 이상의 판유리 등을 나란히 넣고, 그 틈새에 대기압에 가까운 압력의 건조한 공기를 채우고 그 주변을 밀봉·봉착하여 제작한 유리를 말한다.

정답 ④

100 미장재료의 구성재료에 관한 설명으로 옳지 않은 것은?

① 부착재료는 마감과 바탕재료를 붙이는 역할을 한다.
② 무기혼화재료는 시공성향상 등을 위해 첨가된다.
③ 풀재는 강도증진을 위해 첨가된다.
④ 여물재는 균열방지를 위해 첨가된다.

해설
바탕면의 균열 방지 목적으로 사용되는 것으로 여물, 와이어라스, 풀, 수염 등을 혼합한다.

정답 ③

6과목 건설안전기술

101 10cm 그물방망을 설치한 경우에 망 밑부분에 충돌위험이 있는 바닥면 또는 기계설비와의 수직거리는 얼마 이상이어야 하는가? (단, L[1개의 방망일 때 단변 방향 길이] = 12m, A[장변 방향 방망의 지지간격] = 6m)

① 10.2m ② 12.2m ③ 14.2m ④ 16.2m

해설
수직거리 = 0.85 × L = 0.85 × 12m = 10.2m

정답 ①

102 비계의 높이가 2m 이상인 작업장소에 작업발판을 설치할 때 그 폭은 최소 얼마 이상이어야 하는가?

① 30cm ② 40cm ③ 50cm ④ 60cm

해설
「산업안전보건기준에 관한 규칙」 제56조(작업발판의 구조)
사업주는 비계(달비계, 달대비계 및 말비계는 제외한다)의 높이가 2미터 이상인 작업장소에 다음 각 호의 기준에 맞는 작업발판을 설치하여야 한다. 〈개정 2012. 5. 31., 2017. 12. 28.〉
1. 발판재료는 작업할 때의 하중을 견딜 수 있도록 견고한 것으로 할 것
2. 작업발판의 폭은 40센티미터 이상으로 하고, 발판재료 간의 틈은 3센티미터 이하로 할 것. 다만, 외줄비계의 경우에는 고용노동부장관이 별도로 정하는 기준에 따른다.
3. 제2호에도 불구하고 선박 및 보트 건조작업의 경우 선박블록 또는 엔진실 등의 좁은 작업공간에 작업발판을 설치하기 위하여 필요하면 작업발판의 폭을 30센티미터 이상으로 할 수 있고, 걸침비계의 경우 강관기둥 때문

에 발판재료 간의 틈을 3센티미터 이하로 유지하기 곤란하면 5센티미터 이하로 할 수 있다. 이 경우 그 틈 사이로 물체 등이 떨어질 우려가 있는 곳에는 출입금지 등의 조치를 하여야 한다.
4. 추락의 위험이 있는 장소에는 안전난간을 설치할 것. 다만, 작업의 성질상 안전난간을 설치하는 것이 곤란한 경우, 작업의 필요상 임시로 안전난간을 해체할 때에 추락방호망을 설치하거나 근로자로 하여금 안전대를 사용하도록 하는 등 추락위험 방지 조치를 한 경우에는 그러하지 아니하다.
5. 작업발판의 지지물은 하중에 의하여 파괴될 우려가 없는 것을 사용할 것
6. 작업발판재료는 뒤집히거나 떨어지지 않도록 둘 이상의 지지물에 연결하거나 고정시킬 것
7. 작업발판을 작업에 따라 이동시킬 경우에는 위험 방지에 필요한 조치를 할 것

정답 ②

103 크레인의 와이어로프가 감기면서 붐 상단까지 후크가 따라 올라올 때 더 이상 감기지 않도록 하여 자동으로 정지시키는 안전장치로 옳은 것은?

① 권과방지장치
② 후크해지장치
③ 과부하방지장치
④ 속도조절기

해설

권과방지장치
크레인, 이동식 크레인, 데릭 크레인의 wire rope, jib 등을 사용하여 자재 등을 양중하는 경우 와이어로프가 감기면서 자재가 인양되는데 이때 로프가 너무 많이 감기거나 풀리는 것을 방지하기 위해 설치되는 안전장치를 말한다.

정답 ①

104 터널공사 시 자동경보장치가 설치된 경우에 이 자동경보장치에 대하여 당일 작업시작 전 점검하고 이상을 발견하면 즉시 보수하여 하는 사항이 아닌 것은?

① 계기의 이상 유무
② 검지부의 이상 유무
③ 경보장치의 작동 상태
④ 환기 또는 조명시설의 이상 유무

해설

「산업안전보건기준에 관한 규칙」 제350조(인화성 가스의 농도측정 등)
① 사업주는 터널공사 등의 건설작업을 할 때에 인화성 가스가 발생할 위험이 있는 경우에는 폭발이나 화재를 예방하기 위하여 인화성 가스의 농도를 측정할 담당자를 지명하고, 그 작업을 시작하기 전에 가스가 발생할 위험이 있는 장소에 대하여 그 인화성 가스의 농도를 측정하여야 한다.
② 사업주는 제1항에 따라 측정한 결과 인화성 가스가 존재하여 폭발이나 화재가 발생할 위험이 있는 경우에는 인화성 가스 농도의 이상 상승을 조기에 파악하기 위하여 그 장소에 자동경보장치를 설치하여야 한다.
③ 지하철도공사를 시행하는 사업주는 터널굴착[개착식(開鑿式)을 포함한다] 등으로 인하여 도시가스관이 노출된 경우에 접속부 등 필요한 장소에 자동경보장치를 설치하고, 「도시가스사업법」에 따른 해당 도시가스사업자와 합동으로 정기적 순회점검을 하여야 한다.
④ 사업주는 제2항 및 제3항에 따른 자동경보장치에 대하여 당일 작업 시작 전 다음 각 호의 사항을 점검하고 이상을 발견하면 즉시 보수하여야 한다.
　1. 계기의 이상 유무　　2. 검지부의 이상 유무　　3. 경보장치의 작동상태

정답 ④

105 달비계의 구조에서 달비계 작업발판의 폭과 틈새기준으로 옳은 것은?

① 작업발판의 폭 30cm 이상, 틈새 3cm 이하
② 작업발판의 폭 40cm 이상, 틈새 3cm 이하
③ 작업발판의 폭 30cm 이상, 틈새 없도록 할 것
④ 작업발판의 폭 40cm 이상, 틈새 없도록 할 것

해설

「산업안전보건기준에 관한 규칙」 제63조(달비계의 구조)
사업주는 달비계를 설치하는 경우에 다음 각 호의 사항을 준수하여야 한다.
1. 다음 각 목의 어느 하나에 해당하는 와이어로프를 달비계에 사용해서는 아니 된다.
   가. 이음매가 있는 것
   나. 와이어로프의 한 꼬임[스트랜드(strand)를 말한다. 이하 같다]에서 끊어진 소선(素線)[필러(pillar)선은 제외한다]의 수가 10퍼센트 이상(비자전로프의 경우에는 끊어진 소선의 수가 와이어로프 호칭지름의 6배 길이 이내에서 4개 이상이거나 호칭지름 30배 길이 이내에서 8개 이상)인 것
   다. 지름의 감소가 공칭지름의 7퍼센트를 초과하는 것
   라. 꼬인 것
   마. 심하게 변형되거나 부식된 것
   바. 열과 전기충격에 의해 손상된 것
2. 다음 각 목의 어느 하나에 해당하는 달기 체인을 달비계에 사용해서는 아니 된다.
   가. 달기 체인의 길이가 달기 체인이 제조된 때의 길이의 5퍼센트를 초과한 것
   나. 링의 단면지름이 달기 체인이 제조된 때의 해당 링의 지름의 10퍼센트를 초과하여 감소한 것
   다. 균열이 있거나 심하게 변형된 것
3. 다음 각 목의 어느 하나에 해당하는 섬유로프 또는 섬유벨트를 달비계에 사용해서는 아니 된다.
   가. 꼬임이 끊어진 것
   나. 심하게 손상되거나 부식된 것
4. 달기 강선 및 달기 강대는 심하게 손상·변형 또는 부식된 것을 사용하지 않도록 할 것
5. 달기 와이어로프, 달기 체인, 달기 강선, 달기 강대 또는 달기 섬유로프는 한쪽 끝을 비계의 보 등에, 다른 쪽 끝을 내민 보, 앵커볼트 또는 건축물의 보 등에 각각 풀리지 않도록 설치할 것
6. 작업발판은 폭을 40센티미터 이상으로 하고 틈새가 없도록 할 것
7. 작업발판의 재료는 뒤집히거나 떨어지지 않도록 비계의 보 등에 연결하거나 고정시킬 것
8. 비계가 흔들리거나 뒤집히는 것을 방지하기 위하여 비계의 보·작업발판 등에 버팀을 설치하는 등 필요한 조치를 할 것
9. 선반 비계에서는 보의 접속부 및 교차부를 철선·이음철물 등을 사용하여 확실하게 접속시키거나 단단하게 연결시킬 것
10. 근로자의 추락 위험을 방지하기 위하여 달비계에 안전대 및 구명줄을 설치하고, 안전난간을 설치할 수 있는 구조인 경우에는 안전난간을 설치할 것

정답 ④

106 강관을 사용하여 비계를 구성하는 경우의 준수사항으로 옳지 않은 것은?

① 비계기둥의 간격은 띠장 방향에서는 1.85미터 이하, 장선(長線)방향에서는 1.5미터 이하로 할 것
② 띠장 간격은 2.0미터 이하로 할 것
③ 비계기둥 간의 적재하중은 400킬로그램을 초과하지 않도록 할 것
④ 비계기둥의 제일 윗부분으로부터 31미터되는 지점 밑부분의 비계기둥은 3개의 강관으로 묶어 세울 것

해설

「산업안전보건기준에 관한 규칙」 제60조(강관비계의 구조) 〈개정 2023. 11. 14.〉
1. 비계기둥의 간격은 띠장 방향에서는 1.85미터 이하, 장선(長線) 방향에서는 1.5미터 이하로 할 것. 다만, 다음 각 목의 어느 하나에 해당하는 작업의 경우에는 안전성에 대한 구조검토를 실시하고 조립도를 작성하면 띠장 방향 및 장선 방향으로 각각 2.7미터 이하로 할 수 있다.
   가. 선박 및 보트 건조작업
   나. 그 밖에 장비 반입·반출을 위하여 공간 등을 확보할 필요가 있는 등 작업의 성질상 비계기둥 간격에 관한 기준을 준수하기 곤란한 작업
2. 띠장 간격은 2.0미터 이하로 할 것. 다만, 작업의 성질상 이를 준수하기가 곤란하여 쌍기둥틀 등에 의하여 해당 부분을 보강한 경우에는 그러하지 아니하다.
3. 비계기둥의 제일 윗부분으로부터 31미터되는 지점 밑부분의 비계기둥은 2개의 강관으로 묶어 세울 것. 다만, 브라켓(bracket, 까치발) 등으로 보강하여 2개의 강관으로 묶을 경우 이상의 강도가 유지되는 경우에는 그러하지 아니하다.
4. 비계기둥 간의 적재하중은 400킬로그램을 초과하지 않도록 할 것

정답 ④

107 유해·위험방지 계획서 제출 시 첨부서류에 해당하지 않는 것은?

① 안전관리 조직표
② 전체 공정표
③ 공사현장의 주변현황 및 주변과의 관계를 나타내는 도면
④ 교통처리 계획

해설

「산업안전보건기준 시행규칙」 제42조(제출서류 등)
- 공사 개요서(별지 제101호 서식)
- 공사현장의 주변 현황 및 주변과의 관계를 나타내는 도면(매설물 현황을 포함한다)
- 산업안전보건관리비 사용계획서(별지 제102호 서식)
- 건물물, 사용 기계설비 등의 배치를 나타내는 도면
- 안전관리 조직표
- 전체 공정표

정답 ④

108. 대상액이 5억 원 이상 50억 원 미만인 건축공사의 경우에 산업안전보건관리비의 (가)비율 및 (나)기초액으로 옳은 것은? (개정법령에 맞게 문제를 수정함)

① (가) 2.28%, (나) 4,325,000원
② (가) 1.99%, (나) 5,499,000원
③ (가) 2.35%, (나) 5,400,000원
④ (가) 1.57%, (나) 4,411,000원

해설

「건설업 산업안전보건관리비 계상 및 사용기준」[별표 1]

공사종류 및 규모별 안전관리비 계상기준표

(단위 : 원)

공사종류	구분	대상액 5억 원 미만인 경우 적용비율(%)	대상액 5억 원 이상 50억 원 미만인 경우 적용비율(%)	대상액 5억 원 이상 50억 원 미만인 경우 기초액	대상액 50억 원 이상인 경우 적용비율(%)	영 별표 5에 따른 보건관리자 선임 대상 건설공사의 적용비율(%)
건축공사		3.11%	2.28%	4,325,000원	2.37%	2.64%
토목공사		3.15%	2.53%	3,300,000원	2.60%	2.73%
중건설공사		3.64%	3.05%	2,975,000원	3.11%	3.39%
특수건설공사		2.07%	1.59%	2,450,000원	1.64%	1.78%

정답 ①

109. 흙막이 가시설 공사 시 사용되는 각 계측기 설치 목적으로 옳지 않은 것은?

① 지표침하계 – 지표면 침하량 측정
② 수위계 – 지반 내 지하수위의 변화 측정
③ 하중계 – 상부 적재하중 변화 측정
④ 지중경사계 – 인접지반의 수평 변위량 측정

해설

지중경사계 (Inclinometer)	흙막이벽 배면지반에 굴착심도보다 깊게 천공하여 설치하여 굴착 작업 시 흙막이가 배면 측압에 의해 기울어지는 정도를 파악
지하수위계 (Water level meter)	흙막이벽 배면지반에 대수층까지 천공하여 설치하고, 지하수위의 변화를 측정하여 지하수위 변화의 원인을 분석
간극수압계 (Piezometer)	연약지반의 배면에 연약층의 깊이별로 설치하고 굴착 작업에 따른 과잉간극수압의 변화를 측정하여 안전성을 판단
변형률계 (Strain gauge)	지보공(strut) 및 띠장(wale), 각종 강재에 용접 등으로 부착을 하고 굴착 작업에 따른 지보공(strut) 및 띠장(wale), 각종 강재 등의 변형 정도를 측정

지표침하계 (Surface settlement)	흙막이벽 배면 및 인접도로변에 설치하여 굴착작업으로 인한 인접지반의 침하를 측정
하중계 (Load cell)	지보공(strut), 어스앵커(Earth Anchor) 부위에 각 단계별로 하향 굴착하면서 설치하여, 축하중 변화상태를 측정해 부재의 안전성을 파악
지중침하계 (Extensometer)	흙막이벽 배면과 인접 건물 주변에 천공하여 설치하는 것으로, 각 층별 침하량의 변동 상태를 확인
균열측정기 (Crack guage)	인접구조물에 설치하여 굴착 등의 작업으로 인한 균열의 크기와 변화를 측정
건물경사계 (Tilt meter)	인접구조물의 골조 등에 설치하여 굴착 등의 작업으로 인한 건물의 기울기를 측정해 안전진단에 활용
진동·소음 측정기 (Vibration monitor)	인접구조물 또는 현장에 굴착 작업 등으로 인해 발생하는 소음과 진동의 정도를 측정

정답 ③

110 토공사에서 성토용 토사의 일반조건으로 옳지 않은 것은?

① 다져진 흙의 전단강도가 크고 압축성이 작을 것
② 함수율이 높은 토사일 것
③ 시공장비의 주행성이 확보될 수 있을 것
④ 필요한 다짐정도를 쉽게 얻을 수 있을 것

 해설

함수율이 적은 토사일 것

정답 ②

111 겨울철 공사 중인 건축물의 벽체 콘크리트 타설 시 거푸집이 터져서 콘크리트가 쏟아지는 사고가 발생하였다. 이 사고의 발생 원인으로 추정 가능한 사항 중 가장 타당한 것은?

① 진동기를 사용하지 않았다.   ② 철근 사용량이 많았다.
③ 콘크리트의 슬럼프가 작았다.   ④ 콘크리트의 타설속도가 빨랐다.

 해설

거푸집 측압, 물이 중요해!
슬럼프↑, 시공연도↑, 습도↑, 부배합↑, 타설속도↑, 다짐↑, 타설높이↑, 철근·철골량↓, 온도↓
콘크리트를 타설 시 거푸집 수직부재가 수평방향으로 받는 압력을 측압(t/m^2)이라 하며, 콘크리트 타설 윗면에서 최대측압이 발생하는 지점까지의 거리를 콘크리트 헤드(con'c head)라 한다. 측압에 주는 요인으로는 거푸집이 평활할수록, 슬럼프가 클수록, 시공연도가 좋을수록, 철근·철골량이 적을수록, 외기의 온도가 낮을수록, 습도가 높을수록, 부배합일수록, 타설속도가 빠를수록, 다짐이 충분할수록, 타설높이가 높을수록 측압은 커진다.

정답 ④

112 다음은 산업안전보건법령에 따른 투하설비 설치에 관한 사항이다. (   ) 안에 들어갈 내용으로 옳은 것은?

> 사업주는 높이가 (   )미터 이상인 장소로부터 물체를 투하하는 때에는 적당한 투하설비를 설치하거나 감시인을 배치하는 등 위험방지를 위하여 필요한 조치를 하여야 한다.

① 1　　　　② 2　　　　③ 3　　　　④ 4

해설

「산업안전보건기준에 관한 규칙」 제15조(투하설비 등)
사업주는 높이가 3미터 이상인 장소로부터 물체를 투하하는 경우 적당한 투하설비를 설치하거나 감시인을 배치하는 등 위험을 방지하기 위하여 필요한 조치를 하여야 한다.

정답 ③

113 작업 중이던 미장공이 상부에서 떨어지는 공구에 의해 상해를 입었다면 어느 부분에 대한 결함이 있었겠는가?

① 작업대 설치　　　　② 작업방법
③ 낙하물 방지시설 설치　　　　④ 비계설치

해설

「산업안전보건기준에 관한 규칙」 제14조(낙하물에 의한 위험의 방지)
① 사업주는 작업장의 바닥, 도로 및 통로 등에서 낙하물이 근로자에게 위험을 미칠 우려가 있는 경우 보호망을 설치하는 등 필요한 조치를 하여야 한다.
② 사업주는 작업으로 인하여 물체가 떨어지거나 날아올 위험이 있는 경우 낙하물 방지망, 수직보호망 또는 방호선반의 설치, 출입금지구역의 설정, 보호구의 착용 등 위험을 방지하기 위하여 필요한 조치를 하여야 한다. 이 경우 낙하물 방지망 및 수직보호망은 「산업표준화법」 제12조에 따른 한국산업표준(이하 "한국산업표준"이라 한다)에서 정하는 성능기준에 적합한 것을 사용하여야 한다. <개정 2017. 12. 28., 2022. 10. 18.>
③ 제2항에 따라 낙하물 방지망 또는 방호선반을 설치하는 경우에는 다음 각 호의 사항을 준수하여야 한다.
　1. 높이 10미터 이내마다 설치하고, 내민 길이는 벽면으로부터 2미터 이상으로 할 것
　2. 수평면과의 각도는 20도 이상 30도 이하를 유지할 것

정답 ③

114 건설현장에서 동력을 사용하는 항타기 또는 항발기에 대하여 무너짐을 방지하기 위하여 준수하여야 할 사항으로 옳지 않은 것은? (개정법령에 맞게 수정함)

① 버팀줄만으로 상단 부분을 안정시키는 경우에는 버팀줄을 4개 이상으로 하고 같은 간격으로 배치할 것
② 상단 부분은 버팀대·버팀줄로 고정하여 안정시키고, 그 하단 부분은 견고한 버팀·말뚝 또는 철골 등으로 고정시킬 것
③ 궤도 또는 차로 이동하는 항타기 또는 항발기에 대해서는 불시에 이동하는 것을 방지하기 위하여 레일 클램프(rail clamp) 및 쐐기 등으로 고정시킬 것
④ 연약한 지반에 설치하는 경우에는 아웃트리거·받침 등 지지구조물의 침하를 방지하기 위하여 깔판·받침목 등을 사용할 것

해설

「산업안전보건기준에 관한 규칙」 제209조(무너짐의 방지)
사업주는 동력을 사용하는 항타기 또는 항발기에 대하여 무너짐을 방지하기 위하여 다음 각 호의 사항을 준수하여야 한다. <개정 2019. 1. 31., 2022. 10. 18., 2023. 11. 14.>
1. 연약한 지반에 설치하는 경우에는 아웃트리거·받침 등 지지구조물의 침하를 방지하기 위하여 깔판·받침목 등을 사용할 것
2. 시설 또는 가설물 등에 설치하는 경우에는 그 내력을 확인하고 내력이 부족하면 그 내력을 보강할 것
3. 아웃트리거·받침 등 지지구조물이 미끄러질 우려가 있는 경우에는 말뚝 또는 쐐기 등을 사용하여 해당 지지구조물을 고정시킬 것
4. 궤도 또는 차로 이동하는 항타기 또는 항발기에 대해서는 불시에 이동하는 것을 방지하기 위하여 레일 클램프(rail clamp) 및 쐐기 등으로 고정시킬 것
5. 상단 부분은 버팀대·버팀줄로 고정하여 안정시키고, 그 하단 부분은 견고한 버팀·말뚝 또는 철골 등으로 고정시킬 것

정답 ①

115 지반의 종류가 풍화암일 경우 굴착면 기울기의 기준으로 옳은 것은?

① 1 : 0.3   ② 1 : 0.5   ③ 1 : 1.0   ④ 1 : 1.5

해설

산업안전보건기준에 관한 규칙 [별표 11] <개정 2023. 11. 14.>
굴착면의 기울기 기준(제339조 제1항 관련)

지반의 종류	굴착면의 기울기
모래	1 : 1.8
연암 및 풍화암	1 : 1.0
경암	1 : 0.5
그 밖의 흙	1 : 1.2

정답 ③

116 차량계 건설기계를 사용하는 작업을 할 때에 그 기계가 넘어지거나 굴러 떨어짐으로써 근로자가 위험해질 우려가 있는 경우에 필요한 조치로 가장 먼 것은?

① 지반의 부동침하 방지
② 안전통로 및 조도 확보
③ 유도하는 사람 배치
④ 갓길의 붕괴 방지 및 도로폭의 유지

해설

「산업안전보건기준에 관한 규칙」 제199조(전도 등의 방지)
사업주는 차량계 건설기계를 사용하는 작업할 때에 그 기계가 넘어지거나 굴러 떨어짐으로써 근로자가 위험해질 우려가 있는 경우에는 유도하는 사람을 배치하고 지반의 부동침하 방지, 갓길의 붕괴 방지 및 도로 폭의 유지 등 필요한 조치를 하여야 한다.

정답 ②

117 파쇄하고자 하는 구조물에 구멍을 천공하여 이 구멍에 가력봉을 삽입하고 가력봉에 유압을 가압하여 천공한 구멍을 확대시킴으로써 구조물을 파쇄하는 공법은?

① 핸드 브레이커(Hand Breaker) 공법
② 강구(Steel Ball) 공법
③ 마이크로파 (Micromave) 공법
④ 록잭(Rock Jack) 공법

해설

록잭(Rock Jack) 공법
구조물에 천공하여 가력봉을 삽입한 후 유압으로 가압해 확대하여 파쇄

정답 ④

118 이동식비계 조립 사용 시 준수사항으로 옳지 않은 것은?

① 비계의 최상부에서 작업을 하는 경우에는 안전난간을 설치할 것
② 승강용사다리는 견고하게 설치할 것
③ 작업발판은 항상 수평을 유지하고 작업발판 위에서 작업을 위한 거리가 부족할 경우에는 받침대 또는 사다리를 사용할 것
④ 작업발판의 최대적재하중은 250kg을 초과하지 않도록 할 것

해설

「산업안전보건기준에 관한 규칙」 제68조(이동식비계)
사업주는 이동식비계를 조립하여 작업을 하는 경우에는 다음 각 호의 사항을 준수하여야 한다.
1. 이동식비계의 바퀴에는 뜻밖의 갑작스러운 이동 또는 전도를 방지하기 위하여 브레이크·쐐기 등으로 바퀴를 고정시킨 다음 비계의 일부를 견고한 시설물에 고정하거나 아웃트리거를 설치하는 등 필요한 조치를 할 것

2. 승강용사다리는 견고하게 설치할 것
3. 비계의 최상부에서 작업을 하는 경우에는 안전난간을 설치할 것
4. 작업발판은 항상 수평을 유지하고 작업발판 위에서 안전난간을 딛고 작업을 하거나 받침대 또는 사다리를 사용하여 작업하지 않도록 할 것
5. 작업발판의 최대적재하중은 250킬로그램을 초과하지 않도록 할 것

정답 ③

119 산업안전보건법령에 따른 중량물 취급작업 시 작업계획서에 포함시켜야 할 사항이 아닌 것은?

① 협착위험을 예방할 수 있는 안전대책
② 감전위험을 예방할 수 있는 안전대책
③ 추락위험을 예방할 수 있는 안전대책
④ 전도위험을 예방할 수 있는 안전대책

해설

「산업안전보건기준에 관한 규칙」 사전조사 및 작업계획서 내용(제38조 제1항 관련)
중량물의 취급 작업
가. 추락위험을 예방할 수 있는 안전대책
나. 낙하위험을 예방할 수 있는 안전대책
다. 전도위험을 예방할 수 있는 안전대책
라. 협착위험을 예방할 수 있는 안전대책
마. 붕괴위험을 예방할 수 있는 안전대책

정답 ②

120 흙막이 지보공을 설치하였을 때에 정기적으로 점검하고 이상을 발견하면 즉시 보수하여야 하는 사항과 거리가 먼 것은?

① 부재의 손상·변형·부식·변위 및 탈락의 유무와 상태
② 부재의 접속부·부착부 및 교차부의 상태
③ 침하의 정도
④ 설계상 부재의 경제성 검토

해설

「산업안전보건기준에 관한 규칙」 제347조(붕괴 등의 위험 방지)
① 사업주는 흙막이 지보공을 설치하였을 때에는 정기적으로 다음 각 호의 사항을 점검하고 이상을 발견하면 즉시 보수하여야 한다.
  1. 부재의 손상·변형·부식·변위 및 탈락의 유무와 상태
  2. 버팀대의 긴압(緊壓)의 정도
  3. 부재의 접속부·부착부 및 교차부의 상태
  4. 침하의 정도
② 사업주는 제1항의 점검 외에 설계도서에 따른 계측을 하고 계측 분석 결과 토압의 증가 등 이상한 점을 발견한 경우에는 즉시 보강조치를 하여야 한다.

정답 ④

PART 07 2022년 1회 기출

2022.03.05. 시행

1과목 산업안전관리론

01 산업안전보건법령상 안전보건표지의 종류 중 안내표지에 해당되지 않는 것은?

① 금연
② 들것
③ 세안장치
④ 비상용기구

해설

안내표지 : 들것, 세안장치, 비상용기구, 녹십자표지, 비상구 등
금지표지 : 금연, 출입금지, 보행금지, 차량통행금지, 사용금지, 탑승금지, 화기금지 등

정답 ①

02 산업안전보건법령상 산업안전보건위원회에 관한 사항 중 틀린 것은?

① 근로자위원과 사용자위원은 같은 수로 구성된다.
② 산업안전보건회의의 정기 회의는 위원장이 필요하다고 인정할 때 소집한다.
③ 안전보건교육에 관한 사항은 산업안전보건위원회 심의·의결을 거쳐야 한다.
④ 상시근로자 50인 이상의 자동차 제조업의 경우 산업안전보건위원회를 구성·운영하여야 한다.

해설

산업안전보건위원회 회의는 정기회의와 임시회의로 구분하며, 정기회의는 분기마다 위원장이 소집하고, 임시회의는 위원장이 필요하다고 인정할 시 소집한다.

정답 ②

03 재해원인 중 간접원인이 아닌 것은?

① 물적 원인
② 관리적 원인
③ 사회적 원인
④ 정신적 원인

해설

물적원인은 불안전한 상태를 의미하며 직접원인에 해당한다.

정답 ①

04 산업재해통계업무처리규정상 재해 통계 관련 용어로 (   )에 알맞은 용어는?

> (   )는 근로복지공단의 유족급여가 지급된 사망자 및 근로복지공단에 최초요양신청서(재진요양 신청이나 전원요양신청서는 제외)를 제출한 재해자 중 요양승인을 받은 자(산재 미보고 적발 사망자수를 포함)로 통상의 출퇴근으로 발생한 재해는 제외된다.

① 재해자수
② 사망자수
③ 휴업재해자수
④ 임근근로자수

 해설

산업재해통계업무처리규정[시행 2022. 5. 2.]에 따르면 "재해자수는 근로복지공단의 유족급여가 지급된 사망자 및 근로복지공단에 최초요양신청서(재진 요양 신청이나 전원요양신청서는 제외한다)를 제출한 재해자 중 요양승인을 받은자(지방고용노동관서의 산재 미보고 적발 사망자수를 포함한다)를 말함. 다만, 통상의 출퇴근으로 발생하는 재해는 제외함"이라고 규정되어 있다.

정답 ①

05 시몬즈(Simonds)의 재해손실비의 평가방식 중 비보험 코스트의 산정 항목에 해당하지 않는 것은?

① 사망 사고 건수
② 통원 상해 건수
③ 응급 조치 건수
④ 무상해 사고 건수

 해설

시몬즈의 재해손실비의 평가방식 중 비보험 코스트에는 휴업 상해 건수, 통원 상해 건수, 응급 조치 건수, 무상해 사고 건수가 해당된다.

정답 ①

06 산업안전보건법령상 용어와 뜻이 바르게 연결된 것은?

① "사업주대표"란 근로자의 과반수를 대표하는 자를 말한다.
② "도급인"이란 건설공사발주자를 포함한 물건의 제조·건설·수리 또는 서비스의 제공, 그 밖의 업무를 도급하는 사업주를 말한다.
③ "안전보건평가"란 산업재해를 예방하기 위하여 잠재적 위험성을 발견하고 그 개선대책을 수립할 목적으로 조사·평가하는 것을 말한다.
④ "산업재해"란 노무를 제공하는 사람이 업무에 관계되는 건설물·설비·원재료·가스·증기·분진 등에 의하거나 작업 또는 그 밖의 업무로 인하여 사망 또는 부상하거나 질병에 걸리는 것을 말한다.

해설

① "근로자대표"란 근로자의 과반수로 조직된 노동조합이 있는 경우에는 그 노동조합을, 근로자의 과반수로 조직된 노동조합이 없는 경우에는 근로자의 과반수를 대표하는 자를 말한다.
② "도급인"이란 물건의 제조·건설·수리 또는 서비스의 제공, 그 밖의 업무를 도급하는 사업주를 말한다. 다만, 건설공사발주자는 제외한다.
③ "안전보건진단"이란 산업재해를 예방하기 위하여 잠재적 위험성을 발견하고 그 개선대책을 수립할 목적으로 조사·평가하는 것을 말한다.

정답 ④

07 재해조사 시 유의사항으로 틀린 것은?

① 피해자에 대한 구급 조치를 우선으로 한다.
② 재해조사 시 2차 재해 예방을 위해 보호구를 착용한다.
③ 재해조사는 재해자의 치료가 끝난 뒤 실시한다.
④ 책임추궁보다는 재발방지를 우선하는 기본태도를 가진다.

해설

재해조사는 재해자의 치료의 완료 여부와 관계없이 진행한다.

정답 ③

08 산업안전보건법령상 상시근로자 20명 이상 50명 미만인 사업장 중 안전보건관리담당자를 선임하여야 하는 업종이 아닌 것은? (단, 안전관리자 및 보건관리자가 선임되지 않은 사업장으로 한다.)

① 임업
② 제조업
③ 건설업
④ 환경 정화 및 복원업

해설

제24조(안전보건관리담당자의 선임 등) ① 다음 각 호의 어느 하나에 해당하는 사업의 사업주는 법 제19조 제1항에 따라 상시근로자 20명 이상 50명 미만인 사업장에 안전보건관리담당자를 1명 이상 선임해야 한다.
1. 제조업
2. 임업
3. 하수, 폐수 및 분뇨 처리업
4. 폐기물 수집, 운반, 처리 및 원료 재생업
5. 환경 정화 및 복원업

정답 ③

09 건설기술 진흥법령상 안전관리계획을 수립해야 하는 건설공사에 해당하지 않는 것은?

① 15층 건축물의 리모델링
② 지하 15m를 굴착하는 건설공사
③ 항타 및 항발기가 사용되는 건설공사
④ 높이가 21m인 비계를 사용하는 건설공사

해설

제98조(안전관리계획의 수립) ① 법 제62조 제1항에 따른 안전관리계획을 수립해야 하는 건설공사는 다음 각 호와 같다. 이 경우 원자력시설공사는 제외하며, 해당 건설공사가 「산업안전보건법」 제42조에 따른 유해위험방지계획을 수립해야 하는 건설공사에 해당하는 경우에는 해당 계획과 안전관리계획을 통합하여 작성할 수 있다. 〈개정 2021. 1. 5.〉
1. 「시설물의 안전 및 유지관리에 관한 특별법」 제7조 제1호 및 제2호에 따른 1종 시설물 및 2종 시설물의 건설공사(같은 법 제2조제11호에 따른 유지관리를 위한 건설공사는 제외한다)
2. 지하 10미터 이상을 굴착하는 건설공사. 이 경우 굴착 깊이 산정 시 집수정(물저장고), 엘리베이터 피트 및 정화조 등의 굴착 부분은 제외하며, 토지에 높낮이 차가 있는 경우 굴착 깊이의 산정방법은 「건축법 시행령」 제119조 제2항을 따른다.
3. 폭발물을 사용하는 건설공사로서 20미터 안에 시설물이 있거나 100미터 안에 사육하는 가축이 있어 해당 건설공사로 인한 영향을 받을 것이 예상되는 건설공사
4. 10층 이상 16층 미만인 건축물의 건설공사
4의2. 다음 각 목의 리모델링 또는 해체공사
  가. 10층 이상인 건축물의 리모델링 또는 해체공사
  나. 「주택법」 제2조 제25호 다목에 따른 수직증축형 리모델링
5. 「건설기계관리법」 제3조에 따라 등록된 다음 각 목의 어느 하나에 해당하는 건설기계가 사용되는 건설공사
  가. 천공기(높이가 10미터 이상인 것만 해당한다)
  나. 항타 및 항발기
  다. 타워크레인
5의2. 제101조의2 제1항 각 호의 가설구조물을 사용하는 건설공사

정답 ③

10 다음의 재해에서 기인물과 가해물로 옳은 것은?

> 공구와 자재가 바닥에 어지럽게 널려 있는 작업통로를 작업자가 보행 중 공구에 걸려 넘어져 통로 바닥에 머리를 부딪쳤다.

① 기인물 : 바닥, 가해물 : 공구
② 기인물 : 바닥, 가해물 : 바닥
③ 기인물 : 공구, 가해물 : 바닥
④ 기인물 : 공구, 가해물 : 공구

해설

공구에 걸려 넘어짐(기인물), 바닥에 머리를 부딪침(가해물)

정답 ③

11 보호구 안전인증 고시상 안전인증을 받은 보호구의 표시사항이 아닌 것은?

① 제조자명　　　　　　　　　　② 사용 유효기간
③ 안전인증 번호　　　　　　　　④ 규격 또는 등급

제조자명, 제조번호, 제조연월, 모델명 또는 형식, 규격 또는 등급, 안전인증 번호

정답 ②

12 위험예지훈련 진행방법 중 대책수립에 해당하는 단계는?

① 제1라운드　　② 제2라운드　　③ 제3라운드　　④ 제4라운드

현상파악(제1라운드) → 본질추구(제2라운드) → 대책수립(제3라운드) → 목표설정(제4라운드)

정답 ③

13 산업안전보건법령상 안전보건관리규정을 작성해야 할 사업의 종류를 모두 고른 것은?
(단, ㄱ~ㅁ은 상시근로자 300명 이상의 사업이다.)

ㄱ. 농업　　　　　　ㄴ. 정보서비스업　　　ㄷ. 금융 및 보험업
ㄹ. 사회복지 서비스업　　ㅁ. 과학 및 기술 연구개발업

① ㄴ, ㄹ, ㅁ　　　　　　　　　② ㄱ, ㄴ, ㄷ, ㄹ
③ ㄱ, ㄴ, ㄷ, ㅁ　　　　　　　　④ ㄱ, ㄷ, ㄹ, ㅁ

「산업안전보건법 시행규칙」[별표 2] 〈개정 2024. 6. 28.〉
안전보건관리규정을 작성해야 할 사업의 종류 및 상시근로자 수(제25조제1항 관련)

사업의 종류	상시 근로자 수
1. 농업 2. 어업 3. 소프트웨어 개발 및 공급업 4. 컴퓨터 프로그래밍, 시스템 통합 및 관리업 4의2. 영상 · 오디오물 제공 서비스업 5. 정보서비스업 6. 금융 및 보험업 7. 임대업; 부동산 제외	300명 이상

8. 전문, 과학 및 기술 서비스업(연구개발업은 제외한다) 9. 사업지원 서비스업 10. 사회복지 서비스업	
11. 제1호부터 제4호까지, 제4호의2 및 제5호부터 제10호까지의 사업을 제외한 사업	100명 이상

정답 ②

14 산업안전보건법령상 중대재해의 범위에 해당하지 않는 것은?

① 사망자가 1명 발생한 재해
② 부상자가 동시에 10명 이상 발생한 재해
③ 2개월 이상의 요양이 필요한 부상자가 동시에 2명 이상 발생한 재해
④ 직업성 질병자가 동시에 10명 이상 발생한 재해

해설

제3조(중대재해의 범위) 법 제2조 제2호에서 "고용노동부령으로 정하는 재해"란 다음 각 호의 어느 하나에 해당하는 재해를 말한다.
1. 사망자가 1명 이상 발생한 재해
2. 3개월 이상의 요양이 필요한 부상자가 동시에 2명 이상 발생한 재해
3. 부상자 또는 직업성 질병자가 동시에 10명 이상 발생한 재해

정답 ③

15 1,000명 이상의 대규모 사업장에서 가장 적합한 안전관리조직의 형태는?

① 경영형   ② 라인형
③ 스태프형   ④ 라인-스태프형

해설

Line Staff (직계·참모 조직) : 직계조직과 참모조직의 장점을 취한 형태로 근로자 1,000명 이상의 대규모 사업장에 적합한 안전관리조직형태이다.

정답 ④

16 A 사업장의 현황이 다음과 같을 때, A 사업장의 강도율은?

- 상시근로자 : 200명
- 요양재해건수 : 4건
- 사망 : 1명
- 휴업 : 1명(500일)
- 연근로시간 : 2,400시간

① 8.33   ② 14.53
③ 15.31   ④ 16.48

해설

$$강도율 = \frac{근로손실일수}{연 근로시간 수} \times 1,000 = \frac{(7,500 \times 1) + (500 \times \frac{300}{365})}{200 \times 2,400} \times 1,000 = 16.481$$

정답 ④

17 산업안전보건법령상 관계수급인 근로자가 도급인의 사업장에서 작업을 하는 경우 건설업 도급인의 작업장 순회점검 주기는?

① 1일에 1회 이상
② 2일에 1회 이상
③ 3일에 1회 이상
④ 7일에 1회 이상

해설

제80조(도급사업 시의 안전·보건조치 등) ① 도급인은 법 제64조 제1항 제2호에 따른 작업장 순회점검을 다음 각 호의 구분에 따라 실시해야 한다.
1. 다음 각 목의 사업 : 2일에 1회 이상
   가. 건설업
   나. 제조업
   다. 토사석 광업
   라. 서적, 잡지 및 기타 인쇄물 출판업
   마. 음악 및 기타 오디오물 출판업
   바. 금속 및 비금속 원료 재생업
2. 제1호 각 목의 사업을 제외한 사업 : 1주일에 1회 이상

정답 ②

18 재해사례연구의 진행단계로 옳은 것은?

> ㄱ. 사실의 확인　　ㄴ. 대책의 수립　　ㄷ. 문제점의 발견
> ㄹ. 문제점의 결정　　ㅁ. 재해 상황의 파악

① ㄷ → ㅁ → ㄱ → ㄹ → ㄴ
② ㄷ → ㅁ → ㄹ → ㄱ → ㄴ
③ ㅁ → ㄷ → ㄱ → ㄹ → ㄴ
④ ㅁ → ㄱ → ㄷ → ㄹ → ㄴ

해설

재해 상황의 파악 > 사실의 확인 > 문제점의 발견 > (근본적)문제점의 결정 > 대책의 수립

정답 ④

19 산업안전보건법령상 건설현장에서 사용하는 크레인의 안전검사의 주기는? (단, 이동식 크레인은 제외한다.)

① 최초로 설치한 날부터 1개월마다 실시
② 최초로 설치한 날부터 3개월마다 실시
③ 최초로 설치한 날부터 6개월마다 실시
④ 최초로 설치한 날부터 1년마다 실시

해설

산업안전보건법 시행규칙 제126조(안전검사의 주기와 합격표시 및 표시방법) ① 법 제93조 제3항에 따른 안전검사 대상기계등의 안전검사 주기는 다음 각 호와 같다.
1. 크레인(이동식 크레인은 제외한다), 리프트(이삿짐운반용 리프트는 제외한다) 및 곤돌라 : 사업장에 설치가 끝난 날부터 3년 이내에 최초 안전검사를 실시하되, 그 이후부터 2년마다(건설현장에서 사용하는 것은 최초로 설치한 날부터 6개월마다)
2. 이동식 크레인, 이삿짐운반용 리프트 및 고소작업대: 「자동차관리법」 제8조에 따른 신규등록 이후 3년 이내에 최초 안전검사를 실시하되, 그 이후부터 2년마다
3. 프레스, 전단기, 압력용기, 국소 배기장치, 원심기, 롤러기, 사출성형기, 컨베이어 및 산업용 로봇: 사업장에 설치가 끝난 날부터 3년 이내에 최초 안전검사를 실시하되, 그 이후부터 2년마다(공정안전보고서를 제출하여 확인을 받은 압력용기는 4년마다)

정답 ③

20 재해예방의 4원칙에 해당하지 않는 것은?

① 손실 적용의 원칙　　② 원인 연계의 원칙
③ 대책 선정의 원칙　　④ 예방 가능의 원칙

해설

재해예방의 4원칙 : 원인 계기의 원칙, 손실 우연의 원칙, 예방 가능의 원칙, 대책 선정의 원칙

정답 ①

2과목 산업심리 및 교육

21 감각 현상이 하나의 전체적이고 의미 있는 내용으로 체계화되는 과정을 의미하는 것은?

① 유추(analogy) ② 게슈탈트(gestalt)
③ 인지(cognition) ④ 근접성(proximity)

해설

게슈탈트는 독일어로 '구성하다', '창조하다' 등의 의미를 가지며 감각현상이 하나의 전체적이고 의미있는 내용으로 체계화되는 과정을 의미한다.

정답 ②

22 다음에서 설명하는 리더십의 유형은?

> 과업 완수와 인간관계 모두에 있어 최대한의 노력을 기울이는 리더십 유형

① 과업형 리더십 ② 이상형 리더십
③ 타협형 리더십 ④ 무관심형 리더십

해설

〈리더십의 유형〉

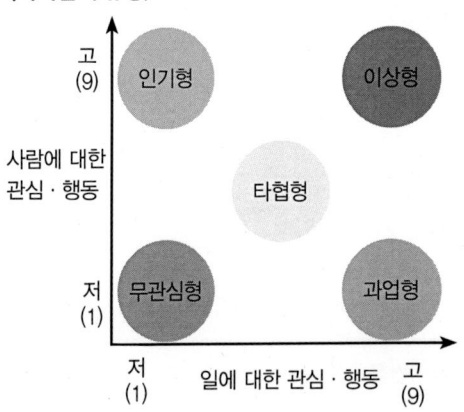

① 무관심형(1, 1) : 과업과 인간 모두에 관심이 현저히 낮음
② 인기형(1, 9) : 과업은 낮고 구성원간 관계지향적 경향이 높음
③ 과업형(9, 1) : 과업수행 지향성이 높음
④ 타협형(5, 5) : 과업과 인간 모두에 있어 노력을 기울이는 경향이 있음
⑤ 이상형(9, 9) : 과업과 인간 모두 달성함

정답 ②

23 집단역학에서 소시오메트리(sociometry)에 관한 설명 중 틀린 것은?

① 소시오메트리 분석을 위해 소시오메트릭스와 소시오그램이 작성된다.
② 소시오메트릭스에서는 상호작용에 대한 정량적 분석이 가능하다.
③ 소시오메트리는 집단 구성원들 간의 공식적 관계가 아닌 비공식적인 관계를 파악하기 위한 방법이다.
④ 소시오그램은 집단 구성원들 간의 선호, 거부 혹은 무관심의 관계를 기호로 표현하지만, 이를 통해 다양한 집단 내의 비공식적 관계에 대한 역학 관계는 파악할 수 없다.

해설

소시오그램(sociogram)은 집단 구성원들 간의 선호, 거부 혹은 무관심의 관계를 기호로 표현하고 이를 통해 다양한 집단 내의 친소관계, 소집단 분포 등 역학 관계를 정확히 파악할 수 있다.

정답 ④

24 생체리듬(Biorhythm)의 종류에 해당하지 않는 것은?

① Critical rhythm
② Physical rhythm
③ Intellectual rhythm
④ Sensitivity rhythm

해설

② 육체적 리듬(Physical rhythm) : 23일 주기
③ 지성적 리듬(Intellectual rhythm) : 33일 주기
④ 감성적 리듬(Sensitivity rhythm) : 28일 주기

정답 ①

25 사회행동의 기본 형태에 해당하지 않는 것은?

① 협력   ② 대립
③ 모방   ④ 도피

해설

인간의 사회적 행동의 기본형태 : 대립, 도피, 협력, 융합

정답 ③

26 O.J.T(On the Job Training)의 특징이 아닌 것은?

① 효과가 곧 업무에 나타난다.
② 직장의 실정에 맞는 실체적 훈련이다.
③ 다수의 근로자에게 조직적 훈련이 가능하다.
④ 교육을 통한 훈련 효과에 의해 상호 신뢰이해도가 높아진다.

해설

다수의 근로자에게 조직적 훈련에 적합한 것은 OFF.J.T에 해당한다.

정답 ③

27 어떤 과업을 성취할 수 있는 자신의 능력에 대한 스스로의 믿음을 나타내는 것은?

① 자아존중감(Self-esteem) ② 자기효능감(Self-efficacy)
③ 통체의 착각(Illusion of control) ④ 자기중심적 편견(Egocentric bias)

해설

자기효능감(Self-efficacy)이란 자신의 과업을 성공적으로 수행할 수 있다고 스스로 믿는 것을 의미한다.

정답 ②

28 모랄서베이(Morale Survey)의 주요 방법으로 적절하지 않은 것은?

① 관찰법 ② 면접법
③ 강의법 ④ 질문지법

해설

모랄서베이(Morale Survey)는 종업원의 근로의욕 조사를 의미하며, 주요 방법으로는 통계에 의한 방법, 관찰법, 사례연구법, 실험연구법, 태도조사법(면접법, 질문지법, 집단토의법, 문답법, 투사법)이 있다.

정답 ③

29 산업안전보건법령상 2미터 이상인 구축물을 콘크리트 파쇄기를 사용하여 파쇄작업을 하는 경우 특별교육의 내용이 아닌 것은? (단, 그 밖에 안전·보건관리에 필요한 사항은 제외한다.)

① 작업안전조치 및 안전기준에 관한 사항
② 비계의 조립방법 및 작업 절차에 관한 사항
③ 콘크리트 해체 요령과 방호거리에 관한 사항
④ 파쇄기의 조작 및 공통작업 신호에 관한 사항

해설

산업안전보건법 시행규칙 [별표 5] 〈개정 2023. 9. 27.〉
안전보건교육 교육대상별 교육내용(제26조제1항 등 관련)
18. 콘크리트 파쇄기를 사용하여 하는 파쇄작업(2미터 이상인 구축물의 파쇄작업만 해당한다)
○ 콘크리트 해체 요령과 방호거리에 관한 사항
○ 작업안전조치 및 안전기준에 관한 사항
○ 파쇄기의 조작 및 공통작업 신호에 관한 사항
○ 보호구 및 방호장비 등에 관한 사항
○ 그 밖에 안전 · 보건관리에 필요한 사항

정답 ②

30 안전보건교육에 있어 역할 연기법의 장점이 아닌 것은?

① 흥미를 갖고, 문제에 적극적으로 참가한다.
② 자기 태도의 반성과 창조성이 생기고, 발표력이 향상된다.
③ 문제의 배경에 대하여 통찰하는 능력을 높임으로써 감수성이 향상된다.
④ 목적이 명확하고, 다른 방법과 병용하지 않아도 높은 효과를 기대할 수 있다.

해설

역할 연기법은 준비하는 데 시간이 많이 소모되고 강사의 역량에 따라 교육의 효과가 많이 좌우되며 교육목적이 명확한 경우 다른 교육방법과 병용하는 것이 바람직하다.

정답 ④

31 학습정도(level of learning)의 4단계에 해당하지 않는 것은?

① 회상(to recall)
② 적용(to apply)
③ 인지(to recognize)
④ 이해(to understand)

해설

학습정도(level of learning)의 4단계는 지각, 적용, 인지, 이해가 해당된다.

정답 ①

32 스트레스 반응에 영향을 주는 요인 중 개인적 특성에 관한 요인이 아닌 것은?

① 심리상태
② 개인의 능력
③ 신체적 조건
④ 작업시간의 차이

해설

심리상태, 개인의 능력, 신체적 조건이 개인적 특성에 해당한다.

정답 ④

33 산업안전보건법령상 일용근로자의 작업내용 변경 시 교육 시간의 기준은?

① 1시간 이상 ② 2시간 이상 ③ 3시간 이상 ④ 4시간 이상

해설

안전보건교육 교육과정별 교육시간(제26조 제1항 등 관련)

교육과정	교육대상		교육시간
가. 정기교육	사무직 종사 근로자		매반기 6시간 이상
	그 밖의 근로자	판매업무에 직접 종사하는 근로자	매반기 6시간 이상
		판매업무에 직접 종사하는 근로자 외의 근로자	매반기 12시간 이상
나. 채용 시 교육	일용근로자 및 근로계약기간이 1주일 이하인 기간제근로자		1시간 이상
	근로계약기간이 1주일 초과 1개월 이하인 기간제근로자		4시간 이상
	그 밖의 근로자		8시간 이상
다. 작업내용 변경 시 교육	일용근로자 및 근로계약기간이 1주일 이하인 기간제근로자		1시간 이상
	그 밖의 근로자		2시간 이상
라. 특별교육	일용근로자 및 근로계약기간이 1주일 이하인 기간제근로자: 별표 5 제1호 라목(제39호는 제외)에 해당하는 작업에 종사하는 근로자에 한정		2시간 이상
	일용근로자 및 근로계약기간이 1주일 이하인 기간제근로자자: 별표 5 제1호 라목 제39호에 해당하는 작업에 종사하는 근로자에 한정		8시간 이상
	일용근로자 및 근로계약기간이 1주일 이하인 기간제근로자:별표 5 제1호 라목에 해당하는 작업에 종사하는 근로자에 한정		– 16시간 이상(최초 작업에 종사하기 전 4시간 이상 실시하고 12시간은 3개월 이내에서 분할하여 실시 가능) – 단기간 작업 또는 간헐적 작업인 경우에는 2시간 이상
마. 건설업 기초안전·보건교육	건설 일용근로자		4시간 이상

정답 ①

34 교육심리학의 연구방법 중 인간의 내면에서 일어나고 있는 심리적 사고에 대하여 사물을 이용하여 인간의 성격을 알아보는 방법은?

① 투사법 ② 면접법
③ 실험법 ④ 질문지법

해설

투사법은 인간의 내면에서 일어나고 있는 심리적 사고에 대해 사물을 이용해 개인의 성격을 알아보는 인성검사법을 말한다.

정답 ①

35 안전교육의 3단계 중 작업방법, 취급 및 조작행위를 몸으로 숙달시키는 것을 목적으로 하는 단계는?

① 안전지식교육 ② 안전기능교육
③ 안전태도교육 ④ 안전의식교육

해설

안전교육의 3단계는 지식교육, 기능교육, 태도교육으로 구성된다. 작업방법, 취급 및 조작행위를 몸으로 숙달시키는 단계의 교육은 기능교육이다.

정답 ②

36 호손(Hawthorne) 연구에 대한 설명으로 옳은 것은?

① 소비자들에게 효과적으로 영향을 미치는 광고 전략을 개발했다.
② 시간-동작연구를 통해서 작업도구와 기계를 설계했다.
③ 채용과정에서 발생하는 차별요인을 밝히고 이를 시정하는 법적 조치의 기초를 마련했다.
④ 물리적 작업환경보다 근로자들의 의사소통 등 인간관계가 더 중요하다는 것을 알아냈다.

해설

호손(Hawthorne) 연구는 물리적 작업환경보다 근로자들의 의사소통 등 인간관계가 더 중요하다는 것을 알아냈다.

정답 ④

37 지름길을 사용하여 대상물을 판단할 때 발생하는 지각의 오류가 아닌 것은?

① 후광효과 ② 최근효과
③ 결론효과 ④ 초두효과

해설

후광효과 : "처음이 좋으면 다 좋다"는 심리효과
초두효과 : "처음이 좋아야 좋다"는 심리효과
최근효과 : "최근에 보니까 좋던데" 라는 의미로 가장 최근의 정보로 평가하는 심리효과

정답 ③

38 다음은 무엇에 관한 설명인가?

> 다른 사람으로부터의 판단이나 행동을 무비판적으로 받아들이는 것

① 모방(Imitation)
② 투사(Projection)
③ 암시(Suggestion)
④ 동일화(Identification)

해설

모방(Imitation) : 타인의 행동, 판단에 가까운 행동과 판단을 취하는 것
투사(Projection) : 타인에게 책임을 전가하는 것
암시(Suggestion) : 타인으로부터 판단, 행동을 무비판적으로 받아들이는 것
동일화(Identification) : 타인과 자신의 비슷한 점을 발견하는 것

정답 ③

39 산업심리의 5대 요소가 아닌 것은?

① 동기
② 기질
③ 감정
④ 지능

해설

산업심리의 5대 요소 : 동기, 기질, 감정, 습성, 습관

정답 ④

40 직무수행에 대한 예측변인 개발 시 작업표본(work sample)에 관한 사항 중 틀린 것은?

① 집단검사로 감독과 통제가 요구된다.
② 훈련생보다 경력자 선발에 적합하다.
③ 실시하는데 시간과 비용이 많이 든다.
④ 주로 기계를 다루는 직무에 효과적이다.

해설

작업표본(work sample)은 실제로 작업자에게 해당 작업행위를 시켜보는 방식으로 경력자 선발에 적합하고 기계를 다루는 직무에 효과적이나 시간과 비용이 많이 든다.

정답 ①

3과목　인간공학 및 시스템안전공학

41 태양광이 내리쬐지 않는 옥내의 습구흑구 온도지수(WBGT) 산출 식은?

① 0.6 ×자연습구온도 ＋ 0.3 ×흑구온도
② 0.7 ×자연습구온도 ＋ 0.3 ×흑구온도
③ 0.6 ×자연습구온도 ＋ 0.4 ×흑구온도
④ 0.7 ×자연습구온도 ＋ 0.4 ×흑구온도

해설

태양광이 내리쬐지 않는 옥내, 옥외 ＝ (0.7 ×자연습구온도) ＋ (0.3 ×흑구온도)
태양광이 내리쬐는 옥외 ＝ (0.7 ×자연습구온도) ＋ (0.2 ×흑구온도) ＋ (0.1 ×건구온도)

정답 ②

42 부품 배치의 원칙 중 기능적으로 관련된 부품들을 모아서 배치한다는 원칙은?

① 중요성의 원칙
② 사용 빈도의 원칙
③ 사용 순서의 원칙
④ 기능별 배치의 원칙

해설

- 중요성의 원칙 : 부품을 중요도에 우선순위를 두어 배치
- 사용빈도의 원칙 : 부품을 사용하는 정도에 따라 배치
- 사용순서의 원칙 : 부품을 사용 순서에 따라 배치
- 기능별 배치의 원칙 : 부품을 기능적으로 유사하거나 관련된 것끼리 모아 배치

정답 ④

43 인간공학의 목표와 거리가 가장 먼 것은?

① 사고 감소
② 생산성 증대
③ 안전성 향상
④ 근골격계질환 증가

해설

인간공학의 목표는 산업현장의 안전성을 향상시켜 근골격계질환을 감소하고자하는 목표를 가진다.

정답 ④

44 시각적 식별에 영향을 주는 각 요소에 대한 설명 중 틀린 것은?

① 조도는 광원의 세기를 말한다.
② 휘도는 단위 면적당 표면에 반사 또는 방출되는 광량을 말한다.
③ 반사율은 물체의 표면에 도달하는 조도와 광도의 비를 말한다.
④ 광도 대비란 표적의 광도와 배경의 광도의 차이를 배경 광도로 나눈 값을 말한다.

해설

조도는 해당 단위면적당 입사하는 빛의 양을 말하며, 광도는 광원에서 나오는 빛의 세기를 말한다.

정답 ①

45 A사의 안전관리자는 자사 화학 설비의 안전성 평가를 실시하고 있다. 그 중 제2단계인 정성적 평가를 진행하기 위하여 평가 항목을 설계단계 대상과 운전관계 대상으로 분류하였을 때 설계관계 항목이 아닌 것은?

① 건조물
② 공장 내 배치
③ 입지조건
④ 원재료, 중간제품

해설

〈정성적 평가〉
설계단계 대상 : 입지조건, 건조물, 공장 내 배치
운전관계 대상 : 원재료, 중간제품
〈정량적 평가〉
당해 화학설비의 취급물질, 용량, 온도, 압력, 조작

정답 ④

46 양립성의 종류가 아닌 것은?

① 개념의 양립성
② 감성의 양립성
③ 운동의 양립성
④ 공간의 양립성

해설

- 개념의 양립성 : 온수는 붉은색 수도꼭지, 냉수는 파란색 수도꼭지
- 운동의 양립성 : 핸들을 오른쪽으로 돌리면 우회전, 왼쪽으로 돌리면 좌회전
- 공간의 양립성 : 오른쪽 레버를 올리면 오른쪽 장비가 작동, 왼쪽 레버를 올리면 왼쪽 장비가 작동

정답 ②

47 그림과 같은 시스템에서 부품 A, B, C, D의 신뢰도가 모두 r로 동일할 때 이 시스템의 신뢰도는?

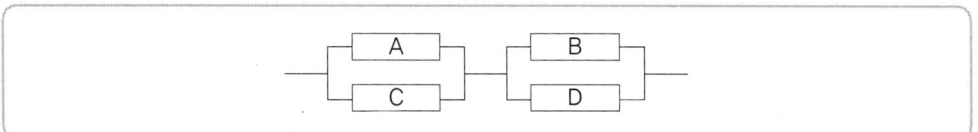

① $r(2-r^2)$
② $r^2(2-r)^2$
③ $r^2(2-r^2)$
④ $r^2(2-r)$

해설

신뢰도 $= [1-(1-r)(1-r)] \times [1-(1-r)(1-r)] = (1-1-2r+r^2) \times (1-1-2r+r^2) = (r^2-2r)^2$
$= r^4 - 4r^3 + 4r^2 = r^2(r^2-4r+4) = r^2(2-r)^2$

정답 ②

48 FTA에서 사용되는 논리게이트 중 입력과 반대되는 현상으로 출력되는 것은?

① 부정 게이트
② 억제 게이트
③ 배타적 OR 게이트
④ 우선적 AND 게이트

해설

부정 게이트는 입력과 출력이 반대가 되는 게이트를 말한다.

정답 ①

49 어떤 결함수를 분석하여 minimal cut set을 구한 결과 다음과 같았다. 각 기본사상의 발생확률은 $q_i, i = 1, 2, 3$라 할 때, 정상사상의 발생확률함수로 맞는 것은?

$$k_1 = [1, 2], k_2 = [1, 3], k_3 = [2, 3]$$

① $q_1q_2 + q_1q_2 - q_2q_3$
② $q_1q_2 + q_1q_3 - q_2q_3$
③ $q_1q_2 + q_1q_3 + q_2q_3 - q_1q_2q_3$
④ $q_1q_2 + q_1q_3 + q_2q_3 - 2q_1q_2q_3$

해설

정상사상 $1-(1-k_1)(1-k_2)(1-k_3)$

정답 ④

50 부품고장이 발생하여도 기계가 추후 보수될 때까지 안전한 기능을 유지할 수 있도록 하는 기능은?

① fail – soft
② fail – active
③ fail – operational
④ fail – passive

해설

① fail soft : 장치 또는 기계가 일부 고장 시에도 기능저하만 발생하고 정지 안 되는 상태
② fail active : 장치 또는 기계 오작동 시 일시적으로 운행 가능한 상태
③ fail operational : 장치 또는 기계 오작동 시 차기 점검까지 운행 가능한 상태
④ fail passive : 장치 또는 기계 오작동 시 즉시 작동 중지되는 상태

정답 ③

51 반사경 없이 모든 방향으로 빛을 발하는 점광원에서 3m 떨어진 곳의 조도가 300lux라면 2m 떨어진 곳에서 조도(lux)는?

① 375
② 675
③ 875
④ 975

해설

조도 $= \dfrac{광속}{거리^2}$ → $300 = \dfrac{x}{3^2}$, $x = 2,700$km, 조도 $= \dfrac{광속}{거리^2} = \dfrac{2,700}{2^2} = 675$

정답 ②

52 통화이해도 척도로서 통화 이해도에 영향을 주는 잡음의 영향을 추정하는 지수는?

① 명료도 지수
② 통화 간섭 수준
③ 이해도 점수
④ 통화 공진 수준

해설

- 명료도 지수 : 각 옥타브대의 음성과 소음의 dB값에 가중치를 곱하여 합계를 구한 것
- 통화 간섭 수준 : 통화이해도 척도로서 통화이해도에 영향을 주는 잡음의 영향을 추정하는 지수
- 이해도 점수 : 통화내용 중 인지한 정도의 비율

정답 ②

53 예비위험분석(PHA)에서 식별된 사고의 범주가 아닌 것은?

① 중대(critical)
② 한계적(marginal)
③ 파국적(catastrophic)
④ 수용가능(acceptable)

해설

① 중대(critical) : 위험, 시스템의 중대한 손상
② 한계적(marginal) : 시스템의 성능 저하
③ 파국적(catastrophic) : 시스템의 손상
④ 무시(negligible) : 시스템의 영향 저하 없음

정답 ④

54 인간공학적 연구에 사용되는 기준 척도의 요건 중 다음 설명에 해당하는 것은?

> 기준 척도는 측정하고자 하는 변수 외의 다른 변수들의 영향을 받아서는 안 된다.

① 신뢰성　　　　　　　　② 적절성
③ 검출성　　　　　　　　④ 무오염성

해설

무오염성(순수성)은 측정하고자 하는 변수 외의 다른 변수들의 영향을 받아서는 안 된다는 것을 의미한다.

정답 ④

55 James Reason의 원인적 휴먼에러 종류 중 다음 설명의 휴먼에러 종류는?

> 자동차가 우측 운행하는 한국의 도로에 익숙해진 운전자가 좌측 운전을 해야 하는 일본에서 우측 운행을 하다가 교통사고를 냈다.

① 고의 사고(Violation)
② 숙련 기반 에러(Skill based error)
③ 규칙 기반 착오(Rule based mistake)
④ 지식 기반 착오(Knowledge based mistake)

해설

한국에서는 자동차의 우측운행, 일본에서는 좌측운행을 해야 하는 규칙을 어긴 운전자의 에러로 인한 교통사고는 규칙 기반 착오(Rule based mistake)에 의한 것이다.

정답 ③

56 근골격계부담작업의 범위 및 유해요인조사 방법에 관한 고시상 근골격계부담작업에 해당하지 않는 것은? (단, 상시작업을 기준으로 한다.)

① 하루에 10회 이상 25kg 이상의 물체를 드는 작업
② 하루에 총 2시간 이상 쪼그리고 앉거나 무릎을 굽힌 자세에서 이루어지는 작업
③ 하루에 총 2시간 이상 시간당 5회 이상 손 또는 무릎을 사용하여 반복적으로 충격을 가하는 작업
④ 하루에 4시간 이상 집중적으로 자료입력 등을 위해 키보드 또는 마우스를 조작하는 작업

해설

근골격계부담작업의 범위 및 유해요인조사 방법에 관한 고시[시행 2020. 1. 16.]
제3조(근골격계부담작업) 법 제39조 제1항 제5호 및 안전보건규칙 제656조 제1호에 따른 근골격계부담작업이란 다음 각 호의 어느 하나에 해당하는 작업을 말한다. 다만, 단기간작업 또는 간헐적인 작업은 제외한다.
1. 하루에 4시간 이상 집중적으로 자료입력 등을 위해 키보드 또는 마우스를 조작하는 작업
2. 하루에 총 2시간 이상 목, 어깨, 팔꿈치, 손목 또는 손을 사용하여 같은 동작을 반복하는 작업
3. 하루에 총 2시간 이상 머리 위에 손이 있거나, 팔꿈치가 어깨 위에 있거나, 팔꿈치를 몸통으로부터 들거나, 팔꿈치를 몸통뒤쪽에 위치하도록 하는 상태에서 이루어지는 작업
4. 지지되지 않은 상태이거나 임의로 자세를 바꿀 수 없는 조건에서, 하루에 총 2시간 이상 목이나 허리를 구부리거나 트는 상태에서 이루어지는 작업
5. 하루에 총 2시간 이상 쪼그리고 앉거나 무릎을 굽힌 자세에서 이루어지는 작업
6. 하루에 총 2시간 이상 지지되지 않은 상태에서 1kg 이상의 물건을 한손의 손가락으로 집어 옮기거나, 2kg 이상에 상응하는 힘을 가하여 한손의 손가락으로 물건을 쥐는 작업
7. 하루에 총 2시간 이상 지지되지 않은 상태에서 4.5kg 이상의 물건을 한 손으로 들거나 동일한 힘으로 쥐는 작업
8. 하루에 10회 이상 25kg 이상의 물체를 드는 작업
9. 하루에 25회 이상 10kg 이상의 물체를 무릎 아래에서 들거나, 어깨 위에서 들거나, 팔을 뻗은 상태에서 드는 작업
10. 하루에 총 2시간 이상, 분당 2회 이상 4.5kg 이상의 물체를 드는 작업
11. 하루에 총 2시간 이상 시간당 10회 이상 손 또는 무릎을 사용하여 반복적으로 충격을 가하는 작업

정답 ③

57 HAZOP 분석기법의 장점이 아닌 것은?

① 학습 및 적용이 쉽다.
② 기법 적용에 큰 전문성을 요구하지 않는다.
③ 짧은 시간에 저렴한 비용으로 분석이 가능하다.
④ 다양한 관점을 가진 팀 단위 수행이 가능하다.

해설

HAZOP(Hazard and Operability)은 체계적 접근으로 각 분야별 종합적 검토로 위험요소 확인이 가능하며 공정의 운전정지시간을 줄여 생산물의 품질이 향상 및 폐기물 발생을 줄이며 근로자에게 신뢰성 제공하나, 팀의 구성 및 구성원의 참여 소요기간이 과다하고 접근방법이 오래 걸린다.

정답 ③

58 서브시스템 분석에 사용되는 분석방법으로 시스템 수명주기에서 ㉠에 들어갈 위험분석기법은?

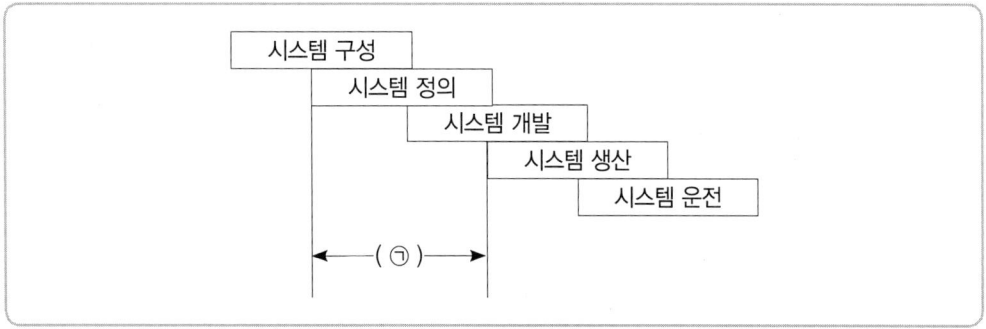

① PHA
② FHA
③ FTA
④ ETA

해설

① PHA(예비위험분석기법) : 프로그램 최초단계에서 위험정도를 평가하는 정성적 분석기법
② FHA(결함위험분석기법) : 서브시스템의 해석에 사용되는 기법으로 서브시스템 간 인터페이스 조정
④ ETA(사상수분석기법) : 사상의 위험성만 분석하는 기법으로 DT에서 변천된 정량적·귀납적 기법
③ FTA(결함수분석법) : 논리적 도표로 분석하는 정량적, 연역적 기법

정답 ②

59 불(Boole) 대수의 관계식으로 틀린 것은?

① $A+\overline{A} = 1$
② $A+AB = A$
③ $A(A+B) = A+B$
④ $A+\overline{A}B = A+B$

해설

흡수법칙 : $A(A+B) = A$

정답 ③

60 정신적 작업 부하에 관한 생리적 척도에 해당하지 않는 것은?

① 근전도
② 뇌파도
③ 부정맥 지수
④ 점멸융합주파수

해설

근전도는 근육이 수축 시 신경계와 근육에서 발생하는 전위를 측정하는 것을 말한다.

정답 ①

4과목 건설시공학

61 석재붙임을 위한 앵커긴결공법에서 일반적으로 사용하지 않는 재료는?

① 앵커 ② 볼트
③ 모르타르 ④ 연결철물

해설

앵커긴결공법은 구조체와 판석 간에 공간을 두고 FASTENER, 촉, ANCHOR BOLT 등으로 판석재마다 긴결고정하는 공법이므로 모르타르는 별도로 필요로 하지 않다.

정답 ③

62 강제 널말뚝(steel sheet pile)공법에 관한 설명으로 옳지 않은 것은?

① 무소음 설치가 어렵다.
② 타입 시 체적변형이 작아 항타가 쉽다.
③ 강제 널말뚝에는 U형, Z형, H형 등이 있다.
④ 관입, 철거 시 주변 지반침하가 일어나지 않는다.

해설

강제 널말뚝의 이음부를 연속적으로 서로 물려 지중에 설치하는 공법으로 관입과 철거 시 지반침하에 유의하여 시공해야 한다.

정답 ④

63 철근 조립에 관한 설명으로 옳지 않은 것은?

① 철근의 피복두께를 정확히 확보하기 위해 적절한 간격으로 고임재 및 간격재를 배치한다.
② 거푸집에 접하는 고임재 및 간격재는 콘크리트 제품 또는 모르타르 제품을 사용하여야 한다.
③ 경미한 황갈색의 녹이 발생한 철근은 일반적으로 콘크리트와의 부착을 해치므로 사용해서는 안 된다.
④ 철근의 표면에는 흙, 기름 또는 이물질이 없어야 한다.

해설

경미한 황갈색의 녹이 발생한 철근은 일반적으로 콘크리트와의 부착강도를 향상 또는 악영향을 미치지 않으므로 사용해도 된다.

정답 ③

64 소규모 건축물을 조적식 구조로 담을 쌓을 경우 최대 높이 기준으로 옳은 것은?

① 2m 이하
② 2.5m 이하
③ 3m 이하
④ 3.5m 이하

해설

건축물의 구조기준 등에 관한 규칙[시행 2021. 12. 9.] [국토교통부령 제919호, 2021. 12. 9., 일부개정]
제39조(조적식구조인 담) 조적식구조인 담의 구조는 다음 각호의 기준에 의한다.
1. 높이는 3미터 이하로 할 것
2. 담의 두께는 190밀리미터 이상으로 할 것. 다만, 높이가 2미터 이하인 담에 있어서는 90밀리미터 이상으로 할 수 있다.
3. 담의 길이 2미터 이내마다 담의 벽면으로부터 그 부분의 담의 두께 이상 튀어나온 버팀벽을 설치하거나, 담의 길이 4미터 이내마다 담의 벽면으로부터 그 부분의 담의 두께의 1.5배 이상 튀어나온 버팀벽을 설치할 것. 다만, 각 부분의 담의 두께가 제2호의 규정에 의한 담의 두께의 1.5배 이상인 경우에는 그러하지 아니하다.

정답 ③

65 필릿용접(Fillet Welding)의 단면상 이론 목두께에 해당하는 것은?

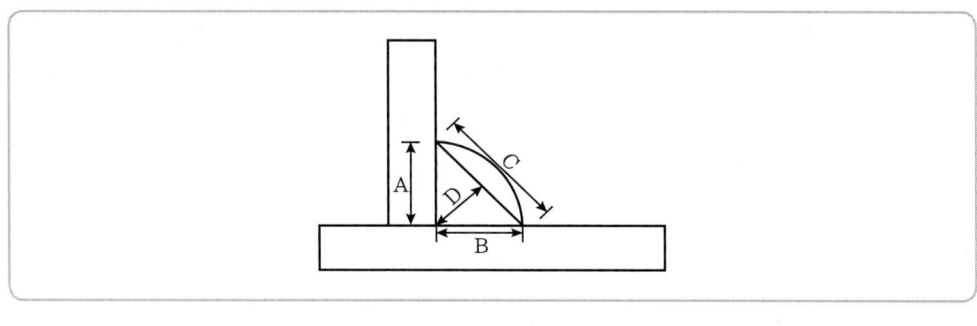

① A
② B
③ C
④ D

해설

A : 윗각장(다리길이)   B : 밑각장(다리길이)   C : 보강살 붙임(두께)   D : (이론)목두께(각목)

정답 ④

66 네트워크 공정표에 사용되는 용어에 관한 설명으로 옳지 않은 것은?

① 크리티컬 패스(Critical path) : 개시 결합점에서 종료 결합점에 이르는 가장 긴 경로
② 더미(Dummy) : 결합점이 가지는 여유시간
③ 플로트(Float) : 작업의 여유시간
④ 패스(Path) : 네트워크 중에서 둘 이상의 작업이 이어지는 경로

해설

더미(dummy) : 네트워크 공정표 상 작업 상호간의 관계만을 표시하는 점선 화살표

정답 ②

67 콘크리트의 측압에 영향을 주는 요소에 관한 설명으로 옳지 않은 것은?

① 콘크리트 타설속도가 빠를수록 측압은 커진다.
② 콘크리트 온도가 낮으면 경화속도가 느려 측압은 작아진다.
③ 벽 두께가 얇을수록 측압은 작아진다.
④ 콘크리트의 슬럼프값이 클수록 측압은 커진다.

해설

외기온도가 낮으면 경화속도가 느려 측압은 커진다.

정답 ②

68 석공사에 사용하는 석재 중에서 수성암계에 해당하지 않는 것은?

① 사암 ② 석회암 ③ 안산암 ④ 응회암

해설

화산암에는 유문암, 응회암, 현무암, 부석, 안산암 등이 있다.

정답 ③

69 매스 콘크리트(Mass concrete) 시공에 관한 설명으로 옳지 않은 것은?

① 매스 콘크리트의 타설온도는 온도균열을 제어하기 위한 관점에서 가능한 한 낮게 한다.
② 매스 콘크리트 타설 시 기온이 높을 경우에는 콜드조인트가 생기기 쉬우므로 응결촉진제를 사용한다.
③ 매스 콘크리트 타설 시 침하발생으로 인한 침하균열을 예방하기 위해 재진동 다짐 등을 실시한다.
④ 매스 콘크리트 타설 후 거푸집 탈형 시 콘크리트 표면의 급랭을 방지하기 위해 콘크리트 표면을 소정의 기간 동안 보온해 주어야 한다.

해설

콜드조인트는 응결하기 시작한 콘크리트에 이어치기 위한 새로운 콘크리트가 타설되는 경우, 서로 일체화되지 못하여 불량한 이음부가 발생하는 것을 말한다. 응결촉진제를 사용하는 경우 이러한 현상은 더욱 가속화되므로 지연제를 사용하여 콘크리트 경화시점을 조절하는 것이 중요하다.

정답 ②

70 거푸집공사(form work)에 관한 설명으로 옳지 않은 것은?

① 거푸집널은 콘크리트의 구조체를 형성하는 역할을 한다.
② 콘크리트 표면에 모르타르, 플라스터 또는 타일붙임 등의 마감을 할 경우에는 평활하고 광택있는 면이 얻어질 수 있도록 철제 거푸집(metal form)을 사용하는 것이 좋다.
③ 거푸집공사비는 건축공사비에서의 비중이 높으므로, 설계단계부터 거푸집 공사의 개선과 합리화 방안을 연구하는 것이 바람직하다.
④ 폼타이(form tie)는 콘크리트를 타설할 때, 거푸집이 벌어지거나 우그러들지 않게 연결, 고정하는 긴결재이다.

해설
철제 거푸집(메탈폼)의 경우 콘크리트 표면에 모르타르, 플라스터 또는 타일붙임 등의 마감표면에 사용되는 것보다는 별도의 마감이 없는 제치장용 거푸집으로 사용하는 것이 효과적이다.

정답 ②

71 철근콘크리트 말뚝머리와 기초와의 접합에 관한 설명으로 옳지 않은 것은?

① 두부를 커팅기계로 정리할 경우 본체에 균열이 생기므로 응력손실이 발생하여 설계내력을 상실하게 된다.
② 말뚝머리 길이가 짧은 경우는 기초저면까지 보강하여 시공한다.
③ 말뚝머리 철근은 기초에 30cm 이상의 길이로 정착한다.
④ 말뚝머리와 기초와의 확실한 정착을 위해 파일앵커링을 시공한다.

해설
두부를 커팅기계로 정리할 경우 본체에 균열이 생겨 응력손실이 발생하여 설계내력을 상실하는 것은 아니다.

정답 ①

72 철근콘크리트 보에 사용된 굵은 골재의 최대치수가 25mm일 때, D22철근(동일 평면에서 평행한 철근)의 수평 순간격으로 옳은 것은? (단, 콘크리트를 공극 없이 칠 수 있는 다짐방법을 사용할 경우에는 제외)

① 22.2mm   ② 25mm   ③ 31.25mm   ④ 33.3mm

해설
보의 주근처럼 지면과 평행하게 배열되는 철근은 아래 조건 중에서 가장 큰 값을 적용한다.
① 25mm
② 굵은 골재 최대치수의 4/3 → 25mm × 4/3 = 33.3mm
③ 철근(주근)의 지름 → D22

정답 ④

73 철근의 피복두께를 유지하는 목적이 아닌 것은?

① 부재의 소요 구조 내력 확보
② 부재의 내화성 유지
③ 콘크리트의 강도 증대
④ 부재의 내구성 유지

해설

철근의 피복두께를 유지하는 목적에는 내구성, 내화성, 철근부식방지, 부착강도 증진, 균열방지, 골재유동성 확보 등이 있다.

정답 ③

74 불량품, 결점, 고장 등의 발생건수를 현상과 원인별로 분류하고, 여러 가지 데이터를 항목별로 분류해서 문제의 크기 순서로 나열하여, 그 크기를 막대그래프로 표기한 품질관리 도구는?

① 파레토그램
② 특성요인도
③ 히스토그램
④ 체크시트

해설

파레토도는 결점, 고장 등의 발생건수를 원인과 현상별로 분류하여 막대그래프로 문제의 크기별로 나열하여 데이터를 나타내는 것이다.

정답 ①

75 강구조 공사 시 앵커링(anchoring)에 관한 설명으로 옳지 않은 것은?

① 필요한 앵커링 저항력을 얻기 위해서는 콘크리트에 피해를 주지 않도록 적절한 대책을 수립하여야 한다.
② 앵커볼트 설치 시 베이스플레이트 위치의 콘크리트는 설계도면 레벨보다 −30mm ~ −50mm 낮게 타설하고, 베이스플레이트 설치 후 그라우팅 처리한다.
③ 구조용 앵커볼트를 사용하는 경우 앵커볼트 간의 중심선은 기둥중심선으로부터 3mm 이상 벗어나지 않아야 한다.
④ 앵커볼트로는 구조용 혹은 세우기용 앵커볼트가 사용되어야 하고, 나중매입공법을 원칙으로 한다.

해설

강구조공사 표준시방서(KCS 14 31 00)
(1) 앵커링(anchoring)
 ① 대상 구조물 또는 인접한 구조물의 콘크리트 부분의 앵커링 장비는 반드시 해당 규정에 따라 설치되어야 한다.
 ② 필요한 앵커링 저항력을 얻기 위해서는 콘크리트에 피해를 주지 않도록 적절한 대책을 수립해야 한다.

③ 앵커볼트 설치 시 베이스플레이트 위치의 콘크리트는 설계도면 레벨보다 -30mm ~ -50mm 낮게 타설하고, 베이스플레이트 설치 후 그라우팅 처리한다.
④ 앵커볼트로는 구조용 혹은 세우기용 앵커볼트가 사용되어야 하고, 고정매입 공법을 원칙으로 한다.
⑤ 구조용 앵커볼트를 사용하는 경우 앵커볼트 간의 중심선은 기둥중심선으로부터 3mm 이상 벗어나지 않아야 한다. 세우기용 앵커볼트의 경우에는 앵커볼트 간의 중심선이 기둥중심선으로부터 5mm 이상 벗어나지 않아야 한다.

정답 ④

76. 모래지반 흙막이 공사에서 널말뚝의 틈새로 물과 토사가 유실되어 지반이 파괴되는 현상은?

① 히빙 현상(Heaving)
② 파이핑 현상(piping)
③ 액상화 현상(Liquefaction)
④ 보일링 현상(Boiling)

해설

파이핑 현상(piping)은 주로 사질지반 가시설 공사 중 널말뚝의 틈으로 물과 토사가 섞여 유실되면서 지반이 파괴되는 현상을 말한다.

정답 ②

77. 공사관리계약(Construction Management Contract) 방식의 장점이 아닌 것은?

① 시공 시 단계별 시공법을 적용할 수 있어 설계 및 시공기간을 단축시킬 수 있다.
② 설계과정에서 설계가 시공에 미치는 영향을 예측할 수 있어 설계도서의 현실성을 향상시킬 수 있다.
③ 기획 및 설계과정에서 발주자와 설계자간의 의견대립 없이 설계대안 및 특수공법의 적용이 가능하다.
④ 대리인형 CM(CM for fee) 방식은 공사비와 품질에 직접적인 책임을 지는 공사관리계약 방식이다.

해설

공사관리계약 중 공사비와 품질에 직접적인 책임을 지는 공사관리계약 방식은 CM at risk방식이다.

정답 ④

78 철골구조의 내화피복에 관한 설명으로 옳지 않은 것은?

① 조적공법은 용접철망을 부착하여 경량모르타르, 펄라이트 모르타르와 플러스터 등을 바름하는 공법이다.
② 뿜칠공법은 철골표면에 접착제를 혼합한 내화피복재를 뿜어서 내화피복을 한다.
③ 성형판 공법은 내화단열성이 우수한 각종 성형판을 철골주위에 접착제와 철물 등을 설치하고 그 위에 붙이는 공법으로 주로 기둥과 보의 내화피복에 사용된다.
④ 타설공법은 아직 굳지 않은 경량콘크리트나 기포모르타르 등을 강재주위에 거푸집을 설치하여 타설한 후 경화시켜 철골을 내화피복하는 공법이다.

해설

미장공법은 용접철망을 부착하여 경량모르타르, 펄라이트 모르타르와 플러스터 등을 바름하는 공법이다.

정답 ①

79 철근콘크리트에서 염해로 인한 철근의 부식방지대책으로 옳지 않은 것은?

① 콘크리트 중의 염소 이온량을 적게 한다.
② 에폭시 수지 도장 철근을 사용한다.
③ 방청제 투입을 고려한다.
④ 물-시멘트비를 크게 한다.

해설

물시멘트비를 적게 하여 염해로 인한 철근의 부식을 방지한다.

정답 ④

80 웰 포인트 공법(well point method)에 관한 설명으로 옳지 않은 것은?

① 사질지반보다 점토질 지반에서 효과가 좋다.
② 지하수위를 낮추는 공법이다.
③ 1~3m의 간격으로 파이프를 지중에 박는다.
④ 인접지 침하의 우려에 따른 주의가 필요하다.

해설

웰 포인트 공법(well point method)은 대표적인 사질지반 탈수공법이다.

정답 ①

5과목　건설재료학

81 깬자갈을 사용한 콘크리트가 동일한 시공연도의 보통 콘크리트보다 유리한 점은?

① 시멘트 페이스트와의 부착력 증가
② 단위수량 감소
③ 수밀성 증가
④ 내구성 증가

해설

깬자갈을 사용하여 시멘트 페이스트와의 부착력을 증가시킨다.

정답 ①

82 목재를 작은 조각으로 하여 충분히 건조시킨 후 합성수지와 같은 유기질의 접착제를 첨가하여 열압 제판한 목재 가공품은?

① 파티클 보드(Paricle board)
② 코르크판(Cork board)
③ 섬유판(Fiber board)
④ 집성목재(Glulam)

해설

파티클 보드(Paricle board)는 목재를 작게 조각내어 충분히 건조시킨 후 유기질 접착제 등을 혼합하여 열압 가공한 제품을 말한다.

정답 ①

83 도료상태의 방수재를 바탕면에 여러 번 칠하여 얇은 수지피막을 만들어 방수효과를 얻는 것으로 에멀션형, 용제형, 에폭시계 형태의 방수공법은?

① 시트방수
② 도막방수
③ 침투성 도포방수
④ 시멘트 모르타르 방수

해설

도막방수는 페인트와 유사한 상태를 해당 바탕면에 수차례 덧칠하여 얇은 수지피막을 생성하여 방수성능을 발현하는 공법을 말한다.

정답 ②

84 합성수지의 종류 중 열가소성수지가 아닌 것은?

① 염화비닐 수지
② 멜라민 수지
③ 폴리프로필렌 수지
④ 폴리에틸렌 수지

해설

멜라민 수지는 열경화성수지이다.

정답 ②

85 수성페인트에 대한 설명으로 옳지 않은 것은?

① 수성페인트의 일종인 에멀션 페인트는 수성페인트에 합성수지와 유화제를 섞은 것이다.
② 수성페인트를 칠한 면은 외관은 온화하지만 독성 및 화재발생의 위험이 있다.
③ 수성페인트의 재료로 아교·전분·카세인 등이 활용된다.
④ 광택이 없으며 회반죽면 또는 모르타르면의 칠에 적당하다.

해설

유성페인트를 칠한 면은 외관은 온화하나 독성 및 화재 발생 우려가 있다.

정답 ②

86 금속판에 관한 설명으로 옳지 않은 것은?

① 알루미늄 판은 경량이고 열반사도 좋으나 알칼리에 약하다.
② 스테인리스 강판은 내식성이 필요한 제품에 사용된다.
③ 함석판은 아연도철판이라고도 하며 외관미는 좋으나 내식성이 약하다.
④ 연판은 X선 차단효과가 있고 내식성도 크다.

해설

함석은 아연을 입힌 강철판으로 내식성이 강하다.

정답 ③

87 다음 중 열전도율이 가장 낮은 것은?

① 콘크리트
② 코르크판
③ 알루미늄
④ 주철

해설

콘크리트 0.8~1.4 w/mk   코르크판 0.05 w/mk   알루미늄 204 w/mk   주철 48 w/mk

정답 ②

88 콘크리트의 혼화재료 중 혼화제에 속하는 것은?

① 플라이애시 ② 실리카흄
③ 고로슬래그 미분말 ④ 고성능 감수제

해설

플라이애시, 실리카흄, 고로슬래그는 혼화재이다.

정답 ④

89 점토의 성질에 관한 설명으로 옳지 않은 것은?

① 사질점토는 적갈색으로 내화성이 좋다.
② 자토는 순백색이며 내화성이 우수하나 가소성은 부족하다.
③ 석기점토는 유색의 견고치밀한 구조로 내화도가 높고 가소성이 있다.
④ 석회질점토는 백색으로 용해되기 쉽다.

해설

사질점토는 내화성이 좋지 않다.

정답 ①

90 콘크리트에 AE제를 첨가했을 경우 공기량 증감에 큰 영향을 주지 않는 것은?

① 혼합시간 ② 시멘트의 사용량 ③ 주위온도 ④ 양생방법

해설

콘크리트에 AE제를 첨가했을 경우 혼합시간, 시멘트 사용량, 외기온도 등에 따라 공기량 증감에 영향을 미치며 양생방법은 해당하지 않는다.

정답 ④

91 슬럼프 시험에 대한 설명으로 옳지 않은 것은?

① 슬럼프 시험 시 각 층을 50회 다진다.
② 콘크리트의 시공연도를 측정하기 위하여 행한다.
③ 슬럼프콘에 콘크리트를 3층으로 분할하여 채운다.
④ 슬럼프 값이 높을 경우 콘크리트는 묽은 비빔이다.

해설

슬럼프 시험 시 각 층을 25회 다진다.

정답 ①

92 목재 섬유포화점의 함수율은 대략 얼마 정도인가?

① 약 10%   ② 약 20%   ③ 약 30%   ④ 약 40%

해설

목재 섬유포화점의 함수율은 대략 30% 정도이다.

정답 ③

93 각 창호철물에 관한 설명으로 옳지 않은 것은?

① 피벗힌지(pivot hinge) : 경첩 대신 축을 사용하여 여닫이문을 회전시킨다.
② 나이트래치(night latch) : 외부에서는 열쇠, 내부에서는 작은 손잡이를 틀어 열 수 있는 실린더장치로 된 것이다.
③ 크레센트(crescent) : 여닫이문의 상하단에 붙여 경첩과 같은 역할을 한다.
④ 래버터리힌지(lavatory hinge) : 스프링 힌지의 일종으로 공중용 화장실 등에 사용된다.

해설

주로 창호의 잠금장치 모양을 보면 창호 간 겹치는 틀의 측면에 고리에 걸리는 부분이 마치 초승달처럼 생겼는데 이를 영문으로 초승달을 뜻하는 '크레센트(Crescent)'라 한다.

정답 ③

94 건축재료 중 마감재료의 요구성능으로 거리가 먼 것은?

① 화학적 성능   ② 역학적 성능   ③ 내구성능   ④ 방화·내화 성능

해설

건축 마감재료는 내구적, 화학적, 내화적, 방화적 성능을 요구한다. 역학적 성능은 구조재에 해당한다.

정답 ②

95 PVC 바닥재에 대한 일반적인 설명으로 옳지 않은 것은?

① 보통 두께 3mm 이상의 것을 사용한다.
② 접착제는 비닐계 바닥재용 접착제를 사용한다.
③ 바닥시트에 이용하는 용접봉, 용접액 혹은 줄눈재는 제조업자가 지정하는 것으로 한다.
④ 재료보관은 통풍이 잘 되고 햇빛이 잘 드는 곳에 보관한다.

해설

PVC 바닥재는 열에 약하여 빛이 잘 들지 않고 통풍이 잘 되는 곳에 보관하는 것이 좋다.

정답 ④

96 점토기와 중 훈소와에 해당하는 설명은?

① 소소와에 유약을 발라 재소성한 기와
② 기와 소성이 끝날 무렵에 식염증기를 충만시켜 유약 피막을 형성시킨 기와
③ 저급점토를 원료로 900~1000℃로 소소하여 만든 것으로 흡수율이 큰 기와
④ 건조제품을 가마에 넣고 연료로 장작이나 솔잎 등을 써서 검은 연기로 그을려 만든 기와

훈소와는 건조제품을 가마에 넣고 연료로 장작이나 솔잎 등을 써서 검은 연기로 그을려 만든 기와를 말한다.
①은 시유와, ②는 오지기와, ③은 소소와이다.

정답 ④

97 골재의 실적률에 관한 설명으로 옳지 않은 것은?

① 실적률은 골재 입형의 양부를 평가하는 지표이다.
② 부순 자갈의 실적률은 그 입형 때문에 강자갈의 실적률보다 적다.
③ 실적률 산정 시 골재의 밀도는 절대건조 상태의 밀도를 말한다.
④ 골재의 단위용적질량이 동일하면 골재의 비중이 클수록 실적률도 크다.

실적률은 골재의 비중이 클수록 작다.

정답 ④

98 미장재료 중 돌로마이트 플라스터에 대한 설명으로 옳지 않은 것은?

① 보수성이 크고 응결시간이 길다.
② 소석회에 모래, 해초풀, 여물 등을 혼합하여 바르는 미장재료이다.
③ 회반죽에 비하여 조기강도 및 최종강도가 크고 착색이 쉽다.
④ 여물을 혼입하여도 건조수축이 크기 때문에 수축 균열이 발생한다.

돌로마이트 플라스터는 돌로마이트 석회에 모래, 물, 여물을 혼합해 사용하는 것으로 경화가 늦고, 건초수축으로 인한 균열이 크다. 점성이 커서 해초풀은 사용하지 않으며 가격이 저렴하고 시공성이 양호하다.

정답 ②

99 파손방지, 도난방지 또는 진동이 심한 장소에 적합한 망입(網入)유리의 제조 시 사용되지 않는 금속선은?

① 철선(철사)　　② 황동선　　③ 청동선　　④ 알루미늄선

 해설

청동선은 망입유리 제조 시에 사용하지 않는 금속선이다.

정답 ③

100 목재의 결점 중 벌채시의 충격이나 그 밖의 생리적 원인으로 인하여 세로축에 직각으로 섬유가 절단된 형태를 의미하는 것은?

① 수지낭　　② 미숙재　　③ 컴프레션페일러　　④ 옹이

 해설

컴프레션페일러는 벌채시의 충격이나 그 외에 생리적 원인 등으로 인하여 세로축에 직각으로 섬유가 절단된 형태를 말한다.
① 수지낭(pitch pocket) : 수간이 바람에 흔들릴 때 연륜계를 따라 조직의 파괴가 일어나 생기는 공극이다.
② 미숙재 (juvenile wood) : 세포의 길이가 안정되지 못한 수(pith) 주위의 목재이며, 성숙재에 비해 재질이 열등하므로 구조재로 사용해서는 안된다.
③ 옹이 : 목재의 생장에 따라 발달된 새로운 가지로, 가지 밑부분은 원추 모양을 띠기 때문에 옹이는 절단하였을 경우 한 쪽 끝이 뾰족한 쐐기 모양으로 나타난다.

정답 ③

6과목　건설안전기술

101 유해·위험방지계획서 제출 시 첨부서류로 옳지 않은 것은? (해당 법령 별표 삭제됨)

① 공사현장의 주변 현황 및 주변과의 관계를 나타내는 도면
② 공사개요서
③ 전체공정표
④ 작업인부의 배치를 나타내는 도면 및 서류

해설

산업안전보건법 시행규칙 [별표 10] 〈삭제 2023. 11. 14.〉
유해위험방지계획서 첨부서류(제42조 제3항 관련)
가. 공사 개요서(별지 제101호 서식)
나. 공사현장의 주변 현황 및 주변과의 관계를 나타내는 도면(매설물 현황을 포함한다)

다. 전체 공정표
라. 산업안전보건관리비 사용계획서(별지 제102호서식)
마. 안전관리 조직표
바. 재해 발생 위험 시 연락 및 대피방법
작업인부의 배치를 나타내는 도면은 유해·위험방지계획서 제출 시 첨부서류에 해당하지 않는다.

정답 ④

102 추락 재해방지 설비 중 근로자의 추락재해를 방지할 수 있는 설비로 작업발판 설치가 곤란한 경우에 필요한 설비는?

① 경사로　　　② 추락방호망　　　③ 고장사다리　　　④ 달비계

해설

산업안전보건기준에 관한 규칙

제42조(추락의 방지) ① 사업주는 근로자가 추락하거나 넘어질 위험이 있는 장소[작업발판의 끝·개구부(開口部) 등을 제외한다]또는 기계·설비·선박블록 등에서 작업을 할 때에 근로자가 위험해질 우려가 있는 경우 비계(飛階)를 조립하는 등의 방법으로 **작업발판을 설치**하여야 한다.
② 사업주는 제1항에 따른 작업발판을 설치하기 곤란한 경우 다음 각 호의 기준에 맞는 **추락방호망**을 설치해야 한다. 다만, 추락방호망을 설치하기 곤란한 경우에는 근로자에게 안전대를 착용하도록 하는 등 추락위험을 방지하기 위해 필요한 조치를 해야 한다. 〈개정 2017. 12. 28., 2021. 5. 28.〉
  1. 추락방호망의 설치위치는 가능하면 작업면으로부터 가까운 지점에 설치하여야 하며, 작업면으로부터 망의 설치지점까지의 수직거리는 10미터를 초과하지 아니할 것
  2. 추락방호망은 수평으로 설치하고, 망의 처짐은 짧은 변 길이의 12퍼센트 이상이 되도록 할 것
  3. 건축물 등의 바깥쪽으로 설치하는 경우 추락방호망의 내민 길이는 벽면으로부터 3미터 이상 되도록 할 것. 다만, 그물코가 20밀리미터 이하인 추락방호망을 사용한 경우에는 제14조 제3항에 따른 낙하물 방지망을 설치한 것으로 본다.
③ 사업주는 추락방호망을 설치하는 경우에는 한국산업표준에서 정하는 성능기준에 적합한 추락방호망을 사용하여야 한다. 〈신설 2017. 12. 28., 2022. 10. 18.〉

정답 ②

103 건설업 산업안전보건관리비 계상 및 사용기준에 따른 안전관리비의 개인보호구 및 안전장구 구입비 항목에서 안전관리비로 사용이 가능한 경우는?

① 안전·보건관리자가 선임되지 않은 현장에서 안전·보건업무를 담당하는 현장관계자용 무전기, 카메라, 컴퓨터, 프린터 등 업무용 기기
② 혹한·혹서에 장기간 노출로 인해 건강장해를 일으킬 우려가 있는 경우 특정 근로자에게 지급되는 기능성 보호 장구
③ 근로자에게 일률적으로 지급하는 보냉·보온장구
④ 감리원이나 외부에서 방문하는 인사에게 지급하는 보호구

해설

혹한기 방한용품 관련 건설업 산업안전보건관리비 운용기준 안내

가. 방한복, 방한모, 방한화, 목토시, 귀마개, 귀덮개 등 근로자에게 지급하는 피복은 [예정가격 작성기준] (기재부 예규)상 복리후생비에 포함되고, 일시적 한파를 사유로 장기적 사용 가능한 방한복을 구매지급 등 목적외 사용 여지가 많아 원칙적으로 산업안전보건관리비 사용 불가

나. 다만, 핫팩, 발열조끼는 혹한기에 일시적으로 근로자 건강장해 예방을 위해 사용되는 품목으로서, 그 외 복리후생의 목적으로의 장기적 사용 우려가 적으므로 한시적(12월~2월)으로 사용 가능

다. 한편, 일반적인 작업복만으로는 근로자 건강보호가 어려운 해상공사, 고산지역 건설공사의 경우에는 예외적으로 사용 가능

정답 ②

104 가설통로의 설치기준으로 옳지 않은 것은?

① 경사가 15°를 초과하는 때에는 미끄러지지 않는 구조로 한다.
② 건설공사에 사용하는 높이 8m 이상인 비계다리에는 7m 이내마다 계단참을 설치한다.
③ 수직갱에 가설된 통로의 길이가 15m 이상일 경우에는 15m 이내 마다 계단참을 설치한다.
④ 추락의 위험이 있는 장소에는 안전난간을 설치한다.

해설

산업안전보건기준에 관한 규칙
제23조(가설통로의 구조) 사업주는 가설통로를 설치하는 경우 다음 각 호의 사항을 준수하여야 한다.
1. 견고한 구조로 할 것
2. 경사는 30도 이하로 할 것. 다만, 계단을 설치하거나 높이 2미터 미만의 가설통로로서 튼튼한 손잡이를 설치한 경우에는 그러하지 아니하다.
3. 경사가 15도를 초과하는 경우에는 미끄러지지 아니하는 구조로 할 것
4. 추락할 위험이 있는 장소에는 안전난간을 설치할 것. 다만, 작업상 부득이한 경우에는 필요한 부분만 임시로 해체할 수 있다.
5. 수직갱에 가설된 통로의 길이가 15미터 이상인 경우에는 10미터 이내마다 계단참을 설치할 것
6. 건설공사에 사용하는 높이 8미터 이상인 비계다리에는 7미터 이내마다 계단참을 설치할 것

정답 ③

105 비계의 높이가 2m 이상인 작업장소에 작업발판을 설치할 경우 준수하여야 할 기준으로 옳지 않은 것은?

① 작업발판의 폭은 30cm 이상으로 한다.
② 발판재료간의 틈은 3cm 이하로 한다.
③ 추락의 위험성이 있는 장소에는 안전난간을 설치한다.
④ 발판재료는 뒤집히거나 떨어지지 않도록 2개 이상의 지지물에 연결하거나 고정시킨다.

해설

산업안전보건기준에 관한 규칙

제56조(작업발판의 구조) 사업주는 비계(달비계, 달대비계 및 말비계는 제외한다)의 높이가 2미터 이상인 작업장소에 다음 각 호의 기준에 맞는 작업발판을 설치하여야 한다. 〈개정 2012. 5. 31., 2017. 12. 28.〉
1. 발판재료는 작업할 때의 하중을 견딜 수 있도록 견고한 것으로 할 것
2. 작업발판의 폭은 40센티미터 이상으로 하고, 발판재료 간의 틈은 3센티미터 이하로 할 것. 다만, 외줄비계의 경우에는 고용노동부장관이 별도로 정하는 기준에 따른다.
3. 제2호에도 불구하고 선박 및 보트 건조작업의 경우 선박블록 또는 엔진실 등의 좁은 작업공간에 작업발판을 설치하기 위하여 필요하면 작업발판의 폭을 30센티미터 이상으로 할 수 있고, 걸침비계의 경우 강관기둥 때문에 발판재료 간의 틈을 3센티미터 이하로 유지하기 곤란하면 5센티미터 이하로 할 수 있다. 이 경우 그 틈 사이로 물체 등이 떨어질 우려가 있는 곳에는 출입금지 등의 조치를 하여야 한다.
4. 추락의 위험이 있는 장소에는 안전난간을 설치할 것. 다만, 작업의 성질상 안전난간을 설치하는 것이 곤란한 경우, 작업의 필요상 임시로 안전난간을 해체할 때에 추락방호망을 설치하거나 근로자로 하여금 안전대를 사용하도록 하는 등 추락위험 방지 조치를 한 경우에는 그러하지 아니하다.
5. 작업발판의 지지물은 하중에 의하여 파괴될 우려가 없는 것을 사용할 것
6. 작업발판재료는 뒤집히거나 떨어지지 않도록 둘 이상의 지지물에 연결하거나 고정시킬 것
7. 작업발판을 작업에 따라 이동시킬 경우에는 위험 방지에 필요한 조치를 할 것

정답 ①

106 가설구조물의 문제점으로 옳지 않은 것은?

① 도괴재해의 가능성이 크다.
② 추락재해 가능성이 크다.
③ 부재의 결합이 간단하나 연결부가 견고하다.
④ 구조물이라는 통상의 개념이 확고하지 않으며 조립의 정밀도가 낮다.

해설

부재의 결합이 비가설구조물에 비해 간단하나 연결부 · 접속부 등이 견고하지 못하므로 가설구조물의 붕괴 등에 관한 구조 및 안전성 검토가 필요하다.

정답 ③

107 거푸집 해체작업 시 유의사항으로 옳지 않은 것은?

① 일반적으로 수평부재의 거푸집은 연직부재의 거푸집보다 빨리 떼어낸다.
② 해체된 거푸집이나 각목 등에 박혀있는 못 또는 날카로운 돌출물은 즉시 제거하여야 한다.
③ 상하 동시 작업은 원칙적으로 금지하여 부득이한 경우에는 긴밀히 연락을 위하며 작업을 하여야 한다.
④ 거푸집 해체작업장 주위에는 관계자를 제외하고는 출입을 금지시켜야 한다.

해설

일반적으로 연직부재(기둥,벽 등)의 거푸집은 수평부재(보밑면, 슬라브 등)의 거푸집보다 빨리 떼어낸다.

정답 ①

108 법면 붕괴에 의한 재해 예방조치로서 옳은 것은?

① 지표수와 지하수의 침투를 방지한다.
② 법면의 경사를 증가한다.
③ 절토 및 성토높이를 증가한다.
④ 토질의 상태에 관계없이 구배조건을 일정하게 한다.

해설

산업안전보건기준에 관한 규칙[시행 2023. 10. 19.]
제50조(붕괴 · 낙하에 의한 위험 방지) 사업주는 지반의 붕괴, 구축물의 붕괴 또는 토석의 낙하 등에 의하여 근로자가 위험해질 우려가 있는 경우 그 위험을 방지하기 위하여 다음 각 호의 조치를 하여야 한다.
1. 지반은 안전한 경사로 하고 낙하의 위험이 있는 토석을 제거하거나 옹벽, 흙막이 지보공 등을 설치할 것
2. 지반의 붕괴 또는 토석의 낙하 원인이 되는 빗물이나 지하수 등을 배제할 것
3. 갱내의 낙반 · 측벽(側壁) 붕괴의 위험이 있는 경우에는 지보공을 설치하고 부석을 제거하는 등 필요한 조치를 할 것

산업안전보건기준에 관한 규칙 [별표 11] 〈개정 2023. 11. 14.〉
굴착면의 기울기 기준(제339조 제1항 관련)

지반의 종류	굴착면의 기울기
모래	1 : 1.8
연암 및 풍화암	1 : 1.0
경암	1 : 0.5
그 밖의 흙	1 : 1.2

정답 ①

109 취급 · 운반의 원칙으로 옳지 않은 것은?

① 운반 작업을 집중하여 시킬 것
② 생산을 최고로 하는 운반을 생각할 것
③ 곡선 운반을 할 것
④ 연속 운반을 할 것

해설

인력취급 · 운반의 5원칙
① 운반 작업을 집중화시킬 것
② 생산을 최고로 하는 운반을 생각 할 것
③ 직선 운반을 할 것
④ 연속 운반을 할 것
⑤ 최대한 시간과 경비를 절약할 수 있는 운반방법을 고려할 것

정답 ③

110 철골작업 시 철골부재에서 근로자가 수직방향으로 이동하는 경우엔 설치하여야 하는 고정된 승강로의 최대 답단 간격은 얼마 이내인가?

① 20cm   ② 25cm   ③ 30cm   ④ 40cm

해설

산업안전보건기준에 관한 규칙

제381조(승강로의 설치) 사업주는 근로자가 수직방향으로 이동하는 철골부재(鐵骨部材)에는 답단(踏段) 간격이 30센티미터 이내인 고정된 승강로를 설치하여야 하며, 수평방향 철골과 수직방향 철골이 연결되는 부분에는 연결작업을 위하여 작업발판 등을 설치하여야 한다.

정답 ③

111 재해사고를 방지하기 위하여 크레인에 설치된 방호장치로 옳지 않은 것은?

① 공기정화장치   ② 비상정지장치
③ 제동장치   ④ 권과방지장치

해설

공기정화장치는 크레인에 설치되는 방호장치에 해당하지 않는다.

정답 ①

112 작업장 출입구 설치 시 준수해야 할 사항으로 옳지 않은 것은?

① 출입구의 위치·수 및 크기가 작업장의 용도와 특성에 맞도록 한다.
② 출입구에 문을 설치하는 경우에는 근로자가 쉽게 열고 닫을 수 있도록 한다.
③ 주된 목적이 하역운반기계용인 출입구에는 보행자용 출입구를 따로 설치하지 않는다.
④ 계단이 출입구와 바로 연결된 경우에는 작업자의 안전한 통행을 위하여 그 사이에 1.2m 이상 거리를 두거나 안내표지 또는 비상벨 등을 설치한다.

해설

산업안전보건기준에 관한 규칙

제11조(작업장의 출입구) 사업주는 작업장에 출입구(비상구는 제외한다. 이하 같다)를 설치하는 경우 다음 각 호의 사항을 준수하여야 한다.
1. 출입구의 위치, 수 및 크기가 작업장의 용도와 특성에 맞도록 할 것
2. 출입구에 문을 설치하는 경우에는 근로자가 쉽게 열고 닫을 수 있도록 할 것
3. 주된 목적이 하역운반기계용인 출입구에는 인접하여 보행자용 출입구를 따로 설치할 것
4. 하역운반기계의 통로와 인접하여 있는 출입구에서 접촉에 의하여 근로자에게 위험을 미칠 우려가 있는 경우에는 비상등·비상벨 등 경보장치를 할 것
5. 계단이 출입구와 바로 연결된 경우에는 작업자의 안전한 통행을 위하여 그 사이에 1.2미터 이상 거리를 두거나 안내표지 또는 비상벨 등을 설치할 것. 다만, 출입구에 문을 설치하지 아니한 경우에는 그러하지 아니하다.

정답 ③

113 옥외에 설치되어 있는 주행크레인에 대하여 이탈방지장치를 작동시키는 등 그 이탈을 방지하기 위한 조치를 하여야 하는 순간풍속에 대한 기준으로 옳은 것은?

① 순간풍속이 초당 10m를 초과하는 바람이 불어올 우려가 있는 경우
② 순간풍속이 초당 20m를 초과하는 바람이 불어올 우려가 있는 경우
③ 순간풍속이 초당 30m를 초과하는 바람이 불어올 우려가 있는 경우
④ 순간풍속이 초당 40m를 초과하는 바람이 불어올 우려가 있는 경우

해설

산업안전보건기준에 관한 규칙
제140조(폭풍에 의한 이탈 방지) 사업주는 순간풍속이 초당 30미터를 초과하는 바람이 불어올 우려가 있는 경우 옥외에 설치되어 있는 주행 크레인에 대하여 이탈방지장치를 작동시키는 등 이탈 방지를 위한 조치를 하여야 한다.

정답 ③

114 지반 등의 굴착작업 시 연암의 굴착면 기울기로 옳은 것은?

① 1 : 0.3　② 1 : 0.5　③ 1 : 0.8　④ 1 : 1.0

해설

산업안전보건기준에 관한 규칙 [별표 11] 〈개정 2023. 11. 14.〉
굴착면의 기울기 기준(제339조 제1항 관련)

지반의 종류	굴착면의 기울기
모래	1 : 1.8
연암 및 풍화암	1 : 1.0
경암	1 : 0.5
그 밖의 흙	1 : 1.2

정답 ④

115 사면지반 개량공법으로 옳지 않은 것은?

① 전기 화학적 공법　② 석회 안정처리 공법
③ 이온 교환 방법　④ 옹벽 공법

해설

옹벽공법은 사면지반 개량공법에 해당하지 않는다.

정답 ④

116 흙막이벽 근입깊이를 깊게 하고, 전면의 굴착부분을 남겨두어 흙의 중량으로 대항하게 하거나, 굴착예정부분의 일부를 미리 굴착하여 기초콘크리트를 타설하는 등의 대책과 가장 관계가 깊은 것은?

① 파이핑현상이 있을 때
② 히빙현상이 있을 때
③ 지하수위가 높을 때
④ 굴착깊이가 깊을 때

해설

흙막이벽 근입깊이를 깊게 하거나 전면의 굴착부분을 남겨두어 흙의 중량으로 대항하거나 굴착예정부분의 일부를 미리 굴착하여 기초콘크리트를 타설 등의 방법으로 히빙현상을 방지한다.

정답 ②

117 사다리식 통로 등을 설치하는 경우 통로 구조로서 옳지 않은 것은?

① 발판의 간격은 일정하게 한다.
② 발판과 벽과의 사이는 15cm 이상의 간격을 유지한다.
③ 사다리의 상단은 걸쳐놓은 지점으로부터 60cm 이상 올라가도록 한다.
④ 폭은 40cm 이상으로 한다.

해설

산업안전보건기준에 관한 규칙

제24조(사다리식 통로 등의 구조) ① 사업주는 사다리식 통로 등을 설치하는 경우 다음 각 호의 사항을 준수하여야 한다. 〈개정 2024. 6. 28.〉
1. 견고한 구조로 할 것
2. 심한 손상·부식 등이 없는 재료를 사용할 것
3. 발판의 간격은 일정하게 할 것
4. 발판과 벽과의 사이는 15센티미터 이상의 간격을 유지할 것
5. 폭은 30센티미터 이상으로 할 것
6. 사다리가 넘어지거나 미끄러지는 것을 방지하기 위한 조치를 할 것
7. 사다리의 상단은 걸쳐놓은 지점으로부터 60센티미터 이상 올라가도록 할 것
8. 사다리식 통로의 길이가 10미터 이상인 경우에는 5미터 이내마다 계단참을 설치할 것
9. 사다리식 통로의 기울기는 75도 이하로 할 것. 다만, 고정식 사다리식 통로의 기울기는 90도 이하로 하고, 그 높이가 7미터 이상인 경우에는 다음 각 목의 구분에 따른 조치를 할 것
  가. 등받이울이 있어도 근로자 이동에 지장이 없는 경우: 바닥으로부터 높이가 2.5미터 되는 지점부터 등받이울을 설치할 것
  나. 등받이울이 있으면 근로자가 이동이 곤란한 경우: 한국산업표준에서 정하는 기준에 적합한 개인용 추락 방지 시스템을 설치하고 근로자로 하여금 한국산업표준에서 정하는 기준에 적합한 전신안전대를 사용하도록 할 것
10. 접이식 사다리 기둥은 사용 시 접혀지거나 펼쳐지지 않도록 철물 등을 사용하여 견고하게 조치할 것
② 잠함(潛函) 내 사다리식 통로와 건조·수리 중인 선박의 구명줄이 설치된 사다리식 통로(건조·수리작업을 위하여 임시로 설치한 사다리식 통로는 제외한다)에 대해서는 제1항 제5호부터 제10호까지의 규정을 적용하지 아니한다.

정답 ④

118 콘크리트 타설작업을 하는 경우에 준수해야 할 사항으로 옳지 않은 것은?

① 당일의 작업을 시작하기 전에 해당 작업에 관한 거푸집동바리 등의 변형·변위 및 지반의 침하 유무 등을 점검하고 이상이 있으면 보수한다.
② 작업 중에는 거푸집동바리 등의 변형·변위 및 침하 유무 등을 감시할 수 있는 감시자를 배치하여 이상이 있으면 작업을 빠른 시간 내 우선 완료하고 근로자를 대피시킨다.
③ 콘크리트 타설작업 시 거푸집붕괴의 위험이 발생할 우려가 있으면 충분한 보강조치를 한다.
④ 콘크리트를 타설하는 경우에는 편심이 발생하지 않도록 골고루 분산하여 타설한다.

해설

산업안전보건기준에 관한 규칙
제334조(콘크리트의 타설작업) 사업주는 콘크리트 타설작업을 하는 경우에는 다음 각 호의 사항을 준수하여야 한다.
1. 당일의 작업을 시작하기 전에 해당 작업에 관한 거푸집동바리등의 변형·변위 및 지반의 침하 유무 등을 점검하고 이상이 있으면 보수할 것
2. 작업 중에는 거푸집동바리등의 변형·변위 및 침하 유무 등을 감시할 수 있는 감시자를 배치하여 이상이 있으면 **작업을 중지하고 근로자를 대피시킬 것**
3. 콘크리트 타설작업 시 거푸집 붕괴의 위험이 발생할 우려가 있으면 충분한 보강조치를 할 것
4. 설계도서상의 콘크리트 양생기간을 준수하여 거푸집동바리등을 해체할 것
5. 콘크리트를 타설하는 경우에는 편심이 발생하지 않도록 골고루 분산하여 타설할 것

정답 ②

119 건설작업장에서 근로자가 상시 작업하는 장소의 작업면 조도기준으로 옳지 않은 것은?
(단, 갱내 작업장과 감광재료를 취급하는 작업장의 경우는 제외)

① 초정밀작업 : 600럭스(lux) 이상
② 정밀작업 : 300럭스(lux) 이상
③ 보통작업 : 150럭스(lux) 이상
④ 초정밀, 정밀, 보통작업을 제외한 기타 작업 : 75럭스(lux) 이상

해설

산업안전보건기준에 관한 규칙
제8조(조도) 사업주는 근로자가 상시 작업하는 장소의 작업면 조도(照度)를 다음 각 호의 기준에 맞도록 하여야 한다. 다만, 갱내(坑內) 작업장과 감광재료(感光材料)를 취급하는 작업장은 그러하지 아니하다.
1. 초정밀작업 : 750럭스(lux) 이상
2. 정밀작업 : 300럭스 이상
3. 보통작업 : 150럭스 이상
4. 그 밖의 작업 : 75럭스 이상

정답 ①

120 강관틀비계를 조립하여 사용하는 경우 준수해야 할 기준으로 옳지 않은 것은?

① 수직방향으로 6m, 수평방향으로 8m 이내마다 벽이음을 할 것
② 높이가 20m를 초과하거나 중량물의 적재를 수반하는 작업을 할 경우에는 주틀 간의 간격을 2.4m 이하로 할 것
③ 길이가 띠장 방향으로 4m 이하이고 높이가 10m를 초과하는 경우에는 10m 이내마다 띠장 방향으로 버팀기둥을 설치할 것
④ 주틀 간에 교차 가새를 설치하고 최상층 및 5층 이내마다 수평재를 설치할 것

해설

산업안전보건기준에 관한 규칙

제62조(강관틀비계) 사업주는 강관틀 비계를 조립하여 사용하는 경우 다음 각 호의 사항을 준수하여야 한다.
1. 비계기둥의 밑둥에는 밑받침 철물을 사용하여야 하며 밑받침에 고저차(高低差)가 있는 경우에는 조절형 밑받침 철물을 사용하여 각각의 강관틀비계가 항상 수평 및 수직을 유지하도록 할 것
2. 높이가 20미터를 초과하거나 중량물의 적재를 수반하는 작업을 할 경우에는 주틀 간의 간격을 1.8미터 이하로 할 것
3. 주틀 간에 교차 가새를 설치하고 최상층 및 5층 이내마다 수평재를 설치할 것
4. 수직방향으로 6미터, 수평방향으로 8미터 이내마다 벽이음을 할 것
5. 길이가 띠장 방향으로 4미터 이하이고 높이가 10미터를 초과하는 경우에는 10미터 이내마다 띠장 방향으로 버팀기둥을 설치할 것

정답 ②

PART 07 2022년 2회 기출
2022.04.24. 시행

1과목 산업안전관리론

01 산업안전보건법령상 안전보건관리규정 작성에 관한 사항으로 ( )에 알맞은 기준은?

> 안전보건관리규정을 작성하여야 할 사업의 사업주는 안전보건관리규정을 작성하여야 할 사유가 발생한 날부터 ( )일 이내에 안전보건관리규정을 작성해야 한다.

① 7 ② 14 ③ 30 ④ 60

해설

제25조(안전보건관리규정의 작성)
① 법 제25조 제3항에 따라 안전보건관리규정을 작성해야 할 사업의 종류 및 상시근로자 수는 별표 2와 같다.
② 제1항에 따른 사업의 사업주는 안전보건관리규정을 작성해야 할 사유가 발생한 날부터 30일 이내에 별표 3의 내용을 포함한 안전보건관리규정을 작성해야 한다. 이를 변경할 사유가 발생한 경우에도 또한 같다.
③ 사업주가 제2항에 따라 안전보건관리규정을 작성할 때에는 소방·가스·전기·교통 분야 등의 다른 법령에서 정하는 안전관리에 관한 규정과 통합하여 작성할 수 있다.

제26조(안전보건관리규정의 작성·변경 절차)
사업주는 안전보건관리규정을 작성하거나 변경할 때에는 산업안전보건위원회의 심의·의결을 거쳐야 한다. 다만, 산업안전보건위원회가 설치되어 있지 아니한 사업장의 경우에는 근로자대표의 동의를 받아야 한다.

정답 ③

02 산업안전보건법령상 안전관리자를 2인 이상 선임하여야 하는 사업이 아닌 것은? (단, 기타 법령에 관한 사항은 제외한다.)

① 상시 근로자가 500명인 통신업
② 상시 근로자가 700명인 발전업
③ 상시 근로자가 600명인 식료품 제조업
④ 공사금액이 1,000억이며 공사 진행률(공정률) 20%인 건설업

해설

상시근로자가 1,000명 이상인 통신업의 경우 안전관리자를 2인 이상 선임하여야 한다.

정답 ①

03 산업재해보상보험법령상 보험급여의 종류를 모두 고른 것은?

ㄱ. 장례비   ㄴ. 요양급여   ㄷ. 간병급여   ㄹ. 영업손실비용   ㅁ. 직업재활급여

① ㄱ, ㄴ, ㄹ   ② ㄱ, ㄴ, ㄷ, ㅁ   ③ ㄱ, ㄷ, ㄹ, ㅁ   ④ ㄴ, ㄷ, ㄹ, ㅁ

해설

산업재해보상보험법
제36조(보험급여의 종류와 산정 기준 등) ① 보험급여의 종류는 다음 각 호와 같다. 다만, 진폐에 따른 보험급여의 종류는 제1호의 요양급여, 제4호의 간병급여, 제7호의 장례비, 제8호의 직업재활급여, 제91조의3에 따른 진폐보상연금 및 제91조의4에 따른 진폐유족연금으로 하고, 제91조의12에 따른 건강손상자녀에 대한 보험급여의 종류는 제1호의 요양급여, 제3호의 장해급여, 제4호의 간병급여, 제7호의 장례비, 제8호의 직업재활급여로 한다. 〈개정 2010. 5. 20., 2021. 1. 26., 2022. 1. 11.〉
1. 요양급여 2. 휴업급여 3. 장해급여 4. 간병급여 5. 유족급여 6. 상병(傷病)보상연금 7. 장례비 8. 직업재활급여

정답 ②

04 안전관리조직의 형태에 관한 설명으로 옳은 것은?

① 라인형 조직은 100명 이상의 중규모 사업장에 적합하다.
② 스태프형 조직은 100명 이상의 중규모 사업장에 적합하다.
③ 라인형 조직은 안전에 대한 정보가 불충분하지만 안전지시나 조치에 대한 실시가 신속하다.
④ 라인·스태프형 조직은 1000명 이상의 대규모 사업장에 적합하나 조직원 전원의 자율적 참여가 불가능하다.

해설

① 라인형(직계형) 조직은 100명 이하의 소규모 사업장에 적합하다.
② 스태프형(참모형) 조직은 100명~1,000명 이하의 중규모 사업장에 적합하다.
④ 라인·스태프형(직계참모형) 조직은 1,000명 이상의 대규모 사업장에 적합하고 조직원 전원의 자율적 참여가 가능하다.

정답 ③

05 재해 예방을 위한 대책선정에 관한 사항 중 기술적 대책(Engineering)에 해당되지 않는 것은?

① 작업행정의 개선   ② 환경설비의 개선
③ 점검 보존의 확립   ④ 안전 수칙의 준수

해설

안전 수칙의 준수는 관리적 대책에 해당한다.

정답 ④

06 산업안전보건법령상 산업안전보건위원회의 심의·의결을 거쳐야 하는 사항이 아닌 것은?
(단, 그 밖에 필요한 사항은 제외한다.)

① 작업환경측정 등 작업환경의 점검 및 개선에 관한 사항
② 산업재해에 관한 통계의 기록 및 유지에 관한 사항
③ 안전장치 및 보호구 구입 시 적격품 여부 확인에 관한 사항
④ 사업장의 산업재해 예방계획의 수립에 관한 사항

해설

제24조(산업안전보건위원회) ① 사업주는 사업장의 안전 및 보건에 관한 중요 사항을 심의·의결하기 위하여 사업장에 근로자위원과 사용자위원이 같은 수로 구성되는 산업안전보건위원회를 구성·운영하여야 한다.
② 사업주는 다음 각 호의 사항에 대해서는 제1항에 따른 산업안전보건위원회(이하 "산업안전보건위원회"라 한다)의 심의·의결을 거쳐야 한다.
  1. 제15조 제1항 제1호부터 제5호까지 및 제7호에 관한 사항
    1. 사업장의 산업재해 예방계획의 수립에 관한 사항
    2. 제25조 및 제26조에 따른 안전보건관리규정의 작성 및 변경에 관한 사항
    3. 제29조에 따른 안전보건교육에 관한 사항
    4. 작업환경측정 등 작업환경의 점검 및 개선에 관한 사항
    5. 제129조부터 제132조까지에 따른 근로자의 건강진단 등 건강관리에 관한 사항
    7. 산업재해에 관한 통계의 기록 및 유지에 관한 사항
  2. 제15조 제1항 제6호에 따른 사항 중 중대재해에 관한 사항
    6. 산업재해의 원인 조사 및 재발 방지대책 수립에 관한 사항
    3. 유해하거나 위험한 기계·기구·설비를 도입한 경우 안전 및 보건 관련 조치에 관한 사항
    4. 그 밖에 해당 사업장 근로자의 안전 및 보건을 유지·증진시키기 위하여 필요한 사항
③ 산업안전보건위원회는 대통령령으로 정하는 바에 따라 회의를 개최하고 그 결과를 회의록으로 작성하여 보존하여야 한다.
④ 사업주와 근로자는 제2항에 따라 산업안전보건위원회가 심의·의결한 사항을 성실하게 이행하여야 한다.
⑤ 산업안전보건위원회는 이 법, 이 법에 따른 명령, 단체협약, 취업규칙 및 제25조에 따른 안전보건관리규정에 반하는 내용으로 심의·의결해서는 아니 된다.
⑥ 사업주는 산업안전보건위원회의 위원에게 직무 수행과 관련한 사유로 불리한 처우를 해서는 아니 된다.
⑦ 산업안전보건위원회를 구성하여야 할 사업의 종류 및 사업장의 상시근로자 수, 산업안전보건위원회의 구성·운영 및 의결되지 아니한 경우의 처리방법, 그 밖에 필요한 사항은 대통령령으로 정한다.

정답 ③

07 산업안전보건법령상 안전보건표지의 색채를 파란색으로 사용하여야 하는 경우는?

① 주의표지
② 정지신호
③ 차량 통행표지
④ 특정 행위의 지시

해설

지시표지는 파란색 바탕에 백색그림으로 표현된다.

| 301 보안경 착용 | 302 방독마스크 착용 | 303 방진마스크 착용 | 304 보안면 착용 | 305 안전모 착용 | 306 귀마개 착용 | 307 안전화 착용 | 308 안전장갑 착용 | 309 안전복 착용 |

정답 ④

08 시설물의 안전 및 유지관리에 관한 특별법령상 안전등급별 정기안전점검 및 정밀안전진단 실시시기에 관한 사항으로 (   )에 알맞은 기준은?

안전등급	정기안전점검	정밀안전진단
A등급	(ㄱ)에 1회 이상	(ㄴ)에 1회 이상

① ㄱ : 반기, ㄴ : 4년
② ㄱ : 반기, ㄴ : 6년
③ ㄱ : 1년, ㄴ : 4년
④ ㄱ : 1년, ㄴ : 6년

해설

시설물의 안전 및 유지관리에 관한 특별법 시행령 [별표 3] 〈개정 2022. 11. 15.〉
안전점검, 정밀안전진단 및 성능평가의 실시시기(제8조제2항, 제10조제1항 및 제28조제2항 관련)

| 안전등급 | 정기안전점검 | 정밀안전점검 | | 정밀안전진단 | 성능평가 |
		건축물	건축물 외 시설물		
A등급	반기에 1회 이상	4년에 1회 이상	3년에 1회 이상	6년에 1회 이상	5년에 1회 이상
B·C 등급	반기에 1회 이상	3년에 1회 이상	2년에 1회 이상	5년에 1회 이상	
D·E 등급	1년에 3회 이상	2년에 1회 이상	1년에 1회 이상	4년에 1회 이상	

정답 ②

09 다음의 재해사례에서 기인물과 가해물은?

> 작업자가 작업장을 걸어가던 중 작업장 바닥에 쌓여있던 자재에 걸려 넘어지면서 바닥에 머리를 부딪혀 사망하였다.

① 기인물 : 자재, 가해물 : 바닥
② 기인물 : 자재, 가해물 : 자재
③ 기인물 : 바닥, 가해물 : 바닥
④ 기인물 : 바닥, 가해물 : 자재

해설

기인물(자재에 걸려), 가해물(바닥에 머리를 부딪혀)

정답 ①

10 산업재해통계업무처리규정상 산업재해통계에 관한 설명으로 틀린 것은?

① 총요양근로손실일수는 재해자의 총 요양기간을 합산하여 산출한다.
② 휴업재해자수는 근로복지공단의 휴업급여를 지급받은 재해자수를 의미하며, 체육행사로 인하여 발생한 재해는 제외된다.
③ 사망자수는 통상의 출퇴근에 의한 사망을 포함하여 근로복지공단의 유족급여가 지급된 사망자수를 말한다.
④ 재해자수는 근로복지공단의 유족급여가 지급된 사망자 및 근로복지공단에 최초요양신청서를 제출한 재해자 중 요양승인을 받은 자를 말한다.

해설

"사망자수"는 근로복지공단의 유족급여가 지급된 사망자(지방고용노동관서의 산재미보고 적발 사망자를 포함한다)수를 말함. 다만 사업장 밖의 교통사고(운수업, 음식숙박업은 사업장 밖의 교통사고도 포함)·체육행사·폭력행위·통상의 출퇴근에 의한 사망, 사고발생일로부터 1년을 경과하여 사망한 경우는 제외함.

정답 ③

11 건설업 산업안전보건관리비 계상 및 사용기준상 건설업 안전보건관리비로 사용할 수 있는 것을 모두 고른 것은?

> ㄱ. 전담 안전·보건관리자의 인건비
> ㄴ. 현장 내 안전보건 교육장 설치비용
> ㄷ.「전기사업법」에 따른 전기안전대행비용
> ㄹ. 유해·위험방지계획서의 작성에 소요되는 비용
> ㅁ. 재해예방전문지도기관에 지급하는 기술지도 비용

① ㄴ, ㄷ, ㄹ
② ㄱ, ㄴ, ㄹ
③ ㄱ, ㄷ, ㄹ, ㅁ
④ ㄱ, ㄴ, ㄷ, ㅁ

해설

건설업 산업안전보건관리비 계상 및 사용기준

제7조(사용기준)
1. 안전관리자·보건관리자의 임금 등
2. 안전시설비 등
3. 보호구 등
4. 안전보건진단비 등
5. 안전보건교육비 등
6. 근로자 건강장해예방비 등
7. 건설재해예방전문지도기관의 지도에 대한 대가로 자기공사자가 지급하는 비용
8. 「중대재해 처벌 등에 관한 법률」 시행령 제4조 제2호 나목에 해당하는 건설사업자가 아닌 자가 운영하는 사업에서 안전보건 업무를 총괄·관리하는 3명 이상으로 구성된 본사 전담조직에 소속된 근로자의 임금 및 업무수행 출장비 전액. 다만, 제4조에 따라 계상된 안전보건관리비 총액의 20분의 1을 초과할 수 없다.
9. 법 제36조에 따른 위험성평가 또는 「중대재해 처벌 등에 관한 법률 시행령」 제4조 제3호에 따라 유해·위험요인 개선을 위해 필요하다고 판단하여 법 제24조의 산업안전보건위원회 또는 법 제75조의 노사협의체에서 사용하기로 결정한 사항을 이행하기 위한 비용. 다만, 제4조에 따라 계상된 안전보건관리비 총액의 10분의 1을 초과할 수 없다.

정답 ②

12 다음에서 설명하는 위험예지훈련 단계는?

- 위험요인을 찾아내는 단계
- 가장 위험한 것을 합의하여 결정하는 단계

① 현상파악   ② 본질추구   ③ 대책수립   ④ 목표설정

해설

본질추구(제2라운드) : 위험요인을 찾아내는 단계로 가장 위험한 것을 합의·결정하는 단계
현상파악(제1라운드) → 본질추구(제2라운드) → 대책수립(제3라운드) → 목표설정(제4라운드)

정답 ②

13 산업안전보건법령상 안전검사 대상 기계가 아닌 것은?

① 리프트   ② 압력용기
③ 컨베이어   ④ 이동식 국소 배기장치

해설

산업안전보건법 시행규칙 제126조(안전검사의 주기와 합격표시 및 표시방법)
① 법 제93조 제3항에 따른 안전검사대상기계등의 안전검사 주기는 다음 각 호와 같다.

1. 크레인(이동식 크레인은 제외한다), 리프트(이삿짐운반용 리프트는 제외한다) 및 곤돌라 : 사업장에 설치가 끝난 날부터 3년 이내에 최초 안전검사를 실시하되, 그 이후부터 2년마다(건설현장에서 사용하는 것은 최초로 설치한 날부터 6개월마다)
2. 이동식 크레인, 이삿짐운반용 리프트 및 고소작업대 : 「자동차관리법」 제8조에 따른 신규등록 이후 3년 이내에 최초 안전검사를 실시하되, 그 이후부터 2년마다
3. 프레스, 전단기, 압력용기, 국소 배기장치, 원심기, 롤러기, 사출성형기, 컨베이어 및 산업용 로봇: 사업장에 설치가 끝난 날부터 3년 이내에 최초 안전검사를 실시하되, 그 이후부터 2년마다(공정안전보고서를 제출하여 확인을 받은 압력용기는 4년마다)

정답 ④

14 산업안전보건법령상 사업장에서 산업재해 발생 시 사업주가 기록·보존하여야 하는 사항이 아닌 것은? (단, 산업재해조사표와 요양신청서의 사본은 보존하지 않았다.)

① 사업장의 개요
② 근로자의 인적사항
③ 재해 재발장치 계획
④ 안전관리자 선임에 관한 사항

 해설

산업안전보건법 시행규칙 제72조(산업재해 기록 등)
사업주는 산업재해가 발생한 때에는 법 제57조 제2항에 따라 다음 각 호의 사항을 기록·보존해야 한다. 다만, 제73조 제1항에 따른 산업재해조사표의 사본을 보존하거나 제73조 제5항에 따른 요양신청서의 사본에 재해 재발방지 계획을 첨부하여 보존한 경우에는 그렇지 않다.
1. 사업장의 개요 및 근로자의 인적사항
2. 재해 발생의 일시 및 장소
3. 재해 발생의 원인 및 과정
4. 재해 재발방지 계획

정답 ④

15 A 사업장의 상시근로자수가 1,200명이다. 이 사업장의 도수율이 10.5이고 강도율이 7.5일 때 이 사업장의 총 요양근로손실일수(일)는? (단, 연근로시간수는 2,400시간이다.)

① 21.6 ② 216 ③ 2160 ④ 21600

 해설

$$강도율 = \frac{근로손실일수}{연\ 근로시간\ 수} \times 1,000, \quad 7.5 = \frac{x}{1,200 \times 2,400} \times 1,000, \quad x = 21,600$$

정답 ④

16 산업재해의 기본원인으로 볼 수 있는 4M으로 옳은 것은?

① Man, Machine, Maker, Media
② Man, Management, Machine, Media
③ Man, Machine, Maker, Management
④ Man, Management, Machine, Material

해설

4M: Man, Management, Machine, Media

정답 ②

17 보호구 안전인증 고시 상 안전대 충격흡수장치의 동하중 시험성능기준에 관한 사항으로 ( )에 알맞은 기준은?

- 최대전달충격력은 (ㄱ)kN 이하
- 감속거리는 (ㄴ)mm 이하여야 함

① ㄱ : 6.0, ㄴ : 1,000
② ㄱ : 6.0, ㄴ : 2,000
③ ㄱ : 8.0, ㄴ : 1,000
④ ㄱ : 8.0, ㄴ : 2,000

해설

보호구 안전인증 고시

〈표 5〉 완성품 및 부품의 동하중 시험성능기준

구분	명칭	시험성능기준
동하중 성능	벨트식 - 1개걸이용 - U자걸이용 - 보조죔줄	1) 시험몸통으로부터 빠지지 말 것 2) 최대전달충격력은 6.0kN 이하 이어야 함 3) U자걸이용 감속거리는 1,000mm 이하 이어야 함
	안전그네식 - 1개걸이용 - U자걸이용 - 추락방지대 - 안전블록 - 보조죔줄	1) 시험몸통으로부터 빠지지 말 것 2) 최대전달충격력은 6.0kN 이하 이어야 함 3) U자걸이용, 안전블록, 추락방지대의 감속거리는 1,000mm 이하 이어야 함 4) 시험후 죔줄과 시험몸통간의 수직각이 50°미만이어야 함
	안전블록 (부품)	1) 파손되지 않을 것 2) 최대전달충격력은 6.0kN 이하 이어야 함 3) 억제거리는 2,000mm 이하 이어야 함
	충격흡수장치	1) 최대전달충격력은 6.0kN 이하 이어야 함 2) 감속거리는 1,000mm 이하 이어야 함

정답 ①

18 산업안전보건기준에 관한 규칙상 공기압축기 가동 전 점검사항을 모두 고른 것은? (단, 그 밖에 사항은 제외한다.)

> ㄱ. 윤활유의 상태   ㄴ. 압력방출장치의 기능
> ㄷ. 회전부의 덮개 또는 울   ㄹ. 언로드밸브(unloading valve)의 기능

① ㄷ, ㄹ   ② ㄱ, ㄴ, ㄷ   ③ ㄱ, ㄴ, ㄹ   ④ ㄱ, ㄴ, ㄷ, ㄹ

해설

산업안전보건기준에 관한 규칙 [별표 3]

작업시작 전 점검사항(제35조 제2항 관련)

작업의 종류	점검내용
3. 공기압축기를 가동할 때(제2편 제1장 제7절)	가. 공기저장 압력용기의 외관 상태 나. 드레인밸브(drain valve)의 조작 및 배수 다. 압력방출장치의 기능 라. 언로드밸브(unloading valve)의 기능 마. 윤활유의 상태 바. 회전부의 덮개 또는 울 사. 그 밖의 연결 부위의 이상 유무

정답 ④

19 버드(Bird)의 재해구성비율 이론상 경상이 10건일 때 중상에 해당하는 사고 건수는?

① 1   ② 30   ③ 300   ④ 600

해설

버드(Bird)의 재해구성비율 : 1(사망), 10(경상), 30(물적피해), 600(아차사고)

정답 ①

20 재해의 원인 중 불안전한 상태에 속하지 않는 것은?

① 위험장소 접근   ② 작업환경의 결함
③ 방호장치의 결함   ④ 물적 자체의 결함

해설

위험장소 접근은 불안전한 행동에 속한다.

정답 ①

2과목 산업심리 및 교육

21 다음 적응기제 중 방어적 기제에 해당하는 것은?

① 고립(isolation) ② 억압(repression)
③ 합리화(rationalization) ④ 백일몽(day-dreaming)

해설

방어기제 : 보상, 합리화, 투사, 동일시, 승화, 치환 등
도피기제 : 고립, 퇴행, 억압, 백일몽, 부정 등

정답 ③

22 알고 있는 지식을 심화시키거나 어떠한 자료에 대해 보다 명료한 생각을 갖도록 하는 경우 실시하는 교육방법으로 가장 적절한 것은?

① 구안법 ② 강의법 ③ 토의법 ④ 실연법

해설

토의법은 알고 있는 지식을 심화하거나 해당 자료에 대해 명료한 생각을 갖도록 하는 교육방법이다.

정답 ③

23 조직이 리더(leader)에게 부여하는 권한으로 부하직원의 처벌, 임금 삭감을 할 수 있는 권한은?

① 강압적 권한 ② 보상적 권한 ③ 합법적 권한 ④ 전문성의 권한

해설

리더에게 부여한 권한 중 부하직원의 처벌 또는 임금삭감을 할 수 있는 권한은 강압적 권한이다.

정답 ①

24 운동에 대한 착각현상이 아닌 것은?

① 자동운동 ② 항상운동 ③ 유도운동 ④ 가현운동

해설

착각현상에는 자동운동, 유도운동, 가현운동이 있다.

정답 ②

25 자동차 엑셀레이터와 브레이크 간 간격, 브레이크 폭, 소프트웨어 상에서 메뉴나 버튼의 크기 등을 결정하는데 사용할 수 있는 인간공학 법칙은?

① Fitts의 법칙　　② Hick의 법칙
③ Weber의 법칙　　④ 양립성 법칙

 해설

Fitts의 법칙은 인간의 행동에서 정확성과 속도간의 관계를 나타내는 것으로 목표물의 크기가 작고 움직이는 거리가 증가할수록 운동시간이 증가한다는 법칙이다.

$$T = a + b\log_2\left(\frac{D}{W} + 1\right)$$

T : 운동시간(움직임을 끝내는데 걸리는 평균시간)
a, b : 실험상수
D : 시작점으로부터 목표물 중심까지의 거리
W : 목표물의 크기

정답 ①

26 개인적 카운슬링(Counseling)의 방법이 아닌 것은?

① 설득적 방법　　② 설명적 방법
③ 강요적 방법　　④ 직접적인 충고

 해설

강요적 방법은 개인적 카운슬링 방법에 해당하지 않는다.

정답 ③

27 산업안전보건법령상 근로자 안전보건교육 중 특별교육 대상 작업에 해당하지 않는 것은?

① 굴착면의 높이가 5m되는 지반 굴착작업
② 콘크리트 파쇄기를 사용하여 5m의 구축물을 파쇄하는 작업
③ 흙막이 지보공의 보강 또는 동바리를 설치하거나 해체하는 작업
④ 휴대용 목재가공기계를 3대 보유한 사업장에서 해당 기계로 하는 작업

해설

산업안전보건법 시행규칙 [별표 5] 〈개정 2022. 8. 18.〉
라. 특별교육 대상 작업별 교육

1. 고압실 내 작업(잠함공법이나 그 밖의 압기공법으로 대기압을 넘는 기압인 작업실 또는 수갱 내부에서 하는 작업만 해당한다)
2. 아세틸렌 용접장치 또는 가스집합 용접장치를 사용하는 금속의 용접·용단 또는 가열작업(발생기·도관 등에 의하여 구성되는 용접장치만 해당한다)
3. 밀폐된 장소(탱크 내 또는 환기가 극히 불량한 좁은 장소를 말한다)에서 하는 용접작업 또는 습한 장소에서 하는 전기용접 작업
4. 폭발성·물반응성·자기반응성·자기발열성 물질, 자연발화성 액체·고체 및 인화성 액체의 제조 또는 취급작업(시험연구를 위한 취급작업은 제외한다)
5. 액화석유가스·수소가스 등 인화성 가스 또는 폭발성 물질 중 가스의 발생장치 취급 작업
6. 화학설비 중 반응기, 교반기·추출기의 사용 및 세척작업
7. 화학설비의 탱크 내 작업
8. 분말·원재료 등을 담은 호퍼(하부가 깔대기 모양으로 된 저장통)·저장창고 등 저장탱크의 내부작업
9. 다음 각 목에 정하는 설비에 의한 물건의 가열·건조작업
   가. 건조설비 중 위험물 등에 관계되는 설비로 속부피가 1세제곱미터 이상인 것
   나. 건조설비 중 가목의 위험물 등 외의 물질에 관계되는 설비로서, 연료를 열원으로 사용하는 것(그 최대연소소비량이 매 시간당 10킬로그램 이상인 것만 해당한다) 또는 전력을 열원으로 사용하는 것(정격소비전력이 10킬로와트 이상인 경우만 해당한다)
10. 다음 각 목에 해당하는 집재장치(집재기·가선·운반기구·지주 및 이들에 부속하는 물건으로 구성되고, 동력을 사용하여 원목 또는 장작과 숯을 담아 올리거나 공중에서 운반하는 설비를 말한다)의 조립, 해체, 변경 또는 수리작업 및 이들 설비에 의한 집재 또는 운반 작업
    가. 원동기의 정격출력이 7.5킬로와트를 넘는 것
    나. 지간의 경사거리 합계가 350미터 이상인 것
    다. 최대사용하중이 200킬로그램 이상인 것
11. 동력에 의하여 작동되는 프레스기계를 5대 이상 보유한 사업장에서 해당 기계로 하는 작업
12. 목재가공용 기계[둥근톱기계, 띠톱기계, 대패기계, 모떼기기계 및 라우터기(목재를 자르거나 홈을 파는 기계)만 해당하며, 휴대용은 제외한다]를 5대 이상 보유한 사업장에서 해당 기계로 하는 작업
13. 운반용 등 하역기계를 5대 이상 보유한 사업장에서의 해당 기계로 하는 작업
14. 1톤 이상의 크레인을 사용하는 작업 또는 1톤 미만의 크레인 또는 호이스트를 5대 이상 보유한 사업장에서 해당 기계로 하는 작업(제40호의 작업은 제외한다)
15. 건설용 리프트·곤돌라를 이용한 작업
16. 주물 및 단조(금속을 두들기거나 눌러서 형체를 만드는 일) 작업
17. 전압이 75볼트 이상인 정전 및 활선작업
18. 콘크리트 파쇄기를 사용하여 하는 파쇄작업(2미터 이상인 구축물의 파쇄작업만 해당한다)
19. 굴착면의 높이가 2미터 이상이 되는 지반 굴착(터널 및 수직갱 외의 갱 굴착은 제외한다)작업
20. 흙막이 지보공의 보강 또는 동바리를 설치하거나 해체하는 작업
21. 터널 안에서의 굴착작업(굴착용 기계를 사용하여 하는 굴착작업 중 근로자가 칼날 밑에 접근하지 않고 하는 작업은 제외한다) 또는 같은 작업에서의 터널 거푸집 지보공의 조립 또는 콘크리트 작업
22. 굴착면의 높이가 2미터 이상이 되는 암석의 굴착작업
23. 높이가 2미터 이상인 물건을 쌓거나 무너뜨리는 작업(하역기계로만 하는 작업은 제외한다)
24. 선박에 짐을 쌓거나 부리거나 이동시키는 작업
25. 거푸집 동바리의 조립 또는 해체작업
26. 비계의 조립·해체 또는 변경작업
27. 건축물의 골조, 다리의 상부구조 또는 탑의 금속제 부재로 구성되는 것(5미터 이상인 것만 해당한다)의 조

립·해체 또는 변경작업
28. 처마 높이가 5미터 이상인 목조건축물의 구조 부재의 조립이나 건축물의 지붕 또는 외벽 밑에서의 설치작업
29. 콘크리트 인공구조물(그 높이가 2미터 이상인 것만 해당한다)의 해체 또는 파괴작업
30. 타워크레인을 설치(상승작업을 포함한다)·해체하는 작업
31. 보일러(소형 보일러 및 다음 각 목에서 정하는 보일러는 제외한다)의 설치 및 취급 작업
    가. 몸통 반지름이 750밀리미터 이하이고 그 길이가 1,300밀리미터 이하인 증기보일러
    나. 전열면적이 3제곱미터 이하인 증기보일러
    다. 전열면적이 14제곱미터 이하인 온수보일러
    라. 전열면적이 30제곱미터 이하인 관류보일러(물관을 사용하여 가열시키는 방식의 보일러)
32. 게이지 압력을 제곱센티미터당 1킬로그램 이상으로 사용하는 압력용기의 설치 및 취급작업
33. 방사선 업무에 관계되는 작업(의료 및 실험용은 제외한다)
34. 밀폐공간에서의 작업
35. 허가 및 관리 대상 유해물질의 제조 또는 취급작업
36. 로봇작업
37. 석면해체·제거작업
38. 가연물이 있는 장소에서 하는 화재위험작업
39. 타워크레인을 사용하는 작업시 신호업무를 하는 작업

정답 ④

28 학습지도의 원리와 거리가 가장 먼 것은?

① 감각의 원리　　　　　　　　② 통합의 원리
③ 자발성의 원리　　　　　　　④ 사회화의 원리

 해설

1) 사회화의 원리 : 학습을 통해 협력과 사회화 형성
2) 직관의 원리 : 경험 및 구체적인 사물 제시를 통해 학습효과를 얻음
3) 통합의 원리 : 학습자의 능력을 균형있게 발달시키는 것
4) 자발성의 원리 : 학습자가 자발저으로 학습에 참여하는 것
5) 개별화의 원리 : 학습자 개개인의 요구 및 능력에 적합하도록 지도하는 것
6) 전이 : 학습한 결과가 다른 학습에 영향을 미치는 현상(학습의 전의, 학습효과의 전이)
         (학습의 정도, 학습자의 태도·지능, 시간의 간격, 유의성)

정답 ①

29 메슬로우(Maslow)의 욕구 5단계 중 안전욕구에 해당하는 단계는?

① 1단계　　　② 3단계　　　③ 3단계　　　④ 4단계

 해설

생리적욕구(1단계) → 안전욕구(2단계) → 사회적욕구(3단계) → 존경의 욕구(4단계) → 자아실현의 욕구(5단계)

정답 ②

30 생체리듬에 관한 설명 중 틀린 것은?

① 감각의 리듬이 (−)로 최대가 되는 경우에만 위험일이라고 한다.
② 육체적 리듬은 'P'로 나타내며, 23일을 주기로 반복된다.
③ 감성적 리듬은 'S'로 나타내며, 28일을 주기로 반복된다.
④ 지성적 리듬은 'I'로 나타내며, 33일을 주기로 반복된다.

해설

감각의 리듬이 (+)에서 (−)로, (−)에서 (+)로 바뀌었을 때를 위험일이라고 한다.

정답 ①

31 에너지대사율(RMR)의 따른 작업의 분류에 따라 중(보통)작업의 RMR 범위는?

① 0~2   ② 3~4   ③ 4~7   ④ 7~9

해설

$R.M.R = \dfrac{\text{운동시 산소 소모량} - \text{안정시 산소 소모량대사량}}{\text{기초대사량}}$	0~1	1~2	2~4	4~7	7~
	초경작업	경작업	보통(중)작업	중량작업	초중량작업

정답 ②

32 조직 구성원의 태도는 조직성과와 밀접한 관계가 있는데 태도(attitude)의 3가지 구성요소에 포함되지 않는 것은?

① 인지적 요소
② 정서적 요소
③ 성격적 요소
④ 행동경향 요소

해설

태도의 3가지 구성요소 : 행동경향(의도적) 요소, 감정적(정서적)요소, 인지적 요소

정답 ③

33 다음에서 설명하는 학습방법은?

> 학생이 생활하고 있는 현실적인 장면에서 당면하는 여러 문제들을 해결해 나가는 과정으로 지식, 기능, 태도, 기술 등을 종합적으로 획득하도록 하는 학습 방법

① 롤 플레잉(Role Playing) ② 문제법(Problem Method)
③ 버즈 세션(Buzz Session) ④ 케이스 메소드(Case Method)

 해설

문제법은 문제해결과정에서 일련의 활동이 종합적·연속적으로 이루어지는 학습방법이다.

정답 ②

34 호손(Hawthorne) 실험의 결과 작업자의 작업능률에 영향을 미치는 주요 원인으로 밝혀진 것은?

① 작업조건   ② 인간관계   ③ 생산기술   ④ 행동규범의 설정

 해설

호손(Hawthorne) 실험은 미국의 웨스턴 일렉트릭 회사의 호손 공장에서 행한 사회 심리학 실험으로 작업 능률은 물리적인 작업조건보다는 인간관계가 더 큰 요소로 작용함을 밝혔다.

정답 ②

35 심리학에서 사용하는 용어로 측정하고자 하는 것을 실제로 적절히, 정확히 측정하는지의 여부를 판별하는 것은?

① 표준화   ② 신뢰성   ③ 객관성   ④ 타당성

 해설

타당성이란 측정하고자 하는 것이 실제로 정확하게 적절히 측정되는지 여부를 판별하는 기준을 말한다.

정답 ④

36 Kirkpatrick의 교육훈련 평가 4단계를 바르게 나열한 것은?

① 학습단계 → 반응단계 → 행동단계 → 결과단계
② 학습단계 → 행동단계 → 반응단계 → 결과단계
③ 반응단계 → 학습단계 → 행동단계 → 결과단계
④ 반응단계 → 학습단계 → 결과단계 → 행동단계

해설

도널드 커크패트릭(Kirkpatrick) 교육훈련평가 4단계 : 반응단계 → 학습단계 → 행동단계 → 결과단계

정답 ③

37 사고 경향성 이론에 관한 설명 중 틀린 것은?

① 사고를 많이 내는 여러 명의 특성을 측정하여 사고를 예방하는 것이다.
② 개인의 성격보다는 특정 환경에 의해 훨씬 더 사고가 일어나기 쉽다.
③ 어떠한 사람이 다른 사람보다 사고를 더 잘 일으킨다는 이론이다.
④ 사고경향성을 검증하기 위한 효과적인 방법은 다른 두 시기 동안에 같은 사람의 사고기록을 비교하는 것이다.

해설

사고 경향성 이론에 따르면 특정 환경에 의해 사고가 발생하는 것보다 개인의 성격으로 인해 사고가 발생하기가 쉽다.

정답 ②

38 Off JT(Off the Job Training)의 특징으로 옳은 것은?

① 전문 강사를 초빙하는 것이 가능하다.
② 개개인에게 적절한 지도훈련이 가능하다.
③ 직장의 실정에 맞게 실제적 훈련이 가능하다.
④ 훈련에 필요한 업무의 계속성이 끊어지지 않는다.

해설

Off JT(Off the Job Training)는 O.J.T(on-the-job training)를 보다 효과적으로 하려는 목적에서 직장 밖에서 집합적으로 10명 내외 인원을 모아, 거의 정형적으로 실시하는 교육훈련으로 직장배치 전에 다른 장소에서 실시되는 직장 외 교육훈련을 말한다.

정답 ①

39 직무분석을 위한 정보를 얻는 방법과 거리가 가장 먼 것은?

① 관찰법
② 직무수행법
③ 설문지법
④ 서류함기법

해설

직무분석은 특정 직무에 적합한지를 파악하는 직무 조사 활동으로 설문지법, 면접법, 관찰법 등의 직무분석 방법이 있으며, 이 결과를 통해 인력배치, 경력개발, 교육 및 훈련, 인사에 정보가 활용된다.

정답 ④

40 건설 일용근로자의 특별교육 교육시간 기준은? (개정 법령에 맞게 문제를 수정함)

① 1시간 이상
② 2시간 이상
③ 4시간 이상
④ 8시간 이상

해설

안전보건교육 교육과정별 교육시간(제26조 제1항 등 관련) 〈개정 2023. 9. 27.〉

교육과정	교육대상		교육시간
가. 정기교육	사무직 종사 근로자		매반기 6시간 이상
	그 밖의 근로자	판매업무에 직접 종사하는 근로자	매반기 6시간 이상
		판매업무에 직접 종사하는 근로자 외의 근로자	매반기 12시간 이상
나. 채용 시 교육	일용근로자 및 근로계약기간이 1주일 이하인 기간제근로자		1시간 이상
	근로계약기간이 1주일 초과 1개월 이하인 기간제근로자		4시간 이상
	그 밖의 근로자		8시간 이상
다. 작업내용 변경 시 교육	일용근로자 및 근로계약기간이 1주일 이하인 기간제근로자		1시간 이상
	그 밖의 근로자		2시간 이상
라. 특별교육	일용근로자 및 근로계약기간이 1주일 이하인 기간제근로자: 별표 5 제1호 라목(제39호는 제외)에 해당하는 작업에 종사하는 근로자에 한정		2시간 이상
	일용근로자 및 근로계약기간이 1주일 이하인 기간제근로자: 별표 5 제1호 라목 제39호에 해당하는 작업에 종사하는 근로자에 한정		8시간 이상
	일용근로자 및 근로계약기간이 1주일 이하인 기간제근로자:별표 5 제1호 라목에 해당하는 작업에 종사하는 근로자에 한정		- 16시간 이상(최초 작업에 종사하기 전 4시간 이상 실시하고 12시간은 3개월 이내에서 분할하여 실시 가능) - 단기간 작업 또는 간헐적 작업인 경우에는 2시간 이상
마. 건설업 기초안 전·보건교육	건설 일용근로자		4시간 이상

정답 ③

3과목　인간공학 및 시스템안전공학

41 A작업의 평균에너지소비량이 다음과 같을 때, 60분간의 총 작업시간 내에 포함되어야 하는 휴식시간(분)은?

- 휴식 중 에너지소비량 : 1.5kcal/min
- A작업 시 평균 에너지소비량 : 6kcal/min
- 기초대사를 포함한 작업에 대한 평균 에너지소비량 상한 : 5kcal/min

① 10.3　　② 11.3　　③ 12.3　　④ 13.3

해설

휴식시간 = $\dfrac{\text{총작업시간} \times (\text{해당작업시 평균에너지 소비량} - \text{평균에너지 소비량})}{\text{해당작업시 평균에너지 소비량} - \text{휴식중 에너지 소비량}}$ = $\dfrac{60(6-5)}{(6-1.5)}$ = 13.333

정답 ④

42 인간공학에 대한 설명으로 틀린 것은?

① 인간-기계 시스템의 안전성, 편리성, 효율성을 높인다.
② 인간을 작업과 기계에 맞추는 설계 철학이 바탕이 된다.
③ 인간이 사용하는 물건, 설비, 환경의 설계에 적용된다.
④ 인간의 생리적, 심리적인 면에서의 특성이나 한계점을 고려한다.

해설

인간공학은 인간에 맞는 작업과 기계 설계를 바탕으로 한다.

정답 ②

43 근골격계질환 작업분석 및 평가 방법인 OWAS의 평가요소를 모두 고른 것은?

ㄱ. 상지　ㄴ. 무게(하중)　ㄷ. 하지　ㄹ. 허리

① ㄱ, ㄴ　　② ㄱ, ㄷ, ㄹ　　③ ㄴ, ㄷ, ㄹ　　④ ㄱ, ㄴ, ㄷ, ㄹ

해설

OWAS(Ovako Working Posture Analysis System) 기법은 Karhu 등(1977)이 철강업에서 작업자들의 부적절한 작업자세를 정의하고 평가하기 위해 개발한 대표적인 작업자세 평가기법이다. OWAS의 평가요소에는 상지, 하중(무게), 하지, 허리가 있다.

정답 ④

44 밝은 곳에서 어두운 곳으로 갈 때 망막에 시흥이 형성되는 생리적 과정인 암조응이 발생하는데 완전 암조응(Dark adaptation)이 발생하는 데 소요되는 시간은?

① 약 3~5분   ② 약 10~15분   ③ 약 30~40분   ④ 약 60~90분

해설

명조응(명순응) : 눈이 밝은 환경에 적응하는 과정으로 로돕신 감소하는 것으로 수초에서 1~2분 정도 소요됨
암조응(암순응) : 눈이 어두운 환경에 적응하는 과정으로 로돕신 증가하는 것으로 30~40분 정도 소요됨

정답 ③

45 FTA(Fault Tree Analysis)에 관한 설명으로 옳은 것은?

① 정성적 분석만 가능하다.
② 복잡하고 대형화된 시스템의 신뢰성 분석 및 안정성 분석에 이용되는 기법이다.
③ FT에 동일한 사건이 중복되어 나타나는 경우 상향식(Bottom-up)으로 정상 사건 T의 발생 확률을 계산할 수 있다.
④ 기초사건과 생략사건의 확률 값이 주어지게 되더라도 정상 사건의 최종적인 발생확률을 계산할 수 없다.

해설

FTA(Fault Tree Analysis)는 미국 벨 연구소 H.A.Watson(1962)에 의해 개발되었고 미사일 발사사고 예측에 활용되며 연역적(top down 방식), 정성적, 정량적으로 시스템의 고장을 논리게이트를 통해 분석이 가능하다. 서식이 간단하여 비전문가도 사용 가능하고 논리기호를 통한 특정사상 해석이 가능하며 사고원인 규명의 간편화 및 정량화, 사고원인 분석의 일반화, 시스템 결함 진단 및 안전점검 체크리스트 작성이 가능하다.

정답 ②

46 불(Bool) 대수의 정리를 나타낸 관계식 중 틀린 것은?

① $A \cdot 0 = 0$ ② $A + 1 = 1$ ③ $A \cdot \overline{A} = 1$ ④ $A(A+B) = A$

해설

$A \cdot \overline{A} = 0$

정답 ③

47 FTA(Fault Tree Analysis)에서 사용되는 사상 기호 중 통상의 작업이나 기계의 상태에서 재해의 발생 원인이 되는 요소가 있는 것은?

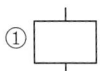

해설

① 결함사상   ② 기본사상   ③ 생략사상   ④ 통상사상

정답 ④

48 HAZOP 기법에서 사용하는 가이드워드와 그 의미가 잘못 연결된 것은?

① Part of : 성질상의 감소
② As well as : 성질상의 증가
③ Other than : 기타 환경적인 요인
④ More/Less : 정량적인 증가 또는 감소

해설

용어	내용
No, Not	설계 의도의 완전한 부정
Reverse	설계 의도의 논리적인 역
As well as	성질상의 증가와 동시에 발생
More, Less	압력, 온도 등의 양의 증가 또는 감소
Other than	완전한 대체
Part of	일부 변경

정답 ③

49 다음 중 좌식작업이 가장 적합한 작업은?

① 정밀 조립 작업
② 4.5kg 이상의 중량물을 다루는 작업
③ 작업장이 서로 떨어져 있으며 작업장 간 이동이 작은 작업
④ 작업자의 정면에서 매우 높거나 낮은 곳으로 손을 자주 뻗어야 하는 작업

해설

중량물의 경우는 입식작업이 적합한 반면 정밀 조립 작업의 경우 좌식작업이 적합하다.

정답 ①

50 양식 양립성의 예시로 가장 적절한 것은?

① 자동차 설계 시 고도계 높낮이 표시
② 방사능 사업장에 방사능 폐기물 표시
③ 청각적 자극 제시와 이에 대한 음성 응답
④ 자동차 설계 시 제어장치와 표시장치의 배열

해설

① 공간적 양립성 : 조작자의 기대와 공간적 구성이 일치하는 것(조작장치와 표시장치의 위치가 상호 연관)으로 오른쪽 버튼을 누르면 오른쪽 등이 점등되는 등의 행위
② 운동적 양립성 : 조작자의 기대와 조정기의 움직임이 일치하는 것으로 차량의 핸들을 오른쪽으로 돌리면 오른쪽으로 움직이는 등의 행위
③ 개념적 양립성 : 조작자의 개념이 코드나 상징과 일치하는 것으로 수도 밸브의 색깔(적색은 온수, 청색은 냉수) 등의 형태
④ 양식적 양립성 : 기계의 작동 등이 특정한 음성신호 등에 반응하는 행위

정답 ③

51 시스템의 수명곡선(욕조곡선)에 있어서 디버깅(Debugging)에 관한 설명으로 옳은 것은?

① 초기 고장의 결함을 찾아 고장률을 안정시키는 과정이다.
② 우발 고장의 결함을 찾아 고장률을 안정시키는 과정이다.
③ 마모 고장의 결함을 찾아 고장률을 안정시키는 과정이다.
④ 기계결함을 발견하기 위해 동작시험을 하는 기간이다.

해설

고장률의 종류
- 감소형(초기고장) : 생산 시 품질관리 불량 또는 제조 불량으로 인해 발생하는 고장
  - 디버깅 기간 : 결함을 찾고 고장률 안정시키는 기간
  - 번인 기간 : 장시간 움직여 고장난 것 제거하는 기간
- 증가형(마모고장) : 설비 등이 수명을 다해 발생하는 고장
- 일정형(우발고장) : 설비 사용 중 예상할 수 없이 발생하는 고장

정답 ①

52 1 sone에 관한 설명으로 ( )에 알맞은 수치는?

> 1 sone : (ㄱ)Hz, (ㄴ)dB의 음압수준을 가진 순음의 크기

① ㄱ : 1,000, ㄴ : 1
② ㄱ : 4,000, ㄴ : 1
③ ㄱ : 1,000, ㄴ : 40
④ ㄱ : 4,000, ㄴ : 40

해설

40dB의 1,000Hz 순음 크기를 1sone으로 정의한다.

정답 ③

53 경계 및 경보신호의 설계지침으로 틀린 것은?

① 주의를 환기시키기 위하여 변조된 신호를 사용한다.
② 배경소음의 진동수와 다른 진동수의 신호를 사용한다.
③ 귀는 중음역에 민감하므로 500~3,000Hz의 진동수를 사용한다.
④ 300m 이상의 장거리용으로는 1,000Hz를 초과하는 진동수를 사용한다.

해설
300m 이상 장거리용으로는 1,000Hz 이하의 진동수를 사용한다.

정답 ④

54 인간-기계 시스템에 관한 설명으로 틀린 것은?

① 자동 시스템에서는 인간요소를 고려하여야 한다.
② 자동차 운전이나 전기 드릴 작업은 반자동 시스템의 예시이다.
③ 자동 시스템에서 인간은 감시, 정비유지, 프로그램 등의 작업을 담당한다.
④ 수동 시스템에서 기계는 동력원을 제공하고 인간의 통제 하에서 제품을 생산한다.

해설
수동 시스템에서는 신체는 동력원을 제공한다.

정답 ④

55 n개의 요소를 가진 병렬 시스템에 있어 요소의 수명($MTTF$)이 지수 분포를 따를 경우, 이 시스템의 수명으로 옳은 것은?

① $MTTF \times n$
② $MTTF \times \frac{1}{n}$
③ $MTTF \times (1 + \frac{1}{2} + \cdots + \frac{1}{n})$
④ $MTTF \times (1 \times \frac{1}{2} \times \cdots \times \frac{1}{n})$

해설
평균고장시간(MTTF)
- 부품 또는 시스템 상에서 고장 나기까지 동작시간 평균치(평균수명)
- 직렬계 시스템 수명 : $\frac{MTTF}{n} = \frac{1}{\lambda}$
- 병렬계 시스템 수명 : $MTTF(1 + \frac{1}{2} + \frac{1}{3} + \cdots + \frac{1}{n})$, n : 직렬 또는 병렬계의 요소

정답 ③

56 다음에서 설명하는 용어는?

> 유해·위험요인을 파악하고 해당 유해·위험요인에 의한 부상 또는 질병의 가능성(빈도)과 중대성(강도)을 추정·결정하고 감소대책을 수립하여 실행하는 일련의 과정을 말한다.

① 위험성 결정 ② 위험성 평가
③ 위험빈도 추정 ④ 유해·위험요인 파악

해설

사업장 위험성평가에 관한 지침
제3조(정의) ① 이 고시에서 사용하는 용어의 뜻은 다음과 같다.
1. "위험성평가"란 유해·위험요인을 파악하고 해당 유해·위험요인에 의한 부상 또는 질병의 발생 가능성(빈도)과 중대성(강도)을 추정·결정하고 감소대책을 수립하여 실행하는 일련의 과정을 말한다.
2. "유해·위험요인"이란 유해·위험을 일으킬 잠재적 가능성이 있는 것의 고유한 특징이나 속성을 말한다.
3. "유해·위험요인 파악"이란 유해요인과 위험요인을 찾아내는 과정을 말한다.
4. "위험성"이란 유해·위험요인이 부상 또는 질병으로 이어질 수 있는 가능성(빈도)과 중대성(강도)을 조합한 것을 의미한다.
5. "위험성 추정"이란 유해·위험요인별로 부상 또는 질병으로 이어질 수 있는 가능성과 중대성의 크기를 각각 추정하여 위험성의 크기를 산출하는 것을 말한다.
6. "위험성 결정"이란 유해·위험요인별로 추정한 위험성의 크기가 허용 가능한 범위인지 여부를 판단하는 것을 말한다.
7. "위험성 감소대책 수립 및 실행"이란 위험성 결정 결과 허용 불가능한 위험성을 합리적으로 실천 가능한 범위에서 가능한 한 낮은 수준으로 감소시키기 위한 대책을 수립하고 실행하는 것을 말한다.
8. "기록"이란 사업장에서 위험성평가 활동을 수행한 근거와 그 결과를 문서로 작성하여 보존하는 것을 말한다.

정답 ②

57 상황해석을 잘못하거나 목표를 잘못 설정하여 발생하는 인간의 오류 유형은?

① 실수(Slip) ② 착오(Mistake) ③ 위반(Vioation) ④ 건망증(Lapse)

해설

① 실수(slip) : 상황 또는 목표의 해석 및 이해는 적합하였으나 그 행위가 다른 것
② 착오(mistake) : 상황을 잘못 해석하거나 목표를 잘못 이해하여 착각하는 것
③ 위반(violation) : 규칙을 고의적으로 지키지 않거나 무시하는 것
④ 건망증(lapse) : 기억의 실패 또는 연계적 행위 중 일부 잊어버림으로써 발생하는 것

정답 ②

58 위험분석 기법 중 시스템 수명주기 관점에서 적용 시점이 가장 빠른 것은?

① PHA ② FHA ③ OHA ④ SHA

해설

P.H.A(Preliminary Hazards Analysis)
- 정성적기법, 시스템 내의 위험상태 정도를 평가, 시스템 안전프로그램 최초 분석 단계 방식으로 사용
- 위험등급

I등급	II등급	III등급	IV등급
파국	중대	한계	무시가능

정답 ①

59 태양광선이 내리쬐는 옥외장소의 자연습구 온도 20℃, 흑구온도 18℃, 건구온도 30℃일 때 습구흑구온도지수(WBGT)는?

① 20.6℃   ② 22.5℃   ③ 25.0℃   ④ 28.5℃

해설

태양광이 내리쬐는 옥외 = (0.7 × 자연습구온도) + (0.2 × 흑구온도) + (0.1 × 건구온도)
= (0.7 × 20) + (0.2 × 18) + (0.1 × 30) = 20.6

정답 ①

60 그림과 같은 FT도에 대한 최소 컷셋(minmal cut sets)으로 옳은 것은? (단, Fussell의 알고리즘을 따른다.)

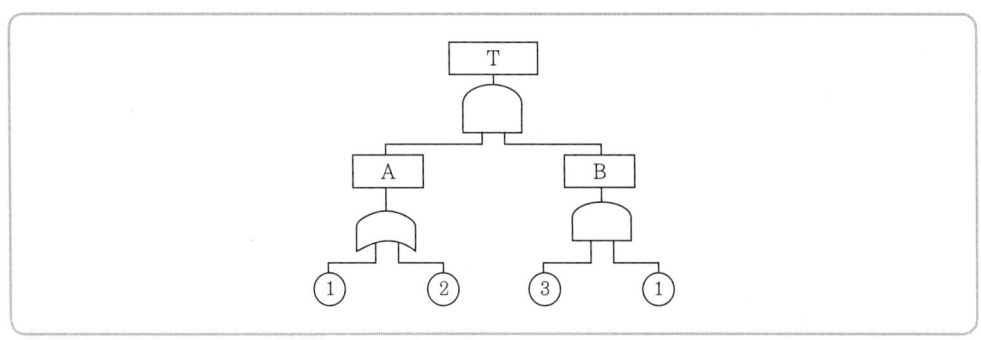

① {1, 2}   ② {1, 3}   ③ {2, 3}   ④ {1, 2, 3}

해설

A는 OR이므로 1 또는 2 중 하나만 입력되면 된다.
B는 AND이므로 3과 1 모두 입력되어야 한다.
컷셋(minmal cut sets)은 {1, 3}과 {1, 2, 3}이다.
결과적으로 최소 컷셋(minmal cut sets)은 {1, 3}이 된다.

정답 ②

4과목 건설시공학

61 통상적으로 스팬이 큰 보 및 바닥판의 거푸집을 걸 때 스팬의 캠버(camber)값으로 옳은 것은?

① 1/300~1/500 ② 1/200~1/350 ③ 1/150~/1250 ④ 1/100~1/300

해설
통상적으로 스팬이 큰 보 및 바닥판의 거푸집 스팬의 캠버(camber)값은 1/300~1/500로 한다.

정답 ①

62 지반개량 공법 중 동다짐(dynamic compaction)공법의 특징으로 옳지 않은 것은?

① 시공 시 지반진동에 의한 공해문제가 발생하기도 한다.
② 지반 내에 암괴 등의 장애물이 있으면 적용이 불가능하다.
③ 특별한 약품이나 자재를 필요로 하지 않는다.
④ 깊은 심도의 지반개량에 대해서는 초대형 장비가 필요하다.

해설
동다짐(dynamic compaction)공법은 무거운 추를 자유낙하시켜 지반에 충격을 주어 전단강도를 높이는 사질지반 개량공법으로 지반 내에 암괴 등의 장애물이 있어도 적용이 가능하다.

정답 ②

63 기성콘크리트 말뚝에 표기된 PHC-A · 450-12의 각 기호에 대한 설명으로 옳지 않은 것은?

① PHC-원심력 고강도 프리스트레스트 콘크리트말뚝
② A-A종
③ 450-말뚝바깥지름
④ 12-말뚝삽입 간격

해설
④ 12-말뚝길이(m)

정답 ④

64 흙막이 공법과 관련된 내용의 연결이 옳지 않은 것은?

① 버팀대공법-띠장, 지지말뚝
② 지하연속법-안정액, 트레미관
③ 자립식공법-안내벽, 인터록킹 파이프
④ 어스앵커공법-인장재, 그라우팅

해설

안내벽(guide wall), 인터록킹 파이프(interlocking pipe)는 지하연속법에 관한 설명이다.

정답 ③

65 흙막이 공법 중 지하연속벽(slurry wall)공법에 대한 설명으로 옳지 않은 것은?

① 흙막이벽 자체의 강도, 강성이 우수하기 때문에 연약지반의 변형 및 이면침하를 최소한으로 억제할 수 있다.
② 차수성이 좋아 지하수가 많은 지반에도 사용할 수 있다.
③ 시공 시 소음, 진동이 작다.
④ 다른 흙막이벽에 비해 공사비가 적게 든다.

해설

지하연속벽(slurry wall)공법은 다른 흙막이벽에 비해 공사비가 많이 든다.

정답 ④

66 건축물의 지하공사에서 계측관리에 관한 설명으로 틀린 것은?

① 계측관리의 목적은 위험의 징후를 발견하는 것이다.
② 계측관리의 중점관리사항으로는 흙막이 변위에 따른 배면지반의 침하가 있다.
③ 계측관리는 인적이 뜸하고 위험이 적은 안전한 곳에 설치하여 주기적으로 실시한다.
④ 일일점검항목으로는 흙막이벽체, 주변지반, 지하수위 및 배수량 등이 있다.

해설

계측관리는 현장 주변에 유동인구가 많고 위험성이 높은 곳은 중점적으로 주기적으로 실시한다.

정답 ③

67 벽길이 10m, 벽높이 3.6m인 블록벽체를 기본블록(390mm×190mm×150mm)으로 쌓을 때 소요되는 블록의 수량은? (단, 블록은 온장으로 고려하고, 줄눈 나비는 가로, 세로 10mm, 할증은 고려하지 않음)

① 412매 ② 468매 ③ 562매 ④ 598매

해설

단위면적(m^2)당 필요한 블록의 소요량은 13(매)이다.
벽면적 = 10m × 3.6m = 36m^2, 36m^2 × 13매 = 468매

정답 ②

68 외관 검사 결과 불합격된 철근 가스압접 이음부의 조치 내용으로 옳지 않은 것은?

① 심하게 구부러졌을 때는 재가열하여 수정한다.
② 압점면의 엇갈림이 규정값을 초과했을 때는 재가열하여 수정한다.
③ 형태가 심하게 불량하거나 또는 압접부에 유해하다고 인정되는 결함이 생긴 경우는 압접부를 잘라내고 재압접한다.
④ 철근중심축의 편심량이 규정값을 초과했을 때는 압접부를 떼어내고 재압접한다.

해설

압점면의 엇갈림이 규정값을 초과했을 때는 압접면 부위를 제거하고 다시 가스압접을 실시한다.

정답 ②

69 철골부재조립 시 구멍의 위치가 다소 다를 때 구멍을 맞추기 위한 작업은?

① 송곳뚫기(driling)   ② 리밍(reaming)   ③ 펀칭(punching)   ④ 리벳치기(riveting)

해설

리밍(reaming)은 철골부재조립 시 구멍의 위치가 다소 다를 때 구멍을 맞추기 위한 작업을 말한다.

정답 ②

70 철골작업용 장비 중 절단용 장비로 옳은 것은?

① 프릭션 프레스(frixtion press)   ② 플레이트 스트레이닝 롤(plate straining roll)
③ 파워 프레스(power press)   ④ 핵 소우(hack saw)

해설

핵 소우(hack saw)는 철골 절단용 장비이다.

정답 ④

71 시방서 및 설계도면 등이 서로 상이할 때의 우선순위에 대한 설명으로 옳지 않은 것은?

① 설계도면과 공사시방서가 상이할 때는 설계도면을 우선한다.
② 설계도면과 내역서가 상이할 때는 설계도면을 우선한다.
③ 표준시방서와 전문시방서가 상이할 때는 전문시방서를 우선한다.
④ 설계도면과 상세도면이 상이할 때는 상세도면을 우선한다.

해설

설계도면과 공사시방서가 상이할 때는 공사시방서를 우선한다.

정답 ①

72 예정가격범위 내에서 최저가격으로 입찰한 자를 낙찰자로 선정하는 낙찰자 선정 방식은?

① 최적격 낙찰제
② 제한적 최저가 낙찰제
③ 최저가 낙찰제
④ 적격 심사 낙찰제

해설

최저가 낙찰제는 예정가격범위 내에서 최저가격으로 입찰한 자를 낙찰자로 선정하는 낙찰자 선정 방식이다.

정답 ③

72 설계도와 시방서가 명확하지 않거나 설계는 명확하지만 공사비 총액을 산출하기 곤란하고 발주자가 양질의 공사를 기대할 때 채택될 수 있는 가장 타당한 도급방식은?

① 실비정산 보수가산식 도급
② 단가 도급
③ 정액 도급
④ 턴키 도급

해설

실비정산 보수가산식 도급은 설계도와 시방서가 명확하지 않거나 설계는 명확하지만 공사비 총액을 산출하기 곤란하고 발주자가 양질의 공사를 기대할 때 채택될 수 있는 가장 타당한 도급방식이다.

정답 ①

74 철근공사에 대하여 옳지 않은 것은?

① 조립용 철근은 철근을 구부리기할 때 철근의 위치를 확보하기 위하여 쓰는 보조적인 철근이다.
② 철근의 용접부에 순간최대풍속 2.7m/s 이상의 바람이 불 때는 철근을 용접할 수 없으며, 풍속을 2.7m/s 이하로 저감시킬 수 있는 방풍시설을 설치하는 경우에만 용접할 수 있다.
③ 가스압점이음은 철근의 단면을 산소-아세틸렌 불꽃 등을 사용하여 가열하고 기계적 압력을 가하여 용접한 맞대이음을 말한다.
④ D35를 초과하는 철근은 겹침이음을 할 수 없다. 다만, 서로 다른 크기의 철근을 압축부에서 겹침이음하는 경우 D35 이하의 철근과 D35를 초과하는 철근은 겹침이음을 할 수 있다.

해설

조립용 철근은 주철근을 조립할 때 철근의 위치를 확보하기 위하여 넣는 보조 철근을 말한다.

정답 ①

75 철골공사의 용접접합에서 플럭스(flux)를 옳게 설명한 것은?

① 용접 시 용접봉의 피복제 역할을 하는 분말상의 재료
② 압연강판의 층 사이에 균열이 생기는 현상
③ 용접작업의 종단부에 임시로 붙이는 보조판
④ 용접부에 생기는 미세한 구멍

해설

플럭스(flux)는 용접 시 용접봉의 피복제 역할을 하는 분말상의 재료를 말한다.

정답 ①

76 착공단계에서의 공사계획을 수립할 때 우선 고려하지 않아도 되는 것은?

① 현장 직원의 조직편성
② 예정 공정표의 작성
③ 유지관리지침서의 변경
④ 실행예산편성

해설

착공단계에서 공사계획을 수립할 경우 현장조직표, 세부공정표, 실행예산 편성 및 통제, 장비 동원계획, 재해방지대책 등을 수립해야한다. 유지관리지침서의 변경은 착공단계 우선 고려대상이 아니다.

정답 ③

77 AE콘크리트에 관한 설명으로 옳은 것은?

① 공기량은 기계비빔이 손비빔의 경우보다 적다.
② 공기량은 비벼놓은 시간이 길수록 증가한다.
③ 공기량은 AE제의 양이 증가할수록 감소하나 콘크리트의 강도는 증대한다.
④ 시공연도가 증진되고 재료분리 및 블리딩이 감소한다.

해설

① 공기량은 기계비빔이 손비빔의 경우보다 크다.
② 공기량은 비빔시간 3~5분까지는 증가하나 이후 감소한다.
③ 공기량은 AE제의 양이 증가할수록 증가하나 콘크리트의 강도는 감소한다.

정답 ④

78 콘크리트의 고강도화와 관계가 적은 것은?

① 물시멘트비를 작게 한다.
② 시멘트의 강도를 크게 한다.
③ 폴리머(polymer)를 함침(含浸)한다.
④ 골재의 입자분포를 가능한 한 균일 입자분포로 한다.

해설

콘크리트 고강도화를 위한 골재는 깨끗하고, 강하고, 내구적이며 알맞은 입도를 가져야 하나 골재의 입자분포를 가능한 한 균일한 입자분포로 하는 것은 좋지 않다.

정답 ④

79 벽돌쌓기법 중에서 마구리를 세워 쌓는 방식으로 옳은 것은?

① 옆 세워 쌓기   ② 허튼 쌓기   ③ 영롱 쌓기   ④ 길이 쌓기

해설

옆 세워 쌓기는 벽돌의 마구리를 세워 쌓는 방식을 말한다.

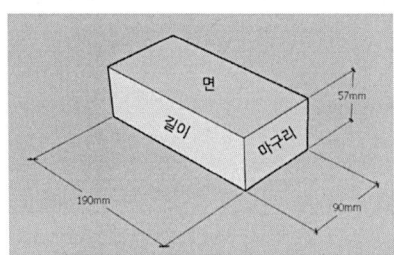

시멘트 벽돌의 모양과 크기

정답 ①

80 바닥판 거푸집의 구조계산 시 고려해야하는 연직하중에 해당하지 않는 것은?

① 작업하중   ② 충격하중
③ 고정하중   ④ 굳지 않은 콘크리트의 측압

해설

굳지 않은 콘크리트의 측압은 콘크리트의 수평방향 압력에 해당한다.

정답 ④

5과목   건설재료학

81 플라이애시시멘트에 대한 설명으로 옳은 것은?

① 수화할 때 불용성 규산칼슘 수화물을 생성한다.
② 화력발전소 등에서 완전 연소한 미분탄의 회분과 포틀랜드시멘트를 혼합한 것이다.
③ 재령 1~2시간 안에 콘크리트 압축강도가 20MPa에 도달할 수 있다.
④ 용광로의 선철제작 부산물을 급랭시키고 파쇄하여 시멘트와 혼합한 것이다.

해설

① 수화할 때 불용성의 규산, 석회염, 알루민산 석회염을 생성하며 경화한다.
③ 화학적 저항성이 크나 초기강도가 작고 장기강도는 크다.
④ 용광로의 선철제작 부산물을 급랭시키고 파쇄하여 시멘트와 혼합한 것은 고로슬래그시멘트이다.

정답 ②

82 건축용 접착제로서 요구되는 성능에 해당되지 않는 것은?

① 진동, 충격의 반복에 잘 견딜 것
② 취급이 용이하고 독성이 없을 것
③ 장기부하에 의한 크리프가 클 것
④ 고화 시 체적수축 등에 의한 내부변형을 일으키지 않을 것

해설

크리프현상은 외력이 균일하게 유지되었을 때 시간의 경과에 따라 재료의 변형이 증대하는 현상을 의미하므로 건축용 접착제는 크리프현상이 작은 것이 적합하다.

정답 ③

83 골재의 함수상태에서 유효흡수량의 정의로 옳은 것은?

① 습윤상태와 절대건조상태의 수량의 차이
② 표면건조포화상태와 기건상태의 수량의 차이
③ 기건상태와 절대건조상태의 수량의 차이
④ 습윤상태와 표면건조포화상태의 수량의 차이

해설

골재의 유효흡수량은 공기 중 건조상태(기건상태)로부터 표면건조포화상태로 되기까지 흡수할 수 있는 수량을 말한다.

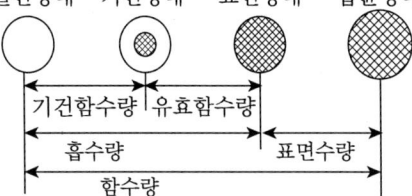

정답 ②

84 도장재료 중 물이 증발하여 수지입자가 굳는 융착건조경화를 하는 것은?

① 알키드수지 도료
② 에폭시수지 도료
③ 불소수지 도료
④ 합성수지 에멀션 페인트

합성수지 에멀션 페인트는 물이 증발하여 수지입자가 굳는 융착건조경화하는 도료로 수성페인트에 합성수지와 유화제를 혼합해 내후성·내수성·내알칼리성이 우수하다.

정답 ④

85 목재의 역학적 성질에 대한 설명으로 옳지 않은 것은?

① 목재 섬유 평행방향에 대한 인장강도가 다른 여러 강도 중 가장 크다.
② 목재의 압축강도는 옹이가 있으면 증가한다.
③ 목재를 휨부재로 사용하여 외력에 저항할 때는 압축, 인장, 전단력이 동시에 일어난다.
④ 목재의 전단강도는 섬유간의 부착력, 섬유의 곧음, 수선의 유무 등에 의해 결정된다.

목재의 압축강도는 옹이가 있으면 감소한다.

정답 ②

86 합판에 대한 설명으로 옳지 않은 것은?

① 단판을 섬유방향이 서로 평행하도록 홀수로 적층하면서 접착시켜 합친 판을 말한다.
② 함수율 변화에 따라 팽창·수축의 방향성이 없다.
③ 뒤틀림이나 변형이 적은 비교적 큰 면적의 평면 재료를 얻을 수 있다.
④ 균일한 강도의 재료를 얻을 수 있다.

해설

합판은 보통 각 단판을 섬유방향이 서로 직교하도록 하여 홀수로 적층하면서 접착시켜 합친 판을 말한다.

정답 ①

87 미장바탕의 일반적인 성능조건과 가장 거리가 먼 것은?

① 미장층보다 강도가 클 것
② 미장층과 유효한 접착강도를 얻을 수 있을 것
③ 미장층보다 강성이 작을 것
④ 미장층의 경화, 건조에 지장을 주지 않을 것

해설

미장바탕은 미장층보다 강성이 커야 한다.

정답 ③

88 절대건조밀도가 2.6g/cm³이고, 단위용적질량이 1750kg/m³인 굵은 골재의 공극률은?

① 30.5%   ② 32.7%
③ 34.7%   ④ 36.2%

해설

굵은 골재의 공극률 = $\dfrac{\text{절대건조밀도}-\text{단위용적질량}}{\text{절대건조밀도}} \times 100 = \dfrac{2.6-1.75}{2.6} \times 100 = 32.692$

정답 ②

89 목재의 내연성 및 방화에 대한 설명으로 옳지 않은 것은?

① 목재의 방화는 목재 표면에 불연소성 피막을 도포 또는 형성시켜 화염의 접근을 방지하는 조치를 한다.
② 방화재로는 방화페인트, 규산나트륨 등이 있다.
③ 목재가 열에 닿으면 먼저 수분이 증발하고 160℃ 이상이 되면 소량의 가연성가스가 유출된다.
④ 목재는 450℃에서 장시간 가열하면 자연발화 하게 되는데, 이 온도를 화재위험온도라고 한다.

해설

목재는 450℃에서 장시간 가열하면 자연발화하게 되는데, 이 온도를 자연발화온도라고 한다.

정답 ④

90 금속의 부식방지를 위한 관리대책으로 옳지 않은 것은?

① 부분적으로 녹이 발생하면 즉시 제거할 것
② 큰 변형을 준 것은 가능한 한 풀림하여 사용할 것
③ 가능한 한 이종 금속을 인접 또는 접촉시켜 사용할 것
④ 표면을 평활하고 깨끗이 하며, 가능한 한 건조상태로 유지할 것

해설

금속 부식방지를 위해 가능한 이종 금속은 분리 또는 격리시켜 두 금속 간에 전위차가 발생하지 않도록 하는 것이 좋다.

정답 ③

91 다음의 미장재료 중 균열저항성이 가장 큰 것은?

① 회반죽 바름
② 소석고 플라스터
③ 경석고 플라스터
④ 돌로마이트 플라스터

해설

경석고 플라스터는 약간의 붉은 빛을 띤 백색으로 경화속도는 느리나 경화 후 매우 단단하며 균열저항성이 크다. 이에 반해 석회계나 타 소석고계 플라스터와 혼합하여 사용할 수 없고 철류에 접촉하면 부식하는 성질이 있으므로 유의해야 한다.

정답 ③

92 점토의 물리적 성질에 관한 설명으로 옳지 않은 것은?

① 점토의 인장강도는 압축강도의 약 5배 정도이다.
② 입자의 크기는 보통 2μm 이하의 미립자지만 모래알 정도의 것도 약간 포함되어 있다.
③ 공극률은 점토의 입자 간에 존재하는 모공용적으로 입자의 형상, 크기에 관계한다.
④ 점토입자가 미세하고, 양지의 점토일수록 가소성이 좋으나, 가소성이 너무 클 때는 모래 또는 샤모트를 섞어서 조절한다.

해설

점토의 압축강도는 인장강도의 약 5배 정도이다.

정답 ①

93 일반 콘크리트 대비 ALC의 우수한 물리적 성질로서 옳지 않은 것은?

① 경량성
② 단열성
③ 흡음·차음성
④ 수밀성, 방수성

해설

ALC(Autoclaved Lightweight Concrete)는 경량기포콘크리트로 경량성으로 콘크리트 내부에 공극이 있어 단열성이 우수하고 흡음성, 차음성이 좋으나 방수성과 수밀성에 취약하다.

정답 ④

94 콘크리트 바탕에 이음새 없는 방수 피막을 형성하는 공법으로, 도료상태의 방수재를 여러 번 칠하여 방수막을 형성하는 방수공법은?

① 아스팔트 루핑 방수　　　　　　② 합성고분자 도막 방수
③ 시멘트 모르타르 방수　　　　　④ 규산질 침투성 도포 방수

해설

합성고분자 도막 방수는 콘크리트 바탕에 이음새 없는 방수 피막을 형성하는 공법으로 도료상태의 방수재를 여러 번 덧칠하여 방수막을 형성하는 방수공법이다.

정답 ②

95 열경화성수지가 아닌 것은?

① 페놀수지　　② 요소수지　　③ 아크릴수지　　④ 멜라민수지

해설

아크릴수지는 열가소성수지이다.

정답 ③

96 블로운 아스팔트(blown asphalt)를 휘발성 용제에 녹이고 광물분말 등을 가하여 만든 것으로 방수, 접합부 충전 등에 쓰이는 아스팔트 제품은?

① 아스팔트 코팅(asphalt coating)　　　② 아스팔트 그라우트(asphalt grout)
③ 아스팔트 시멘트(asphalt cement)　　④ 아스팔트 콘크리트(asphalt concrete)

해설

아스팔트 코팅(asphalt coating)은 블로운 아스팔트(blown asphalt)를 휘발성 용제에 녹이고 광물분말 등을 가하여 만든 것으로 방수, 접합부 충전 등에 쓰이는 아스팔트 제품이다.

정답 ①

97 연강판에 일정한 간격으로 그물눈을 내고 늘여 철망모양으로 만든 것으로 옳은 것은?

① 메탈라스(metal lath)　　　　② 와이어메시(wire mesh)
③ 인서트(insert)　　　　　　　④ 코너비드(comer bead)

해설

메탈라스(metal lath)는 연강판에 일정한 간격으로 그물눈을 내고 늘여 철망모양으로 만든 것을 말하며 주로 콘크리트 이어치기면이나 미장바탕 바름면에 사용하기도 한다.

정답 ①

98 고로슬래그 쇄석에 대한 설명으로 옳지 않은 것은?

① 철을 생산하는 과정에서 용광로에서 생기는 광재를 공기 중에서 서서히 냉각시켜 경화된 것을 파쇄하여 만든다.
② 투수성은 보통골재의 경우보다 작으므로 수밀콘크리트에 적합하다.
③ 고로슬래그 쇄석을 활용한 콘크리트는 다른 암석을 사용한 콘크리트보다 건조수축이 적다.
④ 다공질이기 때문에 흡수율이 크므로 충분히 살수하여 사용하는 것이 좋다.

해설

고로슬래그 쇄석의 투수성은 보통골재의 경우보다 크다.

정답 ②

99 점토제품 중 소성온도가 가장 고온이고 흡수성이 매우 작으며 모자이크 타일, 위생도기 등에 주로 쓰이는 것은?

① 토기   ② 도기   ③ 석기   ④ 자기

해설

자기질은 소성온도가 가장 고온이고 흡수성이 매우 작으며 모자이크 타일, 위생도기 등에 주로 쓰인다.

정답 ④

100 목재에 사용되는 크레오소트 오일에 대한 설명으로 옳지 않은 것은?

① 냄새가 좋아서 실내에서도 사용이 가능하다.
② 방부력이 우수하고 가격이 저렴하다.
③ 독성이 적다.
④ 침투성이 좋아 목재에 깊게 주입된다.

해설

목재에 사용되는 크레오소트 오일은 방부력이 우수하고 침투성이 좋으며 가격이 저렴하나 냄새가 자극적이어서 실내 사용이 어렵다.

정답 ①

6과목 건설안전기술

101 건설업의 공사금액이 850억 원일 경우 산업안전보건법령에 따른 안전관리자의 수로 옳은 것은? (단, 전체 공사기간을 100으로 할 때 공사 전·후 15에 해당하는 경우는 고려하지 않는다.)

① 1명 이상
② 2명 이상
③ 3명 이상
④ 4명 이상

건설업 사업장의 상시근로자 수	안전관리자의 수
공사금액 50억원 이상(관계수급인은 100억원 이상) 120억원 미만(「건설산업기본법 시행령」별표 1 제1호가목의 토목공사업의 경우에는 150억원 미만) 공사금액 120억원 이상(「건설산업기본법 시행령」별표 1 제1호가목의 토목공사업의 경우에는 150억원 이상) 800억원 미만	1명 이상
공사금액 800억원 이상 1,500억원 미만	2명 이상
공사금액 1,500억원 이상 2,200억원 미만	3명 이상
공사금액 2,200억원 이상 3천억원 미만	4명 이상
공사금액 3천억원 이상 3,900억원 미만	5명 이상
공사금액 3,900억원 이상 4,900억원 미만	6명 이상
공사금액 4,900억원 이상 6천억원 미만	7명 이상
공사금액 6천억원 이상 7,200억원 미만	8명 이상
공사금액 7,200억원 이상 8,500억원 미만	9명 이상
공사금액 8,500억원 이상 1조원 미만	10명 이상
1조원 이상	11명 이상

정답 ②

102 동바리 조립 시 준수사항으로 옳지 않은 것은? (개정 법령에 맞게 수정함)

① 깔판이나 받침목은 3단 이상 끼우지 않도록 할 것
② 동바리의 상하 고정 및 미끄러짐 방지 조치를 할 것
③ 개구부 상부에 동바리를 설치하는 경우에는 상부하중을 견딜 수 있는 견고한 받침대를 설치할 것
④ 동바리의 이음은 같은 품질의 재료를 사용할 것

해설

산업안전보건기준에 관한 규칙

제332조(동바리 조립 시의 안전조치)
사업주는 동바리를 조립하는 경우에는 하중의 지지상태를 유지할 수 있도록 다음 각 호의 사항을 준수해야 한다. [전문개정 2023. 11. 14.]
1. 받침목이나 깔판의 사용, 콘크리트 타설, 말뚝박기 등 동바리의 침하를 방지하기 위한 조치를 할 것
2. 동바리의 상하 고정 및 미끄러짐 방지 조치를 할 것
3. 상부·하부의 동바리가 동일 수직선상에 위치하도록 하여 깔판·받침목에 고정시킬 것
4. 개구부 상부에 동바리를 설치하는 경우에는 상부하중을 견딜 수 있는 견고한 받침대를 설치할 것
5. U헤드 등의 단판이 없는 동바리의 상단에 멍에 등을 올릴 경우에는 해당 상단에 U헤드 등의 단판을 설치하고, 멍에 등이 전도되거나 이탈되지 않도록 고정시킬 것
6. 동바리의 이음은 같은 품질의 재료를 사용할 것
7. 강재의 접속부 및 교차부는 볼트·클램프 등 전용철물을 사용하여 단단히 연결할 것
8. 거푸집의 형상에 따른 부득이한 경우를 제외하고는 깔판이나 받침목은 2단 이상 끼우지 않도록 할 것
9. 깔판이나 받침목을 이어서 사용하는 경우에는 그 깔판·받침목을 단단히 연결할 것

정답 ①

---

103 가설통로를 설치하는 경우 준수해야 할 기준으로 옳지 않은 것은?

① 경사는 30° 이하로 할 것
② 경사가 25°를 초과하는 경우에는 미끄러지지 아니하는 구조로 할 것
③ 건설공사에 사용하는 높이 8m 이상인 비계다리에는 7m 이내마다 계단참을 설치할 것
④ 수직갱에 가설된 통로의 길이가 15m 이상인 때에는 10m 이내마다 계단참을 설치할 것

해설

산업안전보건기준에 관한 규칙

제23조(가설통로의 구조) 사업주는 가설통로를 설치하는 경우 다음 각 호의 사항을 준수하여야 한다.
1. 견고한 구조로 할 것
2. 경사는 30도 이하로 할 것. 다만, 계단을 설치하거나 높이 2미터 미만의 가설통로로서 튼튼한 손잡이를 설치한 경우에는 그러하지 아니하다.
3. 경사가 15도를 초과하는 경우에는 미끄러지지 아니하는 구조로 할 것
4. 추락할 위험이 있는 장소에는 안전난간을 설치할 것. 다만, 작업상 부득이한 경우에는 필요한 부분만 임시로 해체할 수 있다.
5. 수직갱에 가설된 통로의 길이가 15미터 이상인 경우에는 10미터 이내마다 계단참을 설치할 것
6. 건설공사에 사용하는 높이 8미터 이상인 비계다리에는 7미터 이내마다 계단참을 설치할 것

정답 ②

104 항타기 또는 항발기의 사용 시 준수사항으로 옳지 않은 것은?

① 증기나 공기를 차단하는 장치를 작업관리자가 쉽게 조작할 수 있는 위치에 설치한다.
② 해머의 운동에 의하여 증기호스 또는 공기호스와 해머의 접속부가 파손되거나 벗겨지는 것을 방지하기 위하여 그 접속부가 아닌 부위를 선정하여 증기호스 또는 공기호스를 해머에 고정시킨다.
③ 항타기나 항발기의 권상장치의 드럼에 권상용 와이어로프가 꼬인 경우에는 와이어로프에 하중을 걸어서는 안된다.
④ 항타기나 항발기의 권상장치에 하중을 건 상태로 정지하여 두는 경우에는 쐐기장치 또는 역회전방지용 브레이크를 사용하여 제동하는 등 확실하게 정지시켜 두어야 한다.

해설

산업안전보건기준에 관한 규칙
제217조(사용 시의 조치 등) ① 사업주는 압축공기를 동력원으로 하는 항타기나 항발기를 사용하는 경우에는 다음 각 호의 사항을 준수하여야 한다. 〈개정 2022. 10. 18.〉
1. 해머의 운동에 의하여 공기호스와 해머의 접속부가 파손되거나 벗겨지는 것을 방지하기 위하여 그 접속부가 아닌 부위를 선정하여 공기호스를 해머에 고정시킬 것
2. 공기를 차단하는 장치를 해머의 운전자가 쉽게 조작할 수 있는 위치에 설치할 것
  ② 사업주는 항타기나 항발기의 권상장치의 드럼에 권상용 와이어로프가 꼬인 경우에는 와이어로프에 하중을 걸어서는 아니 된다.
  ③ 사업주는 항타기나 항발기의 권상장치에 하중을 건 상태로 정지하여 두는 경우에는 쐐기장치 또는 역회전방지용 브레이크를 사용하여 제동하는 등 확실하게 정지시켜 두어야 한다.

정답 ①

105 가설공사 표준안전 작업지침에 따른 통로발판을 설치하여 사용함에 있어 준수사항으로 옳지 않은 것은?

① 추락의 위험이 있는 곳에는 안전난간이나 철책을 설치하여야 한다.
② 작업발판의 최대폭은 1.6m 이내이어야 한다.
③ 비계발판의 구조에 따라 최대 적재하중을 정하고 이를 초과하지 않도록 하여야 한다.
④ 발판을 겹쳐 이음하는 경우 장선 위에서 이음을 하고 겹침길이는 10cm 이상으로 하여야 한다.

해설

가설공사 표준안전 작업지침
제15조(통로발판) 사업주는 통로발판을 설치하여 사용함에 있어서 다음 각 호의 사항을 준수하여야 한다.
1. 근로자가 작업 및 이동하기에 충분한 넓이가 확보되어야 한다.
2. 추락의 위험이 있는 곳에는 안전난간이나 철책을 설치하여야 한다.
3. 발판을 겹쳐 이음하는 경우 장선 위에서 이음을 하고 겹침길이는 20센티미터 이상으로 하여야 한다.
4. 발판 1개에 대한 지지물은 2개 이상이어야 한다.

5. 작업발판의 최대폭은 1.6미터 이내이어야 한다.
6. 작업발판 위에는 돌출된 못, 옹이, 철선 등이 없어야 한다.
7. 비계발판의 구조에 따라 최대 적재하중을 정하고 이를 초과하지 않도록 하여야 한다.

정답 ④

106 토사붕괴에 따른 재해를 방지하기 위한 흙막이 지보공 부재로 옳지 않은 것은?

① 흙막이판
② 말뚝
③ 턴버클
④ 띠장

해설

턴버클은 와이어로프나 전선 등의 길이를 조절하거나 장력의 조정이 필요한 곳에 사용한다.

정답 ③

107 토사 붕괴원인으로 옳지 않은 것은?

① 경사 및 기울기 증가
② 성토높이의 증가
③ 건설기계 등 하중작용
④ 토사중량의 감소

해설

토사의 붕괴원인에는 토사의 경사·기울기, 성토높이, 토사중량이 증가할수록 발생위험이 크다.

정답 ④

108 이동식 비계를 조립하여 작업을 하는 경우의 준수기준으로 옳지 않은 것은?

① 비계의 최상부에서 작업을 할 때에는 안전난간을 설치하여야 한다.
② 작업발판의 최대적재하중은 40kg을 초과하지 않도록 한다.
③ 승강용 사다리는 견고하게 설치하여야 한다.
④ 작업발판은 항상 수평을 유지하고 작업발판위에서 안전난간을 딛고 작업을 하거나 받침대 또는 사다리를 사용하여 작업하지 않도록 한다.

해설

산업안전보건기준에 관한 규칙
제68조(이동식비계) 사업주는 이동식비계를 조립하여 작업을 하는 경우에는 다음 각 호의 사항을 준수하여야 한다. 〈개정 2019. 10. 15., 2024. 6. 28.〉
1. 이동식비계의 바퀴에는 뜻밖의 갑작스러운 이동 또는 전도를 방지하기 위하여 브레이크·쐐기 등으로 바퀴를 고정시킨 다음 비계의 일부를 견고한 시설물에 고정하거나 아웃트리거를 설치하는 등 필요한 조치를 할 것
2. 승강용사다리는 견고하게 설치할 것

3. 비계의 최상부에서 작업을 하는 경우에는 안전난간을 설치할 것
4. 작업발판은 항상 수평을 유지하고 작업발판 위에서 안전난간을 딛고 작업을 하거나 받침대 또는 사다리를 사용하여 작업하지 않도록 할 것
5. 작업발판의 최대적재하중은 250킬로그램을 초과하지 않도록 할 것

정답 ②

109 건설용 리프트의 붕괴 등을 방지하기 위해 받침의 수를 증가 시키는 등 안전조치를 하여야 하는 순간풍속 기준은?

① 초당 15미터 초과 ② 초당 25미터 초과
③ 초당 35미터 초과 ④ 초당 45미터 초과

해설

산업안전보건기준에 관한 규칙
제154조(붕괴 등의 방지) ① 사업주는 지반침하, 불량한 자재사용 또는 헐거운 결선(結線) 등으로 리프트가 붕괴되거나 넘어지지 않도록 필요한 조치를 하여야 한다.
② 사업주는 순간풍속이 초당 35미터를 초과하는 바람이 불어올 우려가 있는 경우 건설용 리프트(지하에 설치되어 있는 것은 제외한다)에 대하여 받침의 수를 증가시키는 등 그 붕괴 등을 방지하기 위한 조치를 하여야 한다. 〈개정 2022. 10. 18.〉

정답 ③

110 건설작업용 타워크레인의 안전장치로 옳지 않은 것은?

① 권과 방지장치   ② 과부하 방지장치
③ 비상정지 장치   ④ 호이스트 스위치

해설

산업안전보건기준에 관한 규칙
제134조(방호장치의 조정) ① 사업주는 다음 각 호의 양중기에 과부하방지장치, 권과방지장치(捲過防止裝置), 비상정지장치 및 제동장치, 그 밖의 방호장치[(승강기의 파이널 리미트 스위치(final limit switch), 속도조절기, 출입문 인터 록(inter lock) 등을 말한다]가 정상적으로 작동될 수 있도록 미리 조정해 두어야 한다. 〈개정 2017. 3. 3., 2019. 4. 19.〉
1. 크레인
2. 이동식 크레인
3. 삭제 〈2019. 4. 19.〉
4. 리프트
5. 곤돌라
6. 승강기

정답 ④

111 달비계에 사용하는 와이어로프의 사용금지 기준으로 옳지 않은 것은?

① 이음매가 있는 것
② 열과 전기 충격에 의해 손상된 것
③ 지름의 감소가 공칭지름의 7%를 초과하는 것
④ 와이어로프의 한 꼬임에서 끊어진 소선의 수가 7% 이상인 것

해설

산업안전보건기준에 관한 규칙

제63조(달비계의 구조) ① 사업주는 곤돌라형 달비계를 설치하는 경우에는 다음 각 호의 사항을 준수해야 한다. 〈개정 2021. 11. 19.〉
1. 다음 각 목의 어느 하나에 해당하는 와이어로프를 달비계에 사용해서는 아니 된다.
  가. 이음매가 있는 것
  나. 와이어로프의 한 꼬임[[스트랜드(strand)를 말한다. 이하 같다]]에서 끊어진 소선(素線)[필러(pillar)선은 제외한다)]의 수가 10퍼센트 이상(비자전로프의 경우에는 끊어진 소선의 수가 와이어로프 호칭지름의 6배 길이 이내에서 4개 이상이거나 호칭지름 30배 길이 이내에서 8개 이상)인 것
  다. 지름의 감소가 공칭지름의 7퍼센트를 초과하는 것
  라. 꼬인 것
  마. 심하게 변형되거나 부식된 것
  바. 열과 전기충격에 의해 손상된 것

정답 ④

112 건설업 산업안전보건관리비 계상 및 사용기준에서 발주자에게 건설공사를 도급받은 사업주로서 건설공사의 시공을 주도하여 총괄 및 관리하는 사람은? (개정 법령에 맞게 수정함)

① 감리자
② 자기공사자
③ 건설공사도급인
④ 건설공사발주자

해설

건설업 산업안전보건관리비 계상 및 사용기준

제2조(정의) ① 이 고시에서 사용하는 용어의 뜻은 다음과 같다.
3. "건설공사발주자"(이하 "발주자"라 한다)란 법 제2조제10호에 따른 건설공사발주자를 말한다.
4. "건설공사도급인"이란 발주자에게 건설공사를 도급받은 사업주로서 건설공사의 시공을 주도하여 총괄·관리하는 자를 말한다.
5. "자기공사자"란 건설공사의 시공을 주도하여 총괄·관리하는 자(발주자로부터 건설공사를 최초로 도급받은 수급인은 제외한다)를 말한다.

정답 ③

113 가설구조물의 특징으로 옳지 않은 것은?

① 연결재가 적은 구조로 되기 쉽다.
② 부재 결합이 간략하여 불안전 결합이다.
③ 구조물이라는 개념이 확고하여 조립의 정밀도가 높다.
④ 사용부재는 과소단면이거나 결함재가 되기 쉽다.

해설

가설구조물의 경우 임시구조물의 개념으로 조립의 정밀도가 낮다.

정답 ③

114 동바리의 침하를 방지하기 위한 직접적인 조치로 옳지 않은 것은? (개정 법령에 맞게 수정함)

① 수평연결재 사용
② 받침목의 사용
③ 콘크리트의 타설
④ 말뚝박기

해설

산업안전보건기준에 관한 규칙
제332조(동바리 조립 시의 안전조치) 사업주는 동바리를 조립하는 경우에는 하중의 지지상태를 유지할 수 있도록 다음 각 호의 사항을 준수해야 한다. [전문개정 2023. 11. 14.]
1. 받침목이나 깔목의 사용, 콘크리트 타설, 말뚝박기 등 동바리의 침하를 방지하기 위한 조치를 할 것
2. 동바리의 상하 고정 및 미끄러짐 방지 조치를 할 것
3. 상부·하부의 동바리가 동일 수직선상에 위치하도록 하여 깔판·받침목에 고정시킬 것
4. 개구부 상부에 동바리를 설치하는 경우에는 상부하중을 견딜 수 있는 견고한 받침대를 설치할 것
5. U헤드 등의 단판이 없는 동바리의 상단에 멍에 등을 올릴 경우에는 해당 상단에 U헤드 등의 단판을 설치하고, 멍에 등이 전도되거나 이탈되지 않도록 고정시킬 것
6. 동바리의 이음은 같은 품질의 재료를 사용할 것
7. 강재의 접속부 및 교차부는 볼트·클램프 등 전용철물을 사용하여 단단히 연결할 것
8. 거푸집의 형상에 따른 부득이한 경우를 제외하고는 깔판이나 받침목은 2단 이상 끼우지 않도록 할 것
9. 깔판이나 받침목을 이어서 사용하는 경우에는 그 깔판·받침목을 단단히 연결할 것

정답 ①

115 건설공사의 유해위험방지계획서 제출 기준일로 옳은 것은?

① 당해공사 착공 1개월 전까지
② 당해공사 착공 15일 전까지
③ 당해공사 착공 전날까지
④ 당해공사 착공 15일 후까지

해설

산업안전보건법 시행규칙
제42조(제출서류 등)
③ 법 제42조 제1항 제3호에 해당하는 사업주가 유해위험방지계획서를 제출할 때에는 별지 제17호 서식의 건설공사 유해위험방지계획서에 별표 10의 서류를 첨부하여 해당 공사의 착공(유해위험방지계획서 작성 대상 시설물 또는 구조물의 공사를 시작하는 것을 말하며, 대지 정리 및 가설사무소 설치 등의 공사 준비기간은 착공으로 보지 않는다) 전날까지 공단에 2부를 제출해야 한다. 이 경우 해당 공사가 「건설기술 진흥법」 제62조에 따른 안전관리계획을 수립해야 하는 건설공사에 해당하는 경우에는 유해위험방지계획서와 안전관리계획서를 통합하여 작성한 서류를 제출할 수 있다.

정답 ③

116 건설업 중 유해위험방지계획서 제출 대상 사업장으로 옳지 않은 것은?

① 지상높이가 31m 이상인 건축물 또는 인공구조물, 연면적 30,000m² 이상인 건축물 또는 연면적 5,000m² 이상의 문화 및 집회시설의 건설공사
② 연면적 3,000m² 이상의 냉동·냉장 창고시설의 설비공사 및 단열공사
③ 깊이 10m 이상인 굴착공사
④ 최대 지간길이가 50m 이상인 다리의 건설공사

해설

산업안전보건법 시행령 제42조(유해위험방지계획서 제출 대상)
③ 법 제42조 제1항 제3호에서 "대통령령으로 정하는 크기 높이 등에 해당하는 건설공사"란 다음 각 호의 어느 하나에 해당하는 공사를 말한다.
1. 다음 각 목의 어느 하나에 해당하는 건축물 또는 시설 등의 건설·개조 또는 해체(이하 "건설등"이라 한다) 공사
  가. 지상높이가 31미터 이상인 건축물 또는 인공구조물
  나. 연면적 3만 제곱미터 이상인 건축물
  다. 연면적 5천 제곱미터 이상인 시설로서 다음의 어느 하나에 해당하는 시설 1) 문화 및 집회시설(전시장 및 동물원·식물원은 제외한다) 2) 판매시설, 운수시설(고속철도의 역사 및 집배송시설은 제외한다) 3) 종교시설 4) 의료시설 중 종합병원 5) 숙박시설 중 관광숙박시설 6) 지하도상가 7) 냉동·냉장 창고시설
2. 연면적 5천 제곱미터 이상인 냉동·냉장 창고시설의 설비공사 및 단열공사
3. 최대 지간(支間)길이(다리의 기둥과 기둥의 중심사이의 거리)가 50미터 이상인 다리의 건설등 공사
4. 터널의 건설등 공사
5. 다목적댐, 발전용댐, 저수용량 2천만 톤 이상의 용수 전용 댐 및 지방상수도 전용 댐의 건설등 공사
6. 깊이 10미터 이상인 굴착공사

117 사다리식 통로 등의 구조에 대한 설치기준으로 옳지 않은 것은?

① 발판의 간격은 일정하게 할 것
② 발판과 벽과의 사이는 15cm 이상의 간격을 유지할 것
③ 사다리식 통로의 길이가 10m 이상인 때에는 7m 이내마다 계단참을 설치할 것
④ 사다리의 상단은 걸쳐놓은 지점으로부터 60cm 이상 올라가도록 할 것

해설

제24조(사다리식 통로 등의 구조) ① 사업주는 사다리식 통로 등을 설치하는 경우 다음 각 호의 사항을 준수하여야 한다. 〈개정 2024. 6. 28.〉
1. 견고한 구조로 할 것
2. 심한 손상·부식 등이 없는 재료를 사용할 것
3. 발판의 간격은 일정하게 할 것
4. 발판과 벽과의 사이는 15센티미터 이상의 간격을 유지할 것
5. 폭은 30센티미터 이상으로 할 것
6. 사다리가 넘어지거나 미끄러지는 것을 방지하기 위한 조치를 할 것
7. 사다리의 상단은 걸쳐놓은 지점으로부터 60센티미터 이상 올라가도록 할 것
8. 사다리식 통로의 길이가 10미터 이상인 경우에는 5미터 이내마다 계단참을 설치할 것
9. 사다리식 통로의 기울기는 75도 이하로 할 것. 다만, 고정식 사다리식 통로의 기울기는 90도 이하로 하고, 그 높이가 7미터 이상인 경우에는 다음 각 목의 구분에 따른 조치를 할 것
　가. 등받이울이 있어도 근로자 이동에 지장이 없는 경우: 바닥으로부터 높이가 2.5미터 되는 지점부터 등받이울을 설치할 것
　나. 등받이울이 있으면 근로자가 이동이 곤란한 경우: 한국산업표준에서 정하는 기준에 적합한 개인용 추락 방지 시스템을 설치하고 근로자로 하여금 한국산업표준에서 정하는 기준에 적합한 전신안전대를 사용하도록 할 것
10. 접이식 사다리 기둥은 사용 시 접혀지거나 펼쳐지지 않도록 철물 등을 사용하여 견고하게 조치할 것
② 잠함(潛函) 내 사다리식 통로와 건조·수리 중인 선박의 구명줄이 설치된 사다리식 통로(건조·수리작업을 위하여 임시로 설치한 사다리식 통로는 제외한다)에 대해서는 제1항 제5호부터 제10호까지의 규정을 적용하지 아니한다.

정답 ③

118 철골건립준비를 할 때 준수하여야 할 사항으로 옳지 않은 것은?

① 지상 작업장에서 건립준비 및 기계기구를 배치할 경우에는 낙하물의 위험이 없는 평탄한 장소를 선정하여 정비하여야 한다.
② 건립작업에 다소 지장이 있다하더라도 수목은 제거하거나 이설하여서는 안된다.
③ 사용전에 기계기구에 대한 정비 및 보수를 철저히 실시하여야 한다.
④ 기계에 부착된 앵카 등 고정장치와 기초구조 등을 확인하여야 한다.

해설

철골공사표준안전작업지침

제7조(건립준비) 철골건립준비를 할 때 다음 각 호의 사항을 준수하여야 한다.
1. 지상 작업장에서 건립준비 및 기계기구를 배치할 경우에는 낙하물의 위험이 없는 평탄한 장소를 선정하여 정비하고 경사지에서는 작업대나 임시발판 등을 설치하는 등 안전하게 한 후 작업하여야 한다.
2. 건립작업에 지장이 되는 수목은 제거하거나 이설하여야 한다.
3. 인근에 건축물 또는 고압선 등이 있는 경우에는 이에 대한 방호조치 및 안전조치를 하여야 한다.
4. 사용전에 기계기구에 대한 정비 및 보수를 철저히 실시하여야 한다.
5. 기계가 계획대로 배치되어 있는가, 원치는 작업구역을 확인할 수 있는 곳에 위치하였는가, 기계에 부착된 앵카 등 고정장치와 기초구조 등을 확인하여야 한다.

정답 ②

119 고소작업대를 설치 및 이동하는 경우에 준수하여야 할 사항으로 옳지 않은 것은?

① 와이어로프 또는 체인의 안전율은 3 이상일 것
② 붐의 최대 지면경사각을 초과 운전하여 전도되지 않도록 할 것
③ 고소작업대를 이동하는 경우 작업대를 가장 낮게 내릴 것
④ 작업대에 끼임·충돌 등 재해를 예방하기 위한 가드 또는 과상승방지장치를 설치할 것

해설

산업안전보건기준에 관한 규칙

제186조(고소작업대 설치 등의 조치)

① 사업주는 고소작업대를 설치하는 경우에는 다음 각 호에 해당하는 것을 설치하여야 한다.
　1. 작업대를 와이어로프 또는 체인으로 올리거나 내릴 경우에는 와이어로프 또는 체인이 끊어져 작업대가 떨어지지 아니하는 구조여야 하며, 와이어로프 또는 체인의 안전율은 5 이상일 것
　2. 작업대를 유압에 의해 올리거나 내릴 경우에는 작업대를 일정한 위치에 유지할 수 있는 장치를 갖추고 압력의 이상저하를 방지할 수 있는 구조일 것
　3. 권과방지장치를 갖추거나 압력의 이상상승을 방지할 수 있는 구조일 것
　4. 붐의 최대 지면경사각을 초과 운전하여 전도되지 않도록 할 것
　5. 작업대에 정격하중(안전율 5 이상)을 표시할 것
　6. 작업대에 끼임·충돌 등 재해를 예방하기 위한 가드 또는 과상승방지장치를 설치할 것
　7. 조작반의 스위치는 눈으로 확인할 수 있도록 명칭 및 방향표시를 유지할 것
② 사업주는 고소작업대를 설치하는 경우에는 다음 각 호의 사항을 준수하여야 한다.
　1. 바닥과 고소작업대는 가능하면 수평을 유지하도록 할 것
　2. 갑작스러운 이동을 방지하기 위하여 아웃트리거 또는 브레이크 등을 확실히 사용할 것
③ 사업주는 고소작업대를 이동하는 경우에는 다음 각 호의 사항을 준수하여야 한다.
　1. 작업대를 가장 낮게 내릴 것
　2. 작업대를 올린 상태에서 작업자를 태우고 이동하지 말 것. 다만, 이동 중 전도 등의 위험예방을 위하여 유도하는 사람을 배치하고 짧은 구간을 이동하는 경우에는 그러하지 아니하다.
　3. 이동통로의 요철상태 또는 장애물의 유무 등을 확인할 것
④ 사업주는 고소작업대를 사용하는 경우에는 다음 각 호의 사항을 준수하여야 한다.
　1. 작업자가 안전모·안전대 등의 보호구를 착용하도록 할 것
　2. 관계자가 아닌 사람이 작업구역에 들어오는 것을 방지하기 위하여 필요한 조치를 할 것
　3. 안전한 작업을 위하여 적정수준의 조도를 유지할 것
　4. 전로(電路)에 근접하여 작업을 하는 경우에는 작업감시자를 배치하는 등 감전사고를 방지하기 위하여 필요한 조치를 할 것
　5. 작업대를 정기적으로 점검하고 붐·작업대 등 각 부위의 이상 유무를 확인할 것
　6. 전환스위치는 다른 물체를 이용하여 고정하지 말 것
　7. 작업대는 정격하중을 초과하여 물건을 싣거나 탑승하지 말 것
　8. 작업대의 붐대를 상승시킨 상태에서 탑승자는 작업대를 벗어나지 말 것. 다만, 작업대에 안전대 부착설비를 설치하고 안전대를 연결하였을 때에는 그러하지 아니하다.

정답 ①

120 터널공사에서 발파작업 시 안전대책으로 옳지 않은 것은?

① 발파전 도화선 연결상태, 저항치 조사 등의 목적으로 도통시험 실시 및 발파기의 작동상태에 대한 사전점검 실시
② 모든 동력선은 발원점으로부터 최소한 15m 이상 후방으로 옮길 것
③ 지질, 암의 절리 등에 따라 화약량에 대한 검토 및 시방기준과 대비하여 안전조치 실시
④ 발파용 점화회선은 타동력선 및 조명회선과 한곳으로 통합하여 관리

해설

터널공사표준안전작업지침-NATM공법
제7조(발파작업) 사업주는 발파작업시 다음 각 호의 사항을 준수하여야 한다.
1. 발파는 선임된 발파책임자의 지휘에 따라 시행하여야 한다.
2. 발파작업에 대한 특별시방을 준수하여야 한다.
3. 굴착단면 경계면에는 모암에 손상을 주지 않도록 시방에 명기된 정밀폭약(FINEX I, II) 등을 사용하여야 한다.
4. 지질, 암의 절리 등에 따라 화약량을 충분히 검토하여야 하며 시방기준과 대비하여 안전조치를 하여야 한다.
5. 발파책임자는 모든 근로자의 대피를 확인하고 지보공 및 복공에 대하여 필요한 조치의 방호를 한 후 발파하도록 하여야 한다.
6. 발파시 안전한 거리 및 위치에서의 대피가 어려울 때에는 전면과 상부를 견고하게 방호한 임시대피장소를 설치하여야 한다.
7. 화약류를 장진하기 전에 모든 동력선 및 활선은 장진기기로부터 분리시키고 조명회선을 포함한 모든 동력선은 발원점으로부터 최소한 15m 이상 후방으로 옮겨 놓도록 하여야 한다.
8. 발파용 점화회선은 타동력선 및 조명회선으로부터 분리되어야 한다.
9. 발파전 도화선 연결상태, 저항치 조사 등의 목적으로 도통시험을 실시하여야 하며 발파기 작동상태를 사전 점검하여야 한다.
10. 발파 후에는 충분한 시간이 경과한 후 접근하도록 하여야 하며 다음 각 목의 조치를 취한 후 다음 단계의 작업을 행하도록 하여야 한다.
    가. 유독가스의 유무를 재확인하고 신속히 환풍기, 송풍기 등을 이용 환기시킨다.
    나. 발파책임자는 발파 후 가스배출 완료 즉시 굴착면을 세밀히 조사하여 붕락 가능성의 뜬돌을 제거하여야 하며 용출수 유무를 동시에 확인하여야 한다.
    다. 발파단면을 세밀히 조사하여 필요에 따라 지보공, 록볼트, 철망, 뿜어 붙이기 콘크리트 등으로 보강하여야 한다.
    라. 불발화약류의 유무를 세밀히 조사하여야 하며 발견시 국부 재발파, 수압에 의한 제거방식 등으로 잔류화약을 처리하여야 한다.

정답 ④

PART 07 — 2023년 1회 기출

2023.02.15.시행

※ 23년 기출문제는 시험 후기를 바탕으로 복원한 것으로 실제 출제 문제와 상이할 수 있습니다.

1과목 산업안전관리론

01 재해예방의 4원칙이 아닌 것은?

① 손실우연의 원칙 ② 예방가능의 원칙
③ 사고단절의 원칙 ④ 원인계기의 원칙

해설

재해예방 4원칙 : 원인계기의 원칙, 손실우연의 원칙, 예방가능의 원칙, 대책선정의 원칙

정답 ③

02 산업안전보건위원회를 설치·운영해야 하는 건설업 공사비 기준은 얼마인가?

① 100억 ② 120억
③ 240억 ④ 500억

정답 ②

03 사고방지원리 5단계 중 제2단계(사실의 발견)에 관한 내용으로 옳지 않은 것은?

① 안전점검 및 안전진단 ② 근로자의 제안 및 여론조사
③ 인사조정 ④ 작업분석

해설

인사조정은 시정방법의 선정(4단계)에 해당한다.

정답 ③

04 다음 중 소규모 사업장에 가장 적절한 안전관리조직 형태는 무엇인가?

① 스탭형 조직 ② 라인형 조직
③ 복합형 조직 ④ 라인-스탭 혼합형 조직

해설

- 라인형 조직(line) : 소규모 사업장(100명 미만)
- 참모형 조직(staff) : 중규모 사업장(100~500명 미만)
- 복합형 조직(line-staff) : 대규모 사업장(1000명 이상)

정답 ②

05 다음 중 안전보건관리계획 개요에 대한 내용으로 옳지 않은 것은?

① 경영층의 기본 방침을 근로자에게 명확하게 설명해야 한다.
② 다른 관리계획과 균형이 맞아야 한다.
③ 안전보건의 저해요인을 확실하게 파악해야 한다.
④ 계획의 목표는 점진적으로 낮은 수준으로 잡는다.

해설

안전보건관리계획의 목표는 점진적으로 높은 수준으로 설정한다.

정답 ④

06 다음 중 재해손실비용에서 직접손실비용이 아닌 것을 고르면?

① 장해급여
② 요양급여
③ 상병보상연금
④ 생산중단손실비용

해설

직접비 : 장해보상비, 유족보상비, 장의비, 요양보상비, 휴업보상비

정답 ④

07 천재지변 발생 직후 기계설비의 수리 등을 할 경우 또는 중대재해 발생 후 진행하는 안전점검은?

① 자체점검
② 수시점검
③ 임시점검
④ 특별점검

해설

수시점검 : 작업전 · 중 · 후 실시
정기점검 : 정기적(주 · 월 단위 등) 실시
임시점검 : 이상 발견 시 정기점검 간 실시
특별점검 : 기계설비 등 신설 · 변경 · 고장수리 시, 천재지변, 안전 강조기간 등

정답 ④

08 아담스의 재해연쇄이론에서 전략적 에러로 정의한 것은?

① 불안전한 상태 ② 선천적 결함
③ 경영자나 감독자의 행동 ④ 불안전한 행동

해설

- 1단계 [관리구조] : 조직, 운영, 목적 등
- 2단계 [작전(전략)적 에러] : 감독자·경영자의 행동에러(운영상 실수)
- 3단계 [전술적 에러] : 기술적·관리적 에러
- 4단계 [사고] : 사고발생
- 5단계 [상해·손실] : 물적·인적 피해

정답 ③

09 크레인은 사업장에 설치한 날부터 얼마 이내에 안전검사를 실시해야 하는가?

① 1년 ② 2년
③ 3년 ④ 5년

해설

사업장 설치가 끝난 날부터 3년 이내에 최초 안전검사하고 이후 2년마다 안전검사 실시(단, 건설현장에서 사용하는 것은 최초로 설치한 날부터 6개월마다 실시)

정답 ③

10 사고예방대책의 기본원리 5단계 중 3단계의 분석평가에 대한 내용으로 옳은 것은?

① 현장 조사 ② 사고 및 활동 기록 검토
③ 위험 확인 ④ 기술의 개선 및 인사 조정

해설

1단계(조직)
- 경영자 참여, 안전관리자 지정, 안전관리조직 구성, 안전활동 계획 및 방침 수립, 안전활동
2단계(사실의 발견)
- 사고 및 안전활동 기록 및 검토, 안전점검·진단, 안전회의, 사고조사, 근로자 여론조사, 보고서연구
3단계(분석평가)
- 현장조사, 사고기록 및 분석, 사고보고서, 작업공정 분석, 사고의 직간접적 원인 규명
4단계(시정방법의 선정)
- 인사조정 및 배치, 교육훈련 개선, 기술적 개선, 안전행정 개선, 작업표준제도 개선
5단계(시정책의 적용)
- 교육적, 기술적, 단속적 대책

정답 ①

11 산업안전보건법상 안전관리자를 2명 이상 선임해야 하는 사업이 아닌 것은?

① 상시근로자가 500명인 1차 금속 제조업
② 상시근로자가 100명인 창고업
③ 공사금액이 900억 원인 건설업
④ 상시근로자가 600명인 식료품 제조업

해설

상시근로자가 100명(50~1000명 미만)인 창고업은 안전관리자를 1명 선임하며, 1000명 이상인 경우 안전관리자 2명 선임.

정답 ②

12 무재해운동 추진의 3대 기둥으로 볼 수 없는 것은?

① 노동조합의 협의체 구성
② 최고 경영자의 경영 자세
③ 관리 감독자에 의한 안전보건의 추진
④ 직장 소집단 자주 활동의 활발화

해설

최고 경영자의 경영 자세, 관리 감독자의 안전보건 추진(라인화), 직장 소집단 자주 활동의 활발화

정답 ①

13 다음 중 재해사례연구를 할 때의 유의사항으로 옳지 않은 것은?

① 논리적으로 분석할 수 있어야 한다.
② 신뢰성이 있는 자료 수집이 있어야 한다.
③ 과학적이어야 한다.
④ 정확성이 있고 주관적이어야 한다.

해설

재해사례연구는 객관적이어야 한다.

정답 ④

14 다음 중 안전표지에서 금지표지에 대한 설명으로 맞는 것은?

	바탕	기본모형	관련부호 및 그림
①	흰색	빨간색	파란색
②	흰색	빨간색	검은색
③	노란색	파란색	검은색
④	노란색	파란색	빨간색

해설

금지표지는 바탕(백색), 기본모형(적색), 관련부호·그림(흑색)

정답 ②

15 산업안전보건법상 지방고용노동관서의 장이 사업주에게 보건관리자를 정수 이상으로 증원·교체할 것을 명령할 수 있는 경우는?

① 사망재해가 연간 1건 발생한 경우
② 중대재해가 연간 1건 발생한 경우
③ 중대재해가 연간 4건 발생한 경우
④ 화학적 인자로 인한 직업성 질병자가 연간 2명 발생한 경우

해설

- 연간재해율이 동일 업종의 평균 재해율의 2배 이상인 경우
- 중대재해가 연간 3건 이상 발생한 경우
- 관리자의 질병 또는 그 밖의 사유로 3개월 이상 직무 수행이 안되는 경우
- 화학적 인자로 인해 직업성 질병자가 연간 3명 이상 발생한 경우

정답 ③

16 다음 중 건설기술진흥법상 안전관리계획을 수립해야 하는 건설공사가 아닌 것은?

① 지하 20미터 깊이를 굴착하는 건설공사
② 가설구조물을 사용하는 건설공사
③ 18층 건축물의 건설공사
④ 15층 건축물의 리모델링

해설

10층 이상 16층 미만인 건축물의 건설공사

정답 ③

17 다음 중 보호구 안전인증 고시에 따른 안전화 종류에 해당하지 않는 것은?

① 고무제 안전화　　　② 가죽제 안전화
③ 경화 안전화　　　　④ 발등 안전화

보호구 안전인증 고시에 따른 안전화 종류
가죽제 · 고무제 · 정전기(화) · 발등(방호) 안전화, 절연화, 절연장화

정답 ③

18 산업안전보건법상 산업안전보건위원회의 사용자 위원에 해당되지 않는 사람은?

① 산업보건의　　　　② 안전관리자
③ 보건관리자　　　　④ 명예산업안전감독관

명예산업안전감독관은 근로자 대표가 지명하므로 근로자 위원에 해당한다.

정답 ④

19 상시 근로자수가 100명인 사업장에서 1년 동안 6건의 재해로 10명이 부상하였고, 이로 인한 근로손실일수는 120일이며, 휴업일수는 68일이었다고 할 때 이 사업장의 강도율은?
(단, 1일 9시간, 290일 근무)

① 0.67　　② 0.89　　③ 17.8　　④ 34

$$강도율 = \frac{근로손실일수}{연근로시간수} = \frac{120 + (68 \times \frac{290}{365})}{100 \times 9 \times 290} \times 1,000 = 0.67$$

정답 ①

20 다음 중 하베이가 제시한 '안전의 3E'에 해당하지 않는 것은?

① Education　　　　② Economy
③ Engineering　　　④ Enforcement

Economy 는 해당하지 않음.

정답 ②

2과목　산업심리 및 교육

21 다음 중 적응기제(adjustment mechanism)에서 도피기제에 해당하는 것은?

① 투사　　② 합리화　　③ 승화　　④ 퇴행

해설

- 도피기제 : 퇴행, 고행, 백일몽, 고립 등
- 방어기제 : 합리화, 보상, 승화, 동일시 등

정답 ④

22 점멸융합주파수(CFF, Critical Flicker Fusion)에 대한 설명으로 옳지 않은 것은?

① 작업시간이 경과할수록 CFF치는 높아진다.
② 일정한 빛으로 인지가 되는 깜빡이는 빛의 가장 낮은 주파수를 말한다.
③ 긴장된 상태이거나 머리가 맑을 때 CFF치는 높아진다.
④ CFF는 중추신경계의 정신적 피로를 평가하는 척도이다.

해설

작업시간이 경과할수록 CFF치는 낮아진다.

정답 ①

23 성선설에 바탕으로 인간을 긍정적으로 바라보는 이론은 무엇인가?

① A-이론　　② X-이론　　③ Y-이론　　④ G-이론

해설

맥그리거의 Y이론은 성선설, 상호신뢰, 인간의 근면성·적극성·자주성, 자기통제 및 정신적 욕구 충족, 자율관리를 주장한 것으로 선진국형에서 나타난 현상을 적용한 이론이다. 이와 반대되는 이론이 X이론이다.

정답 ③

24 안전규칙을 몸소 체득하는 데 적합한 안전교육의 단계는 무엇인가?

① 문제해결 교육　　② 지식 교육　　③ 기능 교육　　④ 태도 교육

해설

태도 교육 : 작업 동작 및 표준 작업의 습관화, 작업 전후의 점검, 검사요령의 습관화 등으로 안전규칙을 몸소 체득하는 데 적합한 교육이다.

정답 ④

25 다음 중 현대 조직이론에서 작업자의 수직적 직무 권한을 확대하는 방안에 해당하는 것은?

① 직무순환　　② 직무분석　　③ 직무평가　　④ 직무확충

해설

직무확충은 작업자의 수직적 직무 권한을 확대하는 방안이다.

정답 ④

26 상황성 누발자의 재해 유발 원인에 해당하는 것은?

① 소심한 성격　　② 기계설비의 결함
③ 기능 미숙　　　④ 신경 과민

해설

상황성 누발자의 경우 기계설비 결함, 작업의 난해함, 환경영향으로 인한 주의력 집중 저하, 근심 등으로 재해를 누발하는 자를 말한다.

정답 ②

27 다음 중 O.J.T(On Job Training)에 대한 특징으로 옳지 않은 것은?

① 개개인에게 적절한 지도훈련이 가능하다.
② 직장의 설정에 맞게 실제적 훈련이 가능하다.
③ 다수의 근로자에게 조직적 훈련이 가능하다.
④ 상호 신뢰 및 이해도가 높아진다.

해설

다수의 근로자에게 조직적 훈련이 가능한 교육은 현장 외 중심교육(off.J.T)이다.

정답 ③

28 다음 중 사고 경향성 이론에 관한 내용으로 옳지 않은 것은?

① 사고를 많이 내는 여러 명의 특성을 측정하여 사고를 예방하는 것이다.
② 개인의 성격보다는 특정 환경에 의해 훨씬 더 사고가 일어나기 쉽다.
③ 검증하기 위한 효과적인 방법은 다른 두 시기 동안에 같은 사람의 사고기록을 비교하는 것이다.
④ 어떠한 사람이 다른 사람보다 사고를 더 잘 일으킨다는 이론이다.

해설

사고 경향성 이론은 특정 환경보다 개인의 성격에 의해 사고가 더 발생하기 쉽다.

정답 ②

29 다음 중 주의(attention)에 대한 특성으로 적절하지 않은 것은?

① 여러 종류의 자극을 지각할 때 소수의 특정한 것을 선택하여 집중한다.
② 동시에 두 가지 일에 중복하여 집중하기 어렵다.
③ 고도의 주의는 장시간 지속할 수 없다.
④ 주의와 반응의 목적은 대부분의 경우 서로 독립적이다.

해설

주의는 선택성, 방향성, 변동성의 특징을 가지며, 주의와 반응의 목적은 대부분의 경우 서로 독립적이지 않다.

정답 ④

30 목표를 설정하고 그에 따른 보상을 약속하여 부하를 동기화하려는 리더십은 무엇인가?

① 지시적 리더십   ② 변혁적 리더십   ③ 참여적 리더십   ④ 교환적 리더십

해설

교환적 리더십이란 목표를 설정하여 이에 따른 보상을 약속하여 부하를 동기시키려는 리더십을 말한다.

정답 ④

31 어느 부서의 직원 6명의 선호 관계를 분석한 결과 다음과 같은 소시오그램이 작성되었다. 이 부서의 집단응집성 지수는 얼마인가? (실선은 선호관계, 점선은 거부관계)

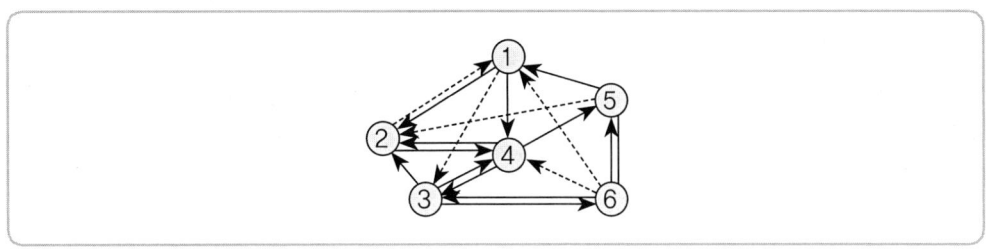

① 0.27   ② 0.32   ③ 0.45   ④ 0.65

해설

집단응집성지수 = $\dfrac{\text{실제상호선호관계의수}}{\text{가능선호관계의 총수}} = \dfrac{4}{\dfrac{6 \times 5}{2}} = 0.27$

― 실제상호선호관계의 수는 쌍방화살표 수를 의미하며 4이다.
― 가능선호관계의 총수는 $CLSUBn_2 = \dfrac{6 \times 5}{2}$ (n은 집단구성원의 수)

정답 ①

32 다음 중 학습경험 조직의 원리와 가장 거리가 먼 것은?

① 계열성의 원리　　② 통합성의 원리
③ 가능성의 원리　　④ 계속성의 원리

학습경험 조직의 원리는 계속성(반복성), 통합성, 계열성이 있다.

정답 ③

33 정지선에 멈춘 차량의 운전자가 지나가는 옆 차의 움직임으로 인해 마치 움직임이 있는 것처럼 느끼는 심리적 현상은 무엇인가?

① 잔상 효과　　② 가현 운동
③ 후광 효과　　④ 기하학적 착시

정답 ②

34 수업 중간 또는 마지막 단계에서 주로 진행하며 언어 학습이나 문제해결 학습에 효과적인 학습법은?

① 강의법　　② 토의법
③ 실연법　　④ 프로그램법

실연법은 수업 중간 또는 마지막 단계에서 주로 진행하고 언어 학습 또는 문제해결 학습에 효과적인 학습방법이다.

정답 ③

35 한 철강회사의 고소작업라인에서 일하는 P 씨의 작업강도가 중(重)작업으로 평가되었다면 이에 해당되는 에너지대사율(RMR)의 범위는?

① 0 ~ 1　　② 2 ~ 4
③ 4 ~ 7　　④ 7 ~ 10

경작업(0~2) 중(中)작업(2~4) 중(重)작업(4~7) 초중(超重)작업(7~)

정답 ③

36 다음 중 매슬로우(Maslow)의 욕구 단계를 순서대로 바르게 나열한 것은?

① 생리적 욕구 – 사회적 욕구 – 자아실현의 욕구 – 안전의 욕구 – 인정받으려는 욕구
② 안전의 욕구 – 생리적 욕구 – 사회적 욕구 – 자아실현의 욕구 – 인정받으려는 욕구
③ 생리적 욕구 – 안전의 욕구 – 사회적 욕구 – 인정받으려는 욕구 – 자아실현의 욕구
④ 안전의 욕구 – 생리적 욕구 – 자아실현의 욕구 – 인정받으려는 욕구 – 사회적 욕구

해설

생리적 욕구 > 안전의 욕구 > 사회적 욕구 > 자기존경의 욕구(인정받으려는 욕구) > 자아실현의 욕구

정답 ③

37 다음 중 안전보건교육의 종류별 교육 요점으로 옳지 않은 것은?

① 태도교육은 의욕을 갖게 하고 가치관 형성 교육을 한다.
② 지식교육은 작업에 관련된 취약점과 이에 대응되는 작업방법을 알도록 한다.
③ 기능교육은 표준작업 방법대로 시범을 보이고 실습을 시킨다.
④ 추후지도교육은 재해발생원리 및 잠재위험을 이해시킨다.

해설

추후지도교육은 보습지도의 단계로 재해발생원리 및 잠재위험을 이해시키는 과정이 아니다.

정답 ④

38 다음 중 관리감독자 훈련(TWI)에 관한 내용으로 적절하지 않은 것은?

① Job Relation ② Job Synergy ③ Job Method ④ Job Instruction

해설

관리감독자 훈련은 JR(인간관계 관리기법), JM(작업개선기법), JI(작업지도기법)이 있다.

정답 ②

39 다음 중 사회행동의 기본형태와 그 내용이 잘못 연결된 것은?

① 협력 – 조력, 분업
② 도피 – 정신병, 자살
③ 대립 – 공격, 경쟁
④ 조직 – 경쟁, 통합

해설

협력은 조력, 분업으로 구성되고 도피는 자살, 정신병, 고립으로 이루어져 있으며 대립은 경쟁, 공격으로 되어 있다.

정답 ④

40 다음 중 평가도구의 기본적인 기준이 아닌 것은?

① 습숙도 ② 신뢰도 ③ 실용도 ④ 타당도

해설

학습평가도구의 기본적인 기준은 신뢰도, 객관도, 타당도, 실용도를 가진다.

정답 ①

3과목 인간공학 및 시스템안전공학

41 다음 FT도에서 각 요소의 발생확률이 요소 ①과 요소 ②는 0.2, 요소 ③은 0.25, 요소④는 0.3일 때, A 사상의 발생확률은 얼마인가?

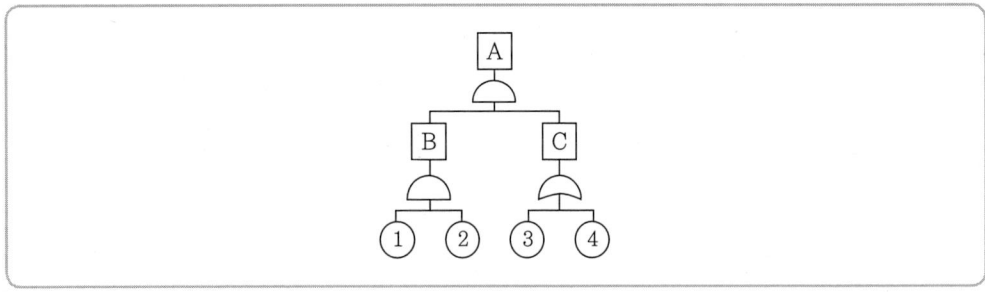

① 0.013 ② 0.019 ③ 0.137 ④ 0.352

해설

$A = B \times C = (0.2 \times 0.2) \times \{1 - (1-0.25)(1-0.3)\} = 0.019$

정답 ②

42 산업안전보건법상 기계·기구 및 설비의 설치·이전 등으로 인해 유해·위험방지 계획서를 제출하여야 하는 대상에 해당하지 않는 것은?

① 공기압축기 ② 건조설비
③ 가스집합 용접장치 ④ 화학설비

해설

공기압축기는 제조업 등 유해·위험방지 계획서 제출대상이 아니다.

정답 ①

43 다음 정성적 시각표시장치에 관한 사항 중 다음에서 설명하는 특성은 무엇인가?

> 복잡한 구조 그 자체를 완전한 실체로 지각하는 경향이 있기 때문에, 이 구조와 어긋나는 특성은 즉시 눈에 띈다.

① 양립성　　② 코드화　　③ 암호화　　④ 형태성

해설

정성적 시각표시장치의 형태성은 복잡한 구조 그 자체를 완전한 실체로 지각하는 경향이 있어 이러한 구조와 어긋나는 특성은 즉시 눈에 띄게 된다.

정답 ④

44 동작경제의 원칙 중 신체사용에 관한 원칙에 해당하지 않는 것은?

① 손의 동작은 유연하고 연속적인 동작이어야 한다.
② 공구, 재료 및 제어장치는 사용하기 용이하도록 가까운 곳에 배치한다.
③ 동작이 급작스럽게 크게 바뀌는 직선 동작은 피해야 한다.
④ 두 손의 동작은 같이 시작해서 동시에 끝나도록 한다.

해설

공구, 재료 및 제어장치를 사용하기 용이하도록 가까운 곳에 배치하는 것은 공구 및 설비의 설계에 관한 원칙에 해당하므로 신체사용에 관한 원칙과 거리가 멀다.

정답 ②

45 다음 중 안전성 평가 단계가 순서대로 바르게 나열된 것은?

① 정성적 평가 – 정량적 평가 – FTA에 의한 재평가 – 재해 정보로부터의 재평가 – 안전대책
② 정량적 평가 – 재해 정보로부터의 재평가 – 관계 자료의 작성 준비 – 안전대책 – FTA에 의한 재평가
③ 관계 자료의 작성준비 – 정성적 평가 – 정량적 평가 – 안전대책 – 재해정보로부터의 재평가 – FTA에 의한 재평가
④ 정량적 평가 – 재해 정보로부터의 재평가 – FTA에 의한 재평가 – 관계 자료의 작성 준비 – 안전대책

해설

관계 자료의 작성준비 – 정성적 평가 – 정량적 평가 – 안전대책 – 재해정보로부터의 재평가 – FTA에 의한 재평가

정답 ③

46 FT도에 사용하는 기호 중 OR게이트로 2개 이상의 입력이 동시에 존재할 경우 출력사상이 발생하지 않는 기호의 명칭은?

① 억제 게이트
② 조합 AND 게이트
③ 배타적 OR 게이트
④ 우선적 AND 게이트

📋 **해설**

(동시발생 안한다)	배타적 OR게이트	동시에 2개 이상의 입력이 발생 시 출력현상 발생하지 않음
(출력/조건/입력)	억제 게이트 (논리기호)	입력사상 중 어떤 것이나 이 게이트로 나타내는 조건에 만족하는 경우 출력사상 발생(조건부 확률)
Ai, Aj, Ak	조합 AND게이트	입력현상 3개 이상일 경우 2개가 발생하면 출력현상 발생
Ai Aj Ak 순으로	우선 AND게이트	입력사상 중 어떤 현상이 다른 현상보다 우선 발생하는 경우 출력사상 발생

정답 ③

47 덤벨을 30분간 사용하여 팔운동을 한 후 이두근의 근육 수축작용에 대한 전기적인 신호 데이터들을 이용하여 분석할 수 있는 것은 무엇인가?

① 근육의 피로도와 활성도
② 근육의 활성도와 질량
③ 근육의 피로도와 밀도
④ 근육의 밀도과 질량

정답 ①

48 다음 중 인체측정 자료에서 극단치를 적용하여야 하는 설계에 해당하지 않는 것은?

① 문 높이
② 계산대
③ 통로 폭
④ 조종장치까지의 거리

📋 **해설**

인체계측 자료의 응용원칙에는 최대·최소치수, 조절식(범위), 평균치를 기준으로 하는 설계가 있으며 계산대의 경우 평균치를 적용한다.

정답 ②

49 정상사용조건보다 사용조건을 강화함으로써 고장발생시간을 단축하고, 검사 비용의 절감 효과를 얻고자 하는 수명시험은?

① 가속수명시험 ② 감속수명시험 ③ 정시중단시험 ④ 중도중단시험

해설

가속수명시험은 정상사용 조건보다 사용조건을 강화하여 고장발생시간을 단축하고 검사 비용절감을 가져올 수 있다.

정답 ①

50 다음 중 작위실수(commission eror)의 유형에 해당하지 않는 것은?

① 순서 착오 ② 선택 착오 ③ 시간 착오 ④ 직무누락 착오

해설

작위실수는 순서·선택·시간·정성적 착오가 있으며, 직무누락 착오는 부작위 실수에 해당한다.

정답 ④

51 다음 중 음의 은폐(masking)에 대한 설명으로 옳지 않은 것은?

① 은폐음으로 인해 피은폐음의 가청역치가 높아진다.
② 배경음악에 실내소음이 묻히는 것은 은폐효과의 예시이다.
③ 순음에서 은폐효과가 가장 큰 것은 은폐음과 배음(harmonic overtone)의 주파수가 멀 때이다.
④ 음의 한 성분이 다른 성분에 대한 귀의 감수성을 감소시키는 작용이다.

해설

배경음악에 실내소음이 묻히는 것은 은폐효과의 예로 적절치 않다.

정답 ②

52 압박이나 긴장에 대한 척도 중 생리적 긴장의 화학적 척도에 해당하는 것은?

① 혈압 ② 호흡 수 ③ 심전도 ④ 혈액 성분

해설

스트레인(Strain)은 개인에 대한 스트레스의 영향을 말하며 화학적 척도인 혈액 성분 외 심박 수, 혈압, 호흡 수, 심전도를 통해 측정된다.

정답 ④

53 산업 현장에서는 생산설비에 부착된 안전장치를 생산성을 위해 제거하고 사용할 때가 있다. 이처럼 고의로 안전장치를 제거하는 경우를 대비한 예방 설계 개념은 무엇인가?

① Fool proof ② Fail safe ③ Tamper proof ④ Lock out

 해설

Tamper proof는 생산설비에 부착된 안전장치를 제거하면 기계가 작동하지 않도록 하는 안전설계기법을 말한다.

정답 ③

54 인간·기계 통합체계의 유형에서 수동체계에 해당하는 것은?

① 공작기계 ② 자동차 ③ 장인과 공구 ④ 컴퓨터

 해설

인간·기계체계의 유형은 수동체계(인간과 공구가 직업 연결), 반자동체계(기계화체계), 자동체계로 구분되며, 장인과 공구는 수동체계에 해당한다.

정답 ③

55 시스템 수명주기에서 예비위험분석(PHA)은 어느 단계에서 수행되는가?

① 구상 및 개발단계 ② 운용단계
③ 발주서 작성단계 ④ 설치 또는 제조 및 시험단계

 해설

시스템 수명주기의 단계는 구상단계, 정의단계, 개발단계, 생산단계, 운전단계로 이루어져 있으며 예비위험분석은 구상단계에서 수행된다.

정답 ①

56 한 화학공장에 24개의 공정제어회로가 있다. 4000시간의 공정 가동 중 이 회로에서 14건의 고장이 발생하였고, 고장이 발생 시 회로는 즉시 교체되었다. 이 회로의 평균 고장시간은 약 얼마인가?

① 5764시간 ② 5982시간 ③ 6857시간 ④ 7123시간

 해설

$$평균고장시간(MTBF) = \frac{고장시간}{고장건수} = \frac{24 \times 4000}{14} = 6.857 \, hour$$

정답 ③

57 국제표준화기구(ISO)의 수직진동에 대한 피로-저감숙달경계(fatigue-decreased proficiency boundary) 표준 중 내구수준이 가장 낮은 범위는?

① 1~3Hz   ② 4~8Hz   ③ 9~13Hz   ④ 14~18Hz

해설

수직진동에 대한 피로-저감숙달경계 표준 중 내구수준이 가장 낮은 범위는 4~8Hz 이다.   정답 ②

58 기계 시스템은 영구적으로 사용하고 조작자는 한 시간마다 스위치를 작동해야 하는데 인간 오류확률(HEP)은 0.001이다. 2시간에서 4시간까지 인간 - 기계 시스템의 신뢰도로 옳은 것은?

① 93.5%   ② 95.7%   ③ 98.3%   ④ 99.8%

해설

신뢰도$(R)=(1-HEP)^{n2-n1}=(1-0.001)^{4-2}=0.998=99.8\%$ 정답 ④

59 A작업장에서 1시간 동안에 480Btu의 일을 하는 근로자의 대사량은 900Btu이고, 증발 열손실이 2250Btu, 복사 및 대류로부터 열이득이 각각 1900Btu 및 80Btu라 할 때, 열 축적은 얼마인가?

① 100   ② 150   ③ 200   ④ 250

해설

열축적(S)=대사열(M)-증발(E)-한 일(W) ± 복사(R) ± 대류$(C)=900-2250-480+1900+80=150 Btu$ 정답 ②

60 FT도에 사용되는 다음 기호의 명칭으로 옳은 것은?

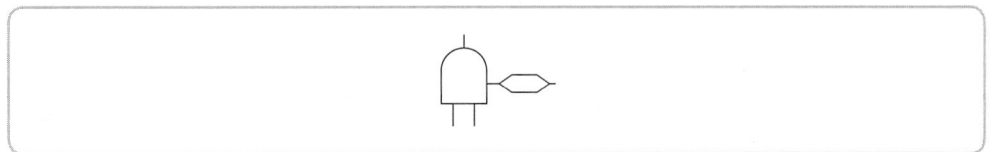

① 수정기호   ② 부정게이트   ③ 배타적 OR 게이트   ④ 위험지속기호

해설

위험지속기호로 입력사상이 생겨 일정시간 지속할 경우 출력사상이 발생한다.   정답 ④

4과목　건설시공학

61 어스앵커 공법에 관한 설명으로 틀린 것은?

① 인근 건축물, 지중매설물의 영향없이 시공이 가능하다.
② 각각의 앵커체가 구조체이므로 적용성이 양호하다.
③ 앵커에 프리스트레스를 주어 흙막이벽의 변형을 방지한다.
④ 어스앵커 공법을 통해 지하층 내 작업공간 확보가 용이하다.

 해설

어스앵커는 인근 건축물, 구조물, 지중매설물의 상태, 인근 건축물 건축주의 동의 여부에 따라 공사 진행이 가능하다.

정답 ①

62 시멘트벽돌쌓기 중 붕괴사고가 가장 많이 일어나는 경우는?

① 쌓기방식을 변경하는 경우
② 1일 벽돌쌓기 기준 높이를 초과하는 경우
③ 물기가 시멘트벽돌을 사용하는 경우
④ 신축줄눈을 설치하지 않고 시공하는 경우

 해설

1일 벽돌쌓기 기준(1.5m, 22켜)을 초과하는 경우

정답 ②

63 벽돌을 내쌓기할 때 일반적으로 이용되는 벽돌쌓기 방법은?

① 길이 쌓기　　② 마구리 쌓기　　③ 옆세워 쌓기　　④ 길이세워 쌓기

 해설

벽돌 내쌓기는 벽돌 벽 중간에서 벽을 내밀어 쌓는 방법을 말하며, 모두 마구리 쌓기로 하는 것이 좋다.

정답 ②

64 거푸집 공사에 적용되는 슬라이딩폼 공법에 관한 설명으로 옳지 않은 것은?

① 형상 및 치수가 정확하며 시공오차가 적다.
② 1일 5~10m 정도 수직 시공이 가능하다.
③ 마감 작업이 동시에 진행되므로 공정이 단순화된다.
④ 일반적으로 돌출물이 있는 건축물에 많이 적용된다.

해설

일반적으로 돌출물이 있는 건축물에는 슬라이딩폼을 지양한다.

정답 ④

65 다음 중 강관말뚝지정의 특징으로 옳지 않은 것은?

① 지지력이 크고 이음이 강하므로 장척말뚝에 적절하다.
② 상부구조와의 결합이 용이하다.
③ 길이 조절이 어려우나 재료비가 저렴하다.
④ 강한 타격에도 견디며 다져진 중간지층의 관통도 가능하다.

해설

강관말뚝지정은 길이 조절이 간편하나 재료비가 고가이고 부식되기 쉽다.

정답 ③

66 콘크리트의 압축강도를 시험하지 않을 경우 거푸집널의 해체 시기는?

- 평균기온 : 20℃
- 보통 포틀랜드 시멘트 사용
- 대상 : 기초, 보, 기둥 및 벽의 측면

① 1일   ② 2일   ③ 3일   ④ 4일

해설

1) 콘크리트의 압축강도를 시험할 경우 거푸집널의 해체 시기   KCS 14 20 12 : 2021(2021년 02월 18일 개정)

부재		콘크리트 압축강도(f_{cu})
확대기초, 보, 기둥 등의 측면		5 MPa이상
슬래브 및 보의 밑면, 아치 내면	단층구조의 경우	설계기준압축강도의 2/3배 이상, 또한 최소 14MPa 이상
	다층구조인 경우	설계기준 압축강도 이상 (필러 동바리 구조를 이용할 경우는 구조계산에 의해 기간을 단축할 수 있음. 단, 이 경우라도 최소강도는 14 MPa 이상으로 함)

2) 콘크리트의 압축강도를 시험하지 않을 경우 거푸집널의 해체 시기 (기초, 보, 기둥 및 벽의 측면)

시멘트의 종류 평균기온	조강포틀랜드 시멘트	보통포틀랜드 시멘트 고로 슬래그 시멘트(1종) 포틀랜드포졸란시멘트(1종) 플라이 애시 시멘트(1종)	고로 슬래그 시멘트(2종) 포틀랜드포졸란시멘트(2종) 플라이 애시 시멘트(2종)
20℃ 이상	2일	4일	5일
20℃ 미만 10℃ 이상	3일	6일	8일

정답 ④

67 거푸집 붕괴사고 방지를 위하여 검토 및 확인하는 사항이 아닌 것은?

① 콘크리트의 강도 측정
② 콘크리트의 집중 타설 여부
③ 거푸집 조임철물 설치 여부 및 간격
④ 콘크리트의 측압

정답 ①

68 최저가 낙찰자를 통한 덤핑을 방지할 목적으로 공사 예정가격 대비 85% 이상 입찰자 중에서 저가 금액으로 입찰한 자를 선정하는 방식은 무엇인가?

① 제한적 최저가 낙찰제
② 최저가 낙찰제
③ 부찰제
④ 최적적 낙찰제

정답 ①

69 설계도와 시방서가 명확하지 않거나 설계는 명확하지만 공사비 총액을 산출하기 곤란하고 발주자가 양질의 공사를 기대할 때 채택될 수 있는 가장 적합한 방식은?

① 단가 도급
② 정액 도급
③ 턴키 도급
④ 실비정산 보수가산식 도급

실비정산 보수가산식 도급은 도급자에게는 비율보수가 보장되어 우수한 공사를 시행할 수 있으나 공사비가 상승되고 공사기간이 길어질 우려가 있다.

정답 ④

70 철제 거푸집에서 사용되는 철물로 지주를 제거하지 않고 슬래브 거푸집만 제거할 수 있도록 한 철물은?

① 캠버   ② 드롭헤드   ③ 베이스플레이트   ④ 와이어클리퍼

드롭헤드(drop head)는 철제거푸집에서 지주를 제거하지 않은 상태로 슬래브 거푸집만 제거할 수 있는 철물을 말한다.

정답 ②

71 다음 중 철골공사에서 용접접합의 장점과 거리가 먼 것은?

① 소음을 방지할 수 있다.
② 일체성 및 수밀성을 확보할 수 있다.
③ 접합부의 품질검사가 매우 간단하다.
④ 강재량을 절약할 수 있다.

해설
용접접합은 숙련공이 필요하며, 용접부위 검사가 어렵다.

정답 ③

72 슬래브에서 4변 고정인 경우 철근배근을 가장 많이 해야 하는 부분은?

① 단변 방향의 주열대 ② 단변 방향의 주간대
③ 장변 방향의 주열대 ④ 장변 방향의 주간대

해설
4변 슬래브는 단변방향의 주열대에 철근배근이 가장 많이 들어간다.

정답 ①

73 다음 중 Top Down 공법에 대한 설명으로 옳지 않은 것은?

① 공기 단축이 가능하다.
② 타 공법 대비 주변지반 및 인접 건물에 미치는 영향이 적다.
③ 소음 및 진동이 적어 도심지 공사로 적합하다.
④ 1층 바닥 기준으로 상방향, 하방향 중 한쪽 방향으로만 공사가 가능하다.

해설
탑다운(역타)공법은 지상층과 지하층을 병행하여 작업하므로 공기단축이 가능하고 소음·진동이 적으나 공사비가 고가이다.

정답 ④

74 치장줄눈 중 가장 많이 사용되는 줄눈모양은 무엇인가?

① 평줄눈 ② 볼록줄눈 ③ 오목줄눈 ④ 민줄눈

정답 ①

75 철골보와 콘크리트 슬래브를 연결하는 전단연결재(shear connector)의 역할을 하는 것은?

① 리인포싱 바(reinforcing bar) ② 턴버클(turn buckle)
③ 메탈 서포트(metal support) ④ 스터드(stud)

정답 ④

76 다음 중 콘크리트 다짐 시 진동기의 사용에 관한 설명으로 옳지 않은 것은?

① 1개소당 진동시간은 다짐할 때 시멘트풀이 표면 상부로 약간 부상하기까지가 적절하다.
② 내부 진동기는 콘크리트로부터 천천히 빼내어 구멍이 남지 않도록 한다.
③ 진동다지기를 할 때에는 내부진동기를 하층의 콘크리트 속으로 0.1m 정도 찔러 넣는다.
④ 내부 진동기는 콘크리트를 횡방향으로 이동시킬 목적으로 사용한다.

해설
내부 진동기는 가능한 수직으로 세워 사용하며 콘크리트를 횡방향으로 이동하는 것을 지양한다.

정답 ④

77 철골공사 시 내화피복의 공법에 관한 설명으로 옳지 않은 것은?

① 콘크리트를 타설하여 내화성을 높이는 타설공법이 있다.
② 콘크리트·경량콘크리트 블록, 벽돌 등을 사용하여 내화성을 확보하는 조적공법이 있다.
③ 철골 표면에 메탈라스 등을 부착하여 시멘트 모르타르 등을 바르는 미장공법이 있다.
④ 석면을 뿜칠하여 내화성을 확보하는 뿜칠공법이 있다.

해설
석면은 1급 발암물질로 현재 사용되지 않는다.

정답 ④

78 최저가 낙찰자를 통한 덤핑을 방지할 목적으로 공사 예정가격 대비 85% 이상 입찰자 중에서 저가 금액으로 입찰한 자를 선정하는 방식은 무엇인가?

① 제한적 최저가 낙찰제　　② 최저가 낙찰제
③ 부찰제　　　　　　　　④ 최적격 낙찰제

정답 ①

79 철근 선조립 공법의 순서로 올바르게 나열한 것은?

① 시공도 작성 – 공장가공 – 이음 및 조립 – 운반 – 현장 양중 – 설치
② 공장가공 – 시공도 작성 – 이음 및 조립 – 설치 – 운반 – 현장 양중
③ 시공도 작성 – 공장가공 – 운반 – 이음 및 조립 – 현장 양중 – 설치
④ 시공도 작성 – 공장가공 – 운반 – 현장 양중 – 이음 및 조립 – 설치

정답 ①

80 보강콘크리트 블록조 공사 시 기초에서 위층의 테두리보까지 이음하지 않고 배근하는 것은 무엇인가?

① 세로근　　② 가로근　　③ 철선　　④ 결속선

정답 ①

5과목　건설재료학

81 다음 중 강화유리에 대한 설명으로 옳지 않은 것은?

① 강도는 플로트 판유리에 비해 3~5배 정도이다.
② 유리 표면에 강한 압축응력층을 만들어 파괴강도를 증가시킨 것이다.
③ 깨질 때는 판유리 전체가 파편으로 잘게 부서지지 않는다.
④ 주로 출입문이나 계단 난간, 안전성이 요구되는 칸막이 등에 사용된다.

해설

강화유리는 강하고 잘 깨지지 않으며, 깨지는 경우 파편 형태로 잘게 깨진다.

정답 ③

82 기밀성, 수밀성 확보를 위해 유리와 새시의 접합부, 패널의 접합부 등에 사용되는 재료로서 내후성이 우수하고 부착이 용이한 특징이 있는 것은 무엇인가?

① 아스팔트코킹　　② 유리퍼티　　③ 2액형 실링재　　④ 개스킷

해설

개스킷은 기밀성과 수밀성을 확보하기 위해 패널, 유리 등 접합부에 쓰이는 자재로 내후성 및 부착성이 우수하다.

정답 ④

83 프리플레이스트 콘크리트에 사용되는 골재에 관한 설명으로 옳지 않은 것은?

① 굵은 골재의 최대 치수와 최소 치수와의 차이를 작게 하면 굵은 골재의 실적률이 커지고 주입모르타르의 소요량이 적어진다.
② 골재의 적절한 입도 분포를 위해 일반적으로 굵은 골재의 최대 치수는 최소 치수의 2~4배 정도로 한다.
③ 굵은 골재의 최소 치수는 15mm 이상, 굵은 골재의 최대 치수는 부재단면 최소 치수의 1/4 이하, 철근 콘크리트의 경우 철근 순간격의 2/3 이하로 해야 한다.
④ 대규모 프리플레이스트 콘크리트를 대상으로 할 경우, 굵은 골재의 최소 치수를 크게 하는 것이 효과적이다.

해설

굵은 골재의 최대·최소 치수와의 차이를 작게 하면 굵은 골재 실적률이 작아지고 주입모르타르의 양이 증가한다.

정답 ①

84 다음 중 각 창호철물에 대한 설명으로 옳지 않은 것은?

① 나이트래치 – 외부에서는 열쇠, 내부에서는 작은 손잡이를 틀어 열 수 있는 실린더 장치로 된 것이다.
② 피벗힌지 – 경첩 대신 촉을 사용하여 여닫이문을 회전시킨다.
③ 래버터리힌지 – 스프링힌지의 일종으로 공중용 화장실 등에 사용된다.
④ 크레센트 – 여닫이문의 상하단에 붙여 경첩과 같이 역할을 한다.

해설

크레센트는 오르내리창을 걸어잠그는 창호철물이다.

정답 ④

85 다음 중 콘크리트의 탄산화에 대한 설명으로 옳지 않은 것은?

① 일반적으로 보통 콘크리트가 경량골재 콘크리트보다 탄산화 속도가 빠르다.
② 탄산가스의 농도, 온도, 습도 등 외부 환경조건도 탄산화 속도에 영향을 준다.
③ 물-시멘트비가 클수록 탄산화의 진행속도가 빠르다.
④ 탄산화된 부분은 페놀프탈레인액을 분무해도 착색되지 않는다.

해설

일반적으로 경량골재 콘크리트가 보통콘크리트에 비해 탄산화 속도가 빠르다.

정답 ①

86 다음 중 점토에 관한 설명으로 옳지 않은 것은?

① 압축강도는 인장강도의 약 5배 정도이다.
② 습윤상태에서 가소성이 좋다.
③ 점토를 소성하면 용적, 비중 등의 변화가 일어나며 강도가 현저히 증대된다.
④ 점토의 소성온도는 점토의 성분이나 제품의 종류에 상관없이 같다.

해설

점토의 소성온도는 점토의 성분이나 제품의 종류에 따라 달라진다.

정답 ④

87 다음 중 집성목재의 사용에 관한 설명으로 옳지 않은 것은?

① 옹이, 균열 등의 결점을 제거하거나 분산시켜 균질의 인공목재로 사용할 수 있다.
② 임의의 단면 형상을 갖도록 제작할 수 있어 목재 활용 면에서 경제적이다.
③ 판재와 각재를 접착제로 결합시켜 대재(大才)를 얻을 수 있다.
④ 보, 기둥 등의 구조재료로 사용할 수 없다.

해설
집성목재는 섬유방향으로 평행하게 붙인 것으로 기둥, 보 등 구조재료로 사용할 수 있다.

정답 ④

88 다음 중 골재의 실적률에 대한 설명으로 옳지 않은 것은?

① 부순 자갈의 실적률은 그 입형 때문에 강자갈의 실적률보다 크다.
② 골재의 단위용적질량이 동일하면 골재의 비중이 클수록 실적률도 크다.
③ 실적률은 골재 입형의 양부를 평가하는 지표이다.
④ 실적률 산정 시 골재의 밀도는 절대건조 상태의 밀도를 말한다.

해설
골재의 단위용적중량이 일정하면 골재의 비중(밀도)이 클수록 실적률이 작다.

정답 ②

89 다음 중 강(鋼)의 열처리와 관계가 없는 것은?

① 담금질   ② 단조   ③ 뜨임   ④ 불림

해설
강의 열처리 방법에는 풀림, 불림, 담금질, 뜨임질이 있다.

정답 ②

90 다음 중 도막방수에 사용되지 않는 재료는?

① 우레탄고무 도막재
② 고무아스팔트 도막재
③ 염화비닐 도막재
④ 아크릴고무 도막재

해설
도막방수에 아크릴고무, 우레탄, 고무아스팔트 도막제가 주로 사용된다.

정답 ③

91 다음 중 보통포틀랜드 시멘트에 관한 설명으로 옳지 않은 것은?

① 시멘트의 비표면적이 너무 크면 풍화하기 쉽고 수화열에 의한 축열량이 커진다.
② 시멘트의 비중은 소성온도나 성분에 따라 다르며, 동일 시멘트인 경우에 풍화한 것일수록 작아진다.
③ 시멘트의 응결시간은 분말도가 작을수록, 수량이 많고 온도가 낮을수록 짧아진다.
④ 시멘트의 안정성 측정법으로 오토클레이브 팽창도 시험방법이 있다.

해설

보통포틀랜드 시멘트의 응결시간은 분말도가 클수록, 수량이 적고 온도가 높을수록 짧다.

정답 ③

92 콘크리트 구조물의 강도 보강용 섬유소재로 적절하지 않은 것은?

① 유리섬유　　② 아라미드섬유　　③ 탄소섬유　　④ PCP

해설

콘크리트 구조물의 강도 보강용 섬유소재로 나일론, 탄소, 유리, 아라미드, 천연, 강, 비닐론 섬유 등이 사용된다.

정답 ④

93 다음 중 안료를 적은 양의 물로 용해하여 수용성 교착제와 혼합한 분말상태의 도료는?

① 바니시　　② 에나멜페인트　　③ 래커　　④ 수성페인트

해설

수성페인트는 안료를 적은 양의 물로 용해하여 수용성 교착제와 혼합한 분말상태의 도료이다.

정답 ④

94 주로 기계설비, 배관의 개스킷, 패킹재로 사용되며 내열성이 크고 발수성이 양호해 방수제로 사용되는 합성수지는 무엇인가?

① 실리콘수지　　② 멜라민수지
③ 페놀수지　　④ 폴리에스테르수지

정답 ①

95 콘크리트의 강도에 가장 큰 영향을 주는 요인은 무엇인가?

① 물 · 시멘트비
② 자갈과 물의 배합비
③ 모래와 시멘트비
④ 자갈과 시멘트비

정답 ①

96 부순 굵은골재에 대한 품질규정항목에 해당하지 않는 것은?

① 안정성
② 절대건조비중
③ 흡수율 및 마모감량
④ 압축강도

정답 ④

97 주로 건축물의 내장 및 흡음재, 단열재, 보온재로 사용하는 목재가공품은 무엇인가?

① 코르크판
② 연질섬유판
③ 플로어링블록
④ 코펜하겐 리브판

정답 ①

98 매스콘크리트의 수화에 의한 발열로 발생하는 균열을 억제하기 위해 사용하는 시멘트는?

① 중용열포틀랜드 시멘트
② 저열포틀랜드 시멘트
③ 백색 시멘트
④ 팽창 시멘트

정답 ②

99 알루미늄과 그 합금 재료의 성질에 대한 설명으로 옳지 않은 것은?

① 산, 알칼리에 강하다.
② 비중이 철의 약 1/3이다.
③ 열전도성이 크다.
④ 내화성이 작다.

정답 ①

100 미장재료 중 기경성(氣硬性)이 아닌 것은?

① 회반죽
② 경석고 플라스터
③ 회사벽
④ 돌로마이트 플라스터

해설

수경성 : 시멘트 모르타르, 석고 플라스터, 경석고 플라스터, 인조석바름 등

정답 ②

6과목 건설안전기술

101 단관비계를 조립하는 경우 벽이음 및 버팀을 설치할 때의 수평방향 조립간격 기준으로 옳은 것은?

① 2m ② 3m ③ 5m ④ 7m

해설

강관비계의 조립간격(제59조 제4호 관련)_산업안전보건기준에 관한 규칙 [별표 5]

강관비계의 종류	조립간격(단위: m)	
	수직방향	수평방향
단관비계	5	5
틀비계(높이가 5m 미만인 것은 제외)	6	8

정답 ③

102 다음 중 인력운반 작업에 대한 안전 준수사항으로 옳지 않은 것은?

① 긴 물건은 뒤쪽으로 높이고 원통인 물건은 굴려서 운반한다.
② 무거운 물건은 공동작업으로 실시한다.
③ 보조기구를 효과적으로 사용한다.
④ 물건을 들어 올릴 때에는 팔과 무릎을 이용하며 척추는 곧게 한다.

해설

긴 물건은 뒤쪽은 낮추고 앞쪽은 높여 운반한다.

정답 ①

103 다음 중 거푸집동바리 등을 조립하는 경우 준수해야 할 사항으로 바르지 않은 것은?

① 동바리의 이음은 맞댄이음이나 장부이음으로 하고 같은 품질의 재료를 사용할 것
② 동바리로 사용하는 파이프 서포트는 3개 이상 이어서 사용하지 않도록 할 것
③ 거푸집이 곡면인 경우 버팀대의 부착 등 그 거푸집의 부상(浮上)을 방지하기 위한 조치를 할 것
④ 동바리로 사용하는 강관(파이프 서포트는 제외)은 높이 2m 이내마다 수평연결재를 4개 방향으로 만들고 수평연결재의 변위를 방지할 것

해설
동바리로 사용하는 강관은 높이 2m 이내마다 수평연결재를 2개 방향으로 만들고 수평연결재의 변위를 방지할 것

정답 ④

104 그물코의 크기가 5cm인 매듭 방망사의 폐기 시 인장강도 기준으로 옳은 것은?

① 30kg ② 60kg ③ 90kg ④ 120kg

정답 ②

105 보호구 자율안전확인 고시에 따른 안전모의 시험항목에 해당되지 않는 것은?

① 절연 시험 ② 전처리 시험
③ 착용높이 측정 ④ 충격흡수성 시험

해설
보호구 자율안전확인 고시에 따른 안전모는 내관통성, 충격흡수성, 착용높이 측정, 전처리 시험이 있다.

정답 ①

106 굴착작업을 하는 경우 근로자의 위험을 방지하기 위하여 작업장의 지형 등에 실시하는 사전조사 내용으로 옳지 않은 것은?

① 균열, 함수(含水), 용수 및 동결의 유무 또는 상태
② 매설물 등의 유무 또는 상태
③ 형상, 지질 및 지층의 상태
④ 지상의 배수 상태

해설
지상의 배수상태가 아니라 지반의 지하수위 상태를 확인해야 한다.

정답 ④

107 안전그네식에만 적용하는 것은?

① 1개 걸이용, U자 걸이용
② 추락방지대, 안전블록
③ U자 걸이용, 안전블록
④ 1개 걸이용, 추락방지대

정답 ②

108 작업으로 인하여 물체가 떨어지거나 날아올 위험이 있는 경우 그 위험을 방지하기 위해 필요한 조치사항으로 거리가 먼 것은?

① 작업지휘자 선정 ② 낙하물방지망의 설치
③ 보호구의 착용 ④ 출입금지구역의 설정

해설

물체가 낙하 또는 비래할 우려가 있는 경우 낙하물방지망, 수직방호망, 방호선반, 출입금지구역 설정, 안전모 등의 보호구를 착용해야 한다.

정답 ①

109 구축물 또는 이와 유사한 시설물에 대하여 자중(自重), 적재하중, 적설, 풍압, 지진이나 진동 및 충격 등에 의하여 붕괴·전도·도괴·폭발하는 등의 위험을 예방하기 위하여 필요한 조치로 거리가 먼 것은?

① 건설공사 시방서(示方書)에 따라 시공했는지 확인
② 설계도서에 따라 시공했는지 확인
③ 소방시설법령에 의해 소방시설을 설치했는지 확인
④ 『건축물의 구조기준 등에 관한 규칙』에 따른 구조기준을 준수했는지 확인

해설

소방시설법령에 의해 소방시설을 설치했는지 확인하는 사항은 구축물 또는 이와 유사한 시설물 등의 안전 유지 시 위험 예방 필요 조치사항에 해당하지 않는다.

정답 ③

110 갱내에 설치한 사다리식 통로에 권상장치가 설치된 경우 권상장치와 근로자의 접촉에 의한 위험이 있는 장소에 설치해야 하는 것은?

① 판자벽 ② 울 ③ 건널다리 ④ 덮개

정답 ①

111 강관틀비계를 조립하여 사용하는 경우 준수해야 할 기준으로 옳지 않은 것은?

① 주틀 간에 교차 가새를 설치하고 최상층 및 5층 이내마다 수평재를 설치할 것
② 수직방향으로 5m, 수평방향으로 5m 이내마다 벽이음을 할 것
③ 비계기둥의 밑둥에는 밑받침 철물을 사용해야 하며 밑받침에 고저차(高低差)가 있는 경우 조절형 밑받침철물을 사용하여 각각 강관틀비계가 항상 수평 및 수직을 유지하도록 할 것
④ 높이가 20m 초과하거나 중량물의 적재를 수반하는 작업을 할 경우에는 주틀 간의 간격을 1.8m 이하로 할 것

해설

높이가 20m를 초과하거나 중량물의 적재를 수반하는 작업을 하는 경우에는 주틀간의 간격을 1.8m 이하로 할 것

정답 ④

112 물체가 떨어지거나 날아올 위험을 방지하기 위한 낙하물 방지망 또는 방호선반을 설치할 때 수평면과의 적정한 각도는?

① 20°~30°   ② 30°~40°
③ 40°~50°   ④ 50°~60°

해설

수평면과의 각도는 20~30° 유지할 것

정답 ①

113 토질시험 중 액체 상태의 흙이 건조되어 가면서 액성, 소성, 반고체, 고체 상태의 경계선과 관련된 시험의 명칭은?

① 압밀 시험   ② 애터버그 한계 시험
③ 삼축압축 시험   ④ 투수 시험

해설

애터버그 한계란 흙의 함수량의 변화에 따라 액성, 소성, 반고체, 고체로 변화하는 각 단계의 한계를 말함

정답 ②

114 차량계 건설기계 작업 시 그 기계가 넘어지거나 굴러떨어짐으로써 근로자가 위험해질 우려가 있는 경우 필요한 조치사항으로 거리가 먼 것은?

① 갓길의 붕괴 방지   ② 도로 폭의 유지
③ 지반의 부동침하 방지   ④ 변속기능의 유지

해설

갓길 붕괴방지, 지반부동침하 방지, 도로폭 유지, 유도자 배치가 차량계 건설기계의 전도 등에 의한 위험조치 사항에 해당하며 변속기능의 유지는 포함되지 않는다.

정답 ④

115 갱내에 설치한 사다리식 통로에 권상장치가 설치된 경우 권상장치와 근로자 접촉에 의한 위험이 있는 장소에 설치해야 하는 것은?

① 울 ② 판자벽
③ 건널다리 ④ 덮개

해설

갱내에 설치한 통로 또는 사다리식 통로에 권상장치가 설치되는 경우 권상장치와 근로자의 접촉에 의한 위험이 있는 장소에는 판자벽이나 그 밖에 위험방지를 위한 격벽을 설치할 것

정답 ②

116 52m 높이로 강관비계를 세우려면 지상에서 몇 미터까지 2개의 강관으로 묶어 세워야 하는가?

① 10m ② 15m ③ 17m ④ 21m

해설

비계기둥의 가장 높은 곳에서부터 31m 되는 지점의 밑부분의 비계기둥은 2개의 강관으로 묶어 세워야 하므로 21m(52m-31m)지점에 시행하면 된다.

정답 ④

117 건설작업장에서 재해예방을 위해 작업조건에 따라 근로자에게 지급하고 착용하도록 해야 할 보호구로 옳지 않은 것은?

① 높이 또는 깊이 2m 이상의 추락할 위험이 있는 장소에서 하는 작업 – 안전대
② 용접 시 불꽃이나 물체가 흩날릴 위험이 있는 작업 – 보안경
③ 물체의 낙하, 충격, 물체에의 끼임, 감전 또는 정전기의 대전에 의한 위험이 있는 작업 – 안전화
④ 물체가 떨어지거나 날아올 위험 또는 근로자가 추락할 위험이 있는 작업 – 안전모

해설

용접 시 불꽃이나 물체가 흩날릴 위험이 있는 작업인 경우 보안면을 착용하도록 한다.

정답 ②

118 콘크리트 타설작업을 하는 경우 안전대책으로 옳지 않은 것은?

① 작업 중에는 거푸집동바리등의 변형, 변위 및 침하 유무 등을 감시할 수 있는 감시자를 배치하여 이상이 있으면 작업을 중지하고 근로자를 대피시킬 것
② 슬래브의 경우 한쪽부터 순차적으로 콘크리트를 타설하는 등 편심을 유발하여 빠른 시간 내 타설이 완료되도록 할 것
③ 당일의 작업을 시작하기 전에 해당 작업에 관한 거푸집동바리등의 변형, 변위 및 지반의 침하 유무 등을 점검하고 이상이 있으면 보수할 것
④ 설계도서상의 콘크리트 양생기간을 준수하여 거푸집동바리등을 해체할 것

해설

콘크리트를 타설하는 경우 편심이 발생하지 않도록 골고루 분산하여 타설해야 한다.

정답 ②

119 흙막이 지보공을 조립하는 경우 미리 조립도를 작성하여야 하는데 이 조립도에 명시되어야 할 사항과 가장 거리가 먼 것은?

① 부재의 배치
② 부재의 치수
③ 부재의 긴압 정도
④ 설치방법과 순서

정답 ③

120 터널 등의 건설작업을 하는 경우에 낙반 등에 의하여 근로자가 위험해질 우려가 있는 경우에 필요한 조치와 가장 거리가 먼 것은?

① 터널 지보공을 설치한다.
② 록볼트를 설치한다.
③ 환기, 조명시설을 설치한다.
④ 부석을 제거한다.

정답 ③

PART 07 2023년 2회 기출

2023.05.09.시행

※ 23년 기출문제는 시험 후기를 바탕으로 복원한 것으로 실제 출제 문제와 상이할 수 있습니다.

1과목 산업안전관리론

01 금연 표지는 산업안전보건법상 어느 표지에 해당하는가?

① 지시표지   ② 경고표지   ③ 금지표지   ④ 안내표지

 해설

금연표지는 산업안전보건법상 금지표지에 해당한다.

정답 ③

02 「시설물 안전 및 유지관리에 관한 특별법」상 정기안전점검에 관한 내용으로 옳지 않은 것은?

① A 등급은 반기 1회 이상   ② B 등급은 반기 1회 이상
③ C 등급은 1년에 3회 이상   ④ D 등급은 1년에 3회 이상

 해설

A, B, C 등급은 반기에 1회 이상, D, E 등급은 1년에 3회 이상

정답 ③

03 아래 재해사례 분석 내용으로 옳은 것은?

> 조적공이 벽체 구체화 작업을 위해 시멘트벽돌을 손수레로 운반하던 중에 시멘트벽돌이 떨어져서 발등을 다쳤다.

① 사고유형 : 낙하   기인물 : 시멘트벽돌   가해물 : 시멘트벽돌
② 사고유형 : 추락   기인물 : 손   가해물 : 시멘트벽돌
③ 사고유형 : 협착   기인물 : 조적공   가해물 : 손
④ 사고유형 : 비래   기인물 : 손   가해물 : 시멘트벽돌

정답 ①

04 안전보건개선계획서에 포함되는 내용으로 옳지 않은 것은?

① 시설 개선
② 작업환경 개선 및 안전·보건관리체계
③ 작업절차 개선
④ 안전·보건교육 및 산업재해예방

정답 ③

05 근로자 150명, 일 8시간 근무, 연간 300일, 50건의 재해, 총 근로손실일수가 150일 때 도수율은 얼마인가?

① 131.97　　② 134.57　　③ 138.88　　④ 145.66

 해설

$$도수율 = \frac{재해건수}{연근로시간수} = \frac{50}{150 \times 8 \times 300} \times 1,000,000 = 138.88$$

정답 ③

06 안전관리자의 업무로 적절하지 않은 것은?

① 사업장 순회점검, 지도 및 조치 건의
② 산업재해 발생의 원인 조사·분석 및 재발 방지를 위한 기술적 보좌 및 지도·조언
③ 업무 수행 내용의 기록·유지
④ 물질안전보건자료 게시

 해설

〈산업안전보건법 시행령〉

제18조(안전관리자의 업무 등) ① 안전관리자의 업무는 다음 각 호와 같다.
1. 법 제24조 제1항에 따른 산업안전보건위원회(이하 "산업안전보건위원회"라 한다) 또는 법 제75조 제1항에 따른 안전 및 보건에 관한 노사협의체(이하 "노사협의체"라 한다)에서 심의·의결한 업무와 해당 사업장의 법 제25조 제1항에 따른 안전보건관리규정(이하 "안전보건관리규정"이라 한다) 및 취업규칙에서 정한 업무
2. 법 제36조에 따른 위험성평가에 관한 보좌 및 지도·조언
3. 법 제84조 제1항에 따른 안전인증대상기계등(이하 "안전인증대상기계등"이라 한다)과 법 제89조 제1항 각 호 외의 부분 본문에 따른 자율안전확인대상기계등(이하 "자율안전확인대상기계등"이라 한다) 구입 시 적격품의 선정에 관한 보좌 및 지도·조언
4. 해당 사업장 안전교육계획의 수립 및 안전교육 실시에 관한 보좌 및 지도·조언
5. 사업장 순회점검, 지도 및 조치 건의
6. 산업재해 발생의 원인 조사·분석 및 재발 방지를 위한 기술적 보좌 및 지도·조언
7. 산업재해에 관한 통계의 유지·관리·분석을 위한 보좌 및 지도·조언
8. 법 또는 법에 따른 명령으로 정한 안전에 관한 사항의 이행에 관한 보좌 및 지도·조언
9. 업무 수행 내용의 기록·유지
10. 그 밖에 안전에 관한 사항으로서 고용노동부장관이 정하는 사항

② 사업주가 안전관리자를 배치할 때에는 연장근로·야간근로 또는 휴일근로 등 해당 사업장의 작업 형태를 고려해야 한다.
③ 사업주는 안전관리 업무의 원활한 수행을 위하여 외부전문가의 평가·지도를 받을 수 있다.
④ 안전관리자는 제1항 각 호에 따른 업무를 수행할 때에는 보건관리자와 협력해야 한다.
⑤ 안전관리자에 대한 지원에 관하여는 제14조 제2항을 준용한다. 이 경우 "안전보건관리책임자"는 "안전관리자"로, "법 제15조 제1항"은 "제1항"으로 본다.

정답 ④

07 안전관리의 목적으로 가장 바람직하지 않은 것은?

① 사용자의 수용도 증진
② 기업의 경제적 손실 예방
③ 생산성 및 품질 향상
④ 사회복지 증진

정답 ①

08 절연장갑의 등급과 최대사용 전압이 옳게 연결된 것은 (단, 전압은 교류 실효값)

① 00등급 : 500V
② 0등급 : 1500V
③ 1등급 : 11250V
④ 2등급 : 25500V

해설

0등급 : 100V, 1등급 : 7500V, 2등급 : 17000V

정답 ①

09 특정한 프로젝트를 수행하기 위해 필요한 자원 및 재능을 임의로 수행 후 원래 부서로 복귀하는 과제중심적 조직으로 시간적 유한성을 가진 일시적이고 잠정적인 활동에 적합한 조직의 형태는 무엇인가?

① 스탭(staft)형 조직
② 라인(Line)식 조직
③ 기능(Functional)식 조직
④ 프로젝트(Project) 조직

정답 ④

10 재해조사 시 유의사항으로 가장 옳은 것은?

① 재발 방지보다 책임 소재를 우선적으로 파악한다.
② 목격자 증언 외에 추측성 말도 신뢰한다.
③ 2차 재해 방지 및 안전보호구를 착용한다.
④ 재해조사관은 단독으로 조사하고 사고를 주관적으로 판단한다.

해설

재해조사의 조사관은 추측성 말을 신뢰하지 않으며, 조사자는 2인 이상 참가하여 객관적으로 판단하고 책임소재보다 재발 방지에 중점을 두어야 한다.

정답 ③

11 사업주가 안전관리자 선임 시 며칠 이내에 고용노동부장관에게 증명할 수 있는 서류를 제출해야 하는가?

① 7일　　② 14일　　③ 21일　　④ 28일

정답 ②

12 시몬즈(Simonds) 방식의 재해 종류에 관한 설명으로 옳지 않은 것은?

① 무상해사고 : 의료조치가 필요 없는 상해사고
② 휴업상해 : 영구 일부 노동 불능 및 일시 전 노동 불능 상해
③ 응급조치상해 : 응급조치 상해 또는 8시간 이상 휴업 의료조치 상해
④ 통원상해 : 일시 일부 노동 불능 및 의사의 통원 조치를 요하는 상해

해설

응급조치상해 : 응급조치 상해 또는 8시간 미만 휴업 의료조치 상해

정답 ③

13 안전보건관리규정에 작성할 내용이 아닌 것은?

① 안전보건교육
② 사고조사 및 대책수립
③ 안전보건관리 조직과 그 직무
④ 산업재해보상보험

해설

산업재해보상보험은 안전보건관리규정 작성 내용에 포함되지 않는다.

정답 ④

14 시설물안전법령에 명시된 안전점검의 종류에 해당하는 것은?

① 일반안전점검　　　　　　② 특별안전점검
③ 정밀안전점검　　　　　　④ 임시안전점검

해설

■ 시설물의 안전 및 유지관리에 관한 특별법 시행령 [별표 3] 〈개정 2022. 11. 15.〉
안전점검, 정밀안전진단 및 성능평가의 실시시기(제8조제2항, 제10조 제1항 및 제28조 제2항 관련)

안전등급	정기안전점검	정밀안전점검		정밀안전진단	성능평가
		건축물	건축물 외 시설물		
A등급	반기에 1회 이상	4년에 1회 이상	3년에 1회 이상	6년에 1회 이상	5년에 1회 이상
B·C 등급		3년에 1회 이상	2년에 1회 이상	5년에 1회 이상	
D·E 등급	1년에 3회 이상	2년에 1회 이상	1년에 1회 이상	4년에 1회 이상	

정답 ③

15 작업현장에서 상황에 즉응하여 실시하는 위험예지활동으로 5~7명 정도의 인원이 공구상자 등의 근처에서 실시하는 무재해운동 추진기법은 무엇인가?

① Tool Box Meeting　　　　② 삼각 위험예지훈련
③ 자문자답카드　　　　　　④ Touch and call

정답 ①

16 어골(魚骨) 형태로 세분화하여 특성과 요인 관계를 도표화한 통계적 재해원인분석법은 무엇인가?

① 관리도　　　　　　　　　② 크로스도
③ 특성요인도　　　　　　　④ 파레토도

정답 ③

17 물적 원인(불안전한 상태)에 해당하지 않는 것은?

① 작업자 보호구 미착용
② 기계 장치 등의 방호장치 결함
③ 작업장의 조명 및 환기 불량
④ 불량한 현장 정리 정돈

해설

보호구 미착용은 불안전한 행동에 해당한다.

정답 ①

18 자율안전확인대상 기계·기구 등에 포함되지 않는 것은?

① 곤돌라
② 연삭기
③ 컨베이어
④ 자동차정비용 리프트

해설

곤돌라는 자율안전확인대상 기계·기구에 포함되지 않는다.

정답 ①

19 안전검사 대상 유해·위험기계 등에 포함되지 않는 것은?

① 리프트
② 전단기
③ 압력용기
④ 롤러기(밀폐형)

해설

밀폐형 구조의 롤러기는 안전검사 대상에 포함되지 않는다.

정답 ④

20 양중기의 종류에 포함되지 않는 것은?

① 곤돌라
② 호이스트
③ 컨베이어
④ 이동식 크레인

해설

양중기: 크레인(호이스트 포함), 이동식 크레인, 리프트(이삿짐용 적재하중 0.1톤 이상), 곤돌라, 승강기(적재하중 0.25톤 이상)

정답 ③

2과목 산업심리 및 교육

21 아담스(Adams)의 공정성이론에 대한 설명으로 옳지 않은 것은?

① 산출(outcome)는 지위, 급여 등 보상을 말한다.
② 투입(input)은 직무에 있어서 자격, 학력, 노력 등을 말한다.
③ 작업동기는 자신이 투입한 것에 대한 산출만으로 비교한다.
④ 이 이론에 근거하여 자기 자신을 지각하고 있는 사람을 개인(person)이라 한다.

해설

작업동기는 투입한 것에 대한 산출로만 정의되지 않는다.

정답 ③

22 집단 간의 갈등 요인으로 적당하지 않은 것은?

① 욕구의 좌절로 인한 갈등
② 제한된 자원으로 인한 갈등
③ 집단 간의 목표 차이로 인한 갈등
④ 집단 간의 인식 차이로 인한 갈등

해설

욕구의 좌절로 인한 갈등은 집단간의 갈등으로 적합하지 않다.

정답 ①

23 동작실패의 원인이 되는 작업강도의 조건으로 옳지 않은 것은?

① 작업밀도   ② 작업시간   ③ 작업범위   ④ 작업환경

정답 ④

24 자신 내면의 억압된 의식을 타인의 의식으로 만들어내는 인간관계 매커니즘으로 맞는 것은?

① 투사(Projection)
② 모방(Imitation)
③ 암시(Suggestion)
④ 동일화(Identification)

해설

모방(Imitation) : 타인의 행동 또는 판단을 기준으로 그것과 유사하게 또는 같게 행동하거나 판단하는 것
암시(Suggestion) : 타인으로부터 판단 또는 행동을 무비판적으로 받아들이는 것
동일화(Identification) : 타인의 태도 등에 투입시켜 그 속에서 자신과 비슷한 점을 발견하는 것

정답 ①

25 다음 중 강의식 교육에 대한 설명으로 옳지 않은 것은?

① 기능・태도적인 내용은 적용되기 곤란하다.
② 안전 사고사례를 제시하고 대책을 토의한다.
③ 수강자의 주의력 및 흥미도가 낮은 편이다.
④ 단시간 내에 대량의 정보를 전달하는 데 유용한 방식이다.

정답 ②

26 기업의 입장에서 교육훈련을 통해 획득할 수 있는 기대효과로 옳지 않은 것은?

① 의사소통 및 리더십의 향상
② 작업시간 단축 및 노동 비용 감소
③ 인적 관리비용 증대
④ 직무태도 개선

해설

교육훈련을 통해 인적 관리비용의 감소를 기대할 수 있다.

정답 ③

27 직무분석 자료수집 방법에 관한 설명으로 옳은 것은?

① 관찰법은 직무의 시작부터 종료까지 많은 시간이 필요하다.
② 면접법은 수량화된 정보를 얻기가 어렵고, 시간과 노력이 많이 소요된다.
③ 중요사건법은 포괄적인 정보를 파악하는 데 적합하다.
④ 설문지법은 다수의 사람들에게 단시간 내에 정보 수집이 용이하며, 양적 자료보다 질적 자료를 얻는데 적합하다.

해설

면접법은 직접 면접을 통해 직무 수행에 관한 정보를 대면 진술받는 것으로, 수량화된 정보를 얻기가 어렵고 시간과 노력이 많이 든다.
① 관찰법은 특정 직무가 수행되는 과정을 관찰하고 기록하는 것으로, 직무의 시작부터 종료까지 많은 시간이 소요되는 직무에는 적용이 곤란하며, 직무단위의 시간과 종료 간 시간이 짧은 직무가 적합하다.
③ 중요사건법은 개인의 경험 중 특정 주제에 관련된 주요 사건을 수집 기록하는 것으로, 포괄적인 정보를 파악하기 어렵다.
④ 설문지법은 질적 자료보다 양적 자료를 확보하는 데 유리하다.

정답 ②

28 피교육자들에게 특정 역할을 주어 훈련 또는 평가에 적용하는 교육 기법에 해당하는 것은?

① Sensitivity Training
② On the Job Training
③ Role Playing
④ Transactional Analysis

정답 ③

29 망각률이 50%를 초과하게 되는 헤빙하우스(Ebbinghaus)의 연구결과에 따른 경과시간은 얼마인가?

① 1시간　　　② 2시간　　　③ 3시간　　　④ 4시간

정답 ①

30 다음 중 맥그리거(Douglas McGregor)의 이론에서 Y이론에 해당되는 것은?

① 인간은 남을 잘 속인다.
② 인간은 본래 게으르다.
③ 인간은 정신적인 욕구가 있다.
④ 인간은 지배받는 것을 좋아한다.

 해설

맥그리거(Douglas McGregor)의 Y이론에 의하면 인간은 성선설, 상호신뢰감, 근면, 적극적, 정신적 욕구, 목표통합과 자기통제에 의한 자율적 관리로 선진국형에 해당한다.

정답 ③

31 비통제의 집단행동에 해당하는 것으로 폭동과 같은 것을 말하며 군중(crowd)보다 합의성이 없고 감정에 의해 행동하는 것은 무엇인가?

① 패닉　　　② 유행　　　③ 모브　　　④ 심리적 전염

 해설

통제 집단행동 : 규칙, 규율 등이 존재한다.

관습	풍습, 터부 등으로 구분된다.
제도적 행동	합리적으로 구성원의 행동을 통제하고 표준화하여 집단의 안정을 유지한다.
유행	공통적인 행동양식이나 태도를 의미한다.

비통제 집단행동 : 구성원의 감정에 의해 좌우되고 연속성이 적다.

군중	구성원 간 지위나 역할 분화가 없고 각자 책임을 갖지 않으며 비판도 하지 않는다.
모브	폭동과 같은 것을 의미하며 군중보다 합의성이 없고 감정에 의해 행동한다.
패닉	이상적인 상황에도 모브가 공격적일 때 패닉은 방어적 특징을 보인다.
심리적 전염	유행과 비슷하면서 행동양식이 이상적이며 비합리성이 강하다.

정답 ③

32 다양한 문제의 해결방안을 찾아내 방법으로 현실적 상황에서 활용되는 지식·기능·태도 등을 종합적으로 얻을 수 있는 학습방법은 무엇인가?

① Role Playing ② Problem Method
③ Buzz Session ④ Case Method

정답 ②

33 리더로서의 기능(역할)수행, 지위 유지 등 리더가 소유한 개인의 성격 또는 자질에 의존하는 리더십 이론은 무엇인가?

① 행동이론 ② 상황이론 ③ 관리이론 ④ 특성이론

정답 ④

34 인간의 경계(vigilance) 현상에 영향을 미치는 조건으로 옳지 않은 것은?

① 작업시작 직후의 검출율이 가장 낮다.
② 장시간 지속되는 신호는 검출율이 높다.
③ 발생빈도가 높은 신호는 검출율이 높다.
④ 불규칙적인 신호는 검출이 낮다.

해설

작업시작 직후의 검출율이 가장 높다.

정답 ①

35 안전교육의 3단계 중 현장실습교육은 어느 교육에 해당하는가?

① 지식 교육 ② 기능 교육 ③ 태도 교육 ④ 의식 교육

해설

안전교육은 1단계(지식 교육), 2단계(기능 교육), 3단계(태도 교육)로 단계별로 구분되며 시범, 견학, 현장실습교육은 2단계(기능교육)에 해당한다.

정답 ②

36 안전보건교육 교육과정별 교육시간으로 틀린 것은?

① 건설 일용근로자의 채용 시 교육 : 2시간 이상
② 일용근로자의 작업 내용 변경 시 교육 : 1시간 이상
③ 사무직 종사 근로자의 정기교육 : 매반기 6시간 이상
④ 판매업무에 직접 종사하는 근로자 : 매반기 6시간 이상

해설

안전보건교육 교육과정별 교육시간(제26조 제1항 등 관련)

1. 근로자 안전보건교육(제26조 제1항, 제28조 제1항 관련)

교육과정	교육대상		교육시간
가. 정기교육	1) 사무직 종사 근로자		매반기 6시간 이상
	2) 그 밖의 근로자	가) 판매업무에 직접 종사하는 근로자	매반기 6시간 이상
		나) 판매업무에 직접 종사하는 근로자 외의 근로자	매반기 12시간 이상
나. 채용 시 교육	1) 일용근로자 및 근로계약기간이 1주일 이하인 기간제근로자		1시간 이상
	2) 근로계약기간이 1주일 초과 1개월 이하인 기간제근로자		4시간 이상
	3) 그 밖의 근로자		8시간 이상
다. 작업내용 변경 시 교육	1) 일용근로자 및 근로계약기간이 1주일 이하인 기간제근로자		1시간 이상
	2) 그 밖의 근로자		2시간 이상
라. 특별교육	1) 일용근로자 및 근로계약기간이 1주일 이하인 기간제근로자 : 별표 5 제1호라목(제39호는 제외한다)에 해당하는 작업에 종사하는 근로자에 한정한다.		2시간 이상
	2) 일용근로자 및 근로계약기간이 1주일 이하인 기간제근로자 : 별표 5 제1호라목제39호에 해당하는 작업에 종사하는 근로자에 한정한다.		8시간 이상
	3) 일용근로자 및 근로계약기간이 1주일 이하인 기간제근로자를 제외한 근로자: 별표 5 제1호라목에 해당하는 작업에 종사하는 근로자에 한정한다.		가) 16시간 이상(최초 작업에 종사하기 전 4시간 이상 실시하고 12시간은 3개월 이내에서 분할하여 실시 가능) 나) 단기간 작업 또는 간헐적 작업인 경우에는 2시간 이상
마. 건설업 기초안전·보건교육	건설 일용근로자		4시간 이상

정답 ①

37 슈나이더 테스트와 스텝 테스트의 피로 판정 검사는 어떤 방법에 해당하는가?

① 타액검사　　　　　　　　　② 반사검사
③ 전신적 관찰　　　　　　　　④ 심폐검사

정답 ④

38 산업현장에서 안전사고예방을 조치로 옳지 않은 것은?

① 근로자와 감독자는 고유의 기술력을 확보하기 교육과 안전교육을 받아야 한다.
② 안전의식고취 운동을 위한 포스터에는 부정적인 문구를 사용하는 것이 더 효과적이다.
③ 모든 사고는 명확히 조사되고 기록·보존·보고되어야 한다.
④ 안전장치는 생산활동을 방해하지 않는 범위 내에서 실행되고 안전설계가 적용되도록 한다.

정답 ②

39 아래 소시오그램에서 실선은 선호관계, 점선은 거부관계를 나타낼 때, ④번 직원의 선호신분지수는 얼마인가? (단, 동일 부서 직원 6명)

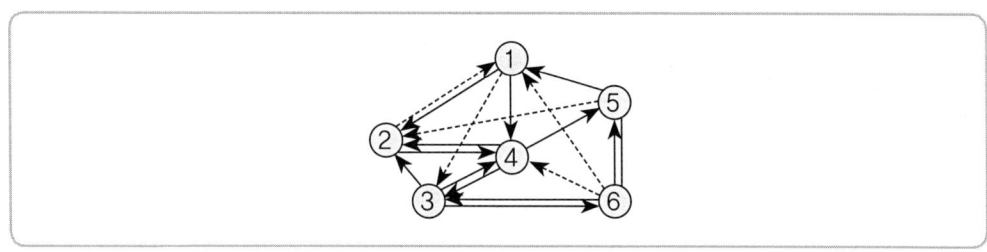

① 0.1 ② 0.1 ③ 0.3 ④ 0.4

해설

4직원의 선호신분지수 = $\dfrac{\text{선호총계}}{\text{구성원수}-1} = \dfrac{2}{6-1} = 0.4$

정답 ④

40 10~15명을 1개 반으로 운영하는 안전교육방법인 MTP(Management Training Program)의 교육 횟수 및 총 교육시간으로 옳은 것은?

① 2시간씩 10회 총 20시간
② 2시간씩 20회 총 40시간
③ 2시간씩 30회 총 60시간
④ 2시간씩 40회 총 80시간

해설

주로 중간관리자를 10~15명 단위로 편성하여 구체적인 문제를 토론방식으로 검토하는 방법으로, 보통 1회 평균 2시간, 합계 20회, 총 40시간의 강습을 계통적으로 행한다.

정답 ②

3과목　인간공학 및 시스템안전공학

41 FMEA의 5가지 평가요소에 해당하지 않는 것은?

① 고장방지의 가능성　　② 고장의 영향 크기
③ 신규설계의 정도　　　④ 고장발생의 빈도

해설

FMEA의 5가지 평가요소에는 신규설계의 정도, 고장발생의 빈도, 고장방지의 가능성, 기능적 고장영향의 중요도, 영향을 미치는 시스템의 범위가 있다.

정답 ②

42 행동이 의도한 것과는 다르게 나타나는 오류는 무엇인가?

① Slip　　② Mistake　　③ Lapse　　④ Violation

해설

Slip(실수) : 상황이나 목표의 해석은 제대로 하였으나 의도와 다른 행동을 하는 경우
Mistake(착오) : 부적합한 의도로 행동하여 발생한 오류
Lapse(건망증) : 기억을 잊어서 할 일을 못해 발생한 오류
Violation(위반) : 나쁜 의도로 발생한 오류

정답 ①

43 화학설비에 대한 안전성 평가(safety assessment) 시 정량적 평가 항목에 해당하지 않는 것은?

① 취급물질　　② 압력 및 용량　　③ 온도　　④ 습도

해설

화학설비에 대한 안전성 평가는 보통 5단계 또는 6단계로 구분한다. 6단계에는 FTA에 의한 재평가가 들어간다.
1단계 : 관계 자료 정비 검토
2단계 : 정성적 평가(입지조건, 공장 내 배치, 소방설비, 공정기사, 원재료, 중간재 등)
3단계 : 정량적 평가(취급물질, 화학설비의 용량, 온도, 압력, 조작)
4단계 : 안전대책 수립
5단계 : 재해 사례에 의한 평가
6단계 : FTA에 의한 재평가

정답 ④

44 인체계측자료의 응용원칙 중 조절식 설계에서 모집단의 특성치 범위는 얼마인가?

① 5~95% ② 20~80% ③ 30~70% ④ 40~60%

해설

인체계측 자료의 응용원칙에서 조절 범위는 체격이 다른 여러 사람에 맞도록 만드는 것이며, 모집단(보통집단) 특성치의 5~95%까지의 90% 조절 범위를 대상으로 한다.

정답 ①

45 인간-기계시스템의 설계 6단계 중 두 번째 단계에 해당하는 것은?

① 기본설계
② 시스템의 정의
③ 인터페이스 설계
④ 시스템의 목표와 성능명세 결정

해설

1단계(목표 및 성능명세 결정)-2단계(시스템의 정의)-3단계(기본 설계)-4단계(인터페이스 설계)-5단계(촉진물 설계)-6단계(검사와 평가)

정답 ②

46 다음 FT도에 사용되는 게이트는 무엇인가?

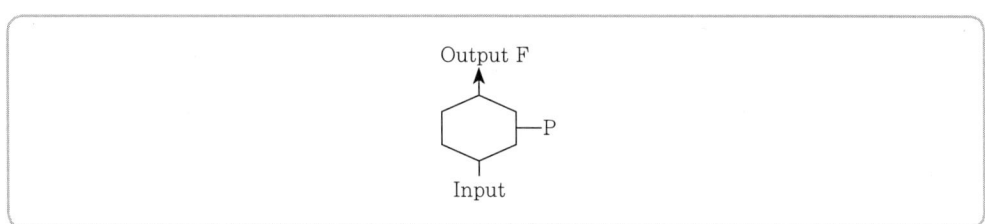

① 부정 게이트
② 억제 게이트
③ 배타적 OR 게이트
④ 우선적 AND 게이트

해설

억제게이트는 입력사상이 일어난 조건이 만족하면 출력사상이 발생한다.

정답 ②

47 제조업 사업주가 유해·위험방지계획서 제출 시 첨부서류에 해당하지 않는 것은?

① 건축물 각 층 평면도
② 기계·설비 개요 서류
③ 기계·설비 배치 도면
④ 사업주의 사업 신용도

정답 ④

48 동작경제의 원칙에 적합하지 않은 것은?

① 사용자 요구 조건에 관한 원칙
② 작업장 배치에 관한 원칙
③ 신체사용에 관한 원칙
④ 공구 및 설비 디자인 원칙

해설

반즈(Ralph M. Barnes)가 제시한 동작경제의 원칙은 신체사용에 관한 원칙, 작업장 배치에 관한 원칙, 공구 및 설비 디자인 원칙이다.

정답 ①

49 FTA에서 시스템에서 필요 최소한의 패스를 무엇이라 하는가?

① 컷셋 ② 미니멀 게이트
③ 미니멀 패스셋 ④ 크리티컬 패스셋

해설

Cut	모든 기본사상이 일어날 때 정상사상을 일으키는 기본사상의 집합
Cut set	- 정상사상을 발생하게 하는 기본사상의 집합 - 포함된 모든 기본사상이 발생할 경우 정상사상을 발생시킴
Path Set	- 처음으로 정상사상이 발생하지 않는 기본사상의 집합 - 포함된 모든 기본사상이 발생하지 않을 경우에 발생
Minimal Cut set	- 정상사상을 일으키기기 위한 최소한의 컷 - 시스템 고장을 일으키는 최소한의 요인 집합
Minimal Path Set	시스템을 살리는데 필요한 최소한의 요인 집합

정답 ③

50 다음의 각 단계를 결함수분석법(FTA)에 의한 재해사례의 연구 순서대로 나열한 것은?

① TOP 사상의 선정-개선 계획의 작성-FT의 작성-사상의 재해원인 규명
② TOP 사상의 선정-FT의 작성-사상의 재해원인 규명-개선 계획의 작성
③ TOP 사상의 선정-개선 계획의 작성-FT의 작성-사상의 재해원인 규명
④ TOP 사상의 선정-사상의 재해원인 규명-FT의 작성-개선 계획의 작성

해설

1단계(TOP 사상의 선정)-2단계(사상의 재해원인 규명)-3단계(FT의 작성)-4단계(개선계획의 작성)

정답 ④

51 인간-기계시스템의 연구 목적으로 가장 적합한 것은?

① 인간-기계시스템의 정보 저장 향상
② 인간-기계시스템의 운전 시 피로의 평준화
③ 인간-기계시스템의 시스템 신뢰성 향상
④ 인간-기계시스템의 안전 극대화 및 생산능률의 향상

정답 ④

52 실내 최적 반사율을 큰 순서대로 올바르게 나열한 것은?

① 천정 – 벽 – 가구 – 바닥
② 벽 – 바닥 – 가구 – 천정
③ 천정 – 가구 – 벽 – 바닥
④ 벽 – 천정 – 가구 – 바닥

정답 ①

53 인간공학에 대한 설명으로 옳지 않은 것은?

① 인간이 사용하는 물건, 설비 설계 등에 적용된다.
② 인간을 기계와 작업 등에 맞춘다.
③ 인간-기계 시스템의 효율성 및 안전성을 높이도록 한다.
④ 인간의 심리적 측면의 한계점을 고려한다.

해설

인간공학의 본질은 기계와 작업을 인간에게 맞추는 것으로부터 시작된다.

정답 ②

54 작위실수(commission eror)의 유형에 해당하지 않는 것은?

① 순서 착오
② 선택 착오
③ 시간 착오
④ 직무누락 착오

해설

작위실수는 순서·선택·시간·정성적 착오가 있으며, 직무누락 착오는 부작위 실수에 해당한다.

정답 ④

55 인간의 생명을 유지하는데 최소한의 에너지 소비량을 무엇이라 하는가?

① 기초 대사량
② 산소 소비량
③ 작업 대사량
④ 에너지 소비량

정답 ①

56 점광원으로부터 30cm 떨어진 구면에 광량이 5Lumen일 때 조도는 얼마인가?

① 0.06 lux   ② 16.7 lux   ③ 55.6 lux   ④ 83.4 lux

해설

$$E = \frac{광량}{거리(m)^2} = \frac{5}{0.3^2} = 55.55$$

정답 ③

57 기계의 가용도(aralablity)가 0.9, 평균수리시간(MTTR)이 2시간일 경우 평균수명(MTBF)은?

① 15시간   ② 16시간   ③ 17시간   ④ 18시간

해설

$$평균수명 = \frac{평균수리시간 \times 가용도}{1 - 가용} = \frac{2 \times 0.9}{1 - 0.9} = 18$$

정답 ④

58 소음방지대책에서 가장 근본적인 방안으로 적합한 것은?

① 소음원 제거   ② 소음원 격리
③ 청각보호장비 사용   ④ 차폐장치 사용

정답 ①

59 유해위험 방지계획서 제출대상 제조업 사업장은 전기 계약용량이 얼마 이상인 경우인가?

① 100 kw   ② 200 kw   ③ 300 kw   ④ 400 kw

정답 ③

60 착석식 작업대의 높이를 설계할 경우 고려사항으로 적절하지 않은 것은?

① 작업대 형태   ② 작업 성격   ③ 대퇴 여유   ④ 의자 높이

해설

착석식 작업대 높이 설계 시 고려사항
1. 의자의 높이를 조절할 수 있도록 설계한다.
2. 섬세한 작업은 작업대를 조금 높게, 거친 작업은 작업대를 조금 낮게 설계한다.
3. 작업 면 하부 공간은 대퇴부가 큰 사람이 편하게 움직일 수 있을 정도로 설계한다.

정답 ①

4과목　건설시공학

61 모듈화된 패널을 사용하는 초보 단계의 시스템 거푸집은?

① 유로 폼　　　　　　　　　② 트래블링 폼
③ 워플 폼(Waffle Form)　　　④ 갱 폼(Gang Form)

해설

- 유로폼(Euro Form, Pannel Form) : 가장 초보적인 단계의 시스템 거푸집으로서 모듈화된 패널을 사용한다. 건물의 평면이 규격화되어 표준 형태의 거푸집을 바꾸지 않고 조립함으로써 현장 제작에 소요되는 인력을 줄여 생산성과 자재의 전용횟수를 증대할 목적으로 사용되는 거푸집이다.
- 트래블링 폼(Traveling Form) : 동바리, 멍에, 장선 등을 일체로 유닛화한 대형, 수평이동 거푸집으로 터널, 교량, 지하철, 옹벽 등 토목구조물에 주로 사용된다.
- 워플 폼(Waffle Form) : 무량판 구조, 평판 구조의 특수 상자 모양의 기성재 거푸집으로 2방향 장선 바닥판 구조물에 사용된다.
- 갱 폼(Gang Form) : 특수한 모양을 만드는 벽 전용 거푸집으로 인력 절감 및 재사용이 가능한 장점이 있다.

정답 ①

62 다음 중 앵커긴결공법의 특징이 아닌 것은?

① 긴결철물의 부식을 방지할 필요가 없다.　② 단열, 결로 방지 성능이 있다.
③ 충격에 약한 단점이 있다.　　　　　　　　④ 상부 하중이 하부로 전달되지 않는다.

해설

앵커긴결공법의 특징
- 구조체와 판석 간에 공간을 두고 FASTENER, 촉, ANCHOR BOLT 등으로 판석재마다 긴결고정하는 공법이다.
- 상부하중이 하부로 전달되지 않는 형태이다.
- 모르타르를 사용하지 않아 백화 발생이 거의 없다.
- 단열, 결로 방지 성능이 있다.
- 충격에 약한 단점이 있다.
- 긴결철물의 부식 방지 조치가 필요하다.

정답 ①

63 잡석지정 다짐량이 5m³일 경우 틈막이 자갈량은 얼마인가?

① 0.5m³　　② 1.5m³　　③ 3.0m³　　④ 4.5m³

해설

틈막이자갈량 = 잡석지정 다짐량 × 0.3 = 5m³ × 0.3 = 1.5m³

정답 ②

64 석공사에서 건식공법에 관한 설명으로 옳지 않은 것은?

① 하지철물의 부식 및 내부단열재 결합 문제 등이 발생할 수 있다.
② 긴결 철물 사용과 채움 모르타르로 붙여 대는 등의 방식으로 우수 침입으로 인한 들뜸, 백화현상 우려가 적다.
③ 실런트(Sealant) 유성분에 의한 석재 오염 하자는 비오염성 실런트 또는 Open Joint 공법으로 대안을 모색할 수 있다.
④ 강재 트러스지지공법은 작업능률 개선 및 공기단축에 용이하다.

해설

석재의 붙임 방법은 석식공법과 건식공법으로 구분되며, 건식공법은 크게 앵커긴결공법, 강재트러스트지지공법, GPC, Open Joint 등으로 분류된다. 여기서 앵커(Anchor)긴결공법은 구조체와 판석 간에 공간을 두고 FASTENER, 촉, ANCHOR BOLT 등으로 판석재마다 긴결고정하는 공법이므로 모르타르는 별도로 필요로 하지 않아 백화 발생이 거의 없다.

정답 ②

65 H-400×400×30×50인 길이가 10m일 때 이 형강재의 개산 중량은 얼마인가? (비중 7.85ton/m³)

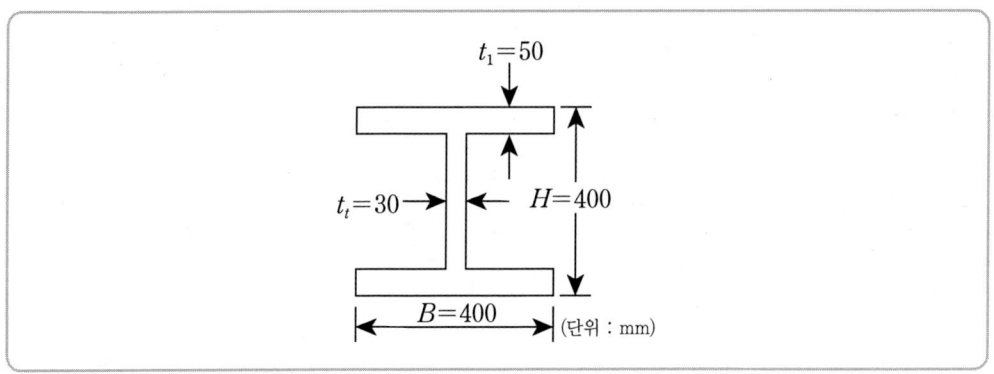

① 1ton   ② 4ton   ③ 8ton   ④ 12ton

해설

(0.4m×0.05m×2개×10m)+(0.4m−(0.05m×2개))×0.03m×10m = 0.49m³×7.85ton = 3.8465ton

정답 ②

66 철근 배근순서로 옳게 나열된 것은?

① 기초 – 기둥 – 벽 – 슬래브 – 보 – 계단
② 기초 – 기둥 – 보 – 슬래브 – 벽 – 계단
③ 기초 – 기둥 – 보 – 벽 – 슬래브 – 계단
④ 기초 – 기둥 – 벽 – 보 – 슬래브 – 계단

정답 ④

67 염해(鹽害)로 인한 철근 부식 방지대책으로 옳지 않은 것은?

① 물시멘트비(W/C)를 적게 한다.
② 방청제를 투입한다.
③ 에폭시수지 도장 철근을 적용한다.
④ 콘크리트 내 염소이온량을 크게 한다.

해설

콘크리트 내 염소이온량을 작게 한다.

정답 ④

68 다음 중 기성콘크리트 말뚝의 특징에 대한 설명으로 옳지 않은 것은?

① 재료의 균질성이 부족하다.
② 말뚝이음 부위에 대한 신뢰성이 떨어진다.
③ 시공과정상의 항타로 인하여 자재균열의 우려가 높다.
④ 자재하중이 크므로 운반과 시공에 각별한 주의가 필요하다.

해설

기성콘크리트 말뚝은 공장생산으로 재료의 균질성이 양호하다.

정답 ①

69 품질관리(TQC)를 위한 7가지 도구 중에서 셀 수 있는 데이터가 분류항목별로 어디에 집중되어 있는지를 알기 쉽게 나타낸 것은 무엇인가?

① 파레토도
② 산포도
③ 히스토그램
④ 체크시트

해설

체크시트는 결점수 등 셀 수 있는 데이터를 분류하여 항목별로 어디에 집중되었는지 알아보기 쉽다.

정답 ④

70 지하철, 고속철도, 고가도로, 터널공사 등에 적합한 도급 발주 방식으로 가장 적합한 것은?

① 직종별 · 공종별 분할도급
② 공정별 분할도급
③ 공구별 분할도급
④ 전문공종별 분할도급

해설

공구별 분할도급
대규모 공사에서 주로 채용하는 것으로, 지역별로 공사를 분리 발주한다. 주로 지하철, 터널, 교량, 도로 등의 대규모 토목공사에서 채용하는 도급방식이다. 공사기간 단축 및 시공 기술의 향상으로 높은 사업 성과를 기대할 수 있다.

정답 ③

71 시방서 작성 및 확인사항으로 옳은 것은?

① 설계도서와 공사시방서가 상이한 경우 설계도서를 우선으로 한다.
② 시방서에는 해당 공사 전 공종이 포함되지 않게 간단하게 작성한다.
③ 전문시방서와 일반시방서가 상이한 경우 전문시방서를 우선으로 한다.
④ 시방서는 기재사항이 중복되는 것이 좋으며 복잡하게 작성하는 것이 중요하다.

해설

검토 서류의 우선 순위는 감리자와의 협의, 특기시방서, 표준시방서, 설계도서 순으로 한다.
설계도서와 공사시방서가 다른 경우에는 공사시방서를 우선으로 하고, 전문시방서와 일반시방서가 다른 경우에는 전문시방서를 우선으로 한다.

정답 ③

72 개방잠함공법(Open caisson method)에 관한 설명으로 틀린 것은?

① 상부가 대기 중에 열린 케이슨을 지상에서 구축하여 침하시키는 공법이다.
② 지하수가 많은 지반에 적용하는 경우 침하가 잘 되어 작업이 용이하다.
③ 중앙부의 기초를 구축하고 주변부 기초를 구축한다.
④ 공기단축이 가능하나 공사비가 고가이다.

해설

지하수가 많은 지반에는 침하가 어려워 적용하기 어려운 면이 있다.

정답 ②

73 주로 연약 점토지반에서 흙막이 배면의 지표 상부의 적재물 또는 흙의 중량으로 인해 흙막이 저면이 붕괴되어 흙막이 배면 측에 있는 흙이 안으로 밀려들어와 기초 저면 하부가 불룩하게 부풀어 오르는 현상은 무엇인가?

① 보일링 파괴(Boiling)
② 히빙 파괴(Heavimg)
③ 파이핑 파괴(Piping)
④ 언더피닝(underpinning)

정답 ②

74 점토질 지반개량공법에 해당하지 않는 것은?

① 샌드드레인 공법
② 페이퍼드레인 공법
③ 팩 드레인 공법
④ 동다짐 공법

해설

샌드드레인, 페이퍼드레인, 팩 드레인 공법은 연약한 점성토 지반에 투수성이 우수한 Drain을 박아 지중의 간극수를 수평으로 탈수시켜 압밀을 촉진하는 점토질 지반개량공법이다.
동다짐(압밀) 공법은 사질지반 개량공법에 속하며 지반에 100~200t 가량의 추를 크레인 등에 매달아 10~40m 높이에서 낙하시켜 지표에 충격을 가해, 지반의 심층까지 다짐효과를 기대할 수 있는 공법이다.

정답 ④

75 콘크리트 측압에 대한 설명으로 적절하지 않은 것은?

① 기온이 낮을수록 측압은 커진다.
② 거푸집의 강성이 클수록 측압은 작아진다.
③ 진동기를 사용하여 다질수록 측압은 커진다.
④ 조강시멘트 등을 사용하면 측압은 작아진다.

해설

거푸집의 강성이 클수록 측압은 커진다.

정답 ②

76 건축시공의 3S 시스템과 관련이 먼 것은?

① 공사재료의 표준화
② 공사방법의 단순화
③ 공사인력의 전문화
④ 공사작업의 획일화

정답 ④

77 하절기 콘크리트 타설 시 유의사항으로 적절하지 않은 것은?

① 시멘트를 가열하여 사용한다.
② 수송관 주변의 온도를 낮추어 준다.
③ 콘크리트의 응결을 지연시켜 유동성을 크게 한다.
④ 콘크리트를 비빔 후 즉시 타설한다.

해설

시멘트를 어떠한 경우라도 가열하여 사용하지 않는다.

정답 ①

78 철골공사의 기초상부 고름질 방법에 해당되지 않는 것은?

① 전면바름 마무리법
② 나중 채워넣기 중심바름법
③ 나중 매입공법
④ 나중 채워넣기법

해설

철골공사 기초 상부 고름질 방법에는 전면바름, 나중 채워넣기 십자바름, 나중 채워넣기 중심바름, 나중 채워넣기 방법 등이 있다.

정답 ③

79 네트워크 공정표에 대한 설명으로 옳지 않은 것은?

① 공정표 작성 시 특별한 기능이 요구된다.
② 공정표를 통해 공사진행상황을 쉽게 파악할 수 있다.
③ 공정표 작성자 이외에 작업자도 공정표를 이해하기 쉽다.
④ 공정표를 작성하는데 소요되는 시간이 적다.

해설

공정표를 작성하는데 많은 시간이 소요된다.

정답 ④

80 말뚝재하시험을 하는 목적과 거리가 먼 것은?

① 말뚝재하시험을 통해 말뚝의 길이를 결정한다.
② 말뚝재하시험을 통해 말뚝의 관입량 결정을 결정한다.
③ 말뚝재하시험을 통해 지하수위를 추정한다.
④ 말뚝재하시험을 통해 지지력을 추정한다.

해설

말뚝재하시험을 통해 말뚝의 길이, 말뚝의 관입량, 지지력을 추정한다.

정답 ③

5과목 　 건설재료학

81 다음 중 열경화성 수지가 아닌 것은?

① 폴리우레탄　　② 에폭시　　③ 멜라민　　④ 폴리프로필렌

해설

폴리프로필렌은 열가소성 수지이다.
열경화성 수지
- 고형체에 열을 가하면 연화되지 않고 냉각 후 회복되지 않는 것
- **종류** : 에폭시, 멜라민, 페놀, 요소, 불소, 실리콘, 폴리에스테르, 폴리우레탄 등

열가소성 수지
- 고형체에 열을 가하면 용융 또는 연화해 가소성과 점성이 생기지만 냉각하면 고형체로 다시 회복되는 것
- **종류** : 염화비닐, 아크릴, 폴리에틸렌, 폴리스티렌, 폴리프로필렌, 폴리카보네이트, 초산비닐, ABS, 폴리아미드 등

정답 ④

82 기성 배합 모르타르 바름에 관한 설명으로 적절하지 않은 것은?

① 현장 시공이 간편하다.
② 균질한 재료의 모르타르를 얻기 용이하다.
③ 모르타르 내 접착력 강화제가 혼입되기도 한다.
④ 바름 두께가 두꺼운 경우에 주로 쓰인다.

해설

바름 두께가 얇은 경우 기성 배합 모르타르 바름이 적용된다.

정답 ④

83 무색·투명하여 착색이 자유롭고 상온에서도 절단·가공이 용이하여 유기유리라 불리는 것은?

① 폴리에틸렌 수지 ② 스티롤 수지
③ 멜라민 수지 ④ 아크릴 수지

정답 ④

84 골재의 입도 분포를 파악하기 위해 사용되는 시험방법으로 적절한 것은?

① 플로우 시험 ② 블레인 시험
③ 체가름 시험 ④ 비카트침 시험

해설

골재의 입도는 표준 망체를 사용한 체가름 시험으로 확인할 수 있다.

정답 ③

85 에폭시수지 재료에 관한 내용으로 적절하지 않은 것은?

① 에폭시수지는 경화 시 휘발성이 있다.
② 내약품성, 내수성, 전기절연성이 우수하다.
③ 산, 알칼리에 강하다.
④ 금속, 유리, 도자기 등 접착성이 우수하다.

해설

에폭시수지는 경화 시 휘발성이 없다.

정답 ①

86 목재의 건조 특성에 관한 설명으로 옳은 것은?

① 온도가 높을수록 건조속도는 느리다.
② 풍속이 빠를수록 건조속도는 느리다.
③ 목재의 비중이 작을수록 건조속도는 빠르다.
④ 목재의 두께가 두꺼울수록 건조시간이 짧아진다.

해설

온도가 높을수록, 풍속이 빠를수록 건조속도는 빠르고 목재두께가 두꺼울수록 건조속도는 느리다.

정답 ③

87 기둥, 슬래브, 보, 기초 등 부재의 치수가 커서 시멘트의 수화열에 의한 온도상승을 고려하여 타설하여야 하는 콘크리트는 무엇인가?

① 매스콘크리트
② 한중콘크리트
③ 고강도콘크리트
④ 수밀콘크리트

해설

- 매스 콘크리트(Masss concrete) : 부재단면의 최소치수가 80cm 이상이며, 하단(下壇)이 구속된 경우 두께 50cm 이상의 벽체 등에 적용되는 콘크리트를 말하며, 콘크리트 표면 및 내부의 건조수축의 차에 의한 온도균열에 유의하여 시공한다. 내외부 온도차는 25℃ 이하가 되도록 관리하며, 온도균열을 제어하기 위해 프리쿨링(pre cooling), 파이프쿨링(pipe cooling)을 양생 시 적용한다.
- 한중 콘크리트(Cold weather concrete) : 평균기온이 4℃ 이하에서는 콘크리트 응결경화반응이 지연되어 한밤중이나 새벽뿐만 아니라 낮에도 콘크리트가 어는 동결현상을 막기 위한 시공법이다.
- 고강도 콘크리트(High strength concrete) : 설계기준강도가 40Mpa 이상인 콘크리트로, 고성능 감수제 등을 첨가하여 된비빔의 콘크리트를 타설 가능하게 하고, 실리카흄(silica fume) 등의 미세분말을 사용해 내구성 및 강도를 발현한 콘크리트이다.
- 수밀 콘크리트(Water tight concrete) : 수밀성을 필요로 하는 수중 구조물이나 수영장, 수조 등에 시공되는 콘크리트로 내화학적인 저항력이 크고, 내구성 및 강도가 양호하며, 유동성 및 분산성을 증가시키기 위해 혼화재료를 사용한다.

정답 ①

88 점토제품에서 새겨지는 SK(Seger-Keger Cone)는 무엇을 나타내는 것인가?

① 제품의 원료
② 제품의 소성온도
③ 제품의 종류
④ 제품의 제조일

정답 ②

89 석유 아스팔트에 해당하는 것은?

① 블로운 아스팔트, 아스팔트 컴파운드
② 로크 아스팔트, 스트레인트 아스팔트
③ 레이크 아스팔트, 블로운 아스팔트
④ 아스팔트 타이트, 로크 아스팔트

해설

석유 아스팔트 : 아스팔트 컴파운드, 블로운 아스팔트, 스트레인트 아스팔트
천연 아스팔트 : 레이크 아스팔트, 아스팔트 타이트, 로크 아스팔트

정답 ①

90 목재의 내연성 및 방화에 관한 설명으로 옳지 않은 것은?

① 목재 표면에 불연소성 피막을 도포하여 내연성을 확보한다.
② 방화제에는 규산나트륨, 방화도료 등이 있다.
③ 목재가 열에 닿으면 수분이 증발하고 270℃ 지점에 착화가 된다.
④ 목재는 450℃에서 장시간 가열하면 자연발화하며, 이 온도를 화재위험온도라 한다.

해설

목재는 100℃(수분증발), 180℃(인화점), 260~270℃(착화점, 화재위험온도), 400~450℃(발화점)

정답 ④

91 에폭시수지 접착제에 관한 설명으로 옳지 않은 것은?

① 비스페놀과 에피클로로하이드린의 반응에 의해 얻을 수 있다.
② 내수성, 내습성, 전기절연성이 우수하다.
③ 접착제의 성능을 지배하는 것은 경화제라고 할 수 있다.
④ 피막이 단단하지 못하나 유연성이 매우 우수하다.

해설

에폭시 수지 접착제는 피막이 다소 단단하고 유연성이 부족하다.

정답 ④

92 주로 목재면의 투명한 도장을 위해 사용되고 도막이 견고하고 얇으며 광택이 우수한 내부용 도료는 무엇인가?

① 클리어 래커
② 애나멜 래커
③ 에나멜 페인트
④ 하이-솔리드 래커

해설

클리어 래커는 안료가 들어가지 않는 도료로 건조성이 뛰어나 목재면의 투명도장 및 내장도료로 사용된다. 클리어 래커에 안료를 혼합하면 에나멜래커가 된다.

정답 ①

93 평면 또는 곡면의 판유리를 600℃에서 열처리한 후 냉각 공기로 유리를 급랭하여 강도를 높인 강화유리의 검사항목에 해당하지 않는 시험은?

① 내충격성 시험
② 파쇄 시험
③ 쇼트백 시험
④ 촉진노출 시험

정답 ④

94 천연화강석의 색깔, 무늬가 나타나도록 표면을 연마하여 광택을 유지한 것으로 대형으로 제작하여 사용하는 타일은 무엇인가?

① 모자이크 타일 ② 포세린타일 ③ 논슬립타일 ④ 폴리싱타일

해설

폴리싱타일 : 포세린타일을 연마하거나 유약 처리하여 매끄럽게 광택을 낸 타일이다.
포세린타일 : 유약 처리를 하지 않아 무광으로 마감한 타일로 수분 흡수율이 낮고 견고하다.

정답 ④

95 주로 장식용으로 5mm 이상 판유리면에 불화수소(HF)에 부식하는 성질을 이용해 문자, 그림 등을 새긴 유리는 무엇인가?

① 스테인드유리 ② 망입유리 ③ 에칭유리 ④ 내열유리

해설

유리가 불화수소에 부식하는 성질을 이용하여 5mm 이상 판유리 면에 그림, 문자 등을 새긴 유리는 에칭유리이다.

정답 ③

96 회반죽에 여물을 넣는 가장 이유는 무엇인가?

① 균열 방지 ② 점성 향상 ③ 경화 촉진 ④ 내수성 향상

해설

회반죽
- 모래, 소석회, 해초풀(점성유도), 여물(균열방지) 등을 반죽
- 건조 시간이 오래 걸림
- 소량의 석고를 회반죽에 혼입 시 수축균열 방지 효과를 얻음

정답 ①

97 목재의 신축에 관한 설명으로 옳지 않은 것은?

① 동일 나뭇결에서 심재는 변재보다 신축이 작다.
② 목재의 비중이 클수록 신축이 크다.
③ 주로 널결 방향보다 곧은결 방향의 신축의 정도가 크다.
④ 목재의 섬유방향은 거의 수축하지 않는다.

해설

주로 널결방향의 신축이 곧은결 방향의 신축보다 크다.

정답 ③

98 경첩으로 여닫는 등의 유지가 곤란한 중량의 자재여닫이문에 쓰이는 철물은 무엇인가?

① 래버터리 힌지   ② 도어 스톱   ③ 도어 체크   ④ 플로어 힌지

해설

플로어 힌지(floor hinge) : 오일 또는 스프링을 써서 문을 열면 저절로 닫히는 장치를 하고 바닥에 묻어 설치한 후 문의 징두리를 여기에 꽂아 돌게 하는 창호철물, 여닫이문 위아래에 문지도리가 달리게 만든 철물

정답 ④

99 벽, 기둥 등 모서리 부분의 미장바름을 보호하기 위해 설치하는 철물로 옳은 것은?

① 와이어메쉬   ② 코너비드   ③ 긴결재   ④ 스페이서

해설

코너비드(corner bead) : 미장 마감의 바름벽 구석을 보호하기 위한 막대 모양의 철물로 손상되기 쉬운 벽이나 기둥의 모서리를 보호하기 위한 미장을 할 때 붙이는 보호용 철물이다.

정답 ②

100 건축용으로 주로 판재 지붕에 많이 사용되는 금속재료는 무엇인가?

① 주석(Sn)   ② 니켈(Ni)   ③ 철(Fe)   ④ 동(Cu)

정답 ④

6과목 건설안전기술

101 비계재료의 연결 및 해체작업을 하는 경우 폭 몇cm 이상의 발판을 설치하는가?

① 10   ② 20
③ 30   ④ 40

해설

산업안전보건기준에 관한 규칙

제57조(비계 등의 조립·해체 및 변경) ① 사업주는 달비계 또는 높이 5미터 이상의 비계를 조립·해체하거나 변경하는 작업을 하는 경우 다음 각 호의 사항을 준수하여야 한다.
1. 근로자가 관리감독자의 지휘에 따라 작업하도록 할 것
2. 조립·해체 또는 변경의 시기·범위 및 절차를 그 작업에 종사하는 근로자에게 주지시킬 것

3. 조립·해체 또는 변경 작업구역에는 해당 작업에 종사하는 근로자가 아닌 사람의 출입을 금지하고 그 내용을 보기 쉬운 장소에 게시할 것
4. 비, 눈, 그 밖의 기상상태의 불안정으로 날씨가 몹시 나쁜 경우에는 그 작업을 중지시킬 것
5. 비계재료의 연결·해체작업을 하는 경우에는 폭 20센티미터 이상의 발판을 설치하고 근로자로 하여금 안전대를 사용하도록 하는 등 추락을 방지하기 위한 조치를 할 것
6. 재료·기구 또는 공구 등을 올리거나 내리는 경우에는 근로자가 달줄 또는 달포대 등을 사용하게 할 것

② 사업주는 강관비계 또는 통나무비계를 조립하는 경우 쌍줄로 하여야 한다. 다만, 별도의 작업발판을 설치할 수 있는 시설을 갖춘 경우에는 외줄로 할 수 있다.

정답 ②

102 터널굴착작업의 작업계획서에 포함할 내용이 아닌 것은?

① 굴착의 방법
② 터널지보공의 시공방법
③ 환기 또는 조명시설 설치 시 방법
④ 암석의 가공장소

해설

사전조사 및 작업계획서 내용(제38조 제1항관련)

1. 굴착의 방법
2. 터널지보공 및 복공(覆工)의 시공방법과 용수(湧水)의 처리방법
3. 환기 또는 조명시설을 설치할 때에는 그 방법

정답 ④

103 건설업 중 교량건설 공사의 경우 유해위험방지계획서를 제출하여야 하는 기준으로 옳은 것은?

① 최대 지간길이가 10m 이상인 교량건설 등 공사
② 최대 지간길이가 30m 이상인 교량건설 등 공사
③ 최대 지간길이가 50m 이상인 교량건설 등 공사
④ 최대 지간길이가 70m 이상인 교량건설 등 공사

정답 ③

104 승강기 강선의 과다감기를 방지하는 안전장치는 무엇인가?

① 제동장치
② 비상정지장치
③ 권과방지장치
④ 과부하방지장치

해설

권과방지장치 : 크레인이나 이동식 크레인, 데릭 크레인 등은 와이어 로프나 지프 등을 사용할 때, 와이어로프가 감아지면서 물건이 들어올려지는데 로프가 너무 많이 감기거나 풀리는 것을 방지하기 위해서 이용하는 장치이다.

정답 ③

105 달비계의 구조에서 달비계 작업발판의 폭은 최소 얼마 이상이어야 하는가?

① 10cm　　② 20cm
③ 30cm　　④ 40cm

해설

작업발판의 폭은 40cm 이상으로 하고, 발판재료 간의 틈은 3cm 이하로 한다.　　정답 ④

106 강관비계 조립시의 준수사항으로 옳지 않은 것은?

① 강관의 접속부 또는 교차부는 적합한 부속철물로 접속하거나 단단히 묶어야 한다.
② 교차가새로 보강하는 것을 고려하지 않는다.
③ 비계기둥은 미끄러지거나 침하를 방지하기위해 밑둥잡이를 한다.
④ 단관비계의 경우 수직·수평방향으로 각각 5m 간격으로 벽이음을 한다.

해설

교차 가새로 보강해야 한다.　　정답 ②

107 풍압·지진 등에 의한 구축물의 붕괴·전도위험을 예방하기 위한 조치로 적절하지 않은 것은?

① 설계도서에 따라 시공했는지 여부 확인
② 건설공사 시방서에 따라 시공했는지 여부 확인
③ 「건축물의 구조기준 등에 관한 규칙」에 따른 구조기준을 준수했는지 여부 확인
④ 보호구 및 방호장치의 성능검정 합격품을 사용했는지 확인

해설

보호구 및 방호장치의 성능검정 합격품 사용여부는 구축물 붕괴 또는 전도 위험과는 거리가 멀다.　　정답 ④

108 사질지반 굴착 시 흙막이 배면의 수위와 굴착 저면의 지하수위 차에 의해 굴착 저면에서 물이 끓어 오르는 것처럼 분출하는 현상을 무엇이라 하는가?

① 파이핑　　② 백화
③ 보일링　　④ 히빙

해설

보일링(boiling) : 모래지반을 굴착할 때 굴착 바닥면으로 뒷면의 모래가 솟아오르는 현상이다. 지하수위가 높은 모래나 자갈층과 같은 투수성(透水性) 지반에서 흙막이벽을 강널말뚝으로 하여 굴착할 경우 굴착 바닥면에서 물이 솟아오르는 경우가 있는데 수압으로 인해 모래입자가 지표면 위로 흘러나와 지반이 파괴되는 현상을 말한다.

정답 ③

109 작업발판의 최대적재하중에 관한 내용으로 틀린 것은?

① 달기 와이어로프의 안전계수: 10 이상
② 달기 강선의 안전계수: 10 이상
③ 달기 체인의 안전계수: 10 이상
④ 달기 훅의 안전계수: 5 이상

해설

달기 체인의 안전계수: 5 이상

정답 ③

110 철골구조물 건립 중 강풍에 위한 풍압 등 외압에 대한 내력이 설계에 고려되었는지 확인하는 대상이 아닌 것은?

① 높이 20m 이상의 구조물
② 구조물의 폭과 높이가 1:4 이상인 구조물
③ 이음부가 공장 제작인 구조물
④ 연면적당 철골량이 50kg/m² 이하인 구조물

해설

철골공사표준안전작업지침
[시행 2020. 1. 16.] [고용노동부고시 제2020-7호, 2020. 1. 7., 일부개정]

제3조(설계도 및 공작도 확인) 구조안전의 위험이 큰 다음 각 목의 철골구조물은 건립 중 강풍에 의한 풍압등 외압에 대한 내력이 설계에 고려되었는지 확인하여야 한다.
가. 높이 20미터 이상의 구조물
나. 구조물의 폭과 높이의 비가 1:4 이상인 구조물
다. 단면구조에 현저한 차이가 있는 구조물
라. 연면적당 철골량이 50킬로그램/평방미터 이하인 구조물
마. 기둥이 타이플레이트(tie plate)형인 구조물
바. 이음부가 현장용접인 구조물

정답 ③

111 크레인 등의 최대하중에서 후크(HOOK), 와이어로프 등 달기구의 중량을 공제한 하중은 무엇인가?

① 작업하중　　② 정격하중
③ 이동하중　　④ 적재하중

정답 ②

112 강관비계의 설치 기준으로 옳지 않은 것은?

① 비계기둥의 간격은 띠장 방향에서는 1.85미터 이하, 장선(長線) 방향에서는 1.5미터 이하로 할 것
② 띠장 간격은 1.5미터 이하로 할 것
③ 비계기둥의 제일 윗부분으로부터 31미터되는 지점 밑부분의 비계기둥은 2개의 강관으로 묶어 세울 것
④ 비계기둥 간의 적재하중은 400킬로그램을 초과하지 않도록 할 것

해설

산업안전보건기준에 관한 규칙

제60조(강관비계의 구조) 사업주는 강관을 사용하여 비계를 구성하는 경우 다음 각 호의 사항을 준수해야 한다. 〈개정 2012. 5. 31., 2019. 10. 15., 2019. 12. 26., 2023. 11. 14.〉
1. 비계기둥의 간격은 띠장 방향에서는 1.85미터 이하, 장선(長線) 방향에서는 1.5미터 이하로 할 것. 다만, 다음 각 목의 어느 하나에 해당하는 작업의 경우에는 안전성에 대한 구조검토를 실시하고 조립도를 작성하면 띠장 방향 및 장선 방향으로 각각 2.7미터 이하로 할 수 있다.
　가. 선박 및 보트 건조작업
　나. 그 밖에 장비 반입·반출을 위하여 공간 등을 확보할 필요가 있는 등 작업의 성질상 비계기둥 간격에 관한 기준을 준수하기 곤란한 작업
2. 띠장 간격은 2.0미터 이하로 할 것. 다만, 작업의 성질상 이를 준수하기가 곤란하여 쌍기둥틀 등에 의하여 해당 부분을 보강한 경우에는 그러하지 아니하다.
3. 비계기둥의 제일 윗부분으로부터 31미터 되는 지점 밑부분의 비계기둥은 2개의 강관으로 묶어 세울 것. 다만, 브라켓(bracket, 까치발) 등으로 보강하여 2개의 강관으로 묶을 경우 이상의 강도가 유지되는 경우에는 그러하지 아니하다.
4. 비계기둥 간의 적재하중은 400킬로그램을 초과하지 않도록 할 것

정답 ②

113 철골건립준비 시 준수사항과 거리가 먼 것은?

① 지상 작업장에서 건립준비 및 기계·기구를 배치할 경우 낙하물 위험이 없는 평탄한 장소를 선정한다.
② 건립작업에 지장이 있는 경우라 하더라도 수목을 제거해서는 안된다.
③ 사용전 기계·기구에 대한 정비 및 보수를 철저히 실시한다.
④ 인근 건축물 또는 고압선이 있는 경우 방호 및 안전조치를 하여야 한다.

정답 ④

114 흙막이 지보공을 설치 후 붕괴 등의 위험방지를 위한 점검사항과 적절하지 않은 것은?

① 부재의 손상·변형·부식·변위 및 탈락의 유무와 상태
② 버팀대의 긴압(緊壓)의 정도
③ 부재의 접속부·부착부 및 교차부의 상태
④ 비상경보장치 작동 여부

정답 ④

115 사다리식 통로 등의 구조에 따라 사다리의 상단은 걸쳐놓은 지점으로부터 몇cm 이상 올라가도록 설치하는가?

① 30 ② 50 ③ 60 ④ 80

해설

산업안전보건기준에 관한 규칙_제24조(사다리식 통로 등의 구조) ① 사업주는 사다리식 통로 등을 설치하는 경우 다음 각 호의 사항을 준수하여야 한다. 〈개정 2024. 6. 28.〉
1. 견고한 구조로 할 것
2. 심한 손상·부식 등이 없는 재료를 사용할 것
3. 발판의 간격은 일정하게 할 것
4. 발판과 벽과의 사이는 15센티미터 이상의 간격을 유지할 것
5. 폭은 30센티미터 이상으로 할 것
6. 사다리가 넘어지거나 미끄러지는 것을 방지하기 위한 조치를 할 것
7. 사다리의 상단은 걸쳐놓은 지점으로부터 60센티미터 이상 올라가도록 할 것
8. 사다리식 통로의 길이가 10미터 이상인 경우에는 5미터 이내마다 계단참을 설치할 것
9. 사다리식 통로의 기울기는 75도 이하로 할 것. 다만, 고정식 사다리식 통로의 기울기는 90도 이하로 하고, 그 높이가 7미터 이상인 경우에는 다음 각 목의 구분에 따른 조치를 할 것
   가. 등받이울이 있어도 근로자 이동에 지장이 없는 경우: 바닥으로부터 높이가 2.5미터 되는 지점부터 등받이울을 설치할 것
   나. 등받이울이 있으면 근로자가 이동이 곤란한 경우: 한국산업표준에서 정하는 기준에 적합한 개인용 추락 방지시스템을 설치하고 근로자로 하여금 한국산업표준에서 정하는 기준에 적합한 전신안전대를 사용하도록 할 것
10. 접이식 사다리 기둥은 사용 시 접혀지거나 펼쳐지지 않도록 철물 등을 사용하여 견고하게 조치할 것

정답 ③

116 사다리식 통로 중 고정식 사다리식 통로의 기울기는 몇 도 이하로 하는가?

① 45°   ② 60°   ③ 75°   ④ 90°

정답 ④

117 콘크리트 교량의 설치작업 시 안전사고예방을 위한 준수사항 중 옳지 않은 것은?

① 작업 구역에는 관계 근로자가 아닌 사람의 출입을 금지한다.
② 재료·기구·공구 등을 올리거나 내릴 때 달줄·달포대를 사용하도록 한다.
③ 크레인 등으로 부재를 인양하는 경우 인양용 로프는 부재에 한 군데 이상 결속하여 인양한다.
④ 낙하물 등으로 인해 근로자에게 위험을 미칠 우려가 있을 경우에는 출입금지구역의 설정을 한다.

정답 ③

118 부두 또는 안벽의 선을 따라 통로를 설치하는 경우 최소폭이 얼마인가?

① 70cm   ② 80cm   ③ 90cm   ④ 100cm

정답 ③

119 타워 크레인 선정 시 검토사항으로 적절하지 않은 것은?

① 타워크레인의 작업반경   ② 타워크레인의 인양능력
③ 타워크레인 붐의 모양   ④ 타워크레인 붐의 높이

해설
타워크레인은 중량물을 운반하기 위한 건설기계로 선정 시 인양능력, 지브 작동 방식, 작업반경, 붐의 높이 등을 고려해야 한다.

정답 ③

120 다음 중 추락방망에 표시해야 할 사항으로 옳지 않은 것은?

① 제조자명   ② 신축정도
③ 재봉치수   ④ 제조연월

해설
추락방망에는 보기 쉬운 곳에 다음의 사항을 표시해야 한다.
제조자명, 제조연월, 재봉치수, 그물코, 신품인 때 방망의 강도

정답 ②

07 PART 2023년 4회 기출
2023.09.02.시행

※ 23년 기출문제는 시험 후기를 바탕으로 복원한 것으로 실제 출제 문제와 상이할 수 있습니다.

1과목 산업안전관리론

01 다음 중 시몬즈 방식으로 재해코스트를 산정할 때, 재해의 분류와 설명이 옳은 것은?

① 응급조치상해는 8시간 미만의 휴업 의료 조치 상해를 말한다.
② 휴업상해는 영구 일부노동 불능 및 일시전노동 불능 상태의 상태를 말한다.
③ 무상해사고는 의료조치가 필요하고 6시간 이상 시간손실이 발생한 사고이다.
④ 통원상해는 일시 일부노동 불능 및 의사의 통원 조치가 필요한 상해를 말한다.

해설

무상해사고는 의료조치가 필요 없으며 8시간 이상 시간손실이 발생한 사고를 말한다.

정답 ③

02 다음 중 위험예지훈련에 관한 내용으로 옳지 않은 것은?

① 직장 내에서 최대 인원을 구성단위로 하여 토의하고 이해한다.
② 작업 및 행동하기 전에 위험요소를 예측하는 훈련이다.
③ 위험 포인트나 중점적으로 실시하여야 할 내용을 지적하고 확인한다.
④ 직장 또는 작업 중 잠재 위험요인을 도출한다.

해설

위험예지훈련은 직장 또는 작업 중 발생할 수 있는 위험요인을 도출하기 위해 최소 인원을 구성하여 토의하고 이해한다.

정답 ①

03 다음 사항에서 사업장의 강도율은 약 얼마인가?

근로자 수 400명, 주 45시간·연간 50주 근무, 근로손실일수 800일, 근로자의 출근율은 95%

① 0.42   ② 0.52   ③ 0.88   ④ 0.94

해설

$$강도율 = \frac{근로손실일수}{연근로시간수} \times 1{,}000 = \frac{800}{400 \times 45 \times 50 \times 95\%} \times 1{,}000 = 0.94$$

정답 ④

04 건설업 도급인 사업주가 작업장을 순회해야 하는 점검 주기로 옳은 것은?

① 1일 1회 이상
② 2일 1회 이상
③ 3일 1회 이상
④ 7일 1회 이상

해설

산업안전보건법상 건설업 도급인 사업주는 2일에 1회 순회점검을 해야 한다.

정답 ②

05 다음 위험예지훈련 4라운드 중 목표 설정 단계의 내용으로 올바른 것은?

① 브레인스토밍을 통해 어떤 위험이 존재하는지 파악한다.
② 가장 우수한 대책에 대해 합의하고 행동 계획을 결정한다.
③ 위험 요인을 찾고 그 중 가장 위험한 것을 합의하여 결정한다.
④ 가장 위험한 요인에 대해 브레인스토밍을 통하여 대책을 세운다.

해설

위험예지훈련 4R
1R(현상파악) > 2R(본질추구) > 3R(대책수립) > 4R(목표설정)
목표설정 시 수립한 대책 중에서 우수한 대책에 합의하고 행동계획을 결정함.

정답 ②

06 아래와 같은 재해가 발생했을 경우 그 원인 분석으로 옳은 것은?

> 건설 현장에서 근로자가 비계에서 마감작업을 하던 중 바닥에 떨어져 머리가 바닥에 부딪혀 사망하였다.

	기인물	가해물	사고유형
①	비계	바닥	낙하
②	비계	바닥	추락
③	비계	마감작업	낙하
④	바닥	비계	추락

해설

기인물: 불안전한 상태(비계)
가해물: 작업자에 위해를 가한 것(바닥)
사고유형: 높은 곳에서 떨어짐(추락)

정답 ②

07 재해발생원인의 연쇄관계상 재해의 발생 원인을 관리적인 면에서 분류한 것과 거리가 먼 것은?

① 기술적 원인
② 인적 원인
③ 작업관리상 원인
④ 교육적 원인

해설

직접원인: 인적원인(불안전한 행동), 물적원인(불안전한 상태)
간접원인(관리적 원인): 교육적, 기술적, 작업관리상 원인

정답 ②

08 다음 중 노사협의체의 구성 및 운영에 대한 설명으로 옳지 않은 것은?

① 근로자위원은 도급 또는 하도급 사업을 포함한 전체사업의 근로자대표로 구성한다.
② 근로자위원은 근로자대표가 지명하는 명예산업안전감독관 1명이 포함된다.
③ 근로자위원은 20억 이상인 공사의 관계수급인의 각 근로자대표로 한다.
④ 노사협의체의 회의는 정기회의와 임시회의로 구분하고 정기회의는 3개월마다 소집한다.

해설

〈산업안전보건법 시행령 및 시행규칙〉
제63조(노사협의체의 설치 대상) 법 제75조제1항에서 "대통령령으로 정하는 규모의 건설공사"란 공사금액이 120억원(「건설산업기본법 시행령」 별표 1의 종합공사를 시공하는 업종의 건설업종란 제1호에 따른 토목공사업은 150억원) 이상인 건설공사를 말한다.
제64조(노사협의체의 구성) ① 노사협의체는 다음 각 호에 따라 근로자위원과 사용자위원으로 구성한다.
1. 근로자위원
  가. 도급 또는 하도급 사업을 포함한 전체 사업의 근로자대표
  나. 근로자대표가 지명하는 명예산업안전감독관 1명. 다만, 명예산업안전감독관이 위촉되어 있지 않은 경우에는 근로자대표가 지명하는 해당 사업장 근로자 1명
  다. 공사금액이 20억원 이상인 공사의 관계수급인의 각 근로자대표
2. 사용자위원
  가. 도급 또는 하도급 사업을 포함한 전체 사업의 대표자
  나. 안전관리자 1명
  다. 보건관리자 1명(별표 5 제44호에 따른 보건관리자 선임대상 건설업으로 한정한다)
  라. 공사금액이 20억원 이상인 공사의 관계수급인의 각 대표자

② 노사협의체의 근로자위원과 사용자위원은 합의하여 노사협의체에 공사금액이 20억원 미만인 공사의 관계수급인 및 관계수급인 근로자대표를 위원으로 위촉할 수 있다.
③ 노사협의체의 근로자위원과 사용자위원은 합의하여 제67조제2호에 따른 사람을 노사협의체에 참여하도록 할 수 있다.

제65조(노사협의체의 운영 등) ① 노사협의체의 회의는 정기회의와 임시회의로 구분하여 개최하되, 정기회의는 2개월마다 노사협의체의 위원장이 소집하며, 임시회의는 위원장이 필요하다고 인정할 때에 소집한다.
② 노사협의체 위원장의 선출, 노사협의체의 회의, 노사협의체에서 의결되지 않은 사항에 대한 처리방법 및 회의 결과 등의 공지에 관하여는 각각 제36조, 제37조제2항부터 제4항까지, 제38조 및 제39조를 준용한다. 이 경우 "산업안전보건위원회"는 "노사협의체"로 본다.

제93조(노사협의체 협의사항 등) 법 제75조제5항에서 "고용노동부령으로 정하는 사항"이란 다음 각 호의 사항을 말한다.
1. 산업재해 예방방법 및 산업재해가 발생한 경우의 대피방법
2. 작업의 시작시간, 작업 및 작업장 간의 연락방법
3. 그 밖의 산업재해 예방과 관련된 사항

정답 ④

09 다음 중 스치거나 긁히는 등 마찰력으로 인해 피부 표면이 벗겨지는 상해는 무엇인가?

① 찰과상　　　　　　② 타박상
③ 창상　　　　　　　④ 자상

해설

- 타박상 : 맞거나 부딪혀 생긴 상처나 멍
- 창상 : 창이나 칼, 총 등으로 다친 상해
- 자상 : 칼, 송곳 등 날카로운 것에 찔린 상처

정답 ①

10 관리자를 대상으로 하는 안전관찰훈련으로 사고를 미연에 방지하기 위한 목적으로 시행하는 것은?

① THP　　　　　　　② TBM
③ STOP　　　　　　 ④ TD-BU

해설

STOP(Safety Training Observation Program) : 관리자를 대상으로 한 안전관찰훈련으로 각 계층의 감독자들이 숙련된 안전관찰을 행할 수 있도록 훈련함으로써 사고의 발생을 방지하는 것이다.
STOP 사이클 : 결심 → 정지 → 관찰 → 조치 → 보고

정답 ③

11 다음 중 AB형 안전모에 관한 설명으로 옳은 것은?

① 낙하, 비래 위험 방지
② 낙하, 비래, 추락 위험 방지
③ 낙하, 비래, 감전 위험 방지
④ 낙하, 비래, 추락, 감전 위험 방지

해설

AB형 : 낙하, 비래, 추락 방지
AE형 : 낙하, 비래, 감전 방지
ABE형: 낙하, 비래, 추락, 감전 방지

정답 ②

12 사업주의 의무에 해당하지 않는 것은?

① 쾌적한 작업환경의 조성 및 근로조건 개선
② 해당 사업장의 안전 및 보건에 관한 정보를 근로자에게 제공
③ 안전·보건의식을 북돋우기 위한 홍보·교육
④ 산업안전보건법과 이 법에 따른 명령으로 정하는 산업재해 예방을 위한 기준

해설

〈산업안전보건법〉

제5조(사업주 등의 의무) ① 사업주(제77조에 따른 특수형태근로종사자로부터 노무를 제공받는 자와 제78조에 따른 물건의 수거·배달 등을 중개하는 자를 포함한다. 이하 이 조 및 제6조에서 같다)는 다음 각 호의 사항을 이행함으로써 근로자(제77조에 따른 특수형태근로종사자와 제78조에 따른 물건의 수거·배달 등을 하는 사람을 포함한다. 이하 이 조 및 제6조에서 같다)의 안전 및 건강을 유지·증진시키고 국가의 산업재해 예방정책을 따라야 한다. 〈개정 2020. 5. 26.〉
 1. 이 법과 이 법에 따른 명령으로 정하는 산업재해 예방을 위한 기준
 2. 근로자의 신체적 피로와 정신적 스트레스 등을 줄일 수 있는 쾌적한 작업환경의 조성 및 근로조건 개선
 3. 해당 사업장의 안전 및 보건에 관한 정보를 근로자에게 제공
② 다음 각 호의 어느 하나에 해당하는 자는 발주·설계·제조·수입 또는 건설을 할 때 이 법과 이 법에 따른 명령으로 정하는 기준을 지켜야 하고, 발주·설계·제조·수입 또는 건설에 사용되는 물건으로 인하여 발생하는 산업재해를 방지하기 위하여 필요한 조치를 하여야 한다.
 1. 기계·기구와 그 밖의 설비를 설계·제조 또는 수입하는 자
 2. 원재료 등을 제조·수입하는 자
 3. 건설물을 발주·설계·건설하는 자

정답 ③

13 안전·보건표지의 색도기준 및 용도로 적절하지 않은 것은?

① 빨간색(7.5R 4/14) – 금지
② 파란색(2.5PB 4/10) – 지시
③ 녹색(2.5G 8/10) – 안내
④ 노란색(5Y 8.5/12) – 경고

해설

■ 산업안전보건법 시행규칙 [별표 8]

안전보건표지의 색도기준 및 용도(제38조제3항 관련)

색채	색도기준	용도	사용례
빨간색	7.5R 4/14	금지	정지신호, 소화설비 및 그 장소, 유해행위의 금지
		경고	화학물질 취급장소에서의 유해·위험 경고
노란색	5Y 8.5/12	경고	화학물질 취급장소에서의 유해·위험경고 이외의 위험경고, 주의표지 또는 기계방호물
파란색	2.5PB 4/10	지시	특정 행위의 지시 및 사실의 고지
녹색	2.5G 4/10	안내	비상구 및 피난소, 사람 또는 차량의 통행표지
흰색	N9.5		파란색 또는 녹색에 대한 보조색
검은색	N0.5		문자 및 빨간색 또는 노란색에 대한 보조색

정답 ③

14 사고의 유형이나 기인물 등의 분류 항목을 큰 순서대로 도표화하는 기법인 통계적 원인분석 방법은?

① 특성 요인도
② 파레토도
③ 관리도
④ 클로즈 분석도

해설

② 파레토도 : 불량, 결점, 고장 등의 발생건수, 손실금액 등을 항목별로 나누어 발생 빈도순으로 도표화한 통계 기법
① 특성 요인도 : 부정적 결과 또는 긍정적 효과에 영향을 미치는 중요한 요인을 찾는 그림
③ 관리도 : 재해 관련 요인의 특성 변화 추이를 파악하여 목표 관리에 적용하는 통계 기법으로, 재해발생 추이를 관리선을 설정하여 분석하며, 관리선은 상하방 관리한계 및 중심선으로 구성한다.
④ 클로즈 분석도 : 데이터를 집계하고 표로 표시하여 요인별 결과 내역을 교차한 클로즈 그림을 작성하여 분석하는 기법이다.

정답 ②

15 작업 전·중·후로 구분하여 일상 점검을 실시하는 점검항목 중 작업 중에 해당하지 않는 것은?

① 품질의 이상 유무
② 이상소음 발생 유무
③ 방호장치의 작동 여부
④ 안전수칙 준수 여부

해설

방호장치의 작동 여부는 작업 중 점검항목이 아닌 '작업 전 점검항목'이다.

정답 ③

16 다음 중 안전관리조직에 대한 설명으로 옳지 않은 것은?

① 라인형은 생산 및 안전 업무를 동시에 실시하는 안전관리조직 형태이다.
② 스텝형은 100명 이상 500명 미만의 중규모 사업장에 적합한 안전관리조직 형태이다.
③ 라인·스텝형은 안전업무를 전담하는 스텝분야로 별로로 구성된다.
④ 라인형은 1000명 이상의 대규모 사업장에 적합한 안전관리조직 형태이다.

해설

라인·스텝형은 1000명 이상의 대규모 사업장에 적합한 안전관리조직 형태이다.

정답 ④

17 산업안전보건위원회 정기회의 개최 주기로 올바른 것은?

① 1개월   ② 분기   ③ 반년   ④ 1년

해설

〈산업안전보건법 시행령〉

제37조(산업안전보건위원회의 회의 등) ① 법 제24조제3항에 따라 산업안전보건위원회의 회의는 정기회의와 임시회의로 구분하되, 정기회의는 분기마다 산업안전보건위원회의 위원장이 소집하며, 임시회의는 위원장이 필요하다고 인정할 때에 소집한다.
② 회의는 근로자위원 및 사용자위원 각 과반수의 출석으로 개의(開議)하고 출석위원 과반수의 찬성으로 의결한다.
③ 근로자대표, 명예산업안전감독관, 해당 사업의 대표자, 안전관리자 또는 보건관리자는 회의에 출석할 수 없는 경우에는 해당 사업에 종사하는 사람 중에서 1명을 지정하여 위원으로서의 직무를 대리하게 할 수 있다.
④ 산업안전보건위원회는 다음 각 호의 사항을 기록한 회의록을 작성하여 갖추어 두어야 한다.
  1. 개최 일시 및 장소
  2. 출석위원
  3. 심의 내용 및 의결·결정 사항
  4. 그 밖의 토의사항

정답 ②

18 무재해 운동 기본이념의 3대 원칙에 해당하지 않는 것은?

① 선취의 원칙　　　　　　② 합의의 원칙
③ 무의 원칙　　　　　　　④ 참가의 원칙

 해설

무재해 운동 3대 원칙 : 무의 원칙(Zero의 원칙), 선취의 원칙(안전제일의 원칙), 참가의 원칙(참여의 원칙)

정답 ②

19 근로자 안전ㆍ보건교육(신규 채용 시, 일용근로자, 기간제근로자 제외) 시간으로 적합한 것은?

① 3시간　　　② 8시간　　　③ 16시간　　　④ 24시간

 해설

근로자 안전보건교육(산업안전보건법 시행규칙 별표4)〈개정 2023. 9. 27〉

교육과정	교육대상		교육시간
가. 정기교육	1) 사무직 종사 근로자		매반기 6시간 이상
	2) 그 밖의 근로자	가) 판매업무에 직접 종사하는 근로자	매반기 6시간 이상
		나) 판매업무에 직접 종사하는 근로자 외의 근로자	매반기 12시간 이상
나. 채용 시 교육	1) 일용근로자 및 근로계약기간이 1주일 이하인 기간제근로자		1시간 이상
	2) 근로계약기간이 1주일 초과 1개월 이하인 기간제근로자		4시간 이상
	3) 그 밖의 근로자		8시간 이상

정답 ②

20 건설현장에서 총 330회 사고 중 300회 무상해사고, 29회 경상, 중상 또는 사망 1회의 비율로 사고가 발생하였다. 이에 해당하는 법칙은 무엇인가?

① 맥그리거 법칙　　　　　② 하인리히 법칙
③ 베버 법칙　　　　　　　④ 리비히 법칙

해설

하인리히의 법칙(Heinrich's law) : 어떤 대형 사고가 발생하기 전에는 같은 원인으로 수십 차례의 경미한 사고와 수백 번의 징후가 반드시 나타남을 뜻하는 통계적 법칙이다. 1:29:300의 법칙이라고도 불린다. 하인리히는 큰 산업재해는 같은 원인으로 29번의 작은 재해가 전에 발생했고, 같은 원인으로 부상을 당할 뻔한 사건이 300번 있었을 것이라는 사실을 확률로 밝혀냈다.

정답 ②

2과목　산업심리 및 교육

21 특별안전보건교육 내용으로 옳지 않은 것은? (단, 굴착면의 높이가 2m 이상 지반굴착)

① 굴착 요령에 관한 사항
② 지반 붕괴재해 예방에 관한 사항
③ 보호구 종류 및 사용에 관한 사항
④ 폭발물 취급 요령과 대피 요령에 관한 사항

해설

폭발물 취급 요령과 대피 요령에 관한 사항은 굴착면의 높이가 2m 이상 되는 암석의 굴착작업 시 특별안전보건교육 내용이다.

정답 ④

22 실제 움직임이 없으나 어느 기준의 이동에 유도되어 움직이는 것처럼 느껴지는 현상은 무엇인가?

① 자동운동　② 잔상현상　③ 유도운동　④ 가현운동

해설

운동 시지각 현상(착각현상)은 다음과 같다.
유도운동 : 실제로 움직이지 않는 대상이 어느 기준에 따라 유도되어 움직이는 것처럼 보이는 현상
자동운동 : 암실 내 광점을 응시할 때 광점이 움직이는 것처럼 보이는 현상
가현운동 : 정지 대상이 급격히 나타남으로 인해 운동하는 것처럼 보이는 현상

정답 ③

23 다음이 설명하는 조직형태를 순서대로 바르게 연결한 것은?

> (가) 목적 지향적이고 목적 달성을 위해 기존 조직에 비해 효율적이며 유연하게 운영됨
> (나) 중규모 기업에서 시장 상황에 따라 인적 자원을 효과적으로 활용하기 위한 형태

① (가) 매트릭스 조직　(나) 사업부제 조직
② (가) 프로젝트 조직　(나) 매트릭스 조직
③ (가) 사업부제 조직　(나) 프로젝트 조직
④ (가) 위원회 조직　(나) 매트릭스 조직

해설

– 프로젝트 조직은 목적 지향적이고 목적 달성을 위해 기존 조직에 비해 효율적이며 유연하게 운영됨.
– 매트릭스 조직은 중규모 기업에서 시장 상황에 따라 인적 자원을 효과적으로 활용하기 위한 형태.

정답 ②

24 토의식 교육지도에서 교육 시간이 가장 긴 단계는 무엇인가?

① 도입　　② 제시　　③ 적용　　④ 확인

해설

강의식 교육: 도입(5분) – 제시(40분) – 적용(10분) – 확인(5분)
토의식 교육: 도입(5분) – 제시(10분) – 적용(40분) – 확인(5분)

정답 ③

25 다음 중 교재의 선택기준으로 적합하지 않은 것은?

① 대체로 보수적이고 정적인 것이어야 한다.
② 사회와 시대에 적합한 것이어야 한다.
③ 교육목적을 달성하는데 적합한 것이어야 한다.
④ 교육대상에 따라 흥미와 학습능력에 적합한 것이어야 한다.

해설

교재는 보수적이고 정적인 것은 바람직하지 않다.

정답 ①

26 교육방법 중 다수의 학습자를 단시간에 다량의 내용을 동시에 교육하는 경우 채택되는 교육방법은 무엇인가?

① 시범　　② 반복법　　③ 토의법　　④ 강의법

해설

강의법 : 언어를 통한 교사의 설명과 해설에 따라 이루어지는 지도로 단시간에 많은 양의 지식을 전달할 수 있어 학교에서 주로 지도하는 유형이다.

정답 ④

27 자신의 잘못을 친구 탓으로 돌리는 등 받아들일 수 없는 실패, 충동을 타인에게 책임을 전가하는 합리화의 유형은 무엇인가?

① 달콤한 레몬형 ② 신포도형 ③ 망상형 ④ 투사형

해설

투사형 : 자신의 결함이나 실패를 다른 대상에게 책임을 전가시키는 것이다. 자기 잘못을 조상 탓이라고 한다든가 테니스 선수가 공을 잘못 쳤을 때 라켓을 쳐다보는 따위는 이에 해당된다.

정답 ④

28 다음 중 부하 직원들을 처벌할 수 있는 리더십의 권한은 무엇인가?

① 위임된 권한
③ 강압적 권한
② 보상적 권한
④ 전문성 권한

해설

- 강압적 권한 : 부하 직원들을 처벌할 수 있는 권한
- 위임된 권한 : 집단 목표를 성취하기 위해 부하직원들이 지도자가 정한 목표를 자진하여 자신의 것으로 받아들임으로써 지도자와 함께 일함
- 보상적 권한 : 지도자가 부하에게 보상할 수 있는 능력으로 부하직원을 통제할 수 있으며 부하들의 행동에 대해 영향을 행사할 수 있음
- 전문성 권한 : 지도자가 목표 수행에 필요한 전문적인 지식을 갖고 업무를 수행하여 부하 직원들이 자발적으로 따르게 됨

정답 ③

29 아래 그림과 같이 세로의 선들이 수직 평행선이나 굽어보이는 것처럼 발생하는 착시 현상은?

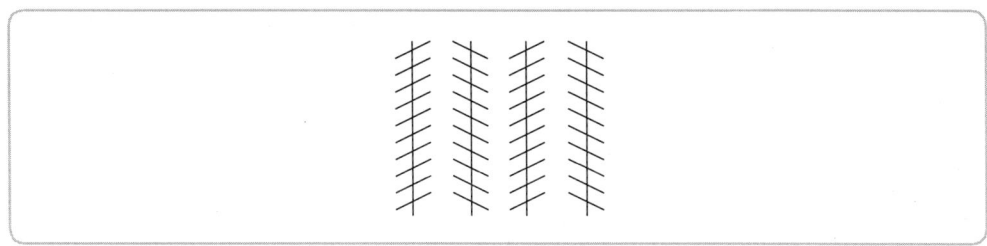

① 포겐도르프(Poggendorf)의 착시
② 쾰러(Köller)의 착시
③ 헤링(Hering)의 착시
④ 죌러(Zöller)의 착시

해설

죌러의 착시 : 서로의 선이 수직선인데 휘어 보이는 방향 착시이다.

정답 ④

30 동기부여정도의 유인가와 기대치의 곱으로 나타내는 이론에 해당하는 것은?

① 허츠버그의 이원론 ② 알더퍼의 ERG 이론
③ 매슬로우의 욕구위계설 ④ 브룸의 기대이론

해설

브룸의 기대이론 : 동기가 유발되기 위해서는 유인가, 기대치, 수단성이 충족되어야 한다는 이론이다. 즉 개인의 동기는 자신의 노력이 어떤 성과를 가져오리라는 기대와, 그러한 성과가 보상을 가져다 주리라는 수단성에 대한 기대감의 복합적 함수에 의해 결정된다는 이론이다.

정답 ④

31 레윈(Lewin)의 행동방정식 $B=f(P \cdot E)$에서 P에 포함되는 내용이 아닌 것은?

① 개체의 연령 ② 개체의 경험
③ 개체의 심신상태, 지능 ④ 인간관계, 작업환경

해설

레윈의 행동방정식 : 인간의 행동은 개인과 환경의 함수관계에 의해 결정된다는 이론으로 B는 behavoir(행동), P는 person(개인), E는 environment(환경)을 의미한다. 따라서 개인, 개체와 관련이 없는 작업환경, 인간관계 등은 환경 E에 속한다고 볼 수 있다.

정답 ④

32 직원이 직무를 수행하는 데 인적 자질에 의해 직무내용을 정의하는 것은 무엇인가?

① 직무만족 ② 직무평가
③ 직무확충 ④ 직무분석

해설

직무분석은 능력과 적성에 맞는 사람을 직무에 배치하여 업무를 수행하게 함으로써 조직의 목표를 이루어가게 한다는 측면에서 인적자원관리의 핵심적 요소라 할 수 있다.

정답 ④

33 다음 중 조직구성원의 태도(attitude)의 구성요소에 해당하지 않는 것은?

① 인지적 ② 정서적 ③ 행동경향 ④ 성격적

해설

성격적 사항은 조직구성원의 태도 구성요소에 해당하지 않는다.

정답 ④

34 외적 조건으로 인간 부주의 발생원인에 적합하지 않는 것은?

① 작업조건의 불량　　② 작업순서의 부적당
③ 환경조건 불량　　　④ 의식의 우회

해설

의식의 우회는 내적조건에 해당한다.

정답 ④

35 작업자의 감정 및 심적인 태도가 직무에 큰 영향을 미친다는 결과를 도출한 연구로 옳은 것은?

① 호손　　　　　　② 플래시보
③ 스키너　　　　　④ 시간-동작

해설

물리적인 작업조건보다 작업자의 감정 및 심적인 태도가 직무수행에 더 큰 영향을 미친다고 도출한 연구는 호손 연구이다.

정답 ①

36 안전교육을 실시하는 경우 교안의 작성 원칙으로 적합하지 않은 것은?

① 구체적　　② 논리적　　③ 실용적　　④ 추상적

해설

안전교육은 실제 현장에 적용되어야 하는 교육이므로 추상적이어서는 안된다.

정답 ④

37 심리검사 종류에 관한 설명으로 적절하지 않은 것은?

① 성격 검사 : 인지능력 측정
② 신체 능력 검사 : 체력, 근력 등 측정
③ 기계 적성 검사 : 기계적 이해능력 등 측정
④ 지능 검사 : 추상적 사고능력, 복합적 개념 이해 능력 등 측정

해설

성격 검사는 피검사자의 정서적 특성을 측정하는 검사이다.

정답 ①

38 인간의 바람직한 행동을 도출하기 위해 환경상으로 어떤 능동적인 행위를 한다는 것으로 긍정적·부정적 강화, 처벌 등이 이론에 해당한다. 어떤 이론인가?

① 파블로프(Pavlov)의 조건반사설
② 손다이크(Thorndike)의 시행착오설
③ 스키너(Skinner)의 조작적 조건화설
④ 구쓰리에(Guthrie)의 접근적 조건화설

해설

조작적 조건화(operant conditioning)는 사람들이 긍정적인 결과를 가져오는 행동은 계속 수행하고, 부정적 결과를 낳는 행동들은 피하도록 학습한다는 이론이다.

정답 ③

39 작업지도 기법의 4단계에 관한 내용 중 옳지 않은 것은?

① 제1단계(학습준비) : 무슨 작업을 할 것인지 주지한다.
② 제2단계(작업설명) : 학습자에게 작업에 대한 흥미를 제공한다.
③ 제3단계(실습) : 작업을 시킨다.
④ 제4단계(결과시찰) : 결과물을 확인한다.

해설

학습자에게 작업에 대한 흥미를 제공하는 것은 1단계 학습준비 단계에 해당된다.

정답 ②

40 자신 내면의 억압된 의식을 타인의 의식으로 만들어내는 인간관계 매커니즘으로 맞는 것은?

① 투사(Projection)
② 모방(Imitation)
③ 암시(Suggestion)
④ 동일화(Identification)

해설

모방(Imitation) : 타인의 행동 또는 판단을 기준으로 그것과 유사하게 또는 같게 행동하거나 판단하는 것
암시(Suggestion) : 타인으로부터 판단 또는 행동을 무비판적으로 받아들이는 것
동일화(Identification) : 타인의 태도 등에 투입시켜 그 속에서 자신과 비슷한 점을 발견하는 것

정답 ①

3과목 인간공학 및 시스템안전공학

41 다음 중 FMEA의 장점으로 옳은 것은?

① 서식이 간단하다.
② 분석하는데 많은 노력이 필요하다.
③ 논리성이 강하다.
④ 각 요소 간 영향 분석이 쉽다.

해설

FMEA는 비교적 적은 노력으로 분석이 가능하고 서식이 간단하나, 논리성이 부족하고 각 요소간 영향을 분석하기 어렵다.

정답 ①

42 정성적 평가단계의 주요 진단 항목으로 설계관계에 해당하지 않는 것은?

① 입지조건
② 건조물
③ 공장 내 배치
④ 원재료

해설

원재료는 정성평가의 주요 진단항목 중 운전관계에 해당한다.

정답 ④

43 다음 중 시스템 수명주기 단계 중 3단계에 해당하는 것은?

① 구상단계
② 개발단계
③ 운전단계
④ 정의단계

해설

1단계(구상단계) – 2단계(정의단계) – 3단계(개발단계) – 4단계(생산단계) – 5단계(운전단계)

정답 ②

44 n개의 요소를 가진 병렬 시스템에 있어 요소의 수명(MTTF)이 지수분포를 따를 경우 이 시스템의 수명을 구하는 식으로 맞는 것은?

① $MTTF \times n$
② $MTTF \times \frac{1}{n}$
③ $MTTF(1 + \frac{1}{2} + \cdots + \frac{1}{n})$
④ $MTTF(1 \times \frac{1}{2} \times \cdots \times \frac{1}{n})$

해설

- 평균고장시간(MTTF, Mean Time to Failure)
  - 부품 또는 시스템 상에서 고장 나기까지 동작시간 평균치(평균수명)
  - 직렬계 시스템 수명 : $\frac{MTTF}{n} = \frac{1}{\lambda}$
  - 병렬계 시스템 수명 : $MTTF(1 + \frac{1}{2} + \frac{1}{3} + \cdots + \frac{1}{n})$, n 직렬 또는 병렬계의 요소

정답 ③

45 아래 그림의 시스템의 신뢰도는 얼마인가? (그림의 숫자는 각 부품의 신뢰도)

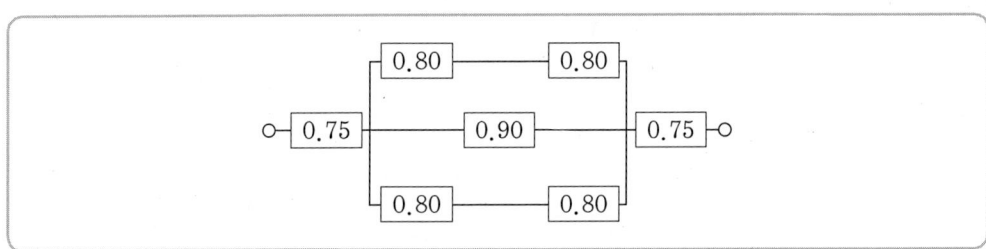

① 0.5552
② 0.5427
③ 0.6234
④ 0.9740

해설

신뢰도 $= 0.75 \times [1 - \{(1 - 0.8 \times 0.8)(1 - 0.9)(1 - (0.8 \times 0.8))\}] \times 0.75$
$= 0.75 \times (1 - (0.36 \times 0.1 \times 0.36)) \times 0.75 = 0.55521$

정답 ①

46 정해져 있는 규칙을 인지하고 있음에도 불구하고 고의로 따르지 않거나 무시하는 행위를 하는 인간의 오류는 무엇인가?

① 위반
② 건망증
③ 착오
④ 실수

해설

- 위반 : 규정이나 절차를 고의 또는 계획적으로 따르지 않고 일탈하는 행위
- 건망증 : 여러 과정이 연계적으로 일어나는 행동 중 일부를 잊어버리고 하지 않거나 기억의 실패로 인한 오류
- 착오 : 상황 해석을 잘못하거나 목표를 잘못 이해하여 행하는 오류
- 실수 : 상황이나 목표의 해석은 제대로 하였으나 의도와 다른 행동을 하는 경우

정답 ①

47 FTA(결함수분석법)의 활용 및 기대효과로 옳지 않은 것은?

① 사고원인의 규명 간편화
② 사고원인 분석의 정량화
③ 안전점검표의 작성
④ 시간에 따른 원인 분석

해설

FTA(결함수분석법)의 활용 및 기대효과로는 사고원인 규명의 간편화·분석의 일반화·분석의 정량화, 시스템의 결함진단, 안전점검표 작성 등이 있다.

정답 ④

48 신체 부위의 운동에 대한 설명으로 옳지 않은 것은?

① 굴곡은 관절의 각도를 증가시키는 동작을 말한다.
② 외전은 신체 중심선으로부터 멀어지는 동작을 말한다.
③ 내전은 신체 중심선에 가까워지도록 움직이는 동작을 말한다.
④ 내선은 신체의 중심선을 향해 안으로 회전하는 동작을 말한다.

해설

굴곡은 관절의 각도를 감소시키는 동작을 의미한다.

정답 ①

49 인간 전달 함수(Human Transfer Function)의 개입변수가 아닌 것은?

① 입력의 협소성
② 인식과정
③ 감각과정
④ 중재과정

해설

- 인간전달함수의 개입변수 : 감각과정, 중재과정, 인식과정, 정신운동 통제
- 인간전달함수의 단점 : 시점의 제약성, 입력의 협소성, 불충분한 직무묘사

정답 ①

50 음량수준을 평가하는 척도와 관계가 없는 것은?

① sone　　② phon　　③ dB　　④ HSI

해설

HSI는 색상(Hue), 채도(Saturation), 밝기(Intensity)에 대한 색의 공간 표현 좌표계를 의미한다.

정답 ④

51 다음의 각 단계를 결함수분석법(FTA)에 의한 재해사례의 연구 순서대로 나열한 것은?

① TOP 사상의 선정 – 개선 계획의 작성 – FT의 작성 – 사상의 재해원인 규명
② TOP 사상의 선정 – FT의 작성 – 사상의 재해원인 규명 – 개선 계획의 작성
③ TOP 사상의 선정 – 개선 계획의 작성 – FT의 작성 – 사상의 재해원인 규명
④ TOP 사상의 선정 – 사상의 재해원인 규명 – FT의 작성 – 개선 계획의 작성

해설

1단계(TOP 사상의 선정) – 2단계(사상의 재해원인 규명) – 3단계(FT의 작성) – 4단계(개선계획의 작성)

정답 ④

52 공정안전보고서 제출대상 사업으로 옳지 않은 것은?

① 원유 정제처리업
② 기타 석유정제물 재처리업
③ 군사시설
④ 화약 및 불꽃제품 제조업

해설

〈산업안전보건법 시행령〉
제43조(공정안전보고서의 제출 대상)
① 법 제44조제1항 전단에서 "대통령령으로 정하는 유해하거나 위험한 설비"란 다음 각 호의 어느 하나에 해당하는 사업을 하는 사업장의 경우에는 그 보유설비를 말하고, 그 외의 사업을 하는 사업장의 경우에는 별표 13에 따른 유해·위험물질 중 하나 이상의 물질을 같은 표에 따른 규정량 이상 제조·취급·저장하는 설비 및 그 설비의 운영과 관련된 모든 공정설비를 말한다.
 1. 원유 정제처리업
 2. 기타 석유정제물 재처리업
 3. 석유화학계 기초화학물질 제조업 또는 합성수지 및 기타 플라스틱물질 제조업. 다만, 합성수지 및 기타 플라스틱물질 제조업은 별표 13 제1호 또는 제2호에 해당하는 경우로 한정한다.
 4. 질소 화합물, 질소·인산 및 칼리질 화학비료 제조업 중 질소질 비료 제조
 5. 복합비료 및 기타 화학비료 제조업 중 복합비료 제조(단순혼합 또는 배합에 의한 경우는 제외한다)
 6. 화학 살균·살충제 및 농업용 약제 제조업[농약 원제(原劑) 제조만 해당한다]

7. 화약 및 불꽃제품 제조업
② 제1항에도 불구하고 다음 각 호의 설비는 유해하거나 위험한 설비로 보지 않는다.
  1. 원자력 설비
  2. 군사시설
  3. 사업주가 해당 사업장 내에서 직접 사용하기 위한 난방용 연료의 저장설비 및 사용설비
  4. 도매 · 소매시설
  5. 차량 등의 운송설비
  6. 「액화석유가스의 안전관리 및 사업법」에 따른 액화석유가스의 충전 · 저장시설
  7. 「도시가스사업법」에 따른 가스공급시설
  8. 그 밖에 고용노동부장관이 누출 · 화재 · 폭발 등의 사고가 있더라도 그에 따른 피해의 정도가 크지 않다고 인정하여 고시하는 설비
③ 법 제44조제1항 전단에서 "대통령령으로 정하는 사고"란 다음 각 호의 어느 하나에 해당하는 사고를 말한다.
  1. 근로자가 사망하거나 부상을 입을 수 있는 제1항에 따른 설비(제2항에 따른 설비는 제외한다. 이하 제2호에서 같다)에서의 누출 · 화재 · 폭발 사고
  2. 인근 지역의 주민이 인적 피해를 입을 수 있는 제1항에 따른 설비에서의 누출 · 화재 · 폭발 사고

정답 ③

53 어떤 결함수를 분석하여 미니멀컷셋을 구한 결과 다음과 같은 경우, 각 기본사상의 발생확률을 q_i, $i=1, 2, 3$라 할 때 정상사상의 발생확률함수로 맞는 것은?

$$k_1=[1, 2],\ k_2=[1, 3],\ k_3=[2, 3]$$

① $q_1q_2+q_1q_3-q_2q_3$
② $q_1q_2+q_1q_2-q_2q_3$
③ $q_1q_2+q_1q_3+q_2q_3-2q_1q_2q_3$
④ $q_1q_2+q_1q_3+q_2q_3-q_1q_2q_3$

해설

정상사상 $= 1-(1-k_1)(1-k_2)(1-k_3)$

정답 ③

54 재해 발생 간격은 지수분포를 따르며, 일정기간 내 발생하는 재해 발생 건수는 푸아송 분포를 따른다. 이러한 확률변수들의 발생 과정을 무엇이라 하는가?

① Wiener 과정
② Poisson 과정
③ Binomial 과정
④ Bernoulli 과정

해설

Poisson 과정은 재해 발생 간격은 지수분포, 재해 발생 건수는 푸아송분포를 따른다.

정답 ②

55 수리적으로는 편미분계수와 같은 의미를 갖는 FTA의 중요도 지수로서, 각 기본사상의 발생확률이 증감하는 경우 정상사상의 발생확률에 어느 정도 영향을 미치는지 반영하는 지표는?

① 구조 중요도　　　　　　② 치명 중요도
③ 확률 중요도　　　　　　④ 비구조 중요도

 해설

확률 중요도는 각 기본사상의 발생확률이 증감하는 경우 정상사상의 발생확률에 어느 정도 영향을 미치는가를 반영하는 지표이다.

정답 ③

56 1000Hz에서 순음의 phon치는? (단, 음압수준 70dB)

① 50phon　　　　　　② 70phon
③ 90phon　　　　　　④ 100phon

 해설

phon은 1000Hz 순음의 음압수준(dB)을 나타내므로, 주어진 조건이 70dB이므로 70phon으로 나타낸다. 참고로 sone은 1000Hz, 40dB의 음압수준을 가진 순음의 크기 40phon을 1sone이라 한다.

정답 ②

57 음량수준을 측정하는 3가지 척도에 포함되지 않는 것은?

① sone　　　　　　② lux
③ phon　　　　　　④ PNdB

 해설

lux는 빛의 밝기를 측정하는 조도 단위로, 1미터 지점에 떨어진 물체 표면의 빛의 양을 정량화한 국제단위이다. 음량수준을 측정할 수 있는 척도는 sone, phon, 인식소음 수준(PNdB, PLdB)이다.
- phon : 1000Hz 순음 음압수준(dB)
- sone : 1sone = 40phon
- 인식소음 수준
  - PNdB : 910~1090Hz대 음압수준
  - PLdB : 3150Hz에 중심을 둔 1/3 옥타브대

정답 ②

58 쾌적한 실내에서 추운 외부로 나갈 시 발생하는 신체 조절작용이 아닌 것은?

① 피부온도가 내려간다.
② 직장온도가 약간 내려간다.
③ 몸이 떨리고 소름이 돋는다.
④ 피부를 경유하는 혈액 순환량이 감소한다.

 해설

적온에서 한냉환경으로 변화시 소름이 돋고 몸이 떨리며 직장온도가 다소 상승하며 다량의 혈액이 육체 중심부로 순환하여 피부온도가 내려가는 현상이 발생한다.

정답 ②

59 정신적 작업부하 척도에 해당하지 않는 것은?

① 부정맥 지수
② 근전도
③ 점멸융합주파수
④ 뇌전도

 해설

근전도는 육체적 작업부하 척도에 해당한다.

정답 ②

60 수명이 평균 10000시간, 표준편차는 200시간, 사용시간이 9600시간인 개스킷 부품이 정규분포를 따른다고 할 때, 신뢰도는 얼마인가? (단, 정규분포표 상 $u_{0.8418}=1$, $u_{0.9772}=2$)

① 82.13%
② 84.18%
③ 90.72%
④ 97.72%

 해설

$$U = \frac{변수-평균}{표준편차} = \frac{9,600-10,000}{200} = -2$$

정답 ④

4과목 건설시공학

61 강재말뚝에 관한 설명으로 옳지 않은 것은?

① 철근콘크리트말뚝보다 자중이 가벼워 취급 및 운반이 용이하다.
② 휨강성이 크고 균질한 재료로서 대량생산이 가능하고 품질에 대한 신뢰성이 높다.
③ 경질지반에도 사용이 가능하다.
④ 비교적 가격이 저렴하고 지중 부식 우려가 없다.

해설

강재말뚝은 지중 부식 우려가 높여 용접 등으로 인한 결함에 유의하여야 하고 가격이 고가이다.

정답 ④

62 VE(Value Engineering)의 가치를 나타내는 공식으로 옳은 것은?

① 가치 $=\dfrac{품질}{비용}$ ② 가치 $=\dfrac{비용}{기능}$ ③ 가치 $=\dfrac{비용}{품질}$ ④ 가치 $=\dfrac{기능}{비용}$

해설

VE(Value Engineering)는 가치공학 또는 가치분석이라 불리는 원가절감 기법이다. 발주자가 요구하는 품질 및 성능을 확보하면서 최소 비용으로 공사를 수행하기 위한 체계적인 방법을 찾는 공사기법으로 그 사용가치를 나타내는 공식은 다음과 같다.
$V = \dfrac{F}{C}, P_i = C - F$
(V: 사용가치의 척도, F: 필요한 기능, C: LCC의 총 비용, P_i: 개선가능금액)

정답 ④

63 슬래브 거푸집의 구조검토 시 고려해야 할 연직하중이 아닌 것은?

① 굳지 않은 콘크리트의 중량   ② 작업하중
③ 충격하중   ④ 콘크리트 측압

해설

콘크리트 측압은 수평하중이다.

정답 ④

64 강구조용 강재의 절단 및 개선 가공에 관한 사항으로 적절하지 않은 것은?

① 절단할 강재 표면에 녹, 기름, 도료가 부착된 경우에는 제거하여 절단해야 한다.
② 스캘럽 가공은 절삭 가공기나 부속장치가 달린 수동가스 절단기를 사용해야 한다.
③ 주요 부재의 강판 절단은 주된 응력의 방향과 압연 방향을 직각으로 교차하여 절단함을 원칙으로 한다.
④ 용접선의 교차 부분 또는 한 부재를 다른 부재에 접합시킬 때 불필요한 접촉을 피하기 위해 모퉁이따기를 할 경우에는 10mm 이상 둥글게 해야 한다.

해설

주요 부재의 강판 절단은 주된 응력의 방향이나 압연 방향으로 평행하게 절단함.

정답 ③

65 조적공사의 백화현상을 방지하기 위한 대책으로 옳지 않은 것은?

① 흡수율이 낮은 벽돌을 사용한다.
② 쌓기용 모르타르에 파라핀 도료와 같은 혼화제를 사용한다.
③ 돌림대, 차양 등을 설치하여 빗물이 벽체에 직접 흘러내리지 않게 한다.
④ 석회를 혼합한 줄눈 모르타르를 활용하여 바른다.

해설

석회를 혼합한 줄눈 모르타르를 사용하면 백화현상의 원인이 된다.

정답 ④

66 다음과 같이 정상 및 특급 공기와 공비가 주어질 경우 비용구배(cost slope)는?

정상		특급	
공기	공비	공기	공비
20일	120,000원	15일	180,000원

① 10,000원/일 ② 11,000원/일 ③ 12,000원/일 ④ 15,000원/일

해설

$$\text{비용구배} = \frac{\text{특급비용} - \text{표준비용}}{\text{표준시간} - \text{특급시간}} = \frac{180,000 - 120,000}{20 - 15} = 12,000 \text{원/일}$$

정답 ③

67 다음 중 콘크리트 타설에 관한 설명으로 옳은 것은?

① 콘크리트 타설은 운반거리가 먼 곳부터 시작한다.
② 콘크리트를 타설할 때에는 다짐이 잘 되도록 타설높이를 최대한 높게 준비한다.
③ 콘크리트 타설은 바닥판→보→계단→벽체→기둥의 순서로 한다.
④ 콘크리트 타설 준비 시 콘크리트가 닿았을 때 흡수할 우려가 있는 곳은 미리 건조시켜야 한다.

해설

콘크리트 타설은 운반거리가 먼 곳에서 가까운 곳으로 타설하고, 낮은 곳에서 높은 곳(기초-기둥-벽-계단-보 순서)으로 타설하며, 타설높이는 될 수 있는 대로 낮게(1.5~2m)하고 수직으로 낙하시킨다.

정답 ①

68 콘크리트에 발생하는 크리프(Creep)의 증가 요인으로 적절하지 않은 것은?

① 재령이 짧다.
② 단위시멘트양이 적다.
③ 부재 단면치수가 작다.
④ 외부습도가 높다.

해설

외부습도가 낮을수록 크리프가 증가한다.

정답 ④

69 네트워크 공정표에 대한 설명으로 옳지 않은 것은?

① 공정표 작성 시 특별한 기능이 요구된다.
② 공정표를 통해 공사진행상황을 쉽게 파악할 수 있다.
③ 공정표 작성자 이외에 작업자도 공정표를 이해하기 쉽다.
④ 공정표 작성하는데 소요되는 시간이 적다.

해설

공정표를 작성하는데 많은 시간이 소요된다.

정답 ④

70 철근콘크리트부재의 피복두께를 확보하는 목적과 거리가 먼 것은?

① 철근이음의 용이성   ② 내화성
③ 철근의 부식 방지   ④ 콘크리트의 유동성 확보

해설

철근의 피복두께는 내화성, 방청, 시공성, 내구성 등을 확보하기 위한 방안이다.

정답 ①

71 철골공사에서 철골 세우기 순서가 옳게 연결된 것은?

① 기둥 중심선 먹매김-기초볼트 위치 선정-기둥세우기-베이스플레이트 레벨 조정-주각부 모르타르 채움
② 기둥 중심선 먹매김-베이스플레이트 레벨 조정-기둥세우기-주각부 모르타르 채움-기초볼트 위치 선정
③ 기둥 중심선 먹매김-기둥세우기-기초볼트 위치 선정-베이스플레이트 레벨 조정-주각부 모르타르 채움
④ 기둥 중심선 먹매김-베이스플레이트 레벨 조정-기둥세우기-주각부 모르타르 채움-기초볼트 위치 선정

해설

정답 ①

72 콘크리트 품질에 미치는 거푸집 영향과 역할로 옳지 않은 것은?

① 콘크리트가 경화될 때까지 소정의 치수 및 형태를 확보하여 내구성을 갖도록 도움을 준다.
② 콘크리트의 수화반응을 원활하게 하여 콘크리트의 품질을 높여준다.
③ 설계도서에 명기된 철근의 피복두께를 확보할 수 있도록 한다.
④ 건설 폐기물을 줄이는 효과를 나타낸다.

해설

거푸집은 전용 횟수라는 것이 있어서 거푸집의 종류 및 치수 등에 따라 건설 폐기물이 감소할 수도 증가할 수도 있으나 콘크리트의 품질은 건설 폐기물의 감소와 관련성이 멀다.

정답 ④

73 다음 중 지하수위 저하공법 중 강제배수공법이 아닌 것은?

① 웰포인트 공법　　　② 전기침투 공법
③ 진공 딥웰 공법　　　④ 표면배수 공법

해설

강제배수공법에는 전기침투 공법, 진공 deep-well, 웰포인트 공법이 있다.

정답 ④

74 다음 중 웰포인트 공법에 관한 설명으로 옳지 않은 것은?

① 지하수위를 낮추는 공법이다.
② 주로 사질지반에 이용하면 효과적이다.
③ 기초파기에 히빙 현상을 방지하기 위해 사용한다.
④ 1~3m 간격으로 파이프를 지중에 박는다.

해설

웰포인트 공법은 지하수위를 낮추는 원리를 적용하고 사질 및 실트층 등 투수성이 좋은 지반에는 성능이 우수하나 점토질에는 효율성이 낮다.

정답 ③

75 다음 중 시방서의 작성 원칙으로 옳지 않은 것은?

① 공사 전반에 대한 지침을 세밀하고 간단명료하게 작성한다.
② 지정고시된 신재료 또는 신기술을 적극 활용한다.
③ 시공자가 정확하게 시공하도록 설계자의 의도를 상세하게 기술한다.
④ 공종을 세밀하게 나누고 단위 시방의 수를 최대한 늘려 상세히 서술한다.

해설

시방서는 간단명료하게 그 의미가 충분히 전달되도록 작성하며 공사 전체를 빠짐없이 기재하여 공사 진행순서와 일치하여야 한다.

정답 ④

76 프리스트레스하지 않는 부재의 현장치기 콘크리트의 최소 피복 두께 기준 중 가장 큰 것은?

① 흙에 접하여 콘크리트를 친 후 영구히 흙에 묻혀 있는 콘크리트
② 옥외의 공기나 흙에 직접 접하지 않는 콘크리트 중 슬래브
③ 옥외의 공기나 흙에 직접 접하지 않는 콘크리트 중 벽체
④ 수중에 치는 콘크리트

해설

프리스트레스하지 않는 부재의 현장치기 콘크리트의 최소 피복 두께는 다음 규정을 따라야 하며, 또한 4.3.6의 규정을 만족하여야 한다.(KDS 14 20 50 : 2022)
① 수중에서 치는 콘크리트 100mm
② 흙에 접하여 콘크리트를 친 후 영구히 흙에 묻혀 있는 콘크리트 75mm
③ 흙에 접하거나 옥외의 공기에 직접 노출되는 콘크리트
　가. D19 이상의 철근 50mm
　나. D16 이하의 철근, 지름 16mm 이하의 철선 40mm
④ 옥외의 공기나 흙에 직접 접하지 않는 콘크리트
　가. 슬래브, 벽체, 장선
　　(가) D35 초과하는 철근 40mm
　　(나) D35 이하인 철근 20mm
　나. 보, 기둥 40mm
　　콘크리트의 설계기준압축강도 가 40MPa 이상인 경우 규정된 값에서 10mm 저감시킬 수 있다.
　다. 쉘, 절판부재 20mm

정답 ④

77 콘크리트에 공기연행제를 혼합하는 가장 적합한 이유는 무엇인가?

① 부착 강도 증진
② 압축 강도 증진
③ 내화성 증진
④ 워커빌리티 증진

해설

콘크리트에 AE제(공기연행제)를 넣는 목적은 내구성을 증진하고 워커빌리티를 증진시키기 위해서이다.
워커빌리티(workability) : 반죽질기 여하에 따르는 작업의 난이도 및 재료의 분리에 저항하는 정도를 나타내는 굳지 않은 콘크리트의 성질

정답 ④

78 다음 중 언더피닝(Under pinning) 공법의 종류에 해당하지 않는 것은?

① 이중 널말뚝 공법
② 모르타르 및 약액주입공법
③ 동다짐공법
④ 현장타설 콘크리트말뚝

해설

언더피닝(Under pinning) 공법 종류
- 이중 널말뚝 공법
- 현장타설 콘크리트말뚝
- 모르타르 및 약액주입공법
- 강재말뚝 공법

정답 ③

79 차량계 건설기계 중 지면보다 낮은 곳의 지반을 굴착하는데 사용되는 장비(가)와 높은 장소의 지반을 굴착하는 장비(나)를 옳게 연결한 것은?

	(가)	(나)
①	드래그셔블(drag shovel)	파워셔블(power shovel)
②	모터 그레이더(motor grader)	불도저(bull dozer)
③	모터 그레이더(motor grader)	파워셔블(power shovel)
④	파워셔블(power shovel)	클램쉘(clam shell)

 해설

- 드래그 셔블(drag shove) : 기계가 설치된 지반보다 낮은 곳을 굴착하는데 적합하며, 수중 굴착도 가능하다. 굴착된 구멍이나 도랑 등의 굴착 면의 마무리를 비교적 깨끗하고 정확하게 팔 수 있다.
- 파워 셔블(power shovel) : 디퍼(dipper)를 아래에서 위로 조작하여 굴착하는 셔블계 굴착기의 한 종류이다. 기계가 위치한 지면보다 높은 곳을 굴착하는데 적합하며, 지면보다 아래쪽의 굴착에는 적합하지 않다.

정답 ①

80 모재의 표면과 용접표면이 교차되는 지점에 모재가 녹아 용착금속이 채워지지 않고 홈으로 남게 되는 데, 이 부분의 용접접합 결함을 무엇이라 하는가?

① 피쉬아이   ② 오버헝   ③ 언더컷   ④ 라멜라티어링

해설

언더컷 : 용접의 끝부분에서 모재가 파져 용착 금속이 채워지지 않고 홈처럼 우묵하게 남아 있는 부분

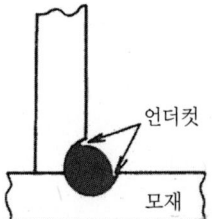

정답 ③

5과목 건설재료학

81 다음 중 목재의 수축팽창에 대한 설명으로 옳지 않은 것은?

① 섬유포화점 이상의 함수상태에서는 함수율이 클수록 수축률 및 팽창률이 커진다.
② 수종에 따라 수축률 및 팽창률에 상당한 차이가 있다.
③ 변재는 심재보다 수축률 및 팽창률이 일반적으로 크다.
④ 수축이 과도하거나 고르지 못하면 할렬, 비틀림 등이 생긴다.

해설

섬유포화점은 목재 세포가 최대 한도의 수분을 흡착한 상태를 말하며, 함수율이 약 30% 정도인 시점이며 이 시점을 경계로 수축, 팽창 등의 재질 변화가 현저하게 달라진다. 그러나 섬유포화점 이상에서는 강도와 신축률이 일정하다. 또한 목재의 함수율이 섬유포화점 이하가 되면 강도가 급격하게 증가한다.

정답 ①

82 비닐수지 접착제에 관한 설명으로 옳지 않은 것은?

① 작업성이 좋으며 다양한 재질의 접착이 가능하다.
② 에멀젼 형과 용제형이 있다.
③ 내열성 및 내수성이 우수하다.
④ 목재 가구, 창호, 도배지에 적용성이 좋다.

해설

비닐수지 접착제는 내열성이 약하다.

정답 ③

83 기건상태에서의 목재의 함수율은 어느 정도인가?

① 10% ② 15% ③ 20% ④ 25%

해설

기건재 함수율은 12~18% 정도이며 섬유포화점 함수율은 30% 정도이다.

정답 ②

84 콘크리트의 건조수축에 관한 내용으로 적절하지 않은 것은?

① 건조수축은 내부의 수분이 외부로 빠져나가면서 일어난다.
② 시멘트량에 따라 건조수축량이 달라진다.
③ 시멘트의 주성분에 따라 건조수축량이 다르다.
④ 콘크리트의 비빔이 될수록 수축량이 크다.

해설

된비빔일수록 수축량이 작다. 정답 ④

85 다음 중 경질섬유판에 대한 설명으로 옳은 것은?

① 소프트 텍스라고도 불리며 수장판으로 사용된다.
② 소판이나 소각재의 부산물 등을 이용하여 접착, 접합에 의해 소요 형상의 인공목재를 제조할 수 있다.
③ 펄프를 접착제로 제판하여 양면을 열압 건조시킨 것이다.
④ 밀도가 0.3g/cm³ 정도이다.

해설

경질섬유판은 펄프를 접착제로 제판하여 양면을 열압하여 건조시킨 제품이다. 정답 ③

86 다음 중 열경화성 수지에 속하지 않는 것은?

① 요소 수지 ② 에폭시 수지
③ 에틸렌 수지 ④ 멜라민 수지

해설

• 열가소성수지 : 염화비닐, 에틸렌수지, 아크릴수지, 폴리아미드수지, 스틸렌수지 등
• 열경화성수지 : 에폭시수지, 멜라민수지, 페놀수지, 요소수지, 알키드수지, 규소수지, 우레탄수지 등

정답 ③

87 다음 중 콘크리트에 사용되는 플라이애시에 대한 설명으로 옳지 않은 것은?

① 초기 재령에서 콘크리트 강도를 저하시킨다.
② 수화 초기의 발열량을 감소시킨다.
③ 콘크리트의 수밀성을 향상시킨다.
④ 단위 수량이 커져 블리딩 현상이 증가한다.

해설
플라이애시는 초기수화열, 초기강도가 낮고 장기강도가 크다. 화학적 저항성이 크며, 워커빌리티가 좋아지고 블리딩 현상이 감소한다.

정답 ④

88 다음 도료 중 방청도료에 해당하지 않는 것은?

① 광명단 도료
② 징크로메이트 도료
③ 다채무늬 도료
④ 알루미늄 도료

해설
방청도료에는 광명단 도료, 방청산화철 도료, 역청질 도료, 알루미늄 도료, 징크로메이드 도료 등이 있다.

정답 ③

89 역청재료의 침입도 값에 비례하는 역청제의 요소는 무엇인가?

① 중량
② 온도
③ 대기압
④ 비중

해설
역청재료의 침입도(관입량이 0.1mm일 때 침입도 1)는 온도상승에 따라 증가하고, 침입도가 작을수록 경질의 성능을 가진다.

정답 ②

90 강재 시편의 인장시험 시 나타나는 응력-변형률 곡선에 관한 설명으로 적절하지 않은 것은?

① 하위항복점까지 가격한 후 외력을 제거하여도 원상회복되지 않는다.
② 인장강도점에서 응력값이 가장 작게 발현된다.
③ 냉간성형한 강재는 항복점이 명확하지 않다.
④ 상위항복점 이후에 하위항복점이 나타난다.

해설
인장감도점에서 응력값이 가장 크게 나타난다.

정답 ②

91 플라스틱재료에 관한 설명으로 옳지 않은 것은?

① 열가소성 플라스틱은 열팽창계수가 작다.
② 마감재료로 사용하는 경우 흠, 얼룩이 생기지 않도록 종이, 천 등으로 보양한다.
③ 열경화성 접착제에 경화제 및 촉진제 등을 혼입할 경우 강한 발열이 생기지 않도록 배합 조절한다.
④ 열가소성 플라스틱은 강도가 높고 유연하고 수축에 강하다.

해설
열가소성 플라스틱재료는 열팽창계수가 크다.

정답 ①

92 AE콘크리트에 관한 설명으로 적절하지 않은 것은?

① 시공연도가 불량하고 재료분리가 크다.
② 단위수량을 줄일 수 있으며 동결융해 저항성이 크다.
③ 블리딩현상이 감소하고 콘크리트 수밀성이 우수하다.
④ 철근에 대한 부착강도가 감소한다.

해설
AE콘크리트는 시공연도가 양호하고 재료분리가 적다.

정답 ①

93 목재의 강도에 관한 설명으로 적절하지 않은 것은?

① 목재강도는 인장강도-휨강도-압축강도-전단강도 순으로 작다.
② 섬유의 평행방향에 대해 강도가 가장 크다.
③ 섬유의 직각방향에 대해 강도가 가장 작다.
④ 전단강도의 크기는 가로방향 인장강도의 1/10 정도이다.

해설
전단강도의 크기는 세로방향 인장강도의 1/10 정도이다.

정답 ④

94 납(Pb)에 관한 설명으로 옳지 않은 것은?

① 인장강도가 작다.
② X선 차단효과가 크다.
③ 알칼리에 강하다.
④ 묽은 질산에 녹는다.

해설

납은 알칼리에 약하다.

정답 ③

95 방청도료에 설명으로 옳지 않은 것은?

① 산화철 도료는 내구성이 양호하다.
② 광명단 도료는 유성페인트의 일종으로 방청성능이 양호하다.
③ 징크로메이트 도료는 전색제로 알키드 수지 등을 사용한다.
④ 워시프라이머에는 인산을 첨가하지 않는다.

해설

워시프라이머(에칭프라이머)는 합성주지의 전색제에 약간의 안료와 인산을 첨가한다.

정답 ④

96 경량기포 콘크리트에 관한 설명으로 옳은 것은?

① 단열성능이 우수하다.
② 톱을 사용하여 가공 가능하다.
③ 불연성 재료로 내화성능이 우수하다.
④ 흡음성과 차음성은 좋지 않다.

해설

경량기포 콘크리트는 경량, 다공질로 흡음성과 차음성이 양호하다.

정답 ①

97 콘크리트의 경화시간을 조절하는 지연제에 해당하지 않는 것은?

① 염화알루미늄
② 셀룰로오스류, 옥시카보산
③ 산화아연, 불화수소산
④ 붕사, 인산염

해설

염화알루미늄은 급결제이다.

정답 ①

98 석재를 24시간 건조한 후 중량 100g, 공기 중 측정 중량 110g, 수중에서 구한 중량이 60g일 경우 이 석재의 표면건조포화상태의 비중은?

① 1.0
② 2.0
③ 3.0
④ 4.5

해설

표면건조포화상태 비중 = $\dfrac{\text{절대건조중량}}{\text{공기 중 측정 중량} - \text{수중 측정중량}} = \dfrac{100}{110-60} = 2$

정답 ②

99 다음 중 석고보드의 특성에 관한 설명으로 옳지 않은 것은?

① 신축변형이 커서 균열의 위험이 크다.
② 부식이 안 되고 충해를 받지 않는다.
③ 단열성이 높다.
④ 흡수로 인해 강도가 현저하게 저하된다.

해설

석고보드는 내화성, 단열성이 좋고 신축변형이 작고 균열 위험이 적어 벽, 칸막이, 천정 등에 사용된다.

정답 ①

100 내약품성, 내마모성이 우수하여 화학공장의 방수층을 겸한 바닥 마무리로 가장 적합한 것은?

① 아스팔트 방수
② 합성고분자 방수
③ 무기질 침투 방수
④ 에폭시 도막 방수

해설

에폭시 도막방수는 내약품성, 내마모성이 우수하여 화학공장의 바닥마감재로 주로 사용된다.

정답 ④

6과목 건설안전기술

101 작업면 조도기준으로 옳지 않은 것은?(단, 갱내 작업장, 감광재료를 취급하는 작업장 제외)

① 초정밀 작업 : 600 lux 이상
② 정밀 작업 : 300 lux 이상
③ 보통 작업 : 150 lux 이상
④ 그 밖의작업 : 75 lux 이상

해설

초정밀 작업 : 750 lux 이상

정답 ①

102 건축공사로서 대상액이 5억원 이상 50억원 미만인 경우 산업안전보건관리비의 비율 및 기초액으로 옳은 것은?

① 2.28%, 4,325,000원
② 1.99%, 5,499,000원
③ 2.35%, 5,400,000원
④ 1.57%, 4,411,000원

해설

[별표 1] 공사종류 및 규모별 산업안전보건관리비 계상기준표

(단위 : 원)

공사종류 \ 구분	대상액 5억원 미만 적용비율(%)	대상액 5억원 이상 50억원 미만인 경우		대상액 50억원 이상인 경우 적용비율(%)	영 별표5에 따른 보건관리자 선임 대상 건설공사의 적용비율(%)
		적용비율(%)	기초액		
건축공사	3.11%	2.28%	4,325,000원	2.37%	2.64%
토목공사	3.15%	2.53%	3,300,000원	2.60%	2.73%
중건설공사	3.64%	3.05%	2,975,000원	3.11%	3.39%
특수건설공사	2.07%	1.59%	2,450,000원	1.64%	1.78%

정답 ①

103 추락방지용방망(그물코-크기10cm) 신품 매듭 방망사의 인장강도는 몇 킬로그램 이상이어야 하는가?

① 80kg　② 110kg　③ 150kg　④ 200kg

해설

그물코 크기(10cm)의 신품 인장강도는 200kg이다.

정답 ④

104 거푸집동바리 조립 시 안전조치 사항으로 옳지 않은 것은?

① 동바리의 이음은 같은 품질의 재료를 사용할 것
② 동바리의 상하 고정 및 미끄러짐 방지 조치를 할 것
③ 강재의 접속부 및 교차부는 철선을 사용하여 단단히 연결할 것
④ 깔판이나 받침목을 이어서 사용하는 경우에는 그 깔판·받침목을 단단히 연결할 것

해설

강재의 접속부 및 교차부는 볼트·클램프 등 전용철물을 사용하여 단단히 연결할 것

정답 ③

105 차량계 하역운반기계 등에 화물 적재 시 준수사항으로 옳지 않은 것은?

① 하중이 한쪽으로 치우치도록 적재할 것
② 화물의 붕괴, 낙하 위험 방지를 위해 화물에 로프를 거는 등 필요한 조치를 할 것
③ 운전자의 시야를 가리지 않도록 화물을 적재할 것
④ 화물을 적재하는 경우 최대적재량을 초과하지 않도록 할 것

해설

산업안전보건기준에 관한 규칙
제159조(화물의 낙하 방지) 사업주는 이삿짐 운반용 리프트 운반구로부터 화물이 빠지거나 떨어지지 않도록 다음 각 호의 낙하방지 조치를 하여야 한다.
1. 화물을 적재시 하중이 한쪽으로 치우치지 않도록 할 것
2. 적재화물이 떨어질 우려가 있는 경우에는 화물에 로프를 거는 등 낙하 방지 조치를 할 것

정답 ①

106 거푸집 해체작업 시 유의사항으로 적절하지 않은 것은?

① 슬래브, 보밑 등 수평부재의 거푸집은 벽, 기둥 수직부재의 거푸집보다 빨리 해체한다.
② 해체된 거푸집, 각목에 박혀있는 못 등 철물은 즉시 제거한다.
③ 해체 작업 시 상하 동시 작업은 원칙적으로 금지한다.
④ 해체작업장 주위는 관계자외 출입을 금지한다.

해설

일반적으로 수평부재 거푸집은 수직부재 거푸집보다 늦게 해체된다.

정답 ①

107 차량계 하역운반기계 등을 사용하는 작업을 할 때 근로자에게 위험을 미칠 우려가 있는 경우 조치사항으로 옳지 않은 것은?

① 해당 기계에 대한 유도자 배치
② 지반의 부동침하 방지 조치
③ 갓길 붕괴 방지 조치
④ 경보 장치 설치

해설

산업안전보건기준에 관한 규칙]
제171조(전도 등의 방지) 사업주는 차량계 하역운반기계등을 사용하는 작업을 할 때에 그 기계가 넘어지거나 굴러떨어짐으로써 근로자에게 위험을 미칠 우려가 있는 경우에는 그 기계를 유도하는 사람(이하 "유도자"라 한다)을 배치하고 지반의 부동침하 및 갓길 붕괴를 방지하기 위한 조치를 해야 한다. 〈개정 2023. 11. 14.〉

정답 ④

108 다음 중 건설업 산업안전보건관리비 중 안전시설비로 사용할 수 있는 항목에 해당하는 것은?

① 비계, 통로, 계단에 추가 설치하는 추락방지용 안전난간
② 작업장 간 상호 연락, 작업상황 파악 등 통신수단으로 활용되는 통신시설, 장비
③ 각종 비계, 작업발판, 가설계단, 통로, 사다리 등
④ 절토부 및 성토부 등의 토사유실 방지를 위한 설비

해설

추락방지용 안전난간은 안전시설로 산업안전보건관리비 중 안전시설비로 사용이 가능하다.

정답 ①

109 다음 중 유해위험방지 계획서를 제출해야 할 대사공사의 기준으로 옳은 것은?

① 다목적댐, 발전용댐 및 저수용량 1천만톤 이상의 용수 전용 댐, 지방상수도 전용 댐 건설 등의 공사
② 깊이가 8m 이상인 굴착공사
③ 연면적 3000m² 이상의 냉동, 냉장 창고 시설
④ 최대 지간길이가 50m 이상인 교량 건설등 공사

해설

- 다목적댐, 발전용댐 및 저수용량 2천만톤 이상
- 굴착깊이가 10m 이상
- 연면적 5,000m² 이상의 냉동·냉장창고시설 설비공사 및 단열공사

정답 ④

110 공사용 가설도로를 설치하는 경우 준수해야 할 사항으로 옳지 않은 것은?

① 도로는 배수에 관계없이 평탄하게 설치한다.
② 도로와 작업장이 접하여 있을 경우에는 방책 등을 설치한다.
③ 차량에 속도제한 표지를 부착한다.
④ 도로는 장비와 차량이 안전하게 운행할 수 있도록 견고하게 설치한다.

해설

공사용 가설도로는 배수를 위해 경사지게 설치하거나 배수시설을 설치해야 한다.

정답 ①

111 건설공사에서 사용하는 높이 8m 이상인 비계다리는 몇m 이내마다 계단참을 설치하는가?

① 3m ② 5m ③ 7m ④ 9m

해설

산업안전보건기준에 관한 규칙

제23조(가설통로의 구조) 사업주는 가설통로를 설치하는 경우 다음 각 호의 사항을 준수하여야 한다.
1. 견고한 구조로 할 것
2. 경사는 30도 이하로 할 것. 다만, 계단을 설치하거나 높이 2미터 미만의 가설통로로서 튼튼한 손잡이를 설치한 경우에는 그러하지 아니하다.
3. 경사가 15도를 초과하는 경우에는 미끄러지지 아니하는 구조로 할 것
4. 추락할 위험이 있는 장소에는 안전난간을 설치할 것. 다만, 작업상 부득이한 경우에는 필요한 부분만 임시로 해체할 수 있다.
5. 수직갱에 가설된 통로의 길이가 15미터 이상인 경우에는 10미터 이내마다 계단참을 설치할 것
6. 건설공사에 사용하는 높이 8미터 이상인 비계다리에는 7미터 이내마다 계단참을 설치할 것

정답 ③

112 가설계단 및 계단참을 설치하는 경우 견딜 수 있는 적합한 강도는 얼마인가?

① 100kg/m² ② 200kg/m² ③ 350kg/m² ④ 500kg/m²

해설

산업안전보건기준에 관한 규칙

제26조(계단의 강도)
① 사업주는 계단 및 계단참을 설치하는 경우 매제곱미터당 500킬로그램 이상의 하중에 견딜 수 있는 강도를 가진 구조로 설치하여야 하며, 안전율[안전의 정도를 표시하는 것으로서 재료의 파괴응력도(破壞應力度)와 허용응력도(許容應力度)의 비율을 말한다)]은 4 이상으로 하여야 한다.

② 사업주는 계단 및 승강구 바닥을 구멍이 있는 재료로 만드는 경우 렌치나 그 밖의 공구 등이 낙하할 위험이 없는 구조로 하여야 한다.

제27조(계단의 폭)
① 사업주는 계단을 설치하는 경우 그 폭을 1미터 이상으로 하여야 한다. 다만, 급유용·보수용·비상용 계단 및 나선형 계단이거나 높이 1미터 미만의 이동식 계단인 경우에는 그러하지 아니하다. 〈개정 2014. 9. 30.〉
② 사업주는 계단에 손잡이 외의 다른 물건 등을 설치하거나 쌓아 두어서는 아니 된다.

제28조(계단참의 설치)
사업주는 높이가 3미터를 초과하는 계단에 높이 3미터 이내마다 진행방향으로 길이 1.2미터 이상의 계단참을 설치해야 한다. 〈개정 2023. 11. 14.〉 [제목개정 2023. 11. 14.]

제29조(천장의 높이)
사업주는 계단을 설치하는 경우 바닥면으로부터 높이 2미터 이내의 공간에 장애물이 없도록 하여야 한다. 다만, 급유용·보수용·비상용 계단 및 나선형 계단인 경우에는 그러하지 아니하다.

제30조(계단의 난간)
사업주는 높이 1미터 이상인 계단의 개방된 측면에 안전난간을 설치하여야 한다.

정답 ④

113 계측기의 설명으로 옳지 않은 것은?

① 간극수압계를 설치하여 지하수의 수압을 측정한다.
② 수위계는 지반내 지하수위 변화를 측정한다.
③ 하중계는 실제 축하중 변화를 측정하여 가시설의 안전성을 확인한다.
④ 변형계로 인접 건축물의 기울기를 확인한다.

 해설

변형계는 흙막이벽의 변형과 응력을 측정하여 가시설의 안전성을 확인한다.

정답 ④

114 유해·위험방지계획서를 작성·제출하는 공사에 해당되지 않는 것은?

① 지상높이가 80m인 건축물의 건설·개조 또는 해체 공사
② 최대 지간길이기가 100m인 교량건설등 공사
③ 깊이가 5m인 굴착공사
④ 터널 건설등의 공사

 해설

굴착깊이가 10m 이상인 굴착공사는 유해·위험방지계획서를 작성 및 제출해야 한다.

정답 ③

115 사질지반의 굴착면 기울기 기준으로 옳은 것은?

① 1 : 1~1 : 1.5
② 1 : 0.5~1 : 1
③ 1 : 1.8
④ 1 : 2

해설

산업안전보건기준에 관한 규칙 [별표 11] 〈개정 2023. 11. 14.〉

굴착면의 기울기 기준(제338조제1항 관련)

지반의 종류	굴착면의 기울기
모래	1 : 1.8
연암 및 풍화암	1 : 1.0
경암	1 : 0.5
그 밖의 흙	1 : 1.2

비고
1. 굴착면의 기울기는 굴착면의 높이에 대한 수평거리의 비율을 말한다.
2. 굴착면의 경사가 달라서 기울기를 계산하기가 곤란한 경우에는 해당 굴착면에 대하여 지반의 종류별 굴착면의 기울기에 따라 붕괴의 위험이 증가하지 않도록 위 표의 지반의 종류별 굴착면의 기울기에 맞게 해당 각 부분의 경사를 유지해야 한다.

정답 ③

116 비계의 높이가 2m 이상인 작업장소에 설치하는 작업발판의 기준으로 옳지 않은 것은?

① 발판재료는 작업할 때의 하중을 견딜 수 있도록 견고한 것으로 할 것
② 작업발판의 폭은 40cm이상으로 하고, 발판재료 간의 틈은 3cm 이하로 할것
③ 추락의 위험이 있는 장소에는 안전난간을 설치할 것
④ 작업발판재료는 뒤집히거나 떨어지지 않도록 1개 이상의 지지물에 연결하거나 고정시킬 것

해설

산업안전보건기준에 관한 규칙

제56조(작업발판의 구조) 사업주는 비계(달비계, 달대비계 및 말비계는 제외한다)의 높이가 2미터 이상인 작업장소에 다음 각 호의 기준에 맞는 작업발판을 설치하여야 한다. 〈개정 2012. 5. 31., 2017. 12. 28.〉
1. 발판재료는 작업할 때의 하중을 견딜 수 있도록 견고한 것으로 할 것
2. 작업발판의 폭은 40센티미터 이상으로 하고, 발판재료 간의 틈은 3센티미터 이하로 할 것. 다만, 외줄비계의 경우에는 고용노동부장관이 별도로 정하는 기준에 따른다.
3. 제2호에도 불구하고 선박 및 보트 건조작업의 경우 선박블록 또는 엔진실 등의 좁은 작업공간에 작업발판을 설치하기 위하여 필요하면 작업발판의 폭을 30센티미터 이상으로 할 수 있고, 걸침비계의 경우 강관기둥 때문에 발판재료 간의 틈을 3센티미터 이하로 유지하기 곤란하면 5센티미터 이하로 할 수 있다. 이 경우 그 틈 사이로 물체 등이 떨어질 우려가 있는 곳에는 출입금지 등의 조치를 하여야 한다.
4. 추락의 위험이 있는 장소에는 안전난간을 설치할 것. 다만, 작업의 성질상 안전난간을 설치하는 것이 곤란한 경

우, 작업의 필요상 임시로 안전난간을 해체할 때에 추락방호망을 설치하거나 근로자로 하여금 안전대를 사용하도록 하는 등 추락위험 방지 조치를 한 경우에는 그러하지 아니하다.
5. 작업발판의 지지물은 하중에 의하여 파괴될 우려가 없는 것을 사용할 것
6. 작업발판재료는 뒤집히거나 떨어지지 않도록 둘 이상의 지지물에 연결하거나 고정시킬 것
7. 작업발판을 작업에 따라 이동시킬 경우에는 위험 방지에 필요한 조치를 할 것

정답 ④

117 터널 지보공을 설치한 경우 수시점검사항으로 옳지 않은 것은?

① 부재의 손상 · 변형 · 부식 · 변위 · 탈락의 유무 및 상태
② 부재의 긴압의 정도
③ 기둥침하의 유무 및 상태
④ 락앙카의 설치 상태

해설

산업안전보건기준에 관한 규칙

제366조(붕괴 등의 방지) 사업주는 터널 지보공을 설치한 경우에 다음 각 호의 사항을 수시로 점검하여야 하며, 이상을 발견한 경우에는 즉시 보강하거나 보수하여야 한다.
1. 부재의 손상 · 변형 · 부식 · 변위 탈락의 유무 및 상태
2. 부재의 긴압 정도
3. 부재의 접속부 및 교차부의 상태
4. 기둥침하의 유무 및 상태

정답 ④

118 철골 작업을 할 때 악천후에는 작업을 중지하도록 하여야 하는데 그 기준으로 옳은 것은?

① 강우량이 시간당 1cm 이상인 경우
② 풍속이 초당 10m 이상인 경우
③ 기온이 28℃ 이상인 경우
④ 강설량이 분당 1cm 이상인 경우

해설

철골작업을 중지해야 하는 기상조건은 풍속이 10m/s 이상인 경우, 강우량 1mm/hr, 강설량 1cm/hr 이상인 경우이다.

정답 ②

119 다음 중 체인(chain)의 폐기 대상이 아닌 것은?

① 뒤틀림 등 변형이 현저한 것
② 전장이 원래 길이의 5%를 초과하여 늘어난 것
③ 균열, 흠이 있는 것
④ 링(Ring)의 단면 지름의 감소나 원래 지름의 5% 정도 마모된 것

해설

링의 단면 지름의 감소나 원래 지름의 10%를 초과하여 감소한 것

정답 ④

120 중량물을 운반할 때의 바른 자세로 옳지 않은 것은?

① 물건을 들어 올릴 때는 척추는 곧은 자세로 한다.
② 중량은 보통 체중의 40% 정도로 한다.
③ 무리한 자세를 장시간 지속하지 않도록 한다.
④ 길이가 긴 물건은 앞쪽을 낮게 하여 운반한다.

해설

길이가 긴 물건은 앞쪽을 높게 하여 운반한다.

정답 ④

PART 07 2024년 1회 기출

2024.02.15.시행

※ 24년 기출문제는 시험 후기를 바탕으로 복원한 것으로 실제 출제 문제와 상이할 수 있습니다.

1과목 산업안전관리론

01 5C 운동에 해당하지 않는 것은?

① 전심전력(Concentration)
② 청소청결(Cleaning)
③ 정리정돈(Clearance)
④ 현장통제관리(Control)

 해설

5C(안전행동실천) 운동
Correctness(복장단정), Cleaning(청소청결), Clearance(정리정돈), Checking(점검확인), Concentration(전심전력)

정답 ④

02 다음 설명에 해당하는 법칙은 무엇인가?

> A 현장에서 330회의 전도 사고가 일어났을 때, 300회 무상해 사고, 29회 경상, 중상 또는 사망은 1회의 비율로 사고가 발생하였다.

① 하인리히 법칙
② 버드 법칙
③ 자베타키스 법칙
④ 더글라스 법칙

정답 ①

03 다음에 가장 적합한 안전관리조직의 형태는 무엇인가?

> 경영조직 내부에 과제별로 조직을 구성하여 플랜트, 도시개발 등 특정한 건설 과제를 처리하는 방식으로 시간적 유한성을 가진 일시적이고 잠정적인 조직형태로 운영하는 방식

① 프로젝트(Project) 조직
② 기능(Functional)식 조직
③ 라인(Line)식 조직
④ 스태프(Staff)형 조직

정답 ①

04 다음은 건설기술진흥법령에 관한 사항이다. 안전점검의 시기·방법에 관한 사항으로 (   )에 알맞은 내용은 무엇인가?

> 정기안전점검 결과 건설공사의 물리적·기능적 결함 등이 발견되어 보수·보강 등의 조치를 위하여 필요한 경우에는 (   )을 할 것

① 정기점검
② 특별점검
③ 정밀안전점검
④ 긴급점검

해설

건설기술진흥법 시행령 제100조(안전점검의 시기·방법 등)
건설사업자와 주택건설등록업자는 건설공사의 공사기간 동안 매일 자체 안전점검을 하고, 다음 각 호의 기준에 따라 정기안전점검 및 정밀안전점검 등을 해야 한다.
① 건설공사의 종류 및 규모 등을 고려하여 국토교통부장관이 정하여 고시하는 시기와 횟수에 따라 정기안전점검을 할 것
② 정기안전점검 결과 건설공사의 물리적 기능적 결함 등이 발견되어 보수·보강 등의 조치를 위하여 필요한 경우에는 **정밀안전점검**을 할 것
③ 건설공사에 대해서는 그 건설공사를 준공(임시사용을 포함한다)하기 직전에 제1호에 따른 정기안전점검 수준 이상의 안전점검을 할 것
④ 건설공사가 시행 도중에 중단되어 1년 이상 방치된 시설물이 있는 경우에는 그 공사를 다시 시작하기 전에 그 시설물에 대하여 제1호에 따른 정기안전점검 수준의 안전점검을 할 것

정답 ③

05 팀의 일체감, 연대감을 조성할 수 있고 동시에 대뇌 구피질에 좋은 이미지를 불어 넣어 안전행동을 하도록 하는 무재해운동추진기법은 무엇인가?

① 역할연기(Role playing)
② 터치 앤 콜(Touch and call)
③ TBM(Tool Box Meeting)
④ 브레인 스토밍(Brain Storming)

해설

터치 앤 콜(Touch and call)은 고리형, 포개기형, 어깨동무형의 형태로 스킨십을 통해 팀구성원 간의 일체감 및 연대감을 조성하고 구호제창을 통해 동료애 및 안전에 동참하는 참여정신을 증진시킬 수 있다.

정답 ②

06
A 사업장, 상시근로자 500명, 1년간 발생한 근로손실일수가 1,200일, 도수율이 9이다. 종합재해지수(FSI)는 얼마인가? (단, 1일 8시간, 연간 300일 근무)

① 1.0
② 1.5
③ 2.5
④ 3.0

해설

종합재해지수(FSI) $= \sqrt{도수율 \times 강도율} = \sqrt{9 \times 1} = 3$

강도율 $= \dfrac{근로손실일수}{연근로시간수} \times 1,000 = \dfrac{1,200}{500 \times 8 \times 300} \times 1,000 = 1$

정답 ④

07
재해의 발생 원인 중 간접적(관리적)인 원인에 해당하지 않는 것은?

① 기술적 원인
② 교육적인 원인
③ 인적 원인
④ 작업관리상 원인

해설

인적원인은 직접적인 원인으로 분류된다.

정답 ③

08
보호구 안전인증고시에 따른 방음용 귀마개 또는 귀덮개의 종류 및 등급에 해당하지 않는 것은?

① 귀덮개 : EM
② 귀마개 1종 : EP-1
③ 귀마개 2종 : EP-2
④ 귀마개 3종 : EP-3

해설

보호구 안전인증 고시 [시행 2023.12.18.]
1. "방음용 귀마개(ear-plugs)"(이하 "귀마개")란 외이도에 삽입 또는 외이 내부·외이도 입구에 반 삽입함으로서 차음효과를 나타내는 일회용 또는 재사용 가능한 방음용 귀마개를 말한다.
2. "방음용 귀덮개(ear-muff)"(이하 "귀덮개")란 양쪽 귀 전체를 덮을 수 있는 컵(머리띠 또는 안전모에 부착된 부품을 사용하여 머리에 압착될 수 있는 것)을 말한다.
3. "음압수준"이란 음압을 다음 식에 따라 데시벨(dB)로 나타낸 것을 말하며 적분평균소음계(KS C 1505) 또는 소음계(KS C 1502)에 규정하는 소음계의 "C" 특성을 기준으로 한다.

〈표 1〉 방음용 귀마개 또는 귀덮개의 종류, 등급 등

종류	등급	기호	성능	비고
귀마개	1종	EP-1	저음부터 고음까지 차음하는 것	귀마개의 경우 재사용 여부를 제조특성으로 표기
	2종	EP-2	주로 고음을 차음하고 저음(회화음영역)은 차음하지 않는 것	
귀덮개	–	EM		

정답 ④

09 안전보건관리규정 작성에 관한 사항으로 (   )에 알맞은 사항은 무엇인가?

사업주는 안전보건관리규정을 작성하여야 할 사유가 발생한 날부터 (   )일 이내에 안전보건관리규정을 작성해야 한다.

① 10   ② 20   ③ 30   ④ 40

 해설

산업안전보건법 시행규칙 [시행 2025.1.1.] (2024.6.28., 일부개정)
제25조(안전보건관리규정의 작성)
① 법 제25조 제3항에 따라 안전보건관리규정을 작성해야 할 사업의 종류 및 상시근로자 수는 별표 2와 같다.
② 제1항에 따른 사업의 사업주는 안전보건관리규정을 작성해야 할 사유가 발생한 날부터 30일 이내에 별표 3의 내용을 포함한 안전보건관리규정을 작성해야 한다. 이를 변경할 사유가 발생한 경우에도 또한 같다.
③ 사업주가 제2항에 따라 안전보건관리규정을 작성할 때에는 소방·가스·전기·교통 분야 등의 다른 법령에서 정하는 안전관리에 관한 규정과 통합하여 작성할 수 있다.

정답 ③

10 다음 안전보건표지의 종류 중 금지 표지에 해당하지 않는 것은 무엇인가?

① 탑승금지   ② 금연   ③ 사용금지   ④ 접촉금지

 해설

101 출입금지	102 보행금지	103 차량통행금지	104 사용금지	105 탑승금지	106 금연	107 화기금지	108 물체이동금지

정답 ④

11 다음 중 중대재해에 해당되지 않는 것은? (단, 산업안전보건법에 의거)

① 사망자가 10명 발생한 재해
② 부상자가 동시에 3명 발생한 재해
③ 직업성 질병자가 동시에 20명 발생한 재해
④ 6개월 이상의 요양이 필요한 부상자가 동시에 10명 발생한 재해

해설

산업안전보건법 시행규칙 [시행 2025.1.1.] (2024.6.28., 일부개정)
제3조(중대재해의 범위)
법 제2조제2호에서 "고용노동부령으로 정하는 재해"란 다음 각 호의 어느 하나에 해당하는 재해를 말한다.
1. 사망자가 1명 이상 발생한 재해
2. 3개월 이상의 요양이 필요한 부상자가 동시에 2명 이상 발생한 재해
3. 부상자 또는 직업성 질병자가 동시에 10명 이상 발생한 재해

정답 ②

12 제1종 시설물에 해당하지 않는 것은? (단, 시설물의 안전 및 유지관리에 관한 특별법에 의거)

① 고속철도 교량
② 23층인 건축물
③ 연장 400m인 철도 교량
④ 연면적이 60,000m²인 건축물

정답 ③

해설

시설물의 안전 및 유지관리에 관한 특별법 시행령(약칭:시설물안전법 시행령)
[시행 2024.11.22.] [2023.11.21., 일부개정]

제1종시설물 및 제2종시설물의 종류(제4조 관련)

구분		제1종시설물	제2종시설물
1. 교량	가. 도로교량	1) 상부구조형식이 현수교, 사장교, 아치교 및 트러스교인 교량 2) 최대 경간장 50미터 이상의 교량 (한 경간 교량은 제외한다) 3) 연장 500미터 이상의 교량 4) 폭 12미터 이상이고 연장 500미터 이상인 복개구조물	1) 경간장 50미터 이상인 한 경간 교량 2) 제1종시설물에 해당하지 않는 교량으로서 연장 100미터 이상의 교량 3) 제1종시설물에 해당하지 않는 복개구조물로서 폭 6미터 이상이고 연장 100미터 이상인 복개구조물
	나. 철도교량	1) 고속철도 교량 2) 도시철도의 교량 및 고가교 3) 상부구조형식이 트러스교 및 아치교인 교량 4) 연장 500미터 이상의 교량	제1종시설물에 해당하지 않는 교량으로서 연장 100미터 이상의 교량

구분		제1종시설물	제2종시설물
2. 터널			
	가. 도로터널	1) 연장 1천미터 이상의 터널 2) 3차로 이상의 터널 3) 터널구간의 연장이 500미터 이상인 지하차도	1) 제1종시설물에 해당하지 않는 터널로서 고속국도, 일반국도, 특별시도 및 광역시도의 터널 2) 제1종시설물에 해당하지 않는 터널로서 연장 300미터 이상의 지방도, 시도, 군도 및 구도의 터널 3) 제1종시설물에 해당하지 않는 지하차도로서 터널구간의 연장이 100미터 이상인 지하차도
	나. 철도터널	1) 고속철도 터널 2) 도시철도 터널 3) 연장 1천미터 이상의 터널	제1종시설물에 해당하지 않는 터널로서 특별시 또는 광역시에 있는 터널
3. 항만			
	가. 갑문	갑문시설	
	나. 방파제, 파제제 및 호안	연장 1천미터 이상인 방파제	1) 제1종시설물에 해당하지 않는 방파제로서 연장 500미터 이상의 방파제 2) 연장 500미터 이상의 파제제 3) 방파제 기능을 하는 연장 500미터 이상의 호안
	다. 계류시설	1) 20만톤급 이상 선박의 하역시설로서 원유부이(BUOY)식 계류시설(부대시설인 해저송유관을 포함한다) 2) 말뚝구조의 계류시설(5만톤급 이상의 시설만 해당한다)	1) 제1종시설물에 해당하지 않는 원유부이식 계류시설로서 1만톤급 이상의 원유부이식 계류시설(부대시설인 해저송유관을 포함한다) 2) 제1종시설물에 해당하지 않는 말뚝구조의 계류시설로서 1만톤급 이상의 말뚝구조의 계류시설 3) 1만톤급 이상의 중력식 계류시설
4. 댐		다목적댐, 발전용댐, 홍수전용댐 및 총저수용량 1천만톤 이상의 용수전용댐	제1종시설물에 해당하지 않는 댐으로서 지방상수도전용댐 및 총저수용량 1백만톤 이상의 용수전용댐
5. 건축물			
	가. 공동주택		16층 이상의 공동주택
	나. 공동주택 외의 건축물	1) 21층 이상 또는 연면적 5만제곱미터 이상의 건축물 2) 연면적 3만제곱미터 이상의 철도 역시설 및 관람장 3) 연면적 1만제곱미터 이상의 지하도상가(지하보도면적을 포함한다)	1) 제1종시설물에 해당하지 않는 건축물로서 16층 이상 또는 연면적 3만제곱미터 이상의 건축물 2) 제1종시설물에 해당하지 않는 건축물로서 연면적 5천제곱미터 이상(각 용도별 시설의 합계를 말한다)의 문화 및 집회시설, 종교시설, 판매시설, 운수시설 중 여객용 시설, 의료시설, 노유자시설, 수련시설, 운동시설, 숙박시설 중 관광숙박시설 및 관광 휴게시설 3) 제1종시설물에 해당하지 않는 철도 역시설로서 고속철도, 도시철도 및 광역철도 역시설 4) 제1종시설물에 해당하지 않는 지하도상가로서 연면적 5천제곱미터 이상의 지하도상가(지하보도면적을 포함한다)

구분	제1종시설물	제2종시설물
6. 하천		
가. 하구둑	1) 하구둑 2) 포용조수량 8천만톤 이상의 방조제	제1종시설물에 해당하지 않는 방조제로서 포용조수량 1천만톤 이상의 방조제
나. 수문 및 통문	특별시 및 광역시에 있는 국가하천의 수문 및 통문(通門)	1) 제1종시설물에 해당하지 않는 수문 및 통문으로서 국가하천의 수문 및 통문 2) 특별시, 광역시, 특별자치시 및 시에 있는 지방하천의 수문 및 통문
다. 제방		국가하천의 제방[부속시설인 통관(通管) 및 호안(護岸)을 포함한다]
라. 보	국가하천에 설치된 높이 5미터 이상인 다기능 보	제1종시설물에 해당하지 않는 보로서 국가하천에 설치된 다기능 보
마. 배수펌프장	특별시 및 광역시에 있는 국가하천의 배수펌프장	1) 제1종시설물에 해당하지 않는 배수펌프장으로서 국가하천의 배수펌프장 2) 특별시, 광역시, 특별자치시 및 시에 있는 지방하천의 배수펌프장
7. 상하수도		
가. 상수도	1) 광역상수도 2) 공업용수도 3) 1일 공급능력 3만톤 이상의 지방상수도	제1종시설물에 해당하지 않는 지방상수도
나. 하수도		공공하수처리시설(1일 최대처리용량 500톤 이상인 시설만 해당한다)
8. 옹벽 및 절토사면		1) 지면으로부터 노출된 높이가 5미터 이상인 부분의 합이 100미터 이상인 옹벽 2) 지면으로부터 연직(鉛直)높이(옹벽이 있는 경우 옹벽 상단으로부터의 높이) 30미터 이상을 포함한 절토부(땅깎기를 한 부분을 말한다)로서 단일 수평연장 100미터 이상인 절토사면
9. 공동구		공동구

13 산업안전보건법령에 따라 사업주는 상시근로자 20명 이상 50명 미만인 사업장에 안전보건관리담당자를 선임해야 한다. 이에 해당하지 않는 것은? (단, 안전관리자 및 보건관리자가 선임되지 않은 사업장)

① 제조업
② 임업
③ 하수, 폐수 및 분뇨처리업
④ 건설업

해설

산업안전보건법 시행령[시행 2024. 7. 1.] [2024. 6. 25., 일부개정]
제24조(안전보건관리담당자의 선임 등) ① 다음 각 호의 어느 하나에 해당하는 사업의 사업주는법 제19조 제1항에

따라 상시근로자 20명 이상 50명 미만인 사업장에 안전보건관리담당자를 1명 이상 선임해야 한다.
1. 제조업 2. 임업
3. 하수, 폐수 및 분뇨 처리업
4. 폐기물 수집, 운반, 처리 및 원료 재생업
5. 환경 정화 및 복원업

정답 ④

14 산업안전보건법에 따라 안전보건표지의 색도기준 및 용도로 옳은 것은?

① 흰색 : N08.5
② 녹색 : 5G 5.8/9
③ 빨간색 : 6R 3/9
④ 파란색 : 2.5PB 4/10

해설

산업안전보건법 시행규칙 [별표 8]

안전보건표지의 색도기준 및 용도(제38조 제3항 관련)

색채	색도기준	용도	사용례
빨간색	7.5R 4/14	금지	정지신호, 소화설비 및 그 장소, 유해행위의 금지
		경고	화학물질 취급장소에서의 유해·위험 경고
노란색	5Y 8.5/12	경고	화학물질 취급장소에서의 유해·위험경고 이외의 위험경고, 주의표지 또는 기계방호물
파란색	2.5PB 4/10	지시	특정 행위의 지시 및 사실의 고지
녹색	2.5G 4/10	안내	비상구 및 피난소, 사람 또는 차량의 통행표지
흰색	N9.5		파란색 또는 녹색에 대한 보조색
검은색	N0.5		문자 및 빨간색 또는 노란색에 대한 보조색

(참고)
1. 허용 오차 범위 H=± 2, V=± 0.3, C=± 1(H는 색상, V는 명도, C는 채도를 말한다)
2. 위의 색도기준은 한국산업규격(KS)에 따른 색의 3속성에 의한 표시방법(KSA 0062 기술표준원 고시 제2008-0759)에 따른다.

정답 ④

15 산업안전보건법령에 따라 안전보건관리규정을 작성해야 할 사업의 종류로 옳은 것은?

> ㉠ 상시근로자 100인 이상 농업
> ㉡ 상시근로자 300인 이상 정보서비스업
> ㉢ 상시근로자 200인 이상 금융 및 보험업
> ㉣ 상시근로자 250인 이상 사회복지 서비스업
> ㉤ 상시근로자 300인 이상 전문, 과학 및 기술 서비스업

① ㉠, ㉡
② ㉢, ㉣
③ ㉡, ㉤
④ ㉠, ㉢

해설

산업안전보건법 시행규칙 [별표 2] 〈개정 2024. 6. 28.〉
안전보건관리규정을 작성해야 할 사업의 종류 및 상시근로자 수(제25조 제1항 관련)

사업의 종류	상시근로자 수
1. 농업 2. 어업 3. 소프트웨어 개발 및 공급업 4. 컴퓨터 프로그래밍, 시스템 통합 및 관리업 4의2. 영상 · 오디오물 제공 서비스업 5. 정보서비스업 6. 금융 및 보험업 7. 임대업; 부동산 제외 8. 전문, 과학 및 기술 서비스업(연구개발업은 제외한다) 9. 사업지원 서비스업 10. 사회복지 서비스업	300명 이상
11. 제1호부터 제4호까지, 제4호의2 및 제5호부터 제10호까지의 사업을 제외한 사업	100명 이상

정답 ③

16 안전관리는 PDCA 사이클의 4단계로 안전관리를 수행한다. 다음 중 PDCA 사이클의 4단계로 옳지 않은 것은?

① P : Plan
② D : Do
③ C : Contol
④ A : Action

해설

C : Check

정답 ③

17 재해 발생형태 중 연쇄형으로 옳은 것은?

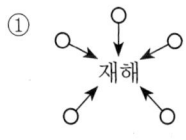

정답 ②

18 제시된 재해사례의 기인물과 가해물로 옳은 것은?

> 작업자가 작업장을 걸어가던 중 작업장 바닥에 쌓여 있던 자재에 걸려 넘어지면서 바닥에 머리를 부딪혀 사망하였다.

① 기인물 : 바닥, 가해물 : 바닥
② 기인물 : 바닥, 가해물 : 자재
③ 기인물 : 자재, 가해물 : 바닥
④ 기인물 : 자재, 가해물 : 자재

정답 ③

19 산업안전보건기준에 관한 규칙에 따른 공기압축기 작업시작 전 점검사항으로 옳은 것을 모두 고르시오.

> ㉠ 공기저장 압력용기의 외관 상태
> ㉡ 드레인밸브(drain valve)의 조작 및 배수
> ㉢ 압력방출장치의 기능
> ㉣ 회전부의 덮개 또는 울

① ㉢, ㉣
② ㉠, ㉡, ㉣
③ ㉠, ㉢, ㉣
④ ㉠, ㉡, ㉢, ㉣

정답 ④

해설

산업안전보건기준에 관한 규칙 [별표 3] 〈개정 2019. 12. 26.〉
작업시작 전 점검사항(제35조 제2항 관련)

작업의 종류	점검내용
1. 프레스등을 사용하여 작업을 할 때 (제2편 제1장 제3절)	가. 클러치 및 브레이크의 기능 나. 크랭크축·플라이휠·슬라이드·연결봉 및 연결 나사의 풀림 여부 다. 1행정 1정지기구·급정지장치 및 비상정지장치의 기능 라. 슬라이드 또는 칼날에 의한 위험방지 기구의 기능 마. 프레스의 금형 및 고정볼트 상태 바. 방호장치의 기능 사. 전단기(剪斷機)의 칼날 및 테이블의 상태

2. 로봇의 작동 범위에서 그 로봇에 관하여 교시 등(로봇의 동력원을 차단하고 하는 것은 제외한다)의 작업을 할 때 (제2편 제1장 제13절)	가. 외부 전선의 피복 또는 외장의 손상 유무 나. 매니퓰레이터(manipulator) 작동의 이상 유무 다. 제동장치 및 비상정지장치의 기능	
3. 공기압축기를 가동할 때 (제2편 제1장 제7절)	가. 공기저장 압력용기의 외관 상태 나. 드레인밸브(drain valve)의 조작 및 배수 다. 압력방출장치의 기능 라. 언로드밸브(unloading valve)의 기능 마. 윤활유의 상태 바. 회전부의 덮개 또는 울 사. 그 밖의 연결 부위의 이상 유무	
4. 크레인을 사용하여 작업을 하는 때 (제2편 제1장 제9절 제2관)	가. 권과방지장치·브레이크·클러치 및 운전장치의 기능 나. 주행로의 상측 및 트롤리(trolley)가 횡행하는 레일의 상태 다. 와이어로프가 통하고 있는 곳의 상태	
5. 이동식 크레인을 사용하여 작업을 할 때 (제2편 제1장 제9절 제3관)	가. 권과방지장치나 그 밖의 경보장치의 기능 나. 브레이크·클러치 및 조정장치의 기능 다. 와이어로프가 통하고 있는 곳 및 작업장소의 지반상태	
6. 리프트(자동차정비용 리프트를 포함한다)를 사용하여 작업을 할 때 (제2편 제1장 제9절 제4관)	가. 방호장치·브레이크 및 클러치의 기능 나. 와이어로프가 통하고 있는 곳의 상태	
7. 곤돌라를 사용하여 작업을 할 때 (제2편 제1장 제9절 제5관)	가. 방호장치·브레이크의 기능 나. 와이어로프·슬링와이어(sling wire) 등의 상태	
8. 양중기의 와이어로프·달기체인·섬유로프·섬유벨트 또는 훅·샤클·링 등의 철구(이하 "와이어로프등"이라 한다)를 사용하여 고리걸이작업을 할 때 (제2편 제1장 제9절 제7관)	와이어로프등의 이상 유무	
9. 지게차를 사용하여 작업을 하는 때 (제2편 제1장 제10절 제2관)	가. 제동장치 및 조종장치 기능의 이상 유무 나. 하역장치 및 유압장치 기능의 이상 유무 다. 바퀴의 이상 유무 라. 전조등·후미등·방향지시기 및 경보장치 기능의 이상 유무	
10. 구내운반차를 사용하여 작업을 할 때 (제2편 제1장 제10절 제3관)	가. 제동장치 및 조종장치 기능의 이상 유무 나. 하역장치 및 유압장치 기능의 이상 유무 다. 바퀴의 이상 유무 라. 전조등·후미등·방향지시기 및 경음기 기능의 이상 유무 마. 충전장치를 포함한 홀더 등의 결합상태의 이상 유무	
11. 고소작업대를 사용하여 작업을 할 때 (제2편 제1장 제10절 제4관)	가. 비상정지장치 및 비상하강 방지장치 기능의 이상 유무 나. 과부하 방지장치의 작동 유무(와이어로프 또는 체인구동방식의 경우) 다. 아웃트리거 또는 바퀴의 이상 유무 라. 작업면의 기울기 또는 요철 유무 마. 활선작업용 장치의 경우 홈·균열·파손 등 그 밖의 손상 유무	
12. 화물자동차를 사용하는 작업을 하게 할 때 (제2편 제1장 제10절 제5관)	가. 제동장치 및 조종장치의 기능 나. 하역장치 및 유압장치의 기능 다. 바퀴의 이상 유무	

13. 컨베이어등을 사용하여 작업을 할 때 (제2편 제1장 제11절)	가. 원동기 및 풀리(pulley) 기능의 이상 유무 나. 이탈 등의 방지장치 기능의 이상 유무 다. 비상정지장치 기능의 이상 유무 라. 원동기·회전축·기어 및 풀리 등의 덮개 또는 울 등의 이상 유무	
14. 차량계 건설기계를 사용하여 작업을 할 때 (제2편 제1장 제12절 제1관)	브레이크 및 클러치 등의 기능	
14의2. 용접·용단 작업 등의 화재위험작업을 할 때 (제2편 제2장 제2절)	가. 작업 준비 및 작업 절차 수립 여부 나. 화기작업에 따른 인근 가연성물질에 대한 방호조치 및 소화기구 비치 여부 다. 용접불티 비산방지덮개 또는 용접방화포 등 불꽃·불티 등의 비산을 방지하기 위한 조치 여부 라. 인화성 액체의 증기 또는 인화성 가스가 남아 있지 않도록 하는 환기 조치 여부 마. 작업근로자에 대한 화재예방 및 피난교육 등 비상조치 여부	
15. 이동식 방폭구조(防爆構造) 전기기계·기구를 사용할 때(제2편 제3장 제1절)	전선 및 접속부 상태	
16. 근로자가 반복하여 계속적으로 중량물을 취급하는 작업을 할 때(제2편 제5장)	가. 중량물 취급의 올바른 자세 및 복장 나. 위험물이 날아 흩어짐에 따른 보호구의 착용 다. 카바이드·생석회(산화칼슘) 등과 같이 온도상승이나 습기에 의하여 위험성이 존재하는 중량물의 취급방법 라. 그 밖에 하역운반기계등의 적절한 사용방법	
17. 양화장치를 사용하여 화물을 싣고 내리는 작업을 할 때(제2편 제6장 제2절)	가. 양화장치(揚貨裝置)의 작동상태 나. 양화장치에 제한하중을 초과하는 하중을 실었는지 여부	
18. 슬링 등을 사용하여 작업을 할 때 (제2편 제6장 제2절)	가. 훅이 붙어 있는 슬링·와이어슬링 등이 매달린 상태 나. 슬링·와이어슬링 등의 상태(작업시작 전 및 작업 중 수시로 점검)	

20 산업안전보건법령상 안전보건표지의 종류 중 안내 표지에 해당되지 않는 것은?

① 귀마개 착용　　② 녹십자 표지
③ 응급구호 표지　　④ 비상구

해설

401 녹십자 표지	402 응급구호표지	403 들것	404 세안장치	405 비상용기구	406 비상구	407 좌측비상구	408 우측비상구

정답 ①

2과목　산업심리 및 교육

21 평가자가 피평가자의 제한된 부분적인 지식을 가지고 여러 수행차원 모두에 좋은 수행을 한다고 평가하는 오류는 무엇인가?

① 관대화오류　　② 중앙집중오류
③ 엄격화오류　　④ 후광오류

정답 ④

22 매슬로우와 알더퍼의 욕구위계에 대한 설명으로 옳지 않은 것은?

① 매슬로우는 가장 상위에 있는 욕구를 생리적욕구로 나타낸다.
② 매슬로우는 하위의 욕구가 충족된 후에 상위욕구로 전이된다고 주장하였다.
③ 알더퍼는 존재(생존)의 욕구, 관계의 욕구, 성장욕구가 동시에 활성화될 수 있다고 주장하였다.
④ 알더퍼의 존재(생존)욕구는 매슬로우의 생리적 욕구, 물리적 안전욕구와 유사하다.

해설

정답 ①

23 착각현상 중에서 실제로 움직이지 않는 것이 움직이는 것처럼 느껴지는 현상을 무엇이라 하는가?

① 유도운동　　② 잔상현상　　③ 자동운동　　④ 착시현상

해설

– 자동운동 : 암실에서 정지된 소광점을 응시하면 광점이 움직이는 것처럼 보이는 현상
– 유도운동 : 움직이지 않는 것이 움직이는 것처럼 느껴지는 현상

정답 ①

24 에빙하우스(Ebbinghaus)의 망각곡선에서 망각률이 50%를 초과하는 최초의 경과시간은?

① 15분 ② 30분 ③ 45분 ④ 60분

해설

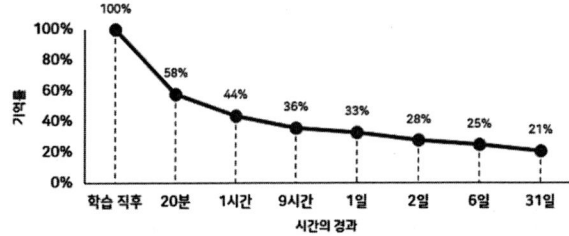

에빙하우스(H. Ebbinghaus)의 망각곡선
- 1시간 경과 : 50% 이상 망각
- 48시간 경과 : 70% 이상 망각
- 31일 경과 : 80% 이상 망각

정답 ④

25 전문가 4~5명이 참가자를 앞에 두고 자신들의 해당 프로젝트에 대한 견해를 자유롭게 토의한 다음, 모든 참가자와 함께 토의하는 방법은?

① Symposium ② Forum
③ Buzz session ④ Panel discussion

정답 ④

26 생체리듬(Circadian Rhythm)에 관한 설명으로 옳지 않은 것은?

① 생체리듬이 (−)로 최대인 점이 위험일이다.
② 육체적 리듬은 (P)로 나타내며, 23일을 주기로 반복된다.
③ 감성적 리듬은 (S)로 나타내며, 28일을 주기로 반복된다.
④ 지성적 리듬은 (I)로 나타내며, 33일을 주기로 반복된다.

해설

위험일[Gritical day, 영(zero)]
생체리듬은 P(physical.육체적), S(sensitivity.감정적), I(intellectual.지성적)로 구분되며 서로 다른 리듬은 안정기(+)와 불안기(−)로 반복하며 Sine 곡선을 그린다. (+)에서 (−)로 또는 (−)에서 (+)로 변화하는 점으로 한 달에 6일 정도 발생한다.

정답 ①

27 에너지 대사율(Relative Metabolic Rate,RMR) 중 작업강도가 힘든 작업인 경우로 가장 적절한 것은?

① 0 ~ 1.5　　② 2 ~ 4　　③ 4 ~ 7　　④ 7 이상

해설

경작업(0~2) 중(中)작업(2~4) 중(重)작업(4~7) 초중(超重)작업(7~)

정답 ③

28 단조로운 작업 또는 몹시 피로하여 의식이 뚜렷하지 않은 상태의 의식 수준은?

① phase 0　　② phase Ⅰ
③ phase Ⅱ　　④ phase Ⅲ

해설

의식 level의 단계별 생리적 상태
1. Phase 0 : 수면
2. Phase Ⅰ : 피로, 단조로움, 졸음
3. Phase Ⅱ : 안정, 휴식
4. Phase Ⅲ : 적극활동
5. Phase Ⅳ : 긴급방위

정답 ②

29 다음 중 각 이론과 관련 학자를 잘못 연결한 것은?

① 위생-동기이론 : 맥그리거(McGregor)
② 욕구위계이론 : 매슬로우(Maslow)
③ ERG이론 : 알더퍼(Alderfer)
④ 성취동기이론 : 맥클레랜드(McClelland)

해설

X · Y이론 : 맥그리거(McGregor)
위생-동기이론 : 허츠버그(Herzberg)

정답 ①

30 과업 완수와 인간관계에 최대한 노력을 기울이는 리더십의 유형은?

① 무관심형 리더십　　② 이상형 리더십
③ 타협형 리더십　　④ 과업형 리더십

정답 ②

31 산업안전보건법령상 타워크레인 신호작업에 종사하는 일용근로자의 특별교육 교육시간 기준은?

① 1시간 이상 ② 2시간 이상
③ 4시간 이상 ④ 8시간 이상

해설

산업안전보건법 시행규칙 [별표 4] 〈개정 2023. 9. 27.〉
안전보건교육 교육과정별 교육시간(제26조제1항 등 관련)
1. 근로자 안전보건교육(제26조 제1항, 제28조 제1항 관련)

교육과정	교육대상		교육시간
가. 정기교육	1) 사무직 종사 근로자		매반기 6시간 이상
	2) 그 밖의 근로자	가) 판매업무에 직접 종사하는 근로자	매반기 6시간 이상
		나) 판매업무에 직접 종사하는 근로자 외의 근로자	매반기 12시간 이상
나. 채용 시 교육	1) 일용근로자 및 근로계약기간이 1주일 이하인 기간제근로자		1시간 이상
	2) 근로계약기간이 1주일 초과 1개월 이하인 기간제근로자		4시간 이상
	3) 그 밖의 근로자		8시간 이상
다. 작업내용 변경 시 교육	1) 일용근로자 및 근로계약기간이 1주일 이하인 기간제근로자		1시간 이상
	2) 그 밖의 근로자		2시간 이상
라. 특별교육	1) 일용근로자 및 근로계약기간이 1주일 이하인 기간제근로자 : 별표 5 제1호 라목(제39호는 제외한다)에 해당하는 작업에 종사하는 근로자에 한정한다.		2시간 이상
	2) 일용근로자 및 근로계약기간이 1주일 이하인 기간제근로자 : 별표 5 제1호 라목 제39호에 해당하는 작업에 종사하는 근로자에 한정한다.		8시간 이상
	3) 일용근로자 및 근로계약기간이 1주일 이하인 기간제근로자를 제외한 근로자 : 별표 5 제1호 라목에 해당하는 작업에 종사하는 근로자에 한정한다.		가) 16시간 이상(최초 작업에 종사하기 전 4시간 이상 실시하고 12시간은 3개월 이내에서 분할하여 실시 가능) 나) 단기간 작업 또는 간헐적 작업인 경우에는 2시간 이상
마. 건설업 기초안전·보건교육	건설 일용근로자		4시간 이상

정답 ④

32 O.J.T(On the Job training)의 특징에 대한 설명 중 옳지 않은 것은?

① 직장의 실정에 맞게 실제적 훈련이 가능하다.
② 상호 신뢰 및 이해도가 높아진다.
③ 개개인에게 적절한 지도훈련이 가능하다.
④ 다수의 근로자에게 조직적 훈련이 가능하다.

해설
다수의 근로자에게 조직적 훈련이 가능한 것은 Off J.T에 해당한다.

정답 ④

33 데이비스(K. Davis)의 동기부여이론에서 능력(ability)에 해당하는 것은?

① 기능(skill) × 상황(situation)
② 지식(knowledge) × 태도(attitude)
③ 지식(knowledge) × 기능(skill)
④ 상황(Situation) × 태도(attitude)

정답 ③

34 Brain storming에 대한 설명으로 옳지 않은 것은?

① 비판금지 : 타인의 발언에 좋다, 나쁘다 비판하지 않는다.
② 자유발언 : 자유롭게 의견을 발언한다.
③ 대량발언 : 아이디어는 많이 발언할수록 좋다.
④ 수정발언금지 : 타인의 의견을 수정하거나 보충하지 않는다.

정답 ④

35 인간의 안전심리 5요소에 해당하지 않는 것은?

① 동기   ② 습성   ③ 감정   ④ 피로

해설
인간의 안전심리 5요소: 동기, 기질, 감정, 습성, 습관

정답 ④

36 정지하고 있는 대상이 빠르게 발생 또는 소멸하는 것으로 인해 발생하는 운동으로 마치 사물이 운동하는 것으로 인식되는 현상은 무엇인가?

① 왕복운동   ② 자동운동   ③ 가현운동   ④ 점멸운동

정답 ③

37 에너지 대사율(Relative Metabolic Rate. RMR)의 산출식으로 옳은 것은?

① $\dfrac{\text{작업시의 소비에너지} - \text{안정시 소비에너지}}{\text{기초대사량}}$

② $\dfrac{\text{작업시의 소비에너지} - \text{안정시 소비에너지}}{\text{안정시 소비에너지}}$

③ $\dfrac{\text{작업시의 소비에너지} - \text{기초대사량}}{\text{안정시 소비에너지}}$

④ $\dfrac{\text{전체 소비에너지} - \text{작업시의 소비에너지}}{\text{기초대사량}}$

정답 ①

38 방어적 기제에 해당하는 것은?

① 퇴행 ② 고립
③ 백일몽 ④ 합리화

정답 ④

39 호손(Hawthome) 실험 결과 작업자의 작업능률에 영향을 미치는 주요 원인은 무엇인가?

① 행동규범의 설정 ② 생산기술
③ 인간관계 ④ 작업조건

정답 ③

40 산업안전보건법령상 근로자 안전보건교육 중 특별 교육 대상 작업에 해당하지 않는 것은?

① 굴착면의 높이가 1m 되는 지반 굴착작업
② 콘크리트 파쇄기를 사용하여 5m의 구축물을 파쇄하는 작업
③ 흙막이 지보공의 보강 또는 동바리를 설치하거나 해체하는 작업
④ 목재가공기계를 5대 보유한 사업장에서 해당 기계로 하는 작업

해설

굴착면의 높이가 2미터 이상이 되는 지반 굴착 작업이다.

정답 ①

3과목　인간공학 및 시스템안전공학

41 아래 그림과 같이 펌프 A(신뢰도가 95%), 밸브 B,C(신뢰도 90%)일 경우 시스템 실패 확률은?

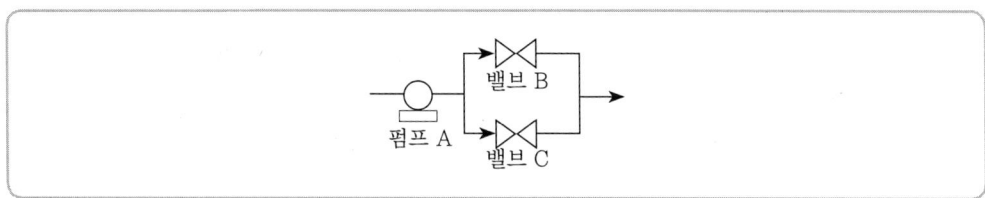

① 0.2109　　② 0.4897　　③ 0.5542　　④ 0.0595

해설

※ 시스템 실패확률 = 1−성공확률 =1−0.9405 = 0.0595
※ 시스템 성공확률 = A×[1−(1−B)(1−C)] = 0.95×[1−(1−0.9)(1−0.9)] = 0.9405

정답 ④

42 수행해야 할 작업 및 단계를 생략하여 발생하는 인간의 실수는?

① sequence error　　② timing error
③ omission error　　④ commission error

해설

직무 또는 수행단계를 수행하지 않아 발생하는 오류는 생략에러(omission error)이다.

정답 ③

43 국소진동으로 인해 근로자에게 발생할 수는 질환으로 손가락이 창백해지고 동통을 느끼는 질환은 무엇인가?

① C_5−dip 현상　　② 파킨슨 병
③ 규폐증　　　　　　④ 레이노병

해설

레이노병 : 프랑스 의사(레이노)가 보고한 것으로 손발 끝이 창백하고 뻣뻣해지며 통증이 생기는 질환

정답 ④

44 다음은 조도에 관한 기준이다. (   ) 안에 들어갈 알맞은 내용은?

> 1. 초정밀작업: (㉠) 이상
> 2. 정밀작업: 300럭스 이상
> 3. 보통작업: (㉡) 이상
> 4. 그 밖의 작업: 75럭스 이상

① ㉠ : 550, ㉡ : 100
② ㉠ : 550, ㉡ : 120
③ ㉠ : 750, ㉡ : 150
④ ㉠ : 750, ㉡ : 100

해설

산업안전보건기준에 관한 규칙[시행 2024. 12. 29.]
제8조(조도) 사업주는 근로자가 상시 작업하는 장소의 작업면 조도(照度)를 다음 각 호의 기준에 맞도록 하여야 한다. 다만, 갱내(坑內) 작업장과 감광재료(感光材料)를 취급하는 작업장은 그러하지 아니하다.
1. 초정밀작업: 750럭스(lux) 이상
2. 정밀작업: 300럭스 이상
3. 보통작업: 150럭스 이상
4. 그 밖의 작업: 75럭스 이상

정답 ③

45 양립성(compatibity)에 대한 설명 중 옳지 않은 것은?

① 양립성에는 개념 양립성, 운동양립성, 공간양립성 등으로 구분된다.
② 인간의 기대에 적합한 반응과 자극의 관계를 말한다.
③ 양립성의 효과가 클수록 반응의 시간은 많이 소요된다.
④ 양립성은 인간의 예상에 제어장치와 표시장치의 연관성 일치 정도를 의미한다.

해설

양립성 정도가 높을수록 반응시간이 짧아지고 오류가 적어진다.

정답 ③

46 인간-기계 시스템 설계에 관한 내용이다. 제3단계인 기본설계에 적절하지 않은 것은?

> 1단계 : 시스템의 목표와 성능 명세 결정
> 2단계 : 시스템의 정의
> 3단계 : 기본설계
> 4단계 : 인터페이스설계
> 5단계 : 보조물 설계
> 6단계 : 시험 및 평가

① 기능 할당
② 직무 분석
③ 작업 설계
④ 화면 설계

 해설

인간-기계 시스템 기본 설계 단계(제3단계)에는 작업 설계, 직무 분석, 기능 할당, 인간성능-요건명세 등이 있다.

정답 ④

47 욕조곡선에서 일정한 형태의 고장률이 나타나는 구간은 어느 구간인가?

① 우발고장 구간
② 피로고장 구간
③ 마모고장 구간
④ 초기고장률 구간

 해설

우발고장은 낮은 안전계수, 사용자 과오, 천재지변 등이 원인이 된다.

정답 ①

48 인체측정치의 최대집단치를 기준으로 설계하는 것은?

① 안내 데스크의 높이
② 출입문의 크기
③ 공구의 크기
④ 선반의 높이

정답 ②

49 다음 중 근골격계 부담작업에 해당하지 않는 것은?

① 1일 총 2시간 이상 시간당 5회 이상 손 또는 무릎을 사용하여 반복적으로 충격을 가하는 작업
② 1일 총 2시간 이상 쪼그리고 앉거나 무릎을 굽힌 자세에서 이루어지는 작업
③ 1일 총 2시간 이상 목, 어깨, 팔꿈치, 손목 또는 손을 사용하여 같은 동작을 반복하는 작업
④ 1일 10회 이상 25kg 이상의 물체를 드는 작업

해설

1일 총 2시간 이상 시간당 10회 이상 손 또는 무릎을 사용하여 반복적으로 충격을 가하는 작업

정답 ①

50 A 작업시 휴식 중 에너지소비량은 1.5kcal/min이고, 평균 에너지소비량은 6kcal/min, 기초대사를 포함한 작업에 대한 평균 에너지소비량 상한값은 5kcal/min이다. 총 작업시간(60분) 내에 포함되어야 하는 휴식시간(분)은 얼마인가?

① 12.33 ② 13.33 ③ 14.33 ④ 15.33

해설

$$휴식시간 = \frac{60(E-5)}{E-1.5} = \frac{60(6-5)}{(6-1.5)} = 13.33분$$

정답 ②

51 다음 중 인간공학에 대한 설명으로 옳지 않은 것은?

① 인간이 사용하는 물건 등 설계에 적용된다.
② 인간의 심리적 측면 등 특성을 고려한다.
③ 인간-기계 시스템의 안전성, 편리성을 높인다.
④ 인간을 기계에 맞추는 철학이 바탕으로 된다.

해설

기계를 인간의 특성과 능력에 조화되도록 맞추는 설계철학이 바탕된다.

정답 ④

52 다음 중 인간-기계 시스템의 연구 목적으로 가장 적합한 것은?

① 생산능률의 향상 및 안전의 극대화 ② 시스템 신뢰성의 극대화
③ 운전 시 피로의 평준화 ④ 정보 저장의 극대화

정답 ①

53 다음 중 동작경제의 원칙으로 옳지 않은 것은?

① 가능한 자연스런 리듬이 작업동작에 발생하도록 공구 등을 배치한다.
② 두 팔은 동시에 서로 반대방향으로 대칭적으로 움직이도록 한다.
③ 공구는 작업동작이 원활하게 수행되도록 그 위치를 설정한다.
④ 각 공구의 기능을 각각 분리하여 사용한다.

해설

공구의 기능은 서로 결합하여 사용하도록 한다.

정답 ④

54 라스무센(Rasmussen)의 행동 분류(3가지)에 해당하지 않는 것은?

① 숙련 기반 행동(skill-based behavior)
② 경험 기반 행동(experience-based behavior)
③ 지식 기반 행동(knowledge-based behavior)
④ 규칙 기반 행동(rule-based behavior)

정답 ②

55 다음 중 연구 기준 요건으로 적절하지 않은 것은?

① 적절성은 기준이 의도된 목적에 적합하다고 판단되는 정도를 의미한다.
② 무오염성은 측정하고자 하는 변수외에도 영향이 있는 것을 의미한다.
③ 민감도는 피실험자 사이에서 볼 수 있는 예상 차이점에 비례하는 단위로 측정해야 한다.
④ 신뢰성은 척도의 신뢰성을 의미하며 반복성을 말한다.

해설

무오염성은 측정하고자 하는 변수외에 영향이 없도록 하는 것을 의미한다.

정답 ②

56 A 공정이 복잡하여 작업자의 불안전한 행동이 발생하고 있다. 이를 해결하기 위한 위험처리 기술로 옳지 않은 것은?

① 작업순서의 변경 및 재배열(Rearrange)
② 위험보류(Retention)
③ 위험감축(Reduction)
④ 위험전가(Transfer)

해설

위험처리기술에는 위험회피(Avoidance), 위험감축(Reduction), 위험보류(Retention), 위험전가(Transfer)가 있다.

정답 ①

57 유해·위험방지계획서의 심사 결과에 따른 구분·판정에 해당으로 적절하지 않는 것은?

① 적정
② 조건부적정
③ 부적정
④ 일부적정

정답 ④

58 다음과 같은 실내 표면에서 일반적으로 추천반사율의 크기를 맞게 나열한 것은?

① 바닥 < 벽 < 가구 < 천장
② 벽 < 바닥 < 천장 < 가구
③ 바닥 < 가구 < 벽 < 천장
④ 벽 < 천장 < 바닥 < 가구

정답 ③

59 인간의 오류모형 중 의도는 올바르나 행동이 의도한 것과 다르게 나타나는 오류는 무엇인가?

① 위반(Violation)
② 착오(Mistake)
③ 건망증(Lapse)
④ 실수(Slip)

정답 ④

60 사업주가 유해위험방지계획서를 제출 시 해당 작업시작 며칠 전까지 제출하여야 하는가?
(단, 제조업)

① 10일
② 15일
③ 30일
④ 45일

정답 ②

4과목　건설시공학

61 네트워크 공정표에 사용되는 용어에 관한 설명으로 옳지 않은 것은?

① 크리티컬 패스(Critical path)는 개시 결합점에서 종료 결합점에 이르는 가장 긴 경로를 말한다.
② 더미(Dummy)는 결합점이 가지는 여유시간을 말한다.
③ 플로트(Float)는 작업의 여유시간을 말한다.
④ 패스(Path)는 네트워크 중에서 둘 이상의 작업이 이어지는 경로를 말한다.

해설

더미는 가상의 작업으로 작업량이나 시간이 없다.

정답 ②

62 다음은 말뚝세우기에 관한 내용이다. (　) 안에 들어갈 알맞은 답을 고르시오.

> 말뚝의 연직도나 경사도는 (㉠) 이내로 하고, 말뚝박기 후 평면상의 위치가 설계도면의 위치로부터 (㉡)와 100mm 중 큰 값 이상으로 벗어나지 않아야 한다.

① ㉠ : 1/50　㉡ : D/4
② ㉠ : 1/100　㉡ : D/3
③ ㉠ : 1/150　㉡ : D/2
④ ㉠ : 1/200　㉡ : D/2

정답 ①

63 베노토 파일의 특징에 관한 설명으로 옳지 않은 것은?

① 적용지반이 다양하며 해머글래브로 굴착한다.
② 굴착하는 전체에 케이싱을 박고 공사하므로 공벽붕괴가 적다.
③ 말뚝구멍의 굴착 후에는 철근콘크리트말뚝을 제자리치기한다.
④ 기계가 저가이고 굴착속도가 비교적 빠르다.

해설

대형기계로 고가이며, 케이싱 인발 시 철근피복파괴가 우려된다.

정답 ④

64 토공기계 중 흙의 운반, 정지 등의 기능이 있는 장비로 중거리 정지공사에 주로 사용되는 장비는?

① 드래그셔블 ② 캐리올 스크레이퍼
③ 불도저 ④ 파워셔블

정답 ②

65 알루미늄 거푸집에 관한 설명으로 옳지 않은 것은?

① 중량으로 설치기간이 많이 소요된다.
② 패널과 패널 간 연결부위 품질이 우수하다.
③ 이음매가 적어 견출작업이 감소된다.
④ 전용성이 높다.

정답 ①

66 슬라이딩폼에 관한 설명으로 옳지 않은 것은?

① 소요경비가 절감된다.
② 공기단축이 가능하다.
③ 연속적으로 콘크리트 타설이 가능하므로 일체성이 확보된다.
④ 일반적으로 단면의 변화가 많고 돌출물이 있는 건축물에 많이 적용성이 높다.

정답 ④

67 거푸집공사 시 보, 슬래브 등에서 정상적 위치나 형상으로부터 처짐을 고려해 상향으로 $l/300 \sim l/500$ 정도로 미리 들어올리는 것을 무엇이라 하는가?

① 폼타이 ② 캠버 ③ 동바리 ④ 턴버클

정답 ②

68 최저 가격으로 입찰한 자를 낙찰자로 선정하는 낙찰자 선정 방식은? (단, 예정가격범위 내)

① 최적격 낙찰제
② 제한적 최저가 낙찰제
③ 최저가 낙찰제
④ 적격 심사 낙찰제

정답 ③

69 철골공사 중 녹막이칠 작업을 하지 않아도 되는 부분으로 옳지 않은 것은?

① 콘크리트에 매입되는 부분
② 고력볼트 마찰 접합부의 마찰면
③ 현장용접을 하는 부위 및 그곳에 인접하는 양측 300mm 이내
④ 조립에 의해 맞닿는 면

해설

현장용접을 하는 부위 및 그곳에 인접하는 양측 100mm 이내는 녹막이칠을 하지 않는다.

정답 ③

70 수직 · 수평으로 반복적으로 구조물을 구축하기 위하여 요크(yoke), 로드(rod), 유압잭(jack) 등을 이용해 거푸집을 연속적으로 이동시켜 콘크리트를 타설하는 거푸집은 무엇인가?

① 트레블링 폼
② 슬라이딩 폼
③ 터널폼
④ 갱폼

정답 ②

71 가치공학(Value Engineering)으로 정의되는 공식으로 옳은 것은?

① 기능/비용
② 비용/기능
③ 품질/비용
④ 비용/품질

정답 ①

72 건설공사의 시공계획 수립 시 작성할 필요가 없는 것은?

① 현치도
② 공정표 작성
③ 실행예산의 편성
④ 재료선정 및 결정

정답 ①

73 콘크리트의 압축강도를 시험하지 않을 경우 거푸집널의 해체시기로 옳은 것은? (단, 콘크리트 시방서 기준, 평균기온이 20°C 이상, 조강포틀랜드 시멘트 사용)

① 1일
② 2일
③ 3일
④ 4일

시멘트의 종류 평균기온	조강포틀랜드 시멘트	보통포틀랜드 시멘트 고로 슬래그 시멘트(1종) 포틀랜드포졸란시멘트(1종) 플라이 애시 시멘트(1종)	고로 슬래그 시멘트(2종) 포틀랜드포졸란시멘트(2종) 플라이 애시 시멘트(2종)
20°C 이상	2일	4일	5일
20°C 미만 10°C 이상	3일	6일	8일

정답 ②

74 건축시공의 현대화 방안에서 말하는 3S system과 가장 적절하지 않은 것은?

① 표준화 ② 전문화
③ 단순화 ④ 기계화

정답 ④

75 철골접합 시 발생 가능한 용접불량으로 적절하지 않은 것은?

① 피트(pit) ② 언더컷(under cut)
③ 오버랩(over lap) ④ 스캘럽(scallop)

정답 ④

76 철근의 피복두께를 유지하는 목적이 아닌 것은?

① 구조물의 강도 증진 ② 구조물의 내화성 유지
③ 구조물의 소요 구조 내력 확보 ④ 구조물의 내구성 유지

정답 ①

77 보 및 바닥판의 거푸집 조립 시 스팬의 캠버(camber) 값으로 적합한 것은?

① $l/100 \sim l/300$ ② $l/150 \sim l/250$
③ $l/200 \sim l/350$ ④ $l/300 \sim l/500$

정답 ④

78 철골작업용 장비 중 절단용 장비로 옳은 것은?

① 플레이트 스트레이닝 롤(plate straining roll)
② 프릭션 프레스(frixtion press)
③ 핵 소우(hack saw)
④ 파워 프레스(power press)

해설

핵 소우(hack saw,쇠톱)는 금속을 자를 때 사용하는 공구로 손작업용 쇠톱이다.

정답 ③

79 바닥용 거푸집 구조계산 시 고려해야 할 연직하중으로 옳지 않은 것은?

① 작업자 등의 작업하중
② 콘크리트 타설 시 충격하중
③ 굳지 않은 콘크리트, 철근 등 고정하중
④ 굳지 않은 콘크리트의 측압

정답 ④

80 강제널말뚝(steel sheet pile) 공법에 관한 설명으로 옳지 않은 것은?

① 시공이 빠르고 간단하다.
② 공사비용이 상대적으로 적으며 연약지반에도 적용이 가능하다.
③ 외부로부터의 충격에 강하다.
④ 강제 널말뚝 관입 및 철거 시 주변 지반침하가 발생하기 쉽다.

해설

강제널말뚝은 외부로부터의 충격에 약하다.

정답 ③

5과목 건설재료학

81 백화의 방지대책으로 옳지 않은 것은?

① 소성이 잘된 벽돌을 사용한다.
② 줄눈에 방수처리를 한다.
③ 조립률이 작은 모래와 분말도가 작은 시멘트를 사용한다.
④ 차양 및 루버 등 비막이를 실시한다.

해설

조립률이 큰 모래와 분말도가 큰 시멘트를 사용한다.

정답 ③

82 경질우레탄폼 단열재에 관한 설명으로 옳지 않은 것은?

① 경질우레탄폼은 고분자 단열재의 일종이다.
② 시간의 경과에 따라 부피가 변한다.
③ 공사현장에서 발포시공이 가능하다.
④ 초저온 장치용 보냉재로 사용한다.

해설

시간이 경과해도 부피에 변화가 없다.

정답 ②

83 골재의 함수상태에 관한 설명으로 옳지 않은 것은?

① 표면수량이란 함수량과 흡수량의 차를 말한다.
② 흡수량이란 표면건조 내부포수상태의 골재중에 포함하는 수량을 말한다.
③ 함수량이란 습윤상태의 골재의 내외에 함유하는 전체수량을 말한다.
④ 유효흡수량이란 절건상태와 기건상태의 골재내에 함유된 수량의 차를 말한다.

해설

유효흡수량은 표면건조 내부포수상태와 기건상태의 차를 말한다.

정답 ④

84 보일드유를 유성페인트에 녹여 철재에 사용하는 녹막이칠 도료는?

① 광명단　　　　　　　　② 알루미늄페인트
③ 실리콘페인트　　　　　④ 에나멜페인트

정답 ①

85 아연에 대한 설명으로 옳지 않은 것은?

① 연성 및 내식성이 불량하다.
② 공기 중에서 거의 산화되지 않는다.
③ 이산화탄소 및 습기가 있을 때 표면에 탄산염이 발생한다.
④ 철강의 방식용 피복재로 사용한다.

해설
연성 및 내식성이 양호하다.

정답 ①

86 AE콘크리트에 관한 설명으로 옳지 않은 것은?

① 단위수량이 많다.
② 내구성이 향상된다.
③ 재료분리가 감소된다.
④ 블리딩이 감소한다.

해설
단위수량이 적다.

정답 ①

87 단조 가공에 관한 설명으로 옳지 않은 것은?

① 금속재료를 소성유동하기 쉬운 상태에서 압축력 또는 충격력을 가하여 단련한다.
② 일반적으로 결정입자를 미세화한다.
③ 강 조직을 균등하게 하여 강도나 인성을 양호하게 한다.
④ 압연은 비구조용 강재 가공에 주로 사용된다.

해설
압연은 구조용 강재 가공에 주로 사용된다.

정답 ④

88 절대건조밀도가 3g/cm³이고, 단위용적질량이 4,000kg/m³인 굵은 골재의 공극률은?

① 31.35%   ② 33.33%
③ 34.47%   ④ 35.27%

해설
$$공극률 = (1 - \frac{단위용적중량}{비중}) \times 100(\%) = (1 - \frac{4}{3}) \times 100 = 33.33$$

정답 ②

89 석고보드에 관한 설명으로 옳지 않은 것은?

① 열전도율이 낮다.
② 차음성이 좋다.
③ 시공이 용이하고 자재가 경량이다.
④ 습기가 많은 욕실, 주방 하단부 벽체로 사용이 부적합하다.

 해설

습기가 많은 욕실, 주방 하단부 벽체 사용으로 적합하다.

정답 ④

90 내장 및 외장타일, 위생도기 등으로 사용되는 것으로 흡수율이 1% 이하, 소성온도가 1,230~1,460℃인 점토 제품은?

① 토기 ② 도기
③ 석기 ④ 자기

정답 ④

91 2종 점토벽돌의 압축강도 기준으로 옳은 것은?

① 9.98 MPa 이상 ② 24.50 MPa 이상
③ 20.59 MPa 이상 ④ 10.78 MPa 이상

 해설

1종 점토벽돌: 24.50 MPa 이상, 2종 점토벽돌: 20.59 MPa 이상, 3종 점토벽돌: 10.78 MPa 이상

정답 ③

92 중량 10kg인 목재를 건조시켜 전건중량이 8kg이 되었다. 건조 전 목재의 함수율은 얼마인가?

① 20% ② 25%
③ 30% ④ 35%

해설

$$함수율 = \left(\frac{중량 - 전건중량}{전건중량}\right) \times 100 = \frac{10-8}{8} \times 100 = 25\%$$

정답 ②

93 단열재에 습기나 물기가 침투하면 어떤 현상이 발생하는가?

① 열전도율이 높아져 단열성능이 좋아진다.
② 열전도율이 낮아져 단열성능이 나빠진다.
③ 열전도율이 낮아져 단열성능이 좋아진다.
④ 열전도율이 높아져 단열성능이 나빠진다.

정답 ④

94 합판에 대한 설명으로 옳지 않은 것은?

① 균일한 강도의 재료를 얻을 수 있다.
② 판재에 비해 균질하다.
③ 함수율 변화에 따라 신축변형이 적다.
④ 단판을 섬유방향이 서로 평행하도록 붙인다.

해설

합판은 단판을 섬유방향과 직교로 붙인다.

정답 ④

95 무수석고를 화학처리한 것으로 경화 후 매우 단단하며, 강도가 크고 경화가 빠르며 산성으로 철류를 녹슬게 하는 미장재료는 무엇인가?

① 회반죽 바름
② 소석고 플라스터
③ 돌로마이트 플라스터
④ 경석고 플라스터

정답 ④

96 박강판에 일정한 간격으로 자른 다음 이것을 옆으로 늘어뜨려 그물코 모양으로 만든 철망을 무엇이라 하는가?

① 와이어메시(wire mesh)
② 메탈라스(metal lath)
③ 코너비드(comer bead)
④ 인서트(insert)

정답 ②

97 보통콘크리트에 비해 깬자갈을 사용한 콘크리트가 유리한 점은?

① 수밀성 증가
② 단위수량 감소
③ 부착력 증가
④ 내구성 증가

정답 ③

98 돌로마이트 플라스터에 대한 설명으로 옳지 않은 것은?

① 경화가 빠르다.
② 수축성이 크고 균열발생이 쉽다.
③ 시공이 용이하고 가격이 저렴하다.
④ 알칼리성이면서 기경성이다.

 해설

돌로마이트 플라스터는 경화가 느리다.

정답 ①

99 강재의 특징으로 옳지 않은 것은?

① 열전도율이 크다.
② 소성변형을 하고 전연성이 크다.
③ 비중이 크고 녹이 슬기 쉽다.
④ 가공 시 가공비가 저렴하다.

 해설

강재는 가공 시 가공비가 많이 든다.

정답 ④

100 콘크리트의 워커빌리티에 관한 설명으로 옳지 않은 것은?

① 과도한 비빔시간은 시멘트의 수화를 촉진하여 워커빌리티가 나빠진다.
② 빈배합은 워커빌리티가 좋아진다.
③ AE제를 혼입하면 워커빌리티가 좋아진다.
④ 쇄석을 사용하면 워커빌리티는 증가한다.

 해설

쇄석을 사용하면 워커빌리티가 저하된다.

정답 ④

6과목 건설안전기술

101 중량물 인력운반 시 안전기준으로 틀린 것은?

① 1인당 무게는 25kg이 적절하다.
② 철근 운반 시 2인 이상 1조가 되어 어깨매기로 운반한다.
③ 한 사람이 긴 철근을 운반 시 앞쪽을 낮게 하고 뒤쪽을 높게 한다.
④ 철근 운반 시 양끝을 묶어서 운반한다.

 해설

한 사람이 긴 철근을 운반 시 앞쪽을 높게 하고 뒤쪽을 끌면서 운반한다.

정답 ③

102 지반의 종류에 따라 굴착면의 기울기 기준으로 옳은 것은?

① 모래 - 1 : 1.8
② 연암 및 풍화암 - 1 : 0.7
③ 경암 - 1 : 0.6
④ 그 밖의 흙 - 1 : 1.5

 해설

산업안전보건기준에 관한 규칙 [별표 11] 〈개정 2023. 11. 14.〉
굴착면의 기울기 기준(제339조 제1항 관련)

지반의 종류	굴착면의 기울기
모래	1 : 1.8
연암 및 풍화암	1 : 1.0
경암	1 : 0.5
그 밖의 흙	1 : 1.2

비고
1. 굴착면의 기울기는 굴착면의 높이에 대한 수평거리의 비율을 말한다.
2. 굴착면의 경사가 달라서 기울기를 계산하기가 곤란한 경우에는 해당 굴착면에 대하여 지반의 종류별 굴착면의 기울기에 따라 붕괴의 위험이 증가하지 않도록 위 표의 지반의 종류별 굴착면의 기울기에 맞게 해당 각 부분의 경사를 유지해야 한다.

정답 ①

103 다음 중 해체작업용 기계·기구로 가장 적합하지 않은 것은?

① 압쇄기
② 대형 브레이커
③ 철제햄머
④ 탬덤롤러

정답 ④

104 타워크레인을 와이어로프로 지지하는 경우, 빈칸에 들어갈 내용으로 알맞은 것은?

> 와이어로프 설치각도는 수평면에서 ( )도 이내로 하되, 지지점은 ( )개소 이상으로 하고, 같은 각도 로 설치할 것

① 30, 4
② 45, 4
③ 60, 4
④ 90, 4

해설

산업안전보건기준에 관한 규칙[시행 2024. 12. 29.]
제142조(타워크레인의 지지) ③ 사업주는 타워크레인을 와이어로프로 지지하는 경우 다음 각 호의 사항을 준수해야 한다.
1. 제2항 제1호 또는 제2호의 조치를 취할 것
2. 와이어로프를 고정하기 위한 전용 지지프레임을 사용할 것
3. 와이어로프 설치각도는 수평면에서 60도 이내로 하되, 지지점은 4개소 이상으로 하고, 같은 각도로 설치할 것
4. 와이어로프와 그 고정부위는 충분한 강도와 장력을 갖도록 설치하고, 와이어로프를 클립·샤클(shackle, 연결고리) 등의 고정기구를 사용하여 견고하게 고정시켜 풀리지 않도록 하며, 사용 중에는 충분한 강도와 장력을 유지하도록 할 것. 이 경우 클립·샤클 등의 고정기구는 한국산업표준 제품이거나 한국산업표준이 없는 제품의 경우에는 이에 준하는 규격을 갖춘 제품이어야 한다.
5. 와이어로프가 가공전선(架空電線)에 근접하지 않도록 할 것

정답 ③

105 콘크리트 타설작업을 하는 경우에 준수해야 할 사항으로 옳지 않은 것은?

① 당일의 작업을 시작하기 전에 해당 작업에 관한 거푸집동바리 등의 변형·변위 및 지반의 침하 유무 등을 점검하고 이상이 있으면 보수할 것
② 작업 중에는 감시자를 배치하는 등의 방법으로 거푸집 및 동바리의 변형·변위 및 침하 유무 등을 확인해야 하며, 이상이 있으면 작업을 중지하고 근로자를 대피시킬 것
③ 콘크리트 타설작업 시 거푸집 붕괴의 위험이 발생할 우려가 있으면 충분한 보강 조치를 할 것
④ 콘크리트를 타설하는 경우에는 집중하여 타설할 것

해설

산업안전보건기준에 관한 규칙[시행 2024. 12. 29.]
제334조(콘크리트의 타설작업) 사업주는 콘크리트 타설작업을 하는 경우에는 다음 각 호의 사항을 준수해야 한다.
1. 당일의 작업을 시작하기 전에 해당 작업에 관한 거푸집 및 동바리의 변형·변위 및 지반의 침하 유무 등을 점검하고 이상이 있으면 보수할 것
2. 작업 중에는 감시자를 배치하는 등의 방법으로 거푸집 및 동바리의 변형·변위 및 침하 유무 등을 확인해야 하며, 이상이 있으면 작업을 중지하고 근로자를 대피시킬 것
3. 콘크리트 타설작업 시 거푸집 붕괴의 위험이 발생할 우려가 있으면 충분한 보강조치를 할 것
4. 설계도서상의 콘크리트 양생기간을 준수하여 거푸집 및 동바리를 해체할 것
5. 콘크리트를 타설하는 경우에는 편심이 발생하지 않도록 골고루 분산하여 타설할 것

정답 ④

106 사업주는 차량계 하역운반기계, 차량계 건설기계를 사용하는 작업을 하는 경우 미리 작업장소의 지형 및 지반상태 등에 적합한 제한속도를 정해야 한다. 이에 해당하지 않는 차량계 건설기계의 속도 기준은?

① 최대제한속도가 10km/h 이하
② 최대제한속도가 15km/h 이하
③ 최대제한속도가 20km/h 이하
④ 최대제한속도가 25km/h 이하

해설

산업안전보건기준에 관한 규칙[시행 2024. 12. 29.]
제98조(제한속도의 지정 등) ① 사업주는 차량계 하역운반기계, 차량계 건설기계(최대제한속도가 시속 10킬로미터 이하인 것은 제외한다)를 사용하여 작업을 하는 경우 미리 작업장소의 지형 및 지반 상태 등에 적합한 제한속도를 정하고, 운전자로 하여금 준수하도록 하여야 한다.

정답 ①

107 동바리 조립 시 안전조치로 옳지 않은 것은?

① 받침목이나 깔판의 사용, 콘크리트 타설, 말뚝박기 등 동바리의 침하를 방지하기 위한 조치를 할 것
② 동바리의 상하 고정 및 미끄러짐 방지 조치를 할 것
③ 상부·하부의 동바리가 동일 수직선상에 위치하도록 하여 깔판·받침목에 고정시킬 것
④ 거푸집의 형상에 따라 깔판이나 받침목은 2단 이상 끼워 사용하도록 할 것

해설

거푸집의 형상에 따른 부득이한 경우를 제외하고는 깔판이나 받침목은 2단 이상 끼우지 않도록 할 것

정답 ④

108 건설공사 유해위험방지계획서를 제출해야 할 대상으로 옳지 않은 것은?

① 깊이 10m인 굴착공사
② 터널의 건설 등 공사
③ 최대 지간길이가 30m인 교량건설 공사
④ 연면적 5,000m²인 종교시설 공사

해설

산업안전보건법 시행령 제42조(유해위험방지계획서 제출 대상) ③ 법 제42조 제1항 제3호에서 "대통령령으로 정하는 크기 높이 등에 해당하는 건설공사"란 다음 각 호의 어느 하나에 해당하는 공사를 말한다.
1. 다음 각 목의 어느 하나에 해당하는 건축물 또는 시설 등의 건설·개조 또는 해체(이하 "건설등"이라 한다) 공사
   가. 지상높이가 31미터 이상인 건축물 또는 인공구조물
   나. 연면적 3만제곱미터 이상인 건축물
   다. 연면적 5천제곱미터 이상인 시설로서 다음의 어느 하나에 해당하는 시설
   1) 문화 및 집회시설(전시장 및 동물원·식물원은 제외한다)
   2) 판매시설, 운수시설(고속철도의 역사 및 집배송시설은 제외한다)
   3) 종교시설
   4) 의료시설 중 종합병원
   5) 숙박시설 중 관광숙박시설
   6) 지하도상가
   7) 냉동·냉장 창고시설
2. 연면적 5천제곱미터 이상인 냉동·냉장 창고시설의 설비공사 및 단열공사
3. 최대 지간(支間)길이(다리의 기둥과 기둥의 중심사이의 거리)가 50미터 이상인 다리의 건설등 공사
4. 터널의 건설등 공사
5. 다목적댐, 발전용댐, 저수용량 2천만톤 이상의 용수 전용 댐 및 지방상수도 전용 댐의 건설등 공사
6. 깊이 10미터 이상인 굴착공사

정답 ③

109 달비계를 사용하는 와이어로프의 사용금지 기준으로 옳지 않은 것은?

① 이음매가 있는 것
② 지름의 감소가 공칭지름의 7퍼센트를 초과하는 것
③ 심하게 변형되거나 부식된 것
④ 와이어로프의 한 꼬임에서 끊어진 소선의 수가 5퍼센트 이상

해설

산업안전보건기준에 관한 규칙[시행 2024. 12. 29.]
제63조(달비계의 구조) ① 사업주는 곤돌라형 달비계를 설치하는 경우에는 다음 각 호의 사항을 준수해야 한다.
1. 다음 각 목의 어느 하나에 해당하는 와이어로프를 달비계에 사용해서는 아니 된다.
   가. 이음매가 있는 것

나. 와이어로프의 한 꼬임[[스트랜드(strand)를 말한다. 이하 같다]]에서 끊어진 소선(素線)[필러(pillar)선은 제외한다]의 수가 10퍼센트 이상(비자전로프의 경우에는 끊어진 소선의 수가 와이어로프 호칭지름의 6배 길이 이내에서 4개 이상이거나 호칭지름 30배 길이 이내에서 8개 이상)인 것
다. 지름의 감소가 공칭지름의 7퍼센트를 초과하는 것
라. 꼬인 것
마. 심하게 변형되거나 부식된 것
바. 열과 전기충격에 의해 손상된 것

정답 ④

110 강관비계 조립 시 벽이음을 실시하는 이유로 가장 적절한 것은?

① 근로자의 추락재해 방지 ② 인장파괴를 방지
③ 좌굴 방지 ④ 해체 용이

해설

산업안전보건기준에 관한 규칙[시행 2024. 12. 29.]
제59조(강관비계 조립 시의 준수사항) 사업주는 강관비계를 조립하는 경우에 다음 각 호의 사항을 준수해야 한다.〈개정 2023. 11. 14.〉
1. 비계기둥에는 미끄러지거나 침하하는 것을 방지하기 위하여 밑받침철물을 사용하거나 깔판·받침목 등을 사용하여 밑둥잡이를 설치하는 등의 조치를 할 것
2. 강관의 접속부 또는 교차부(交叉部)는 적합한 부속철물을 사용하여 접속하거나 단단히 묶을 것
3. 교차 가새로 보강할 것
4. 외줄비계·쌍줄비계 또는 돌출비계에 대해서는 다음 각 목에서 정하는 바에 따라 벽이음 및 버팀을 설치할 것. 다만, 창틀의 부착 또는 벽면의 완성 등의 작업을 위하여 벽이음 또는 버팀을 제거하는 경우, 그 밖에 작업의 필요상 부득이한 경우로서 해당 벽이음 또는 버팀 대신 비계기둥 또는 띠장에 사재(斜材)를 설치하는 등 비계가 넘어지는 것을 방지하기 위한 조치를 한 경우에는 그러하지 아니하다.
   가. 강관비계의 조립 간격은 별표 5의 기준에 적합하도록 할 것
   나. 강관·통나무 등의 재료를 사용하여 견고한 것으로 할 것
   다. 인장재(引張材)와 압축재로 구성된 경우에는 인장재와 압축재의 간격을 1미터 이내로 할 것
5. 가공전로(架空電路)에 근접하여 비계를 설치하는 경우에는 가공전로를 이설(移設)하거나 가공전로에 절연용 방호구를 장착하는 등 가공전로와의 접촉을 방지하기 위한 조치를 할 것

산업안전보건기준에 관한 규칙 [별표 5]
강관비계의 조립간격(제59조 제4호 관련)

강관비계의 종류	조립간격(단위: m)	
	수직방향	수평방향
단관비계	5	5
틀비계(높이가 5m 미만인 것은 제외한다)	6	8

정답 ③

111 건설업 산업안전보건관리비 계상 및 사용 기준에 따른 근로자 건강장해 예방비 항목에 해당하지 않는 것은?

① 감리원 또는 외부 방문자에게 지급하는 개인보호구
② 중대재해 목격으로 발생한 정신질환을 치료하기 위해 소요되는 비용
③ 「감염병의 예방 및 관리에 관한 법률」 제2조 제1호에 따른 감염병의 확산 방지를 위한 마스크, 손소독제, 체온계 구입비용 및 감염병병원체 검사를 위해 소요되는 비용
④ 건설공사 현장에서 근로자 심폐소생을 위해 사용되는 자동심장충격기(AED) 구입에 소요되는 비용

해설

건설업 산업안전보건관리비 계상 및 사용기준[시행 2025.1.1.]
가. 법·영·규칙에서 규정하거나 그에 준하여 필요로 하는 각종 근로자의 건강장해 예방에 필요한 비용
나. 중대재해 목격으로 발생한 정신질환을 치료하기 위해 소요되는 비용
다. 「감염병의 예방 및 관리에 관한 법률」 제2조제1호에 따른 감염병의 확산 방지를 위한 마스크, 손소독제, 체온계 구입비용 및 감염병병원체 검사를 위해 소요되는 비용
라. 법 제128조의2 등에 따른 휴게시설을 갖춘 경우 온도, 조명 설치·관리기준을 준수하기 위해 소요되는 비용
마. 건설공사 현장에서 근로자 심폐소생을 위해 사용되는 자동심장충격기(AED) 구입에 소요되는 비용

정답 ①

112 가설통로의 구조로 옳지 않은 것은?

① 견고한 구조로 할 것
② 경사가 30도를 초과하는 경우에는 미끄러지지 아니하는 구조로 할 것
③ 수직갱에 가설된 통로의 길이가 15미터 이상인 경우에는 10미터 이내마다 계단참을 설치할 것
④ 건설공사에 사용하는 높이 8미터 이상인 비계다리에는 7미터 이내마다 계단참을 설치할 것

해설

산업안전보건기준에 관한 규칙[시행 2024. 12. 29.]
제23조(가설통로의 구조) 사업주는 가설통로를 설치하는 경우 다음 각 호의 사항을 준수하여야 한다.
1. 견고한 구조로 할 것
2. 경사는 30도 이하로 할 것. 다만, 계단을 설치하거나 높이 2미터 미만의 가설통로로서 튼튼한 손잡이를 설치한 경우에는 그러하지 아니하다.
3. 경사가 15도를 초과하는 경우에는 미끄러지지 아니하는 구조로 할 것
4. 추락할 위험이 있는 장소에는 안전난간을 설치할 것. 다만, 작업상 부득이한 경우에는 필요한 부분만 임시로 해체할 수 있다.
5. 수직갱에 가설된 통로의 길이가 15미터 이상인 경우에는 10미터 이내마다 계단참을 설치할 것
6. 건설공사에 사용하는 높이 8미터 이상인 비계다리에는 7미터 이내마다 계단참을 설치할 것

정답 ②

113 와이어로프가 훅으로부터 빠지는 것을 방지하는 장치는?

① 턴버클 ② 권과방지장치
③ 과부하방지장치 ④ 해지장치

정답 ④

114 근로자가 상시 작업하는 장소의 작업면 조도기준으로 적합하지 않는 것은?

① 초정밀작업: 750럭스(lux) 이상
② 정밀작업: 300럭스 이상
③ 보통작업: 200럭스 이상
④ 그 밖의 작업: 75럭스 이상

 해설

산업안전보건기준에 관한 규칙[시행 2024. 12. 29.]
제8조(조도) 사업주는 근로자가 상시 작업하는 장소의 작업면 조도(照度)를 다음 각 호의 기준에 맞도록 하여야 한다. 다만, 갱내(坑內) 작업장과 감광재료(感光材料)를 취급하는 작업장은 그러하지 아니하다.
1. 초정밀작업: 750럭스(lux) 이상
2. 정밀작업: 300럭스 이상
3. 보통작업: 150럭스 이상
4. 그 밖의 작업: 75럭스 이상

정답 ③

115 산업안전보건관리비계상기준에 따른 사항으로 5억원 미만 건축공사의 안전관리비 비율로 옳은 것은?

① 3.11% ② 3.15%
③ 3.64 ④ 2.07%

 해설

【별표 1】공사종류 및 규모별 산업안전보건관리비 계상기준표 (2025.01.01. 시행)

구 분 공사종류	대상액 5억원 미만인 경우 적용 비율(%)	대상액 5억원 이상 50억원 미만인 경우 적용 비율(%)	대상액 5억원 이상 50억원 미만인 경우 기초액	대상액 50억원 이상인 경우 적용 비율(%)	영 별표5에 따른 보건관리자 선임 대상 건설공사의 적용비율(%)
건 축 공 사	3.11%	2.28%	4,325,000원	2.37%	2.64%
토 목 공 사	3.15%	2.53%	3,300,000원	2.60%	2.73%
중 건 설 공 사	3.64%	3.05%	2,975,000원	3.11%	3.39%
특 수 건 설 공 사	2.07%	1.59%	2,450,000원	1.64%	1.78%

정답 ①

116 흙막이 하자유형 중 보일링(Boiling) 현상에 관한 설명으로 옳지 않은 것은?

① 지하수가 모래와 솟아오르는 현상을 말한다.
② 유효응력이 감소하여 전단강도가 상실된다.
③ 흙막이벽의 근입장 깊이가 부족할 경우 발생한다.
④ 연약한 점토지반에서 주로 발생한다.

해설

투수성이 좋은 사질지난의 흙막이 지면에서 지하수위차로 인해 발생한다.

정답 ④

117 단관비계 조립 시 수직 방향 벽이음 간격으로 옳은 것은?

① 3m   ② 5m   ③ 7m   ④ 9m

해설

■ 산업안전보건기준에 관한 규칙 [별표 5]
강관비계의 조립간격(제59조 제4호 관련)

강관비계의 종류	조립간격(단위: m)	
	수직방향	수평방향
단관비계	5	5
틀비계(높이가 5m 미만인 것은 제외한다)	6	8

정답 ②

118 부두 또는 안벽의 선을 따라 통로를 설치하는 경우 최소폭은 얼마인가?

① 30cm   ② 60cm   ③ 90cm   ④ 120cm

해설

산업안전보건기준에 관한 규칙[시행 2024. 12. 29.]
제390조(하역작업장의 조치기준) 사업주는 부두·안벽 등 하역작업을 하는 장소에 다음 각 호의 조치를 하여야 한다.
1. 작업장 및 통로의 위험한 부분에는 안전하게 작업할 수 있는 조명을 유지할 것
2. 부두 또는 안벽의 선을 따라 통로를 설치하는 경우에는 폭을 90센티미터 이상으로 할 것
3. 육상에서의 통로 및 작업장소로서 다리 또는 선거(船渠) 갑문(閘門)을 넘는 보도(步道) 등의 위험한 부분에는 안전난간 또는 울타리 등을 설치할 것

정답 ③

119 그물코의 크기가 10cm인 매듭없는 방망사의 신품 인장강도는 얼마인가?

① 60kg 이상
② 120kg 이상
③ 180kg 이상
④ 240kg 이상

해설

그물코의 크기(cm)	방망의 종류(kg) ( ) : 방망사의 폐기 시 인장강도	
	매듭 없는 방망	매듭 방망
10	240(150)	200(135)
5	−	110(60)

정답 ④

120 흙막이 지보공을 설치하였을 때 정기적으로 점검하여야 할 사항으로 적절하지 않은 것은?

① 부재의 손상·변형·부식·변위 및 탈락의 유무와 상태
② 버팀대의 긴압(緊壓)의 정도
③ 부재의 접속부·부착부 및 교차부의 상태
④ 작업장소 및 그 주전의 부석 및 균열 유무

해설

산업안전보건기준에 관한 규칙[시행 2024. 12. 29.]
제347조(붕괴 등의 위험 방지) ① 사업주는 흙막이 지보공을 설치하였을 때에는 정기적으로 다음 각 호의 사항을 점검하고 이상을 발견하면 즉시 보수하여야 한다.
1. 부재의 손상·변형·부식·변위 및 탈락의 유무와 상태
2. 버팀대의 긴압(緊壓)의 정도
3. 부재의 접속부·부착부 및 교차부의 상태
4. 침하의 정도
② 사업주는 제1항의 점검 외에 설계도서에 따른 계측을 하고 계측 분석 결과 토압의 증가 등 이상한 점을 발견한 경우에는 즉시 보강조치를 하여야 한다.

정답 ④

PART 07 2024년 2회 기출
2024.05.09.시행

※ 24년 기출문제는 시험 후기를 바탕으로 복원한 것으로 실제 출제 문제와 상이할 수 있습니다.

1과목 　산업안전관리론

01 산업안전보건법상 지방고용노동관서의 장은 사업주에게 안전관리자를 정수 이상으로 증원하게 하거나 교체하여 임명할 것을 명령할 수 있다. 이 사유에 해당하지 않는 것은?

① 해당 사업장의 연간재해율이 같은 업종의 평균재해율의 1.5배 이상인 경우
② 중대재해가 연간 2건 이상 발생한 경우
③ 관리자가 질병이나 그 밖의 사유로 3개월 이상 직무를 수행할 수 없게 된 경우
④ 화학적 인자로 인한 직업성 질병자가 연간 3명 이상 발생한 경우

해설

산업안전보건법 시행규칙[시행 2025. 1. 1.]
제12조(안전관리자 등의 증원·교체임명 명령)
① 지방고용노동관서의 장은 다음 각 호의 어느 하나에 해당하는 사유가 발생한 경우에는 법 제17조 제4항·제18조 제4항 또는 제19조 제3항에 따라 사업주에게 안전관리자·보건관리자 또는 안전보건관리담당자(이하 이 조에서 "관리자")를 정수 이상으로 증원하게 하거나 교체하여 임명할 것을 명할 수 있다. 다만, 제4호에 해당하는 경우로서 직업성 질병자 발생 당시 사업장에서 해당 화학적 인자(因子)를 사용하지 않은 경우에는 그렇지 않다.
1. 해당 사업장의 연간재해율이 같은 업종의 평균재해율의 2배 이상인 경우
2. 중대재해가 연간 2건 이상 발생한 경우. 다만, 해당 사업장의 전년도 사망만인율이 같은 업종의 평균 사망만인율 이하인 경우는 제외한다.
3. 관리자가 질병이나 그 밖의 사유로 3개월 이상 직무를 수행할 수 없게 된 경우
4. 별표 22 제1호에 따른 화학적 인자로 인한 직업성 질병자가 연간 3명 이상 발생한 경우. 이 경우 직업성 질병자의 발생일은 「산업재해보상보험법 시행규칙」 제21조 제1항에 따른 요양급여의 결정일로 한다.
② 제1항에 따라 관리자를 정수 이상으로 증원하게 하거나 교체하여 임명할 것을 명하는 경우에는 미리 사업주 및 해당 관리자의 의견을 듣거나 소명자료를 제출받아야 한다. 다만, 정당한 사유 없이 의견진술 또는 소명자료의 제출을 게을리한 경우에는 그렇지 않다.
③ 제1항에 따른 관리자의 정수 이상 증원 및 교체임명 명령은 별지 제4호 서식에 따른다.

정답 ①

02 A 건설현장의 도수율이 18.9일 경우, 연천인율은 얼마인가?

① 25.94 ② 35.98 ③ 40.25 ④ 45.36

해설

연천인율(1년간 평균 근로자수에 대해 1,000명당 발생하는 재해건수)
연천인율 = 사상자수/연평균 근로자수 ×1000
연천인율 = 2.4 × 도수율 = 2.4 × 18.9 = 45.36

정답 ④

03 ABE형 안전모에 대한 설명으로 적절한 것은?

① 물체의 낙하 또는 비래에 의한 위험을 방지 또는 경감하기 위한 것
② 물체의 낙하 또는 비래 및 추락에 의한 위험을 방지 또는 경감시키기 위한 것
③ 물체의 낙하 또는 비래에 의한 위험을 방지 또는 경감하고, 머리부위 감전에 의한 위험을 방지하기 위한 것
④ 물체의 낙하 또는 비래 및 추락에 의한 위험을 방지 또는 경감하고, 머리부위 감전에 의한 위험을 방지하기 위한 것

해설

보호구 안전인증 고시[시행 2023. 12. 18.]

〈표 1〉 안전모의 종류

종류 (기호)	사 용 구 분	비 고
AB	물체의 낙하 또는 비래 및 추락에 의한 위험을 방지 또는 경감시키기 위한 것	
AE	물체의 낙하 또는 비래에 의한 위험을 방지 또는 경감하고, 머리부위 감전에 의한 위험을 방지하기 위한 것	내전압성 (주1)
ABE	물체의 낙하 또는 비래 및 추락에 의한 위험을 방지 또는 경감하고, 머리부위 감전에 의한 위험을 방지하기 위한 것	내전압성

(주1) 내전압성이란 7,000V 이하의 전압에 견디는 것을 말한다.

정답 ④

04 다음 중 리스크에 대한 설명으로 가장 적절하게 설명한 것은?

① 잠재적인 위험의 표출
② 위험이 재해로 변하는 과정의 위험분석
③ 어떠한 조건이 갖추어진 급박한 위험 발생 상태
④ 사고의 빈도(가능성)와 강도(중대성)의 조합으로 위험의 크기 또는 정도

정답 ④

05 아래 그림에 해당하는 안전보건표지의 명칭은 무엇인가?

① 접근금지　　② 이동금지　　③ 출입금지　　④ 보행금지

해설

101 출입금지	102 보행금지	103 차량통행금지	104 사용금지	105 탑승금지	106 금연	107 화기금지	108 물체이동금지

정답 ④

06 작업자가 맨손으로 벽돌을 운반하는 중에 벽돌을 떨어뜨려 발등에 부딪혀 발을 다쳤다. 이와 같은 사고 발생 시 올바르게 분석한 것은?

① 사고유형 : 낙하　기인물 : 손　가해물 : 벽돌
② 사고유형 : 낙하　기인물 : 벽돌　가해물 : 벽돌
③ 사고유형 : 추락　기인물 : 손　가해물 : 벽돌
④ 사고유형 : 추락　기인물 : 벽돌　가해물 : 벽돌

정답 ②

07 과제중심 조직으로 특정과제를 수행하기 위해 필요한 자원과 재능을 여러 부서로부터 임시로 집중시켜 문제를 해결하고, 완료 후 다시 본래의 부서로 복귀하는 일시적이고 잠정적인 조직은?

① 프로젝트(Project) 조직
② 라인(Line)식 조직
③ 기능(Functional)식 조직
④ 스태프(Staft)형 조직

정답 ①

08 객관적인 위험을 자기 편한 대로 의사결정 후 행동에 옮기는 현상을 무엇이라 하는가?

① Risk playing
② Risk Assessment
③ Risk control
④ Risk taking

정답 ④

09 시몬즈(Simonds)방식에 말한 재해의 종류에 대한 설명으로 옳지 않은 것은?

① 휴업상해 : 영구 일부부분노동불능, 일시 전노동 불능 상해
② 무상해사고 : 의료조치를 필요로 하지 않은 경미한 상해
③ 통원상해 : 일시 일부노동불능, 의사의 통원 조치를 요하는 상해
④ 응급처치상해 : 8시간 이상의 휴업손실 상해

응급처치상해 : 20달러 미만의 손실 또는 8시간 미만의 휴업손실 상해

정답 ④

10 보호구 안전인증 고시에 동하중성능에 따른 안전대 충격흡수장치의 시험성능기준으로 옳은 것은?

① 최대전달충격력: 3.0kN 이하 감속거리: 1,000mm 이하
② 최대전달충격력: 4.0kN 이하 감속거리: 1,000mm 이하
③ 최대전달충격력: 5.0kN 이하 감속거리: 1,000mm 이하
④ 최대전달충격력: 6.0kN 이하 감속거리: 1,000mm 이하

정답 ④

11 재해예방의 4원칙이 아닌 것은?

① 대책선정의 원칙
② 원인계기의 원칙
③ 예방가능의 원칙
④ 손실필연의 원칙

원인연계의 원칙, 손실우연의 원칙, 예방가능의 원칙, 대책선정의 원칙

정답 ④

12 재해자의 움직임 등으로 인해 기인물에 접촉 또는 부딪히는 등의 재해를 무엇이라 하는가?

① 충돌   ② 붕괴   ③ 낙하   ④ 끼임

해설

① 충돌(부딪힘)·접촉 : 재해자 자신의 움직임, 동작으로 인하여 기인물에 접촉 또는 부딪히거나, 물체가 고정부에서 이탈하지 않은 상태로 움직임 등에 의하여 접촉, 충돌하는 것
② 붕괴 : 토사, 건축물, 가설물 등이 허물어져 내리거나 주요 부분이 꺾여져 무너지는 것
③ 낙하·비래 : 고정되어 있던 물체가 고정부에서 이탈하거나, 설비 등으로 부터 물질이 분출되어 사람을 가해하는 것
④ 끼임(협착)·감김 : 운동하는 물체 사이의 협착, 회전부와 고정체 사이의 끼임 롤러 등 회전체 사이에 물리거나 또는 회전체, 돌기부 등에 감긴 것

정답 ①

13 하인리히의 사고예방대책 기본원리 5단계 중 3단계에 해당하는 것은?

① 시정책의 적용   ② 안전관리 조직
③ 시정방법의 선정   ④ 분석 및 평가

해설

안전관리조직 > 사실의 발견 > 분석 및 평가 > 시정방법의 선정 > 시정책의 적용

정답 ④

14 안전보건표지의 색도 기준으로 옳은 것은?

① 흰색 : N8.5   ② 녹색 : 4G 5.5/6
③ 빨간색 : 6.5R 4/15   ④ 파란색 : 2.5PB 4/10

해설

산업안전보건법 시행규칙 [별표 8]
안전보건표지의 색도 기준 및 용도(제38조 제3항 관련)

색채	색도기준	용도	사용례
빨간색	7.5R 4/14	금지	정지신호, 소화설비 및 그 장소, 유해행위의 금지
		경고	화학물질 취급장소에서의 유해·위험 경고
노란색	5Y 8.5/12	경고	화학물질 취급장소에서의 유해·위험경고 이외의 위험경고, 주의표지 또는 기계방호물
파란색	2.5PB 4/10	지시	특정 행위의 지시 및 사실의 고지
녹색	2.5G 4/10	안내	비상구 및 피난소, 사람 또는 차량의 통행표지
흰색	N9.5		파란색 또는 녹색에 대한 보조색
검은색	N0.5		문자 및 빨간색 또는 노란색에 대한 보조색

(참고)
1. 허용 오차 범위 H=± 2, V=± 0.3, C=± 1(H는 색상, V는 명도, C는 채도를 말한다)
2. 위의 색도기준은 한국산업규격(KS)에 따른 색의 3속성에 의한 표시방법(KSA 0062 기술표준원 고시 제2008-0759)에 따른다.

정답 ④

15 통계적 재해원인분석 방법으로 분류항목을 큰 값에서 작은 값 순으로 도표화한 것은?

① 특성요인도   ② 크로스도
③ 파레토도   ④ 관리도

해설

① 특성요인도 : 특성과 요인관계를 도표화하여 어골(魚骨)상으로 세분화한 분석
② 크로스도 : 2개 이상의 문제 관계를 분석할 때 사용하며 데이터를 집계하고 표로 나타내어 요인별 결과 내역을 교차한 그림을 작성하여 분석
③ 파레토도(영향도) : 제품의 결점, 불량, 고장 등의 발생건수를 현상과 원인별로 파악하고, 이러한 데이터를 항목별로 나누어 문제의 크기순으로 나열하여 막대그래프 형태로 표기함
④ 관리도 : 공정 관리상태를 유지하기 위해 공정을 나타내는 그래프

정답 ③

16 산업안전보건법상 2인 이상의 안전관리자를 선임해야 하는 사업에 해당하지 않는 것은?

① 상시 근로자가 600명인 통신업
② 상시 근로자가 700명인 발전업
③ 상시 근로자가 600명인 식료품 제조업
④ 공사금액이 1,000억(공정률 30%)인 건설업

해설

우편 및 통신업의 경우 1,000명 이상인 경우 안전관리자 2인 이상 선임

정답 ①

17 인간과오의 배후요인 4요소(4M)로 옳은 것은?

① Man, Machine, Maker, Media
② Man, Machine, Management, Material
③ Man, Machine, Management, Maker
④ Man, Machine, Management, Media

해설

인간과오(인간에러, 휴먼에러)의 배후요인(4M)
- Man : 본인 이외의 사람(팀워크, 커뮤니케이션)
- Machine : 장치나 기계 등 물적 요인
- Management : 안전법규의 준수 방법, 단속, 점검, 지휘감독, 교육훈련 등
- Media : 인간과 기계를 연결하는 매체, 작업방법 및 순서, 작업정보의 실태 및 환경과의 관계 등

정답 ④

18 하인리히의 사고발생 메카니즘인 도미노이론에서 재해의 직접원인에 해당하는 것은?

① 불안전한 행동 및 불안전한 상태 ② 유전적 요소
③ 개인적인 결함 ④ 사회적 환경

정답 ①

19 아래 표는 시설물 안전 및 유지관리에 관한 특별법에 관한 내용이다. 빈 칸에 알맞게 넣으시오.

안전등급	정기안전점검	정밀안전점검		정밀안전진단
		건축물	건축물 외 시설물	
A등급	(㉠)에 1회 이상	4년에 1회 이상	3년에 1회 이상	6년에 1회 이상
B·C등급		3년에 1회 이상	2년에 1회 이상	5년에 1회 이상
D·E등급	(㉡)에 3회 이상	2년에 1회 이상	1년에 1회 이상	4년에 1회 이상

① ㉠ : 분기 ㉡ : 1년
② ㉠ : 분기 ㉡ : 2년
③ ㉠ : 반기 ㉡ : 1년
④ ㉠ : 반기 ㉡ : 2년

해설

시설물의 안전 및 유지관리에 관한 특별법 시행령 [별표 3]
안전점검, 정밀안전진단 및 성능평가의 실시시기

안전등급	정기안전점검	정밀안전점검		정밀안전진단	성능평가
		건축물	건축물 외 시설물		
A등급	반기에 1회 이상	4년에 1회 이상	3년에 1회 이상	6년에 1회 이상	5년에 1회 이상
B·C등급		3년에 1회 이상	2년에 1회 이상	5년에 1회 이상	
D·E등급	1년에 3회 이상	2년에 1회 이상	1년에 1회 이상	4년에 1회 이상	

정답 ③

20 안전보건진단을 받아 안전보건개선계획을 수립해야 할 대상으로 옳지 않은 것은?

① 산업재해율이 같은 업종 평균 산업재해율의 2배 이상인 사업장
② 직업성 질병자가 연간 1명 이상(상시근로자 1천명 이상 사업장의 경우 2명 이상) 발생한 사업장
③ 작업환경 불량, 화재·폭발 또는 누출 사고 등으로 사업장 주변까지 피해가 확산된 사업장으로서 고용노동부령으로 정하는 사업장
④ 사업주가 필요한 안전조치 또는 보건조치를 이행하지 아니하여 중대재해가 발생한 사업장

해설

산업안전보건법 시행령[시행 2025. 1. 1.]
제49조(안전보건진단을 받아 안전보건개선계획을 수립할 대상)
법 제49조 제1항 각 호 외의 부분 후단에서 "대통령령으로 정하는 사업장"이란 다음 각 호의 사업장을 말한다.
1. 산업재해율이 같은 업종 평균 산업재해율의 2배 이상인 사업장
2. 사업주가 필요한 안전조치 또는 보건조치를 이행하지 아니하여 중대재해가 발생한 사업장
3. 직업성 질병자가 연간 2명 이상(상시근로자 1천명 이상 사업장의 경우 3명 이상) 발생한 사업장
4. 그 밖에 작업환경 불량, 화재·폭발 또는 누출 사고 등으로 사업장 주변까지 피해가 확산된 사업장으로서 고용노동부령으로 정하는 사업장

정답 ②

2과목 산업심리 및 교육

21 상황성 누발자의 재해유발원인으로 가장 적절하지 않은 것은?

① 작업자체의 어려움
② 기계설비의 결함
③ 소심한 성격
④ 주의력 집중에 곤란한 경우

해설

소심한 성격은 소질성 누발자에 해당한다.

정답 ③

22 성선설에 기반하여 인간의 긍정적 측면으로 보는 이론은?

① Y-이론
② X-이론
③ T-이론
④ Z-이론

해설

맥그리거의 Y이론은 성선설, 상호신뢰, 인간의 근면성·적극성·자주성, 자기통제 및 정신적 욕구 충족, 자율관리를 주장한 것으로 선진국형에서 나타난 현상을 적용한 이론이다. 이와 반대되는 이론이 X이론이다.

정답 ①

23 직원의 능력에 따라 차등적으로 성과급을 지급하려는 리더십의 권한은 무엇인가?

① 전문성 권한 ② 위임된 권한
③ 합법적 권한 ④ 보상적 권한

해설

- 보상적 권한 : 지도자가 부하에게 보상할 수 있는 능력으로 부하직원을 통제할 수 있으며 부하들의 행동에 대해 영향을 행사할 수 있음
- 강압적 권한 : 부하 직원들을 처벌할 수 있는 권한
- 위임된 권한 : 집단 목표를 성취하기 위해 부하직원들이 지도자가 정한 목표를 자진하여 자신의 것으로 받아들임으로써 지도자와 함께 일함
- 전문성 권한 : 지도자가 목표 수행에 필요한 전문적인 지식을 갖고 업무를 수행하여 부하 직원들이 자발적으로 따르게 됨

정답 ④

24 과학적 관리법의 창시자로 차별성과급제를 적용하는 것이 효율적이라 주장한 학자는?

① 게젤(A.I.Gesell) ② 샤인(Edgar H.Schein)
③ 웨슬러(D.Wechsler) ④ 테일러(F. Taylor)

정답 ④

25 하버드 학파의 학습지도법에 해당하지 않는 것은?

① 준비(Preparation) ② 교시(Presentation)
③ 총괄(Generalization) ④ 지시(Order)

해설

하버드학파의 5단계 교수법 : 준비시킨다 > 교시시킨다 > 연합한다 > 총괄한다 > 응용시킨다

정답 ④

26 교육의 3요소 중 '교육의 매개체'에 해당하는 것은?

① 수강생 ② 교재 ③ 선배 ④ 강사

해설

교육의 3요소 : 주체(교수자), 객체(학생), 매개체(교재)

정답 ②

27 조직 내에서 역할 기대와 실제 역할 행동 간에 차이로 인해 발생하는 역할 갈등의 원인으로 적절하지 않은 것은?

① 역할 마찰
② 역할 모호성
③ 역할 부적합
④ 역할 민첩성

해설

역할 민첩성은 속도와 유연함을 포함하는 개념으로 경영환경에 빠르게 대처하고 반응한다는 의미이므로 갈등의 원인으로 부적합하다.

정답 ④

28 동기이론과 관련 학자의 연결이 옳지 않은 것은?

① 성취동기이론 : 맥클레랜드(McClelland)
② 욕구위계이론 : 매슬로우(Maslow)
③ 위생-동기이론 : 맥그리거(McGregor)
④ ERG이론 : 알더퍼(Alderfer)

해설

X-Y이론 : 맥그리거(McGregor)
위생-동기이론 : 허츠버그(Herzberg)

정답 ③

29 산업안전보건법령상 타워크레인 신호작업에 종사하는 일용근로자의 특별교육 교육시간 기준은?

① 2시간 이상
② 4시간 이상
③ 6시간 이상
④ 8시간 이상

해설

산업안전보건법 시행규칙 [별표 4] 〈개정 2023. 9. 27.〉
안전보건교육 교육과정별 교육시간(제26조 제1항 등 관련)

1. 근로자 안전보건교육(제26조 제1항, 제28조 제1항 관련)

교육과정	교육대상		교육시간
가. 정기교육	1) 사무직 종사 근로자		매반기 6시간 이상
	2) 그 밖의 근로자	가) 판매업무에 직접 종사하는 근로자	매반기 6시간 이상
		나) 판매업무에 직접 종사하는 근로자 외의 근로자	매반기 12시간 이상
나. 채용 시 교육	1) 일용근로자 및 근로계약기간이 1주일 이하인 기간제근로자		1시간 이상
	2) 근로계약기간이 1주일 초과 1개월 이하인 기간제근로자		4시간 이상
	3) 그 밖의 근로자		8시간 이상
다. 작업내용 변경 시 교육	1) 일용근로자 및 근로계약기간이 1주일 이하인 기간제근로자		1시간 이상
	2) 그 밖의 근로자		2시간 이상
라. 특별교육	1) 일용근로자 및 근로계약기간이 1주일 이하인 기간제근로자: 별표 5 제1호라목(제39호는 제외한다)에 해당하는 작업에 종사하는 근로자에 한정한다.		2시간 이상
	2) 일용근로자 및 근로계약기간이 1주일 이하인 기간제근로자: 별표 5 제1호라목제39호에 해당하는 작업에 종사하는 근로자에 한정한다.		8시간 이상
	3) 일용근로자 및 근로계약기간이 1주일 이하인 기간제근로자를 제외한 근로자: 별표 5 제1호라목에 해당하는 작업에 종사하는 근로자에 한정한다.		가) 16시간 이상(최초 작업에 종사하기 전 4시간 이상 실시하고 12시간은 3개월 이내에서 분할하여 실시 가능) 나) 단기간 작업 또는 간헐적 작업인 경우에는 2시간 이상
마. 건설업 기초 안전·보건 교육	건설 일용근로자		4시간 이상

정답 ④

30 OJT(On the Job training)에 관한 설명으로 옳지 않은 것은?

① 직장의 실정에 맞게 실제적 훈련이 가능하다.
② 상호 신뢰 및 이해도가 높아진다.
③ 개개인에게 적절한 지도훈련이 가능하다.
④ 다수의 근로자에게 조직적 훈련이 가능하다.

해설

다수의 근로자에게 조직적 훈련이 가능한 것은 Off J.T에 해당한다.

정답 ④

31 매슬로우의 욕구 5단계로 옳은 것은?

① 생리적 욕구 → 안전 욕구 → 사회적 욕구 → 자아실현의 욕구 → 인정의 욕구
② 안전 욕구 → 생리적 욕구 → 사회적 욕구 → 인정의 욕구 → 자아실현의 욕구
③ 안전 욕구 → 생리적 욕구 → 사회적 욕구 → 자아실현의 욕구 → 인정의 욕구
④ 생리적 욕구 → 안전 욕구 → 사회적 욕구 → 인정의 욕구 → 자아실현의 욕구

정답 ④

32 건설업 기초안전·보건교육시간으로 적절한 것은?

① 1시간 이상 ② 2시간 이상
③ 3시간 이상 ④ 4시간 이상

정답 ④

33 데이비스(K. Davis)의 동기부여이론에서 능력(ability)에 해당하는 것은?

① 기능(skill) × 상황(situation) ② 지식(knowledge) × 태도(attitude)
③ 지식(knowledge) × 기능(skill) ④ 상황(Situation) × 태도(attitude)

해설

데이비스(K.Davis)의 동기부여 이론
- 지식(Knowledge) × 기능(Skill) = 능력(Ability)
- 능력(Ability) × 동기유발(Motivation) = 인간의 성과(Human Performance)
- 인간의 성과(Human Performance) × 물질적 성과 = 경영의 성과
- 상황(Situation) × 태도(Attitude) = 동기유발(Motivation)

정답 ③

34 Brain storming에 대한 설명으로 옳지 않은 것은?

① 비판금지 : 타인의 발언에 좋다, 나쁘다 비판하지 않는다.
② 자유발언 : 자유롭게 의견을 발언한다.
③ 대량발언 : 아이디어는 많이 발언할수록 좋다.
④ 수정발언금지 : 타인의 의견을 수정하거나 보충하지 않는다.

정답 ④

35 맥그리거(Dougles MoGregon)의 Y이론에 해당하지 않는 것은?

① 인간은 게으르고 남을 잘 속인다.
② 인간은 부지런하고 근면하다.
③ 인간은 적극적이고 자주적이다.
④ 인간은 상호 신뢰적이다.

해설

인간은 게으르고 남을 잘 속인다는 것은 X이론에 해당한다.

정답 ①

36 다른 사람의 행동 양식 또는 태도를 자신에게 투입하거나 다른 사람 가운데서 자신과 비슷한 점을 발견하는 것을 무엇이라 하는가?

① 암시(Suggestion)   ② 동일화(Identification)
③ 모방(Imitation)   ④ 투사(Projection)

해설

모방(Imitation) : 타인의 행동, 판단에 가까운 행동과 판단을 취하는 것
투사(Projection) : 타인에게 책임을 전가하는 것
암시(Suggestion) : 타인으로부터 판단, 행동을 무비판적으로 받아들이는 것
동일화(Identification) : 타인과 자신의 비슷한 점을 발견하는 것

정답 ②

37 단조로운 작업 또는 몹시 피로하여 의식이 뚜렷하지 않은 상태의 의식 수준은?

① phase 0   ② phase I
③ phase II   ④ phase Ⅲ

해설

의식 level의 단계별 생리적 상태
1. Phase 0 : 수면
2. Phase I : 피로, 단조로움, 졸음
3. Phase II : 안정, 휴식
4. Phase Ⅲ : 적극활동
5. Phase IV : 긴급방위

정답 ②

38 직원의 처벌, 승진탈락, 임금 삭감, 해고 등을 할 수 있는 리더의 권한은 무엇인가?

① 전문성 권한 ② 합법적 권한
③ 보상적 권한 ④ 강압적 권한

정답 ④

39 생체리듬(Circadian Rhythm)에 관한 설명으로 옳지 않은 것은?

① 생체리듬이 (-)로 최대인 점이 위험일이다.
② 육체적 리듬은 (P)로 나타내며, 23일을 주기로 반복된다.
③ 감성적 리듬은 (S)로 나타내며, 28일을 주기로 반복된다.
④ 지성적 리듬은 (I)로 나타내며, 33일을 주기로 반복된다.

해설

위험일[(Gritical day, 영(zero)]
생체리듬은 P(physical,육체적), S(sensitivity,감정적), I(intellectual,지성적)로 구분되며 서로 다른 리듬은 안정기(+)와 불안기(-)로 반복하며 Sine 곡선을 그린다. (+)에서 (-)로 또는 (-)에서 (+)로 변화하는 점으로 한 달에 6일 정도 발생한다.

정답 ①

40 에너지 대사율(Relative Metabolic Rate, RMR)의 산출식으로 옳은 것은?

① $\dfrac{작업시의 소비에너지 - 안정시 소비에너지}{기초대사량}$

② $\dfrac{작업시의 소비에너지 - 안정시 소비에너지}{안정시 소비에너지}$

③ $\dfrac{작업시의 소비에너지 - 기초대사량}{안정시 소비에너지}$

④ $\dfrac{전체 소비에너지 - 작업시의 소비에너지}{기초대사량}$

정답 ①

3과목 인간공학 및 시스템안전공학

41 다음 중 인간공학에 대한 설명으로 옳지 않은 것은?

① 인간이 사용하는 물건 등 설계에 적용된다.
② 인간의 심리적 측면 등 특성을 고려한다.
③ 인간-기계 시스템의 안전성, 편리성을 높인다.
④ 인간을 기계에 맞추는 철학이 바탕으로 된다.

해설

기계를 인간의 특성과 능력에 조화되도록 맞추는 설계철학이 바탕된다.

정답 ④

42 사업주가 유해위험방지계획서를 제출 시 해당 작업시작 며칠 전까지 제출하여야 하는가? (단, 제조업)

① 10일   ② 15일   ③ 30일   ④ 45일

정답 ②

43 다음과 같은 FT도에서 ①=0.035, ②=0.03, ③=0.09 이면, 정상사상 T가 발생할 확률은 얼마인가?

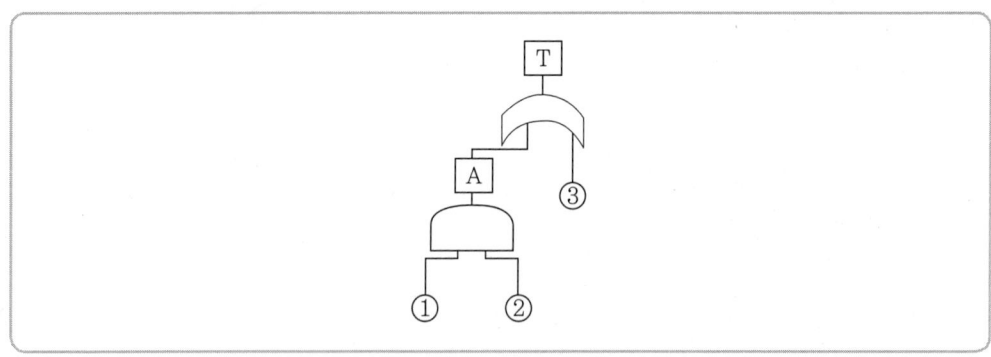

① 0.00905   ② 0.10991   ③ 0.09095   ④ 0.95029

해설

A = ① × ② = 0.035 × 0.03 = 0.00105
T = [1−(1−A)(1−③)] = [1−(1−0.00105)(1−0.09)] = 0.09095

정답 ③

44 화학설비 안전성 평가에서 정성적 평가 항목에 해당하지 않는 것은?

① 입지조건
② 공정기기, 소방설비
③ 원재료, 중간제품
④ 취급물질

해설

취급물질은 정량적 평가 항목이다.
안전선 평가 2단계(정성적 평가)
– 설계관계 : 공장 내 배치, 공장 입지조건, 건조물, 소방설비
– 운전관계 : 원재료, 중간제품, 수송, 저장, 고정기기, 공정

정답 ④

45 조종-반응비(Control-Response Ratio, C/R비)에 대한 설명 중 옳지 않은 것은?

① C/R비가 작을수록 이동시간이 짧다.
② C/R비가 작을수록 조종이 어렵다.
③ C/R비의 최적치는 조정시간과 이동시간의 교점이다.
④ C/R비가 클수록 조종장치는 민감하다.

해설

C/R비가 작을수록 조종장치는 민감하다.

정답 ④

46 시스템 전체의 신뢰도는 얼마인가? (단, 두 요소는 병렬, 신뢰도는 각각 0.8)

① 0.66   ② 0.76   ③ 0.86   ④ 0.96

해설

R = [1−(1−0.8)(1−0.8)] = 0.96

정답 ④

47 차폐효과에 대한 설명으로 옳지 않은 것은?

① 차폐효과는 한 음으로 인해 다른 음에 대한 감도가 증가되는 현상이다.
② 유의적 신호와 배경 소음의 차이를 신호/소음(S/N) 비로 나타낸다.
③ 에어컴프레셔 소음 때문에 휴대폰 음을 듣지 못한 것과 관련이 있다.
④ 차폐음과 배음의 주파수가 가까울 때 차폐효과가 크다.

해설

차폐효과는 한 음으로 인해 다른 음에 대한 감도가 감소되는 현상으로 Masking(은폐)효과라고도 한다.

정답 ①

48 자연습구온도 22°C, 흑구온도 20°C, 건구온도 35°C일 때 습구흑구온도지수(WBGT)는 얼마인가? (단, 태양광선이 내리쬐는 옥외장소)

① 22.9°C ② 23.5°C
③ 24.5°C ④ 25.5°C

해설

습구흑구온도지수 = (0.7×자연습구온도) + (0.2×흑구온도) + (0.1×건구온도)
= (0.7×22) + (0.2×20) + (0.1×35) = 22.9°C

정답 ①

49 시각적 표시장치가 청각적 표시장치보다 적합한 경우는?

① 전언이 즉각적인 행동을 요구하지 않는 경우
② 전언이 후에 재참조되지 않는 경우
③ 직무상 수신자가 자주 움직이는 경우
④ 전언이 간단한 경우

정답 ①

50 Human emor를 정량적으로 평가하고 분석하는 데 사용하는 기법으로 가장 적절한 것은?

① FMECA ② FMEA
③ CA ④ THERP

해설

THERP(Technique for Human Error Rate Prediction) : 인간의 기본 과오율을 평가하는 확률론적 안전기법으로 100만 운전시간당 과오도수를 기본 과오율로 산정하는 기법

정답 ④

51 시스템 수명주기에서 ㉠에 들어갈 위험분석기법은?

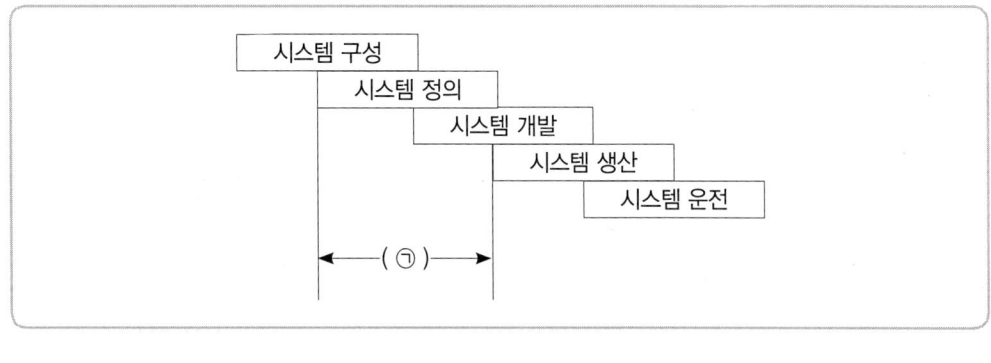

① ETA　　　　② FTA　　　　③ FHA　　　　④ PHA

해설

FHA(결함위험분석기법) : 서브시스템의 해석에 사용되는 기법으로 서브시스템 간 인터페이스 조정

정답 ③

52 부품 2,000개를 200,000시간 동안 가동할 경우 10개의 불량품이 발생하였다. 평균동작시간(MTTF)은 얼마인가?

① 4×10^6 시간　　② 4×10^7 시간　　③ 4×10^8 시간　　④ 4×10^9 시간

해설

$$\text{MTTF} = \frac{\text{부품수} \times \text{가동시간}}{\text{불량품수}} = \frac{2000 \times 200,000}{10} = 4 \times 10^7$$

정답 ②

53 상황해석을 잘못하거나 목표를 잘못 이해하고 착각하여 발생하는 인간의 오류 유형은?

① 실수(Slip)　　　　　　② 건망증(Lapse)
③ 위반(Violation)　　　　④ 착오(Mistake)

해설

① 실수(slip) : 상황 또는 목표의 해석 및 이해는 적합하였으나 그 행위가 다른 것
② 건망증(lapse) : 기억의 실패 또는 연계적 행위 중 일부 잊어버림으로써 발생하는 것
③ 위반(violation) : 규칙을 고의적으로 지키지 않거나 무시하는 것
④ 착오(mistake) : 상황을 잘못 해석하거나 목표를 잘못 이해하여 착각하는 것

정답 ④

54 욕조곡선에서 디버깅(De-bugging)에 관한 설명으로 옳은 것은?

① 기계 결함을 발견하기 위해 동작시험을 하는 기간이다.
② 우발 고장의 결함을 찾아 고장률을 안정시키는 과정이다.
③ 물품을 실제로 장시간 가동하여 고장난 것을 제거하는 기간이다.
④ 기계의 초기결함을 파악해 고장률을 안정시키는 기간이다.

정답 ④

55 경계 및 경보신호의 설계지침으로 옳지 않은 것은?

① 배경소음의 진동수와 다른 진동수의 신호를 사용한다.
② 주의를 환기시키기 위하여 변조된 신호를 사용한다.
③ 귀는 중음역에 민감하므로 500~3,000Hz의 진동수를 사용한다.
④ 300[m] 이상의 장거리용으로는 1,000Hz를 초과하는 진동수를 사용한다.

해설

고음은 멀리 가지 못하므로 300m 이상 장거리용으로는 1000Hz 이하의 진동수를 사용한다.

정답 ④

56 다음은 FTA(Fault Tree Analysis)에서 사용되는 사상기호이다. 이 중 통상사상은?

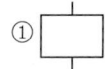   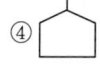

해설

① 결함사상, ② 기본사상, ③ 생략사상, ④ 통상사상

정답 ④

57 n개의 요소를 가진 병렬 시스템에 있어 요소의 수명(MTTF)이 지수분포를 따를 경우 이 시스템의 수명으로 옳은 것은?

① $MTTF \times n$
② $MTTF \times \dfrac{1}{n}$
③ $MTTF \times (1 + \dfrac{1}{2} + \cdots + \dfrac{1}{n})$
④ $MTTF \times (1 \times \dfrac{1}{2} \times \cdots \times \dfrac{1}{n})$

해설

평균고장시간(MTTF)
- 부품 또는 시스템 상에 동작시간 평균치(평균수명)
- 직렬계 시스템 수명 : $\dfrac{MTTF}{n} = \dfrac{1}{\lambda}$
- 병렬계 시스템 수명 : $MTTF \times (1 + \dfrac{1}{2} + \dfrac{1}{3} + \cdots + \dfrac{1}{n})$, n : 직렬 또는 병렬계의 요소

정답 ③

58 양립성의 종류가 아닌 것은?

① 개념의 양립성   ② 공간의 양립성
③ 운동의 양립성   ④ 감성의 양립성

해설

양립성은 공간, 운동, 개념, 양식으로 나뉜다.

정답 ④

59 FTA의 논리게이트 중 입력과 반대로 출력되는 것은?

① 배타적 OR 게이트
② 억제 게이트
③ 부정 게이트
④ 우선적 AND 게이트

정답 ③

60 유해·위험방지계획서의 심사 결과에 따른 구분·판정에 해당으로 적절하지 않은 것은?

① 적정   ② 조건부적정
③ 부적정   ④ 일부적정

정답 ④

4과목 건설시공학

61 용접접합 시 플럭스(flux)에 대한 설명으로 옳은 것은?

① 압연강판에 발생하는 균열
② 용접 시 용접봉의 피복제 역할을 하는 분말재료
③ 용접부에 생기는 미세한 틈
④ 용접 종단부에 붙이는 보조판

정답 ②

62 다음과 같은 조건일 경우 비용구배(cost slope)는?

정상		특급	
공기	공비	공기	공비
30일	120,000 원	15일	180,000 원

① 1,000원/일
② 2,000원/일
③ 3,000원/일
④ 4,000원/일

해설

비용구배 = $\dfrac{\text{특급공비} - \text{정상공비}}{\text{정상공기} - \text{특급공기}} = \dfrac{180{,}000 - 120{,}000}{30 - 15} = \dfrac{60{,}000}{15} = 4{,}000$원/일

정답 ④

63 다음은 말뚝세우기에 관한 내용이다. ( ) 안에 들어갈 알맞은 답을 고르시오.

> 말뚝의 연직도나 경사도는 (㉠) 이내로 하고, 말뚝박기 후 평면상의 위치가 설계도면의 위치로부터 (㉡)와 100mm 중 큰 값 이상으로 벗어나지 않아야 한다.

① ㉠ : 1/50　㉡ : D/4
② ㉠ : 1/100　㉡ : D/3
③ ㉠ : 1/150　㉡ : D/2
④ ㉠ : 1/200　㉡ : D/2

해설

말뚝의 연직도나 경사도는 1/50 이내로 하고, 말뚝박기 후 평면상의 위치가 설계도면의 위치로부터 D/4(D는 말뚝의 바깥지름)와 100mm 중 큰 값 이상으로 벗어나지 않아야 한다.

정답 ①

64 콘크리트 타설 시 진동다짐에 관한 설명으로 옳지 않은 것은?

① 콘크리트에 10cm정도 진동기를 삽입하여 다진다.
② 진동기는 가능한 콘크리트에 연직방향으로 찔러 넣는다.
③ 진동기를 빼낼 때는 빠르게 뽑도록 한다.
④ 철근이나 거푸집에 직접 진동을 주지 않도록 주의한다.

해설

진동기를 빼낼 때는 서서히 빼도록 한다.

정답 ③

65 품질관리(TOC) 중 불량수, 결점수 등 계수치의 데이터가 분류항목의 어디에 집중되어 있는가를 알기 쉽도록 나타낸 도구는?

① 체크 시트
② 파레토도
③ 특성요인도
④ 산점도

정답 ①

66 토공사용 장비에 해당되지 않는 것은?

① 클램쉘(clamshell)
② 가이데릭(guy derrick)
③ 파워셔블(power shovel)
④ 로더(loader)

해설

가이데릭(guy derrick)은 철골 세우기 기중기로 붐의 회전범위는 360°이다.

정답 ②

67 콘크리트에 발생하는 크리프(Creep)의 증가 원인으로 옳지 않은 것은?

① 하중이 클수록
② 부재 단면의 치수가 작을 경우
③ 물시멘트비가 클수록
④ 온도가 낮을수록

해설

크리프는 초기재령시, 하중이 클수록, 물시멘트비가 클수록, 부재의 단면치수가 작을수록, 온도가 높을수록, 단위시멘트량이 많을수록, 양생 및 보양이 불량할수록 증가한다.

정답 ④

68 철골공사 중 녹막이칠 작업을 하지 않아도 되는 부분으로 옳지 않은 것은?

① 콘크리트에 매입되는 부분
② 고력력볼트 마찰 접합부의 마찰면
③ 현장용접을 하는 부위 및 그곳에 인접하는 양측 300mm 이내
④ 조립에 의해 맞닿는 면

해설

현장용접을 하는 부위 및 그곳에 인접하는 양측 100mm 이내는 녹막이칠을 하지 않는다.

정답 ③

69 백화의 방지대책으로 옳지 않은 것은?

① 소성이 잘된 벽돌을 사용한다.
② 줄눈에 방수처리를 한다.
③ 조립률이 작은 모래와 분말도가 작은 시멘트를 사용한다.
④ 차양 및 루버 등 비막이를 실시한다.

해설

조립률이 큰 모래와 분말도가 큰 시멘트를 사용한다.

정답 ③

70 지하연속벽에 관한 설명으로 옳지 않은 것은?

① 흙막이벽 자체의 강도 및 강성이 우수하다.
② 차수성이 우수하여 지하수가 많은 지반에도 사용할 수 있다.
③ 시공 시 비교적 소음 및 진동이 작다.
④ 공사비가 저렴하다.

정답 ④

71 건설업자가 해당 목적물의 계획의 기업, 금융, 토지 조달, 설계, 시공 등을 포괄하는 도급 계약방식은??

① 실비청산 보수가산도급 ② 턴키도급
③ 공동도급 ④ 정액도급

정답 ②

72 결과에 원인이 어떻게 관계하고 있는가를 한눈에 알 수 있도록 작성하는 품질관리도구는?

① 파레토그램 ② 특성요인도
③ 히스토그램 ④ 체크시트

정답 ②

73 흙막이 붕괴원인 중 히빙(heaving)파괴가 발생하는 주된 원인은 무엇인가?

① 흙막이벽의 재료 상이함 ② 흙막이벽 내·외부 흙의 중량 차이
③ 흙막이지보공의 강성 부족 ④ 지하수위차

정답 ②

74 벽체용 거푸집과 슬래브 거푸집을 일체로 제작하여 한 번에 설치하고 해체할 수 있도록 한 거푸집은?

① 터널폼(Tunnel Form) ② 갱폼(Gang Form)
③ 유로폼(Euro Form) ④ 워플폼(Waffle Form)

해설

터널폼(Tunnel Form)
벽체와 바닥거푸집을 장선·멍에·지주와 일체화하는 거푸집으로 조립 및 해체 공정을 줄여 공기단축 및 비용 절감 효과가 큰 공법이다. 보가 없는 벽식구조 및 동일한 크기의 평면 및 공간을 시공하는 데 용이한 공법이다. 종류로는 Mono shell form과 Twin shell form이 있다.

정답 ①

75 최저 가격으로 입찰한 자를 낙찰자로 선정하는 낙찰자 선정 방식은? (단, 예정가격범위 내)

① 최적격 낙찰제 ② 제한적 최저가 낙찰제
③ 최저가 낙찰제 ④ 적격 심사 낙찰제

정답 ③

76 콘크리트 타설 시 진동기 사용 시 옳지 않은 것은?

① 콘크리트에 10cm정도 진동기를 삽입하여 다진다.
② 진동기는 가능한 콘크리트에 연직방향으로 찔러 넣는다.
③ 진동기를 빼낼 때는 서서히 빼내도록 한다.
④ 철근이나 거푸집에 직접 진동을 주어 다짐이 좋게 한다.

정답 ④

77 기성콘크리트 말뚝에 표기된 〈 PHC-A 450-12 〉에 대한 설명으로 옳지 않은 것은?

① PHC: 원심력 고강도 프리스트레스트 콘크리트말뚝
② A: A종
③ 450: 말뚝의 안쪽지름
④ 12: 말뚝의 길이

> **해설**

450: 말뚝의 바깥지름

정답 ③

78 건설공사의 시공계획 수립 시 작성할 필요가 없는 것은?

① 현치도
② 공정표 작성
③ 실행예산의 편성
④ 재료선정 및 결정

정답 ①

79 다음은 필렛용접(Fillet Welding)의 단면이다. 목두께에 해당하는 것은?

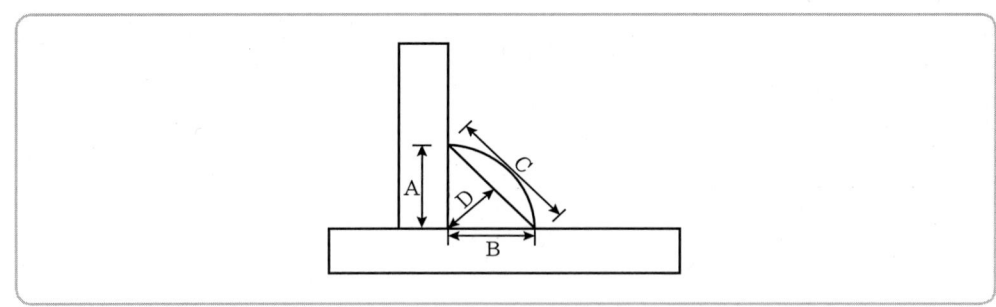

① A   ② B   ③ C   ④ D

> **해설**

A : 윗각장(다리길이) B : 밑각장(다리길이) C : 보강살 붙임(두께) D : (이론)목두께(각목)

정답 ④

80 철골접합 시 발생 가능한 용접불량으로 적절하지 않은 것은?

① 피트(pit)
② 언더컷(under cut)
③ 오버랩(over lap)
④ 스캘럽(scallop)

해설

스캘럽(scallop) : 철골 부재 용접접합 시 용접선이 교차되어 재용접된 부위가 열영향을 받아 내구성 및 강성 등이 취약해질 우려가 있기에 재용접이 발생하지 않도록 모재를 부채꼴 모양으로 모따기한 것을 말한다.

정답 ④

5과목 건설재료학

81 다음 중 열경화성 수지에 속하지 않는 것은?

① 폴리에틸렌 수지　　② 요소 수지
③ 멜라민 수지　　　　④ 에폭시 수지

해설

폴리에틸렌은 열가소성 수지이다.

열경화성 수지
- 고형체에 열을 가하면 연화되지 않고 냉각 후 회복되지 않는 것
- 종류 : 에폭시, 멜라민, 페놀, 요소, 불소, 실리콘, 폴리에스테르, 폴리우레탄 등

열가소성 수지
- 고형체에 열을 가하면 용융 또는 연화해 가소성과 점성이 생기지만 냉각하면 고형체로 다시 회복되는 것
- 종류 : 염화비닐, 아크릴, 폴리에틸렌, 폴리스티렌, 폴리프로필렌, 폴리카보네이트, 초산비닐, ABS, 폴리아미드 등

정답 ①

82 콘크리트의 신축이음(Expansion Joint) 재료의 요구 성능이 아닌 것은?

① 양질의 내구성 및 내부식성
② 콘크리트 이음 간의 충분한 수밀성
③ 콘크리트의 수축에 순응하는 탄성
④ 콘크리트의 팽창에 대한 저항성

정답 ④

83 콘크리트의 탄산화 방지대책으로 옳지 않은 것은?

① 콘크리트 경화 초기 탄산가스 접촉을 금한다.
② 습도는 높게 유지한다.
③ 물시멘트비를 높인다.
④ 피복두께 및 부재단면을 증가시킨다.

물시멘트비를 낮춘다.

정답 ③

84 금속, 플라스틱, 도자기, 유리 및 콘크리트 등의 접합에 널리 사용되는 접착제는?

① 실리콘수지 접착제　　② 비닐수지 접착제
③ 에폭시 접착제　　④ 아크릴수지 접착제

에폭시 접착제 : 접착성↑, 내약품성↑, 내열성↑, 산·알칼리↑, 접착제, 도료, 내·외장재 등 사용

정답 ③

85 건축재료를 역학적 성질과 물리적 성질로 구분할 경우 역학적 성질에 속하지 않는 항목은?

① 탄성　　② 비중　　③ 소성　　④ 강성

해설

비중은 어떤 물질의 무거운 정도를 의미하므로 물리적 성질에 해당한다.

정답 ②

86 이탈리아어로 "구운 흙"이란 뜻으로 건축물의 패라펫, 주두 등의 장식에 사용되는 대형 점토제품은?

① 테라코타　　② 타일　　③ 도관　　④ 테라죠

정답 ①

87 합판에 대한 설명으로 옳지 않은 것은?

① 균일한 강도의 재료를 얻을 수 있다.
② 판재에 비해 균질하다.
③ 함수율 변화에 따라 신축변형이 적다.
④ 단판을 섬유방향이 서로 평행하도록 붙인다.

합판은 단판을 섬유방향과 직교로 붙인다.

정답 ④

88 목재용 유성 방부제로 방부성이 우수하나, 악취와 흑갈색으로 착색되는 것은?

① 크레오소트 오일 ② 유성페인트
③ 광명단 ④ 에폭시 수지

해설

목재에 사용되는 크레오소트 오일은 방부력이 우수하고 침투성이 좋으며 가격이 저렴하나 냄새가 자극적이어서 실내 사용이 어렵다.

정답 ①

89 유리가 불화수소에 부식하는 성질을 이용하여 5mm 이상 판유리에 그림, 문자 등을 새긴 유리는 무엇인가?

① 스테인드유리 ② 망입유리 ③ 내열유리 ④ 에칭유리

해설

주로 장식용으로 사용되는 에칭(조각)유리는 판유리면에 불화수소(HF)에 부식하는 성질을 이용해 문자, 그림 등을 새긴 유리이다.

정답 ④

90 목재의 심재와 변재에 대한 설명으로 옳지 않은 것은?

① 심재는 변재보다 신축이 적다.
② 심재는 변재보다 비중이 크다.
③ 심재는 변재보다 내구성이 크다.
④ 심재는 변재보다 일반적으로 강도가 작다.

해설

심재는 변재보다 일반적으로 강도가 크다.

정답 ④

91 경량기포콘크리트(ALC, Autoclaved Lightweight Concrete)에 관한 설명으로 옳지 않은 것은?

① 규산질, 석회질 원료를 주원료로 하여 기포제와 발포제를 첨가하여 만든다.
② 경량이며 내화성이 상대적으로 우수하다.
③ 건물의 내외벽체 및 지붕, 바닥재로 사용된다.
④ 동일용도의 건축자재 중 단열 성능이 미흡하다.

해설

동일 용도의 건축자재 중 단열성능이 우수하다.

정답 ④

92 알루미늄의 특성으로 적절하지 않은 것은?

① 열·전기전도성이 크고 반사율이 높다.
② 내식성이 우수하고 가공이 비교적 쉽다.
③ 콘크리트에 접하거나 흙 중에 매몰되면 부식된다.
④ 산·알칼리성 및 해수에 침식되기 어렵다.

해설

산·알칼리성 및 해수에 침식되기 쉽다.

정답 ④

93 건축물의 외장용 도료로 가장 적합하지 않은 것은?

① 유성니스
② 수성페인트
③ 합성수지 에멀션페인트
④ 유성페인트

해설

유성니스는 광택은 있으나 건조가 느리고 내화학성이 좋지 않아 시간이 경과하면 누렇게 변해 외장용 도료로 적합하지 않다.

정답 ①

94 건축재료 목재의 방화에 관한 특징으로 옳지 않은 것은?

① 목재의 수분증발은 100°C에서 발생한다.
② 목재의 착화점은 260~270°C 정도이다.
③ 목재의 자연발화점은 400~450°C 이다.
④ 목재는 450°C에서 장시간 가열하면 자연발화 하게 되는데, 이 온도를 화재위험온도라고 한다.

해설

목재의 착화점은 260~270°C 정도로, 이 지점을 화재위험온도라 한다.

정답 ④

95 철의 부식방지법으로 옳지 않은 것은?

① 부분적으로 녹이 발생하면 즉시 제거할 것
② 가능한 한 이종 금속을 인접 및 접촉시켜 사용할 것
③ 균질한 것을 선택하고 사용 시 큰 변형을 주지 않도록 할 것
④ 표면을 평활하고 깨끗이 하며, 가능한 한 건조상태로 유지할 것

 해설

서로 다른 금속은 인접하거나 접촉시키지 말 것

정답 ②

96 플라이애시에 대한 설명으로 옳지 않은 것은?

① 화력발전의 연소과정에서 유래되었다
② 콘크리트의 유동성 증가 및 경화지연의 효과를 가지고 있다.
③ 초기에는 압축강도가 감소하나 시간이 지나면 증가한다.
④ 철강 광업의 선철 제조 과정에서 유래되었다.

 해설

고로슬래그는 철강 광업의 선철 제조 과정에서 유래되었다.

정답 ④

97 다음 중 열전도율이 가장 높은 것은?

① 벽돌   ② 유리   ③ 회반죽벽   ④ 코르크판

 해설

열전도율(kcal/m·h·℃) 높은 순서 : 벽돌 > 콘크리트 > 유리 > 회반죽벽 > 소나무 > 코르크판 > 공기

정답 ①

98 목재 섬유포화점의 함수율은 대략 얼마 정도인가?

① 약 15%   ② 약 25%   ③ 약 30%   ④ 약 40%

 해설

목재 섬유포화점의 함수율은 대략 30% 정도이다.

정답 ③

99 1종 점토벽돌의 압축강도 기준으로 옳은 것은?

① 9.98 MPa 이상
② 24.50 MPa 이상
③ 20.59 MPa 이상
④ 10.78 MPa 이상

해설

1종 점토벽돌: 24.50 MPa 이상, 2종 점토벽돌: 20.59 MPa 이상, 3종 점토벽돌: 10.78 MPa 이상

정답 ②

100 중량 20kg인 목재를 건조시켜 전건중량이 16kg이 되었다. 건조 전 목재의 함수율은 얼마인가?

① 20% ② 25% ③ 30% ④ 35%

해설

$$함수율 = \frac{중량 - 전건중량}{전건중량} \times 100 = \frac{20-16}{16} \times 100 = 25\%$$

정답 ②

6과목 건설안전기술

101 건설현장에 동바리 조립 시 준수사항으로 옳지 않은 것은?

① 동바리의 침하 방지를 위해 받침목의 사용, 콘크리트 타설, 말뚝박기 등을 실시한다.
② 파이프 서포트 높이가 4.5m를 초과하는 경우에는 높이 2m 이내마다 2개 방향으로 수평연결재를 설치한다.
③ 강재와 강재의 접속부는 볼트 또는 클램프 등 전용철물을 사용한다.
④ 강관틀 동바리는 강관틀과 강관틀 사이에 교차가새를 설치한다.

해설

산업안전보건기준에 관한 규칙[시행 2024. 12. 29.]
제332조의2(동바리 유형에 따른 동바리 조립 시의 안전조치)
1. 동바리로 사용하는 파이프 서포트의 경우
 가. 파이프 서포트를 3개 이상 이어서 사용하지 않도록 할 것
 나. 파이프 서포트를 이어서 사용하는 경우에는 4개 이상의 볼트 또는 전용철물을 사용하여 이을 것
 다. 높이가 3.5미터를 초과하는 경우에는 높이 2미터 이내마다 수평연결재를 2개 방향으로 만들고 수평연결재의 변위를 방지할 것

정답 ②

102 단관비계를 조립 시 벽이음 수직방향 조립간격 기준으로 옳은 것은?

① 4m ② 5m ③ 6m ④ 7m

해설

산업안전보건기준에 관한 규칙 [별표 5]

강관비계의 조립 간격(제59조 제4호 관련)

강관비계의 종류	조립간격(단위: m)	
	수직방향	수평방향
단관비계	5	5
틀비계(높이가 5m 미만인 것은 제외한다)	6	8

정답 ②

103 철골구조의 앵커볼트매립에 관한 사항으로 옳지 않은 것은?

① 기둥 중심은 기준선 및 인접기둥의 중심에서 3mm 이상 벗어나지 않을 것
② 앵커볼트는 매립 후에 수정하지 않도록 설치할 것
③ 베이스플레이트의 하단은 기준 높이 및 인접기둥의 높이에서 3mm 이상 벗어나지 않을 것
④ 앵커볼트는 기둥 중심에서 2mm 이상 벗어나지 않을 것

해설

■ 철골공사표준안전작업지침[시행 2020. 1. 16.] [고용노동부고시 제2020-7호, 2020. 1. 7., 일부개정]

제5조(앵커 볼트의 매립) 사업주는 앵커 볼트의 매립에 있어서 다음 각 호의 사항을 준수하여야 한다.

1. 앵커 볼트는 매립 후에 수정하지 않도록 설치하여야 한다.
2. 앵커 볼트를 매립하는 정밀도는 다음 각 목의 범위 내이어야 한다.
   가. 기둥중심은 아래와 같이 기준선 및 인접기둥의 중심에서 5밀리미터 이상 벗어나지 않을 것

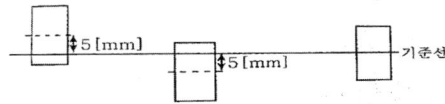

   나. 인접기둥 간 중심거리의 오차는 아래와 같이 3밀리미터 이하일 것

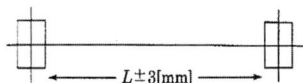

   다. 앵커 볼트는 아래와 같이 기둥중심에서 2밀리미터 이상 벗어나지 않을 것

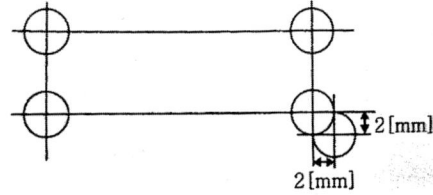

라. 베이스 플레이트의 하단은 아래와 같이 기준 높이 및 인접기둥의 높이에서 3밀리미터 이상 벗어나지 않을 것

3. 앵커 볼트는 견고하게 고정시키고 이동, 변형이 발생하지 않도록 주의하면서 콘크리트를 타설해야 한다.

정답 ①

104 잠함 또는 우물통의 내부에서 굴착작업 시 준수사항으로 옳지 않은 것은?

① 측정 결과 산소의 결핍이 인정될 경우에는 송기를 위한 설비를 설치하여 필요한 양의 공기를 공급하여야 한다.
② 산소 결핍의 우려가 있는 경우에는 산소의 농도를 측정하는 자를 지명하여 측정하도록 한다.
③ 근로자가 안전하게 승강하기 위한 설비를 설치한다.
④ 굴착 깊이가 10m를 초과하는 경우에는 해당 작업장소와 외부와의 연락을 위한 통신설비 등을 설치하여야 한다.

해설

■ 산업안전보건기준에 관한 규칙[시행 2024. 12. 29.] [고용노동부령 제417호, 2024. 6. 28., 일부개정]
제377조(잠함 등 내부에서의 작업)
① 사업주는 잠함, 우물통, 수직갱, 그 밖에 이와 유사한 건설물 또는 설비(이하 "잠함등"이라 한다)의 내부에서 굴착작업을 하는 경우에 다음 각 호의 사항을 준수하여야 한다.
　1. 산소 결핍 우려가 있는 경우에는 산소의 농도를 측정하는 사람을 지명하여 측정하도록 할 것
　2. 근로자가 안전하게 오르내리기 위한 설비를 설치할 것
　3. 굴착 깊이가 20미터를 초과하는 경우에는 해당 작업장소와 외부와의 연락을 위한 통신설비 등을 설치할 것
② 사업주는 제1항 제1호에 따른 측정 결과 산소 결핍이 인정되거나 굴착 깊이가 20미터를 초과하는 경우에는 송기(送氣)를 위한 설비를 설치하여 필요한 양의 공기를 공급해야 한다.

정답 ④

105 강관비계를 조립 시 준수사항으로 옳지 않은 것은?

① 띠장간격은 2m 이하로 설치하되, 첫 번째 띠장은 지상으로부터 3m 이하의 위치에 설치할 것
② 비계기둥의 간격은 띠장 방향에서 1.85m 이하로 할 것
③ 비계기둥의 제일 윗부분으로부터 31m 되는 지점 밑부분의 비계기둥은 2개의 강관으로 묶어 세울 것
④ 비계기둥 간의 적재하중은 400kg을 초과하지 않도록 할 것

해설

- 산업안전보건기준에 관한 규칙[시행 2024. 12. 29.] [고용노동부령 제417호, 2024. 6. 28., 일부개정]

제60조(강관비계의 구조) 사업주는 강관을 사용하여 비계를 구성하는 경우 다음 각 호의 사항을 준수해야 한다.
1. 비계기둥의 간격은 띠장 방향에서는 1.85미터 이하, 장선(長線) 방향에서는 1.5미터 이하로 할 것. 다만, 다음 각 목의 어느 하나에 해당하는 작업의 경우에는 안전성에 대한 구조검토를 실시하고 조립도를 작성하면 띠장 방향 및 장선 방향으로 각각 2.7미터 이하로 할 수 있다.
   가. 선박 및 보트 건조작업
   나. 그 밖에 장비 반입·반출을 위하여 공간 등을 확보할 필요가 있는 등 작업의 성질상 비계기둥 간격에 관한 기준을 준수하기 곤란한 작업
2. 띠장 간격은 2.0미터 이하로 할 것. 다만, 작업의 성질상 이를 준수하기가 곤란하여 쌍기둥틀 등에 의하여 해당 부분을 보강한 경우에는 그러하지 아니하다.
3. 비계기둥의 제일 윗부분으로부터 31미터되는 지점 밑부분의 비계기둥은 2개의 강관으로 묶어 세울 것. 다만, 브라켓(bracket, 까치발) 등으로 보강하여 2개의 강관으로 묶을 경우 이상의 강도가 유지되는 경우에는 그러하지 아니하다.
4. 비계기둥 간의 적재하중은 400킬로그램을 초과하지 않도록 할 것

정답 ①

106 거푸집 측압이 커지는 원인에 해당하지 않는 것은?

① 타설속도가 빠를수록
② 거푸집의 투수성이 낮을수록
③ 타설높이가 높을수록
④ 콘크리트의 습도가 낮을수록

해설

콘크리트의 습도가 낮을수록 측압이 작아진다.

정답 ④

107 말비계를 조립 시 지주부재와 수평면의 기울기는 최대 몇 도 이하로 하여야 하는가?

① 30° ② 50° ③ 75° ④ 90°

해설

- 산업안전보건기준에 관한 규칙[시행 2024. 12. 29.] [고용노동부령 제417호, 2024. 6. 28., 일부개정]

제67조(말비계) 사업주는 말비계를 조립하여 사용하는 경우에 다음 각 호의 사항을 준수하여야 한다.
1. 지주부재(支柱部材)의 하단에는 미끄럼 방지장치를 하고, 근로자가 양측 끝부분에 올라서 작업하지 않도록 할 것
2. 지주부재와 수평면의 기울기를 75도 이하로 하고, 지주부재와 지주부재 사이를 고정시키는 보조부재를 설치할 것
3. 말비계의 높이가 2미터를 초과하는 경우에는 작업발판의 폭을 40센티미터 이상으로 할 것

정답 ③

108 동바리의 침하를 방지위한 안전조치로 옳지 않은 것은?

① 수평연결재 사용
② 받침목의 사용
③ 콘크리트의 타설
④ 말뚝박기

해설

■ 산업안전보건기준에 관한 규칙[시행 2024. 12. 29.] [고용노동부령 제417호, 2024. 6. 28., 일부개정]

제332조(동바리 조립 시의 안전조치) 사업주는 동바리를 조립하는 경우에는 하중의 지지상태를 유지할 수 있도록 다음 각 호의 사항을 준수해야 한다.
1. 받침목이나 깔판의 사용, 콘크리트 타설, 말뚝박기 등 동바리의 침하를 방지하기 위한 조치를 할 것
2. 동바리의 상하 고정 및 미끄러짐 방지 조치를 할 것
3. 상부·하부의 동바리가 동일 수직선상에 위치하도록 하여 깔판·받침목에 고정시킬 것
4. 개구부 상부에 동바리를 설치하는 경우에는 상부하중을 견딜 수 있는 견고한 받침대를 설치할 것
5. U헤드 등의 단판이 없는 동바리의 상단에 멍에 등을 올릴 경우에는 해당 상단에 U헤드 등의 단판을 설치하고, 멍에 등이 전도되거나 이탈되지 않도록 고정시킬 것
6. 동바리의 이음은 같은 품질의 재료를 사용할 것
7. 강재의 접속부 및 교차부는 볼트·클램프 등 전용철물을 사용하여 단단히 연결할 것
8. 거푸집의 형상에 따른 부득이한 경우를 제외하고는 깔판이나 받침목은 2단 이상 끼우지 않도록 할 것
9. 깔판이나 받침목을 이어서 사용하는 경우에는 그 깔판·받침목을 단단히 연결할 것
[전문개정 2023. 11. 14.]

정답 ①

109 항만하역작업에서의 선박승강설비 설치기준으로 옳지 않은 것은?

① 200톤급 이상의 선박에서 하역작업을 하는 경우에 근로자들이 안전하게 오르내릴 수 있는 있는 현문사다리를 설치하여야 하며, 이 사다리 밑에 안전망을 설치하여야 한다.
② 현문 사다리는 견고한 재료로 제작된 것으로 너비는 55cm 이상이어야 한다.
③ 현문 사다리의 양측에는 82cm 이상의 높이로 울타리를 설치하여야 한다.
④ 현문 사다리는 근로자의 통행에만 사용하여야 하며, 화물용 발판 또는 화물용 보관으로 사용하도록 해서는 아니 된다.

해설

■ 산업안전보건기준에 관한 규칙[시행 2024. 12. 29.] [고용노동부령 제417호, 2024. 6. 28., 일부개정]

제397조(선박승강설비의 설치) ① 사업주는 300톤급 이상의 선박에서 하역작업을 하는 경우에 근로자들이 안전하게 오르내릴 수 있는 현문(舷門) 사다리를 설치하여야 하며, 이 사다리 밑에 안전망을 설치하여야 한다.
② 제1항에 따른 현문 사다리는 견고한 재료로 제작된 것으로 너비는 55센티미터 이상이어야 하고, 양측에 82센티미터 이상의 높이로 울타리를 설치하여야 하며, 바닥은 미끄러지지 않도록 적합한 재질로 처리되어야 한다.
③ 제1항의 현문 사다리는 근로자의 통행에만 사용하여야 하며, 화물용 발판 또는 화물용 보관으로 사용하도록 해서는 아니 된다.

정답 ①

110 구축물 등의 안전성평가를 해야 하는 것으로 옳지 않은 것은?

① 구축물등의 인근에서 굴착·항타작업 등으로 침하·균열 등이 발생하여 붕괴의 위험이 예상될 경우
② 구축물등에 지진, 동해(凍害), 부동침하(不同沈下) 등으로 균열·비틀림 등이 발생했을 경우
③ 구축물등이 그 자체의 무게·적설·풍압 또는 그 밖에 부가되는 하중 등으로 붕괴 등의 위험이 있을 경우
④ 중대재해가 발생한 경우

해설

■ 산업안전보건기준에 관한 규칙[시행 2024. 12. 29.] [고용노동부령 제417호, 2024. 6. 28., 일부개정]
제52조(구축물등의 안전성 평가) 사업주는 구축물등이 다음 각 호의 어느 하나에 해당하는 경우에는 구축물등에 대한 구조검토, 안전진단 등의 안전성 평가를 하여 근로자에게 미칠 위험성을 미리 제거해야 한다.〈개정 2023. 11. 14.〉
1. 구축물등의 인근에서 굴착·항타작업 등으로 침하·균열 등이 발생하여 붕괴의 위험이 예상될 경우
2. 구축물등에 지진, 동해(凍害), 부동침하(不同沈下) 등으로 균열·비틀림 등이 발생했을 경우
3. 구축물등이 그 자체의 무게·적설·풍압 또는 그 밖에 부가되는 하중 등으로 붕괴 등의 위험이 있을 경우
4. 화재 등으로 구축물등의 내력(耐力)이 심하게 저하됐을 경우
5. 오랜 기간 사용하지 않던 구축물등을 재사용하게 되어 안전성을 검토해야 하는 경우
6. 구축물등의 주요구조부(「건축법」 제2조제1항제7호에 따른 주요구조부를 말한다. 이하 같다)에 대한 설계 및 시공방법의 전부 또는 일부를 변경하는 경우
7. 그 밖의 잠재위험이 예상될 경우
[제목개정 2023. 11. 14.]

정답 ④

111 장비가 위치한 지면보다 낮은 장소를 굴착하는데 적합한 차량계 건설기계는 무엇인가?

① 불도저　　② 파워셔블
③ 트럭크레인　　④ 백호

정답 ④

112 굴착면의 기울기 기준으로 옳은 것은?

① 모래 − 1 : 1.8
② 연암 및 풍화암 − 1 : 1.3
③ 경암 − 1 : 1.5
④ 그 밖의 흙 − 1 : 1.0

해설

■ 산업안전보건기준에 관한 규칙 [별표 11] 〈개정 2023. 11. 14.〉

굴착면의 기울기 기준(제339조 제1항 관련)

지반의 종류	굴착면의 기울기
모래	1 : 1.8
연암 및 풍화암	1 : 1.0
경암	1 : 0.5
그 밖의 흙	1 : 1.2

비고
1. 굴착면의 기울기는 굴착면의 높이에 대한 수평거리의 비율을 말한다.
2. 굴착면의 경사가 달라서 기울기를 계산하기가 곤란한 경우에는 해당 굴착면에 대하여 지반의 종류별 굴착면의 기울기에 따라 붕괴의 위험이 증가하지 않도록 위 표의 지반의 종류별 굴착면의 기울기에 맞게 해당 각 부분의 경사를 유지해야 한다.

정답 ①

113 건설공사의 유해위험방지계획서 제출 기준일로 옳은 것은?

① 당해공사 착공 전날까지
② 당해공사 착공 10일 전까지
③ 당해공사 착공 15일 전까지
④ 당해공사 착공 30일 후까지

정답 ①

114 와이어로프가 훅으로부터 빠지는 것을 방지하는 장치는?

① 턴버클
② 권과방지장치
③ 과부하방지장치
④ 해지장치

정답 ④

115 안전난간의 구조 및 설치요건에 대한 기준으로 옳지 않은 것은?

① 상부난간대는 바닥면·발판 또는 경사로의 표면으로부터 90cm 이상 지점에 설치할 것
② 발끝막이판은 바닥면 등으로부터 10cm 이상의 높이를 유지할 것
③ 난간대는 지름 1.5cm 이상의 금속제파이프나 그 이상의 강도를 가진 재료일 것
④ 안전난간은 구조적으로 가장 취약한 지점에서 가장 취약한 방향으로 작용하는 100kg 이상의 하중에 견딜 수 있는 튼튼한 구조일 것

해설

■ 산업안전보건기준에 관한 규칙[시행 2024. 12. 29.] [고용노동부령 제417호, 2024. 6. 28., 일부개정]

제13조(안전난간의 구조 및 설치요건) 사업주는 근로자의 추락 등의 위험을 방지하기 위하여 안전난간을 설치하는 경우 다음 각 호의 기준에 맞는 구조로 설치해야 한다.〈개정 2015. 12. 31., 2023. 11. 14.〉

1. 상부 난간대, 중간 난간대, 발끝막이판 및 난간기둥으로 구성할 것. 다만, 중간 난간대, 발끝막이판 및 난간기둥은 이와 비슷한 구조와 성능을 가진 것으로 대체할 수 있다.
2. 상부 난간대는 바닥면·발판 또는 경사로의 표면(이하 "바닥면등"이라 한다)으로부터 90센티미터 이상 지점에 설치하고, 상부 난간대를 120센티미터 이하에 설치하는 경우에는 중간 난간대는 상부 난간대와 바닥면등의 중간에 설치해야 하며, 120센티미터 이상 지점에 설치하는 경우에는 중간 난간대를 2단 이상으로 균등하게 설치하고 난간의 상하 간격은 60센티미터 이하가 되도록 할 것. 다만, 난간기둥 간의 간격이 25센티미터 이하인 경우에는 중간 난간대를 설치하지 않을 수 있다.
3. 발끝막이판은 바닥면등으로부터 10센티미터 이상의 높이를 유지할 것. 다만, 물체가 떨어지거나 날아올 위험이 없거나 그 위험을 방지할 수 있는 망을 설치하는 등 필요한 예방 조치를 한 장소는 제외한다.
4. 난간기둥은 상부 난간대와 중간 난간대를 견고하게 떠받칠 수 있도록 적정한 간격을 유지할 것
5. 상부 난간대와 중간 난간대는 난간 길이 전체에 걸쳐 바닥면등과 평행을 유지할 것
6. 난간대는 지름 2.7센티미터 이상의 금속제 파이프나 그 이상의 강도가 있는 재료일 것
7. 안전난간은 구조적으로 가장 취약한 지점에서 가장 취약한 방향으로 작용하는 100킬로그램 이상의 하중에 견딜 수 있는 튼튼한 구조일 것

정답 ③

116 통로발판을 설치하여 사용함에 있어서 준수사항으로 옳지 않은 것은?

① 작업발판의 최대폭은 1.6m 이내이어야 한다.
② 추락의 위험이 있는 곳에는 안전난간이나 철책을 설치하여야 한다.
③ 비계발판의 구조에 따라 최대 적재하중을 정하고 이를 초과하지 않도록 하여야 한다.
④ 발판을 겹쳐 이음하는 경우 장선 위에서 이음을 하고 겹침길이는 10cm 이상으로 하여야 한다.

해설

■ 가설공사 표준안전 작업지침[시행 2020. 1. 16.] [고용노동부고시 제2020-3호, 2020. 1. 7., 일부개정]

제15조(통로발판) 사업주는 통로발판을 설치하여 사용함에 있어서 다음 각 호의 사항을 준수하여야 한다.
1. 근로자가 작업 및 이동하기에 충분한 넓이가 확보되어야 한다.
2. 추락의 위험이 있는 곳에는 안전난간이나 철책을 설치하여야 한다.
3. 발판을 겹쳐 이음하는 경우 장선 위에서 이음을 하고 겹침길이는 20센티미터 이상으로 하여야 한다.
4. 발판 1개에 대한 지지물은 2개 이상이어야 한다.
5. 작업발판의 최대폭은 1.6미터 이내이어야 한다.
6. 작업발판 위에는 돌출된 못, 옹이, 철선 등이 없어야 한다.
7. 비계발판의 구조에 따라 최대 적재하중을 정하고 이를 초과하지 않도록 하여야 한다.

정답 ④

117 사다리식 통로 등의 구조에 대한 설치기준으로 옳지 않은 것은?

① 발판의 간격은 일정하게 할 것
② 발판과 벽과의 사이는 15cm 이상의 간격을 유지할 것
③ 사다리식 통로의 길이가 10m 이상인 때에는 8m 이내마다 계단참을 설치할 것
④ 사다리의 상단은 걸쳐놓은 지점으로부터 60cm이상 올라가도록 할 것

해설

■ 산업안전보건기준에 관한 규칙[시행 2024. 12. 29.] [고용노동부령 제417호, 2024. 6. 28., 일부개정]
제24조(사다리식 통로 등의 구조)
① 사업주는 사다리식 통로 등을 설치하는 경우 다음 각 호의 사항을 준수하여야 한다.〈개정 2024. 6. 28.〉
 1. 견고한 구조로 할 것
 2. 심한 손상·부식 등이 없는 재료를 사용할 것
 3. 발판의 간격은 일정하게 할 것
 4. 발판과 벽과의 사이는 15센티미터 이상의 간격을 유지할 것
 5. 폭은 30센티미터 이상으로 할 것
 6. 사다리가 넘어지거나 미끄러지는 것을 방지하기 위한 조치를 할 것
 7. 사다리의 상단은 걸쳐놓은 지점으로부터 60센티미터 이상 올라가도록 할 것
 8. 사다리식 통로의 길이가 10미터 이상인 경우에는 5미터 이내마다 계단참을 설치할 것
 9. 사다리식 통로의 기울기는 75도 이하로 할 것. 다만, 고정식 사다리식 통로의 기울기는 90도 이하로 하고, 그 높이가 7미터 이상인 경우에는 다음 각 목의 구분에 따른 조치를 할 것
  가. 등받이울이 있어도 근로자 이동에 지장이 없는 경우: 바닥으로부터 높이가 2.5미터 되는 지점부터 등받이울을 설치할 것
  나. 등받이울이 있으면 근로자가 이동이 곤란한 경우: 한국산업표준에서 정하는 기준에 적합한 개인용 추락방지 시스템을 설치하고 근로자로 하여금 한국산업표준에서 정하는 기준에 적합한 전신안전대를 사용하도록 할 것
 10. 접이식 사다리 기둥은 사용 시 접혀지거나 펼쳐지지 않도록 철물 등을 사용하여 견고하게 조치할 것
② 잠함(潛函) 내 사다리식 통로와 건조·수리 중인 선박의 구명줄이 설치된 사다리식 통로(건조·수리작업을 위하여 임시로 설치한 사다리식 통로는 제외한다)에 대해서는 제1항제5호부터 제10호까지의 규정을 적용하지 아니한다.

정답 ③

118 건설업 산업안전보건관리비 계상 및 사용기준은 산업재해보상 보험법의 적용을 받는 공사 중 총 공사금액이 얼마 이상인 공사에 적용하는가? (단, 전기공사업법, 정보통신공사업법에 의한 공사는 제외)

① 1천만 원　　② 2천만 원　　③ 3천만 원　　④ 4천만 원

해설

■ 건설업 산업안전보건관리비 계상 및 사용기준 [시행 2025.1.1.][고용노동부고시 2024.9.19 일부개정]
제3조(적용범위) 이 고시는 법 제2조 제11호의 건설공사 중 총공사금액 2천만 원 이상인 공사에 적용한다. 다만, 단가계약에 의하여 행하는 공사에 대하여는 총계약금액을 기준으로 적용한다.

정답 ②

119 거푸집 해체작업 시 유의사항으로 옳지 않은 것은?

① 일반적으로 수평부재의 거푸집은 연직부재의 거푸집보다 빨리 해체한다.
② 해체된 거푸집이나 각목 등에 박혀있는 못 또는 날카로운 돌출물은 즉시 제거하여야 한다.
③ 거푸집 해체작업장 주위에는 관계자를 제외하고는 출입을 금지시켜야 한다.
④ 상하 동시 작업은 원칙적으로 금지하여 부득이한 경우에는 긴밀히 연락을 취하며 작업을 하여야 한다.

해설

■ 콘크리트공사표준안전작업지침 [시행 2020. 1. 16.] [고용노동부고시 2020. 1. 7., 일부개정]
제9조(해체) 사업주는 거푸집의 해체작업을 하여야 할 때에는 다음 각 호의 사항을 준수하여야 한다.
1. 거푸집 및 지보공(동바리)의 해체는 순서에 의하여 실시하여야 하며 안전담당자를 배치하여야 한다.
2. 거푸집 및 지보공(동바리)은 콘크리트 자중 및 시공 중에 가해지는 기타 하중에 충분히 견딜만 한 강도를 가질 때까지는 해체하지 아니하여야 한다.
3. 거푸집을 해체할 때에는 다음 각 목에 정하는 사항을 유념하여 작업하여야 한다.
   가. 해체작업을 할 때에는 안전모등 안전 보호장구를 착용토록 하여야 한다.
   나. 거푸집 해체작업장 주위에는 관계자를 제외하고는 출입을 금지시켜야 한다.
   다. 상하 동시 작업은 원칙적으로 금지하여 부득이한 경우에는 긴밀히 연락을 위하며 작업을 하여야 한다.
   라. 거푸집 해체 때 구조체에 무리한 충격이나 큰 힘에 의한 지렛대 사용은 금지하여야 한다.
   마. 보 또는 스라브 거푸집을 제거할 때에는 거푸집의 낙하 충격으로 인한 작업원의 돌발적 재해를 방지하여야 한다.
   바. 해체된 거푸집이나 각목 등에 박혀있는 못 또는 날카로운 돌출물은 즉시 제거하여야 한다.
   사. 해체된 거푸집이나 각 목은 재사용 가능한 것과 보수하여야 할 것을 선별, 분리하여 적치하고 정리정돈을 하여야 한다.
4. 기타 제3자의 보호조치에 대하여도 완전한 조치를 강구하여야 한다.

정답 ①

120 철골작업 시 철골부재에서 근로자가 수직 방향으로 이동하는 경우에 설치하여야 하는 고정된 승강로의 최대 답단 간격은 얼마 이내인가?

① 10cm ② 20cm ③ 30cm ④ 40cm

해설

■ 철골공사표준안전작업지침 [시행 2020. 1. 16.] [고용노동부고시 2020. 1. 7., 일부개정]
제16조(재해방지 설비) 철골공사 중 재해방지를 위하여 다음 각 호의 사항을 준수하여야 한다.
8. 철골건립중 건립위치까지 작업자가 안전하게 승강할 수 있는 사다리, 계단, 외부비계, 승강용 엘리베이터 등을 설치해야 하며 건립이 실시되는 층에서는 주로 기둥을 이용하여 올라가는 경우가 많으므로 기둥승강 설비로서 (그림 8)과 같이 기둥제작 시 16밀리 미터 철근등을 이용하여 30센티미터 이내의 간격, 30센티미터 이상의 폭으로 트랩을 설치하여야 하며 안전대 부착설비구조를 겸용하여야 한다.

정답 ③

PART 07 2024년 3회 기출

2024.07.05.시행

※ 24년 기출문제는 시험 후기를 바탕으로 복원한 것으로 실제 출제 문제와 상이할 수 있습니다.

1과목 산업안전관리론

01 지방고용노동관서의 장이 사업주에게 안전관리자를 정수 이상으로 증원하게 하거나 교체할 것을 명령할 수 있는 사유에 해당하지 않는 것은?

① 사망재해 연간 2건
② 중대재해 연간 2건
③ 질병의 사유로 2개월간 안전관리자 직무 수행 불가
④ 해당 사업장의 연간재해율이 같은 업종의 평균재해율의 3배 이상 발생

해설

산업안전보건법 시행규칙[시행 2025. 1. 1.]
제12조(안전관리자 등의 증원·교체임명 명령) ① 지방고용노동관서의 장은 다음 각 호의 어느 하나에 해당하는 사유가 발생한 경우에는 법 제17조 제4항·제18조 제4항 또는 제19조 제3항에 따라 사업주에게 안전관리자·보건관리자 또는 안전보건관리담당자(이하 이 조에서 "관리자"라 한다)를 정수 이상으로 증원하게 하거나 교체하여 임명할 것을 명할 수 있다. 다만, 제4호에 해당하는 경우로서 직업성 질병자 발생 당시 사업장에서 해당 화학적 인자(因子)를 사용하지 않은 경우에는 그렇지 않다.
1. 해당 사업장의 연간재해율이 같은 업종의 평균재해율의 2배 이상인 경우
2. 중대재해가 연간 2건 이상 발생한 경우. 다만, 해당 사업장의 전년도 사망만인율이 같은 업종의 평균 사망만인율 이하인 경우는 제외한다.
3. 관리자가 질병이나 그 밖의 사유로 3개월 이상 직무를 수행할 수 없게 된 경우
4. 별표 22 제1호에 따른 화학적 인자로 인한 직업성 질병자가 연간 3명 이상 발생한 경우. 이 경우 직업성 질병자의 발생일은 「산업재해보상보험법 시행규칙」 제21조 제1항에 따른 요양급여의 결정일로 한다.

정답 ③

02 TBM 활동의 5단계 추진법의 진행순서로 옳은 것은?

① 도입 → 확인 → 위험예측 → 작업지시 → 점검
② 도입 → 위험예측 → 작업지시 → 점검 → 확인
③ 도입 → 작업지시 → 위험예측 → 점검 → 확인
④ 도입 → 점검 → 작업지시 → 위험예측 → 확인

해설

도입(제조, 인사 등) → 점검(장비, 건강, 보호구 등) → 작업지시(해당작업) → 위험예측(당일 작업시 위험사항) → 확인(대책수립 및 원포인트 지적,터치앤콜 등) 순으로 TBM 활동을 실시한다.

정답 ④

03 안전보건관리책임자의 업무에 해당하지 않는 것은?

① 작업 근로자의 역량에 맞게 현장 적정 배치에 관한 사항
② 안전보건관리규정의 작성 및 변경에 관한 사항
③ 작업환경측정 등 작업환경의 점검 및 개선에 관한 사항
④ 산업재해에 관한 통계의 기록 및 유지에 관한 사항

해설

산업안전보건법[시행 2024. 5. 17.]
제15조(안전보건관리책임자) ① 사업주는 사업장을 실질적으로 총괄하여 관리하는 사람에게 해당 사업장의 다음 각 호의 업무를 총괄하여 관리하도록 하여야 한다.
1. 사업장의 산업재해 예방계획의 수립에 관한 사항
2. 제25조 및 제26조에 따른 안전보건관리규정의 작성 및 변경에 관한 사항
3. 제29조에 따른 안전보건교육에 관한 사항
4. 작업환경측정 등 작업환경의 점검 및 개선에 관한 사항
5. 제129조부터 제132조까지에 따른 근로자의 건강진단 등 건강관리에 관한 사항
6. 산업재해의 원인 조사 및 재발 방지대책 수립에 관한 사항
7. 산업재해에 관한 통계의 기록 및 유지에 관한 사항
8. 안전장치 및 보호구 구입 시 적격품 여부 확인에 관한 사항
9. 그 밖에 근로자의 유해·위험 방지조치에 관한 사항으로서 고용노동부령으로 정하는 사항
② 제1항 각 호의 업무를 총괄하여 관리하는 사람(이하 "안전보건관리책임자"라 한다)은 제17조에 따른 안전관리자 와 제18조에 따른 보건관리자를 지휘·감독한다.
③ 안전보건관리책임자를 두어야 하는 사업의 종류와 사업장의 상시근로자 수, 그 밖에 필요한 사항은 대통령령으로 정한다.

정답 ①

04 위험도(risk)에 대한 설명으로 옳은 것은?

① 위급을 나타내는 용어로 잠재적인 위험 표출
② 위험 발생의 급박한 상태가 어떤 조건이 갖춰졌을 때
③ 위험상황이 재해상황으로 변하는 과정상의 위험분석
④ 사고의 빈도와 강도의 조합으로 위험의 크기 또는 위험의 정도

해설

위험도 = 사고빈도(가능성) × 사고강도(중대성)

정답 ④

05 Near Accident에 대해 올바르게 설명한 것은?

① 인적 또는 물적 피해가 없는 사고
② 인적 재해가 발생하는 경우
③ 물적 재해가 발생하는 경우
④ 경미한 비용이 발생하는 경우

해설

Near Accident 는 인적피해는 물론 물적피해가 일절 발생하지 않은 사고를 의미한다.

정답 ①

06 유해위험방지계획서를 작성해야 하는 건설업 대상에 해당하지 않는 것은?

① 다목적댐, 발전용댐, 저수용량 2천만톤 이상의 용수 전용 댐 및 지방상수도 전용 댐의 건설 등 공사
② 터널의 건설등 공사
③ 연면적 5천제곱미터 이상인 냉동·냉장 창고시설의 설비공사 및 단열공사
④ 깊이 5미터 이상인 굴착공사

해설

산업안전보건법 시행령[시행 2025. 1. 1.]
제42조(유해위험방지계획서 제출 대상) ③ 법 제42조 제1항 제3호에서 "대통령령으로 정하는 크기 높이 등에 해당하는 건설공사"란 다음 각 호의 어느 하나에 해당하는 공사를 말한다.
1. 다음 각 목의 어느 하나에 해당하는 건축물 또는 시설 등의 건설·개조 또는 해체(이하 "건설등"이라 한다) 공사
  가. 지상높이가 31미터 이상인 건축물 또는 인공구조물
  나. 연면적 3만제곱미터 이상인 건축물
  다. 연면적 5천제곱미터 이상인 시설로서 다음의 어느 하나에 해당하는 시설
   1) 문화 및 집회시설(전시장 및 동물원·식물원은 제외한다)
   2) 판매시설, 운수시설(고속철도의 역사 및 집배송시설은 제외한다)
   3) 종교시설
   4) 의료시설 중 종합병원
   5) 숙박시설 중 관광숙박시설
   6) 지하도상가
   7) 냉동·냉장 창고시설
2. 연면적 5천제곱미터 이상인 냉동·냉장 창고시설의 설비공사 및 단열공사
3. 최대 지간(支間)길이(다리의 기둥과 기둥의 중심사이의 거리)가 50미터 이상인 다리의 건설등 공사
4. 터널의 건설등 공사
5. 다목적댐, 발전용댐, 저수용량 2천만톤 이상의 용수 전용 댐 및 지방상수도 전용 댐의 건설등 공사
6. 깊이 10미터 이상인 굴착공사

정답 ④

07 노사협의체의 근로자위원에 해당하지 않는 것은?

① 공사금액이 20억원 이상인 공사의 관계수급인의 각 대표자
② 도급 또는 하도급 사업을 포함한 전체 사업의 근로자대표
③ 근로자대표가 지명하는 명예산업안전감독관 1명(단, 명예산업안전감독관이 위촉된 경우)
④ 공사금액이 20억원 이상인 공사의 관계수급인의 각 근로자대표

해설

산업안전보건법 시행령[시행 2025. 1. 1.]
제64조(노사협의체의 구성) ① 노사협의체는 다음 각 호에 따라 근로자위원과 사용자위원으로 구성한다.
1. 근로자위원
  가. 도급 또는 하도급 사업을 포함한 전체 사업의 근로자대표
  나. 근로자대표가 지명하는 명예산업안전감독관 1명. 다만, 명예산업안전감독관이 위촉되어 있지 않은 경우에는 근로자대표가 지명하는 해당 사업장 근로자 1명
  다. 공사금액이 20억원 이상인 공사의 관계수급인의 각 근로자대표
2. 사용자위원
  가. 도급 또는 하도급 사업을 포함한 전체 사업의 대표자
  나. 안전관리자 1명
  다. 보건관리자 1명(별표 5 제44호에 따른 보건관리자 선임대상 건설업으로 한정한다)
  라. 공사금액이 20억원 이상인 공사의 관계수급인의 각 대표자
② 노사협의체의 근로자위원과 사용자위원은 합의하여 노사협의체에 공사금액이 20억원 미만인 공사의 관계수급인 및 관계수급인 근로자대표를 위원으로 위촉할 수 있다.
③ 노사협의체의 근로자위원과 사용자위원은 합의하여 제67조제2호에 따른 사람을 노사협의체에 참여하도록 할 수 있다.

정답 ①

08 숙련된 안전관리자는 불안전한 행동을 관찰하기 위해 안전관찰훈련을 통해 사고 발생을 사전에 방지한다. 이를 위한 안전관찰훈련기법은 무엇인가?

① THP 기법
② TBM 기법
③ STOP 기법
④ TD-BU 기법

해설

STOP(Safety Training Observation Program)기법은 각 공종 감독자들이 숙련된 안전관찰역량을 통해 안전사고를 사전에 방지함을 목적으로 운영되는 안전관찰훈련기법이다.

정답 ③

09 건설기술진흥법상 시행하는 안전점검의 종류로 정기안전점검 결과 건설공사의 물리적·기능적 결함 등이 발견되어 보수·보강 등의 조치를 필요로 하는 경우에 실시하는 점검은 무엇인가?

① 긴급점검　　　　　　　　　② 정기점검
③ 특별점검　　　　　　　　　④ 정밀안전점검

정답 ④

10 시간적 유한성을 가진 일시적이고 잠정적인 조직으로 플랜트, 도시개발 등 특정한 건설 과제별로 조직을 구성하는 조직의 형태는 무엇인가?

① 프로젝트(Project) 조직　　　② 라인스태프(Line-Staff) 조직
③ 라인(Line) 조직　　　　　　④ 스태프(Staff) 조직

정답 ①

11 100~1,000명 이상의 중규모 사업장에 가장 적합한 안전관리조직은?

① 경영형 안전조직　　　　　　② 라인형 안전조직
③ 스태프형 안전조직　　　　　④ 라인-스태프형 안전조직

정답 ③

12 다음 중 재해예방의 4원칙에 해당하지 않는 것은?

① 대책선정의 원칙　　　　　　② 예방가능의 원칙
③ 원인계기의 원칙　　　　　　④ 손실필연의 원칙

정답 ④

13 근로자 200명이 작업하는 현장에서 사망자 2명, 50일의 휴업일수가 발생하였다. 이 사업장의 강도율은 얼마인가? (단, 연간 근로시간은 2,400시간)

① 25.36　　　　　　　　　　② 31.33
③ 40.59　　　　　　　　　　④ 50.52

해설

산업재해통계업무처리규정(제3조 산업재해통계의 산출방법 및 정의)

$$강도율 = \frac{근로손실일수}{연근로시간수} \times 1,000 = \frac{(7500 \times 2) + (50 \times \frac{300}{365})}{200 \times 2400} \times 1,000 = 31.33$$

정답 ②

14 재해자 자신의 움직임 또는 동작으로 인해 기인물에 접촉 또는 부딪히거나, 물체가 고정부를 이탈하지 않은 상태로 불규칙 또는 규칙적 움직임 등에 의하여 발생한 재해는 무엇인가?

① 추락
② 낙하
③ 충돌
④ 붕괴

정답 ③

15 하인리히의 사고예방대책 기본원리 5단계 중 "분석평가" 이전 단계에서 적용되는 단계는 무엇인가?

① 분석 및 평가
② 사실의 발견
③ 안전관리조직
④ 시정책의 선정

 해설

1. 안전관리조직 > 2.사실의 발견 > 3.분석 및 평가 > 4.시정방법의 선정 > 5.시정책의 적용

정답 ②

16 버드의 재해구성비율에 근거하여 무상해·무사고가 300건 발생한 경우 경상은 몇 건인가?

① 1
② 3
③ 5
④ 7

 해설

버드(Frank Bird)법칙은 중상(1):경상(10):무상해사고(30,물적손실):무상해·무사고(600)에 따라 무상해·무사고가 300건이므로 경상은 5건이다.

정답 ③

17 사고의 유형 또는 기인물 등을 분류 항목이 큰 순서대로 도표화하는 통계적 재해원인분석 방법은?

① 파레토도
② 특성요인도
③ 관리도
④ 산포도

정답 ①

18 안전보건표지의 색채를 빨간색으로 사용하는 경우는?

① 금지표지
② 경고표지
③ 지시표지
④ 안내표지

정답 ①

19 안전검사 대상 기계에 해당하지 않는 것은?

① 정격하중이 2톤 이상인 크레인
② 이동식이 아닌 국소배기장치
③ 산업용 원심기
④ 밀폐형 구조 롤러기

해설

밀폐형 구조 롤러기는 안전점검사대상에서 제외된다.

정답 ④

20 보호구 안전인증 고시에 동하중성능에 따른 안전대 충격흡수장치의 시험성능기준으로 옳은 것은?

① 최대전달충격력: 3.0kN 이하   감속거리: 1,000mm 이하
② 최대전달충격력: 4.0kN 이하   감속거리: 1,000mm 이하
③ 최대전달충격력: 5.0kN 이하   감속거리: 1,000mm 이하
④ 최대전달충격력: 6.0kN 이하   감속거리: 1,000mm 이하

정답 ④

2과목   산업심리 및 교육

21 선발용으로 사용되는 적성검사가 제대로 구성되었는지를 알아보기 위한 분석방법과 관련이 적은 것은?

① 검사-재검사 신뢰도
② 동등타당도
③ 내용타당도
④ 구성타당도

정답 ②

22 안전수단이 생략되어 불안전 행위를 나타내는 경우로 적합하지 않은 것은?

① 의식과잉이 발생한 경우
② 피로·과로한 경우
③ 주변영향이 있는 경우
④ 교육훈련 실시한 경우

해설

안전수단을 생략하는 경우 1.의식과잉, 2.피로·과로, 3.주변영향

정답 ④

23 안전심리 5대 요소에 해당하지 않는 것은?

① 동기
② 감정
③ 습관
④ 과로

해설

1. 동기, 2. 기질, 3. 감정, 4. 습성, 5. 습관

정답 ④

24 허시(Hersey)와 브랜차드(Blanchard)의 상황적 리더십 이론 중 4가지 유형에 해당하지 않는 것은?

① 위임적 리더십
② 지시적 리더십
③ 참여적 리더십
④ 통제적 리더십

해설

1. 지시형리더십, 2. 코치형리더십, 3. 지원적리더십, 4. 위임적리더십

정답 ④

25 단조로운 작업 또는 몹시 피로하여 의식이 뚜렷하지 않은 상태의 의식 수준은?

① phase 0
② phase Ⅰ
③ phase Ⅱ
④ phase Ⅲ

해설

1. Phase 0 : 수면
2. Phase Ⅰ : 피로, 단조로움, 졸음
3. Phase Ⅱ : 안정, 휴식
4. Phase Ⅲ : 적극활동
5. Phase Ⅳ : 긴급방위

정답 ②

26 안드라고지(Andragogy) 모델에 따른 성인의 특징에 해당하지 않는 것은?

① 왜 배워야 하는지에 대한 욕구가 있다.
② 많은 다양한 경험을 가지고 학습에 참여한다.
③ 문제중심적으로 학습하고자 한다.
④ 타인 주도적 학습을 선호한다.

해설
성인들은 자기주도적으로 학습하고자 한다.

정답 ④

27 건설현장에 근무하는 작업자의 작업행위가 힘든 작업으로 평가되었다면 에너지 대사율(RMR)의 범위는 얼마인가?

① 0~2　　　　　　　　　② 2~4
③ 4~7　　　　　　　　　④ 7 이상

해설
경작업(0~2RMR), 2. 보통 작업(2~4RMR), 3. 힘든 작업(4~7RMR), 4. 굉장히 힘든 작업(7RMR)

정답 ③

28 호손(Hawthome)실험 결과 생산성 향상에 영향을 준 가장 큰 요인 무엇인가?

① 근로시간　　　　　　② 임금
③ 작업환경　　　　　　④ 인간 관계

정답 ④

29 방어적 기제에 해당하는 것은?

① 억압　　　　　　　　② 퇴행
③ 보상　　　　　　　　④ 백일몽

해설
방어적 기제 : 합리화, 동일시, 승화, 보상
공격적 기제 : 직접적, 간접적
도피적 기제 : 고립, 퇴행, 백일몽, 억압

정답 ③

30 과업을 계획하고 수행하는데 구성원과 함께 책임을 공유하고 인간에 관해 높은 관심을 갖는 리더십은 무엇인가?

① 민주적 리더십　　　　② 독재적 리더십
③ 권위적 리더십　　　　④ 자유방임형 리더십

정답 ①

31 건설용 리프트 · 곤돌라를 이용한 작업의 특별교육 내용으로 틀린 것은?

① 방호장치의 기능 및 사용에 관한 사항
② 화물의 취급 및 작업 방법에 관한 사항
③ 기계, 기구, 달기체인 및 와이어 등의 점검에 관한 사항
④ 신호방법 및 공동작업에 관한 사항

 해설

산업안전보건법 시행규칙 [별표 5] 〈개정 2023. 9. 27.〉
안전보건교육 교육대상별 교육내용(제26조 제1항 등 관련)

라. 특별교육 대상 작업별 교육

작업명	교육내용
15. 건설용 리프트 · 곤돌라를 이용한 작업	• 방호장치의 기능 및 사용에 관한 사항 • 기계, 기구, 달기체인 및 와이어 등의 점검에 관한 사항 • 화물의 권상 · 권하 작업방법 및 안전작업 지도에 관한 사항 • 기계 · 기구에 특성 및 동작원리에 관한 사항 • 신호방법 및 공동작업에 관한 사항 • 그 밖에 안전 · 보건관리에 필요한 사항

정답 ②

32 스트레스에 영향을 주는 요인 중 외적 요인에 해당하는 것은?

① 현실 부적응
② 자존심 손상
③ 직장 내 대인 갈등
④ 업무상 죄책감

정답 ③

33 타일러의 과학적 관리로 적합하지 않은 것은?

① 최소 인원으로 작업이 가능하여 실업자 대량 발생 우려
② 생산성과 종업원의 임금동시 향상
③ 과학적 선발과 교육
④ 인간중심 관점으로 업무 재설계

 해설

타일러의 과학적 관리는 고임금을 희망하는 근로자들을 비인간적으로 착취한다는 단점을 가지고 있다.

정답 ④

34 프로그램 학습법의 특징으로 옳지 않은 것은?

① 개발비가 적게 들고 제작과정이 쉽다.
② 교육내용이 고정되어 있다.
③ 집단사고의 기회가 없다.
④ 수강생의 사회성이 결여되기 쉽다.

해설

개발비가 많이 들고 제작과정이 어렵다.

정답 ①

35 연구자와 연구대상자가 직접 만나 내적인 사고, 가치관, 감정, 심리상태 등을 파악하는 기법은 무엇인가?

① ATT
② 카운슬링
③ CCS
④ 면접법

해설

면접법은 파악하고자 하는 연구에 대해 언어를 매개로 구조화된 질의응답을 통해 구현하는 기법이다.

정답 ④

36 근로자 안전보건교육 중 건설 일용근로자의 건설업 기초안전보건교육 교육시간 기준으로 옳은 것은?

① 1시간 이상
② 2시간 이상
③ 3시간 이상
④ 4시간 이상

해설

산업안전보건법 시행규칙 [별표 4] 〈개정 2023. 9. 27.〉
안전보건교육 교육과정별 교육시간(제26조 제1항 등 관련)

1. 근로자 안전보건교육(제26조 제1항, 제28조 제1항 관련)

교육과정	교육대상		교육시간
가. 정기교육	1) 사무직 종사 근로자		매반기 6시간 이상
	2) 그 밖의 근로자	가) 판매업무에 직접 종사하는 근로자	매반기 6시간 이상
		나) 판매업무에 직접 종사하는 근로자 외의 근로자	매반기 12시간 이상

교육과정	교육대상	교육시간
나. 채용 시 교육	1) 일용근로자 및 근로계약기간이 1주일 이하인 기간제근로자	1시간 이상
	2) 근로계약기간이 1주일 초과 1개월 이하인 기간제근로자	4시간 이상
	3) 그 밖의 근로자	8시간 이상
다. 작업내용 변경 시 교육	1) 일용근로자 및 근로계약기간이 1주일 이하인 기간제근로자	1시간 이상
	2) 그 밖의 근로자	2시간 이상
라. 특별교육	1) 일용근로자 및 근로계약기간이 1주일 이하인 기간제근로자: 별표 5 제1호라목(제39호는 제외한다)에 해당하는 작업에 종사하는 근로자에 한정한다.	2시간 이상
	2) 일용근로자 및 근로계약기간이 1주일 이하인 기간제근로자: 별표 5 제1호라목제39호에 해당하는 작업에 종사하는 근로자에 한정한다.	8시간 이상
	3) 일용근로자 및 근로계약기간이 1주일 이하인 기간제근로자를 제외한 근로자: 별표 5 제1호라목에 해당하는 작업에 종사하는 근로자에 한정한다.	가) 16시간 이상(최초 작업에 종사하기 전 4시간 이상 실시하고 12시간은 3개월 이내에서 분할하여 실시 가능) 나) 단기간 작업 또는 간헐적 작업인 경우에는 2시간 이상
마. 건설업 기초안전·보건교육	건설 일용근로자	4시간 이상

정답 ④

37 O.J.T(On the Job Training)의 특징이 아닌 것은?

① 개개인에게 적절한 지도훈련 가능
② 전문가를 강사로 초청하는 것이 가능
③ 직장 실정에 맞게 실체적 훈련 가능
④ 훈련에 필요한 업무 연속성 가능

해설

전문가를 강사로 초청하는 것은 Off.J.T에 해당한다.

정답 ②

38 자극의 정보를 조직화하는 과정 중 시각 정보의 조직화를 의미하는 용어는 무엇인가?

① 인지(cognition)
② 근접성(proximity)
③ 유추(analogy)
④ 게슈탈트(gestalt)

해설

게슈탈트는 독일어로 '구성하다', '창조하다' 등의 의미를 가지며 감각현상이 하나의 전체적이고 의미있는 내용으로 체계화되는 과정을 의미한다.

정답 ④

39 관리격자 모형이론 중 업적에 대한 관심과 인간에 대한 관심 두 가지 모두 최상의 결과를 도출하는 리더십 유형은 무엇인가?

① 과업형 리더십 ② 무관심형 리더십
③ 타협형 리더십 ④ 이상형 리더십

정답 ④

40 생체리듬(Circadian Rhythm)에 관한 설명으로 옳지 않은 것은?

① 생체리듬이 (-)로 최대인 점이 위험일이다.
② 육체적 리듬은 (P)로 나타내며, 23일을 주기로 반복된다.
③ 감성적 리듬은 (S)로 나타내며, 28일을 주기로 반복된다.
④ 지성적 리듬은 (I)로 나타내며, 33일을 주기로 반복된다.

해설

위험일[Gritical day, 영(zero)]
생체리듬은 P(physical,육체적), S(sensitivity,감정적), I(intellectual,지성적)로 구분되며 서로 다른 리듬은 안정기(+)와 불안기(-)로 반복하며 Sine곡선을 그린다. (+)에서 (-)로 또는 (-)에서 (+)로 변화하는 점으로 한 달에 6일 정도 발생한다.

정답 ①

3과목   인간공학 및 시스템안전공학

41 수행해야 할 작업 및 단계를 생략하여 발생하는 인간의 실수는?

① sequence error ② timing error
③ omission error ④ commission error

해설

직무 또는 수행단계를 수행하지 않아 발생하는 오류는 생략에러(omission error)이다.

정답 ③

42 암호체계의 사용 시 고려해야 할 사항으로 적절하지 않은 것은?

① 다차원의 암호보다 단일 차원화된 암호가 정보전달이 촉진된다.
② 정보를 암호화한 자극은 검출이 가능하여야 한다.
③ 모든 암호 표시는 감지장치에 의해 검출될 수 있고, 다른 암호 표시와 구별될 수 있어야 한다.
④ 암호를 사용할 때는 사용자가 그 뜻을 분명히 알 수 있어야 한다.

해설
단일 암호보다 다차원 암호가 정보전달이 촉진된다.

정답 ①

43 정성적 표시장치의 설명으로 옳지 않은 것은?

① 정성적 표시장치의 근본 자료 자체는 정량적인 것이다.
② 전력계에서와 같이 전자적으로 숫자가 표시된다.
③ 계기판 표시 구간을 형상 부호화하여 나타낸다.
④ 변수의 대략적인 값 또는 변화 추세 등을 알고자 하는 경우 사용된다.

해설
- 정량적 표시장치(정목동침형, 정침동목형, 계수형), 정성적 표시장치(예 : 주의, 정상, 위험구간 표시 등)
- 전력계에서와 같이 기계적 혹은 전자적으로 숫자가 표시되는 것은 정량적 표시장치(계수형)이다.

정답 ②

44 인간 에러(human errors)에 관한 설명으로 틀린 것은?

① extrneous errors는 불필요한 작업 또는 절차를 수행함으로써 기인한 에러이다.
② sequential errors는 필요한 작업 또는 절차의 순서 착오로 인한 에러이다.
③ omission errors는 필요한 작업 또는 절차를 수행하지 않는 데 기인한 에러이다.
④ commission errors는 필요한 작업 또는 절차의 수행지연으로 인한 에러이다.

해설
실행에러(commission errors)는 직무의 불확실한 수행으로 인한 에러이다.

정답 ④

45 물리현상을 왜곡하는 감각적 지각현상은 무엇인가?

① 무관심   ② 주의산만   ③ 피로   ④ 착각

정답 ④

46 부품의 배치원칙 중 기능적으로 관련된 부품을 모아서 배치하는 원칙에 해당하는 것은?

① 사용 순서의 원칙 ② 사용 빈도의 원칙
③ 기능별 배치의 원칙 ④ 중요성의 원칙

정답 ③

47 의자 설계 시 인간공학적 원칙에 적합하지 않은 것은?

① 등받이의 굴곡은 요추의 후만곡과 일치해야 한다.
② 의자의 높이는 오금의 높이보다 같거나 낮아야 한다.
③ 정적인 부하와 고정된 작업자세를 피해야 한다.
④ 좌면의 높이는 인체의 신장에 따라 조절이 가능해야 한다.

해설

등받이의 굴곡은 요추의 전만곡과 일치해야 한다.

정답 ①

48 근골격계부담작업에 속하지 않는 것은?

① 하루에 10회 이상 25kg 이상의 물체를 드는 작업
② 하루에 총 2시간 이상 손목 또는 손을 사용하여 같은 동작을 반복하는 작업
③ 하루에 총 2시간 이상 무릎을 굽힌 자세에서 이루어지는 작업
④ 하루에 총 2시간 이상 시간당 5회 이상 손을 사용하여 반복적으로 충격을 가하는 작업

해설

하루에 2시간 이상 시간당 10회 이상 손 또는 무릎을 사용하여 반복적으로 충격을 가하는 작업

정답 ④

49 A 작업시 휴식 중 에너지소비량은 1.5kcal/min이고, 평균 에너지소비량은 6kcal/min, 기초대사를 포함한 작업에 대한 평균 에너지소비량 상한값은 5kcal/min 이다. 총 작업시간 (60분) 내에 포함되어야 하는 휴식시간(분)은 얼마인가?

① 12.33 ② 13.33 ③ 14.33 ④ 15.33

해설

휴식시간 $= \dfrac{60(E-5)}{E-1.5} = \dfrac{60(6-5)}{(6-1.5)} = 13.33$분

정답 ②

50 완전 암조응(Dark adaptation)이 발생하는데 소요되는 시간은 대략 얼마인가?

① 약 10~20분 ② 약 20~30분
③ 약 30~40분 ④ 약 40~50분

해설

암조응은 밝은 곳에서 어두운 곳으로 갈 때 망막에 조응이 형성되는 생리적 과정을 말한다.

정답 ③

51 다음 중 동작경제의 원칙으로 옳지 않은 것은?

① 가능한 자연스런 리듬이 작업동작에 발생하도록 공구 등을 배치한다.
② 두 팔은 동시에 서로 반대방향으로 대칭적으로 움직이도록 한다.
③ 공구는 작업동작이 원활하게 수행되도록 그 위치를 설정한다.
④ 각 공구의 기능을 각각 분리하여 사용한다.

해설

공구의 기능은 서로 결합하여 사용하도록 한다.

정답 ④

52 음의 크기 1sone은 (㉠)Hz, (㉡)dB 의 음압수준을 가진 순음의 크기를 말한다. ㉠, ㉡에 알맞게 넣으시오.

① ㉠ 1,000, ㉡ 10 ② ㉠ 1,000, ㉡ 40
③ ㉠ 2,000, ㉡ 40 ④ ㉠ 2,000, ㉡ 80

정답 ②

53 자연습구온도 22℃, 흑구온도 20℃, 건구온도 35℃일 때 습구흑구온도지수(WBGT)는 얼마인가? (단, 태양광선이 내리쬐는 옥외장소)

① 22.9℃ ② 23.5℃
③ 24.5℃ ④ 25.5℃

해설

습구흑구온도지수 = (0.7×자연습구온도) + (0.2×흑구온도) + (0.1×건구온도)
= (0.7×22) + (0.2×20) + (0.1×35) = 22.9℃

정답 ①

54 정성적 평가단계의 주요 진단 항목으로 설계관계에 해당하지 않는 것은?

① 입지조건　　　　　　　　② 건조물
③ 공장 내 배치　　　　　　④ 원재료

해설

원재료는 정성평가의 주요 진단항목 중 운전관계에 해당한다.

정답 ④

55 예비위험분석(PHA)에서 식별된 사고의 범주가 아닌 것은?

① 중대(critical)　　　　　② 한계적(marginal)
③ 파국적(catastrophic)　　④ 수용가능(acceptable)

해설

① 중대(critical) : 위험, 시스템의 중대한 손상
② 한계적(marginal) : 시스템의 성능 저하
③ 파국적(catastrophic) : 시스템의 손상
④ 무시(negligible) : 시스템의 영향 저하 없음

정답 ④

56 시스템 수명주기에서 ㉠에 들어갈 위험분석기법은?

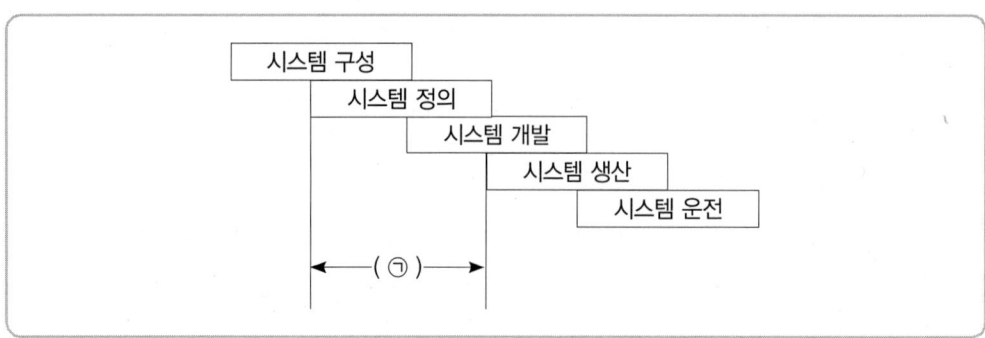

① PHA　　　　　　　　② FHA
③ FTA　　　　　　　　④ ETA

해설

③ FHA(결함위험분석기법) : 서브시스템의 해석에 사용되는 기법으로 서브시스템 간 인터페이스 조정
① ETA(사상수분석기법) : 사상의 위험성만 분석하는 기법으로 DT에서 변천된 정량적·귀납적 기법

② FTA(결함수분석법) : 논리적 도표로 분석하는 정량적, 연역적 기법
④ PHA(예비위험분석기법) : 프로그램 최초단계에서 위험정도를 평가하는 정성적 분석기법

정답 ③

57 HAZOP 분석기법의 장점이 아닌 것은?

① 학습 및 적용이 쉽다.
② 기법 적용에 큰 전문성을 요구하지 않는다.
③ 짧은 시간에 저렴한 비용으로 분석이 가능하다.
④ 다양한 관점을 가진 팀 단위 수행이 가능하다.

해설

HAZOP(Hazard and Operability)은 체계적 접근으로 각 분야별 종합적 검토로 위험요소 확인이 가능하며 공정의 운전정지시간을 줄여 생산물의 품질이 향상 및 폐기물 발생을 줄이며 근로자에게 신뢰성 제공하나, 팀의 구성 및 구성원의 참여 소요기간이 과다하고 접근방법이 오래 걸린다.

정답 ③

58 다음의 각 단계를 결함수분석법(FTA)에 의한 재해사례의 연구 순서대로 나열한 것은?

① TOP 사상의 선정 - 개선 계획의 작성 - FT의 작성 - 사상의 재해원인 규명
② TOP 사상의 선정 - FT의 작성 - 사상의 재해원인 규명 - 개선 계획의 작성
③ TOP 사상의 선정 - 개선 계획의 작성 - FT의 작성 - 사상의 재해원인 규명
④ TO P사상의 선정 - 사상의 재해원인 규명 - FT의 작성 - 개선 계획의 작성

해설

1단계(TOP 사상의 선정) – 2단계(사상의 재해원인 규명) – 3단계(FT의 작성) – 4단계(개선계획의 작성)

정답 ④

59 FT도에 사용되는 다음 기호의 명칭은?

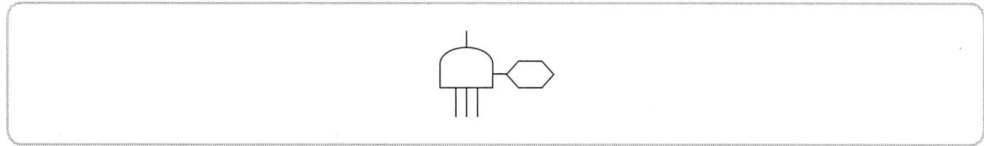

① 우선적AND게이트
② 배타적OR게이트
③ 조합AND게이트
④ 위험지속AND게이트

해설

조합AND게이트는 입력현상 3개 이상일 경우 2개가 발생하면 출력현상 발생

정답 ③

60 다음 FT도에서 각 요소의 발생확률이 요소 ①과 요소 ②는 0.2, 요소 ③은 0.25, 요소 ④는 0.3일 때, A 사상의 발생확률은 얼마인가?

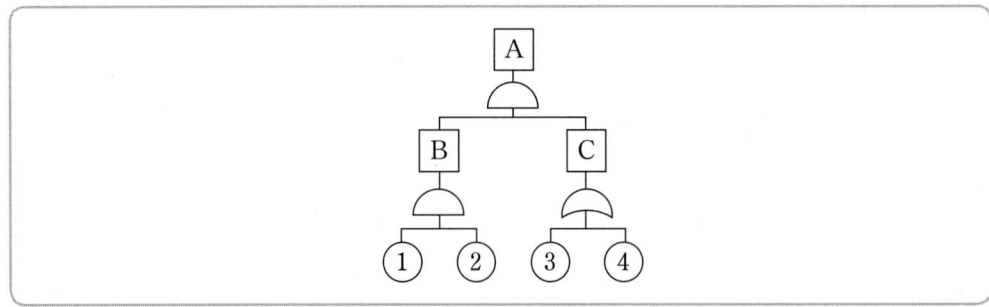

① 0.013
② 0.019
③ 0.137
④ 0.352

해설

A=B×C=(0.2×0.2)×{1−(1−0.25)(1−0.3)}=0.019

정답 ②

4과목　건설시공학

61 품질관리도구에 해당하지 않는 것은?

① LOB기법
② 파레토그램
③ 특성요인도
④ 산점도

해설

LOB기법은 생산성을 기울기로 하는 직선으로 반복작업 공정에 관한 진행표시를 하는 공정관리기법이다.

정답 ①

62 한 공종의 작업이 하나의 숫자로 표기되고 각 작업은 node로 표기한다. 더미 사용이 불필요하며 화살표는 단순히 작업의 선후관계만을 나타내는 공정표는 무엇인가?

① 사선식 공정표 ② 횡선식 공정표
③ PDM ④ 히스토그램

해설

PDM(Precedence Diagram Method)는 더미가 필요없고 작업간의 관계를 화살표로 나타내며 연결점에 직접작업을 표시하는 방법이다.

정답 ③

63 공사계약 중 재계약 조건에 해당하지 않는 것은?

① 설계도서의 중대한 결함
② 계약상 상이한 현장조건
③ 정당한 사유 없이 공사착수를 하지 않은 경우
④ 계약 상 중대한 변경이 있는 경우

해설

정당한 사유 없이 공사를 착수하지 않은 경우 일반적으로 계약 취소사유에 해당한다.

정답 ③

64 공동도급방식의 장점에 해당하지 않는 것은?

① 위험의 분산 ② 기술의 확충 ③ 신용도 증대 ④ 이윤 증대

해설

공동도급방식의 경우 참여회사 지분별로 이익이 분배되기 때문에 이윤이 증대되는 구조는 아니다.

정답 ④

65 말뚝재하시험의 목적으로 옳지 않은 것은?

① 말뚝 관입량 결정 ② 말뚝길이의 결정
③ 지지력 추정 ④ 지하수위 추정

해설

말뚝재하시험은 말뚝의 설계 및 안전성을 위해 시행되며 말뚝의 길이, 말뚝관입량, 지지력 추정이 용이하다.

정답 ④

66 지하연속벽 공법에 관한 설명으로 옳지 않은 것은?

① 인접건물의 근접 시공이 가능하다.
② 타공법에 비해 시공비가 저렴하다.
③ 차수성이 우수하다.
④ 저소음 및 저진동공법이다.

정답 ②

67 소성 상태에서 반고체 상태로 변화할 때 흙의 함수비를 무엇이라 하는가?

① 소성한계　　　　　② 액성한계
③ 수축한계　　　　　④ 예민비

해설

함수량에 따른 강도의 크기 : 수축한계 > 소성한계 > 액성한계

정답 ①

68 인접한 건축물 또는 구조물의 침하방지를 목적으로 시행하는 지반보강공법을 무엇이라 하는가?

① 슬러리월 공법
② 탑다운 공법
③ 리버스 서큘레이션 공법
④ 언더피닝 공법

해설

언더피닝 공법에는 2중널말뚝공법, 현장타설콘크리트말뚝공법, 강제말뚝공법, 약액주입공법 등이 있다.

정답 ④

69 콘크리트 공사 시 시공이음에 관한 설명으로 옳지 않은 것은?

① 시공이음은 될 수 있는 대로 전단력이 작은 위치에 설치한다.
② 부재의 압축력이 작용하는 방향과 직각이 되도록 한다.
③ 염분에 의한 피해를 받을 우려가 있는 해양 및 항만 콘크리트 구조물은 이음부를 되도록 많이 둔다.
④ 전단력이 큰 위치에 시공이음을 부득이 시공하는 경우 이음 부위에 장부 또는 홈을 두도록 한다.

해설

염분에 의한 피해를 받을 우려가 있는 해양 및 항만 콘크리트 구조물은 이음부를 되도록 두지 않는다.

정답 ③

70 해체작업 시 사전조사항목으로 적절하지 않은 것은?

① 시험굴착 및 탐사 확인
② 기존 건축물 설계도 및 시공기록 확인
③ 가스, 수도, 전기 등 공공매설물 확인
④ 주변 공사장에 설치된 모든 계측기 확인

해설

건축물 해체(철거)작업 시 지중장애물(매설물)을 사전조사할 때 주변 공사장에 설치된 계측기를 확인하는 사항은 조사 항목 대상이 아니다.

정답 ④

71 철골접합 시 발생 가능한 용접불량으로 적절하지 않은 것은?

① 피트(pit)
② 언더컷(under cut)
③ 오버랩(over lap)
④ 스캘럽(scallop)

해설

스캘럽(scallop) : 철골 부재 용접접합 시 용접선이 교차되어 재용접된 부위가 열영향을 받아 내구성 및 강성 등이 취약해질 우려가 있기에 재용접이 발생하지 않도록 모재를 부채꼴 모양으로 모따기한 것을 말한다.

정답 ④

72 철근 조립에 관한 설명으로 옳지 않은 것은?

① 철근의 피복두께 확보를 위해 설계도서에서 제시한 간격으로 고임재 및 간격재를 설치한다.
② 고임재와 간격재는 콘크리트 제품 또는 모르타르 제품을 사용할 수 있다.
③ 철근 표면에는 흙, 기름 등이 없어야 한다.
④ 경미한 녹이 발생한 철근은 콘크리트와의 부착을 저해하므로 사용해서는 안 된다.

해설

경미한 황갈색의 녹은 콘크리트와의 부착에 영향이 없다.

정답 ④

73 다음은 필렛용접(Fillet Welding)의 단면이다. 목두께에 해당하는 것은?

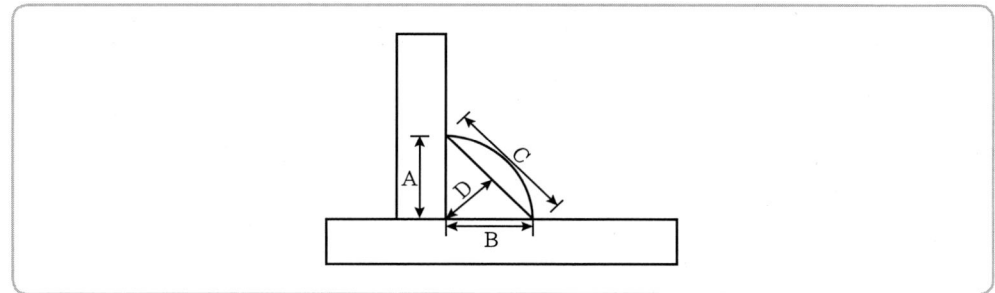

① A
② B
③ C
④ D

해설

A : 윗각장(다리길이) B : 밑각장(다리길이) C : 보강살 붙임(두께) D : (이론)목두께(각목)

정답 ④

74 철근콘크리트 보의 굵은 골재의 최대치수가 25mm일 경우 D22 철근의 수평 순간격으로 옳은 것은?

① 25.33mm
② 28.27mm
③ 31.25mm
④ 33.00mm

해설

철근의 순간격
1. 철근지름의 1.5배 이상 : 22×1.5=33mm
2. 굵은 골재지름의 1.25배 이상 : 25×1.25=31.25
3. 25mm 이상
이중에서 가장 큰 값

정답 ④

75 철골구조의 내화피복공법에 관한 설명으로 적절하지 않은 것은?

① 성형판 공법은 성형판을 철골주위에 접착제와 철물 등을 설치하고 그 위에 붙이는 공법이다.
② 뿜칠공법은 철골표면에 접착제를 혼합한 내화피복재를 뿜칠하는 공법이다.
③ 조적공법은 용접철망을 부착해 경량모르타르, 펄라이트 모르타르와 플라스터 등을 바름하는 공법이다.
④ 타설공법은 강재주위에 거푸집을 설치하여 콘크리트 타설한 후 경화시키는 공법이다.

해설

미장공법은 용접철망을 부착하여 경량 모르타르, 펄라이트 모르타르와 플라스터 등을 바름하는 공법이다.

정답 ③

76 염해로 인한 철근의 부식을 방지하는 방안으로 옳지 않은 것은?

① 철근피복두께를 충분히 확보한다.
② 물-시멘트비를 크게 한다.
③ 방청제 투입 또는 전기제어 방식을 적용한다.
④ 에폭시수지 도장 철근을 사용한다.

해설

물-시멘트비를 적게 한다.

정답 ②

77 계측관리에 관한 설명으로 옳지 않은 것은?

① 착공부터 준공까지 지속적으로 관리한다.
② 계측계획은 경험자가 수립하고 오차를 적게한다.
③ 계측도중에 변화치수가 없으면 중단한다.
④ 공사 준공 후 일정기산 계측을 실시한다.

해설

계측 도중에 변화치수(량)가 없어도 중단하지 말아야 한다.

정답 ③

78 벽길이 10m, 벽높이 4m인 벽체를 블록(390×190×150)으로 쌓을 때 소요되는 블록의 수량은 얼마인가? (단, 블록은 온장, 줄눈너비와 할증은 고려하지 않음)

① 480매 ② 520매 ③ 560매 ④ 600매

해설

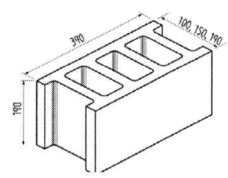

(10m × 4m) × 13매 = 520매

정답 ②

79 벽돌쌓기법 중 마구리를 세워 쌓는 방식은 무엇인가?

① 영롱 쌓기   ② 길이 쌓기
③ 옆세워 쌓기   ④ 허튼 쌓기

해설

옆 세워 쌓기는 벽돌의 마구리를 세워 쌓는 방식을 말한다.

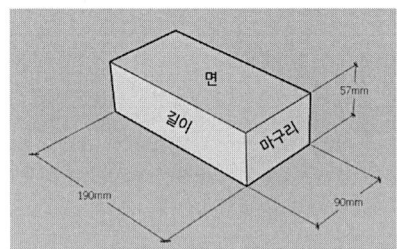

정답 ③

80 바닥판 거푸집 구조계산 시 고려해야 하는 연직하중으로 적절하지 않은 것은?

① 고정하중
② 굳지 않은 콘크리트의 측압
③ 작업하중
④ 충격하중

해설

굳지 않은 콘크리트의 측압은 콘크리트의 수평방향 압력에 해당한다.

정답 ②

5과목 건설재료학

81 목재의 성질에 대한 설명으로 옳지 않은 것은?

① 섬유 평행방향에 대한 인장강도가 가장 크다.
② 전단강도는 섬유간의 부착력, 섬유의 곧음 등에 의해 결정된다.
③ 휨부재로 사용하여 외력에 저항할 때는 압축, 인장, 전단력이 동시에 일어난다.
④ 압축강도는 옹이가 있으면 증가한다.

해설

목재의 옹이는 강도에 악영향을 미치며 옹이지름이 큰 경우 압축강도는 감소한다.

정답 ④

82 건축재료 목재의 방화에 관한 특징으로 옳지 않은 것은?

① 목재의 수분증발은 100°C에서 발생한다.
② 목재의 착화점은 260~270°C 정도이다.
③ 목재의 자연발화점은 400~450°C이다.
④ 목재를 450°C 장시간 가열시 자연발화하는 온도를 화재위험온도라고 한다.

해설

목재의 착화점은 260~270°C 정도로, 이 지점을 화재위험온도라 한다.

정답 ④

83 유리가 불화수소에 부식하는 성질을 이용하여 5mm 이상 판유리에 그림, 문자 등을 새긴 유리는 무엇인가?

① 스테인드유리 ② 망입유리
③ 내열유리 ④ 에칭유리

정답 ④

84 건축재료를 역학적 성질과 물리적 성질로 구분할 경우 역학적 성질에 속하지 않는 항목은?

① 탄성 ② 비중 ③ 소성 ④ 강성

정답 ②

85 일반적으로 단열재에 습기 또는 물기가 침투 시 발생하는 현상으로 적절한 것은?

① 열전도율이 높아져 단열성능이 좋아진다.
② 열전도율이 낮아져 단열성능이 나빠진다.
③ 열전도율이 낮아져 단열성능이 좋아진다.
④ 열전도율이 높아져 단열성능이 나빠진다.

해설

습기 또는 물기는 열전도율을 높여 단열성능이 나빠진다.

정답 ④

86 이탈리아어로 "구운 흙"이란 뜻으로 건축물의 패라펫, 주두 등의 장식에 사용되는 대형 점토제품은?

① 테라코타　　　　　　　　　② 타일
③ 도관　　　　　　　　　　　④ 테라죠

정답 ①

87 석고보드에 관한 설명으로 옳지 않은 것은?

① 열전도율이 낮다.
② 차음성이 좋다.
③ 시공이 용이하고 자재가 경량이다.
④ 습기가 많은 욕실, 주방 하단부 벽체로 사용이 부적합하다.

해설

습기가 많은 욕실, 주방 하단부 벽체 사용으로 적합하다.

정답 ④

88 내장 및 외장타일, 위생도기 등으로 사용되는 것으로 흡수율이 1% 이하, 소성온도가 1,230~1,460℃인 점토 제품은?

① 토기　　　② 도기　　　③ 자기　　　④ 석기

해설

구분	소성온도	흡수율	강도	적용 제품
자기	1,230 ~ 1,460	0~1	강	위생도기, 타일
석기	1,160 ~ 1,350	3~10	강중	타일, 벽돌, 테라코타
도기	1,100 ~ 1,230	10	중	타일, 기와, 테라코타, 토관
토기	790 ~ 1,000	20	약	토관, 기와, 벽돌

정답 ③

89 콘크리트의 신축이음(Expansion Joint)재료의 요구성능이 아닌 것은?

① 양질의 내구성 및 내부식성
② 콘크리트 이음 간의 충분한 수밀성
③ 콘크리트의 수축에 순응하는 탄성
④ 콘크리트의 팽창에 대한 저항성

정답 ④

90 콘크리트의 탄산화 방지대책으로 옳지 않은 것은?

① 콘크리트 경화 초기 탄산가스 접촉을 금한다.
② 습도는 높게 유지한다.
③ 물시멘트비를 높인다.
④ 피복두께 및 부재단면을 증가시킨다.

해설

물시멘트비를 낮춘다.

정답 ③

91 에폭시수지 접착제에 대한 설명으로 옳지 않은 것은?

① 내수성이 강하다.
② 전기절연성이 우수하다.
③ 접착력이 강하여 금속, 항공기 접착에도 사용된다.
④ 유연성이 양호하고 값이 저렴하다.

해설

유연성이 부족하고 값이 비싸다.

정답 ④

92 중용열 포틀랜드시멘트에 관한 설명으로 옳지 않은 것은?

① 초기강도 발현이 빠르다.
② 시멘트의 발열량이 적다.
③ 건조수축이 작고 내화학성이 크다.
④ 댐공사, 매스콘크리트 등에 사용된다.

해설

초기강도 발현이 느리나 장기강도는 보통시멘트보다 같거나 크다.

정답 ①

93 건축용 코킹재의 특징으로 옳지 않은 것은?

① 내부의 점성이 지속된다.
② 수축률이 크다.
③ 내산성과 내알칼리성이 있다.
④ 일반적으로 각종 재료에 접착력이 양호하다.

해설

수축률이 작다.

정답 ②

94 강을 800~1,000℃로 가열한 후 노 속에서 천천히 냉각시키는 열처리방법은 무엇인가?

① 소둔(풀림) ② 소준(불림)
③ 소입(담금질) ④ 소려(뜨임질)

해설

불림(소준)
- 800~1,000℃에서 강을 가열 후 공기 중 서서히 냉각
- 입자 미세화, 조직 균일, 변형 제거

풀림(소둔)
- 800~1,000℃에서 강을 가열 후 노 속에서 서서히 냉각
- 입자 미세화, 결정 연화

담금질(소입)
- 800~1,000℃에서 강을 가열 후 기름 또는 물 속에서 냉각
- 탄소 함유량이 높을수록 담금질의 효과 극대. 강도↑, 경도↑

뜨임(소려)
- 1차 담금질, 2차 200~600℃ 가열 후 공기 중 냉각
- 인성 부여, 변형 제거

정답 ②

95 금속부식에 관한 대책으로 적절하지 않은 것은?

① 표면을 거칠게 하고 가능한 한 습윤상태로 유지할 것
② 균질한 것을 선택하고 사용 시 큰 변형을 주지 않도록 할 것
③ 큰 변형을 준 것은 가능한 한 풀림하여 사용할 것
④ 가능한 한 이종 금속은 이를 인접·접속시켜 사용하지 않을 것

해설
표면을 평활하게 하고 건조상태로 유지할 것

정답 ①

96 아스팔트 방수시공 시 밀착용으로 사용하는 것은?

① 아스팔트 컴파운드 ② 아스팔트 프라이머
③ 아스팔트 모르타르 ④ 아스팔트 루핑

해설
아스팔트 프라이머는 방수층의 바탕에 침투시켜 아스팔트의 부착력을 높인다.

정답 ②

97 목재면의 투명도장에 쓰이며 주로 내부용으로 사용하는 도료는 무엇인가?

① 유성에나멜 ② 래커에나멜
③ 클리어래커 ④ 수성페인트

해설
클리어(투명) 래커는 내수성이 작고 안료를 섞지 않은 것으로 주로 내부용으로 사용된다.

정답 ③

98 콘크리트 혼화재인 플라이애시가 콘크리트에 미치는 영향으로 적절하지 않은 것은?

① 블리딩이 커진다.
② 내황산염에 대한 저항성을 증가시키기 위하여 사용한다.
③ 콘크리트의 워커빌리티의 개선, 압송성을 향상시킨다.
④ 인공제품으로 가장 많이 사용되는 포졸란의 일종이다.

해설
플라이애시를 사용하는 경우 블리딩이 적어진다.

정답 ①

99 블라인드, 전기용품, 냉장고의 내부상자 등으로 사용되는 열가소성 수지는?

① 멜라민수지 ② 페놀수지
③ 폴리스티렌수지 ④ 메타크릴수지

해설

폴리스티렌 수지는 도료, 블라인드, 스티로폼 등으로 제작된다.
내약품성↑, 내수성↑, 가공성↑, 전기절연성↑

정답 ③

100 동물성 접착제에 해당되지 않는 것은?

① 아교
② 알부민 접착제
③ 카세인 접착제
④ 덱스트린 접착제

 해설

덱스트린 접착제는 사무용 풀, 수성도료 등에 사용하는 식물성 접착제이다.

정답 ④

6과목 건설안전기술

101 기성 공정율이 50%인 건설현장의 경우 공사 진척에 따른 산업안전보건관리비의 최소 사용기준으로 옳은 것은?

① 30% 이상
② 40% 이상
③ 50% 이상
④ 60% 이상

해설

건설업 산업안전보건관리비 계상 및 사용기준[시행 2025. 1. 1.]
【별표 3】 공사진척에 따른 산업안전보건관리비 사용기준

공정율	50퍼센트 이상 70퍼센트 미만	70퍼센트 이상 90퍼센트 미만	90퍼센트 이상
사용기준	50퍼센트 이상	70퍼센트 이상	90퍼센트 이상

※ 공정률은 기성공정률을 기준으로 한다.

정답 ③

102 사업주가 유해위험방지계획서 제출 후 건설공사 중 6개월 이내마다 공단의 확인을 받아야 할 내용이 아닌 것은?

① 유해위험방지 계획서의 내용과 실제공사 내용이 부합하는지 여부
② 유해위험방지 계획서 변경 내용의 적정성
③ 추가적인 유해·위험요인의 존재 여부
④ 자율안전관리컨설팅을 실시하는 지 여부

해설

산업안전보건법 시행규칙[시행 2025. 1. 1.]
제46조(확인) ① 법 제42조 제1항 제1호 및 제2호에 따라 유해위험방지계획서를 제출한 사업주는 해당 건설물·기계·기구 및 설비의 시운전단계에서, 법 제42조 제1항 제3호에 따른 사업주는 건설공사 중 6개월 이내마다 법 제43조 제1항에 따라 다음 각 호의 사항에 관하여 공단의 확인을 받아야 한다.
1. 유해위험방지계획서의 내용과 실제공사 내용이 부합하는지 여부
2. 법 제42조 제6항에 따른 유해위험방지계획서 변경내용의 적정성
3. 추가적인 유해·위험요인의 존재 여부
② 공단은 제1항에 따른 확인을 할 경우에는 그 일정을 사업주에게 미리 통보해야 한다.
③ 제44조 제4항에 따른 건설물·기계·기구 및 설비 또는 건설공사의 경우 사업주가 고용노동부장관이 정하는 요건을 갖춘 지도사에게 확인을 받고 별지 제22호 서식에 따라 그 결과를 공단에 제출하면 공단은 제1항에 따른 확인에 필요한 현장방문을 지도사의 확인결과로 대체할 수 있다. 다만, 건설업의 경우 최근 2년간 사망재해(별표 1 제3호 라목에 따른 재해는 제외한다)가 발생한 경우에는 그렇지 않다.
④ 제3항에 따른 유해위험방지계획서에 대한 확인은 제44조 제4항에 따라 평가를 한 자가 해서는 안 된다.

정답 ④

103 구축물에 안전진단 등 안전성 평가를 실시하여 근로자에게 미칠 위험성을 미리 제거하여야 하는 경우가 아닌 것은?

① 구축물등의 인근에서 굴착·항타작업 등으로 침하·균열 등이 발생하여 붕괴의 위험이 예상될 경우
② 구축물등에 지진, 동해(凍害), 부동침하(不同沈下) 등으로 균열·비틀림 등이 발생했을 경우
③ 구축물등이 그 자체의 무게·적설·풍압 또는 그 밖에 부가되는 하중 등으로 붕괴 등의 위험이 있을 경우
④ 구축물의 안전관리자가 선임되지 않은 경우

📝 해설

산업안전보건기준에 관한 규칙(약칭: 안전보건규칙)[시행 2024. 12. 29.]

제52조(구축물등의 안전성 평가) 사업주는 구축물등이 다음 각 호의 어느 하나에 해당하는 경우에는 구축물등에 대한 구조검토, 안전진단 등의 안전성 평가를 하여 근로자에게 미칠 위험성을 미리 제거해야 한다.〈개정 2023. 11. 14.〉
1. 구축물등의 인근에서 굴착·항타작업 등으로 침하·균열 등이 발생하여 붕괴의 위험이 예상될 경우
2. 구축물등에 지진, 동해(凍害), 부동침하(不同沈下) 등으로 균열·비틀림 등이 발생했을 경우
3. 구축물등이 그 자체의 무게·적설·풍압 또는 그 밖에 부가되는 하중 등으로 붕괴 등의 위험이 있을 경우
4. 화재 등으로 구축물등의 내력(耐力)이 심하게 저하됐을 경우
5. 오랜 기간 사용하지 않던 구축물등을 재사용하게 되어 안전성을 검토해야 하는 경우
6. 구축물등의 주요구조부(「건축법」 제2조 제1항 제7호에 따른 주요구조부를 말한다. 이하 같다)에 대한 설계 및 시공 방법의 전부 또는 일부를 변경하는 경우
7. 그 밖의 잠재위험이 예상될 경우
[제목개정 2023. 11. 14.]

정답 ④

104 양중기의 종류에 해당하지 않는 것은? (단, 산업안전보건법에 한함)

① 곤돌라　　　　　　　　② 리프트
③ 크레인　　　　　　　　④ 불도저

📝 해설

산업안전보건기준에 관한 규칙(약칭: 안전보건규칙)[시행 2024. 12. 29.]

제132조(양중기)
① 양중기란 다음 각 호의 기계를 말한다.〈개정 2019. 4. 19.〉
1. 크레인[호이스트(hoist)를 포함한다]
2. 이동식 크레인
3. 리프트(이삿짐운반용 리프트의 경우에는 적재하중이 0.1톤 이상인 것으로 한정한다)
4. 곤돌라
5. 승강기

정답 ④

105 굳은 점토 등 지반면보다 높은 곳에 굴착하는데 적합한 건설기계는 무엇인가?

① 드래그라인(Drag line)　　　② 불도저(bulldozer)
③ 파워셔블(power shovel)　　④ 클램셸(clamshell)

📝 해설

- 파워 셔블(power shovel) : 디퍼(dipper)를 아래에서 위로 조작하여 굴착하는 셔블계 굴착기의 한 종류로, 기계가 위치한 지면보다 높은 곳을 굴착하는데 적합하며, 지면보다 아래쪽의 굴착에는 적합하지 않다.
- 드래그라인(drag line) : 기계 위치가 지반보다 낮거나 높은 곳 둘 다 가능한 장비
- 클램셸(clam shell) : 깊은 수직 굴착 또는 협소한 장소에 굴착이 적합한 장비

정답 ③

106 작업으로 인하여 물체가 떨어지거나 날아올 위험이 있는 경우의 안전조치로 적절하지 않은 것은?

① 낙하물 방지망 설치　　② 방호선반 설치
③ 수직보호망 설치　　　④ 울타리 설치

해설

산업안전보건기준에 관한 규칙(약칭: 안전보건규칙)[시행 2024. 12. 29.]
제14조(낙하물에 의한 위험의 방지) ① 사업주는 작업장의 바닥, 도로 및 통로 등에서 낙하물이 근로자에게 위험을 미칠 우려가 있는 경우 보호망을 설치하는 등 필요한 조치를 하여야 한다.
② 사업주는 작업으로 인하여 물체가 떨어지거나 날아올 위험이 있는 경우 낙하물 방지망, 수직보호망 또는 방호선반의 설치, 출입금지구역의 설정, 보호구의 착용 등 위험을 방지하기 위하여 필요한 조치를 하여야 한다. 이 경우 낙하물 방지망 및 수직보호망은 「산업표준화법」 제12조에 따른 한국산업표준(이하 "한국산업표준"이라 한다)에서 정하는 성능기준에 적합한 것을 사용하여야 한다.〈개정 2017. 12. 28., 2022. 10. 18.〉
③ 제2항에 따라 낙하물 방지망 또는 방호선반을 설치하는 경우에는 다음 각 호의 사항을 준수하여야 한다.
1. 높이 10미터 이내마다 설치하고, 내민 길이는 벽면으로부터 2미터 이상으로 할 것
2. 수평면과의 각도는 20도 이상 30도 이하를 유지할 것

정답 ④

107 굴착공사에 있어서 비탈면붕괴를 방지하기 위하여 실시하는 대책으로 옳지 않은 것은?

① 지표수의 침투를 막기 위해 표면 배수공을 한다.
② 지하수위를 내리기 위해 수평배수공을 설치한다.
③ 비탈면 하단을 성토한다.
④ 비탈면 상부에 토사를 적재한다.

해설

굴착공사 표준안전 작업지침[시행 2023. 7. 1.]
제31조(예방) 토사붕괴의 발생을 예방하기 위하여 다음 각 호의 조치를 취하여야 한다.
1. 적절한 경사면의 기울기를 계획하여야 한다.
2. 경사면의 기울기가 당초 계획과 차이가 발생되면 즉시 재검토하여 계획을 변경시켜야 한다.
3. 활동할 가능성이 있는 토석은 제거하여야 한다.
4. 경사면의 하단부에 압성토 등 보강공법으로 활동에 대한 저항대책을 강구하여야 한다.
5. 말뚝(강관, H형강, 철근 콘크리트)을 타입하여 지반을 강화시킨다.

정답 ②

108 높이가 2m 이상인 작업장소에 작업발판을 설치할 때 최소폭은 얼마인가?

① 20cm　　　② 30cm
③ 40cm　　　④ 50cm

해설

산업안전보건기준에 관한 규칙(약칭: 안전보건규칙) [시행 2024. 12. 29.]
제56조(작업발판의 구조) 사업주는 비계(달비계, 달대비계 및 말비계는 제외한다)의 높이가 2미터 이상인 작업장소에 다음 각 호의 기준에 맞는 작업발판을 설치하여야 한다.
1. 발판재료는 작업할 때의 하중을 견딜 수 있도록 견고한 것으로 할 것
2. 작업발판의 폭은 40센티미터 이상으로 하고, 발판재료 간의 틈은 3센티미터 이하로 할 것. 다만, 외줄비계의 경우에는 고용노동부장관이 별도로 정하는 기준에 따른다.

정답 ③

109 달비계의 구조에서 달비계 작업발판의 폭과 틈새 기준으로 옳은 것은?

① 작업발판의 폭을 30cm 이상으로 하고 틈새 3cm 이하
② 작업발판의 폭을 30cm 이상으로 하고 틈새가 없도록 할 것
③ 작업발판의 폭을 40cm 이상으로 하고 틈새 3cm 이하
④ 작업발판의 폭을 40cm 이상으로 하고 틈새가 없도록 할 것

해설

산업안전보건기준에 관한 규칙(약칭: 안전보건규칙) [시행 2024. 12. 29.]
제63조(달비계의 구조)
6. 작업발판은 폭을 40센티미터 이상으로 하고 틈새가 없도록 할 것

정답 ④

110 강관을 사용하여 비계를 구성하는 경우의 준수사항으로 옳지 않은 것은?

① 비계기둥의 간격은 띠장 방향에서는 1.85m 이하, 장선 방향에서는 1.5m 이하로 할 것
② 띠장 간격은 2.0m 이하로 할 것
③ 비계기둥 간의 적재하중은 500킬로그램을 초과하지 않도록 할 것
④ 비계기둥의 제일 윗부분으로부터 31미터되는 지점 밑부분의 비계기둥은 2개의 강관으로 묶어 세울 것

해설

산업안전보건기준에 관한 규칙(약칭: 안전보건규칙) [시행 2024. 12. 29.]
제60조(강관비계의 구조) 사업주는 강관을 사용하여 비계를 구성하는 경우 다음 각 호의 사항을 준수해야 한다.
1. 비계기둥의 간격은 띠장 방향에서는 1.85미터 이하, 장선(長線) 방향에서는 1.5미터 이하로 할 것. 다만, 다음 각 목의 어느 하나에 해당하는 작업의 경우에는 안전성에 대한 구조검토를 실시하고 조립도를 작성하면 띠장 방향 및 장선 방향으로 각각 2.7미터 이하로 할 수 있다.
    가. 선박 및 보트 건조작업
    나. 그 밖에 장비 반입·반출을 위하여 공간 등을 확보할 필요가 있는 등 작업의 성질상 비계기둥 간격에 관한 기준을 준수하기 곤란한 작업

2. 띠장 간격은 2.0미터 이하로 할 것. 다만, 작업의 성질상 이를 준수하기가 곤란하여 쌍기둥틀 등에 의하여 해당 부분을 보강한 경우에는 그러하지 아니하다.
3. 비계기둥의 제일 윗부분으로부터 31미터되는 지점 밑부분의 비계기둥은 2개의 강관으로 묶어 세울 것. 다만, 브라켓(bracket, 까치발) 등으로 보강하여 2개의 강관으로 묶을 경우 이상의 강도가 유지되는 경우에는 그러하지 아니하다.
4. 비계기둥 간의 적재하중은 400킬로그램을 초과하지 않도록 할 것

정답 ③

111 흙막이 가시설공사 시 계측기에 관한 설명으로 옳지 않은 것은?

① 하중계 : 상부 적재하중 변화 측정
② 지하수위계 : 지하수의 수위변화 측정
③ 지표침하계 : 지표면 침하량 측정
④ 토압계 : 흙막이에 작용하는 토압의 변화 측정

해설

하중계는 흙막이 버팀대에 작용하는 토압 및 어스앵커의 인장력 등을 측정한다.

정답 ①

112 사업주는 높이가 (㉠) 미터 이상인 장소로부터 물체를 투하하는 때에는 적당한 투하설비를 설치하거나 감시인을 배치하는 등 위험방지를 위하여 필요한 조치를 하여야 한다. ㉠에 알맞게 넣으시오.

① 1　　　　　　　　　　② 2
③ 3　　　　　　　　　　④ 4

해설

산업안전보건기준에 관한 규칙(약칭: 안전보건규칙) [시행 2024. 12. 29.]
제15조(투하설비 등) 사업주는 높이가 3미터 이상인 장소로부터 물체를 투하하는 경우 적당한 투하설비를 설치하거나 감시인을 배치하는 등 위험을 방지하기 위하여 필요한 조치를 하여야 한다.

정답 ③

113 상부에서 떨어지는 물체로 인해 하부에서 작업하던 작업자가 상해를 입었다면 이를 방지하기 위한 조치로 적절하지 않은 것은?

① 낙하물 방지망 설치
② 방호선반 설치
③ 출입금지구역 설정
④ 물질안전보건자료 교육

해설

산업안전보건기준에 관한 규칙(약칭: 안전보건규칙)[시행 2024. 12. 29.]

제14조(낙하물에 의한 위험의 방지) ① 사업주는 작업장의 바닥, 도로 및 통로 등에서 낙하물이 근로자에게 위험을 미칠 우려가 있는 경우 보호망을 설치하는 등 필요한 조치를 하여야 한다.
② 사업주는 작업으로 인하여 물체가 떨어지거나 날아올 위험이 있는 경우 낙하물 방지망, 수직보호망 또는 방호선반의 설치, 출입금지구역의 설정, 보호구의 착용 등 위험을 방지하기 위하여 필요한 조치를 하여야 한다. 이 경우 낙하물 방지망 및 수직보호망은 「산업표준화법」 제12조에 따른 한국산업표준(이하 "한국산업표준"이라 한다)에서 정하는 성능기준에 적합한 것을 사용하여야 한다.〈개정 2017. 12. 28., 2022. 10. 18.〉
③ 제2항에 따라 낙하물 방지망 또는 방호선반을 설치하는 경우에는 다음 각 호의 사항을 준수하여야 한다.
1. 높이 10미터 이내마다 설치하고, 내민 길이는 벽면으로부터 2미터 이상으로 할 것
2. 수평면과의 각도는 20도 이상 30도 이하를 유지할 것

정답 ④

---

114 동력을 사용하는 항타기 또는 항발기에 대하여 무너짐을 방지하기 위한 사업주의 조치로 옳지 않은 것은?

① 연약한 지반에 설치하는 경우에는 아웃트리거·받침 등 지지구조물의 침하를 방지하기 위하여 깔판·받침목 등을 사용할 것
② 시설 또는 가설물 등에 설치하는 경우에는 그 내력을 확인하고 내력이 부족하면 그 내력을 보강할 것
③ 아웃트리거·받침 등 지지구조물이 미끄러질 우려가 있는 경우에는 버팀줄을 사용하여 고정시킬 것
④ 상단 부분은 버팀대·버팀줄로 고정하여 안정시키고, 그 하단 부분은 견고한 버팀·말뚝 또는 철골 등으로 고정시킬 것

해설

산업안전보건기준에 관한 규칙(약칭: 안전보건규칙)[시행 2024. 12. 29.]

제209조(무너짐의 방지) 사업주는 동력을 사용하는 항타기 또는 항발기에 대하여 무너짐을 방지하기 위하여 다음 각 호의 사항을 준수해야 한다.〈개정 2019. 1. 31., 2022. 10. 18., 2023. 11. 14.〉
1. 연약한 지반에 설치하는 경우에는 아웃트리거·받침 등 지지구조물의 침하를 방지하기 위하여 깔판·받침목 등을 사용할 것
2. 시설 또는 가설물 등에 설치하는 경우에는 그 내력을 확인하고 내력이 부족하면 그 내력을 보강할 것
3. 아웃트리거·받침 등 지지구조물이 미끄러질 우려가 있는 경우에는 말뚝 또는 쐐기 등을 사용하여 해당 지지구조물을 고정시킬 것
4. 궤도 또는 차로 이동하는 항타기 또는 항발기에 대해서는 불시에 이동하는 것을 방지하기 위하여 레일 클램프(rail clamp) 및 쐐기 등으로 고정시킬 것
5. 상단 부분은 버팀대·버팀줄로 고정하여 안정시키고, 그 하단 부분은 견고한 버팀·말뚝 또는 철골 등으로 고정시킬 것

정답 ③

115 이동식비계 조립를 조립하여 작업을 하는 경우 사업주의 준수사항으로 옳지 않은 것은?

① 작업발판은 항상 수평을 유지하고 작업발판 위에서 안전난간을 딛고 작업을 하거나 받침대 또는 사다리를 사용하여 작업하지 않도록 할 것
② 승강용사다리는 견고하게 설치할 것
③ 비계의 최상부에서 작업을 하는 경우에는 안전난간을 설치할 것
④ 작업발판의 최대적재하중은 400킬로그램을 초과하지 않도록 할 것

해설

산업안전보건기준에 관한 규칙(약칭: 안전보건규칙) [시행 2024. 12. 29.]
제68조(이동식비계) 사업주는 이동식비계를 조립하여 작업을 하는 경우에는 다음 각 호의 사항을 준수하여야 한다.〈개정 2024. 6. 28.〉
1. 이동식비계의 바퀴에는 뜻밖의 갑작스러운 이동 또는 전도를 방지하기 위하여 브레이크·쐐기 등으로 바퀴를 고정시킨 다음 비계의 일부를 견고한 시설물에 고정하거나 아웃트리거를 설치하는 등 필요한 조치를 할 것
2. 승강용사다리는 견고하게 설치할 것
3. 비계의 최상부에서 작업을 하는 경우에는 안전난간을 설치할 것
4. 작업발판은 항상 수평을 유지하고 작업발판 위에서 안전난간을 딛고 작업을 하거나 받침대 또는 사다리를 사용하여 작업하지 않도록 할 것
5. 작업발판의 최대적재하중은 250킬로그램을 초과하지 않도록 할 것

정답 ④

116 중량물 취급작업 시 작업계획서에 작성해야 할 내용으로 옳지 않은 것은?

① 추락위험을 예방할 수 있는 안전대책
② 낙하위험을 예방할 수 있는 안전대책
③ 감전위험을 예방할 수 있는 안전대책
④ 붕괴위험을 예방할 수 있는 안전대책

해설

산업안전보건기준에 관한 규칙(약칭: 안전보건규칙) [시행 2024. 12. 29.]
■ 산업안전보건기준에 관한 규칙 [별표 4] 〈개정 2023. 11. 14.〉
사전조사 및 작업계획서 내용(제38조 제1항 관련)

작업명	사전조사 내용	작업계획서 내용
11. 중량물의 취급 작업	-	가. 추락위험을 예방할 수 있는 안전대책 나. 낙하위험을 예방할 수 있는 안전대책 다. 전도위험을 예방할 수 있는 안전대책 라. 협착위험을 예방할 수 있는 안전대책 마. 붕괴위험을 예방할 수 있는 안전대책

정답 ③

117 근로자가 수직 방향으로 이동하는 철골부재에 설치하는 승강로의 답단 간격은 얼마 이내인가?

① 20cm　　② 30cm
③ 40cm　　④ 50cm

해설

산업안전보건기준에 관한 규칙(약칭: 안전보건규칙) [시행 2024. 12. 29.]
제381조(승강로의 설치) 사업주는 근로자가 수직방향으로 이동하는 철골부재(鐵骨部材)에는 답단(踏段) 간격이 30센티미터 이내인 고정된 승강로를 설치하여야 하며, 수평방향 철골과 수직방향 철골이 연결되는 부분에는 연결작업을 위하여 작업발판 등을 설치하여야 한다.

정답 ②

118 콘크리트 타설작업을 하는 경우 사업주의 준수사항으로 옳지 않은 것은?

① 콘크리트를 타설하는 경우에는 각 부재마다 집중하여 타설할 것
② 설계도서상의 콘크리트 양생기간을 준수하여 거푸집 및 동바리를 해체할 것
③ 콘크리트 타설작업 시 거푸집 붕괴의 위험이 발생할 우려가 있으면 충분한 보강조치를 할 것
④ 당일의 작업을 시작하기 전에 해당 작업에 관한 거푸집 및 동바리의 변형·변위 및 지반의 침하 유무 등을 점검하고 이상이 있으면 보수할 것

해설

산업안전보건기준에 관한 규칙(약칭: 안전보건규칙) [시행 2024. 12. 29.]
제334조(콘크리트의 타설작업)
사업주는 콘크리트 타설작업을 하는 경우에는 다음 각 호의 사항을 준수해야 한다.〈개정 2023. 11. 14.〉
1. 당일의 작업을 시작하기 전에 해당 작업에 관한 거푸집 및 동바리의 변형·변위 및 지반의 침하 유무 등을 점검하고 이상이 있으면 보수할 것
2. 작업 중에는 감시자를 배치하는 등의 방법으로 거푸집 및 동바리의 변형·변위 및 침하 유무 등을 확인해야 하며, 이상이 있으면 작업을 중지하고 근로자를 대피시킬 것
3. 콘크리트 타설작업 시 거푸집 붕괴의 위험이 발생할 우려가 있으면 충분한 보강조치를 할 것
4. 설계도서상의 콘크리트 양생기간을 준수하여 거푸집 및 동바리를 해체할 것
5. 콘크리트를 타설하는 경우에는 편심이 발생하지 않도록 골고루 분산하여 타설할 것

정답 ①

119 철골건립준비를 할 때 준수하여야 할 사항으로 적절하지 않은 것은?

① 지상 작업장에서 건립준비 및 기계기구를 배치할 경우에는 낙하물의 위험이 없는 평탄한 장소를 선정하여 정비하고 경사지에서는 작업대나 임시발판 등을 설치하는 등 안전하게 한 후 작업하여야 한다.
② 건립작업에 지장이 되더라도 수목은 제거하거나 이설해서는 아니된다.
③ 인근에 건축물 또는 고압선 등이 있는 경우에는 이에 대한 방호조치 및 안전조치를 하여야 한다.
④ 사용전에 기계기구에 대한 정비 및 보수를 철저히 실시하여야 한다.

해설

철골공사표준안전작업지침[시행 2020. 1. 16.]
제7조(건립준비) 철골건립준비를 할 때 다음 각 호의 사항을 준수하여야 한다.
1. 지상 작업장에서 건립준비 및 기계기구를 배치할 경우에는 낙하물의 위험이 없는 평탄한 장소를 선정하여 정비하고 경사지에서는 작업대나 임시발판 등을 설치하는 등 안전하게 한 후 작업하여야 한다.
2. 건립작업에 지장이 되는 수목은 제거하거나 이설하여야 한다.
3. 인근에 건축물 또는 고압선 등이 있는 경우에는 이에 대한 방호조치 및 안전조치를 하여야 한다.
4. 사용전에 기계기구에 대한 정비 및 보수를 철저히 실시하여야 한다.
5. 기계가 계획대로 배치되어 있는가, 윈치는 작업구역을 확인할 수 있는 곳에 위치하였는가, 기계에 부착된 앵카 등 고정장치와 기초구조 등을 확인하여야 한다.

정답 ②

120 취급 · 운반의 원칙으로 옳지 않은 것은?

① 연속 운반을 할 것
② 곡선 운반을 할 것
③ 생산을 최고로 하는 운반을 생각할 것
④ 운반 작업을 집중하여 시킬 것

해설

취급 및 운반의 5원칙
1. 직선운반 2. 연속운반 3. 운반작업 집중화 4. 생산을 최고로 하는 운반 고려
5. 시간과 경비를 절약하는 운반방법 고려

정답 ②

학습문의 및 정오표 안내

저희 북스케치는 오류 없는 책을 만들기 위해 노력하고 있으나, 미처 발견하지 못한 잘못된 내용이 있을 수 있습니다. 학습하시다 문의 사항이 생기실 경우, 북스케치 이메일(booksk@booksk.co.kr)로 교재 이름, 페이지, 문의 내용 등을 보내주시면 확인 후 성실히 답변 드리도록 하겠습니다.

또한, 출간 후 발견되는 정오 사항은 북스케치 홈페이지(www.booksk.co.kr)의 도서정오표 게시판에 신속히 게재하도록 하겠습니다.

좋은 콘텐츠와 유용한 정보를 전하는 '간직하고 싶은 수험서'를 만들기 위해 늘 노력하겠습니다.

테마
건설안전기사 필기

초판발행	2022년 1월 25일
개정판발행	2023년 1월 31일
개정2판발행	2024년 1월 31일
개정3판발행	2025년 3월 30일
편저자	신상욱
펴낸곳	북스케치
출판등록	제2022-000047호
주소	경기도 파주시 광안사길 193, 2층
전화	070-4821-5513
팩스	0303-0957-0405
학습문의	booksk@booksk.co.kr
홈페이지	www.booksk.co.kr
ISBN	979-11-94041-34-4

이 책은 저작권법의 보호를 받습니다.
수록된 내용은 무단으로 복제, 인용, 사용할 수 없습니다.
Copyright©booksk, 2025 Printed in Korea